현대건설 항만공사의 역사를 담은

항만설계실무

PORT

현대건설 항만공사의 역사를 담은

항만설계실무

박구용
고광오
정석록
외 15인

공 저

DESIGN

교문사

■ 집필위원

장	집필진 및 소속	e-mail
제1장 항만 및 해안공학 일반	박구용 (현대건설 기술연구원)	kypark@hdec.co.kr
	고광오 (현대건설 기술연구원)	zeus@hdec.co.kr
	민은종 (현대건설 기술연구원)	eunjong.min@hdec.co.kr
	박창범 (현대건설 기술연구원)	cbpark@hdec.co.kr
	이정욱 (현대건설 기술연구원)	jungwook@hdec.co.kr
	이명은 (현대건설 기술연구원)	melee@hdec.co.kr
	박철수 (현대건설 기술연구원)	cspark7707@hdec.co.kr
	송명준 (현대건설 기술연구원)	mjsong@hdec.co.kr
제2장 항만 구조물 설계	박구용 (현대건설 기술연구원)	kypark@hdec.co.kr
	고광오 (현대건설 기술연구원)	zeus@hdec.co.kr
	최문규 (현대건설 토목설계실)	moonkyuchoi@hdec.co.kr
	이대환 (현대건설 기술연구원)	dh.lee@hdec.co.kr
	지환욱 (현대건설 토목설계실)	hw.ji@hdec.co.kr
	나석천 (현대건설 토목설계실)	sc.na@hdec.co.kr
	정석록 (현대건설 토목설계실)	sukrok.jung@hdec.co.kr
	박창범 (현대건설 기술연구원)	cbpark@hdec.co.kr
	윤대경 (현대건설 토목설계실)	ydk829@hdec.co.kr
	정원호 (전)현대건설 토목설계실, 현)SENEST)	whjung@senest.co.kr
제3장 항만 구조물 설계/시공 사례	박구용 (현대건설 기술연구원)	kypark@hdec.co.kr
	고광오 (현대건설 기술연구원)	zeus@hdec.co.kr
	김호준 (현대건설 토목설계실)	hjkim@hdec.co.kr
	정석록 (현대건설 토목설계실)	sukrok.jung@hdec.co.kr
	지환욱 (현대건설 토목설계실)	hw.ji@hdec.co.kr
	최문규 (현대건설 토목설계실)	moonkyuchoi@hdec.co.kr
	이대환 (현대건설 기술연구원)	dh.lee@hdec.co.kr
	나석천 (현대건설 토목설계실)	sc.na@hdec.co.kr
	박창범 (현대건설 기술연구원)	cbpark@hdec.co.kr
	김병준 (현대건설 토목설계실)	kbj0420@hdec.co.kr
	유정구 (현대건설 토목설계실)	jg.yu@hdec.co.kr
	윤대경 (현대건설 토목설계실)	ydk829@hdec.co.kr
	정원호 (전)현대건설 토목설계실, 현)SENEST)	whjung@senest.co.kr

항만은 육상과 해상 물류 운송망의 거점으로 국가 경제 발전에 지대한 역할을 하는 시설입니다. 필자가 유학생활을 마치고 현대건설에 복귀했던 1990년대에는 한창 국내 중장기 항만기본계획이 수립되고 있던 시점으로, 국내 항만 설계 및 건설 기술이 항만 선진국에 비해 많이 뒤쳐져 있던 상태였습니다. 하지만 많은 교수님들과 연구원 및 설계 기술자분들의 부단한 노력으로 현재는 해외 유수 건설사와의 경쟁에도 뒤쳐지지 않는 수준으로 비약적인 발전을 이룩하였습니다. 이에 대해 국내 항만 기술자의 한 사람으로서 큰 자부심을 느끼고 있습니다.

현대건설은 1959년 '인천 제1도크 복구공사'를 시작으로 '사우디아라비아의 주베일 산업항', '쿠웨이트 부비안 항만' 건설 등 100건 이상의 국내외 항만 설계 및 시공을 통해 항만 산업의 선두주자로 자리매김 해 오고 있습니다. 이에, 항만 산업의 새로운 도약을 위한 기초자료가 될 수 있도록 저자의 30여 년 경험과 노하우를 정리하여 항만 관계자들과 공유하는 것이 필요하다고 생각하여, 본 서를 집필하게 되었습니다.

본 서의 1장은 항만에 대한 이해와 항만 구조물 설계를 위한 해안공학 이론을 쉽게 정리하여 관련 대학의 학생들과 설계 실무자들이 항만 분야와 해안공학을 잘 이해할 수 있게 구성하였습니다. 2장은 국내외 항만 설계법을 정리하고 비교·분석하여 설계 실무자들이 해외 설계 코드도 쉽게 이해하고 이용할 수 있도록 정리하였고, 3장은 현대건설에서 그동안 수행해 온 국내외 항만 공사의 설계 및 시공 사례를 수록하여 구조물별로 적용한 다양한 설계 기법과 실제 공사를 수행하면서 축적해온 노하우를 설계 실무자들에게 공유하고자 하였습니다.

최근 4차 산업 혁명과 정보 통신 기술의 발달로 글로벌 기업들이 자국내 생산보다는 인건비가 저렴한 개발도상국에서 직접 생산 조달하는 방식을 채택하여 전 세계 항만 물동량은 점차 감소하는 실정입니다. 이러한 상황을 극복하기 위하여 빅데이터, ICT, 수중 건설 로봇 등의 기술을 활용한 스마트 항만, 부유식 해양공간, 해저 공간, 해저터널, 해양에너지 개발 등의 신사업 진출을 모색해야 할 때입니다. 이러한 부분에 있어서도 본 서의 다양한 사례와 노하우가 활발히 공유·활용되어 시너지 효과를 높여 나갈 수 있는 좋은 계기가 될 수 있기를 기대합니다.

항만 설계 실무 출간을 준비하면서 지나온 세월과 많은 기억들이 주마등처럼 스쳐갔습니다. 가장 먼저 척박했던 국내 항만 기술의 발전을 위해 애쓰신 故최병호 교수님과 박동서 부사장, 권재형 전무 등 항만 분야 많은 원로 교수님들과 기술자분들의 열정과 노고에 깊은 존경과 감사를 전합니다. 그 덕분에 우리 항만 분야의 기술은 비약적으로 발전하였고, 그 성과를 바탕으로 많은 후배 기술자들이 미래 해양항만 사업 발전을 위한 꿈을 이어갈 수 있다고 생각합니다.

마지막으로 3년여의 기간 동안 자료의 수집, 집필, 편집을 위해 많은 노력을 기울여 준 현대건설 기술연구원 직원들과 토목설계실 직원들에게도 고마운 마음을 전합니다. 또한 본 서가 세상에 나올 수 있도록 출간을 허락해주신 교문사에게도 감사드립니다. 이 책을 집필하며 저자가 항만인으로서 학문과 식견을 갖출 수 있도록 지도해주신 Oxford 대학(영국) A. G. L. Borthwhwick 교수님께도 감사함을 전하고 싶습니다. 또한 이 외길을 무던히 갈 수 있도록 도와준 아내와 아들 서진이에게도 고마움을 표합니다. 많은 분들의 노력으로 만들어진 본 서가 국내 항만 설계 기술 발전에 조금이나마 도움이 되기를 희망하며, 미래 해양항만 분야의 성장 동력이 되기를 소망해봅니다.

현대건설 계동사옥에서

대표 저자 박구용

머리말 5

CHAPTER 1
항만 및 해안공학 일반 9

1-1 항만의 이해 10

1-2 항만 기본시설의 종류 13

1-2-1 외곽시설 13

1-2-2 계류시설 23

1-2-3 수역시설 33

1-3 해안공학 이론 35

1-3-1 파랑 35

1-3-2 바람과 풍압력 105

1-3-3 조석과 이상 조위 111

1-3-4 해수의 흐름 124

1-3-5 지진과 지진력 130

그림 차례 158

표 차례 160

참고문헌 162

CHAPTER 2
항만 구조물 설계 165

2-1 설계 외력 166

2-2 외곽시설 327

2-2-1 방파제 327

2-2-2 호안 350

2-3 계류시설 361

2-3-1 중력식 안벽 361

2-3-2 잔교식 안벽 373

2-3-3 널말뚝식 안벽 387

2-4 선박건조용 시설 398

2-5 수역시설 403

2-5-1 항로 404

2-5-2 박지 413

2-5-3 선회장 416

그림 차례 420

표 차례 423

참고문헌 426

CHAPTER 3

항만 구조물 설계/시공 사례 429

3-1 외곽시설 430

3-1-1 울산신항 남방파제 1공구 및 범월갑 방파제의 설계 및 시공 430

3-1-2 부산신항 남컨 준설토 투기장 452

3-1-3 새만금 방조제 끝막이 공사의 계획과 시공 465

3-1-4 Colombo Port 485

3-1-5 KNRP 정유공장 해상 공사(호안 및 방파제) 503

3-2 안벽 515

3-2-1 Boubyan Port Phase 1(Combi Wall) 515

3-2-2 인천항 국제여객부두(함선) 535

3-2-3 싱가포르 투아스 핑거원 매립공사(Caisson) 557

3-2-4 광양항 컨테이너 터미널 3단계 2차 축조공사 568

3-3 기타 584

3-3-1 Kuwait Al-Zour LNG 수입항 건설공사 584

3-3-2 여수 Big-O 구조물 설치 공사 609

3-3-3 능동제어형 조류발전 지지구조물 설계, 제작 및 설치 635

그림 차례 675

표 차례 678

참고문헌 680

찾아보기 682

CHAPTER 1

항만 및 해안공학 일반

1-1 항만의 이해

1-2 항만 기본시설의 종류

1-3 해안공학 이론

1-1 항만의 이해

항만은 해륙(海陸) 터미널의 중요한 지점에 있으면서 선박이 안전하게 정박하고, 접안에 의한 직접 하역이 가능하며, 화물을 싣고 내리는 일과 화물의 정리 보관 등이 용이하도록 정비되어 있는 시설을 말하며, 외해의 파랑에 대해 선박이 안전하게 정박할 수 있는 수면을 가지며, 선박이 정박과 화물의 하역이 가능한 시설 및 물류의 유통을 위한 임항 교통시설 등을 포함한다.

항만은 기능상으로 분류하면 상항, 공업항, 어항, 군항, 피난항 및 관광항으로 나눌 수 있으며, 행정상으로는 항만법 제2조 제5호에서 정하는 항만시설과 동법 제11조에서 정하는 비관리청 항만공사로 국가에 귀속된 항만시설을 포함하며, 어촌·어항법 제2조 제5호에서 정하는 어항시설과 동법 제25조에서 정하는 비관리청 어항시설사업으로 국가에 귀속된 어항시설로 구분된다. 관세법상으로는 개항, 불개항 및 자유항으로 나눌 수 있으며, 위치상으로는 연안항과 내륙항으로 구분할 수 있다. 조석상의 분류로는 개구항과 인천항과 같이 갑문으로 수위를 조절하는 폐구항이 있으며, 건설상의 분류로는 대부분의 항만인 매립식 항만과 해안을 준설하여 해안선 내측에 건설하는 굴입식 항만이 있다.

항만법에서 규정하는 기본시설, 기능시설, 지원시설 및 친수시설로 구분할 수 있으며, 기본시설에는 외곽시설, 계류시설, 수역시설, 임항교통시설 등이 있다. 기능시설에는 항행보조, 하역 및 여객 이용시설이 있으며, 지원시설에는 배후유통, 후생복지 및 편의제공시설, 친수시설에는 해양레저 및 해양공원시설 등이 있다.

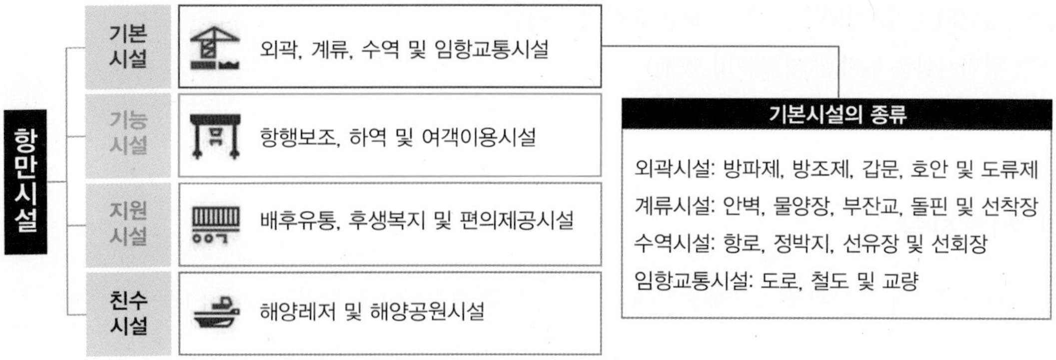

항만시설

기본시설	외곽, 계류, 수역 및 임항교통시설
기능시설	항행보조, 하역 및 여객이용시설
지원시설	배후유통, 후생복지 및 편의제공시설
친수시설	해양레저 및 해양공원시설

기본시설의 종류

외곽시설: 방파제, 방조제, 갑문, 호안 및 도류제
계류시설: 안벽, 물양장, 부잔교, 돌핀 및 선착장
수역시설: 항로, 정박지, 선유장 및 선회장
임항교통시설: 도로, 철도 및 교량

그림 1-1 항만시설의 종류

(1) 기본시설(基本施設)

① 외곽시설(外廓施設): 방파제, 방사제, 파제제, 방조제, 도류제, 갑문, 호안 등
② 계류시설(繫留施設): 안벽, 물양장, 잔교, 부잔교, 돌핀, 선착장, 램프 등
③ 수역시설(水域施設): 항로, 정박지, 선유장, 선회장 등
④ 임항교통시설(臨港交通施設): 도로, 교량, 철도, 궤도(軌道), 운하(運河) 등

(2) 기능시설(機能施設)

① 항행보조시설(航行補助施設): 항로표지, 신호, 조명, 항무통신시설 등
② 하역시설(荷役施設): 고정식 또는 이동식 하역장비, 화물이송시설, 배관시설 등
③ 여객이용시설(旅客利用施設): 대합실, 여객승강용 시설, 소하물취급소 등
④ 화물의 유통 및 판매시설: 창고, 야적장, 컨테이너 장치장 및 컨테이너 조작장, 사일로, 저유시설, 화물터미널 등
⑤ 선박보급시설(船舶補給施設): 급유, 급수시설, 얼음의 생산 및 공급시설 등

⑥ 항만의 관제, 정보통신, 홍보, 보안에 관련된 시설
⑦ 항만시설용 부지(港灣施設用 敷地)
⑧ 어촌·어항법 제2조 제5호 나목의 기능시설

(3) 지원시설

① 배후유통시설: 보관창고, 집배송장(集配送場), 복합 화물터미널, 정비고(整備庫) 등
② 선박기자재, 선용품(船用品) 등의 보관·판매·전시 등을 하기 위한 시설
③ 화물의 조립·가공·포장·제조 등을 위한 시설
④ 공공서비스의 제공·시설관리 등을 위한 항만관련 업무용 시설
⑤ 후생복지 및 편의제공시설: 항만시설을 사용하는 자, 여객 등 항만을 이용하는 자 및 항만에서 일하는 자를 위한 휴게소·숙박시설·진료소·위락시설·연수장·주차장·차량통관장 등
⑥ 연구시설: 항만 관련 산업의 기술개발, 벤처산업지원 등
⑦ 저탄소 항만의 건설을 위한 시설: 신·재생에너지 관련 시설, 자원순환시설 및 기후변화 대응 방재시설 등
⑧ 항만기능을 지원하기 위한 시설로서 해양수산부령으로 정하는 것

(4) 항만친수시설(港灣親水施設)

① 낚시터·유람선·낚시어선·모터보트·요트, 윈드서핑용 선박 등을 수용할 수 있는 해양레저용 시설
② 해양문화·교육시설: 해양박물관·어촌민속관·해양유적지·공연장·학습장·갯벌 체험장 등
③ 해양공원시설: 해양전망대·산책로·해안녹지·조경시설 등
④ 인공해변·인공습지 등 준설토를 재활용하여 조성한 인공시설

(5) 항만배후단지

지원시설 및 항만친수시설과 일반 업무시설 · 판매시설 · 주거시설 등 대통령령으로 정하는 시설(항만 및 어항 설계기준, 해양수산부, 2014)

1-2 항만 기본시설의 종류

1-2-1 외곽시설
1-2-2 계류시설
1-2-3 수역시설

1-2-1 외곽시설

항만의 기본시설 중 외곽시설은 항만 내 시설, 계류 선박 및 배후지를 외해로부터 침입하는 파랑, 조류, 해일 등 해양환경으로부터 방호하기 위해 설치되는 구조물이며, 외곽시설의 기능은 항내 정온 확보, 수심 유지, 해안 파괴 방지, 폭풍해일에 의한 항내 수위 상승 억제, 지진해일(쓰나미)에 의한 항내 침입파의 감쇄와 나아가 항만시설 및 배후지를 파랑으로부터 방호하는 기능을 들 수 있다.

외곽시설은 주로 방파제, 방사제, 파제제, 방조제, 도류제, 갑문, 호안 등을 말하며, 폭풍 및 지진해일 대책 시설로서 제방, 수문 및 통문 등 침수 및 월파제어 구조물과 배수 관련 구조물이 있으며, 침식 및 매몰 대책 등 표사제어 시설로서 돌제, 잠제 등이 있다.

(1) 방파제(Breakwater)

방파제는 외해로부터 진입한 파랑에너지를 소산 또는 반사시켜 항내 시설물을 파랑으로부터 보호하고 항내 정온을 유지시켜 선박의 안전을 도모하고, 정박의 안정성 확보 및 원활한 하역을 도모할 수 있도록 축조된 구조물을 말하며, 구조 형식 및 기능에 따라 일반적으로 그림 1-2와 같이 분류된다.

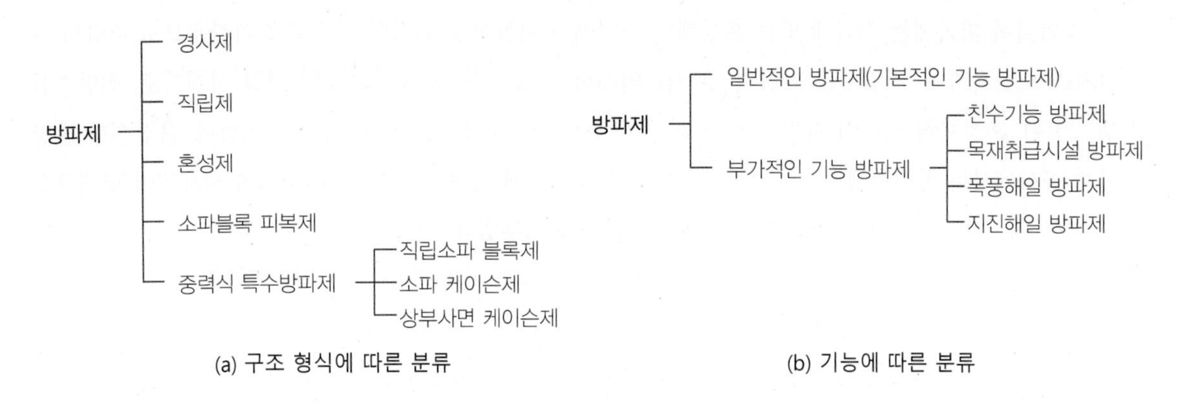

그림 1-2 방파제의 구조 형식 및 기능에 따른 분류(항만 및 어항 설계기준, 해양수산부, 2014)

경사제는 암석이나 콘크리트 소파블록을 사다리꼴 형상으로 쌓아 올린 것으로서 주로 사면상의 쇄파 및 투수성과 조도에 의하여 파랑의 에너지를 소산시키거나 반사시켜 파랑의 항내 진입을 차단한다(항만 및 어항 설계기준, 해양수산부, 2014). 경사제는 지반의 요철에 관계없이 시공이 가능하여 연약지반에도 적용이 가능하고, 세굴에 대해서 순응성이 있으며 시공설비가 간단하고 유지보수가 용이하다. 그러나, 수심이 깊어지면 다량의 재료를 필요로 하게 되고, 유지보수비가 증가하게 되어 비경제적이다.

직립제는 전면이 연직인 벽체를 수중에 설치한 구조물로서 주로 파랑의 에너지를 반사시켜 파랑의 항내 진입을 차단한다(항만 및 어항 설계기준, 해양수산부, 2014). 주로 케이슨이나 콘크리트 블록을 연직으로 쌓아 올려서 시공하며, 사용 재료가 비교적 소량이고 유지보수가 용이하고 경사제에 비하여 유효 항구폭의 확보가 용이하다. 그러나 세굴에 의한 구조물 붕괴 위험이 있으므로 지반이 견고하여야 하며, 시공 시 고파랑에 의한 작업 일수 제한이 문제가 되므로 공기 지연의 가능성이 있다.

혼성제는 기초 사석부 위에 직립벽을 설치한 것으로 파고에 비하여 사석부 마루가 높은 경우에는 경사제에 가깝고 낮은 경우에는 직립제의 기능에 가깝다(항만 및 어항 설계기준, 해양수산부, 2014). 파고에 비하여 수심이 깊은 경우에는 직립벽에서 파랑이 반사되며, 수심이 얕은 때는 사석 마운드에서 파랑이 쇄파하게 된다. 수심이 깊은 해역이나 비교적 연약한 지반에도 적용이 가능하며 사석 마운드와 직립벽의 높이를 조절하면 경제적인 단면이 가능하다. 그러나 사석 마운드의 높이가 높아지면 충격쇄파압이 발생할 위험이 있으며, 충격쇄파압의 저감과 소파 효과를 개선하기 위하여 대형 슬릿 케이슨이 많이 적용되는 추세이다.

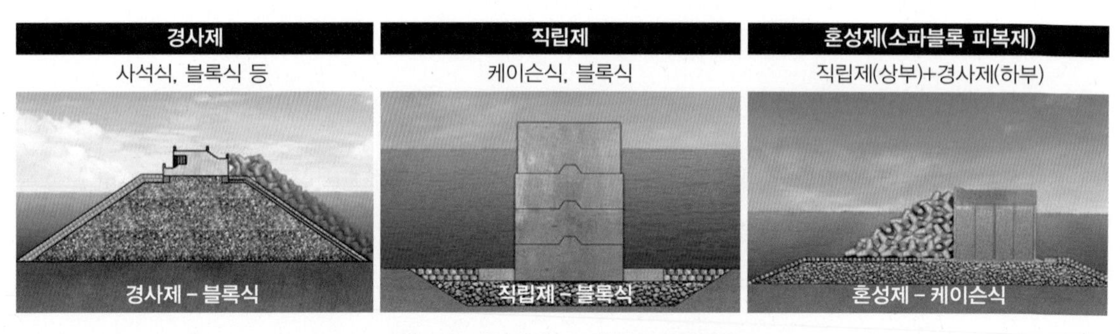

그림 1–3 방파제의 구조 형식에 따른 분류

소파블록 피복제는 직립제 또는 혼성제의 전면에 소파블록을 설치한 것으로 소파블록으로 파랑의 에너지를 소산시키며, 직립부는 파랑의 투과를 억제하는 기능을 가진다(항만 및 어항 설계기준, 해양수산부, 2014). 혼성제에 비하여 파랑 소산 효과가 우수하므로 항내 정온도 확보에 유리하다. 울산신항 남방파제 공사에서는 항내측에 반원형 슬릿 케이슨과 항외측에 대형 소파블록 Sealock이 사용되어 항내측으로 진입하는 연파와 항외측 반사파를 저감하는 효과를 거두었다.

특수 방파제로서 직립소파 블록제, 소파 케이슨제, 상부사면 케이슨제, 반원형 유공 케이슨제, 이중 원통식 케이슨제, 부유식 방파제, 소파판 잔교식 방파제, 반원형 슬릿 케이슨제, 석션파일 방파제, 공기 방파제, 강관 말뚝을 이용한 커튼식 방파제 등이 있다. 이중 부유식 방파제는 비교적 입사파고가 작은 해역에 적용되며, 수면 근처에 부유체를 설치하고 앵커 등을 이용하여 계류하는 방식으로 파고가 작고 주

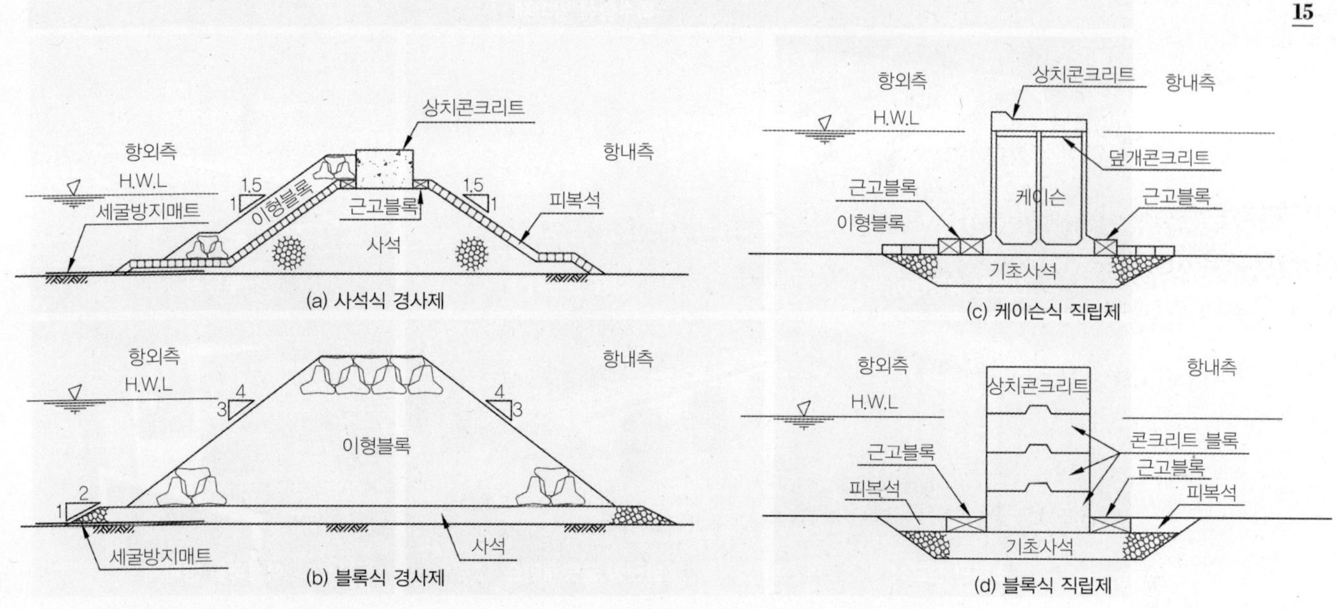

그림 1-4 방파제의 형식 1(항만 및 어항 설계기준, 해양수산부, 2014)

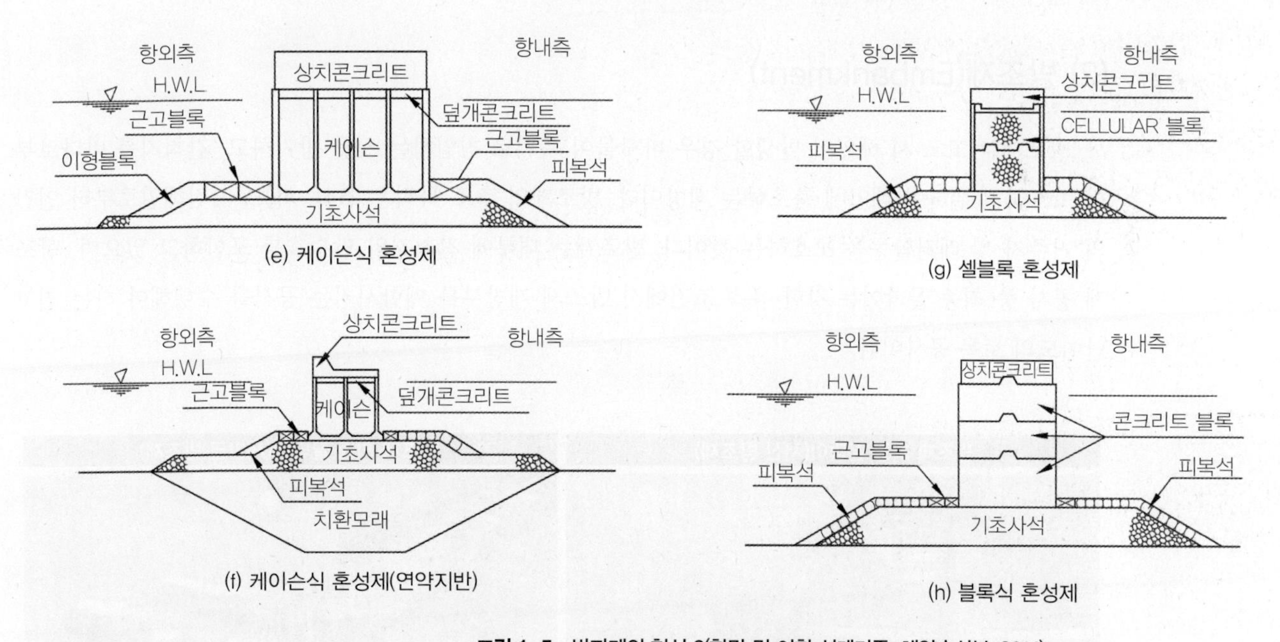

그림 1-5 방파제의 형식 2(항만 및 어항 설계기준, 해양수산부, 2014)

기가 짧은 해역에서는 유리하나 장주기파랑에는 항내 정온도 확보가 어렵다. 국내에서는 원전항에 철제 부유식 방파제가 적용되었으며, 인천항 국제여객부두에는 대형 크루즈선의 접안을 위한 콘크리트 폰툰식 부잔교가 적용되었다.

그림 1-6 특수형식 방파제의 예[출처: 반원형 유공 케이슨, 이중 원통식(항만건설기술, 삼성 건설), 부유식(원전항, 포스코 건설), 소파판 잔교식, 반원형 슬릿 케이슨(현대건설), 석션파일 방파제(한국해양과학기술원)]

(2) 방조제(Embankment)

방조제는 고조 시 해일이 발생할 경우 바닷물이 육지로 침입하는 것을 방지하고, 간척지를 바다로부터 방호하기 위하여 해안에 축조하는 제방이다. 방조제의 축조 목적은 조석, 파도, 지진해일로부터 인간의 거주지 및 레저활동을 보호하는 것이다. 방조제는 내부에 간척지와 담수호를 포함하고 있으며, 방조제 공사 중 최종 끝막이는 강한 유속 조건에서 방조제 개방부를 폐합시키는 공사를 수행해야 하는 최고 난이도의 토목 공사이다.

그림 1-7 방조제 최종 끝막이 사례(좌: 서산 방조제, 우: 새만금 방조제)

서산 간척 사업 중 가장 어려운 공정이었던 A지구 방조제 축조 공사는 양쪽 제방으로부터 토사 및 사석을 투하시켜 중간지점에서 연결시키기 위해 둑 양쪽에서 제방건설을 진행하였다. 최종 끝막이 270m 구간에 이르러서는 급격한 조위차로 인해 8.2m/sec에 달하는 유속이 발생하였으며 조수의 평균 유량은 3억4천 톤에 이르렀다. 급속한 조수의 흐름은 끝막이 구간에 투하시킨 사석을 휩쓸려 보냈으며 양쪽 제방을 연결시키기 위해서는 12톤이 넘는 사석을 투하시켜야 했으나, 현지에서는 그와 같은 크기의 사석을 조달하기가 불가능하였다.

이러한 해양환경하에서 최종 끝막이 공사를 성공시키기 위해 고안된 것이 유조선 공법(VLCC, Very Large Crude Oil Carrier)'이다. 본 공법은 현대건설 창업자인 정주영 회장이 제안하였기 때문에 '정주영 공법'이라고도 불린다.

270m 구간의 최종 물막이 공사에 사용된 226,000DWT급의 유조선은 폭 45m, 길이 320m, 높이 27m의 초대형 선박이었다. 울산 현대중공업에 정박되어 있던 폐유조선을 공사현장까지 예인하여 물막이 구간에 위치시킨 후 유조선 내부에 해수를 채워 가라앉혔다. 유조선이 침하하자마자 140여 대의 덤프트럭이 일시에 유조선과 제방의 틈새에 사석을 투하하여, 단 하루만에 조수의 흐름을 차단하는데 성공하였다. 그 이후 유조선에 의해 임시로 물막이된 구간을 최종적으로 연결하여 공사를 마무리하였다. 방조제 공사가 완료된 후에는 유조선을 다시 띄워 인천항으로 예인하였다.

그림 1-8 방조제 최종 물막이 및 최종 연결 사진(서산 간척 사업)

새만금 방조제 끝막이 공사는 전 세계에서도 유례를 찾아볼 수 없을 정도로 조차가 크고 조류속이 빠른 해상 조건과 기초 지반의 지질이 극히 연약한 사질 실트라서 세굴에 매우 취약하며, 세계 최장 방조제 연장 33km 중 2구간을 동시에 끝막이를 수행하여야 하는 최악의 조건이었다. 간척 선진국인 네델란드, 일본에서도 유래를 찾아볼 수 없는 난공사임에도 불구하고, 당초 공기를 3일이나 앞당겨 단 한 번의 방조제 유실이나 안전사고 없이 2구간 동시 끝막이를 한 번에 성공하였다. 그 주요인은 수리모형 및 수치모형실험 등의 연구를 통한 장기간에 걸친 치밀한 준비, 현대건설의 타 방조제 공사에서 축적된 기술력과 최신 공법의 동원, 관계기관의 유기적인 협조 등을 통해 우리나라에서 독자적으로 개발한 사석 돌망태를 혼용한 점축식 공법인 한국형 끝막이 공법을 적용하여 방조제 구간의 조석 변화에 의한 흐름을 철저히 분석하여 최적의 시공 계획 수립과 수행으로 가능하였다.

그림 1-9 새만금 방조제 최종 끝막이 공사

(3) 갑문(Dock Gate)

갑문은 조석 간만의 차이가 심한 항만이나 건선거(Dry Dock)에서 선거 내 수심을 항상 일정하게 유지시키며 선박이 입출항할 수 있도록 만든 시설로서, 하천 등의 운하에 설치하는 갑문과 항만 수역에 설치하는 갑문으로 구분할 수 있으며, 방조제 내부의 수위 조절을 위한 배수갑문이 있다. 갑문은 설치 위치의 적정성에 따라 그 주변의 항만 기능, 예를 들어 정박지의 면적, 접안시설의 확장 예정지 등에 제한을 주거나 다른 항행 선박에 위험을 끼칠 수 있으므로 갑문의 설치 위치는 바람, 파랑, 조류, 표사 등의 해양 하중과 지반 조건을 고려하여 선정하여야 한다(항만 및 어항 설계기준, 해양수산부, 2014).

갑문은 그 각부의 배치의 조합에 따라 단비실(單扉室) 갑문, 복비실(複扉室) 갑문, 복식(複式) 갑문 및 계단식 갑문으로 구분되며, 갑문은 설치 위치의 자연 상황, 통항 선박의 주요 치수 및 척수에 따라서 선박의 출입 시에 안전하고 원활하게 조선할 수 있도록 적절한 형상으로 하여야 한다.

갑문은 문비, 갑실, 취배수 장치와 필요시 유도제 등으로 구성되며, 복비실(複扉室) 갑문의 경우 그림 1-11과 같은 배치를 갖는다.

그림 1-10 배수갑문 및 부두갑문

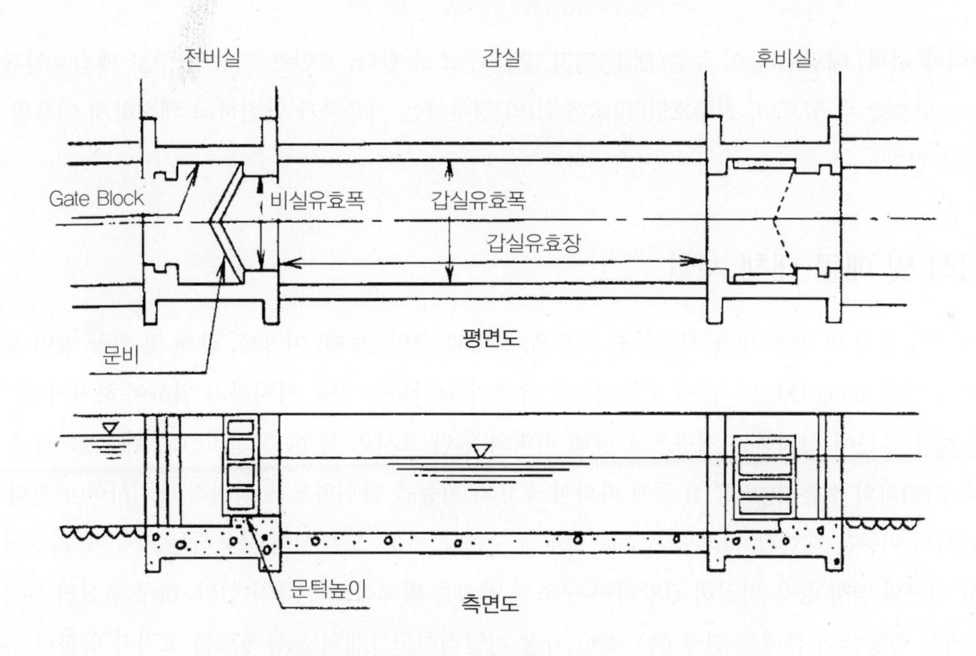

그림 1-11 갑문 각부의 명칭(항만 및 어항 설계기준, 해양수산부, 2014)

(4) 호안(Revetement)

호안은 파랑이나 폭풍해일로부터 해안과 배후 매립지를 보호하기 위한 해안 구조물로서, 사석식, 콘크리트 블록식, 케이슨식 등으로 구분되며, 사석식 호안은 주로 기초 사석, 필터층, 피복층 및 상치공으로 구성되고, 전면 피복석의 유실과 월파로 인한 배후지 침수 등을 방지하기 위해 설치된다. 사석식 호안은 호안 전면 피복층을 사석으로 설치한 호안이며, 파고가 큰 해역에서는 테트라 포드(Tetra Pod)와 같은 콘크리트 소파블록이 피복재로 사용되기도 한다. 호안은 파랑 및 고조의 월파 및 월류로 인해 매립지의 보전 및 이용에 지장을 초래하지 않을 마루높이를 가져야 하고, 파압, 토압 등의 외력에 대하여 안정된

그림 1-12 콘크리트 소파블록식 호안 및 친수호안

구조이어야 하며, 매립토 등이 누출(漏出)되지 않을 구조로 한다. 호안은 기능상 주로 매립호안과 친수호안으로 구분할 수 있으며, 친수호안(親水護岸)의 경우에는 이용자가 안전하고 쾌적하게 이용할 수 있는 구조로 한다.

(5) 침식 및 매몰 대책 시설

해안선의 침식 및 매몰 대책 시설로서 도류제, 제방과 호안, 돌제, 이안제, 잠제 및 인공 양빈 등이 있으며, 도류제(Training Dike)는 토사의 퇴적으로 유로가 교란되는 것을 방지하기 위하여 하천이 합류하는 곳이나 하류 부근에 설치하는 제방으로 당해 지역의 연안 표사의 특성, 하천의 고수위(高水位)시 및 저수위(低水位)시의 소류력(掃流力) 등에 따라서 소요의 기능을 발휘하도록 적절히 배치하여야 한다. 도류제는 표사의 이동을 제한할 목적으로 주로 불투과 구조로 하고, 도류제에 작용하는 파랑 및 하천의 흐름에 의한 세굴의 영향 등을 적절히 감안하여 구조의 안정을 확보하도록 해야 한다. 하구 수심의 유지를 위하여 2개의 평행한 도류제를 연장하는 것이 가장 바람직하고 1개의 도류제로는 효과가 약하다. 길이가 다른 2개의 도류제를 설치하는 경우 일반적으로 표사의 하류측 도류제를 길게 하는 편이 효과적이다.

제방(Embankment)과 호안(Revetment)은 해안 육측면의 비탈면을 둘러싸서 배후의 토사가 파랑이나 흐름에 의하여 파괴 또는 유실을 방지하는 것으로, 더 이상 해안의 침식을 허용할 수 없는 경우나 침식이 심한 곳에는 다른 공법을 병용한다(항만 및 어항 설계기준, 해양수산부, 2014).

돌제(Groin)는 해안의 표사 이동을 막을 목적으로 해안에서 직각 방향으로 설치하여 연안류나 파랑류에 의한 해안 침식을 저감하는 구조물로서 돌출제로도 불린다. 돌제는 단일 시설물로 사용되는 경우는 없으며 돌제군은 적당한 간격으로 돌제를 여러 개 설치하는 것을 말한다.

돌제군은 연안 표사의 일부를 포착(捕捉)하여 해안선을 전진시키며, 연안류를 해빈에 가까이 오지 못하게 하거나 초기 파랑의 방향에 대해서 해안선을 직각으로 만들어 해빈에서 빠져나가는 모래의 양을

그림 1-13 도류제

감소시키는 효과를 나타낸다. 따라서 돌제군은 계절적인 전진후퇴가 심한 해안선을 안정시키거나, 연안 표사가 많은 해안에서 해빈을 전진시키거나, 호안 및 제방 비탈면에 모래의 이동을 저지하여 비탈면의 세굴을 방지하려는 경우에 설치한다. 돌제는 평면 배치에 따라 직선형, T형, L형, Z형 돌제로 구분할 수 있으며, 제체의 투과성에 따라 투과성 돌제와 불투과성 돌제로 구분할 수 있다.

직선형 돌제는 해안선에 직선 형태로 튀어나온 것으로, 이러한 종류의 돌제는 하류측의 해안에 침식이 일어나는 수가 있다. 이것을 피하기 위하여 돌제군으로 하여 돌제의 길이를 차례로 짧게 하거나 평행 호안 등을 병용함으로써 하류측의 침식을 방지하는 수도 있다.

T형, L형, Z형 돌제는 직선형 돌제의 중간부 또는 선단 등에 평행 돌제를 붙인 것으로 이러한 돌제는 토사의 공급이 불충분하거나 침입 파고가 커서 해빈의 모래를 심해 쪽으로 쓸어갈 염려가 있는 경우에 효과적이다. 평행 돌제는 침입 파고를 감소시키며, 또한 파랑의 회절에 의하여 기저부에서 퇴적이 잘 되

그림 1-14 직선형 돌출제군 및 T형 돌출제군

그림 1-15 이안제 및 잠제

도록 한다.

이안제(Offshore Breakwater) 및 잠제(Submerged Breakwater)는 해빈을 보호하기 위해 해안선에서 어느 정도 떨어진 위치에 해안선과 평행하게 설치되는 방파제로서, 이안제는 수상에 노출되는 반면 잠제는 수면 아래 위치하여 천단이 수상에 노출되지 않은 구조물이다.

이안제의 길이는 해안선으로부터의 거리와 입사파의 파장과 관련하여 결정되지만 연안 표사의 차단을 목적으로 한 이안제는 배후의 파고와 연안 유속을 감소시켜, 모래를 퇴적시키는 데 충분한 길이를 필요로 한다. 이안제는 구조물 배후의 파랑에너지의 회절과 연안 표사의 퇴적으로 톰볼로(Tombolo)를 형성하게 되며, 톰볼로가 생긴 뒤에 그 톰볼로가 마치 돌제와 같은 작용을 하므로 이안제 간의 간격은 이러한 톰볼로가 용이하게 형성될 수 있도록 너비를 충분하게 해야 한다.

잠제는 수면보다 아래에 위치하여 파랑에너지 일부를 차단 및 소산시켜 배후의 해안 침식을 저감시키는 구조물로서, 수면에 노출되지 않으므로 경관이 우수하나 이안제보다는 연안 방호 기능이 떨어진다. 항상 내습하는 파랑의 쇄파 위치에 이안제나 잠제를 설치하면 제체나 기초의 안전에 대하여 좋지 않으며, 월파에 의한 교란이 제체 배면의 기초 또는 해저까지 미치지 않는 수심으로 해야 한다.

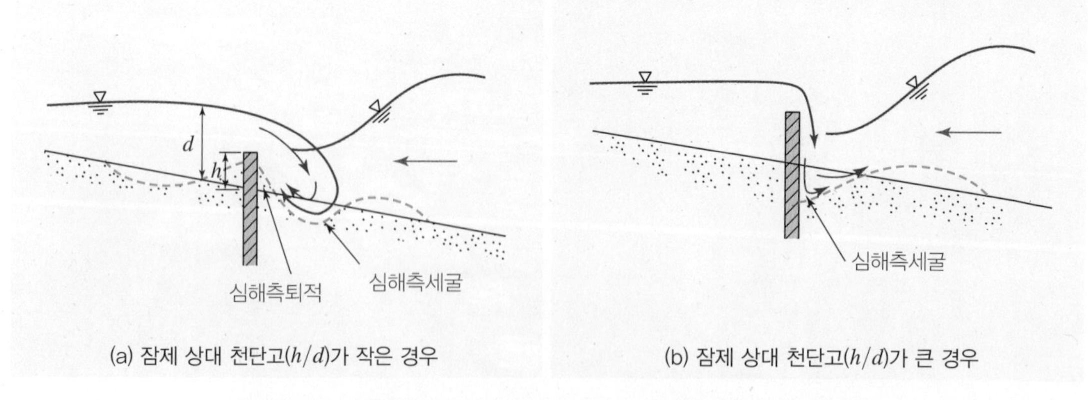

그림 1-16 잠제부근의 세굴작용(항만 및 어항 설계기준, 해양수산부, 2014)

급경사인 잠제를 설치한 경우에는 부딪혔다가 돌아가는 물의 흐름이 저지됨에 의하여 잠제로부터 해안쪽으로 수역의 수위가 높아진다. 이것은 잠제의 마루로부터 월류하여 생기는 와류(渦流)에 의하여 심한 세굴작용을 일으키는 수가 많으므로 마루높이와의 관계도 충분히 검토해야 한다(항만 및 어항 설계기준, 해양수산부, 2014).

1-2-2 계류시설

항만의 기본시설 중 계류시설은 선박이 접안해서 화물의 하역과 여객의 승·하선을 위한 접안 설비를 총칭하는 말로서, 접안시설에는 안벽, 물양장, 잔교, 부잔교 등이 있다. 계류시설의 구조 형식 선정은 계획 지점의 수심, 지형, 지질, 파랑 및 조류 등 자연적 조건과 부두 이용 목적에 따라 경제적인 구조로 계획되어야 하며, 구조 형식에 따른 종류는 중력식, 잔교식, 널말뚝식, 셀식, 부잔교식, 돌핀식, 계선부표식 등으로 구분할 수 있다(그림 1-17).

안벽은 선박의 접안을 위한 구조물로서, 토압, 수압 등의 외력에 대하여 자중과 마찰력 또는 널말뚝이나 말뚝의 관입 저항과 버팀 앵커 등으로 저항하는 구조물이다. 중력식, 널말뚝식, 셀식 및 선반식 등이 있으며, 매립 토압을 지지하는 구조물과 상치콘크리트, 사석 마운드, 뒤채움 사석, 매립 지반, 방충재(Fender) 및 계선주(Bollard), 부두 뜰(Apron) 등으로 구성된다.

잔교(Suspended Deck Structures)란 육안(陸岸)에서 어느 정도 떨어진 해역에 주로 강관 말뚝이나 철근 콘크리트 말뚝을 설치한 후 콘크리트 보 및 슬래브를 타설하고, 잔교 하부에 경사식 호안 구조와 육측에 흙막이 구조물을 설치하고 매립하여 선박을 접안하는 구조물이다. 수직 하중은 지중에 시공된 말뚝의 선단지지력, 주면마찰력 및 그 조합으로 지지되며, 수평 하중은 말뚝의 수평저항 형태로 지지된다. 평면 형식으로 돌출부두 전면을 잔교 구조로 하는 돌출 잔교(Finger Jetties)와 육지와 평행한 방향으로 설치되는 횡잔교(Marginal Quay)로 구분된다. 돌제식 잔교는 토압을 받지 않고 횡잔교는 토압의 대부분을 토류벽이 받고 그 일부만 잔교가 받게 된다.

부잔교(Floating Platform)란 육안(陸岸)에서 어느 거리만큼 떨어진 해상에 폰툰이라고 하는 상자형 배를 띄우고 여기서 육안까지 연결도교를 설치하여 여객의 승하선과 하물의 선적 및 하역 작업을 하는 구

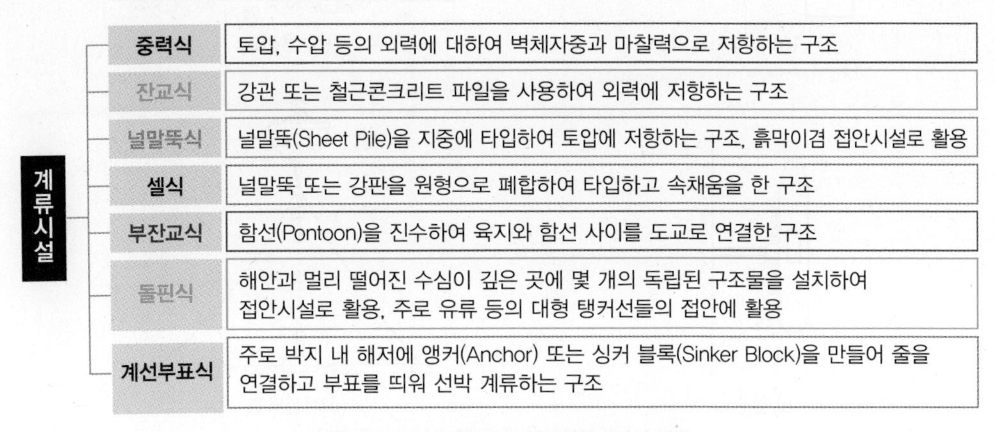

그림 1-17 구조 형식에 따른 계류시설의 종류

조물을 말한다. 부잔교는 화물 취급 및 승객 이용 시 안정적이고 안전한 동시에 충분한 내구성을 가져야 하며, 계류체인, 계류앵커 등은 대상 지역의 외력조건(파랑, 흐름 등)에 충분한 내력을 보유해야 한다. 부잔교는 주체가 되는 폰툰, 육안과 폰툰을 연결하는 연결도교, 폰툰과 폰툰을 연결하는 연결도교, 폰툰을 앵커 시키는 계류라인으로 구성된다.

돌핀(Dolphin)은 육안(陸岸)에서 어느 거리만큼 떨어진 해상에 설치한 독립 구조물을 이용하여 선박의 접안 및 계류가 가능하게 하는 구조물이며, 주로 계류돌핀(Mooring Dolphin)과 접안돌핀(Breasting

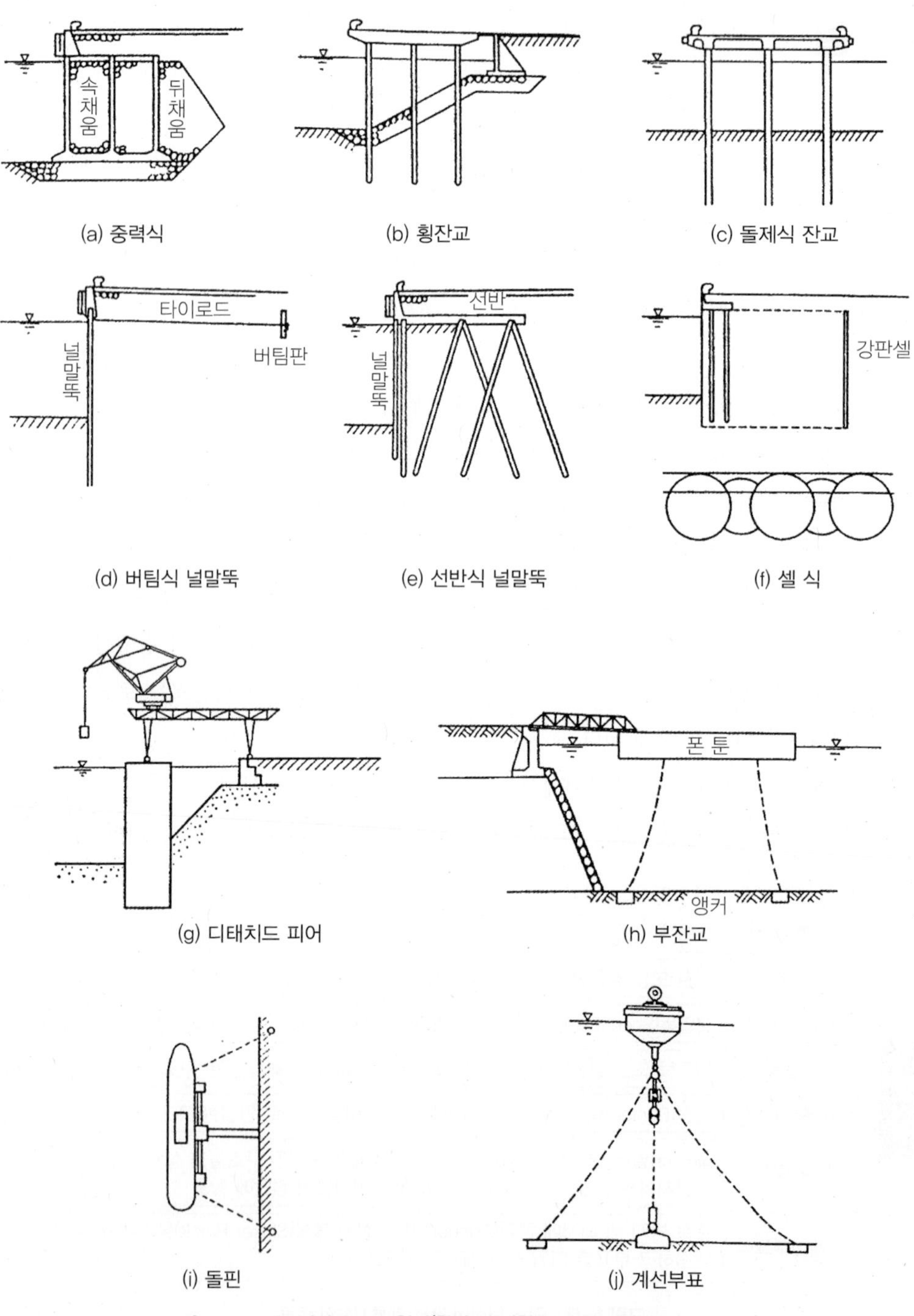

그림 1-18 계류시설의 구조 형식(항만 및 어항 설계기준, 해양수산부, 2014)

Dolphin)으로 구분할 수 있다. 돌핀은 Loading Platform, Access Trestle 및 Catwalk 등의 구조물과 함께 초대형 유조선 부두, LNG Receiving Terminal 등에 적용되며, 돌핀의 종류는 말뚝식, 강제셀식, 케이슨식 및 자켓식 등이 있다.

계선부표(Mooring Buoy)는 주로 박지 내에서 해저에 앵커된 선박 계류용의 부표를 말하며, 대형 유조선의 단순 계류 및 해저 파이프 라인을 통한 원유나 천연가스의 이송을 하기 위한 구조물이다. 부표, 계류앵커, 침추 및 앵커체인 등으로 구성된다. 부표의 개수에 따라 Single Point Mooring 부표와 Double Point Mooring 부표 등으로 나눌 수 있다.

(1) 중력식 안벽(Gravity Quay Walls)

중력식 안벽은 토압, 수압 등 외력에 대하여 자중과 저면의 마찰력에 의해서 저항하는 구조이며, 케이슨, 우물통, 블록, L형 블록, 셀룰러 블록, 현장타설 콘크리트식, 직립소파식(直立消波式) 등이 있으며, 주로 콘크리트 구조물로서 지반이 견고하고 수심이 얕은 경우에 유리하다. 프리캐스트 콘크리트(Precast Concrete) 구조로 할 때는 육지에서 제작하므로 품질을 보증할 수 있고 시공이 간단하나, 케이슨 제작장 등 육상의 제작시설비가 많이 든다. 그러나 시공 연장이 긴 경우에는 단가를 저렴하게 할 수 있다(항만 및 어항 설계기준, 해양수산부, 2014).

중력식 안벽의 각 형식별 특성은 다음과 같다.

1) 케이슨식 안벽(Caisson Type)

케이슨식 안벽은 사석 마운드 조성 후 육상에서 제작한 콘크리트 케이슨을 해상크레인이나 부선거(Floating Dock)를 이용하여 설치한 후 배후면을 사석과 흙으로 매립하여 부두를 조성한다. 콘크리트 케이

그림 1-19 중력식 안벽의 종류

슨을 설치하여 부두를 조성하므로 구조적 안정성이 우수하고, 육상 공장 제작을 하므로 품질 관리 및 시공 관리가 우수하다. 공장 제작형 다단계 제작 공법의 경우 Slip Form을 이용한 벽체 타설과 IP-CCV를 이용한 다단계 제작으로 공기가 짧고 공정관리가 용이하다. 지반이 견고한 경우 가장 안정적인 안벽 구조물로서 대형선 부두에 적합한 구조물이며, 속채움 재료를 저렴하게 공급할 수가 있다.

그러나 케이슨의 진수시설 및 제작시설비가 많이 들기 때문에 연장이 짧을 때는 단가가 비싸며, 케이슨은 주로 물에 띄워서 거치하기 때문에 충분한 수심이 확보되지 못하면 거치할 수 없는 경우가 발생한다(항만 및 어항 설계기준, 해양수산부, 2014).

또한 기초 지반이 연약한 경우 지반 처리비가 증가하게 되고, 부등 침하로 인한 구조물 변위 문제가 발생하게 된다.

2) 우물통식 안벽(Well Type)

우물통식 안벽은 오픈 케이슨을 육상 제작하여 해상크레인 등으로 인양 후 소정 위치에 거치하고 케이슨 내부의 해수 및 연약지반층을 굴착하여 기초 지반에 침설한 후 케이슨 내부를 양질의 모래, 사석 등으로 속채움을 하는 안벽 구조물이다(항만 및 어항 설계기준, 해양수산부, 2014). 우물통식 안벽은 강재나 콘크리트로 제작되며, 오픈 케이슨을 육상에서 제작하므로 품질이 우수하고 기반암의 출현 심도가 얕은 경우에 유리한 공법이다. 반대로 지지층의 심도가 깊으면 적용이 곤란하고 전석이나 장애물이 있는 경우 침설이 어려우며, 내부 굴착 시 히빙이나 보일링 현상이 발생할 가능성이 있다.

3) 블록식 안벽(Block Type)

블록식 안벽은 사석 마운드 조성 후 콘크리트 블록을 쌓아 올린 후 배후면을 사석과 흙으로 매립하여 부두를 조성한다. 지반이 양호하고 수심이 작은 해역에서 소형선 부두에 블록식 안벽이 잘 적용되며, 공사용 임시부두로도 활용도가 높다.

콘크리트 블록을 쌓아서 안벽으로 이용하므로 배후의 큰 토압에 견딜 수 있으나 지반이 약하면 채택하기 힘들다. 블록은 육상작업으로 제작되기 때문에 품질을 보증할 수 있으나 설치할 때에는 해상 크레인 등 대형 장비가 필요하다(항만 및 어항 설계기준, 해양수산부, 2014).

기초 지반이 연약한 경우 지반 처리비가 증가하게 되고, 부등 침하로 인한 구조물 변위 문제가 발생하게 된다.

4) L형 블록식 안벽(L-Shaped Block Type)

L형 블록식 안벽은 사석 마운드 조성 후 육상에서 L형 블록을 제작하여 블록 및 블록 저판상의 채움사석 중량과 그 마찰력에 의해서 토압에 저항하는 구조물이다. L형 블록은 철근콘크리트 블록이지만 토압에 저항하는 중량으로 채움사석을 이용할 수 있으므로 수심이 얕은 경우는 경제적일 수 있다. 그러나 지반이 약하면 침하가 발생하므로 L형 블록은 부적합하다(항만 및 어항 설계기준, 해양수산부, 2014).

설치 시 해상크레인 등의 대형 해상장비가 필요하고 해상의 작업 환경에 영향을 받으므로 공기가 길어질 수 있다.

5) 셀룰러 블록식 안벽(Cellular Block type)

셀룰러 블록식 안벽은 철근 콘크리트로 제작한 상자형 블록 내부를 속채움재로 채워서 외력에 저항하도록 한 구조이며, 사석 마운드를 조성한 후 육상에서 제작한 셀블록(Cell Block)을 해상크레인이나 리볼빙 크레인 바지선으로 설치하고 내부를 사석이나 모래로 속채움하는 공법이다. 블록 내부의 구멍(hollow) 크기가 상대적으로 작아 벽체의 인장부에 미치는 영향이 적은 경우에는 무근콘크리트 구조도 가능하다(항만 및 어항 설계기준, 해양수산부, 2014).

케이슨식 안벽에 비해 공사비가 적고 소형 장비를 이용한 시공이 가능하다. 공사용 선박의 접안이 가능하여 임시부두로 활용되며, 육상 제작장에서 셀블록을 제작하므로 품질이 우수하고 품질관리가 용이하다. 기초부 세굴 발생 시에는 블록의 부등침하 및 내부 속채움재의 유실이 발생할 수 있다.

6) 현장타설 콘크리트식 안벽(Cast in Place Concrete Type)

현장타설 콘크리트식 안벽은 수중 콘크리트 또는 프리팩트 콘크리트 등으로 현장에서 직접 벽체를 축조하는 방식으로, 주로 매립한 토사에 지중연속벽(Diaphragm Wall)이나 현장타설 철근콘크리트 벽체를 조성 후 안벽 전면을 준설하거나 가물막이(Coffer Dam)를 설치한 후 육상 작업과 같이 대형 무근콘크리트 벽체를 조성하거나 부벽식 철근콘크리트 구조물을 조성하기도 한다.

(2) 잔교식 안벽(Suspended Deck Structures)

잔교는 평면 배치에 따라 해안선과 나란하게 축조하는 횡잔교와 해안선에 직각으로 축조하는 돌제식 잔교가 있다. 돌제식 잔교는 토압을 받지 않고 횡잔교는 토압의 대부분을 토류벽이 받고 그 일부만 잔교가 받게 된다(항만 및 어항 설계기준, 해양수산부, 2014).

그림 1–20 잔교식 안벽의 종류

잔교식 구조물은 구조적으로 토류벽과 잔교의 조합 구조이므로 공사비가 비교적 고가이다. 중력식 구조물에 비해 지반이 약한 곳에서도 적합하고, 기존 호안이 있는 지역에 안벽을 축조할 때는 호안 전면에 횡잔교를 설치하는 것이 호안과 흙막이 구조물 비용을 줄일 수 있어 더 경제적이다. 잔교식 안벽은 수평력에 대한 저항력이 비교적 적으므로 직항 및 사항을 함께 이용하는 사조항식 횡잔교가 안벽 구조물로 자주 사용되며, 잔교에 작용하는 지진력, 수평력을 사조항으로 분담시키는 구조 형식이다.

(3) 널말뚝식 안벽(Sheetpile Quay Walls)

강재 또는 콘크리트 널말뚝을 지중에 타입하여 토압에 저항하도록 하여 흙막이벽과 겸용하여 계선안으로 이용하는 구조물로서, 보통 자립식, 버팀(앵커)식, 셀식 안벽 등이 있다(항만 및 어항 설계기준, 해양수산부, 2014).

시공설비가 비교적 간단하고 공사비가 저렴하여 대개의 경우 기초공사로서의 수중공사를 필요로 하지 않으므로 급속시공이 가능하다. 원지반의 수심이 깊은 경우 말뚝 시공 후 뒤채움이나 버팀공이 없는 상태에서는 파랑 하중에 취약하고 강널말뚝의 경우 부식에 대한 대책이 필요하다. 구조물 강성이 약하므로 H-Pile이나 강관 말뚝과의 조합을 통해서 구조물 벽체의 강성을 증가시켜 안벽으로 이용하기도 한다.

1) 자립식 널말뚝(Cantilevered Sheetpile Wall)

버팀공(앵커공) 등의 상부 받침이 없는 간단한 구조 형식으로서 외력하중을 널말뚝의 휨강성과 근입부의 횡저항으로 지지하며, 벽체가 높지 않은 소규모의 물양장 등에 적당하다.

그림 1-21 널말뚝식 안벽의 종류

2) 타이로드(타이로프)식 널말뚝(Anchored Sheetpile Wall)

타이로드 또는 타이로프로 버팀공을 취하고, 근입부 지반과 버팀공을 받침으로 하여 벽체를 안정시키는 공법으로서 가장 일반적인 공법이다.

3) 사항(斜抗) 버팀식 널말뚝(Sheetpile Walls with the Battered Pile)

널말뚝 배후에 경사로 말뚝을 타입하고 말뚝 머리와 강널말뚝 머리를 결합하여 안정을 유지시키는 구조로서 시공이 단순하여 공기단축 및 공사비를 절감할 수 있는 공법이다.

4) 선반식 널말뚝(Relieving Platform)

널말뚝 배후에 말뚝을 타입하고 선반을 설치하여 상재하중 및 상부 토사하중의 일부를 선반말뚝으로 하여금 받게 하여 수평력을 널말뚝 근입부의 수동토압 및 선반말뚝의 수평저항에 의해 지지시키는 구조로서 강널말뚝에 작용하는 토압을 경감시킬 수 있는 공법이다. 따라서 일반적인 널말뚝식 안벽으로는 근입부의 수동토압이 부족해서 적용이 불가능한 연약지반상에도 축조가 가능하다.

5) 이중 널말뚝(Double Sheetpile Wall)

강널말뚝을 2열로 타입 후 그 사이를 타이로드 등으로 연결하고 중간 채움을 하여 벽체를 형성하는 구조형식으로서 타이로드식과 셀식의 중간 형태이며, 수중에 돌출된 구조물 축조에 편리하고 양쪽을 안벽으로 사용할 수 있다.

6) 셀식 널말뚝(CellType Sheetpile Wall)

널말뚝을 원통형으로 타입하고 중간 채움을 하는 구조로서 중간 채움재의 전단저항과 널말뚝의 이음긴장력에 의해 외력에 저항하는 구조 형식이다. 연약층이 비교적 깊은 곳에도 적합하며 타입 시 정밀한 시공이 요구된다(항만 및 어항 설계기준, 해양수산부, 2014).

(4) 강판셀식 안벽(Fabricated Steel Cell Quaywall)

거치식 강판셀은 강판셀을 토층에 근입시키지 않고 거치하는 형태로서 충분한 지지력을 확보할 수 있는 양호한 기초 지반상에 적용 가능한 구조 형식이다. 한편, 지지력이 다소 부족한 기초 지반의 경우에는 강판셀을 소요 지지력이 확보되는 하부 토층까지 근입시킨 근입식 강판셀 형식이 있다(항만 및 어항 설계기준, 해양수산부, 2014).

(5) 디태치드피어(Detached Pier)

디태치드피어는 석탄, 광석 등 단일산화물을 대량으로 취급할 때 궤도주행식 크레인 등의 기초를 만들어서 안벽으로 사용하는 것이다. 이 구조는 잔교의 슬래브가 없는 것과 동일하다(항만 및 어항 설계기준, 해양수산부, 2014).

(6) 부잔교(Floating Pier)

부잔교는 폰툰과 육안(陸岸)과의 사이 또는 폰툰 사이를 도교(渡橋)로 연결하여 선박을 접안시키는 시설이며, 보통 조차(潮差)가 커서 일반시설로는 하역이 어려운 지역이나 수심이 깊고 연약지반이 깊어 경제성이 떨어지는 곳에서 많이 사용된다. 파랑에 약하고 동요가 심하기 때문에 정온한 장소에 설치해야 하며, 유지비가 많이 드나 연약지반 또는 수심이 필요 이상으로 깊어 보통의 안벽이나 잔교구조로 하는 곳에 많은 공사비가 소요될 경우 부잔교를 설치하는 것이 경제적으로 유리하다. 부잔교는 잔교보다 물의 유동이 원활하므로 표사 등이 심한 곳에서도 종래의 평형상태를 유지할 수 있으며, 신설 및 이설이 간단하고 비교적 연약한 지반에도 적합하다. 재하력이 적고 하역설비를 설치하기 어렵기 때문에 하역능력은 적으며, 파랑이나 흐름의 영향을 많이 받는 곳에는 적합하지 않다. 부잔교의 계류를 위해 계류라인, 계류앵커 등에 강재를 쓰기 때문에 부식만이 아니고 기계적으로도 마모되므로 각 부분의 유지관리에 주의하여야 한다(항만 및 어항 설계기준, 해양수산부, 2014).

폰툰은 수면의 승·하강과 동시에 오르내리고, 부잔교 상면과 수면과의 차가 일정하므로 여객이 주로 이용하는 소형선이나 페리보트(Ferry Boat)를 계류하는 데 편리하다. 폰툰의 갑판, 저판, 측벽은 박스라멘(Box Ramen) 형식으로 제작하여 전체적으로 강성이 우수하고 부유시 안정성 확보를 위해서는 충분히 수밀하여야 한다. 폰툰은 그 제작 재료에 따라 철근콘크리트 폰툰, 강재 폰툰, 프리스트레스 콘크리트 폰툰(Prestress Concrete Pontoon), 목재 폰툰 및 FRP 폰툰 등으로 구분되며, 폰툰에 작용하는 하중으로는 상재하중과 활하중, 도교와 연락교의 지점 반력, 수압, 사하중, 자중 및 파랑, 조류 및 바람 하중 등을 고려하여야 한다.

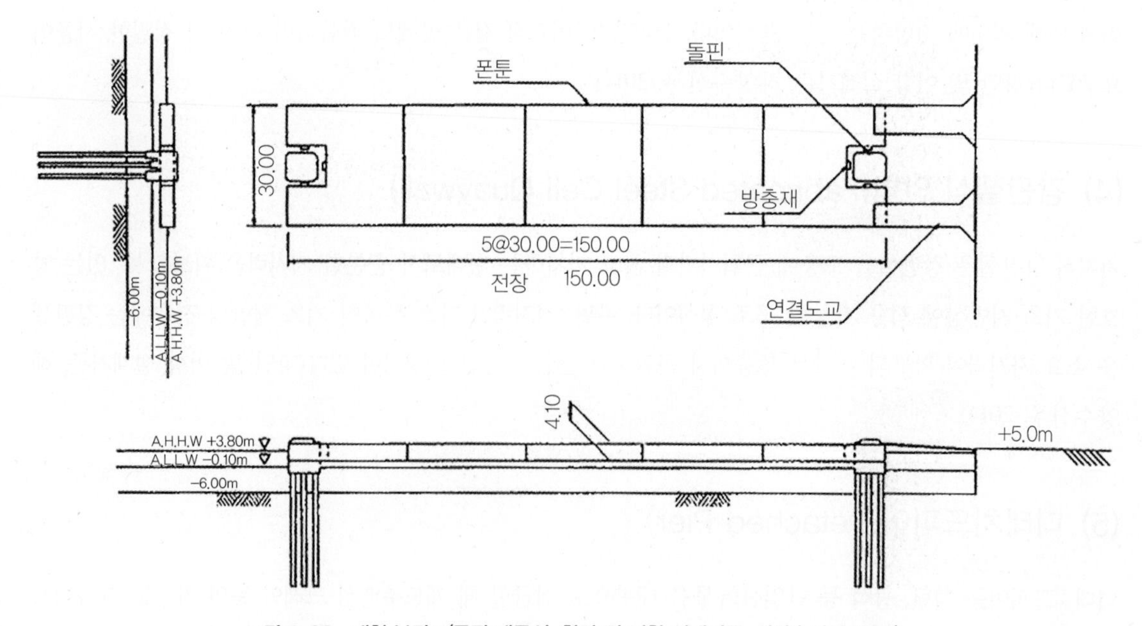

그림 1-22 대형 부잔교(돌핀 계류식, 항만 및 어항 설계기준, 해양수산부, 2014)

(7) 돌핀(Dolphin)

돌핀은 수중에 여러 개의 말뚝을 박고 상부 슬래브를 타설하거나, 강널말뚝식 셀이나 케이슨을 육안에서 떨어진 곳에 설치하여 독립된 주상구조물을 안벽으로 이용하는 것이다. 돌핀은 초대형 유조선의 접안을 위해 해안으로부터 멀리 떨어진 외해의 소정의 수심이 확보되는 해역에 계류돌핀(Mooring Dolphin), 접안 돌핀(Breasting Dolphin), Working Platform, Catwalk 및 Access Trestle로 구성되어 초대형 유조선의 접안시설로 쓰인다.

돌핀은 구조 형식에 따라 말뚝식 돌핀, 강널말뚝 셀식 돌핀 및 케이슨식 돌핀이 있으며, 돌핀에 작용하는 하중의 방향은 항상 일정하지 않으므로 돌핀의 구조가 특정한 방향성을 갖는 것은 좋지 않다. 말뚝식 구조인 경우 비틀림이나, 케이슨식 구조인 경우의 회전에 대해서는 종래에는 거의 검토하지 않았으나 경우에 따라서는 비틀림이나 회전으로 위험하게 되므로 주의해야 한다. 돌핀의 마루높이는 파랑의 영향을 피할 수 있도록 하며, 접안돌핀에 있어서는 방충재의 설치위치, 계류돌핀에 대해서는 선박의 갑판높이, 하역용 돌핀에 있어서는 로딩 암(Loading Arm) 등의 작동범위를 고려하여 결정하여야 한다. 또 연락교의 마루높이도 파력을 받지 않도록 충분한 높이로 하는 것이 좋다(항만 및 어항 설계기준, 해양수산부, 2014).

돌핀은 소정의 수심이 확보되는 곳에 설치하면 준설, 매립 등이 필요치 않고 시공이 극히 용이하여 공사비도 저렴하고 급속히 시공된다. 다른 구조 형식의 안벽 연장을 단축하기 위해 혹은 기존 안벽의 연장을 증대하기 위해 그 안벽의 선단에 붙여 설치하는 경우도 있다.

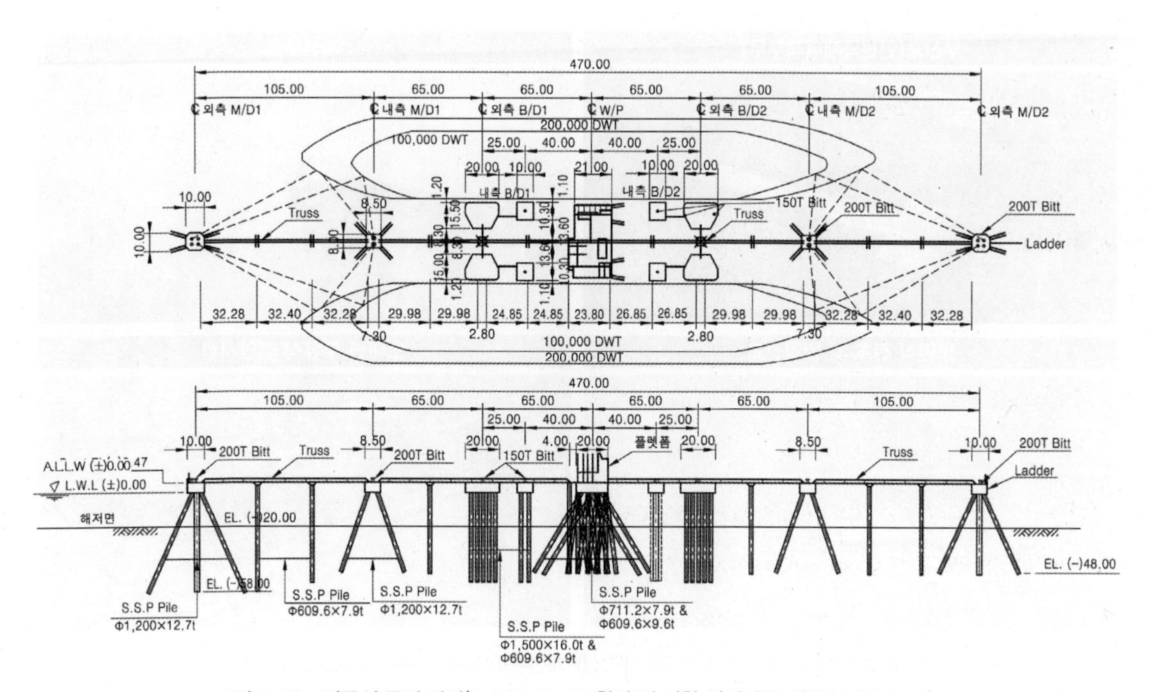

그림 1-23 말뚝식 돌핀 안벽(Dolphin Berth, 항만 및 어항 설계기준, 해양수산부, 2014)

(8) 계선부표(Mooring Buoy)

계선부표(繫船浮標)는 선박(船舶)이 바람, 조류(潮流), 파랑(波浪) 등으로 인하여 정박지로부터 밀려나가는 것을 막고, 이를 안전하게 정박지 안에 계류(繫留)시킬 목적으로 만들어지는 시설이다. 구조는 일반적으로 부체(浮体), 계류환, 부체체인, 싱커체인, 계류(繫留)앵커 등으로 이루어져 있다. 앵커 형태에 따라 싱커식(Sinker Type), 앵커식(Anchor Type), 싱커·앵커식(Sinker-Anchor type)의 3종으로 나누어진다.

싱커식은 그림 1-24에 나타낸 바와 같이 부체(Buoy), 부체체인(Main Chain), 싱커(Sinker)로 이루어지고 앵커(Anchor)는 쓰이지 않는다.

앵커식은 부체(Buoy), 앵커체인(Anchor Chain), 앵커(Anchor)로 이루어지고, 싱커(Sinker)는 쓰이지 않는다. 다른 형식에 비하여 공사비가 저렴하지만 선박의 유동 반경이 커지므로 정박지 면적에 제한이

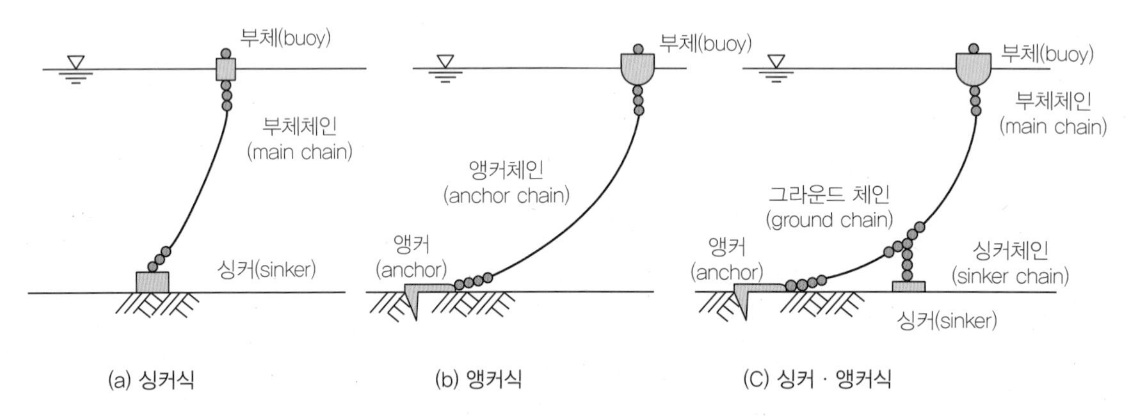

그림 1-24 계선부표의 형식(항만 및 어항 설계기준, 해양수산부, 2014)

그림 1-25 기타 형식의 계류시설[출처: 부잔교(현대건설), 계선부표(Credits: wikipedia.org), 돌핀식 잔교(현대건설), 부유식 컨테이너 부두(한국해양수산개발원)]

있는 곳에는 적합하지 않다.

싱커 · 앵커식은 부체, 부체체인, 싱커체인, 그라운드 체인, 싱커 및 앵커로 이루어지며 가장 많이 사용된다. 싱커를 무겁게 하면 선박의 유동반경이 짧아지므로 좁은 박지에서도 이용된다(항만 및 어항 설계기준, 해양수산부, 2005).

1-2-3 수역시설

항만의 기본시설 중 수역시설은 항만 구역 내에서 선박의 안전한 항행과 정박, 그리고 원활한 하역을 목적으로 하는 시설로서 항로, 박지, 선유장 및 선회장 등이 있으며, 계류시설 및 외곽시설과의 관계, 시설 건설 후 부근의 수역, 해저지형, 해수의 흐름, 해상교통 흐름, 기타 환경 등에 미치는 영향과 당해 항만 및 어항의 장래 발전방향을 충분히 고려하여 계획하여야 한다. 수역시설은 지형·기상·해상 및 당해 시설 주변 수역의 이용상황 등을 고려하여 적절한 장소에 설치하여야 하며, 정온을 유지할 필요가 있는 수역시설에는 파랑·바람·조류 등에 의한 영향을 방지하기 위한 시설을 하여야 한다. 토사 등에 의하여 매몰이 우려되는 수역시설에는 유지준설이나 매몰 대책 시설 등을 설치하여 이를 방지하기 위한 조치를 강구하여야 한다.

(1) 항로(Navigation Channel)

항로는 선박이 항해하는 운항 경로를 말하며, 항로는 선박의 안전 항행(安全航行)을 보장하고 조선(操船)이 용이하도록 대상 선박의 선형, 통항량, 지형, 기상, 해양기상 및 왕복통항, 끌배(Tug Boat)의 유무 등을 충분히 고려하여 폭과 수심 등을 정해야 한다.

항로 기준선은 직선에 가까울수록 좋으며, 항로의 굴곡부(屈曲部)는 중심선의 교각(交角)이 30°를 넘지 않는 것이 바람직하다. 일반항로에서의 항로 폭은 대상 선박의 전장(全長)을 L이라 정의하면, 선박이 운항 중 교행(交行) 가능성이 있는 항로에서는 1L 이상의 적절한 폭으로 해야 한다. 대상 선박들이 항로 항행 중 빈번하게 교행할 경우에는 항로폭을 1.5L 이상, 대상 선박들이 항로 항행 중 빈번히 교행하고 항

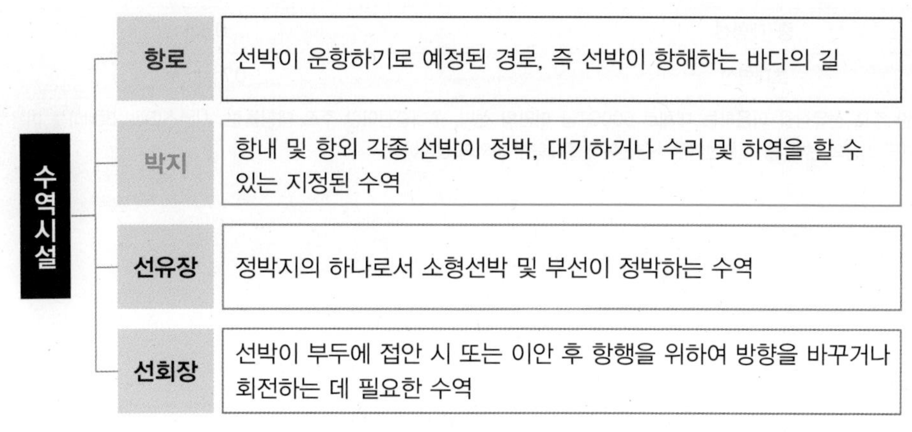

그림 1-26 수역시설의 종류

로의 길이가 비교적 긴 경우는 항로 폭을 2L 이상으로 해야 한다. 선박이 운항 중 교행 가능성이 없는 항로에서는 0.5L 이상의 적절한 폭으로 한다. 그러나 항로 폭이 1L이 되지 않을 경우, 항행지원 시설의 정비 등에 대한 안전상의 충분한 대비를 하는 것이 바람직하다.

항로 수심은 저질(底質), 선박의 동요(動搖), 트림(trim), 선체 침하(squat), 해도 오차, 측량 오차, 준설 정도(浚渫精度) 등에 따라 여유를 고려한다. 항행의 안전 확보를 위해서는 최대흘수시의 선저와 해저와의 사이에 여유 수심(UKC-Under Keel Clearance)을 충분하게 확보할 필요가 있다(항만 및 어항 설계기준, 해양수산부, 2014).

(2) 박지(Berthing Area)

박지는 선박이 정박하는 수역을 말하며, 정박지, 묘박지(錨泊地), 부표 박지(浮漂泊地) 외에 선회장(船回場) 등의 조선 수면(澡船水面)을 포함한다. 박지는 안전한 정박, 원활한 조선 및 하역이 가능하게 하기 위하여 정온하고 충분한 수면적과 수심을 가져야 하며, 닻 놓기에 양호한 저질이어야 한다.

박지의 면적은 대상 선박의 길이(L)에 수심, 지형, 저질, 기상 및 해상, 기타 자연조건에 따른 적절한 여유치를 가산한 값 이상으로 하고, 단묘박, 쌍묘박, 단부 표박 및 쌍부 표박의 묘박 방식에 따라 결정된다. 박지의 수심은 파랑, 바람, 조류 등에 의한 대상 선박의 동요 정도를 고려하며, 대상 선박의 만재 흘수 이상으로, 기준면하 만재 흘수에 여유 수심을 확보하여야 한다.

수역시설을 이용하는 선박의 박지는 연간 97.5% 이상의 정박 또는 계류가능일수를 얻을 수 있는 정온도를 확보하여야 한다. 계류시설 전면박지의 하역 한계 파고는 대상 선박의 선종, 선형, 하역 특성 등을 고려하여 적절히 정할 필요가 있으나, 표 1-1과 같이 평가할 수도 있다. 박지의 정온도는 박지 내의 파고로 평가하는 것이 통례로 되어 있지만, 필요에 따라서는 계류 중인 선박 동요량에 영향을 미치는 파향, 주기 등의 영향도 함께 고려하는 것이 바람직하다(항만 및 어항 설계기준, 해양수산부, 2014).

표 1-1 하역한계파고(항만 및 어항 설계기준, 해양수산부, 2014)

선형	하역한계파고(H)
소형선	0.3m
중·대형선	0.5m
초대형선	0.7~1.5m

주: 소형선이란 주로 선유장을 이용하는 대체로 500GT급 미만의 선박, 초대형선이란 주로 대형돌핀, 시버스(Sea Berth)를 이용하는 대체로 50,000GT급 이상의 선박, 중·대형선이란 소형선이나 초대형선 이외의 선박이다.

1-3
해안공학 이론

1-3-1 파랑
1-3-2 바람과 풍압력
1-3-3 조석과 이상 조위
1-3-4 해수의 흐름
1-3-5 지진과 지진력

1-3-1 파랑

정지수면상에서 수면의 상승 및 하강 현상이 수면 위를 전파하는 현상을 파랑이라고 한다. 파랑의 수면형상은 해수면을 따라 수평방향으로 전파되며, 물입자는 궤도 운동(Orbital)을 한다. 여기서, 궤도 운동을 한다는 것은 파랑 위에 놓여 있는 물입자가 파형을 따라 수평이동을 하는 것이 아니라 원 또는 타원 형태의 궤도 운동을 한다는 의미이다. 또한 전파된다는 것은 물입자는 궤도 운동을 하지만 파의 에너지는 수평방향으로 전파되어 진행한다는 의미이다.

주로 바람 등에 발생하는 수면변동의 복원력이 중력인 경우의 파랑을 표면파(Surface Wave) 또는 중력파(重力波, Gravity Wave)라 하고 복원력이 표면장력인 경우의 파랑을 표면장력파(表面張力波, Capillary Wave)라 한다. 파랑은 파형의 전파가 시간과 장소에 대해서 주기성을 가지기 때문에 Navier-Stokes 방정식의 유체역학이론을 파랑의 주기성을 고려하여 단순화시킨 이론이 파랑이론이다(해안공학 강의노트, 윤성범)

외해에서 발생해서 연안역으로 전파되어 온 파는 굴절, 회절, 천수, 반사, 바닥마찰, 쇄파 등의 다양한 물리적 현상을 겪게 되고, 이러한 현상을 정확하게 평가·검토하기 위해서는 해양으로부터 전파되어 오는 파의 성질과 특성을 충분히 이해하는 것이 무엇보다도 중요하다. 파를 엄밀하게 평가하기 위해서는 고정도의 수학과 유체역학 및 수치해석에 관한 지식이 요구되기도 하지만 파랑의 물리적 특성을 고려한 근사기법을 사용함으로써 보다 간단하게 해석적으로 표현될 수 있다.

1-3-1-1 파랑의 제원과 파의 분류

(1) 파랑의 제원

진행파의 파형은 그림 1-27에 나타내는 파고 H(Wave Height), 주기 T(Wave Period) 혹은 파장 L(Wave Length), 수심 H(Water Depth) 및 파향 θ(Wave Direction)으로 표현된다. 파고는 그림 1-27에 나타내는 바와 같이 수위가 가장 높은 파봉(Wave Crest)과 수위가 가장 낮은 파곡(Wave Trough)과의 연직거리이다. 파의 주기는 수면의 시간변동에서 동일한 수위가 반복되는 시간간격이며, 이에 따라 각주파수(Angular

Frequency) $\omega=2\pi/T$ 및 주파수(Frequency) $f=1/T$가 정의된다. 파운동에서 수심이 일정한 경우에 수면변동은 공간적으로도 반복되며, 이때 동일한 수위가 반복되는 거리간격을 파장 L로 정의하며, 또한 파수(Wave Number) $k=2\pi/L$가 정의된다. 여기서, 주기와 파장은 후술하는 바와 같이 수심을 매개로 중요한 관계(분산관계식)를 가지며, 두 물리량의 비 $C=L/T$는 파속(Wave Celerity)으로 정의되고, 파위상(Wave Phase)의 전파속도로도 불린다. 다음으로, 파의 평균적인 기울기를 나타내는 물리량으로 파형경사(Wave Steepness) L/H, 또한 수심의 깊이 정도를 나타내는 상대수심 h/L이 각각 정의되며, 이 두 변수는 파동현상에서 선형 및 비선형의 분류에 중요한 파라미터로 사용된다. 파랑의 비선형성을 표현하기 위한 매개변수로 파형경사와 상대수심을 하나의 변수로 결합한 Ursell 수 $U_r=HL^2/h^3$가 있다(해안공학, 김도삼, 이광호, 2016).

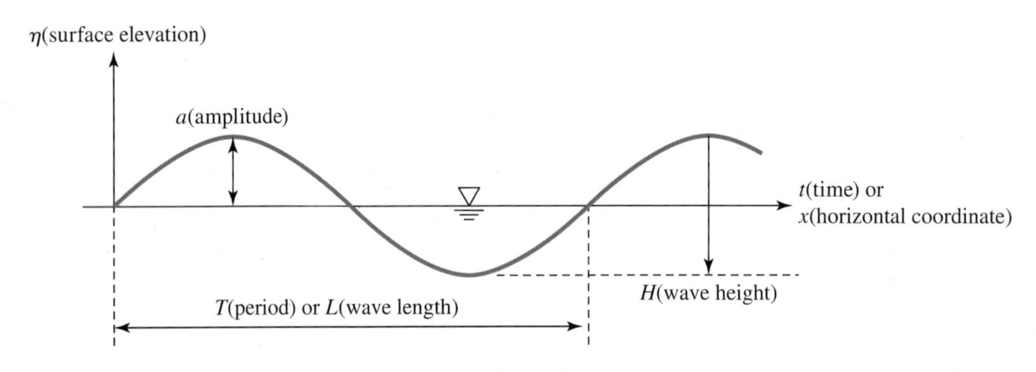

그림 1-27 파의 변수 정의(해안공학, 김도삼, 이광호, 2016)

(2) 파의 분류

1) 수심에 의한 분류

① 심해파(Deep Water Wave): 수심이 파장의 1/2 이상인 수역에서의 파랑. 바닥마찰의 영향을 받지 않으며, 물입자는 원 운동을 한다.

② 천해파(Shallow Water Wave): 수심이 파장의 1/20 이하인 수역에서의 파랑. 바닥마찰의 영향으로 진행 속도가 느려지고, 물입자는 수평방향으로 길쭉한 타원 운동을 한다.

③ 천이파(Transitional Wave or Intermediate Depth Wave): 수심이 파장의 1/20 이상이고 1/2 이하인 수역에서의 파랑.

2) 생성 원인에 의한 분류

파랑을 일으키는 힘(에너지)을 기파력(Disturbing Force)이라 하고, 파랑이 형성된 후 변위된 수면을 다시 정수면으로 되돌리는 힘을 복원력(Restoring Force)이라고 한다. 기파력에 의한 파랑에는 풍파, 부진동, 지진해일, 조석파 등이 있고, 복원력에 의한 파랑에는 표면장력파와 중력파가 있다.

① 풍파(Wind Wave): 수면 위를 부는 바람의 운동량이 물로 전달되어 발생하는 파랑.

② 부진동(Seiche): 폭풍, 지진파 또는 급격한 대기압 변동에 의하여 항만이나 내만에서 발생하는 공진파동.

③ 조석파(Tide): 지구와 달, 태양 사이의 중력의 크기와 방향의 변동이 지구 자전과 어루어져 형성되는 장주기 파동. 조석을 일으키는 기파력을 기조력이라고 한다.

④ 표면장력파(Capillary Wave): 파장이 1.73cm보다 작은 파랑. 바람이 불 때 처음 형성되는 파이며, 복원력이 표면장력이다.

⑤ 중력파(Gravity Wave): 파장이 1.73cm보다 큰 모든 파랑. 중력이 정수면 위로 솟아오른 파봉(Wave Crest)을 아래로 끌어당기고, 이 과정에서 물의 관성으로 수면이 정수면을 지나치게 되어 파곡(Wave Trough)을 만든다. 이러한 운동의 반복으로 파랑 속의 물입자는 원궤도 운동을 하게 된다(알기쉬운 항만설계기준 핸드북, 한국항만협회, 2011)

3) 주기에 의한 분류

주기를 기준으로 파를 분류하면 표 1-2와 같이 표면장력파, 단주기중력파, 중력파, 장주기중력파, 장주기파 및 천이조파와 같이 6개로 분류될 수 있다. 주기가 짧은 경우에 파의 기파력은 주로 바람이지만 주기가 길어짐에 따라 태풍(폭풍해일의 경우), 해저지진(지진해일의 경우), 태양이나 달과의 인력(조석의 경우) 등이 주요한 외력으로 된다. 또한 복원력은 주기가 짧은 경우부터 표면장력, 중력, 지구 자전에 의한 Coriolis력으로 주어지며, 이러한 복원력에 의해 파가 전파된다.

이 중에서 내습빈도가 가장 높은 파는 그림 1-28에 나타내는 바와 같이 바람에 의한 주기 4~17sec 정

표 1-2 주기에 의한 파의 분류(해안공학, 김도삼, 이광호, 2016)

주된 외력	주된 복원력	파의 명칭	주기 (sec)
바람	표면장력	표면장력파	0~0.1
바람	중력	단주기중력파(풍파)	0.1~1
바람	중력	중력파(풍파, 너울)	1~30
바람	중력, Coriolis력	장주기 중력파(surf beat, seiche, 항내 부진동)	30~300
폭풍, 해저지진, 달과의 인력	Coriolis력	장주기파(seiche, 지진해일, 폭풍해일, 조석)	300~8.64×10^4
폭풍, 태양, 달과의 인력	Coriolis력	천이조파(조석, 해면의 계절적인 진동)	8.64×10^4~

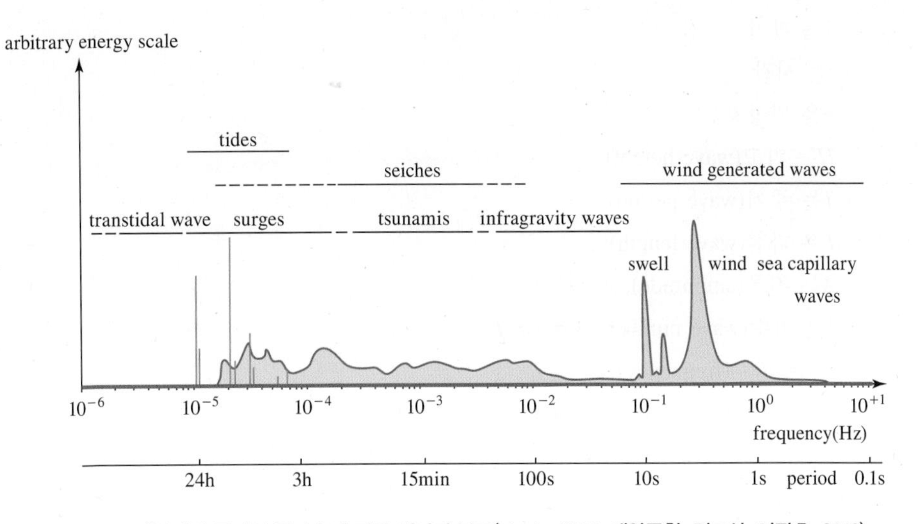

그림 1-28 해양파의 주기와 주파수에 따른 에너지 분포(Munk, 1950; 해안공학, 김도삼, 이광호, 2016)

도의 중력파이다. 우리나라의 남해안과 서해안은 태풍의 영향을 받기 쉬운 하계~추계에 고파랑이 내습하며, 동해안은 동계 계절풍에 의해 큰 파가 발생한다. 지진해일의 주기는 수십분 정도이고, 폭풍해일의 주기는 몇 시간에서 열 몇 시간이다. 우리나라 동해안은 일본 연안에 기원한 해저지진으로 지진해일의 영향을 받을 가능성이 높은 반면에, 남해안과 서해안은 폭풍해일의 영향을 빈번히 받아 큰 피해를 입는 경우가 자주 있다(해안공학, 김도삼, 이광호, 2016).

4) 파랑의 비선형성에 의한 분류

파고 대 수심비(H/h)가 작은 경우 수면형상과 물입자 속도는 정현적으로 변화하는 선형파의 수면형상을 보이며, 선형파(미소진폭파, 심해파)는 파장과 수심에 비해 진폭이 매우 작고, 파봉과 파곡까지의 진폭이 같다. 심해에서의 파랑의 형태는 거의 정현파(Sinusoidal Wave)의 형태를 보이며, 물입자의 운동 궤적은 원운동의 형태를 보이며, 물입자가 바닥까지 도달하지 못하므로 해저 바닥의 영향을 받지 않는다.

파고 대 수심비(H/h)가 커지면 표면파가 바닥의 영향을 받아 파봉은 뾰족해지고 파곡은 평평해지는 비선형파(유한진폭파, 천해파)의 파형을 나타내며, 파형은 평균수면에 대하여 파봉의 높이와 파곡의 깊이가 다른 비대칭성이 나타난다. 파랑이 천해로 진입하여 바닥마찰의 영향을 받으면 이러한 파형의 비선형성이 나타나게 되며, 파랑의 비선형성이 강해져서 파봉의 물입자의 이동속도가 파랑의 전파속도보다 빨라지거나 파형경사가 크게 증가하여 파형을 유지하지 못할 때 쇄파(Wave Breaking)가 발생하게 된다.

5) 파랑의 규칙성에 의한 분류

실제 해역의 파는 여러 성분(파고, 주기)의 규칙파가 합성된 불규칙파(Irregular Wave)이며, 규칙파(Regular Wave)는 파고와 주기가 일정하고, 파형은 정현파(Sine Wave)의 형태인 이론적인 파이다. $+x$ 방향으로 진행하는 선형 규칙파의 수면형상은 다음 수식 (1-1)로 표현되며, 파형의 제원은 그림 1-29에 나타나 있다.

$$\eta = A\sin(kx - \sigma t + \varepsilon) = \frac{H}{2}\sin 2\pi\left(\frac{x}{L} - \frac{t}{T} + \varepsilon\right) \tag{1-1}$$

여기서, η는 수면 변위
- x는 거리
- t는 시간
- ε은 위상차
- H는 파고(wave height)
- T는 주기(wave period)
- L은 파장(wave length)
- A는 진폭(amplitude), $A = H/2$
- k는 파수(wave number), $k = 2\pi/T$
- f는 주파수(frequency), $f = 1/T$
- σ는 각주파수(angular frequency), $\sigma = 2\pi/T$

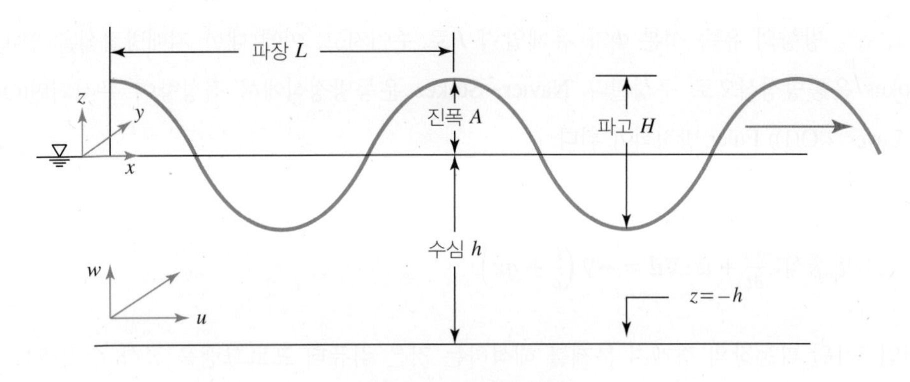

그림 1–29 파형의 제원

1-3-1-2 미소진폭파 이론 및 경계조건

미소진폭파이론(Small Amplitude Wave Theory)은 Airy가 1845년 제안한 이론으로 Airy 이론 또는 지배방정식과 경계조건이 선형이므로 선형파이론(Linear Wave Theory)이라고 한다. 미소진폭파는 수면변동의 진폭이 수심에 비해 매우 작고, 상대파고가 $H/h \ll 1$이라고 가정하여 유도된 이론이다. 미소진폭파 이론은 심해에서 천해까지 파랑의 기본적인 성질을 이해하는 기초 이론이며, 상대파고가 $H/h \gg 1$이 되어 파고의 영향을 무시할 수 없을 경우에는 파랑의 비선형성을 고려한 유한진폭파 이론이 필요하게 된다. 복원력이 중력인 미소진폭파 이론은 다음의 가정을 통해 이루어진다.

① 물은 비압축성(밀도가 일정)이고 비점성이다(이상유체로의 가정).
② 자유수면에서의 표면장력과 지구 자전에 의한 코리올리 힘(Coriolis Force)의 효과는 무시한다.
③ 수면에서의 압력은 균일하고 일정하다.
④ 해저는 수평인 고정바닥이며 불투수층이다.
⑤ 파고는 파장 및 수심에 비해 매우 작다($H/L \ll 1$, $H/h \ll 1$).
⑥ 유체운동은 비회전성이고 수면이나 해저에서 전단응력이 존재하지 않으므로 속도포텐셜 ϕ가 존재하게 되고 Laplace 방정식을 만족한다.
⑦ 파랑은 파형이 변하지 않고 전파한다(보존파).
⑧ 파봉선은 충분히 길고 현상은 2차원이다(해안과 항만공학, 최영박, 윤태훈 & 지홍기, 2007).

위의 가정들로 인해 미소진폭파이론은 실제의 유속이나 압력을 직접 취급하지 않고 속도포텐셜 $\Phi(x, y, z, t)$에 관한 편미분방정식(Partial Differential Equation)을 어떤 조건하에서 푸는 경계치 문제(Boundary Value Problem)가 된다.

(1) 지배방정식(Governing Equation)

3차원 파동장에서 비압축성 및 비점성 유체를 가정하면 밀도가 일정하고 점성항을 무시할 수 있으므로 미지수는 x, y, z 방향의 유속 성분 Φ와 유체압력 P로 주어지고, 이에 대한 지배방정식은 연속방정식과 Navier-Stokes 운동방정식으로 구성된다. Navier−Stokes 운동방정식에서 점성항이 무시되면(Oscillatory Boundary Layer ≪O(1)) Euler 방정식이 된다.

$$\text{연속방정식: } \nabla \cdot \vec{u} = 0 \tag{1-2}$$

$$\text{운동방정식: } \frac{\partial \vec{u}}{\partial t} + \vec{u} \cdot \nabla \vec{u} = -\nabla \left(\frac{P}{\rho} + gz \right) \tag{1-3}$$

일반적인 3차원 파동장의 경계치 문제를 해석하는 것은 컴퓨터 프로그램을 통한 수치해석적인 방법에 의하지 않고는 어려우며, 비압축성과 비점성의 가정에 따라 이상유체를 가정하며, x, y, z방향의 유속 성분 u, v, w는 속도포텐셜 Φ의 함수로 주어지므로 3차원 파동장의 미지수는 속도포텐셜 Φ와 유체압력 P만으로 나타난다.

물입자속도 벡터를 $\vec{u}\{=(u,\ v,\ w)\}$로 나타낼 때 $\vec{u}$는 스칼라 함수인 속도포텐셜 Φ에 관한 다음의 관계식으로 정의된다.

$$\vec{u} = \nabla \Phi \tag{1-4}$$

여기서, $\nabla = i\left(\frac{\partial}{\partial \mathrm{x}}\right) + j\left(\frac{\partial}{\partial \mathrm{y}}\right) + k\left(\frac{\partial}{\partial \mathrm{z}}\right)$

i, j, k는 x, y, z축의 단위벡터

속도포텐셜은 어떤 방향으로 그의 경사가 그 방향의 물입자 속도로 되는 함수로서 표현된다. 속도포텐셜은 와도(Vorticity)가 영(Zero)인 경우인 비회전흐름(Irrotational Flow)에만 적용이 가능하므로 유체운동이 다음 조건을 만족하여야 한다.

$$curl\, \vec{\boldsymbol{v}} = \nabla \times \vec{u} = i\left(\frac{\partial w}{\partial \mathrm{y}} - \frac{\partial v}{\partial z}\right) + j\left(\frac{\partial u}{\partial \mathrm{z}} - \frac{\partial w}{\partial x}\right) + k\left(\frac{\partial v}{\partial \mathrm{x}} - \frac{\partial u}{\partial y}\right) = 0 \tag{1-5}$$

수식 (1-5)로부터 다음의 관계식이 성립되어야 한다.

$$\begin{cases} u = \dfrac{\partial \Phi}{\partial x} \\ v = \dfrac{\partial \Phi}{\partial y} \\ w = \dfrac{\partial \Phi}{\partial z} \end{cases} \tag{1-6}$$

미소진폭파의 지배방정식은 유체장 내에서 Source 혹은 Sink가 없는 경우에 다음의 연속방정식으로 주어진다.

$$div\, \vec{u} = \nabla \cdot \vec{u} = \frac{\partial u}{\partial x} + \frac{\partial v}{\partial y} + \frac{\partial w}{\partial z} = 0 \tag{1-7}$$

수식 (1-7)에 수식 (1-4) 혹은 수식 (1-6)을 대입하면 다음의 식이 얻어진다.

$$\nabla \cdot \nabla \Phi = \nabla^2 \Phi = \frac{\partial^2 \Phi}{\partial x^2} + \frac{\partial^2 \Phi}{\partial y^2} + \frac{\partial^2 \Phi}{\partial z^2} = 0 \tag{1-8}$$

수식 (1-8)은 Laplace 방정식으로 잘 알려져 있는 대표적인 타원형 편미분방정식이며, 이상유체에 대한 파동장의 지배방정식이다. 이로부터 알 수 있는 바와 같이 u, v, w의 3개의 변수를 사용하여 기술된 연속방정식이 단 하나의 변수 $\Phi(x, y, z, t)$를 사용한 Laplace 방정식에 의해 표현된다(해안공학, 김도삼, 이광호).

나머지 미지수인 압력 P를 구하기 위해 운동 방정식에 속도포텐셜 Φ를 도입하면 운동방정식은 속도포텐셜과 압력만의 함수로 표현할 수 있다.

$$\frac{\partial}{\partial t}(\nabla \Phi) + (\nabla \Phi \cdot \nabla)(\nabla \Phi) = -\nabla\left(\frac{P}{\rho} + gz\right) \tag{1-9}$$

위 식의 둘째 항은 Vector Identity 공식에 따르면 다음과 같이 변환된다.

$$(\nabla \Phi) \cdot \nabla(\nabla \Phi) = \frac{1}{2}\nabla(|\nabla \Phi|^2) - \nabla \Phi \times (\nabla \times \nabla \Phi) \tag{1-10}$$

수식 (1-10)의 오른쪽 둘째 항은 수식 (1-2)의 비회전성 유체의 가정($\nabla \times \nabla \Phi = 0$)에 의해 제거가 가능하므로 운동방정식은 다음과 같이 된다.

$$\frac{\partial}{\partial t}(\nabla \Phi) + \frac{1}{2}\nabla(|\nabla \Phi|^2) = -\nabla\left(\frac{P}{\rho} + gz\right) \tag{1-11}$$

$$\nabla\left(\frac{\partial \Phi}{\partial t} + \frac{1}{2}|\nabla \Phi|^2 + \frac{P}{\rho} + gz\right) = 0 \tag{1-12}$$

$$\frac{\partial \Phi}{\partial t} + \frac{1}{2}|\nabla \Phi|^2 + \frac{P}{\rho} + gz = \mathrm{C(t)} \tag{1-13}$$

수식 (1-13)은 비정상 Bernoulli 방정식이며, 미소진폭파 이론에서 파는 정지된 상태에서 생성하기 때문에 $\mathrm{C(t)} = 0$으로 가정한다. 비정상 Bernoulli 방정식은 다음과 같이 변환하여 수식 (1-14) 우변의 첫째 항인 정수압과 둘째 항인 파랑의 운동에 의한 동수압에 의한 압력 P를 계산하는 데 사용된다.

$$P = -\rho g z - \rho\left(\frac{\partial \Phi}{\partial t} + \frac{1}{2}|\nabla \Phi|^2\right) \tag{1-14}$$

미소진폭파 이론에서 Laplace 방정식을 만족하는 속도포텐셜은 자동적으로 연속방정식을 만족하므로, 경계조건(boundary condition)을 유도하여 영역 내에서 Laplace 방정식을 만족하고, 경계상에서 경계조건을 만족하는 해를 산정하면 된다. 이러한 해는 유체영역 내의 어디에서도 연속방정식을 만족할 뿐만 아니라 운동방정식도 만족하는 해가 된다(해안공학 강의노트, 윤성범).

(2) 경계조건

미소진폭파 이론에서 지배방정식인 Laplace 방정식을 풀기 위해서는 x, y, z 각 방향으로 2개씩의 경계조건들이 필요하다. y방향으로 무한히 파봉선이 길다고 가정하면 Laplace 방정식은 2차원 문제로 줄어들게 된다.

$$\nabla^2 \Phi = \frac{\partial^2 \Phi}{\partial x^2} + \frac{\partial^2 \Phi}{\partial z^2} = 0 \tag{1-15}$$

2차원 파동장에서 Lapalce 방정식을 풀기 위해서 경계조건은 자유수면에서의 경계조건과 바닥에서의 경계조건 및 측면에서의 경계조건이 필요하게 된다. 이중 자유수면에서의 경계조건은 경계의 위치가 변하므로 경계의 위치 η를 주는 식인 운동학적 경계조건(Kinematic Boundary Condition)이 필요하게 된다.

1) 자유수면 운동학적 경계조건(Kinematic Free Surface Boundary Condition)

자유수면에서의 운동학적 경계조건은 수면의 위치를 정해주기 위해 수면에서 물입자는 수면을 벗어나지 않는다는 조건으로 물입자의 연직방향의 속도는 수면의 상승 속도와 같아야 한다.

시간 $t=0$에서의 자유수면의 위치를 나타내는 함수를 $F(x, y, z, t) = z - \eta(x, y, t)$로 정의하면 $t = \Delta t$에서의 Δt가 미소한 경우 자유수면의 위치는 수면이 움직이는 속도 $\vec{q} = (q_x, q_y, q_z)$를 고려하여 Taylor Series Expansion을 이용해서 구할 수 있다.

$$\begin{aligned} F(x + q_x\Delta t, y + q_{y\Delta t}, z + q_z\Delta t, t + \Delta t) &= F(x, y, z, t) + \left.\frac{\partial F}{\partial t}\right]_{x,y,z,t} \Delta t + \left.\frac{\partial F}{\partial x}\right]_{x,y,z,t} q_x \Delta t \\ &+ \left.\frac{\partial F}{\partial y}\right]_{x,y,z,t} q_y \Delta t + \left.\frac{\partial F}{\partial z}\right]_{x,y,z,t} q_z \Delta t \\ &+ O(\Delta t^2, \Delta x^2, \Delta y^2, \Delta z^2) \end{aligned} \tag{1-16}$$

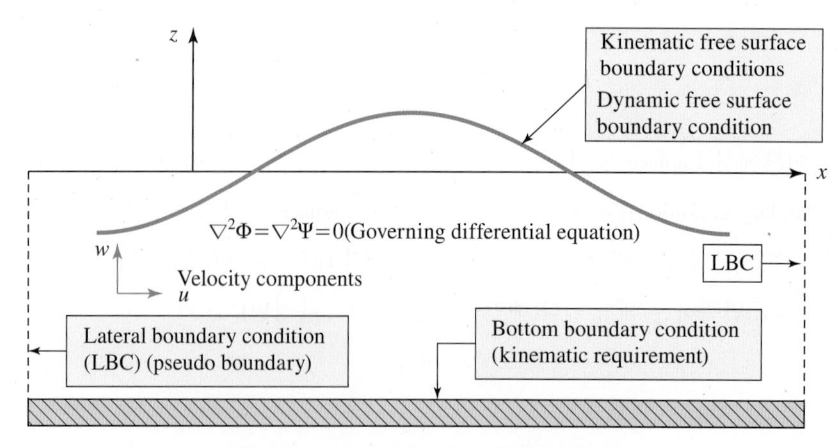

그림 1-30 2차원 파동장에서 유체영역과 경계면

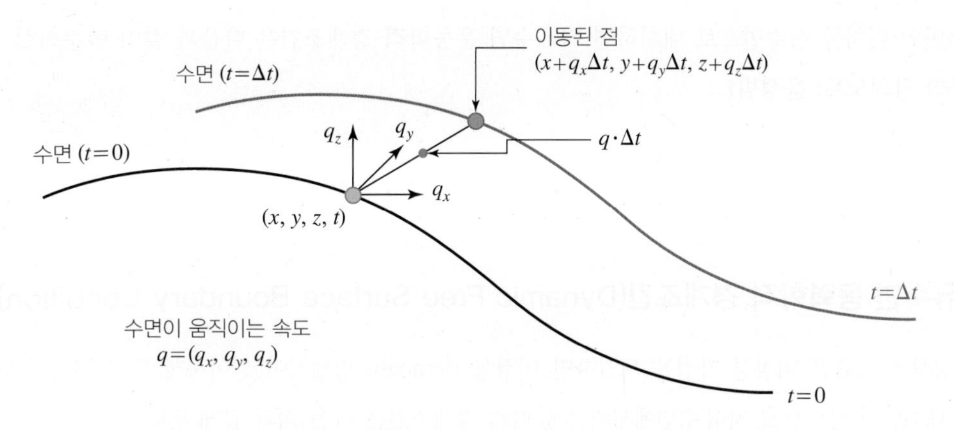

그림 1-31 자유수면 운동학적 경계조건(Kinematic Boundary Condition)

자유수면에서 $F(x, y, z, t)$와 $F(x+q_x\Delta t, y+q_y\Delta t, z+q_z\Delta t, t+\Delta t)$는 0이고, Δt가 미소한 경우 우변 마지막항인 $O(\Delta t^2, \Delta x^2, \Delta y^2, \Delta z^2)$은 무시할 수 있으므로, 상기 식의 극한을 취하면 다음 식과 같게 된다.

$$\frac{\partial F}{\partial t}+q_x\frac{\partial F}{\partial x}+q_y\frac{\partial F}{\partial y}+q_z\frac{\partial F}{\partial z}=0 \tag{1-17}$$

$$\frac{\partial F}{\partial t}+\vec{q}\cdot\nabla F=0 \tag{1-18}$$

수표면에 법선방향으로의 $\vec{q}$의 성분은 다음 식으로 나타낼 수 있다.

$$\vec{q}\cdot\frac{\nabla F}{|\nabla F|}=\vec{q}\cdot\vec{n}=\overrightarrow{q_n} \tag{1-19}$$

수표면에 있는 물입자의 수표면 직각방향 유속성분은 $\overrightarrow{u_n}=\vec{u}\cdot\vec{n}$으로 표현되고, 물입자가 수면을 벗어나지 않으려면 수면의 이동속도와 물입자의 이동 속도가 같아야 하므로 $\overrightarrow{q_n}=\overrightarrow{u_n}$이 되고, 수식 (1-18)은 다음과 같이 고칠 수 있다.

$$\frac{\partial F}{\partial t}+\vec{u}\cdot\nabla F=0 \tag{1-20}$$

수식 (1-20)에 $F(x, y, z, t)=z-\eta(x, y, t)$를 대입하여 정리하면 다음의 자유수면 운동학적 경계조건이 얻어진다.

$$\frac{\partial\eta}{\partial t}+u\frac{\partial\eta}{\partial x}+v\frac{\partial\eta}{\partial y}=w \quad on\ z=\eta(x,y,t) \tag{1-21}$$

$\vec{u}=\nabla\Phi$를 대입하여 수식 (1-21)을 정리하면 다음과 같다.

$$\frac{\partial\eta}{\partial t}+\frac{\partial\Phi}{\partial x}\frac{\partial\eta}{\partial x}+\frac{\partial\Phi}{\partial y}\frac{\partial\eta}{\partial y}=\frac{\partial\Phi}{\partial z}=w \quad on\ z=\eta(x,y,t) \tag{1-22}$$

미소진폭파 이론은 진폭이 매우 미소하다는 가정($kA\ll O(1)$)에서 출발하였으므로, 비선형 항을 무시하고 수면의 위치를 정수면으로 대치하면 자유수면 운동학적 경계조건은 다음과 같이 단순화할 수 있다(해안공학 강의노트, 윤성범).

$$\frac{\partial \eta}{\partial t} - w = 0,\ \ z = 0\ (\because\ |A| \ll O(1)) \tag{1–23}$$

2) 자유수면 동력학적 경계조건(Dynamic Free Surface Boundary Condition)

운동방정식에 비회전 비점성 가정을 도입하면 비정상 Bernoulli 방정식이 얻어지게 되고, 자유수면에서의 압력은 대기압과 같으므로 자유수면에서의 운동학적 경계조건은 다음 식과 같게 된다.

$$\frac{\partial \Phi}{\partial t} + \frac{1}{2}|\nabla\Phi|^2 + g\eta = 0\ \text{ on }\ z = \eta(x,y,t) \tag{1–24}$$

비선형 항을 무시하고 수면의 위치를 정수면으로 대치하면 자유수면 동력학적 경계조건은 다음과 같이 단순화 할 수 있다.

$$\frac{\partial \Phi}{\partial t} + gz = 0,\ \ z = 0 \tag{1–25}$$

3) 바닥 경계조건(Bottom Boundary Condition)

자유수면에 관한 운동학적 경계조건의 유도방법과 동일한 방법으로 수식 (1-22)를 해저면에 적용하여 바닥에서의 경계조건을 유도할 수 있다.

$$\frac{\partial \Phi}{\partial x}\frac{\partial h}{\partial x} + \frac{\partial \Phi}{\partial y}\frac{\partial h}{\partial y} + \frac{\partial \Phi}{\partial z} = 0\quad on\ \ z = -h(x,y) \tag{1–26}$$

수심의 변화가 없는 경우는 $\partial h/\partial x=0$, $\partial h/\partial y=0$으로 되므로 수식 (1-26)은 다음의 식과 같이 간략화 된다(해안공학 강의노트, 윤성범).

$$\frac{\partial \Phi}{\partial z} = w = 0\quad on\ \ z = -h \tag{1–27}$$

4) 측면 경계조건(Lateral Boundary Condition)

2차원의 경우에 회절 산란파 혹은 발산파는 측면 경계에서 외향의 진행파 성분만이 존재하게 되므로 연직 2차원 문제에서는 진행파의 파형을 $x\rightarrow\pm\infty$에서는 $f(x\mp ct)$이라고 하는 함수형으로 되어야 하며(c는 파속), 시간과 공간의 주기성을 만족하도록 하도록 수면변위를 다음 식으로 정하면 측면 경계에서의 방사경계조건(Radiation Boundary Condition)은 저절로 만족하게 된다.

$$\eta(x,t) = f(x - ct),\ C = \text{상수} \tag{1–28}$$

수식 (1-28)에서 수면 변위의 함수 $f(x)$는 파형이 모양을 바꾸지 않고 $+x$방향으로 $dx/dt=c$의 속도로 진행하는 파랑이 된다. 왜냐하면, $t=t_1$, $x=x_1$에서 $\eta=f(x_1-ct_1)$이 되던 것이 $t=t_1+\Delta t$, $x=x_1+\Delta x$에서 다음과 같이 η의 같은 값이 c의 속도로 이동하며, 파형은 변형 없이 x축의 $+$방향으로 c의 속도록 전파하게 된다.

$$\eta(x,t)=f[(x_1-c\Delta t)-c(t_1+\Delta t)]=f(x_1-ct_1) \tag{1-29}$$

수식 (1-29)에서 전파속도의 정의인 $c=\sigma/k$를 이용하고, 미소진폭파에서 파형을 정현곡선으로 고려하면 파형의 변형 없이 $+x$방향으로 c의 속도로 전파하는 수면 변위는 다음과 같이 표현된다(해안과 항만공학, 최영박, 윤태훈, 지홍기, 2007).

$$\eta=A\sin(kx-\sigma t+\varepsilon)=\frac{H}{2}sin2\pi\left(\frac{x}{L}-\frac{t}{T}+\varepsilon\right) \tag{1-30}$$

1-3-1-3 속도포텐셜

(1) 지배방정식과 경계조건

미소진폭파 이론에서 구조물이 존재하지 않는 일정 수심 h의 2차원 파동에서 지배방정식 및 비선형 항들을 무시하고 진폭이 미소하다는 가정하여 수면의 위치를 정수면으로 대치한 경계조건들은 다음의 식들로 구성된다.

$$Governing\ Eq.:\quad \nabla^2\Phi=\frac{\partial^2\Phi}{\partial x^2}+\frac{\partial^2\Phi}{\partial z^2}=0 \tag{1-31}$$

$$DFSBC:\ \frac{\partial\Phi}{\partial \mathrm{t}}+g\eta=0\quad on\ \ z=0 \tag{1-32}$$

$$KFSBC:\ \frac{\partial\eta}{\partial t}=\frac{\partial\Phi}{\partial z}(=w)\quad on\ \ z=0 \tag{1-33}$$

$$BBC:\ \frac{\partial\Phi}{\partial z}(=w)=0\quad on\ \ z=-h \tag{1-34}$$

일정 수심의 2차원 파동장에서 방사조건은 파의 진행방향을 정의한다. 진행파의 속도포텐셜은 시·공간적으로 반복적이어야 하므로 다음의 식으로 표현되는 반복성의 조건이 부가된다.

$$\begin{cases}\Phi(x,z,t)=\Phi(x+L,z,t)\\ \Phi(x,z,t)=\Phi(x,z,t+T)\end{cases} \tag{1-35}$$

속도포텐셜 $\Phi(x, z, t)$를 시간에 대한 주기성을 부여하기 위해 다음과 같이 정의한다.

$$\Phi(x,z,t)=\phi(x,z)e^{-i\sigma t} \tag{1-36}$$

수식 (1-36)을 지배방정식인 2차원 Laplace 방정식에 대입하면 다음과 같다.

$$(\nabla^2 \phi)e^{-i\sigma t} = 0 \quad (1\text{–}37)$$

$e^{-i\sigma t} \neq 0$이므로 지배방정식은 $\nabla^2 \phi = 0$이 되며, 경계조건들은 다음과 같이 간략화시킬 수 있다(해안공학 강의노트, 윤성범).

$$DFSBC: (-i\sigma)\phi + g\eta = 0 \quad on \;\; z = 0 \quad (1\text{–}38)$$

$$KFSBC: (-i\sigma)\eta = \frac{\partial \phi}{\partial z} \quad on \;\; z = 0 \quad (1\text{–}39)$$

$$BBC: \frac{\partial \phi}{\partial z} = 0 \quad on \;\; z = -h \quad (1\text{–}40)$$

(2) 변수분리법에 의한 속도포텐셜 유도

편미분 방정식인 Laplace 방정식을 상미분방정식으로 변환하기 위하여 속도포텐셜 $\phi(x, z, t)$를 다음과 같은 변수분리된 함수의 곱으로 가정한다.

$$\phi(x,z) = \underbrace{X(x)}_{x\text{만의 함수}} \cdot \underbrace{Z(z)}_{z\text{만의 함수}} \quad (1\text{–}41)$$

수식 (1-41)을 지배방정식 수식 (1-31)에 대입하면 다음의 변수분리(Separation of Variables)형의 상미분방정식(ODE)을 얻을 수 있다.

$$\frac{1}{X}\frac{d^2X}{dx^2} = -\frac{1}{Z}\frac{d^2Z}{dz^2} = -k^2 = C\,(\text{상수}) \quad (1\text{–}42)$$

수식 (1-42)로부터 다음이 얻어진다.

$$\begin{cases} \dfrac{d^2X}{dx^2} + k^2X = 0 \\ \dfrac{d^2Z}{dz^2} - k^2Z = 0 \end{cases} \quad (1\text{–}43)$$

수식 (1-43)의 해로 다음의 식을 얻는다.

$$\begin{cases} X(x) = A_1e^{ikx} + A_2e^{-ikx} \\ Z(z) = B_1\cosh(kz) + C_1\sinh(kz) \end{cases} \quad (1\text{–}44)$$

수식 (1-44)에서 $X(x)$를 $+x$방향으로 진행하는 진행파만을 고려하면 $X(x) = A_1e^{ikx}$가 되고, 적분상수를 정리하면 속도포텐셜 ϕ는 다음과 같이 표현된다.

$$\phi = XZ = (B\cosh(kz) + C\sinh(kz))e^{ikx} \quad (1\text{–}45)$$

적분상수 B, C를 구하기 위하여 z방향 2개의 경계조건을 대입한다. 먼저, 해저 경계조건을 적용하여 수식 (1-41)을 수식 (1-45)에 대입하고 정리하면 적분상수 C를 구할 수 있다.

$$\left.\frac{\partial\phi}{\partial z}\right]_{z=-h} = k(B\sinh(kz) + C\cosh(kz))e^{ikx}\Big]_{z=-h} = k(-B\sinh(kz) + C\cosh(kz))e^{ikx} = 0 \quad (1-46)$$

$$C = \frac{B\sinh(kh)}{\cosh(kh)} \quad (1-47)$$

적분상수 C를 수식 (1-45)에 대입하고 정리하면 다음과 같다.

$$\phi = \left(B\,cosh(kz) + \frac{B\,sinh(kh)}{cosh(kh)}sinh(kz)\right)e^{ikx} = \frac{B}{cosh(kh)}(cosh(kz)\,sinh(kh) + sinh(kh)\,sinh(kz))e^{ikx} = \frac{B}{\cosh(kh)}(\cosh k(z+h))e^{ikx} \quad (1-48)$$

수식 (1-48)을 자유수면 동력학적 경계조건인 수식 (1-38)에 적용하면 적분상수 B를 구할 수 있고, 속도포텐셜의 해가 얻어진다.

$$(-i\sigma)\phi + g\eta = 0 \quad on \;\; z = 0 \quad (1-49)$$

$$-i\sigma\frac{B}{\cosh(kh)}(\cosh k(z+h))e^{ikx} + gAe^{ikx} = 0 \quad (1-50)$$

$$B = \frac{gA}{i\sigma} = -\frac{igA}{\sigma} \quad (1-51)$$

$$\phi = -\frac{igA}{\sigma}\frac{(\cosh k(z+h))}{\cosh(kh)}e^{ikx} \quad (1-52)$$

시간의 주기성을 고려한 속도포텐셜의 해는 다음과 같다.

$$\Phi = \phi e^{-i\sigma t} = -\frac{igA}{\sigma}\frac{(\cosh k(z+h))}{\cosh(kh)}e^{i(kx-\sigma t)} \quad (1-53)$$

수식 (1-53)을 자유수면 운동학적 경계조건인 수식 (1-39)에 적용하면 분산관계식(Dispersion Relationship)이 유도된다(해안공학 강의노트, 윤성범).

$$(-i\sigma)\eta = \left.\frac{\partial\phi}{\partial z}\right]_{z=0} \quad (1-54)$$

$$-i\sigma Ae^{ikx} = -\frac{igkA}{\sigma}\frac{(\cosh k(z+h))}{\cosh(kh)}e^{ikx} \quad (1-55)$$

$$\sigma = \frac{gk}{\sigma}tanh\,(kh) \quad (1-56)$$

$$\sigma^2 = gk\, tanh\,(kh) \tag{1–57}$$

수식 (1-57)은 고유함수로 분산관계식으로 알려져 있다. 따라서 k는 고유치, 즉 파수를 나타낸다. 여기서, 수식 (1-57)은 음함수이므로 파수 k를 산정하는 도해법은 그림 1-32에 보여진다(해안공학, 김도삼, 이광호).

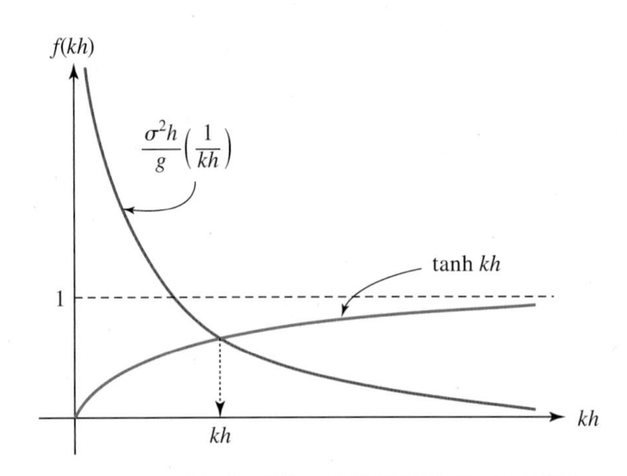

그림 1–32 k의 산정을 위한 도해법(해안공학, 김도삼, 이광호)

분산관계식은 파장과 수심과 주기와의 관계를 나타내는 식이다. 분산관계식을 이용하여 심해와 천해에서의 전파속도를 다음과 같이 구할 수 있으며, 심해에서는 전파속도가 파장 및 주기의 크기에 따라 변화하지만 천해에서는 파장이나 주기와 무관하게 수심에 따라 일정한 전파속도를 가지게 된다.

for deep water $kh \gg 1$, $\tanh kh = 1$,

$$\sigma^2 = gk,\quad (C_o k)^2 = gk,\ C_O = \sqrt{g/k} = \sqrt{gL_o/2\pi} = \frac{gT}{2\pi},\quad L_o = \frac{gT^2}{2\pi} \tag{1–58}$$

for shallow water $kh \ll 1$, $\tanh kh = kh$,

$$\sigma^2 = gk^2 h,\qquad (\sigma/k)^2 = C^2 = gh,\qquad C = \sqrt{gh},\qquad L = gT^2 h/L \tag{1–59}$$

분산관계식의 물리적 의미는 심해에서는 전파속도가 파장(주기)이 클수록 빠르고, 천해에서는 수심이 같으면 전파속도가 같기 때문에 심해에서 발생한 파랑 중에서 파장이 긴 파가 해안에 먼저 도달하게 된다는 뜻이다. 이러한 파랑의 분산성은 그림 1-33에 보여주는 것과 같이 심해에서 발생한 지진해일이 주기별로 나누어져서 주기가 긴 파가 빨리 전파되고, 천해에 도달해서는 수심에 따라 전파속도가 같지만 심해에서 빨리 전파된 파가 해안에 일찍 도달하게 된다(해안공학 강의노트, 윤성범).

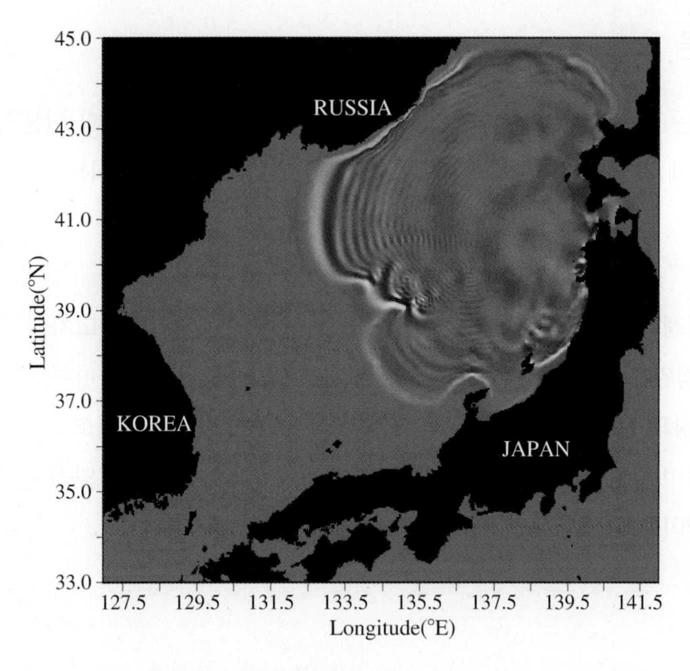

그림 1-33 지진해일의 분산성(현대건설 항만 전문가 초청 세미나, 윤성범)

1-3-1-4 규칙파와 불규칙파 이론

규칙파(Monochromatic Wave, Regular Wave 또는 Periodic Wave)는 파고와 주기가 일정하며 일정한 방향으로 진행하는 이론적인 파를 의미하고, 자연현장에서 나타나는 불규칙파(Irregular Wave 또는 Random Wave)는 파고, 주기 및 진행방향이 일정하지 않고 시시각각으로 변화하는 파랑을 말한다. 규칙파 중에서 수심이나 파장에 비해 파고가 미소한 경우에 파형이 정현파(Sine Wave)의 형태를 취하는 것을 미소진폭파(Small Amplitude Wave) 혹은 선형파(Linear Wave)라 하고, 수심에 비해 파고가 커져서 파봉은 뾰족해지고 파곡은 평평해지는 파형을 유한진폭파(Finite Amplitude Wave) 혹은 비선형파(Nonlinear Wave)라고 한다.

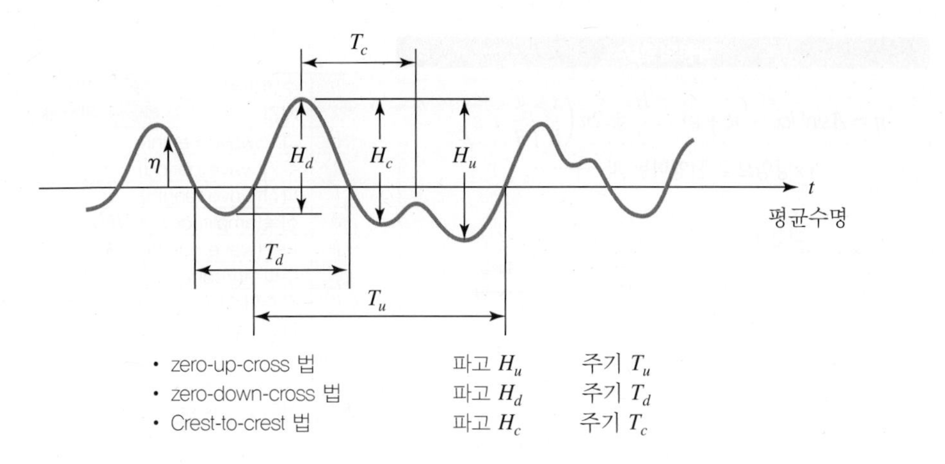

그림 1-34 파고, 주기를 읽고 취하는 방식

(1) 규칙파 이론

일반적으로 규칙파는 진폭이 파장에 비해서 매우 작다고 가정하는 미소진폭파 이론으로 설명된다. 그러나 진폭이 수심과 파장에 비하여 상대적으로 커지는 천해역에서는 유한진폭파 이론의 적용이 필요하다.

1) 미소진폭파

파랑의 선형적인 특성은 미소진폭파 이론으로 나타내어지며, 필요에 따라 고차의 근사식인 유한진폭파 이론에 의해 보다 정밀한 파랑 특성을 계산할 수 있다. 미소진폭파 이론에 따른 파랑운동은 속도포텐셜(ϕ)로 표시된다. 파랑의 운동방정식은 Laplace 식($\nabla^2\phi=0$)이며, 적합한 경계조건을 부여하고 $H \ll h$, $H \ll L$의 전제 조건하에서 비선형항들을 제거하여 풀면 다음과 같은 파랑 특성을 얻게 된다(항만 및 어항 설계기준, 해양수산부, 2014).

① 수면 변위(m)

$$\eta = A\sin(kx - \sigma t + \varepsilon) = \frac{H}{2} sin2\pi\left(\frac{x}{L} - \frac{t}{T} + \varepsilon\right) \tag{1-60}$$

여기서, η는 기준면인 정수면으로부터의 수면 변위
x축은 파의 진행방향으로 취한 거리
z축은 정수면에서 연직 상향으로 취한 거리
t는 시간, T는 주기(s), L은 파장(m), H는 파고(m)
ε은 위상차, k는 파수, σ는 각주파수

② 파장(m)

$$\mathrm{L} = \frac{gT^2}{2\pi} tanh\frac{2\pi h}{L}(= CT) \tag{1-61}$$

여기서, g는 중력가속도(m/s^2), h는 수심(m), C는 파속

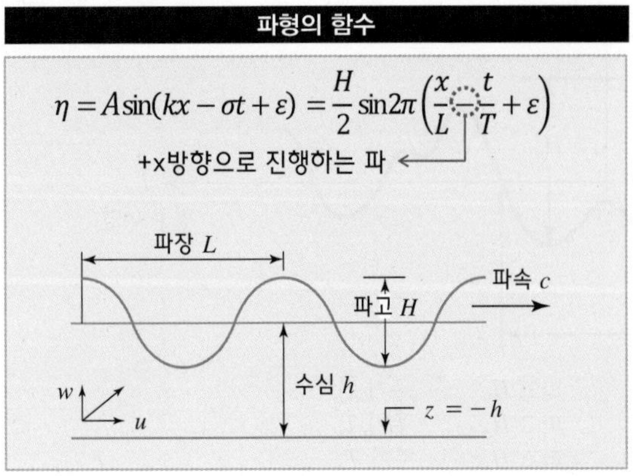

파형의 함수

$$\eta = A\sin(kx - \sigma t + \varepsilon) = \frac{H}{2}\sin 2\pi\left(\frac{x}{L} - \frac{t}{T} + \varepsilon\right)$$

+x방향으로 진행하는 파

파장 L
파속 c
파고 H
수심 h
w
u
$z=-h$

η	수면변위	x	거리
t	시간	ε	위상차
H	파고(wave height)		
T	주기(wave period)		
L	파장(wave length)		
A	진폭(amplitude), $A=H/2$		
k	파수(wave number), $k=2\pi/T$		
f	주파수(frequency), $f=l/T$		
σ	각주파수(angular frequency), $\sigma=2\pi/T$		
c	파속(wave celerity), $c=L/T$		
H/L	파형경사(wave steepness)		
h/L	상대수심(relative water depth)		
H/h	상대파고(relative wave height)		

그림 1-35 진행파의 정의

수식 (1-61)을 파랑 분산관계식(Dispersion Relationship)이라 하며, 각주파수($\sigma = 2\pi/L$)와 파수($k = 2\pi/L$)를 사용하면 수식 (1-62)가 된다. 파랑 분산관계식은 파장과 수심 및 주기와의 관계를 말하며, 파의 성분이 여러 개로 합성된 불규칙파의 경우 파의 주기별로 심해에서 전파속도가 다르기 때문에 파랑의 분산 효과가 발생하게 된다.

$$\sigma^2 = gk \tanh kh \tag{1-62}$$

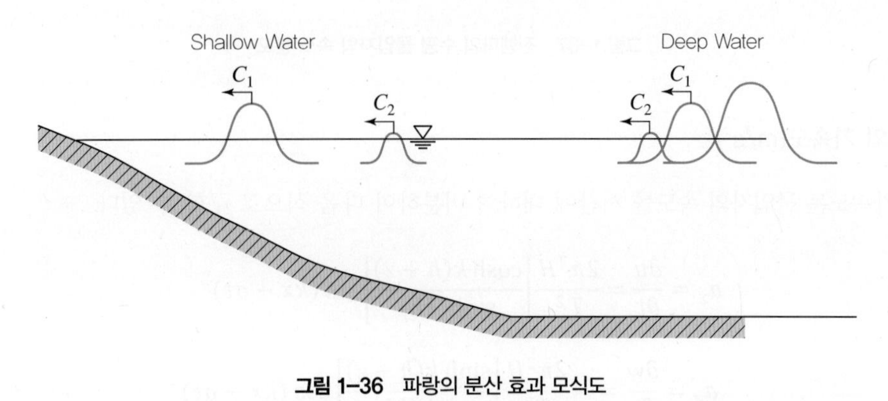

그림 1-36 파랑의 분산 효과 모식도

③ 파속(m/s)

파속은 파봉이나 파곡의 이동속도를 말하며, 파장을 주기로 나눈 값이다. 파랑의 분산관계식을 이용하는 파속은 다음 식과 같이 나타낼 수 있다.

$$C(=L/T) = \sqrt{\frac{gL}{2\pi} tanh \frac{2\pi h}{L}} = \sqrt{\frac{g}{k} tanh\ kh} \tag{1-63}$$

심해($kh \gg 1$): $\tanh kh = 1,\ C_o = \sqrt{gL_o/2\pi} = gT/2\pi$

천해($kh \ll 1$): $\tanh kh = kh,\ C = \sqrt{gh}$

파속은 심해에서는 파장이나 주기에 비례하여 전파속도가 빨라지게 되어 불규칙파의 경우 파랑의 분산 효과가 나타나지만, 천해에서는 성분파의 주기나 파장에 무관하게 수심에 비례하여 일정한 전파속도를 가지게 된다.

④ 물입자의 속도(m/s)

파랑에 의한 물입자의 이동속도는 속도포텐셜을 x 및 z로 편미분하여 다음과 같은 식으로 구할 수 있다.

$$\begin{aligned} u &= \frac{\partial \phi}{\partial x} = \frac{\pi H}{T}\left[\frac{\cosh k(h+z)}{\sinh(kh)}\right]\cos(kx - \sigma t) \\ w &= \frac{\partial \phi}{\partial z} = \frac{\pi H}{T}\left[\frac{\sinh k(h+z)}{sinh(kh)}\right]\sin(kx - \sigma t) \end{aligned} \tag{1-64}$$

여기서, u: 수평 물입자 속도(m/s)

w: 연직 물입자 속도(m/s)

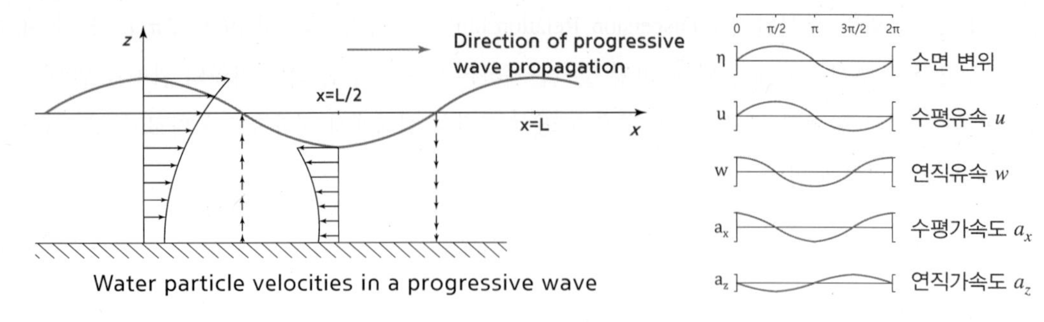

그림 1-37 진행파의 수평 물입자의 속도 분포

⑤ 물입자의 가속도(m/s²)

물입자의 가속도는 물입자의 속도를 시간에 대하여 미분하여 다음 식으로 구할 수 있다.

$$a_x = \frac{\partial u}{\partial t} = \frac{2\pi^2 H}{T^2}\left[\frac{\cosh k(h+z)}{\sinh(kh)}\right]\sin(kx-\sigma t)$$

$$a_z = \frac{\partial w}{\partial t} = -\frac{2\pi^2 H}{T^2}\left[\frac{\sinh k(h+z)}{\sinh(kh)}\right]\cos(kx-\sigma t) \tag{1-65}$$

⑥ 진행파의 물입자 이동 궤적

물입자의 이동거리는 물입자의 이동속도 u 및 w를 시간 적분하여 구한다.

$$\zeta = \int u dt = -\frac{H}{2}\frac{\cosh k(z+h)}{\sinh kh}\sin(kx-\sigma t)$$

$$\xi = \int w dt = \frac{H}{2}\frac{\sinh k(z+h)}{\sinh kh}\cos(kx-\sigma t) \tag{1-66}$$

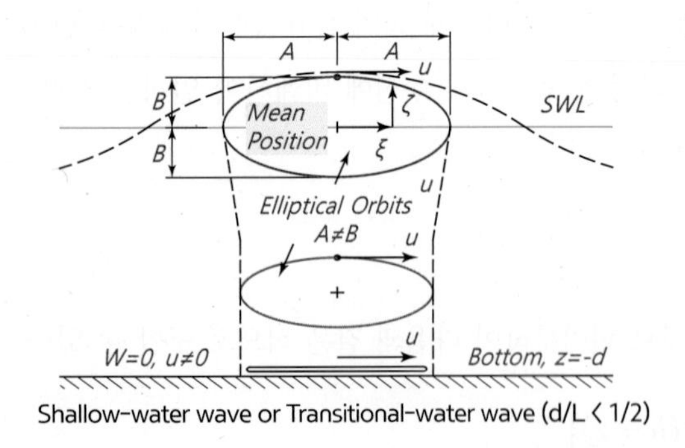

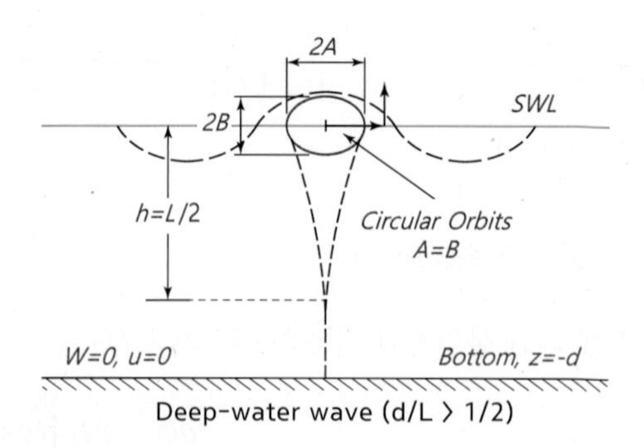

그림 1-38 물입자의 이동 궤적

⑦ 압력(t/m²)

진행파의 압력은 비정상 베르누이 정리와 선형화된 자유수면 경계조건을 이용하여 계산한다.

$$P = -\rho g z + \rho g \frac{H}{2} \frac{\cosh k\ (h+z)}{\cosh kh} \cos(kx - \sigma t) = -\rho g z + \rho g \eta\, K_p(z) \quad (1\text{–}67)$$

$$K_p(z) = \frac{\cosh k\ (h+z)}{\cosh kh} \quad (1\text{–}68)$$

수식 (1-67)의 우변 첫째 항은 정수압, 둘째 항은 동수압이다. 동수압은 파랑에 의한 물입자의 운동에 의한 압력 변동부분을 의미하며, $K_p(z)$는 압력계수라 한다.

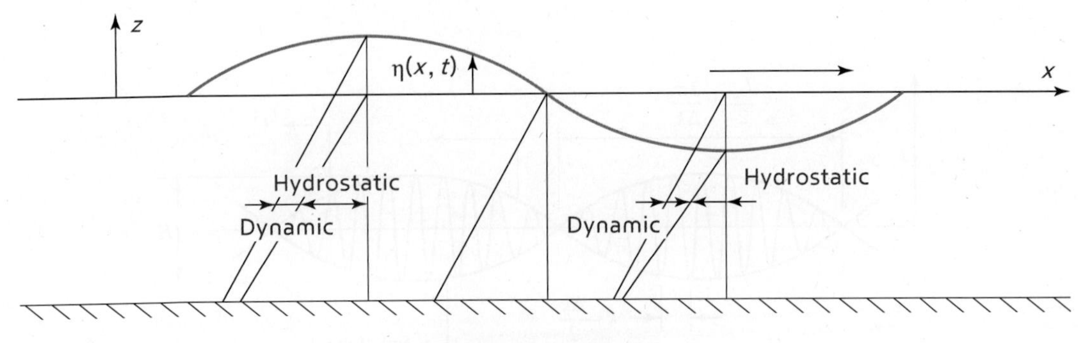

그림 1–39 진행파의 압력

⑧ 진행파의 에너지(t · m/m²)

파봉선의 단위폭당 총 파랑에너지(E)는 1파장에서 파봉선의 단위폭당 위치에너지(E_p)와 파봉에서 단위폭당 1파장당 운동에너지(E_k)의 합이며, 다음 식으로 구해진다.

$$E = E_p + E_k = \frac{1}{4}\rho g|A|^2 \mathrm{L} + \frac{1}{4}\rho g|A|^2 \mathrm{L} = \frac{1}{2}\rho g|A|^2 \mathrm{L} = \frac{1}{8}\rho g H^2 \mathrm{L} \quad (1\text{–}69)$$

단위표면적당 평균에너지(Energy Density or Specific Energy)는 총 파랑에너지를 파장으로 나누면 된다.

$$\bar{E} = \frac{E}{L} = \frac{1}{8}\rho g H^2 \quad (1\text{–}70)$$

여기서 $E_k = E_p$이며(E_k=운동에너지, E_p= 위치에너지) 한 파장 내의 모든 점에서의 평균에너지(E)는 일정하다. 단 마찰에 의한 손실은 무시한다.

⑨ 단위시간에 단위폭당 파의 진행방향으로 전달되는 평균에너지(Energy Flux, (t· m/m)/s)

파의 진행방향으로 전달되는 단위시간당 파에너지는 파의 동력과 같으며 에너지 Flux라고 한다. 동압력과 파진행방향 수평유속으로 곱을 수면에서 해저까지 연직방향으로 적분하여 구할 수 있고, 다음 식으로 표현된다.

$$EF = EC_g = ECn \quad (1\text{–}71)$$

여기서 C_g는 파의 군속도(m/s)이며, $C_g = nC$이다. 심해에서 군파속도는 전파속도의 1/2이 되고, 천해에서는 같게 된다.

$$n = \frac{1}{2}\left(1 + \frac{2kh}{sinh2kh}\right) = \frac{C_g}{C} \tag{1-72}$$

심해: $kh \gg 1,\ \frac{2kh}{\sinh 2kh} \to 0,\ n = \frac{1}{2},\ C_g = 1/2C$

천해: $kh \gg 1,\ \frac{2kh}{\sinh 2kh} \to 1,\ n = 1,\ C_g = C = \sqrt{\text{gh}}$

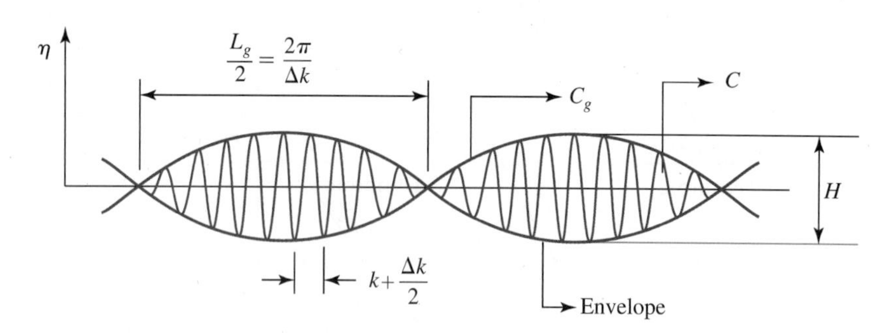

그림 1-40 군속도(Group Velocity)의 정의

위의 식들은 미소진폭파의 식이며 실제 파랑은 이 식들과 다소 다르다. 그러나 파랑의 굴절, 수중압력 등을 취급할 때는 이들의 식을 이용할 때가 많으며, 특히 중복파는 미소진폭파를 합성함으로써 얻을 수 있다.

2) 심해파와 장파

① 심해파(Deep Water Wave)

수심이 파장의 1/2보다 깊은($h/L > 1/2$) 해역에서는 수심이 깊어서 파랑의 물입자 운동이 해저면까지 이르지 못하기 때문에 물입자 운동이 해저면에 의해 변형되지 않는다. 이 해역의 파랑을 심해파라 하며, 파장에 비해서 수심이 아주 깊다고 가정하면($h/L \to \infty$), $\tanh 2\pi h/L \approx 1$이므로 파장과 파속은 각각 수식 (1-73) 및 수식 (1-74)와 같다. 또한 $\sinh 4\pi h/L \to \infty$이므로 $n = 1/2$이다. 따라서 군속도는 수식 (1-75)와 같이 표현된다. 식에서 하첨자 $_o$는 심해파를 나타내며, 파장과 파속은 수심에 관계없이 주기에만 관계된다.

$$L_o = \frac{gT^2}{2\pi} \approx 1.56T^2(m) \tag{1-73}$$

$$C_o = \frac{g\text{T}}{2\pi} \approx 1.56T(m/s) \tag{1-74}$$

$$C_g = \frac{1}{2}C_o = \frac{g\text{T}}{4\pi} \approx 0.78T(m/s) \approx 2.81T(km/h) \tag{1-75}$$

② 장파 또는 천해파(Long Wave 또는 Shallow Water Wave)

수심이 파장의 1/20보다 얕은($h/L<1/20$) 해역에서는 파장이 수심에 비해서 매우 길며, 이러한 파를 장파 또는 천해파라 한다. h/L 값이 매우 작으면 $\tanh 2\pi h/L \approx 2\pi h/L$이므로 파장과 파속은 각각 수식 (1-74) 및 수식 (1-75)와 같다. 또한 $\sinh 4\pi h/L \approx 4\pi h/L$이므로 $n=1$이다. 따라서 군속도는 파속과 같으며 식 (1-76)과 같이 표현된다.

$$\mathrm{L} = \mathrm{T}\sqrt{gh} \tag{1-76}$$

$$\mathrm{C} = \sqrt{gh} \tag{1-77}$$

$$C_g = \mathrm{C} = \sqrt{gh} \tag{1-78}$$

수심이 파장의 1/20보다 깊고 1/2보다 얕은($1/20<h/L<1/2$) 경우에는 천이역으로서 파장과 파속이 복잡하게 변한다. 표 1-3은 파형에 따른 파장과 파속의 계산식을 정리한 것이다(알기쉬운 항만설계기준 핸드북, 한국항만협회, 2011).

표 1-3 상대수심별 파장과 파속 계산식(알기쉬운 항만설계기준 핸드북, 한국항만협회, 2011)

상대 수심(h/L)	파형	파장(L)	파속(C)
> 1/2	심해파	$\frac{gT^2}{2\pi}$	$\frac{gT}{2\pi}$
1/20 ~ 1/2	천이파	$\frac{gT^2}{2\pi} tanh\left(\frac{2\pi h}{L}\right)$	$\sqrt{\frac{gL}{2\pi} tanh\left(\frac{2\pi h}{L}\right)}$
1/20 >	천해파	$T\sqrt{gh}$	$\sqrt{gh}$

3) 유한진폭파

유한진폭파는 파고가 수심에 비해 미소하다는 가정이 성립하지 않는 표면파(비선형파)이며, 파고가 큰 일반적인 천해파에 대해서는 미소진폭파의 식은 정도가 높지 않으므로 필요에 따라 유한진폭파 이론식을 사용해야 한다.

미소진폭파 이론식을 사용하여 계산할 때 오차는 파형경사(H/L) 및 상대수심(h/L)에 의하여 변한다. 특히 해상 구조물과 잔교식 구조물 등의 설계 시에는 미소진폭파의 식은 상당한 오차를 유발하여 부적절하므로 유한진폭파의 식을 사용하여야 한다. 파의 유한진폭 효과의 하나는 파고에 대한 파봉고의 비가 변하며 파고가 커지는 만큼 비도 증대된다. 그림 1-41는 수심 100~150cm의 수리모형실험의 자료로부터 진행파의 파봉고 변화를 나타낸 것이다[Goda(合田)] 1974, 항만 및 어항 설계기준, 해양수산부, 2014)].

유한진폭파의 종류로는 파의 비선형성의 정도에 따라 Stokes파, Cnoidal파, Solitary파와 Stream Function파 등이 있다. 유한진폭파 이론 중 Stokes파 이론은 미소진폭파 이론에서 역학적, 운동학적 경계조건을 급수전개하고 미소량 $\varepsilon=ka$에 대해 전개하는 섭동법(Perturbation method)을 이용하여 해석한다. Stokes파는 1차부터 5차까지 제안이 되어 있으며, 미소진폭파의 속도포텐셜에 Order에 따라 항이 추가가 되

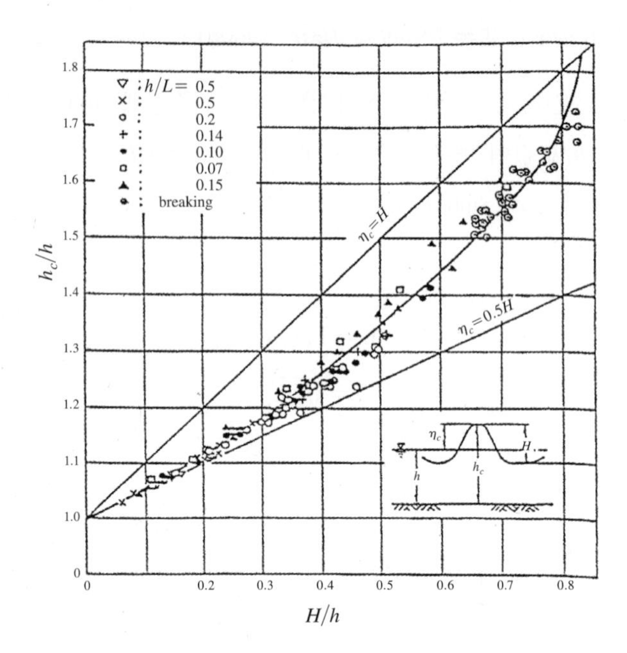

그림 1-41 수심에 따른 파고와 파봉고의 관계(항만 및 어항 설계기준, 해양수산부, 2014)

어 파형이 비선형으로 변하게 된다. 그림 1-42는 Stokes 2차 파에 대한 파형과 속도포텐셜 및 수면 변위에 대한 설명이다. 유한진폭파는 주기 대 파고 비(H/gT^2) 및 수심 대 주기 비(d/gT^2)에 따라 맞는 파랑 이론을 적용해야 한다.

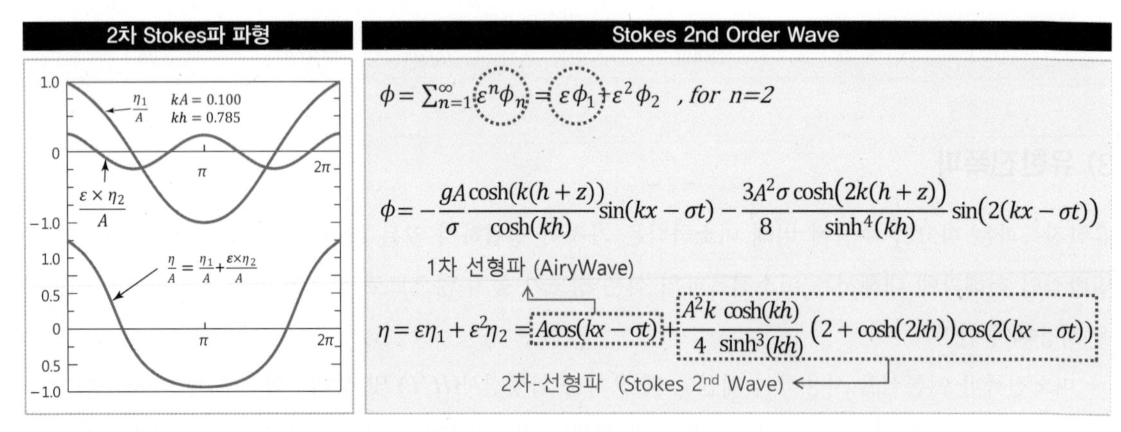

그림 1-42 Stokes 2nd Order Wave

Cnoidal파와 Solitary파는 Stokes파에 비해 비선형성이 더 강한 파형을 나타내며, 상대수심별 파 이론의 적용 범위는 다음과 같다.

- Stokes파 이론: $h/L>1/10$
- Cnoidal파 이론: $1/50<h/L<1/10$
- Solitary파 이론: $h/L<1/50$

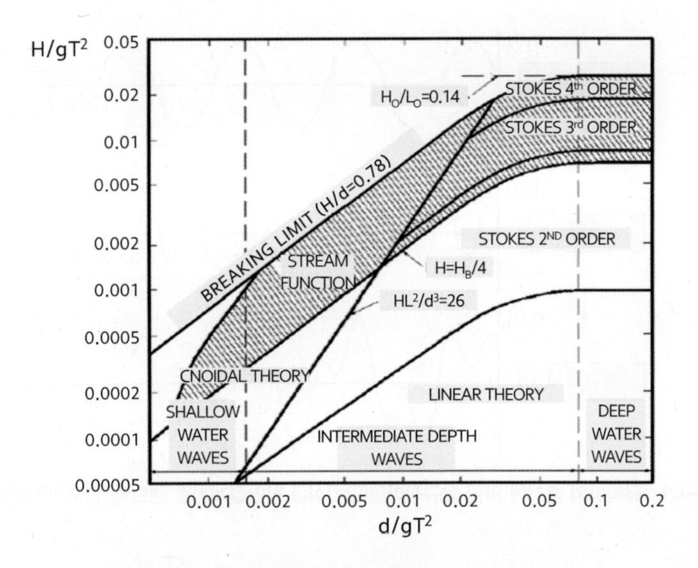

그림 1-43 파랑 이론의 적용 범위(CEM, USACE, 2001)

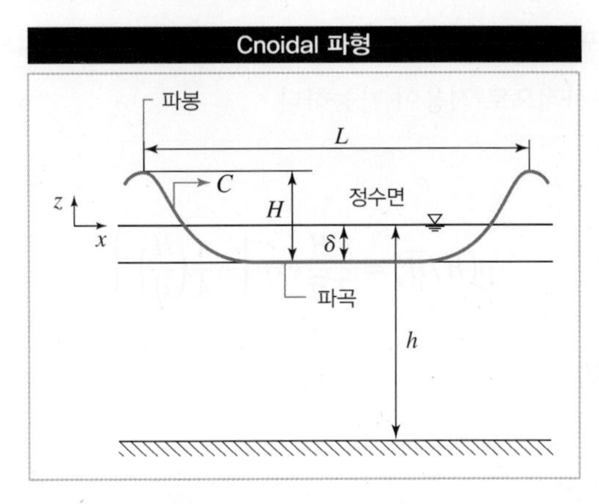

그림 1-44 Cnoidal 파의 파형

(2) 불규칙파 이론

1) 불규칙파 개요

해양에서 나타나는 조석(Tide)이 매일의 조차가 다르고, 14일 주기의 대·중·소조기가 나타나며, 계절별 연별 조석의 차이가 발생하는 것은 다양한 주기, 진폭과 지각(Phase Lag)을 가지는 개개 분조들이 합성된 결과이다. 이와 유사하게, 불규칙파는 다양한 파향, 파고, 주기를 가진 규칙파가 중첩되어 나타나는 것으로 볼 수 있다.

2) 불규칙파의 통계적인 특성

불규칙한 심해 파랑은 각양각색의 파랑이 나타나는 순서에도 어떠한 규칙성이 없고 예측하는 것도 불가능하므로 임의파(Random Wave)라 불리며, 다양한 파고, 주기 및 파향이 복합적으로 나타난다. 이중 파고 분

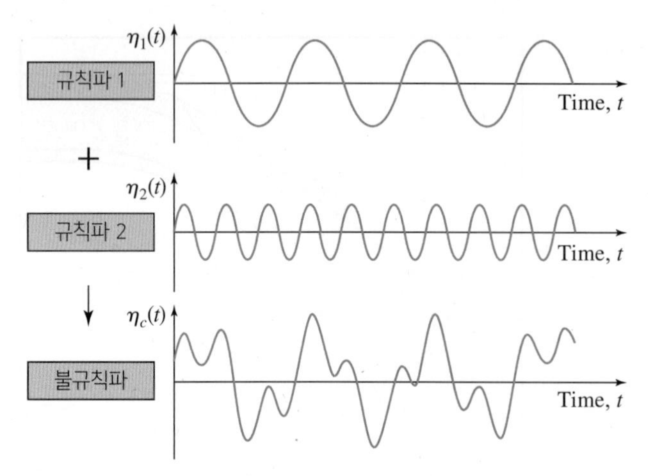

그림 1-45 규칙파의 중첩에 의한 불규칙파형(알기쉬운 항만설계기준 핸드북, 한국항만협회, 2011)

포에 대해서는 Rayleigh 분포로 표시하는 것이 이론적으로 도입되었으며, 이 분포는 Rayleigh가 음의 강도 분포에 대한 결과를 Longuet Higgins가 해파(海波)에 응용한 것이다. Rayleigh 분포 이론은 파의 에너지가 주파수 영역에 매우 좁게 분포한다고 가정하여 제안된 것으로, 주파수대가 넓으면 적용성의 문제가 있으나 심해에서 불규칙파의 경우 근사적으로 적용이 가능하다.

① Rayleigh 분포

$$p(H/\overline{H}) = \frac{\pi}{2}\frac{H}{\overline{H}}exp\left[-\frac{\pi}{4}\left(\frac{H}{\overline{H}}\right)^2\right] \quad (1\text{–}79)$$

여기서, $\overline{H} = \frac{1}{N}\sum_{i=1}^{N} H_i$

N은 측정 기간의 파랑 개수

H_i는 개별 파고

최대 파고(H_{max}), 유의 파고($H_{1/3}$), 1/10 최대파($H_{1/10}$) 및 평균 파고($\overline{H}$) 사이에는 다음과 같은 관계식이 성립된다(항만 및 어항 설계기준, 해양수산부, 2014).

$$H_{1/10} = 1.27H_{1/3}$$
$$H_{1/3} = 1.60\overline{H} \quad (1\text{–}80)$$
$$H_{max} = (1.6 \sim 2.0)H_{1/3}$$

심해에서 파고 분포는 Rayleigh 분포를 따르므로 스펙트럼 유의파고(Spectral Significant Wave Height) H_{mo}는 통계적 유의파고(Statistical Significant Wave Height) $H_{1/3}$과 매우 비슷하다. 하지만 천해에서는 고파랑이 바닥을 느끼기 시작하면서 처음으로 쇄파되기 시작하지만 저파랑은 여전히 쇄파되지 않고 파형의 변화없이 전파하게 되므로 파고 분포가 쇄파된 파(Broken Wave)와 비쇄파된 파(Nonbreaking Wave)의 이종(Non-homogeneous)의 분포가 된다. 이런 이유로 Battjes와 Groenendijk(2000)는 천해에서의 파고에 대한 복합 Weibull 분포(Composite Weibull Dustribution)를 개발하였으며, Lower Rayleigh 분포와 Higher

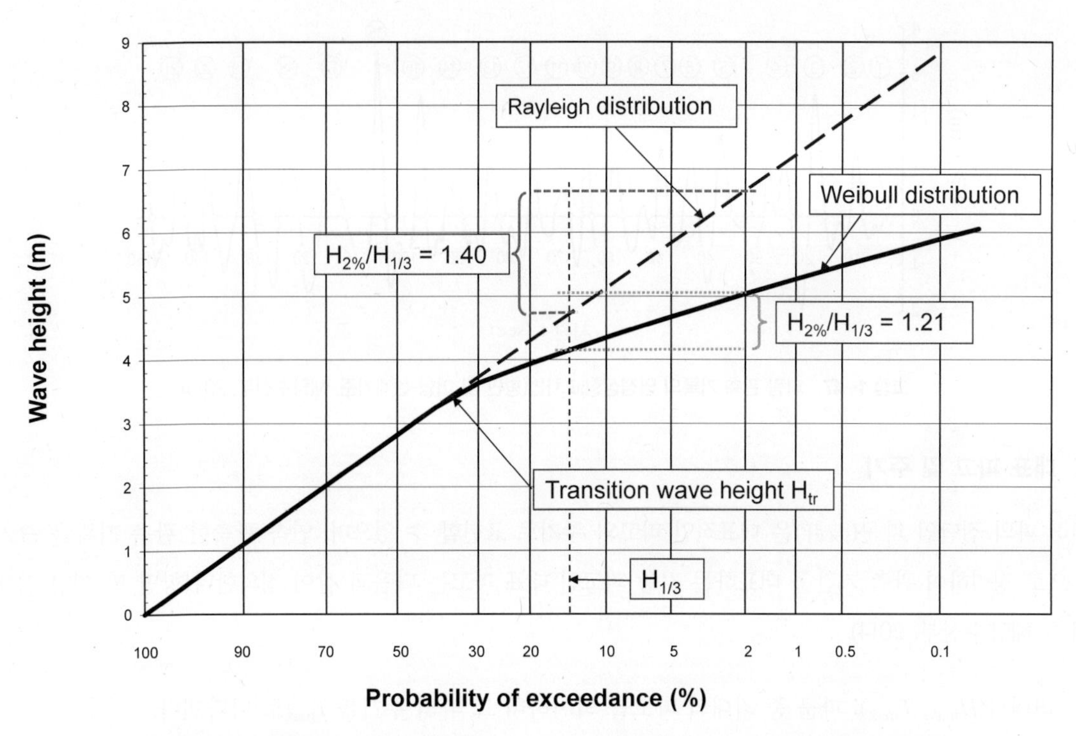

그림 1-46 복합 Weibull 분포 계산예[H_{mo}= 3.9 m; 해저경사 1:40, 수심 = 7 m(Eurotop, 2016)]

Weibull 분포 사이의 천이파고(Transition Wave Height) H_{tr}을 다음 식으로 정의하였다.

$$H_{tr} = (0.35 + 5.8\, tan\, \alpha)h \tag{1-81}$$

여기서, $\tan \alpha$는 해저경사
h는 수심

그림 1-46은 스펙트럼 유의파고가 3.9m, 해저경사가 1:40, 수심 7m의 조건에서 계산한 복합 Weibull 분포의 계산예이며, Weibull 분포에서 $H_{2\%}/H_{1/3}$의 비는 1.21로서 Rayleigh 분포의 비 1.40과는 차이가 나며 천해에서의 파고 분포는 쇄파의 영향으로 심해에서와는 다름을 알 수 있다(Eurotop, 2016).

② 불규칙파의 파고 및 주기

파고계에서 관측된 실제의 파는 그림 1-47과 같은 형태로 기록되기 때문에 파고나 주기를 간단히 정의하기가 불가능하다. 이와 같은 측정 기록에서 파형이 상승하면서 평균수면을 가로지르는 시각부터 하강했다가 다시 상승하면서 평균수면을 가로지르는 시각까지를 한 파랑으로 보고 그 시간간격을 주기 T, 그 파의 최고점과 최저점의 높이차를 파고 H로 하는 것이 영점상향교차(Zero Up-Crossing)법이다. 반면에 영점하향교차(Zero Down-Crossing)법은 파형이 기준선을 하향으로 통과하는 점들이 하나의 파랑 시작점과 끝점으로 정한다(항만 및 어항 설계기준, 해양수산부, 2014).

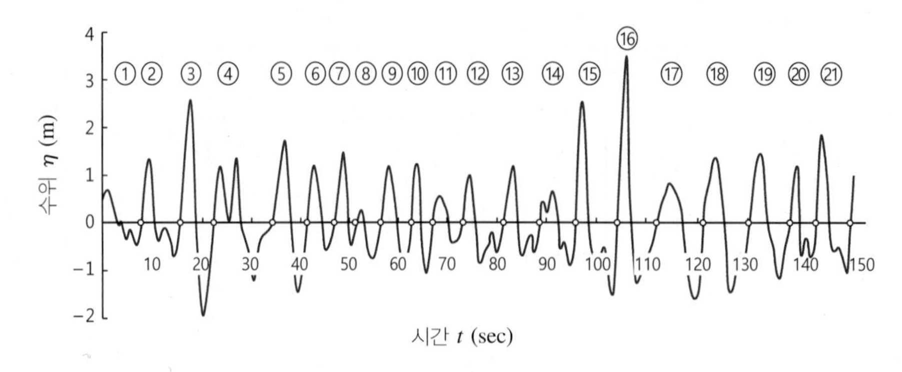

그림 1-47 파랑 관측 기록의 영점상향교차법(항만 및 어항 설계기준, 해양수산부, 2014)

③ 대표 파고 및 주기

여러 파의 집단인 파군(波群)은 대표적인 파고와 주기로 표현할 수 있으며, 연속 관측한 관측 기록을 크기 순으로 정리하여 관측 기간을 대표하는 각종 파고인 대표 파고는 다음과 같이 정의한다(항만 및 어항 설계기준, 해양수산부, 2014).

최대파(H_{max}, T_{max}): 파군 중 최대의 파고를 의미하며 그 파의 주기를 T_{max}로 나타낸다.

1/10 최대파($H_{1/10}$, $T_{1/10}$): 파고가 큰 것으로부터 전체 파랑 개수의 1/10에 해당하는 파고와 주기의 각각의 평균치

유의파($H_{1/3}$, $T_{1/3}$): 파고가 큰 것으로부터 전체 파랑 개수의 1/3까지의 파고와 주기의 각각의 평균치

평균 파고($\overline{H}$, $\overline{T}$): 모든 파고와 주기의 평균치

파군 중의 1파마다 파의 주기는 파고의 경우보다 편차가 적고, 평균주기의 0.5~2.0배의 범위에 대부분 분포하며, 풍파와 너울이 겹치는 경우에는 쌍봉형의 주기도 발생하므로 주기에 대해서는 파고의 Rayleigh 분포에 대응하는 일반형이 존재하지 않는다. 다수의 기록에 의한 평균적인 관계로서 최대파, 1/10 최대파, 유의파 및 평균파의 주기 사이에는 근사적으로 수식 (1-82)의 관계가 있다(항만 및 어항 설계기준, 해양수산부, 2014).

$$T_{max} \doteq T_{1/10} \doteq T_{1/3} \doteq (1.1 \sim 1.3)\overline{T} \qquad (1\text{-}82)$$

④ 불규칙파의 스펙트럼

해양의 파의 경우 불규칙적인 파의 형태도 무수한 주파수 및 파향의 성분파가 중첩되어 합성한 것으로 생각하여, 성분파의 에너지 분포를 주파수와 파향에 대해 표시한 것이 파랑 스펙트럼(Wave Spectrum)이다. 여기서 전자를 주파수 스펙트럼(Frequency Spectrum), 그리고 후자를 파향 스펙트럼(Directional Spectrum)이라 한다(항만 및 어항 설계기준, 해양수산부, 2014).

파랑 스펙트럼의 일반형은 다음 식과 같다[Goda(合田) 등, 1975].

$$S(f,\theta) = S(f) \cdot G(f,\theta) \qquad (1\text{-}83)$$

여기서, f는 주파수, θ는 파랑의 주방향에서의 편각

$S(f, \theta)$는 주파수 및 방향에 대한 분포를 나타내는 함수, 방향 스펙트럼

$S(f)$는 주파수 성분에 대한 파랑의 에너지 분포를 나타내는 함수, 주파수 스펙트럼(Frequency Spectrum)

$G(f, \theta)$는 파랑에너지의 방향성분을 나타내는 방향 분포함수

Bretschneider의 제안식을 Mitsuyasu가 계수를 수정한 식은 다음과 같다.

$$S(f) = 0.205H_{1/3}^2 T_{1/3}^{-4} f^{-5} \exp\left[-0.75\left(T_{\frac{1}{3}}f\right)^{-4}\right] \quad (1\text{–}84)$$

$$G(f, \theta) = G_O \cos^{2s}\left(\frac{\theta}{2}\right) \quad (1\text{–}85)$$

여기서, θ_{max}, θ_{min}은 각각 주방향으로부터 최대 및 최소 편각

수식 (1-85)의 비례상수 G_o는 $\int_{\theta_{min}}^{\theta_{max}} G(f, \theta)d\theta = 1$에서 구한다.

수식 (1-85)의 S는 파랑의 방향집중도를 나타내는 함수이며 다음 식과 같다.

$$f > f_m 일\ 때\ S = S_{max}\left(\frac{f}{f_m}\right)^{-2.5} \quad (1\text{–}86)$$

$$f \leq f_m 일\ 때\ S = S_{max}\left(\frac{f}{f_m}\right)^{5} \quad (1\text{–}87)$$

여기서, f_m은 스펙트럼의 피크(peak) 주파수이며, 유의파의 주기 $T_{H1/3}$을 이용하여 환산하면 다음과 같다.

$$f_m = 1/(1.05T_{H1/3}) \quad (1\text{–}88)$$

Goda와 Suzuki는 파랑의 방향집중도를 나타내는 계수인 수식 (1-86)과 수식 (1-87)의 S_{max}는 풍파에 대해서 똑같이 10을 표준으로 하고, 너울(swell)에 대해서는 감쇠거리가 짧은 너울(파형경사가 비교적 큰 경우)은 25, 감쇠거리가 긴 너울(파형경사가 작은 경우)은 75를 추천하고 있다.

불규칙파의 스펙트럼이 주어진 경우는 유의파고($H_{1/3}$ 또는 H_s)를 다음 식으로 계산할 수 있다(항만 및 어항 설계기준, 해양수산부, 2014).

$$H_{1/3} = 3.8\left[\int_0^{\infty}\int_{\theta_{min}}^{\theta_{max}} S(f, \theta)dfd\theta\right]^{1/2} \left(= \frac{3.8}{4.0}H_s\right) \quad (1\text{–}89)$$

여기서, $H_s = 4.0\sqrt{m_0}$

$m_n = \int_0^{\infty} f^n S(f)df$

Pierson-Moskowitz 스펙트럼은 1964년에 Pierson과 Moskowitz가 제안하였으며, 완전히 발달한 외해(Fully Developed Sea)에서 취송거리(Fetch Distance)와 바람이 부는 기간(Duration)이 무한하다는 가정하에 풍속만을 매개변수로 표현한 주파수 스펙트럼으로 식 (1-90)으로 표현되며, 바람이 대규모 해역에 일

정하게 불어야 하고 풍향이 바뀌면 안되는 제한 사항에도 해양구조물 설계에서 극한 해일(Severe Storm)을 표현하는 데 유용한 것으로 알려져 있다(BS6349 Maritime Structure, BSI, 2000).

$$E(f) = \frac{0.0081g^2}{(2\pi)^4 f^5} exp\left(-0.24\left[\frac{2\pi U_w f}{g}\right]^{-4}\right) \tag{1-90}$$

JONSWAP 스펙트럼은 1973년에 Hasselman 등이 Joint North Sea Wave Projeect에서 개발하였으며, JONSWAP 스펙트럼은 Pierson-Moskowitz 스펙트럼을 수정하여 다음과 같이 표현된다.

$$E(f) = \frac{\alpha g^2}{(2\pi)^4 f^5} exp\left(-1.25\left[\frac{f}{f_p}\right]^{-4}\right)\gamma^{exp\left(-\frac{\frac{f}{f_p}-1}{2\sigma^2}\right)} \tag{1-91}$$

$$f_p = 3.5\left[\frac{g^2 F}{U_{10}^3}\right]^{-0.33} \;;\; \alpha = 0.076\left[\frac{gF}{U_{10}^2}\right]^{-0.22} \;; 1 \le \gamma \le 7 \tag{1-92}$$

$$\sigma = 0.07\ for\ f \le f_p\ and\ \sigma = 0.09\ for\ f > f_p \tag{1-93}$$

여기서, α는 축척 매개변수(Scaling Parameter)
γ는 첨두증폭계수(Peak Enhancement Factor)
f_p는 첨두 주파수(Frequency at the Spectral Peak)
U_{10}은 해수면 위 10m 높이에서의 풍속
F는 취송거리

그림 1-48는 Pierson-Moskowitz 스펙트럼과 JONSWAP 스펙트럼의 관계를 도시한 것이다(BS6349 Maritime Structure, BSI, 2000).

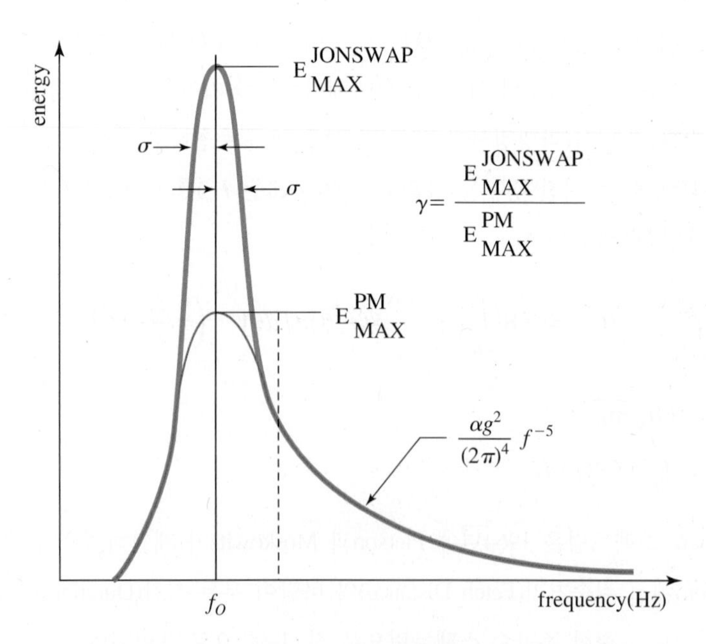

그림 1-48 PM과 JONSWAP 스펙트럼의 비교(Chakrabati, 1987)

1-3-1-5 파의 변형

외해에서 발생한 파랑은 해안으로 전파되면서 수심과 흐름의 변화 및 구조물 등에 의해 일어나는 굴절, 회절, 반사, 천수변형 및 쇄파 등의 여러 가지 변형이 발생하며, 항만 구조물 설계 시 이러한 파랑의 변형을 고려하여 구조물의 평면 계획 및 단면 계획을 수립하여야 한다.

(1) 천수(Shoaling) 변형

1) 수심 감소에 의한 파고의 변화

수심이 파장의 약 1/2보다 깊은 해역에서 파랑은 해저의 영향을 거의 받지 않으며 파형의 변형 없이 전파되지만, 파랑이 외해로부터 수심이 파장의 약 1/2보다 얕은 천해역으로 전파되면 해저면의 영향을 받아서 파속이 느려지고 파장이 짧아지며 파고도 변화하는 현상을 천수(Shoaling)라고 한다.

수심의 변화가 완만하고 균일한 수심에서는 파랑의 성질이 거의 그대로 보유되고 있다고 가정하고, 등심선은 모두 평행한 직선상이고 파랑은 등심선에 직각방향으로 내습하면 이 구간에서 어떤 원인으로 단위시간당 및 단위길이당 소멸되는 에너지(Energy Flux, EC_g) 변화는 구간 내로 유입 및 출입하는 에너지와 구간 내에서 에너지의 시간 변화는 동일하다는 에너지보존 원리로부터 다음 식으로 나타낼 수 있다.

$$(EC_G)_1 - (EC_G)_2 = \overline{W_d} \tag{1-94}$$

여기서, $\overline{W_d}$는 단면 Ⅰ, Ⅱ의 구간에서 단위시간당 손실된 평균 에너지이다.

Ⅰ, Ⅱ 구간에서 에너지 손실은 없다고 가정하고, 단면 Ⅰ을 심해역, 단면 Ⅱ를 천해역으로 정하고 심해역에 첨자 o를 추가하여 정리하면 수식 (1-94)는 다음과 같이 바꿔 쓸 수 있다.

$$\frac{E}{E_o} = \frac{(C_G)_o}{C_G} \tag{1-95}$$

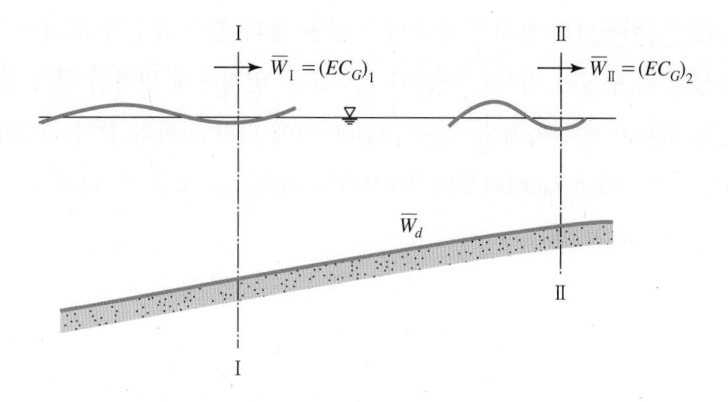

그림 1-49 천수변형 모식도

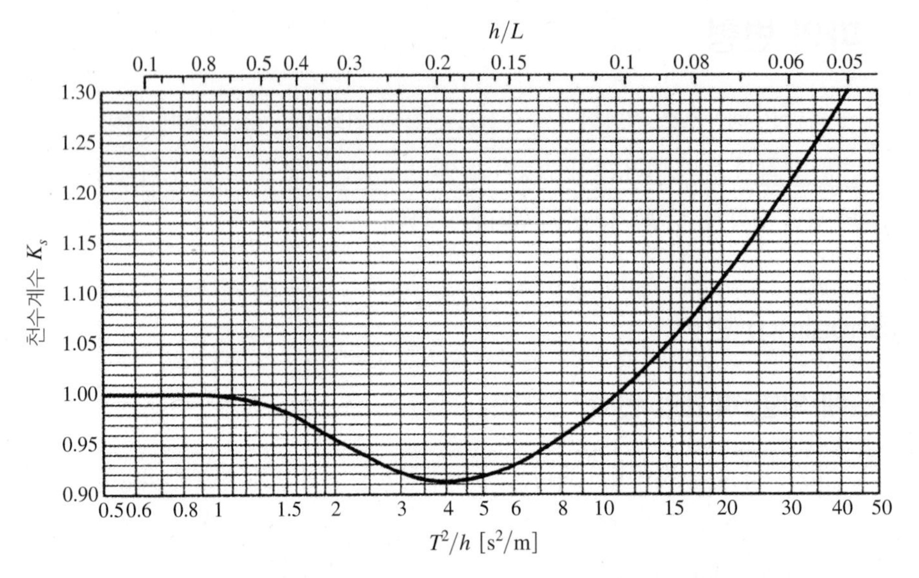

그림 1-50 천수계수의 산정도 1(해안과 항만공학, 최영박, 윤태훈 & 지홍기, 2007)

$$\frac{H}{H_0} = \sqrt{\frac{1}{2n}\frac{C_0}{C}} = K_s \tag{1-96}$$

$$n = \frac{1}{2}\left(1 + \frac{\frac{4\pi h}{L}}{\sinh\frac{4\pi h}{L}}\right) \tag{1-97}$$

$$L_0 = 1.56T^2,\ C_0 = 1.56T \tag{1-98}$$

여기서, L_0, C_0, H_0는 심해파의 파장(m), 파속(m/s) 및 파고(m)
L, C, H는 수심 h 지점에서의 파장(m), 파속(m/s) 및 파고(m)
T는 주기(s)
K_s는 천수계수

수식 (1-95)에 에너지 및 군속도의 식을 대입하고 심해에서 군속도 지수가 $n=1/2$임을 이용하면 수식 (1-96)의 관계가 얻어지고, 우변의 K_s는 천수계수라 한다(해안과 항만공학, 최영박, 윤태훈 & 지홍기, 2007).

두 지점을 통과하는 단위폭당의 에너지 수송량은 마찰 등과 같은 손실을 고려한 에너지 보존식으로부터 천수계수가 계산되며, 수심이 변하면 파속과 군속도는 일정하게 변하지 않고 파랑 분산식에 의해 복잡한 변화를 보인다. 에너지 손실이 없는 경우 그림 1-51에 나타낸 바와 같이 천수계수 K_s는 심해에서 1의 값으로부터 점차 감소하여 $h/L_0=0.157$에서 0.913의 최솟값을 보인 후 다시 증가하나 쇄파로 인해 파고는 해안 부근에서 다시 작아진다.

그림 1-51은 슈토(首藤, 1974)의 비선형 장파이론에 근거한 것으로 심해에서 천해에 도달하는 파랑의 천수변형을 추정할 수 있다. 그림의 오른쪽 윗부분은 수심 대 파장 비 h/L_o가 0.09보다 큰 곳에서의 천수계수를 나타내며, 이 범위에서는 미소진폭파 이론을 이용한 수식 (1-98)과 동일하다(항만 및 어항 설계기준, 해양수산부, 2014).

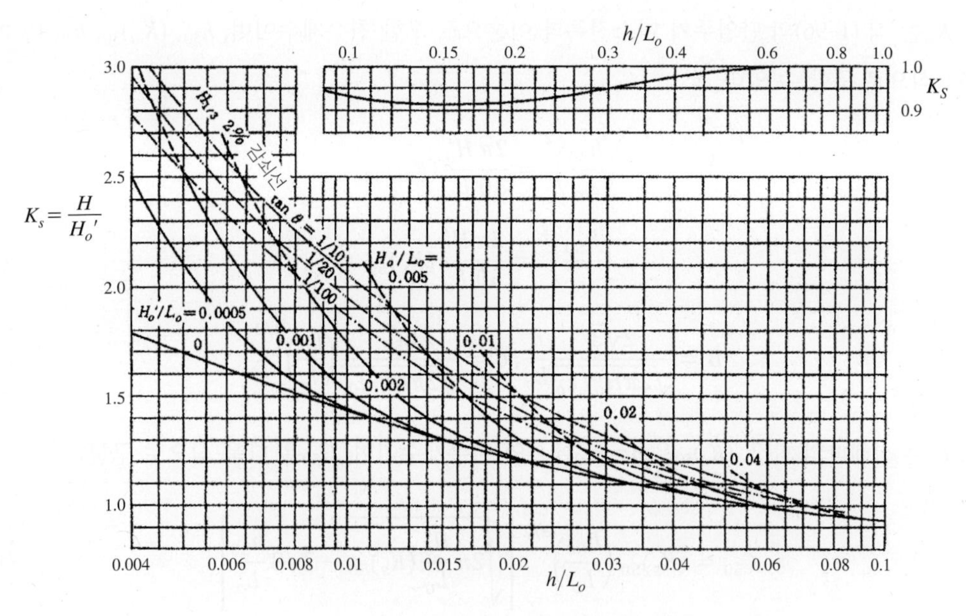

그림 1-51 천수계수의 산정도 2(항만 및 어항 설계기준, 해양수산부, 2014)

2) 실제 파의 천수변형

실제 해양의 파는 미소진폭파에 의한 수식 (1-96)의 값에 수정이 필요하며, 주기가 일정하지 않고 주파수 스펙트럼에서 표현되는 것 같은 분산을 갖고 있는 것의 영향과 천해역에서는 파의 비선형 효과로 인해 파고가 미소하다고 할 수 없기 때문이다. 불규칙파가 천해역에 들어가면 불규칙파 중 각 성분파의 파속은 어느 것이든 장파의 속도에 수렴하여 주파수에 따른 파속의 차가 거의 없기 때문에 파군(波群)의 형태는 거의 변하지 않고 진행하며, 주파수 스펙트럼의 영향은 성분파마다 분할하여 중첩 계산을 하면 수식 (1-96)의 값이 약간 평활화되어 수심에 의한 천수변형의 변화가 완만하게 된다. 일정 주기의 파의 경우 K_s의 최솟값은 0.913인 반면 주파수 스펙트럼을 고려하여 계산하면 0.937이 되어 오차가 2~3% 정도이므로 실무에서는 미소진폭파 이론에 의한 천수계수 산정식을 이용해도 된다. Bretschneider나 Pierson, Moskowitz의 스펙트럼을 갖는 불규칙한 파랑의 각 성분파가 미소진폭파와 동일한 천수변형을 한다고 가정하여 계산한 불규칙파의 천수계수는 미소진폭 규칙파의 천수계수와 $h/L_o > 0.05$의 영역에서는 기껏해야 5% 정도의 차가 난다. 따라서 장파 영역 외에는 불규칙파의 천수계수로서 미소진폭 규칙파의 천수계수를 근사적으로 쓸 수 있다.

천해역에서 파랑이 비선형성으로 인해 파고가 미소하지 않은 영향은 유한진폭파 이론에 의해 다양하게 계산되어 있으며, 슈토(首藤, 1974)는 어느 정도 얕은 곳의 파에 대한 파고 변화를 다음과 같이 천수계수의 형태의 식으로 제시하였다.

$$\begin{cases} K_s = K_{si} & : h_{30} \le h \\ K_s = (K_{si})_{30}\left(\dfrac{h_{30}}{h}\right)^{2/7} & : h_{50} \le h \le h_{30} \\ K_s\left(\sqrt{K_s} - B\right) - C = 0 & : h < h_{50} \end{cases} \tag{1-99}$$

여기서, K_{si}는 식 (1-96)의 단일주기 미소진폭파 이론으로 구한 천수계수이며, h_{30}, $(K_{si})_{30}$, h_{50} 및 계수 B, C는 다음 식으로 구할 수 있다.

$$\left(\frac{h_{30}}{L_o}\right)^2 = \frac{2\pi}{30}\frac{H_o'}{L_o}(K_{si})_{30} \tag{1-100}$$

$$\left(\frac{h_{50}}{L_o}\right)^2 = \frac{2\pi}{50}\frac{H_o'}{L_o}(K_s)_{50} \tag{1-101}$$

$$B = \frac{2\sqrt{3}}{\sqrt{2\pi H_o'/L_o}}\frac{h}{L_o}, C = \frac{C_{50}}{\sqrt{2\pi H_o'/L_o}}\left(\frac{L_o}{h}\right)^{3/2} \tag{1-102}$$

여기서, L_o는 심해파의 파장, $(K_s)_{50}$은 $h=h_{50}$에서의 천수계수이며, C_{50}은 다음 식으로 구한다.

$$C_{50} = (K_s)_{50}\left(\frac{h_{50}}{L_o}\right)^{3/2}\left[\sqrt{2\pi\frac{H_o'}{L_o}(K_s)_{50}} - 2\sqrt{3}\frac{h_{50}}{L_o}\right] \tag{1-103}$$

실제의 계산에서는 수식 (1-100)과 수식 (1-101)을 만족하는 h_{30}과 h_{50}을 반복계산하여 적용수심을 구하고, $h<h_{50}$인 경우에는 수식 (1-99)의 세 번째 식을 근사해법으로 풀 필요가 있다(내파공학, Goda Yoshimi 저, 김남형, 양순보 역, 2014).

(2) 굴절(Refraction) 변형

수심이 파장의 1/2 정도보다 큰 심해역에서는 파는 해저 지형의 영향을 받지 않고 전파하지만, 심해역에서 발생한 파가 천해역으로 전파될 때에는 해저지형의 영향을 받아서 수심 변화에 따라 파속이 변화되고 파랑의 진행방향과 파고 및 파향선 간격이 변화하는 현상이 발생하게 된다. 이런 현상을 파의 굴절이라 하며, 빛의 굴절과 같이 파의 진행속도(파속)의 차이에 의하여 생긴다. 파랑은 등심선에 직각방향으로 진행하는

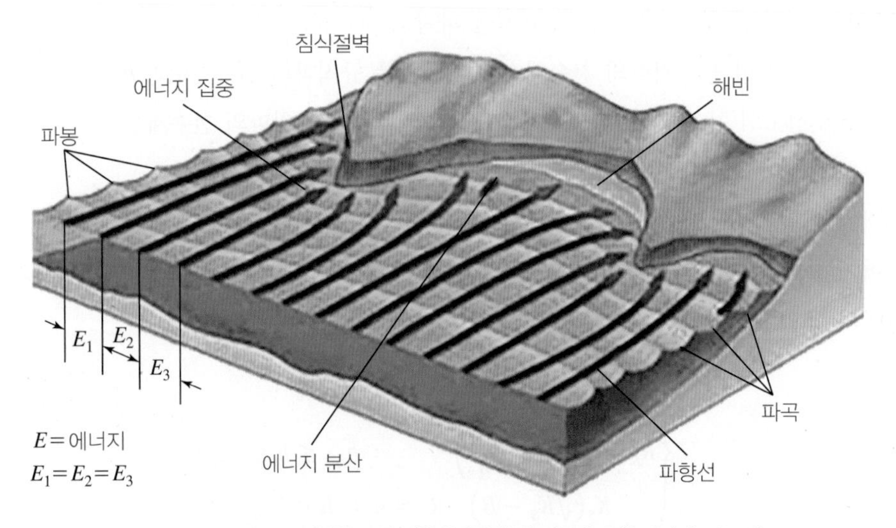

그림 1-52 파랑의 굴절변형 모식도(현대건설 항만 전문가 초청 세미나, 김도삼)

경향이 있으므로 곶에서는 파향선이 집중하게 되어 파고가 커지고, 만에서는 파향선이 퍼지므로 파고가 감소하는 현상이 발생한다.

1) 규칙파의 굴절계산

수심이 h_1에서 h_2로 얕아지는 직선상의 경계면에 파랑이 각도 α_1으로 경사지게 입사할 때는 수심 변화에 따라 파속이 변하므로 파가 경계면에서 굴절되고 이에 의해 파향선의 간격이 변한다. 파향선의 폭의 변화가 급격하지 않으면 파의 에너지는 파향선을 가로질러 유출되지 않는다고 가정할 수 있으며, 마찰 등에 의한 에너지 감소를 무시하면 에너지 수송량이 보존된다.

수심 h_1에 대한 군속도를 C_{G1}, h_2에 대한 군속도를 C_{G2}이라 하고, 수심 h_1에서의 파봉선의 폭 b_1이 h_2 그림 1-53에서는 b_2로 변하면, 이 사이의 에너지가 일정하므로 파고 H_1과 H_2는 다음 식으로 표시할 수 있다.

$$\frac{H_2}{H_1} = \sqrt{\frac{b_1}{b_2}}\sqrt{\frac{C_{G1}}{C_{G2}}} = K_r \cdot K_s \tag{1-104}$$

여기서, K_s는 천수계수이고, K_r은 굴절계수이다. 굴절계수는 파봉선의 폭의 변화로 표시되며, 파봉선의 폭은 파수(k)의 비회전성으로부터 구하게 된다.

$$\frac{\partial(ksin\alpha)}{\partial x} - \frac{\partial(kcos\alpha)}{\partial y} = 0 \tag{1-105}$$

파봉선의 폭을 구하기 위해 y축을 등심선 방향, x축을 파랑 진행방향으로 정한 그림 1-53에서와 같이 등심선이 평행한 경우에는 y방향의 변화율이 없어지므로 수식 (1-105)로부터 Snell 법칙이 얻어진다.

$$\frac{sin\alpha_1}{sin\alpha_2} = \frac{C_1}{C_2} = \frac{L_1}{L_2} \tag{1-106}$$

또한 두 파향선 사이의 y방향 거리는 같으므로

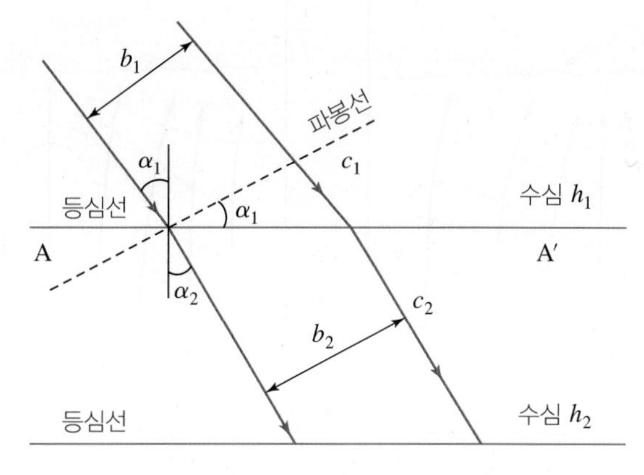

그림 1–53 평행한 등심선에서 파랑 굴절(Snell 법칙)

$$K_r = \sqrt{\frac{b_1}{b_2}} = \sqrt{\frac{cos\alpha_1}{cos\alpha_2}} = \left[1 + \left\{1 - \left(\frac{C}{C_0}\right)^2\right\} tan^2\alpha_1\right]^{-\frac{1}{4}} \tag{1-107}$$

수심의 평면적인 변화가 있는 지역에서는 수식 (1-107)로부터 파향선의 각을 구해 굴절계수를 계산한다(그림 1-54 참조).

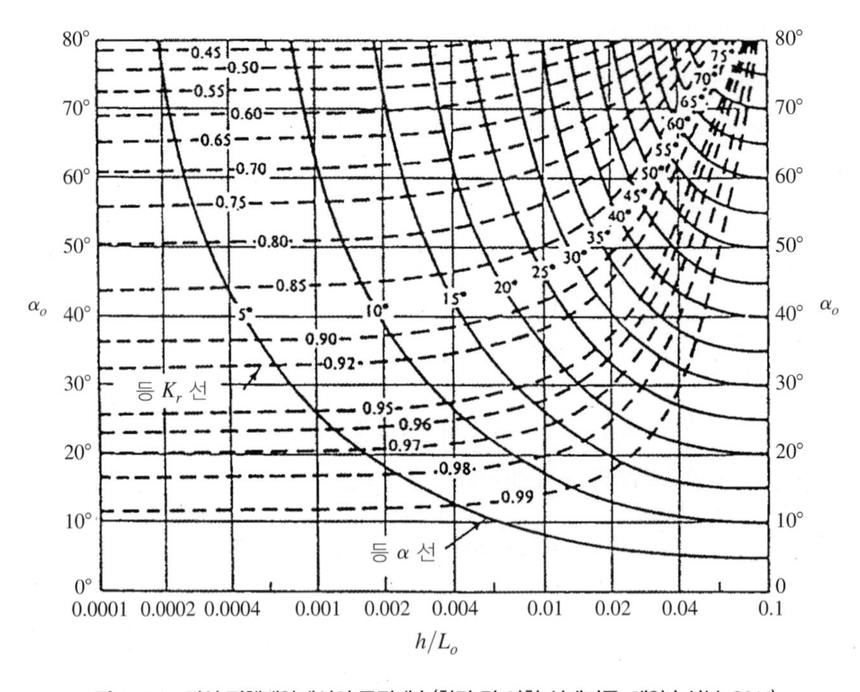

그림 1-54 직선 평행해안에서의 굴절계수(항만 및 어항 설계기준, 해양수산부, 2014)

그림 1-55와 그림 1-56에서와 같이 해저계곡에서는 파향선이 발산하여 파고가 작아지나 돌출부에서는 집중되어 파향선 간격이 좁아져 파고가 커지게 된다.

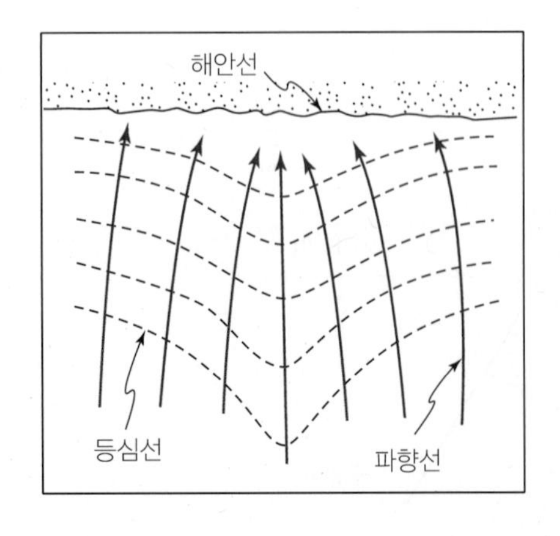

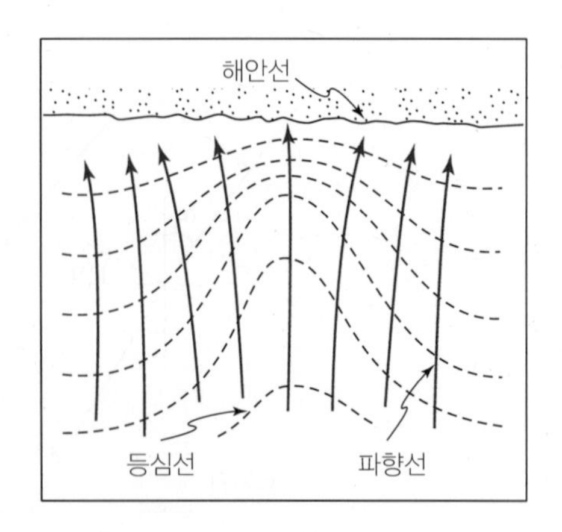

그림 1-55 불규칙한 등심선의 해역에서의 굴절변형(직선 해안, 항만 및 어항 설계기준, 해양수산부, 2014)

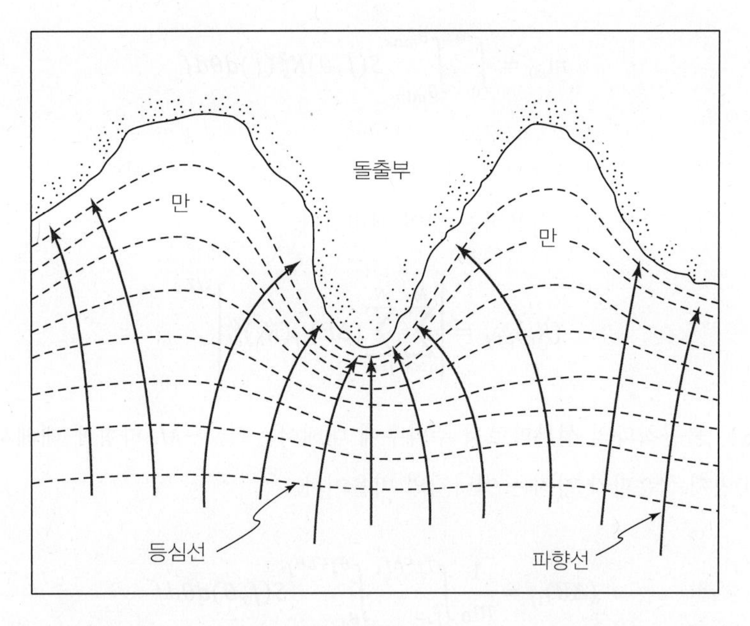

그림 1-56 불규칙한 등심선의 해역에서의 굴절변형(굴곡 해안, 항만 및 어항 설계기준, 해양수산부, 2014)

2) 규칙파 굴절계산의 적용범위

규칙파에 의한 계산이 적용될 수 있는 것은 너울 및 지진해일처럼 방향 분산이 적고 주파수대가 좁은 파랑이다. 풍파와 같이 방향 분산이 크고 주파수대가 넓은 파에 대해서는 불규칙파에 의한 굴절계산을 해야 한다.

천퇴(淺堆)와 같은 지형 뒤편에서는 파향선이 좁아져 때로는 교차하는 경우가 생긴다. 수식 (1-104)와 수식 (1-107)에서 파향선의 폭이 영(0)이 되면 파고가 무한대로 커져 굴절계산을 사용할 수 없게 된다. 실제는 파향선을 가로질러 파에너지가 이동되는 회절현상이 더 강해져 파고가 낮아지게 된다. 해안선에 평행한 직선 등심선을 갖는 해안에서는 규칙파의 계산 결과를 이용할 수 있다(항만 및 어항 설계기준, 해양수산부, 2014).

3) 불규칙파에 의한 굴절계산

실제 해양의 파는 무수한 주파수와 파향의 성분파가 겹쳐진 것이며, 이러한 주파수와 파향의 범위가 넓기 때문에 굴절에 의한 파고 변화는 규칙파의 결과와는 다르게 된다. 불규칙파에 대한 굴절계산으로는 파의 방향 스펙트럼을 적절한 개수의 성분파로 분할하여 각 성분파에 대해 완경사 방적식을 풀어서 불규칙파의 굴절계수를 구하는 성분파법(예: Chae and Jeong, 1992)과 파의 에너지 평형방정식을 차분화하여 직접 계산하는 방법(다카야마(高山) 등, 1981)이 있다(항만 및 어항 설계기준, 해양수산부, 2014).

불규칙파를 성분파로 나누어 계산하는 경우 굴절계산의 계산 기본식은 다음과 같다.

$$(K_r)_{eff} = [\frac{1}{m_{s0}}\int_0^{\infty}\int_{\theta_{min}}^{\theta_{max}} S(f,\theta)K_s^2(f)K_r^2(f,\theta)d\theta df]^{1/2} \tag{1-108}$$

$$m_{s0} = \int_0^\infty \int_{\theta_{min}}^{\theta_{max}} S(f,\theta) K_s^2(f) d\theta df \tag{1-109}$$

불규칙파의 굴절계수를 쉽게 추정하기 위해서는 천수계수 $K_s(f)$의 영향이 그다지 현저하지 않은 것으로서 가정하여 생략한 다음 식을 사용하는 것이 편리하다.

$$(K_r)_{eff} = \left[\sum_{i=1}^{M} \sum_{j=1}^{N} (\Delta E)_{ij} (K_r)_{ij}^2 \right]^{1/2} \tag{1-110}$$

위 식의 $(\Delta E)_{ij}$는 불규칙파의 성분파로서 주파수에 대해서는 $i=1\sim M$, 파향에 대해서는 $j=1\sim N$인 것을 생각할 때 (i, j)번째 성분파가 가지는 에너지의 비율이다.

$$(\Delta E)_{ij} = \frac{1}{m_0} \int_{f_i}^{f_i+\Delta f_i} \int_{\theta_j}^{\theta_j+\Delta\theta_j} S(f,\theta) d\theta df \tag{1-111}$$

여기서, $m_0 = \int_0^\infty \int_{\theta_{min}}^{\theta_{max}} S(f,\theta) d\theta df$

계산에서는 먼저 주파수와 파향의 대표값을 선정하고, Bretschneider-Mitsuyasu 스펙트럼의 표준형을 이용하여 스펙트럼을 둘러싼 면적을 등분할하고 각 구간의 대표주파수를 이용하면 계산이 간단해진다. 대표주파수로는 굴절 후의 주기의 변화도 함께 계산할 수 있도록 스펙트럼의 2차 모멘트를 대표하는 주파수를 사용할 수 있다.

$$f_i = \frac{1}{0.9T_{1/3}} \left\{ 2.912M \left[\Phi\left(\sqrt{2ln\frac{M}{i-1}} \right) - \Phi\left(\sqrt{2ln\frac{M}{i}} \right) \right] \right\}^{1/2} \tag{1-112}$$

여기서, $\Phi(t)$는 다음 식으로 정의되는 오차 함수이다.

$$\Phi(t) = \frac{1}{2\pi} \int_0^t e^{-x^2/2} dx \tag{1-113}$$

주파수 성분을 위의 방법으로 산정한 경우 각 성분파의 에너지 비율은 다음과 같이 근사적으로 나타낼 수 있다.

$$(\Delta E)_{ij} = \frac{1}{M} D_j \tag{1-114}$$

D_j는 파향에 따른 에너지 비율을 나타내고 그림 1-57에 표시된 파의 에너지 누가곡선에서 읽는다. 파향으로서 16방향 분할 또는 8방위 분할을 이용하는 경우의 D_j값은 표 1-4와 같다.

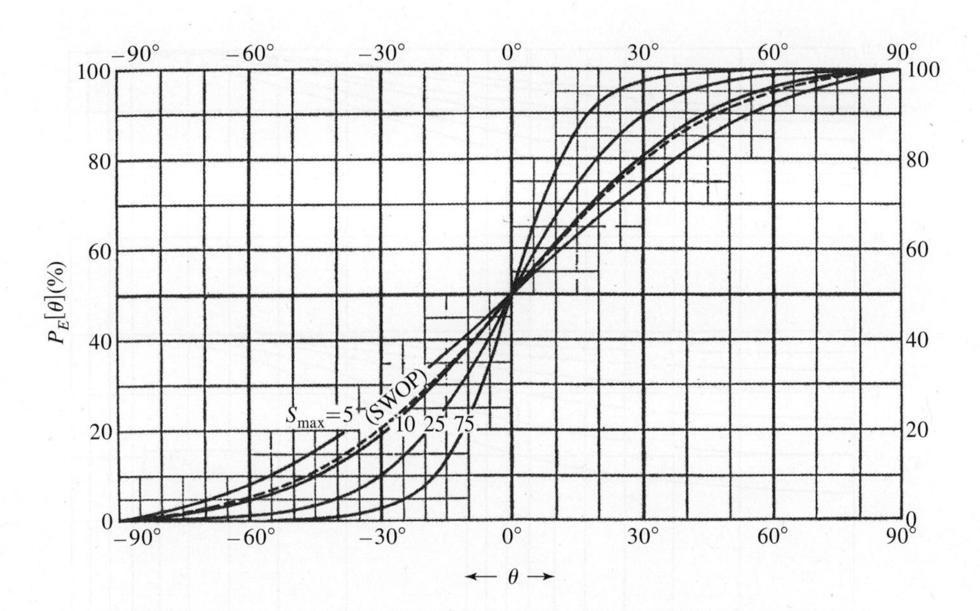

그림 1-57 파의 에너지 누가곡선(내파공학, Goda Yoshimi 저, 김남형, 양순보 역, 2014)

표 1-4 파향별 성분파의 에너지 비 D_j(내파공학, Goda Yoshimi 저, 김남형, 양순보 역, 2014)

성분파의 파향	16방위 분할			8방향 분할		
	S_{max}			S_{max}		
	10	25	75	10	25	75
67.5°	0.05	0.02	0	–	–	–
45.0°	0.11	0.06	0.02	0.26	0.17	0.06
22.5°	0.21	0.23	0.18	–	–	–
0°	0.26	0.38	0.60	0.48	0.66	0.88
−22.5°	0.21	0.23	0.18	–	–	–
−45.0°	0.11	0.06	0.02	0.26	0.17	0.06
−67.5°	0.05	0.02	0	–	–	–
계	1.00	1.00	1.00	1.00	1.00	1.00

불규칙파의 굴절계수는 표 1-4와 다른 주기 분할을 사용할 때는 주파수 스펙트럼을 적분하여 각 주파수가 가지는 에너지의 비율을 구한 후에 $(\Delta E)_{ij}$를 수식 (1-111)로 계산하고, 수식 (1-110)에 적용하여 다음과 같이 구하면 된다(내파공학, Goda Yoshimi 저, 김남형, 양순보 역, 2014).

$$(K_r)_{eff} = \left[\sum_{i=1}^{M} \sum_{j=1}^{N} \frac{1}{M} D_j (K_r)_{ij}^2 \right]^{1/2} \tag{1-115}$$

심해파가 섬이나 갑(岬) 등에 의해 굴절된 파인 경우에는 파의 스펙트럼을 표준형으로 가정한다면 일반적으로 차이가 생기기 때문에 회절 후의 스펙트럼을 사용하여 굴절계산을 하여야만 한다.

그림 1-58과 그림 1-59는 해저의 등심선이 모두 해안에 평행한 직선인 지역에서 계산된 불규칙파 굴절계수 K_r과 입사각 α_p를 수식 (1-108)에 기초하여 Bretschneider-Mitsuyasu 스펙트럼과 Mitsuyasu 방향

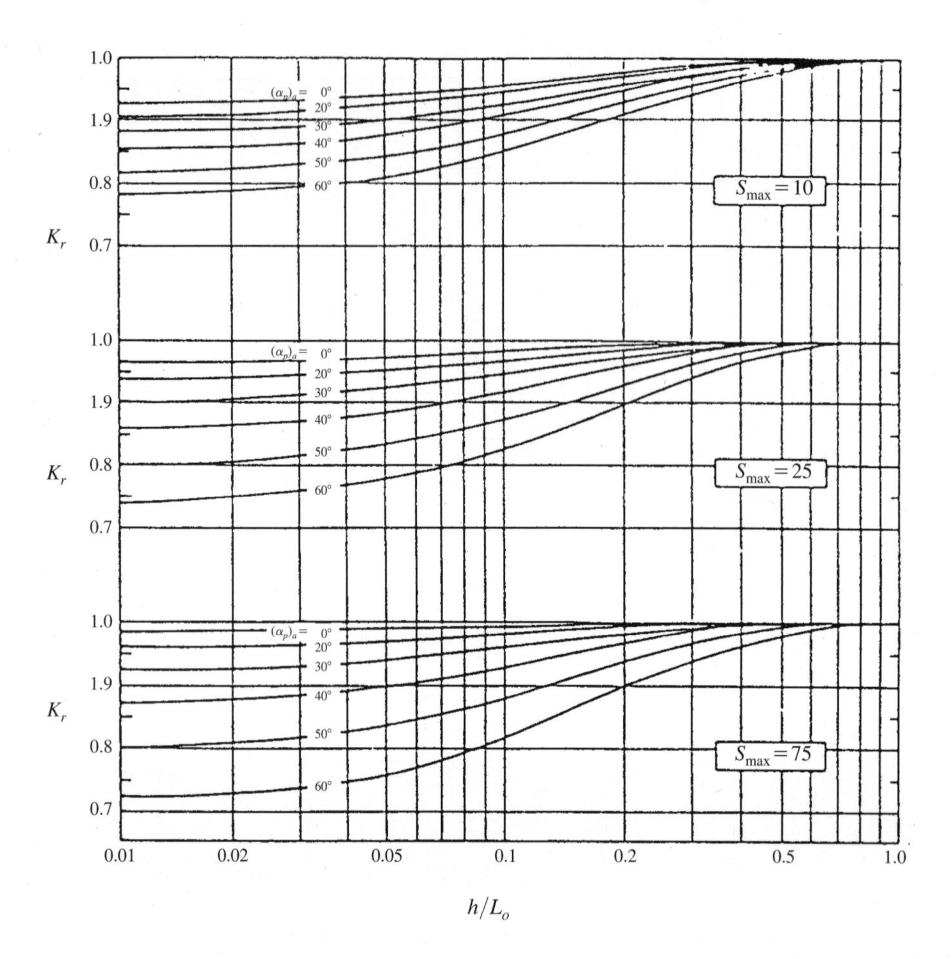

그림 1–58 직선 평행등심선 해안의 불규칙 파랑의 굴절계수(항만 및 어항 설계기준, 해양수산부, 2014)

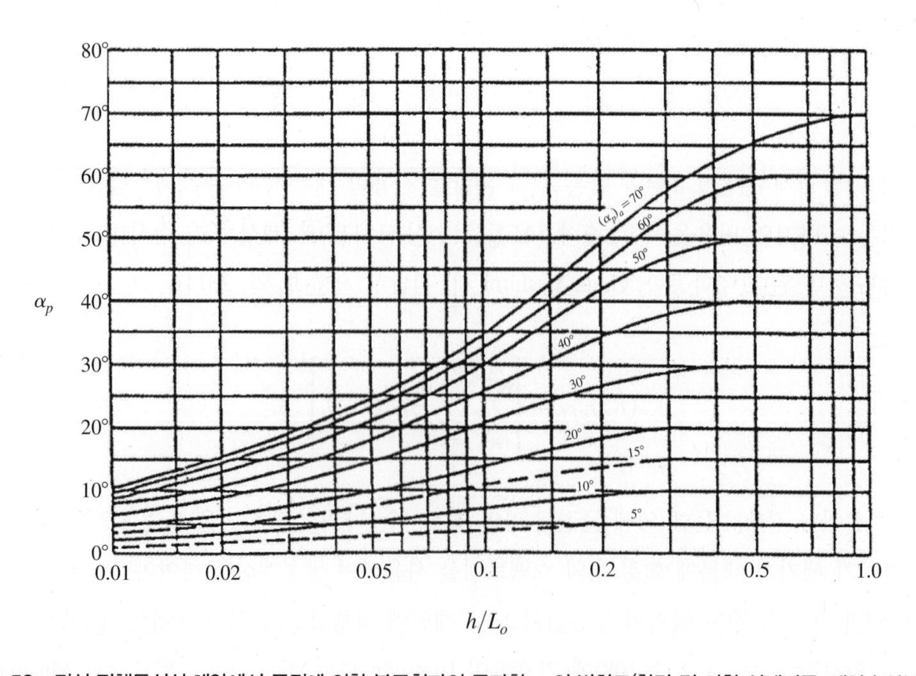

그림 1–59 직선 평행등심선 해안에서 굴절에 의한 불규칙파의 주파향 α_p의 변화도(항만 및 어항 설계기준, 해양수산부, 2014)

함수의 조합에 $M=N=36$인 성분파의 중첩으로서 계산한 결과이다[Goda(合田, 1975)]. 그림에서 $(\alpha_p)_0$는 심해파의 주 파향각이며, 등심선에 대하여 수직 방향으로부터의 편각을 나타낸다. 또한 S_{max}는 파의 방향집중도를 나타낸 계수의 최대치이다.

수심이 심해파고의 1/2 이하인 지점에서는 파랑의 굴절보다 쇄파에 의한 흐름이 우세하므로 위의 굴절계산법을 적용할 수 없다(항만 및 어항 설계기준, 해양수산부, 2014).

(3) 회절(diffraction) 변형

파랑이 방파제나 섬 등의 배후 수역으로 돌아서 전파되는 현상을 파의 회절이라 한다. 파의 굴절에서는 파향선을 가로지르는 파랑에너지의 흐름이 없다고 가정하지만 이는 에너지의 차이가 작은 경우에만 성립하며, 방파제 선단부와 같이 차폐로 인한 에너지의 차이가 큰 곳에서는 파봉선 방향으로 에너지가 전달되는 회절현상이 뚜렷하게 나타난다.

회절현상은 파랑에너지가 큰 쪽에서 낮은 쪽(방파제로 인한 차폐구역)으로 이동시키므로 방파제의 선단부 뒤편에도 그림 1-60과 같이 파랑에 의한 수면의 진동이 생긴다.

회절은 항내 파고를 산정하는 경우에 가장 중요한 현상이며, 회절계산 시 파랑의 불규칙성을 고려해야 한다. 항내 수심이 일정하다고 가정하면 반무한 방파제나 단일 개구부를 갖는 직선배치 방파제에 대해서는 불규칙파의 회절도가 요구된다. 회절에 의해 변화하는 파고의 비율을 회절계수 K_d라 하며, 회절계수 K_d는 다음 식으로 나타낼 수 있다.

$$K_d = H_d/H_i \qquad (1\text{–}116)$$

여기서, H_i는 항외측 입사파고
H_d는 회절변형 후 항내측 파고

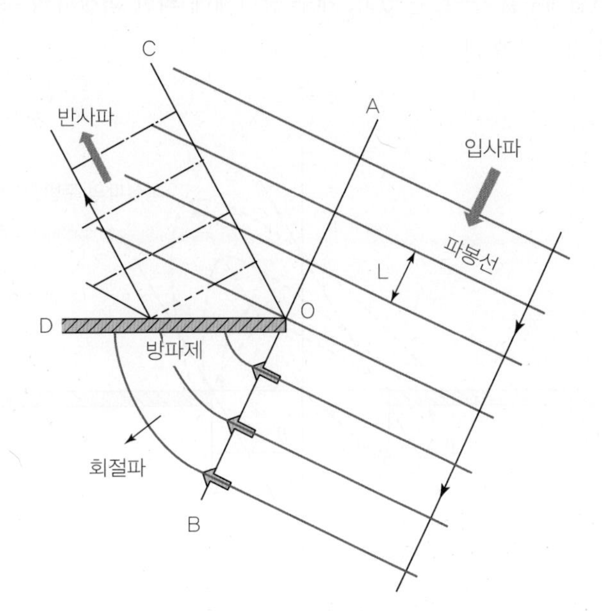

그림 1–60 파의 회절과 반사

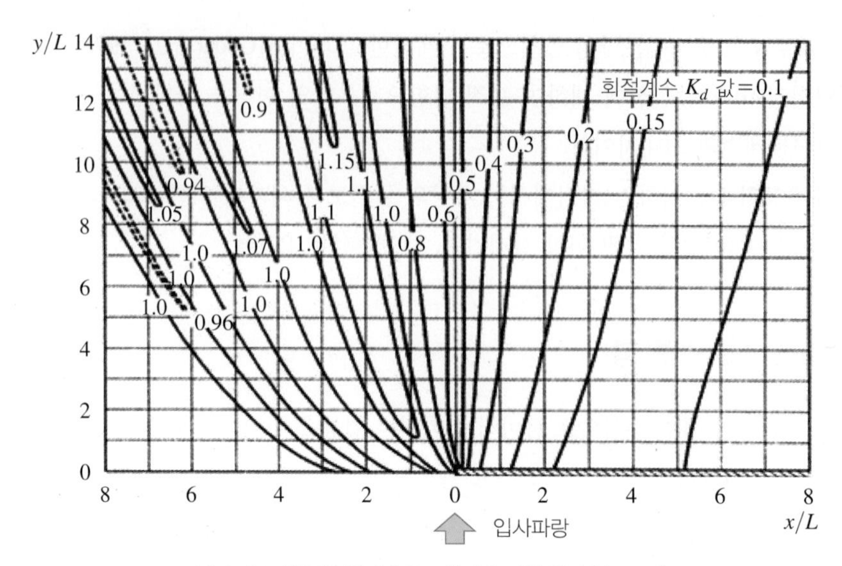

그림 1-61 반무한 방파제의 규칙파에 의한 회절도($\theta = 90°$)

회절도 및 회절계산법은 항내측 수심이 일정하다고 가정하고 있다. 따라서 항내의 수심변화가 큰 경우에는 오차가 크게 발생하기 때문에 수리모형실험이나 굴절을 동시에 고려할 수 있는 수치계산법으로 항내 파고를 검토하는 것이 바람직하다.

입사파향이 90°인 반무한 방파제(半無限 防波堤)에 의한 규칙파의 회절도는 그림 1-61에 나타나 있으며, 그림 중에서 실선은 등파고비선(等波高比線), 점선은 등주기비선(等周期比線)이다(해안과 항만공학, 최영박, 윤태훈 & 지홍기, 2007).

개구부를 갖는 방파제에 파랑이 사각(斜角)으로 입사할 때의 회절도는 컴퓨터에 의한 수치계산으로 구하는 것이 바람직하나 이런 방법으로 할 수 없을 때는 아래와 같이 근사적인 방법으로 구하여도 좋다. 파랑이 방파제 입구에 경사진 방향으로 입사하는 경우 그림 1-62에 나타난 것과 같이 가상 개구폭 B'을 사용해서 회절도에서 회절계수를 구할 수 있고, 개구 방파제에 의한 회절파의 축선 방향 θ'(그림 1-62)은 파랑의 입사각 θ와 약간 차이가 있다.

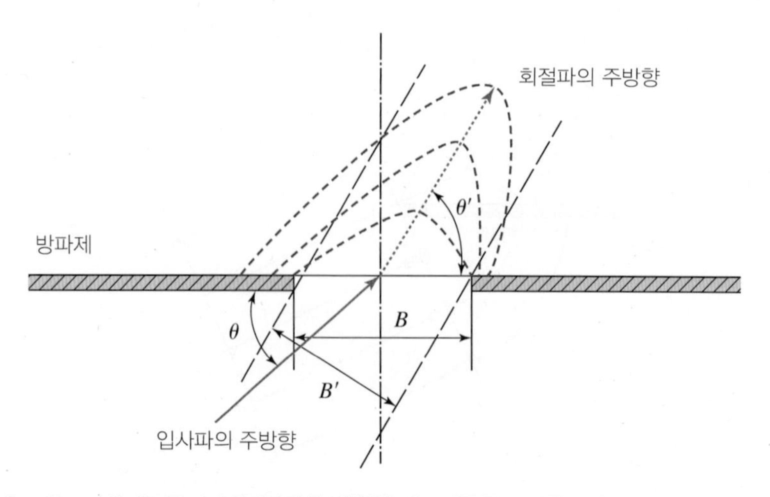

그림 1-62 가상 개구폭 B'과 회절파의 축선(軸線) 각도 θ'(항만 및 어항 설계기준, 해양수산부, 2014)

표 1-5 불규칙파 입사 시 회절파의 진행 축선각도(θ') [( ) 내는 입사각에 대한 편각] (항만 및 어항 설계기준, 해양수산부, 2014)

(a) S_{max} = 10

B/L	방파제와 파향이 이루는 각 θ			
	15°	30°	45°	60°
1.0	53°(38°)	58°(28°)	65°(20°)	71°(11°)
2.0	46°(31°)	53°(23°)	62°(17°)	70°(10°)
4.0	41°(26°)	49°(19°)	60°(15°)	70°(10°)

(b) S_{max} = 25

B/L	방파제와 파향이 이루는 각 θ			
	15°	30°	45°	60°
1.0	49°(34°)	52°(22°)	61°(16°)	70°(10°)
2.0	41°(26°)	47°(17°)	57°(12°)	67°(7°)
4.0	36°(21°)	42°(12°)	54°(9°)	65°(5°)

(c) S_{max} = 75

B/L	방파제와 파향이 이루는 각 θ			
	15°	30°	45°	60°
1.0	41°(26°)	45°(15°)	55°(10°)	66°(6°)
2.0	36°(21°)	41°(11°)	52°(7°)	64°(4°)
4.0	30°(15°)	36°(6°)	49°(4°)	62°(2°)

개구폭비 및 파랑의 입사방향에 대한 회절파의 축선 방향은 표 1-5(a)~(c)를 이용하여 구한다. 이 표에서 회절파의 축선 방향을 구하여 θ'에 대한 가상 개구폭비 B'/L을 수식 (1-117)로 구한다.

$$B'/L = (B/L)sin\theta' \tag{1-117}$$

파랑의 회절에서는 주기의 변화보다 파향 변화의 효과가 크므로 파장에 비하여 큰 섬 등에 의한 회절에 있어서는 파의 에너지의 방향분산만을 고려한 방향분산법으로 계산해도 되며, 파랑의 차폐 구역에서 수심이 크게 변화할 때는 적절한 방법으로 파랑의 굴절도 동시에 고려하여야 한다. 회절된 불규칙파의 유의파 주기는 회절 전과 다르므로 주의해야 하며, 회절 후의 파랑이 안벽 등에 의해서 반사될 때는 반환 회절도법이나 기타 적절한 방법으로 반사의 효과를 계산해야 한다.

다방향 불규칙파 조파기의 발달로 인하여 방향 분산성을 갖는 파를 평면수조 내에서 재현할 수 있으므로 회절 실험을 수리모형실험으로 비교적 간단히 실시할 수 있다. 유효조파영역 내에 항만 모형의 개구부를 설치하고 관측은 항내의 여러 지점에서 동시에 실시한다. 회절계수는 항 입구에 적어도 2개 지점에서 관측한 유의파고의 평균치로 항내관측 유의파고를 나눈 값이다(항만 및 어항 설계기준, 해양수산부, 2014).

(4) 굴절 · 회절 변형

방파제 또는 이안제 및 해안측의 수심이 변하는 경우는 굴절 및 회절 변형이 동시에 일어난다. 과거에는 굴절도와 회절도를 작성하여 파고와 파향을 산정하였으나 컴퓨팅 성능과 수치해석 기법의 발달로 굴절·회절 변형을 동시에 나타내는 완경사 방정식을 이용하여 수치계산법에 의해 파랑을 계산할 수 있다. 그러나 완경사 방정식에 의한 방법은 정확하나 넓은 해역에 적용하는 데에는 계산 시간이 비교적 많이 소요된다. 이에 비해 계산 속도가 빠르고 쇄파 지역의 경계조건 설정이 용이한 포물형 완경사 방정식이 파랑 추정에 많이 이용된다(예: Kirby and Darlymple, 1983).

천해역에서 파랑의 비선형성을 고려할 수 있고 굴절, 회절, 반사 및 쇄파를 고려할 수 있는 시간의존형 Boussinesq 모형이 항내 정온도 해석에 많이 이용되며, 외해에서 천해로의 파랑 변형을 고려할 수 있는 에너지 방정식에 기초한 SWAN(Simulating WAve Nearshore) 모형이 설계파 산정용으로 많이 쓰이는 추세이다.

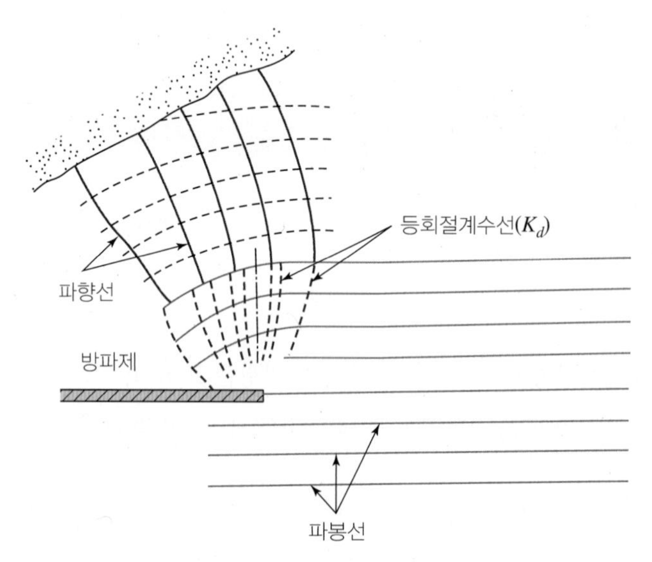

그림 1-63 굴절 · 회절 변형의 근사계산(항만 및 어항 설계기준, 해양수산부, 2014)

파랑 변형의 수치모형 결과는 수리실험 또는 실측치와 비교하여 신뢰도를 검증해야 한다. 수치모형은 각기 다른 특성을 갖고 있기 때문에 결과의 해석에 세심한 주의가 필요하며, 특히 모형의 장단점 및 포함된 가정을 이해하지 못하여 수치결과를 잘못 해석하지 않도록 주의하여야 한다.

(5) 환산심해파고

환산심해파고는 굴절이나 회절 등에 의한 파고 변화의 영향을 설계계산 및 수리모형실험에서 다루기 쉽게 하기 위한 가상적인 파고이며, 파고 및 주기는 다음과 같이 주어진다.

$$H'_o = K_d K_r (H_{1/3})_o \ , \ T_{H_{1/3}} = (T_{H_{1/3}})_o \tag{1-118}$$

여기서, H_o'는 환산심해파고(유의파)
$(H_{1/3})_o = H_o$는 심해파고(유의파)
K_d는 회절계수
K_r는 굴절계수
$(T_{H_{1/3}})_o$는 심해파의 유의파 주기

환산심해파고는 쇄파, 파의 처올림, 월파 등의 현상을 심해파와 관련하기 위해 도입한 것이다. 이러한 제 현상은 주로 수리모형실험에 의해 분석되며, 기존의 결과들은 2차원 수로에서 이루어진 것들이 많으므로 이를 활용하기 위한 방안으로 고안된 것이다.

환산심해파고는 굴절 및 회절의 영향을 배제하고 해저경사에 의한 천수 효과만 고려하기 위해 일정한 해저경사를 가진 2차원 조파수조에서 외해 경계조건으로 사용하기 위한 가상의 파이다. 회절과 굴절 등을 고려할 수 있는 3차원 수조에서는 이 개념이 필요하지 않으나 3차원 실험은 과다한 비용과 시간이 소요되는 단점이 있어 2차원 실험에서 환산심해파고를 계속 사용하고 있다. 해저경사가 완만하고 파랑이 상당한 거리를 진행하면 해저마찰로 인한 파고 감쇠를 무시할 수 없으며, 이런 경우 감쇄율 K_f를 수식 (1-118) 에 곱해 환산심해파고를 계산하여야 하며, 실제 지형에서는 굴절 및 회절 계수가 장소에 따라 다르기 때문에 환산심해파고 계산은 장소에 따라 변하는 점에 주의해야 한다(항만 및 어항 설계기준, 해양수산부, 2014).

(6) 반사(Reflection)

외해에서 발생한 파가 천해로 전파 시 구조물에 부딪치면 파가 반사하게 되고, 구조물 전면은 파고가 증대되어 방파제에서 반사된 파가 항로를 소란하게 하거나, 인근 안벽에서 다중 반사된 파가 항내를 교란시키기도 한다. 항만시설에 의한 반사파가 선박의 항행 및 하역에 큰 영향을 미치는 경우가 있으므로 항만 구조물 계획 시 반사파의 영향을 고려하여야 한다.

반사파에 의해 여러 파군이 존재할 경우의 파고는 수식 (1-119)로 산정할 수 있다.

$$H_s = \sqrt{H_1^2 + H_2^2 + \cdots + H_n^2} \tag{1-119}$$

여기서, H_s는 파군 전체의 유의파고
$H_1, H_2, \cdots, H_n$는 각 파군의 유의파고

구조물의 수직선과 입사파와의 사잇각(입사각)이 45°보다 작은 경우 입사각과 같은 반사각을 가지는 반사파가 형성되나 입사각이 45°보다 크고 70°보다 작은 경우에는 반사각은 입사각보다 크게 될 뿐만 아니라 마하스템(Mach-Stem)이라는 새로운 파형이 구조물에 인접한 곳에 형성되며, Mach-Stem의 진폭은 입사파의 진폭보다 크다. 입사각이 70°보다 큰 경우에는 Mach-Stem만이 존재하며, 구조물로부터 직각 방향으로 형성되는 Mach-Stem의 폭은 입사파랑 진행방향으로 점차 증가하고 진폭도 커지게 되므로 (Chen, 1961) 방파제나 돌제의 마루높이 결정에 이를 고려한다.

반사파와 반사파 또는 입사파와 반사파가 중첩된 경우의 파고는 다음과 같이 구한다. 규칙파는 파형의 단순한 중첩에 의해 구하며, 이는 위상의 상황에 따라 심한 기복을 나타낸다. 그러나 불규칙파에서는 많은 성분파를 포함하고 있기 때문에 이 기복은 평활화되어 반사파의 파고는 각 파군의 에너지가 중첩된 것으로서 수식 (1-119)로 계산할 수 있다. 이와 같은 방법은 반사면에서 0.7파장 이상 떨어진 지점에서 적용할 수 있다.

반사율은 반사계수 K_R로 나타내며, 반사파고 H_r에 대한 입사파고 H_i의 비로 정의한다. 반사율은 구조물의 형태, 재질과 같은 구조물 특성과 파형경사, 상대수심과 같은 파랑의 특성에 따라 정해진다. 표 1-5를 참고하여 반사율의 개략치를 정한다(항만 및 어항 설계기준, 해양수산부, 2014).

표 1-5 반사율의 개략치(Seelig and Ahrens, 1981)

구조 형식	반사율
직립벽(마루가 정수면 위)	0.7~1.0
직립벽(마루가 정수면 아래)	0.5~0.7
사석사면(1:2~3 경사)	0.3~0.6
이형소파 블록사면	0.3~0.5
직립소파 구조물	0.3~0.6
자연해빈	0.05~0.2

구조물의 반사율은 항로 및 항내 정온도에 크게 영향을 미치므로 방파제 또는 안벽에서의 반사를 억제하기 위하여 직립소파 구조물의 개발이 활발하게 진행되고 있으며, 전면에 슬릿부를 포함한 반투과벽과 유수실을 구비한 슬릿 케이슨이 많이 적용되고 있다. 슬릿 케이슨은 반투과벽의 슬릿부를 통과하는 수평흐름의 소용돌이 손실(Wake Effect)에 의해 파랑에너지를 소모시켜 반사율을 감소시키며, 구조물의

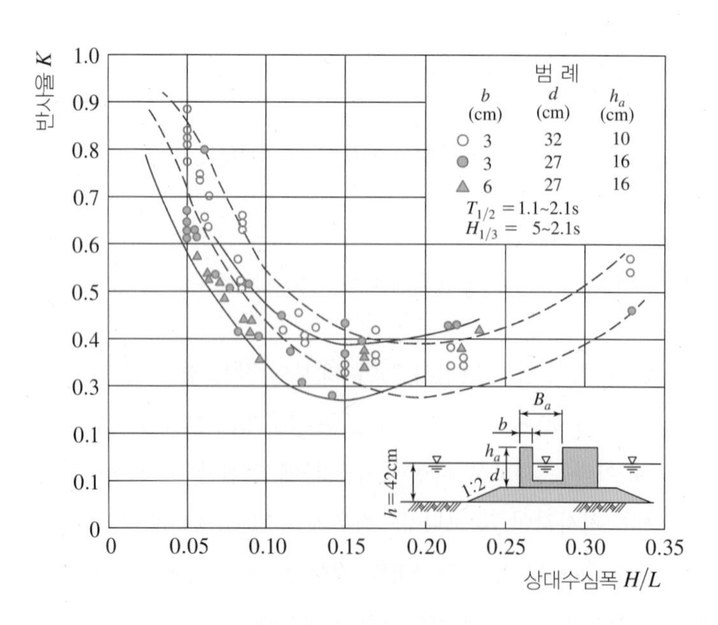

그림 1-64 불규칙파에 대한 원형 천공 케이슨의 반사율(Tanimoto,1976)

형상 또는 유수실 폭과 내습파의 파장과의 비율 등에 따라 반사율이 변화하게 된다. Tanimoto(谷本) 등의 연구에 따르면 원형 천공 케이슨의 반사율을 불규칙파로 실험한 결과 상대 유수실 폭(B/L)이 0.15에서 반사율이 최소로 $(K_R)_{min} \cong 0.3$이 되며, 이 조건에서 벗어나면 반사율이 크게 증가하게 된다(내파공학, Goda Yoshimi 저, 김남형, 양순보 역, 2014).

1-3-1-6 쇄파

(1) 쇄파의 개요

심해파가 해안에 전파되면서 수심(h)이 파장(L)의 반 이하($h/L<1/2$)인 해역을 지나면 파랑은 바닥의 영향을 받게 되어 파의 변형이 발생(천수변형)하며, 파장이 짧아지고 파봉은 점점 뾰족해진다. 이런 현상이 증대되어 수심에 비해 파고가 일정 이상으로 커지거나 파봉에서의 물입자의 이동속도가 파랑의 전파속도보다 빨라지면 파형은 안정성은 유지하지 못하고 부서지게 된다. 이러한 현상을 쇄파(Wave Breaking)라고 하며, 방파제의 피복석 규격 선정 및 연안 표사의 발생 등에 원인이 되는 연안류와 이안류의 형성에 크게 영향을 미친다.

Miche(1944)는 임의의 수심에서 파가 부서지는 한계조건을 다음과 같이 결정했다(해안공학, Robert M. Sorenson 저, 이정규 외 역, 1992).

$$\left(\frac{H}{L}\right)_{max} = \frac{1}{7} tanh\left(\frac{2\pi h}{L}\right) \qquad (1-120)$$

심해에서는 쇄파 한계 파고는 다음과 같이 된다.

$$\left(\frac{H_O}{L_O}\right)_{max} = \frac{1}{7} \qquad (1-121)$$

천해에서는 쇄파 한계 파고는 다음과 같이 된다.

$$\left(\frac{H}{L}\right)_{max} = \frac{1}{7}\frac{2\pi h}{L}, \qquad \left(\frac{H}{h}\right)_{max} = 0.9 \qquad (1-122)$$

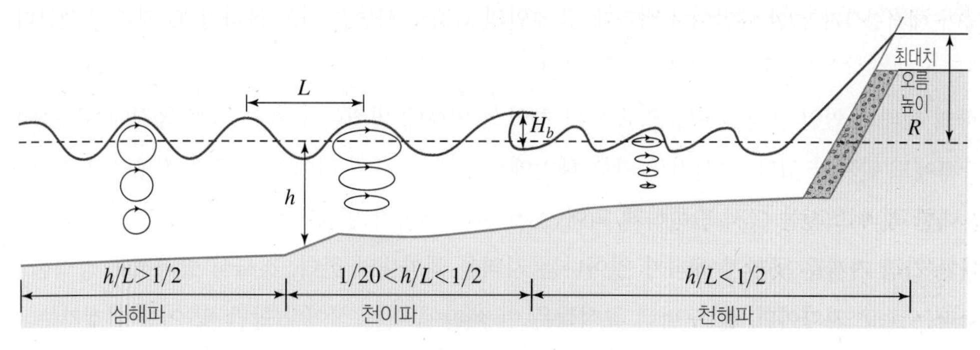

그림 1-65 파랑의 변형

그림 1-66 쇄파 형태

경사진 해빈상의 쇄파 형태는 다음과 같은 세 가지가 있으며, 형태는 그림 1-66과 같다.

1) 붕괴파(Spilling Breakers)

붕괴파는 파형이 진행함에 따라 비대칭이 되고 파봉 부분의 일부에 하얀 거품이 생기며 점차적으로 깨져 그것이 차차 파의 전면에 무너져가는 형태의 쇄파로 천해인 해안에서도 일어나지만 심해역에서도 일어나며, 해저경사가 완만하고 입사파의 파형경사(H_0/L_0)가 작은 경우에 긴 거리에 걸쳐 발생한다.

2) 권파(Plunging Breakers)

권파는 해안 부근의 수심이 얕은 곳에 파랑이 도달하면 해저 마찰 때문에 수립자의 속도가 해저보다 표면에서 크게 되어 파봉이 앞으로 고꾸라지면서 파랑 전체가 앞으로 일시에 넘어지는 형태의 쇄파이다. 수심이 얕고 해저경사가 급한 곳에서 많이 일어나며, 피봉 전체가 무너지면서 쇄파되기 때문에 에너지도 한꺼번에 잃고 해저의 모래도 극심하게 교란된다.

3) 쇄기파(Surging Breakers)

쇄기파는 권파와 같이 일시에 파랑 전체가 깨지는 것이 아니고, 파랑의 하부 쪽에서 부서지기 시작하여 파의 전면 대부분이 깨어져 해안선에서 공기를 혼합시키면서 사면을 타고 올라간다. 쇄기파는 파형경사가 작은 파랑이 해저경사가 급한 해안이나 방파제 및 호안의 급경사 사면을 타고 올라갈 때 자주 발생한다.

쇄파의 형태는 연안 표사의 이동으로 인한 해안선 변형에 밀접한 관계가 있는 동시에 구조물에 작용하는 파력에도 관계가 있다. 경사가 완만한 해안에서는 쇄파 후의 작아진 파고로 진행을 계속하는 중에 수심에 대한 쇄파 조건을 다시 만족하게 되어 여러 번의 쇄파가 발생할 수 있으며, 가장 먼 외해 쪽에서부터 해안 가장 가까운 곳까지 쇄파가 일어나는 지역을 쇄파대라 한다. 경사식 방파제에 강력한 파압을 주는 쇄파는 주로 권파이며, 많은 파력 공식들은 이 쇄파에 대한 식이다(항만 및 어항 설계기준, 해양수산부, 2014).

(2) 규칙파의 쇄파한계파고

파랑이 해안으로 진입하면 천수변형에 의해 파고가 증가하고 한계파고에 이르면 쇄파가 일어나며, 파가 부서지는 지점을 쇄파점, 그 지점의 수심을 쇄파수심, 그리고 그 때의 파고를 쇄파고로 정의한다. 그림 1-67은 규칙파의 쇄파한계파고를 표시하며, 이 그림에 의해서 쇄파한계파고(H_b)를 산정할 수 있다. 그림에서 곡선은 수식 (1-123)을 이용하여 근사적으로 구할 수 있다(항만 및 어항 설계기준, 해양수산부, 2014).

$$\frac{H_b}{L_0} = 0.17\left\{1 - \exp\left[-1.5\frac{\pi h}{L_0}(1 + 15tan^{4/3}\theta)\right]\right\} \quad (1\text{–}123)$$

여기서, tan θ는 해저경사이다.

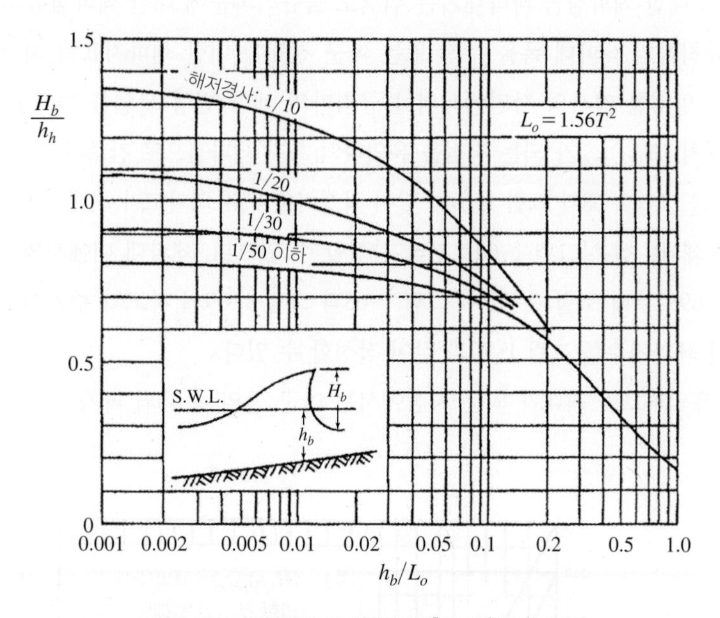

그림 1-67 규칙파의 쇄파한계파고[Goda(合田), 1970]

(3) 불규칙파의 쇄파한계파고

규칙파에서는 해안으로 전파된 파가 천수변형에 의해 파고가 점차 증가하고 쇄파점에서부터 파고의 증가 경향이 반전하여 거의 직선적으로 파고가 감소한다. 불규칙파인 경우에는 한점에서 쇄파가 일어나는 것이 아니라 파고의 크기에 따라 쇄파점의 위치가 달라지며, 쇄파대의 경계에서 해안으로 향하는 것에 따라 쇄파하는 파의 비율이 점차 증가하고 파고가 줄어들기 때문에 불규칙파에서 쇄파점을 정의하기는 어렵다. Kamphuis는 일련의 불규칙파의 쇄파실험에서 파군 중에서 약간의 파가 부서진 상태를 '초기 쇄파(incipient breaking)'라고 부르며, 불규칙파의 쇄파한계파고를 다음 식으로 제안하였다.

$$\frac{H_b}{L_0} = 0.12\left\{1 - \exp\left[-1.5\frac{\pi(h_b)_{incipient}}{L_0}(1 + 11tan^{4/3}\theta)\right]\right\} \quad (1\text{–}124)$$

심해파 파형경사가 주어졌을 때의 초기 쇄파 수심 $(h_b)_{incipient}$은 수식 (1-124)를 고쳐 쓴 다음 식을 이용하여, 비선형 천수계수의 수식 (1-126)과 조합하여 반복계산하면 구할 수 있다(내파공학, Goda Yoshimi 저, 김남형, 양순보 역, 2014).

$$\frac{(h_b)_{incipient}}{L_0} = -\frac{1}{1.5\pi(1 + 11tan^{4/3}\theta)} ln\left[1 - \frac{H_b/L_o}{0.12}\right] \tag{1-125}$$

$$K_s = K_{si} + 0.0015\left(\frac{h}{L_o}\right)^{-2.87}\left(\frac{H_o'}{L_o}\right)^{1.27} \tag{1-126}$$

(4) 쇄파고와 쇄파수심

파군 중 개개의 파에 대한 쇄파점을 나타내기는 쉬워도 불규칙파군에 대한 쇄파점을 지정하기는 어렵다. 그러나 때로는 불규칙파의 쇄파대 폭을 추정 또는 파군 전체에 대한 쇄파지표의 지정이 필요한 경우가 있다. Goda(1975)는 일정한 경사의 사면에서의 불규칙파의 쇄파 변형 모델을 발표했고, 쇄파대 내에서의 유의파고의 최대치 $(H_{1/3})_{peak}$가 되는 지점을 유의파의 초기 쇄파점으로 간주하여, 그 곳의 수심과 파고를 추정하는 그래프를 그림 1-68과 그림 1-69와 같이 작성하였다. 유의파고가 최대로 되는 수심 $(h_{1/3})_{peak}$를 쇄파수심으로 하면 쇄파수심은 그림 1-68로부터 산정할 수 있으며, 쇄파대 내에서의 유의파고의 최대치 $(H_{1/3})_{peak}$는 그림 1-69로부터 구할 수 있다. 그림 1-68과 그림 1-69의 파고와 주기를 조합하면 유의파의 초기 쇄파점에 관한 쇄파지수를 그림 1-70과 같이 작성할 수 있다.

쇄파대 내에서 유의파고가 최대가 되는 지점에서는 파군 중의 수 %의 파가 부서지기 시작한 상태라

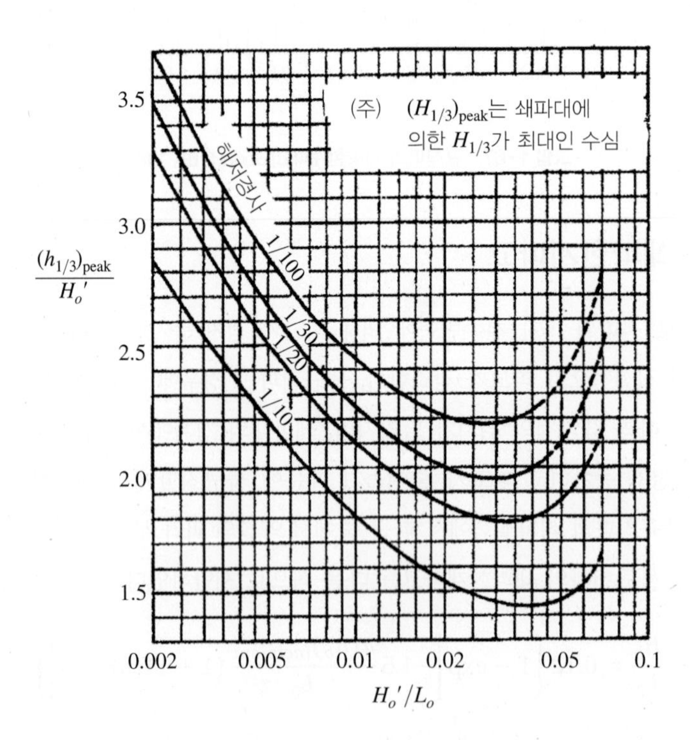

그림 1-68 유의파고의 최대치가 출현하는 수심의 산정도(항만 및 어항 설계기준, 해양수산부, 2014)

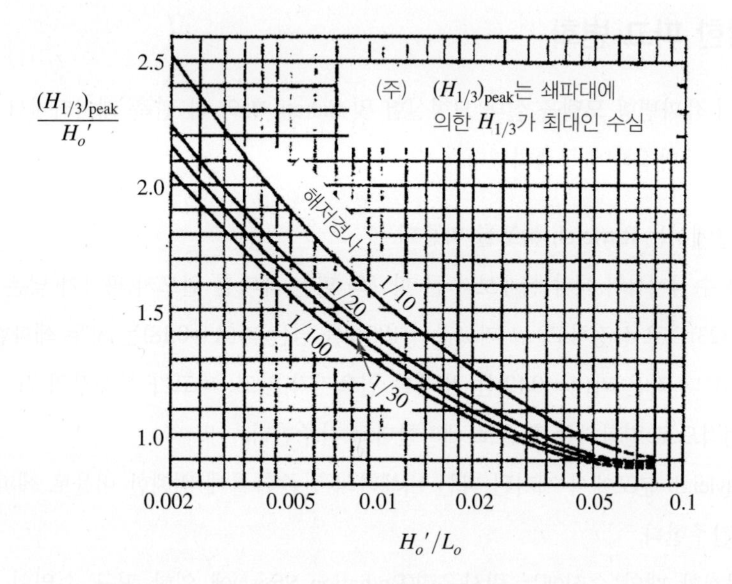

그림 1-69 쇄파대 내에서 유의파고의 최대치 산정도(항만 및 어항 설계기준, 해양수산부, 2014)

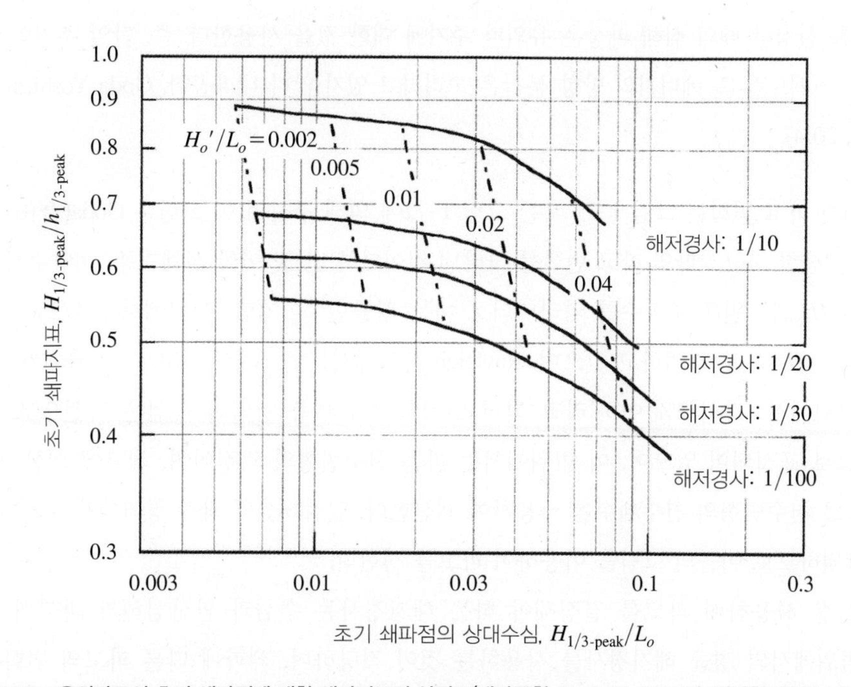

그림 1-70 유의파로서 초기 쇄파점에 대한 쇄파지표의 산정도(내파공학, Goda Yoshimi 저, 김남형, 양순보 역, 2014)

고 볼 수 있다. 해안에 가까워질수록 부서지는 파의 비율이 늘어남과 동시에 해안 근처에서는 쇄파 후에 남겨진 에너지에 알맞은 파고가 낮은 파가 재생된다. 불규칙파의 쇄파지표, 즉 쇄파대 내의 유의파고와 수심과의 비는 초기 쇄파점에서 정선에 가까워질수록 점차 증가하고 수식 (1-124)의 비례계수는 0.12에서 0.15 정도로 증가한다(내파공학, Goda Yoshimi 저, 김남형, 양순보 역, 2014).

(5) 쇄파에 의한 파고 변화

Goda는 불규칙파의 쇄파변형 모델을 실내 모형실험 및 Sakata 항의 파 관측 데이터에서 그 적용성을 검증하였으며, 다음과 같은 가정하에 구축하였다.

1) 개별 파고는 해양에서는 Rayleigh 분포를 따른다.
2) 천해역에서는 각 수심에서의 쇄파 한계보다 큰 파고의 파는 쇄파를 일으켜 파고가 낮은 파로 변한다. 쇄파 한계는 수식 (1-123)으로 산정하고, 그 파고값의 100%를 넘는 파($A=0.18$)는 모두 쇄파한다고 간주한다.
3) 한계파고의 71%보다 작은 파($A=0.12$)는 쇄파를 일으키지 않고, 파고가 한계값의 71~106% 범위인 파는 0 ~100%로 직선적으로 변화하는 확률로 쇄파한다고 간주한다.
4) 쇄파에 의해 Rayleigh 분포에서 제거된 파는 비쇄파의 잔존확률에 비례한 비율로 쇄파한계 이하의 범위에 재생된다고 간주한다.
5) 쇄파 한계를 산정할 때의 수심에는 방사응력(Radiation Stress)에 의한 평균 수위의 변화 및 서프비트(Surf Beat)에 의한 수위 변동을 고려한다.
6) 쇄파 한계를 산정할 때의 심해 파장은 유의파 주기에 대한 값을 사용한다. 즉, 단일 주기의 불규칙파이고, 주파수 스펙트럼 및 에너지의 방향 분산은 고려하고 있지 않다(내파공학, Goda Yoshimi 저, 김남형, 양순보 역, 2014).

쇄파에 의한 파고 변화는 그림 1-71 혹은 그림 1-72에 의해 구하며 이 그림은 Goda(合田, 1975)의 쇄파 이론으로 계산한 불규칙파의 파고 변화를 나타낸 것이다(항만 및 어항 설계기준, 해양수산부, 2014).

최대 파고 H_{max}는 원래 주파수를 파라미터로 하는 확률변수이지만, 여기에서는 1/250 최대 파고로 대체하여 $H_{max}=H_{1/250}$로 정의하고 있으며, Rayleigh 분포에서는 $H_{1/250}=1.80H_{1/3}$의 관계가 성립한다.

각각의 그림에서 '감쇠 2% 이하'라고 적힌 일점쇄선의 우측 영역의 곡선은 파선으로 나타내어져 $H_{1/3}=K_sH_o'$으로 표시되어 있으며, 이 범위에서는 파는 천수변형의 과정이며, 쇄파에 의한 파고 감쇠가 2% 이하이므로 천수변형의 천수계수를 사용하여 계산한다. 일점쇄선의 좌측 영역에서는 쇄파에 의한 파고 변화가 탁월하므로 이들의 그림을 이용하여 파고를 정한다.

이 그림들을 사용하여 파고를 결정해야 하는 해저경사는 수심과 환산심해파 파고의 비 h/H_0'가 1.5~2.5인 범위에서의 평균 해저경사를 사용하는 것이 적당하며, 쇄파에 따른 파고의 변화는 매우 복잡하여 실측자료는 상당한 범위에 걸쳐 나타난다. 그림에 도시된 것과 실제 파랑은 $H_{1/3}/H_0'$의 비에서 (±)0.1 정도 혹은 그 이상 차이가 날 때도 있으므로 이를 충분히 고려해야 한다.

수심이 환산심해파 파고의 0.5배 이하의 해안 지역에서는 파랑에 의한 파력보다는 해수가 쇄파로 인해 경사면상을 오르내리는 흐름으로서의 에너지가 더 크다. 이를 감안하여 구조물에 작용하는 파력의 산정은 수심이 환산심해파 파고의 0.5배 정도 되는 지점의 파고를 사용하는 것이 바람직하다.

쇄파이론 모델에 의한 파고 변화의 계산은 일반적으로 컴퓨터에 의한 연산을 필요로 하나 현상의 변동성이나 종합적인 정확도를 고려한다면 다음의 식을 사용하여 쇄파대 내에서의 파고 변화를 계산할 수 있다(항만 및 어항 설계기준, 해양수산부, 2014).

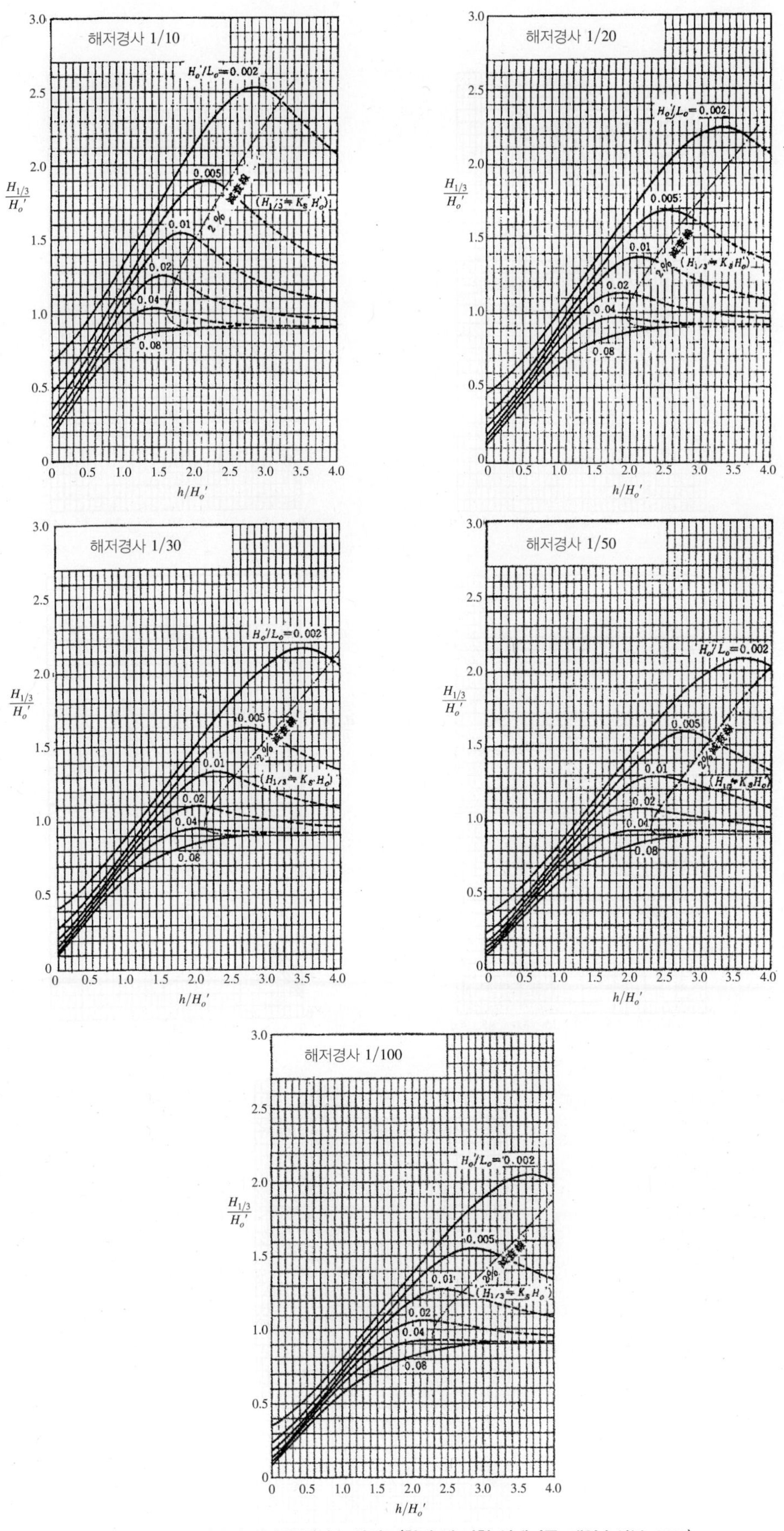

그림 1-71 쇄파대 내의 유의파고 산정도(항만 및 어항 설계기준, 해양수산부, 2014)

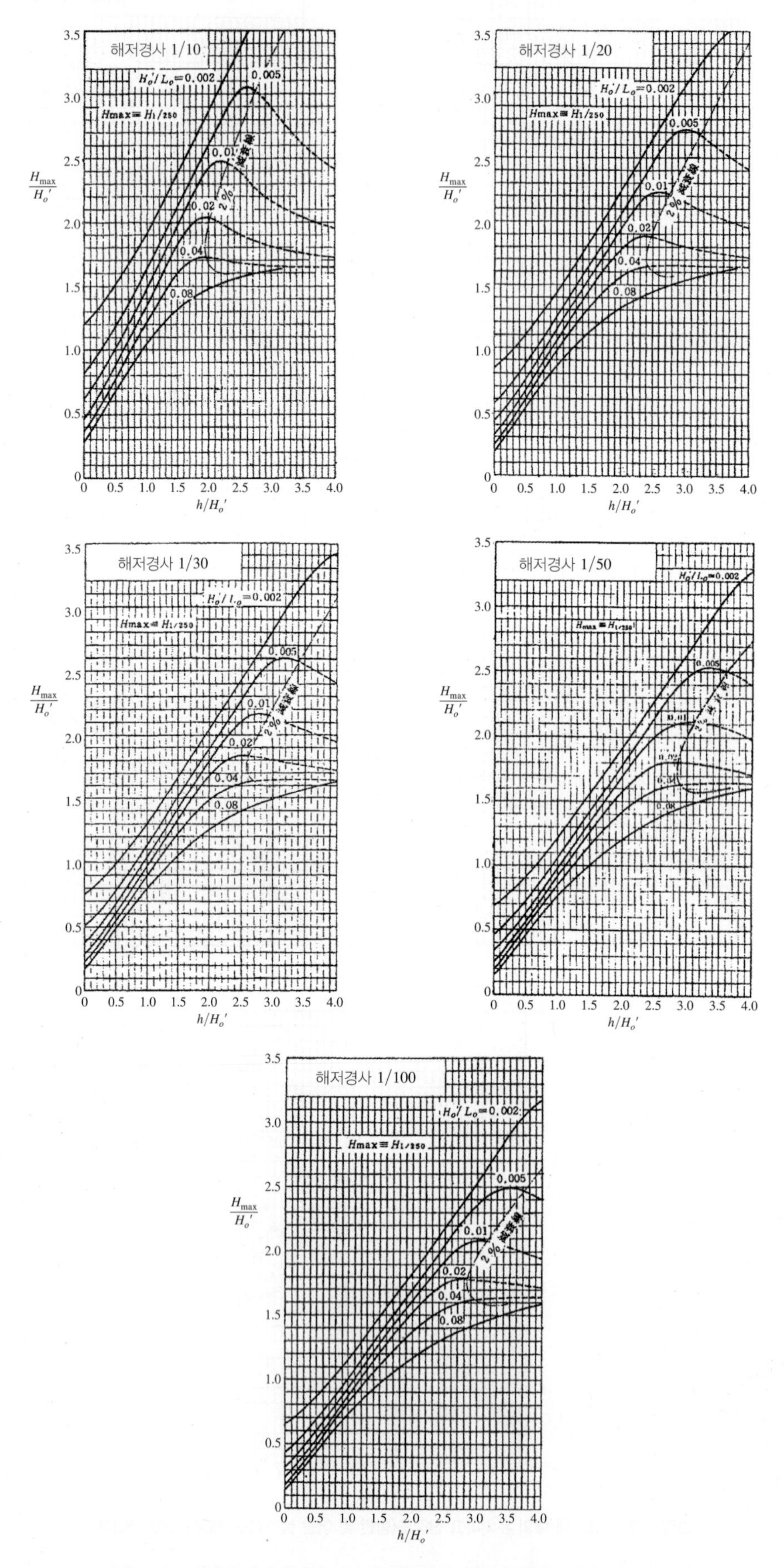

그림 1-72 쇄파대 내의 최대파고 산정도(항만 및 어항 설계기준, 해양수산부, 2014)

$$H_{1/3} = \begin{cases} K_s H_0' & , \quad (h/L_0) \geq 0.2 \\ \min(\beta_0 H_0' + \beta_1 h), \beta_{max} H_0', K_s H_0', & (h/L_0) < 0.2 \end{cases} \tag{1-127}$$

여기서, $\beta_0 = 0.028(H_0'/L_0)^{-0.38}\exp\,[20(tan\theta)^{1.5}]$

$\beta_{max} = \max\{0.92, 0.32(H_0'/L_0)^{-0.29}\exp[2.4tan\theta]\}$

천수계수 K_s는 그림 1-51에서 구하며, min{ }및 max{ }는 각각 { } 안의 최소치와 최대치를 나타내고, tan θ는 해저경사를 나타낸다. 또한 최대파 H_{max}의 간편식도 아래와 같이 나타낼 수 있다(항만 및 어항 설계기준, 해양수산부, 2014).

$$H_{max} = \begin{cases} 1.8K_s H_0' & , \quad (h/L_0) \geq 0.2 \\ \min(\beta^* H_0' + \beta_1^* h), \beta_{max}^* H_0', 1.8K_s H_0', & (h/L_0) < 0.2 \end{cases} \tag{1-128}$$

여기서, $\beta_0^* = 0.052(H_0'/L_0)^{-0.38}\exp\,[20(tan\theta)^{1.5}]$

$\beta_1^* = 0.63\exp[3.8tan\theta]$

$\beta_{max}^* = \max\{1.65, 0.53(H_0'/L_0)^{-0.29}\exp[2.4tan\theta]\}$

(6) 쇄파에 의한 평균수면 상승

쇄파대 안에서는 평균 수위가 균일하지 않고 중앙부분에서 약간 낮으며, 그 후 정선 쪽으로 평균 수위가 점차로 거의 직선적으로 높아진다. 파랑이 전파될 때 에너지가 파랑과 함께 전파될 뿐만 아니라 해수도 파랑의 전파방향으로 움직이게 되어 이에 의한 운동량의 수송이 이루어지며, 파의 운동량에 따라 방사응력(Radiation Stress)이라 불리는 힘이 수면에 작용한다. 이 응력은 파의 에너지 밀도, 즉 파고의 제곱에 비례하는 양이며, 파고가 공간적으로 불균일한 경우에는 방사응력이 큰 장소에서는 수면을 눌러 내리고 작은 장소에서는 수면을 밀어 올리게 된다. 쇄파대 외측에서는 천수변형에 의해 에너지 밀도가 높아지고 쇄파대 안에서는 파고가 점차 작아져 에너지 밀도가 감소하게 되므로 방사응력이 변화하고 수면에 경사가 생겨 평균 수위가 장소에 따라 변하게 된다. 평균수면의 상승량을 $\overline{\eta}$로 나타내면 평균수면의 식은 수식 (1-129)로 주어지며, 외해 쪽에서 해안 쪽으로 수치적분을 하여 $\overline{\eta}$를 계산한다.

$$\frac{d\overline{\eta}}{dx} = \frac{1}{\overline{\eta} + h}\frac{d}{dx}\left[\frac{\overline{H^2}}{8}\left(\frac{1}{2} + \frac{4\pi h/L}{\sinh\,(4\pi h/L)}\right)\right] \tag{1-129}$$

여기서, $\overline{H^2}$은 불규칙 파군 중의 파고 자승의 평균값

파고는 수면 상승에 의해 변하기 때문에 파고와 수면 변화를 동시에 관련시켜 계산하며, 평균수면 상승량은 해저경사가 급할수록, 또 파형경사가 작을수록 현저하게 나타난다.

쇄파대 내에서 장소에 의한 평균 수면의 변동 이외에 각 지점의 평균 수위가 수십초에서 수분 주기로 불규칙하게 오르내리는 현상을 서프비트(Surf Beat)라 한다. 항내 정온도 문제에서 장주기 파에 의한 부진동 현상처럼 파랑 간의 상호작용으로부터 생성되어 내습파의 주기의 수배~수십 배에 해당하는 해면의 상하 진동이 발생하기도 하며, 정선 근처의 수심이 작은 곳에서는 서프비트에 의한 수면 변동이 상대

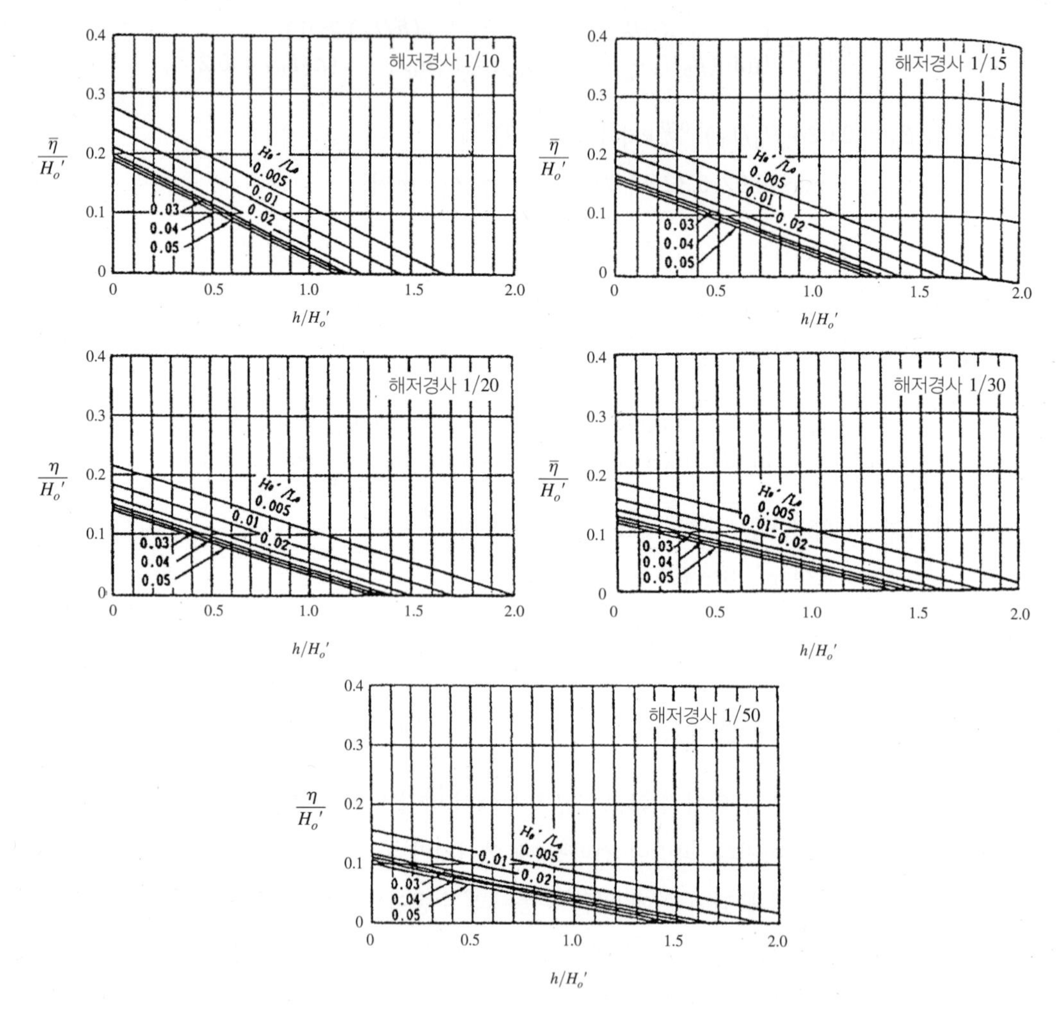

그림 1-73 쇄파에 의한 수위 상승(항만 및 어항 설계기준, 해양수산부, 2014)

적으로 크기 때문에 쇄파변형의 문제에서는 이를 고려하는 것이 바람직하다. 서프비트의 진폭은 심해파 진폭의 30% 이상이 되는 경우가 있다. 쇄파대 내의 서프비트의 진폭은 다음 식으로 계산한다(항만 및 어항 설계기준, 해양수산부, 2014).

$$\zeta_{rms} = \frac{0.01H_0'}{\sqrt{\frac{H_0'}{L_0}\left(1+\frac{h}{H_0'}\right)}} \tag{1-130}$$

여기서, ζ_{rms}는 서프비트 파형의 표준편차 값

1-3-1-7 장주기파와 부진동

항내 또는 외해의 관측점에서 주기가 1분에서 수분인 장주기의 수위변동이 겹쳐져서 나타나는 일이 있는데, 이를 장주기파라 부른다.

외해에서 전파된 장주기 파랑의 주기가 항(만)내 형상의 고유 진동수와 일치할 때 수면의 공진을 일으켜서 증폭되는 현상을 조석에 대한 2차 진동이라는 의미로 부진동이라 한다. 그 주기는 만이나 항내의 고유의 1~2주기대에 집중된다. 부진동의 원인이 되는 장주기 파랑은 태풍이나 저기압 또는 이동하는 전선 등에 동반하는 미기압진동에 의해서 발생하고, 대륙붕 또는 항(만)내에서 증폭된다(해안과 항만공학, 최영박, 윤태훈 & 지홍기, 2007).

부진동의 진폭이 현저하게 큰 경우에는 만 안쪽에서의 침수나 배수구의 역류 현상이 발생하거나 국소적으로는 빠른 유속이 발생하고 소형선의 계류라인이 절단되는 경우가 있다(항만 및 어항 설계기준, 해양수산부, 2014).

항내에서 부진동의 파고는 수십 cm이지만 파장이 길기 때문에 수평방향의 물의 이동이 커져 선박의 계류나 하역작업에 큰 장애를 일으키는 수가 있다. 특히, 굴입식(掘込式) 항만과 같이 좁고 길며 안벽으로 둘러싸인 항만에서 발생하기 쉽다. 따라서 수치모형실험 등에 의해 주기가 수분~1시간 정도의 파를 입사시키고, 항내의 증폭률을 산정하여 항만계획 수립시에 그 영향을 검토하는 것이 바람직하다. 외해에서 미소 장파(微小長波)의 진폭이 대략 수 cm인데 항내에서 이것이 10배 이상으로 증폭되는 항만 형태는 피하는 것이 바람직하다(항만 및 어항 설계기준, 해양수산부, 2014).

좁고 긴 장방형 항만 내의 고유진동 주기의 근사식은 수식 (1-131)과 같이 표시된다(Wilson, 1972).

$$T_m = \frac{4l}{(2m+1)\sqrt{gh}} \tag{1-131}$$

여기서, T_m은 고유진동주기(sec)
l은 만의 길이(m)
m은 만내의 절수(節數, =0, 1, 2, …)
h는 만의 평균 수심(m)
g는 중력가속도(m/s^2)

실제의 항만에서는 만내의 해수가 정상파(定常波)의 형태로 진동할 뿐만 아니라 만구(灣口) 부근의 외해수도 다소 진동하므로 고유진동 주기를 보정하여야 한다. 보정된 고유진동 주기는 수식 (1-132)로 계산된다(Honda et al., 1943).

$$T_0 = \alpha \frac{4l}{\sqrt{gh}} \tag{1-132}$$

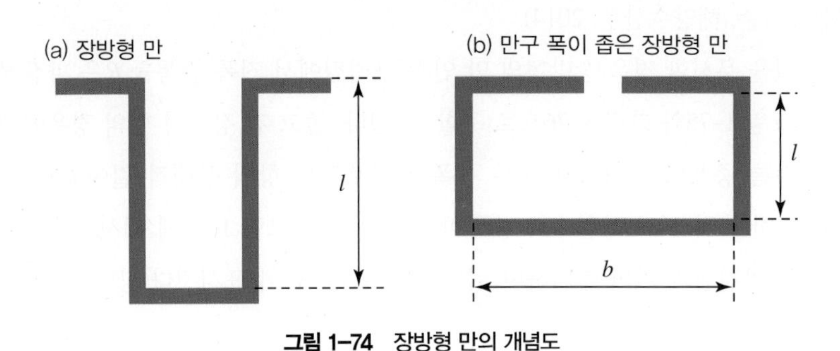

그림 1-74 장방형 만의 개념도

여기서, α는 만구 보정계수이며 다음 식으로 계산한다.

$$\alpha = \left\{1 + \frac{2b}{\pi l}(0.9228 - ln\frac{\pi b}{4l}\right\}^{1/2} \tag{1–133}$$

여기서, l은 만의 길이(m)
h는 만의 평균 수심(m)
b는 만의 폭(m)

b/l 에 대한 만구 보정계수는 표 1-6과 같다.

표 1–6 만구 보정계수

b/l	1	1/2	1/3	1/4	1/5	1/10	1/25
α	1.320	1.261	1.217	1.187	1.163	1.106	1.064

만구 폭이 좁은 장방형 항의 고유진동 주기는 근사적으로 다음 식으로 계산할 수 있다(Raichlen, 1966).

$$T_{m,n} = \frac{2}{\sqrt{gh[\left(\frac{m}{l}\right)^2 + \left(\frac{n}{b}\right)^2]}} \tag{1–134}$$

여기서, b는 항의 폭(m)
n은 항의 폭 방향의 절수(= 0, 1, 2, ⋯)
m은 항의 길이 방향의 절수

부진동의 진폭은 그 원인이 되는 장주기 너울(Swell)의 진폭과 그 주기에 대한 진폭 증폭률에 따라 결정된다. 그러나 부진동을 일으키는 장주기의 너울을 관측하는 것은 매우 어렵고 관측 예도 적으므로 그 항구의 부진동 관측 결과로부터 그 진폭을 결정하는 것이 좋다. 부진동에 의한 항내 진동의 증가율은 항 입구의 교란파에 의해 방출되는 발산에너지와 항 입구에서의 소용돌이나 저면마찰 등에 의한 손실에너지에 의해 제한된다. 따라서 내습하는 너울의 주기가 항의 고유진동 주기와 일치하여도 항내 진동의 진폭이 무한대로 증가하지는 않는다. 단, 마찰 등에 의한 에너지 손실이 매우 적을 때에는 항 입구 폭을 좁힘에 따라 항내의 진폭이 증대되는 항만 모순(Harbour Paradox) 현상이 일어나므로 주의할 필요가 있다(항만 및 어항 설계기준, 해양수산부, 2014).

항구에서의 손실을 무시할 경우 장방형의 만 안쪽 구석점에서 진폭 증폭률 R은 파장에 대한 만 길이의 비에 의거하여 그림 1-75와 그림 1-76으로 구할 수 있다. 좁고 긴 장방형 항의 경우에 항폭에 대한 입구폭의 비가 작을수록 증폭비가 커지고 첨두 증폭이 발생하는 항의 상대적 길이(kl)가 작아진다(Ippen and Goda, 1963). 또한 고차 모드로 갈수록 증폭비가 작아진다. 그림 1-75에 제시된 공진점은 완전히 폐쇄된 장방형 호소의 공진점과 거의 일치하며, 수식 (1-135)와 같이 표시된다(항만 및 어항 설계기준, 해양수산부, 2014).

$$\frac{l}{L}=\sqrt{m^2+\frac{n^2}{\left(\frac{2b}{l}\right)^2}}\quad (m,n=0,1,2,\cdots) \tag{1–135}$$

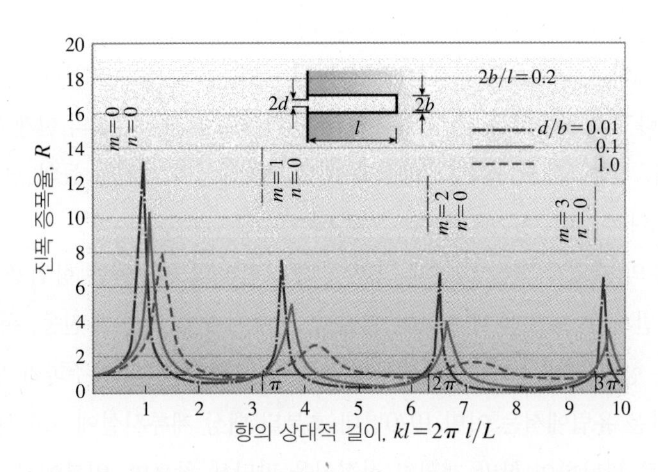

그림 1–75 좁고 긴 장방형 항의 공진스펙트럼(항만 및 어항 설계기준, 해양수산부, 2014)

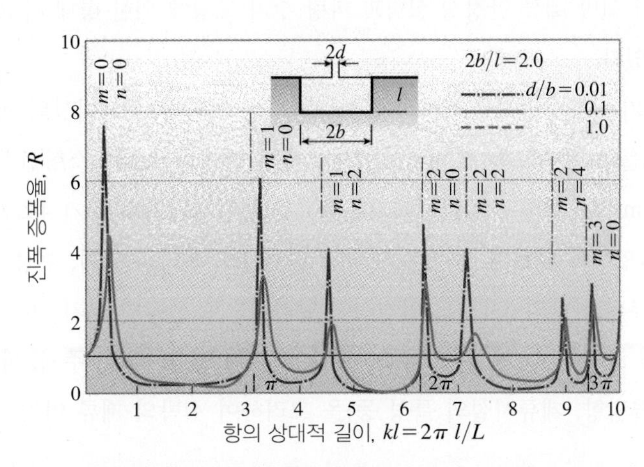

그림 1–76 폭이 넓은 장방형 항의 공진스펙트럼(항만 및 어항 설계기준, 해양수산부, 2014)

부진동은 항 입구로부터 침입하여 온 장주기의 너울이 항내에서 완전 반사를 반복하면서 진폭을 증가시키는 것이므로 부진동의 진폭을 억제하는 데는 항의 안 둘레에서 불완전반사를 시키든가, 항내에서의 에너지 손실을 증가시키는 것을 생각할 필요가 있다. 이러한 의미에서 항내의 전 둘레를 직립안벽으로 하는 것은 바람직하지 않다. 그리고 방파제를 투과성이 있는 완경사의 사면제로 하면 반사파를 약간 감소시킬 수 있고, 또 사면제 내부에서의 에너지 손실을 기대할 수 있다. 그리고 항내의 부진동의 절(節)에 해당되는 위치 근방에 파제제를 설치함으로써 어느 정도 진폭의 감소를 기대할 수 있다. 만의 형태는 기하학적으로 정형(整形)인 것보다는 불규칙한 형태의 것이 좋다(항만 및 어항 설계기준, 해양수산부, 2014).

1-3-1-8 항내파랑

(1) 항내정온도

항만에서 가장 중요한 기능은 화물과 승객의 신속하고 안전한 수송 및 선박에 안전한 피박지(harbor shelter)를 제공하는 것이다. 항내정온도 문제는 파랑, 바람, 선박 동요 또는 작업기기의 내풍성, 내파성 등의 물리적인 요소뿐 아니라 선박입출항의 난이, 악천후 시 피박(避泊), 해상작업의 한계조건 등의 판단 요인을 합하고, 또한 하역효율, 선박가동률, 정온도 향상을 위한 제반시설의 건설비 등의 경제적 요인과도 관계되는 극히 복잡한 과제이다.

정온도의 판단기준의 기초가 되는 파랑에 관한 항내 교란파의 원인에는 항입구 침입파, 항내로의 전달파, 구조물에 의한 반사파, 방파제 배후로의 회절파, 장주기파에 의한 부진동, 폭풍해일, 지진해일 이외에 대형 항만에서는 항내 발생 풍파, 소형선박에 관해서는 대형선박의 항주파가 문제가 될 수 있다.

항내정온도의 판단은 유럽에서는 이미 1970년대 초부터 대상 계류시설에 모형선을 계류하여 그 동요량을 수리모형실험으로 판단하여 항만 계획의 적절성을 판단해 왔으며, 일본에서는 항내 대표지점에서 파고의 절댓값 및 심해파에 대한 파고비로 항내 정온도를 평가하여 왔다. 근래에는 수리모형실험 또는 수치모형실험을 이용한 선박 계류 안정성 실험과 파랑 수치 모형에 의한 항내 파고 분포 해석을 통해 항내정온도를 평가하고 있다.

항만 및 어항 설계기준(해양수산부, 2005)에서는 박지는 연간 97.5% 이상의 정박 또는 계류 일수를 가능하게 하는 정온도를 보유하도록 정해져 있으며, 하역 한계파고로서 소형선박은 유의파고가 0.3m, 중·대형선의 경우 0.5m로 규정하고 있다. 그러나 파고가 동일하더라도 주기 4초인 풍파와 주기 12초인 너울은 선박에 미치는 영향이 다르며, 동일한 파랑 조건이라도 선박의 크기, 형상, 계류 로프의 배치, 입사 파향 등에 따라 계류된 선박의 6자유도 안정성이 달라지므로 선박의 크기로만 하역 한계파고를 정하는 것보다 다양한 환경 조건(풍속, 풍향, 조류속, 조위, 조류속 방향, 파고, 주기, 파향 등)과 선박의 계류 특성(선박의 크기, 계류방향, 계류시설의 특성 등)을 고려하여 선박의 계류 안정성을 평가하는 것이 더 나은 방법이다.

국제수상교통시설협회(PIANC) 보고서 중 Harbour Approach Channeld Design Guidelines에서는 항내나 안벽 근처에서의 선박의 운항 및 조종을 위한 한계 운영조건으로 접안시, 선적 및 하역시, 안벽에 선박 계류 시에 대한 풍속과 유의파고를 그림 1-77과 같이 제시하고 있다. 또한 부두의 이용 목적과 선박의 종류 및 악천후 조건에 대한 연간 허용 downtime을 제시하고 있으며, 안벽이나 박지에서 정기 운항을 하는 여객선이나 컨테이너선은 1년에 200시간, 화물선의 경우는 1년에 500시간의 downtime을 권고하고 있다.

Description	$V_{W,1\,min}$	$V_{F,1\,min}$	H_s
1. **Vessel berthing**			
• Forces longitudinal to the quay	17.0 m/s	1.0 m/s	2.0 m
• Forces transverse to the quay	10.0 m/s	0.1 m/s	1.5 m
2. **Loading and unloading operation stoppage (conventional equipment)**			
• Forces longitudinal to the quay			
– Oil tankers			
< 30,000 DWT	22 m/s	1.5 m/s	1.5 m
30,000 DWT – 200,000 DWT	22 m/s	1.5 m/s	2.0 m
> 200,000 DWT	22 m/s	1.5 m/s	2.5 m
– Bulk carriers			
Loading	22 m/s	1.5 m/s	1.5 m
Unloading	22 m/s	1.5 m/s	1.0 m
– Liquid Gas Carriers			
< 60,000 m^3	22 m/s	1.5 m/s	1.2 m
> 60,000 m^3	22 m/s	1.5 m/s	1.5 m
– General cargo merchant ships, deep sea fishing boats and refrigerated vessels	22 m/s	1.5 m/s	1.0 m
– Container ships, RoRo ships and ferries	22 m/s	1.5 m/s	0.5 m
– Liners and Cruise ships[1]	22 m/s	1.5 m/s	0.5 m
– Fishing boats	22 m/s	1.5 m/s	0.6 m
• Forces transverse to the quay			
– Oil tankers			
< 30,000 DWT	20 m/s	0.7 m/s	1.0 m
30,000 DWT – 200,000 DWT	20 m/s	0.7 m/s	1.2 m
> 200,000 DWT	20 m/s	0.7 m/s	1.5 m
– Bulk carriers			
Loading	22 m/s	0.7 m/s	1.0 m
Unloading	22 m/s	0.7 m/s	0.8 m
– Liquid Gas Carriers			
< 60,000 m^3	16 m/s	0.5 m/s	0,8 m
> 60,000 m^3	16 m/s	0.5 m/s	1.0 m
– General cargo merchant ships, deep sea fishing boats and refrigerated vessels	22 m/s	0.7 m/s	0.8 m
– Container ships, RoRo ships and ferries	22 m/s	0.5 m/s	0.3 m
– Liners and Cruise ships[1]	22 m/s	0.7 m/s	0.3 m
– Fishing boats	22 m/s	0.7 m/s	0.4 m
3. **Vessel at quay**			
• Oil tankers and Liquid Gas Carriers			
– Actions longitudinal to the quay	30 m/s	2.0 m/s	3.0 m
– Actions transverse to the quay	25 m/s	1.0 m/s	2.0 m
• Liners and Cruise ships[2]			
– Actions longitudinal to the quay	22 m/s	1.5 m/s	1.0 m
– Actions transverse to the quay	22 m/s	0.7 m/s	0.7 m
• Recreational boats[2]	22 m/s	1.5 m/s	0.4 m
– Actions longitudinal to the quay	22 m/s	1.5 m/s	0.4 m
– Actions transverse to the quay	22 m/s	0.7 m/s	0.2 m
• Other types of vessel	Limitations imposed by the design loads		

Notes:
1. Conditions relative to passengers embarking or disembarking.
2. Conditions relative to the limits for passenger's comfort on board.
3. Longitudinal = wind, current or waves taken as acting longitudinally when their direction lies in the sector of ±45° relative to the vessel's longitudinal axis.
4. Transverse = wind, current or waves taken as acting transversally when their direction lies in the sector of ±45° relative to the vessel's transverse axis.

그림 1–77 안벽과 부두에서의 한계 운영 해상 조건(PIANC Report)

(2) 항내정온도의 산정

항내정온도를 평가하기 위해서는 아래의 요소들에 대한 조사 및 해석이 필요하다(내파공학, Goda Yoshimi 저, 김남형, 양순보 역, 2014).

1) 항내정온도 산정을 위한 조사 및 해석 요소

① 항외의 파랑 및 바람의 파악

가. 파의 출현율
나. 파의 스펙트럼 해석
다. 장주기파의 특성과 출현율
라. 풍향별 풍속의 출현율

② 항내의 파랑 및 바람의 현황 파악

가. 기존 자료에 의한 항내 파의 출현율 추정
나. 장주기파를 포함한 항내 파의 관측
다. 수치모형 및 수리모형실험을 이용한 항내 파의 추정

③ 계류선박의 거동 해석

가. 폭풍 시의 계류선박의 동요 관측
나. 계류선박의 동요 시뮬레이션

④ 항만시설의 변경에 의한 정온도의 개선

가. 방파제의 배치 또는 천단고의 재검토
나. 항내 소파시설의 재배치
다. 선박계류 시스템의 개선
라. 장주기파에 대한 소파구조의 개발과 설치
마. Wind Screen의 적정한 설치

⑤ 파 예측에 의한 폭풍 시의 대응

가. 과거의 데이터에 의한 평상파와 너울, 장주기파의 상관성 분석
나. 파 예측의 실시와 병행한 너울, 장주기파의 예측

2) 정온도 산정

정온도는 하역한계파고 또는 정박한계파고를 넘지 않는 파고의 시간적 발생확률로 계산할 수 있다. 하역한계파고는 안벽이나 돌핀에 계류된 선박이 하역활동을 안전하게 실시할 수 있는 한계파고이며, 정박한계파고는 정박지에서의 묘박이나 계선부표 및 계류시설에서의 계류가 가능한 파고이다. 여기서, 하역한계파고를 넘지 않는 파고의 시간적 발생확률을 가동률이라 하고, 일반적으로 정온도는 가동률로 평가한다(항만 및 어

항 설계기준, 해양수산부, 2014).

항내정온도 평가를 위해서는 항내의 파고 출현일수를 추정하여야 하며, 다음과 같은 순서로 진행된다(내파공학, Goda Yoshimi 저, 김남형, 양순보 역, 2014).

① 항외에서의 파랑 출현율 표의 작성
② 항내 파의 추정 지점의 선정
③ 입사파에 대한 항내의 파고비의 추정
④ 입사파고의 계급별 항내 파고의 계산
⑤ 항내 파고의 초과 출현율의 계산

항외에서 파고 출현율은 실측값 혹은 추산값에 입각하여 연간 파향별 파고 출현율을 다음 표 1-7과 같이 정리한다. 출현율은 정온일수도 포함한 전체에 일수에 대한 백분율로 표시한다.

표 1-7 파향별 파고 초과출현율의 예(항만 및 어항 설계기준, 해양수산부, 2005)

파향	탁월주기 (s)	파고계급별 출현율(%)						
		0m 이상	1m 이상	2m 이상	3m 이상	4m 이상	5m 이상	6m 이상
ESE~SE	6	40.8	13.3	3.4	1.1	0.3	0	0
SSE~S	12	33.8	22.4	11.8	5.2	2.3	0.8	0.3
SSW~SW	10	25.4	14.7	6.3	2.6	0.8	0.2	0
전방향		100.0	50.4	21.5	8.9	3.8	1.2	0.3

평상 시의 항내파고의 초과출현율의 추정은 항외의 파 출현율의 계급마다 각 파향에 대해서 계산한다. 수치모형이나 수리모형실험으로 회절과 반사에 의한 변형을 주로 고려하여 항내 파고를 구하고, 월파와 전달파가 있는 경우에는 전달파고와의 제곱합의 평방근으로 합성 파고를 구한다. 그림 1-78의 실선은 표 1-7의 ESE~SE 방향의 항외파의 초과출현을 도시한 것이다. 이 각 파고계급에 대한 항내합성파고

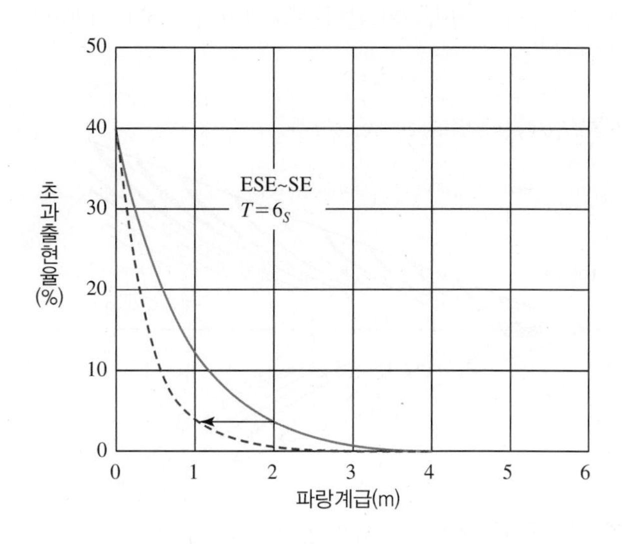

그림 1-78 항내파고의 초과출현율을 계산한 예(항만 및 어항 설계기준, 해양수산부, 2005)

를 계산하고 도상에 그린다. 예를 들면, 그림 1-78에 항외 파고 2m의 파가 항내 산정지점에서 1.05m가 되면 초과확률의 값은 같고 파고를 화살표와 같이 이동시킨다. 이와 같이 하여 플로팅(Plotting)된 점을 연결한 점선이 ESE~SE방향 파에 대한 항내파고의 초과확률 계급마다에 각 파향의 초과출현율값을 합하여 구할 수 있다.

이상시의 파랑(예를 들어, 설계공용기간 50년인 시설에 대해서는 재현기간 50년의 확률파)에 대한 정온도는 일반적으로 이상시의 항내파랑이 항만시설의 성능에 큰 영향을 끼치는 점을 고려하여 이상시 항내파랑이 항만시설에 큰 피해를 끼치지 않도록 파고의 한계값을 설정하며, 항내파고계산으로 산출된 파고가 이 한계값을 넘지 않는 것을 확인함으로서 평가할 수 있다(항만 및 어항 설계기준, 해양수산부, 2005).

1-3-1-9 항주파

선박의 항행으로 발행하는 항주파는 선박의 항행속도, 형태, 흘수, 항행해역의 수심 등의 변화에 따라 그 양상이 다양하게 나타난다. 항주파는 선박이 협소한 수로를 항행하거나, 정박한 선박 근처를 고속으로 항행하는 경우 호안의 월파 및 세굴, 계류 중인 선박의 안정성에 큰 영향을 미칠 수 있다.

항주파를 상공에서 바라보면, 그림 1-79와 같이 배 앞머리의 약간 전방에서부터 八자 모양으로 넓어지는 파도와 배 후방에서 파봉이 배의 진행방향과 직각이 되는 파도의 2가지 계열로 구성되어 있으며, 전자는 종파(Divergent Waves), 후자는 횡파(Transverse Waves)로 불린다. 종파는 요곡선을 이루며, 그 간격은 안쪽으로 갈수록 좁아진다. 횡파는 거의 원호형이며 그 간격도 일정하다. 또한 항주파의 존재범위는 수심이 깊은 경우, 선수의 약간 전방을 기점으로 항적중심선(±19°28′)과 이 각도를 이루는 선[이것을 커스프라인(Cuspline)이라 한다]의 안쪽으로 한정된다. 최외연인 종파와 횡파는 이 선의 약간 안쪽에서 교차하며, 그 지점에서 파고는 최대가 된다.

항주파의 파장 및 주기는 종파와 횡파가 다르며, 후자 쪽이 더 길다. 또한 종파의 파장 및 주기는 제1파가 최장이며, 점차 짧아진다.

횡파의 파장은 횡파파속이 배의 전진속도와 같다는 조건하에 수식 (1-136)의 수치해로 구할 수 있다.

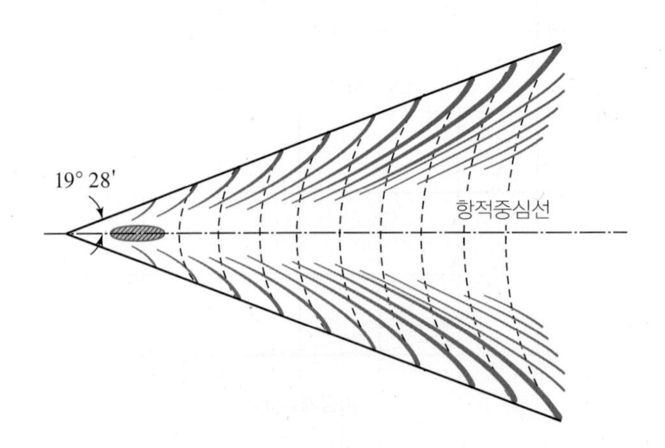

그림 1-79 항주파 평면도(그림의 실선은 종파, 파선은 횡파를 나타냄) (항만 및 어항 설계기준, 해양수산부, 2014)

$$\frac{gL_t}{2\pi} tanh \frac{2\pi h}{L_t} = V^2 \quad (1\text{–}136)$$

여기서, $V = \sqrt{gh}$
L_t는 횡파파장(m)
h는 수심(m)
V는 배의 항행속도(m/s)

단, 수심이 충분히 깊은 경우에는 수식 (1-137)로 계산한다.

$$L_0 = \frac{2\pi}{g} V^2 = 0.169 V_K^2 \quad (1\text{–}137)$$

여기서, L_0는 수심이 충분히 깊은 곳에서의 횡파파장(m)
V_k는 배의 항행속도(kt) $V_k = 1.946V$

횡파주기는 수심 h의 파장 L_t를 갖는 진행파 주기이며, 수식 (1-138)과 수식 (1-139)로 구한다.

$$T_t = \sqrt{\frac{2\pi}{g} L_t coth\left(\frac{2\pi h}{L_t}\right)} = T_0 \coth\left(\frac{2\pi h}{L_t}\right) \quad (1\text{–}138)$$

$$T_0 = \frac{2\pi}{g} V = 0.330 V_K \quad (1\text{–}139)$$

여기서, T_t는 수심 h의 횡파주기(s)
T_o는 수심이 충분히 깊은 곳에서의 횡파주기(s)

종파의 파장 및 주기는 종파의 진행방향에 대한 배의 속도성분이 종파파장과 같다는 조건하에 수식 (1-140)과 수식 (1-141)로 구할 수 있다.

$$L_d = L_t cos^2\theta \quad (1\text{–}140)$$

$$T_d = T_t cos\theta \quad (1\text{–}141)$$

여기서, L_d는 종파 진행방향으로 측정한 파장(m)
T_d는 종파주기(s)
θ는 종파의 진행방향과 항적중심선이 이루는 각도(°)

Kelvin의 조파 이론에 의하면, 수심이 충분히 깊은 곳에서의 종파 진행각도 θ는 대상지점과 배와의 상대위치 함수로서 그림 1-80과 같이 구할 수 있다. 단, 실제 선박에서는 θ의 최소치가 40° 정도인 경우가 많고, 또한 1개 종파상의 파고최대점을 주목해보면 θ≒50~55°가 된다. 또한 각도 θ는 그림 중의 삽도로도 알 수 있듯이 대상지점에 도달한 종파파원의 위치 Q를 나타내는 각도이다. 그리고 α는 커스프라인과 항적중심선이 이루는 각도이다.

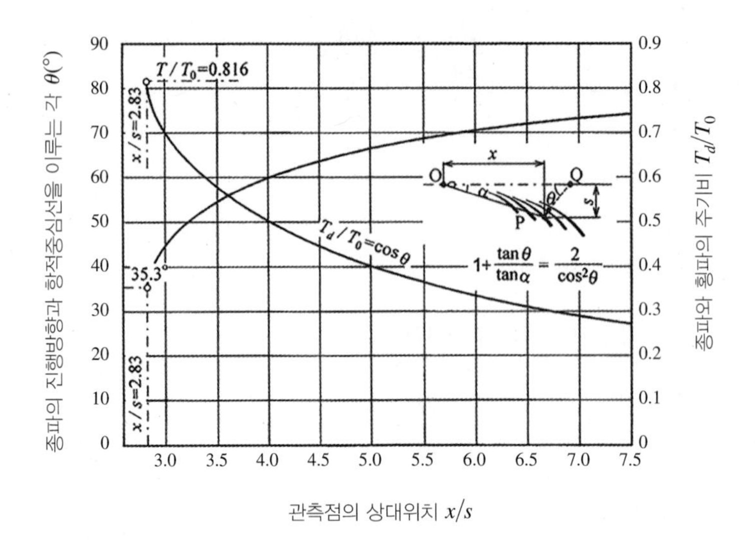

그림 1-80 수심이 충분히 깊은 곳에서의 종파파고 및 주기(항만 및 어항 설계기준, 해양수산부, 2014)

표 1-8 항주파가 심해파로 간주되는 조건(항만 및 어항 설계기준, 해양수산부, 2014)

배의 높이	5.0	7.5	10.0	12.5	15.0	17.5	20.0	25.0	30.0
수심	1.4	3.1	5.5	8.6	12.4	16.9	22.0	34.4	49.6
횡파 주기	1.7	2.5	3.3	4.1	5.0	5.8	6.6	8.3	9.9

일반적인 물과 파도와 마찬가지로 항주파도 그 파장에 비해 수심이 얕아지면, 수심의 영향으로 그 성질이 변화한다. 항주파에 대한 천수 효과를 무시할 수 있는 것은 수식 (1-142)에 나타내는 조건에 한한다.

$$V \le 0.7\sqrt{gh} \tag{1-142}$$

수식 (1-142)에 의해 항주파가 심해파로 간주되는 한계수심을 시산하면 표 1-8과 같다. 이 표에서 알 수 있듯이 일반 선박이 만드는 파도는 거의 대부분이 심해파이다. 천수파가 되는 것은 고속페리 등이 비교적 얕은 수역을 항행하는 경우, 모터보트가 천수역을 항행하는 경우, 혹은 항주파가 천수역에 전파하는 경우이다. 또한 천수역에서 만들어지는 항주파의 파장 및 주기는 같은 항행속도에 대한 심해역의 항주파보다 길어진다.

일본 해난방지협회 항주파연구위원회는 항주파의 파고 추산식으로 수식 (1-143)을 제안하고 있다.

$$H_0 = \left(\frac{L_s}{100}\right)^{1/3}\sqrt{\frac{E_{HPW}}{1620L_sV_K}} \tag{1-143}$$

여기서, H_0는 항주파의 특성파고(m), 또는 배가 만적항해속력으로 달리고 있을 때 항적중심선에서 100m 거리에서 관측되는 최대파고

L_s는 배의 길이(m)

V_k는 만적항해속력(kt)

E_{HPW}는 조파마력(W)

조파마력 E_{HPW}는 다음과 같이 산정된다.

$$E_{HPW} = E_{HP} - E_{HPF} \tag{1-144}$$

$$E_{HP} = 0.6S_{HPm} \tag{1-145}$$

$$E_{HPF} = \frac{1}{2}\rho S V_0^3 C_F \tag{1-146}$$

$$S = 2.5\sqrt{\nabla L_s} \tag{1-147}$$

$$C_F = 0.075/\left(log\frac{V_0 L_s}{\nu} - 2\right)^2 \tag{1-148}$$

여기서, S_{HPm}는 연속최대 축마력(W)

ρ_0는 해수밀도(kg/m³), $\rho_o = 1{,}030$(kg/m³)

V_0는 만재항행속도(m/s), $V_o = 0.514V_k$

C_F는 마찰저항계수

ν는 물의 동점성계수(m²/s), $\nu \fallingdotseq 1.2\times10^{-6}$(m²/s)

∇는 배의 만재배수량(m³)

수식 (1-148)은 조파저항에 의해 소비되는 마력이 항주파의 전파에너지와 같다고 간주하여 계수값을 선형시험 데이터 등에서 평균적으로 정한 것이다. 특성파고는 배의 특유한 값이지만, 중·대형선에선 $H_0 \fallingdotseq 1.0 \sim 2.0$m이다. 또한 예선(曳船)이 전속력으로 항행하고 있을 때도 비교적 큰 파도를 발생시킨다. 관측점이 항적중심선에서 S만큼 떨어져 있는 경우에는 $S^{-1/3}$으로 쇠퇴한다고 간주하고, 속력을 떨어뜨려 항행하고 있을 때의 파고는 속력의 3승에 비례하는 것으로 간주된다. 따라서 항주파의 최대파고 H_{max}는 아래와 같이 산정된다.

$$H_{max} = H_0\left(\frac{100}{S}\right)^{1/3}\left(\frac{V_k}{V_K}\right)^3 \tag{1-149}$$

여기서, H_{max}는 임의 관측점의 항주파 최대파고(m)

S는 관측점에서 항적중심선까지의 거리(m)

V_k는 배의 실제 항행속도(kt)

수식 (1-149)는 S가 상당히 작은 곳에서는 적용할 수 없지만, 배의 길이 L_s 또는 100m 중 작은 값까지는 거의 적용 가능하다. 항주파의 파고상한치는 최대파고의 종파 파형경사가 $H_{max}/L_t = 0.14$의 쇄파한계에 도달한 경우이다. 한 개 종파상의 파고최대점에서 파향과 항적중심선이 이루는 각을 $\theta = 50°$로 간주하면, 임의 지점의 파고상한값은 수식 (1-150)으로 구할 수 있다. 단, 심해파의 조건을 만족시키는 것으로 한다.

$$H_{\lim} = 0.010V_k^2 \tag{1-150}$$

여기서, H_{lim}는 쇄파조건으로 규정된 항주파의 파고상한치(m)

항주파 중 횡파는 배의 항행방향으로 진행하고, 배가 전침(항로변경) 혹은 정지했을 때에도 전파는 계속된다. 이 경우에는 수식 (1-138)로 주어진 주기를 갖는 규칙파로서의 성질이 강하고, 굴절과 그 밖의 변형을 계속하면서 군속도로 진행하며, 전파와 함께 파봉장이 넓어져 파고는 수심이 일정한 경우에도 진행거리의 1/2승에 역비례하여 감쇠한다.

종파의 전파방향은 파봉상의 각 점마다 다르다. Kelvin의 조파 이론에 의하면, 종파의 외연에서 항적 중심선이 이루는 각이 $\theta=35.3°$이고, 파봉을 따라 안쪽으로 이동함에 따라 θ의 값이 90°에 가까워진다. 그리고 특정 지점에서 차례차례 내습하는 종파는 제1파가 $\theta=35.3°$ 방향이고, 제2파 이후는 θ의 값이 점차 증대한다. 이러한 종파 전파방향의 공간적 변화는 그림 1-80으로 추정할 수 있다.

종파의 전파속도는 파봉상의 각 지점주기 T_d [수식 (1-141)]에 대응하는 군속도이다. 그림 1-80의 삽도에서 성분파가 파원인 Q 지점에서 P 지점까지 군속도로 전파하는 시간은 배가 Q점에서 O점까지 속력 V로 진행하는 시간과 같다. 그리고 각각의 파형은 파속(위상속도)으로 진행하기 때문에 종파의 최외연(最外緣)에서는 파도가 커스프라인 밖으로 나가면서 점차 소멸하는 것처럼 보인다(항만 및 어항 설계기준, 해양수산부, 2014).

'Manual on the use of rock in hydraulic engineering'(2nd edition, 2014)에서는 선박의 운항으로 인한 항주파와 2차 항주파 및 돌제 등에 의한 회류(Return Current)의 발생이 수로나 호안, 파이프라인, 방파제, 호안, 안벽의 바닥 보호공의 안정성에 영향을 주므로 이를 고려한 설계법을 제시하고 있다. 항주파 및 선박 운항에 의해 발생하는 흐름을 계산하기 위한 관련 매개변수들은 그림 1-81 및 그림 1-82에 나타나 있고, 주요 매개변수는 다음과 같다.

① 항주파(Primary Ship Wave): 횡 선수파(Trasnsversal Front Wave), 선박 주위를 따르는 수위 강하(Water Level Depression alongside the Ship), 횡 선미파(Transversal Stern Wave)

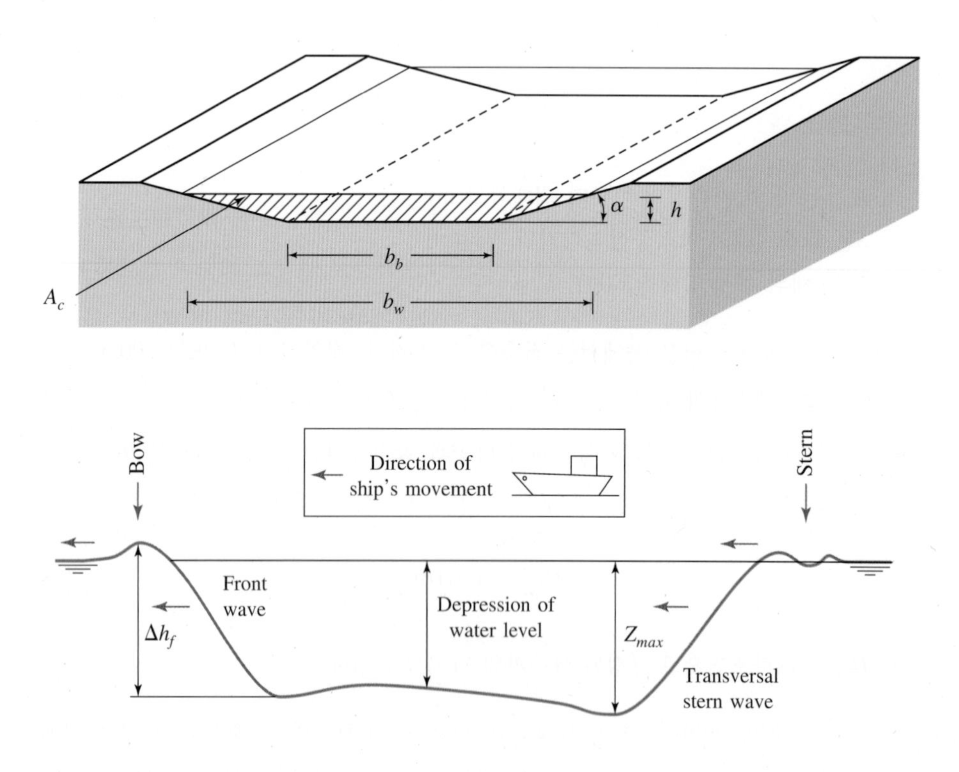

그림 1-81 항주파 계산을 위한 제원의 정의(CIRIA C683 The Rock Manual, CUR, 2014)

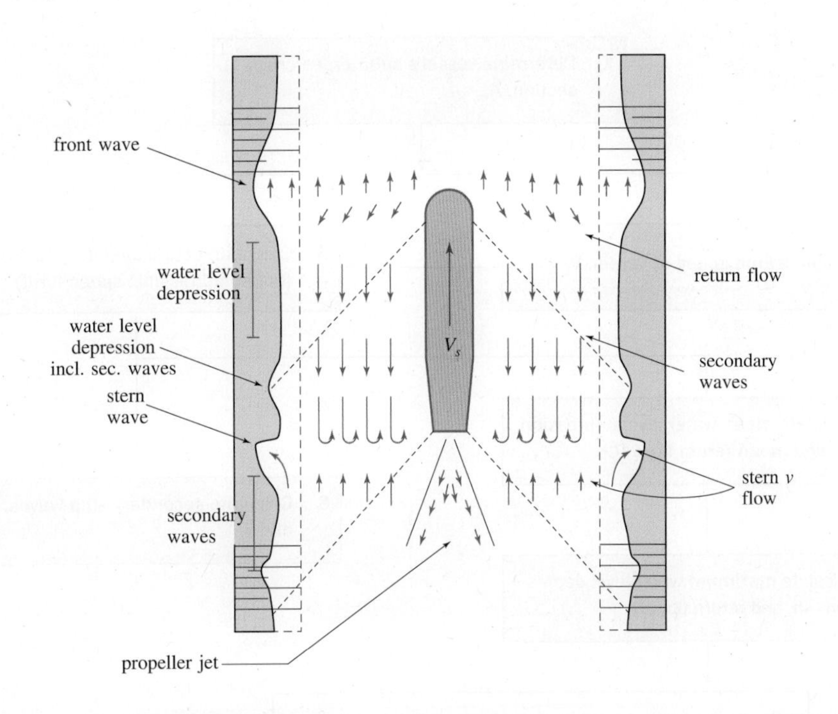

그림 1-82 수로 호안 안정성에 관련된 항주파 및 흐름의 특성(CIRIA C683 The Rock Manual, CUR, 2014)

② 항주파 발생 범위 내의 회류(Return Current)

③ 2차 항주파(Secondary Ship Wave)

④ 선박 프로펠러의 제트류(jet)

선박의 종류, 항행 방법(선박의 속도, 수로에서의 위치 등), 수로 제원 등이 항주파 및 회류 등에 영향을 미치며, 주요 매개변수는 다음과 같다.

① 선박의 길이(L_s, m) 및 선폭(B_s, m)

② 선박의 항행 속도(V_s, m/s)

③ 만재 선박 흘수(T_s, m) 또는 평균 공선 흘수

④ 수로에서의 선박의 위치

⑤ 수로의 단면적(A_c, m^2)

⑥ 수로의 수심(h, m), 수로 바닥폭(b_b, m) 및 수로 폭(b_w, m)

항주파 및 선박에 의한 흐름을 계산하기 위한 순서도가 그림 1-83에 제시되어 있으며, 수위 강하(Δh), 선수파(Front Wave, Δh_f) 및 횡 선미파(Transversal Stern Wave, z_{max})의 높이는 평균적으로 0.3m에서 0.5m 정도이며, 가끔 1.0m 정도의 높은 수위가 발생하기도 한다. 수위 강하의 기간은 선박의 종류에 속도에 따라 대개 20초에서 60초 사이이며, 선수파와 횡선미파의 주기는 2초에서 5초 정도이다.

항주파 및 선박에 의한 흐름을 계산하기 위한 순서도에 따라 우선 선박의 침수 면적을 다음 식으로 계산하여야 한다.

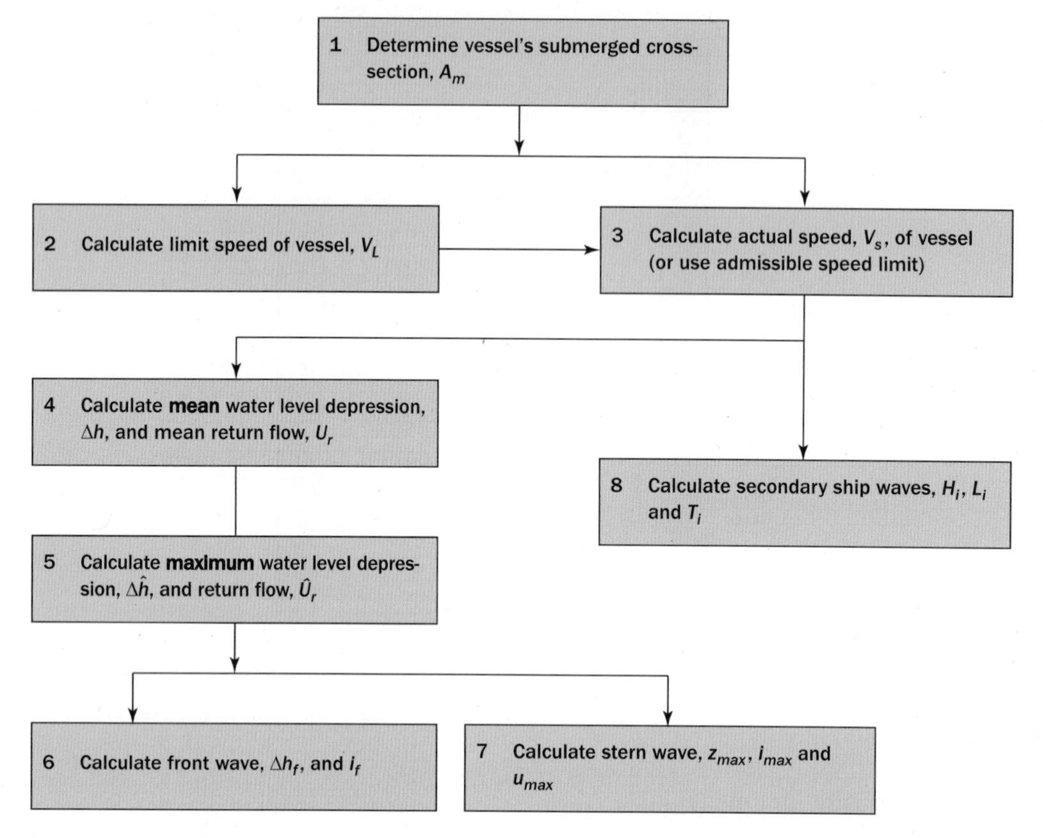

그림 1-83 항주파 계산을 위한 순서도(CIRIA C683 The Rock Manual, CUR, 2014)

$$A_m = C_{\mathrm{m}} B_{\mathrm{s}} T_{\mathrm{s}} \tag{1-151}$$

여기서, C_m은 선박 단면적에 관련된 중앙절단면(midship) 계수
B_s는 선박의 폭(m)
T_s는 선박의 흘수(draught, m)

선박의 한계속도(Limit Speed, V_L)는 다음 식으로 구한다.

$$V_L = F_{\mathrm{L}} \sqrt{g A_c / b_w} \tag{1-152}$$

여기서, $F_L = \left[\frac{2}{3}\left(1 - \frac{A_m}{A_c} + 0.5 F_L^2\right)\right]^{3/2}$
A_c는 수로의 단면적(m^2)
b_w는 수로의 폭(width of the waterway at the waterline, m)

다른 관계속도는 다음 식들로 구할 수 있다.

$$V_L = (g L_s / 2\pi)^{1/2} \tag{1-153}$$

$$V_L = (gh)^{1/2} \tag{1-154}$$

선박의 실제 속도(V_s, m/s)는 한계속도의 비로써 다음 식으로 계산된다.

$$V_s = f_v V_L \quad (1\text{–}155)$$

여기서, $f_v = 0.9$ for unloaded ship
$f_v = 0.75$ for loaded ship

평균 수위 강하(Meanwater Level Depression, Δh)와 평균 회류 유속(Mean Return Flow, U_r)은 다음 식으로 구한다.

$$\Delta h = \frac{V^2}{2g}[\alpha_s(A_c/A_c^*)^2 - 1] \quad (1\text{–}156)$$

여기서, α_s는 한계속도에 대한 실제 속도(V_s)의 효과를 나타내는 계수
$\alpha_s = 1.4 - 0.4V_s/V_L$
A_c^*은 선박 근처의 수로 단면적(m^2), 선박의 침수 면적 제외
A_c는 선박 없는 수로 단면적(m^2)

$$U_r = V_s(A_c/A_c^* - 1) \quad (1\text{–}157)$$

선수파(Front Wave, Δh_F)의 높이와 파경사(Steepness, i_F)는 다음 식으로 구한다.

$$\Delta h_f = 0.1\Delta h + \Delta\hat{h} \quad (1\text{–}158)$$

여기서, $\Delta\hat{h}$는 최대 수위 강하(Maximum Water Level Depression)
$$\Delta\hat{h}_s/\Delta h = \begin{cases} 1 + 2A_w^* & for \quad b_w/L_s < 1.5 \\ 1 + 4A_w^* & for \quad b_w/L_s \geq 1.5 \end{cases}$$
$$A_w^* = yh/A_c$$

$$i_f = 0.03\Delta h_f \quad (1\text{–}159)$$

횡 선미파(Transversal Stern Wave, $z_{\max}$)의 높이, 파경사(Steepness, $i_{\max}$)와 속도(Velocity, $u_{\max}$)는 다음 식으로 구한다.

$$z_{max} = 1.5\Delta\hat{h} \quad (1\text{–}160)$$
$$i_{max} = (z_{max}/z_0)^2_, \quad \text{with} \quad i_{max} < 0.15 \quad (1\text{–}161)$$

여기서, $z_0 = 0.16y_s - c_2$, $y_s = 0.5b_w - B_s - y$, $c_2 = 0.2$ *to* 2.6

$$u_{max} = V_s(1 - \Delta D_{50}/z_{max}) \quad (1\text{–}162)$$

여기서, D_{50}은 바닥의 조도길이(m), Δ는 상대 수중 밀도

항행수로나 강에서 돌제군이 설치된 경우 선박으로 인한 회류(Ship-induced Return Current)는 선박의 항행 상황에 따라 그림 1-84와 같이 돌제군 내부와 두부 주위에서 와류 및 선박과 구조물의 상호작용에 의한 흐름을 만들며, 회류 속도는 다음 식으로 구할 수 있다.

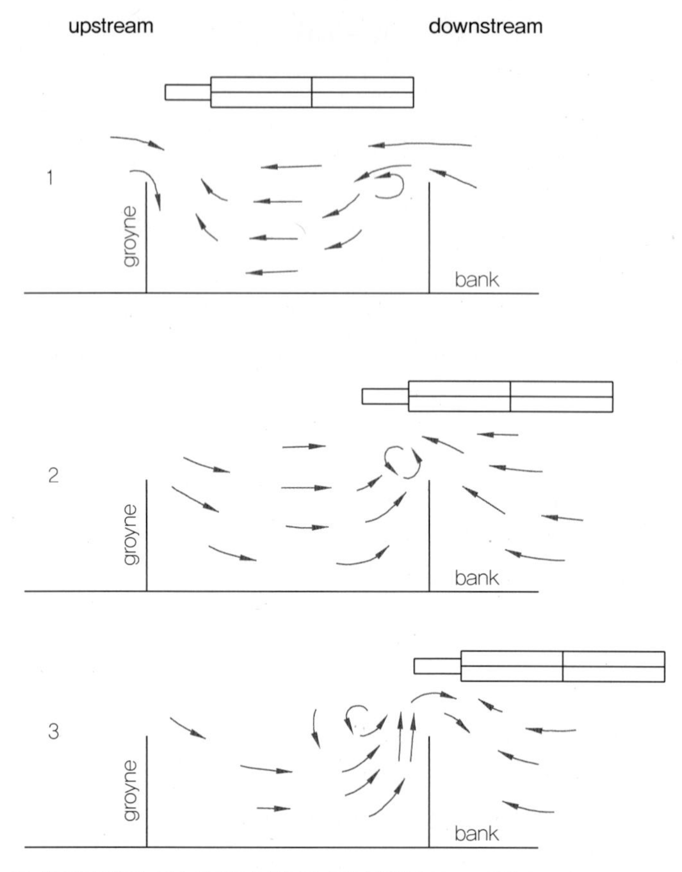

그림 1-84 바지선의 운항에 따른 돌제군 주위 흐름장의 변화(CIRIA C683 The Rock Manual, CUR, 2014)

$$\frac{U_{local}}{U+U_r} = \alpha\left(\frac{h}{h_{ref}}\right)^{-1.4} \quad (1\text{-}163)$$

여기서, U_{local}는 돌제군에서의 최대 유속(m/s)
U는 수로에서의 평균 유속(m/s)
U_r은 돌제 두부 전면에서의 평균 회류 속도(m/s)
h는 수로의 평균 수심(m)
h_{ref}는 돌제 설치 위치에서의 평균 수심(m)
α는 돌제군 설치 위치에 관련된 계수, α=0.20 to 0.60

항주파의 영향은 아직도 여러 연구자에 의해 심해, 중간 천이해 및 천해에서의 전파 형상과 파고 변화 등이 연구되고 있으며, 선박의 종류와 항행 방법에 따라 다르므로 항주파 전파를 검토 시에 수치모형 및 수리모형실험이 많이 활용되고 있다. 항만 구조물 중 호안 설계 시 필요한 피복석 안정 중량이나 월파량 산정 검토 시에 활용되고 있으며, 내 만에 위치한 항만의 경우 항내 정온도에 풍파보다 항주파가 더 큰 영향을 끼치는 경우가 있으므로 유의하여야 한다.

1-3-2

바람과 풍압력

1-3-2-1 바람

바람은 대기의 이동 현상으로 기압차에 의해 발생하며, 대표적 바람의 종류로는 항풍, 계절풍, 태풍 등이 있다. 항풍은 그 지점에서 가장 많이 부는 바람으로 최다풍, 탁월풍이라 하고 최대 풍속을 가진 바람과 함께 항만 설계 시 중요한 바람이다. 계절풍은 계절의 기압배치 특성 때문에 1년 중 어느 계절에만 부는 바람을 말한다. 태풍(颱風, Typhoon)은 열대 해상에서 발생하는 발달한 열대성 저기압(Mature Trophical Cyclone)의 한 종류로, 북태평양 서부나 남중국 해상에서 발생한 열대성 저기압이 발달해서 일어나는 중심 최대 풍속이 17.2m/s 이상의 강한 폭풍우를 동반하고 있는 열대성 폭풍(Tropical Storm)이다(위키백과, http://ko.wikipedia.org).

태풍은 북태평양 서쪽에서 7월~10월에 가장 많이 발생하며, 고위도로 북상하면서 동아시아와 동남아시아, 그리고 미크로네시아 일부에 영향을 준다. 우리나라에 영향을 주는 태풍은 북태평양상 5~20°N과 125~155°E 해역에서 주로 발생하는 것으로 연평균 25.3개 발생하는데, 그중 2~3개가 우리나라에 영향을 미친다. 태풍은 폭우, 해일, 강풍의 의한 피해를 주기도 하지만, 가뭄 해갈 등의 수자원 공급과 대기질 개선, 냉해와 폭염 완화, 바다의 적조현상과 강의 녹조현상 억제, 지구의 열 순환 등 여러 긍정적인 역할도 하며, 항만에서는 주요 방재 대상인 태풍에 의해 발생한 파랑이 항만의 위치에 따라 주요 설계파가 되기도 한다.

바람은 기압분포와 함께 파랑과 해일 발생의 원인이며, 항만시설이나 선박에 외력으로서 큰 영향을 미친다. 풍압력에 의해 조선이나 하역, 기타 항만에서의 작업 등에 영향을 주므로 방파제 · 안벽 · 박지 등의 항만시설의 위치 및 방향을 결정하는 큰 요인이 되고 있다. 풍향은 그림 1-85와 같이 16방위로 나누어 진다.

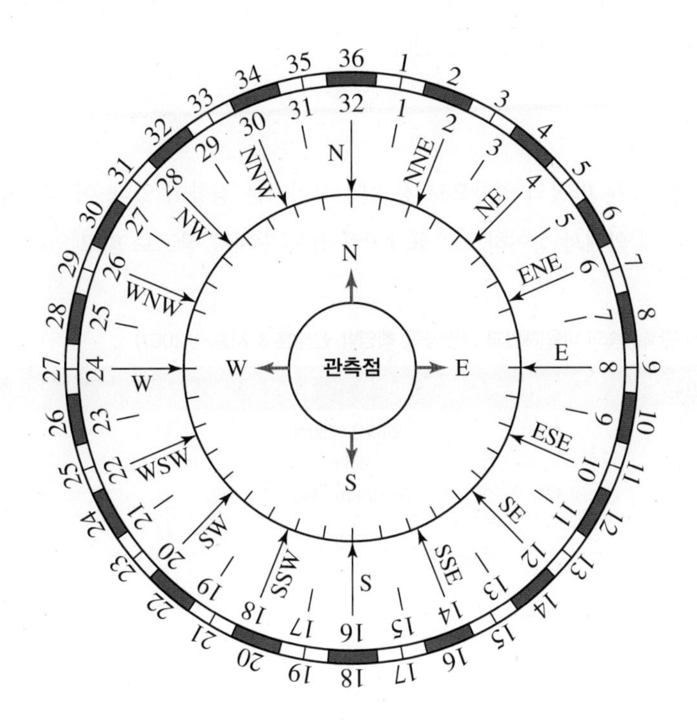

그림 1-85 풍향표시도(해안과 항만공학, 최영박, 윤태훈 & 지홍기, 2007)

바람의 관측에는 풍향계, 풍속계 등을 사용하고 항만에서는 해면상 10m의 바람을 표준으로 한다. 풍속에 대해서는 관측 10분 사이의 관측값의 평균을 그 시각의 풍속으로 한다. 평균풍속의 최댓값을 최대풍속이라고 한다.

항만에서는 10m/s 이상의 바람을 강풍이라 하고, 그 바람의 풍향, 풍속, 취송시간은 항만에 영향을 주는 것이 많고 풍향, 풍속의 출현횟수 등을 풍향도로서 나타낸다. 한순간의 풍속을 순간풍속이라 부르며, 어느 시간 내의 최대순간풍속은 10분간의 평균풍속의 1.5배 정도이다(해안과 항만공학, 최영박, 윤태훈 & 지홍기, 2007).

(1) 바람

1) 바람기록의 이용

파랑을 추산하기 위해서는 우선 풍향, 풍속 및 바람의 취송범위를 추정해야 한다. 이 때문에 파랑추산작업은 연안 각지의 측후소의 바람날개나 자기풍신기에서 관측한 풍신기록에 의한 풍도를 가급적 많이 수집해서 우선 분석하는 것부터 시작한다. 바람의 관측기록을 분석할 때에는 다음의 여러 가지에 주의한다.

① 지형의 영향

바람은 될 수 있는 대로 평탄하고 장애물이 없는 곳에서 관측하는 것이 원칙이다. 그러나 산이 해안에 다가와 있는 것과 같은 장소 등에서는 평탄한 토지가 아닌 곳에서 관측을 하게 되는 경우도 있다. 관측지점의 지형에 따라 풍향이 특정 방향으로 편기한다든지 풍속이 그 지점에서만 크게 된다든지 한다. 따라서 인접하는 지점의 기록과 비교해서 현저하게 상이한 바람기록에 대해서는 지형의 영향 유무를 조사한 뒤에 분석의 대상에 포함시키는 여부를 검토할 필요가 있다.

② 해안에서의 거리

해상과 비교해서 육상에서는 마찰의 영향으로 풍속이 작아지는 경향이 있다. 이 감소율은 바람의 방향, 해안에서의 거리, 지형 등에 의해서 상이하므로 표 1-9와 같은 수치를 참고로 하고 있다.

표 1-9 해상풍속에 대한 관측풍속의 비율(해안과 항만공학, 최영박, 윤태훈 & 지홍기, 2007)

바람의 방향	관측지점	비율*
바다에서 육지	외해 3~5km	1.0
	해안	0.9
	8~16km 내륙	0.7
육지에서 바다	해안	0.7
	외해 16km	1.0

주: * 풍속은 해면상 또는 지면상 약 10m에서의 수치

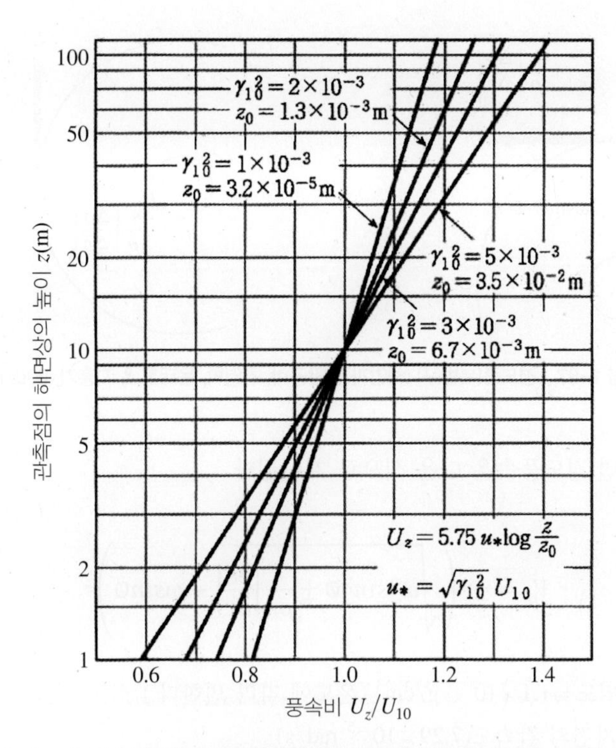

그림 1-86 높이에 의한 풍속의 변화(해안과 항만공학, 최영박, 윤태훈 & 지홍기, 2007)

③ 관측점의 높이

바람은 높은 곳일수록 강하게 부는 것이 보통이므로 파랑추산에서는 해면상 10m에서의 풍속 U_{10}(m/s)를 쓰고 있다. 이 때문에 높이가 많이 다를 경우에는 풍속을 보정할 필요가 있다.

그림 1-86은 해면상의 높이 z점의 풍속 U_z와 U_{10}과의 비를 표시한 것이다. 그림의 매개변수 γ_{10}^2은 U_{10}에 대응하는 해면의 저항계수로 보통은 $(2\sim3)\times10^{-3}$ 정도의 수치이다. 또 z_0는 해면의 조도상수(m)이다(해안과 항만공학, 최영박, 윤태훈 & 지홍기, 2007)).

2) 경도풍과 실제의 바람

공기는 고기압에서 저기압 쪽으로 흐르므로 바람은 수평방향의 기압변화율, 즉 기압경도(Barometric Gradient)에 따라 불게 된다. 공기 집단에 작용하는 힘이 압력차에 기인하는 기압경도력만이면 바람은 등압선(Isobar Line)에 직각으로 분다. 하지만 지구의 자전운동은 바람의 방향을 북반구에서는 오른쪽(남반구에서는 왼쪽)으로 편향시키는 작용을 한다. 이 효과를 편향력 또는 코리올리의 힘(Coriolis Force)이라고 한다. 또한 등압선이 구부러져 있을 때는 바람도 구부러지므로 원심력이 작용한다.

경도풍은 기압경도력이 편향력과 원심력의 합력과 평형을 이루어 정상적으로 부는 바람으로, 경도풍속을 V_g, 등압선 반지름을 r, 지구 자전의 각속도를 ω, 위도를 ϕ, 공기밀도를 p로 하면 균형방정식은 다음 식이 된다.

$$2\omega\sin\emptyset \cdot V_g \pm \frac{{V_g}^2}{r} = \frac{1}{\rho}\left|\frac{\Delta p}{\Delta r}\right| \tag{1-164}$$

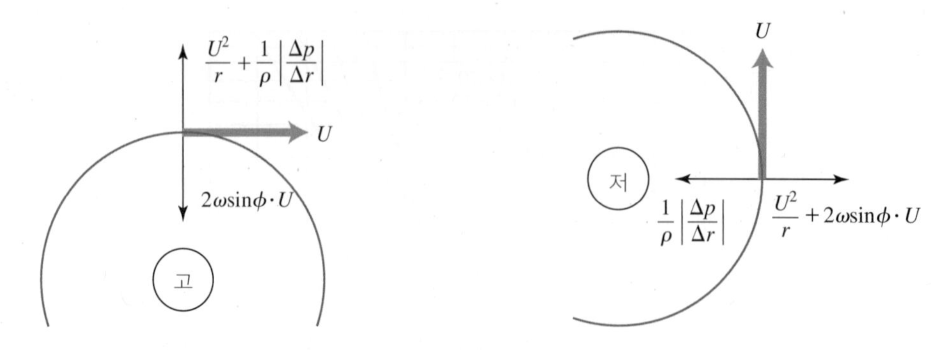

그림 1-87 경도풍(북반구) (해안과 항만공학, 최영박, 윤태훈 & 지홍기, 2007)

식을 V_g에 관하여 풀면 경도풍속은 다음 식으로 계산된다.

$$V_g = \pm r\left(\sqrt{\omega^2 sin^2\emptyset \pm \frac{1}{\rho r}\left|\frac{\Delta p}{\Delta r}\right|} - \omega sin\emptyset\right) \tag{1-165}$$

여기서, ρ는 공기밀도≒1.1×10^{-3} g/cm³ (온도에 따라 변한다.)
ω는 지구자전의 각속도(7.29×10^{-5} rad/s)
ϕ는 위도, 1°는 약 111km
$\Delta p/\Delta r$는 기압경도(등압선에 직각인 거리 Δr에 대한 기압의 변화는 Δp로 한다.)

그런데 고기압일 때는 $\frac{1}{\rho r}\left|\frac{\Delta p}{\Delta r}\right| > \omega^2 r sin^2\emptyset$로 되는 근호의 안은 음이 되고 정상풍은 허용되지 않는다. 이것은 극렬한 태풍에 상당하는 규모의 고기압이 존재하지 않는 역학적 이유이다.

지표면 부근의 실제 바람은 이 경도풍에 마찰저항이 더해지므로 실제의 풍속은 경도 풍속의 k배 ($k < 1.0$), 풍향은 아래 그림에서 나타내는 바와 같이 등압선의 접선과 α도의 경사를 가지게 된다.

일기도에서 등압선이 직전상으로서 기압경도와 코리올리의 힘에 평형하게 부는 바람을 지형풍이라 하여 그 속도를 U_{gs}로 표시하면 다음과 같다(해안과 항만공학, 최영박, 윤태훈 & 지홍기, 2007).

$$U_{gs} = \frac{1}{2\rho\omega sin\emptyset}\frac{\Delta p}{\Delta r} \tag{1-166}$$

여기서, ρ는 공기밀도≒1.1×10^{-3} g/cm³

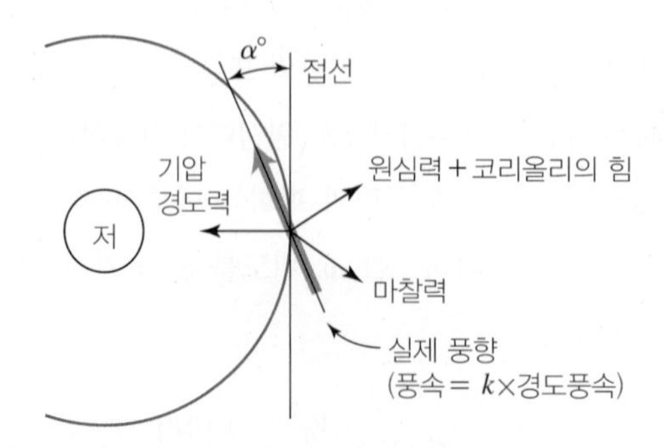

그림 1-88 실제의 바람(북반구) (해안과 항만공학, 최영박, 윤태훈 & 지홍기, 2007)

ω는 지구 자전의 각속도(7.29×10^{-5} rad/s)

ϕ는 위도

$\Delta p / \Delta r$는 기압경도(등압선에 직각인 거리 Δr에 대한 기압의 변화는 Δp로 한다.)

실제 해상에서의 풍속은 일반적으로 경도풍의 계산식보다 값이 적다. 또 경도풍의 풍향은 이론적으로는 등압선에 평행하지만 실제는 그림 1-89와 같이 등압선에 대한 어느 각도 α방향(cross isobar angle)으로 분다. 지구의 북반구에서는 저기압의 중심을 향하여 왼쪽 방향으로 불고, 고기압의 중심에서는 오른쪽 방향으로 분다.

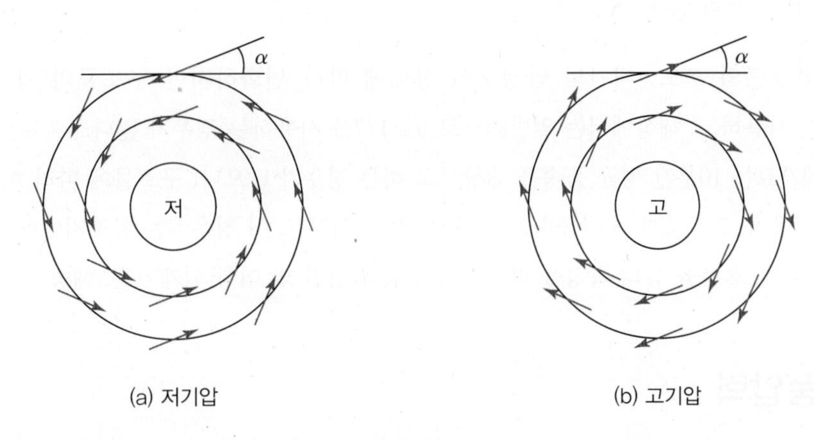

(a) 저기압 (b) 고기압

그림 1-89 저기압 및 고기압에서의 바람부는 방향(북반구) (해안과 항만공학, 최영박, 윤태훈 & 지홍기, 2007)

경도풍과 해상풍의 관계는 위도에 따라 다르며 평균적으로 표 1-10과 같다.

표 1-10 경도풍과 해상풍의 관계(위도별) (항만 및 어항 설계기준, 해양수산부, 2014)

위도	10°	20°	30°	40°	50°
각도 α	24°	20°	18°	17°	15°
풍속비 V_s/V_g	0.51	0.60	0.64	0.67	0.70

주: V_s: 해상풍속(m/s), V_g: 경도풍속(m/s), α: 해상풍의 풍향과 등압선이 이루는 각도

그러나 표 1-10은 하나의 표준이고 해상풍의 추정에 있어서는 연안의 실측치나 기상도에 기입된 해상 선박에서의 통보된 값을 참고하고 적절한 보정을 행한 후 해상풍을 추정하여야 한다.

항만시설에 작용하는 바람의 설계풍속의 선정은 장기간(30년 이상)의 실측치에 따라 풍속의 출현확률분포를 추정한 후, 소요 재출현기간에 대응하는 풍속을 채택한다. 바람의 제원은 풍향 및 풍속으로 하며 풍향은 16방위, 풍속은 10분간 풍속으로 표시하는 것을 표준으로 한다.

기상청 관측자료는 약 35년간의 최대 10분 평균풍속에서 이중지수분포를 가정하고 5, 10, 20, 50, 100, 200년의 재현기대풍속을 추정하고 있다. 따라서 대상지점에 인접한 관측소의 지형조건이 다른 경우는 최저 1년간 관측하고 지형관계를 비교검토하여 관측성과를 이용하는 것이 적정하다.

폭풍해일 및 파고의 추정에 사용하는 풍속은 해면상 10m에서의 값을 기준으로 하고 있으며, 기상청

의 관측된 풍속은 지상 10m 정도의 값이다. 따라서 관측값을 이용하여 해상풍을 추정하는 경우 대상으로 하는 구조물의 높이가 상기한 높이와 떨어져 차이가 있는 경우 풍속에 대한 높이의 보정을 하여야 한다. 풍속의 수직분포는 일반적으로 대수측(對數側)으로 표시되지만 현행의 각종 구조물 설계계산에서는 간단하게 지수측(指數側)을 적용한다.

$$U_h = U_0\left(\frac{h}{h_0}\right)^n \tag{1-167}$$

여기서, U_h는 높이 h에서의 풍속(m/s)
U_0는 높이 h_0에서의 풍속(m/s)

지수는 지표부근의 조도, 대기의 안정도의 상태에 따라 변화하지만 구조물의 강도계산에서는 $n = 1/10 \sim 1/4$을 사용하고, 해상에서는 일반적으로 $n \geq 1/7$을 사용하는 경우가 많다.

풍속의 통계자료는 10분간 평균 풍속을 대상으로 하는 경우가 많으나, 구조물에 따라 이보다 더 짧은 평균시간의 평균풍속 또는 최대 순간풍속이 대상이 될 수도 있고, 이 경우에는 당해지역에서의 평균시간과 최대풍속의 관계, 돌풍율 등의 특성을 파악하여야 한다(항만 및 어항 설계기준, 해양수산부, 2014).

1-3-2-2 풍압력

풍압력은 시설의 형태, 설치장소의 상황 등을 고려하여 정해야 하며, 헛간 및 창고, 하역기계 및 교량 또는 고가도로 등에 작용하는 풍압력은 다음에 의하여야 한다.

① 부두의 헛간 및 창고에 작용하는 풍압력은 건축구조기준(2009)을 적용하여 산정한다.
② 하역기계에 작용하는 풍압은 타워크레인의 구조·규격 및 성능에 관한 기준(2012)을 적용하여 산정한다.
③ 교량, 고가도로 또는 이에 유사한 구조물 등에 작용하는 풍압력은 도로교 설계기준의 풍하중에 의하여 산출한다.

하역기계에 작용하는 풍하중은 다음과 같이 계산하는 것을 규정하고 있다.

$$F = \gamma \cdot A \cdot q \cdot C_f \tag{1-168}$$

여기서, F는 풍하중(N)
γ는 설계적용 하중계수
A는 바람을 받는 투영면적(m^2)
q는 속도압(N/m^2)
C_f는 풍력계수

풍하중 계산과 관련하여 풍속 및 속도압의 기준은 다음의 구분에 따라 적용한다.

① 작업상태에 해당하는 경우에는 지면상 20m에서 초속 20m의 순간풍속을 고려하여 속도압을 $q = 130\sqrt[4]{h}$(N/m²) 이상으로 적용한다.

② 휴지상태에 해당하는 경우의 속도압은 대상 지역별 풍속기준에 따라 표 1-11로부터 계산된 값 이상을 사용한다.

표 1-11 지역별 풍속 및 속도압(항만 및 어항 설계기준, 해양수산부, 2005)

대상 지역	풍속(m/s)	속도압(N/m²)
서해안(인천~군산)	55	$880\sqrt[4]{h}$
남해안, 동해안, 제주도	60	$1050\sqrt[4]{h}$
목포	70	$1430\sqrt[4]{h}$
울릉도	75	$1640\sqrt[4]{h}$

상기의 적용풍속은 지면상 20m에서의 최대순간풍속(2~3초 거스트)을 기준으로 하며, 속도압 산정에서는 지면상 20m 이하는 동일하게 적용한다.

③ 대상 부재별 풍하중 하중계수

가. 타이다운로드: 1.5

나. 스토이지핀: 1.5

다. 일반구조부재: 1.0

풍력계수는 크레인이 바람을 받는 면에 대하여 풍동시험(Wind Tunnel Test)으로 얻은 값, 또는 검증된 국제표준(International Code)에 제시된 값으로 한다(항만 및 어항 설계기준, 해양수산부, 2005).

1-3-3 조석과 이상 조위

조석은 달과 태양의 중력으로 발생한 기조력의 영향으로 해수면의 높낮이가 주기적으로 변하는 현상으로 지구 표면에 액체 상태로 떠 있는 바다가 지구 중심을 형성하는 고체층과 서로 다른 중력가속도를 받기 때문에 생긴다.

해수면이 최고조에 달할 때를 만조(滿潮, High Tide), 가장 낮아졌을 때를 간조(干潮, Low Tide)라 하며, 만조와 간조의 차이를 조석 간만의 차(조차, 潮差, Tidal Range)라 한다. 간조에서 만조까지 바닷물이 밀려오는 현상을 창조(漲潮, Flood Tide), 만조에서 간조까지 바닷물이 나가는 현상을 낙조(落潮, Ebb Tide)라고 한다. 한반도 서해안은 남해안, 동해안에 비해 조차가 크게 나타나며, 대체로 평택 일대가 가장 큰 조차를 보이고, 인천, 군산 등이 그 다음이고, 목포, 완도 등은 비교적 작게 나타난다.

항만시설의 구조 설정 및 안전 검토에 사용되는 조위는 천문조와 폭풍해일, 지진해일 등에 의한 이상조위의 실측치 또는 추산치에 기초하여 정한다.

(1) 조석 이론

조수는 달과 태양의 인력에 의해 발생한다. 태양은 달보다 약 2,700만 배 더 무겁지만 태양이 9,300만 마일 떨어져 있기 때문에 그 효과는 달보다 작다. 이것은 천체(달 또는 태양)가 지구의 조수에 미치는 영향이 그 천체의 질량에 정비례하지만 지구에서 거리의 입방체에 반비례하기 때문이다(Dean, 1966; Defant, 1961; Pugh, 1987; Godin, 1988 또는 Forrester, 1988).

달이 지구 주위를 공전하는 것처럼 보이지만 실제로 지구와 달은 모두 공통 지점을 중심으로 회전한다. 지구는 달보다 질량이 82배 더 무겁기 때문에 중력 중심이 지구 내부에 있지만 지구 중심에는 없으며, 지구 중심에는 중력 인력(지구와 달을 함께 당기려고 시도)과 원심력(지구와 달이 공통 지점을 중심으로 회전하면서 서로 밀어 내려는 시도) 사이의 균형이 있다. 달에 가장 가까운 지구 표면의 한 위치에서 달의 중력 인력은 지구의 원심력보다 크다(회전하는 지구-달 시스템의 중심을 중심으로 이동). 지구 반대편에서 달을 향하고 있는 원심력은 달의 중력 인력보다 더 크다. 대륙이 없는 지구 전체를 덮고 있는 가상의 바다에는 이러한 중력과 원심력의 불균형으로 인해 발생하는 2개의 조석 팽창이 있다. 중력 인력이 원심력보다 큰 경우에는 수면이 팽창하여 달쪽으로 향하고, 원심력이 중력 인력보다 큰 경우에는 수면이 달반대쪽에서 팽창한다.

그러나 달의 중력과 지구 자전으로 생기는 원심력의 차이로 생기는 조수 생성력은 지구의 자전으로

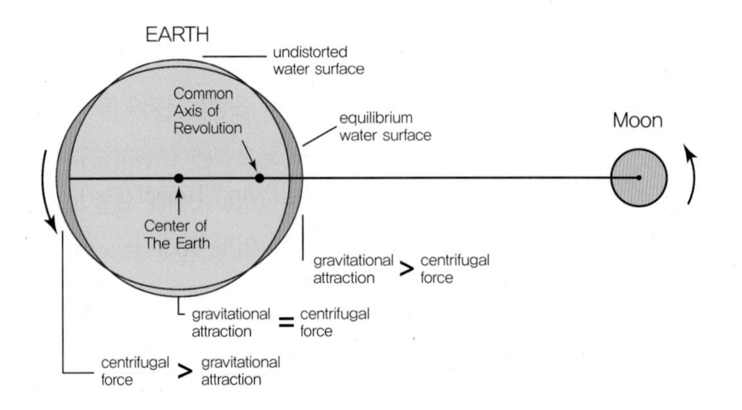

그림 1-90 지구-달 시스템(Tidal analysis and prediction, Parker, B.B., 2007)

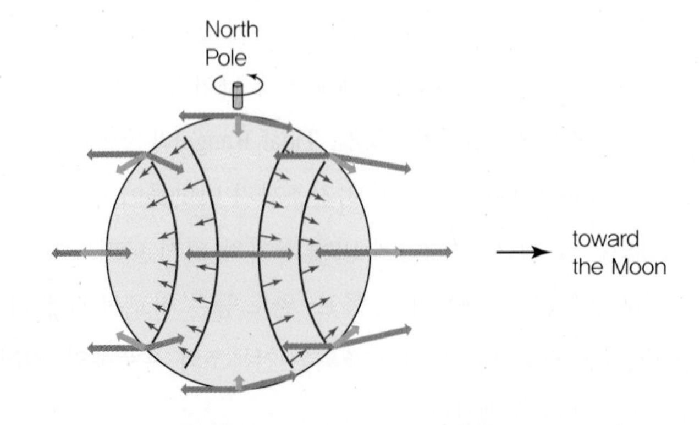

그림 1-91 조석 생성력(Tidal analysis and prediction, Parker, B.B., 2007)

생기는 중력에 비해 작다. 결국 지구 측면에 달과 마주하는 적도에서는 조석 생성력이 지구 자전에 의해 생기는 조석보다 작게 나타난다. 그러나 적도의 위 아래쪽에서는 그림 1-91과 같이 조석 생성력이 수직으로 달을 향하지 않고 지구 표면을 따라 꺾이게 되며, 이는 지구 표면과 접선을 이룬다. 이 힘은 수직 요소와 수평 요소로 분리가 되며 수평 요소의 영향으로 물을 적도방향으로 이동시키게 된다. 따라서 이 수평방향으로 발생하는 힘이 조석을 생성하며 대양의 물을 움직이게 한다. 따라서 이러한 수평력을 통해 발생한 조석력은 하루에 두 번의 만조와 두 번의 간조를 만들어내며, 한 번의 주기가 반일 동안 나타나게 된다(실제로는 달의 공전주기에 따른 12.42시간에 1주기).

하지만 실제로 만처럼 상대적으로 크기가 작은 물에서는 이러한 힘에 따른 조수를 만들기 어려운 반면에 큰 바다 같이 질량이 큰 물에서는 표면의 흐름이 누적되어 조수를 생성할 수 있다. 이러한 조수의 흐름은 매우 긴 주기를 지닌 파장이며, 30cm 미만의 작은 진폭을 지닌다. 하지만 이러한 흐름이 대륙붕이나 수심에 따라 해안을 향해 계속되는 조수에 진폭을 더해주게 되며, 해안에서는 1m 이상에 도달하게 된다. 이는 해안의 깊이, 길이, 폭에 따라 더욱 증폭된다.

조위의 크기는 만내에서의 진동이 조수 생성력과 얼마나 차이가 발생하는지에 따라 다르다. 만내의 길이와 깊이에 의해 발생되는 자연적인 진동이 조수 생성력과 같으면 조수 에너지가 같은 방향으로 운동하며, 이에 따라 진동이 중첩되어 조수의 범위가 커지게 되며, 이것을 공진(Resonance)이라고 한다.

이러한 만내의 움직임은 길이와 깊이에 따라 다르게 나타나며, 만내 유역의 길이가 길수록 진동 기간이 길어지고, 깊을수록 진동 기간이 짧아지며 길이에 두 배에의 영향을 미친다. 만의 자연주기 T_n(마찰이 없는 특수한 경우)은 아래 공식으로 나타난다.

$$T_n = \frac{2L}{(gD)^{1/2}} \tag{1-169}$$

여기서, L는 만의 길이
D는 만의 깊이
g는 중력가속도(m/s^2)

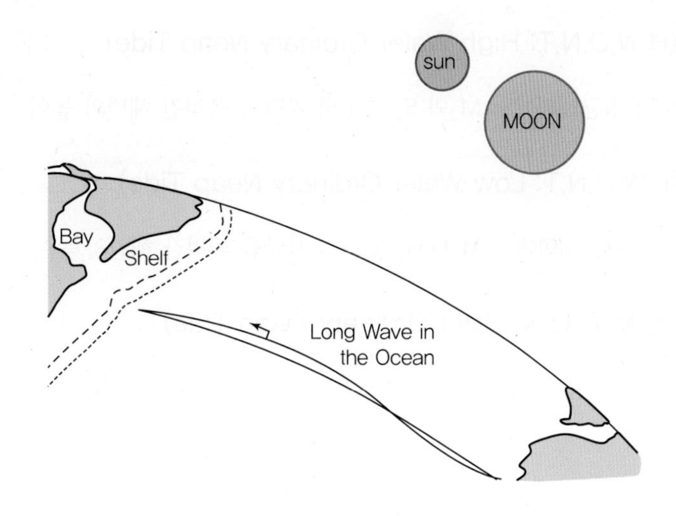

그림 1-92 달과 태양에 의한 조수 생성력

예를 들어, 대양(태평양, 대서양)의 경우에는 너무 넓어 공진이 발생하지 않으며, 일반적으로 큰 조수 범위는 적절한 길이와 깊이 조합을 가진 더 얕은 유역에 있다. 강과 만의 폭이 좁아지면 연속성 효과로 인해 조수 범위가 확대된다.

(2) 천문조

천문조는 기본수준면, 평균해면, 각종 조위기준면의 높이를 고려하며 1년 이상의 검조 기록으로부터 정한다. 각 조위의 정의는 다음과 같다(항만 및 어항 설계기준, 해양수산부, 2014).

1) 평균해면(M.S.L: Mean Sea Level)

어떤 기간의 해수위의 평균 높이를 그 기간의 평균해면이라 하며, 실용적으로는 1년간의 매 시별 조위의 평균값인 연평균해면을 평균해면으로 사용한다.

2) 기본수준면(D.L: Datum Level), 약최저저조위(A.L.L.W: Approximate Lowest Low Water)

한국 연안의 수심 측정의 기준인 기본수준면은 약최저저조위로 연평균 해면으로부터 주요 4개 분조인 M_2, S_2, K_1, O_1 분조의 반조차의 합만큼 내려간 면으로 정한다.

3) 약최고고조위(A.H.H.W: Approximate Highest High Water)

평균해면에서 4개 주요 분조의 반조차의 합만큼 올라간 해면의 높이

4) 대조평균고조위(H.W.O.S.T: High Water Ordinary Spring Tide)

대조기의 평균고조위로서 평균해면에서 M_2와 S_2 분조의 반조차의 합만큼 올라간 해면의 높이

5) 평균고조위(H.W.O.M.T: High Water Ordinary Mean Tide)

대·소조기의 평균고조위로서 평균해면에서 M_2 분조의 반조차만큼 올라간 해면의 높이

6) 소조평균고조위(H.W.O.N.T: High Water Ordinary Neap Tide)

소조기의 평균고조위로서 평균해면에서 M_2와 S_2 분조의 차만큼 올라간 해면의 높이

7) 소조평균저조위(L.W.O.N.T: Low Water Ordinary Neap Tide)

소조기의 평균저조위로서 평균해면에서 M_2와 S_2 분조의 차만큼 내려간 해면의 높이

8) 평균저조위(L.W.O.M.T: Low Water Ordinary Mean Tide)

대, 소조기의 평균저조위로서 평균해면에서 M_2 분조의 반조차만큼 내려간 해면의 높이

9) 대조평균저조위(L.W.O.S.T: Low Water Ordinary Spring Tide)

대조기의 평균저조위로서 평균해면에서 M_2와 S_2 분조의 반조차의 합만큼 내려간 해면의 높이

복잡한 운동을 하는 달과 태양에 기인하는 조석을 지구로부터 일정한 거리에서 일정한 주기로 천구의 적도상을 운행하는 무수한 가상 천체에 기인하는 각각의 조석을 합성한 것으로 생각할 때, 이 각각의 조석을 분조라 한다. 각 지점의 조석 실측값으로부터 분조를 얻는 것을 조석 조화분석이라 하고 각 분조의 조차인 1/2인 반조차와 위상지각을 조석의 조화상수라 한다.

임의 지점에서 실측 조위 h_t는 다음 식으로 표현된다.

$$h_t = Z_0 + \sum fHcos(V_0 + U + nt - K) \qquad (1\text{–}170)$$

여기서, Z_0: 평균해면
f, V_0, U: 천체운동에서 얻어지는 천문 상수(시간의 함수)
H: 반조차
K: 위상 지각
n: 분조의 속도
t: 시간

분조의 수는 매우 많지만 그 가운데서 4대 주요 분조는 표 1-12와 같다.

표 1–12 각 분조별 각속도와 주기

분조	명칭	각속도(°/hour)	주기(Hour)	조화상수	
				반조차	지각
M_2	주태음반일주조	28.984	12.42	Hm	Km
S_2	주태양반일주조	30.000	12.00	Hs	Ks
O_1	주태음일주조	13.943	25.82	Ho	Ko
K_1	일월합성일주조	15.041	23.93	H'	K'

조석의 조화상수로부터 산정되는 조석의 비조화상수는 조차, 조위 및 조시 간격 등 실제의 항만 설계에 이용되는 조석의 제원으로서 약최고고조위, 대조평균고조위, 평균고조위, 소조평균고조위, 평균해면, 소조평균저조위, 평균저조위, 대조평균저조위, 약최저저조위, 평균고조간격과 평균저조간격, 그리고 대조차, 평균조차, 소조차 등이 있다. 비조화상수 계산식은 표 1-13에 나타내었다(항만 및 어항 설계기준, 해양수산부, 2014).

표 1-13 비조화상수(항만 및 어항 설계기준, 해양수산부, 2014)

비조화상수	계산식
평균고조간격(Mean High Water Interval, M.H.W.I)	Km/29시
평균저조간격(Mean Low Water Interval, M.L.W.I)	Km/29시 + 6시 12분
약최고고조위(A.H.H.W)	2(Hm + Hs + Ho + H')
대조평균고조위, 대조승(H.W.O.S.T)	2(Hm + Hs) + Ho + H'
평균고조위(H.W.O.M.T)	2Hm + Hs + Ho + H'
소조평균고조위, 소조승(H.W.O.N.T)	2Hm + Ho + H'
평균해면(M.S.L)	Hm + Hs + Ho + H'
소조평균저조위(L.W.O.N.T)	2Hs + Ho + H'
평균저조위(L.W.O.M.T)	Hs + Ho + H'
대조평균저조위(L.W.O.S.T)	Ho + H'
약최저저조위(A.L.L.W)	0.0
대조차(Spring Range, Sp. R)	2(Hm + Hs)
평균조차(Mean Range, Mn. R)	2Hm
소조차(Neap Range, Np. R)	2(Hm − Hs)

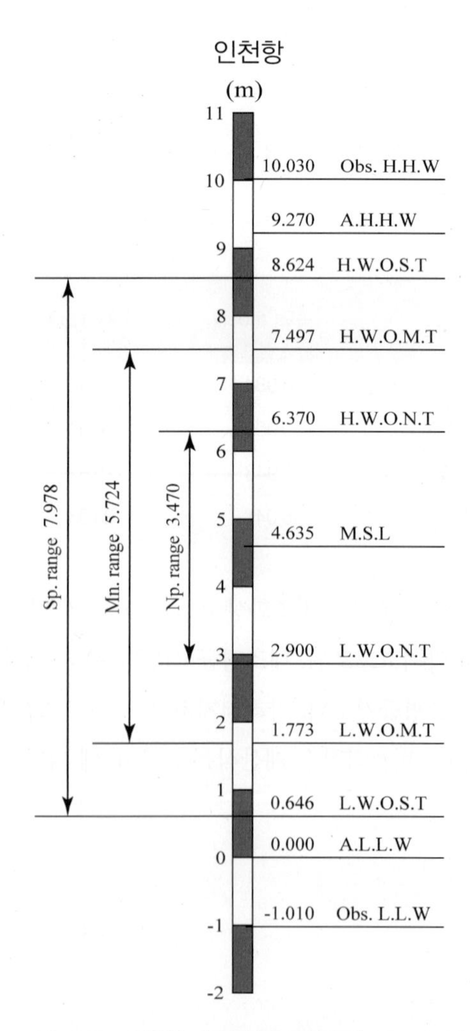

그림 1-93 인천항 기준조석의 조위면도(1943~1944)

(3) 평균해면과 평균해면의 상승

한국에서 육지 높이의 기준은 1914~1916년의 인천항 평균해면이며(국립해양조사원, 2012a), 자기 검조곡선으로부터 면적 측량의 방법으로 구하였다(국토지리정보원, 2010). 각 항의 연평균해면은 1914~1916년의 인천항 평균해면, 즉 측지기준면과 일반적으로 일치하지 않으며, 각 항에서 1년 이상의 조위 관측치로부터 매일 매시의 조위의 평균치로 계산하여야 한다. 국립해양조사원에서는 한국 연안의 주요 항에 설치된 조위관측소의 관측치로부터 매월, 매년의 평균해면을 해양조사기술연보에 발표하고 있다.

기후변화에 관한 정부간협의체(Intergovernmental Panel on Climate Change, IPCC) 실무 그룹의 제4차 평가보고서에 의하면, 해수면 상승은 온난화 경향과 일치한다(IPCC, 2007). 지구 평균해수면은 1961~2003년에 1.8±0.5mm/yr의 속도로 상승하였고, 1993~2003년에는 3.1±0.7mm/yr의 속도로 상승하였다. 한국 주변의 평균해수면은 최근 10년간 3.8mm/yr의 속도로 상승하는 추세를 보이고 있다(국립해양조사원, 2012a). 전 지구 온실가스 배출에 관한 6개 SRES(Special Report on Emissions Scenarios) 시나리오(Nakicenovic and Swart, 2000)별 해수면 상승 추정치는 배출량이 가장 적은 B1 시나리오의 경우 1980~1999년 대비 2090~2099년에 0.18~0.38m(1.5~3.9mm/yr)이고, 배출량이 가장 많은 A1FI 시나리오의 경우 0.26~0.59m(3.0~9.7mm/yr)이다. 그림 1-94는 온실가스 배출량이 중간 정도인 SRES A1B 시나리오에 대한 해수면 상승 예측치를 나타낸 것이다.

해수면이 상승하면 해일 발생 시 해안 시설물의 안전성이 저하되고 재해의 위험성이 증가한다. 항만시설, 해상 교량과 배수구 등의 설계 시 해수면 상승의 영향을 반영할 필요가 있으며, 이때 시설물의 내구년수, 비용대비 효과, 주변 환경에 미치는 영향, 해수면 상승 예측치의 불확실성 등을 충분히 고려하여야 한다(항만 및 어항 설계기준, 해양수산부, 2014).

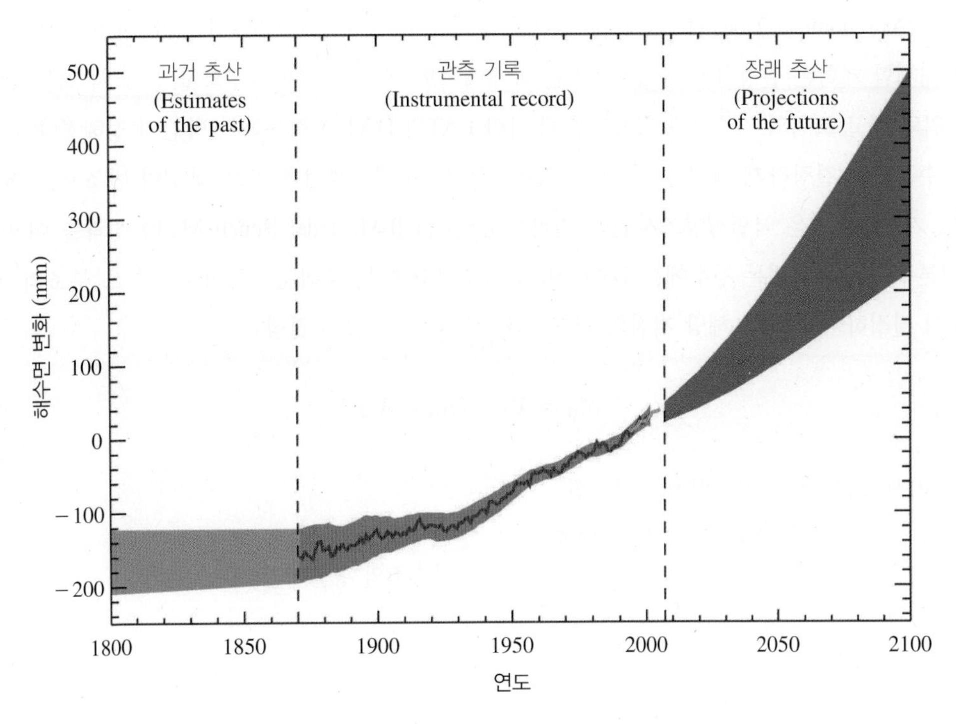

그림 1-94 SRES A1B 시나리오에 대한 해수면 상승 예측

(4) 기본수준면의 결정

한국 연안의 수심 측정의 기준인 기본수준면은 약최저저조위로서 연평균해면으로부터 주요 4대 분조(M_2, S_2, K_1, O_1 분조)의 반조차를 합한 만큼 아래로 내려간 면이다.

$$DL = A_0 - (H_m + H_s + H_o + H') \tag{1-171}$$

여기서, DL은 기본수준면
A_o는 연평균해면
H_m, H_s, H_o, H'은 4개 분조의 반조차

조석의 높이, 즉 조고 또는 조위는 어떤 기준면으로부터 측정한 값이며 수심은 그 기준면으로부터 아래로 측정한 값이므로 그 기준면을 명백히 설정하여야 한다. 현재 한국에서는 약최저저조위(A.L.L.W) 일명, 인도양 대조저조위(Indian Spring Low Water)를 기본수준면(DL)으로 채택하여 해도, 조석표, 항만공사 등의 기준면으로 사용하고 있다. 외국에서는 국가별로 인도양 대조저조위(Indian Spring Low Water, 일본), 평균최저조위(Lowest Normal Low Water, Ao-1.1(Hm+Hs), 중국), 평균저조위(Mean Low Water Springs, Ao-(Hm+Hs), 독일 북해, 이탈리아), 평균저저조위(Mean Lower Low Water, Ao-(Km+(Ho+H')cos 45°), 미국 태평양) 등을 기본수준면으로 채택하고 있다(국립해양조사원, 2009). 한편, 국제수로기구 조석위원회(International Hydrographic Organization, IHO, Tidal Committee)는 1997년에 18.6년의 완전한 조석 주기 동안 조석 현상에 의하여 나타날 수 있는 최저극천문조위(Lowest Astronomical Tide, LAT)를 기본수준면으로 채택할 것을 권장하였으며, 2012년 현재 영국, 프랑스, 스페인, 호주 등 12개국이 채택하고 있다(국립해양조사원, 2012c). 국립해양조사원은 LAT와 최고극천문조위(Highest Astronomical Tide, HAT)에 대한 분석 및 연구사업을 진행 중이나, 2013년 6월 현재 LAT와 HAT로 대체할 계획은 결정된 바가 없다. 최근 국내에서도 해상풍력 지지 구조물 설계 시 천문조에 의한 최저 조위와 최고 조위의 기준으로 국제기준에 따라 LAT와 HAT를 적용하는 방침이 정해졌다.

기본수준면을 결정하기 위해서는 해당 지점의 연평균해면값과 4대 주요 분조의 반조차를 결정하여야 한다. 기본수준면은 국립해양조사원의 기본수준점표(T.B.M: Tidal Bench Mark) 성과를 이용하여야 한다. 기본수준점표가 없는 경우에는 1개월 이상 검조하고 이를 조화분석하여 4대 주요 분조의 조화 상수를 얻어 결정하여야 한다. 해당 지점의 연평균해면은 다음과 같이 결정한다.

$$A'_0 = A'_1 + (A_0 - A_1) \tag{1-172}$$

여기서, A'_0는 해당 지점의 연평균해면
A_o는 기준검조소의 연평균해면
A'_0, A_1은 같은 기간의 해당 지점 및 기준검조소의 평균해면

(5) 설계조위

설계조위는 구조물이 가장 위험하게 되는 조위로 하며, 대책 시설에 있어서 마루 높이는 월파량에 의해 결정되므로 월파량이 최대가 되는 고조위를 설계조위로 하지만, 폭풍해일 안정 계산에 있어서는 낮은 조위에서도 위험한 경우가 있으므로 이때에는 그 조위를 설계조위로 해야 한다. 구조물의 목적과 설계 계산의 목적에 따라 다른 설계조위를 적용하는 경우가 있으며, 방파제 안정 계산의 경우에도 그 구조물이 가장 불안정하게 되는 조위를 적용한다.

국립해양조사원에서는 한국 연안의 기준검조소의 관측 조석에서 부진동을 무시한 평활화시킨 곡선상에서 매월·매년의 최고·최저 조위(해면)인 고극조위(H.H.W)와 저극조위(L.L.W)를 읽어 해양조사기술연보에 발표하고 있다. 표 1-14는 한국 주요 항만의 1956~2012년의 고극 및 저극조위이다(항만 및 어항 설계기준, 해양수산부, 2014).

표 1-14 한국 연안의 주요 항만의 최극조위(1956~2012) (항만 및 어항 설계기준, 해양수산부, 2014)

조위관측소	관측기간	고극조위		저극조위	
		조위(m)	발생일	조위(m)	발생일
인천	'99~'12	9.88	'01. 8.21	−0.66	'02. 3. 1
안산(탄도)	'02~'12	9.24	'07.10.28	−0.63	'02. 3. 1
평택	'92~'12	10.31	'00. 8.31	−0.65	'93.10.17
안흥	'86~'12	7.92	'97. 8.19	−0.54	'95.12.24
보령	'86~'12	8.48	'97. 8.19	−0.62	'95.12.24
군산(내항)	'60~'02	8.93	'71. 7.12	−0.59	'97. 4. 8
군산(외항)	'80~'12	8.12	'97. 8.19	−0.69	'95.12.24
위도	'85~'12	7.37	'97. 8.19	−0.34	'11. 3.22
영광	'02~'12	7.44	'02. 9. 8	−0.89	'05. 1.14
목포	'56~'12	5.50	'04. 7. 4	−0.99	'82. 1.12
진도(수품)	'06~'12	4.29	'10. 8.10	−0.81	'06. 3. 1
대흑산도	'65~'12	4.28	'69. 7.28	−0.56	'78. 1.10
추자도	'84~'12	3.78	'87. 1. 2	−0.64	'93. 2. 8
제주	'64~'12	3.28	'04. 7.31	−0.48	'66. 2. 8
모슬포	'04~'12	3.13	'04. 8.29	−0.55	'05. 1.12
서귀포	'85~'12	3.47	'01. 8.20	−0.43	'88. 2.18
성산포	'04~'12	2.90	'05. 6. 1	−0.47	'05. 1.12
완도	'83~'12	4.46	'10. 8.10	−0.50	'93. 2. 9
고흥(발포)	'05~'12	4.33	'10. 8.10	−0.55	'06. 3. 1
거문도	'82~'12	4.13	'04. 8.31	−0.41	'93. 2. 9
여수	'65~'12	4.24	'67.10.14	−0.57	'69. 4. 4
통영	'76~'12	4.30	'03. 9.12	−0.48	'80. 2.18
마산	'03~'12	2.44	'04. 8.29	−0.55	'10. 3.30
거제도(구조라)	'06~'12	2.70	'12. 9.17	−0.36	'12. 4. 8
가덕도	'77~'12	2.52	'12. 9.17	−0.40	'85. 4. 6
부산	'60~'12	2.11	'03. 9.12	−0.41	'80. 2.17
울산	'62~'12	1.33	'04. 8.19	−0.40	'94. 3.27
포항	'72~'12	1.05	'04. 8.19	−0.20	'88. 2. 3
후포	'02~'12	0.71	'04. 8.19	−0.33	'06. 2.28
울릉도	'65~'12	1.05	'66. 8.18	−0.41	'85. 4.13
묵호	'65~'12	0.95	'68.10.25	−0.36	'85. 4.13
속초	'74~'12	0.97	'86. 8.28	−0.33	'06. 2.28

자료: 국립해양조사원(http://khoa.go.kr → 해양관측/예보 → 조석 → 최극조위)

(6) 폭풍해일(Storm Surge)

실제 수위의 변동은 천문조, 기압과 바람에 의한 기상조, 부진동, 해류, 해수온도, 하천유량, 연안파랑 등의 합성으로 나타나며, 관측조위와 추산 천문조위의 차를 조위편차라 부른다. 폭풍해일은 태풍 및 저기압 등의 통과에 의해 나타나는 이상 조위를 뜻하며, 그 요인은 기압 강하에 따른 조위 상승, 이것이 장파로 변형하는 경우의 상승, 이에 유발되는 부진동 그리고 바람에 의한 해수의 해안 수송에 따른 상승 등이 있다.

폭풍해일의 관측기간은 될 수 있는 한 장기간일수록 바람직한데, 필요한 최소 관측기간은 30년으로 생각된다. 표 1-15는 한국 연안 주요 항만에서 1959~1981년의 폭풍해일 기록이고, 표 1-16는 2012년 태풍 통과 시의 폭풍해일 기록이다.

표 1-15 한국 연안 주요 항만 폭풍해일 기록(1959~1981)

구분	항명	속초	묵호	포항	울산	부산	진해	여수	제주	목포	인천
고조	편차(m)	0.30	0.68	0.41	0.40	0.43	0.86	0.84	0.90	0.86	1.09
	년월	79.8	68.10	81.9	81.9	74.7	59.9	66.8	64.8	59.9	72.10
	원인	T-Irving	L.P	T-Agnes	L.P	T-Gilda	T-Sarah	T-Winne	T-Kathy	T-Sarah	L.P
저조	편차(m)	−0.27	−0.32	−0.34	−0.29	−0.46	−0.34	−0.61	−0.94	−1.22	−1.26
	년월	81.2	73.10	76.3	68.2	67.1	67.2	67.5	66.10	68.3	65.12
	원인	C.H.P	C.H.P	C.H.P	C.H.P	C.H.P	C.H.P	C.H.P	C.H.P	C.H.P	C.H.P

표 1-16 한국 연안의 폭풍해일 기록(국립해양조사원, 2012a)

T-Chanun('12.7.16~19)	T-Bolaven('12.8.20~29)	T-Tembin('12.8.19~31)	T-Sanba('12.9.11~18)
이어도 0.17	이어도 1.25	이어도 0.60	마산 1.16
완도 0.32	고흥 1.67	고흥 0.70	속초 0.60
	인천 1.51		

바람에 의한 해수면의 상승은 수심이 얕은 항만, 해안 쪽으로 강풍이 장시간 계속되면 해수 수송이 일어나서 해면이 상승한다. 취송거리를 F(km), 평균 수심을 h(m), 풍속을 W(m/s), 풍향과 해안선에 직각인 선과의 각도를 α라 할 때 해안에서의 해면 상승량 Δh_w(cm)는 다음의 개략 식으로 산정할 수 있다(항만 및 어항 설계기준, 해양수산부, 2014).

$$\Delta h_W = k \frac{F}{h} W^2 cos\alpha \tag{1-173}$$

여기서, $k = \gamma_s^2 \frac{\rho_a}{\rho g}$: 계수

γ_s^2: 해수면 마찰계수

ρ_a: 공기밀도(1.2kg/m^3)

ρ: 해수밀도(1030kg/m^3)

g: 중력가속도(9.8m/s^2)

기압이 천천히 $\Delta P(hPa)$만큼 강하하면 그 부근의 해역은 주위의 기압이 강하하지 않은 해역과의 기압차에 의해 수면이 상승한다. 해면상승량 Δh_s(cm)는 다음과 같이 주어진다.

$$\Delta h_S = 0.991\Delta P \quad (1\text{–}174)$$

따라서 기압 변화와 바람 등 기상 교란에 기인하는 폭풍해일(일명 기상조)의 높이 Δh는 Δh_s와 Δh_w의 합으로 얻어진다.

$$\Delta h = \Delta h_S + \Delta h_W \quad (1\text{–}175)$$

폭풍해일의 최대 조위 편차를 개략 추산하기 위해서 기압 강하에 의한 해면 상승과 바람에 의한 해면 상승을 포함한 식 (1-176)으로 계산할 수 있으며, 보다 정확하게 추산하려면 폭풍해일 수치모델링을 수행하여야 한다.

$$\Delta h = a\Delta P + bW^2 cos\alpha + c \quad (1\text{–}176)$$

여기서, Δh는 최대 조위 편차(cm)
ΔP는 최대 기압 강하량(hPa)
W는 최대풍속(m/s)
α는 주풍향과 최대풍속 시 풍향과의 각
a, b, c는 각 지점마다 과거 관측된 조위 편차, 기압, 바람의 관계로부터 결정

폭풍해일 현상을 상세하게 해석하기 위해서는 컴퓨터에 의한 수치모델링을 수행한다. 이것은 기압 강하에 따른 해수면 상승과 바람에 의한 해면의 전단응력을 외력으로 하고 해수의 운동방정식 및 연속방정식에 따라 각 지점의 조위와 유속의 변화를 일정 시간간격마다 순차 계산해 가는 방법이다. 기본방정식은 해수 유동의 기본방정식과 같으나, 기압 강하에 따른 해면 상승 효과를 고려하기 위하여 운동량 보존방정식에 거리에 따른 대기압 변화 항이 추가된다. 태풍 내의 기압과 풍속 분포는 Myers(1954)의 식과 같은 이론 모델로 계산하거나, 일기도를 이용한 해상풍 모델을 이용하여 계산한다. 최근에는 조석, 폭풍 해일, 해파의 상호작용을 고려한 수치모델을 적용하는 추세이다(항만 및 어항 설계기준, 해양수산부, 2014).

(7) 지진해일(Tsunami)

지진해일은 주로 해양성 지진에 수반되는 해저 지반의 융기·침강에 의하여 발생하는 주기가 매우 긴 파랑이다. 연안에 가까워지면 천수 효과와 지형에 의한 집중 효과 때문에 파고가 급격히 커져 연안역에 큰 피해를 주는 수가 많다. 방파제를 월류한 지진해일에 의한 침수피해뿐만 아니라 항내에서 소형 계류선의 유출, 방파제 개구부의 세굴, 방파제의 활동, 전도 등에 대한 검토가 중요하다. 지진 재해에 대해서는 방파제, 방조제 등의 정비뿐만 아니라 경보 시스템의 설치, 피난훈련, 지진해일 정보의 제공 등에 대한 대응도 필요하다.

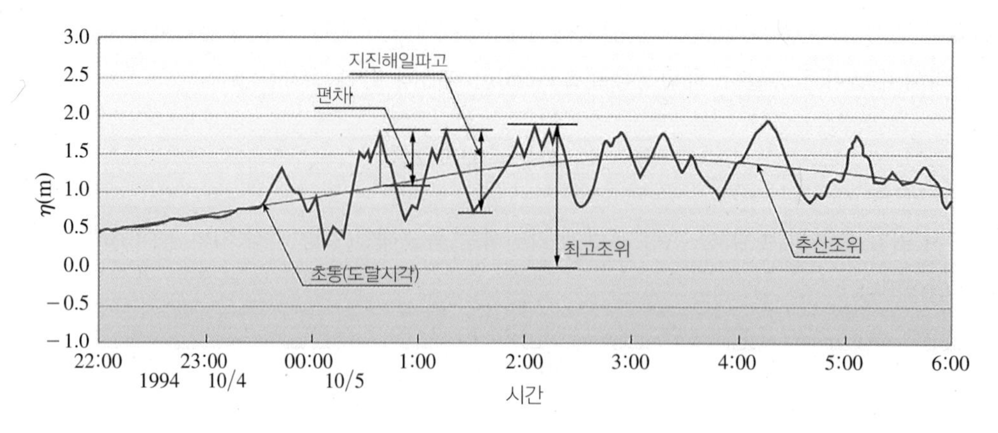

그림 1-95 지진해일의 용어의 설명도

일반적으로 대양에서 지진해일의 파고는 매우 작으나, 해일 파고계의 연속 관측 기록에 의해 검지할 수 있다. 지진해일이 만내에 침입하면 만의 형태 및 고유진동주기와의 관계에 따라 파고가 크게 변화하므로 설계에 적용하는 지진해일의 제원은 그 지점에 있어서의 기왕의 지진해일 기록 및 지점마다의 계산에서 얻어진 값으로 정한다. 지진해일의 용어는 그림 1-95와 다음에 설명되어 있다(항만 및 어항 설계기준, 해양수산부, 2014).

1) 추산조위

검조기록상에서 지진해일이라고 생각되는 주기 성분 및 이 보다 짧은 부진동을 평활화하여 제거한 조위를 기본수준면(D.L)상의 값으로 표시한다.

2) 흔적고

육상 구조물에 나타난 지진해일의 처올림 높이로서 흔적 조사를 기초로 결정한다.

3) 편차

실측조위와 추산조위의 차를 편차라 한다. 실측조위가 추산조위보다 높을 경우 편차의 최대치를 최대편차라 한다.

4) 최고조위

실측조위의 최고치(기본수준면상)를 최고조위라 한다.

5) 지진해일 파고

풍파와 같이 영점 상향교차법(zero up-crossing method)으로 분석할 수 있다. 지진해일 파형의 최고수위와 최저수위의 차를 지진해일 파고라 한다. 연속된 지진해일 기록 중에서 최대 파고를 최대 지진해일 파고라 한다.

6) 초동

지진해일이 관측 지점에 도달하여 수위가 추산 조위와 어긋나기 시작하는 시각을 초동 시각이라 한다.

만내에서 관측되는 지진해일의 주기는 지진의 규모, 진원으로부터의 거리, 만의 공진 특성 등에 따라 변화한다. 또 만내의 지진해일의 파고는 지진해일의 주기에 따라 크게 달라진다. 따라서 설계 시에는 실측 주기뿐만 아니라 항만의 고유진동주기와 같은 주기의 지진해일에 대하여도 수치모델링 등을 통하여 검토하는 것이 바람직하다. 만내에서 지진해일의 변형 가운데서 중요한 것은 단면적의 감소에 따른 파고와 유속의 증가 및 만내 부진동의 유발에 의한 파고의 증가이다. 미소진폭파의 경우 단면적 변화의 영향은 근사적으로 아래 식으로 표현되는 Green의 식으로 계산할 수 있다(Lamb, 1932).

$$\frac{H}{H_O} = \left(\frac{B_O}{B}\right)^{\frac{1}{2}} \cdot \left(\frac{h_O}{h}\right)^{\frac{1}{4}} \tag{1-177}$$

여기서, H는 폭 B, 수심 h인 단면에서의 장파 파고(m)

H_o는 폭 B_o, 수심 h_o인 단면에서의 장파 파고(m)

위 식은 폭과 수심이 모두 매우 완만하게 변화하고 외해로 향하는 반사파가 발생하지 않는다는 조건하에 성립하는 것으로서 마찰에 의한 에너지 손실을 고려하지 않는다. 따라서 수심이 얕은 곳이나 만 안쪽에서 반사의 영향을 받는 경우에는 적용할 수 없다.

지진해일의 검조 기록은 지진해일의 기록으로서 매우 유효하지만 자료 처리 시에 다음 사항을 유의하여야 한다.

① 검조소가 항내에 있는 경우에는 방파제 등 구조물의 영향 때문에 항외 주변의 지진해일 상황과 다를 가능성이 높다.

② 표 1-17은 동해중부 지진 시(1983.5.26) 동해안의 각 검조소의 지진해일 기록을 나타낸다(이, 1992).

표 1-17 동해안의 지진해일 기록(동해중부지진, 1983.05.26)

검조소	울릉도	속초	묵호	포항	울산	부산
최대파고(m)	1.26	1.56	4.00<	0.62	0.44	0.50
최고조위(D.L상, m)	0.79	1.24	2.40	0.48	0.64	1.41<
도달시각(시:분)	13:18	13:42	13:45	13:52	14:20	14:53

※ 묵호와 부산에서는 기록이 자기지에서 벗어남.

지진해일 수치모형실험의 지배방정식은 폭풍해일 수치모형실험의 지배방정식 중 기상 교란항을 제외한 경우에 해당된다. 입사파형을 사전에 정의하고 지진단층모델의 해저지반 변동량과 초기 수위변동량이 같다고 가정하는 방법으로 방파제의 효과와 준설, 매립 등에 따른 지형변경의 지진해일에 대한 영향을 검토할 수 있다. 지진해일이 파장에 비해 먼 거리를 전파할 경우 지배방정식에 분산 효과

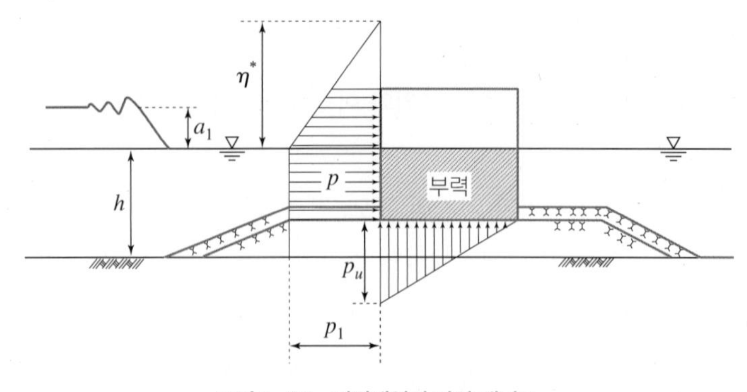

그림 1-96 지진해일의 파력 개념도

(Dispersion Effect)를 고려해야 한다. 지진해일 수리모형실험은 모형의 경계에서 사전에 수치모형실험에서 재현한 지진해일 파형을 조파하는 것으로 방파제의 효과, 매립 지형의 영향 등을 검토할 수 있다.

지진해일에 의한 파력은 장파에 의한 파력으로 주어지며, 그림 1-96과 같이 나타낼 수 있다. 지진해일파 내습 직전의 수위를 정수면으로 취하고 입사파의 정수면상 높이(진폭)를 a_1이라 할 때, 정수면상 $\eta^*=3.0a_1$의 높이에서 파압 $p=0$, 정수면에서 $p=p_1=2.2p_o g a_1$인 선형분포이고, 정수면 아래의 파압은 $p=p_1$으로 일정하다(谷本 등, 1983). 전면 하단의 양압력 $p_u=p_1$이다. 파향에 대한 보정은 일반적으로 하지 않는다(항만 및 어항 설계기준, 해양수산부, 2014).

1-3-4 해수의 흐름

해수의 흐름은 해류, 조류, 취송류와 염분이나 수온 분포에 기인한 밀도류와 파랑에 의한 연안류와 이안류를 포함하는 해빈류 등이 겹쳐져 이루어진다. 심해에서는 해류가 대륙붕에 걸친 영역에서 지배적인 흐름을 형성하지만, 연안역에서는 조류와 다양한 원인의 국지적 항류가 합성된 해안류가 형성된다. 항류의 성인으로는 조류 현상의 비선형성에 따른 조석 잔차류, 하천으로부터의 담수 유입 등에 기인하는 하구 밀도류, 바람의 전단응력에 기인하는 취송류, 외해에 흐르는 해류의 분지류 등이 있다. 장기적인 항류의 변동에는 항내에 유입하는 하천유량의 영향이 크고, 수일 정도의 단기적인 항류의 변동에는 바람 등 기상의 영향이 크다. 항류는 일정류이기 때문에 연안역에서의 물질의 확산 방향을 결정해주는 매우 중요한 요소이다. 지형적 특성에 따라 쇄파대 이내 해안에 근접한 영역에서는 해빈류가 지배적일 수 있다.

이와 같이 해수의 흐름은 다양한 원인의 흐름이 합성되어 나타나므로, 시공간적으로 매우 복잡하며 모형실험으로 이를 재현하거나 예측하는 것이 쉽지 않다. 따라서 수치해석을 통한 흐름 재현이 일반적인 분석 방법이다.

(1) 해류

해류는 대양의 지속적이고 일정한 순환으로서, 해양순환류라고도 한다. 이 흐름은 지역에 따라 계절적 변화를 보이긴 하나 상당기간에 걸쳐 일정한 방향과 크기를 갖는 흐름이다.

해류의 성인으로는 전 지구적 해수밀도 분포에 기인하는 밀도류, 바람의 해수면 전단응력에 기인하는 취송류, 전향력과 해수의 압력경도력에 의한 지형류, 그리고 이들을 보충하는 보류(용승류)와 침강류 등이 있다.

해류는 계절적 변화를 보이나 상당 기간에 걸쳐 거의 일정한 방향과 크기를 갖는다. 그림 1-97은 동해의 표층 해류 모식도이다. 동한난류는 동해로 진입한 쿠로시오 해류로서 염분이 많고 수온이 높으며 산소나 영양염류가 적다. 반면 오호츠크 해에서 발달한 쿠릴 해류로부터 갈라져 나온 리만 해류(북한한류)는 염분이 적고 수온이 낮으며 영양염류가 많다.

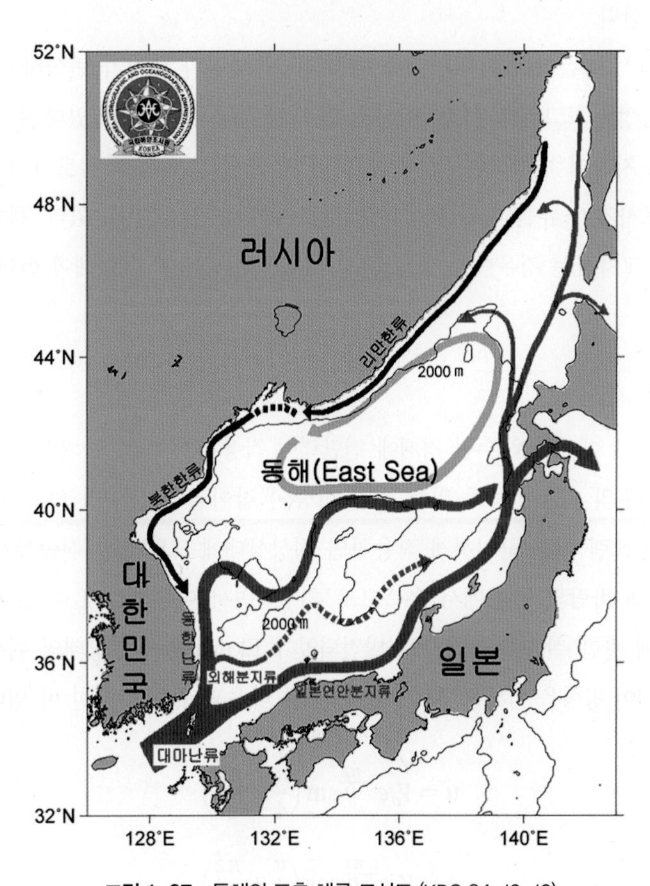

그림 1-97 동해의 표층 해류 모식도 (KDS 64-10-10)

(2) 조류

조석은 주기가 매우 긴 파랑으로 분류될 수 있으며, 조류는 조석파에 수반되는 해수의 수평방향 유동이다. 조석의 주기에 따라 평균 12시간 25분(반일주조) 또는 24시간 50분(일주조)의 주기로 방향과 속도가 변화하며, 대조기 및 소조기 기간에 따라 흐름의 강도도 변한다. 또한 불규칙한 해안이나 해저지형의 영향에 대해서는 조류가 조석보다 훨씬 민감하게 반응하기 때문에 조류의 변화는 조석의 변화보다 복잡하다. 특히 연안 천해역의 조류는 지형, 해저 마찰 등의 영향에 따른 비선형성으로 인해 1/4일, 1/6일 주기 등의 배 조류가 발달하여 지역에 따라 낙조우세 혹은 창조우세 특성을 보인다.

해협이나 해만구 또는 해안 가까운 곳의 조류는 약 6시간 동안 일정 방향으로 흘러간 후 방향을 바꾸는데 이를 전류(Turn of Current), 흐름이 전류할 때의 정지상태를 정조(Slackwater)라고 한다. 그러나 해안에서 멀리 떨어진 외해에서는 조류의 유향이 우회 또는 좌회로 선회하면서 조류가 그치지 않는다. 따라서 외해에서의 조류 관측 시에는 유속과 유향을 동시에 측정하여야 한다.

조류의 유속은 일반적으로 표층이 크고 저층이 작은 경향이 있으나 통상의 파랑 주기와 비교해서 매우 긴 장파임을 감안하면 수심평균한 2차원 천수방정식으로 해석이 가능하다. 그러나 해저지형이 매우 급경사이면서 복잡한 지역에서는 물입자의 연직방향 운동량을 무시할 수 없으므로, 3차원 운동방정식으로 해석을 수행하여야 한다.

조류는 해역의 지리적 조건이나 천체의 운동에 따라 그 성질과 세기가 변화하므로 조류의 상황을 파악하기 위해서는 30일, 적어도 1일(25시간) 이상의 연속 관측을 할 필요가 있다. 특히, 연안 천해역의 대규모 매립공사 등으로 지형이 변화하는 경우에는 사전에 조류의 변화를 검토하여야 한다. 또한 조류가 빠른 곳에서는 해저 토사가 조류를 따라 이동하여 항로 매몰을 일으킬 수 있다. 특히, 준설 항로가 조류 방향과 평행하지 않고 교차하는 경우에는 항로 준설 계획을 신중하게 검토해야 한다.

(3) 취송류

바람이 해수면 위를 불 때 대기와 해수면 경계에 전단력이 작용하기 때문에 해면이 움직이기 시작하고 그 흐름의 발달로 인해 해수의 와동점성에 의해 수면 상승이 잡아끌리어 수면 하층까지 차차 움직이기 시작하며, 풍속과 풍향이 오랜 시간 균일하게 작용하면 정상상태에 도달하는 취송류가 발생한다. 북반구의 해수는 전향력으로 인해 바람의 방향에서 우측으로 치우치면서 이동하는데 이를 에크만 나선류(Ekman Spiral)라 부르며 해류에 관한 취송류 이론으로 발전되었다. Ekman은 정상상태의 취송류에 있어서 연직방향의 속도경사와 전향력이 평형을 이루는데서 이론적 해를 다음과 같이 유도한 바 있다.

$$u = V_o e^{-\frac{\pi z}{D}} \sin\left(\frac{\pi}{4} + \frac{\pi z}{D}\right) \tag{1-178}$$

$$v = V_o e^{-\frac{\pi z}{D}} \cos\left(\frac{\pi}{4} + \frac{\pi z}{D}\right) \tag{1-179}$$

여기서, x는 바람이 불고 있는 방향의 좌표
y는 바람방향의 직각방향 좌표
u, v는 각각 x, y성분 유속
D는 마찰심도
ε는 와동점성계수

ω는 지구자전속도
ϕ는 위도
ρ는 해수밀도
$V_o = \tau/\sqrt{2\varepsilon/\rho\omega \sin\varphi}$
τ는 바람에 따른 해수면의 수평응력

취송류의 표면유속과 풍속의 비를 풍력계수라고 하는데 대략 0.014~0.05의 범위에 있다. 일반적으로 취송류의 표면유속과 풍속과의 비는 대략 3% 정도로 보며 유향은 풍향과 일치하는 것으로 본다.

(4) 해빈류

파랑이 외해로부터 해안으로 전파되면서 쇄파대에서 쇄파되어 쇄파대 전후로 흐름이 발생하는데 이를 해빈류(Nearshore Current) 또는 파랑류(Wave-Induced Current)라고 한다. 따라서 파가 내습하여 쇄파가 발생하지 않으면 해빈류도 생성되지 않는다. 해빈류는 해안방향으로의 질량 수송으로 인한 향안류(Shoreward Current), 해안선에 평행한 연안류(Longshore Current), 외해방향으로 돌아나가는 흐름인 이안류(Rip Current)로 구성된다. 즉 향안류에 의해 해안에 수송된 해수가 연안류에 의해 해안을 따라 평행하게 흐르다가 곧 이안류로 전환되면서 바다방향으로 수송된다. 따라서 해빈류는 해변에서 순환류를 형성하고 있기 때문에 해변순환류라고도 부른다. 이러한 해빈류는 해빈에서의 표사 이동 및 물질의 이송확산에 관계하는 중요한 흐름이다.

향안류 형성의 원인이 되는 파의 질량 수송(Stokes Drift)은 파랑이 해안으로 전파될 때, 물입자가 외해에서는 원 운동을, 천해에서는 타원 운동을 하면서 천천히 파랑의 진행방향으로 이동하는 현상이다. 임의 지점에서 물입자는 파봉이 통과할 때 파의 진행방향으로 이동하고 파곡이 통과할 때는 반대 방향으로 이동하며, 이동속도는 거의 같다. 그러나 파봉이 통과할 때의 수심이 파곡이 통과할 때의 수심보다

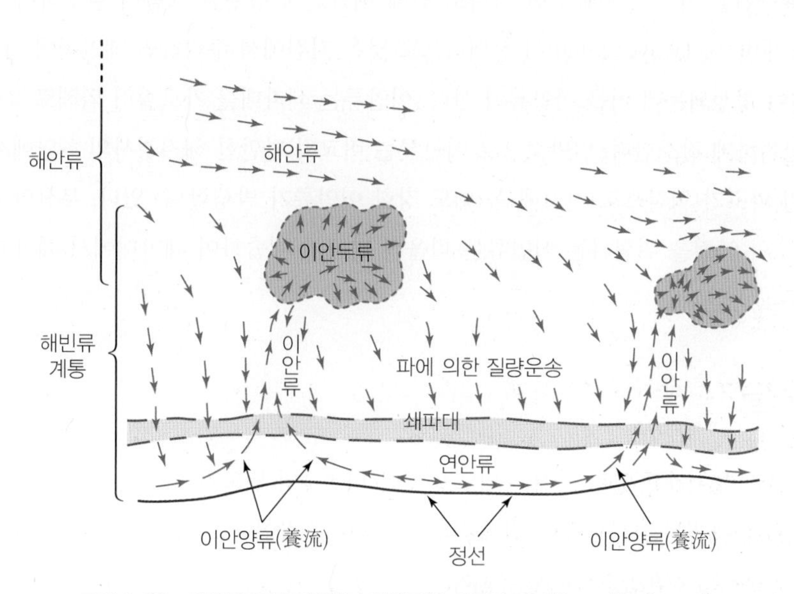

그림 1-98 해빈류 모식도(해안과 항만공학, 최영박, 윤태훈 & 지홍기, 2007)

깊기 때문에 파의 진행방향으로 해수의 잔여 이동량이 발생하게 된다.

이러한 파 운동량의 잉여량 또는 잔여량에 대하여, Longuet-Higgins & Stewart(1961)는 잉여 응력(Radiation Stress)으로 명하고 이를 정량화하였다. 즉 파의 순간 운동량을 1파랑 주기 동안 평균하고 수심 적분하여 해안선 직각방향을 x, 해안선 방향을 y축으로 할 때 x, y방향 잉여응력 텐서(Tensor)를 다음과 같이 표현하였다.

$$S_{xx} = E[n(\cos^2\theta + 1) - 1/2] \tag{1-180}$$

$$S_{yy} = E[n(\sin^2\theta + 1) - 1/2] \tag{1-181}$$

$$S_{xy} = S_{yx} = En\sin\theta\cos\theta \tag{1-182}$$

여기서, S_{xx}, S_{yy}는 x, y방향 잉여응력
S_{xy} $(=S_{yx})$는 y방향 운동량에 대한 x방향 잉여응력
(또는 x방향 운동량에 대한 y방향 잉여응력)
E는 파랑에너지
n는 파군의 군속도와 위상속도의 비
θ는 파랑의 진행방향과 x축이 이루는 각

일반적으로 해빈류는 잉여응력이 크고 또한 잉여응력의 공간 변화율이 크며 수심이 얕은 지역에서 강하게 발생한다.

해안으로 진행하는 파는 쇄파점에 접근할수록 파고가 커지고 쇄파 후 해안선으로 가면서 파고가 감소한다. 잉여응력은 파고의 제곱에 비례하므로 쇄파대 외측에서는 쇄파점으로 갈수록 잉여응력이 증가하여 평균수면이 하강하고, 쇄파대 내측에서는 해안선으로 갈수로 잉여응력이 감소하여 평균수면이 상승한다. 전자를 파에 의한 setdown, 그리고 후자를 setup이라 한다.

해안선 방향의 파고분고가 다르면 쇄파대 내측에서 파랑에 의한 해면상승(Wave Setup) 높이가 달라진다. 이러한 해안선을 따르는 평균수면 경사로 인해 해안선에 평행한 흐름이 발생하며 이를 연안류라 한다. 연안류가 해면상승(Waver Setup)이 상대적으로 낮은 지점에서 수렴하면 해안선에 직각방향으로 강하고 좁은 흐름이 형성되는데 이를 이안류라 한다. 이안류는 쇄파대를 가로질러 외해로 유출되며 외해에서 그 유속이 급격하게 감소한다. 일반적으로 이안류는 비교적 완만한 해저경사의 해안에서 발생하기 쉽다. 또한 너울성 파고가 직각으로 진입해 올 때도 강한 이안류가 발생할 수 있다. 부산의 해운대에서 발생하여 해수욕객의 안전을 위협하는 이안류는 너울성 파고가 내습하여 쇄파대에서 쇄파한 후 발생하는 대표적 사례다.

(5) 하구밀도류

바다에 강물이 흘러 들어가고 있는 곳에는 밀도가 작은 하천수와 밀도가 큰 해수의 혼합이 일어난다. 이때의 밀도차에 의하여 생기는 흐름을 하구밀도류라 하며 하천유량이나 조차 등의 관계에 따라서 그 형태가 염수쐐기형, 부분혼합형, 강혼합형으로 분류된다.

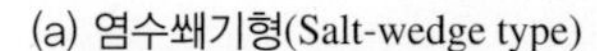

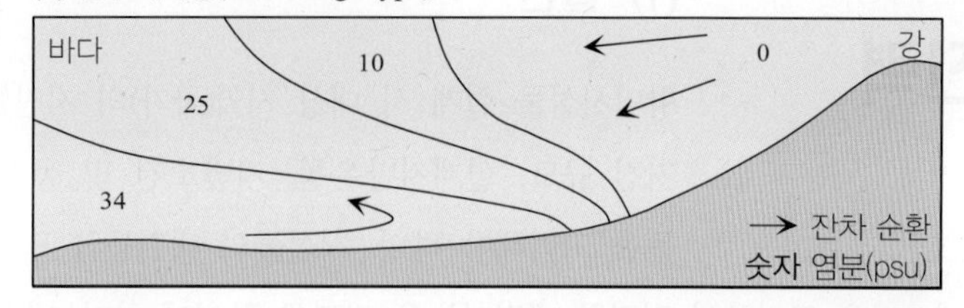

(b) 부분혼합형(Partially mixed type)

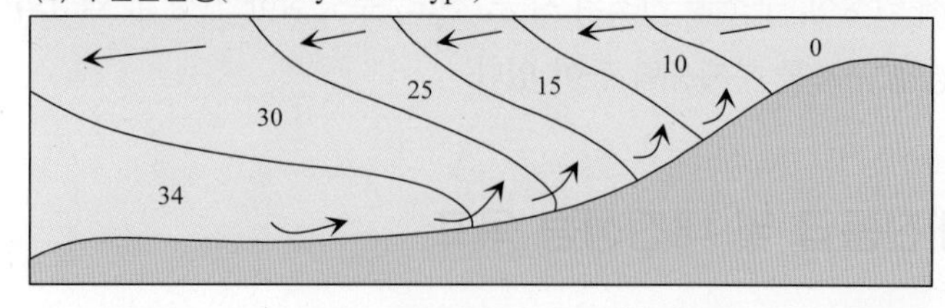

(c) 강혼합형(Well mixed type)

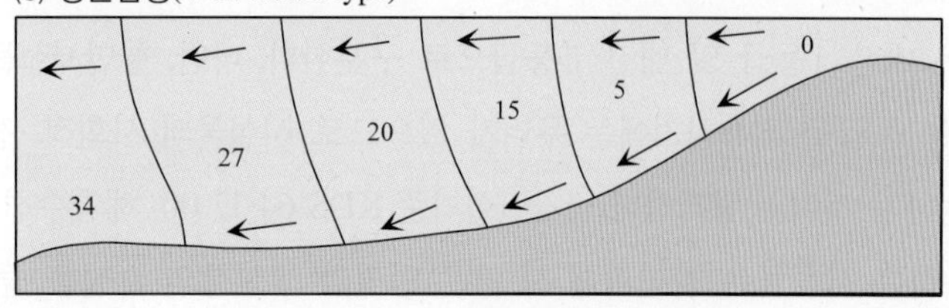

그림 1-99 하구 밀도류 형식 분류(항만 및 어항 설계기준, 해양수산부, 2014)

염수쐐기형 밀도류에서는 담수와 염수가 만나는 경계면이 상호간에 명료하게 나타나 있고 해수는 쐐기모양을 하고 있다. 조차가 작은 지역의 해수로부터 하구로 침입하는 염수쐐기는 경계면이 거의 그대로 보존되어 혼합이 발생하지 않는다. 따라서 우리나라의 경우 동해안의 하구하천에서 약혼합형의 밀도류가 형성된다. 이러한 경우에는 하천수가 해수 위에 얇게 퍼져 흘러나가는 현상을 볼 수 있다. 밀도류의 표면확산현상은 하구뿐만 아니라 발전소 냉각수의 방류나 공장폐수의 해중방류에서도 문제가 된다.

부분혼합형은 조차가 하천 유량에 비해 염수쐐기형보다 큰 경우에 발생하며, 염수와 담수 사이의 경계면에서 혼합이 약한 혼합형보다 강하며 명확한 경계면을 볼 수 없다. 이런 하구 밀도류에서는 수평방향, 연직방향 모두 염분농도가 변화하고 밀도경사가 존재한다. 표층에서 저층으로 갈수록, 그리고 하천쪽에서 바다쪽으로 갈수록 염분이 증가한다. 이 형태는 약한 혼합형과 강한 혼합형 중간의 혼합형태라 할 수 있다.

강혼합형에서는 침입하는 염수 수체의 정면에서 담수와의 격한 혼합이 발생하여 수평방향 밀도 성층이 연직방향으로 바뀌게 된다. 조위차가 큰 서해안의 하구에서는 염수와 담수의 혼합이 매우 잘 발달된 강혼합형 밀도류를 많이 목격할 수 있다.

1-3-5 지진과 지진력

(1) 일반

항만시설물 설계 시 대상 지역(국가)의 지진활동도, 지진동 특성, 지진 규모, 설계지반운동, 지반조건 및 동적특성, 부지응답특성 등을 고려해야 하며, 시설물의 내진등급 및 내진성능 목표, 시설물 이용상 지진 시 한계조건을 고려하여 적절한 내진성능을 갖도록 하여야 한다. 내진성능 검토항목은 지반 구조물 시스템의 전체 안정성, 구조물 기초의 활동, 전도, 부등침하 안정성, 액상화 현상이 기초 지반 및 상부구조물에 미치는 영향, 구조물 부재응력 등이 있다.

(2) 항만시설의 내진등급 및 내진성능 목표

1) 내진등급

항만의 내진성능 등급은 내진 Ⅰ등급 및 내진 Ⅱ등급으로 구분한다. 다만, 항만시설물의 경우 모든 시설물에 대해 동일한 내진성능 등급을 적용하기에는 무리가 있으므로 시설물의 사회적, 경제적 성격에 따라 기능측면을 고려하여 결정하는 것이 바람직하다(국가건설기준 KDS 64 17 00, 해양수산부, 2018).

내진 Ⅰ등급을 적용하는 시설물은 지진피해 시 많은 인명과 재산상의 손실을 줄 염려가 있는 시설물, 지진피해 시 심각한 환경오염을 줄 염려가 있는 시설물, 지진재해 복구용 시설물, 국방상 또는 국가경제 차원에서 항만의 기능이 지속적으로 유지되어야 할 필요가 있는 시설물, 지진피해 발생 시 구조물의 복구가 곤란한 시설물이다. 지진재해 복구용 시설물에 대해서는 내진 Ⅰ등급 시설물에 적용하는 지진력을 상회하는 지진력하에서의 안전성, 복구성 및 사용성을 검토할 수 있다.

내진 Ⅰ등급으로 분류되지 않은 시설물은 내진 Ⅱ등급으로 간주한다. 방파제는 특별한 사유가 없는 한 내진 Ⅱ등급을 적용하고 어항(물양장 포함) 등 규모가 작은 항만시설의 경우 내진 Ⅱ등급 시설물에 적용하는 지진력을 하회하는 지진력을 적용할 수도 있다.

항만시설물 중 지진피해 시 사회·경제적 손실을 최소화 할 수 있거나 시설물의 기능상 재해복구 시까지 그 기능이 중단되더라도 큰 무리가 없다고 판단되는 경우 내진설계를 생략할 수 있다.

2) 내진성능 수준

항만시설은 표 1-18에 규정한 평균재현주기를 갖는 설계지반운동에 대하여 기능수행 수준과 붕괴방지 수준에서 요구하는 성능목표를 만족할 수 있도록 하여야 한다. 기능수행 수준은 구조물에 심각한 구조적 손상이 발생하지 않고 지진 경과 후에도 구조물의 기능은 정상적으로 유지할 수 있는 성능수준이며, 붕괴방

표 1-18 설계지진 수준

내진성능 수준	내진 Ⅰ등급	내진 Ⅱ등급
기능수행 수준	평균재현주기 100년	평균재현주기 50년
붕괴방지 수준	평균재현주기 1000년	평균재현주기 500년

지 수준은 구조물에 제한적인 구조적 피해는 발생하나 긴급보수를 통해 단시간에 항만구조물로서의 기능을 발휘할 수 있는 수준이다.

① 기능수행 수준의 거동한계 규정

가. 흙구조물이나 벽체구조물은 구조물의 부분적인 항복과 영구변형을 허용할 수 있으나, 주변 구조물 및 부속시설들이 탄성 또는 탄성에 준하는 거동을 할 정도의 영구변형만이 허용되도록 하여야 한다.

나. 말뚝구조물은 지진 시 그 주변 지반의 소성거동은 허용할 수 있으나 말뚝구조물 자체와 그 위에 놓여 있는 모든 구조물 및 부속시설이 탄성 또는 탄성에 준하는 거동을 하여야 한다.

다. 항만부지 내의 지반에는 과다한 변형이 발생하여서는 안되며 액상화로 인하여 항만의 기능수행에 지장이 초래되어서는 안된다.

② 붕괴방지 수준의 거동한계 규정

가. 흙구조물이나 벽체구조물의 구조적 손상은 경미한 수준으로 제한되어야 하며, 영구변형으로 인하여 주변 구조물 및 부속시설들이 탄성한계를 초과하는 소성거동은 허용되나 취성파괴가 발생하여서는 안된다.

나. 말뚝구조물은 지진하중 작용 시 탄성한계를 초과하는 소성거동을 허용하나 이로 인하여 말뚝구조물 자체나 상부구조물에 취성파괴가 유발되어서는 안된다.

다. 항만부지 내의 지반에는 과다한 변형이 발생하여서는 안되며 액상화로 인하여 항만시설이 수리불능의 피해를 입어서는 안된다.

항만시설의 흙구조물은 제방과 호안을 흙과 사석으로 시공한 구조체이다. 벽체구조물은 중력식 계선안, 널말뚝식 계선안, 셀식 계선안 및 갑문시설의 벽체 등을 포함한다. 말뚝구조물은 잔교식 계선안, 돌핀, 도교, 연락교 등의 말뚝을 들 수 있다.

항만시설의 내진성능 수준은 기능수행과 붕괴방지의 2단계로 구분하지만, 기능수행 수준을 생략하고 붕괴방지 수준에 대한 설계만 하여도 내진설계가 만족된다고 할 수 있다. 이러한 개념은 국내의 댐설계 기준이나 교량설계기준 등에서도 채택하고 있는 개념이다. 그런데 항만시설 중 국가적으로 중요한 시설은 붕괴방지 수준의 지진 작용 시 붕괴방지 수준의 성능을 발휘해야 함은 물론 지진 후 내륙의 지진재해복구 지원 역할 및 국가 간선물류기능과 환적기능 유지역할도 수행해야 하기 때문에 즉각적인 항만고유기능 발휘가 되도록 설계할 필요가 있다(국가건설기준 KDS 64 17 00, 해양수산부, 2018).

(3) 설계지반운동

내진설계 시 설계지반운동은 해당 시설물의 내진설계가 필요한 지점에서의 자유장 운동으로 정의하며 대상 지역의 국지적인 토질조건, 지질조건과 지표 및 지하지형이 지반운동에 미치는 영향을 고려하여야 한다. 또한 흔들림의 세기, 주파수 내용 및 지속시간 등 시설물의 내진설계에 필요한 그 특성이 잘 표현되어야 한

표 1-19 지진구역의 구분

지진구역	행정구역	
I	시	서울, 인천, 대전, 부산, 대구, 울산, 광주, 세종
	도	경기, 충북, 충남, 경북, 경남, 전북, 전남, 강원 남부*
II	도	강원 북부**, 제주

* 강원 남부: 영월, 정선, 삼척, 강릉, 동해, 원주, 태백

** 강원 북부: 홍천, 철원, 화천, 횡성, 평창, 양구, 인제, 고성, 양양, 춘천, 속초

표 1-20 지진구역 계수(재현주기 500년에 해당)

지진구역	I	II
구역 계수, Z(g값)	0.11	0.07

표 1-21 위험도 계수

재현주기(년)	50년	100년	200년	500년	1000년	2400년	4800년
위험도계수	0.4	0.57	0.73	1.00	1.40	2.0	2.6

다. 기본적으로 지진재해도는 보통암 지반, 암반 노두에 해당되는 지반운동을 제공한다(항만 및 어항 설계기준, 해양수산부, 2014).

설계지반운동은 수평2축방향과 수직방향 성분으로 정의되며, 설계지반운동의 수평2축방향 성분은 세기와 특성이 동일하다고 본다. 설계지반운동의 수직방향 성분의 세기는 수평방향 성분의 3분의 2로 가정할 수 있고, 주파수 성분과 지속시간은 수평방향 성분과 동일하게 본다. 단, 특별히 별도로 정하는 경우는 예외로 한다. 지역별 최대지반가속도는 보통암을 기준으로 제시된 재현주기별 지진재해도와 지진구역 계수를 이용하여 결정할 수 있다.

지진구역에 따른 지진구역계수와 위험도계수는 표 1-19~표 1-21과 같고 최대지반가속도는 지진구역계수에 각 평균재현주기의 위험도계수를 곱하여 결정한다.

$$\text{최대지반가속도}(S) = \text{지진구역계수}(Z) \times \text{위험도계수}(I)$$

그림 1-100~그림 1-106의 국가지진위험지도(소방방재청 공고 제2013-179호)는 국내 역사지진과 계측지진을 총망라하여 지진재해도분석과 전문가집단의 합의를 통해 도출한 것으로 지진구역계수를 이용하는 방법보다 합리적인 설계지반운동 선정 방법이 될 수 있다. 특히 항만시설이 대부분 해안에 연하여 있게 되므로 지진구역 구분이 항만 분야에 적합하지 않을 수 있다.

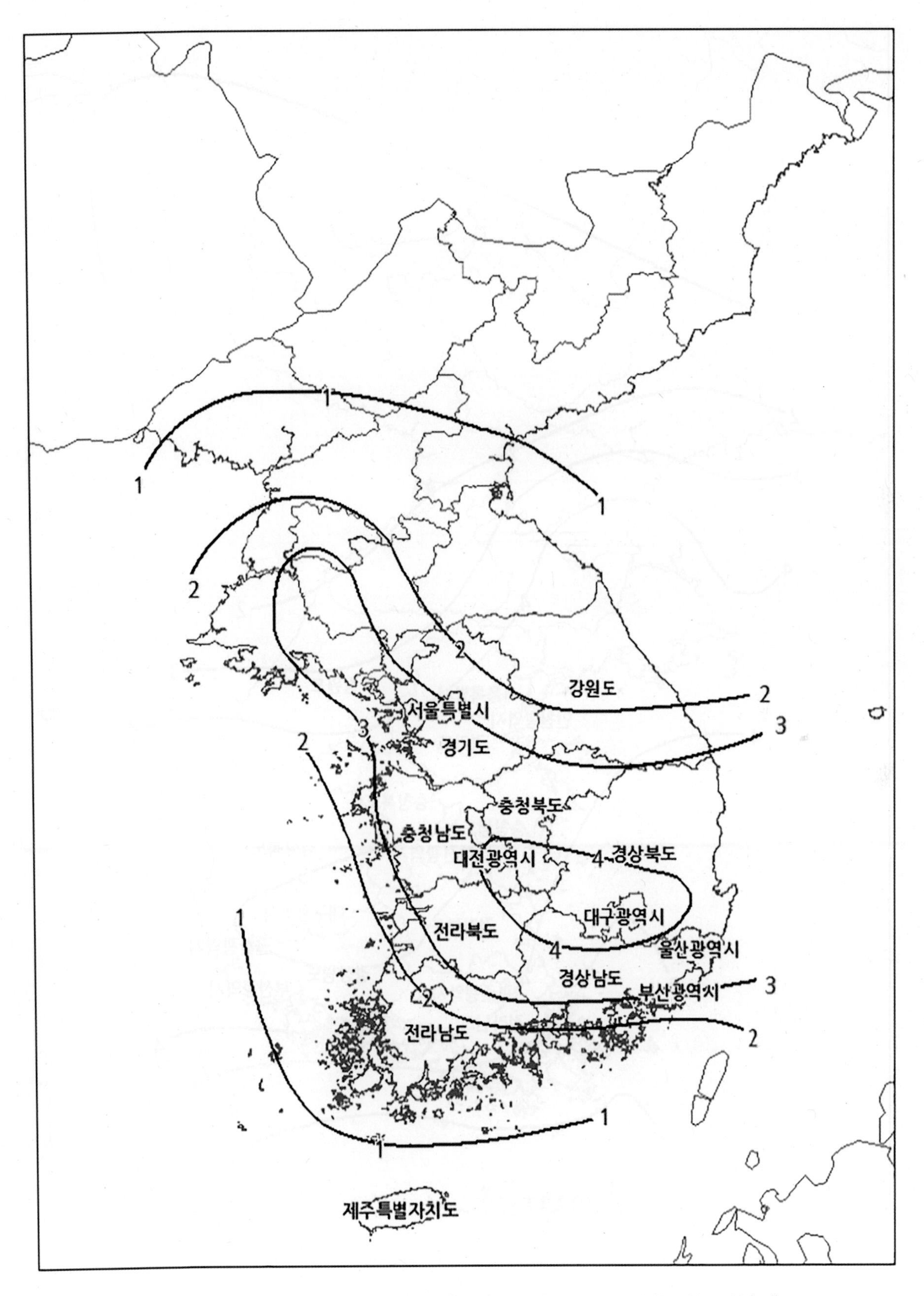

그림 1-100 평균재현주기 50년 지진지반운동(5년 내에 발생확률 10%에 해당하는 가속도계수(%g))

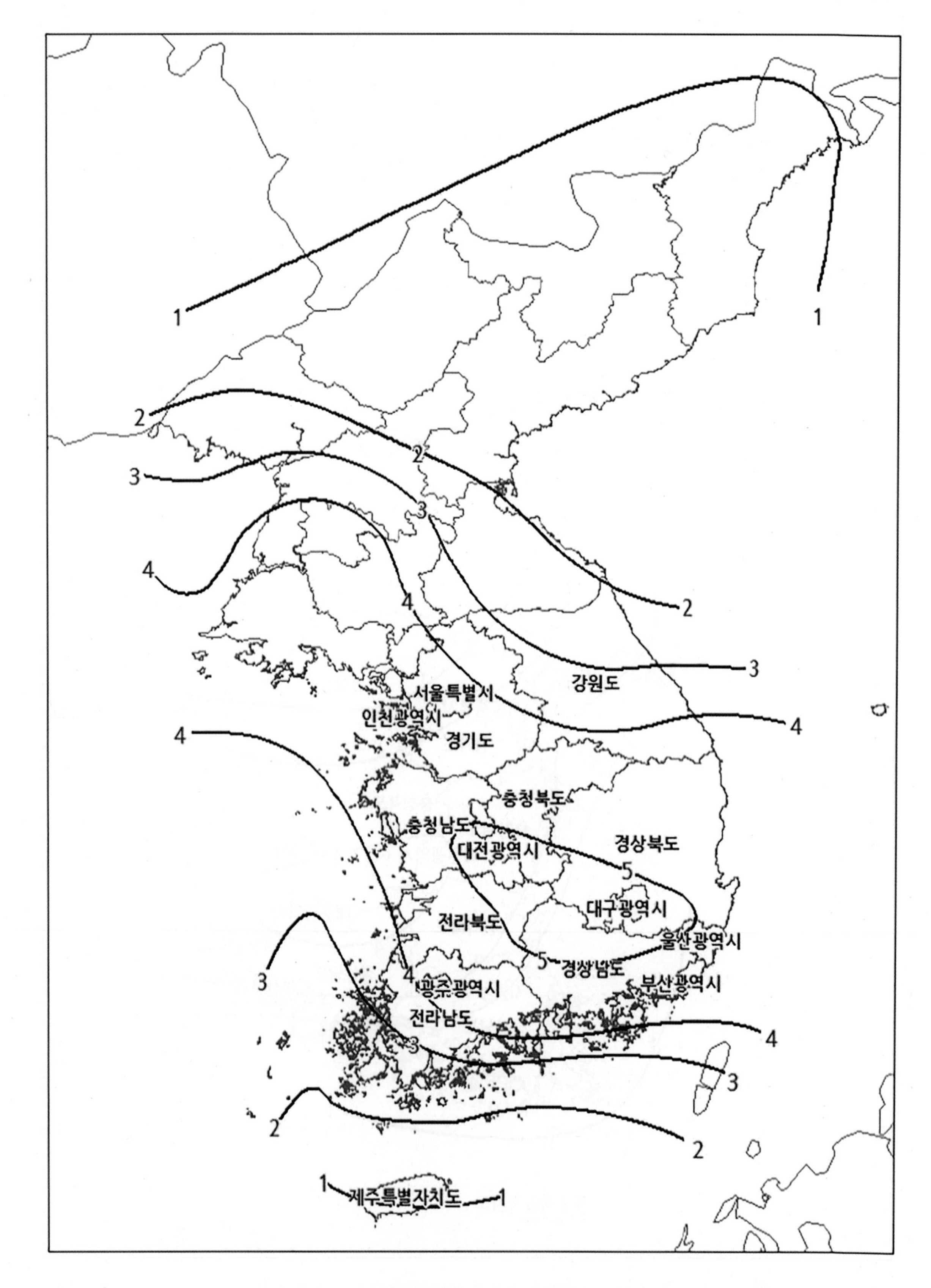

그림 1-101 평균재현주기 100년 지진지반운동(10년 내에 발생확률 10%에 해당하는 가속도계수(%g))

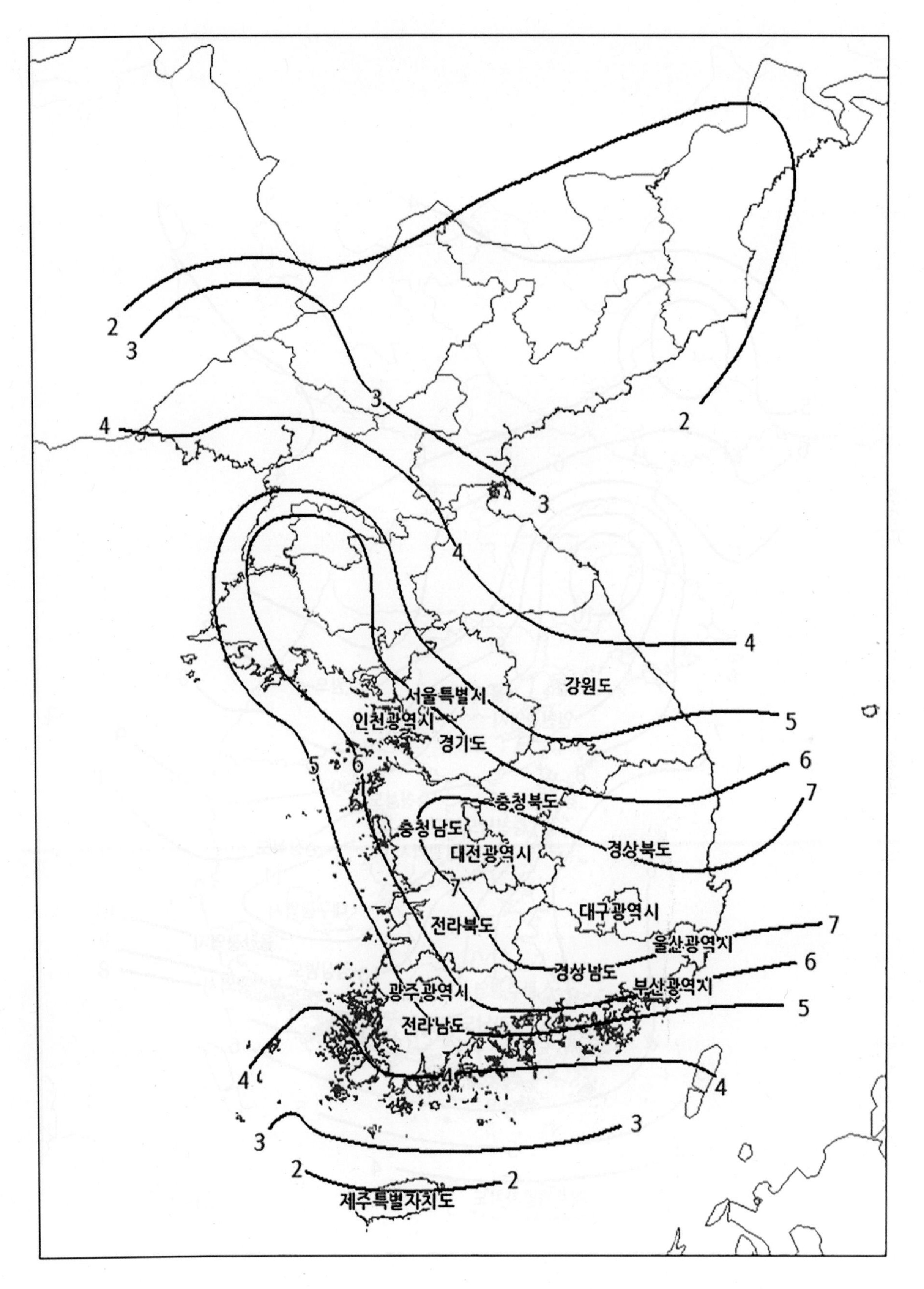

그림 1-102 평균재현주기 200년 지진지반운동(20년 내에 발생확률 10%에 해당하는 가속도계수(%g))

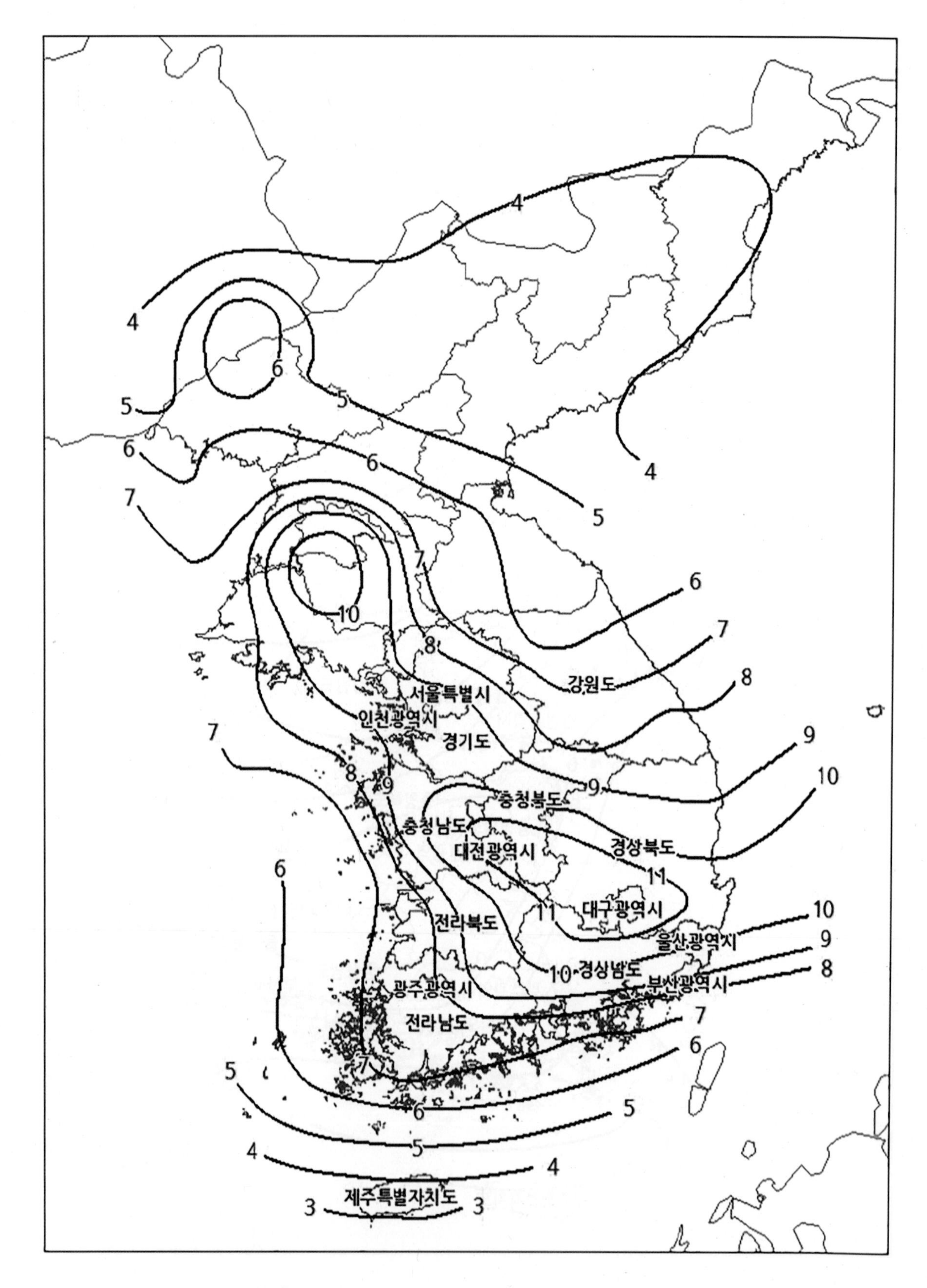

그림 1-103 평균재현주기 500년 지진지반운동(50년 내에 발생확률 10%에 해당하는 가속도계수(%g))

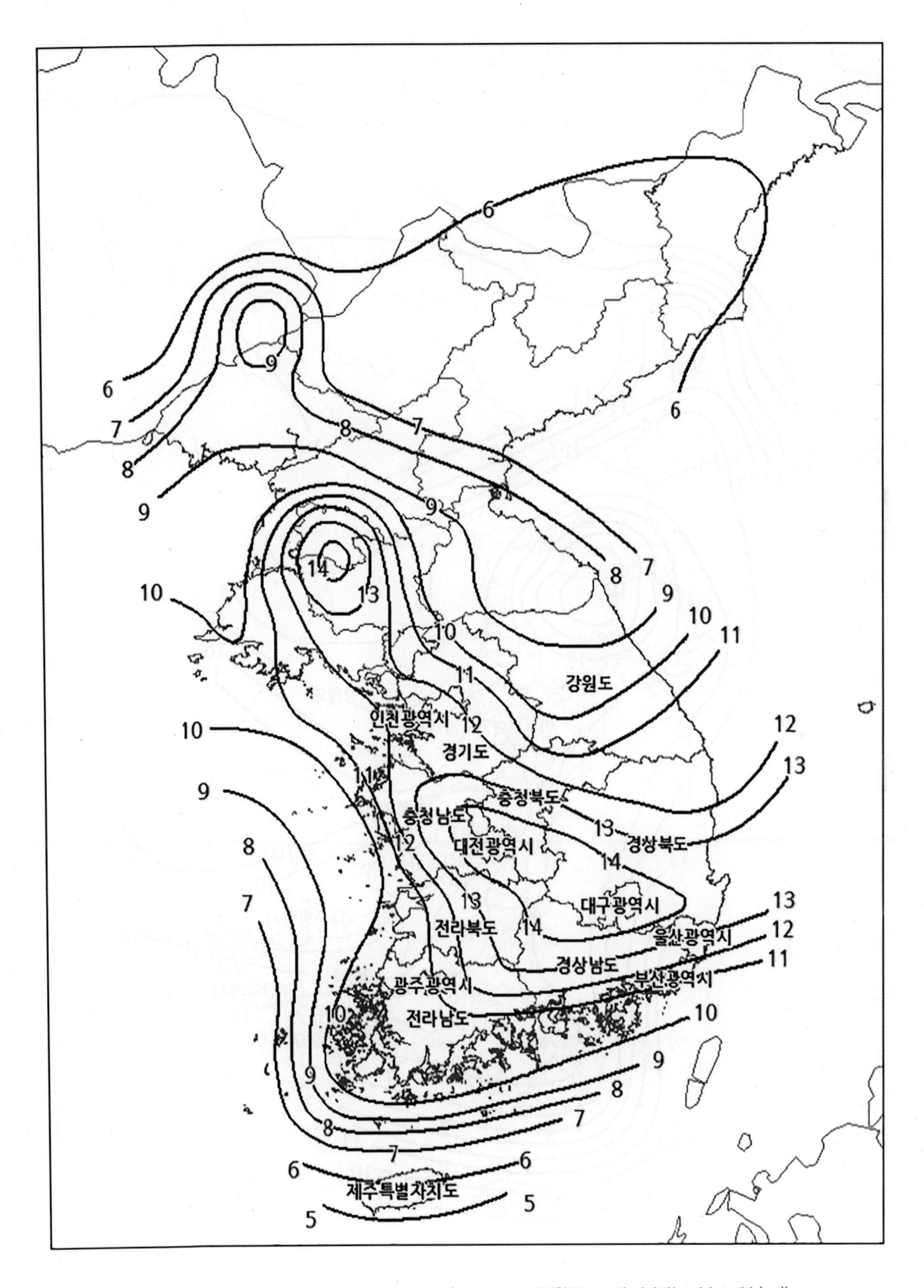

그림 1-104 평균재현주기 1000년 지진지반운동(100년 내에 발생확률 10%에 해당하는 가속도계수(%g))

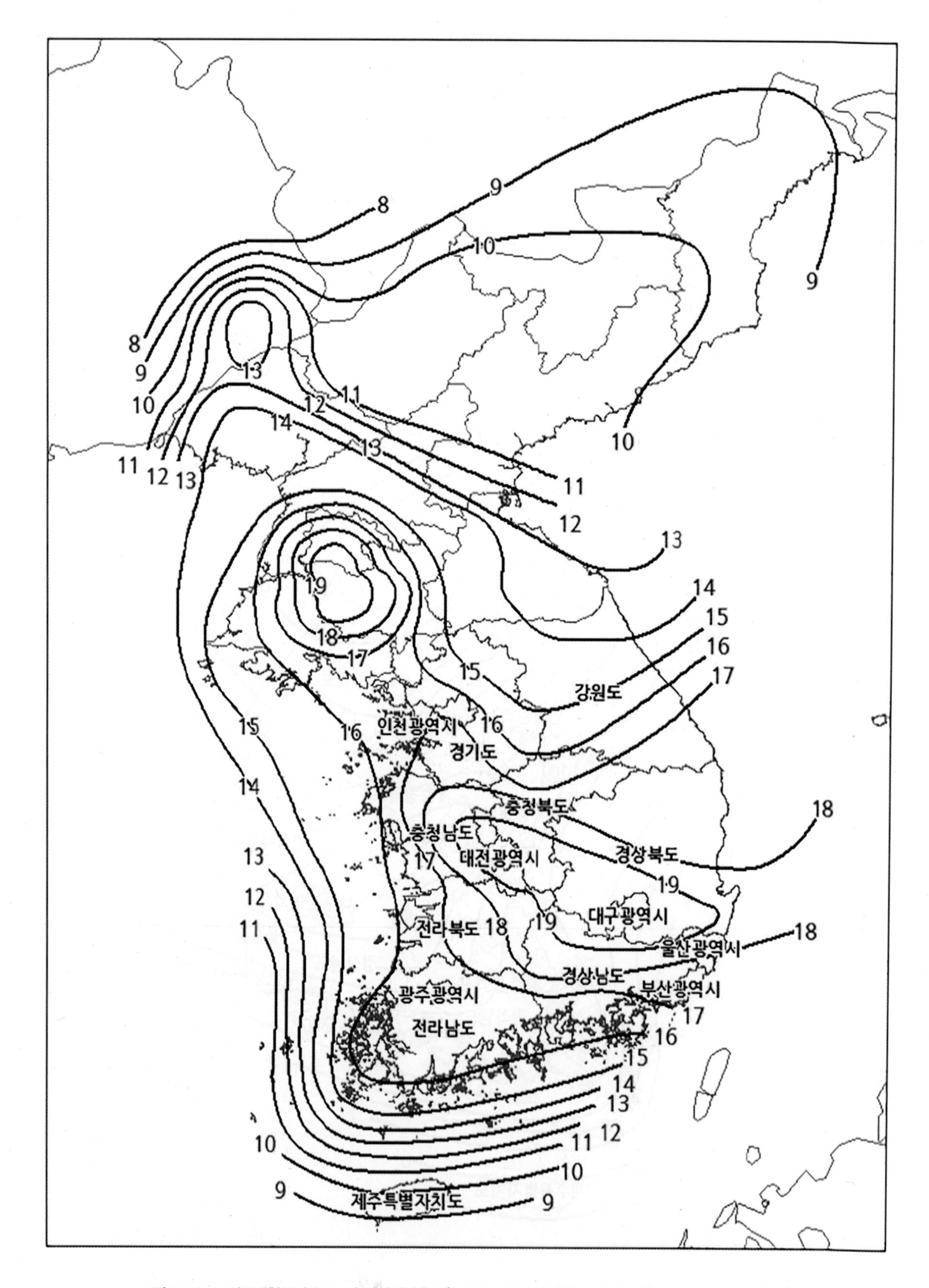

그림 1-105 평균재현주기 2400년 지진지반운동(240년 내에 발생확률 10%에 해당하는 가속도계수(%g))

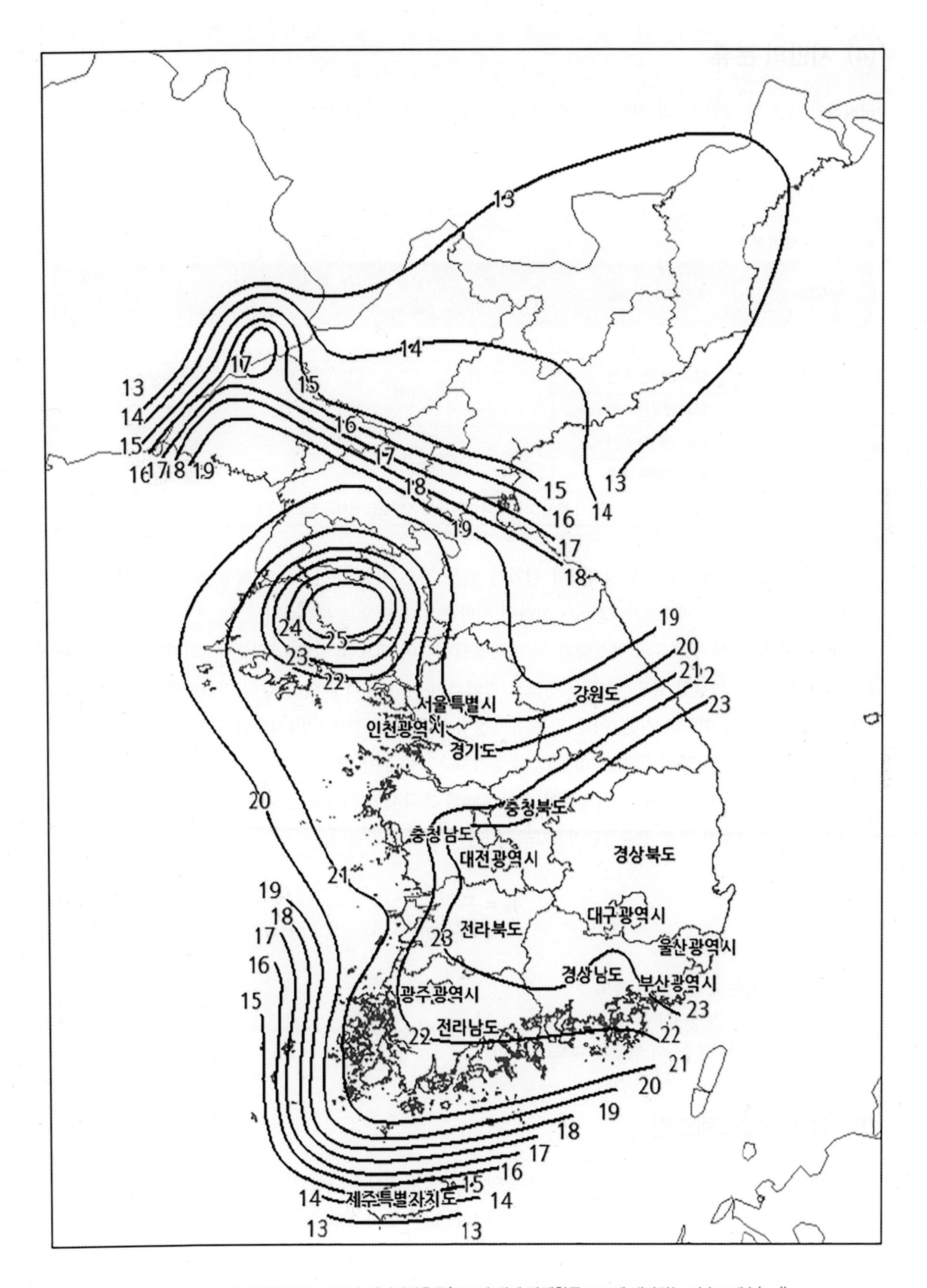

그림 1-106 평균재현주기 4800년 지진지반운동(480년 내에 발생확률 10%에 해당하는 가속도계수(%g))

(4) 지반의 분류

국지적인 토질 및 지질조건과 지형이 지반운동에 미치는 영향을 고려하기 위하여 지반을 표 1-22와 같이 6종으로 분류한다. 기반암은 전단파속도가 760m/s 이상인 지층으로 정의한다(국가건설기준 KDS 17 10 00, 국토교통부, 2018).

표 1-22 지반의 분류

지반종류	지반종류의 호칭	분류기준	
		기반암 깊이, H(m)	토층 평균전단파 속도, Vs,soil (m/s)
S_1	암반 지반	1 미만	-
S_2	얕고 단단한 지반	1~20 이하	260 이상
S_3	얕고 연약한 지반		260 미만
S_4	깊고 단단한 지반	20 초과	180 이상
S_5	깊고 연약한 지반		180 미만
S_6	부지 고유의 특성평가 및 지반응답해석이 필요한 지반		

토층의 평균전단파속도는 탄성파시험 결과가 있을 경우 이를 우선적으로 적용한다. 기반암 깊이와 무관하게 토층평균전단파속도가 120m/s 이하인 지반은 S_5 지반으로 분류한다.

지반종류 S_6은 부지 고유의 특성평가 및 지반응답해석이 필요한 지반으로서 액상화가 일어날 수 있는 흙, 예민비가 8 이상인 점토, 붕괴될 정도로 결합력이 약한 붕괴성 흙과 같이 지진하중 작용 시 잠재적인 파괴나 붕괴에 취약한 지반, 이탄 또는 유기성이 매우 높은 점토지반(지층의 두께>3m), 매우 높은 소성을 띤 점토지반(지층의 두께>7m이고, 소성지수>75), 층이 매우 두껍고 연약하거나 중간 정도로 단단한 점토(지층의 두께>36m), 기반암이 깊이 50m를 초과하여 존재하는 지반이 이에 해당한다.

지반분류에 필요한 토층 평균전단파 속도는 다음과 같이 평가한다.

$$\overline{V_s} = \frac{\sum_{i=1}^{n} d_i}{\sum_{i=1}^{n} \frac{d_i}{V_{si}}} \qquad (1\text{–}183)$$

여기서, $\overline{V_s}$는 평균전단파 속도
d_i는 토층 i의 두께(m)
V_{si}는 토층 i의 전단파 속도(m/sec)

(5) 설계응답스펙트럼

암반지반의 5% 감쇠비에 대한 수평설계지반운동의 가속도 표준설계응답스펙트럼은 그림 1-107 및 표 1-23으로 정의되며, 각 주기영역에 대한 설계스펙트럼가속도(Sa)는 표 1-24와 같다. 5% 감쇠비에 대한 수직설계지반운동의 가속도표준설계응답스펙트럼은 수평설계지반운동의 가속도표준설계응답스펙트럼과 동일한 형상을 가지며, 최대 수평지반가속도에 대한 최대 수직지반가속도의 비는 0.77이다. 수평 및 수직 설계지반운동의 가속도표준설계응답스펙트럼의 감쇠비(ξ, %)에 따른 스펙트럼 형상은 표 1-25에 제시한 감쇠보정계수

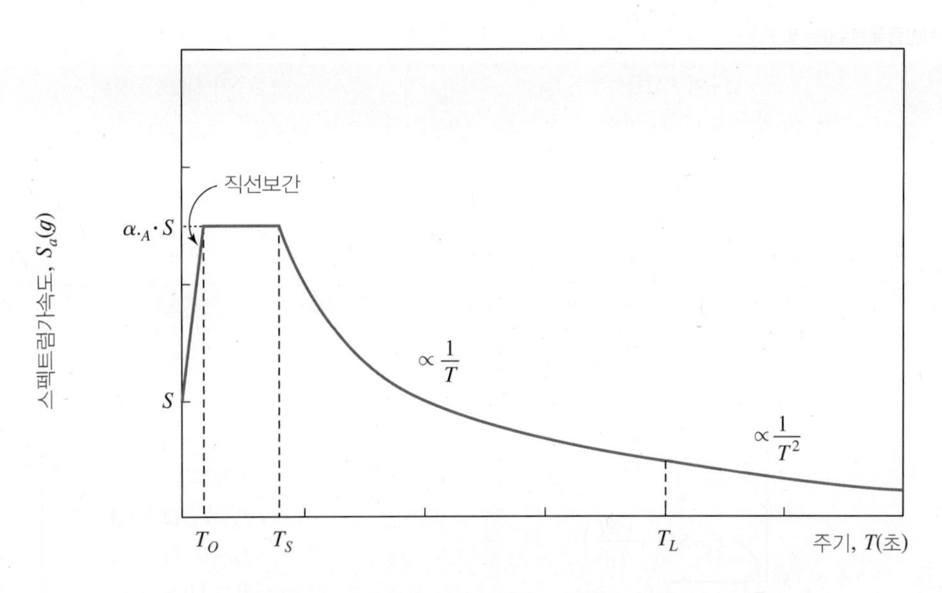

그림 1-107 가속도표준설계응답스펙트럼(암반지반) (국가건설기준 KDS 17 10 00, 국토교통부, 2018)

표 1-23 가속도표준설계응답스펙트럼 전이주기

구분	α_A (단주기스펙트럼 증폭계수)	전이주기(sec)		
		T_O	T_S	T_L
수평	2.8	0.06	0.3	3

표 1-24 주기영역별 설계스펙트럼가속도

주기(T, sec)	$0 \le T \le T_0$	$T_0 \le T \le T_S$	$T_S \le T \le T_L$	$T_L \le T$
설계스펙트럼가속도 (Sa, g)	$(1+30T) \times S$	2.8S	$\frac{0.84}{T} \times S$	$\frac{2.52}{T^2} \times S$

표 1-25 감쇠보정계수(C_D)

주기(T, sec)	T=0	$0 \le T \le T_0$	$T_0 \le T$
C_D	모든 감쇠비에 대해서 1.0	T=0일 때, 1.0 $T=T_0$일 때, $\left(\frac{6.42}{1.42+\xi}\right)^{0.48}$ 그 사이는 직선보간	$\left(\frac{6.42}{1.42+\xi}\right)^{0.48}$

를 표준 설계응답스펙트럼에 곱해서 구할 수 있다. 단, 감쇠비가 0.5%보다 작은 경우에는 적용하지 않으며 해당 구조물의 경우 시간이력해석을 권장한다(국가건설기준 KDS 17 10 00, 국토교통부, 2018).

토사지반(S_2~S_5 지반)의 5% 감쇠비에 대한 수평설계지반운동의 가속도표준설계응답스펙트럼은 그림 1-108로 정의한다. 최대 수평지반가속도(S)에 따른 단주기 지반증폭계수(Fa)와 장주기 지반증폭계수(Fv)는 표 1-26을 이용하여 결정하며, 최대 수평지반가속도(S)의 값이 중간값에 해당할 경우 직선보간하여 결정한다. 감쇠비에 따른 스펙트럼 형상은 해당 토사지반에 적합한 가속도시간이력을 이용하여 공학적으로 적절한 분석과정을 통해 결정할 수 있다. 5% 감쇠비에 대한 수직설계지반운동의 가속도표준설계

표 1-26 지반증폭계수(Fa 및 Fv)

지반종류	단주기 지반증폭계수, Fa			장주기 지반증폭계수, Fv		
	S ≤ 0.1	S = 0.2	S = 0.3	S ≤ 0.1	S = 0.2	S = 0.3
S_2	1.4	1.4	1.3	1.5	1.4	1.3
S_3	1.7	1.5	1.3	1.7	1.6	1.5
S_4	1.6	1.4	1.2	2.2	2.0	1.8
S_5	1.8	1.3	1.3	3.0	2.7	2.4

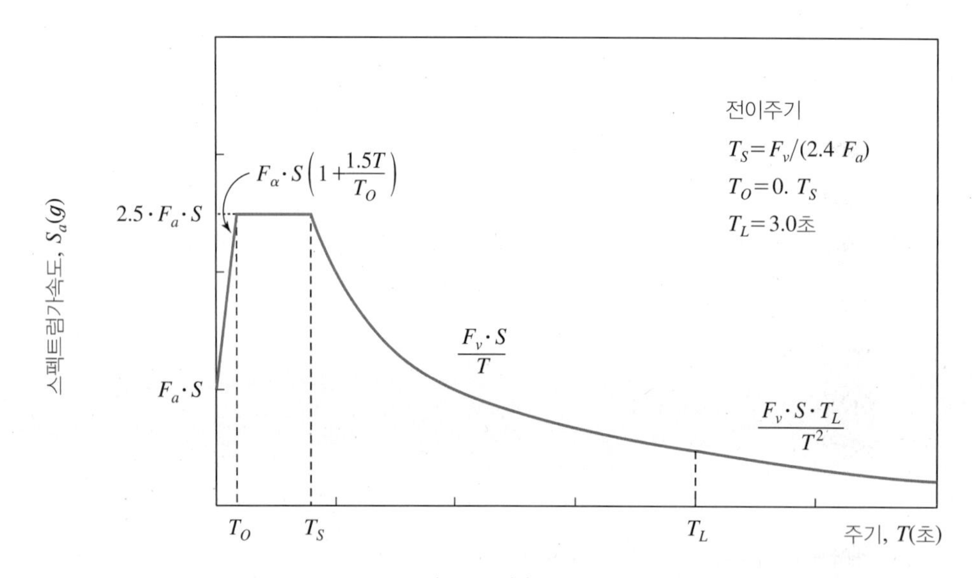

그림 1-108 가속도표준설계응답스펙트럼(토사지반) (국가건설기준 KDS 17 10 00, 국토교통부, 2018)

응답스펙트럼은 수평설계지반운동의 가속도표준설계응답스펙트럼과 동일한 형상을 가지며, 최대 수평지반가속도에 대한 최대 수직지반가속도의 비는 공학적 판단으로 결정할 수 있다(국가건설기준 KDS 17 10 00, 국토교통부, 2018).

그림 1-107 및 그림 1-108에서 최대지반가속도(S)는 지진하중을 산정하기 위한 지반운동수준으로 국가지진위험지도 또는 행정구역에 따라 결정한다. 다만 국가지진위험지도를 이용하여 결정하는 경우, 행정구역에 따라 결정한 값의 80%보다 작지 않아야 한다. 시설물이 설치될 부지의 특성, 시설물의 구조특성과 설계법을 고려하여 작성된 설계응답스펙트럼이 있는 경우 전문가 그룹의 검증을 거쳐 사용할 수 있다.

(6) 설계지반운동 시간이력

항만 및 어항 구조물의 동적해석을 위한 설계지반운동 시간이력은 지반 가속도, 속도, 변위 중 하나 이상의 시간이력으로 지반운동을 표현할 수 있다. 3차원 해석이 필요할 때 지반운동은 동시에 작용하는 3개의 성분으로 구성하여야 한다. 설계지반운동 시간이력은 기반암에 대해 작성된 시간이력을 사용하여 지반응답 해석을 통해 결정한다(국가건설기준 KDS 17 10 00, 국토교통부, 2018).

국내 지반의 지진 시 지반증폭 정도를 평가하기 위해서는 국내 지반 또는 암반에서 계측된 지진기록을 사용하는 것이 이상적이나, 국내 계기지진의 경우 진도와 규모가 소규모이고 국내 내진설계 기준에 부합되지 않아 내진설계에 이용하기엔 부적절한 면이 있다. 인공지진기록을 생성하여 사용할 경우, 표준설계응답스펙트럼에 준하여 생성된 가속도 시간이력은 실지진기록과 비교하여 주파수 특성에는 문제가 없으나 그 파형이나 하중반복횟수가 실지진기록과는 다르게 나타난다. 이로 인하여 에너지가 과도하게 삽입될 우려가 있어 주의할 필요가 있다.

설계지반운동 시간이력 선정은 실지진기록을 활용하는 것이 가장 바람직하다. 실지진파를 이용할 경우 해외 지진기록 데이터베이스를 활용하여 설계응답스펙트럼에 맞추어 보정한 후 사용할 것을 권장한다. 국내의 경우 지진하중의 통제 위치를 암반노두를 기준으로 하고 있으므로, 암반계측 지진기록의 이용을 추천한다. 이때 지진의 규모를 내진설계 성능목표에 적절히 고려해야 한다. 국내에서는 맹목적으로 Ofunato 지진파, Hachinohe 지진파를 사용해오고 있으나 이는 토사에서 계측된 것으로 매우 부적절하며 사용을 지양할 필요가 있다.

1) 실지진기록 활용 지반운동 시간이력

실지진기록은 국내여건과 유사한 판내부 지역에서 계측된 기록을 선정한다. 이때, 관측소 하부지반이 S_1 지반 혹은 이에 준하는 보통암 지반에서 계측된 지진기록이어야 하며, 고려하는 설계지진과 유사한 규모의 기록을 선정하여야 한다. 선정된 지진기록은 S_1 지반의 수평설계지반운동의 표준설계응답스펙트럼에 맞추어 수정 적용한다. 수정 시 원본파형의 왜곡을 최소화하기 위해 기존 파형의 응답스펙트럼을 설계응답스펙트럼에 맞추어 보정(스펙트럼보정)할 수 있다. 이때, 설계 대상구조물의 탁월주기를 주 대상으로 보정할 수 있다. 스펙트럼보정 후 반드시 가속도, 속도, 변위에 대한 지진 후 수렴여부를 확인하고 영구변위가 확인되면 기준선 보정(Baseline Correction)을 수행하여 사용한다. 입력 지진기록 최대지반가속도의 크기가 중요한 경우, 상기 절차로 보정된 지진기록에 대하여 최대지반가속도를 보정할 수 있다.

2) 인공합성 지반운동 시간이력

S_1 지반의 표준설계응답스펙트럼에 부합되도록 인공적으로 합성하여 생성하며 시간이력의 절단(Cut Off) 진동수는 최소 50Hz 이상이어야 한다. 인공합성 지반운동의 지속시간은 지진의 규모와 특성, 전파경로 및 부지의 국지적인 조건이 미치는 영향을 고려하여야 하며, 지진규모에 따른 구간선형 포락함수의 형상과 지속시간은 그림 1-109 및 표 1-27과 같다. 이때 강진동지속시간(t_m)의 한쪽 파워스펙트럼밀도는 수식 (1-184)와 같이 구할 수 있다.

$$S(f) = \frac{|F(f)|^2}{\pi t_m} \tag{1-184}$$

여기서, $F(f)$는 강진동지속시간 구간에 해당되는 가속도시간이력의 푸리에 진폭

그림 1-109의 포락함수가 적용되지 않은 경우 강진동지속시간(t_m)은 가속도시간이력의 누적에너지가 5%에서 75%에 도달하는 구간으로 정의된다. 누적에너지는 수식 (1-185)와 같이 정의된다.

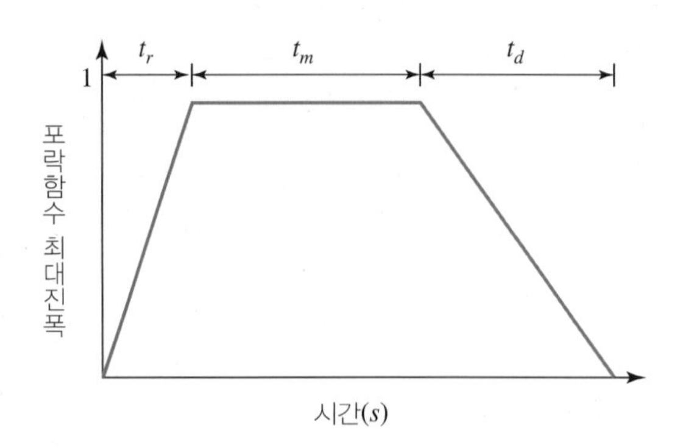

그림 1-109 가속도시간이력의 구간선형 포락함수(국가건설기준 KDS 17 10 00, 국토교통부, 2018)

표 1-27 가속도시간이력 구간선형 포락함수에 대한 지진규모별 지속시간(단위: 초)

지진규모	상승시간 (t_r)	강진동지속시간 (t_m)	하강시간 (t_d)
7.0 이상–7.5 미만	2	12.5	13.5
6.5 이상–7.0 미만	1.5	9	10.5
6.0 이상–6.5 미만	1	7	9
5.5 이상–6.0 미만	1	5.5	8.0
5.0 이상–5.5 미만	1	5	7.5

$$E(t) = \int_0^t a^2(\tau)d\tau \quad (1\text{–}185)$$

여기서, $a(\tau)$는 지반가속도시간이력

다수의 인공합성 가속도시간이력으로부터 계산된 5% 감쇠비 응답스펙트럼의 평균은 전체 주기영역에서 표준설계응답스펙트럼의 90%보다 작아서는 안되며, 0.04초에서 10초 사이의 주기영역에서 표준설계응답스펙트럼의 130%보다 커서는 안된다. 어떤 2개의 가속도시간이력 간의 상관계수는 0.16을 초과할 수 없다(국가건설기준 KDS 17 10 00, 국토교통부, 2018)

한반도 지진 환경과 국내 내진설계 목표 수준을 모두 만족하는 적절한 실지진기록을 선정하는 것은 현업 실무자에게 어려움이 크다. 그동안 Hachinohe(장주기), Ofunato(단주기) 지진파를 사용해오고 있으며, 근래에 들어 국내에서 발생한 경주, 포항 지진파를 추가하여 사용하고 있는 추세이다. 그러나 Hachinohe, Ofunato 지진파는 토사에서 계측된 지진으로 토층의 증폭현상이 이미 반영된 것이며, 그리고 경주, 포항 지진파는 국내 설계 규모인 6.5에 못 미치는 규모로서 지반운동 에너지가 작다는 전문가의 지적이 있다. 따라서 기존의 답습을 탈피하고 국가건설기준(KDS 17 10 00 내진설계 일반)의 요건에 부합하는 판내부 실지진 계측기록을 활용할 필요가 있다. 다만 참고로 최근 국내 연구에 따르면 판내부 및 판경계의 지진파에 따른 내진해석 결과의 차이가 거의 없는 것으로 보고되고 있기도 하다. 내진해석에 3개 이상의 지진파를 사용할 경우 그 결과의 최댓값을, 7개 이상을 사용할 경우 해석결과의 중간값을 사용하도록 한다. 규모 6.5 이상, 단단한 토사~보통암 지반에 준하는 지반에서 계측된 판내부 지진파는 표 1-28 및 그림 1-110과 같다.

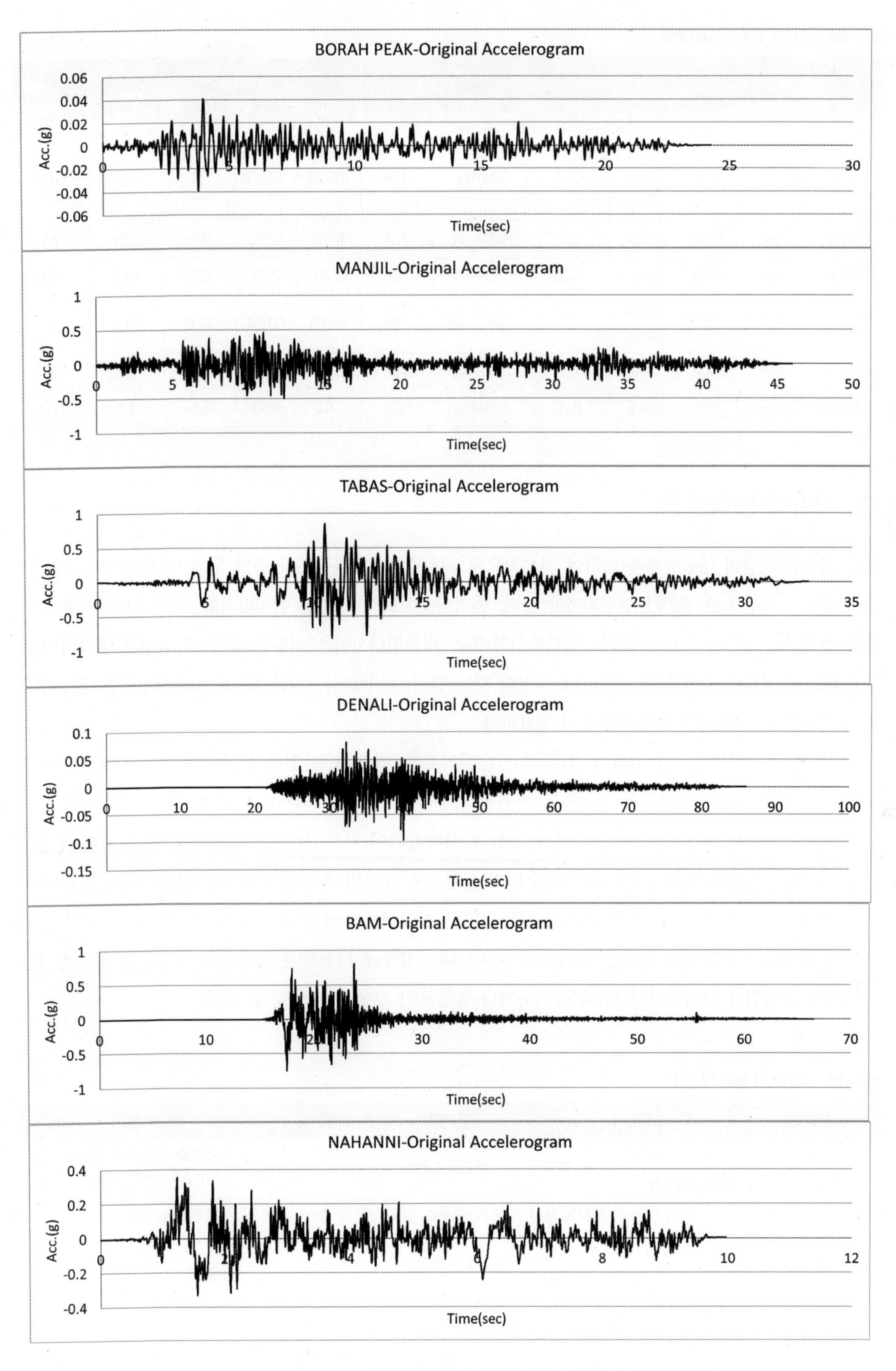

그림 1–110 판내부 실지진 수평성분 가속도시간이력

표 1-28 판내부 실지진 지반운동

Event Name	Location	Year	Station name	Moment Magnitude (Mw)	Fault Mechanism	Vs30 (m/sec)	Rjb (km)	Rrup (km)	D5-75 (sec)	D5-95 (sec)	Arias Intensity (m/sec)
Borah Peak	America	1983	ANL-768 Power Plant	6.88	Normal	446	100.22	100.22	9.1	15.6	0.02
Manjil	Iran	1990	Abbar	7.37	Strike slip	724	12.55	12.55	10.8	29.1	7.5
Tabas	Iran	1978	Tabas	7.35	Reverse	767	1.79	2.05	8.3	16.5	11.8
Denali	Alaska	2002	Carlo (temp)	7.9	Strike slip	399	49.94	50.94	12.6	24.3	0.2
Bam	Iran	2003	Bam	6.6	Strike slip	487	0.05	1.7	5.6	9.6	8
Nahanni	Canada	1985	Site 2	6.76	Reverse	605	0	4.93	4.5	7.3	0.9

(7) 지반의 동적물성

항만 및 어항시설의 내진설계를 위하여 기본적으로 지하수위, 지층구조와 층별 두께, 현장원위치 조사 및 실내시험 등 지반조사 결과가 제공되어야 하며, 동적물성치로서 시추공 탄성파시험 또는 표면파시험을 이용한 저변형률 영역의 전단탄성계수, 공진주시험 또는 비틂전단시험을 이용한 중간~대 변형률 영역의 전단탄성계수 및 감쇠비 곡선 등이 필요하다. 액상화 강도 결정을 위해서는 일반적으로 표준관입시험, 콘관입시험, 탄성파시험, 실내 반복삼축시험 등이 필요하다.

지진 시 지반거동평가를 위하여 각 층의 전단탄성계수, 감쇠비, 단위중량의 결정이 중요하다. 지반은 변형률 크기에 따라 탄성계수가 감소하는 비선형 거동을 보인다. 선형한계 변형률 이하의 저변형률 영역에서 지반의 선형거동을 측정하기 위하여 현장 탄성파기법이 사용되나, 비선형 거동 및 감쇠비 측정이 불가능하므로 변형률 변화에 따른 탄성계수의 비선형성과 감쇠비 측정을 위해서는 실내시험이 필요하다.

내진 I등급 시설물은 상기 지반조사를 모두 실시하여야 하나, 대상 지역의 지반특성이나 시설물 특성상 불필요하다고 판단되는 항목은 제외할 수 있다. 내진 II등급 시설물은 저변형률 전단탄성계수 결정을 위한 탄성파시험을 실시해야 하나, 부득이하거나 불필요한 경우는 제외할 수 있다.

표 1-29 지반조사 항목 및 간격

조사방법	조사항목		지반종류	조사간격	조사목표
사운딩	표준관입시험	SPT N 값	All Soil Types	1~2m	사질토의 경우 SPT N값을 이용한 액상화 예측
		교란시료채취	Sand/Sandy Soil	1~2m	층상구조 및 입도분포 획득
현장시험	시추공 탄성파/ 표면파시험	P파 속도 S파 속도	Sand/Clay/Rock	1~2m	지진응답해석 저변형률에서의 전단탄성계수
실내시험	반복삼축시험	액상화 강도	Sand/Sandy Soil	-	액상화 강도
	공진주시험/ 비틂전단시험	전단탄성계수 감쇠비	Sand/Clay	지층 종류별	지진응답해석 중간~대변형률에서 변형 및 감쇠특성

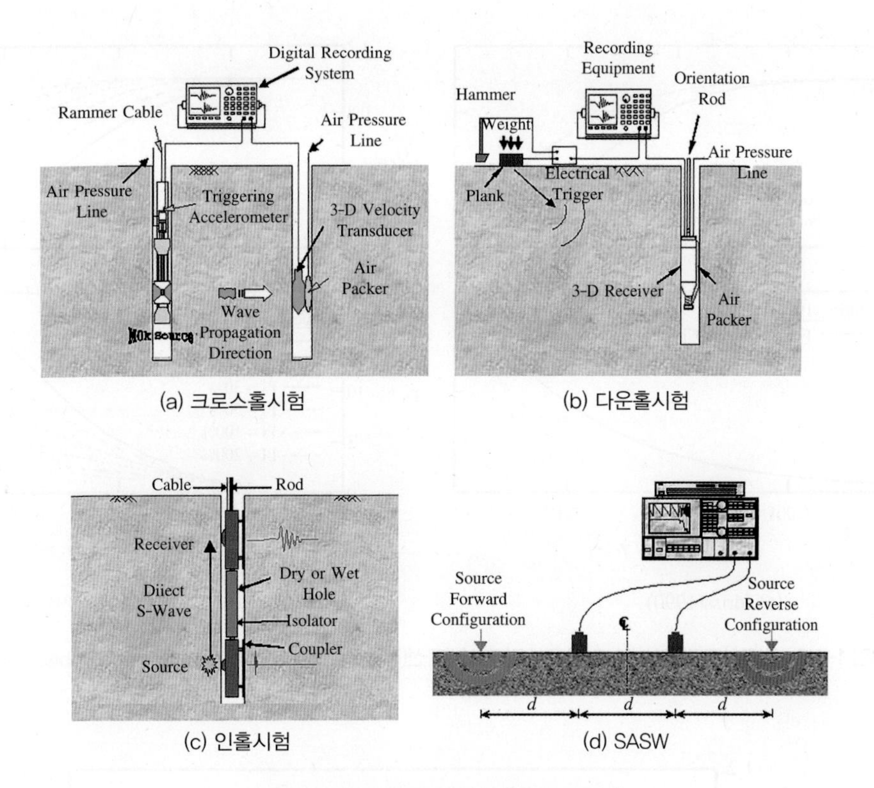

(a) 크로스홀시험 (b) 다운홀시험

(c) 인홀시험 (d) SASW

그림 1-111 현장 탄성파시험(박철수, 2008)

저변형률 영역의 지반의 전단파속도를 측정하기 위하여 시추공 내에서 수행되는 탄성파시험(크로스홀시험, 다운홀시험, SPS 검층, 인홀시험 등)과 표면파시험(SASW)을 사용한다. 탄성파시험이 수행된 지반조사 이후에 구조물이나 성토체의 시공에 의해 지반의 유효상재하중의 변화가 예상되는 경우는 유효상재하중의 변화를 고려하여 전단파속도의 크기를 수정하여 사용한다. 소규모의 프로젝트에서 전단파속도를 측정하는 현장 탄성파시험이 불가능할 경우에는 경험식들을 적용할 수 있다. 그러나 이들 상관식은 원 데이터의 상당한 분산을 감수하고 제안된 식이기 때문에 적용 시 주의를 요한다.

변형률 크기에 따른 전단탄성계수와 감쇠비의 변화를 얻기 위하여 공진주시험, 진동삼축시험, 비틂전단시험을 사용한다. 이들 시험은 현장에서 채취된 비교란 시료를 이용하여 수행하나 비교란 시료 채취가 어려운 경우에는 현장밀도를 고려하여 재성형된 시료를 사용할 수도 있다. 부지응답특성 평가 시 실내실험을 실시하지 않을 경우 문헌의 자료를 이용할 수 있다. 그림 1-112는 가장 보편적으로 사용되는 비선형 전단탄성계수와 감쇠비 곡선이다.

최신의 포괄적 경험식 중 하나인 Darendeli and Stokoe Model(Darendeli, 2001)은 Hardin and Drnevich (1972a, 1972b)의 Hyperbolic Model을 확장한 것으로 평균유효응력, 소성지수, 과압밀비, 하중주파수 및 하중반복횟수를 고려하고 있으며 전단탄성계수 감소곡선 및 감쇠비곡선 수식 (1-186), 그림 1-113과 같다. 자갈질 흙에 대해서는 Menq(2003)의 경험곡선이 사용될 수 있다.

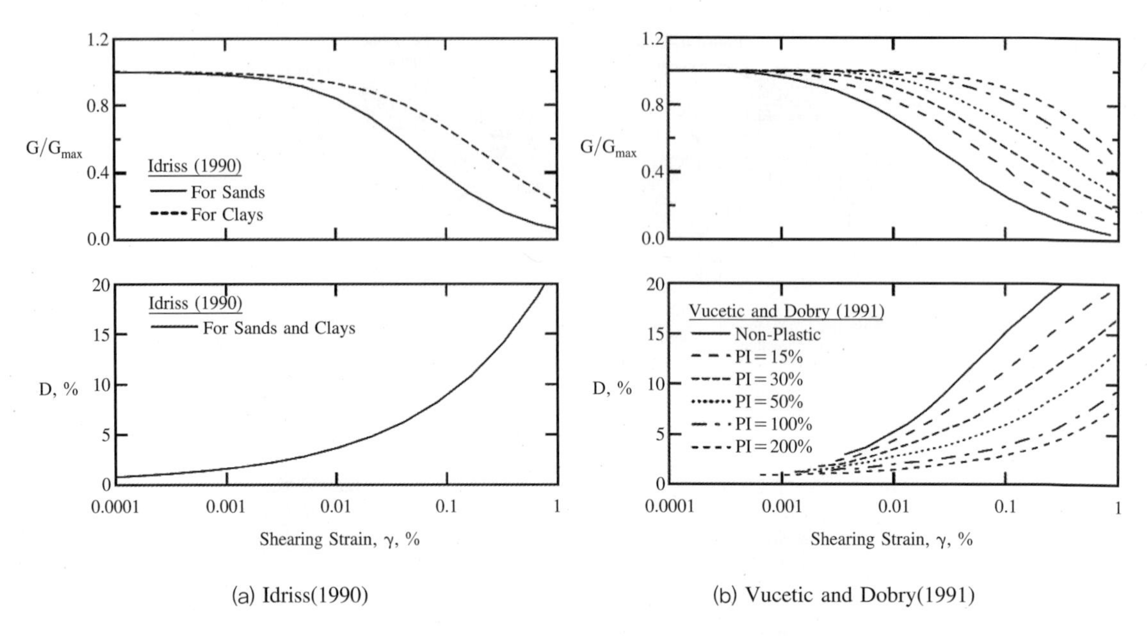

그림 1-112 정규화 전단탄성계수 감소곡선 및 감쇠비곡선(경험곡선) (Idriss, 1990; Vucetic and Dobry, 1991)

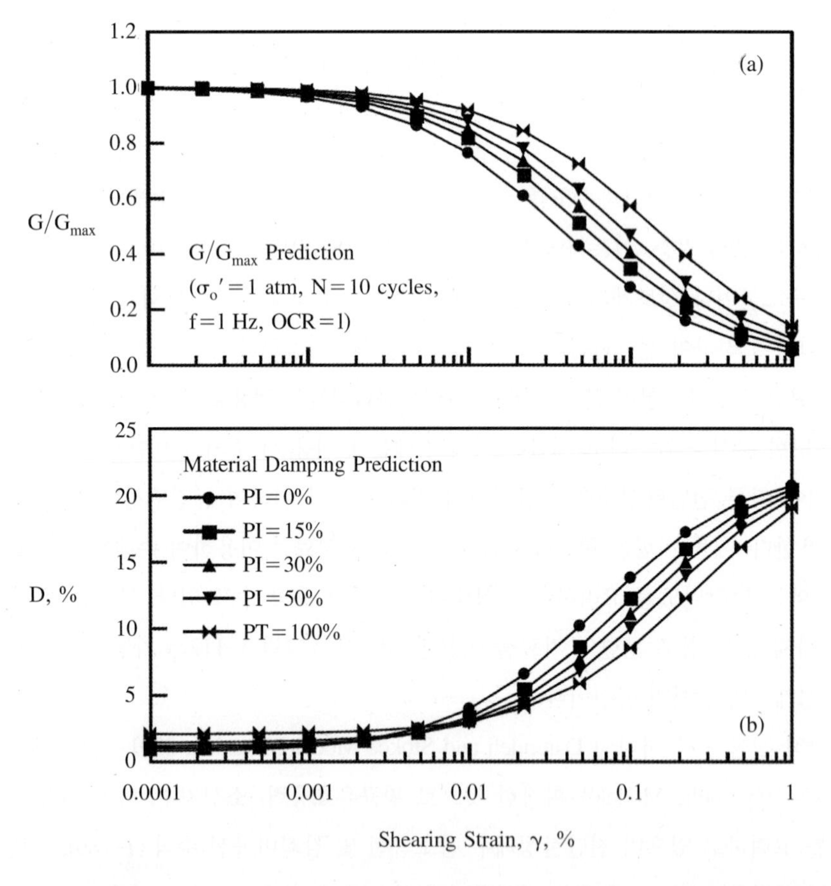

그림 1-113 정규화 전단탄성계수 감소곡선 및 감쇠비곡선(Darendeli and Stokoe Model) (Darendeli, 2001)

$$\frac{G}{G_{max}} = \frac{1}{1 + \left(\frac{\gamma}{\gamma_r}\right)^a}$$
(1–186)

$$D = b\left(\frac{G}{G_{max}}\right)^{0.1} \cdot D_{Masing} + D_{min}$$

여기서, $a=0.919$

$$\gamma_r = \left(\frac{\sigma_0{}'}{p_a}\right)^{0.3483}(0.0352 + 0.0010 \cdot PI \cdot OCR^{0.3246})$$

$$b = 0.6329 - 0.0057\ln(N)$$

$$D_{min}(\%) = (\sigma_0{}')^{-0.2889}(0.8005 + 0.0129 \cdot PI \cdot OCR^{-0.1069})$$

$$[1 + 0.2919\ln(f)]$$

$$D_{Masing}(\%) = c_1 D_{Masing,a=1} + c_2 D^2_{Masing,a=1} + c_3 D^2_{Masing,a=1}$$

$$D_{Masing,a=1}(\%) = \frac{100}{\pi}\left\{4\left[\frac{\gamma - \gamma_r \ln\left(\frac{\gamma+\gamma_r}{\gamma_r}\right)}{\frac{\gamma^2}{\gamma+\gamma_r}}\right] - 2\right\}$$

$$c_1 = -1.1143a^2 + 1.8618a + 0.2533$$

$$c_2 = 0.0805a^2 - 0.0710a - 0.0095$$

$$c_3 = -0.0005a^2 + 0.0002a + 0.0003$$

액상화 평가를 위한 실내시험으로 진동삼축시험, 단순전단시험 등을 사용한다. 반복재하 횟수에 따른 액상화 저항전단응력의 변화곡선을 구하기 위하여 최소한 세 점 이상의 응력비를 변화시켜 시험을 실시한다. 비교란 시료를 사용하는 것이 바람직하나, 비교란 시료 채취가 불가능할 경우 현장의 밀도로 재성형한 시료를 사용할 수 있다. 이때 현장상황을 재현할 수 있는 시료 성형법을 채택하여야 한다.

정적하중에 대한 전통적인 항만구조물의 설계 시에는 지지층의 위치를 확인하는 것이 중요하였으나, 내진설계에서는 지진 시 설계지반운동을 결정하기 위한 기준면의 위치를 확인하는 것이 중요하다. 「내진설계기준 연구(Ⅱ)」(건설교통부, 1988)에 의하면 설계지반운동은 보통암 지반의 지표면 자유장운동으로 정의된다. 보통암 지반은 전단파속도 기준으로 760~1500m/s 범위의 지반이며, 표준관입시험의 N값으로부터의 결정은 어렵다고 기술되어 있다. 따라서 항만구조물의 설계를 위하여는 풍화암 지역을 통과하여 보통암 지반까지 시추 및 지반조사가 수행되어야 한다. 그러나 모든 시추를 보통암 지반까지 수행할 필요는 없으며 상세지반조사 초기에 설계지반운동 결정을 위한 대표적 시추 위치를 선정하고, 선정된 시추공에서는 보통암 깊이까지 표준관입시험, 탄성파시험, 실내시험을 위한 시료 채취 등을 수행하여야 한다(항만 및 어항 설계기준, 해양수산부, 2014).

(8) 시설물별 내진설계법과 허용변위

내진설계법에는 등가정적해석법, 변위를 고려한 해석법과 동적해석법이 있으며 진도법으로 대표되는 등가정적해석법은 지진력을 정적인 관성력으로 간주하여 지반이나 구조물에 작용시켜 힘의 평형조건으로부터 안정성을 검토하는 방법이다. 또한 동적해석법은 구조물, 기초, 지반을 포함한 해석대상에 대해 시간영역 또는 주파수영역에서 실지진기록을 입력하여 이에 대한 지반, 기초, 구조물의 응답을 분석하여 지진 시 안전성을 검토하는 방법이다(국가건설기준 KDS 64 17 00, 해양수산부, 2018).

내진 I등급 시설물은 기능수행 수준 및 붕괴방지 수준에서 동적해석법에 의하여 시설물의 안전이나 부재력을 검토함이 바람직하나 배면이 토사로 매립되었거나 내부 속채움이 포함된 시설물로서 지진 시 토압 및 동수압이 시설물의 안전이나 부재력에 지배적인 경우 또는 일반적인 잔교구조물 등은 등가정적해석법을 적용할 수 있다. 지반에 매설되는 관구조물 등의 변형은 지진 시 주변 지반의 변위에 지배되므로 이를 고려하여 검토한다.

내진 II등급 시설물은 기능수행 수준 및 붕괴방지 수준에서 등가정적해석법에 의하여 시설물의 안전이나 부재력을 검토한다. 그러나 고유진동주기가 비교적 짧고 감쇠성이 큰 시설물이 아닌 경우로 지진동의 탁월주기와 비교하여 시설물의 고유진동주기가 긴 경우나 높이 방향으로 진동이 증폭하기 쉬운 경우는 내진 II등급 시설의 경우에도 시설물의 동적거동을 판단하여 설계지반운동을 결정한다.

내진 I등급, 내진 II등급 모두 지진 시 하중조건이나 재료의 특성 등에 따라 기능수행 수준에서의 시설물 안전이나 부재력이 붕괴방지 수준에서의 경우보다 덜 위험하다고 판단되는 경우는 기능수행 수준에서의 검토를 생략할 수 있으며, 내진 I등급 시설물의 경우에도 타당성 조사나 기본계획 단계에서는 등가정적해석법을 적용하고, 기본설계 단계에서는 중요 시설부분에 대해서만 내진 I등급 시설물 규정을 적용할 수 있다.

항만시설물의 허용변위는 시설물의 운영 측면이나 안전 측면이 모두 고려되어 결정되어야 하며 일반적으로 다음과 같은 기준을 예시할 수 있다(항만 및 어항 설계기준, 해양수산부, 2014).

① 「Design Criteria for Earthquake Hazard Mitigation of Navy Piers and Wharfs」(US Navy, 1977)

잔교하부 호안구조물의 경우(Newmark법 사용 시)
붕괴방지 수준에서의 허용범위: 30cm (수평방향)
기능수행 수준에서의 허용범위: 10cm (수평방향)

② 「港灣の施設の技術上の基準 · 同解說」(사단법인 일본항만협회, 平成11年 4月): 붕괴방지 지진작용 시에 크레인 미설치 부지의 경우

표 1-30 공용의 관점에서 본 안벽 변형량 허용치(항만 및 어항 설계기준, 해양수산부, 2014)

구분	피해변형량: 최대 측방 변위량 또는 최대 에이프런 침하량			
구조 형식	중력식 계선안		널말뚝식 계선안	
안벽수심	(-) 7.5m 이상	(-) 7.5m 미만	(-) 7.5m 이상	(-) 7.5m 미만
공용가능	0~30cm	0~20cm	0~30cm	0~20cm
공용제한	30~100cm	20~50cm	30~50cm	20~30cm

표 1-31 기능상의 관점에서 본 안벽 변형량 상한 허용치(항만 및 어항 설계기준, 해양수산부, 2014)

구분	항목	값
구조물 본체	에이프런 전체의 침하량	: 20~30cm
	경사	: 3~5°
	측방의 변위	: 20~30cm
에이프런	침하: 에이프런상의 단차: 3~10cm 에이프런과 배후지의 단차: 30~70cm	
	경사: 순경사 3~5%, 역경사 0%	

③ 「SEISMIC DESIGN GUIDELINES FOR PORT STRUCTURES」(INTERNATIONAL NAVIGATION ASSOCIATION, 2001)

표 1-32 피해 허용수준(Acceptable level of damage) 분류(항만 및 어항 설계기준, 해양수산부, 2014)

피해 정도	구조물 피해	기능적 피해
수준 Ⅰ: 사용가능(Serviceable)	최소 또는 피해 전무	최소의 기능피해
수준 Ⅱ: 복구가능(Repairable)	복구 가능한 피해	단기간 기능수행 불가
수준 Ⅲ: 붕괴임박(Near Collapse)	붕괴에 가까운 피해	장기간 기능수행 불가
수준 Ⅳ: 붕괴(Collapse)	붕괴	붕괴에 따른 기능수행 불가

표 1-33 중력식 안벽의 파괴 기준(항만 및 어항 설계기준, 해양수산부, 2014)

피해구분		수준 Ⅰ	수준 Ⅱ	수준 Ⅲ	수준 Ⅳ
중력식 안벽	정규화된 잔류 수평변위(d/H)*	1.5%** 이하	1.5~5%	5~10%	10% 이상
	바다방향 잔류 기울기	3° 이하	3~5°	5~8°	8° 이상
에이프런	에이프런 상의 단차	0.03~0.1m 이하	N/A***	N/A	N/A
	에이프런과 배후지의 단차	0.3~0.7m 이하	N/A	N/A	N/A
	바다방향 잔류 기울기	2~3°이하	N/A	N/A	N/A

* d: 벽 상단에서의 잔류 수평변위, H: 중력벽의 높이
** 대체 규정은 부등 수평변위의 측면에서 30cm 이하로 제안됨
*** 적용할 수 없을 때 생략

표 1-34 말뚝지지 안벽의 파괴 기준(항만 및 어항 설계기준, 해양수산부, 2014)

피해구분	수준 Ⅰ	수준 Ⅱ	수준 Ⅲ	수준 Ⅳ
상판(Deck)과 배후지 사이의 부등침하	0.1~0.3m 이하	N/A	N/A	N/A
바다방향 잔류 기울기	2~3° 이하	N/A	N/A	N/A

표 1-35 중공블록식 안벽의 파괴 기준(항만 및 어항 설계기준, 해양수산부, 2014)

피해구분		수준 Ⅰ	수준 Ⅱ	수준 Ⅲ	수준 Ⅳ
중공블록식 안벽	정규화된 잔류 수평변위(d/H)*	1.5%** 이하	1.5~5%	5~10%	10% 이상
	바다방향 잔류 기울기	3° 이하	3~5°	5~8°	8° 이상
에이프런	에이프런 상의 단차	0.03~0.1m 이하	N/A	N/A	N/A
	에이프런과 배후지의 단차	0.03~0.7m 이하	N/A	N/A	N/A
	바다방향 잔류 기울기	2~3° 이하	N/A	N/A	N/A

* d: 벽 상단에서의 잔류 수평변위, H: 중력벽의 높이
** 대체 규정은 부등 수평변위의 측면에서 30cm 이하로 제안됨

내진 I등급 시설물의 안전이나 부재력 검토 시 중력식 안벽, 널말뚝식 안벽 등이나 직립식 혹은 혼성식 방파제와 같은 경우는 등가정적 해석법을 허용하며, 지진발생 시 강체운동으로 보기 어려운 잔교식 안벽의 경우 내진 II등급 시설물도 동적거동을 상세하게 판단하는 것이 바람직하다. 붕괴방지 수준 및 기능수행 수준에서의 상재하중(특히 운영하중)은 발생빈도가 상이하므로 달리 적용할 수 있다.

재료의 특성에 따른 해석방법을 감안할 때, 콘크리트 구조물은 붕괴방지 수준의 경우만 검토하여도 시설물의 안전이나 부재력에 문제가 없는 경우가 발생 가능할 것으로 예상되므로 설계자의 판단에 따라 기능수행 수준에서의 검토를 생략할 수 있다. 말뚝식 구조와 같은 강재시설물의 경우 허용응력설계법으로 하고, 기능수행 수준의 경우는 허용응력 할증을 감안하여 검토하고 붕괴방지 수준의 경우는 연성계수를 적용하여 부재력을 검토한다.

내진 II등급 시설물의 경우는 기본적으로 등가정적해석법으로 하였으므로 시설물의 변위검토는 하지 않는 것으로 한다.

(9) 등가정적해석법

설계지진력은 자중 또는 재하하중을 포함한 자중을 지진계수에 곱하여 결정하며 이 중 시설물에 불리하게 되는 지진력을 시설물의 중심에 작용시키는 것으로 한다. 지진계수는 지역별 보통암(S_1) 지반의 최대지반가속도에 지반종별 증폭계수를 고려하여 구하며, 증폭계수는 보통암을 기준으로 한 상대증폭비이다. 지반종별 증폭계수는 지반조건에 따른 지진응답해석을 수행하여 결정한다. 단, 소규모시설이나 기타 부득이한 경우는 표 1-26 지반증폭계수 Fa를 이용하여 보통암에 대한 상대적인 증폭치를 결정할 수 있다.

안벽과 같은 항만구조물에 대한 내진설계에 있어서는 일반적인 토목구조물에서와 같이 등가정적해석법이 적용된다. 즉, 지진동의 탁월진동주기에 비하면 이들 구조물의 고유진동주기는 짧다고 보여지므로 지진동에 의해 이들 구조물은 강체와 같이 거동한다고 본다. 등가정적해석법에 의하면 지진 시 발생하는 최대 지진력이 마치 정적인 힘으로 정상적으로 작용하는 것처럼 설계되므로, 이와 같은 설계법과 실제에 일어나는 현상과의 차이를 감안하여 지진 시에는 이상 시 하중에 대한 재료의 안전율, 허용응력도 등을 상시와 달리 하고 있다.

과거 지진하중 조건에만 의존하여 설계하던 방법 대신, 벽체구조물의 허용변위를 고려하여 설계하는 방법이 점점 일반화되고 있다. 등가정적해석법 해석에서 사용되는 Mononobe-Okabe 방법과 Eurocode 방법들은 벽체구조물에 가해지는 지진하중을 산정하는 데 유용하게 이용될 수 있으나 변위에 대한 정보는 알 수 없다. 지진발생 후 벽체구조물이 제 기능을 발휘할 수 있는지는 지진 시 발생된 구조물의 영구변위의 크기에 좌우되는 경우가 많다. 따라서 내진설계 시 허용변위를 고려한 설계기법과 설계지진에 의한 벽체구조물의 영구변형을 예측하기 위한 해석을 수행할 필요가 있다(항만 및 어항 설계기준, 해양수산부, 2014).

1) 영구변위 산정법

① Richards-Elms 방법

Richards-Elms는 허용변위에 따른 벽체구조물의 내진설계방법을 제안하였다. 이 방법은 지진 시의 사면안정해석 방법으로 Newmark가 제안한 슬라이딩 블록(Sliding block) 방법과 유사한 방법으로 벽체의 영구변위를 평가하는 방법이다. Richards-Elms는 영구변위 및 항복가속도(설계가속도)를 구하는 방법을 다음과 같이 제안하였다.

$$N = A\left(\frac{0.087V^2}{dAg}\right)^{1/4}$$

$$d = 0.087\frac{V^2}{Ag(N/A)^4} \tag{1-187}$$

여기서, d는 영구변위(m)
N는 항복가속도(m/sec^2)
A는 최대지반가속도(m/sec^2)
g는 중력가속도(m/sec^2)
V는 최대지반속도(m/sec)

일반적으로 허용변위는 구조물의 중요도(등급) 및 종류에 따라 설계시방서에 주어진다. 허용변위가 결정되면 벽체에 가해지는 지진계수를 수정하여 등가정적해석법 해석을 수행한다.

또한 활동을 유발하는 항복가속도를 한계평형법에 의하여 계산하고, 설계지진력에 대한 영구변위를 참고 식 수식 (1-187)을 이용하여 계산할 수 있다.

② Whitman-Liao 방법

Richards-Elms 방법은 중력식 벽체구조물의 변위를 산정하는 데 유용하나, 개발 과정에서 동적토압 문제에서 고려되어야 할 뒤채움재의 진동응답, 운동학적 요소들, 회전거동, 수직 가속도 등의 사항들을 무시하고 있다. 이러한 문제점을 개선하기 위하여 Whitman-Liao는 Richards-Elms 방법의 모델링 오류를 통계학적인 방법을 이용해 95%의 신뢰수준으로 영구변위를 초과하지 않는 항복가속도를 구하는 법을 다음과 같이 제안하였다.

$$N = A\left\{0.66 - \frac{1}{9.4}\ln\left(\frac{dAg}{V^2}\right)\right\} \text{(단면설계 시)}$$

$$d = \frac{495V^2}{Ag}\exp\left(-9.4\frac{N}{A}\right) \text{(설계단면 검토 시)} \tag{1-188}$$

Richards-Elms 방법과 Whitman-Liao 방법을 비교해보면, Whitman-Liao 방법은 지진 시 벽체구조물에 발생한 변위의 사례연구의 최적(Best-fit) 곡선을 나타내고 Richards-Elms 방법은 상한값을 나타낸다. 따라서 내진설계 시 Whitman-Liao 방법을 이용할 것을 추천하며, 보조 수단으로 Richards-Elms 방법에서 계산된 영구변위는 중력식 벽체구조물이 경험할 수 있는 영구변위의 상한값으로 참고할 수 있다.

2) 설계방법

허용변위를 고려하여 내진설계를 하는 방법은 다음과 같이 요약할 수 있다.

① 허용변위 *d*를 결정한다. *d*는 구조물의 종류 및 중요도(등급)에 따라 결정한다.

② 항복가속도(설계가속도) *N*을 허용변위로부터 계산한다.

③ 지진 시 작용되는 하중조합을 계산한다. 위에서 구한 항복가속도 *N*을 수평지진계수(k_h)로 사용한다.

④ 위 ③항에서 계산된 하중조합을 지탱할 수 있는 중력식 벽체구조물을 등가정적해석법과 동일하게 설계한다. 이 방법에서는 활동이 유발되는 것으로 가정하기 때문에 활동 이외의 검토사항에 대한 검토를 수행한다. 설계된 벽체의 영구변위를 예측하기 위해서는 중력식 벽체에 활동을 유발하는 항복가속도를 한계평형방법에 의하여 결정하고 Richards-Elms 방법과 Whitman-Liao 방법을 적용한다. 이때 Whitman-Liao의 방법은 평균값을 Richards−Elms 방법은 상한값을 제공한다.

상기의 방법 사용 시의 허용변위, 안전율 산정방법 및 필요한 안전율은 미국의 항만 설계기준(The seismic design of waterfront retaining structures, US Navy, 1992) 등을 참조한다. 중력식 안벽은 등가정적해석법 또는 상기의 변위를 고려한 해석방법 중에서 1가지 방법을 선택하여 설계할 수 있다.

(10) 동적해석방법

동적해석방법은 일반적으로 응답스펙트럼법, 시간이력해석법 등이 적용되나 재료의 특성, 모델형식 등에 따라 매우 다양하므로 실제 현상을 적절히 재현할 수 있는 방법을 선택할 필요가 있다. 동적해석모델을 선정함에 있어서 해석의 목적에 부합되고, 실제의 현상을 적절히 재현할 수 있는가를 충분히 고려해야 한다(국가건설기준 KDS 64 17 00, 해양수산부, 2018).

표 1-36 해석모델의 분류

해석법(포화지반의 취급)	유효응력해석법, 전응력해석법
계산대상 영역(차원)	1차원, 2차원, 3차원
재료특성	선형, 등가선형, 비선형
계산영역	시간영역해석법, 주파수영역해석법

1) 유효응력해석법과 전응력해석법

동적해석은 유효응력해석법과 전응력해석법으로 나눌 수 있다. 지반이 액상화되면 과잉간극수압이 발생하여 유효응력이 감소한다. 그 결과 흙의 응력상태가 변화하기 때문에 흙의 복원력 특성이나 감쇠특성이 변화하고 지반의 응답특성도 변화한다. 유효응력해석법은 이와 같은 상태를 표현할 수 있어 지반에 발생하는 과잉간극수압을 계산에 의해 직접 구할 수 있다. 한편, 전응력해석법에서는 계산과정에서 과잉간극수압이 계산되지 않기 때문에, 유효응력의 변화에 의한 지진응답 변화가 고려될 수가 없다. 따라서 어느 정도 이상의 과잉간극수압비로 대략 0.5 이상이 발생하는 경우에는 전응력법에 의한 계산 결과는 실제의 지진응답과 꽤

다를 가능성이 크다. 일반적으로 유효응력해석에 의한 응답값(전단응력이나 가속도)은 전응력해석에 의한 응답값보다 전반적으로 작다고 알려져 있다. 이 경우에는 전응력해석은 설계상 안전 측의 결과를 주고 있다. 따라서 설계실무에는 간편한 전응력해석법이 이용되는 경우가 많다.

2) 계산대상 영역에 의한 분류

계산의 대상으로 하는 영역에 의한 해석에는 1차원에서 3차원까지의 해석법이 있다. 일반적으로, 평면적으로 넓은 곳에 수평으로 퇴적된 지층구조를 가지는 자연 지반을 대상으로 하는 경우에는 1차원 해석법이 이용되고 있다. 또 안벽 등과 같이 안쪽 길이 방향으로 똑같다고 간주하는 구조물-지반계를 대상으로 하는 경우에는 2차원 해석법이 이용되고 있는 것이 일반적이다. 교대기초-지반계와 같은 경우, 3차원적 취급을 하는 것이 생각될 수 있으나, 모델화나 계산시간의 제약으로 인하여 3차원 해석은 중요 구조물이나 연구목적으로 이용되는 것이 일반적이다.

3) 일반적인 계산모델의 종류

1차원 부지응답 해석은 지반을 수평한 토층의 겹침으로 간주하고, 지반에서부터 수직으로 입사한 전단파가 상방으로 진행하여 각 층의 경계에서 투과와 반사를 반복하게 하는 것이다. 이 방법에는 흙의 응력-변형률 관계를 선형으로 취급하나, 유사해석으로 비선형성을 고려할 수 있는 등가선형해석법에 의해 1차원 부지응답해석이 널리 이용되고 있다. 그림 1-114는 1차원 부지응답해석의 다층지반 모델을 나타내며, 해석결과는 각 지층 두께, 기반암 심도, 층별 전단탄성계수, 감쇠비, 밀도 등에 좌우된다. 유한요소 해석법은 지반을 유한개수의 요소로 분할하여 해석하는 것으로 지반의 층 두께나 물성의 2차원적인 변화를 용이하게 표현할 수 있다.

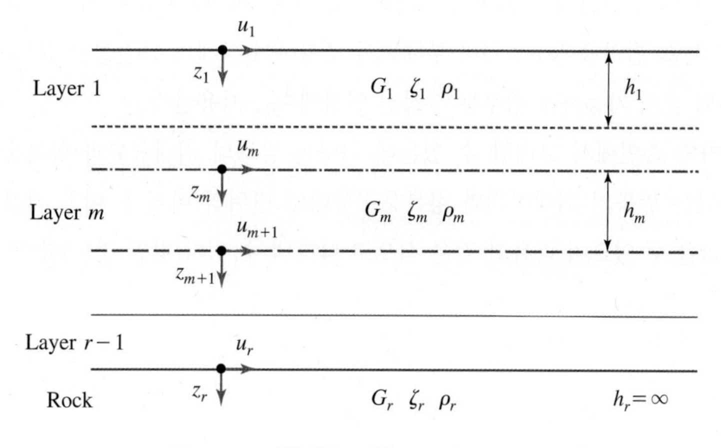

그림 1-114 다층지반 모델(Kottke and Rathje, 2011)

(11) 하중조합 및 연성계수

항만 및 어항 시설의 내진설계를 위한 설계지반운동의 재현주기가 50~1,000년인 점을 고려하여 발생빈도가 낮은 선박 접안력, 폭풍 시 풍압, 파력, 충돌하중 및 충격하중과 기타 발생빈도가 적어서 지진하중과 동시에 작용할 확률이 적은 하중은 동시에 작용하지 않는 것으로 한다(항만 및 어항 설계기준, 해양수산부, 2014).

지진하중은 상재하중이 있는 경우와 없는 경우에 대하여 조합되어야 한다. 지진 시 기능수행 수준 및 붕괴방지 수준에 따른 상재하중의 크기는 대상시설물의 운영형태, 시설물의 중요도 등에 따라 결정될 요소이다. 기능수행 수준에서는 평상시 하중의 50%, 붕괴방지 수준에서는 평상시 하중의 25%를 적용하는 것을 표준으로 한다.

안벽 등의 상부의 궤도하중은 지진 시 구조물에 미치는 영향을 감안하여 검토되어야 한다. 중력식 안벽 등의 상부에 놓이는 크레인과 같은 궤도하중은 안벽구조물의 강성에 비하여 크레인 각주의 강성이 적으므로 지진발생 시 미치는 영향이 적은 경우가 있다. 이는 크레인의 구조특성상 장주기 거동으로 중력식 안벽구조물과 공진하지 않기 때문이다.

허용응력 설계법을 적용하여 내진과 관련하여 항만 및 어항시설의 설계를 하는 경우에는 허용응력 할증 및 붕괴방지 수준에서의 연성계수의 적용이 가능하다.

기능수행 수준의 지진은 대상구조물에 발생하는 변형을 탄성한도 내에서 거동하도록 규정하지만, 붕괴방지 수준의 지진은 구조물에서 발생하는 소성변형을 허용한다. 연성거동이 보장되어 구조물이 비탄성 거동을 하게 되면 탄성거동을 하는 경우보다 부재력이 작아진다. 붕괴방지 수준에서의 연성거동이 확보되는 경우 설계지진력은 탄성해석에서 구한 지진력을 연성계수로 나눈 값으로 한다. 다만, 축방향력과 전단력은 연성계수로 나누지 않는다.

말뚝구조물의 경우 이를 고려하기 위하여 부재 설계 시 탄성해석으로 구한 탄성부재력을 연성계수를 사용하여 수정하게 된다. 즉 지진에 의한 탄성부재력을 연성계수로 나눈 값이 지진에 대한 설계부재력이 되며 다른 하중(고정하중, 활하중 등)에 의한 부재력과 조합하여 부재의 안전성을 검토하면 된다. 말뚝이 단주인 경우나 단주와 같이 거동하는 경우는 수정된 연성계수를 사용한다.

연성계수는 두 가지 측면에서 고려할 수 있는데 하나는 말뚝의 최대곡률과 항복응력상태의 곡률의 비이고, 또 다른 하나는 말뚝의 최대변위와 항복응력상태의 변위의 비이다. 이를 각각 곡률연성계수와 변위연성계수로 정의할 수 있으며 다음과 같은 식으로 나타낼 수 있다(항만 및 어항 설계기준, 해양수산부, 2014).

① 곡률연성계수

$$\mu_{\emptyset} = \frac{\emptyset_{max}}{\emptyset_{y}} \tag{1-189}$$

여기서, ϕ_{max}는 최대소성변형에 대한 곡률

ϕ_{y}는 항복상태의 곡률

② 변위연성계수

$$\mu_\Delta = \frac{\Delta_{max}}{\Delta_y} \tag{1-190}$$

여기서, Δ_{max}는 소성변형과 탄성변형의 합
Δ_y는 탄성변형

해석적인 방법으로 연성계수를 구할 때 Δ_y는 콘크리트 말뚝의 경우 철근이 최초로 항복하는 시점에서의 변위이고, 강말뚝인 경우는 부재가 최초로 항복을 하는 시점에서의 변위이다. 곡률연성계수와 변위연성계수 중 후자가 구조적인 접근에 더 용이하기 때문에 연성계수로는 변위연성계수를 사용하는 것이 일반적이다. 이 방법으로 각 구조물에 적합한 연성계수를 결정할 수 있으나 이 방법은 복잡한 절차를 필요로 하므로 붕괴방지 수준에서의 부재력 검토 시 표 1-37과 같이 제시된 연성계수를 사용하여 설계에 적용할 수 있다(US Navy, 1997).

표 1-37 붕괴방지 수준에서의 연성계수(항만 및 어항 설계기준, 해양수산부, 2014)

항만구조물	말뚝의 종류	허용변위 연성계수				
		콘크리트 말뚝			강말뚝	
		지반에서의 말뚝모멘트	말뚝두부	경사말뚝두부	수직말뚝만 사용 시	수직말뚝과 경사말뚝 혼용 시
돌출잔교 (Finger Pier) 및 디태치드 피어 (Detached Pier)	PS콘크리트	1.5	3.0	1.5	–	–
	강재 또는 강재와 콘크리트 합성	–	–	–	5.0	3.0
횡잔교 (Marginal Wharf)	PS콘크리트	2.0	5.0	2.5	–	–
	강재 또는 강재와 콘크리트 합성	–	–	–	5.0	3.0

특히, 지반 내에서 말뚝의 소성변형이 크게 일어나게 되면 보수가 어려워진다. 따라서 연성계수를 작게 하여 설계하여야 하고 말뚝두부에서의 소성변형은 보수가 용이하므로 큰 값의 연성계수를 사용할 수 있다. 돌출잔교 및 디태치드 피어의 연성계수가 횡잔교의 연성계수보다 작은 값을 가지는데 이는 돌출잔교 및 디태치드 피어의 말뚝 길이가 횡잔교의 말뚝 길이보다 길기 때문이다. 연성계수는 말뚝의 길이에 반비례하기 때문에 말뚝의 길이가 길어지게 되면 연성계수의 값을 작게 제한하며, 경사말뚝의 경우 연성을 감소시키는 경향이 있으므로 그 유무에 따라서 값이 달라질 수 있다. 따라서 경사말뚝을 설계할 때에는 말뚝두부의 연성이 충분히 확보되었는지 확인하여야 한다(항만 및 어항 설계기준, 해양수산부, 2014).

그림

- 1-1 항만시설의 종류 11
- 1-2 방파제의 구조 형식 및 기능에 따른 분류(항만 및 어항 설계기준, 해양수산부, 2014) 13
- 1-3 방파제의 구조 형식에 따른 분류 14
- 1-4 방파제의 형식 1(항만 및 어항 설계기준, 해양수산부, 2014) 15
- 1-5 방파제의 형식 2(항만 및 어항 설계기준, 해양수산부, 2014) 15
- 1-6 특수형식 방파제의 예[출처: 반원형 유공 케이슨, 이중 원통식(항만건설기술, 삼성 건설), 부유식(원전항, 포스코 건설), 소파판 잔교식, 반원형 슬릿 케이슨(현대건설), 석션파일 방파제(한국해양과학기술원)] 16
- 1-7 방조제 최종 끝막이 사례(좌: 서산 방조제, 우: 새만금 방조제) 16
- 1-8 방조제 최종 물막이 및 최종 연결 사진(서산 간척사업) 17
- 1-9 새만금 방조제 최종 끝막이 공사 18
- 1-10 배수갑문 및 부두갑문 19
- 1-11 갑문 각부의 명칭(항만 및 어항 설계기준, 해양수산부, 2014) 19
- 1-12 콘크리트 소파블록식 호안 및 친수호안 20
- 1-13 도류제 21
- 1-14 직선형 돌출제군 및 T형 돌출제군 21
- 1-15 이안제 및 잠제 22
- 1-16 잠제부근의 세굴작용(항만 및 어항 설계기준, 해양수산부, 2014) 22
- 1-17 구조 형식에 따른 계류시설의 종류 23
- 1-18 계류시설의 구조 형식(항만 및 어항 설계기준, 해양수산부, 2014) 24
- 1-19 중력식 안벽의 종류 25
- 1-20 잔교식 안벽의 종류 27
- 1-21 널말뚝식 안벽의 종류 28
- 1-22 대형 부잔교(돌핀 계류식, 항만 및 어항 설계기준, 해양수산부, 2014) 30
- 1-23 말뚝식 돌핀 안벽(Dolphin Berth, 항만 및 어항 설계기준, 해양수산부, 2014) 31
- 1-24 계선부표의 형식(항만 및 어항 설계기준, 해양수산부, 2014) 32
- 1-25 기타 형식의 계류시설[출처: 부잔교(현대건설), 계선부표(Credits: wikipedia.org), 돌핀식 잔교(현대건설), 부유식 컨테이너 부두(한국해양수산개발원)] 32
- 1-26 수역시설의 종류 33
- 1-27 파의 변수 정의(해안공학, 김도삼, 이광호, 2016) 36
- 1-28 해양파의 주기와 주파수에 따른 에너지 분포(Munk, 1950; 해안공학, 김도삼, 이광호, 2016) 37
- 1-29 파형의 제원 39
- 1-30 2차원 파동장에서 유체영역과 경계면 42
- 1-31 자유수면 운동학적 경계조건(Kinematic Boundary Condition) 43
- 1-32 k의 산정을 위한 도해법(해안공학, 김도삼, 이광호) 48
- 1-33 지진해일의 분산성(현대건설 항만 전문가 초청 세미나, 윤성범) 49
- 1-34 파고, 주기를 읽고 취하는 방식 49
- 1-35 진행파의 정의 50
- 1-36 파랑의 분산 효과 모식도 51
- 1-37 진행파의 수평 물입자의 속도 분포 52
- 1-38 물입자의 이동 궤적 52
- 1-39 진행파의 압력 53
- 1-40 군속도(Group Velocity)의 정의 54
- 1-41 수심에 따른 파고와 파봉고의 관계(항만 및 어항 설계기준, 해양수산부, 2014) 56
- 1-42 Stokes 2nd Order Wave 56
- 1-43 파랑 이론의 적용 범위(CEM, USACE, 2001) 57
- 1-44 Cnoidal 파의 파형 57
- 1-45 규칙파의 중첩에 의한 불규칙파형(알기쉬운 항만설계기준 핸드북, 한국항만협회, 2011) 58
- 1-46 복합 Weibull 분포 계산예[H_{mo}= 3.9 m; 해저경사 1:40, 수심 = 7 m(Eurotop, 2016)] 59
- 1-47 파랑 관측 기록의 영점상향교차법(항만 및 어항 설계기준, 해양수산부, 2014) 60
- 1-48 PM과 JONSWAP 스펙트럼의 비교(Chakrabati, 1987) 62
- 1-49 천수변형 모식도 63
- 1-50 천수계수의 산정도 1(해안과 항만공학, 최영박, 윤태훈 & 지홍기, 2007) 64
- 1-51 천수계수의 산정도 2(항만 및 어항 설계기준, 해양수산부, 2014) 65
- 1-52 파랑의 굴절변형 모식도(현대건설 항만 전문가 초청 세미나, 김도삼) 66
- 1-53 평행한 등심선에서 파랑 굴절(Snell 법칙) 67
- 1-54 직선 평행해안에서의 굴절계수(항만 및 어항 설계기준, 해양수산부, 2014) 68
- 1-55 불규칙한 등심선의 해역에서의 굴절변형(직선 해

안, 항만 및 어항 설계기준, 해양수산부, 2014) 68
- 1-56 불규칙한 등심선의 해역에서의 굴절변형(굴곡 해안, 항만 및 어항 설계기준, 해양수산부, 2014) 69
- 1-57 파의 에너지 누가곡선(내파공학, Goda Yoshimi 저, 김남형, 양순보 역, 2014) 71
- 1-58 직선 평행등심선 해안의 불규칙 파랑의 굴절계수(항만 및 어항 설계기준, 해양수산부, 2014) 72
- 1-59 직선 평행등심선 해안에서 굴절에 의한 불규칙파의 주파향 α_p의 변화도(항만 및 어항 설계기준, 해양수산부, 2014) 72
- 1-60 파의 회절과 반사 73
- 1-61 반무한 방파제의 규칙파에 의한 회절도($\theta=90°$) 74
- 1-62 가상 개구폭 B'과 회절파의 축선(軸線) 각도 θ'(항만 및 어항 설계기준, 해양수산부, 2014) 74
- 1-63 굴절·회절 변형의 근사계산(항만 및 어항 설계기준, 해양수산부, 2014) 76
- 1-64 불규칙파에 대한 원형 천공 케이슨의 반사율(Tanimoto,1976) 78
- 1-65 파랑의 변형 79
- 1-66 쇄파 형태 80
- 1-67 규칙파의 쇄파한계파고[Goda(合田), 1970] 81
- 1-68 유의파고의 최대치가 출현하는 수심의 산정도(항만 및 어항 설계기준, 해양수산부, 2014) 82
- 1-69 쇄파대 내에서 유의파고의 최대치 산정도(항만 및 어항 설계기준, 해양수산부, 2014) 83
- 1-70 유의파로서 초기 쇄파점에 대한 쇄파지표의 산정도(내파공학, Goda Yoshimi 저, 김남형, 양순보 역, 2014) 83
- 1-71 쇄파대 내의 유의파고 산정도(항만 및 어항 설계기준, 해양수산부, 2014) 85
- 1-72 쇄파대 내의 최대파고 산정도(항만 및 어항 설계기준, 해양수산부, 2014) 86
- 1-73 쇄파에 의한 수위 상승(항만 및 어항 설계기준, 해양수산부, 2014) 88
- 1-74 장방형 만의 개념도 89
- 1-75 좁고 긴 장방형 항의 공진스펙트럼(항만 및 어항 설계기준, 해양수산부, 2014) 91
- 1-76 폭이 넓은 장방형 항의 공진스펙트럼(항만 및 어항 설계기준, 해양수산부, 2014) 91
- 1-77 안벽과 부두에서의 한계 운영 해상 조건(PIANC Report) 93
- 1-78 항내파고의 초과출현율을 계산한 예(항만 및 어항 설계기준, 해양수산부, 2005) 95
- 1-79 항주파 평면도(그림의 실선은 종파, 파선은 횡파를 나타냄) (항만 및 어항 설계기준, 해양수산부, 2014) 96
- 1-80 수심이 충분히 깊은 곳에서의 종파파고 및 주기(항만 및 어항 설계기준, 해양수산부, 2014) 98
- 1-81 항주파 계산을 위한 제원의 정의(CIRIA C683 The Rock Manual, CUR, 2014) 100
- 1-82 수로 호안 안정성에 관련된 항주파 및 흐름의 특성(CIRIA C683 The Rock Manual, CUR, 2014) 101
- 1-83 항주파 계산을 위한 순서도(CIRIA C683 The Rock Manual, CUR, 2014) 102
- 1-84 바지선의 운항에 따른 돌제군 주위 흐름장의 변화(CIRIA C683 The Rock Manual, CUR, 2014) 104
- 1-85 풍향표시도(해안과 항만공학, 최영박, 윤태훈 & 지홍기, 2007) 105
- 1-86 높이에 의한 풍속의 변화(해안과 항만공학, 최영박, 윤태훈 & 지홍기, 2007) 107
- 1-87 경도풍(북반구) (해안과 항만공학, 최영박, 윤태훈 & 지홍기, 2007) 108
- 1-88 실제의 바람(북반구) (해안과 항만공학, 최영박, 윤태훈 & 지홍기, 2007) 108
- 1-89 저기압 및 고기압에서의 바람부는 방향(북반구) (해안과 항만공학, 최영박, 윤태훈 & 지홍기, 2007) 109
- 1-90 지구-달 시스템(Tidal analysis and prediction, Parker, B.B., 2007) 112
- 1-91 조석 생성력(Tidal analysis and prediction, Parker, B.B., 2007) 112
- 1-92 달과 태양에 의한 조수 생성력 113
- 1-93 인천항 기준조석의 조위면도(1943~1944) 116
- 1-94 SRES A1B 시나리오에 대한 해수면 상승 예측 117
- 1-95 지진해일의 용어의 설명도 122
- 1-96 지진해일의 파력 개념도 124
- 1-97 동해의 표층 해류 모식도 (KDS 64-10-10) 125
- 1-98 해빈류 모식도(해안과 항만공학, 최영박, 윤태훈 & 지홍기, 2007) 127
- 1-99 하구 밀도류 형식 분류(항만 및 어항 설계기준, 해양수산부, 2014) 129
- 1-100 평균재현주기 50년 지진지반운동(5년 내에 발생확률 10%에 해당하는 가속도계수(%g)) 133
- 1-101 평균재현주기 100년 지진지반운동(10년 내에 발생확률 10%에 해당하는 가속도계수(%g)) 134

- 1-102 평균재현주기 200년 지진지반운동(20년 내에 발생확률 10%에 해당하는 가속도계수(%g)) 135
- 1-103 평균재현주기 500년 지진지반운동(50년 내에 발생확률 10%에 해당하는 가속도계수(%g)) 136
- 1-104 평균재현주기 1000년 지진지반운동(100년 내에 발생확률 10%에 해당하는 가속도계수(%g)) 137
- 1-105 평균재현주기 2400년 지진지반운동(240년 내에 발생확률 10%에 해당하는 가속도계수(%g)) 138
- 1-106 평균재현주기 4800년 지진지반운동(480년 내에 발생확률 10%에 해당하는 가속도계수(%g)) 139
- 1-107 가속도표준설계응답스펙트럼(암반지반) (국가건설기준 KDS 17 10 00, 국토교통부, 2018) 141
- 1-108 가속도표준설계응답스펙트럼(토사지반) (국가건설기준 KDS 17 10 00, 국토교통부, 2018) 142
- 1-109 가속도시간이력의 구간선형 포락함수(국가건설기준 KDS 17 10 00, 국토교통부, 2018) 144
- 1-110 판내부 실지진 수평성분 가속도시간이력 145
- 1-111 현장 탄성파시험(박철수, 2008) 147
- 1-112 정규화 전단탄성계수 감소곡선 및 감쇠비곡선(경험곡선) (Idriss, 1990; Vucetic and Dobry, 1991) 148
- 1-113 정규화 전단탄성계수 감소곡선 및 감쇠비곡선 (Darendeli and Stokoe Model) (Darendeli, 2001) 148
- 1-114 다층지반 모델(Kottke and Rathje, 2011) 155

표

- 1-1 하역한계파고(항만 및 어항 설계기준, 해양수산부, 2014) 34
- 1-2 주기에 의한 파의 분류(해안공학, 김도삼, 이광호, 2016) 37
- 1-3 상대수심별 파장과 파속 계산식(알기쉬운 항만설계기준 핸드북, 한국항만협회, 2011) 55
- 1-4 파향별 성분파의 에너지 비 D_i(내파공학, Goda Yoshimi 저, 김남형, 양순보 역, 2014) 71
- 1-5 불규칙파 입사 시 회절파의 진행 축선각도(θ') [( ) 내는 입사각에 대한 편각] (항만 및 어항 설계기준, 해양수산부, 2014) 75
- 1-5 반사율의 개략치(Seelig and Ahrens, 1981) 78
- 1-6 만구 보정계수 90
- 1-7 파향별 파고 초과출현율의 예(항만 및 어항 설계기준, 해양수산부, 2005) 95
- 1-8 항주파가 심해파로 간주되는 조건(항만 및 어항 설계기준, 해양수산부, 2014) 98
- 1-9 해상풍속에 대한 관측풍속의 비율(해안과 항만공학, 최영박, 윤태훈 & 지홍기, 2007) 106
- 1-10 경도풍과 해상풍의 관계(위도별) (항만 및 어항 설계기준, 해양수산부, 2014) 109
- 1-11 지역별 풍속 및 속도압(항만 및 어항 설계기준, 해양수산부, 2005) 111
- 1-12 각 분조별 각속도와 주기 115
- 1-13 비조화상수(항만 및 어항 설계기준, 해양수산부, 2014) 116
- 1-14 한국 연안의 주요 항만의 최극조위(1956~2012) (항만 및 어항 설계기준, 해양수산부, 2014) 119
- 1-15 한국 연안 주요 항만 폭풍해일 기록(1959~1981) 120
- 1-16 한국 연안의 폭풍해일 기록(국립해양조사원, 2012a) 120
- 1-17 동해안의 지진해일 기록(동해중부지진, 1983.05.26) 123
- 1-18 설계지진 수준 130
- 1-19 지진구역의 구분 132
- 1-20 지진구역 계수(재현주기 500년에 해당) 132
- 1-21 위험도 계수 132
- 1-22 지반의 분류 140
- 1-23 가속도표준설계응답스펙트럼 전이주기 141
- 1-24 주기영역별 설계스펙트럼가속도 141
- 1-25 감쇠보정계수(C_D) 141
- 1-26 지반증폭계수(Fa 및 Fv) 142
- 1-27 가속도시간이력 구간선형 포락함수에 대한 지진규모별 지속시간(단위: 초) 144
- 1-28 판내부 실지진 지반운동 146
- 1-29 지반조사 항목 및 간격 146
- 1-30 공용의 관점에서 본 안벽 변형량 허용치(항만 및 어항 설계기준, 해양수산부, 2014) 150
- 1-31 기능상의 관점에서 본 안벽 변형량 상한 허용치(항만 및 어항 설계기준, 해양수산부, 2014) 151
- 1-32 피해 허용수준(Acceptable level of damage) 분류 (항만 및 어항 설계기준, 해양수산부, 2014) 151
- 1-33 중력식 안벽의 파괴 기준(항만 및 어항 설계기준, 해양수산부, 2014) 151
- 1-34 말뚝지지 안벽의 파괴 기준(항만 및 어항 설계기준, 해양수산부, 2014) 151

- 1-35 중공블록식 안벽의 파괴 기준(항만 및 어항 설계기준, 해양수산부, 2014) 151
- 1-36 해석모델의 분류 154
- 1-37 붕괴방지 수준에서의 연성계수(항만 및 어항 설계기준, 해양수산부, 2014) 157

참고문헌

건설교통부 (1998) 내진설계기준 연구(II)

국토교통부 (2018) 국가건설기준 KDS 17 10 00 : 2018 내진설계 일반

국토지리정보원, 2010. 국가 수직기준체계 수립을 위한 연구.

국립해양조사원, 2012c. 조석자료처리 체계 수립 및 기준면의 재고찰 결과보고서.

국립해양조사원, 2012a. 대한민국 해양과학정보 주제도, 115p.

국립해양조사원, 2009. 새로운 국제조석기준면 결정방법에 대한 분석 및 국제동향 연구보고서.

김남형, 양순보 역 (2014) 내파공학(Goda Yoshimi 저)

김도삼, 이광호(2016) 해안공학

박구용 (2004~2021) 해안/항만공학 강의자료

박철수 (2008) 동적물성치를 이용한 철도노반의 회복탄성계수 산정과 품질관리 방안, 박사학위논문, 경희대학교

삼성건설 (2006) 항만건설기술

소방방재청 (2013) 국가지진위험지도 공표, 소방방재청 공고 제2013-179호

윤성범 (1992~2021) 해안공학 강의 노트

이정규, 이재동, 정만 역(1992) 해안공학 (Robert M. Sorenson 저)

이홍자, 신창웅, & 승영호. (1992). 동해 죽변 연안해역에서 조석주기의 내부수온변동. 한국해양학회지, 27, 228-236.

일본국토기술정책 종합연구소 자료 (2006.6)

일본선박명세서 (2004)

일본토목학회 編, 김남형, 박구용, 조일형 공역(2004), 해안파동, 구미서관

최영박, 윤태훈 & 지홍기. (2007). 해안과 항만공학, 문운당

한국항만협회 (2011) 알기쉬운 항만설계기준 핸드북

해양수산부 (2014) 항만 및 어항 설계기준

해양수산부 (2018) 국가건설기준 KDS 64 17 00 : 2018 내진

해양수산부 (2019) 전국 심해설계파 산출 보고서

谷本勝利, 高山知司, 村上和男, 村田繁, 鶴谷廣一, 高橋重雄, 森川雅行, 吉本靖俊, 中野晋, 平石哲也, 1983. "1983年 日本海 中部地震津波の 實態と 二, 三の考察", 港灣技術研究所資料 No. 470, pp. 299.

BSI (2000) BS6349 Maritime Structure

CIRIA C683 (2014) The Rock Manual-The use of rock in hydraulic engineering

CIRIA SP 83 (1991) Manual on the use of rock in coastal and shoreline engineering

Dean, R. G. (1966). Tides and harmonic analysis. Estuary and Coastline Hydrodynamics, 197-229.

Defant, A. (1961). Physical oceanography (Vol. 1). Pergamon.

Delft Hydraulics (2005). BREAKWAT Manual

EuvOtop, 2016. Manual on wave overtopping of sea defences and related structures.

Godin, G. (1988). Tides. CICESE, ENSENADA(MEXICO), 1988, 290.

IPCC, 2007. Climate Change 2007: The Physical Science Basis, Contribution of Working Group I to the Fourth Assessment Report of the Intergovernmental Panel on Climate Change. Solomon, S., D. Qin, N. manning, Z. Chen, M. Marquis, K.B. Averyt, M. Tignor and H.L. Miller (eds.). Cambridge University Press, Cambridge, United Kingdom and New York, NY, USA, 996 pp.

Kang, S. K., Foreman, M. G., Lie, H. J., Lee, J. H., Cherniawsky, J., & Yum, K. D. (2002). Two-layer tidal modeling of the Yellow and East China Seas with application to seasonal variability of the M2 tide. Journal of Geophysical Research: Oceans, 107(C3), 6-1.

Lamb, W. (1932). Grey wares from Lesbos. The Journal of Hellenic Studies, 52, 1-12.

Myers, V. A. (1954). Characteristics of United States hurricanes pertinent to levee design for Lake Okeechobee, Florida (Vol. 30). US Government Printing Office.

Nakicenovic, N. and R. Swart (eds), 2000. Special Report on Emissions Scenarios. A Special Report of Working Group III of the Intergovernmental Panel on Climate Change. Cambridge University Press, Cambridge, United Kingdom and New York, NY, USA, 599 pp.

Pugh, D. T. (1987). Tides, surges and mean sea level.

Darendeli, M.B. (2001) Development of a new family of normalized modulus reduction and material damping curves, Ph. D. Dissertation, The University of Texas at Austin

Hardin, B. O. and Drnevich, V. P. (1972a), "Shear Modulus and Damping in Soils : Measurement and Parameter Effects," Journal of the Soil Mechanics and Foundations Division, ASCE, Vol. 98, No. SM6, pp. 603–624.

Hardin, B. O. and Drnevich, V. P. (1972b), "Shear Modulus and Damping in Soils : Design Equations and Curves," Journal of the Soil Mechanics and Foundations Division, ASCE, Vol. 98, No. SM7, pp. 667–692.

Idriss, I. M. (1990) "Response of Soft Soil Sites during Earthquakes," Proceedings, H. Bolton Seed Memorial Symposium, Vol. 2, May, pp. 273–289.

Kottke, A.R. and Rathje, E.M. (2011) Draft of Technical Manual for Strata

Menq, F. Y. (2003), Dynamic Properties of Sandy and Gravelly soils, Ph. D. Dissertation, The University of Texas at Austin.

PIANC & IAPH (1995) report on approach channels – preliminary guidelines (volume 1)

PIANC & IAPH (1995) report on approach channels – a guide for design (volume 2)

US Army Corps of Engineer (2001) Coastal Engineering Manual

US Army Corps of Engineer (1984) Shore Protection Manual

US Navy(1992) The seismic design of waterfront retaining structures

US Navy(1997) Design Criteria for Earthquake Hazard Mitigation of Navy Piers and Wharves

Vucetic, M. and Dobry, R. (1991) "Effect of Soil Plasticity on Cyclic Response," ASCE, Journal of Geotechnical Engineering, Vol. 117, No. 1, pp. 89–107.

LMIU Shipping Data)2006.8)

CHAPTER 2 항만 구조물 설계

2-1 설계 외력

2-2 외곽시설

2-3 계류시설

2-4 선박건조용 시설

2-5 수역시설

2-1 설계 외력

항만 구조물의 설계 외력은 시설의 성격 및 시설에 주어진 상황에 따라 다음의 설계 여건 중에서 적절하게 선정하고 이들의 자연조건, 이용 상황, 시공 조건, 부재의 특성, 이 시설에 대한 사회적 요청, 자연환경에의 영향 등을 고려하고 시설들이 안전하게 될 수 있도록 정해야 한다(항만 및 어항 설계기준, 해양수산부, 2014).

① 대상 선박의 제원
② 선박에 의하여 발생하는 외력
③ 바람과 풍압
④ 파고와 파력
⑤ 조석과 이상 조위
⑥ 흐름과 흐름의 힘
⑦ 부체에 작용하는 외력과 그의 동요
⑧ 하구 수리 및 표사
⑨ 지반
⑩ 지진과 지진력
⑪ 지반의 액상화
⑫ 토압 및 수압
⑬ 자중 및 재하하중
⑭ 마찰계수
⑮ 기타 필요한 설계 조건

(1) 대상 선박의 제원

대상선박이란 항만시설에 사용하는 것으로 예정되는 선박 중 그의 톤수가 최대인 것을 규정하고 있다. 따라서 대상선박이 특정한 경우에는 그의 주요 치수를 사용한다. 공공항만시설과 같이 대상선박을 사전에 특정할 수 없을 경우에는 표 2-1을 참고하여 대상선박의 주요 치수를 정할 수 있다(항만 및 어항 설계기준, 해양수산부, 2014).

표 2-1 대상 선박의 일반적 주요 치수

1. 화물선

톤 수	전장(Loa)	수선간장(Lpp)	형폭(B)	만재흘수(d)
(DWT)	(m)	(m)	(m)	(m)
1,000	67	61	10.7	3.8
2,000	82	75	13.1	4.8
3,000	92	85	14.7	5.5
5,000	107	99	17.0	6.4
10,000	132	123	20.7	8.1
12,000	139	130	21.8	8.6
18,000	156	147	24.4	9.8
20,000	177	–	27.1	9.9
30,000	182	171	28.3	10.5
40,000	198	187	30.7	11.5
50,000	216	–	31.5	12.4
55,000	217	206	32.3	12.8
70,000	233	222	32.3	13.8
90,000	251	239	38.7	15.0
100,000	256	–	39.3	15.1
120,000	274	261	42.0	16.5
150,000	292	279	44.7	17.7

2. 컨테이너선

톤 수	전장(Loa)	수선간장(Lpp)	형폭(B)	만재흘수(d)
(DWT)	(m)	(m)	(m)	(m)
10,000	139	129	22.0	7.7
20,000	177	165	27.1	9.9
30,000	203	191	30.6	11.2
40,000	241	226	32.3	12.1
50,000	274	258	32.3	12.7
60,000	294	279	35.9	13.4
100,000	350	335	42.8	14.7

3. 유조선

톤 수	전장(Loa)	수선간장(Lpp)	형폭(B)	만재흘수(d)
(DWT)	(m)	(m)	(m)	(m)
1,000	63	57	11.0	4.0
2,000	77	72	13.2	4.9
3,000	86	82	14.7	5.5
5,000	100	97	16.7	6.4
10,000	139	131	20.6	7.6
15,000	154	146	23.4	8.6
20,000	166	157	25.6	9.3
30,000	184	175	29.1	10.4
50,000	209	199	34.3	12.0
70,000	228	217	38.1	12.9
90,000	243	232	41.3	14.2
100,000	250	238	42.7	14.8
150,000	277	265	48.6	17.2
300,000	334	321	59.4	22.4

4. 롤온 · 롤오프(RO/RO)선

톤 수	전장(Loa)	수선간장(Lpp)	형폭(B)	만재흘수(d)
(DWT)	(m)	(m)	(m)	(m)
3,000	120	110	18.9	5.8
5,000	140	130	21.4	6.5
10,000	172	162	25.3	7.7
20,000	189	174	28.0	8.7
40,000	194	174	32.3	9.7
60,000	208	189	32.3	9.7

5. 자동차전용(PCC)선

톤 수	전장(Loa)	수선간장(Lpp)	형폭(B)	만재흘수(d)
(DWT)	(m)	(m)	(m)	(m)
3,000	112	103	18.2	5.5
5,000	130	119	20.6	6.2
12,000	135	123	21.8	6.8
20,000	158	150	24.4	7.9
30,000	179	175	26.7	8.8
40,000	185	175	31.9	9.3
60,000	203	194	32.3	10.4

6. LPG선

톤 수	전장(Loa)	수선간장(Lpp)	형폭(B)	만재흘수(d)
(DWT)	(m)	(m)	(m)	(m)
3,000	98	92	16.1	6.3
5,000	116	109	18.6	7.3
10,000	144	136	22.7	8.9
20,000	179	170	27.7	10.8
30,000	204	193	31.1	12.1
40,000	223	212	33.8	13.1
50,000	240	228	36.0	14.0

7. LNG선

톤 수	전장(Loa)	수선간장(Lpp)	형폭(B)	만재흘수(d)
(DWT)	(m)	(m)	(m)	(m)
20,000	174	164	27.8	8.4
30,000	199	188	31.4	9.2
50,000	235	223	36.7	10.4
80,000	274	260	42.4	11.5
100,000	294	281	45.4	12.1

8. 여객선

톤수	전장(Loa)	수선간장(Lpp)	형폭(B)	만재흘수(d)
(GT)	(m)	(m)	(m)	(m)
3,000	97	88	16.5	4.3
5,000	115	104	18.6	5.0
10,000	146	131	21.8	6.4
20,000	186	165	25.7	7.8
30,000	214	189	28.2	7.8
50,000	255	224	32.3	7.8
70,000	286	250	32.3	8.1
100,000	324	281	32.3	8.1

(2) 선박의 접안력

접안 시나 계류 시 선박에 의한 계류시설에 작용하는 외력은 대상선박의 제원, 접안 방법 및 접안 속도, 계류시설의 구조, 계류 방법, 계류시스템의 성질, 바람, 파도, 조류 등의 영향을 고려하고 적절한 방법을 사용하여 정한다.

선박으로 인해 계류시설에 작용하는 접안력은 운동역학적인 방법으로 선박의 접안에너지를 산정하고 방충공의 변위 복원력 특성을 사용하여 접안 시 방충재 반력을 계산하여 안벽의 육측 수평 외력으로 적용한다.

1) 항만 및 어항 설계기준(2014)

① 선박의 접안에너지

선박의 접안에너지는 운동역학적 방법에 의해서 계산해야 하며, 다음 식에 의하여 계산한다.

$$E_f = \left(\frac{M_s V^2}{2}\right) C_e C_m C_s C_c \tag{2-1}$$

여기서, E_f는 선박의 접안에너지(kN · m)
M_s는 선박의 질량(t)
V는 선박의 접안속도(m/s)
C_e는 편심계수
C_m는 가상질량계수
C_s는 유연성계수(표준은 1.0)
C_c는 선석의 형상계수(표준은 1.0)

편심계수(C_e)는 다음 식으로 계산하는 것을 표준으로 한다.

$$C_e = \frac{1}{1+(l/r)^2} \tag{2-2}$$

여기서, l은 선박의 접촉면의 계류 기준선과 당해 선박의 중심까지 거리(m)
r는 선박의 중심을 통하는 수직축 둘레의 회전반경(m)

선박의 회전 반경은 도참을 이용하거나 다음 근사식으로 구할 수 있다.

$$r = (0.19C_b + 0.11)L_{pp} \tag{2-3}$$

여기서, L_{pp}는 수선간(垂線間) 길이(m)
C_b는 블록계수, $C_b = \nabla/(L_{pp}\ Bd)$
〔∇: 선박의 배수 부피(m^3), B: 형폭(m), d: 흘수(m)〕

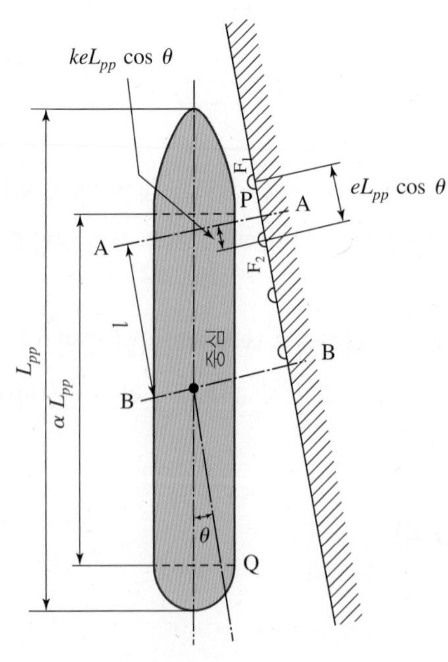

그림 2-1 선박 접안 모식도

가상질량계수(C_m)는 다음 식으로 계산하는 것을 표준으로 한다.

$$C_m = 1 + \frac{\pi}{2C_b} \times \frac{d}{B} \tag{2-4}$$

여기서, C_b는 블록계수
∇는 선박의 배수부피(m^3)
B는 형폭(m)
d는 만재흘수(m)

② 계선주에 작용하는 선박의 견인력

계선주에 작용하는 선박의 견인력은 표 2-2의 값을 표준으로 한다. 직주에 있어서는 아래 표의 값을 규정한 선박의 견인력이 수평방향으로 작용하고 그 반(1/2)의 견인력이 수직방향으로 동시에 작용하는 것을 표준으로 한다. 곡주에서는 아래 표의 값을 규정한 선박의 견인력이 모든 방향에 작용하는 것을 표준으로 하고 있다.

표 2-2 직주 및 곡주에 작용하는 견인력

선박의 총톤수(톤)	직주에 작용하는 견인력 (kN,{t})	곡주에 작용하는 견인력 (kN,{t})
200톤 이상~500톤 이하	150 {15}	150 {15}
500~1,000	250 {25}	250 {25}
1,000~2,000	350 {35}	250 {25}
2,000~3,000	350 {35}	350 {35}
3,000~5,000	500 {50}	350 {35}
5,000~10,000	700 {70}	500 {50}
10,000~20,000	1,000 {100}	700 {70}
20,000~50,000	1,500 {150}	1,000 {100}
50,000~100,000	2,000 {200}	1,000 {100}

그림 2-2 고무 방충재(Cone Type Fender)

그림 2-3 공기 방충재(Pneumatic Fender)

그림 2-4 직주와 곡주

2) BS 6349: Maritime Structure(2000)

BS 6349에서는 대상선박의 주요 치수는 예상되는 운영기간 동안의 선박에 대해 관계 기관, 선주(owner) 및 운영사(operators)에서 제공하는 실제 선박의 치수를 사용할 것을 권고하고 있다. 대형 화물선과 컨테이너선 제원의 근사치가 제시되어 있으며, 이 제원은 사전 계획단계에서 사용할 것을 규정하고 있다. 선박의 접안 시 발생하는 외력은 다음과 같은 방법으로 구한다.

① 선박의 접안에너지

움직이는 선박의 전체 에너지와 수리동력학적 질량은 방충재에 의해 흡수되는 에너지를 계산하기 위해

C_E, C_s, C_c계수를 추가하여 다음과 같이 주어진다.

$$E = 0.5C_M M_D (V_B)^2 C_E C_S C_C \tag{2-5}$$

여기서, C_M는 가상질량계수(the hydrodynamic mass coefficient)
M_D는 선박의 질량(the displacement of the ship, t)
V_B는 선박의 접안 속도(the velocity of the vessel normal to the berth, m/s)
C_E는 편심계수(the eccentricity coefficient)
C_S는 유연성계수(the sofetness coefficient)
C_C는 선석의 형상계수(the berth configuration coefficient)

가상질량계수(C_M)는 다음 식으로 계산하는 것을 표준으로 한다.

$$C_M = 1 + \frac{2D}{B} \tag{2-6}$$

여기서, D는 선박의 흘수(the draught of the ship, m)
B는 형폭(the beam of the ship, m)

위 식을 사용하면 가상질량계수(C_M)는 1.3~1.8의 범위를 가진다.

편심계수(C_E)는 접촉점이 선박 질량중심에 정확히 일치하지 않은 경우에 방충재로 전달되는 에너지의 감소를 나타내며, 다음 식으로 계산할 수 있다.

$$C_E = \frac{K^2 + R^2 cos^2\gamma}{K^2 + R^2} \tag{2-7}$$

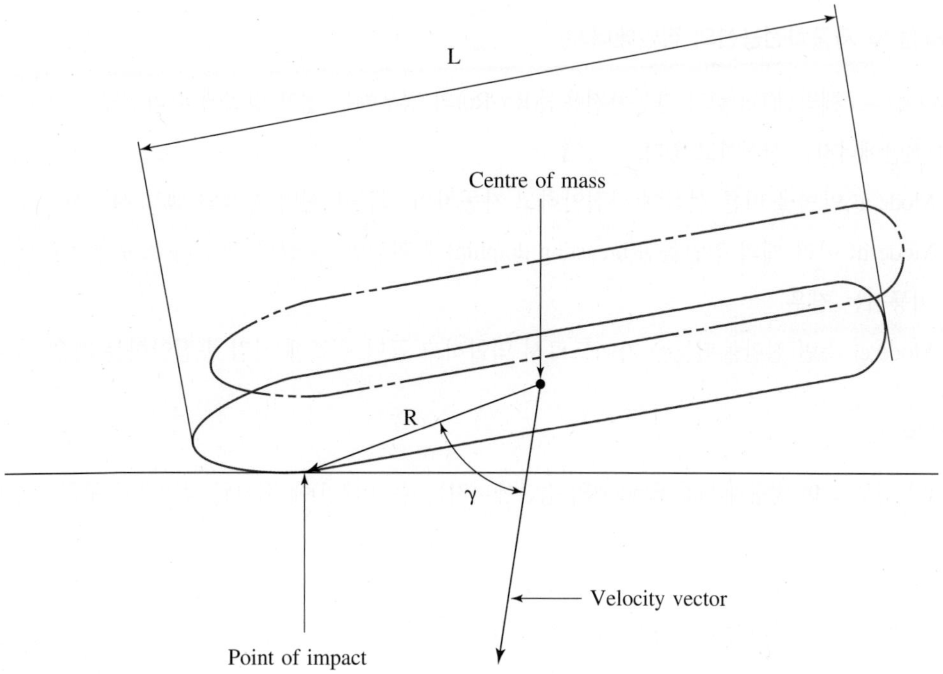

그림 2-5 회전 반경의 정의

여기서, K는 선박의 회전 반경으로 다음 식으로 계산된다.

$$K=(0.19C_b+0.11)L$$

R은 선박의 중심에서 접촉점까지의 거리

γ은 선박 중심과 접촉점을 잇는 선과 속도벡터 사이의 각도

블록계수(C_b)는 표 2-3에 선박의 종류에 따른 대표값이 주어져 있다.

표 2-3 Typical Ranges of C_b

Vessel Type	Typical ranges of C_b
Tanker / Bulk	0.72 to 0.85
Container	0.65 to 0.70
Ro-Ro	0.65 to 0.70
Passenger	0.65 to 0.70
Dry Cargo / Combi	0.60 to 0.75
Ferry	0.50 to 0.65

유연성계수(C_s)는 선체에 의해 흡수되는 충격 에너지의 부분을 나타내며, 그 값은 주로 0.9~1.0의 값을 가지며, 고무 방충재를 연속적으로 장착한 선박은 0.9를 쓰고, 나머지 선박은 1.0을 사용하도록 규정하고 있다.

선석의 형상계수(C_c)는 선체와 안벽 사이의 갇힌 물의 쿠션 효과에 의해 흡수되는 선박의 에너지를 나타내며, 안벽 구조물의 형식에 따라 다음과 같이 구분하여 적용된다.

- open piled jetty structures = 1.0
- solid quay wall = 0.8 ~ 1.0

② 훼리선 및 자동차전용선의 접안에너지

BS 6349에서는 훼리선(Ferry)과 자동차전용선(Ro-Ro)의 경우에는 접안 방법에 따라 다음 3가지 모드로 구분하여 접안에너지를 산정하고 있다.

- Mode a: 안벽을 따른 선석에 횡접안하고 자동차의 접근용 선박 자체의 램프 사용시
- Mode b: 여러 개의 접안돌핀(breasting dolphin)에 횡접안 후 끝단 램프 구조에 종방향으로 천천히 이동하는 경우
- Mode c: 측면 접안돌핀들은 가이드로서 역할하고 끝단 램프에 직접 종접안하는 경우

가. Mode a

Mode a인 경우 측면 방충재(Side Fender)의 접안에너지는 수식 (2-5)에 제시된 방법으로 구하면 된다.

나. Mode b

Mode b인 경우 측면 방충재의 접안에너지는 수식 (2-5)에 제시된 방법으로 구하고, 끝단 방충재(End Fender)의 접안에너지는 다음 식으로 구한다.

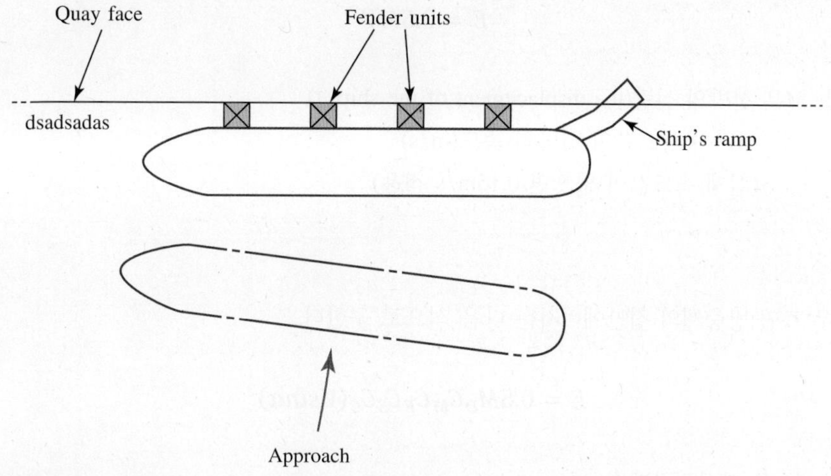

그림 2-6 Mode a

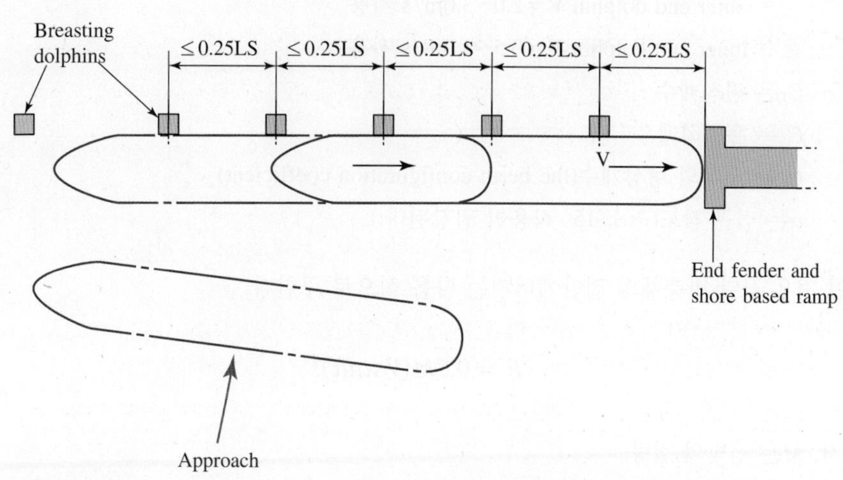

그림 2-7 Mode b

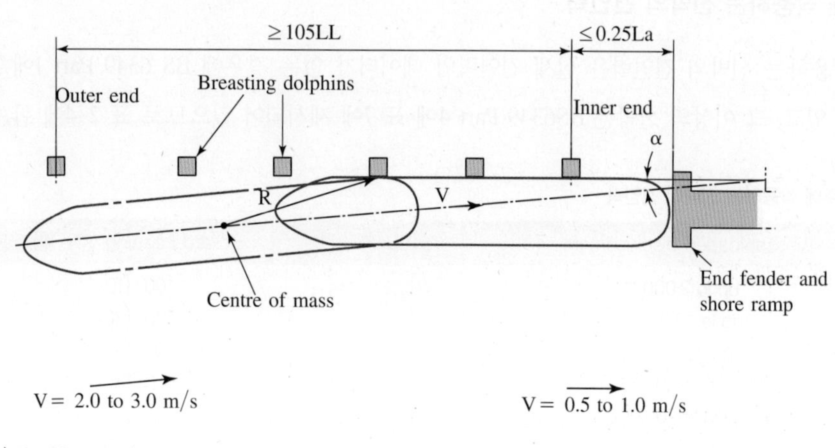

그림 2-8 Mode c

$$E = 0.5MV^2 \tag{2-8}$$

여기서, M은 선박의 질량(the displacement of the ship, t)
V는 접근 방향으로의 선박의 속도(m/s)
(실제 속도값이 없으면 0.15m/s 적용)

다. Mode c

Mode c인 경우 측면 방충재의 접안에너지는 다음 식으로 구한다.

$$E = 0.5M_D C_M C_E C_S C_C (Vsin\alpha)^2 \tag{2-9}$$

여기서, C_M은 가상질량계수
M_D는 선박의 질량
V는 접근 방향으로의 선박의 속도(m/s)
– outer end dolphin V=2.0~3.0m/s 사용
– inner end dolphin V=0.5~1.0m/s 사용
C_E는 편심계수
C_S는 유연성계수
C_C는 선석의 형상계수(the berth configuration coefficient)
α는 접근 각도(최소 15° 적용이 권장된다.)

Mode c인 경우 끝단 방충재의 접안에너지는 다음 식으로 구한다.

$$E = 0.5M(Vsin\alpha)^2 \tag{2-10}$$

여기서, M은 선박의 질량
V는 접근 방향으로의 선박의 속도(실제 속도값이 없으면 0.5~1.0m/s 적용)
α는 접근 각도

③ 계선주에 작용하는 선박의 견인력

계선주에 작용하는 선박의 견인력은 실제 견인력의 데이터가 없는 경우에 BS 6349 Part 1에 20,000톤까지가 제시되어 있고, 그 이상의 선박은 BS6349 Part 4에 표 7에 제시되어 있으므로 표 2-4에 함께 정리하였다.

표 2-4 계선주에 작용하는 선박의 견인력

Vessel loaded displacement	Bollard Loading (kN, {t})
up to 2,000 t	100 {10}
up to 10,000 t	300 {30}
up to 20,000 t	600 {50}
20,000 t~50,000 t	800 {80}
100,000 t~200,000 t	1,000 {100}
above 200,000 t	1,500 {150}

주) 20,000톤 이상의 선박의 계류 하중은 화물선(general cargo vessel and bulk carrier)의 경우임

20,000톤 이상의 선박은 각 계류라인에 걸리는 최대 견인력을 다음 4가지의 방법으로 계산하도록 권장하고 있다.

- Method 1: 선박에 걸리는 풍하중과 조류력을 계산하고, 각 계류라인에 걸리는 하중은 계류라인을 탄성체로 가정하여 수계산 및 컴퓨터로 계산한다. 수계산 시 종방향력은 스프링라인이 저항하고, 횡방향력은 선수(bow)와 선미(stern)의 breasting line이 저항하는 것으로 단순화하여 계산한다.
- Method 2: 선석이 6개의 계류라인을 가지고 있는 경우, 하나의 계류라인이 횡방향력의 1/3을 담당하고, 계류라인 및 곡주는 이 힘의 수직응력(normal stress)에 저항하도록 설계한다. 4개의 계류라인을 가지는 경우는 횡방향력의 1/2을 담당하도록 설계한다.
- Method 3: 선석이 규정된 계류라인과 시스템으로 특수선박의 계류를 위해 설계된다면, 계류 로프의 최대 절단 하중과 같은 수직응력에 저항하도록 설계해야 된다.
- Method 4: 위의 세가지 방법으로 설계하기 위한 자료가 충분치 않은 경우는 표 2-4의 견인력을 가지고 설계하도록 권장하고 있다.

3) 선박에 의하여 발생하는 외력의 차이

항만 구조물의 설계 하중에서 선박에 의하여 발생하는 외력의 차이를 항만 및 어항설계 기준(2014)과 BS 6349의 방법을 비교하였다. 주요한 차이는 방충재 설계를 위한 선박의 접안에너지 산정방법에서 가상질량계수(C_m)과 편심계수(C_e)의 산정방법에 차이가 있다. 또한 곡주나 직주에 작용하는 견인력의 산정은 항만 및 어항 설계기준에서는 선박의 총톤수에 따라 단순히 표에 견인력을 제시하고 있으나, BS 6349에서는 계류 시스템의 배치에 따라 각 계류라인에 걸리는 견인력을 따로 산정하도록 규정하고 있다.

선박의 접안에너지와 방충재의 반력은 방충재의 설계와 중력식 구조물의 상치콘크리트부나 잔교식 구조물의 종방향보(longitudial beam), 횡방향보(transverse beam) 및 말뚝(pile)의 설계에 중요한 수평 하중으로 작용하므로 선박의 접안 각도 및 조위에 따른 방충재의 변형과 그에 따른 반력의 영향을 고려하도록 설계기준을 개선할 필요가 있다. 또한, 계류라인 및 곡주에 작용하는 계류 라인의 방향 및 고저차에 따른 효과를 고려하여 견인력을 세분화하여 적용할 필요가 있다.

(4) 선박의 동요에 의해 발생하는 외력

1) 항만 및 어항 설계기준(2014)

계류 선박의 동요에 의하여 발생하는 외력은 선박에 작용하는 파력, 풍압력, 물의 흐름에 의한 유압력 등을 적절히 설정하고 동요 계산을 한다. 계류 선박에 작용하는 파력은 스트립법, 특이점 분포법, 경계 요소법, 유한요소법 중 적절한 방법을 사용하지만 선박에서는 스트립법을 가장 많이 사용한다.

선박에 작용하는 풍하중은 x, y방향의 풍항력계수 C_x, C_y와 선박 중심축 회전의 풍압 모멘트계수 C_M을 써서 다음 식으로 구한다.

$$R_x = \frac{1}{2}\rho_a U^2 A_r C_x$$

$$R_y = \frac{1}{2}\rho_a U^2 A_L C_y \qquad (2\text{–}11)$$

$$R_M = \frac{1}{2}\rho_a U^2 A_L L_w C_M$$

여기서, C_x는 x방향(선체정면방향)의 풍항력계수
C_y는 y방향(선체측면방향)의 풍항력계수
C_M은 미드십 선회의 풍압 모멘트 계수
R_x는 풍하중 합력의 x방향성분(kN)
R_y는 풍하중 합력의 y방향성분(kN)
R_M은 풍하중 합력의 선박 중심축 회전의 모멘트(kN · m)
ρ_a는 공기의 밀도, $\rho_a = 1.23 \times 10^{-3}$(t/m^3)
U는 풍속(m/s)
A_r는 수면상 선체 정면 투영면적(m^2)
A_L은 수면상 선체 측면 투영면적(m^2)
L_{pp}는 수선간 길이(m)

선수 방향에서 흐름과 선박 사이에서 발생되는 유압력은 다음 식으로 계산된다.

$$R_f = 0.0014 S V^2 \qquad (2\text{–}12)$$

여기서, R_f는 유압력(kN)
S는 침수면적(m^2)
V는 유속(m/s)

선측 방향에서 흐름에 의한 유압력은 다음 식으로 계산된다.

$$R = 0.5 \rho_0 C V^2 B \qquad (2\text{–}13)$$

여기서, R는 유압력(kN)
ρ_0는 해수의 밀도(t/m^3, 표준값: $\rho_0 = 1.03$t/m^3)
C는 유압계수
V는 유속(m/s)
B는 흘수선 밑의 선체 측면 투영면적(m^2)

조류에 의한 유압력은 마찰 저항과 압력 저항으로 나누어지며, 선수 방향에서 흐름에 대한 저항은 대부분 마찰 저항이고, 측면에서 흐름에 대해서는 대부분이 압력 저항으로 생각할 수 있다. 그러나 양자를 엄밀하게 구분하기란 어렵다. 다음 식은 프르드(R, E, Froude) 식에 $\rho_w = 1.03$, $t = 15$℃, $\lambda = 0.14$를 대입한 것을 간략화한 것이다.

$$R_f = \rho_w g\lambda\{1 + 0.0043(15 - t)\}SV^{1.825} \quad (2-14)$$

여기서, R_f는 유압력(kN)
ρ_w는 해수의 비중(표준값: $\rho_w = 1.03$)
g는 중력의 가속도(m/s^2)
t는 온도(℃)
S는 침수면적(m^2)
V는 유속(m/s)
λ는 선박의 전장(全長) 30m에 λ: 0.14741
선박의 전장(全長) 250m에 λ: 0.13783

2) BS 6349: Maritime Structure(2000)

BS 6349에서는 계류 선박의 동요에 의하여 발생하는 외력은 선박에 작용하는 풍압력과 조류속에 의한 힘을 정의하고 있으며, 항만 구조물의 경우 바람은 3초의 돌풍속도(3s gust speed)를 각 부재의 설계에 적용하도록 규정하고 있다. 그러나 선박 계류의 경우는 1분 평균 풍속(1 min mean wind speed)을 적용하게 하였는데, 이것은 선박의 관성력을 고려한 계류삭에 충분한 하중이 발달될 시간이 필요하기 때문이다. 1분 평균 풍속과 3초 돌풍 풍속과의 관계는 다음 식으로 구한다.

$$1 \text{ min mean speed} = 0.85 \times 3\text{s gust} \quad (2-15)$$

선박에 작용하는 풍하중은 다음 식으로 구한다.

$$F_{TW} = C_{TW}\rho_A A_L V_W^2 \times 10^{-4}$$
$$F_{LW} = C_{LW}\rho_A A_L V_W^2 \times 10^{-4} \quad (2-16)$$

여기서, F_{TW}는 횡방향 풍력, 이물(forward) 또는 고물(aft)(kN)
F_{LW}는 종방향 풍력(kN)
C_{TW}는 황방향 풍력계수, 이물 또는 고물
C_{LW}는 종방향 풍력계수
ρ_A는 공기의 밀도
$\rho_A = 1.3096$(kg/m^3) at 0℃~1.1703(kg/m^3) at 30℃
A_L는 수면 위로 선박의 종방향 투영면적(m^2)
V_W는 수면 위 10m 높이에서의 설계 풍속(m/s)

선박에 작용하는 조류력은 다음 식으로 구한다.

$$F_{LC} = C_{LC}C_{CL}\rho L_{BP} d_m V_C'^2 \times 10^{-4}$$
$$F_{TC} = C_{TC}C_{CT}\rho L_{BP} d_m V_C'^2 \times 10^{-4} \quad (2-17)$$

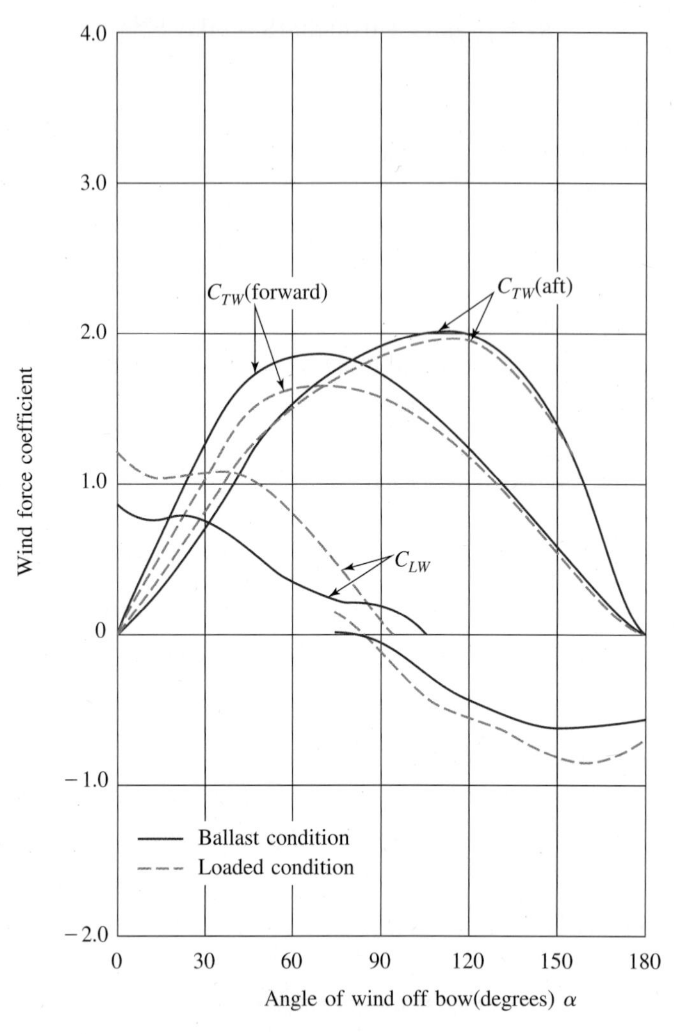

그림 2-9 풍력계수

여기서, F_{TC}는 횡방향 조류력, 이물(forward) 또는 고물(aft)(kN)

F_{LC}는 종방향 조류력(kN)

C_{TC}는 횡방향 조류 항력계수, 이물 또는 고물

C_{LC}는 종방향 조류 항력계수

C_{CT}는 횡방향 조류 항력계수의 수심조정계수

C_{CL}은 종방향 조류 항력계수의 수심조정계수

ρ는 유체의 밀도

$\rho = 1{,}000(\mathrm{kg/m^3})$ – 담수, $\rho = 1{,}025(\mathrm{kg/m^3})$ – 해수

L_{BP}는 선박의 길이(m)

d_m은 평균 흘수(m)

$V_C{}'$은 평균 조류속(m/s)

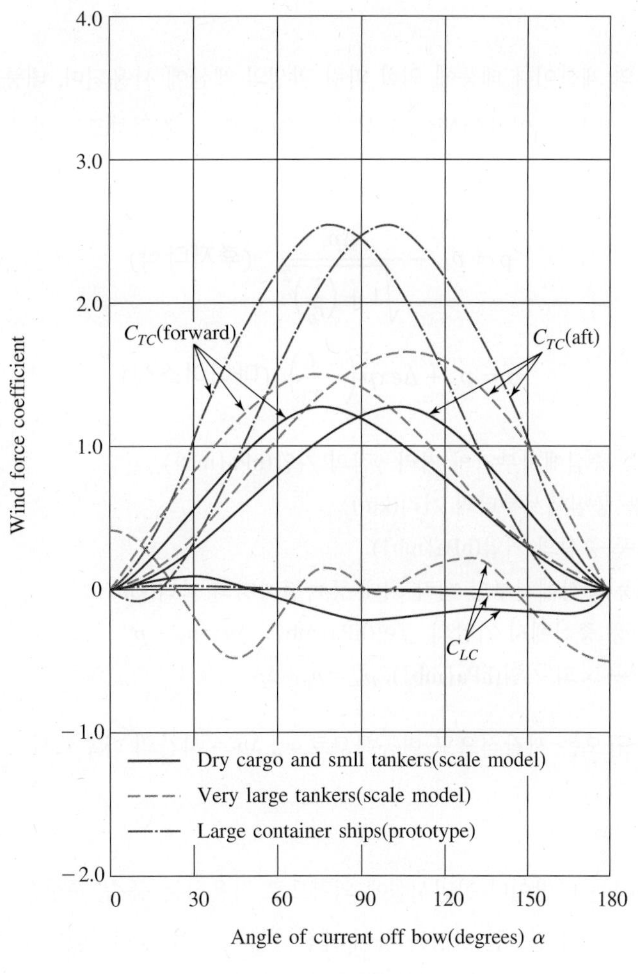

그림 2-10 조류 항력계수

3) 선박에 의하여 발생하는 외력의 차이

항만 구조물의 설계 하중에서 선박에 의하여 발생하는 외력의 차이를 항만 및 어항설계 기준(2014)과 BS 6349의 방법을 비교하였다. 주요한 차이는 선박에 작용하는 풍하중에서 설계 풍속의 선정에서 차이를 보이며, 유체압력의 산정방법에서도 차이를 보인다. 또한, 파랑에 의한 하중은 구체적인 산정방법을 제시하고 있지 않은데, 실무에서는 주로 수치모의(Numerical Simulation)를 사용하여 계류 해석을 수행하는 실정이다.

(5) 바람과 풍압력

1) 항만 및 어항 설계기준(2014)

기압과 기압 분포는 바람 또는 폭풍해일 발생의 지배적 요인이 되며, 바람은 대기의 이동현상으로 기압차에 의해 발생하며, 파도 및 고조 발생의 요인이 되고 항구의 위치, 방향, 방파제의 방향 등의 결정에 영향을 준다. 또 항만시설 및 계류 중의 선박에 풍압이 작용하며, 하역 시나 기타 항만에서의 여러 가지 작업을 저해하는 요인으로 작용한다.

① 기압 분포

기압 분포는 이상 고조의 계산이나 태풍에 의한 파랑 발생의 계산에 사용되며, 태풍권 내의 기압 실측치에 따라 후지다(藤田)의 식 또는 마이어스(Myers) 식의 정수(定數)를 결정하고 기압 분포를 가정하도록 하고 있다.

$$\mathrm{p} = p_\infty - \frac{\Delta p}{\sqrt{1+\left(\frac{r}{r_o}\right)^2}} \quad \text{(후지다식)} \tag{2-18}$$

$$\mathrm{p} = p_c + \Delta exp\left(-\frac{r}{r_o}\right) \quad \text{(마이어스식)} \tag{2-19}$$

여기서, p는 태풍 중심에서부터의 거리 γ점의 기압(hPa{mb})
r는 태풍 중심에서부터의 거리(km)
p_c는 태풍 중심의 기압(hPa{mb})
r_o는 태풍 중심에서부터 대략 최대 풍속점까지의 거리(km)
Δp는 태풍 중심에서 기압의 깊이(hPa{mb}), $\Delta p = p_\infty - p_c$
p_∞는 $r \to \infty$의 기압(hPa{mb}), $p_\infty = p_c + \Delta p$

일반적으로 태풍의 규모는 시간적으로 변동하므로 r_o, Δp는 시간의 함수로서 구해야 한다.

② 바람

파고 등의 추정에 사용하는 바람이나 항만시설에 외력으로 작용하는 풍속, 풍향은 바람의 실측값 또는 경도풍 등의 계산값에 높이 등의 필요한 보정을 하여 계산하여야 하며, 항만시설에 작용하는 풍속은 당해 시설 및 구조물의 특성 등에 따라 적절한 기간의 통계자료를 근거로 하여 결정해야 한다.

가. 경도풍

경도풍의 풍속은 기압 경도, 등압선의 곡률반경, 위도, 공기 밀도의 함수로서 다음 식으로 계산한다.

$$V_g = \mathrm{r\omega sin\phi}\left(-1+\sqrt{1+\frac{\partial p/\partial r}{\rho_a r\omega^2 sin^2\phi}}\right) \tag{2-20}$$

여기서, V_g는 경도풍속(m/s), 고기압성의 경우(−)가 되므로 절댓값을 취함
$\frac{\partial p}{\partial r}$는 기압경도[저기압성은 (+), 고기압성은 (−)로 한다.]($\mathrm{kg/m^2/s^2}$)
r는 등기압선의 곡률반경(m)
ω는 지구자전의 각속도(角速度: 1/s), $\omega = 7.29 \times 10^{-5}$/s
ϕ는 위도(°)
ρ_a는 공기의 밀도($\mathrm{kg/m^3}$)

위도 1° 상당에 해당하는 거리는 약 1.11×10⁵m, 기압 1hPa는 100kg/m/s²이다.

경도풍과 해상풍의 관계는 위도에 따라 다르며 평균적으로 표 2-5와 같다.

표 2-5 경도풍과 해상풍과의 관계

위도	10°	20°	30°	40°	50°
각도 α	24°	20°	18°	17°	15°
풍속비 V_s/V_g	0.51	0.60	0.64	0.67	0.70

주: V_s: 해상풍속(m/s), V_g: 경도풍속(m/s)
α: 해상풍의 풍향과 등압선이 이루는 각도

나. 항만시설에 작용하는 바람의 설계 풍속 산정

항만시설에 작용하는 바람의 설계 풍속의 선정은 장기간(30년 이상)의 실측값에 따라 풍속의 출현확률분포를 추정한 후, 소요 재출현기간에 대응하는 풍속을 채택한다. 바람의 제원은 풍향 및 풍속으로 하며 풍향은 16방위, 풍속은 10분간 풍속으로 표시하는 것을 표준으로 한다.

고조 및 파고의 추정에 사용하는 풍속은 해면상 10m에서의 값을 기준으로 하고 있으며, 기상청의 관측된 풍속은 지상 10m 정도의 값이므로, 관측값을 이용하여 해상풍을 추정하는 경우 대상으로 하는 구조물의 높이가 상기한 높이와 차이가 있는 경우 풍속에 대한 높이의 보정을 하여야 한다.

풍속의 수직분포는 간단하게 다음의 지수식을 적용한다.

$$U_h = U_o \left(\frac{h}{h_o}\right)^n \tag{2-21}$$

여기서, U_h는 높이 h에서의 풍속(m/s)
U_0는 높이 h_o에서의 풍속(m/s)

지수는 지표 부근의 조도, 대기의 안정도의 상태에 따라 변화하지만 구조물의 강도계산에서는 $n=1/10 \sim 1/4$을 사용하고 해상에서는 일반적으로 $n \geq 1/7$을 사용하는 경우가 많다.

풍속의 통계자료는 10분간 평균 풍속을 대상으로 하는 경우가 많으나, 구조물에 따라 이보다 더 짧은 평균 시간의 평균 풍속 또는 최대 순간 풍속이 대상이 될 수도 있고, 이 경우에는 당해 지역에서의 평균 시간과 최대 풍속의 관계, 돌풍률 등의 특성을 파악하여야 한다.

항만시설물의 계획에 사용되는 풍속과 풍향은 실측치에서 추정하고, 구조물 또는 선박에 사용하는 바람의 자료는 30년 이상의 기간에 걸쳐서 실측한 자료에서 구한다. 풍속은 시시각각으로 변하므로 일정 시간 내의 평균값을 택한다. 풍속은 일반적으로 10분간의 풍속을 평균한 값이다.

③ 풍압력

풍압력은 시설의 형태, 설치장소의 상황 등을 고려하여 정하여야 하며, 헛간 및 창고, 하역기계 및 교량 또는 고가도로 등에 작용하는 풍압력은 건축물의 구조기준 등에 관한 규칙(1996.2.13 건설교통부령 제53호 개정) 제13조를 적용하여 산출하고, 교량, 고가도로 또는 이에 유사한 구조물 등에 작용하는 풍압력은 도로교 표준시방서 제1편 제2장 풍하중에 의하여 산출한다.

가. 건축물에 작용하는 풍하중

건축물에 작용하는 풍하중은 다음 식으로 계산한다.

$$P = pA, \quad p = Cq \tag{2-22}$$

여기서, P는 풍하중(kg)
p는 풍압(kg/m^2)
C는 풍력계수
q는 설계 속도압(kg/m^2)
A는 건축물 또는 그 부분의 유효풍압면적(m^2)

풍력계수 C는 항만 및 어항 설계기준(2005)의 표의 값을 적용하며, 속도압은 다음 식으로 구한다.

$$q = GK_2q_0 \tag{2-23}$$

여기서, G는 가스트 계수
K_2는 속도압계수
q_0는 기본 속도압(kg/m^2)

가스트 계수는 표 2-6의 값을 이용할 수 있다.

표 2-6 가스트 계수(G)

노풍도의 구분	가스트 계수(G)
A	2.00
B	1.50
C	1.25

속도압계수 K_2및 기본 속도압 q_o은 다음과 같이 계산한다.

$$K_2 = 2.58 \times \left(\frac{Z}{Z_q}\right)^{2/\alpha} \tag{2-24}$$

$$q_o = \left(\frac{1}{16}\right)V_o^2 \tag{2-25}$$

여기서, V_o는 기본 풍속(m/s)
Z_q는 풍속의 기준 경도풍 고도(m)
Z는 속도압 산정 높이(m)
$1/\alpha$는 풍속의 고도 분포 지수

나. 크레인 구조의 풍하중

크레인에 작용하는 풍하중 값은 다음 식으로 계산한다.

$$W = qCA \tag{2-26}$$

여기서, W는 풍하중(N)
q는 속도압(N/m^2)
C는 풍력계수
A는 바람을 받는 면적(m^2)

위의 속도압은 크레인의 상태에 따라 다음 식으로부터 계산된 값을 사용한다.

$$\text{크레인 작동 시} : q = 83\sqrt[4]{h} \tag{2-27}$$

$$\text{크레인 작동 시} : q = 980\sqrt[4]{h} \tag{2-28}$$

여기서, h는 크레인이 바람을 받는 면의 지상으로부터의 높이(m)
다만, 높이가 16m 이하인 경우 16m로 간주한다.

다. 도로교에 작용하는 풍압력

상부 구조에 작용하는 풍하중은 교량축에 직각으로 작용하는 수평하중으로 하고 고려할 부재에 가장 불리한 응력을 발생시키도록 재하한다. 플레이트 거더에 작용하는 풍하중은 1개 교량의 교축방향의 길이 1m당 표 2-7에 표시된 값과 같다.

표 2-7 플레이트 거더에 작용하는 풍하중 (단위: kN/m)

단면형상	풍하중
$1 \le B/D < 8$	$[4.0-0.2(B/D)] \ge 6.0$
$8 \le B/D$	$2.4\,D \ge 6.0$

2주구트러스에 작용하는 풍하중은 바람의 풍상측의 유효수직 투영면적 $1m^2$당 표 2-8에 나타낸 값으로 한다.

표 2-8 2주구트러스에 작용하는 풍하중 (단위: kN/m^2)

트러스	활하중 재하 시	$1.25/\sqrt{\phi}$
	활하중 비재하 시	$2.5/\sqrt{\phi}$
교량의 바닥판	활하중 재하 시	1.5
	활하중 비재하 시	3.0

다만, $0.1 \le \phi \le 0.6$

하부 구조물에 직접 작용하는 풍하중은 교축 직각방향 및 교축방향에 작용하는 수평하중으로 한다. 그러나 동시에 두 방향으로는 작용하지 않는 것으로 한다. 풍하중의 크기는 풍향방향의 유효연직 투영면적에 대하여 표 2-9의 값으로 한다.

표 2-9 하부 구조물에 직접 작용하는 풍하중 (단위: kN/m²{kg/m²})

구체의 단면형상		풍하중
원형 및 트랙형	활하중 재하 시	0.75 {75}
	활하중 비재하 시	1.5 {150}
각형	활하중 재하 시	1.5 {150}
	활하중 비재하 시	3.0 {300}

2) BS 6349: Maritime Structure(2000)

① 바람

BS 6349에서는 항만 구조물의 경우 바람은 3초의 돌풍속도(3s gust speed)를 각 부재의 설계에 적용하도록 규정하고 있으며, 선박 계류의 경우는 1분 평균 풍속(1 min mean wind speed)을 적용하게 하였다.

가. 기압분포

BS 6349에서는 기압변동에 따른 수위 변동은 0.3m를 좀처럼 넘지 않으나 강한 바람과 지리적 수축으로 수위상승이 복합될 때는 기압변동의 효과가 중요해질 수 있다고 규정하고 있다.

나. 바람

강한 바람이 해안 쪽으로 불면 수위를 상승시키는 경향이 있으며, 예측된 조위보다 높게 된다. 해안을 따라 부는 바람은 장주기파를 발생시키는 경향이 있으며, 파봉에서는 수위를 상승시키고 파곡에서는 수위를 강하시킨다. 먼 바다의 폭풍 때문에 발생한 군파는 평균해면의 변동을 일으킬 수 있고, 군파속도와 같은 장주기 저진폭파는 해안에 다가갈수록 높은 수위 상승을 일으키고 파가 쇄파되기 전에 파가 해안에 더 전진할 수 있게 한다. 기압과 바람의 영향이 복합되면 폭풍해일(storm surge)이 일어날 수 있다고 밝히고 있다.

BS 6349에서는 경도풍의 산정방법이나 바람의 고도보정에 대한 지침이 제시되어 있지 않으나, Prediction of Wind and Current Load on VLCC(2nd Edition, OCIMF, 1994)에 바람의 고도보정에 대한 내용이 다음과 같이 제시되어 있다.

$$V_w = v_w\left(\frac{10}{h}\right)^{1/7} \tag{2-29}$$

여기서, V_w는 높이 10m에서의 풍속(m/s)
v_w는 높이 h에서의 풍속(m/s)

OCIMF에서는 해상에서의 바람의 연직분포를 나타내는 지수 1/7을 규정하고 있다.

② 풍압력

BS 5400에서는 교량에서의 풍압력을 규정하도록 하고 있으며, BS 6349는 이 규정을 참조하도록 하고 있다. 풍압력은 지리적 위치, 국지적 지형, 구조물의 높이 및 수평 제원과 단면에 크게 영향을 받고, 최대 풍압력은 평균 풍압에 변동을 일으키는 돌풍(gust)에 좌우된다. BS 5400의 도해에 제시된 영국의 평균 풍속은 해발 10m의 재현기간 120년의 값이고, 활하중이 없는 경우의 교량에서의 최대돌풍속도(Maximum wind gust speed)는 다음 식으로 구한다.

$$v_c = vK_1S_1S_2 \tag{2-30}$$

여기서, v는 1시간 평균 풍속(mean hourly wind speed)
K_1은 재현기간과 관계있는 풍속계수
S_1은 깔대기 효과 계수(funnelling factor)
S_2는 거스트 계수(gust factor)

계수 K_1은 재현기간 120년에 고속도로, 철도 및 도보교에서는 1.0이며, 재현기간 50년의 도보교는 0.94, 재현기간 10년에 일치하는 설치기간 동안은 0.85, 설치가 이틀 안에 끝나고 신뢰할만한 예측 풍속이 있을 때는 예측 풍속이 1시간 평균 풍속으로 v값은 1.0으로 쓸 수 있다.

높이에 따른 거스트 계수(S_2) 및 시간 풍속 계수(K_1)는 표 2-10의 값을 이용할 수 있다.

표 2-10 높이에 따른 거스트 계수(S_2) 및 시간 풍속 계수(K_1)

Height above ground level (m)	Horizontal wind loaded length m									Hourly speed factor K_2
	20 or less	40	60	100	200	400	600	1000	2000	
5	1.47	1.43	1.40	1.35	1.27	1.19	1.15	1.10	1.06	0.89
10	1.56	1.53	1.49	1.45	1.37	1.29	1.25	1.21	1.16	1.00
15	1.62	1.59	1.56	1.51	1.43	1.35	1.31	1.27	1.23	1.07
20	1.66	1.63	1.60	1.56	1.48	1.40	1.36	1.32	1.28	1.13
30	1.73	1.70	1.67	1.63	1.56	1.48	1.44	1.40	1.35	1.21
40	1.77	1.74	1.72	1.68	1.61	1.54	1.50	1.46	1.41	1.27
50	1.81	1.78	1.76	1.72	1.66	1.59	1.55	1.51	1.46	1.32
60	1.84	1.81	1.79	1.76	1.69	1.62	1.58	1.54	1.50	1.36
80	1.88	1.86	1.84	1.81	1.74	1.68	1.64	1.60	1.56	1.42
100	1.92	1.90	1.88	1.84	1.78	1.72	1.68	1.65	1.60	1.48
150	1.99	1.97	1.95	1.92	1.86	1.80	1.77	1.74	1.70	1.59
200	2.04	2.02	2.01	1.98	1.92	1.87	1.84	1.80	1.77	1.66

방풍벽이 있는 보도교 및 자전거 교량에서는 표 2-10에 제시된 거스트 계수 S_2와 풍속계수 K_1에 표 2-11에 제시된 감소계수를 곱하여 사용하도록 규정하고 있다.

표 2-11 높이에 따른 감소계수

Height above ground level (m)	Reduction factor
5	0.75
10	0.80
15	0.85
20	0.90

활하중이 없는 경우의 교량의 경감 지역에서의 최소돌풍속도(Maximum wind gust speed)는 다음 식으로 구한다.

$$v_c' = vK_1K_2 \tag{2-31}$$

여기서, v는 1시간 평균 풍속(mean hourly wind speed)
K_1는 재현기간과 관계있는 풍속계수
K_2는 시간풍속계수(hourly speed factor)

공칭 횡방향 풍하중(Nominal Transverse Wind Load) P_t(in N)는 적절한 면적의 질량중심에 작용하고 바람의 방향이 바뀌지 않는 조건에서 다음과 같이 구한다.

$$P_t = qA_1C_D \tag{2-32}$$

여기서, q는 동역학적 압력수두(dynamic pressure head, in N/m^2, with v_c in m/s)
A_1은 바람을 받는 면적(m^2)
C_D는 항력계수

3) Coastal Engineering Manual(2001)

Coastal Engineering Manual에서는 해양 및 해안에서의 수면 근처 바람의 추정에 다음의 방법을 규정하고 있다. 근처의 측정치에서 추정하는 방법으로 매우 간단하고 풍속에 대한 고도보정에 대한 내용이 다음과 같이 제시되어 있다.

$$U_{10} = U_z\left(\frac{10}{z}\right)^{1/7} \tag{2-33}$$

여기서, U_{10}은 높이 10m에서의 풍속(m/s)
U_z는 높이 z에서의 풍속(m/s)

CEM에서는 해상에서의 바람의 연직분포를 나타내는 지수가 공기-해수 온도차에 따라 변화함을 보이고, 1/7승 법칙이 항상 일치하는 것은 아니며, ACES(Automated Coastal Engineering System) software에는 경계층 이론에 기초한 알고리즘을 포함하고 있으므로 사용을 권장하고 있다. 공기-해수 온도차는 다음과 같이 정의된다.

$$\Delta T = T_a - T_s \tag{2-34}$$

여기서, ΔT는 공기-해수 온도차(℃)
T_a는 공기 온도(℃)
T_s는 해수 온도(℃)

다른 방법은 기압도와 기상도로부터 추정하는 방법이다. 경계층 위에서 바람을 일으키는 주요 힘은 수평압력경사이므로 이를 이용하여 추정하는 방법이며, 흐름이 거의 정상상태이고, 마찰, 이송 및 수평 수직혼합 효과가 없다면 다음 식으로 표시될 수 있다.

$$U_g = \frac{1}{\rho_a f}\frac{dp}{dn} \tag{2-35}$$

여기서, U_g는 자전에 의한 풍속(대기 경계층의 최상층 위치에서)
dp/dn는 등압선에 수직인 대기 압력 경사

4) 바람의 차이

항만 구조물의 설계 하중에서 바람의 차이를 항만 및 어항 설계기준(2014)과 BS 5400 및 CEM의 방법을 비교하였다. 주요한 차이는 항만 및 어항 설계기준은 10분간 풍속을 이용하나 BS에서는 3초 돌풍속도(gust speed)를 사용하도록 규정한 것에 큰 차이가 있다. CEM은 항만 구조물 상부 시설의 설계에 관한 내용은 거의 없고, 바람에 의한 파고의 추정을 위해 사용하기 위한 고도 보정 등의 내용만이 제시되어 있다. 설계 하중에서 바람은 파고의 추정 및 폭풍해일 등의 이상고조의 계산에 많이 적용되므로 파랑의 추정이나 이상고조 부분에서 자세히 비교하기로 하겠다.

5) 풍압력의 차이

항만 구조물의 설계 하중에서 풍압력의 차이를 항만 및 어항 설계기준(2014)과 BS 5400의 방법을 비교하였다. 주요한 차이는 거스트 계수와 속도압을 구하는 방법의 차이에 있으며, 풍속도 항만 및 어항 설계기준은 10분간 풍속을 이용하나 BS에서는 3초 돌풍속도(gust speed)를 사용하도록 규정한 것에 큰 차이가 있다. 항만 구조물의 상부 시설 또는 선박의 수면위 부분에 작용하는 풍압력을 제대로 구하기 위하기 위해서는 항력계수(C_D)의 산정이 매우 중요하지만 항력계수는 구조물의 형상, 풍속 및 풍향에 크게 영향을 받으므로 풍동실험(Wind Tunnel Test) 등을 통해서 얻을 수 밖에 없다. 상부구조의 설계를 위해서는 다양한 형태의 항력계수에 대한 연구를 통해 설계 지침이 제시되어야 한다.

(6) 파랑

1) 파랑의 분류

정지수면상에서 수면의 상승 또는 하강이 수면 위를 전파하는 현상을 파랑이라고 하며, 파랑은 발생 원인에 따라 표면 장력파, 중력파(풍파), 장주기파, 조석파 등으로 구분할 수 있다.

표면 장력파(Capillary Wave)는 표면장력이 주요 복원력인 표면파이며, 호수의 잔물결처럼 주기가 0.1초 이하인 단주기파이다. 중력파(Gravity Wave)는 바람이 해면이나 수면상에 불 때 생기는 풍파(Wind Wave)와 어느 해역에서 발생한 풍랑이 바람이 없는 다른 해역까지 진행하여 감쇠하여 생긴 너울로 구분되며, 풍파(Wind Wave)는 주기 1~10초 내외이며, 너울(Swell Wave)은 주기 10~30초 정도로 파랑에너지가 가장 크다. 장주기파(Long Wave)는 쓰나미(지진)나 해일(태풍) 등의 장파이며, 에너지가 세 번째로 크고, 주기는 1분에서 수분 정도이다. 조석파 (Tide)는 달, 태양 및 천체의 인력에 의해 발생하며, 에너지가 두 번째로 크고, 주기는 12시간 25분, 24시간 50분 등으로 매우 길다.

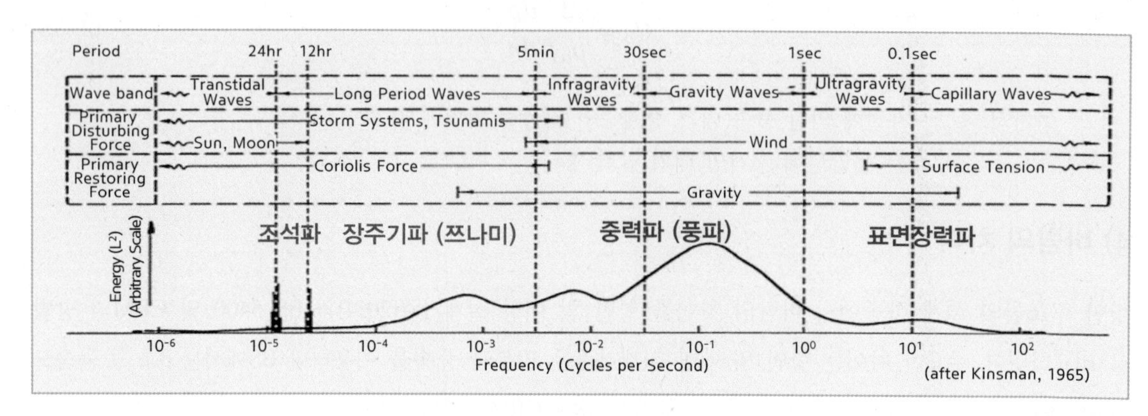

그림 2-11 발생원인에 따른 파랑의 분류

파랑은 파형의 형태에 따라 규칙파와 불규칙파로 나눌 수 있다. 규칙파(Regular Wave)는 파고와 주기가 일정하며 파형은 정현파(Sine Wave)의 형태이며, 불규칙파(Irregular Wave)는 실제 해역의 파로서 여러 성분(파고, 주기)의 규칙파가 합성된 형태이다.

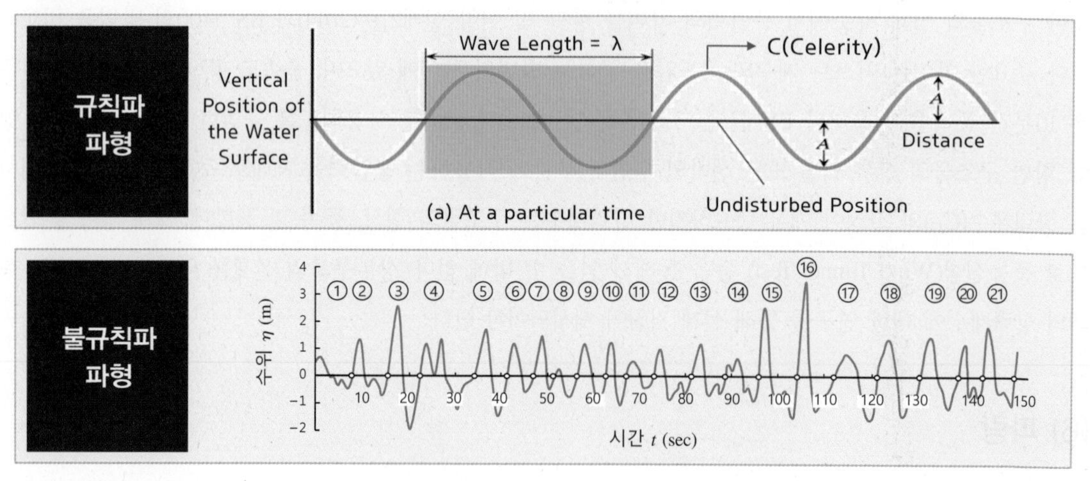

그림 2-12 규칙파와 불규칙파의 파형

파랑은 파랑의 비선형성에 따라 선형파와 비선형파로 나눌 수 있으며, 선형파(미소진폭파, 심해파)는 파장과 수심에 비해 진폭이 매우 작고, 파봉과 파곡까지의 진폭이 같다. 심해에서의 파랑의 형태는 거의 정현파(Sinusoidal Wave)의 형태를 보이며, 물입자의 운동 궤적이 바닥까지 도달하지 못하므로 해저 바닥의 영향을 받지 않는다.

비선형파(유한진폭파, 천해파)는 표면파가 바닥의 영향을 받아 파봉은 뾰족해지고 파곡은 평평해지는 파형을 나타내며, 파랑이 천해로 진입하여 바닥마찰의 영향을 받게 되어 이러한 파형의 변화가 나타나게 된다. 비선형파는 비선형성의 정도에 따라 스토크스파(Stokes Wave), 크노이달파(Cnoidal Wave)나

고립파(Solitary Wave)로 구분되며, 파랑의 비선형성이 강해져서 파봉의 물입자의 이동 속도가 파랑의 전파속도보다 빨라지거나 파형경사가 크게 증가하여 파형을 유지하지 못할 때 쇄파(Wave Breaking)가 발생하게 된다.

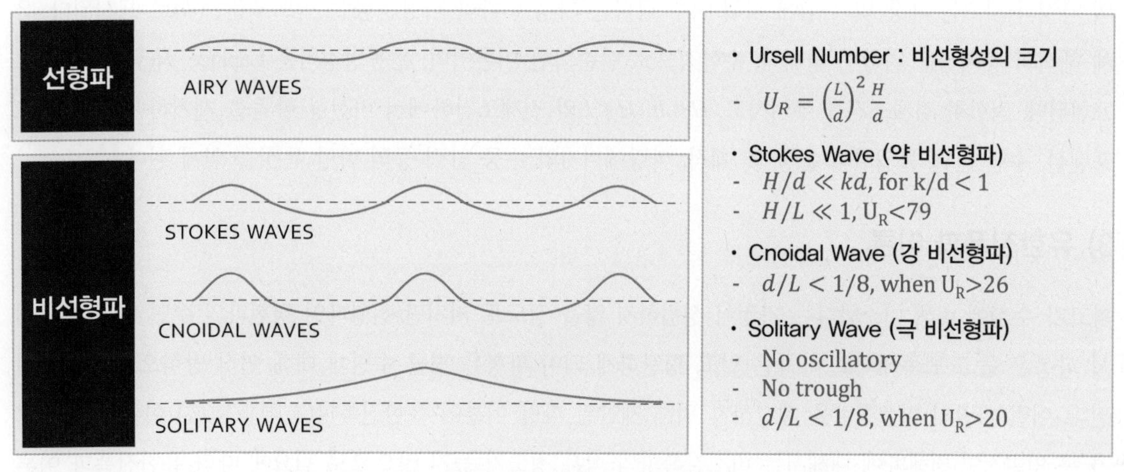

그림 2-13 선형파 및 비선형파

파랑은 먼 거리까지 에너지를 전파시킬 수 있으나, 물입자 자체는 멀리까지 이송시킬 수 없다. 수심과 파장의 비에 따라 물입자의 이동 궤적은 영향을 받으며, 수심과 파장 비에 따라 심해파(Deep Water Wave), 중간 천이파(Transitional Wave) 및 천해파(Shallow Water Wave)로 구분할 수 있다. 심해에서 수면에서의 물입자의 이동 궤적은 거의 파고와 직경이 비슷한 원운동의 형태를 보이며, 이동 궤적은 수심이 파장의 1/2의 깊이까지 지수함수적으로 감소하여 그보다 깊은 수심에서는 물입자의 이동이 발생하지 않아 바닥의 영향을 받지 않는다. 이러한 심해파는 수심이 감소하면서 파랑이 바닥의 영향을 받기 시작하여 물입자의 이동 궤적은 수면에서는 타원형을, 바닥에는 거의 수평 운동의 형태를 보인다. 수심대 파장비가 1/20 이하인 천해에서는 파형이 바닥의 영향을 크게 받아서 파봉은 뾰족해지고 파곡은 평평해지는 비선형파의 파형을 따르게 된다.

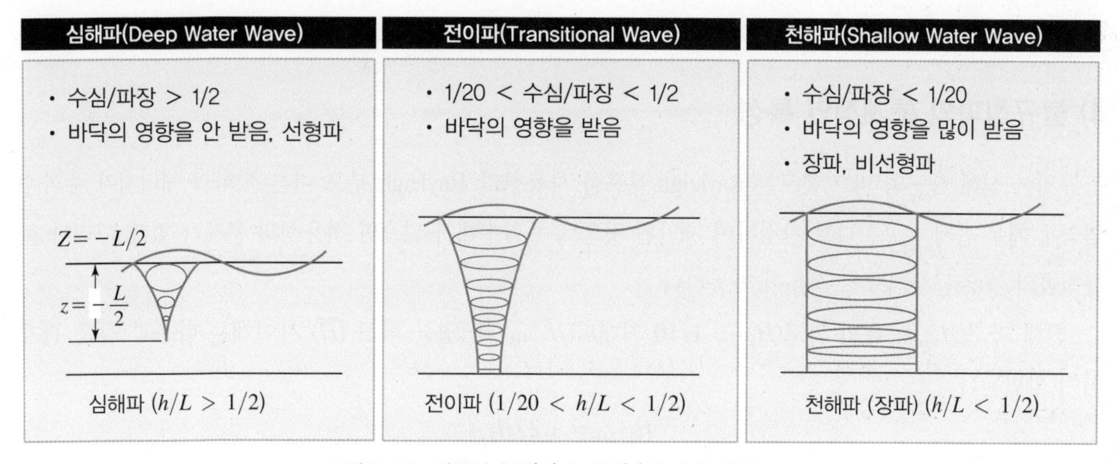

그림 2-14 파랑의 수심(h)과 파장(L)의 비에 따른 분류

2) 미소진폭파 이론(Small Amplitude Wave Theory)

규칙파의 파동 이론인 미소진폭파(微小振幅波) 이론은 가장 기본적인 선형파 이론(Linear Wave Theory)으로서, 1845년 Airy가 처음으로 유도했기 때문에 Airy파라고도 한다. 유체의 비압축성, 비점성 및 비회전성의 가정과 파고는 파장 및 수심에 비해 매우 작다는 가정에 따라 파랑운동은 속도포텐셜(ϕ)로 표시된다. 유체 해석의 용이성을 위하여 물리적, 수학적으로 단순화한 이론이며, 운동방정식은 Laplace 식($\nabla^2\phi=0$)으로 표현된다. 적합한 경계조건을 부여하고, $H \ll h$, $H \ll L$의 전제조건하에서 비선형 항들을 제거하여 풀면 속도포텐셜, 수면 변위, 물입자의 운동 및 궤적, 파랑에너지와 수중 압력 등의 파랑 특성을 얻게 된다.

3) 유한진폭파 이론

파고가 수심에 비해 미소하다는 가정이 성립하지 않을 정도로 커지면 선형파인 정현파의 수면 변위 형상에서 파봉은 높고 뾰족해지고 파곡은 얕고 평탄하게 되며 파형은 평균 수면에 대해 연직 방향으로 비대칭이 된다. 이런 파랑의 비선형성을 계산하기 위해 제안된 파랑 이론이 유한진폭파(有限振幅波) 이론이며, 파고가 큰 일반적인 천해파에 대해서는 미소진폭파의 식은 정도가 높지 않으므로 필요에 따라 유한진폭파 이론식을 사용해야 한다.

비선형파를 미소진폭파 이론식을 사용하여 계산할 때 오차는 파형경사(H/L) 및 상대수심(h/L)에 의하여 변하며, 해상 구조물과 잔교식 구조물 등의 설계 시에는 미소진폭파의 식은 상당한 오차를 유발하여 부적절하므로 유한진폭파의 식을 사용하여야 한다(항만 및 어항 설계기준, 해양수산부, 2014).

유한 진폭파의 종류로는 파의 비선형성의 정도에 따라 Stokes파, Cnoidal파, Solitary파와 Stream Function파 등이 있다. 유한진폭파 이론 중 Stokes파 이론은 미소진폭파 이론에서 역학적, 운동학적 경계조건을 급수전개하고 미소량 $\varepsilon=ka$에 대해 전개하는 섭동법(Perturbation Method)을 이용하여 구한다. Stokes파는 1차부터 5차까지 제안이 되어 있으며, 미소진폭파의 속도포텐셜의 Order에 따라 항이 추가가 되어 파형이 비선형으로 변하게 된다. 유한진폭파는 주기 대 파고 비(H/gT^2) 및 수심 대 주기 비(d/gT^2)에 따라 맞는 파랑 이론을 적용해야 하며, 파랑의 비선형성이 더 강해지면 주기 대 파고 비(H/gT^2) 및 수심 대 주기 비(d/gT^2)에 따라 Cnoidal파 이론이나, Solitary 또는 Stream Function 파랑 이론을 적용하여 파랑의 특성을 계산하여야 한다.

4) 불규칙파의 통계적인 특성

불규칙한 심해 파군의 파고 분포는 Rayleigh 분포를 사용한다. Rayleigh 분포 이론은 파의 에너지가 주파수 영역에 매우 좁게 분포한다고 가정하여 제안된 것으로 주파수대가 넓으면 적용성의 문제가 있다. 그러나 불규칙파의 경우 근사적으로 적용이 가능하다.

최대 파고(H_{max}), 유의 파고($H_{1/3}$), 1/10 최대파($H_{1/10}$) 및 평균 파고 ($\overline{H}$) 사이에는 다음과 같은 관계식이 성립된다.

$$H_{1/10} = 1.27H_{1/3}$$
$$H_{1/3} = 1.60\overline{H} \quad (2\text{-}36)$$
$$H_{max} = (1.6 \sim 2.0)H_{1/3}$$

주기의 분포는 파고의 분포와 달리 일반형이 존재하지 않으나 최대파, 1/10 최대파, 유의파 및 평균파의 주기 사이에는 근사적으로 다음의 관계가 있다.

$$T_{max} = T_{1/10} = T_{1/3} = (1.1\sim1.3)\overline{T} \quad (2-37)$$

파랑의 추산 또는 항만 구조물을 설계할 때는 파랑의 스펙트럼 형상에 대해서 고려하고 적절한 스펙트럼 분포형을 사용한다. 불규칙파의 파형을 무수한 주파수 및 파향의 성분파가 중첩된 것이라 가정하여 성분파의 에너지 분포를 주파수와 파향에 대해 표시한 것이 파랑 스펙트럼(Wave Spectrum)이다. 여기서 전자를 주파수 스펙트럼(Frequency Spectrum) 그리고 후자를 파향 스펙트럼(Directional Spectrum)이라 한다.

파랑 스펙트럼의 일반형은 다음 식과 같다[Goda(合田) 등, 1975].

$$S(f,\theta) = S(f)\cdot G(f,\theta) \quad (2-38)$$

f는 주파수, θ는 파랑의 주방향(主方向)에서의 편각이며 $S(f, \theta)$는 파랑에너지의 주파수 및 방향에 대한 분포를 나타내는 함수이며 방향 스펙트럼(Directional Spectrum)이다. $S(f)$는 주파수 성분에 대한 파랑의 에너지 분포를 나타내는 함수로서 주파수 스펙트럼(Frequency Spectrum)이며, $G(f, \theta)$는 파랑에너지의 방향성분을 나타내는 함수로 방향함수이다(항만 및 어항 설계기준, 해양수산부, 2014).

5) 설계파의 산정방법

항만 및 어항 설계기준(2014)에서는 항만시설의 구조 안정 검토에 사용되는 심해파의 설정을 위하여 파랑자료, 통계 기간은 항만시설의 기능 및 특성 등을 감안하여 적절히 정하도록 하고 있으며, 전해역 심해 설계파 추정 보고서(해양수산부, 2019)에서는 기존의 연안 및 내부 격자점의 빈도별 심해 설계파 제원으로 구조

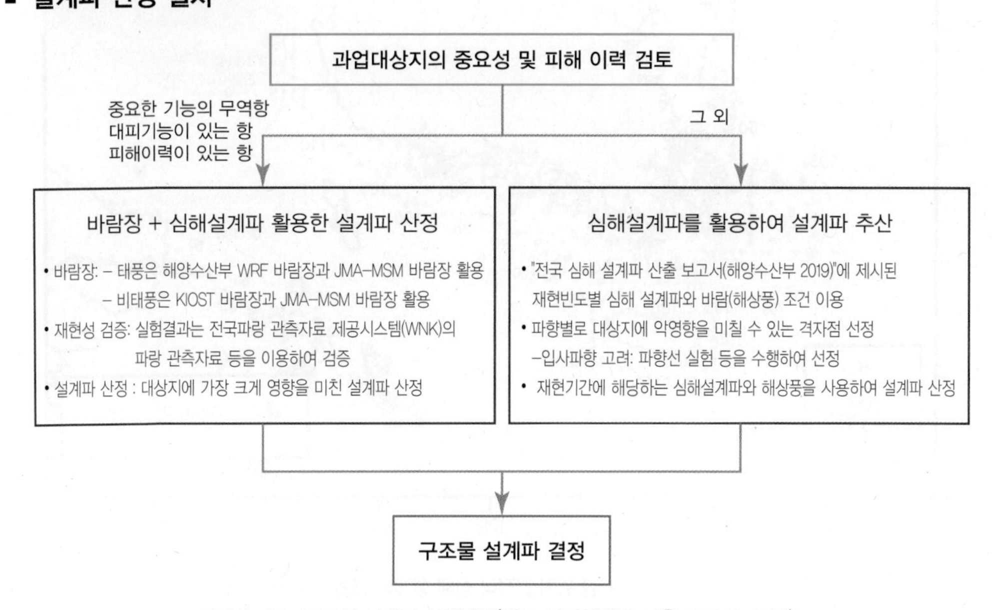

그림 2–15 구조물 설계파 산정방법(전국 심해설계파 산출 보고서, 2019)

물 설계파를 산출하고 그 결과를 항만시설물 설계에 활용(심해파를 활용한 설계파 추산방법)하는 추산 방법을 심해설계파를 활용하여 산출한 빈도별 구조물 설계파와 대상지에 내습하는 태풍 및 온대성 저기압에 의한 파랑을 정밀 산출한 구조물 설계파를 항만 시설물 설계에 활용(심해파를 활용한 설계파 추산+바람장을 이용한 설계파 추산방법)하도록 개정하였다.

전해역 심해 설계파 추정 보고서(해양수산부, 2019) 개정본에서는 2005년 해양수산부의 "전해역 심해 설계파 추정" 보고서에 제시된 연안 격자점 선정이 육지 격자점에서 한 격자 떨어진 격자점을 선택하도록 한 방법을 개선하여 실제 지형, 수심 및 천해 설계파 실험의 입사파 제원으로서의 적용성을 종합적으로 검토하여 최종적으로 210개의 연안 격자점을 선정하였다.

연안 격자점은 심해에 위치하는 것을 원칙으로 하되 서해, 남해와 같이 불가피한 해역에 천해역에 설정하고, 육지에서 최소 두 격자 이상 떨어진 점을 선택하였으며, 연안 격자점 검토 시 비태풍 시와 태풍 시 파랑 추산 실험 영역(육지와 해역의 경계)을 함께 고려하였다. 또한 울릉도, 독도, 가거도, 격렬비열도 등 유인 도서의 경우 마름모(동서남북) 형태로 연안 격자점을 제시하여 연안 격자점이 육지(섬) 내측 또는 육지에 인접해 있어서 천해 설계파 실험의 입사파 제원으로 사용하기 곤란한 문제를 해결하였다.

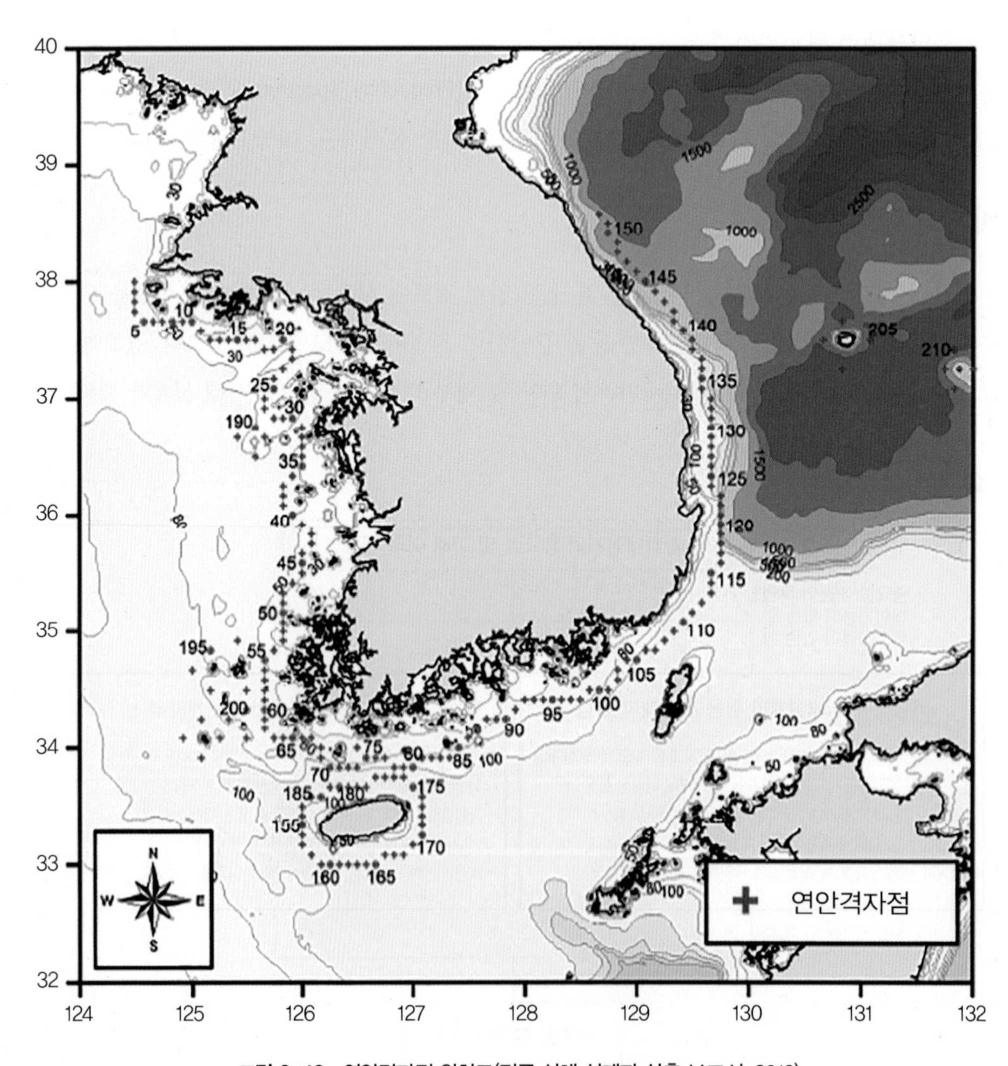

그림 2-16 연안격자점 위치도(전국 심해 설계파 산출 보고서, 2019)

구조물의 설계파는 심해 설계파 산정법에 따라서 심해파를 결정하고 이에 파의 굴절, 회절, 천수변형 및 쇄파 등에 의한 변형을 고려하여 구조물 또는 배후시설에 가장 불리하게 작용하는 파를 사용해야 한다. 대상 지점의 특수 요건(반사 및 오목부 등)과 조위의 영향을 검토하고, 위의 계산을 설계 심해파의 각 방향에 대해서 실시하여 파의 작용이 최대로 되는 것 또는 구조물 및 배후시설에 가장 불리하게 작용하는 것을 설계파로서 결정하도록 규정하고 있다(전국 심해파 산출 보고서, 2019, 해양수산부).

(7) 파랑 이론과 설계파 산정방법

1) 항만 및 어항 설계기준(2014)

항만 및 어항 설계기준(2014)은 항만 구조물의 설계 및 항내 정온도 분석을 위한 파랑은 실측치 또는 풍속에서 추산한 심해파 자료를 적절한 통계처리한 후 해안지형에 의한 변형을 고려한 값을 사용하도록 규정하고 있다. 우리나라 해안에 내습하는 설계파랑은 주로 태풍과 동계 계절풍에 의한 파랑이며, 현재까지 우리나라에 있어서 파랑의 실측기간은 길지 않으나, 바람자료는 관측기간이 매우 길기 때문에 바람자료로부터 추산하고 파랑수치모형을 사용하여 계산된 불규칙파의 파고와 주기를 사용한다. 파랑의 통계처리는 이상 파랑과 평상시 파랑으로 구분하고, 이상 파랑은 구조물의 설계 심해파를 산정하는 데 이용되고 평상 파랑은 항내정온도 분석 및 항만 가동 일수를 산정하는 데 이용된다. 파랑 수치모형으로 설계 심해파가 구조물 위치까지 도달할 때까지의 파랑 변형을 계산하여 구조물의 설계파로 사용하도록 하고 있다. 파랑 변형은 심해파가 파랑자료를 필요로 하는 지점에 도달할 때까지의 변형이며 천수변형, 굴절변형, 회절변형, 반사 및 쇄파 등에 의한 변형이다. 설계파는 파랑의 불규칙성을 충분히 고려하여 가능한 불규칙파를 이용하도록 규정하고 있다.

① 규칙파

파랑의 파장, 주기 및 파고 등은 일반적으로 미소진폭파 이론에 의하여 산정하나 파고가 큰 천해역에서는 파랑의 유한진폭 효과를 고려하여 산정하여야 한다. 그러나 불규칙파군을 각 성분파의 중첩으로 나타내는 경우 성분파의 기본성질은 미소진폭파 이론에 의해 계산할 수가 있다.

가. 미소진폭파 이론

파랑의 선형적인 특성은 미소진폭파 이론으로 표현되며 필요에 따라 고차의 근사식인 유한진폭파의 이론에 의해 보다 정밀한 파랑의 특성을 계산할 수 있다. 미소진폭파 이론에 따른 파랑운동은 속도포텐셜 (Φ)로 표시된다. 파랑의 운동방정식은 Laplace 식($\nabla^2\Phi=0$)이며 적합한 경계조건을 부여하고 $H \ll L$ 및 $H \ll h$의 전제조건하에 풀면 다음과 같은 파랑 특성을 얻게 된다.

㉮ 수면변위(m)

$$\eta_{(x,t)} = \frac{H}{2} sin2\pi\left(\frac{x}{L} - \frac{t}{T}\right) \tag{2-39}$$

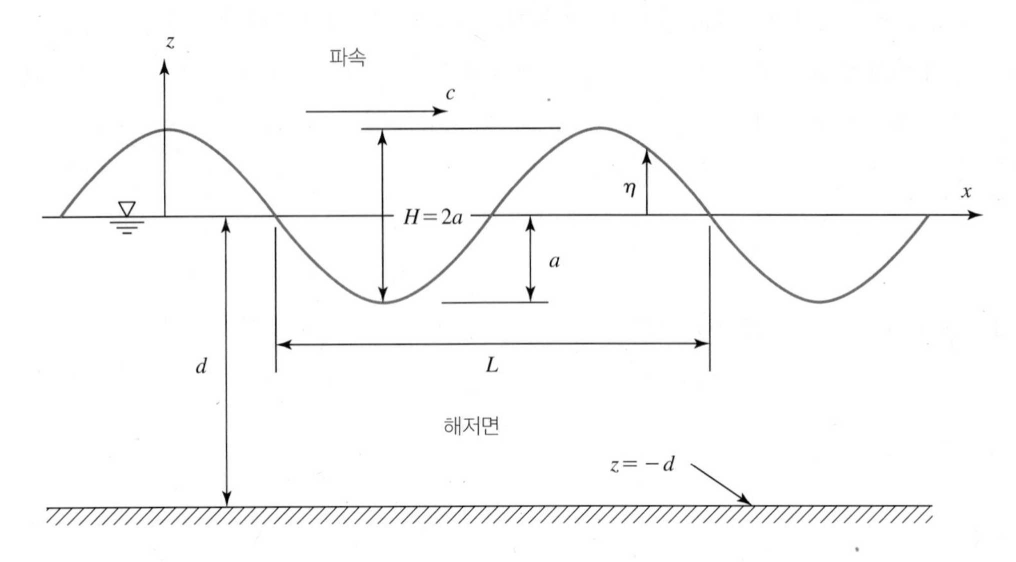

그림 2-17 진행파의 정의(항만 및 어항 설계기준, 해양수산부, 2014)

여기서, η는 기준면인 정수면으로부터 수면변위
x축은 파의 진행방향으로 취한 거리
z축은 정수면에서 연직 상향으로 취한 거리
t는 시간
T는 주기(s)
L은 파장(m)
H는 파고(m)

㉯ 파장(m)

$$L = \frac{gT^2}{2\pi} tanh \frac{2\pi h}{L} (= CT) \tag{2-40}$$

여기서, g는 중력가속도(m/s^2)
h는 수심(m)

수식 (2-40)을 파랑분산식이라 하며, 각주파수($\sigma = 2\pi/T$)와 파수($k = 2\pi/L$)를 사용하면 수식 (2-41)이 된다.

$$\sigma^2 = gktanhkh \tag{2-41}$$

㉰ 파속(m/s)

$$C = \sqrt{\frac{gL}{2\pi} tanh \frac{2\pi h}{L}} \left(= \frac{L}{T}\right) \tag{2-42}$$

㉣ 물입자의 속도(m/s)

$$\begin{cases} u = \dfrac{\pi H}{T} \dfrac{\cosh \dfrac{2\pi(z+h)}{L}}{\sinh \dfrac{2\pi h}{L}} \sin\left(\dfrac{2\pi}{L}x - \dfrac{2\pi}{T}t\right) \\ w = \dfrac{\pi H}{T} \dfrac{\sinh \dfrac{2\pi(z+h)}{L}}{\sinh \dfrac{2\pi h}{L}} \cos\left(\dfrac{2\pi}{L}x - \dfrac{2\pi}{T}t\right) \end{cases} \tag{2-43}$$

여기서, u는 수평 물입자 속도(m/s)

w는 연직 물입자 속도(m/s)

㉤ 물입자의 가속도(m/s²)

$$\begin{cases} \dfrac{\partial u}{\partial t} = \dfrac{2\pi^2 H}{T^2} \dfrac{\cosh \dfrac{2\pi(z+h)}{L}}{\sinh \dfrac{2\pi h}{L}} \sin\left(\dfrac{2\pi}{L}x - \dfrac{2\pi}{T}t\right) \\ \dfrac{\partial w}{\partial t} = \dfrac{2\pi^2 H}{T^2} \dfrac{\sinh \dfrac{2\pi(z+h)}{L}}{\sinh \dfrac{2\pi h}{L}} \cos\left(\dfrac{2\pi}{L}x - \dfrac{2\pi}{T}t\right) \end{cases} \tag{2-44}$$

가속도는 수식 (2-44) 이외의 식 (2-45)에 보여지는 추가 항들이 존재하나 미소진폭파에서는 이들이 작기 때문에 무시한다.

$$\begin{cases} a_x = \dfrac{du}{dt} = \dfrac{\partial u}{\partial t} + u\dfrac{\partial u}{\partial x} + w\dfrac{\partial u}{\partial z} \simeq \dfrac{\partial u}{\partial t} \\ a_z = \dfrac{dw}{dt} = \dfrac{\partial w}{\partial t} + u\dfrac{\partial w}{\partial x} + w\dfrac{\partial w}{\partial z} \simeq \dfrac{\partial w}{\partial t} \end{cases} \tag{2-45}$$

㉥ 압력(t/m²)

$$p = w_0 \frac{H}{2} \frac{\cosh \dfrac{2\pi(z+h)}{L}}{\cosh \dfrac{2\pi h}{L}} \sin\left(\frac{2\pi}{L}x - \frac{2\pi}{T}t\right) - w_0 z \tag{2-46}$$

여기서, w_0는 해수의 단위체적중량

수식 (2-46)의 우변 첫째 항은 동수압, 둘째 항은 정수압이다. 동수압은 파랑에 의한 물입자의 운동에 의한 압력 변동부분을 의미한다.

㉦ 해면의 단위면적당 파의 평균에너지(t·m /m²)

$$E = E_k + E_p = \frac{1}{8} w_0 H^2 \tag{2-47}$$

여기서 $E_k = E_p$이며(E_k = 운동에너지, E_p = 위치에너지) 한 파장 내의 모든 점에서의 평균에너지(E)는 일정하다. 단 마찰에 의한 손실은 무시한다.

㉶ 단위시간에 단위폭당 파의 진행방향으로 전달되는 평균에너지[(t·m/m)/s]

$$E_F = EC_G = ECn \tag{2-48}$$

여기서, C는 전파속도, C_G는 파의 군속도(m/s), $C_G = Cn$

$$n = \frac{1}{2}\left(1 + \frac{\frac{4\pi h}{L}}{\sinh\frac{4\pi h}{L}}\right) \tag{2-49}$$

위의 식들은 미소진폭파의 식이며 실제 파랑은 이 식들과 다소 다르다. 그러나 파랑의 굴절, 수중압력 등을 취급할 때는 이들의 식을 이용할 때가 많으며, 특히 중복파는 미소진폭파를 합성함으로써 얻을 수 있다.

나. 심해파 및 장파의 특성

㉮ 심해파 $\frac{h}{L} > \frac{1}{2}$인 해역에서는 수심이 깊어 파랑의 물입자 운동이 해저면까지 이르지 못해 물입자의 운동이 해저면에 의해 변형되지 않는 해역을 의미한다(그림 2-18).

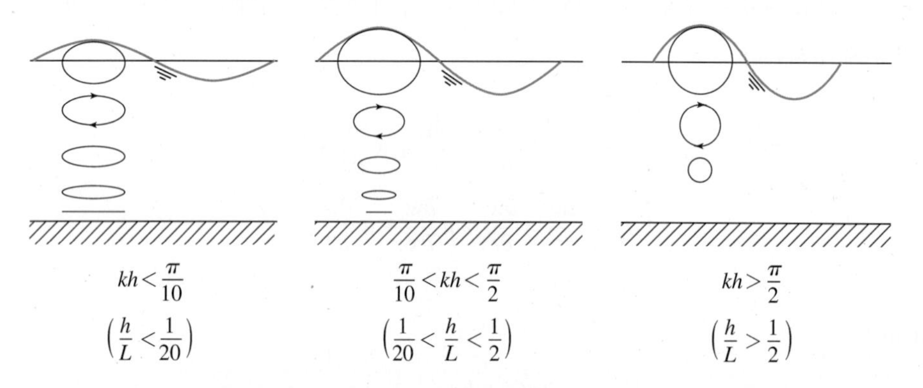

그림 2-18 진행파의 상대수심별 물입자 운동(항만 및 어항 설계기준, 해양수산부, 2014)

이 해역에 존재하는 파랑을 심해파라 하며 파장에 비해서 수심이 아주 깊은 경우($h/L \rightarrow \infty$)라고 가정하여 파속 및 파장을 다음과 같이 구한다. 즉 $\tanh 2\pi h/L = 1$이므로 다음과 같다.

$$\begin{cases} L_0 = \dfrac{gT^2}{2\pi} = 1.56T^2\ (m) \\ C_0 = \dfrac{gT}{2\pi} = 1.56T\ (m/s) \end{cases} \tag{2-50}$$

$$C_G = 0.78T(m/s) = 2.81T(km/hr)$$

첨자 o는 심해파를 나타내는 것이며, 파속 및 파장은 모두 수심에는 관계없이 주기에만 관계된다.

㉯ 장파 또는 천해파

$\frac{h}{L} < \frac{1}{20}$인 경우는 파장이 수심에 비해서 매우 길며 이를 장파 또는 천해파라 한다.

천해파의 특성은 h/L 값이 매우 작아 $\tanh 2\pi h/L = 2\pi h/L$이므로 다음과 같다.

$$\begin{cases} L = T\sqrt{gh}\ (m) \\ C = C_G = \sqrt{gh}\ (m/s) \end{cases} \tag{2-51}$$

㉰ $\frac{1}{2} < \frac{h}{L} < \frac{1}{20}$의 경우에는 천이역으로 파장과 파속이 복잡하게 변하며, 수식 (2-40)과 수식 (2-42)를 각각 사용하여 구한다.

다. 유한진폭파 이론

파고가 큰 일반적인 천해파에 대해서는 미소진폭파의 식은 정도가 높지 않으므로 필요에 따라 유한진폭파 이론식을 사용한다.

미소진폭파 이론식을 사용하여 계산할 때 오차는 파형경사 H/L 및 상대수심 h/L에 의하여 변한다. 특히 해상 구조물과 잔교식 구조물 등의 설계시에는 미소진폭파의 식은 상당한 오차를 유발하여 부적절하므로 유한진폭파의 식을 사용하여야 한다. 유한진폭파의 식도 파형경사 및 상대수심에 따라 여러 가지 이론이 있어 적합한 이론을 사용해야 하나 수치모형인 푸리에시리즈 파랑이론(Fourier Series Wave Theory)은 상대수심 전 범위에 걸쳐 한계파고까지 파랑특성을 계산할 수 있다(ACES Technical Ref, 1992).

파의 유한진폭 효과의 하나는 파고에 대한 파봉고의 비가 변하며 파고가 커지는 만큼 비도 증대된다. 그림 2-19는 수심 100~150cm의 수리모형실험의 자료로부터 진행파의 파봉고 변화를 나타낸 것이다 [Goda(合田) 1974].

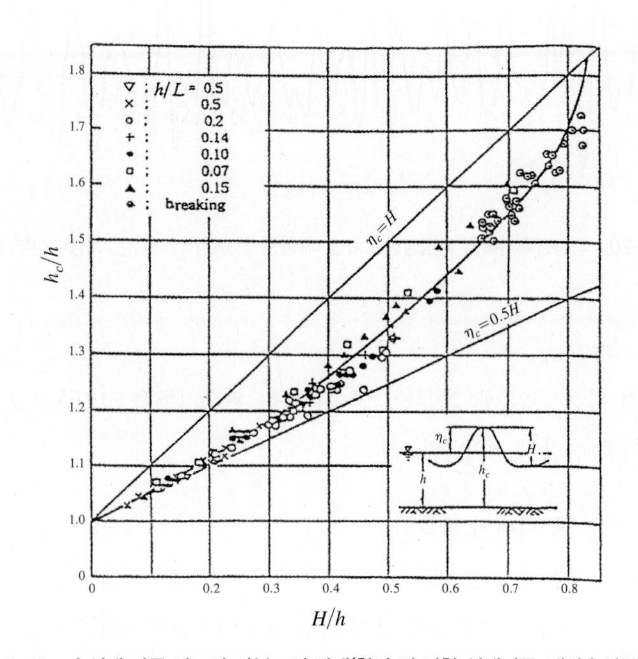

그림 2-19 수심에 따른 파고와 파봉고의 관계(항만 및 어항 설계기준, 해양수산부, 2014)

② 불규칙파의 통계적인 특성

불규칙한 심해파군의 파고분포는 Rayleigh 분포를 사용한다. Rayleigh 분포이론은 파의 에너지가 주파수 영역에 매우 좁게 분포한다고 가정하여 제안된 것으로 주파수대가 넓으면 적용성의 문제가 있다. 그러나 불규칙파의 경우 근사적으로 적용이 가능하다.

가. Rayleigh 분포

$$p(H/H) = \frac{\pi}{2}\frac{H}{H} exp\left[-\frac{\pi}{4}\left(\frac{H}{H}\right)^2\right] \tag{2-52}$$

여기서, $H = \frac{1}{N}\sum_{i=1}^{N} H_i$이며 N은 측정기간의 파랑 개수

H_i는 개별 파고

나. 불규칙파의 파고 및 주기

실제 파형은 매우 불규칙하며 한 점에서 측정한 파고기록은 그림 2-20과 같은 형태를 보인다. 기록된 파형의 평균면을 기준선(영점선)으로 정하고 개개의 파형이 파곡에서 파봉으로 상향 진행할 때 기준선과 만나는 점들로부터 개별 파의 주기와 개수를 결정하는 방법이 영점상향교차(zero up-crossing)법이다. 반면에 영점하향교차(zero down-crossing)법은 파형이 기준선을 하향으로 통과하는 점들이 하나의 파랑 시작점과 끝점으로 정하며, 통계학적으로 두 방법은 같은 방법으로 취급한다.

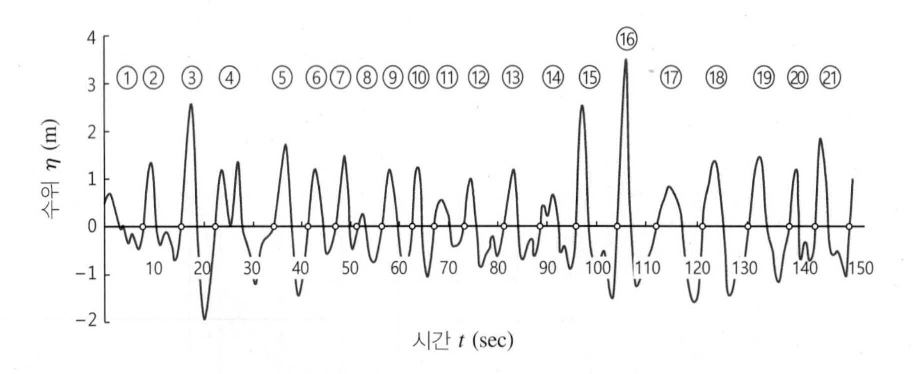

그림 2-20 파랑관측기록의 영점상향교차법 예(항만 및 어항 설계기준, 해양수산부, 2014)

다. 대표파고 및 주기

한 지점에서 파랑을 일정 시간 동안(예: 20분간) 연속관측한 관측기록을 크기순으로 정리하여 관측기간을 대표하는 각종 파랑을 다음과 같이 정의한다.

최대파(H_{max}, T_{max}): 파군 중 최대의 파고와 그 파의 주기

1/10최대파($H_{1/10}$, $T_{1/10}$): 전체 파랑 개수의 1/10에 해당하는 파고의 평균치

유의파($H_{1/3}$, $T_{1/3}$): 파고가 큰 것으로부터 전체 파랑 개수의 1/3까지의 파고를 평균한 파고와 주기

평균파고(H, T): 모든 파고와 주기의 평균치

최대파고(H_{max}), 유의파고($H_{1/3}$), 1/10 최대파($H_{1/10}$) 및 평균파고(H) 사이에는 다음과 같은 관계식이 성립된다.

$$H_{1/10} = 1.27H_{1/3}$$
$$H_{1/3} = 1.60H \quad (2\text{–}53)$$
$$H_{max} = (1.6\sim2.0)H_{1/3}$$

주기의 분포는 파고의 분포와 달리 일반형이 존재하지 않으나 최대파, 1/10 최대파, 유의파 및 평균파의 주기 사이에는 근사적으로 수식 (2-54)의 관계가 있다.

$$T_{max} = T_{1/10} = T_{1/3} = (1.1\sim1.3)T \quad (2\text{–}54)$$

라. 불규칙파의 스펙트럼

파랑의 추산 또는 항만 구조물을 설계할 때는 파랑의 스펙트럼 형상에 대해서 고려하고 적절한 스펙트럼 분포형을 사용한다. 불규칙파의 파형을 무수한 주파수 및 파향의 성분파가 중첩된 것이라 가정하여 성분파의 에너지 분포를 주파수와 파향에 대해 표시한 것이 파랑 스펙트럼(Wave Spectrum)이다. 여기서 전자를 주파수 스펙트럼 그리고 후자를 파향 스펙트럼이라 한다.

파랑 스펙트럼의 일반형은 다음 식과 같다[Goda(合田) 등, 1975].

$$S(f,\theta) = S(f) \cdot G(f,\theta) \quad (2\text{–}55)$$

f는 주파수, θ는 파랑의 주방향에서의 편각이며 $S(f, \theta)$는 파랑에너지의 주파수 및 방향에 대한 분포를 나타내는 함수이며 파랑 스펙트럼(Wave Spectrum)이다. $S(f)$는 주파수 성분에 대한 파랑의 에너지 분포를 나타내는 함수로서 주파수 스펙트럼(Frequency Spectrum)이며, $G(f, \theta)$는 파랑에너지의 방향성분을 나타내는 함수로 방향 스펙트럼(Directional Spectrum)이다.

Bretschneider의 제안식을 Mitsuyasu가 계수를 수정한 식은 다음과 같다.

$$S(f) = 0.257H_{1/3}^2 T_{1/3}^{-4} f^{-5} exp\left[-1.03(T_{1/3}f)^{-4}\right] \quad (2\text{–}56)$$

$$G(f,\theta) = G_0 cos^{2s}\frac{\theta}{2} \quad (2\text{–}57)$$

수식 (2-57)의 비례상수 G_0는 $\int_{\theta_{min}}^{\theta_{max}} G(f,\theta)\, d\theta = 1$에서 구한다.

θ_{max}, θ_{min}은 각각 주방향으로 부터 최대 및 최소 편각이다. 수식 (2-57)의 S는 파랑의 방향 집중도를 나타내는 함수이며 다음 식과 같다.

$$f > f_m\text{일 때,} \quad S = S_{max}\left(\frac{f}{f_m}\right)^{-2.5} \quad (2\text{–}58)$$

$$f \leq f_m\text{일 때,} \quad S = S_{max}\left(\frac{f}{f_m}\right)^{5} \quad (2\text{–}59)$$

f_m은 스펙트럼의 피크(Peak) 주파수이며, 유의파의 주기 $T_{1/3}$을 이용하여 환산하면 다음과 같다.

$$f_m = 1/(1.05T_{1/3}) \quad (2-60)$$

파랑의 방향집중도를 나타내는 계수인 수식 (2-58)과 (2-59)의 S_{max}는 풍파에 대해서 똑같이 10을 표준으로 하고, 너울(Swell)에 대해서는 파랑의 감쇠상태 등을 고려하여 20 이상으로 한다.

불규칙파의 스펙트럼이 주어진 경우는 유의파고($H_{1/3}$ 또는 H_s)를 다음 식에서 계산할 수 있다.

$$H_{1/3} = 3.8\left[\int_0^\infty \int_{\theta_{min}}^{\theta_{max}} S(f,\theta)\,df\,d\theta\right]^{1/2} \left(=\frac{3.8}{4.0}H_s\right) \quad (2-61)$$

여기서 $H_s = 4.0\sqrt{m_0}$, $m_n = \int_0^\infty f^n S(f)\,df$이다.

③ 설계파의 산정방법

항만 및 어항 설계기준(2014)에서는 항만시설의 구조안정 검토에 사용되는 심해파의 설정을 위하여 파랑자료, 통계기간은 항만시설의 기능 및 특성 등을 감안하여 적절히 정하도록 하고 있으며, 전해역 심해 설계파 추정 보고서(한국해양연구원, 2005)에서는 기존의 심해 설계파는 격자 간격이 54km로 너무 크고, 주 파향에 대한 설계파고만을 산정한 단점을 보완하여 18km 격자간격으로 우리나라 주변 해역의 전 격자점에서의 16개 방향에 대한 설계파를 산출하였으며, 현재는 이 개정된 심해 설계파를 이용하여 설계파를 추산하고 있다.

구조물의 설계파는 심해 설계파 산정법에 따라서 심해파를 결정하고 이에 파의 굴절, 회절, 천수변형 및 쇄파 등에 의한 변형을 고려하여 구조물 또는 배후시설에 가장 불리하게 작용하는 파를 사용해야 한다. 대상지점의 특수요건(반사 및 오목부 등)과 조위의 영향을 검토하고, 위의 계산을 설계 심해파의 각 방향에 대해서 실시하여 파의 작용이 최대로 되는 것 또는 구조물 및 배후시설에 가장 불리하게 작용하는 것을 설계파로서 결정하도록 규정하고 있다.

2) BS 6349: Maritime Structure(2000)

BS 6349에서는 해상 구조물 설계 시 관심 지역의 발생 가능한 최대 해상 상태를 추정하는 것이 필수적이며, 발생 가능한 파랑 추정을 위하여 다음의 2가지 방법을 제시하고 있다.

첫 번째 방법은 바람을 관측하고 최대 풍속(High Speed Wind)을 계산한 후 파랑 사전 예측 기법(Wave Forecasting Technique)을 이용하는 것이다. 그런 다음 예측된 파고를 외삽(Extrapolation)하면 최대 파랑 조건(Extreme Wave Condition)을 추정할 수 있으며 항상 관측 데이터와 비교 검토하여야 한다. 이 방법은 심해파 특성을 예측할 수 있게 하며, 그런 다음 천해의 바닥 지형에 의한 굴절과 파랑의 감쇠 등을 고려하여 해안 근처의 파랑 특성을 결정할 수 있게 만든다.

두 번째 방법은 현장에서 관측한 파랑 자료를 외삽(Extrapolation)하면 최대 파랑 조건(Extreme Wave Condition)을 추정할 수 있으며, 이 방법은 최소 1년간의 관측 자료를 필요로 한다. 바람에 의한 파랑 추정이 가능하고 굴절들의 현상을 파랑 수치모형으로 모의한 추정은 현장 파랑 관측치로 보완되어야 하며, 바닥 지형이 복잡한 지형에서는 해안 관측이 필수적이다.

상대적으로 노출된 지역에 큰 배나 구조물이 있는 경우는 현장에서 분단위로 장주기의 관측이 필요하며, 파군과 관련된 장주기파의 운동은 자주 선박이나 구조물의 계류라인을 파손시키는 원인이 되기 때문이다. 특히, 장주기파가 비선형 효과를 가지면 수치모형의 결과는 부정확해지므로 현장 관측을 통한 예측이 필수적이다. 불규칙파를 이용한 수리모형실험을 수행 시에는 많은 주의를 필요로 한다.

① 파랑의 형태

파랑은 먼 거리까지 에너지를 전파시킬 수 있으나, 물입자 자체는 멀리까지 이송시킬 수 없다. 심해에서 수면에서의 물입자의 이동 궤적은 거의 파고와 직경이 비슷한 원운동의 형태를 보이며, 수심에 따라 급격히 감소한다. 천해에서 파랑의 운동은 수심에 의해 감쇄되어 물입자의 이동궤적은 수면에서는 타원형을, 바닥에는 거의 수평 운동의 형태를 보인다. 심해에서의 파랑의 형태는 거의 정현파(Sinusoidal Wave)의 형태를 보이며, 정수면에 대해서 파봉과 파곡이 대칭되고 폐합된 원운동의 이동궤적 형태를 보인다. 천해에서는 파봉은 점점 뾰족해지고 파곡은 평평해지는 형태를 보이며, 크노이달파(Cnoidal Wave)나 고립파(Solitary Wave)가 정현파(Sinusoidal Wave)보다 더 잘 맞게 된다. BS 6349에서는 파랑의 특성에 관한 내용은 선형파인 정현파(Sinusoidal Wave)의 내용만을 언급하고 있으며, 비선형파는 참고 문헌을 참조하도록 규정하고 있다.

가. 미소진폭파 이론

BS 6349에서도 파랑의 선형적인 특성은 미소진폭파 이론으로 나타내고 있으며, 파랑의 기본적인 특성은 단순파(Monochromatic Wave)로 설명하고 있다.

㉮ 파고

파고는 파봉(Crest)에서 파곡(Trough)까지의 수직거리를 말하며 H로 표시하고, 심해파고인 경우는 H_o로 표시한다.

㉯ 파주기

파주기는 한 점에서 2개의 연속적인 파봉이 통과할 때까지의 시간이며, T로 표시한다. 선형파 이론에서 주기는 수심에 독립적인 것으로 가정된다.

㉰ 파주파수

파주파수는 파주기의 역수이며, f로 표시한다.

㉱ 파장

파장은 2개의 연속적인 파봉 사이의 거리이며, L로 표시한다. 심해 파장인 경우 L_o로 표시하며, 파장은 파주기와 전파속도(Phase Velocity, Wave Celerity)에 따라 변하게 된다.

㉮ 전파속도

전파속도는 파랑이 전파되는 속도를 말하며 v_c로 표시하고, 심해인 경우 v_{co}로 표시한다. 전파속도는 파장과 파주기와 다음의 관계가 있다.

$$v_c = L/T \tag{2-62}$$

선형파 이론에서 전파속도는 다음과 같다.

$$v_c = \frac{gT}{2\pi} tanh\left(\frac{2\pi d}{L}\right) \tag{2-63}$$

여기서, d는 정수면에서 측정한 수심
g는 중력가속도(9.81m/s^2)

전파속도의 관계로부터 파장은 다음과 같다.

$$L = \frac{gT^2}{2\pi} tanh\left(\frac{2\pi d}{L}\right) \tag{2-64}$$

$d/L > 0.5$인 심해에서의 전파속도와 파장은 다음과 같다.

$$v_{c0} = \frac{gT}{2\pi},\ \ L_0 = \frac{gT^2}{2\pi} \tag{2-65}$$

㉯ 물입자 궤적속도

한 파주기 T 동안의 물입자 궤적의 둘레는 πH_0이므로 심해의 수면에서의 물입자 궤적속도는 $\pi H_0/T$가 된다. 물입자 속도 및 가속도는 수면 아래에서 깊이에 따라 감소하고, 수중 구조물의 파압 산출 시에 필요하게 된다. 선형파 이론에 따른 수면 변위, 물입자 속도 및 가속도는 다음 식으로 표현된다.

$$\begin{aligned}
\eta(x,t) &= \frac{H}{2} cos\left\{2\pi\left(\frac{x}{L} - \frac{t}{T}\right)\right\} \\
u &= \frac{\pi H}{T}\frac{cosh\{2\pi(y+d)/L\}}{sinh(2\pi d/L)} cos\left\{2\pi\left(\frac{x}{L} - \frac{t}{T}\right)\right\} \\
v &= \frac{\pi H}{T}\frac{sinh\{2\pi(y+d)/L\}}{sinh(2\pi d/L)} sin\left\{2\pi\left(\frac{x}{L} - \frac{t}{T}\right)\right\} \\
\dot{u} &= \frac{2\pi^2 H}{T^2}\frac{cosh\{2\pi(y+d)/L\}}{sinh(2\pi d/L)} sin\left\{2\pi\left(\frac{x}{L} - \frac{t}{T}\right)\right\} \\
\dot{v} &= \frac{2\pi^2 H}{T^2}\frac{sinh\{2\pi(y+d)/L\}}{sinh(2\pi d/L)} cos\left\{2\pi\left(\frac{x}{L} - \frac{t}{T}\right)\right\}
\end{aligned} \tag{2-66}$$

㉰ 파형경사

파형 경사는 파고를 파장으로 나눈 값이며, 심해에서의 한계파고의 존재를 나타낸다. 단일 주기의 최대 전진파의 비선형 수면 조건을 풀어보면 심해에서의 최대 파형경사는 1/7이 된다.

㉮ 군파속도

단일주기의 여러 파가 전파시 이동속도는 개별파의 전파속도보다 느리며, 이런 파군의 이동속도를 군파속도라 하고 에너지의 이동속도로 알려져 있다. 선형파 이론에 의한 군파속도는 다음 식으로 표현된다.

$$v_{cg} = \frac{1}{2}\left(1 + \frac{4\pi h/L}{\sinh\,(4\pi h/L)}\right) v_c \tag{2-67}$$

심해에서는 다음 관계를 가진다.

$$v_{cg0} = \frac{1}{2} v_{c0} = \frac{gT}{4\pi} \tag{2-68}$$

나. 불규칙파의 특성

실제 파랑은 수많은 단일 파랑 성분으로 구성되어 있으며, 각 성분들이 서로 복합될 때 군파속도로 움직이는 고파랑을 형성하게 된다. 그런 성분들의 상호작용 때문에 실제 수면은 매우 불규칙해지고, 실제 불규칙파의 특성은 다음의 매개변수들로 표현된다.

㉮ 유의 파고

유의 파고(Significant Wave Height)는 H_s로 표시되고, 파고가 큰 것으로부터 전체 파랑 개수의 1/3까지의 파고를 평균한 파고를 말한다. 에너지 스펙트럼을 적분한 0차 모멘트 m_0와 다음의 관계가 있다.

$$H_s \approx H_{m0} = 4\sqrt{m_0} \tag{2-69}$$

㉯ 유의 파주기

평균 파주기 T_m이나 최대 파주기 T_p가 더 자주 쓰이지만, 유의 파주기(Significant Wave Period) T_s는 Shore Protection Manual에 게시된 SMB(Sverdrup-Munk-Bvetschneider)법으로 예전 미국의 방식에서 파고 추정 시에 자주 쓰인다.

㉰ 영점교차(Zero Crossing) 파주기

영점교차 파주기는 정수면 아래의 파곡과 정수면 위의 파봉을 가진 모든 파들의 평균 주기이며, T_z로 표시된다.

㉱ 스펙트럼 밀도

해양에서의 에너지는 수많은 개별파에 의해 이송되고, 다른 주파수들을 가지며 여러 방향으로 전파된다. 스펙트럼 밀도는 주어진 주파수와 방향에서 각 파성분의 파고를 자승값을 할당하여 얻어진다. 스펙트럼 밀도는 파주파수와 방향의 함수로 $I(f,\ \phi)$로 표시된다.

㉲ 1차원 스펙트럼 밀도

제한된 데이터는 전체 방향 스펙트럼 밀도 $I(f,\ \phi)$ 계산에 필요한 에너지의 방향 분산을 정확히 추정하지 못하게 하고, 한 주파수에서의 에너지가 모든 방향에 관해 더해질 때 $S(f)$로 표시되는 1차원 스펙트럼 밀도가 얻어진다.

㉥ 재현기간과 설계파 조건

파랑 조건이 재현되는 빈도는 종종 재현기간 T_R로 표시되고, 설계수명(n)과 재현기간 및 공칭 평균을 초과할 파고의 확률(P) 사이의 관계는 다음과 같다.

$$T_R = \frac{1}{1 - \sqrt[n]{\left(1 - \frac{P}{100}\right)}} \qquad (2\text{–}70)$$

BS 6349에서는 설계 조건의 재현기간이 비용을 최적화시키는 데 필요한 기간을 초과할 수 있다고 밝히고 있으며, 공사비의 최적화를 위한 설계 조건 규정은 파랑 조건이 설계 조건을 초과하여 발생하는 구조물의 손상 정도를 확신할 수 있을 때만 사용하도록 하고 있다. 사석 경사제의 경우 파랑이 설계 조건을 초과해도 손상이 점진적으로 일어나지만, 직립 호안이나 방파제의 경우는 설계 조건을 초과 시 완전 파괴가 발생하기 때문이다. 손상의 결과가 너무 거대해서 매우 낮은 발생확률에도 받아들일 수 없는 구조물의 경우에는 1000년 또는 그 이상의 재현기간을 사용하도록 하고 있다.

㉦ 불규칙파의 스펙트럼

BS 6349에서는 취송거리(Fetsch)가 제한된 경우의 파랑 추정에 JONSWAP(Joint North Sea Wave Project)을 제안하고 있으며, 스펙트럼 밀도는 다음 식으로 주어진다.

$$S(f) = \frac{k_j g^2}{(2\pi)^4 f^5}\left[-\frac{5}{4}\left(\frac{f_m}{f}\right)^4 \gamma^a\right] \qquad (2\text{–}71)$$

여기서, $k_j = \frac{0.0662}{x^{0.2}} = 0.033\left(\frac{f_m U_w}{g}\right)^{2/3}$

$\gamma = 3.3$

$a = exp\left[-\frac{(f - f_m)^2}{2w^2 f_m^2}\right]$

$\omega = 0.07$ for $f \leq f_m$, 0.09 for $f > f_m$

$x = \frac{g L_F}{U_w^2} = \left(\frac{2.84g}{f_m U_w}\right)^{10/3}$

L_f는 취송거리(The Fetch Length)

U_w는 수면 10m 위의 풍속(The Wind Speed 10m above The Sea Surface)

f는 주파수(The Wave Frequency)

f_m는 첨두 주파수(The Frequency at which the Peak occurs in the Spectrum),

$= 2.84 g^{0.7} L_F^{-0.3} U_w^{-0.4}$

북대서양에서 측정된 자료가 대양에서의 fully developed one-dimensional spectrum을 정의하기 위해 자주 쓰이며, Pierson-Moskowitz 스펙트럼이라고 알려져 있다.

$$S(f) = \frac{k_p g^2}{(2\pi)^4 f^5}\left[-\frac{5}{4}\left(\frac{f_m}{f}\right)^4\right] \quad (2\text{–}72)$$

여기서, $k_p = 0.0081$

$f_m = \dfrac{0.8772g}{2\pi U_{19.5}}$

$U_{19.5}$는 수면 위 19.5m에서의 풍속

BS 6349에서는 더 좋은 정보가 없으면 대부분의 경우에 Pierson-Moskowitz 스펙트럼을 사용하도록 하고 있으며, JONSWAP 스펙트럼이 Pierson-Moskowitz 스펙트럼보다 낮은 스펙트럼 피크 주파수를 가진 해역, 즉 $gL_f/U_w^2 > 2.92 \times 10^4$인 해역에 적용하도록 권장하고 있다.

3) 파랑 이론과 설계파 조건 선정의 차이

항만 및 어항 설계기준(2014)에서는 항만 구조물의 설계 및 항내 정온도 분석을 위한 파랑은 실측치 또는 풍속에서 추산한 심해파 자료를 적절한 통계처리한 후 해안지형에 의한 변형을 고려한 값을 사용하도록 규정하고 있다. 파랑 수치모형으로 설계 심해파가 구조물 위치까지 도달할 때까지의 파랑 변형을 계산하여 구조물의 설계파로 사용하도록 하고 있으며, 구조물 및 배후시설에 가장 불리하게 작용하는 것을 설계파로서 결정하도록 규정하고 있다. 설계파는 파랑의 불규칙성을 충분히 고려하여 가능한 불규칙파를 이용하도록 규정하고 있으며, 천해에서는 파랑의 비선형성을 고려하여 유한진폭파 이론을 사용하도록 하고 있다. 또한 불규칙파의 스펙트럼은 Bretschneider의 제안식을 Mitsuyasu가 계수를 수정한 식을 사용하도록 규정하고 있다.

BS 6349에서는 파랑 조건의 재현기간과 설계 수명 및 초과확률을 이용하고 설계 파랑 조건을 정하도록 제안하고 있으며, 설계 조건의 재현기간이 비용을 최적화시키는 데 필요한 기간을 초과할 수 있다고 밝히고 있으므로 공사비의 최적화를 위한 설계 조건 규정은 파랑 조건이 설계 조건을 초과하여 발생하는 구조물의 손상의 정도를 확신할 수 있을 때만 사용하도록 하고 있다. 불규칙파의 스펙트럼은 대부분의 경우에 Pierson-Moskowitz 스펙트럼을 사용하도록 하고 있으며, JONSWAP 스펙트럼이 Pierson-Moskowitz 스펙트럼보다 낮은 스펙트럼 피크 주파수를 가진 해역, 즉 $gL_f/U_w^2 > 2.92 \times 10^4$인 해역에 적용하도록 권장하고 있다.

(8) 파랑의 수리학적 특성

1) 항만 및 어항 설계기준(2014)

항만 및 어항 설계기준(2014)은 항만 구조물의 설계를 위한 파랑의 수리학적 특성 중 천수 변형, 굴절, 회절, 반사, 쇄파, 파의 전달, 처오름, 월파 등을 상세히 규정하고 있으며, 천수 변형, 굴절, 회절 및 반사는 각 설계기준마다 내용이 거의 같으므로 경사식 방파제나 호안의 설계에 직접적으로 영향을 주는 쇄파, 파의 전달, 처오름 및 월파 등의 수리학적 특성을 비교하고자 한다.

① 쇄파

항만 및 어항 설계기준(2014)은 항만 구조물이 쇄파지점 부근에 있는 경우는 쇄파를 고려하도록 규정하고 있으며, 쇄파형식은 입사파의 파형경사(H_o/L_o)와 해저경사의 영향을 받게 되어 일반적으로 파형경사가 큰 경우는 붕괴파가 되고 해저경사가 큰 경우는 쇄기파가 발생한다고 밝히고 있다. 쇄파형식은 해안선 변형에 밀접한 관계가 있는 동시에 구조물에 작용하는 파력에도 관계가 있으며, 경사가 완만한 해안에서는 여러 번의 쇄파가 발생하며 가장 먼 외해 쪽에서부터 해안 가장 가까운 곳까지 쇄파가 일어나는 지역을 쇄파대라 한다. 방파제에 강력한 파압을 주는 쇄파는 주로 권파이며 많은 파력공식들은 이 쇄파에 대한 식이다. 쇄파형식은 다음과 같은 세 가지가 있으며 형태는 그림 2-21과 같다.

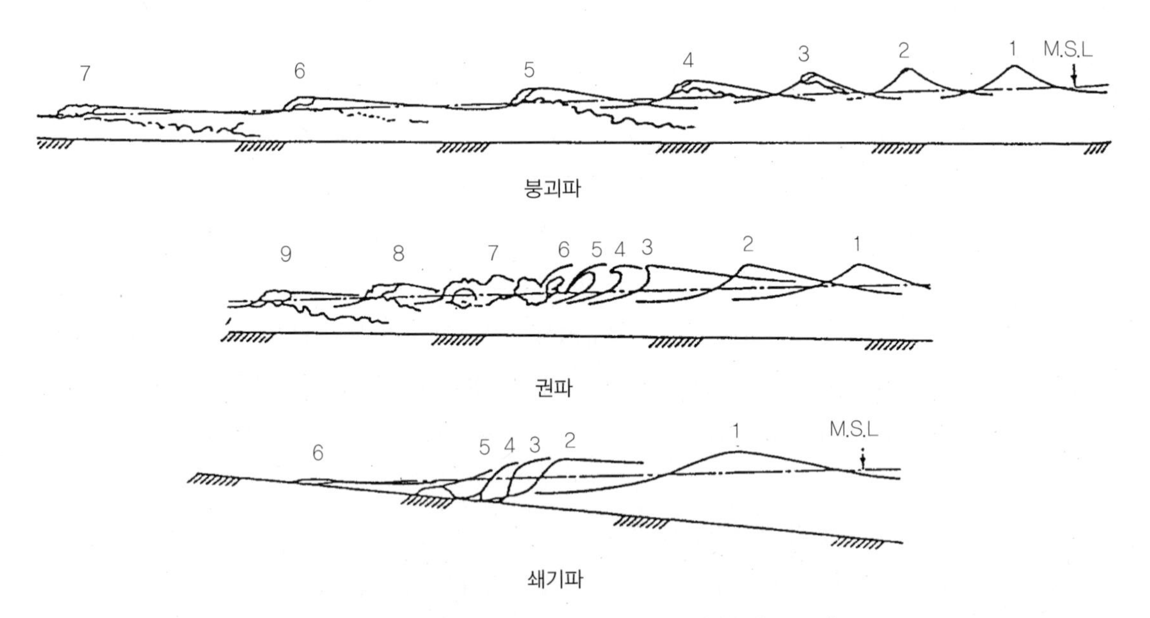

그림 2-21 쇄파형태(항만 및 어항 설계기준, 해양수산부, 2014)

가. 붕괴파(Spilling Breakers)

파형이 진행함에 따라 비대칭이 되고, 파봉부분의 일부에 하얀 거품이 생기며 점차적으로 깨져 그것이 차차 파의 전면에 무너져가는 형태의 쇄파로 천해인 해안뿐만 아니라 심해역에서도 일어난다.

나. 권파(Plunging Breakers)

해안 부근의 수심이 얕은 곳에 파랑이 도달하면 해저 마찰 때문에 물입자의 속도가 해저보다 표면에서 크게 되어 파봉이 앞으로 덮어씌워져 파랑 전체가 앞으로 일시에 넘어지는 형태의 쇄파이다.

다. 쇄기파(Surging Breakers)

권파와 같이 일시에 파랑 전체가 깨지는 것이 아니고 파랑의 하부 쪽에서 부서지기 시작하여 파의 전면 대부분이 깨어져 해안선에서 공기를 혼합시키면서 사면을 타고 올라간다.

② 규칙파의 쇄파 한계파고

파랑이 해안으로 진입하면 천수변형에 의해 파고가 증가하고 한계파고에 이르면 쇄파가 일어난다. 쇄파로 인해 공기가 수중에 주입되고 와류가 형성되어 쇄파 전후의 파랑운동은 상당한 차이가 있다. 파가 부서지는 점을 쇄파점, 그 지점의 수심을 쇄파수심, 그리고 그때의 파고를 쇄파고로 정의한다. 규칙파의 쇄파한계파고는 수식 (2-73)으로 근사적으로 구할 수 있다

$$\frac{H_b}{L_0} = 0.17\left\{1 - exp\left[-1.5\frac{\pi h}{L_0}\left(1 + 15tan^{4/3}\theta\right)\right]\right\} \tag{2-73}$$

여기서, $\tan\theta$는 해저경사이다.

③ 쇄파대 내에서의 파고 변화

항만 및 어항 설계기준(2014)에서는 수심이 환산 심해파고의 약 3배 이하의 지점에서는 쇄파에 의한 파고변화를 고려하여야 한다고 규정하고 있으며, 쇄파대 내에서의 파고의 변화는 Goda(1975)의 쇄파이론을 적용하여 산정한다.

$$H_{1/3} = \begin{cases} K_sH_0' & (h/L_0 \geq 0.2) \\ min\{(\beta_0H_0' + \beta_0h), \beta_{max}H_0', K_sH_0'\} & (h/L_0 < 0.2) \end{cases} \tag{2-74}$$

여기서, $\beta_0 = 0.028(H_0'/L_0)^{-0.38}exp[20(tan\theta)^{1.5}]$

$\beta_0 = 0.52exp[4.2tan\theta]$

$\beta_{max} = max\{0.92, 0.32(H_0'/L_0)^{-0.29}exp[2.4tan\theta]\}$

또한 최대파 H_{max}의 간편식도 아래와 같이 나타낼 수 있다.

$$H_{max} = \begin{cases} 1.8K_sH_0' & (h/L_0 \geq 0.2) \\ min\{(\beta^*H_0' + \beta_1^*h), \beta_{max}^*H_0', 1.8K_sH_0'\} & (h/L_0 < 0.2) \end{cases} \tag{2-75}$$

여기서, $\beta_0^* = 0.052(H_0'/L_0)^{-0.38}exp[20(tan\theta)^{1.5}]$

$\beta_1^* = 0.63exp[3.8tan\theta]$

$\beta_{max}^* = max\{1.65, 0.53(H_0'/L_0)^{-0.29}exp[2.4tan\theta]\}$

쇄파고와 쇄파수심은 Goda의 연구결과를 이용하여, 쇄파대 내에서 유의파고의 최대치$(H_{1/3})_{peak}$를 쇄파고로 하여 그림 2-22를 이용해 구할 수 있으며, 쇄파수심은 유의파고가 최대로 되는 수심$(h_{1/3})_{peak}$를 쇄파수심으로 하여 그림 2-23에서 구할 수 있다.

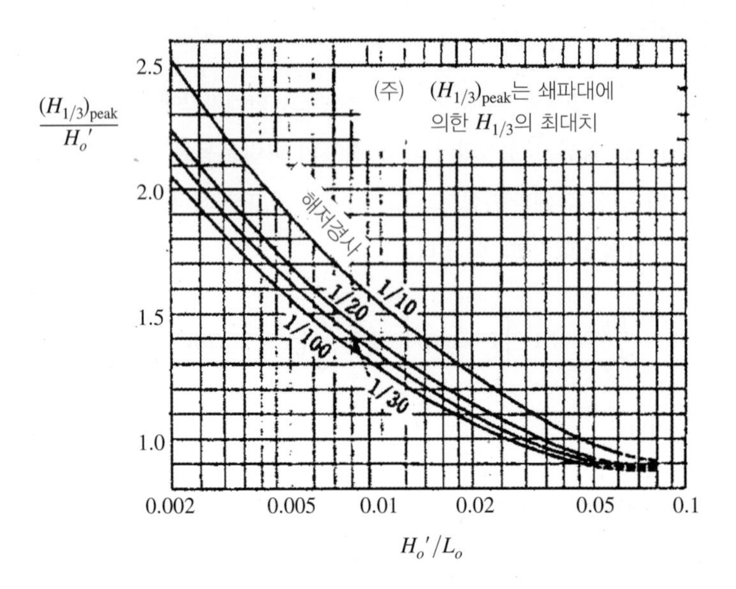

그림 2-22 쇄파대 내에서 유의파고의 최대치 산정도(항만 및 어항 설계기준, 해양수산부, 2014)

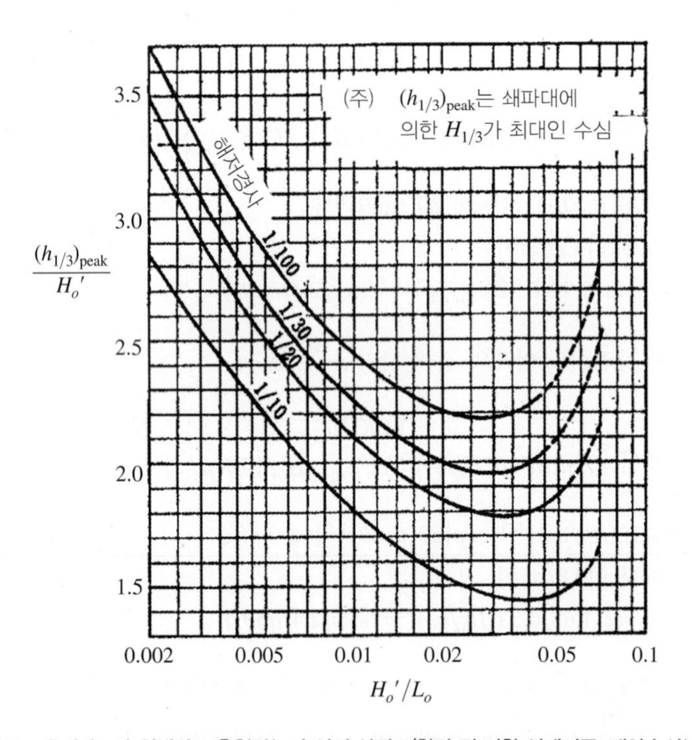

그림 2-23 유의파고가 최대치로 출현하는 수심의 산정도(항만 및 어항 설계기준, 해양수산부, 2014)

④ 쇄파에 의한 평균수면 상승

항만 및 어항 설계기준(2014)에서는 쇄파에 의해 쇄파대 내에서 발생하는 평균수위의 상승을 필요에 따라 구조물 설계에 고려하도록 하고 있다. 쇄파대 내에서 쇄파에 의해 평균수위가 현저하게 상승(Wave set up)하거나 진동하는 경우가 있으므로, 이와 같은 장소에서 방파제 및 물양장의 마루높이를 산정하는 경우 이를 고려해야 한다.

해안에서의 평균수면 상승은 파랑 전파 시 에너지가 파랑과 함께 전파될 뿐 아니라 해수도 파랑의 전파방향으로 움직이게 되어 이에 의한 운동량의 수송이 이루어진다. 운동량은 파랑에 의해 결정되며 이를 방사응력(Radiation Stress)이라 하며, 파고가 작은 해안선 부근에서는 작아져 운동량은 장소에 따라 변하게 된다(Longuet-Higgine and Stewart, 1962). 운동량의 차이와 평균해수면 경사에 의한 정수압의 차가 균형을 이루게 되어 해안쪽으로 평균수면이 상승한다. 평균수면을 $\bar{\eta}$로 나타내면 평균수면의 식은 수식 (2-76)으로 주어지며 외해 쪽에서 해안 쪽으로 수치적분을 하여 $\bar{\eta}$를 계산한다.

$$\frac{d\bar{\eta}}{dx} = -\frac{1}{\bar{\eta}+h}\frac{d}{dx}\left[\frac{\overline{H^2}}{8}\left(\frac{1}{2}+\frac{4\pi h/L}{\sinh\left(4\pi h/L\right)}\right)\right] \tag{2-76}$$

여기서, $\overline{H^2}$은 불규칙 파군 중의 파고 자승의 평균값이다. 파고는 수면상승에 의해 변하기 때문에 파고와 수면변화를 동시에 관련시켜 계산하도록 하고 있다.

쇄파에 의한 수위상승 이외에도 파랑 간의 상호작용으로부터 생성되는 내습파의 주기에 수배~수십 배에 해당하는 해면의 상하 진동이 있으며, 이를 서프비트(Surf Beat)라 한다. 서프비트의 진폭은 심해파 진폭의 30% 이상이 되는 경우가 있다. 쇄파대 내의 서프비트 진폭은 수식 (2-77)로 계산한다.

$$\zeta_{rms} = \frac{0.01H_0'}{\sqrt{\frac{H_0'}{L_0}\left(1+\frac{h}{H_0'}\right)}} \tag{2-77}$$

여기서, ζ_{rms}는 서프비트 파형의 표준편차 값이다.

⑤ 처오름 높이

항만 및 어항 설계기준(2005)에서는 파랑의 처오름 높이는 해안제방, 호안 등의 마루높이를 결정하는 데 중요하므로 파의 처오름 높이는 제체의 형상, 설치위치 및 해저지형에 따라 적절히 산정하도록 하고 있다. 해안 구조물에 대한 처오름 높이는 입사파의 파고, 파형경사, 구조물의 형상 및 사면의 조도 등 여러 가지의 요소에 따라서 변하므로 일반적으로 실험에 의해서 추정하게 된다.

전면수심 대 환산심해 파고비(d_s/H_0')가 3보다 적은 경우 축척 조정계수와 조도 조정계수를 사용하여 다음 식에서 처오름 높이를 계산한다.

$$(R/H_0') = (R/H_0')_{매끈하고불투과경사면} \cdot \gamma \cdot K \tag{2-78}$$

여기서, R는 처오름 높이
R/H_0'는 상대 처오름량(그림 2-24 참조)
H_0'는 환산심해 파고
γ는 조도 조정계수(표 2-12 참조)
K는 축척 조정계수(그림 2-25 참조)

단, 인공콘크리트 피복재의 경우 축척조정계수는 1.03을 사용하며 d_s/H_0'가 3보다 큰 경우에는 축척 및 조도조정계수를 적용치 않는다.

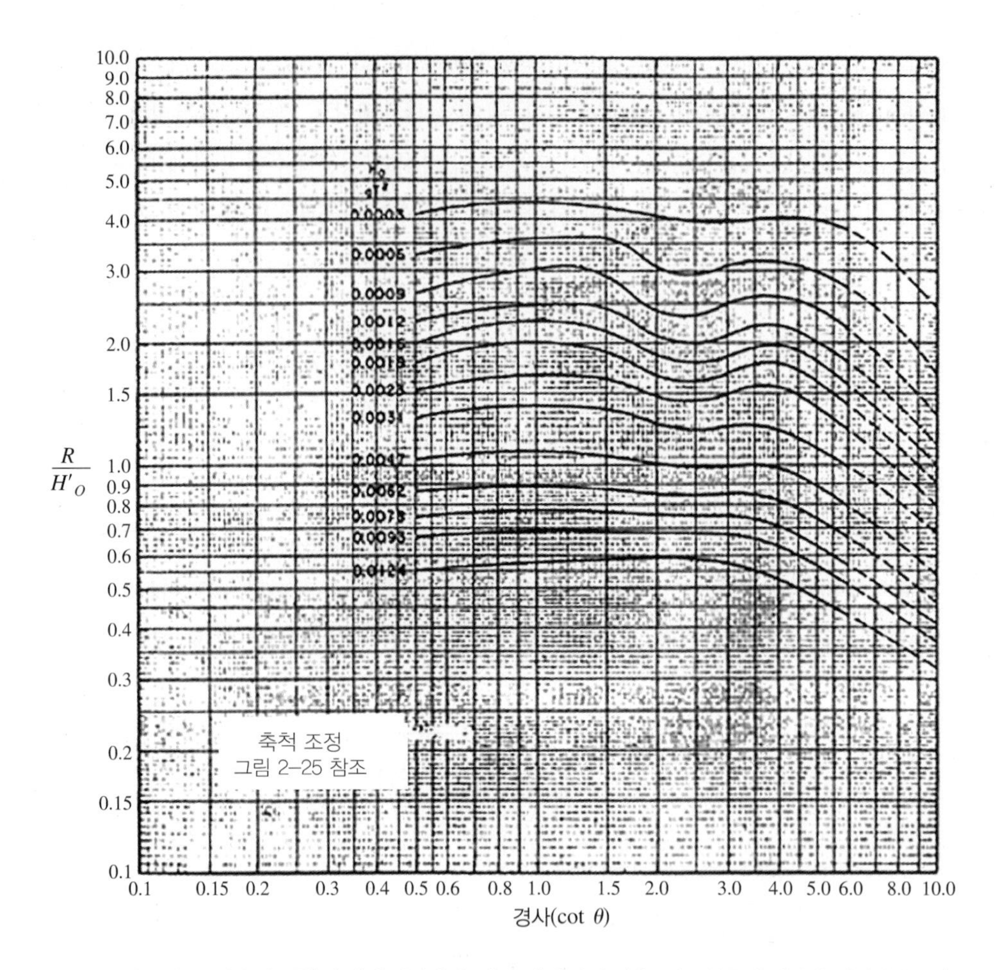

그림 2-24 파의 처오름(R/H_0')과 상대깊이($d_s/H_0'=0$)의 관련도(매끈하고 불투과 경사면, 해저경사 1:10)
(항만 및 어항 설계기준, 해양수산부, 2005)

표 2-12 콘크리트 피복의 조도 조정계수(항만 및 어항 설계기준, 해양수산부, 2005)

피복재	층수	거치방법	γ	사면경사(cot θ)
돌로스(Dolos)	2	난적(random)	0.45	1.3 to 3.0
변형입방체(modified cube)	2	〃	0.48	1.3 to 3.0
〃	1	정적(uniform)	0.62	1.5
〃	1	〃	0.73	2.0
〃	1	〃	0.55	3.0
쿼디포드(Quardipod)	2	난적(random)	0.51	1.3 to 3.0
테트라포드(Tetrapod)	2	〃	0.45	1.3 to 3.0
〃	2	정적(uniform)	0.51	1.3 to 3.0
트라이바(Tribar)	2	난적(random)	0.45	1.3 to 3.0
〃	1	정적(uniform)	0.50	1.3 to 3.0
고비블록(gobi blocks)	1	〃	0.33	1.3 to 3.0
계단경사면(stepped slopes)	N.A	vertical risers	0.75	1.3 to 3.0
〃	〃	curved risers	0.36	1.3 to 3.0

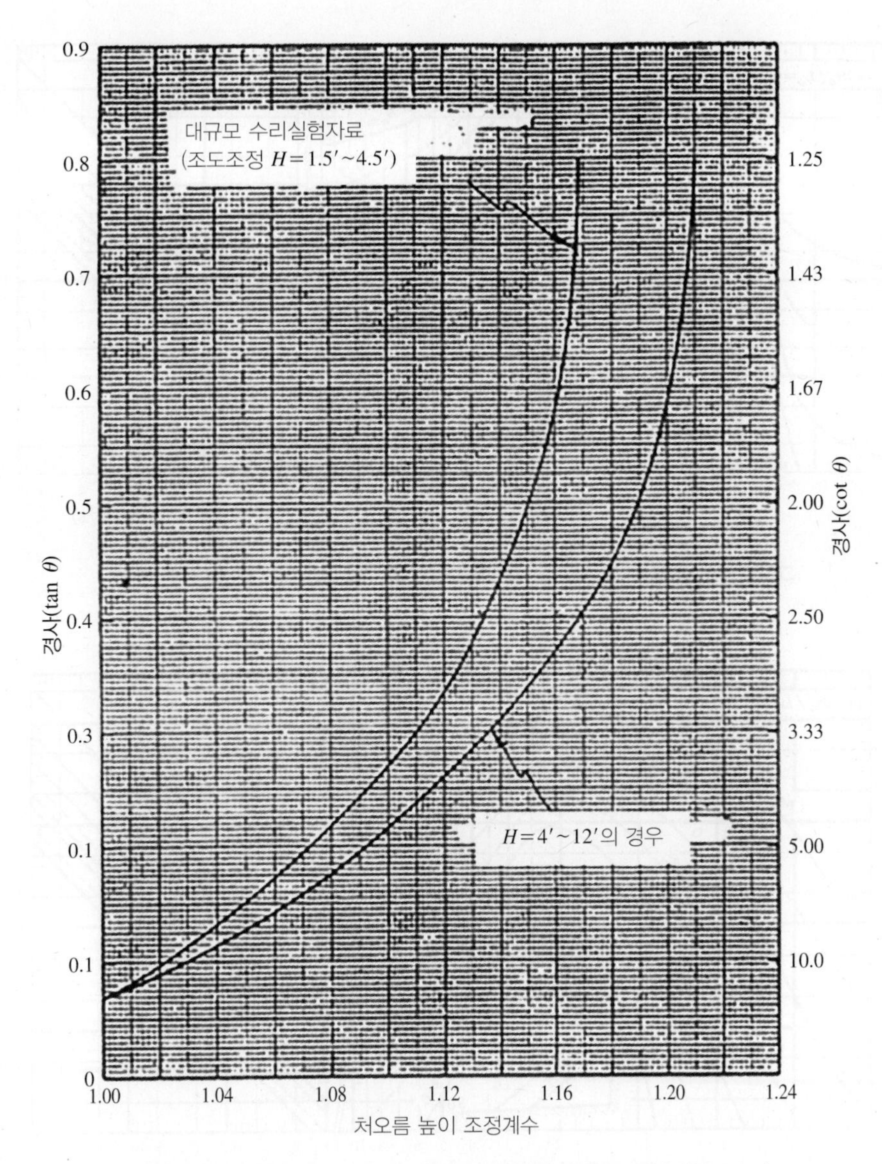

그림 2-25 처오름 축척 조정계수(항만 및 어항 설계기준, 해양수산부, 2005)

⑥ 월파량

항만 및 어항 설계기준(2005)에서는 항만 구조물을 설계할 때 파랑의 월파량이 중요한 경우는 수리모형실험 또는 기존의 실험결과로 산정하도록 규정되어 있으며, 파랑의 불규칙성을 고려하도록 되어 있다. 월파량을 수리모형실험에서 추정할 경우 실험파는 불규칙파를 사용하나 불규칙파의 실험을 할 수 없는 경우는 규칙파의 실험에서 산정할 수 있으며, 이 경우 사용하는 주기는 유의파 주기로 한다. 월파량은 월파한 물의 단위폭당 부피이고 월파유량은 단위시간당 월파한 물의 단위폭당 부피이다. 단순한 형상의 직립 및 소파호안에 대해서는 그림 2-26, 그림 2-27에 도시된 Goda(1975)의 불규칙파 실험에 의한 도표를 이용하여 월파량을 추정하도록 규정하고 있다.

항만 및 어항 설계기준에서는 피재(被災)한계의 월파유량, 호안에서 배후지의 중요도 및 이용상황에 따른 월파유량의 기준을 제시하고 있으며, 표 2-13 ~표 2-15와 같다.

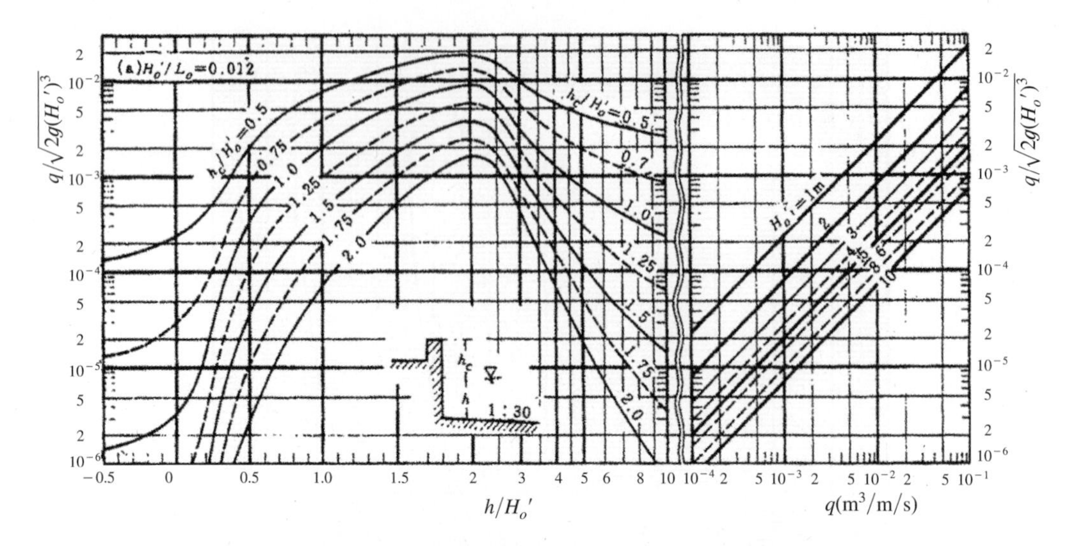

그림 2-26 직립호안의 월파유량 산정도(항만 및 어항 설계기준, 해양수산부, 2014)

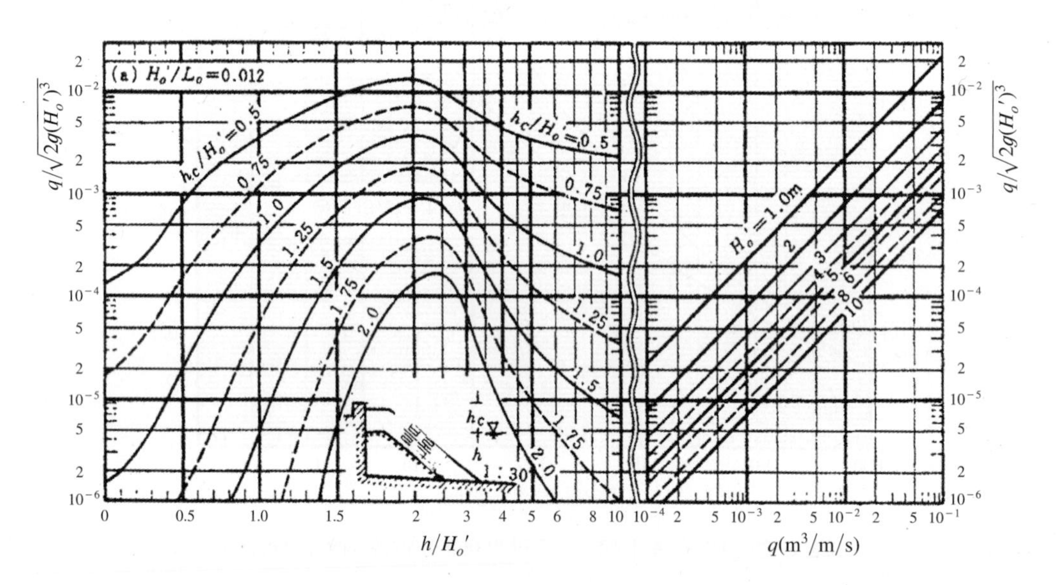

그림 2-27 소파호안의 월파유량(항만 및 어항 설계기준, 해양수산부, 2014)

표 2-13 피재한계의 월파유량(항만 및 어항 설계기준, 해양수산부, 2005)

종별	피복공	월파량($m^3/m \cdot s$)
호안	배후포장 있음	0.20
	배후포장 없음	0.05
제방	3면이 콘크리트	0.05
	마루포장·뒤채움 미시공	0.02
	마루포장 없음	0.005 이하

표 2-14 배후지의 중요도를 고려한 허용 월파유량(항만 및 어항 설계기준, 해양수산부, 2005)

요건	월파량($m^3/m \cdot s$)
배후에 민가, 배후시설 밀집으로 월파, 물보라 등의 유입으로 중대한 재해가 예상되는 지역	0.01 정도
기타 중요한 지역	0.02 정도
기타 지역	0.02~0.06

표 2-15 배후지 이용상황과 재해한계에서 본 월파유량의 기준(항만 및 어항 설계기준, 해양수산부, 2005)

이용방법	상태(호안후면)	월파량($m^3/m \cdot s$)
보행	위험없음	2×10^{-4}
자동차	고속통행 가능	2×10^{-5}
	운전 가능	2×10^{-4}
가옥	위험없음	7×10^{-4}

⑦ 전달 파고

항만 및 어항 설계기준(2014)에서는 방파제를 월파한 파랑이나 방파제 제체를 통과한 파랑에 의한 전달파의 파고는 수리모형실험의 결과나 기존의 자료를 참조하여 산출하도록 규정되어 있다. 파고 전달률은 다음 식으로 구할 수 있다.

$$K_{TO} = \sqrt{(K_{TO})^2 + (K_{Tt})^2} = \frac{H_T}{H_I} \tag{2-79}$$

여기서, K_{TO}는 월파에 의한 파고 전달률
K_{Tt}는 투과에 의한 파고 전달률
H_I는 입사파고
H_T는 전달파고

파고에 의한 파고 전달률은 실링(Seeling, 1980)이 제안한 경험식에 의해 다음과 같이 추정한다.

$$K_{TO} = c(1 - h_c/F_b) \tag{2-80}$$

여기서, F_b는 방파제의 정수면상 높이
c는 경험계수($=0.51-0.11B/h$, h는 방파제의 높이)
h_c는 수심

파의 처오름량 R은 다음 식에 의하여 구한다.

$$\frac{R}{H_T} = \frac{a\xi}{1+b} \tag{2-81}$$

여기서, 경사방파제일 때, $a=0.692$, $b=0.504$
2층적으로 쌓은 돌로스(Dolos) 피복방파제일 때, $a=0.988$, $b=0.703$

수식 (2-81)에서 ξ는 서프 유사성 매개변수(Surf Similarity Parameter)로서 다음 식으로 구한다.

$$\xi = \frac{tan\theta}{\sqrt{H_I/L_0}} \tag{2-82}$$

여기서, θ는 방파제 외해측의 사면경사각
L_0는 심해파장

2) BS 6349 및 CIRIA/CUR

BS 6349에서는 항만 및 어항 설계기준(2005)과 비슷하게 쇄파, 처오름, 파의 전달, 월파 등을 간략히 규정하고 있으며, 수리모형실험에 의해 산정하기를 권장하고 있다. Manual on the use of Rock in Coastal and Shoreline Engineering(CIRIA/CUR SP 83, 1991)에서는 경사식 방파제 및 호안에 중점을 두고 수십 년 동안의 연구 결과를 바탕으로 전혀 다른 형태의 설계 공식을 제시하고 있다. 항만 및 어항 설계기준과 내용이 비슷한 BS 6349의 내용보다는 Manual on the use of Rock in Coastal and Shoreline Engineering(이후 CIRIA/CUR)의 설계 방법들을 중심으로 항만 및 어항 설계기준과의 차이를 비교하고자 한다.

① 쇄파

CIRIA/CUR에서는 자연 해변에서 발생하는 쇄파보다는 사면에서 발생하는 쇄파의 형태에 더 주목하여 구조물 설계 시 쇄파의 형태에 따라 필요한 사석 중량 산정식을 사용하도록 권장하고 있다. 파랑에 의해 사면에 작용하는 힘은 사면에 수직하게 충격력으로 작용하는 파압(Wave Pressure)과 파의 처오름(Run-Up) 및 처내림(Run-Down)의 유속으로 인한 전단력(Shear Force)으로 구분될 수 있다. 경사제의 사면에서는 이러한 충격력과 전단력의 연속적인 작용으로 인해 사석이나 콘크리트 블록의 유실이 발생되며, 이와 같은 사면 보호공의 유실은 특히 정수면 주위에서 가장 잘 일어난다. 경사제는 사석이나 콘크리트 블록이 유실되기 시작하면 파압이 유실된 부분에 집중되므로 피해가 급속히 확산되는 경향이 있으며, 이것은 사면 위에서 발생하는 쇄파(Wave Breaking)의 형태 및 크기와 밀접한 관련이 있다.

쇄파는 파봉(Wave Crest) 부근의 물입자 속도(Particle Velocity)가 파속(Wave Celerity)보다 크게 되어 물입자가 파면보다 앞으로 튀어나가기 때문에 발생하는 현상이다. 쇄파는 파형경사(Wave Steepness), 해저경사(Bottom Slope), 수심(Water Depth), 사면의 형태 및 피복공의 종류에 따라 다르게 결정되며, 사면에서 발생하는 쇄파의 형태는 경사제의 안정문제에 있어서 매우 중요하다. 쇄파는 그림 2-28에서 보는 바와 같이 붕괴파(Spilling Breaker), 권파(Plunging Breaker) 및 쇄기파(Surging Breaker)의 세 가지 형태로 구분될 수 있는데, 이는 Iribarren수(Iribarren Number)라는 무차원 쇄파계수(Surf Similarity)로 특성화될 수 있다.

$$\xi_m = tan\alpha/\sqrt{S} = tan\alpha/\sqrt{2\pi H_s/(gT_m^2)} \tag{2-83}$$

여기서, α는 구조물의 경사각
S는 파형경사

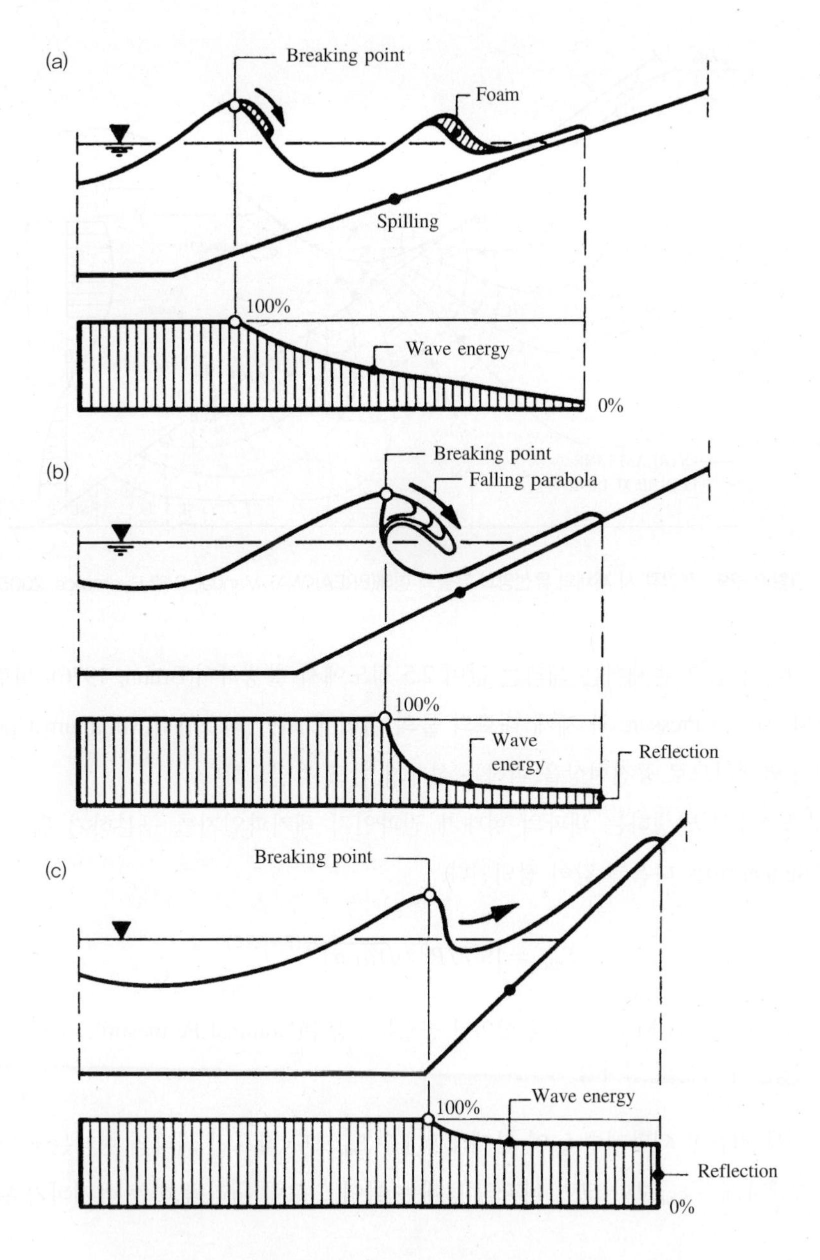

그림 2-28 경사면에서의 쇄파의 형태 (a) 붕괴파, (b) 권파, (c) 쇄기파
(CIRIA C683 The Rock Manual, CUR, 2014)

H_s는 유의파고
T_m는 평균파 주기

경사제의 안정에 가장 악영향을 미치는 쇄파의 형태는 권파와 붕괴파가 동시에 발생하는 경우이며, 그림 2-29의 유선망에서 알 수 있듯이 제체의 투수성으로 인해 유출은 강한 수직력을 일으키는 처내림의 가장 낮은 높이에 집중하게 되므로 사면에 평행한 전단력은 최소가 되지만, 사면에 수직인 유출력은 최대가 된다. 이때 하강류(Downward Flow)의 주기가 다시 입사하는 입사파의 주기와 일치하게 되면 매우 위험한 증폭현상이 발생하는데, 이것을 공진(Resonance)이라 한다.

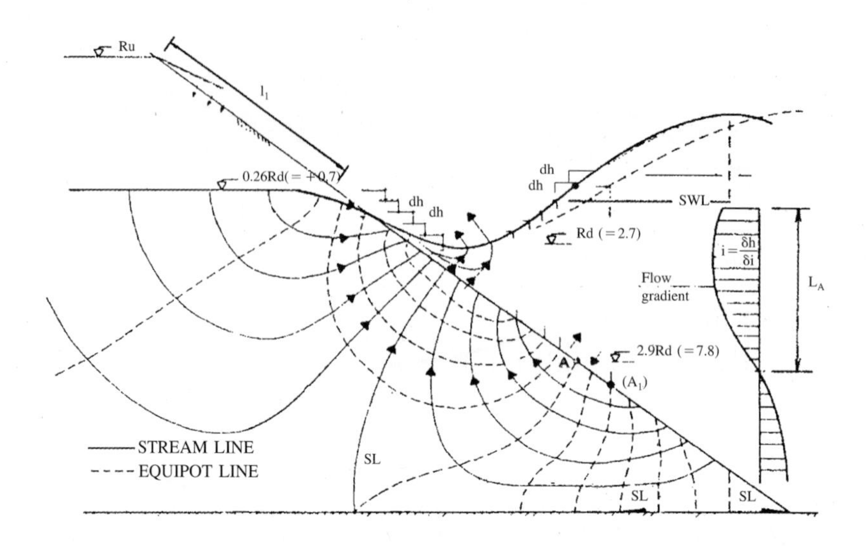

그림 2-29 하강류 시 제체의 유선망과 유출의 형태(BREAKWAT Manual, Delft Hydraulics, 2005)

붕괴파와 권파가 함께 존재하는 쇄파는 값이 2.5 정도에서 발생하며(Brunn, 1976), 파랑의 내습에 의한 최대압력(Maximum Pressure)과 제체 내로의 물의 흡입에 의한 최소양력(Minimum Uplift by Suction)은 같은 값에서 발생하므로 공진현상을 피하는 설계가 반드시 필요하다.

각각의 구조물에서 발생하는 쇄파의 형태가 권파인지 쇄기파인지를 구분하기 위한 한계쇄파계수(Critical Surf Similarity)는 다음과 같이 정의된다.

$$\xi_{mc} = \left[5.77P^{0.3}\sqrt{tan\alpha}\right]^{1/(P+0.75)} \tag{2-84}$$

여기서, P는 Van der Meer에 의해 정의된 공칭투수계수(Nominal Permeability Factor)
α는 구조물의 경사각

평균 파주기를 이용한 쇄파계수 ξ_m이 한계쇄파계수 ξ_{mc}보다 작으면 쇄파의 형태는 권파가 되고, 쇄파계수 ξ_m이 한계쇄파계수 ξ_{mc}보다 크면 쇄파의 형태는 물이 오르락 내리락 하는 쇄기파가 된다.

② 파의 처오름

파의 처오름 높이(R_u)의 예측은 모형실험에 의한 단순 경험식에 기초하여 산정되며, 매끄러운 사면(Smooth Slope), 거친 비다공성 사면(Rough Non-Porous Slope), 거친 다공성 사면(Rough Porous Slope)에 따라 나누어서 적용한다. 처오름의 확률적 분포는 Rayleigh 분포를 사용하여 파고 $H_{2\%}$에 대한 처오름($R_{u2\%}$)과 유의파 H_s의 처오름(R_{us}) 사이의 관계는 다음과 같다.

$$R_{u2\%} = 1.4R_{us} \tag{2-85}$$

대부분의 경우에 사석 경사면(Rubble Mound Slope)은 등가의 매끄러운 경사면이나 비다공성 경사면보다 상당히 많은 파 에너지를 분산시키기 때문에 처오름 높이는 낮아진다. 이러한 처오름의 감소는 보호층, 필터, 하부층의 침투에 영향을 받고, 파형경사와 주기에도 영향을 받는다.

Van der Meer는 측정된 실험 데이터를 분석하여 불투수성 코어를 가진 사석 경사면의 경우(투수계수 P는 0.1)와 투수성이 매우 좋은 사석경사면의 경우(투수계수 $P=0.4\sim0.6$)에 대한 처오름 높이 산정을 다음 식으로 제안하였다(Van der Meer, 1988).

$$R_{ux}/H_s = a\xi_m \quad \text{for } \xi_m < 1.5 \tag{2-86}$$

$$R_{ux}/H_s = b\xi_m^c \quad \text{for } \xi_m > 1.5 \tag{2-87}$$

투수성이 매우 좋은 구조물 ($P>4$)에 대한 처오름은 최대치인 다음 식으로 제한된다.

$$R_{ux}/H_s = d \tag{2-88}$$

계수 a, b, c, d는 처오름 높이 $R_{u0.1\%}$, $R_{u1\%}$, $R_{u2\%}$, $R_{u10\%}$, 유의파의 처오름 높이 R_{us}, 평균 처오름 높이 R_{umean}에 대하여 구해지며 각 계수는 표 2-16에 나타나 있다.

표 2-16 적용파고에 따른 계수값(CIRIA C683 The Rock Manual, CUR, 2014)

Run-up Level	*a*	*b*	*c*	*d*
0.1%	1.12	1.34	0.55	2.58
1%	1.01	1.24	0.48	2.15
2%	0.96	1.17	0.46	1.97
5%	0.86	1.05	0.44	1.68
10%	0.77	0.94	0.42	1.45
유의파	0.72	0.88	0.41	1.35
mean	0.47	0.60	0.34	0.82

③ 월파유량

Owen(1980)은 불규칙파 실험결과에 기초한 무차원 월파량(Dimensionless Overtopping Rates) Q_m^*을 이용하여 m^3/sec·m로 표시되는 단위폭당 평균월파량 $\overline{Q}$를 구하는 방법을 제시하였고, 평균월파량 $\overline{Q}$가 허용치를 넘지 않게 설계하도록 제안하였다. 예측공식은 여유고와 설계파고의 비인 상대여유고(Relative Freeboard, R_c/H_s)를 이용하여 무차원 월파유량 Q_m^*을 구하도록 하였으며, 평탄하거나 소단(Berm)을 가진 매끄러운 경사면에서의 월파유량 공식은 다음과 같다.

$$R_m^* = R_c/H_s \times \sqrt{s_m/2\pi} \tag{2-89}$$

$$Q_m^* = aexp(-bR_m^*/r) \tag{2-90}$$

$$\bar{Q} = \frac{Q_m^*}{\sqrt{s/2\pi}}\sqrt{gH_s^3} \tag{2-91}$$

여기서, R_c는 여유고

H_s는 유의파고(Significant Wave Height)

r은 처오름 감소계수(Run-up Reduction Factor) 또는 조도조정계수

s_m은 파형경사

사면의 경사에 따른 계수 a, b는 실험결과에 의해 표 2-17에 제시되어 있다.

표 2-17 사면의 경사에 따른 계수 *a*, *b*(Manual on the use of rock in coastal and shoreline engineering, CIRIA SP 83/CUR Report 154, 1991)

사면경사	*a*	*b*
1 : 1.0	0.00794	20.12
1 : 1.5	0.01020	20.12
1 : 2.0	0.01250	22.06
1 : 3.0	0.01630	31.90
1 : 4.0	0.01920	46.96
1 : 5.0	0.02500	65.20

Owen(1980)은 수식 (2-89)~(2-91)에 표 2-12의 조도감소계수(Roughness Reduction Factor)를 도입하여 거친 비다공성 경사면의 월파량 계산에 사용하도록 권장하였으며, 이것은 사석 보호사면의 월파량 추정에 보편적인 결과를 준다. 각 구조물에 따른 허용 월파량은 그림 2-30에 잘 나타나 있다.

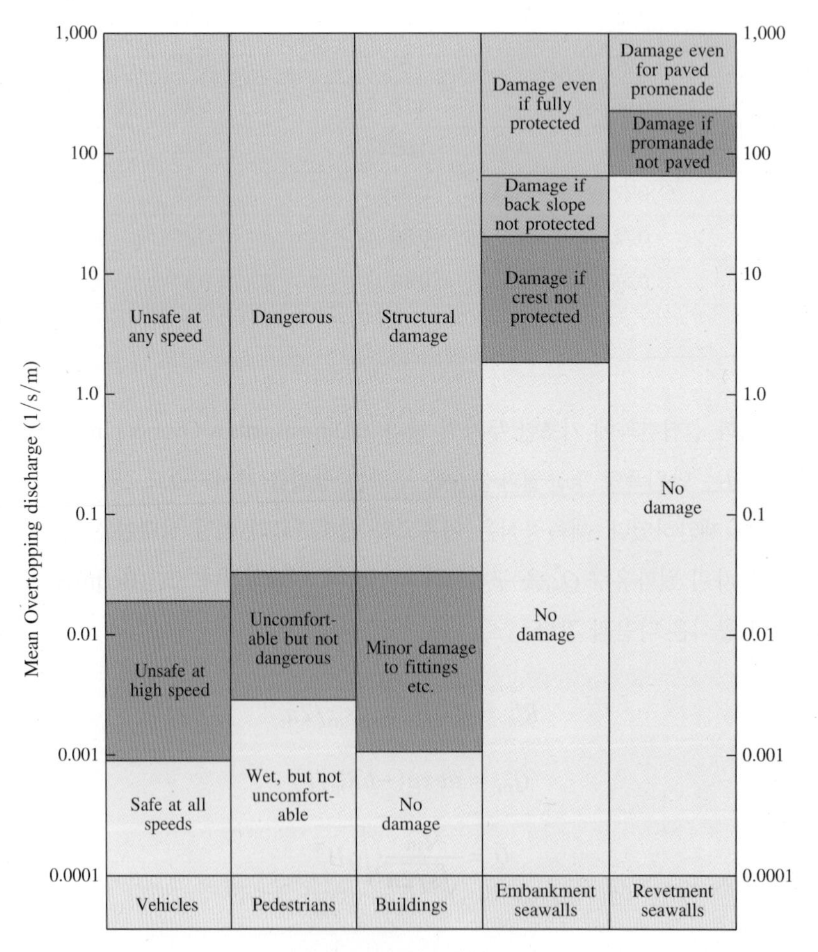

그림 2-30 월파량의 허용한계(Manual on the use of rock in coastal and shoreline engineering, CIRIA SP 83/CUR Report 154, 1991)

④ 전달 파고

Van der Meer는 Seelig(1980)의 연구를 재고찰하여 상대여유고 R_c/H_s에 관련된 전달계수 C_t를 도입하여 전달파고를 구하였다. 상대여유고의 범위에 따른 전달계수 C_t는 다음 식과 같다.

$$-2.00 < R_c/H_s < -1.13 \quad \text{for } C_t = 0.80 \tag{2-92}$$

$$-1.13 < R_c/H_s < 1.2 \quad \text{for } C_t = 0.46 - 0.3R_c/H_s \tag{2-93}$$

$$1.2 < R_c/H_s 2.0 \quad \text{for } C_t = 0.10 \tag{2-94}$$

여기서, R_c는 여유고

3) 파랑의 수리학적 특성의 차이

BS 6349에서는 항만 및 어항 설계기준(2014)과 비슷하게 쇄파, 처오름, 파의 전달, 월파 등을 간략히 규정하고 있으나, Manual on the use of Rock in Coastal and Shoreline Engineering(CIRIA/CUR SP 83, 1991)과 The Rock Manual(CIRIA C683, 2014)에서는 경사식 방파제 및 호안에 중점을 두고 전혀 다른 형태의 설계 공식을 제시하고 있다. CIRIA/CUR에서는 사면의 쇄파형태를 규정하고 처오름과 월파량도 간단한 경험식으로 계산하도록 하였지만, 항만 및 어항 설계기준(2005)에서는 쇄파대의 위치에 따라 쇄파를 판별하게 하였고, 처오름이나 월파량도 도표에서 찾도록 하여 도표에 제시된 조건과 다른 경우 제체고 결정 및 월파량 산정이 매우 어려운 단점이 있다. 경사식 방파제나 호안의 수리학적 특성은 최신 연구를 반영한 CIRIA/CUR의 공식들을 적용 시 설계가 매우 간단해지는 장점이 있으며, 이러한 공식들은 다양한 조건에서의 수리모형실험을 통해 검증할 필요가 있다.

Manual on Wave Overtopping of Sea Defences and related Structures(EurOtop, 2016)에서는 유럽 연구자들의 최신의 연구결과를 이용하여 상치 콘크리트의 형상을 반영한 다양한 해안 구조물에서의 처오름 높이 및 월파량 산정식을 제시하고 있다.

(9) 경사면의 피복석 또는 블록의 안정질량 산정식

1) 항만 및 어항 설계기준(2014)

항만 및 어항 설계기준(2014)은 파력을 받는 경사면의 표면에 피복하는 사석 또는 인공블록의 안정질량은 적절한 수리모형실험 또는 다음 식으로 산정하는 것을 표준으로 한다.

$$M = \frac{\rho_r H^3}{N_s^3 (S_r - 1)^3} \tag{2-95}$$

여기서, M는 사석 또는 블록의 안정에 필요한 최소질량(t)
ρ_r는 사석 또는 블록의 밀도(t/m^3)
S_r는 사석 또는 블록의 해수에 대한 비중
H는 안정계산에 사용하는 파고(m)
N_s는 피복재의 형상, 경사 또는 피해율 등에 의해 결정되는 계수(안정수)

항만 및 어항 설계기준(2014)은 경사제의 사면피복석의 경우는「적절한 계수(K_D 값)를 사용하는 Hudson 식」으로 질량을 산정하였으나 혼성제의 사석부나 다른 피복재에도 적용될 수 있도록「안정계수를 사용하는 Hudson 식」으로 바뀌었으며 이 식은 수정 Van der Meer까지도 적용 가능하도록 일반화된 식이다. 피복재의 안정성에 대해서는 과거 소요중량이라는 용어를 사용하였으나 SI단위의 도입에 따라 중량이 아니고 질량으로 정의하는 것이 합리적이므로 소요질량을 쓴다.

① Hudson(1959)식

Hudson 공식은 사면의 경사가 1 : 1.5에서 1 : 5까지의 구조물에 적용이 가능하며, 계수 K_D는 보호사석의 형상(Shape)과 끝의 예리함(Sharpness of Edges), 거치에 의해 얻어지는 엇물림 효과(Interlocking Effect) 등 여러 요소들에 따라 변하고, 제두부(Breakwater Head)와 제간부(Breakwater Trunk), 쇄파 여부 및 보호재(Armor Stone)의 종류에 따라 각각 다르게 적용된다.

안정계수 K_D는 5%의 보호재가 치환될 수도 있는 무손상 상태(no damage condition)에 일치하는 설계의 제안치이며 (표 2-18 참조), 더 높은 손상에 대한 값들은 무손상 상태에 대한 손상 상태의 파고의 비로 정의된다. K_D의 적용을 위한 쇄파의 정의는 권파와 쇄기파의 차이를 말하며, 식 (2-95)에는 $H_{5\%}$에서 H_s까지 쓰는 것이 제안되었으나 Shore Protection Manual에서는 $H_{1/10}$이 항만 구조물 설계에 있어 가장 선호되는 값이라고 밝히고 있다.

Hudson 공식은 실험 결과가 규칙파(Regular Wave)에 의한 것이며, Oeullet(1972)과 Rogan(1969)은 불규칙 파군(Irregular Wave Train)의 유의파고(Significant Wave Height)가 규칙파의 파고와 같으면 사석 경사제에 작용하는 불규칙파의 작용을 규칙파로 모델링하는 것이 가능함을 보였다. 이러한 이유로 방파제 설계시 Hudson 공식에 유의파고 $H_s(=H_{1/3})$를 쓰는 것이 일반화되어 있다. 설계에 사용되는 값은 상황에 대응하는 수리실험결과를 바탕으로 적절히 정한다. 유의파에 대응하는 규칙파를 사용한 실험결과와 불규칙파 실험결과[Kashima(鹿島) 등, 1995]를 비교한 예로는 0~10% 범위로 동일한 피해율이 되는 규칙

표 2-18 H/H_D = 0과 피해율과의 관계[1] (항만 및 어항 설계기준, 해양수산부, 2014)

피해율 (%)	쇄석		T.T.P	Tribar
	둥근돌	모난돌		
	$H/H_D=0$	$H/H_D=0$	$H/H_D=0$	$H/H_D=0$
0~5	1.00	1.00	1.00	1.00
5~10	1.08	1.08	1.09	1.11
10~15	1.14	1.19	1.17[3]	1.25[3]
15~20	1.20	1.27	1.24[3]	1.36[3]
20~30	1.29	1.37	1.32[3]	1.50[3]
30~40	1.41	1.47	1.41[3]	1.59[3]
40~50	1.54	1.56[2]	1.50[3]	1.64[3]

1) 방파제의 제간부, 2층으로 난적, 비쇄파, 약간의 월류를 허용하는 조건
2) 값은 내·외삽으로 계산된 것이다.
3) 실험은 개개의 효과를 고려하지 않았으므로 설계파보다 10% 이상 큰 파에 대해서는 제시된 값보다 상당히 피해를 입을 수가 있다.

파고와 유의파고의 비에 의해서 1.0~2.0 범위에 드문드문 산재하는 불규칙파가 작용하는 편이 보다 파괴적인 경향이 인정된다. 이 때문에 실험은 불규칙파에 의한다.

Hudson 공식은 형태가 매우 단순하고, 폭 넓은 범위의 보호재(Wide Range of Armour Units)에 적용이 되며, 안정계수 K_D로 파와 구조물 상호간의 물리적 현상을 대변하기 때문에 매우 쉽게 적용할 수 있다. 그러나 대부분의 실험에서 수행된 작은 축척 때문에 잠재적인 축척의 영향(Potential Scale Effect)이 발생하고, 규칙파에만 사용해야 하며, 파주기나 폭풍기간(Storm Duration)이 공식에서 언급되지 않았다. 또한 피해정도에 대한 파 개수(The Number of Waves)의 영향이 고려되지 않았으며, 비월파(Non-Overtopping)와 투수성 코어(Permeable Core) 구조물에만 사용이 가능하다.

사면의 피복재 소요질량은 안정수 N_s를 쓴 Hudson 식(일반화된 Hudson 식)으로 계산할 수 있으며, 안정수와 Hudson 식의 K_D 계수 사이의 관계는 다음과 같다.

표 2-19 피복재 질량을 결정하기 위한 K_D값(항만 및 어항 설계기준, 해양수산부, 2014)

피복재	n[3]	거치	제간부 K_D[2]		
			쇄파	비쇄파	경사
매끈하고 둥근사석	2	난적	※1.2	2.4	1.5부터 3.0
″	>3	″	※1.6	※3.2	4)
거칠고 모가 있는 돌	2	″	2.0	4.0	1.5 2.0 3.0
″	>3		※2.2	4.5	4)
	2	특별한 것[6]	5.8	7.0	4)
평면육면체돌[6]	2	″[1]	7.0~20.0	※8.5~24.0	
테트라포드(Tetrapod) 또는 쿼드리포드(Quadripod)	2	난적	7.0	8.0	1.5 2.0 3.0
트라이바(Tribar)	2	″	※9.0	10.0	1.5 2.0 3.0
돌로스(Dolos)	2	″	15.8[7]	31.8[7]	2.0[8] 3.0
모디파이드큐드(Modified Cube)	2	″	※6.5	7.5	4)
헥사포드(Hexapod)	2	″	※8.0	9.5	4)
토스게인(Toskane)	1	″	※11.0	22.0	4)
트라이바(Tribar)	1	정적	12.0	15.0	4)

1) 주의: ※ 표시의 K_D값들은 실험에 의해 뒷받침된 것이 아니며 단지 임시로 설계목적을 위하여 제공된 것으로 이 값을 적용시는 신중을 기하여야 한다.

2) 1:1.5부터 1:5까지 경사에 적용할 수 있다.

3) n은 피복층이 이루는 구성수

4) 경사에 따라 K_D값의 변화에 이용할 수 있는 보다 많은 지식이 체득될 때까지 K_D값의 사용은 경사 1:1.5에서 1:3까지로 제한되어야 한다.

5) 사석의 긴 축으로 특별한 거치는 구조물 표면에 수직으로 거치한다.

6) 평행육면체돌: 긴 길이가 가장 짧은 길이의 약 3배 정도 되는 긴 슬래브 같은 돌

7) 전혀 피해가 없는 조건(5% 이하의 흔들림이나 이동 등)을 참조하고 전혀 흔들림이 없으려면(2% 이하) K_D값을 50% 감소시킨다.

8) 1:2보다 더 급한 Dolos의 안정성은 현장조건에 적합한 실험에 의해 확인되어야 한다.

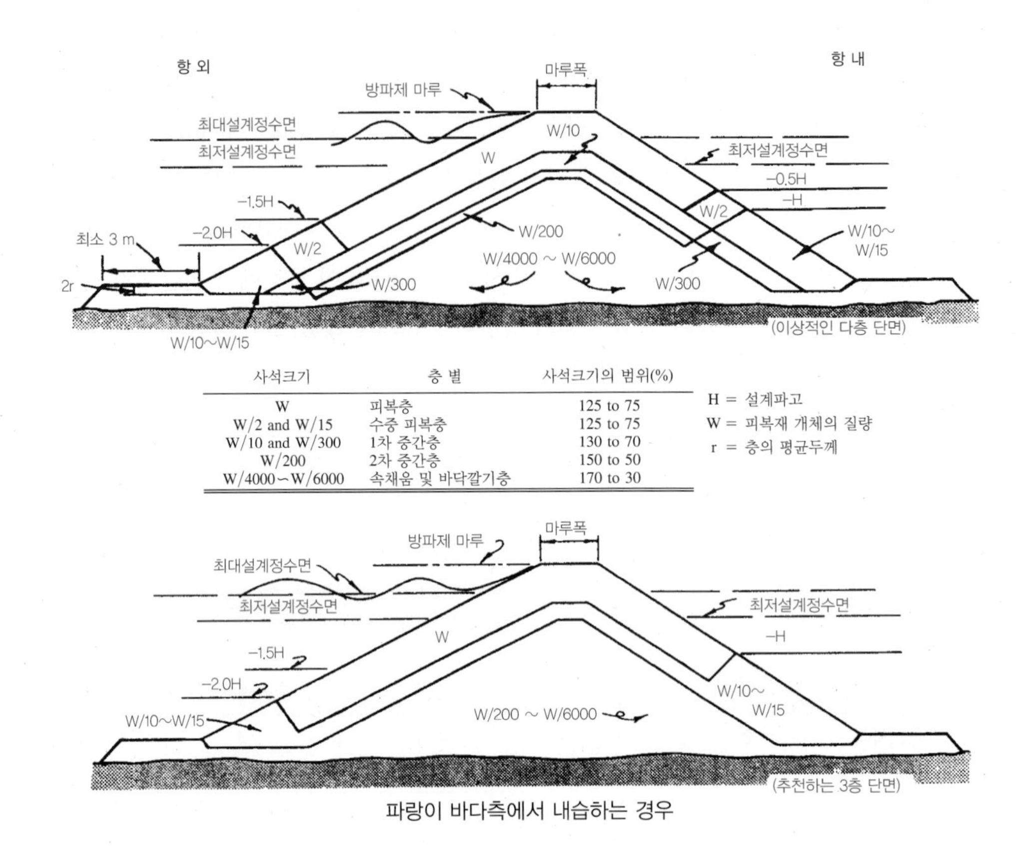

사석크기	층 별	사석크기의 범위(%)
W	피복층	125 to 75
W/2 and W/15	수중 피복층	125 to 75
W/10 and W/300	1차 중간층	130 to 70
W/200	2차 중간층	150 to 50
W/4000~W/6000	속채움 및 바닥깔기층	170 to 30

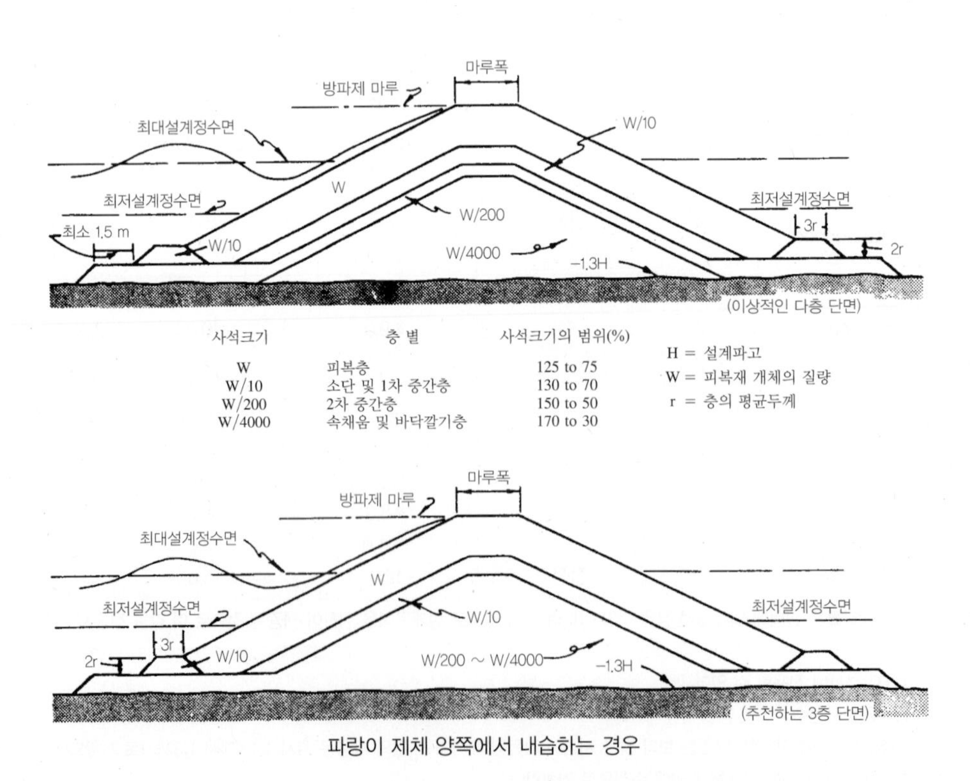

사석크기	층 별	사석크기의 범위(%)
W	피복층	125 to 75
W/10	소단 및 1차 중간층	130 to 70
W/200	2차 중간층	150 to 50
W/4000	속채움 및 바닥깔기층	170 to 30

그림 2-31 경사제 단면도(CEM, 2004, 항만 및 어항 설계기준, 해양수산부, 2014)

$$N_s^3 = K_D cot\alpha \qquad (2-96)$$

여기서, α는 사면이 수평면과 이루는 각(°)

K_D는 주로 피복재의 형상 또는 피해율 등에 의해서 결정되어지는 정수

미국의 육군 해안공학연구센터(C.E.R.C)가 제안한 피복석의 K_D값을 표 2-19에 제시하였다(S.P.M 1984). 표에서 ※를 하지 않은 값은 실험결과(규칙파실험)를 바탕으로 한 것이고 불규칙파 작용에 대해서 피해율이 5% 이하에 상당한다고 생각된다. ※ 표시의 값은 추측치로, 예를 들면 2층으로 난적된 둥근사석의 쇄파에 대한 값 ※1.2는 모난사석(2층)의 쇄파의 K_D값이 비쇄파의 경우에 1/2인 것에서 유추하여 2.4의 절반인 1.2로 주어진 것이다. 그러나 규칙파 파고를 유의파고에 대응시키는 경우 규칙파 실험의 쇄파상태로는 불규칙파의 최고파에 가까운 파가 연속적으로 작용하는 의미이므로 비쇄파조건과 비교해서 과대평가된다. 불규칙파 실험에서는 앞에서 언급한 바와 같이 유의파를 기준으로 하는 한 강한 쇄파조건일수록 역으로 K_D값이 크게 되는 경향이 있다. 적어도 쇄파조건에 대해 K_D값을 적게 할 필요는 없다. 더욱 1984년에 제안된 K_D값은 1973년에 제시된 것에 비해 다르게 추정되었다.

② 수정 Van der Meer 식

Van der Meer는 1987년에 천단고가 높은 경사제의 사면 피복석에 관한 체계적인 실험을 실시하고 사면경사뿐만 아니라 파형경사, 파의 수, 그리고 피해의 정도를 고려하는 다음과 같은 안정계수를 제안하고 있다. 단, 다음 식은 Van der Meer 식 중에서 초과확률이 2%인 파고 $H_{2\%}$를 $H_{1/20}$로 치환하여 계산이 편리하도록 약간 변경한 것이다(Van der Meer, 1987).

$$\begin{aligned} N_s &= \max(N_{spl}, N_{ssr}) \\ N_{spl} &= 6.2C_H P^{0.18}(S^{0.2}/N^{0.1})I_r^{-0.5} \\ N_{ssr} &= C_H P^{-0.13}(S^{0.2}/N^{0.1})(cot\alpha)^{0.5}I_r^P \end{aligned} \qquad (2-97)$$

여기서, N_{spl}는 권파(Plunging Breakers)에 대한 안정계수

N_{ssr}는 쇄기파(Surging Breakers)에 대한 안정계수

I_r는 이리바렌수(Iribaren Number)($\tan\alpha/S_{om}^{0.5}$)

서프시밀레리티파라미터(Surf Similarity Parameter)라고도 한다.

S_{om}는 파형경사($H_{1/3}/L_0$)

L_0는 심해파장($L_0 = gT_{1/3}^2/2\pi$, $g = 9.81\text{m/s}^2$)

$T_{1/3}$은 유의파 주기

C_H는 쇄파효과계수($= 1.4/(H_{1/20}/H_{1/3})$)

비쇄파영역에서는 1.0

$H_{1/3}$은 유의파고

$H_{1/20}$은 1/20 최대파고

α는 사면이 수평면과 이루는 각(°)

D_{n50}은 피복석의 50% 질량에 상당하는 입경($= (M_{50}/\rho_r)^{1/3}$)

M_{50}은 피복석의 질량누적곡선에서 50%에 해당하는 질량(피복석의 소요질량)

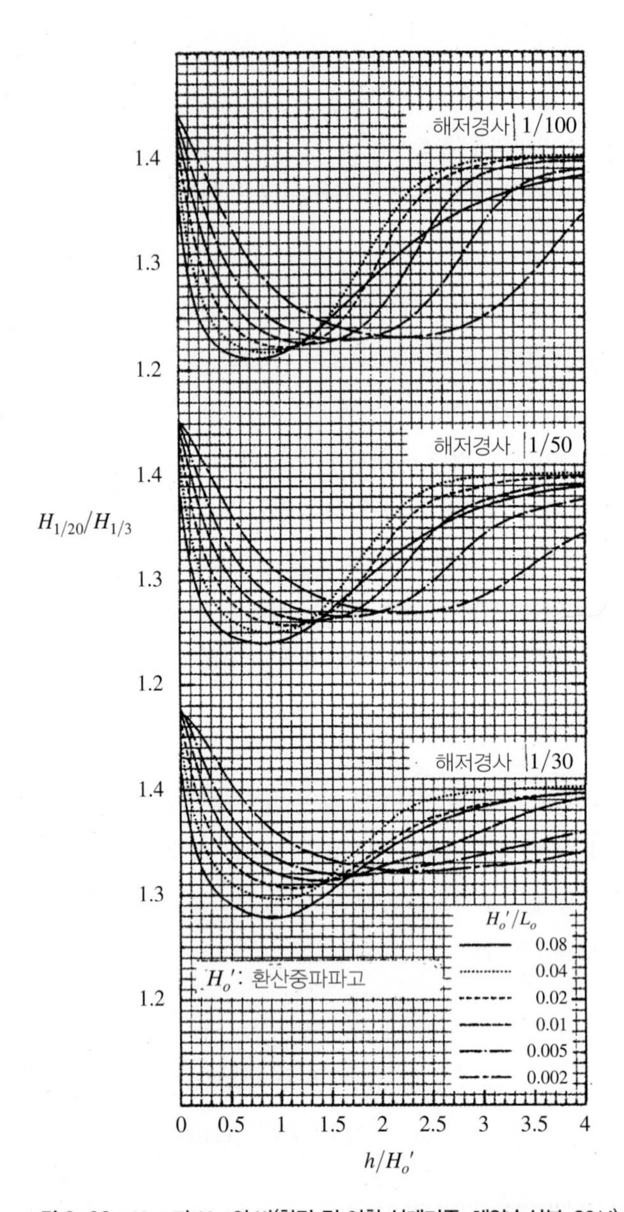

그림 2-32 $H_{1/20}$과 $H_{1/3}$의 비(항만 및 어항 설계기준, 해양수산부, 2014)

P는 피복층 하부의 투수지수(그림 2-32 참조)
S는 변형정도($S = A/D_{n50}^2$)(그림 2-33 참조)
A는 침식부의 면적(그림 2-34 참조)
N은 작용하는 파의 수

변형정도(S)는 파에 의해서 침식된 그림 2-34의 면적 A를 피복석의 50% 직경의 자승으로 나눠준 것이다. 피복석의 변형정도는 표 2-20에 나타난 것과 같이 초기 피재, 중간피재 및 최종피재(피재)의 3가지의 단계로 정의하여 각각의 변형정도 S에 의해서 나타낸다. 통상 설계에서는 파수 N가 1000파에 대해서 초기피해의 변형정도를 많이 사용하고 있으나 어느 정도 변형을 허용하는 설계에서는 중간 피재치를 사용하는 것도 고려할 수 있다.

참고로 파수가 1,000인 경우는 예를 들어 유의파 주기가 12초인 파가 3시간 20분 정도 작용한다고 가

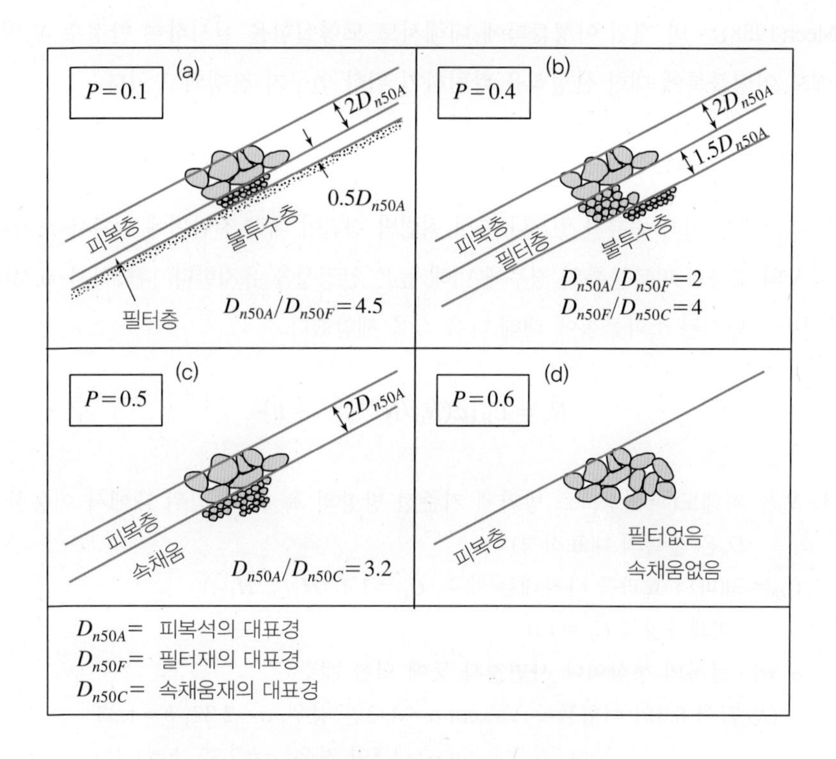

그림 2-33 투수지수(항만 및 어항 설계기준, 해양수산부, 2014)

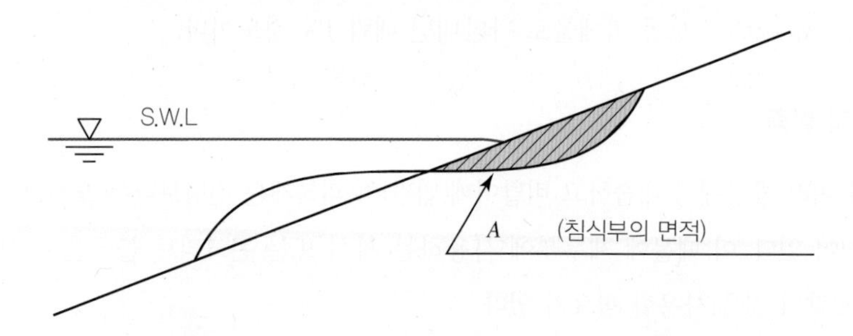

그림 2-34 침식부의 면적(항만 및 어항 설계기준, 해양수산부, 2014)

표 2-20 피복의 경우에 있어서 각 단계의 피재(被災)에 대한 변형정도 S(항만 및 어항 설계기준, 해양수산부, 2014)

사면경사	초기피재	중간피재	피재
1 : 1.5	2	3~5	8
1 : 2	2	4~6	8
1 : 3	2	6~9	12
1 : 4	3	8~12	17
1 : 6	3	8~12	17

정한다. 이는 태풍이 우리나라 주변 해역을 통과할 때 한 지점에서 약 3~4시간 정도 설계파 주기에 상당하는 큰 파가 발생함을 의미한다.

Van der Meer(1988)는 몇 개의 이형블록에 대해서도 모형실험을 실시하여 안정수 N_S의 산정식을 제안했다. 그외에도 이형블록에 대한 산정식을 확립하기 위한 연구가 진행되고 있다.

③ 소파블록 피복재의 블록안정계수 산정식

소파블록 부분의 단면은 여러 종류가 있으나 특히 직립벽 전면이 대략 전단면에 걸쳐서 소파블록으로 피복된 경우에는 통상의 경사제 피복블록의 경우에 비해 높은 안정성을 유지한다. 다까하시·요시하(高橋·羊澤, 1998) 등은 전단면에 난적된 소파블록에 대해 다음 식을 제안했다.

$$N_s = C_H\{a(N_0/N^{0.5})^{0.2} + b\} \qquad (2-98)$$

여기서, N_0는 피해도(피해정도로 방파제 기준선 방향의 폭 D_n의 범위 내에서 이동한 블록의 개수. D_n은 블록의 대표직경)

C_H는 쇄파의 효과를 나타내는 계수, $C_H = 1.4/(H_{1/20}/H_{1/3})$

(비쇄파영역 $C_H = 1.0$)

a, b는 블록의 형상이나 사면경사 등에 의한 계수

(K_D값이 8.3의 이형블록으로 $\cot\alpha = 4/3$인 경우, $a = 2.32$, $b = 1.33$

$\cot\alpha = 1.5$인 경우, $a = 2.32$, $b = 1.42$)

비파괴 영역으로 파수 N가 1000파 피해도 N_0가 0.3인 경우에 대략 종래의 K_D값에 의한 설계질량과 같다. 이때 피해도 $N_0 = 0.3$은 보통 피해율로 나타내면 대략 1% 정도이다.

④ 제두부 질량의 할증

제두부에는 파가 여러 방향에서 내습하고 비탈어깨(법견)의 피복재는 전방보다는 오히려 후방(배면)으로 굴러 떨어지는 위험이 있다. 이 때문에 제두부에 사용하는 사석 또는 콘크리트 블록은 수식 (2-95)로 계산되는 값보다도 큰 질량의 것을 사용할 필요가 있다.

항만 및 어항 설계기준(2005)에서는 Hudson 식은 사석에 대해서 약 10%, 콘크리트 블록에 대해서 약 30%의 질량할증을 나타내고 있으나 이정도로는 충분치 못하므로 적어도 수식 (2-95)의 1.5배 이상인 질량의 사석 또는 콘크리트 블록을 사용하는 것이 바람직하다고 규정하고 있다(항만 및 어항 설계기준, 해양수산부, 2014).

2) CIRIA/CUR(1991)

Manual on the use of Rock in Coastal and Shoreline Engineering(CIRIA/CUR SP 83, 1991)에서는 사석 안정 중량 산정식으로 Hudson(SPM, 1984) 공식과 Van der Meer(1988) 식이 제시되었다.

① Hudson 공식

Hudson 공식의 원식은 다음과 같다.

$$W = \frac{\rho_r g H^3}{K_D \Delta^3 cot\alpha} \tag{2-99}$$

여기서, ρ_r는 피복재의 단위밀도(Density of Armor Unit)
H는 설계파고(Design Wave Height)
$\Delta = (\rho_{ssd}/\rho_w) - 1$는 상대 부력 밀도(Relative Buoyant Density)
α는 사면의 경사각(Angle of Slope)
K_D는 안정계수(Stability Coefficient)

K_D는 다른 모든 변수들을 고려한 안정계수이며, K_D값은 피복재가 거치되어 5%의 이탈이 일어날 수 있는 무손상(no damage) 조건에 일치하는 값이다. Shore Protection Manual 1973년 판은 방파제 제간부에서 거칠고 각이 진 사석의 2층 피복 시 K_D값을 다음과 같이 제시하고 있다.

$K_D = 3.5$ for Breaking Waves
$K_D = 4.0$ for Non-Breaking Waves

쇄파 및 비쇄파의 정의는 사면상에서의 권파(Plunging Wave)와 쇄기파(Surging Wave)의 정의와는 다르다. 수식 (2-99)에서의 쇄파는 구조물 전면의 전빈(Foreshore) 때문에 파가 부서지는 것을 의미한며, 구조물 자체의 사면 경사 때문에 발생하는 쇄파를 의미하는 것은 아니다. 원래 Hudson식은 불규칙파로 실험한 것이 아니므로, 수식 (2-99)에는 설계파고로 H_s가 제안되었으나, Shore Protection Manual 1984년 판에서는 $H = H_{1/10}$을 권장하고 있다. 또한 위의 사석 2층 피복한 쇄파 시의 K_D값도 3.5에서 2.0으로 감소하였다. 이 두 가지 변화의 영향은 필요 사석 중량이 약 3.5배로 증가한 것과 동등하며, 매우 안전측으로 설계하도록 변경한 것이다.

K_D cot α의 사용이 항상 사면 경사각의 효과를 잘 표현하는 것은 아니며, K_D cot α 없이 공칭직경과 같은 사석 크기의 항으로 된 단순 안정수로 정의하는 것은 더 편리하다. 안정수와 Hudson 식의 K_D계수 사이의 관계는 다음과 같다.

$$H_s/\Delta D_{n50} = N_s = (K_D cot\alpha)^{1/3} \tag{2-100}$$

② Van der Meer 식

Thomson과 Shuttler(1975)의 연구를 바탕으로 Delft 수리연구소에서는 다양한 파랑조건(Wave Condition)과 코어 및 하부층(Underlayer)의 투수성을 고려한 수리모형실험이 Van der Meer(1988)에 의해 수행되었다. Van der Meer는 기존의 연구 결과와 실험 결과를 이용하여 권파와 쇄기파에 대해 구분해서 적용하고 투수성을 종합적으로 고려하는 안정공식을 발표하였다.

가. 심해조건

심해조건(Deepwater Condition)에서 사면에 발생하는 쇄파의 형태가 권파(Plunging Wave)일 경우에 안정공식은 다음과 같다.

$$H_s/\Delta D_{n50} = 6.2P^{0.18}\left(S_d/\sqrt{N}\right)^{0.2}\xi_m^{-0.5} \quad (2\text{-}101)$$

여기서, P는 공칭투수계수(Permeability)
S_d는 피해 정도(Damage Level)
N는 파의 수(The Number of Waves)
ξ_m는 쇄파계수(Surf Similarity)

쇄기파(Surging Wave)의 경우는 다음의 안정공식을 사용하여 보호재의 공칭직경(Nominal Diameter)을 구한다.

$$H_s/\Delta D_{n50} = 1.0P^{-0.13}\left(S_d/\sqrt{N}\right)^{0.2}\sqrt{cot\alpha}\,\xi_m^P \quad (2\text{-}102)$$

여기서, α는 구조물의 경사각

권파(plunging)에서 쇄기파(surging)로의 천이 시 사용하는 쇄파계수의 한계치는 다음과 같이 구한다.

$$\xi_{mc} = \left[6.2P^{0.31}\sqrt{tan\alpha}\right]^{1/(P+0.5)} \quad (2\text{-}103)$$

사면의 경사가 cot $\alpha \geq 4.0$이면, 권파에서 쇄기파로의 천이(transition)는 발생하지 않으므로 수식 (2-101)을 적용할 수 있으며, 투수계수 P의 범위는 0.1~0.6이다.

나. 천해조건

천해조건에서 파고분포는 쇄파로 인해 Rayleigh 분포와는 달라지게 된다. Van der Meer는 1∶30 경사의 천해(shallow water)에서 폭 넓은 조건에 대한 수리모형실험으로 유의파(H_s)보다는 $H_{2\%}$가 설계조건에 더 부합됨을 보였고, $H_{2\%}/H_s$의 비를 이용하여 수식 (2-101)과 (2-102)를 재정리하였다.

$$\text{권파 시 } H_{2\%}/\Delta D_{n50} = 8.7P^{0.18}\left(S_d/\sqrt{N}\right)^{0.2}\xi_m^{-0.5} \quad (2\text{-}104)$$

$$\text{쇄기파 시 } H_{2\%}/\Delta D_{n50} = 1.4P^{-0.13}\left(S_d/\sqrt{N}\right)^{0.2}\sqrt{tan\alpha}\,\xi_m^P \quad (2\text{-}105)$$

수식 (2-104)와 (2-105)는 수심이 제한된 상태(Depth Limited Situation)의 효과를 고려할 수 있지만, CIRIA/CUR에서는 설계를 위한 안전한 접근법(Safe Approach)으로 수식 (2-101)과 (2-102)의 적용을 추천하고 있다. 그 경우 쇄파로 인한 파고 초과 곡선의 절삭분은 고려되지 않으므로, 더 안전측으로 가정할 수 있다. 실제 파고분포가 $H_{2\%}/H_S=1.4$로 표현되는 Rayleigh 분포일 경우에 수식 (2-101)과 (2-102)는 수식 (2-104) 및 (2-105)와 같다. 수심이 제한된 상태에서 $H_{2\%}/H_S$는 작아질 것이고, 정확한 설계를 위해서는 설계 해역의 정확한 파고분포를 알아야 한다.

무차원 손상레벨 S_d는 식 (2-106)와 같이 정의되며, 그림 2-35에서와 같이 정수면 위로는 퇴적(Deposition)이 일어나고 정수면 부근에서는 침식(Erosion)이 발생한다.

$$S_d = A_e/D_{n50}^2 \quad (2\text{-}106)$$

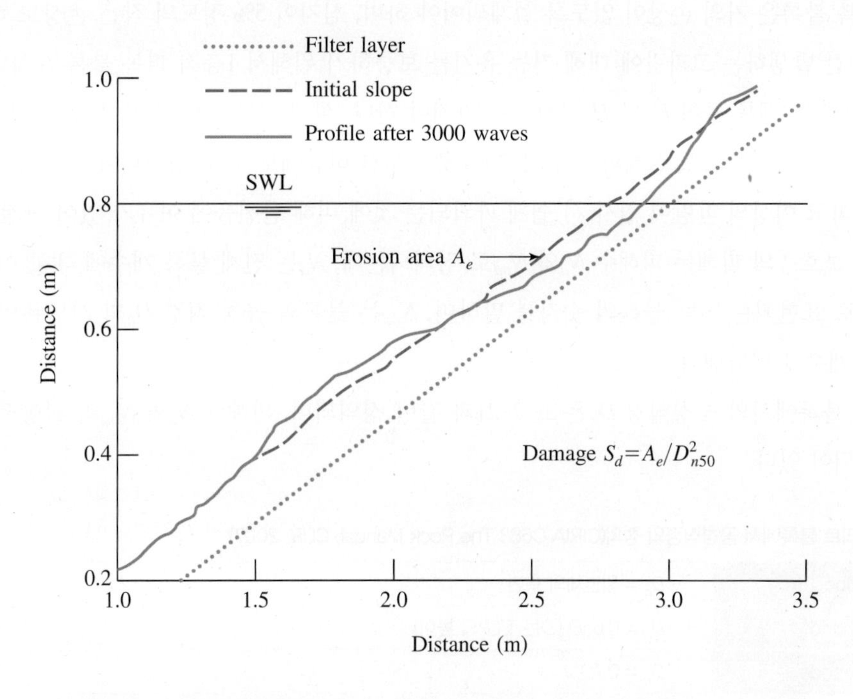

그림 2-35 정수면 주위에서의 손상의 정의(BREAKWAT Manual, Delft Hydraulics, 2005)

여기서, A_e는 수면 주위의 침식된 면적(m^2)

S_d의 물리적 표현은 침식된 면적을 $1D_{n50}$의 길이와 $1D_{n50}$의 폭을 가진 면적으로 나눈 숫자이며, 또 다른 표현은 종방향으로 D_{n50}의 넓은 띠에서 D_{n50}의 길이를 가진 입면체가 침식된 숫자이다. S_d의 허용한계는 주로 경사각에 좌우되고 사면에 따른 허용한계는 표 2-20에 제시되어 있다. 초기피재는 Hudson 공식에서 0~5%의 손상을 받는 경우와 같으며, 붕괴(Failure)는 필터층(Filter Layer)의 노출로 정의된다.

다. 콘크리트 블록에 관한 Van der Meer 식

전통적인 2층적 피복 블록은 수년 동안 인기리에 사용되어 왔으며, 블록의 형상에 따라 크거나 작은 interlocking 효과를 가진다. 콘크리트 블록 피복층의 안정성은 개별 블록의 안정성에 좌우되며, 손상이 시작되면 파고가 증가함에 따라 손상이 급격히 증가한다. 대형 블록의 문제점은 블록의 높은 국부 응력 때문에 거치나 흔들림에 의해 블록의 파단이 발생하고 구조물의 피해를 일으킨다. Dolos나 Tetrapod 같은 블록은 크기가 매우 클 때 상대적으로 가는 다리로 인해 파괴에 매우 민감해진다. 2층적 피복 블록의 경우 한계파괴는 두 피복층이 이탈되고 하부층이 침식될 때 발생한다.

Accropode, Core-loc 및 Xbloc 같은 1층적 피복 블록들은 주어진 거치 격자나 밀도에 의해 쌓여지며, 어떤 줄의 좌표는 정해지지만 어떤 줄은 난적으로 쌓게 된다. 파랑 입사 시 1층적 블록들의 거동은 전통적인 2층적 블록과는 다르며, 시공 후 초기 파랑 입사 시에 블록층은 침하가 일어나서 인접 블록 간의 접촉이 증가하게 되며, 증가된 interlocking은 후에 더 큰 파랑이 입사시에도 안정성을 확보하게 된다. 1층적 피복 블록은 2층적 피복 블록과는 달리, 손상이 시작된 후 하부층이 파랑 하중에 더 잘 노출되게 되고 블록이 갑작스럽게 부서지거나 쪼개지는 파괴 양상을 보인다.

1층적 피복 블록은 거의 손상이 없도록 설계되어야 하며, 심지어 5% 정도의 작은 손상도 허용되지 않는다. 설계 기간 발생하는 고파랑에 대해 기능 유지를 보증하기 위해서 1층적 피복 블록은 상대적으로 더 큰 설계 안정 계수, 예를 들어 K_D나 $H_s/\Delta D_{n50}$를 가져야 한다. 설계 기간 동안 손상이 발생하지 않거나 미소한 흔들림만이 허용되므로, 설계파고를 약 20% 증가시킨 하중에도 충분히 견뎌야 한다. 이것은 2층적 블록이 설계 파고 이상의 파랑이 입사 시 쉽게 파괴되는 것에 비해 안전율에 여유가 있어 장점이 된다.

콘크리트 보호층의 피해는 피해수 N_d와 N_{od}로 정의되는데, N_d는 전체 블록 개수에 대한 이탈 블록 개수의 백분율로 표현되는 이탈 블록의 숫자를 말하며, N_{od}는 블록의 공칭 직경 D_n의 사면폭의 띠에서 이탈한 블록의 개수를 나타낸다.

콘크리트 블록에서의 공칭직경 D_n은 표 2-21과 같이 정의되며, 피해수 N_d와 N_{od}의 전형적인 값은 표 2-22에 제시되어 있다.

표 2-21 콘크리트 블록에서 공칭직경의 정의(CIRIA C683 The Rock Manual, CUR, 2007)

Cube	D_n = 입면체의 측변
Tetrapod	$D_n = 0.65D$ (D는 T.T.P의 높이)
Accropode	$D_n = 0.7D$

표 2-22 콘크리트 블록의 피해수 N_d와 N_{od}(CIRIA C683 The Rock Manual, CUR, 2007)

Armour type	Damage number	Damage level		
		Start of damage	Intermediate damage	Failure
Cube	N_{od}	0.2 – 0.5	1	2
Tetrapod		0.2 – 0.5	1	1 – 5
Accropode		0	–	>0.5
Cube	N_d	–	4%	–
Dolos		0 – 2%	–	≥15%
Accropode		0%	1 – 5%	≥10%

경사식 방파제의 콘크리트 블록의 소요 질량 산정식은 Van der Meer(1988)가 사석 보호공의 안정성에 관해 발견된 지배 매개변수들에 기초하여 콘크리트 보호재에 대한 실험을 수행하였으나, 각 보호재에 대해서 한 가지 단면에 대해서만 수행하였기 때문에 경사각과 쇄파계수는 안정공식에는 언급되지 않았고, 투수계수 P는 0.4를 사용하였다. 일반적으로 입방체(Cubes)와 T.T.P.는 1:1.5의 경사로 시공되며, Accropode는 1:1.33의 경사로 거치된다.

Van der Meer(1988a)에 의해 유도된 surf similarity가 $3<\xi_m<6$인 범위의 사면경사 1:1.5의 2층적 Cube의 안정 공식은 피해의 정도 N_{od}, 파의 수 N, 파의 경사 s_m의 매개변수로 표현되며 다음과 같다.

$$\frac{H_s}{\Delta D_n} = \left(6.7\frac{N_{od}^{0.4}}{N^{0.3}} + 1.0\right) s_{om}^{-0.1} \text{ for cube} \tag{2-107}$$

여기서, s_{om}는 가상 파경사(Fictitious Wave Steepness)

$s_{om} = 2\pi H_s/(gT_m^2)$

T_m는 평균 파주기

Van der Meer(1988a)가 제시한 Surf Similarity $3.5<\xi_m<6$인 범위의 사면 경사 1 : 1.5의 2층적 Tetrapods의 안정 공식은 비쇄파 심해 조건($h>3H_s toe$)에서 다음과 같다.

$$\frac{H_s}{\Delta D_n}=\left(3.75\left(\frac{N_{od}}{\sqrt{N}}\right)^{0.5}+0.85\right)s_{om}^{-0.2} \text{ for surging wave} \tag{2–108}$$

De Jong(1996)은 Tetrapods의 많은 데이터를 분석하여 사석 보호층에서와 같이 사면에서의 쇄파의 형태가 쇄기파(Surging Wave)에서 권파(Plunging Wave)로의 천이(Transition)를 발견하고 권파(Plunging Wave)에 관한 안정 공식을 제시하였다.

$$\frac{H_s}{\Delta D_n}=\left(3.6\left(\frac{N_{od}}{\sqrt{N}}\right)^{0.5}+3.94\right)s_{om}^{0.2} \text{ for plunging wave} \tag{2–109}$$

위 식은 비월파 구조물의 안정 공식이며, De Jong(1996)은 Tetrapods의 안정성에 천단고와 충전 밀도 ϕ(Packing Density)의 영향을 조사하여 수식 (2–109)에 천단고가 낮은 경우에 안정성이 증가하는 항을 추가한 식을 제안하였다.

$$\frac{H_s}{\Delta D_n}=\left(8.6\left(\frac{N_{od}}{\sqrt{N}}\right)^{0.5}+3.94\right)s_{om}^{0.2}\left(1+0.17exp\left(-0.61\frac{R_c}{D_n}\right)\right) \tag{2–110}$$

Burcharth and Liu(1993)은 사면경사 1 : 1.5의 비월파 조건에서 Dolos에 대한 안정 공식을 제시하였다($0.32<r<0.42$; $0.61<\phi<1$).

$$\frac{H_s}{\Delta D_n}=(17-26r)\phi^{2/3}N_{od}^{1/3}N^{-0.1} \tag{2–111}$$

여기서, r는 waist ratio $r=0.34\left(\frac{M}{20}\right)^{1/6}$
M은 블록 질량(t)
N은 파의 개수(The Number of Waves)($N\geq 3000$이면 $N=3000$)

Holtzhausen(1996)은 충전 밀도 ϕ(packing density)가 $0.83<\phi<1.15$의 범위에서 Dolos의 피해수 N_{od}에 관한 식을 제시하였다.

$$N_{od}=6.95\times10^{-5}\left(\frac{H_s}{\Delta^{0.74}D_n}\right)^7 \phi^{1.51} \tag{2–112}$$

Accropode에서는 공극이 매우 커서 내습파의 에너지를 많이 분산시키므로 파의 개수와 파의 주기는 안정성에 크게 영향을 미치지 못하고, 1개 층만을 거치하므로 손상이 없을 때와 파괴가 일어날 때의 기준은 거의 비슷하여 안정성은 다음 2개의 단순한 공식으로 표현된다.

$$H_s/\Delta D_n=3.7 \text{ (초기손상 } N_{od}=0) \tag{2–113}$$

$$H_s/\Delta D_n=4.1 \text{ (파괴 } N_{od}>0.5) \tag{2–114}$$

최근에 개발된 Core-loc과 Xbloc은 Accropode와 매우 비슷한 거동을 보이며, 수리모형 실험에

표 2-23 콘크리트 블록의 수리학적 안정성($H_s/\Delta D_n$) (CIRIA C683 The Rock Manual, CUR, 2007)

Armour type	Damage level	Stability number ($H_s/\Delta D_n$)				References/remarks	
		Trunk		Head			
		Non-breaking waves	Breaking waves	Non-breaking waves	Breaking waves		
Cube (2 layers)	0%	1.8–2.0		–		Borsen et al(1975) slope: 1:1.5 and 1:2	
	4%	2.3–2.6		–			
	0% ($N_{od}=0$)	1.5–1.7		–		Van der Meer (1988a) slope 1:1.5	
	5% ($N_{od}=0.5$)	2.0–2.4		–			
	<5%	2.2	2.1	1.95	–	SPM (CERC, 1984)	slope 1:1.5
		2.45	2.35	2.15	–		slope 1:2
		2.8	2.7	2.5	–		slope 1:3
Cube (1 layer)	0% ($N_{od}=0$)	2.2–2.3		–		Van gent et al (2000)	
Tetrapod	0% ($N_{od}=0$)	1.7–2.0		–		Van der Meer (1988a) slope 1:1.5	
	5% ($N_{od}=0.5$)	2.3–2.9		–			
	<5%	2.3	2.2	2.1	1.95	SPM (CERC, 1984)	slope 1:1.5
		2.5	2.4	2.2	2.1		slope 1:2
		2.9	2.75	2.23	2.2		slope 1:3
Dolos	2% ($N_{od}=0.3$)	2.7 ($r=0.32$)		–		Burcharth and Liu (1993) slope 1:1.5	
		2.5 ($r=0.32$)		–			
		2.3 ($r=0.32$)		–			
	<5% ($N_{od}=0.4$)	3.2 ($r=0.32$)		–		Holtzhausen (1996)	
Accropode	0% ($N_{od}=0$)	2.7 (15)	2.5 (12)	2.5 (11.5)	2.3 (9.5)	Sogreah (2000)	
Core-loc	0% ($N_{od}=0$)	2.8 (16.0)		2.6 (13.0)		Mellby and Turk (1997)	
Xbloc	0% ($N_{od}=0$)	2.8 (16.0)		2.6 (13.0)		DMC (2003)	

서 Core-loc은 Accropode보다 좋은 수리학적 안정성을 보이나 Core-loc과 Xbloc의 권장 안정계수는 Accropode와 비슷하다. 표 2-23에 콘크리트 블록의 안정계수 값이 제시되어 있으며, Accropode, Core-loc 및 Xbloc의 괄호 안의 값은 Hudson 공식의 K_D값이다.

Delft 수리연구소에서는 Van der Meer의 연구를 근간으로 방파제 설계 프로그램인 BREAKWAT (1992)을 개발하였으며, 이 프로그램은 파랑의 처오름, 사석중량, 주어진 입사파 조건에서 사면의 피해 정도 및 피해형상(Profile Figure), 소단의 안정성, 파의 전달, 암초 방파제(Reef Breakwater), 정적 안정 저천단 방파제(Statically Stable Low-crest Breakwater), 수중 방파제(잠제, Submerged Breakwater) 및 동적 안정 소단 방파제(Dynamically Stable Berm Breakwater)의 안정성 및 입사파 조건에서 사면의 변화형상 등을 해석할 수 있다.

3) 잠제 및 낮은 천단 경사제 사석의 소요 질량 산정식(CIRIA/CUR)

낮은 천단 구조물은 정수면으로부터의 구조물의 천단고(여유고, Free Board)에 의해 다음과 같이 구분되며, 천단고에 대한 정의와 전면 사면(Ⅰ), 천단(Ⅱ) 및 후면 사면(Ⅲ)이 그림 2-36에 구분되어 있다.

- 정수면 위로 천단고를 가진 돌출 구조물(낮은 천단 구조물, Emergent Structures): $R_c>0$
- 정수면 아래로 천단고를 가진 수중 구조물(잠제, Submerged Structures): $R_c<0$

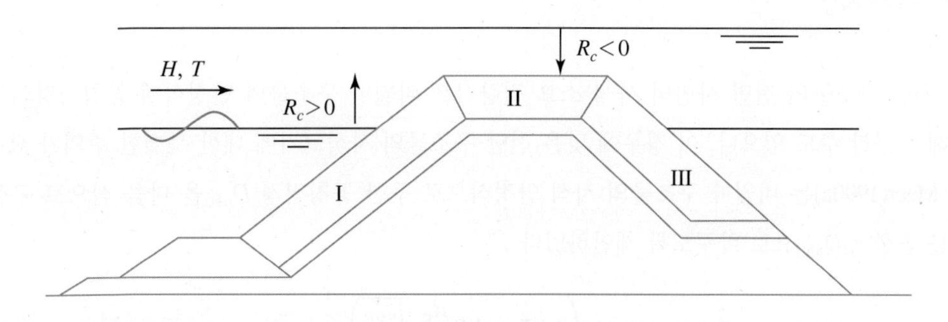

그림 2-36 천단고의 정의와 사면의 구분 개념도(CIRIA C683 The Rock Manual, CUR, 2014)

설계조위의 변화에 따라 위의 구분은 때로는 낮은 천단 구조물이 될 수도 잠제가 될 수도 있다. 이런 변이 구간($R_c \cong 0$)에 대한 소요 사석질량 산정이 가능하지만, 모든 공식이 같은 사석 크기를 도출하지는 않으므로 좀 더 보수적인 결과를 채택하도록 권장하고 있다.

낮은 천단 구조물은 방파제 너머로 파의 에너지를 일부 통과시키기 때문에 전면 사면의 소요 사석질량은 비월파 구조물의 경우보다 작아질 수 있다. 잠제는 천단이 수중에 있지만 천단의 수심에 따라 쇄파 발생에 의해 사석의 안정성이 영향 받을 수 있다. 잠제는 거의 모든 파를 월파시키고, 잠제의 천단 수심이 증가함에 따라 사석의 안정성은 크게 증가한다. 비월파 구조물의 경우 파랑은 주로 전면 사면의 안정성에 영향을 미치지만 월파 구조물의 경우는 전면 사면뿐만 아니라 천단과 후면 사면의 안정성에 영향을 미친다. 그러므로 천단 및 후면 사면의 사석은 월파 구조물의 경우가 더 위험한 경우가 된다.

Powell과 Allsop(1985)은 낮은 천단 구조물에 대한 Allsop의 데이터를 분석하여 사석의 안정수 $N_s=H_s/(\Delta D_{n50})$, 구조역학적 및 수리학적 매개변수와 N_{od}/N_a로 표현되는 손상 정도 사이의 관계식을 다음 식으로 제안하였다.

$$\frac{H_s}{\Delta D_{n50}}=\frac{s_{op}^{1/3}}{b}\ln\left(\frac{1}{a}\frac{N_{od}}{N_a}\right) \qquad (2\text{–}115)$$

여기서, a와 b는 경험 계수

N_{od}와 N_a는 사면에서 폭 D_{n50}당 이탈된 사석의 수와 같은 면적에서 전체 사석수

구조물 전면 수심 h에 대한 상대 여유고 R_c/h에 따른 경험 계수 a와 b는 다음 표 2-24에 제시되어 있다.

표 2-24 상대 여유고에 따른 경험 계수 a와 b(CIRIA C683 The Rock Manual, CUR, 2007)

R_c/h	a	b	$s_{op} = H_s/L_{op}$[1]
0.29	0.07×10^{-4}	1.66	<0.03
0.39	0.18×10^{-4}	1.58	<0.03
0.57	0.09×10^{-4}	1.92	<0.03
0.38	0.59×10^{-4}	1.07	<0.03

[1] 여기서, s_{op}는 T_p에 기초한 가상 파경사(fictitious wave steepness)이다.
$s_{op} = 2\pi H_s/(gT_p^2)$

낮은 천단 구조물의 전면 사면의 사석 소요 질량식은 비월파 구조물의 안정식에 공칭직경의 감소계수를 곱해서 구할 수도 있으나, 이 경우에 낮은 천단 구조물의 사석크기에 대한 특별한 주의가 요구된다. Van der Meer(1990a)는 비월파 구조물의 사석 안정식으로 구한 공칭직경 D_{n50}을 다음 식으로 구한 감소계수 r_D를 곱한 $r_D D_{n50}$으로 바꾸도록 제안하였다.

$$r_D = \left(1.25 - 4.8\frac{R_c}{H_s}\sqrt{\frac{s_{op}}{2\pi}}\right)^{-1} \qquad (2\text{–}116)$$

이 공식은 다음의 범위에서 적용이 가능하다.

$$0 < \frac{R_c}{H_s}\sqrt{\frac{s_{op}}{2\pi}} < 0.052 \qquad (2\text{–}117)$$

개념 설계 단계에서 수심 제한된 파랑 조건, 즉 전빈에 쇄파 발생 시의 낮은 천단 구조물의 사석 직경 추정식은 다음과 같다.

$$D_{n50} \geq 0.3h \text{ for } \frac{H_s}{h} = 0.6, \quad cot\alpha \geq 100 \text{ and } \Delta \cong 1.6 \qquad (2\text{–}118)$$

Vidal 등(1995)은 낮은 천단 구조물과 잠제에 적용 가능한 사석 안정 공식을 개발하여 초기 손상(ID), Irribaren's 손상(IR), 파괴 시작(SD) 및 파괴(D)로 구분하여 전면 사면, 천단 및 후면 사면에서의 손상의 정도(Sd)를 표 2-25와 같이 정의하였다.

표 2-25 방파제 사면 위치별 손상 정도(S_d)의 정의(CIRIA C683 The Rock Manual, CUR, 2007)

Damage level	Front slope	Crest	Rear-side slope	Total section
Initiation of damage	1.0	1.0	0.5	1.5
Iribarren's damage	2.5	2.5	2.0	2.5
Start of destruction	4.0	5.0	3.5	6.5
Destruction	9.0	10.0	–	12.0

그림 2-37은 파랑의 입사 후 잠제의 손상된 예를 보여주며, 상대 천단고의 비 $R_c/\Delta D_{n50}$의 함수로 된 전면 사석의 안정 공식은 다음과 같다.

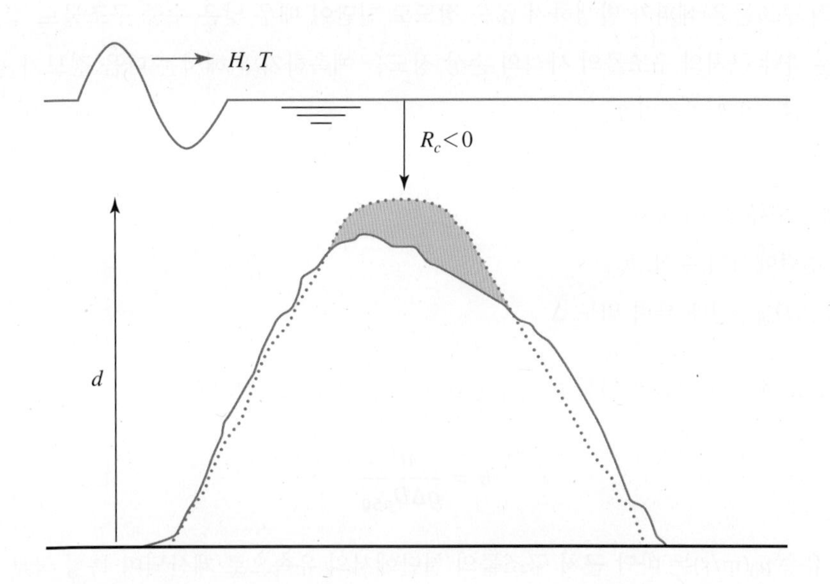

그림 2-37 잠제의 단면 예(점선-초기 형상, 실선-손상 후 형상) (CIRIA C683 The Rock Manual, CUR, 2007)

$$\frac{H_s}{\Delta D_{n50}} = A + B\frac{R_c}{\Delta D_{n50}} + C\left(\frac{R_c}{\Delta D_{n50}}\right)^2 \tag{2-119}$$

Vidal 등(1995)이 제안한 방파제 사면의 위치별 초기 손상에 대한 계수는 표 2-26에 제시되어 있으며, 계수의 적용범위는 표 2-27에 제시되어 있다.

표 2-26 방파제 사면의 위치별 초기 손상에 대한 계수(CIRIA C683 The Rock Manual, CUR, 2007)

Segment	A	B	C
Front slope	1.831	−0.2450	0.0119
Crest	1.652	0.0182	0.1590
Back slope	2.575	−0.5400	0.1150
Total section	1.544	−0.230	0.053

표 2-27 Vidal et al.(1995)의 실험 조건(CIRIA C683 The Rock Manual, CUR, 2007)

Parameter	Symbol	Range
Front and rear slope angle	tan α	1:1.5
Raletive buoyant density	Δ	1.65
Number of waves	N	2600~3000
Fictitious wave steepness	s_{op}	0.010~0.049
Non-dimensional freeboard	R_c/D_{n50}	−2.01~2.41
Non-dimensional crest width	B/D_{n50}	6.0
Non-dimensional structure height	d/D_{n50}	16~24
Stability number	$H_s(\Delta D_{n50})$	1.1~3.7

바닥 근처의 구조물은 쇄파가 발생하지 않을 정도로 천단이 매우 낮은 수중 구조물로 정의되며, 파랑과 조류를 받는 바닥 근처의 구조물의 사석의 손상 정도를 예측하기 위해서는 다음 정보가 필요하다.

- 유의파고 H_s, 평균 파주기 T_m
- 파의 개수, N
- 수심 평균 조류속, U(m/s)
- 구조물 천단에서의 수심, h_c
- 사석 직경 D_{n50}, 상대 부력 밀도 Δ

손상의 정도를 예측하기 위한 이동성 매개변수 θ는 다음 식으로 정의된다.

$$\theta = \frac{u^2}{g\Delta D_{n50}} \tag{2-120}$$

최대 바닥 유속 u_0(m/s)는 바닥 근처 구조물의 천단에서의 유속으로 계산되며 특성 국부 유속으로 쓰인다. 최대 바닥 유속은 선형파 이론을 이용한 최대 파랑 입자 유속으로 다음 식으로 구한다.

$$u = u_0 = \frac{\pi H_0}{T_m} \frac{1}{sinhkh_c} \tag{2-121}$$

여기서, k는 파수, $k=2\pi/L_m$
h_c는 바닥 근처 구조물의 천단에서의 수심

이동성 매개변수 θ, 손상 정도 매개변수 S_d 및 파의 개수 N 사이의 관계는 다음 식으로 주어진다.

$$\frac{S_d}{\sqrt{N}} = 0.2\theta^3 = 0.2\left(\frac{u^2}{g\Delta D_{n50}}\right)^3 \tag{2-122}$$

또는

$$\frac{u^2}{g\Delta D_{n50}} = \left(5\frac{S_d}{\sqrt{N}}\right)^{1/3} \tag{2-123}$$

위 식에는 조류속의 영향은 고려되고 있지 않으나, 손상의 정도에 조류속의 영향이 있다 해도 이동성 매개변수 θ가 $0.15 < u_0^2/(g\Delta D_{n50}) < 3.5$인 범위에서 $U/u_0 < 2.2$의 범위에서는 조류속의 영향을 무시할 수 있다.

전면 사면을 지지하는 소단(toe apron)의 사석 안정 공식은 상대 소단 수심 비 h_t/D_{n50} 또는 h_t/h의 함수로 주어진다.

$$\frac{H_s}{\Delta D_{n50}} = \left(1.6 + 0.24\left(\frac{h_t}{D_{n50}}\right)\right)N_{od}^{0.15} \tag{2-124}$$

$$\frac{H_s}{\Delta D_{n50}} = \left(2 + 6.5\left(\frac{h_t}{h}\right)\right)N_{od}^{0.15} \tag{2-125}$$

상대적으로 높은 소단, 즉 $h_t/h < 0.4$인 경우에는 전면 사면의 사석 안정 공식에 가까워진다.

4) 경사면의 피복석 또는 블록의 안정질량 산정식의 차이

항만 및 어항 설계기준(2014)에서는 경사면의 피복석 또는 블록의 안정질량 산정식으로 Hudson 식과 수정 Van der Meer 식을 제공하고 있으며, BS 6349, Manual on the use of Rock in Coastal and Shoreline Engineering, Shore Protection Manual과 Coastal Engineering Manual과는 달리 Hudson식에서 방파제 제두부에서는 무조건 제간부의 안정질량의 1.5배를 쓰도록 규정하고 있다. 피복석이나 콘크리트 블록의 종류, 거치 방법, 공극률, 상호 결속 효과(interlocking effect), 사면경사, 시공 방법 등의 고려 없이 무조건 질량을 1.5배 증가시키는 것은 공사비의 증가와 시공의 어려움을 초래할 수 있으며, 제두부에 대한 수많은 수리모형실험 연구를 통해 적절한 안정계수의 제시나 질량 증가율을 제시할 필요가 있다. 또한 항만 및 어항 설계기준에 제시된 수정 Van der Meer 식은 Van der Meer 원식과 달리 H_s나 $H_{2\%}$가 아닌 $H_{1/20}$을 사용하도록 규정하고 있다. 항만 및 어항 설계기준에 제시된 수정 Van der Meer 식은 Van Gent 식(2005)과 설계파고가 H_s인 점과 계수 값의 차이를 빼면 거의 흡사하며, 이 식에 대한 철저한 검증 없이 일본의 항만의 시설의 기술상의 기준·동해설의 기준(1999)의 내용을 그대로 차용하는 것은 큰 문제가 될 수 있으므로 수많은 수리모형실험 연구를 통해 Van der Meer 원식, 수정 Van der Meer 식 및 Van Gent 식의 특성과 차이를 분석하고 장점만을 취해서 설계의 기준으로 삼을 필요가 있다고 판단된다.

Manual on the use of Rock in Hydraulic Engineering(CIRIA/CUR, 2007)에서는 잠제 및 낮은 천단 구조물의 소요 질량 산정식을 제시하고 있으며, 전면 사면을 지지하는 소단(toe apron)의 소요 질량 산정식도 제시하고 있다.

(10) 직립벽에 작용하는 파력

1) 항만 및 어항 설계기준(2014)

항만 및 어항 설계기준(2014)은 직립벽에 작용하는 파압으로 Goda(1967) 공식을 제시하고 있으며, Goda 파압은 쇄파에서 중복파까지 적용이 가능하다. 또한 소파블록으로 피복된 직립벽에 작용하는 파압과 직립 소파 케이슨에 작용하는 파력공식을 제시하고 있다.

① 직립벽에 작용하는 파력

케이슨 방파제와 같은 직립제 및 혼성제 설계 시 설계외력으로 가장 중요한 것은 파압이며, 주로 사용하는 파압분포는 Goda(1967)의 파압 분포식으로서 사다리꼴 압력분포를 가정하여 중복파에서 쇄파까지의 파압을 연속적으로 구할 수 있다. 파력계산에 사용되는 파고 및 파장은 최고파의 파고 및 파장으로 하며, 최고파고(H_{max})는 쇄파의 영향을 받지 않는 경우는 유의파고($H_{1/3}$)의 약 1.8배로 하고, 쇄파의 영향을 받는 경우, 즉 쇄파대 내에서는 최고파고를 사용하도록 규정하고 있다. 직립제에는 전면수심과 파고의 관계에 따라서 중복파 또는 쇄파가 작용하므로, 전면수심 h와 파고 $H_{1/3}$에 따라 다음과 같이 파랑을 구별한다.

$$\text{중복파} \quad \frac{h}{H_{1/3}} > 2$$
$$\text{쇄파} \quad \frac{h}{H_{1/3}} < 2 \qquad (2\text{-}126)$$

② 직립벽에 작용하는 중복파 또는 쇄파의 파력

가. 직립 벽면에 파봉이 있는 경우

㉮ 전면파압

정수면의 높이에서 최대치 p_1, 정수면상 η^*의 높이에서 영, 저면에서 p_2가 되는 직선분포로서 직립벽 저면으로부터 마루까지의 파압을 고려한다(그림 2-38 참조).

$$\eta^* = 0.75(1 + cos\beta)\lambda_1 H_D$$
$$p_1 = \frac{1}{2}(1 + cos\beta)(a_1\lambda_1 + a_2\lambda_2 cos^2\beta)\rho_0 g H_D$$
$$p_2 = \frac{p_1}{\cosh(2\pi h/L)}$$
$$p_3 = a_3 p_1 \qquad (2\text{–}127)$$
$$a_1 = 0.6 + \frac{1}{2}\left[\frac{4\pi h/L}{\sinh(4\pi h/L)}\right]^2$$
$$a_2 = \min\left[\frac{h_b - d}{3h_b}\left(\frac{H_D}{d}\right)^2, \frac{2d}{H_D}\right]$$
$$a_3 = 1 - \frac{h'}{h}\left[1 - \frac{1}{\cosh(2\pi h/L)}\right]$$

여기서, η^*는 정수면상 파압강도가 영이 되는 높이(m)
p_1은 정수면에서의 파압강도(kN/m^2)
p_2는 해저면에서의 파압강도(kN/m^2)
p_3는 직립벽 저면에서의 파압강도(kN/m^2)
ρ_0는 물의 밀도(t/m^3)
g는 중력가속도(m/s^2)
λ_1, λ_2는 파압의 보정계수(표준 1.0)
h는 직립벽 전면의 수심(m)
h_b는 직립벽 전면에서 외해로 유의파고의 5배만큼 떨어진 지점의 수심(m)
h'는 직립벽 저면의 수심(m)
d는 사석부의 근고공 또는 피복공 마루 중 작은 수심(m)
H_D는 설계계산에 쓰이는 파고(m)
L은 수심 h에서의 설계계산에 쓰이는 파장(m)
β는 구조물 기준선과 주파향 ±15° 범위에서 가장 위험한 방향과의 사잇각(°)

㉯ 양압력

직립벽 저면에 작용하는 양압력은 외해측 끝부분에 수식 (2-128)로 구하고, 내해측끝 부분에서 영인 삼각형 분포로 한다(그림 2-38 참조).

$$p_u = \frac{1}{2}(1 + cos\beta)a_1 a_3 \lambda_3 \rho g H_D \quad (2\text{-}128)$$

여기서, λ_3는 양압력의 보정계수이며 일반적으로 1.0

이 경우 부력은 정수중의 배수체적에 대해서만 고려한다.

㈐ 파력계산에 쓰이는 파고 및 파장

식 (2-127)과 (2-128)에 있어 설계계산에 쓰이는 파고 H_D 및 파장 L은 최고파의 파고 및 파장으로 한다. 최고파의 파장은 유의파 주기에 대응하는 파장으로 하고, 파고는 다음의 최고파고 H_{max}를 사용한다.

– 최고파고가 쇄파의 영향을 받지 않는 경우

$$H_D = H_{max} = 1.8H_{1/3}$$

여기서, $H_{1/3}$는 직립벽 전면수심에서 진행파의 유의파고(m)

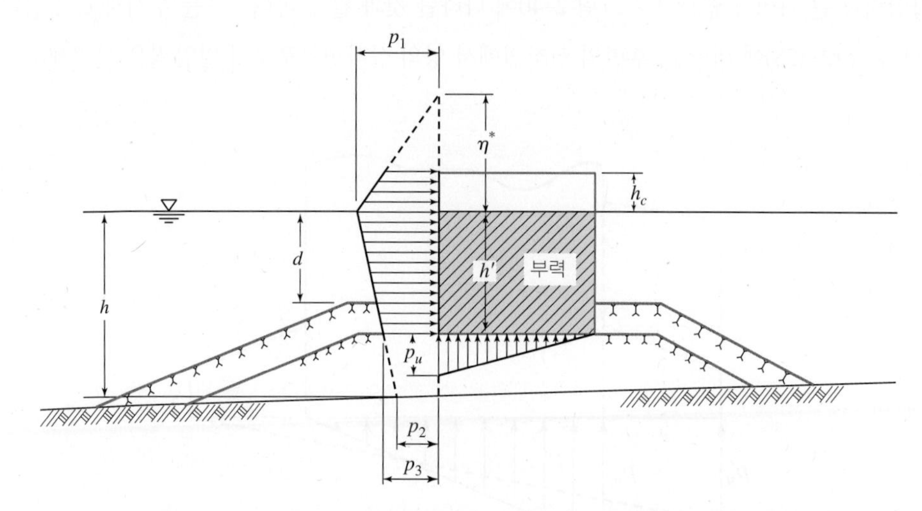

그림 2-38 직립제의 설계 파압 분포(항만 및 어항 설계기준, 해양수산부, 2014)

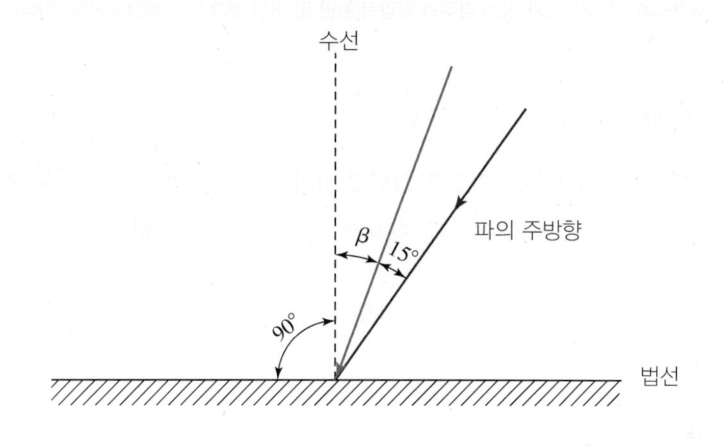

그림 2-39 제체의 수직선과 입사각의 보정각(β) (항만 및 어항 설계기준, 해양수산부, 2014)

– 최고파고가 쇄파의 영향을 받는 경우

$$H_D = \text{불규칙파의 쇄파변형을 고려한 } H_{max}$$

단, 이때의 최고파고는 직립벽 전면에서 5만큼 외해측에 떨어진 지점에서의 수심에 대한 값을 쓴다.

Goda 식의 가장 큰 특징은 중복파에서 쇄파까지의 파력을 주기의 영향을 포함해서 연속적으로 계산할 수 있는 점이다. 파라미터 α_1은 주기(정확히는 h/L)의 영향을 나타내며 천해파에서 극한 값으로 1.1 그리고 심해파에서 0.6이다. 사석부 높이와 해저경사에 의한 파력의 변화를 파라미터 α_2로 나타내고 있는데, H_D를 일정하게 하고 사석부의 높이를 해저면에서 서서히 높혀가면 α_2값이 0에서 서서히 증가하여 극대치인 1.1에 달하고 그 이상이면 감소하여 $d=0$에서 다시 α_2는 0이 된다. 따라서 α_1의 극한값 1.1과 합치면 정수면에서 파압강도는 $2.2\rho_0 g H_D$가 된다.

케이슨 등과 같은 확대기초가 있을 때는 파가 작용하는 쪽의 확대기초 상면에서 하향의 파력 또는 저면의 앞부분에서 p_u 뒷부분에서는 영의 양압력이 작용한다. 그러나 보통의 경우 그 합력은 확대기초가 없을 때의 양압력과 큰 차이가 없으므로 그림 2-40에 나타난 것과 같이 확대기초를 무시하고 직립벽 전면의 연장점에서 수식 (2-128)에 의한 p_u 후면의 연장점에서 영의 삼각형분포로서 양압력을 산정해도 된다.

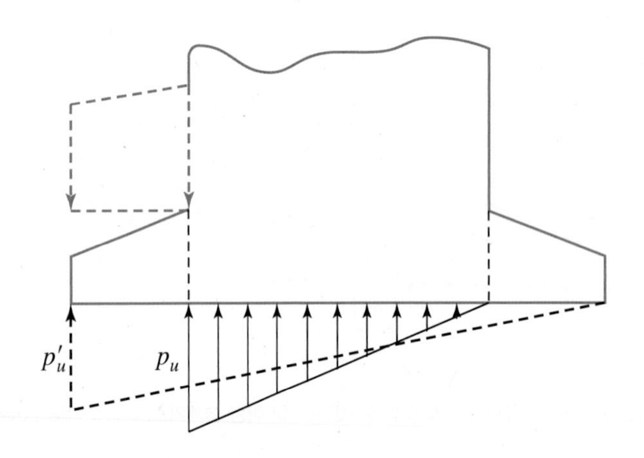

그림 2-40 확대기초가 있는 경우의 양압력(항만 및 어항 설계기준, 해양수산부, 2014)

나. 벽면에 파곡이 있을 때

벽면에 파곡이 있을 때 벽 전면에서 부의 파압은 그림 2-41과 같이 정수면에서 영, 정수면하 $0.5H_D$에서 p_n, 이하 저면까지 같은 직선분포의 파압이 외해측을 향해서 작용하는 것으로 한다.

$$p_n = 0.5\rho_0 g H_D \tag{2-129}$$

여기서, p_n는 균일파압 부분에 있어서 파압강도(kN/m²)
H_D는 설계계산에 쓰이는 최고파고(m)

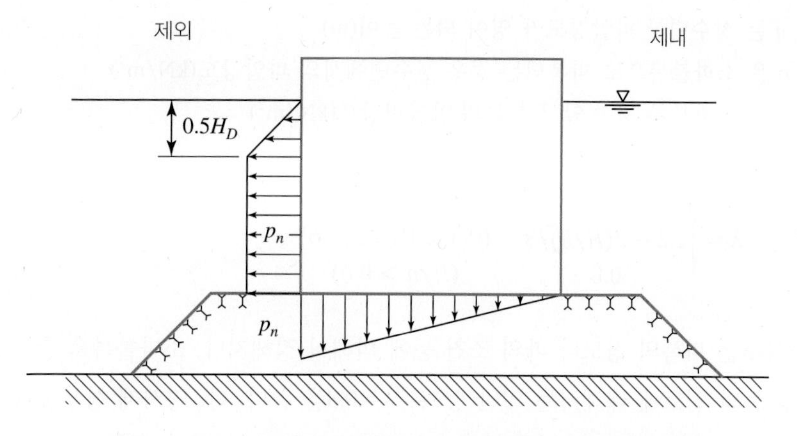

그림 2-41 부의 설계파압분포(항만 및 어항 설계기준, 해양수산부, 2014)

대수심 방파제에서는 파곡의 부압력의 크기가 파봉이 있을 때의 정압력의 크기보다 크므로 벽체가 바다쪽으로 미끄러지는 경우도 있다.

③ 소파블록으로 피복된 직립벽에 작용하는 파력

가. Tanimoto(谷本, 1979) 식

직립벽의 전면에 이형 콘크리트 블록 등을 소파공으로 설치하면 벽체에 작용하는 파력이 감소한다. 소파공의 마루높이가 직립벽의 마루와 같은 정도이고 파의 작용에 소파블록의 안정이 충분히 확보될 때 직립벽에 작용하는 파력은 Goda(合田) 식에서 η^*, p_1, p_u를 다음과 같이 수정하여 산정할 수 있다[Tanimoto(谷本) 등, 1979].

$$\eta^* = 0.75(1 + cos\beta)\lambda H_D$$
$$p_1 = \frac{1}{2}(1 + cos\beta)\lambda a_1 \rho_0 g H_D \qquad (2\text{–}130)$$
$$p_u = \frac{1}{2}(1 + cos\beta)\lambda a_1 a_3 \rho_0 g H_D$$

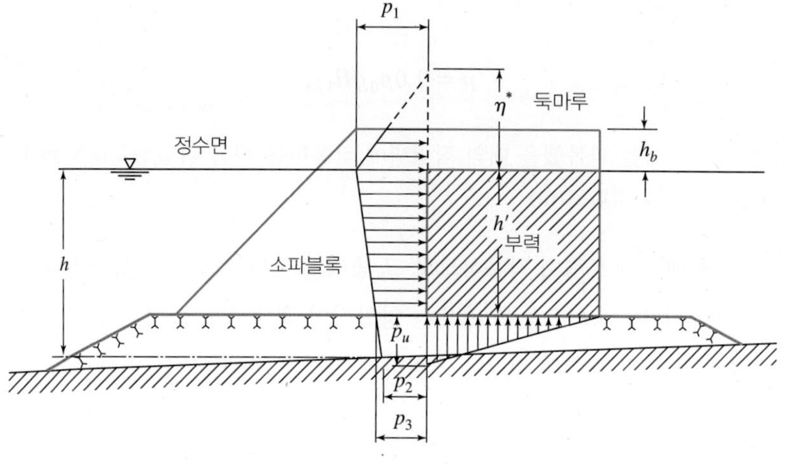

그림 2-42 소파블록으로 피복된 경우 설계파압분포(항만 및 어항 설계기준, 해양수산부, 2014)

여기서, η^*는 정수면상 파압강도가 영이 되는 높이(m)

p_1은 소파블록으로 피복되는 경우 정수면에서의 파압강도(kN/m^2)

p_u는 소파블록 저면 앞 끝부분의 양압력강도(kN/m^2)

λ는 소파블록 피복에 의한 파압의 저감률

$$\lambda = \begin{cases} 1.0 & (H/h \leq 0.3) \\ 1.2 - 2(H/h)/3 & (0.3 < H/h \leq 0.6) \\ 0.8 & (H/h > 0.6) \end{cases}$$

파압의 저감률 λ는 피복의 정도나 파의 조건 등에 의해서 정해지나, 소파블록을 충분히 피복한 경우 직립벽의 안정성 등의 검토에 대해서는 일반적으로 $\lambda=0.8$을 쓴다. 단, 경사제 상부공과 같이 직립벽의 기면이 정수면 부근에 있는 경우, 주기에 의해 크게 변하고 주기가 긴 경우 $\lambda=1.0$ 정도를 사용한다.

나. Morihira(森平, 1967) 식

소파블록이 충분히 피복되고, 유의파가 쇄파의 영향에 의해서 작아지는 쇄파대 내에 있는 경우 Morihira 식을 이용할 수 있다. 수식 (2-131)에 의한 평균 파압강도가 직립벽 기부부터 정수면상 $1.0H_{1/3}$ 또는 직립벽 마루높이 가운데 낮은 편의 높이까지 일정하게 작용하는 것으로 간주한다(그림 2-43 참조).

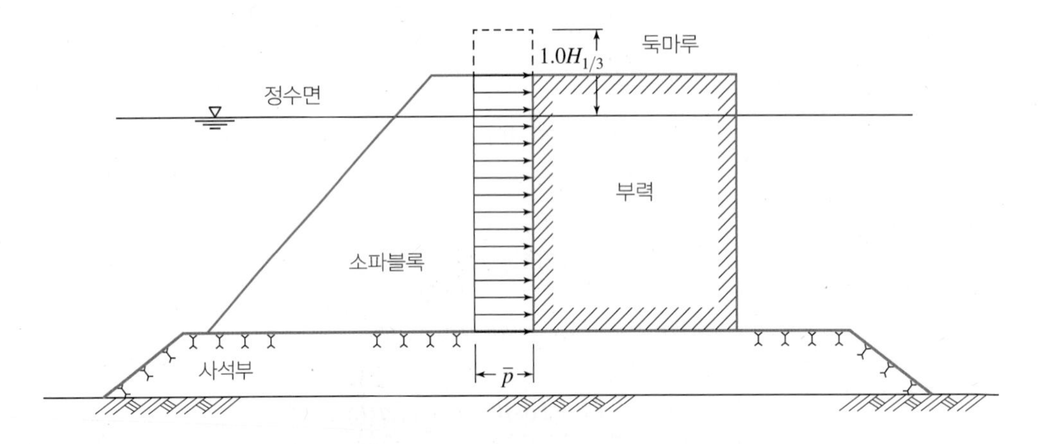

그림 2-43 소파블록으로 피복된 경우 설계파압분포(Morihira 식) (항만 및 어항 설계기준, 해양수산부, 2014)

$$p = 1.0\rho_0 g H_{1/3} \tag{2-131}$$

여기서, p는 소파블록을 피복했을 때의 직립벽에 작용하는 평균 파압강도(kN/m^2)

$H_{1/3}$는 설계유의파고(m)

양압력은 벽 전체에 대해서 부력이 작용하므로 그 중에 포함되는 것으로 생각한다.

단, 둑마루의 높이가 $1.0H_{1/3}$보다 높을 경우는 양압력이 과대하게 산정된다. 사각 입사 시 수식 (2-131) 대신 수식 (2-132)를 써서 파력의 경감을 고려하나 파력의 작용높이는 변하지 않는다고 가정한다.

$$\begin{cases} p = 1.0\rho_0 g H_{1/3} cos\beta & 0 \le \beta \le 45° \\ p = 0.7\rho_0 g H_{1/3} & \beta > 45° \end{cases} \qquad (2\text{-}132)$$

④ 직립 소파케이슨에 작용하는 파력

직립 소파케이슨에 작용하는 파력은 소파부의 구조에 따라 다르므로 수리모형실험 또는 적절한 산정식에 따라서 산정하여야 하며, 유수실에 바닥판이 없을 때 안전성의 검토에 쓰이는 파력에 있어서는 다음과 같은 Goda(合田) 식을 보정해서 사용해도 좋다고 규정되어 있다(그림 2-44 참조).

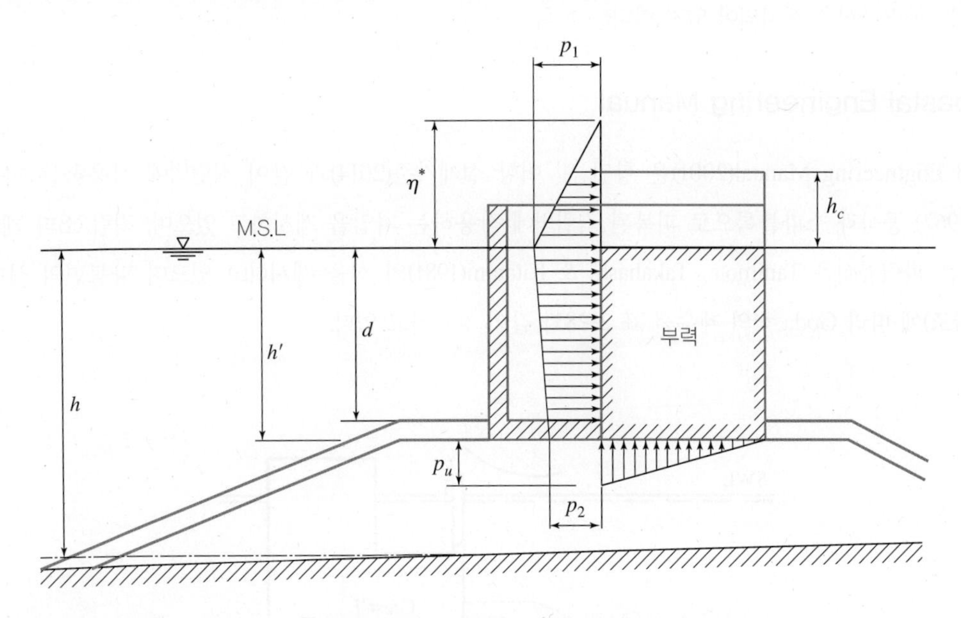

그림 2-44 안전성의 검토에 쓰이는 파력분포(유수실 바닥판이 없는 경우) (항만 및 어항 설계기준, 해양수산부, 2014)

소파부를 무시한 케이슨 본체에 파압이 작용하는 것으로 Goda 식에서 η^*, p_1, p_u 대신에 다음 식을 사용하여 파력을 산정한다.

$$\eta^* = 0.75(1 + cos\beta)\lambda_1 H_D$$

$$p_1 = \frac{1}{2}(1 + cos\beta)(a_1 + a_2\lambda_2 cos^2\beta)\lambda_1\rho_0 g H_D \qquad (2\text{-}133)$$

$$p_u = \frac{1}{2}(1 + cos\beta)\lambda_1 a_1 a_3 \rho_0 g H_D$$

여기서, η^*는 정수면상 파압강도가 영이 되는 높이(m)
p_1는 정수면에서의 파압강도(kN/m^2)
p_u는 소파부를 제외한 케이슨 본체부의 저면 전단에서의 양압력 강도

보정계수 λ_1, λ_2는 구조조건 등에 의해 적절히 정할 필요가 있다. 예를 들면 곡면 다공, 종슬릿 케이슨에서는 평균적으로 $\lambda_1 = 1.0$, $\lambda_2 = 0$로 한다[Takahashi(高橋) 등, 1991].

유수실 정부가 상판에 의해 막혀져 있을 경우는 파의 작용에 의해 상부의 공기층이 가두어지는 순간

에 충격력이 발생하므로, 부재의 설계에 쓰이는 파력에 이것을 고려하지 않으면 안된다. 이 충격력은 적당한 유공부를 설치하면 저감되는데 개구부가 너무 크면 파면이 직접 작용하게 되므로 파력이 오히려 크게 되는 수가 있어 주의가 필요하다.

2) BS 6349 및 CIRIA/CUR

BS 6349와 CIRIA/CUR에서는 항만 및 어항 설계기준(2014)과 같이 직립벽에 작용하는 파압으로 Goda(1967) 공식을 제시하고 있으며, 소파블록으로 피복된 직립벽에 작용하는 파압과 직립 소파케이슨에 작용하는 파력공식을 제시되어 있지 않다.

3) Coastal Engineering Manual

Coastal Engineering Manual(2001)은 항만 및 어항 설계기준(2014)과 같이 직립벽에 작용하는 파압으로 Goda(1967) 공식과 소파블록으로 피복된 직립벽에 작용하는 파압을 제시하고 있으며, 직립 소파 케이슨에 작용하는 파력공식은 Tanimoto, Takahashi & Kitatani(1981)의 식을 제시하고 있으며 파봉면의 상태(그림 2-45 참조)에 따라 Goda 식의 계수를 표 2-28과 같이 제시하고 있다.

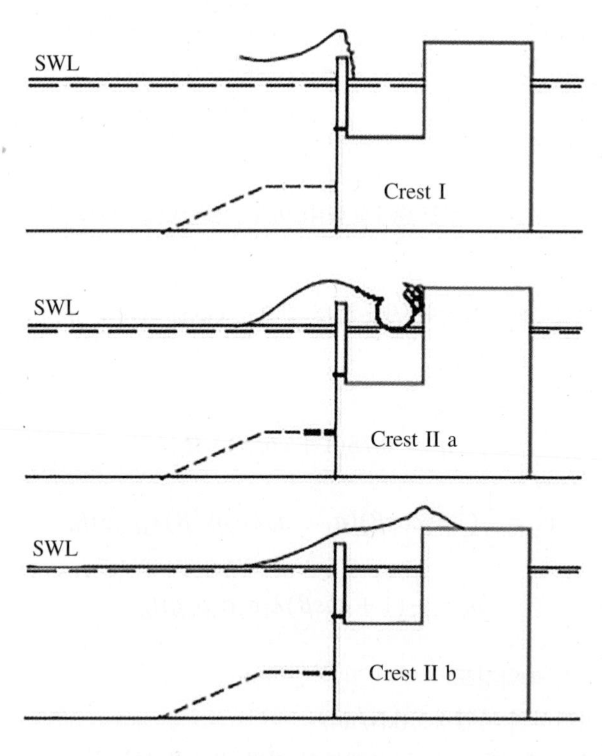

그림 2-45 파봉면의 상태(CEM, USACE, 2001)

표 2-28 파봉면의 상태에 따른 파압 계수(CEM, USACE, 2001)

구분		Crest-I	Crest-IIa	Crest-IIb
Slit wall	λ_{s1}	0.85	0.7	0.3
	λ_{s2}	0.4 ($\alpha^* \leq 0.75$) 0.3/α^* ($\alpha^* > 0.75$)	0	0
Impermeable part of front wall	λ_{L1}	1	0.75	0.65
	λ_{L2}	0.4 ($\alpha^* \leq 0.5$) 0.2/α^* ($\alpha^* > 0.5$)	0	0
Wave chamber rear wall	λ_{R1}	0	$20l/3L'$ ($l/L' \leq 0.15$) 1.0 ($l/L' \leq 0.15$)	1.4 ($H/h \leq 0.1$) 1.6–2H/h (0.1< H/h <0.3) 1.0 ($H/h \geq 0.3$)
	λ_{R2}	0	0.56 ($\alpha^* \leq 25/28$) 0.5/α^* ($\alpha^* > 025/28$)	0
Wave chamber bottom slab	λ_{M1}	0	$20l/3L'$ ($l/L' \leq 0.15$) 1.0 ($l/L' \leq 0.15$)	1.4 ($H/h \leq 0.1$) 1.6–2H/h (0.1< H/h <0.3) 1.0 ($H/h \geq 0.3$)
	λ_{M2}	0	0	0
Uplift force	λ_{U3}	1	0.75	0.65

4) 직립벽에 작용하는 파력의 차이

항만 및 어항 설계기준(2014), BS 6349, CIRIA/CUR 및 Coastal Engineering Manual의 직립벽에 작용하는 파력의 차이를 비교하였다. 직립벽에 작용하는 파압으로 모든 설계기준이 Goda(1967) 공식을 제시하고 있으며, 직립 소파케이슨에 작용하는 파력공식은 항만 및 어항 설계기준과 Coastal Engineering Manual에서 차이를 보이는데 슬릿케이슨의 파압의 문제는 유공률, 유수실의 형상, 입사 파랑 조건 등에 따라 유수실 내의 유체의 흐름이 크게 달라지므로 다양한 수리모형실험 및 수치실험 연구를 통해 다양한 구조물 형상에 따라 파력 공식이 필요하다.

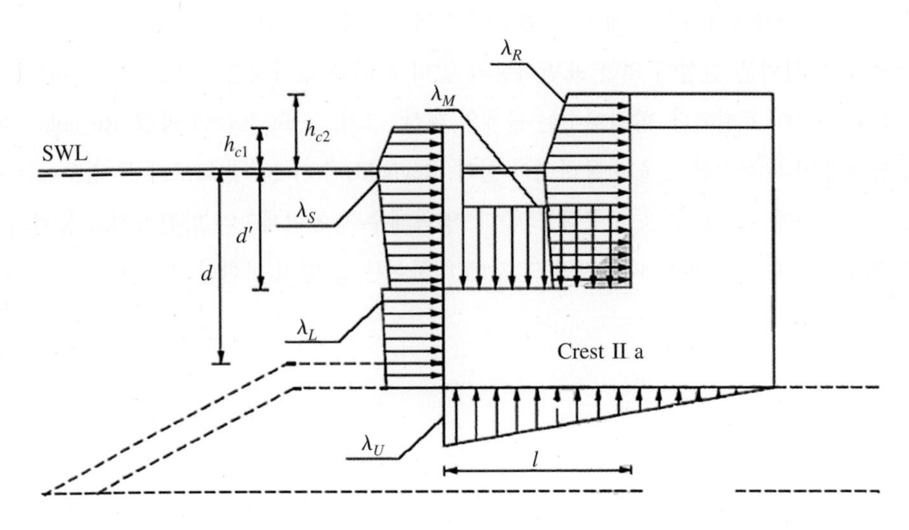

그림 2-46 슬릿케이슨의 압력 분포(CEM, USACE, 2001)

(11) 수중부재 및 구조물에 작용하는 흐름의 힘

1) 항만 및 어항 설계기준(2014)

① 말뚝 및 파이프라인에 작용하는 흐름에 의한 힘

항만 및 어항 설계기준(2014)은 물의 흐름에 의한 수중 또는 수면 부근의 파일 부재 및 구조물에 작용하는 Morison 방정식의 항력 및 양력은 다음 식에 의해 산정하도록 제시하고 있다.

가. 항력

$$F_D = \frac{1}{2} C_D \rho_0 A U^2 \tag{2-134}$$

여기서, F_D는 물체에 작용하는 흐름 방향의 항력(kN)
C_D는 항력계수
ρ_0는 물의 밀도(t/m^3)
A는 물체의 흐름 방향의 투영면적(m^2)
U는 유속(m/s)

나. 양력

$$F_L = \frac{1}{2} C_L \rho_0 A_L U^2 \tag{2-135}$$

여기서, F_L는 물체에 작용하는 흐름과 직각방향의 양력(kN)
C_L는 양력계수
A_L는 흐름과 직각방향의 물체의 투영면적(m^2)

잔교 등의 말뚝식 구조물의 말뚝이나 파이프라인 등에 작용하는 흐름에 의한 힘은 유속의 2승에 비례하는 힘이며, 흐름 방향으로 작용하는 항력과 흐름의 직각방향으로 작용하는 양력이다. 또 수중의 가는 관상물체에는 소용돌이의 발생에 의해 진동이 일어나는 수가 있다.

흐름에 의한 항력은 점성에 의한 표면저항과 압력에 의한 형상저항의 합으로 표시되며 일반적으로 수식 (2-134)과 같이 표현된다. 항력계수는 물체의 형상, 크기, 조도, 흐름의 방향, Reynolds 수 등에 따라 다르며, 상황에 따라 적절한 값을 사용하여야 한다. Reynolds 수가 10^3 정도보다 큰 경우에는 항력계수의 표준치로 표 2-29에 제시된 값을 사용해도 좋다. 양력계수도 항력계수와 마찬가지로 물체의 형상, 흐름의 방향, Reynolds 수 등에 따라 다르지만 그 값에 대하여는 잘 알지 못한다.

표 2-29 항력계수(항만 및 어항 설계기준, 해양수산부, 2014)

물체의 형태		기준 면적	항력계수
원주 (거친 면)		Dl	1.0 ($l>D$)
각주		Bl	1.0 ($l>B$)
원판		$\frac{\pi}{4}D^2$	1.2
평판		ab	$a/b=1$; 1.12 $a/b=10$; 1.29 $a/b=2$; 1.15 $a/b=18$; 1.40 $a/b=4$; 1.19 $a/b=\infty$; 2.01
구		$\frac{\pi}{4}D^2$	0.5 – 0.2
입방체		D^2	1.3 – 1.6

다. 와류에 의한 진동

가는 부재에 있어서는 흐름의 작용으로 배후에 와류가 발생하여 흐름과 직각방향의 진동을 일으키는 일이 있으므로 주의를 요한다. 이것은 와류에 의한 양력이 주기적으로 변화하여 그 주기와 부재의 고유진동주기가 가까워질 때 공진상태가 되기 때문이며, 와류의 발생주기는 부재의 직경과 유속, 그리고 스트로할수(Strouhal Number)로부터 얻어진다. 부재의 길이가 길고 고유진동주기가 긴 경우에는 방진대책이 필요하다고 설명하고 있으나 구체적인 흐름에 의한 진동에 대한 기준은 제시되어 있지 않다.

② 흐름에 대한 피복재의 안정 질량

항만 및 어항 설계기준에서는 물의 흐름에 대한 마운드의 사석 등의 피복재의 소요 질량은 적절한 수리모형실험 또는 Isbash 식에 의해 산정하는 것을 표준으로 한다.

$$M=\frac{\pi\rho_r U^6}{48g^3y^6(S_r-1)^3(cos\theta-sin\theta)^3} \qquad (2\text{–}136)$$

여기서, M는 사석 등의 안정질량(t)

ρ_r는 사석 등의 밀도(t/m^3)

U는 사석 등의 상부에서의 물의 유속(m/s)

g는 중력가속도(m/s^2)

y는 Isbash의 정수(파묻힌 돌은 1.20, 노출된 돌은 0.86)

S_r는 사석 등의 물에 대한 비중
θ는 수로상의 축방향의 사면의 경사(°)

흐름에 대한 사석의 안정질량에 대하여는 미국의 해안공학연구센터(CERC)가 조류에 의한 세굴을 방지하기 위한 사석질량으로 Isbash식 (2-136)을 제시하고 있다. 흐름에 대한 피복재의 안정질량은 흐름이 빨라지면 갑자기 커진다는 것에 주의할 필요가 있고, 안정질량은 피복재의 형상이나 밀도 등에 의해서도 변화하는 것에 유의할 필요가 있다.

Isbash 식은 경사면상의 구체에 작용하는 흐름 항력과 구의 마찰저항과의 균형을 고려하고 유도한 것이다. 이 식은 정상류에 있어서의 힘의 균형을 고려했기 때문에 심한 소용돌이의 생성이 예상되는 곳에서는 이 보다도 큰 질량의 사석을 사용할 필요가 있다.

2) BS 6349 및 CIRIA/CUR

① 말뚝 및 파이프라인에 작용하는 흐름에 의한 힘

BS 6349에서는 말뚝 및 파이프라인에 작용하는 힘을 조류에 의한 정상 항력(Steady Drag Force)과 파랑에 의한 힘을 파장에 비해 파일 직경이 매우 작은 경우($W_s/L<0.2$ 이하)에 Morison Equation으로 구하도록 규정하고 있으며, 파장과 수중부재의 직경이나 폭의 비에 따라 파력의 적용 공식을 다르게 적용하도록 규정하고 있다.

a) $W_s/L>1$, Reflection Applies(Goda's Formula)
b) $0.2<W_s/L<1$, Diffraction Theory Applies
c) $W_s/L<0.2$, Morison's Equation Applies

또한 정수면에 가까운 수평부재에 대해서는 부재의 갑작스런 침수에 의해 발생하는 Wave Slamming Force를 고려하도록 규정하고 있다. 흐름에 의한 진동은 원형 단면인 경우에 대해 진동 임계 유속(Critical Flow Velocity)을 계산한 후 조류속이 임계유속의 1.2배보다 작게 설계하도록 규정하고 있다.

가. 조류에 의한 정상 항력

조류속은 구조물의 설계 수명 동안 현장에서 발생할 수 있는 최대 유속으로 구조물의 목적과 발생 빈도 확률에 맞게 정하도록 하고 있으며, 영구 구조물의 경우에는 재현기간을 50년 이상으로 해야 한다. 조류속이나 흐름에 의해 발생할 수 있는 힘은 흐름 방향과 평행한 항력(Drag Force)과 흐름 방향에 수직인 Cross-Flow Force로 구분되며, 조류속에 의한 항력은 주로 정상류에 의한 것이며 진동 성분은 흐름의 진동수가 구조물의 고유진동수에 가까워질 때만 중요해진다. Cross-Flow Force는 전적으로 흐름에 의해 대칭적으로 발생하는 구조물에 의한 진동에 의해 발생한다.

일정한 조류속에 의해 발생하는 균일한 수중부재에 작용하는 정상항력(Steady Drag Force)은 다음 식으로 계산된다.

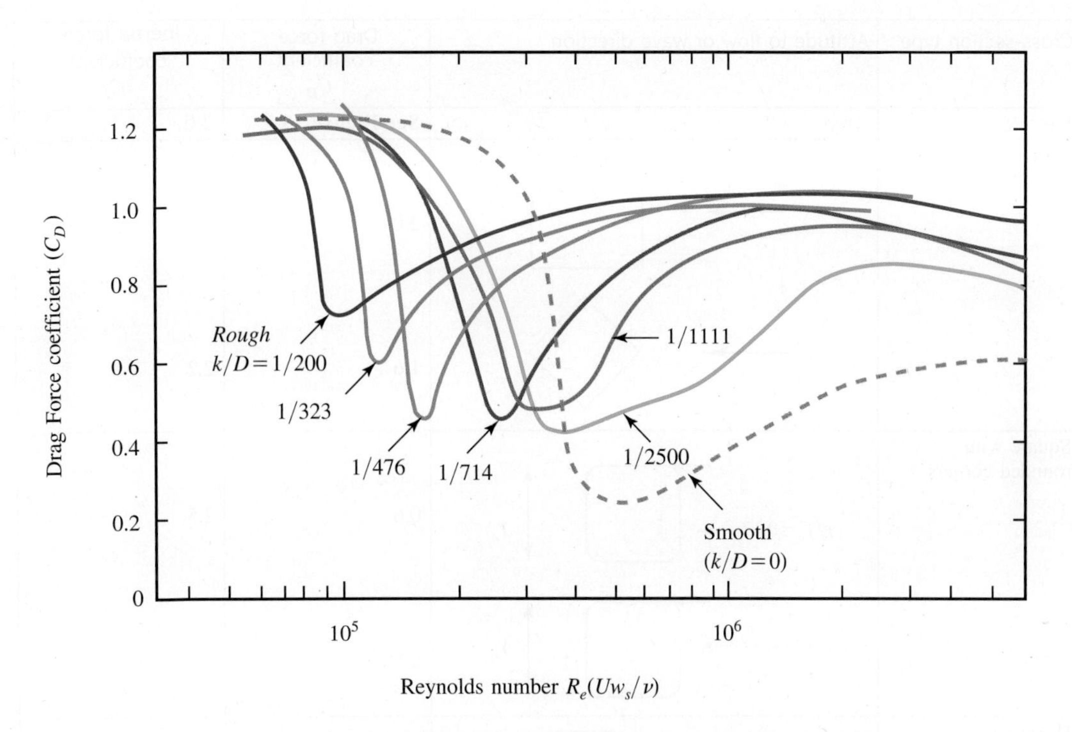

그림 2-47 원형 말뚝(관)에서의 항력계수(BS6349 Maritime Structure, BSI, 2000)

$$F_D = 1/2(C_D \rho V^2 A_n) \quad (2\text{-}137)$$

여기서, F_D는 정상항력(kN)

C_D는 무차원 시간 평균 항력계수

ρ는 물의 밀도(t/m^3)

V는 입사 조류속(m/s)

A_n는 흐름에 수직인 단면적(m^2)

원형관의 C_D값은 그림 2-47에 보여지는 것처럼 Reynolds 수와 표면 조도의 함수이며, C_D와 A_n은 단면적에서 부착생물(Marine Growth)의 영향을 고려하여 정해야 하며, 입사 조류속 연직 분포가 일정하지 않거나 구조물의 직경이 일정하지 않으면 전체 힘은 적분에 의해 구해야 한다.

파랑과 조류속이 함께 작용하면 구조물에 작용하는 항력이 증가하게 되므로, 파랑의 입자 유속과 조류 속의 벡터적으로 합하여 수식 (2-137)로 항력을 구하고, 관성력도 고려해야 한다. 원형단면이 아닌 경우의 C_D값은 Reynolds 수와는 무관하고 흐름의 입사각에 따라 변하므로 그림 2-48의 값을 사용하도록 정하고 있다. 그 외 단면의 C_D값은 신뢰성 있는 데이터가 없는 경우 수리모형실험에 의해 얻도록 권장하고 있다.

Cross-section type	Attitude to flow or wave direction	Drag force coefficient C_D	Inertia force coefficient C_I
Circle	Any	See Figure 19	2.0
Square	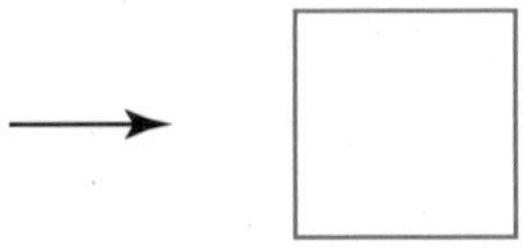 → □	2.0	2.5
	 → ◇	1.6	2.2
Square with rounded corners	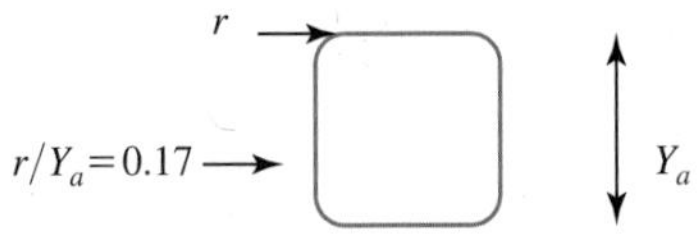 r; $r/Y_a=0.17$ →; Y_a	0.6	2.5
	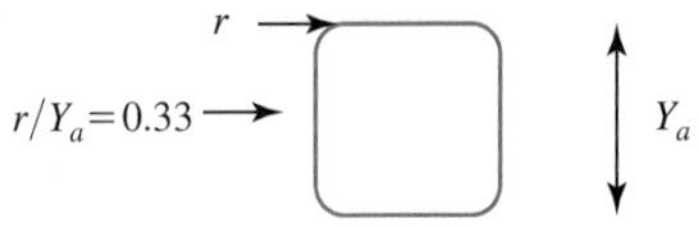 r; $r/Y_a=0.33$ →; Y_a	0.5	2.5
Hexagon	 →	a	a
	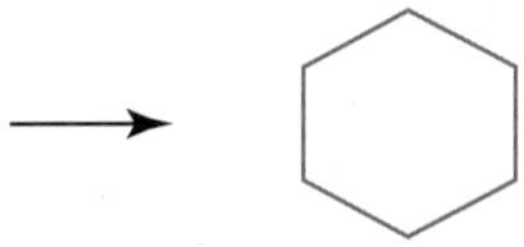 →	a	a
Octagon	Any	1.4	a
Dodecagon	Any	1.1	a
Rendhex pile	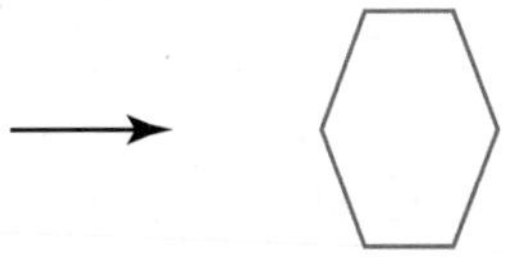 →	1.3	a
	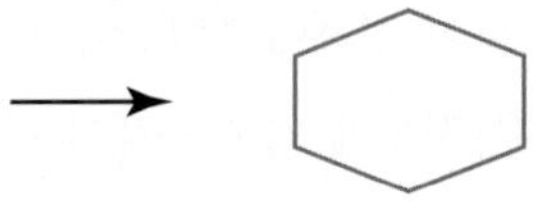 →	0.8	a

a The value for the appropriate square shape should be used unless more reliable values can be obtained.

그림 2-48 구조물 형상에 따른 항력 관성력 계수(BS6349 Maritime Structure, BSI, 2000)

나. Morison Equation에 의한 파력

구조물이나 부재가 파장에 비해 매우 작은 경우 Morison Equation으로 항력(Drag Force)과 관성력(Inertia Force)의 합으로 두 성분 사이의 위상차를 고려하여 전체 힘을 계산해야 한다. 보수적인 근사법으로 파력은 주요소 힘의 1.4배를 취하도록 하고 있다. $W_s/w_p>0.2$인 경우에는 관성력이 주하중이 되고, $W_s/w_p<0.2$인 경우에는 항력이 주하중이 된다. W_s는 구조물이 수중에 잠긴 부분의 폭이나 직경이고, w_p는 물입자의 수표

면에서의 궤적 폭(orbital width)으로 다음 식으로 구한다.

$$w_p = \frac{H}{tanh\frac{2\pi d}{L}} \tag{2-138}$$

여기서, H는 파고(Wave Height)
d는 구조물에서의 수심
L는 파장(Wave Length)

Morison Equation은 다음 식으로 표현된다.

$$F_w = F_D + F_I \tag{2-139}$$

여기서, F_w는 부재축에 수직인 총 파력(kN)
F_D는 항력 요소(kN)
$F_D = \int_0^{L_s}(1/2C_D\rho W_s|U|U)dL_s$
F_I는 관성력 요소(kN)
$F_I = \int_0^{L_s}(C_I\rho A\dot{U})dL_s$
L_s는 부재의 수중에 잠긴 부분의 길이, dLs는 단위 미터당 길이 요소(m)
C_D는 항력계수
C_I는 관성력계수
U는 순간 물입자 속도(m/s)
$\dot{U}$는 순간 물입자 가속도(m/s^2)
ρ는 물의 밀도(t/m^3)
A는 흐름에 수직인 단면적(m^2)

선형파 이론으로 유도된 순간 물입자 속도 및 가속도는 수식 (2-140)과 같다.

$$\begin{aligned}
\eta(x,t) &= \frac{H}{2}cos\left\{2\pi\left(\frac{x}{L}-\frac{t}{T}\right)\right\} \\
u &= \frac{\pi H}{T}\frac{cosh\{2\pi(y+d)/L\}}{sinh(2\pi d/L)}cos\left\{2\pi\left(\frac{x}{L}-\frac{t}{T}\right)\right\} \\
v &= \frac{\pi H}{T}\frac{sinh\{2\pi(y+d)/L\}}{sinh(2\pi d/L)}sin\left\{2\pi\left(\frac{x}{L}-\frac{t}{T}\right)\right\} \\
\dot{u} &= \frac{2\pi^2 H}{T^2}\frac{cosh\{2\pi(y+d)/L\}}{sinh(2\pi d/L)}sin\left\{2\pi\left(\frac{x}{L}-\frac{t}{T}\right)\right\} \\
\dot{v} &= \frac{2\pi^2 H}{T^2}\frac{sinh\{2\pi(y+d)/L\}}{sinh(2\pi d/L)}cos\left\{2\pi\left(\frac{x}{L}-\frac{t}{T}\right)\right\}
\end{aligned} \tag{2-140}$$

다. Wave Slam

정수면에 가까운 수평부재의 경우 갑작스런 침수로 인해 Wave-Slamming 하중(Load)이 발생하게 되며, 하중의 충격력적 특성 때문에 부재의 동력학적 응답(Dynamic Response)이 특히 중요해진다. 원통형 부재(Cylinderical Member)의 연직 Slam Force는 다음 식으로부터 구한다.

$$F_s = 1/2 C_s \rho V_n^2 l W_s \tag{2-141}$$

여기서, F_s는 연직 Slam Force(kN)
C_s는 Slamming 계수
ρ는 물의 밀도(t/m^3)
V_n는 수면의 연직 속도, 시간에 따른 η의 변화(m/s)
l는 원통형 부재의 길이(m)
W_s는 원통형 부재의 직경(m)

C_S값은 Froude 수가 0.6보다 커서 Slamming Load가 지배적인 경우 3.6±1.0으로 경험적으로 구해지며, Froude 수는 $F_r = V_n/\sqrt{(gW_s)}$로 구한다.

라. 흐름에 의한 진동

조류속을 받는 파일과 같은 원통형 부재의 경우 하단부의 와열(Vortex Shedding) 때문에 흐름 방향 및 수직 방향 흐름에 의한 요동 하중을 경험하게 된다. 요동 하중의 진동수는 와열(Vortex Shedding)의 진동수에 직접적으로 연관되고, 요동 하중의 진동수가 파일 같은 원통형 부재의 고유진동수에 가까워지면 공진에 의해 요동 하중의 진폭이 커지게 된다. 파일 부재는 시공하는 도중에 이런 진동에 취약하고, 캔틸레버 모드에서의 공진 발생을 막기 위해서는 파일 두부의 구속이 필요하다. 공진을 일으키기 위한 한계 조류속(Critical Flow Velocity)은 다음 식으로 구한다.

$$V_{crit} = K f_N W_s \tag{2-142}$$

여기서, f_N는 원통형 부재의 고유진동수
W_s는 원통형 부재의 직경(m)
K는 다음 조건에 일치하는 상수
1.2: 흐름 방향 운동의 시작(The Onset Of In-Line Motion)
2.0: 흐름 방향 운동의 최대진폭(Maximum Amplitude Of In-Line Motion)
3.5: 흐름 수직방향 운동의 시작(The Onset Of Cross-Flow Motion)
5.5: 흐름 수직방향 운동의 최대진폭(Maximum Amplitude Of Cross-Flow)

반복 하중이 작용하는 경우의 힘은 스프링의 변위에 비례하고, 주어진 초기 충격력에 대해 부재의 고유진동수는 다음 식으로 구한다.

$$f_N = \sqrt{\frac{1}{2\pi}\left(\frac{K}{m_e}\right)} \tag{2-143}$$

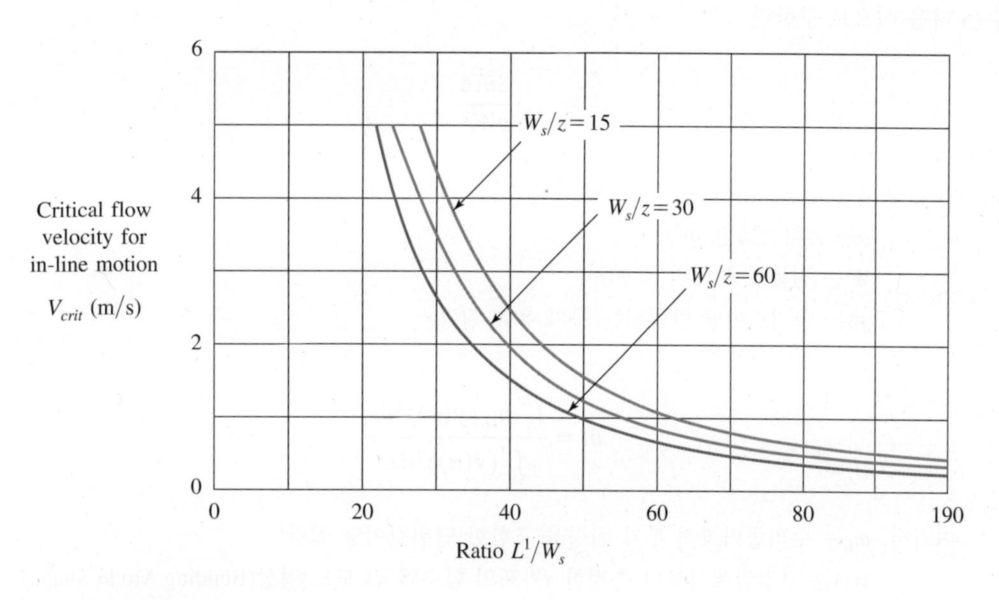

그림 2-49 원통형 파일의 흐름 방향 진동에 대한 한계 유속(BS6349 Maritime Structure, BSI, 2000)

여기서, K는 스프링의 강성

m_e는 구조물의 등가 질량

대부분의 구조물은 바닥에 고정되거나 상부가 핀 연결된 두께가 얇은 강관 파일이며, 진동은 대부분 시공 중에 발생하므로 Marine Growth의 영향은 무시가 가능하다. 파일 구조물의 흐름과 평행한 요동이 시작되는 한계 속도(critical flow velocity)는 그림 2-49에 주어져 있다.

파일의 구속 조건이 다르거나 요동의 조건이 다르면, 한계 유속은 표 2-30에 주어진 수정 계수(Modification Factor)를 그림 2-49에서 구한 한계유속에 곱해서 구해야 한다.

표 2-30 구조물 형상에 따른 항력 수정 계수(BS6349 Maritime Structure, BSI, 2000)

Motion	Pinned to fixed bottom	Cantilever	Pinned top and bottom	Fixed top and bottom
Onset of in-line motion	1	0.23	0.64	1.46
Maximum in-line motion	1.67	0.38	1.07	2.43
Onset of cross-flow motion	2.92	0.67	1.87	4.25
Maximum cross-flow motion	4.58	1.05	2.94	6.68

파일 구조물이 영구 구조물이면 진동을 방지하기 위해서 한계 유속이 설계 조류속보다 빠르거나 파일의 질량 감쇄가 큰 요동이 발생하지 못하게 충분히 크게 해주어야 한다. 조류속이 1.2 $f_N W_S$보다 작게 하거나 질량 감쇄 계수가 평행 흐름인 경우 2보다 크거나 수직 흐름의 경우 25보다 크면 된다. 질량 감쇄

계수는 다음 식으로 구한다.

$$\frac{2\bar{m}\Delta}{\rho W_s^2} \tag{2-144}$$

여기서, Δ는 구조적 감쇄의 로그함수적 감소량, 대부분의 해양 구조물은 0.07

ρ는 물의 밀도(t/m³)

W_s는 원통형 부재의 직경(m)

$\bar{m}$는 단위길이당 발현되는 등가 유효 질량

$$\bar{m} = \frac{\int_0^{L'} m_L(y(x))^2 dx}{\int_0^{l'} (y(x))^2 dx} \tag{2-145}$$

여기서, m_L는 수리동력학적 부가 질량을 포함한 단위길이당 질량

$y(x)$는 고정점에서부터 측정한 x좌표의 함수인 휨 모드 형상(Bending Mode Shape)

L'는 고정점에서 데크 높이까지의 원통형 부재의 전체 길이

l'는 고정점에서 수면까지의 부재 길이

② 흐름에 대한 피복재의 안정 질량

BS 6349에는 흐름에 의한 피복재의 안정질량을 구하는 식은 제시되어 있지 않지만 Manual On The Use Of Rock In Hydraulic Engineering(CIRIA C683, 2007)에서는 Isbash Parameter와 Shields Parameter를 이용한 General Design Formula와 Pilarczyk, Escarameia And May, Maynord식을 제시하고 흐름의 상황에 따라 달리 적용하도록 규정하고 있다. Stability Concept에 따른 안정계수를 구분하고 적용 가능한 구조물의 타입을 표 2-31과 같이 구분하였다.

표 2-31 안정 계수와 적용 구조물 타입(CIRIA C683 The Rock Manual, CUR, 2007)

Stability concept	Stability parameter	Section	Structure type	Section
Shear stress	Shields parameter, ψ_{cr}	5.2.1.2 5.2.1.3	Bed and bank protection Spillways and outlets, rockfill closure dams	5.2.3.1 5.2.3.5
Velocity	Izbash number, $U^2/(2g\Delta D)$	5.2.1.4	Bed and bank protection Near-bed structures Toe and scour protection	5.2.3.1 5.2.3.2 5.2.3.3
Discharge	$q/\sqrt{(g\Delta D)^3}$	5.2.1.7	Rockfill closure dams, sills, weirs	5.2.3.5
Wave height	Stability number, $H/(\Delta D)$	5.2.1.5	Rock armour layers Concrete armour layers Toe and scour protection	5.2.2.2 5.2.2.3 5.2.2.9
Hydraulic head	$H/(\Delta D)$	5.2.1.6	Dams, sills, weirs	5.2.3.5

가. General Design 식(Isbash/Shield formula)

Manual on the Use of Rock in Hydraulic Engineering(CIRIA C683, 2007)에서는 한계 전단 유속의 개념으로 Isbash Parameter를 Shield Parameter에 적용하여 손상 계수로서 속도 기준인 ψ_{cr}을 이용한 General Design Formula를 제시하고 있으며, 이 식은 바닥이 평평한 정상 난류를 가진 등류에 적용 가능하다. 한계 수심평균 유속 U에 대해서 여러 조정 계수를 이용하여 다음과 같은 일반적인 식을 제시하고 있다.

$$\frac{U^2/2g}{\Delta D} = k_{sl} k_t^{-2} k_w^{-1} \Lambda_h \psi_{cr} \tag{2-146}$$

여기서, D는 사석의 특성 치수, 체분석 직경 D 또는 공칭 직경 D_n

k_{sl}는 경사 감소 계수, $k_{sl} \leq 1$

Λ_h는 수심 및 유속 연직 분포 계수

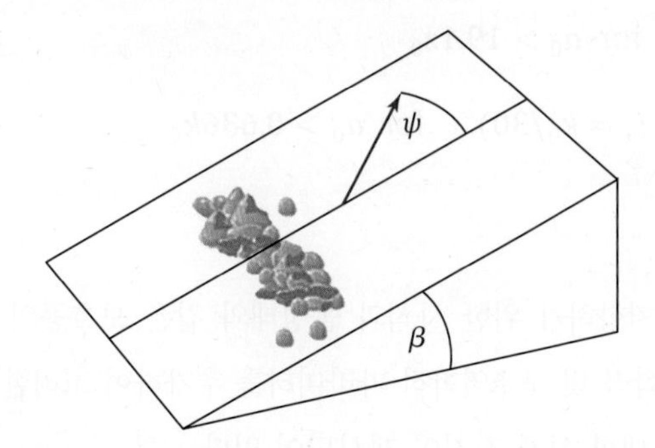

그림 2-50 사면의 각도 및 흐름 방향각의 정의(CIRIA C683 The Rock Manual, CUR, 2014)

수평에 대해 사면 경사각이 β이고, 상류 방향에 대한 흐름의 각도가 ψ, 사석의 내부마찰각이 ϕ인 경우의 경사 감소 계수는 다음 식으로 구해지며, 각도의 정의는 그림 2-50에 표현되어 있다.

$$k_{sl} = \frac{cos\psi sin\beta + \sqrt{cos^2\beta tan^2\phi - sin^2\psi sin^2\beta}}{tan\phi}$$

흐름이 사면에 수직으로 흐를 때($\psi = 180°$) 경사 감소 계수는 다음과 같다.

$$k_{sl} = k_t = \frac{sin(\phi - \beta)}{sin(\phi)}$$

흐름이 측면 사면에 평행하게 흐를 때($\psi = \pm 90°$) 경사 감소 계수는 다음과 같다.

$$k_{sl} = k_d = cos\beta \sqrt{1 - \left(\frac{tan\beta}{tan\phi}\right)^2}$$

유속 분포 계수와 바닥 조도(Bed Roughness) k_s와 수심 h 사이의 관계는 다음과 같이 구할 수 있다.

$$\Lambda_h = \frac{1}{f_c} = \frac{18^2}{2g} log^2\left(\frac{12h}{k_s}\right)$$

사석이 아닌 유사(Sediment)나 자갈(Gravel)의 경우 $k_s = 2D_0$ or $\approx 4D_{50}$이므로 수심 계수 Λ_h는 다음과 같이 된다.

$$\Lambda_h = \frac{18^2}{2g} log^2\left(\frac{3h}{D_{50}}\right)$$

k_t는 난류 증폭 계수(Turbulence Amplification Facotr), $k_t \geq 1$

$$k_t = \frac{1+3r}{1.3} \text{ (}r\text{은 초과 난류 수준)}$$

k_w는 파랑 증폭 계수(Wave Amplification Factor), $k_w \geq 1$ limited to $\tau_w < 2.5\tau_c$

$$k_w = 1 + \frac{1}{2} f_w \frac{C^2}{2g}\left(\frac{u_0}{U}\right)^2$$

$$u_0 = \frac{H}{2} w \frac{1}{\sinh{(kh)}}$$

$$f_w = 1.39\left(\frac{a_0}{z_0}\right)^{-0.52} \quad \text{for } a_0 > 19.1z_0$$

$$f_w = 0.237\left(\frac{a_0}{k_0}\right)^{-0.52} (z_0 = k_0/30) \quad \text{for } a_0 > 0.636k_0$$

나. Pilarczyk 식

Pilarczyk는 조류속의 흐름에 저항하기 위한 사석과 돌망태와 같은 보호공의 설계를 위해 수식 (2-144)의 Isbash/Shields formula에 수리학적 및 구조역학적 파라미터를 추가하여 고려한 식을 제안하였다. 그림 2-51에 Pilarczyk 식의 파라미터에 대한 설계 지침이 제시되어 있다.

$$D = \frac{\phi_{sc}}{\Delta}\frac{0.035}{\psi_{cr}} k_h k_{sl}^{-1} k_t^2 \frac{U^2}{2g} \quad (2\text{–}147)$$

여기서, D는 사석의 공칭직경 D_n

ϕ_{sc}는 안정성 조정 계수(Stability Correction Factor)

Δ는 보호공의 상대 부력 밀도

ψ_{cr}는 보호공의 한계 이동 매개변수(Critical Mobility Parameter)

k_t는 난류 증폭 계수(Turbulence Amplification Factor), $k_t \geq 1$

$k_l = \frac{1+3r}{1.3}$ (r은 초과 난류 수준)

k_h는 속도 분포 계수(velocity profile facotr)

$k_h = 33/\Lambda_h$(Λ_h는 속도 계수)

k_{sl}는 경사 감소 계수, $k_{sl} \leq 1$

U는 수심 평균 유속(m/s)

Characteristic size, D	• armourstone and rip-rap: $D = D_{n50} \cong 0.84 D_{50}$ (m) • box gabions and gabion mattresses: D = thickness of element (m) **NOTE:** The armourstone size is also determined by the need to have at least two layers of armourstone inside the gabion.
Relative buoyant density, Δ	• rip-rap and armourstone: $\Delta = \rho_r/\rho_w - 1$ • box gabions and gabion mattresses: $\Delta = (1 - n_v)(\rho_r/\rho_w - 1)$ where n_v = layer porosity ≅ 0.4 (-), ρ_r = apparent mass density of rock (kg/m³) and ρ_w = mass density of water (kg/m³)
Mobility parameter, ψ_{cr}	• rip-rap and armourstone: $\psi_{cr} = 0.035$ • box gabions and gabion mattresses: $\psi_{cr} = 0.070$ • rock fill in gabions: $\psi_{cr} < 0.100$
Stability factor, ϕ_{sc}	• exposed edges of gabions/stone mattresses: $\phi_{sc} = 1.0$ • exposed edges of rip-rap and armourstone: $\phi_{sc} = 1.5$ • continuous rock protection: $\phi_{sc} = 0.75$ • interlocked blocks and cabled blockmats: $\phi_{sc} = 0.5$
Turbulence factor, k_t	• normal turbulence level: $k_t^2 = 1.0$ • non-uniform flow, increased turbulence in outer bends: $k_t^2 = 1.5$ • non-uniform flow, sharp outer bends: $k_t^2 = 2.0$ • non-uniform flow, special cases: $k_t^2 > 2$ (see Equation 5.226)
Velocity profile factor, k_h	• **fully developed logarithmic velocity profile:** $k_h = 2/\left(\log^2(1+12h/k_s)\right)$ (5.221) where h = water depth (m) and k_s = roughness height (m); k_s = 1 to $3D_n$ for rip-rap and armourstone; for shallow rough flow ($h/D_n < 5$), $k_h \cong 1$ can be applied • **not fully developed velocity profile:** $k_h = \left(1+h/D_n\right)^{-0.2}$ (5.222)
Side slope factor, k_{sl}	The side slope factor is defined as the product of two terms: a side slope term, k_d, and a longitudinal slope term, k_l: $k_{sl} = k_d k_l$ where $k_d = (1 - (\sin^2\alpha/\sin^2\phi))^{0.5}$ and $k_l = \sin(\phi - \beta)/(\sin\phi)$; α is the side slope angle (°), ϕ is the angle of repose of the armourstone (°) and β is the slope angle in the longitudinal direction (°), see also Section 5.2.1.3.

그림 2-51 Pilarczyk 식의 설계 지침(CIRIA C683 The Rock Manual, CUR, 2007)

다. Escarameia and May 식

Escarameia and May는 Isbash 식의 형태로 난류가 충분히 발달한 하천에서 바닥이 급격히 변하거나 흐름 방향이 급하게 변하는 경우에 도류제(River Training Structure), 교각(Bridge Pier), 가물막이(Coffer Dam), 케이슨(Caisson) 및 배수 구조물(Downstream Structure)에 적용 가능한 사석 안정질량식을 제안하였다.

$$D_{n50} = c_T \frac{u_b^2}{2g\Delta} \tag{2-148}$$

여기서, c_t는 난류 계수

u_b는 바닥 근처의 유속, 바닥 위 수심의 1/10 위치에서의 유속

수식 (2-148)의 적용을 위한 지침은 그림 2-52에 제시되어 있으며, 난류강도 계수의 값은 표 2-32에 제시되어 있다.

Median nominal diameter, D_{n50}	• armourstone: $D_{n50} = (M_{50}/\rho_r)^{1/3}$ (m) • gabion mattresses: D_{n50} = stone size within gabion **NOTE:** Equation 5.223 was developed from results of tests on gabion mattresses with a thickness of 300 mm.
Turbulence coefficient, c_T	• armourstone (valid for $r \geq 0.05$): $c_T = 12.3\,r - 0.20$ • gabion mattresses (valid for $r \geq 0.15$): $c_T = 12.3\,r - 1.65$ where r = turbulence intensity defined at 10% of the water depth above the bed (-), $r = u'_{rms}/u$, see also Section 4.3.2.5 and Table 5.55.
Near bed velocity, u_b	If data are not available an estimation can be made based on the depth-averaged velocity, U (m/s), as: u_b = 0.74 to 0.90 U.

그림 2-52 Escarameia and May 식의 설계 지침(CIRIA C683 The Rock Manual, CUR, 2007)

표 2-32 난류강도 계수(CIRIA C683 The Rock Manual, CUR, 2007)

Situation	Turbulence level	
	Qualitative	Turbulence intensity, r
Straight river or channel reaches	Nomal (low)	0.12
Edges of revetments in straight reaches	Normal (high)	0.20
Bridge piers, caissons and spur-dikes; transitions	Medium to high	0.35 – 0.50
Downstream of hydraulic structures	Very high	0.60

라. Maynord 식

Maynord는 미육군 공병단의 설계 방법을 개선하고 쇄석(Rip-Rap)이나 사석 보호공을 위한 안정공식을 제안하였으며, Pilarczyk 식이나 Escarameia and May 식과 다르게 사석의 초기 이동 한계 개념보다는 하부층의 재료가 노출되지 않도록 사석층의 두께를 고려하였다.

$$D_{n50} = \left(f_g\right)^{0.32} S_f C_{st} C_v C_T h \left(\frac{1}{\sqrt{\Delta}} \frac{U}{\sqrt{k_{sl} g h}}\right)^{2.5} \tag{2-149}$$

여기서, f_g는 입도 계수(Gradation Factor) $f_g = D_{85}/D_{15}$

S_f는 안전율(Safety Factor)

C_{st}는 안정성 계수(Stability Coefficient)

C_v는 속도 분포 계수(Velocity Distribution Coefficient)

C_T는 사석층 두께 계수(Blanket Thickness Coefficient)

h는 수심(m)

Δ는 보호공의 상대 부력 밀도

U는 수심 평균 유속(m/s)

k_{sl}는 경사 감소 계수

수식 (2-149)의 적용을 위한 지침은 그림 2-53에 제시되어 있다.

Safety factor, S_f	minimum value: $S_f = 1.1$
Stability coefficient, C_{st}	• angular armourstone: $C_{st} = 0.3$ • rounded armourstone: $C_{st} = 0.375$
Velocity distribution coefficient, C_v	• straight channels, inner bends: $C_v = 1.0$ • outer bends: $C_v = 1.283 - 0.2 \log(r_b/B)$ where r_b = centre radius of bend (m) and B = water surface width just upstream of the bend (m) • downstream of concrete structures or at the end of dikes: $C_v = 1.25$
Blanket thickness coefficient, C_T	• standard design: $C_T = 1.0$ • otherwise: see Maynord (1993)
Side slope factor, k_{sl}	$k_{sl} = -0.67 + 1.49 \cot\alpha - 0.45 \cot^2\alpha + 0.045 \cot^3\alpha$ (5.225) where α = slope angle of the bank to the horizontal (°)

그림 2-53 Maynord 식의 설계 지침(CIRIA C683 The Rock Manual, CUR, 2007)

마. 항주파 유속으로 인한 안정 공식

선박 항행으로 인해 발생하는 조류속에 대한 Rip-Rap Protection의 안정성은 수심 평균 유속 U'(m/s)으로 Isbash 식에 기초한 다음 식으로 검토한다.

$$\frac{U'^2/2g}{\Delta D_{50}} = 2\frac{k_{sl}}{k_t^2} \quad (2\text{-}150)$$

여기서, D_{50}은 사석 보호공의 평균 입경

k_{sl}은 경사 감소 계수

k_t는 난류 증폭 계수(Turbulence Amplification Factor)

U'은 항주파 유속으로 인한 수심 평균 유속(m/s)

수심 평균 유속은 회류 조류속(Return Current) U_r이나 프로펠러 제트의 유속(Propeller Jet) u_p로 대체가 가능하며, 회류 조류속의 경우 난류계수 k_t는 1.4에서 1.6, 완전 재하되지 않은 선박이 계류 시의 프로펠러 제트의 난류계수는 $k_t^2=5.2$ 및 프로펠러 제트의 최대 충격 시는 $k_t^2=6$이 권장된다.

바. 바닥 근처 구조물의 흐름에 의한 안정 공식

바닥 근처에서 조류속만을 받는 구조물의 안정성은 수심 평균 유속 U를 이용하여 검토하며, 상대적으로 낮은 구조물의 상대 높이($d/h<0.33$)에 적용 가능하다.

$$U = q/h_c = \mu\frac{h_b}{h_c}\sqrt{2g(H-h)} \quad (2\text{-}151)$$

여기서, q는 비유량(Specific Discharge, $m^3/s/m$)

h_c는 구조물 천단 위로의 수심
μ는 유량 계수(0.9~1.1)
h는 바닥에 대한 하류 수심, $h = h_b + d$
d는 바닥에 대한 구조물 높이
h_b는 수중 구조물 천단에서의 하류 수심
H는 상류 에너지 수두(m), $H = h_1 + U_{up}^2/2g$
U_{up}는 상류 수심 평균 유속, $U_{up} = q/h_1$

조류속을 받는 바닥 근처 구조물의 사석 보호공(Armourstone)의 안정성은 관련된 수리학적 및 구조역학적 매개변수를 고려하여 수심 평균 유속 U를 이용하여 소요 사석 직경을 다음 식으로 구하도록 규정하고 있다.

$$D_{n50} = 0.7\frac{(r_0 U)^2}{g\Delta\psi_{cr}} \qquad (2\text{–}152)$$

여기서, r_0는 난류 강도($=\sigma/u$), σ는 시간평균 유속 u의 표준 편차
$r_0 = \sqrt{c_s + 1.45\frac{g}{C^2}}$
C는 Chezy 계수
c_s는 구조물 계수
$c_s = c_k\left(1 - \frac{d}{h}\right)^{-2}$
c_k는 구조물과 관련된 난류 계수($c_k = 0.025$, 권장값)

3) 수중부재 및 구조물에 작용하는 흐름의 힘의 차이

항만 및 어항 설계기준(2014), BS 6349, CIRIA/CUR의 수중부재 및 구조물에 작용하는 흐름에 의한 힘의 차이를 비교하였다. 항만 및 어항 설계기준에서는 파일이나 파이프라인에 작용하는 흐름의 힘을 Morison Equation으로 구하도록 정하고 있고, 흐름에 대한 피복재의 안정 공식은 Isbash 공식을 제시하고 있다. BS 6349 및 CIRIA/CUR Manual on the Use of Rock in Hydraulic Engineering에서는 구조물의 직경과 파장의 비에 따라 각각 Morison Equation, 회절 파압 이론 및 Goda 식을 사용하도록 구분하고 있으며, 흐름에 대한 피복재의 안정 공식은 Isbash 식과 Shields 식을 합성한 General Design 식, Pilarczyk 식, Escarameia and May 식, Maynord 식, 항주파 유속으로 인한 안정 공식 및 바닥 근처 구조물의 흐름에 의한 안정 공식을 흐름의 종류 및 난류의 발달 정도, 구조물 및 보호공의 종류에 따라 적용하도록 다양하게 제시하고 있다.

(12) 부체에 작용하는 외력과 동요

1) 항만 및 어항 설계기준(2014)

① 부체의 정의 및 종류

일반적으로 부체란 수중에서 부력을 갖고 일정 범위의 운동을 허용하는 상태의 구조물을 말한다. 부체의

설계에 있어서는 부체에 요구되는 기능에 대한 검토와 안정성에 대한 검토를 모두 행할 필요가 있다. 각각의 검토에 있어서 설계조건의 설정이 일반적으로 다르다는 점에 주의하여야 한다.

계류장치는 일반적으로 계류색, 앵커, 싱커, 중간 중추, 중간 부이, 계류간, 연결 조인트, 방충공 등 몇몇 요소의 조합으로 구성되어, 여러 종류가 있다. 계류장치는 부체의 운동에 크게 영향을 미치며 그 안전을 고려한 적절한 설계가 중요하다.

항만시설로 사용되는 부체는 부체식 계선안, 해상 석유 비축기지, 계류 부이(Buoy), 부체교(浮體橋) 등으로 구분한다. 그리고 초대형 부체식 구조물의 연구개발이 진행되고 있다. 부체의 예를 열거하면 다음과 같다.

- 부체식 계선안
- 해상 석유 비축기지
- 부방파제
- 계류 부이
- 부체교
- 초대형 부체식 구조물

② 부체에 작용하는 외력

항만시설이 부체 구조인 경우 부체에 작용하는 힘 및 부체구조의 동요에 기인하는 힘은 풍항력, 유항력, 파랑 강제력, 파랑 표류력, 조파 저항력, 복원력 및 계류력으로 하는 것을 표준으로 한다. 이러한 외력들은 부체의 계류 방법과 규모 등에 따라 적절한 해석법 또는 수리모형실험에 의해 산정한다.

가. 풍항력

부체의 일부가 해면상에 있는 구조물에서는 바람에 의한 힘이 작용한다. 이 힘을 풍항력(풍압력)이라 하며, 압력항력과 마찰항력이 있다. 부체 규모가 비교적 작을 때에는 압력항력이 지배적인데, 이는 풍속의 2승에 비례하는 힘으로 다음 식으로 나타낸다.

$$F_W = \frac{1}{2}\rho_a C_{DW} A_W U_W^2 \tag{2–153}$$

여기서, F_w는 풍항력(N)
ρ_a는 공기의 밀도(1.23kg/m^3)
C_{DW}는 풍항력 계수
A_W는 바람이 부는 방향에서 본 부체의 해상부 투영면적(m^2)
U_W는 풍속(m/s)

풍항력 계수는 풍압력 계수로도 불리는 비례정수로서 풍동실험 등에 의해 얻을 수 있다. 단, 유사한 형상에 대해 얻어진 기왕의 실험치를 사용해도 좋다.

균일한 흐름 안에서 물체의 풍항력계수에 대하여는 표 2-33과 같은 값이 제안되어 있다. 이 표에서

표 2-33 풍압력 계수(항만 및 어항 설계기준, 해양수산부, 2014)

형상		계수
⇒□	정방향 단면	2.0 [1.2] (0.6)
⇒◇	정방향 단면	1.6 [1.4] (0.7)
⇒▯ (1, 2)	정방향 단면 (변장비 1:2)	2.3 [1.6] (0.6)
⇒▭ (2, 1)	정방향 단면 (변장비 2:1)	1.5 (0.6)
⇒▭	정방향 단면 (한 면이 접지)	1.2
⇒○	원형 단면 (매끄러운 표면)	1.2 (0.7)

[ ] 한 변의 1/4의 직경으로 자른 경우
( ) 한계 Reynolds 수 이상의 값

보듯이 항력계수는 부체의 형상, 풍향 및 Reynolds 수에 따라 변화한다. 또 풍압력은 수면상의 부체 투영도의 도심을 작용점으로 하여 풍속 방향에 작용하는 것으로 생각하지만 부체가 커지면 반드시 그렇게 되지 않는다는 것에 유의할 필요가 있다. 실제로 풍속은 균일하지 않기 때문에 풍압력 계산에서 풍속 U_W는 해면상 10m 지점의 값을 사용한다.

나. 유항력

조류 등 흐름이 있는 경우 부체의 수몰 부분에는 흐름에 의한 힘이 작용한다. 이 힘을 유압력 또는 유항력이라 한다. 풍항력의 경우와 마찬가지로 유속의 2승에 비례하는 힘이다. 단, 일반적으로 유속이 작으므로 유속과 부체 운동속도 간의 상대속도의 2승에 비례하는 힘으로서 식 (2-154)와 같이 나타낸다.

$$F_C = \frac{1}{2}\rho_0 C_{DC} A_C |U_C - U|(U_C - U) \tag{2-154}$$

여기서, F_C는 유항력(N)
ρ_0는 유체의 밀도(해수의 경우 1,030kg/m^3)
C_{DC}는 흐름에 대한 유항력 계수
A_C는 부체 수몰부의 유향의 투영면적(m^2)
U_C는 유속(m/s)
U는 부체의 운동 속도(m/s)

일반적으로 흐름에 대한 항력계수는 부체의 형상이나 유향, Reynolds 수에 따라 변화한다. 또 풍압력과 마찬가지로 흐름에 의한 힘의 방향과 유향과는 반드시 일치하지는 않는다. 부체의 흘수가 깊어지면 일반적으로 흐름에 대한 항력계수가 커진다. 이것을 천수 효과라 부르는데, 수저와 부체 저부 간의 간격이 작아지면 부체 저부를 통해 물이 흐르기 힘들게 되기 때문이다.

다. 파랑 강제력

파랑 강제력은 부체가 수중에 고정되어 있다고 생각할 때, 입사파에 의해 부체에 작용하는 힘이다. 이 힘은 입사파의 파고에 비례하는 선형적인 힘과 파고의 2승에 비례하는 비선형적인 힘으로 구성된다. 선형적인 힘은 부체가 입사파를 변형시켜 그 반작용으로서 입사파로부터 부체가 받는 힘이며, 입사파의 변형을 나타내는 속도 포텐셜은 파의 회절이론에 의해 얻어진다. 한편, 비선형적인 힘은 파의 유한진폭성에 수반되는 힘과 유속의 2승에 비례하는 힘으로 구성된다. 전자에 대하여는 이론적인 해석이 되어 있으나 일반적으로 무시하는 경우가 많다. 후자의 유속의 2승에 비례되는 힘은, 특히 파장에 비해 부체경이 작은 경우에는 커지지만 실험적으로 정할 필요가 있다.

라. 파랑 표류력

부체에 파가 작용하면 운동의 중심 위치가 서서히 파의 진행방향으로 이동한다. 그 원인이 되는 힘을 파랑 표류력이라 하며, 2차원 부체로서 파의 에너지가 분산되지 않는다고 가정하였을 때 다음 식으로 표현된다.

$$F_D = \frac{1}{8}\rho_0 g H_i^2 R \tag{2–155}$$

$$R = K_R^2\left(1 + \frac{4\pi h/L}{\sinh(4\pi h/L)}\right) \tag{2–156}$$

여기서, F_D는 단위폭당 파랑 표류력(N)
ρ_0는 해수의 밀도(kg/m^3)
H_i는 입사파고(m)
R는 표류력 계수
K_R는 반사율

부체의 크기가 파장에 비해 매우 작을 때에는 파랑 표류력은 파랑 강제력에 비해 무시할 수 있으나, 부체가 커지면 지배적인 힘이 된다. 이 힘은 대형 탱커를 대상으로 하는 1점 계류 부이 등 구속력이 약한 계류부체에 불규칙파가 작용할 때 장주기 동요를 일으키는 원인이 되어 특히 문제가 된다.

마. 조파 저항력

조파 저항력은 부체가 정수중을 운동할 때에 부체가 유체에 작용하는 힘의 반작용으로서 유체로부터 부체가 받는 힘이다. 이 힘은 부체를 정수중에서 강제운동시켜 부체에 작용하는 힘을 측정함으로써 얻을 수 있으나, 일반적으로 부체가 성분마다 운동하는 것으로 하여 부체 주변의 유체 운동을 나타내는 속도포텐셜을 얻어 해석하는 방법이 사용된다. 해석적으로 구하는 것은 부체의 운동에 비례하는 힘만으로, 운동의 2승에 비례하는 것과 같은 비선형적인 힘을 얻을 수 없다. 선형적인 힘(부체 운동에 비례하는 힘) 가운데서 부체의 가속도에 비례하는 항이 부가질량 항이 되며 속도에 비례하는 항이 선형감쇠항이 된다.

바. 복원력

정적 복원력은 부체가 정수중을 운동할 때 부체를 원위치에 돌려보내려는 힘이며, 히빙, 롤링 및 피칭의 경우에 생긴다. 이 힘은 일반적으로 운동 진폭에 비례하는 형태로 나타나지만 운동 진폭이 커지면 운동 진폭에 비례하지 않게 된다. 일반적으로 정적 복원력은 진폭에 비례하는 것으로 취급하는 경우가 많다.

사. 계류력

계류력은 부체의 운동을 구속하기 때문에 생기는 힘(拘束力)이며, 그 크기는 계류계의 변위 복원 특성 등에 따라 크게 다르다.

아. 파랑 강제력과 조파 저항력의 속도포텐셜에 의한 해법

파랑 강제력 및 조파 저항력은 유체 운동을 나타내는 속도포텐셜을 얻고, 그 속도포텐셜로부터 계산하는 방법을 채택한다. 그리고 조파 저항력 및 파랑 강제력을 얻기 위한 속도포텐셜의 해석법은 조파 저항력 및 파랑 강제력의 어느 것이나 경계조건이 다를 뿐이고 같은 것이다.

속도포텐셜은 영역분할법, 적분방정식법, 스트립법 또는 유한요소법 등에 의해 얻을 수 있다.

자. 구형단면의 고정부체에 작용하는 파력

부체가 고정되어 있을 때에는 해저와 부체 주변의 경계조건을 만족하는 속도포텐셜로부터 파력을 얻을 수 있다.

차. 초대형 부체식 구조물에 작용하는 힘

초대형 부체식 구조물에서는 부체의 규모가 크다는 것, 유체가 탄성적인 응답 특성을 나타내는 것으로부터 (가~자)에 기술한 외력이 규모가 작은 부체에 대한 것과는 다르므로 그 특성에 대해 충분한 검토가 필요하다.

③ 부체의 동요 및 계류력

부체의 동요 및 계류력은 부체의 형상, 외력 및 계류 시스템의 특성에 따라 적절한 해석법 또는 수리모형실험에 의해 산정하는 것으로 한다.

부체 운동은 바람이나 파랑에 의한 힘과 부체 자신의 복원력 및 계류색이나 방현재의 반력을 외력으로 하는 평형방정식을 풀어 얻을 수 있다. 강체 운동으로 가정하는 경우에 부체 운동은 그림 2-54에 나타낸 바와 같이 서징(Surging), 스웨잉(Swaying), 히빙(Heaving), 피칭(Pitching), 롤링(Rolling) 및 요잉(Yawing)의 6가지 성분으로 구성된다. 이 가운데서 서징, 스웨잉, 요잉의 수평면 내의 운동은 주기 수분 이상의 장주기 변동을 나타낼 수 있다. 장주기의 동요는 계류색의 피박 면적과 계류 시스템의 설계에 크게 영향을 미치므로 바람 및 파랑의 장주기 변동 성분 및 파랑 표류력만을 외력으로 하고 장주기 동요만

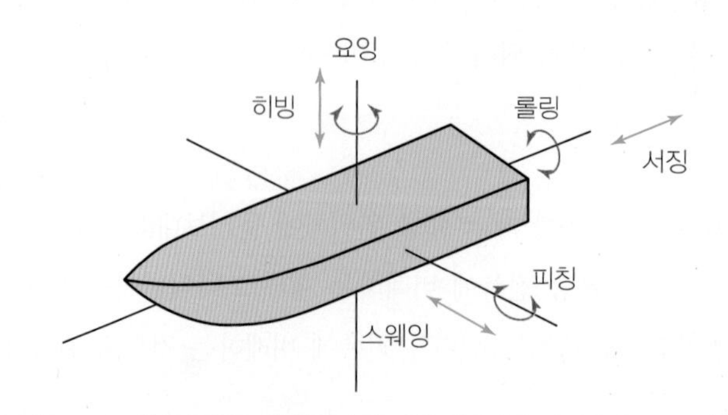

그림 2-54 선체의 운동 성분(항만 및 어항 설계기준, 해양수산부, 2014)

을 별도로 고려하여도 좋다. 부체가 길고 커지면 동요에 수반하여 탄성 변형이 생기므로 필요에 따라 검토한다.

가. 비선형 운동방정식의 정상해법

부체의 운동방정식은 비선형이므로 해를 얻는 것이 쉬운 일이 아니다. 운동의 미소진폭성을 가정하고 비선형 항을 선형근사하여 운동방정식을 선형화하면 비교적 간단히 해가 얻어진다. 예를 들면 3차원 부체의 경우에는 6가지 성분의 운동 진폭과 위상차에 관한 연립 1차방정식으로 된다. 부체 운동을 강체 운동으로 가정한 선형의 경우에 운동은 외력에 비례한다. 특히 바람과 흐름에 의한 힘이 없을 경우에는 운동은 파고에 비례한다.

나. 비선형의 수치모형실험

일반적으로 풍항력이나 유항력은 비선형이며, 구속력도 비선형인 경우가 많다. 이 경우에는 운동방정식을 시간 간격마다 풀어가는 수치실험이 유효하며, 현재 일반적이다. 여기서는 우선 입사파의 스펙트럼으로부터 외력으로 되는 파랑 강제력 및 파랑에 의한 유속, 그리고 바람의 스펙트럼으로부터 변동풍의 시계열 자료를 구한다. 이 시계열 자료에 의한 외력을 부체의 운동방정식에 대입하여 부체의 동요 및 계류력의 시계열 자료를 계산한다. 수치실험은 각종 부체의 동요 해석에 사용되고 있다. 수치실험에 있어서 통상적으로 ① 유체는 완전유체이다, ② 부체의 동요량은 미소하다, ③ 입사파는 선형이며 중첩이 성립한다 등의 조건을 전제로 하고 있다. 이러한 전제의 성립에 문제가 있는 경우에는 수리모형실험을 행할 필요가 있다.

다. 수리모형실험

부체의 운동이나 계류력을 얻는 수단으로서 수리모형실험은 유력한 방법의 하나이다. 부체의 수리모형실험을 행하는 경우에는 부체의 관성 모멘트나 계류 시스템의 특성에 관한 상사법칙에 충분히 유의할 필요가 있다.

2) BS 6349: Maritime Structure(2000)

BS 6349에서는 Pontoon, Floating Dock 및 Floating Breakwater의 설계 방법을 제시하고 있으며, 부유식 구조물의 극한 환경 조건의 재현기간이 50년보다 작아서는 안된다고 규정하고 있다. 계류 시스템은 재현기간 50년보다 작게 설계가 가능하지만 계류 시스템의 설계 한계가 발생하기 전에 안전하게 제거할 수 있는 대책이 있는 경우에 가능하다. 환경 조건은 동시에 일어나는 것으로 가정하며 다음 조건보다 덜 가혹하게 설정되면 안된다.

- 정수면 위로 연간 최대 창조와 Positive And Negative 폭풍해일
- 고려된 재현기간의 1분 평균 풍속
- 고려된 재현기간 동안의 10분 평균 조류속
- 고려된 재현기간에 일치하는 파랑 조건

① 부체에 작용하는 외력

BS 6349에서는 부체에 작용하는 외력을 파랑, 바람, 조류에 의한 세 가지로 구분하고 바람, 조류속 및 파랑의 하중 조합은 모든 방향에 대해 고려하도록 규정하고 있다.

가. 파력

파랑에 의한 부유체의 응답은 파랑의 주기와 파장에 크게 의존하며, 파주기가 구조물 요동의 고유진동수와 일치하거나 파장의 길이가 구조물의 길이와 일치할 때 최대 응답이 발생하게 된다. 파랑에 의해 부유식 구조물에 작용하는 주요 하중은 진동 하중이며, 파랑과 같은 주파수 특성을 가지게 된다. 이런 힘은 주로 선형 1계 힘으로 정의되며, 파랑의 진폭에 비례한다. 진동 하중에 추가해서 구조물에 작용하여 천천히 변하는 표류력(Drift Force)과 압력장에서 파랑과 연관된 비선형 2계 항이 발생한다. 표류력은 파랑의 진폭의 자승에 비례하고, 선형(1계) 힘에 비해 훨씬 작은 주파수를 가지고 그 힘도 훨씬 작다. 평균 표류력은 파랑이 고정 벽이나 해안에 반사될 때 발생하는 Wave Setup과 비슷하다.

대부분의 부유식 구조물은 구조물에 입사하는 파랑의 요동을 일으키기에 충분한 크기이며, 수리모형실험이나 회절 이론에 기초한 수치모델이 파랑 요동의 변형이나 힘 및 구조물의 요동을 재현하기 위해 쓰인다. 파랑 하중의 단순 평가는 다음 2가지의 제한된 경우에 의해 수행된다.

- 파랑으로 인한 요동이 없는 경우
- 파랑의 완전 반사하는 경우

㉮ 1계 힘과 결과 요동(First Order Forces와 Resultant Motion)

연직 요동(Pitch, Roll And Heave)은 계류 시스템이나 구속 시스템으로 억누를 수 없으나, 수평요동(Surge, Sway and Yaw)은 돌핀(Dolphin) 같은 강성 구속 시스템으로 제어가 가능하다. 파고 2m 정도의 큰 파랑 작용은 상당히 큰 1계 힘을 유발하게 되고, 이런 힘은 강성 구속조건보다 구조물의 변위를 허용하는 체인이나 와이어 계류처럼 연성 시스템을 적용하면 반력을 피할 수 있다. 돌핀 같은 강성 구속시스템의 경우 강성은 파랑에 대한 구조물의 응답으로 예측이 가능하므로 강성 구속시스템은 구조물 강성을 지지하기 위한 힘에 충격력을 고려하여 설계되어야 한다. 차폐된 지역의 힘과 요동은 단순 추정기법으로 파악이 가능하지만 노출된 해역에서는 수리모형실험이나 수치모형실험이 필요하다.

구조물이 매우 작거나 가는 경우에는 파랑 형태의 영향은 거의 없으므로 Morison Equation을 이용하여 구해도 되지만, 구조물이 파랑에 충돌하여 반사가 될 정도로 크면 정상파(Standing Wave)의 개념을 이용하여 정수면에 대한 구조물의 높이 y에 대해 최대 압력은 다음 식으로 구한다.

$$P_y = \rho g y + \rho g H_{inc} \frac{\cosh\,(2\pi(y+d)/L)}{\cosh\,(2\pi d/L)} \tag{2-157}$$

여기서, ρ는 물의 밀도(t/m^3)
g는 중력가속도($9.81 m/s^2$)
y는 정수면에 대한 높이(m)

H_{inc}는 입사 파고(m)
d는 정수면에서의 수심(m)
L는 파장(m)

구조물이 바닥까지 연장된 경우 구조물의 단위길이당 최대 파력은 다음 식으로 구한다.

$$F_{max} = \rho g H_{inc} L \frac{\tanh(2\pi d/L)}{2\pi} \tag{2–158}$$

심해와 천해에서 위 식은 다음과 같이 줄어든다.

$$\text{심해 : } F_{max} = \rho g H_{inc} L/2\pi \tag{2–159}$$

$$\text{천해 : } F_{max} = \rho g H_{inc} d \tag{2–160}$$

규칙파에 대한 부유식 구조물의 응답은 정의된 파의 주파수나 주기에 대해서 Response Amplitude Operators(RAOs)로 표현된다.

$$RAO = \frac{amplitude\ of\ motion\ of\ vessel\ or\ structure}{amplitude\ of\ wave\ motion} \tag{2–161}$$

㉯ 평균 표류력(Mean Drift Force)
불규칙 해(Irregular Sea)에서의 평균 표류력은 다음 식으로 구할 수 있다.

$$F_{WD} = 2gL\rho \int_0^\infty S_\eta(f) R^2(f) df \tag{2–162}$$

여기서, ρ는 물의 밀도(t/m^3)
g는 중력가속도(9.81m/s^2)
L는 파장(m)
$S_\eta(f)$는 수면 변위의 주파수 f에 대한 1차원 스펙트럼 밀도 함수
$R^2(f)$는 파 주파수 f에 대한 표류력 계수

규칙 해(Regular Sea)에서의 평균 표류력은 다음 식으로 구할 수 있다.

$$F_{WD} = \rho g L R^2(f)(H/2)^2 \tag{2–163}$$

여기서, H는 규칙파의 파고(m)

모든 파가 완전 반사하는 경우에 $R^2(f)$는 최댓값인 0.5가 되고, 불규칙와 규칙 해에서의 평균 표류력은 다음 식으로 구할 수 있다.

$$\text{irregular sea : } F_{WD} = \frac{\rho g L H_s^2}{16} \tag{2–164}$$

$$\text{regular sea : } F_{WD} = \frac{\rho g L H^2}{8} \quad (2\text{–}165)$$

㉰ 수리모형실험(Physical Model Test)

수리모형실험은 주로 Froude 상사를 사용하며, 좁은 2차원 조파수조(Narrow Wave Tank)나 넓은 3차원 조파수조(Wider Wave Basin)에서 수행된다. 2차원 단면 수조에서는 구조물이나 계류시설의 비교적 정확한 모델링이 가능하지만, 수조가 2차원이므로 파랑의 특성은 단순화하여 수행되고 종종 수치모형의 검증용으로 수행되기도 한다. 3차원 수조에서는 지형에 의한 파랑의 변형 등이 재현 가능하지만 이로 인한 구조물이나 계류시설의 모델링이 축척에 의한 문제가 발생하지 않도록 하여야 한다.

실험의 정확도는 얼마나 상사 법칙을 만족시키고 선박이나 구조물의 속성을 잘 모델링하는가 및 조파 방법과 파랑, 선박의 요동 및 계류력을 어떻게 측정되는가에 달려 있다. 모형실험의 결과를 적용하는 경우에는 실제 'Scale Up'된 더 가혹한 해상 상태의 경우와 어떻게 다를지에 대한 특별한 주의가 필요하며, 모형실험의 결과에 의해 설계 하중 계수나 안전율을 줄여서는 안된다.

㉱ 수치모형(Computational Models)

수치모형은 입사파(Incident Wave), 선박 및 구조물에 의한 파랑의 회절, 요동에 의한 파랑의 방사(Radiation of Waves) 등을 고려하기 위해 3차원 원천항 기법(3-Dimensional Source Technique)을 이용하며, 기본적인 이론은 회절 이론(Diffraction Theory)으로 알려져 있다. 선박이나 구조물을 모델링하기 위해서는 수많은 작은 요소로 분할하여야 하고, 파랑은 규칙파나 불규칙파로 조파된다. 불규칙파는 천천히 변하는 표류력을 계산하기 위해 모델링된다. 수치모형은 매우 복잡하고 결과의 검증의 운용을 위해 경험 많은 전문가가 수행하여야 하며, 가능하다면 수리모형실험 결과와 비교하여 결과를 검토하여야 한다. 계류 안정성에 계수를 평가할 때는 가장 가혹한 하중 조건들을 고려하도록 특별한 주의가 필요하다.

나. 풍하중(Wind Loading)

기본적인 풍속은 평균적으로 50년에 한 번 일어나는 3초 돌풍속(3s gust speed)으로 정의되며, 기본 풍속을 계산하기 위해 국지적 자료가 이용되는 경우에는 다른 기간과 해수면 위로의 높이를 고려하여 기본 풍속으로 변환하여야 한다. 해수면 위 10m 높이에서와 지면에서의 풍속 변환을 위한 지침은 다음과 같다.

- 심해에서 측정한 데이터의 경우
  3 s gust speed = 1.30 × 10 min mean speed
  3 s gust speed = 1.37 × Hourly mean speed
- 해안이나 육상에서 측정한 데이터의 경우
  3s gust speed = 1.50 × hourly mean speed

㉮ 설계 풍속(Design Wind Speeds)

설계 풍속은 구조물의 종류와 해수면 위의 높이 및 재현기간을 고려하여 계산되어야 한다. 구조물의 종류와 해수면 위의 높이의 영향은 표 2-34에 나타난 것처럼 3초 기본 풍속에 계수를 곱해서 고려하게 된다.

표 2-34 Open Sea에 적용되는 풍속 계수(BS6349 Maritime Structure, BSI, 2000)

Height	Category[a]			
	A	B	C	D
	3 s gust speeds	5 s gust speeds	15 s mean speeds	1 min mean speeds
	Individual members, etc.	Small structures	Large structures	For use with maximum wave
m				
5	0.95	0.93	0.88	0.78
10	1.00	0.98	0.93	0.85
20	1.05	1.03	0.99	0.93
30	1.09	1.07	1.02	0.97
40	1.11	1.09	1.05	1.00
50	1.13	1.11	1.08	1.03
60	1.14	1.13	1.09	1.05
80	1.17	1.16	1.12	1.09
100	1.19	1.18	1.14	1.12
120	1.21	1.20	1.16	1.15
150	1.23	1.22	1.19	1.17

[a] The four categories are as follows:

a) Category A refers to individual members, and equipment secured to them on open decks for which the 3 s gust speed applies with a factor for increase of speed with height according to a power–law equation having an exponent of 0.075.

b) Category B refers to parts or the whole of the superstructure above the lowest still water level whose greatest dimension horizontally or vertically, does not exceed 50 m, for which a 5 s gust applies using a power–law exponent of 0.08.

c) Category C refers to parts or the whole of the superstructure above the lowest still water level whose greatest dimension, horizontally or vertically exceeds 50 m, for which a 15 s mean speed applies using a power–law exponent of 0.09.

d) Category D refers to the exposed superstructure, regardless of dimension, to be used when determining the wind forces associated with maximum wave or current force which predominates, for which a 1 min mean speed applies using a power–law exponent of 0.12.

Category A, B와 C는 개별 부재와 하부구조물 설계에 적용되며, Category D는 1분 평균 풍속을 이용하여 선박이나 부유식 구조물의 전체 하중을 유도할 때 쓰인다. 개방된 지역의 육상 10m 높이의 1분 평균 풍속(1min mean speed)과 3초 돌풍속(3s gust speed)과의 관계는 다음과 같다.

$$\text{1min mean speed} = 0.82 \times \text{3s gust speed}$$

i는 선박의 종류에 따라 임의의 방향에서 종방향, 횡방향 및 회전력에 대해 BS 6349 Part 1 42.2절의 Fugure 26~29에 제시되어 있다. 박스형 구조물의 풍속 계수는 표 2-35에 제시되어 있으며, 바람이 구조물에 수직하게 작용할 때 적용된다.

㉯ 단순 풍하중 평가법(Simplified Method of Evaluating Wind Loading)

풍하중을 상세하게 평가하는 것이 항상 정당한 것은 아니며, 다음의 경우에는 단순 풍하중 평가법으로도 충분하다.

- 임시 계류시설(Temporary Moorings)
- 계류된 선박, 계류 문제 시 대책이 있는 경우

표 2-35 사각형 구조물에 적용되는 풍속 계수(BS6349 Maritime Structure, BSI, 2000)

Plan shape	l / w (see note)	b / d (see note)	Height/breadth ratio						
			Up to ½	1	2	4	6	10	20
			Wind force coefficient C_f						
	≥ 4	≥ 4	1.2	1.3	1.4	1.5	1.6	—	—
		≤ ¼	0.7	0.7	0.75	0.75	0.75	—	—
	3	3	1.1	1.2	1.25	1.35	1.4	—	—
		1/3	0.7	0.75	0.75	0.75	0.8		
	2	2	1.0	1.05	1.1	1.15	1.2	—	—
		½	0.75	0.75	0.8	0.85	0.9	—	—
	1½	1½	0.95	1.0	1.05	1.1	1.15	—	—
		2/3	0.8	0.85	0.9	0.95	1.0	—	—
	1	1	0.9	0.95	1.0	1.05	1.1	1.2	1.4

NOTE
b is the dimension normal to the wind;
d is the dimension measured in the direction of the wind;
l is the greater horizontal dimension;
w is the lesser horizontal dimension.

- 아주 큰 안전율이 적용된 계류시설
- 제한된 풍속 자료가 있는 지역
- 기본 설계(Feasibility Study)

풍하중을 평가하는 단순 방법은 다음 가정이 필요하다.

- 해역은 개방 해역

– 선박이나 구조물의 높이는 작을 것(<20m)
– 구조물은 주로 고체일 것

설계 풍속 V_W는 1분 평균 풍속을 취하고, 기본 풍속(3s gust) V와의 관계는 다음과 같다.

$$V_W = 0.85V \tag{2-166}$$

풍압 $q(kN/m^2)$는 다음 식으로 구할 수 있다.

$$q = 0.613 \times 10^{-3} \times V_W^2 \tag{2-167}$$

구조물에 작용하는 풍력(Wind Force)은 다음과 같다

$$F_x = qA_x(C_x cos\alpha) \tag{2-168}$$

$$F_y = qA_y(C_y cos\alpha) \tag{2-169}$$

$$F_{RW} = \sqrt{(F_x^2 + F_y^2)} \tag{2-170}$$

여기서, x, y는 구조물의 주축
F_x는 x축을 따라 작용하는 풍력(kN)
F_y는 y축을 따라 작용하는 풍력(kN)
q는 풍압(kN/m^2)
A_x는 x축에 수직한 유효 바람 면적(m^2)
A_y는 y축에 수직한 유효 바람 면적(m^2)
C_x는 x축에 관한 풍력계수
C_y는 y축에 관한 풍력계수
α는 x축에 대한 바람의 방향
F_{RW}는 풍력의 합력(kN)

단순 풍하중 평가법은 선박에 작용하는 풍하중의 경우 BS 6349 Part 1 42.2절에서 제시된 방법과 매우 잘 일치하며, 바지나 폰툰의 선체에 적용되는 풍력계수는 1.0, 즉 $C_x = C_y = 1.0$이다.

다. 조류속 하중(Current Loading)

설계 유속은 재현기간 동안 발생 가능한 조위, 해일과 취송류(Wind-Induced Current)의 가장 불리한 조합을 고려하여 정해야 하며, 최대 조류속의 추정은 가용한 조위 및 조류속 데이터의 정확성과 세부 사항을 반영하여야 한다. 취송류는 12시간 동안의 바람에 기초해서 계산하여야 하며, 수표면의 조류속은 대개 풍속의 2~3% 정도이다. 취송류는 수심에 따라 선형으로 감쇄되는 것으로 가정한다. 설계 조류속으로는 10분 평균 조류속이 권장된다.

㉮ 항력계수(Drag Force Coefficients)

부유체에 작용하는 힘의 속성은 매우 복잡하고 완벽히 이해하기가 힘들다. 이론적으로 부유체에 작용하는

힘은 유속, 흐름에 수직한 면적, 전체 윤면적(Total Wetted Area), 조도, 상세 형상, 해저와의 근접성 및 다른 경계조건 등의 요소들에 의존한다. 실제로는 선박에 작용하는 종방향 힘처럼 흐름에 수직한 면적은 흐름과 평행한 길이 방향에 비해 매우 작기 때문에 부유체에 작용하는 힘은 유속과 윤면적에 관계된 계수로 표현된다. 흐름에 수직한 폭이 길이와 비슷한 부체의 경우 지배적인 요소는 길이가 아니라 폭으로 가정된다. 원통형 부재나 파일 같은 구조 부재에 작용하는 힘은 다음 식으로 구할 수 있다.

$$F_D = 1/2(C_D \rho V^2 A_n) \tag{2-171}$$

여기서, F_D는 정상 항력(kN)
C_D는 항력계수
ρ는 물의 질량 밀도(t/m^3)
V는 입사 조류속(m/s)
A_n는 흐름에 수직한 면적(m^2)

바지나 폰툰 같은 부유식 구조물에 대한 힘과 계수에 대한 자료는 거의 없으며, 바지의 예인 실험(Towing Test)으로 구한 항력계수 결과가 그림 2-55에서 그림 2-58에 제시되어 있으며, Wall-sided boxes의 형상에 따른 항력계수가 표 2-36에 제시되어 있다.

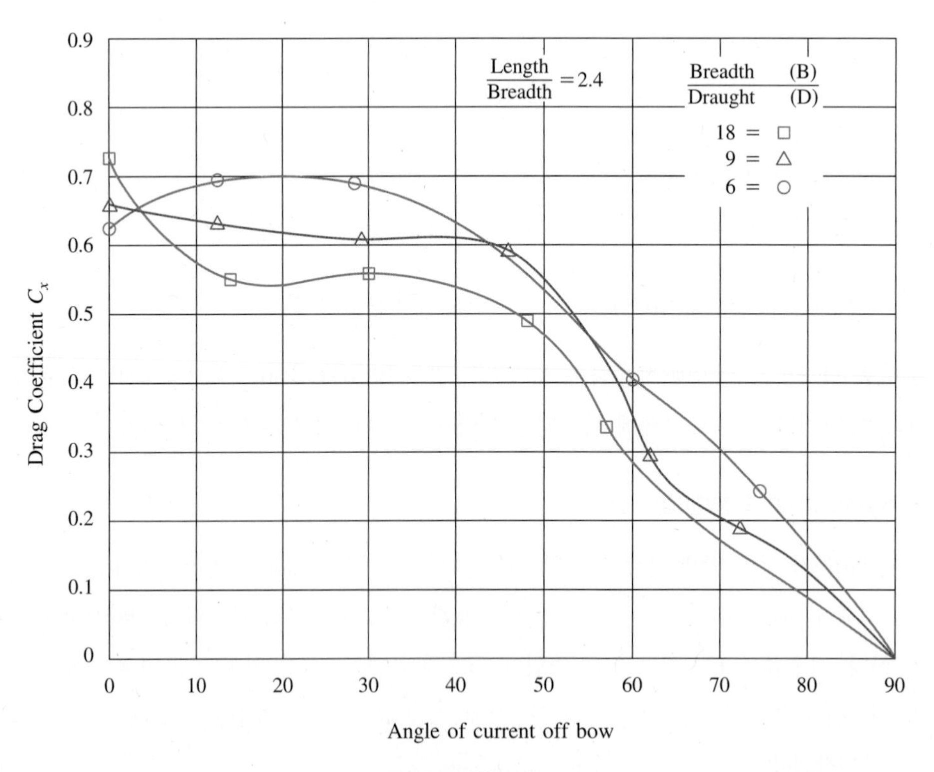

그림 2-55 사각형 폰툰의 종방향 항력계수(BS6349 Maritime Structure, BSI, 2000)

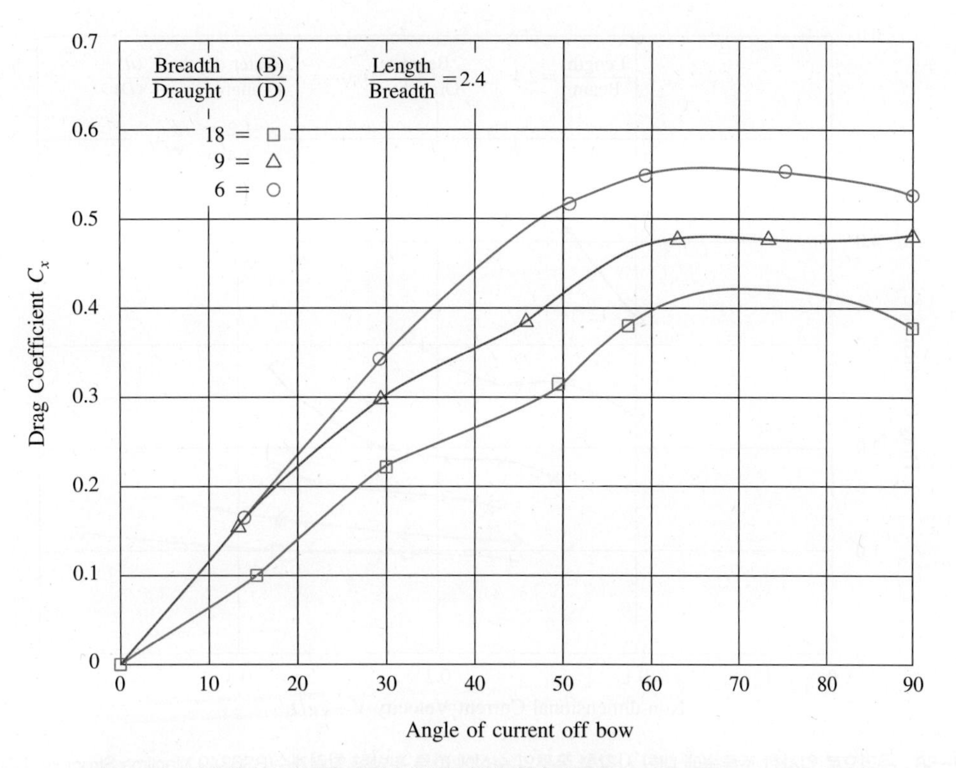

그림 2-56 심해에서의 사각형 폰툰의 횡방향 항력계수(BS6349 Maritime Structure, BSI, 2000)

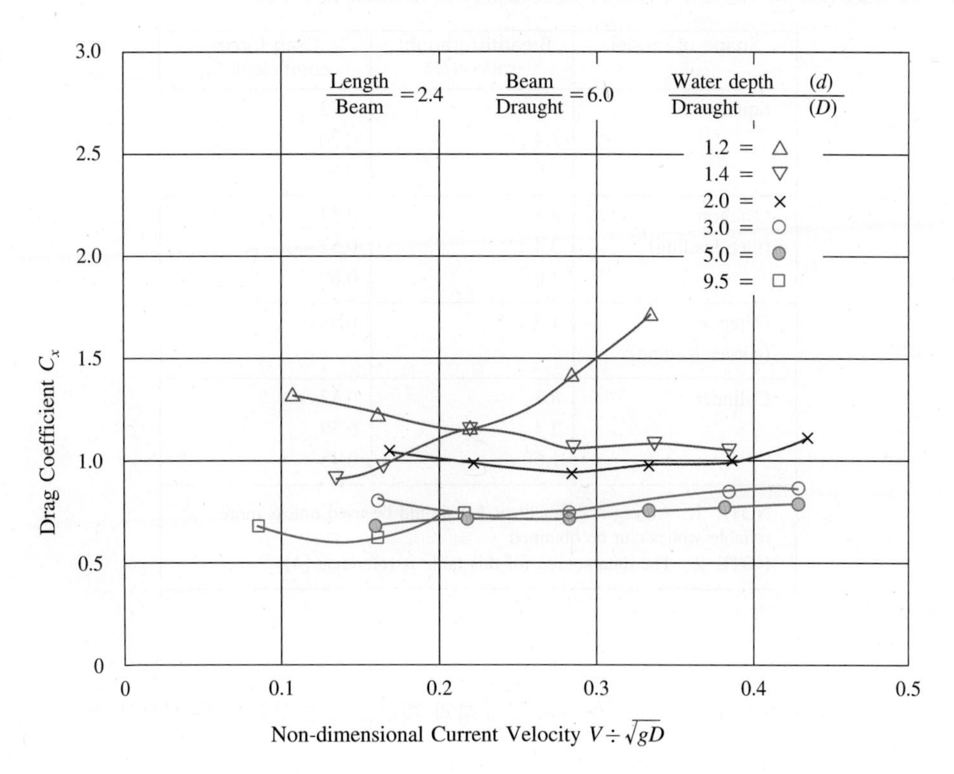

그림 2-57 정면으로 입사한 조류속에 대한 사각형 폰툰의 수심에 따른 종방향 항력계수(BS6349 Maritime Structure, BSI, 2000)

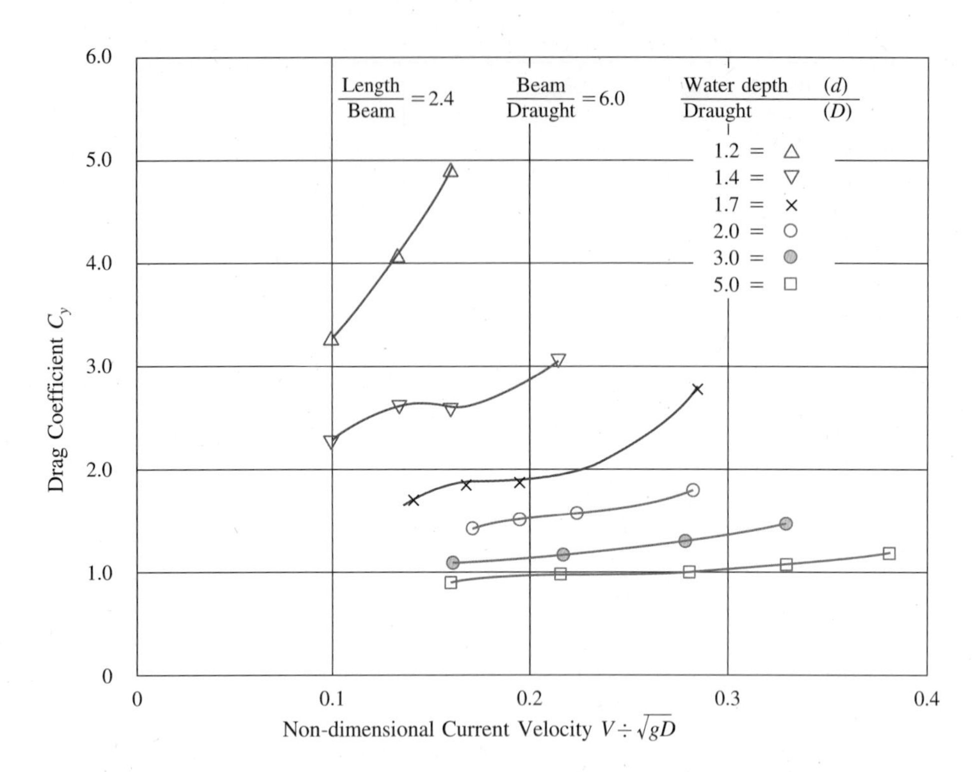

그림 2-58 측면으로 입사한 조류속에 대한 사각형 폰툰의 수심에 따른 횡방향 항력계수(BS6349 Maritime Structure, BSI, 2000)

표 2-36 Wall-sided boxes에 대한 조류속 항력계수(BS6349 Maritime Structure, BSI, 2000)

Shape of model	Breadth/draught ratio B/D	Drag force coefficient C_D
Square	8.1 3.4 1.6	0.72 0.70 0.86
Octagon (face leading)	8.1 3.4 1.6	0.57 0.52 0.60
Octagon (corner leading)	1.8	0.58
Cylinder	8.1 3.4 1.6	0.47 0.39 0.45
NOTE 1. A drag coefficient of 1.0 should be used unless more reliable values can be obtained. NOTE 2. The data source for this table is reference [4].		

그림 2-55~2-58에 주어진 계수를 적용하여 종방향과 횡방향 조류력을 다음 식으로 계산할 수 있다.

$$F_x = 1/2(C_x \rho V^2 A_x) \tag{2-172}$$

$$F_y = 1/2(C_y \rho V^2 A_y) \tag{2-173}$$

여기서, F_x는 종방향(x축)을 따라 작용하는 조류력(kN)
F_y는 횡방향(y축)을 따라 작용하는 조류력(kN)
C_x는 종방향(x축) 조류 항력계수
C_y는 횡방향(y축) 조류 항력계수
ρ는 물의 질량 밀도(t/m^3)
A_x는 종방향(x축)에 수직한 유효 흐름 면적(m^2)
A_y는 횡방향(y축)에 수직한 유효 흐름 면적(m^2)
V는 입사 조류속(m/s)

㉯ 모형실험과 이론식을 이용한 평가

모형실험과 이론식을 이용하여 흐름에 의한 힘을 평가할 경우에는 힘이나 부체의 저항에 기여하는 다양한 요소들을 정의하고 축소시키기 어렵기 때문에 상당한 주의를 요한다. 항력계수 C_d는 대개 전체 항력계수를 나타내지만 이론적으로는 압력 항력, 표면 마찰 항력 및 조파 저항 등으로 구성된다. 전체 항력계수는 모형실험의 수심이나 폭 제한 때문에 정확한 값이 아니므로 부유체 근처에 바닥이 존재하는 경우에는 계수값을 조정하여 사용하여야 한다.

라. 부유식 구조물의 설계

BS 6349에서 부유식 구조물의 설계는 한계상태 설계법(Limit State Design)을 근간으로 부유식 구조물에 작용하는 하중과 하중 조건을 규정하고 있다. 하중 조건은 평상시 하중 조건(Normal Loading Condition), 극한 하중 조건(Extreme Loading Condition), 시공 중 임시 하중(Temporary Loading During Condition) 및 이송 중 발생하는 하중(Loading during Transportation)으로 구분하여 극한 한계상태(Ultimate Limit State)와 사용 한계상태(Serviceability Limit State)로 구분하여 하중 계수를 달리 적용하도록 규정하고 있다.

㉮ 하중(Loads)

부유식 구조물의 설계를 위한 하중의 종류는 사하중(Dead Load), 상재 하중(Super-Imposed Load), 부가 하중(Imposed Load), 선박으로부터 발생하는 접안 및 계류 하중(Berthing and Mooring Load), 환경 하중(Environmental Load) 및 정수압 하중(Hydrostatic Load) 등이 있다.

- 사하중(Dead Load): 사하중은 구조물 요소들의 유효 질량(Effective Mass)을 말하며, 설계 시에 요소의 공기 중 질량과 정수압에 의한 양압력(부력)을 고려해야 한다.
- 상재 하중(Super-Imposed Load): 상재 하중은 구조물 요소가 아니면서 구조물에 부가되는 하중을 형성하는 모든 항목의 질량을 말하며, 계류 윈치(Mooring Winch)나 화물 처리를 위한 고정 장비(Fixed Equipment for Cargo Handling) 등이 해당된다. 해석 시에 상재하중은 제거된 상태도 고려할 필요가 있는데 이것은 전체 안정성을 감소시키거나 구조물의 다른 부분의 제거 효과를 경감시킬 수 있기 때문이다.
- 부가 하중(Imposed Load): 부가 하중을 평가 할 때 충격력에 대한 고려가 필요하며, 구조물 주변의 선박의 접안으로 인한 하중은 접안 하중으로 고려되어야 한다. Anchor Leg Mooring으로부터 발생

하는 하중은 사용된 와이어(Wire)나 체인(Chain)의 최소 파단 하중과 같도록 한다. 파단 하중에는 하중 계수 1.2가 적용된다.

- 선박의 접안 및 계류로 인한 하중(Berthing and Mooring Loads from Vessels): 부유식 구조물 주변에 계류된 선박으로 인한 접안 및 계류 하중은 고정식 구조물에 작용하는 접안 및 계류 하중 산정식을 이용하여 구한다. 비정상 접안(Abnormal Berthing)의 경우도 고려하여야 하며, 비정상 접안은 선박의 엔진 고장, 계류나 예인 로프의 파단, 바람이나 조류속의 갑작스런 변화 및 인간의 조종 실수 등이 해당된다. 또한 계류된 선박과 부유식 구조물의 상대적인 요동도 고려되어야 한다.
- 환경 하중(Environmental Loads): 바람, 파랑, 조류속의 하중을 고려하여야 한다.
- 정수압 하중(Hydrostatic Loads): 부력의 효과를 고려할 때에는 부력과 자중을 구분하여 적용하는 것이 바람직하다.

㉯ 하중 조건(Load Conditions)

부유식 구조물의 설계를 위한 하중 조건은 두 가지나 그 이상의 큰 하중이 동시에 작용할 수 있으므로 동시에 고려되어야 하고, 평상시 하중 조건(Normal Loading Condition), 극한 하중 조건(Extreme Loading Condition), 시공 중 임시 하중(Temporary Loading during Condition) 및 이송 중 발생하는 하중(Loading During Transportation)으로 구분하여 적용하고 있다.

- 평상시 하중 조건(Normal Loading Conditions): 구조물의 설계 수명 동안 일어날 수 있는 평상시 운용 조건에 관계된 하중 조합이다.
- 극한 하중 조건(Extreme Loading Conditions): 구조물의 설계 수명 동안 일어날 수 있는 가장 가혹한 하중에 관계된 하중 조합이며, 접안시의 조종 불능으로 인한 사고 하중 등은 제외된다.
- 시공 중 임시 하중(Temporary Loading during Condition): 시공 단계별로 발생할 수 있는 하중들을 고려해야 한다.
- 이송 중 발생하는 하중(Loading during Transportation): 이송 중 발생하는 하중은 환경 조건 및 이송 기간을 고려하여 산정하여야 하며, 관련 대피 대책 등도 고려해야 한다.

㉰ 하중 계수(Load Factors)

한계상태 설계법에서 쓰이는 부분 하중 계수 γ_{fl}은 표 2-37에 제시되어 있다.

㉱ 안정성(Stability)

부유식 구조물의 안정성을 결정하는 요소는 경심(Metacentric Height)과 구조물 선단에서 측정한 각도로 표시되는 안정 범위(Range of Stability)이며, 구조물의 종류에 따른 경심과 안정 범위가 표 2-38에 제시되어 있다.

표 2-37 부유식 구조물에 관한 부분 하중 계수 γ_{fl}(BS6349 Maritime Structure, BSI, 2000)

Load	Limit state	Load case[a]		
		1	2	3
Dead: steel	ULS[b] SLS[c]	1.05 1.0	1.05 1.0	1.05
Dead: concrete	ULS SLS	1.15 1.0	1.15 1.0	1.15
Dead: superimposed	ULS SLS	1.2 1.0	1.2 1.0	1.2
Imposed	ULS SLS	1.4 1.1	1.2[d] 1.0	1.2
Berthing or mooring loads from vessels	ULS SLS	1.4 1.1	1.2[d] 1.0	—
Environmental	ULS SLS	1.4 1.0	1.2 1.0	1.2
Hydrostatic	ULS SLS	1.1 1.0	1.0 1.0	1.0

[a] Load case 1 is normal loading (see 4.2.2.2);
load case 2 is extreme loading (see 4.2.2.3);
load case 3 is temporary loading during construction and transportation (see 4.2.2.4 and 4.2.2.5).
[b] ULS is the ultimate limit state.
[c] SLS is the serviceability limit state.
[d] Loads from anchor leg moorings should be taken as the minimum breaking load of a wire or chain times 1.2 (see 4.2.1.3).

표 2-38 경심과 안정 범위의 대표적인 값(BS6349 Maritime Structure, BSI, 2000)

Vessel or structure	Metacentric height (GM, m)	Range of stability (°)
Ship	0.15 to 3.0	45 to 75
Dry dock	Minimum 1.0	30 to 50
Pontoon	1.0 to 15.0	25 to 50

3) 부체에 작용하는 외력과 동요의 차이

항만 및 어항 설계기준(2014), BS 6349의 부체에 작용하는 외력과 동요의 차이를 비교하였다. 항만 및 어항 설계기준에서는 풍항력, 유항력, 파랑 표류력 등을 제시하고 있으나 폰툰이나 바지 같은 부유식 구조물의 계수들에 대해서는 자세하게 제시되어 있지 않다. BS 6349에서는 각 하중 산정식과 구조물에 따른 계수 및 안정 기준을 제시하고 있으며, 기본적으로 한계상태 설계법을 사용하므로 부유식 구조물의 설계를 위해 하중 조건 및 하중 조합에 대해 자세히 규정되어 있다. 부유식 구조물의 요동은 두 기준 모두 수치해석 및 수리모형실험의 병행을 권장하고 있다.

(13) 경사제 상부공에 작용하는 파력

1) 항만 및 어항 설계기준(2014)

항만 및 어항 설계기준은 경사제 상부공에 작용하는 파력을 구체적으로 제시하고 있지 않으나, 경사제 또는 경사구조물의 전체에 작용하는 파력의 산정에는 작용면의 경사, 구조 양식, 소파 정도, 반사율 등에 따라 다르므로 수리모형실험으로 검토하거나 다음 식 (2-177)과 (2-178) 등을 이용하여 경사면에 작용하는 수평 및 수직 파력을 산정할 수 있다. 그러나 이 식은 경사면에 작용하는 파력의 수평 분력이지 콘크리트 상치공에 작용하는 수평 파력과는 다르므로 수치 적분의 범위를 상치공 높이에 한정한다고 해도 경사제 상부공 설계에 적용하기에는 무리가 있다.

$$\eta_{\max} = \frac{1}{2}(1 + K_R)H_{max} \tag{2-174}$$

$$\eta(x) = \frac{1}{2}H_{max}\sqrt{1 + 2K_R \cos 2k(x - x_1) + K_R^2} \tag{2-175}$$

$$p(x, z) = \begin{cases} \rho g(\eta(x) - z) & : 0 \leq z \leq n_{max} \\ \rho g \eta(x) \dfrac{\cosh k(h+z)}{\cosh kh} & : -h \leq z < 0 \end{cases} \tag{2-176}$$

$$P_H = \sin\theta \int_{-h}^{\eta_{max}} p(x, z)ds \tag{2-177}$$

$$P_V = \cos\theta \int_{-h}^{\eta_{max}} p(x, z)ds \tag{2-178}$$

여기서, n_{max}는 최고수위(m)

K_R는 횡방향(y축)을 따라 작용하는 조류력(kN)

H_{max}는 설계파고($\fallingdotseq 1.8H_{1/3}$)

θ는 사면이 수평면과 이루는 각(°)

K는 파수($\fallingdotseq 2\pi/L$)

β는 입사각(°)

L는 파장(m)

ρ는 해수의 밀도($\fallingdotseq 1.03 \mathrm{kg \cdot sec^2/m^4}$)

g는 중력가속도($\fallingdotseq 9.8 \mathrm{m/s^2}$)

z는 파력을 생각하는 깊이(m)

h는 경사제 전면수심(m)

η는 파압강도($\mathrm{tf/m^2}$)

P_H는 파력의 수평분력(tf/m)

P_V는 파력의 연직분력(tf/m)

단, ds는 사면에 따른 미소 깊이이고, 연직 좌표와의 관계는 $dz = ds \sin\theta$이다.

파력의 실제 계산은 수식 (2-176)의 파압강도를 수식 (2-177) 및 (2-178)에 대입하여 수치 적분을 한다.

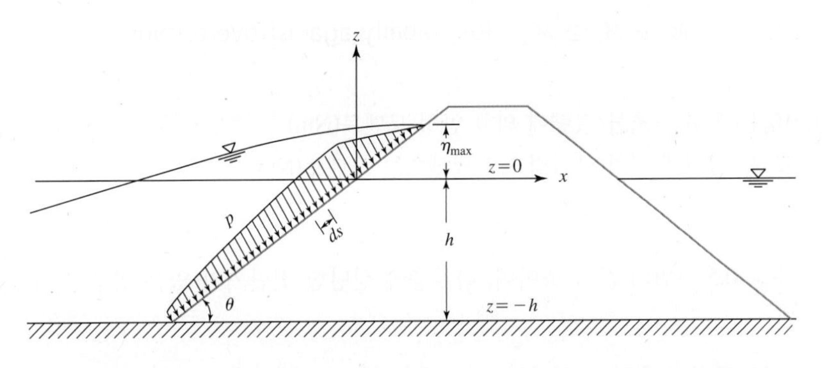

그림 2-59 경사제의 설계 파력분포(항만 및 어항 설계기준, 해양수산부, 2014)

2) BS 6349: Maritime Structure(2000)

BS 6349에서는 경사제 상부공 설계 시 수리모형실험 결과가 없고 파가 천단 구조물에서 쇄파되지 않을 때, 파압은 정수면 위쪽의 천단고와 유의파고 사이의 차이에 비례한다고 가정한다. 파압은 연직벽 전체 높이에 대해 일정하다고 가정되며, 다음 경험식으로 구한다.

$$P_W = KW_W L\left(\frac{H_s}{H_c} - 0.5\right) \tag{2-179}$$

여기서, P_W는 파압(kN/m^2)
H_s는 구조물 위치에서의 유의파고(m)
H_c는 사석 경사제의 천단고(m)
W_W는 물의 단위중량(담수 9,810N/m^3, 해수 10,500N/m^3)
K는 무차원 계수(0.025~0.19 사석부터 테트라 포드까지)

3) CIRIA: Manual on the Use of Rock in Hydraulic Engineering

Manual on the Use of Rock in Hydraulic Engineering(CIRIA C683, 2007)에서는 상부공에 작용하는 파력은 입사파 조건과 상부공 전면의 사석 피복층 및 천단 구조물 자체의 상세 제원에 크게 의존한다. 주하중은 콘크리트 상부공의 전면벽에 작용하며, 두 번째 효과는 상부공 하부를 지나가는 양압력이다. 이 힘들은 콘크리트 상부공의 자중과 상부공과 하부 사석층의 마찰력에 의해 저항을 받게 된다. 상부공의 파괴 모드는 상부공의 강도에 의해 좌우되는 구조물의 파단(Breakage)과 하부 사석층과의 상호 작용에 의해 발생하는 구조물의 활동(Sliding) 및 전도(Overturning)이다. 상부공의 활동과 전도에 대한 안정성은 수식 (2-180)과 수식 (2-181)로 검토된다.

$$f(F_G - F_U) \ge F_H \quad \text{for stability against sliding} \tag{2-180}$$

여기서, F_G는 부력을 뺀 구조물의 자중(N)
F_U는 파랑에 의한 양압력(N)
F_H는 파랑에 의한 수평력(N)
f는 마찰 계수

$$M_G - M_U \geq M_H \quad \text{for stability against overturning} \tag{2-181}$$

여기서, M_G는 천단 구조물 질량에 의한 안정 모멘트(Nm)
M_U는 파랑에 의한 양압력으로 발생하는 모멘트(Nm)
M_H는 파랑에 의한 수평력으로 발생하는 모멘트(Nm)

마찰계수는 주로 0.5 주위의 값이 쓰이며, 하부층에 상당한 전단키가 있는 경우는 더 큰 값을 쓸 수도 있다.

모든 형상의 상부공에 작용하는 수평 파력을 예측하는 공식은 없으며, Manual on the Use of Rock in Hydraulic Engineering(CIRIA C683, 2007)에서는 다음 공식들을 제시하고 있다.

① Jensen(1984) and Bradbury et al.(1988)

Jensen과 Bradbury에 의해 수행된 그림 2-60의 5가지 단면에 대한 수리모형실험 데이터로부터 만들어진 최대 수평 파력에 대한 경험식은 의해 수식 (2-182)에 제시되어 있다.

$$F_H = (\rho_w g d_c L_{op}) \times (aH_s/R_{ca} - b) \tag{2-182}$$

여기서, H_s는 구조물 위치에서의 유의 파고(m)
L_{op}는 최대 파주기에 대한 심해 파장(m)
d_c는 상부공 높이(m)
R_{ca}는 정수면으로부터의 사석 보호공 천단고(m)
a, b는 표 2-39에 제시된 경험 계수

양압력은 구조물 전면벽 하단에서 수평 파압($P_H = F_H/d_c$)과 같고, 후면 끝단에서 영(zero)으로 감소하는 삼각형 분포로 가정하여, 구조물 하단부에 작용하는 전체 양압력 F_u는 수식 (2-183)과 같다.

$$F_u = (\rho_w g B_c L_{op}/2) \times (aH_s/R_{ca} - b)$$

여기서, B_c는 상부공 하단부의 폭(m)

표 2-39 단면 A에서 E의 상부공의 파력 계산 시 경험 계수 a, b(CIRIA C683 The Rock Manual, CUR, 2014)

Cross-section in 그림 2-60	Parameter ranges in tests			0.1% exceedance values for coefficients in 수식 (2-182)	
	R_{ca}	$s_{op} = H_s/L_p$	H_s/R_{ca}	a	b
A	5.60–10.60	0.016–0.036	0.760–2.50	0.051	0.026
B	1.50–3.00	0.005–0.011	0.820–2.40	0.025	0.016
C	0.10*	0.023–0.070	0.90–2.10	0.043	0.038
D	0.14*	0.040–0.050	1.43	0.028	0.025
E	0.18*	0.040–0.050	1.11	0.011	0.010

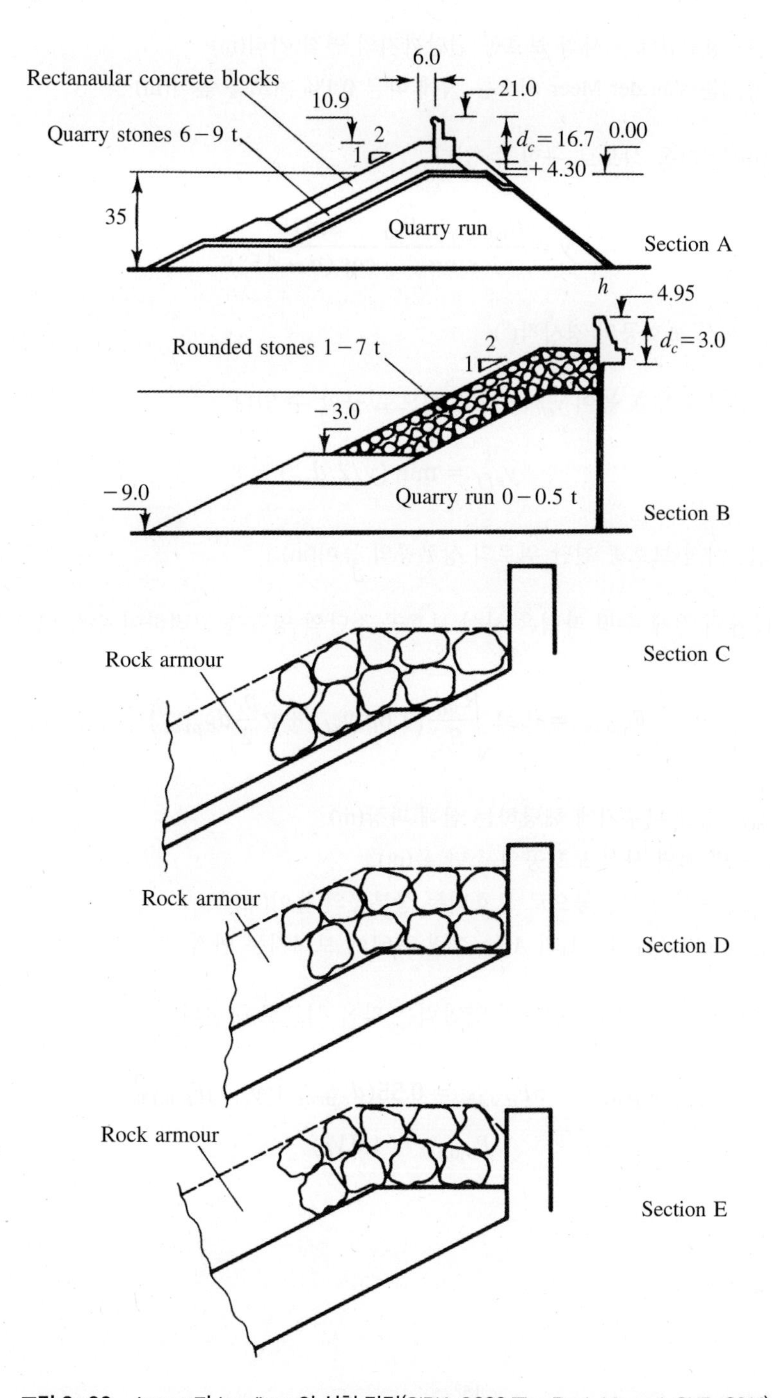

그림 2-60 Jensen과 bradbury의 실험 단면(CIRIA C683 The Rock Manual, CUR, 2014)

② Pederson(1996)

Pederson은 충격 압력 p_i는 사석 보호공 천단 끝에서의 처오름 속도에 일치하는 정체 압력으로 구할 수 있다고 가정하여 처오름 쐐기를 이용하여 수평 파랑 충격 압력 성분 p_i(N/m²)을 수식 (2-184)로 정의하였다.

$$p_i = g\rho_w\left(R_{u,0.1\%} - R_{ca}\right) \tag{2-184}$$

여기서, R_{ca}는 정수면에서 사석 보호공 천단까지의 연직 거리(m)

$R_{u,0.1\%}$는 Van der Meer 처오름 식에 따른 0.1% 처오름 높이(m)

쐐기의 두께 y(m)는 다음 식으로 구할 수 있다.

$$y = \frac{R_{u,0.1\%} - R_{ca}}{sin\alpha} \frac{sin15°}{\cos(\alpha - 15°)} \tag{2-185}$$

여기서, α는 사석 보호공의 경사각(°)

충격력을 받는 영역의 유효 높이 y_{eff}는 다음 식으로 구할 수 있다.

$$y_{eff} = \min(y/2, d_{ca}) \tag{2-186}$$

여기서, d_{ca}는 사석 보호공 천단 위로의 상부공의 높이(m)

0.1%의 초과 확률의 전체 수평 파력은 사석 보호공 소단의 영향을 고려하여 수식 (2-187)로 구한다.

$$F_{H,0.1\%} = 0.21\sqrt{\frac{L_{om}}{B_a}}\left(1.6p_i y_{eff} + V\frac{p_i}{2}d_{c,prot}\right) \tag{2-187}$$

여기서, L_{om}는 평균 파주기에 해당하는 심해 파장(m)

B_a는 벽 전면 사석 보호공의 소단 폭(m)

$d_{c,\,prot}$는 사석 보호공으로 보호되는 상부공의 높이(m)

V는 $\min(A_2/A_1,\ 1)$, A_1과 A_2는 그림 2-61에 보여지는 면적

0.1%의 초과 확률을 가진 전도모멘트와 양압력은 다음 식으로 구한다.

$$M_{H,0.1\%} = aF_{H,0.1\%} = 0.55(d_{c,prot} + y_{eff})F_{H,0.1\%} \tag{2-188}$$

$$P_{U,0.1\%} = 1.0\,Vp_i \tag{2-189}$$

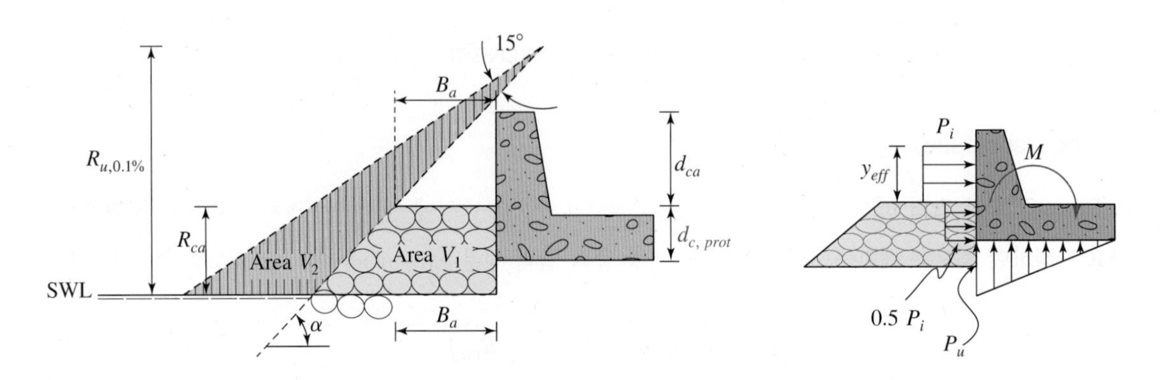

그림 2-61 Pedersen에 의한 압력 분포(CEM, USACE, 2001)

4) Coastal Engineering Manual

Coastal Engineering Manual은 경사제 상부공에 작용하는 파력은 처오름이 구조물에 도달할 때 작용하고, 불규칙파에 의한 파력은 확률적 속성을 가지므로 주어진 순간에 작용하는 파압과 합력은 그림 2-62와 같이 작용한다고 정의하고 있다. 전면벽에 작용하는 파압 p_w 분포는 종종 발생하는 큰 연직 유속과 가속도에 크게 영향을 받는다. 바닥판에 작용하는 양압력 p_b는 바닥판 하부의 공극수압과 같으며, 전면 하단의 양압력 p_b^f는 전면벽 하단의 수평 파압과 같으며, 바닥판 끝단의 양압력 p_b^r은 그 위치에서의 정수압과 같다.

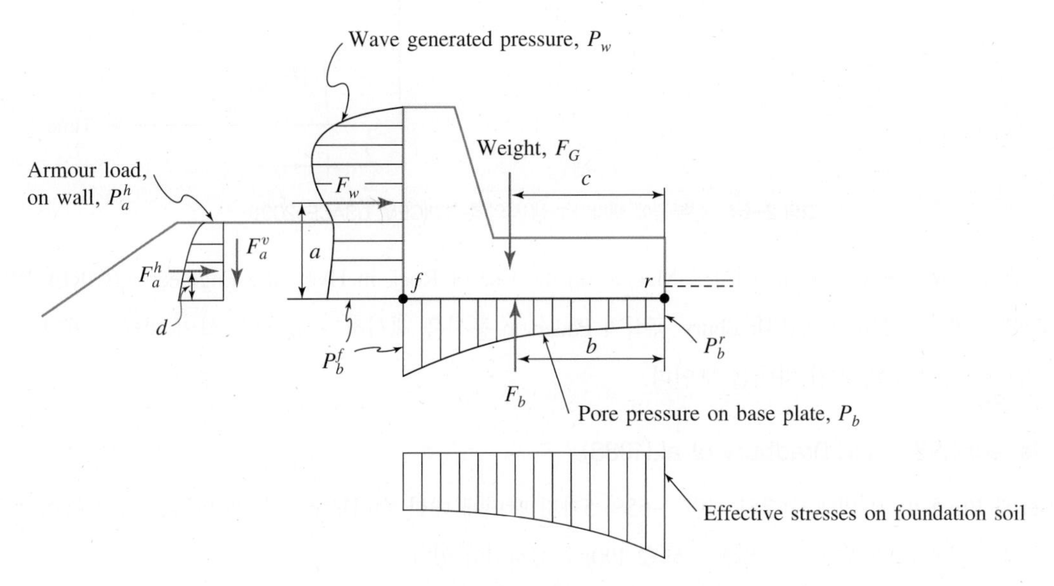

그림 2-62 경사제 상부공에 작용하는 파력(CEM, USACE, 2001)

전단키가 설치되어 있는 상부공의 양압력 분포는 그림 2-63와 같다.

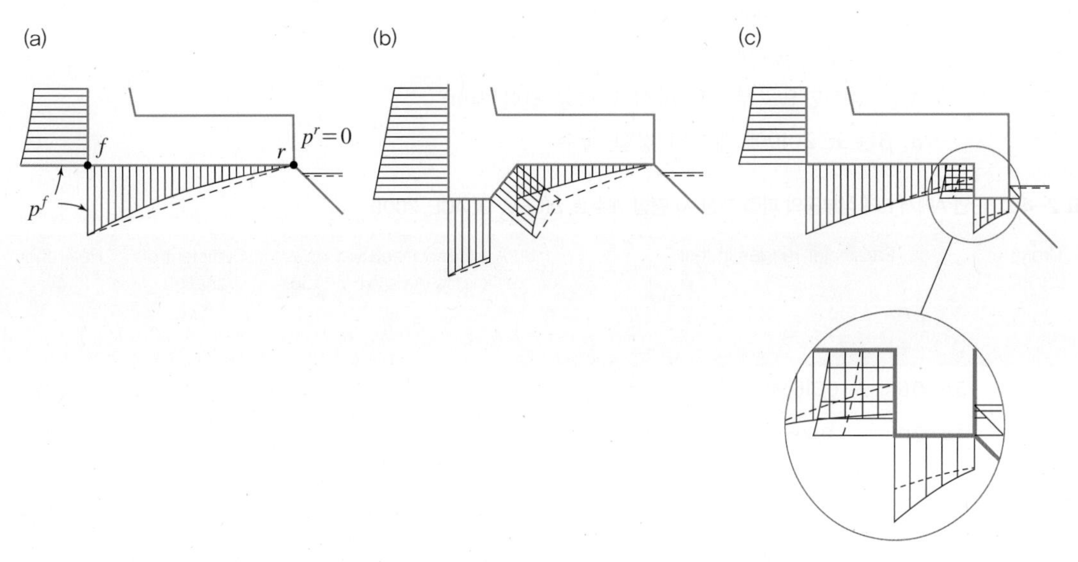

그림 2-63 전단키가 설치된 경우의 양압력 분포(CEM, USACE, 2001)

상부공 전면벽 앞에 설치된 사석과 필터석은 사석 하중 p_a를 발생시키고, 전체 합력 F_a는 사석과 벽의 마찰 때문에 일반적으로 수직 분포가 아니다. 만일 상부공에서 짧은 시간 동안 그림 2-64와 같은 충격력이 발생하게 된다.

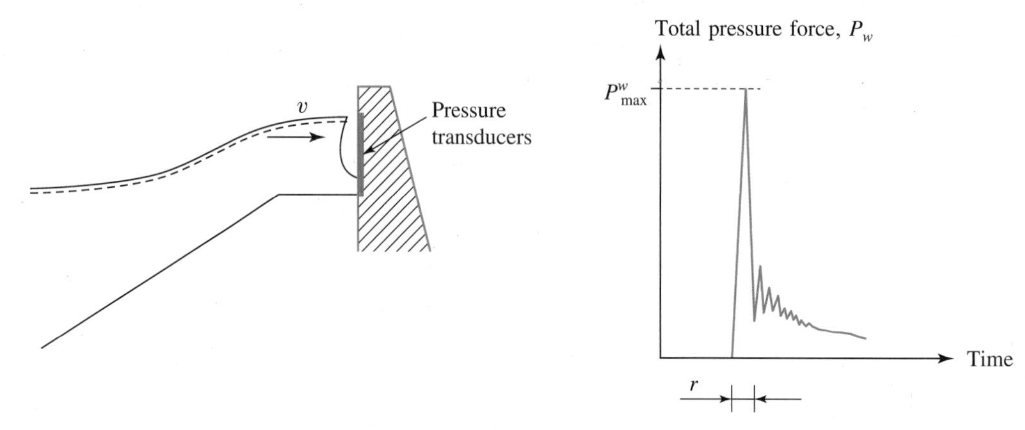

그림 2-64 상부공에 쇄파가 발생 시의 충격력(CEM, USACE, 2001)

Coastal Engineering Manual에서도 Manual on the Use of Rock in Hydraulic Engineering(CIRIAC683, 2007)에서 제시된 Jensen and Bradbury 공식과 Pederson 공식을 제시하고 있으며, 식의 형태가 약간 다르고, 기호나 계수 값의 약간 차이를 보인다.

① Jensen(1984) and Bradbury et al.(1988)

Jensen과 Bradbury에 의해 수행된 그림 2-65의 5가지 단면에 대한 수리모형실험 데이터로부터 만들어진 최대 수평 파력에 대한 경험식은 의해 수식 (2-190)에 제시되어 있다.

$$\frac{F_{h,0.1\%}}{\rho_w g h_w L_{op}} = \left(\alpha + \beta \frac{H_s}{A_c}\right) \qquad (2\text{-}190)$$

여기서, H_s는 구조물 위치에서의 유의 파고(m)
L_{op}는 벽 전면 사석 보호공의 소단 폭(m)
h_w는 상부공 높이(m)
A_c는 정수면으로부터의 사석 보호공 천단고(m)
α, β는 표 2-40에 제시된 경험 계수

표 2-40 단면 A에서 E의 상부공의 파력 계산 시 경험 계수 *a*, *b*(CEM, USACE, 2001)

Cross section	Parameter ranges in tests			0.1% exceedence3 values of coefficients in Eq(VI-5-186)		Coefficient of variation	Reference
	A_c(m)	$s_{op}=\frac{H_s}{L_{op}}$	$\frac{H_s}{A_c}$	a	b		
A	5.6~0.6	0.016~0.036	0.76~2.5	−0.026	0.051	0.21	Jensen(1984)
B	1.5~3.0	0.05~0.011	0.82~2.4	−0.016	0.025	0.46	
C	0.10	0.023~0.07	0.9~2.1	−0.038	0.043	0.19	Bradbury, et al. (1988)
D	0.14	0.04~0.05	1.43	−0.025	0.028		−
E	0.18	0.04~ 0.05	1.11	−0.088	0.011		−

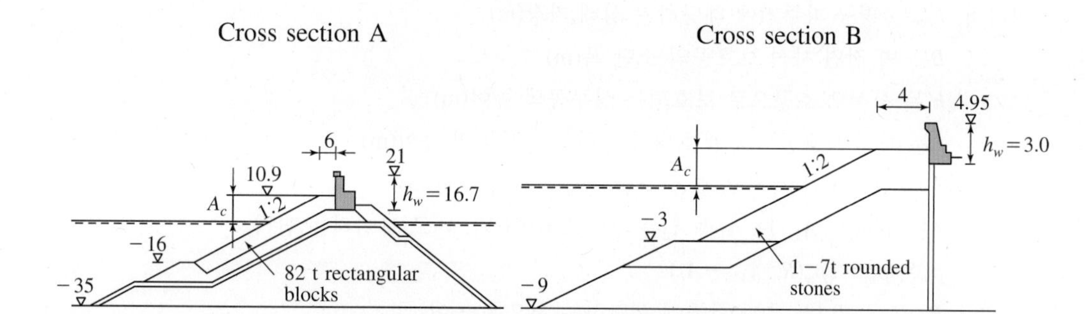

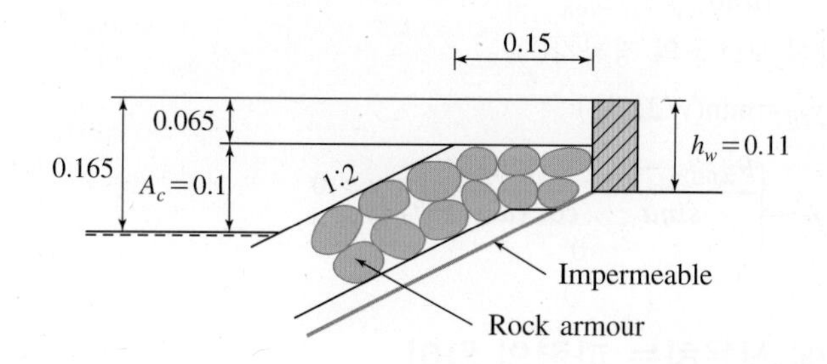

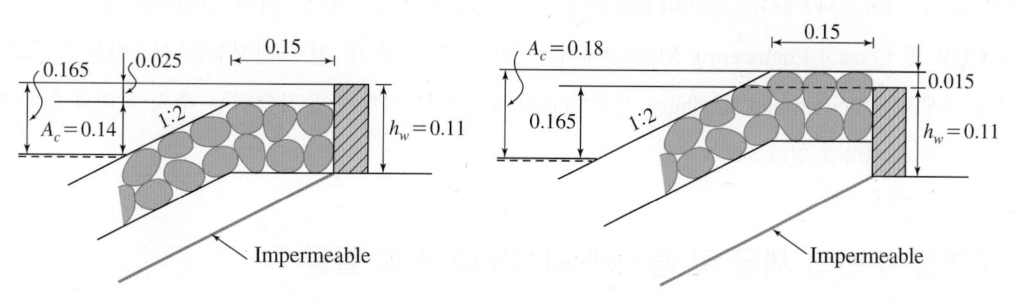

All measures in meters.

그림 2-65 Jensen과 bradbury의 실험 단면(CEM, USACE, 2001)

② Pederson(1996)

Pederson은 수평 파력, 전도모멘트 및 수평 파압식을 다음과 같이 제시하였다.

$$F_{h,\,0.1\%} = 0.21\sqrt{\frac{L_{om}}{B}}\left(1.6p_m y_{eff} + A\frac{p_m}{2}h'\right) \tag{2-191}$$

$$M_{0.1\%} = aF_{h,\,0.1\%} = 0.55(h' + y_{eff})F_{h,\,0.1\%} \tag{2-192}$$

$$P_{b,\,0.1\%} = 1.0Ap_m \tag{2-193}$$

여기서, L_{om}는 평균 파주기에 해당하는 심해 파장(m)

B는 벽 전면 사석 보호공의 소단 폭(m)

h'는 사석 보호공으로 보호되는 상부공의 높이(m)

f_c는 사석 보호공으로 보호되지 못하는 상부공의 높이(m)

A_c는 정수면과 사석 보호공 소단 천단까지의 높이(m)

A는 $\min(A_2/A_1, 1)$, A_1과 A_2는 그림 2-61에 V_1, V_2로 보여지는 면적

p_m는 $p_m = g\rho_w(R_{u,\,0.1\%} - A_c)$

$R_{u,\,0.1\%}$는 0.1% 초과 확률에 해당하는 처오름 높이

$$R_{u,0.1\%} = \begin{cases} 1.12H_s\zeta_m & \zeta_m \leq 1.5 \\ 1.34H_s\zeta_m^{0.55} & \zeta_m > 1.5 \end{cases}$$

ζ_m는 $\zeta_m = tan\alpha/\sqrt{H_s/L_{om}}$

α는 사석 보호공의 경사각(°)

y_{eff}는 $y_{eff} = \min(y/2,\ d_{ca})$

$$y = \begin{cases} \dfrac{R_{u,0.1\%} - R_{ca}}{sin\alpha}\dfrac{sin15°}{\cos(\alpha - 15°)} & y > 0 \\ 0 & y \leq 0 \end{cases}$$

5) 경사제 상부공에 작용하는 파력의 차이

항만 및 어항 설계기준(2014)에서는 경사제의 상부공에 작용하는 파력에 대해 정확한 산정식을 제시하고 있지 않으나, BS 6349에서는 유의파고와 천단고의 비를 이용한 간단한 파력 산정식을 제시하고 있다. CIRIA/CUR 및 Coastal Engineering Manual에서는 상부공의 활동 및 전도 안정성을 산정하는 공식과 상치공의 형태에 따른 Jensen and Bradbury 식과 Pederson 식으로 상부공에 작용하는 수평 파력과 양압력을 계산하는 식을 제시하고 있다.

(14) 구조물 주변의 세굴 및 혼성제 사석부의 소요 질량

1) 항만 및 어항 설계기준(2014)

항만 및 어항 설계기준은 방파제, 방사제, 돌제 및 도류제 등의 구조물 주변의 세굴에 의해 구조물이 영향을 받을 염려가 있는 경우에는 필요에 따라 세굴에 대해 고려하도록 규정하고 있다. 호안 전면 세굴은 파의 반사율과 밀접한 관계가 있으므로, 그림 2-66은 호안의 반사율 K와 파형 경사 H_o/L_o, 저질의 중앙 입경 d_{50}, 호안 경사 α(α=90°인 경우 직립제), 평형 단면 시의 파의 처오름 위치로부터 호안 설치 위치까지의 거리 ℓ로 표시되는 파라미터 $(H_o/L_o)(\ell/d_{50})\sin\alpha$에 의해 전면의 세굴 퇴적을 판정하기 위해 제안된 것이다.

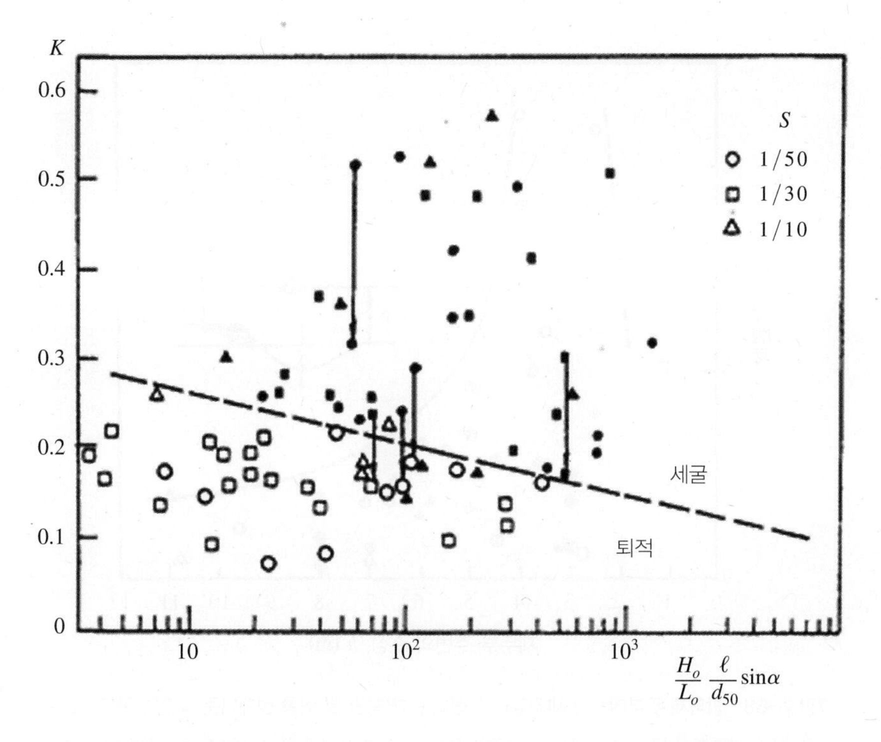

그림 2-66 호안 제간부의 세굴·퇴적의 판정 조건(항만 및 어항 설계기준, 해양수산부, 2014)

① 쇄파 영역에서의 전면 세굴

방파제 주변의 국소세굴은 주로 쇄파 영역에서 생기는 세굴과 중복파 영역에서 생기는 세굴로 구분되며, 방파제 두부의 국소 세굴은 그림 2-67에 방파제 두부 주변의 세굴심의 최대치와 세굴심 측정 시로부터 15일 전까지의 유의파고의 최대치 $(H_{1/3})_{max}$와의 관계를 나타내며, 그림 2-68은 방파제 두부 주변의 수심과 세굴심과의 관계를 나타낸다. 세굴심이 최대가 되는 것은 수심 3~5m 부근(쇄파대)에 두부가 존재할 때이다.

방파제 전면의 세굴은 그림 2-69에 방파제 전면의 세굴심과 수심과의 관계가 보여지며, 그림에서 검은 원(●)은 방파제 경사부 주변의 세굴 상황을 나타내는데, 수심 7m 지점의 방파제 굴곡부에서 세굴이 최대이고 외해로 향해 세굴심이 점차 감소하고 있음을 알 수 있다. 한편, 빈 원(○)은 방파제 직부 전면

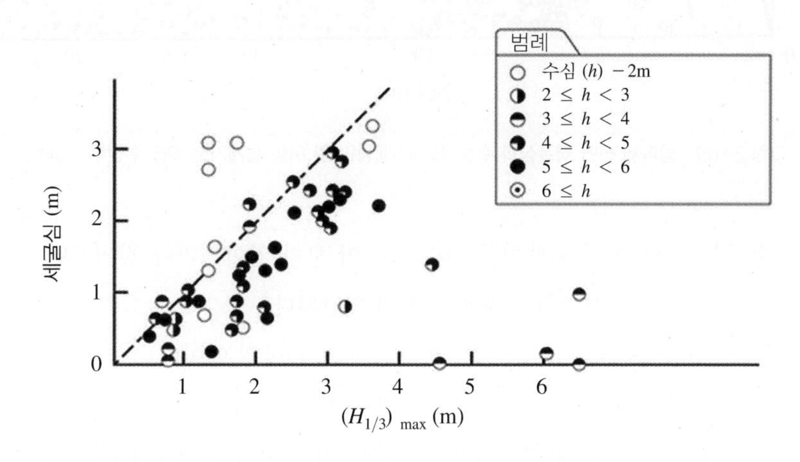

그림 2-67 방파제 두부의 세굴심과 15일 전까지의 최대 유의파고와의 관계(항만 및 어항 설계기준, 해양수산부, 2014)

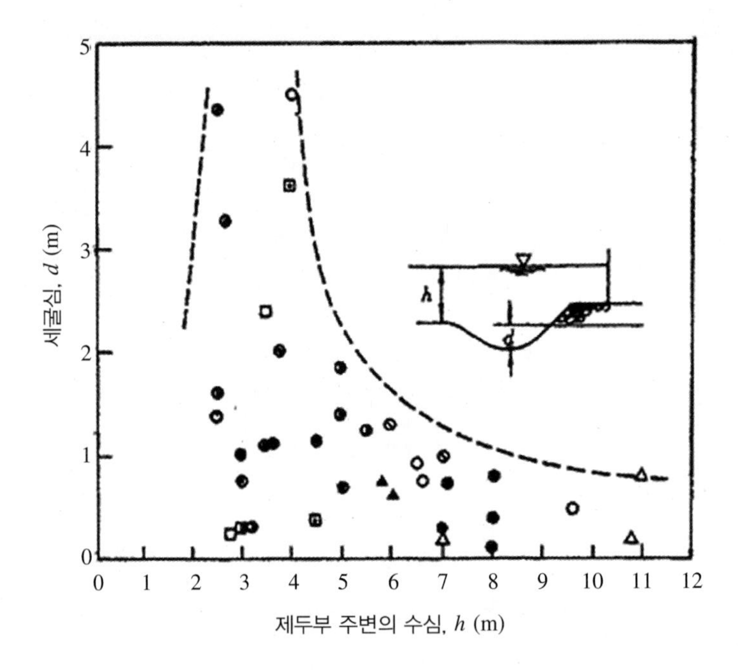

그림 2-68 방파제 두부에서의 세굴심과 수심의 관계(항만 및 어항 설계기준, 해양수산부, 2014)

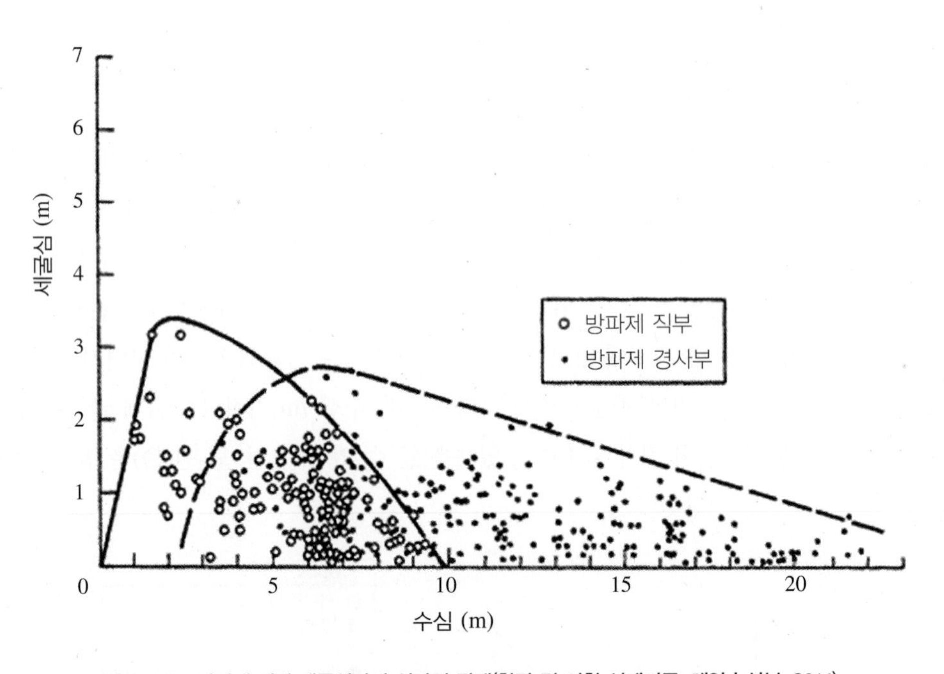

그림 2-69 방파제 전면 세굴심과 수심과의 관계(항만 및 어항 설계기준, 해양수산부, 2014)

의 세굴심으로서 수심 2m 정도에서 최대치를 나타내고 이 보다 얕아지거나 깊어지면 세굴심이 감소하는데, 세굴심이 최대인 곳은 연안 사주가 존재하는 곳에 해당된다.

그림 2-70은 방파제 연장 공사에 따라 생기는 현저한 국소 세굴의 예이다.

(i) 방파제 두부(특히, 두부가 쇄파대에 있는 경우 현저함)

(ii) 방파제 직부 주변(특히, 방파제가 연안 사주를 횡단하는 지점 부근에서 현저함)

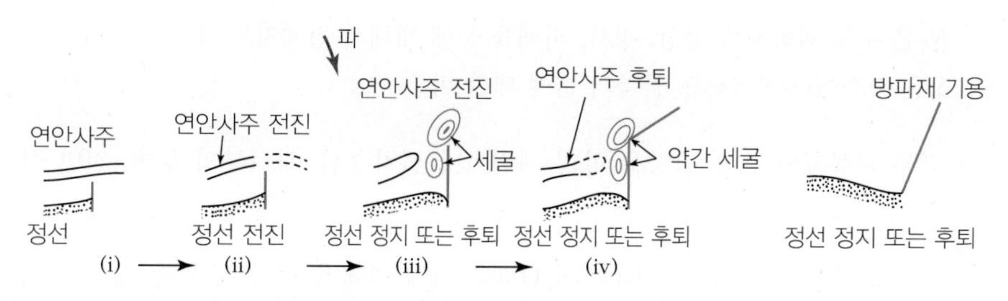

그림 2-70 방파제 외측에서의 국소 세굴(항만 및 어항 설계기준, 해양수산부, 2014)

(iii) 잠제의 주변(특히, 항 내측에서 현저함),

(iv) 방파제의 굴곡부

② 중복파 영역에서의 전면 세굴

직립벽 전면의 세굴은 그 설치 수심이 증가하여 중복파 영역으로 이동함에 따라 감소하는 경향을 나타낸다. 해저에서 입사파의 최대유속 U_b와 해저질의 침강속도 w와의 비 U_b/w가 기본지표인데, $U_b/w>10$인 경우는 중복파의 절에서 세굴, 복에서 퇴적(L형 세굴)이 일어나고, $U_b/w<10$인 경우는 반대로 중복파의 절에서 퇴적, 복에서 세굴(N형 세굴)이 일어나는 것을 보여준다.

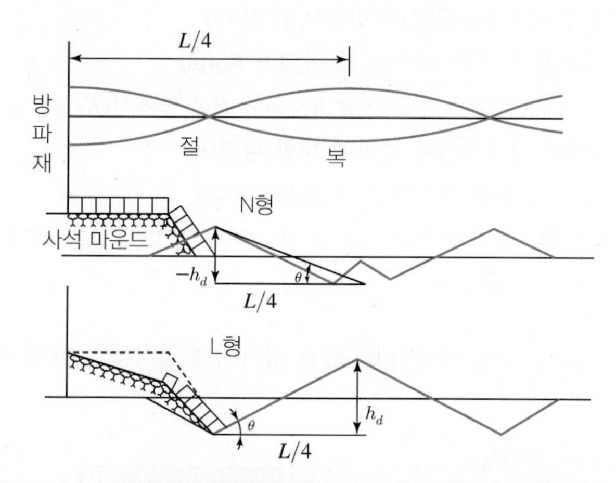

그림 2-71 중복파에 의한 세굴의 제원(항만 및 어항 설계기준, 해양수산부, 2014)

③ 혼성제 사석부의 피복석 또는 블록의 소요 질량

파력을 받는 경사구조물의 표면을 피복하는 사석 또는 콘크리트 블록의 소요 질량 또는 혼성제 사석부의 피복석 또는 블록의 소요 질량은 적절한 수리모형실험 또는 다음 식에 의해 산정한다.

$$M=\frac{\rho_r H^3}{N_s^3(S_r-1)^3} \tag{2-194}$$

여기서, M은 사석 또는 콘크리트 블록의 소요질량(t)

ρ_r은 사석 또는 콘크리트 블록의 밀도(t/m³)

H는 안정계산에 사용되는 파고(m)

N_S^3은 주로 피복재의 형상, 경사, 피해율 등에 의해서 정해지는 계수
S_r은 사석이나 콘크리트 블록의 물에 대한 비중

혼성제의 사석부 피복재의 소요 질량은 파의 제원이나 설치수심, 사석부의 두께, 전면 어깨폭, 경사 등의 사석부 형상, 피복재의 종류나 쌓는 방법, 그리고 위치(제두부나 제간부) 등에 따라 다르다. 혼성제 사석부의 피복재 소요 질량은 Brebner & Donnelly(1962) 식에 의해 구할 수 있으며, 항만 및 어항 설계기준은 안정계수 N_S를 확장된 Tanimoto(谷本) 식으로 구하도록 정하고 있다.

$$N_s = max\left\{1.8, 1.3\frac{1-K}{K^{\frac{1}{3}}}\frac{h'}{H_{\frac{1}{3}}} + 1.8exp\left[-1.5\frac{(1-K)^2}{K^{\frac{1}{3}}}\frac{h'}{H_{\frac{1}{3}}}\right]\right\} \quad (2\text{–}195)$$

$$B_M/L' < 0.25$$

$$K = K_1(K_2)_B \quad (2\text{–}196)$$

$$K_1 = \frac{4\pi h'/L'}{\sinh\,(4\pi h'/L')} \quad (2\text{–}197)$$

$$(K_2)_B = max\{a_s sin^2\beta cos^2(2\pi l cos\beta/L'), cos^2\beta sin^2(2\pi l cos\beta/L')\} \quad (2\text{–}198)$$

여기서, h'는 기초 사석부(피복층제외)의 마루의 수심(m)
l는 파가 직각으로 입사할 경우는 앞 어깨폭 B_M(m)
파가 사각으로 입사할 경우는 앞 B_M 또는 B_M' 중에서$(K_2)_B$가 큰 편의 값
L'는 수심 h'에서 설계유의파 주기에 대한 파장(m)
a_s는 대상지점이 수평한 경우의 보정계수(=0.45)
β는 파의 입사각(기준선방향과 이루는 각, 15°의 파향 보정은 하지 않음)
$H_{1/3}$는 설계유의파고(m)

위 식은 제간부를 대상으로 하고 입사각이 60°까지 경사지게 입사하는 파에 대해서도 유효하다.

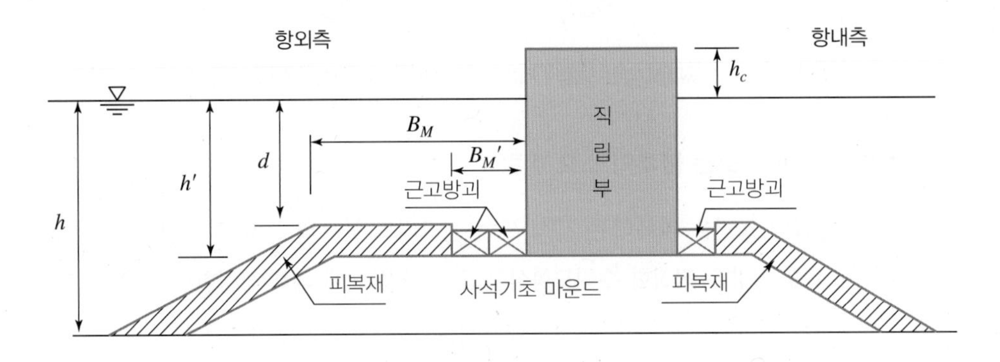

그림 2-72 혼성제의 표준단면과 기호(항만 및 어항 설계기준, 해양수산부, 2014)

변형을 허용하는 안정계수는 사석부의 높이가 낮은 비쇄파조건에 한정하여 Kimura 등(須藤·木村, 1992)은 수리실험을 실시한 후 임의의 작용파수 N와 피해율 D_N(%)에 대한 안정계수 N_S를 구하는 식을 제안하였다.

$$N_S^* = N_s[D_N/exp\{0.3(1-500/N)\}]^{0.25} \quad (2\text{–}199)$$

여기서 N_S는 Tanimoto(1982) 식에 의해 주어지는 안정계수이고, $N=500$으로 피해율 1%인 경우의 안정계수이다. 설계에서는 피해의 진행상황에서 판단하여 $N=1000$파를 채택할 필요가 있다. 한편 피해율로서는 2층피복이면 3~5%로 해도 충분하다고 생각된다. 즉 $N=500$, $D_N=1(\%)$을 주면 $N_S^*=1.44N_S$가 되며 소요 질량은 약 1/3이 된다.

사석부 피복재상의 수심이 낮은 경우는 쇄파에 의해 불안정하게 되는 경우가 많다. 이 때문에 안정계수는 $h'/H_{1/3} \geq 1$인 조건일 때 적용하고 $h'/H_{1/3} < 1$일 때는 사면피복재의 안정계수를 사용하는 것이 적절하다. 더욱 Tanimoto(1982) 등의 피복석 안정계수는 $h'/H_{1/3}$이 적은 경우에는 실험으로 검증되지 않고 있다. 따라서 $h'/H_{1/3}$가 1 정도일 때는 수리모형실험을 통해 확인하는 것이 바람직하다.

피복석의 층수는 2층을 표준으로 한다. 단, 시공예나 피해사례를 고려해서 1층으로 해도 좋다. 또 피복블록의 층수에 관해서는 1층을 표준으로 하나 블록의 형상, 해상조건이 좋지않은 경우에는 2층으로 해도 좋다.

제두부는 직립부 끝부분의 모서리로 국소적으로 빠른 유속이 발생하기 때문에 피복재가 움직이기 쉽고, 이곳의 피복재 질량의 할증에 대해서는 수리모형실험을 통해 확인할 필요가 있다. 수리실험을 하지 않는 경우에는 제간부 질량의 1.5배 이상으로 하는 것을 표준으로 한다. 또 범위에 대해서는 케이슨식의 방파제일 경우 제두부분의 케이슨 1개 정도로 한다.

더욱 확장된 Tanimoto 식으로도 제두부 피복석 질량을 산정할 수 있다. 즉 제두부의 경우에는 수식 (2-196)의 무차원유속 K를 다음과 같이 고쳐 쓴다.

$$K = K_1(K_2)_T \quad (2\text{–}200)$$

$$(K_2)_T = 0.22 \quad (2\text{–}201)$$

단, 산정된 질량이 제간부의 1.5배 이하인 경우에는 1.5배로 하는 것이 바람직하다.

2) BS 6349: Maritime Structure(2000)

BS 6349에서는 구조물 주변의 세굴 산정식은 제시하고 있지 않으며, 혼성제 사석부의 소요 질량 산정식인 수식 (2-194)에 Shore Protection Manual에 제시된 그림 2-73에 주어진 Brebner & Donnelly의 안정계수 N_s를 사용하도록 규정하고 있다.

BS 6349에서는 수로 바닥의 세굴을 방지하기 위한 사석 안정 공식으로 Shore Protection Manual에 제시된 Isbash 공식을 제시하고 있으며, 항만 및 어항 설계기준에 제시된 Isbash 식과는 약간 다른 형태를 가진다. 방파제 두부에는 제간부에 비해 세굴 방지공의 폭과 사석의 크기를 최소 50% 이상 증가시키도록 규정하고 있다.

$$W = 0.0219\frac{V^6W_r}{g^3X^6}\left(1-\frac{sin^2\theta}{sin^2\emptyset}\right)^{-3/2} \quad (2\text{–}202)$$

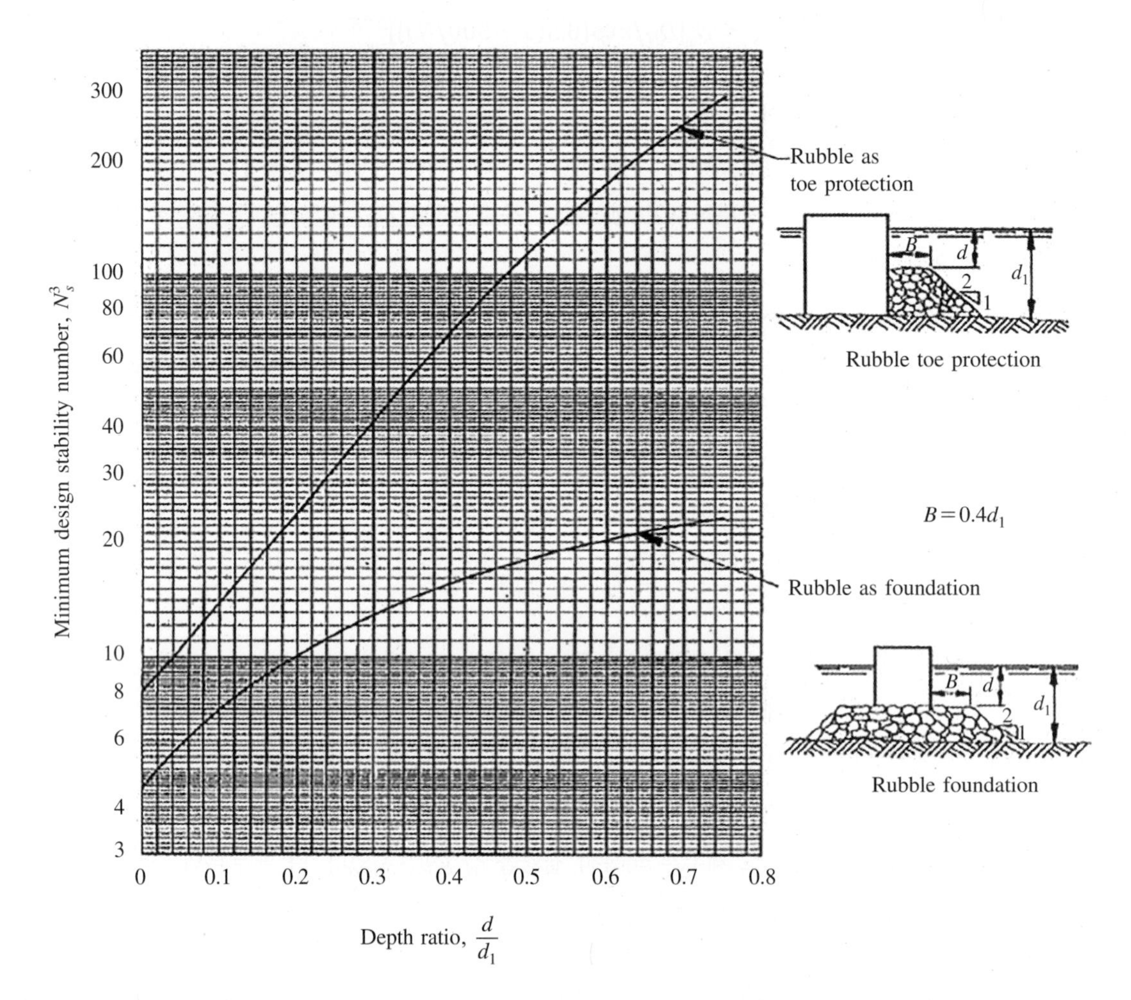

그림 2-73 혼성제 사석부와 바닥 소단 보호공을 위한 안정계수 N_s(SPM, USACE, 1984)

여기서, W는 사석의 공기 중 중량(N)

V는 최대 조류속 속도(m/s)

W_r는 사석의 단위중량(N/m^3)

g는 중력가속도(m/s^2)

X는 사석의 상대질량 밀도(W_r/W_W-1)

W_W는 물의 단위중량(담수 9,810N/m^2, 해수 10,050N/m^2)

θ는 사면의 경사(°)

ϕ는 사석의 안식각(°)

3) CIRIA: Manual on the Use of Rock in Hydraulic Engineering

Manual on the Use of Rock in Hydraulic Engineering(CIRIA C683, 2007)에서는 경사식 구조물과 직립식 구조물의 세굴 발달 양상이 그림 2-74에 보여지며, 구조물 주변의 세굴은 입사파와 반사파의 합성 작용에 의한 국부 입자 궤적 속도의 증가와 파랑과 조류의 합성 작용에 의해 증가한다고 밝히고 있다.

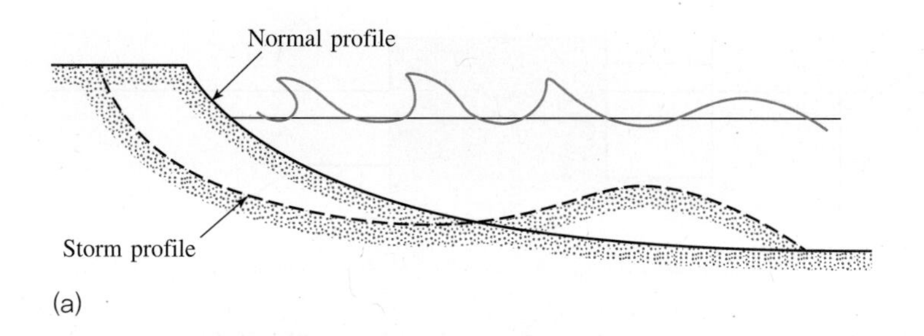

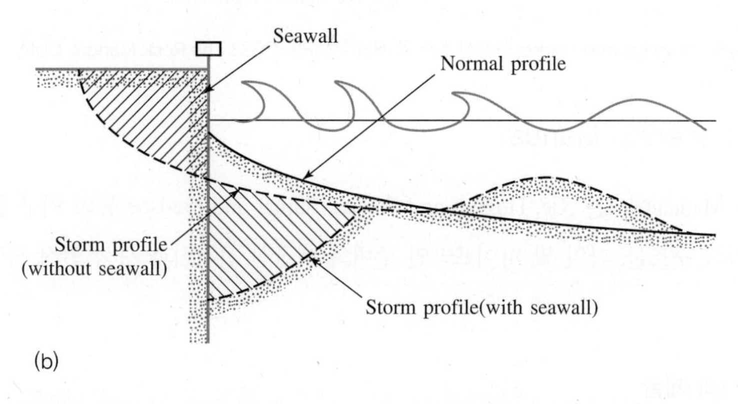

그림 2-74 폭풍해일에 의한 Seawall 전면에서의 추가적인 세굴 형상(CIRIA C683 The Rock Manual, CUR, 2014)

Coastal Engineering Manual에서 제시한 것과 같이 최대 세굴심 y_{max}는 최대 비쇄파 파고(Maxium Unbroken Wave Height) H_{max}와 같고, 직립 구조물이나 급경사 구조물에 적용이 가능하다고 규정하고 있다.

$$y_{max} = H_{max} \tag{2-203}$$

혼성제의 사석부 피복재의 소요 질량은 항만 및 어항 설계기준처럼 확장된 Tanimoto 식으로 구하도록 정하고 있으며, Madrigal and Valdes(1995)의 식을 추가적으로 제시하고 있다.

$$\frac{H_s}{\Delta D_{n50}} = \left(5.8\frac{h'}{h_m} - 0.6\right) N_{od}^{0.19} \tag{2-204}$$

여기서, h'/h_m는 기초 사석부(피복층제외)의 상대수심(m)

이 식의 적용 범위는 $0.5 < h'/h_m < 0.8$ 또는 $7.5 < h'/h_m < 17.5$이며, 손상 계수 N_{od}은 다음 값을 적용하도록 규정하고 있다.

- $N_{od} = 0.5$ Almost No Damage
- $N_{od} = 2.0$ Acceptable Damage
- $N_{od} = 5$ Failure

소단 폭 B_b는 $0.30 < B_b/h_m < 0.55$의 범위에 있다.

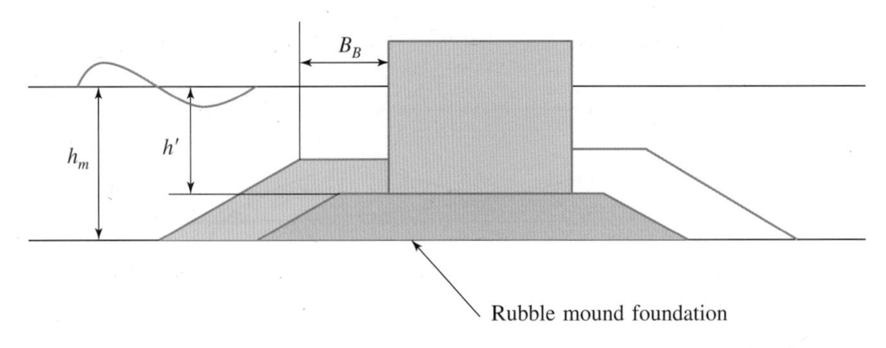

그림 2-75 Madrigal and Valdez 안정성 실험의 개념도(CIRIA C683 The Rock Manual, CUR, 2014)

4) Coastal Engineering Manual

Coastal Engineering Manual에서는 Xie, Hughes and Fowler, Sumer and Fredsoe 등의 연구 결과를 이용하여, 직립식 구조물, 경사식 구조물, 파일 및 파이프라인 주변의 세굴심 산정식과 사석 안정 중량식을 다양하게 제시하고 있다.

① 직립벽 전면에서의 세굴

직립벽 전면의 세굴은 비쇄파의 경우와 쇄파의 경우로 구분되고, 비쇄파의 경우에는 직립벽에 의해 반사되고, 쇄파의 경우는 직립벽에 충격력을 발생시킨다.

가. 비쇄파(Nonbreaking waves)

직립벽 전면에서 비쇄파 규칙파 및 불규칙 파에 따른 세굴 발달 양상은 그림 2-76에 제시되어 있다.

Xie(1981, 1985)는 불투수성 직립벽에 비쇄파 규칙파가 입사할 때 최대 세굴심 산정식을 다음과 같이 제안하였다.

$$\frac{S_m}{H} = \frac{0.4}{[\sinh(kh)]^{1.35}} \quad (2-205)$$

여기서, S_m는 최대 세굴심(L/4 from wall)
H는 입사 규칙 파고
h는 수심
k는 입사파의 파수($k = 2\pi/L$)
L는 입사파의 파장

Hughes and Fowler(1991)은 비쇄파 불규칙파에 대해 비슷한 공식을 제안하였다.

$$\frac{S_m}{(u_{rms})_m T_p} = \frac{0.05}{[\sinh(k_p h)]^{0.35}} \quad (2-206)$$

여기서, T_p는 최대 파주기
k_p는 선형파 이론에 따른 최대 파주기에 관련된 파수

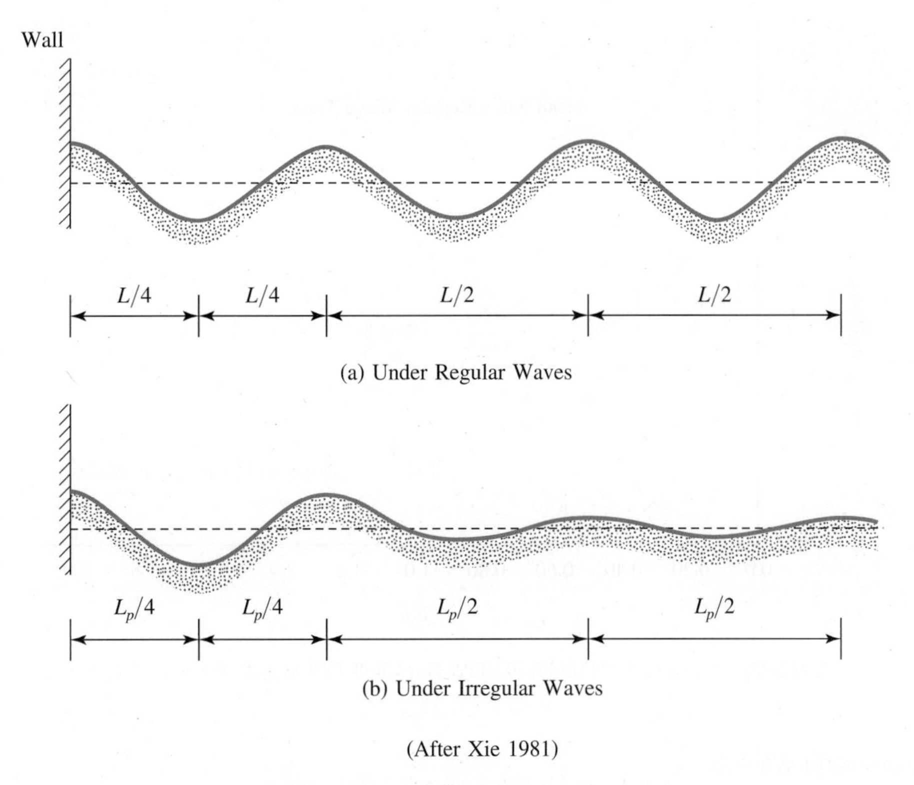

그림 2-76 직립벽 전면에서 규칙파와 불규칙파에 의한 세굴 형상(CEM, USACE, 2001)

$(u_{rms})_m$는 수평 바닥 유속의 기하 평균치이며 다음 식으로 구한다.

$$\frac{(u_{rms})_m}{gk_pT_pH_{mo}} = \frac{\sqrt{2}}{4\pi\cosh(k_ph)}\left[0.54cosh\left(\frac{1.5-k_ph}{2.8}\right)\right]$$

H_{mo}는 zeroth-moment wave height

Sumer and Fredsoe(1997)는 방파제 두부에서에서의 최대 세굴심은 파일 구조물 주변에서 파에 의한 세굴과 같이 Lee-Wake Vortices에 의해 발생하고, Keulegan-Carpenter 수와 관계가 있음을 밝혔다.

$$KC = \frac{U_mT}{B} \tag{2-207}$$

여기서, U_m은 바닥에서 최대 파랑 입자 궤적 속도
T는 규칙파 주기
B는 직립 방파제 원형 두부의 직경

Sumer and Fredsoe(1997)는 방파제 두부에서의 최대 세굴심을 방파제 두부의 직경과 KC수를 함수로 한 식을 제안하였다. 이 식의 적용 범위는 $0 < KC < 10$ 이다.

$$\frac{S_m}{B} = 0.5C_u\left[1 - e^{-0.175(KC-1)}\right] \tag{2-208}$$

여기서, C_u는 평균값이 1이고 표준편차가 0.6인 불확실 계수

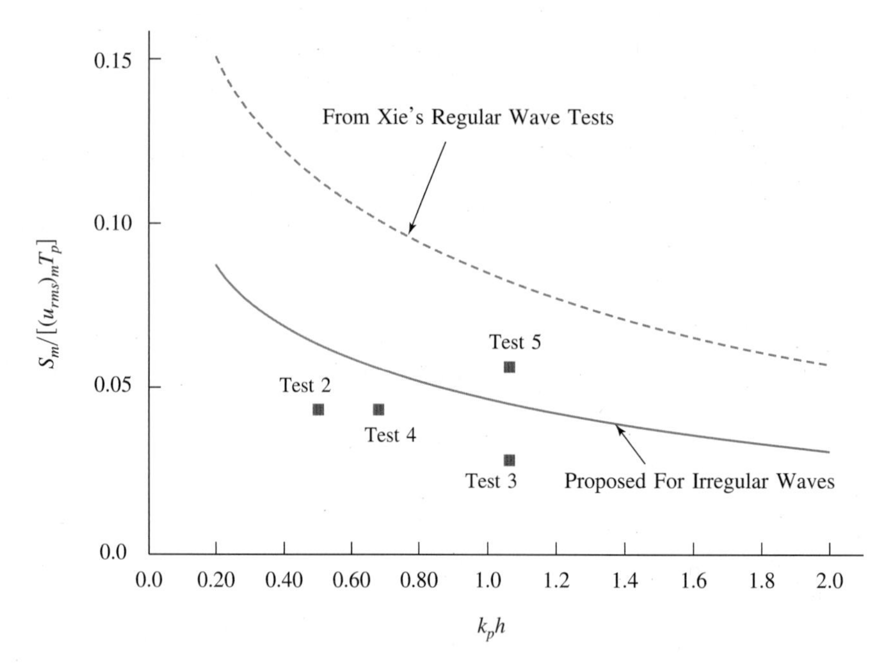

그림 2-77 직립벽 전면에서 비쇄파 규칙파와 불규칙파에 의한 세굴심(CEM, USACE, 2001)

나. 쇄파(Breaking Waves)

직립벽 전면에서 쇄파 발생 시 최대 세굴심 S_m은 최대 비쇄파 파고(Maxium Unbroken Wave Height) H_{max} 또는 전면 수심 h와 같다고 규정하고 있다.

$$S_m = H_{max} \text{ or } S_m \approx h \tag{2-209}$$

Fowler(1992)는 직립벽 전면에서의 불규칙파 세굴 데이터와 규칙파 세굴 데이터를 합성하여 그림 2-77의 관계를 얻고, 완경사에서 불규칙 쇄파의 경우에 대한 비점착성 지반에서의 최대 세굴심 산정식을 제안하였다.

$$\frac{S_m}{(H_{mo})_0} = \sqrt{22.72\frac{h}{(L_p)_0} + 0.25} \tag{2-210}$$

Fowler(1992)는 수식 (2-211)의 적용 범위를 상대수심과 상대 파경사에 대해 다음과 같이 규정하였다.

$$0.011 < \frac{h}{(L_p)_0} < 0.045 \text{ and } 0.015 < \frac{(H_{mo})_0}{(L_p)_0} < 0.040 \tag{2-211}$$

다. 세굴 보호공 폭 산정식

널말뚝(Sheet Pile) 같은 캔틸레버나 앵커링된 토류벽의 경우, Eckert(1983)는 사석으로 건설되는 세굴 보호공의 소단 폭 산정식을 다음과 같이 제안하였다.

$$W = \frac{d_e}{\tan(45° - \emptyset/2)} \approx 2.0d_e \qquad (2\text{–}212)$$

여기서, d_e는 널말뚝의 근입장
$\emptyset$는 흙의 내부 마찰각

Sumer and Fredsoe(1996)는 직립 방파제 두부에서의 세굴 방지공 폭 산정을 위한 경험식을 제안하였다.

$$\frac{W}{B} = 1.75(KC - 1)^{1/2} \qquad (2\text{–}213)$$

② 경사식 구조물에서 세굴

경사식 구조물 전면 바닥 소단의 세굴은 구조물의 경사, 다공성(Porosity), 입사파 조건, 수심 및 유사 입경의 함수이며, 세굴심은 구조물의 반사율에 따라 변하기 때문에 완경사와 높은 투수성 구조물의 경우에 파랑에 의한 세굴은 줄어들게 된다. 경사식 방파제에서의 최대 세굴심은 같은 위치, 같은 파랑 조건에서 직립식 구조물의 세굴심보다 작게 되고, 즉 $S_m < H_{max}$, 구조물을 따라 흐르는 조류속과 파랑이 함께 작용할 때 세굴심은 증가하게 된다. 구조물에 수직하게 입사하는 파보다 경사지게 입사하는 파의 경우에 세굴심이 더 증가하게 되는데, 이는 연파(Mach-Stem)로 인한 파랑 증폭 현상과 경사 입사파가 구조물에 평행한 흐름을 유발시키기 때문이다.

Sumer and Fredsoe(1997)는 경사식 방파제 두부에서에서의 최대 세굴심을 KC수를 함수로 한 식을 제안하였다.

$$\frac{S_m}{B} = 0.04C_u\left[1 - e^{-4.0(KC-0.05)}\right] \qquad (2\text{–}214)$$

방파제 두부에서 권파(plunging breaking waves)가 발생 시의 최대 세굴심에 대한 경험식은 다음과 같다.

$$\frac{S_m}{H_s} = 0.01C_u\left(\frac{T_p\sqrt{gH_s}}{h}\right)^{3/2} \qquad (2\text{–}215)$$

Sumer and Fredsoe(1997)는 경사식 방파제 두부에서에서의 세굴 방지공 폭 산정을 위한 경험식을 제안하였다.

$$\frac{W}{B} = A_1(KC) \qquad (2\text{–}216)$$

여기서, A_1은 계수(1.5일 때 완전 보호공 필요시,
1.1일 때 수심이 0.01B 정도로 세굴이 작을 때)

③ 파일 구조물에서의 세굴

파일 구조물 주변의 세굴은 파일의 직경이 작은 경우와 큰 경우에 따라 달라지게 되며, 소구경 파일의 경우는 파일 전면의 말굽형 와(Horseshoe-Shaped Vortex), 구조물 후면의 와열(Leeside Vortex Shedding), 파일

주위의 유선 집중으로 인한 국부 흐름 가속도에 크게 영향을 받게 되며, 입사 파장의 1/10보다 큰 대구경 파일의 경우에는 구조물 전면에서의 반사와 회절의 영향을 받는다.

가. 소구경 파일에서의 세굴

소구경 파일에 파랑의 영향 없이 조류속만 작용할 때의 세굴심 산정식은 Richardson and Davis(1995)가 교각 피어 기초에 개발된 CSU(Colorado State University) 공식을 제시하였다.

$$\frac{S_m}{h} = 2.0K_1K_2\left(\frac{b}{h}\right)^{0.65} F_r^{0.43} \tag{2-217}$$

여기서, S_m는 최대 세굴심
h는 수심
b는 파일 직경
F_r은 Froude 수($F_r = U/(gh)^{1/2}$)
U는 평균 조류속
K_1은 파일 형상계수(그림 2-78)
K_2는 파일 각도에 따른 계수($K_2 = \left(cos\theta + \frac{L}{b}sin\theta\right)^{0.62}$)

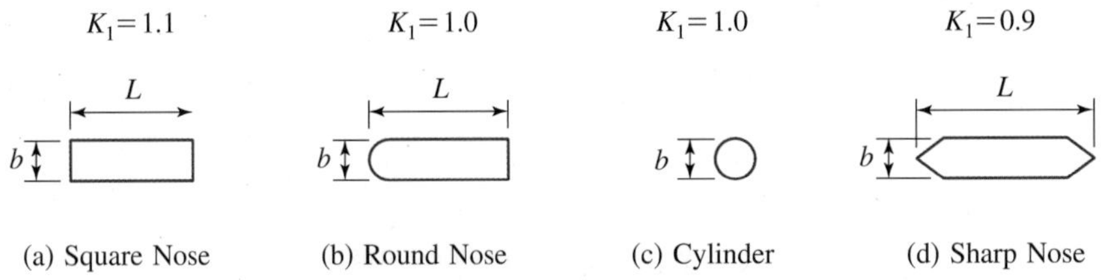

$K_1 = 1.1$ $K_1 = 1.0$ $K_1 = 1.0$ $K_1 = 0.9$

L b L b b L b

(a) Square Nose (b) Round Nose (c) Cylinder (d) Sharp Nose

그림 2-78 파일 형상 계수 K_1(CEM, USACE, 2001)

소구경 원형 파일에 파랑이 90°에서 45°까지 입사할 때의 세굴심 산정식은 Sumer and Fredsoe(1998)가 그림 2-79에 보여지는 파일 직경 10cm에서 200cm까지의 실험 결과로부터 다음 경험식을 제시하였다.

$$\frac{S_m}{D} = 1.3\left[1 - e^{-0.03(KC-6)}\right] \tag{2-218}$$

소구경 사각 파일에 파랑이 입사할 때의 세굴심 산정식은 다음과 같다.

– 소구경 사각 파일에 파랑이 90°로 작용할 때:

$$\frac{S_m}{D} = 2.0\left[1 - e^{-0.015(KC-11)}\right] \tag{2-219}$$

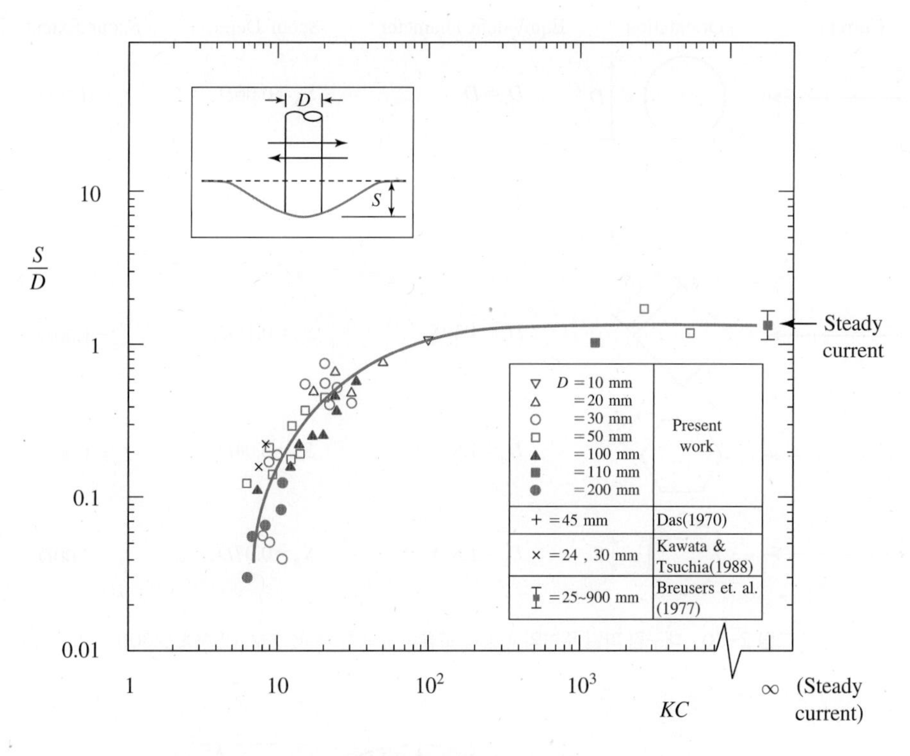

그림 2–79 연직 파일에서의 파랑에 의한 세굴심(CEM, USACE, 2001)

– 소구경 사각 파일에 파랑이 45°로 작용할 때:

$$\frac{S_m}{D} = 2.0\left[1 - e^{-0.019(KC-3)}\right] \tag{2-220}$$

나. 대구경 파일에서의 세굴

Rance(1980)는 파일의 직경이 파장의 1/10보다 큰 다양한 형태의 연직 파일에 대해 파랑과 조류속이 작용하는 경우의 국부 세굴 실험을 통해 그림 2-80의 세굴심 및 세굴공 폭 산정식을 제안하였다.

파일 주변의 세굴 방지공 폭은 그림 2-81에 보여지는 것처럼 파일 직경 B를 포함하여 흐름 방향으로는 7.5B, 수직 방향으로는 6B가 추천되며, Cartsen은 세굴 보호공 폭을 다음 식으로 산정하도록 제안하였다.

$$\frac{W_s}{S_m} = \frac{F_s}{\tan \emptyset} \tag{2-221}$$

여기서, F_s는 안전율

$\emptyset$는 흙의 내부마찰각

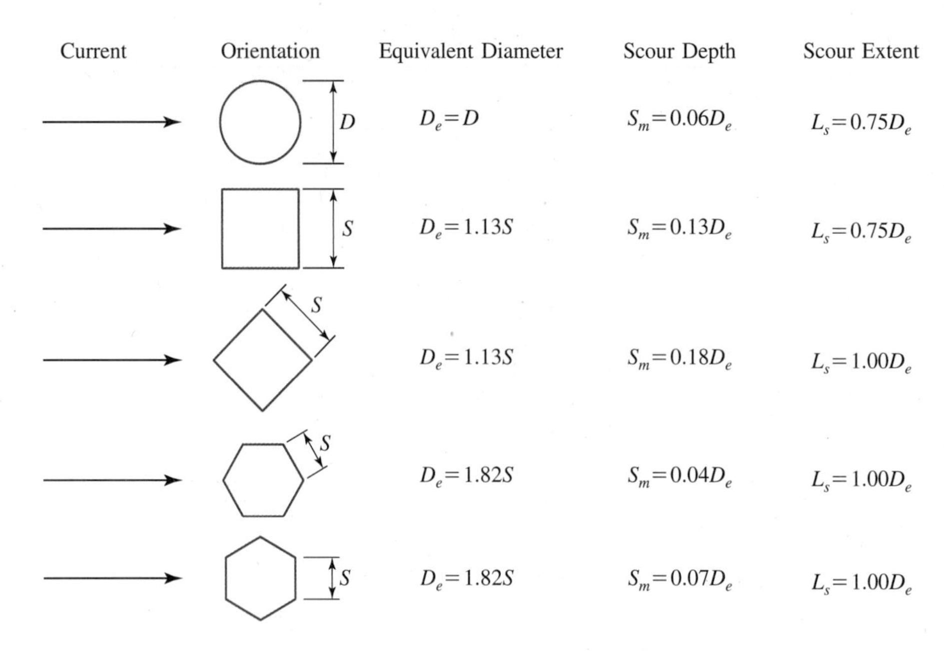

그림 2-80 대구경 파일 주변의 파랑과 조류속에 의한 세굴(CEM, USACE, 2001)

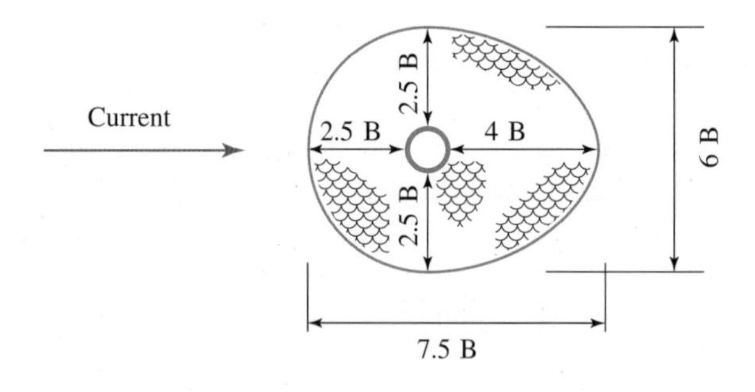

그림 2-81 조류속이 작용할 때 연직 파일의 세굴 방지공 폭(CEM, USACE, 2001)

④ 파이프라인에서의 세굴

파랑과 조류속은 파이프라인 하부 지반의 세굴을 일으킬 수 있고, 퇴적으로 인해 파이프라인이 지반에 매입되기도 한다. 지반의 다른 침식성 때문에 파이프라인을 따라 세굴의 정도가 다르면 바닥이 단단한 지점 사이에서 파이프라인이 떠 있을 수 있어 파이프라인의 파단을 일으킬 수도 있다.

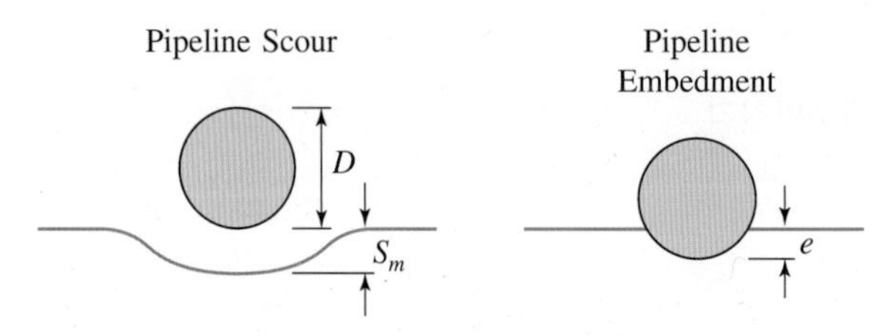

그림 2-82 파이프라인의 세굴 및 지반 매입(CEM, USACE, 2001)

가. 조류속에 의한 파이프라인의 세굴

일정한 조류속에서 파이프라인 하부의 평형 세굴심은 파이프 직경, 파이프 조도, 파이프 Reynolds 수 및 Shield Parameter의 함수이며, Hoffman and Verheij(1997)는 평균 유속 U가 한계 유속 U_c보다 작을 때 정지상 세굴에 대한 세굴심 산정식을 제안하였다.

$$\frac{S_m}{D} = \frac{\mu}{2}\left(\frac{U}{U_c}\right) \tag{2-222}$$

여기서, μ는 $\mu = \left(\frac{k_s}{12D}\right)\ln\left(\frac{6D}{k_s}\right)$
D는 파이프 직경
h는 수심
U는 수심 평균 조류속
U_c는 한계 수심평균 유속
k_s는 유효 바닥 조도, $k_s = 3d_{90}$(m)

$U/U_c > 1$인 이동상 세굴의 경우, Sumer and Fredsoe는 최대 평형 세굴심 산정식을 다음과 같이 제안하였다.

$$\frac{S_m}{D} = 0.6 \pm 0.1 \tag{2-223}$$

나. 파랑에 의한 파이프라인의 세굴

Sumer and Fredsoe는 파랑이 작용할 때 파이프라인의 한계 매입 깊이 산정식과 세굴심 산정식을 제안하였다.

$$\frac{e_{cr}}{D} = 0.1\ln(KC) \tag{2-224}$$

$$\frac{S_m}{D} = 0.1\sqrt{KC} \tag{2-225}$$

여기서, e_{cr}는 한계 매입 깊이

Klomb and Tonda(1995)는 파이프라인의 허용 매입 깊이 e를 포함한 세굴심 산정식을 제안하였다.

$$\frac{S_m}{D} = 0.1\sqrt{KC}\left(1 - 1.4\frac{e}{D}\right) + \frac{e}{D} \tag{2-226}$$

5) 구조물 주변의 세굴 및 혼성제 사석부의 소요 질량의 차이

항만 및 어항 설계기준(2005)에서는 구조물 주변의 세굴에 대해서는 정성적인 경향만을 설명하고 있으며, 혼성제 사석부의 소요 질량 산정식은 확장 Tanimoto 식을 제시하고 있다. BS 6349에서는 세굴식은 제시되어 있지 않고, 혼성제 사석부의 소요 질량 산정식으로 Brebner & Donelly 식을 제시하고 있다. Manual on the Use of Rock in Hydraulic Engineering(2007)은 세굴 산정식은 간단한 공식 하나만 제시되어 있고, 혼성제 사석부 소요 질량식은 확장 Tanimoto 식과 Madrigal and Valdes(1995)의 식을 제시하고 있다. Coastal

Engineering Manual에서는 직립 방파제, 경사식 방파제, 파일 및 파이프라인에 대한 세굴심 및 세굴공 폭 산정식을 다양하게 제시하고, 혼성제 사석부 소요 질량식도 확장 Tanimoto 식과 Madrigal and Valdes(1995)의 식을 제시하고 있다. 구조물 주변의 세굴 및 혼성제 사석부 소요 질량식에 관해서는 Coastal Engineering Manual이 가장 다양하고 자세한 설계 지침을 제시하고 있다.

(15) 지반

항만 구조물의 경제적인 설계와 시공을 위해서는 지층의 구성 상태 및 지반 특성 파악에 필요한 현장 조사 및 토질 시험을 수행하여 설계 시 적용되는 지반 상태에 관한 정보를 획득하여야 한다. 설계에 쓰이는 지반 조사 성과는 지지층 깊이, 연약층 두께, 지반의 층 구성 상태, 다짐 상태와 전단 특성, 압밀 특성, 투수성, 지하수위(잔류수위) 등이다. 지반은 압밀 현상에 의해 시간 경과나 상재압의 변화 등에 의해 그 특성이 크게 변한다. 따라서 지반조사로부터 구한 지반 정보를 사용하는 경우에는 상재압이나 압밀도 변화에 의해 지반 조건이 변화하고 있는지 아닌지를 반드시 확인해야 한다.

지반 조사는 설계 자료 수집과 관련하여 그림 2-83의 순서로 실시하여야 하며, 진행되는 조사 단계별 조사방법 및 조사 내용은 표 2-41과 같다.

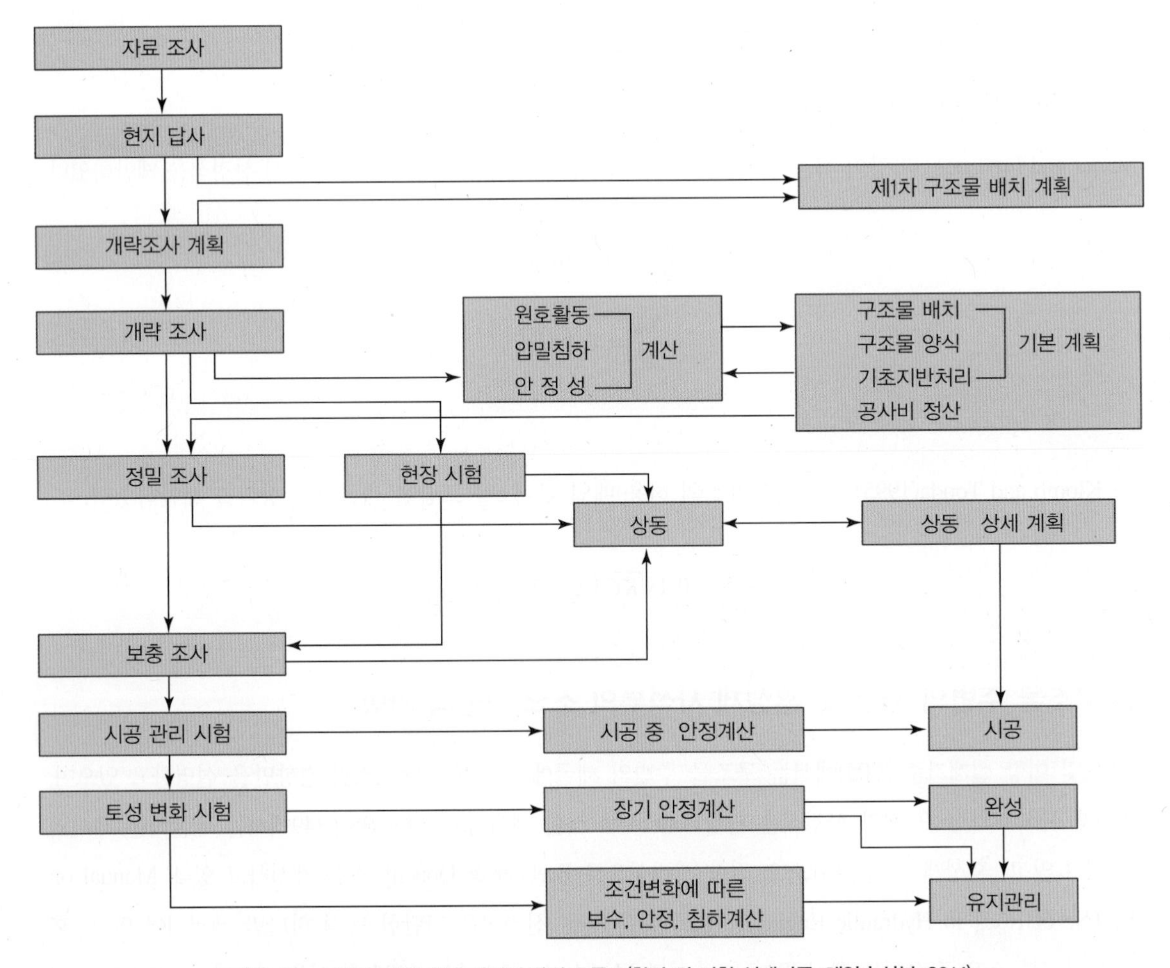

그림 2-83 지반 조사와 설계 사이의 관련 흐름도(항만 및 어항 설계기준, 해양수산부, 2014)

표 2-41 조사 단계별 지반 조사 방법(항만 및 어항 설계기준, 해양수산부, 2014)

분류	조사 방법	조사 내용
예비조사	자료조사	기존문헌(과거 공사자료, 구조물 등의 침하, 파괴에 대한 기록 등), 지형도, 지질관련 자료, 항공사진, 위성영상자료 등의 자료 수집.
	현지답사	자료조사 결과를 현장에서 확인. 보오링, 사운딩 자료, 과업부지 인근의 용출수, 지하수위, 배수상태, 수로 및 하천의 상태, 현 구조물의 유지상태 등의 조사. 현지 주민으로부터 역사적인 재해와 환경의 변화, 과거 공사에 대한 증언 청취.
개략조사	보링 샘플링 저밀도수심측량 저밀도해상탄성파 탐사	지지층 심도, 성층상태, 강도(q_u, ϕ), 압밀특성(c_v, c_c, m_v, p_c), 물리적 특성(ω, γ_t, G_s, LL, PL), 다짐특성(OMC, γ_{tmax}, CBR 등), 투수성(k, 지하수위), 수심
정밀조사	보링 샘플링 사운딩 물리탐사 각종시험 고밀도 수심측량	지지층 심도, 성층상태, 강도(q_u, ϕ), 압밀특성(c_v, c_c, m_v, p_c), 물리적 특성(ω, γ_t, G_s, LL, PL), 다짐특성(OMC, γ_{tmax}, CBR 등), 투수성(k, 지하수위), 수심
보충조사	상동	지지층 심도, 성층상태, 강도(q_u, ϕ), 압밀특성(c_v, c_c, m_v, p_c), 물리적 특성(ω, γ_t, G_s, LL, PL), 다짐특성(OMC, γ_{tmax}, CBR 등), 투수성(k, 지하수위)

1) 조사 지점의 위치, 간격 및 심도

보링, 사운딩 등의 조사 위치 간격 및 심도는 구조물의 중요성과 크기, 지반 내 응력 분포 및 지반의 지층 상태 등을 고려하여 결정한다. 한편 공사비와도 관계가 있으므로 조사 지점의 수 및 심도를 일률적으로 정하는 것은 힘들지만 다음 표를 참고하여 결정한다.

① 보링 간격

표 2-42 지층 상태가 수평, 연직 방향으로 비교적 균일한 경우(항만 및 어항 설계기준, 해양수산부, 2014) (단위: m)

		기준선 방향		기준선의 직각 방향			
		배치간격		배치간격(기준선 방향)		기준선에서 거리(최대)	
		보링	사운딩	보링	사운딩	보링	사운딩
개략 조사	넓은 지역	300 ~ 500	100 ~ 300	50	25	50 ~ 100	
	좁은 지역	50 ~ 100	20 ~ 50				
정밀조사		50 ~ 100	20 ~ 50	20 ~ 30	10 ~ 15		

표 2-43 지층 상태가 복잡한 경우(항만 및 어항 설계기준, 해양수산부, 2014) (단위: m)

	기준선 방향		기준선의 직각 방향		
	배치간격		배치간격(기준선 방향)		기준선에서의 거리(최대)
종목	보링	사운딩	보링	사운딩	보링 및 사운딩
개략조사	50 이하	15 ~ 20	20 ~ 30	10 ~ 15	50 ~ 100
정밀조사	10 ~ 30	5 ~ 10	10 ~ 20	5 ~ 10	

② 조사심도

충분한 지지력을 가지는 지지층을 확인할 수 있는 깊이까지로 한다. 충분한 지지층은 구조물의 형태, 규모에 따라 틀리므로 일률적으로 정할 수 없으나, 비교적 규모가 작은 구조물 또는 기초 구조가 말뚝 지지가 아닌 경우는 N치 30 이상으로 하고, 대형구조물로 말뚝에 의하여 지지층에 도달하는 경우에는 기반암층까지를 목표로 하고, 그 층을 2m 이상 확인한 후 종료한다. 단, 지질학적 특성이 특이한 퇴적암(Shale, Tuff) 지역에 대해서는 전문기술자의 자문을 받아 조사심도를 결정한다.

③ 깊이 방향의 샘플링 간격

물리적 특성, 강도 변화의 특성을 알기 위한 중요 조사 지점에서는 1.5m 간격으로 샘플링(Sampling)을 실시하고, 특히 중요한 경우에는 1m 간격마다 행한다. 보충 조사 지점의 경우에도 매 2m 간격으로 조사한다. 압밀특성에 관해서는 지반을 여러 종류의 층으로 분할하고, 각 층의 대표적 시료에 대해 시험을 실시한다. 보통 균질한 지반에서는 1.5m 간격마다 채취한 자연 시료 중 2개에 1개 정도로 실시한다.

복잡한 지반이나 압밀 침하가 크게 문제되는 경우는 중요도에 따라 그 간격을 줄여서 실시한다. 또 평면상으로는 각 조사공마다 행하는 것이 바람직하다. 조사의 중요도에 따라 적절히 수량을 줄여서 실시해도 좋다.

표준관입시험을 실시할 경우에는 자연시료채취와 병행할 수 없으므로 별도의 보링공을 이용하도록 하여야 한다.

④ 사운딩 간격

보링공을 필요로 하는 경우와 조작이 복잡한 경우는 보링에 준한다. 조작이 간편한 경우, 측정 1개소당의 비용과 작업시간이 적으므로 수평방향의 간격을 보링할 경우의 1/3 이하 정도까지 단축하여 측정을 많이 실시할 수 있다.

2) 해상 조사

수심이 20m 이하일 때에는 육상에서와 같은 형식의 시추 장비와 시료 채취기를 소형 잭업(Jack up) 작업대, 소형 바지 또는 드럼통 바지 위에 올려서 사용할 수 있다. 부유식 시추선(Floating Barge)은 적절한 앵커링이 필요하며, 파도가 심하지 않는 바다에서만 사용된다. 파도 및 조류의 영향을 많이 받는 곳에서 정밀한 조사를 실시할 때에는 레그(Leg)를 지지층에 거치시킨 후 작업대를 수면 위로 부상시키는 SEP(Self Elevating Platform) 바지를 사용하여 자연 시료 및 현장 시험 시 정확성을 높이는 것이 좋다. 수심이 더 깊거나 해상 상태가 더 나쁜 경우에 양질의 불교란 시료 채취를 위해서는 더 큰 시추선이 필요하게 된다. 열린 튜브형과 피스톤형을 포함한 다양한 형식의 해양 시료 채취기가 선박에서 사용될 수 있다. 열린 튜브형의 경우 자유낙하에 의한 관입에 의존하므로 조사심도에 제한을 받는다. 해상에서의 시추 작업과 시료 채취 작업은 신뢰도가 떨어질 수 있으므로, 지반의 설계 정수 산정 시에는 이를 감안하여야 한다.

3) 조사 방법의 선정

지반 조사는 조사 범위, 구조물의 중요도 및 경제성 등을 고려하고, 구조물의 종류, 규모, 중요도, 부근 지반의 지층 구성을 고려하고 설계 목적에 가장 적합한 조사 방법을 선택하여야 한다.

표 2-44 조사 목적별 조사 방법(항만 및 어항 설계기준, 해양수산부, 2014)

조사 목적	조사 방법	조사 내용
지층 상태 확인	보링 사운딩 물리탐사	지층구성 기반암 깊이 연약층 두께
지지력 사면 안정 토압	불교란 시료 사운딩 현장시험	일축압축강도(q_u) 전단강도(τ_i) 내부마찰각(ϕ) 점착력(c) 상대밀도(Dr)
압밀특성	불교란 시료 현장시험	압밀계수(c_v) 압축지수(c_c) 팽창지수(c_r) 체적압축계수(m_v) 선행압밀하중(P_c)
투수성	불교란 시료 현장시험	투수계수(k)
다짐특성	교란 시료로도 가능 현장시험	최대건조단위중량(γ_{dmax}) 최적함수비(W_{out}) CBR
분류 특성	불교란 시료 (단위중량 이외에는 교란시료도 가능)	단위중량(τ_i) 함수비(ω) 토립자 비중(Gs) 입도분포 콘시스턴시 LL, PL

(16) 토압과 수압

구조물에 작용하는 토압은 사질토, 점성토 등의 토질과 구조물의 종류 또는 거동에 따른 주동, 수동 등의 상태에 따라 산정한다. 토압의 크기는 구조물의 종류, 토질에 따라 좌우된다. 구조물이 강성체로서, 회전하거나 전면으로 활동하는 경우, 토압의 분포는 일반적으로 3각형 분포를 한다고 생각하면 된다. 토압 공식에는 Coulomb, Rankine, Terzaghi의 토압 공식 등 여러 식이 있지만 Coulomb의 토압 공식은 실내와 야외에서의 실험의 결과, 비교적 측정치에 가까운 값을 보이기 때문에 항만 구조물 설계에는 Coulomb의 토압 공식이 주로 사용된다. 그러나 강널말뚝 등 변형하기 쉬운 구조물에 작용하는 토압은 복잡한 곡선 분포를 보이므로 이 경우에는 Coulomb의 토압을 사용해서는 안 되며, 역 T형 옹벽 또는 부벽식 옹벽과 같이 토압이 뒷굽으로부터 위로 연직하게 세운 가상면에 작용할 때에는 Rankine 토압을 사용한다. 그 이유는 옹벽 구조물이 회전하거나 활동하는 경우에도 이 가상면을 따라서 전단이 일어나지 않기 때문이다.

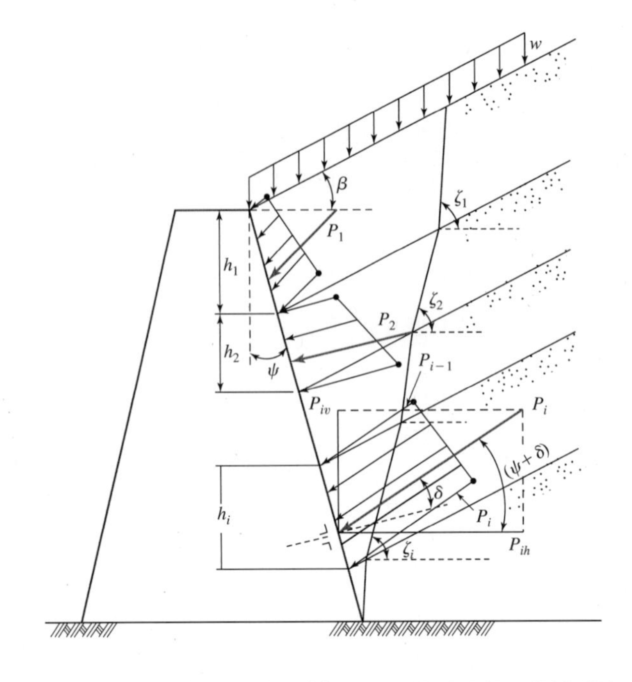

그림 2-84 토압의 분포(Coulomb 토압) (항만 및 어항 설계기준, 해양수산부, 2014)

일반적으로 흙이 수평방향으로 인장 변형이 생겨서 지반 내의 각 점에서 활동이 일어날 수 있는 곳에서의 최대 압력이 주동토압이며, 또 수평 방향으로 압축이 일어나는 경우의 최소 토압이 수동토압이 된다. 활동을 일으키는데 충분한 인장 또는 압축이 없는 경우에는 토압계수는 불확실하며 흙의 변형 상태에 따라 $K_a < K_o < K_p$와 같은 값을 나타낼 것이다.

1) 사질토의 토압

① 주동토압

벽면에 작용하는 토압은 수식 (2-227), 또 붕괴면이 수평과 이루는 각은 수식 (2-228)로 산출한다.

$$P_{ai} = K_{ai} \cdot \left[\sum \gamma_i h_i + \frac{W cos\Psi}{\cos(\Psi - \beta)}\right] \cdot cos\Psi \tag{2-227}$$

$$K_{ai} = \frac{cos^2(\phi_i - \Psi)}{cos^2\Psi \cos(\delta + \Psi) \cdot \left[1 + \sqrt{\frac{\sin(\phi_i + \delta)\sin(\phi_i - \beta)}{\cos(\delta + \Psi)\cos(\Psi - \beta)}}\right]^2}$$

$$\cos(\xi_i - \beta) = -\tan(\phi_i + \delta + \Psi - \beta) + \sec(\phi_i + \delta + \Psi - \beta) \cdot \sqrt{\frac{\cos(\Psi + \delta)\sin(\phi_i + \delta)}{\cos(\Psi - \beta)\sin(\phi_i - \beta)}} \tag{2-228}$$

② 수동토압

벽면에 작용하는 토압은 수식 (2-229), 붕괴면이 수평과 이루는 각은 수식 (2-230)에 의하여 산출한다.

$$P_{pi} = K_{pi} \cdot \left[\sum \gamma_i h_i + \frac{W cos\Psi}{\cos(\Psi - \beta)} \right] \cdot cos\Psi$$

$$K_{pi} = \frac{cos^2(\phi_i + \Psi)}{cos^2\Psi \cos(\delta + \Psi) \cdot \left[1 - \sqrt{\frac{\sin(\phi_i - \delta)\sin(\phi_i + \beta)}{\cos(\delta + \Psi)\cos(\Psi - \beta)}} \right]^2} \qquad (2\text{–}229)$$

$$\cos(\xi_i - \beta) = \tan(\phi_i - \delta - \Psi + \beta) + \sec(\phi_i - \delta - \Psi + \beta) \cdot \sqrt{\frac{\cos(\Psi + \delta)\sin(\phi_i - \delta)}{\cos(\Psi - \beta)\sin(\phi_i + \beta)}} \qquad (2\text{–}230)$$

여기서, P_{pi}는 i층 하면의 벽면에 작용하는 주동 및 수동토압(kN/m²)
ϕ_i는 i층의 흙의 내부마찰각(°)
γ_i는 i층의 흙의 단위체적중량(kN/m³)
h_i는 i층의 두께(m)
K_{pi}는 i층의 주동 및 수동토압계수
Ψ는 벽면이 연직과 이루는 각도(°)
β는 지표면이 수평과 이루는 각(°)
δ는 흙과 벽면과의 마찰각(°)
ξ_i는 i층의 붕괴면이 수평과 이루는 각도(°)
W는 지표면에 단위면적당 재하하중(kN/m²)

③ 정지토압

벽체가 구속되어 변위가 작은 경우에는 정지토압으로 간주해서 계산한다.

$$P = K_o \sum \gamma h \qquad (2\text{–}231)$$

여기서, P는 정지토압(t/m²)
K_o는 정지토압계수
γ는 흙의 단위체적중량(kN/m³)
h는 지표로부터 깊이(m)

④ 흙의 내부마찰각

흙의 내부마찰각은 시험결과치를 사용한다. 사질토의 내부마찰각은 30°~40°의 범위이다.

⑤ 흙과 벽면과의 마찰각

통상 ±15~20°의 값을 사용한다. 뒤채움재의 내부마찰각의 1/2 정도가 적당하다.

⑥ 흙의 단위체적 중량

흙의 단위체적 중량을 실험에 의하여 구한다.

벽면마찰각의 부호는 주동토압인 경우에는 정(+), 수동토압인 경우에는 부(−)를 취하기로 한다. Coulomb의 수동토압은 $(-\Psi)$, $\beta(-\delta)$의 값이 크면 과대하게 되므로, 수동토압 계산의 제공식의 적용에는 다음과 같은 제한을 둔다. 즉 $(-\delta)$의 값은 배면토압의 전단저항각의 1/3로 하고 β와 $(-\Psi)$의 값은 최대 20°로 한다.

토압의 합력은 각 층마다 구한다. i층에서는 수식 (2-232)에 의하여 산정하고, 토압 합력의 수평, 연직 성분은 각각 수식 (2-233)에서 구한다.

$$P_i = \frac{p_{i-1} + p_i}{2} \cdot \frac{h_i}{cos\Psi} \tag{2-232}$$

$$\begin{aligned} P_{ih} &= P_i \cos(\Psi + \delta) \\ P_{iv} &= P_i \sin(\Psi + \delta) \end{aligned} \tag{2-233}$$

2) 점성토의 토압

① 주동토압

주동토압은 수식 (2-234)에 의하여 산출하며, 구조물에 대해 가장 위험한 토압 분포를 가정하여 설계한다. 단, 수식 (2-234)를 사용했을 때 생기는 부의 토압은 고려하지 아니한다.

$$P_A = \sum \gamma h + W - 2c \tag{2-234}$$

여기서, W는 상재하중(kN/m^2)
P_A는 각 토층 하부에서 벽면에 작용하는 주동토압(kN/m^2)
c는 점착력(kN/m^2)

② 수동토압

수동토압은 수식 (2-235)를 사용하여 산출한다.

$$P_P = \sum \gamma h + W + 2c \tag{2-235}$$

여기서, P_P는 각 토층 하부에서 벽면에 작용하는 수동토압(kN/m^2)

③ 정지토압

$$P = K_o \cdot \gamma \cdot h \tag{2-236}$$

여기서, K_o는 정지토압계수

점성토의 경우에는 흙과 벽면과의 점착력을 무시하고, 점성토의 단위체적중량은 토질 시험에 의해서 결정한다. 점성토의 정지토압계수는 보통 0.6~1.0 정도라고 하지만, 과압밀 점토에서는 2~4에 달하는 경우도 있다. 점착력은 압밀 진행에 따라 변화하고, 토압은 크립(creep)등 흙의 변형의 영향을 받으므로 충분히 검토하여야 한다. 흙의 점착력은 적절한 방법에 의해 산정되어야 하며, 예로서 일축압축시험 결과를 사용하는 경우에는 수식 (2-237)을 이용한다.

$$c = \frac{q_u}{2} \tag{2-237}$$

여기서, q_u는 일축압축강도(kN/m^2)

3) 지진 시 사질토의 토압

① 주동토압

벽면에 작용하는 지진 시의 토압은 수식 (2-238)로, 또 붕괴면이 수평과 이루는 각은 수식 (2-239)로 산출한다.

$$P_{ai} = K_{ai} \cdot \left[\sum \gamma_i h_i + \frac{W cos\Psi}{\cos(\Psi - \beta)}\right] \cdot cos\Psi$$

$$K_{ai} = \frac{cos^2(\phi_i - \Psi - \theta)}{cos\theta cos^2\Psi \cos(\delta + \Psi + \theta) \cdot \left[1 + \sqrt{\frac{\sin(\phi_i + \delta)\sin(\phi_i - \beta - \theta)}{\cos(\delta + \Psi + \theta)\cos(\Psi - \beta)}}\right]^2} \tag{2-238}$$

$$\cos(\xi_i - \beta) = -\tan(\phi_i + \delta + \Psi - \beta) + \sec(\phi_i + \delta + \Psi - \beta) \cdot \sqrt{\frac{\cos(\Psi + \delta + \theta)\sin(\phi_i + \delta)}{\cos(\Psi - \delta)\sin(\phi_i - \beta - \theta)}} \tag{2-239}$$

② 수동토압

벽면에 작용하는 지진 시의 토압은 수식 (2-240)으로 붕괴면이 수평과 이루는 각은 수식 (2-241)로 산출한다.

$$P_{pi} = K_{pi} \cdot \left[\sum \gamma_i h_i + \frac{W cos\Psi}{\cos(\Psi - \beta)}\right] \cdot cos\Psi \tag{2-240}$$

$$K_{pi} = \frac{cos^2(\phi_i + \Psi + \theta)}{cos\theta cos^2\Psi \cos(\delta + \Psi - \theta) \cdot \left[1 - \sqrt{\frac{\sin(\phi_i - \delta)\sin(\phi_i + \beta - \theta)}{\cos(\delta + \Psi - \theta)\cos(\Psi - \beta)}}\right]^2}$$

$$\cos(\xi_i - \beta) = \tan(\phi_i - \delta - \Psi + \beta) + \sec(\phi_i - \delta - \Psi + \beta) \cdot \sqrt{\frac{\cos(\Psi + \delta - \theta)\sin(\phi_i - \delta)}{\cos(\Psi - \delta)\sin(\phi_i + \beta - \theta)}} \tag{2-241}$$

여기서, θ는 다음의 (1) 또는 (2)로 표시되는 지진합성각(°)

(1) $\theta = tan^{-1} k$

(2) $\theta = tan^{-1} k'$

k는 진도, k'는 겉보기 진도

4) 지진 시 점성토의 토압

① 주동토압

벽면에 작용하는 지진 시의 토압은 수식 (2-242)로, 또 붕괴면이 수평과 이루는 각은 수식 (2-243)으로 산출한다.

$$P_a = \frac{(\sum \gamma_i h_i + W)\sin(\xi_a + \theta)}{cos\theta sin\xi_a} - \frac{c}{cos\xi_a sin\xi_a} \quad (2\text{-}242)$$

$$\xi_a = tan^{-1}\sqrt{1 - \frac{(\sum \gamma_i h_i + 2W)}{2c}tan\theta} \quad (2\text{-}243)$$

여기서, P_a는 주동토압(kN/m^2)
γ_i는 흙의 단위체적중량(kN/m^3)
h_i는 층의 두께(m)
W는 수평단위면적당 재하하중(kN/m^2)
c는 흙의 점착력(kN/m^2)
θ는 지진합성각, $\theta = tan^{-1}k$(°) 또는 $\theta = tan^{-1}k'$(°)
k는 진도
k'는 겉보기 진도
ξ_a는 붕괴면이 수평과 이루는 각도(°)

점성토의 지진 시 수동토압을 구하는 방법에 대해서는 불명확한 점이 많은데 기존의 점성토의 토압식 수식 (2-234)에 나타낸 평상시의 토압산정식을 이용하는 것이 가능하다.

해저면 아래에서의 점성토의 지진 시 토압을 산출하는 경우 해저면에서는 겉보기 진도를 이용하여 토압을 구하지만 해저면 아래 10m 이하에서는 진도를 0으로 하여 토압을 구하여도 좋다. 단, 해저면 아래 10m에서의 토압이 해저면에서의 값보다 작은 경우에는 해저면에서의 값을 이용한다.

② 겉보기 진도

수면 아래 흙의 지진 시 토압은 다음 식에 의해 구해지는 겉보기 진도를 이용하여 사질토의 토압 및 점성토의 토압의 규정에 따라 산정한다.

$$k' = \frac{2(\sum \gamma_t h_i + \sum \gamma h_i + W) + \gamma h}{2[\sum \gamma_t h_i + \sum(\gamma - 10)h_j + W) + (\gamma - 10)h}k \quad (2\text{-}244)$$

여기서, k'는 겉보기 진도
γ_t는 잔류수위 위 흙의 단위체적중량(kN/m^3)
h_i는 잔류수위 위 i층의 토층의 두께(m)
γ는 물에 의해 포화된 흙의 공기 중 단위체적중량(kN/m^3)

h_j는 잔류수위 아래에서 토압을 산정하는 층보다 위인 j층의 토층 두께(m)
W는 지표면의 단위면적당 재하하중(kN/m^2)
h는 잔류수위 아래에서 토압을 산정하는 토층의 두께(m)
k는 진도

자유 수면에 면한 벽체의 안정을 검토할 때에는 식 (2-244)를 이용하여 산출한 토압에 벽체 전면에 작용하는 동수압을 바다 쪽으로 작용시킨다. 지진 시 수면 아래의 흙은 토립자와 물이 일체로 되어 운동한다고 가정하면 흙에 작용하는 지진력은 흙의 포화중량에 진도를 곱한 것으로 된다. 또한 수면하의 흙은 부력을 받으므로 흙에 작용하는 수직력은 흙의 수중중량이다. 따라서 수면 아래의 흙에 작용하는 지진 시 합력은 공기 중과 다르게 된다. 지진 시 토압을 산출하는 경우 수면 아래의 흙에 대해서는 지진합성각으로 도출한 겉보기 진도를 이용하면, 공기 중의 흙에 대해 도출된 지진 시 토압식에 의해 토압을 구하는 것이 가능하다.

수면 아래의 흙에 대한 수직력에는 토압을 구하고자 하는 토층보다 위인 흙의 토층중량 및 재하하중이 들어가므로 겉보기 진도는 이들의 영향을 받는다.

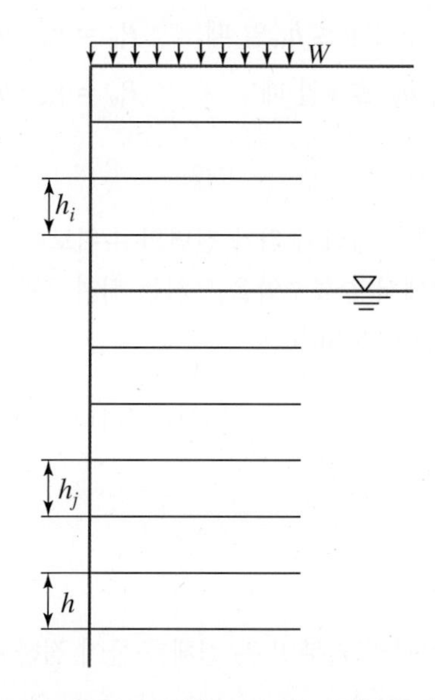

그림 2-85 겉보기 진도의 기호(항만 및 어항 설계기준, 해양수산부, 2014)

5) 수압

① 잔류수압

안벽 뒤채움 내의 수위와 전면수위 간의 수위차가 생길 때 설계를 할 경우, 다음 식과 같이 잔류수압을 고려하여 안정 계산을 해야 한다.

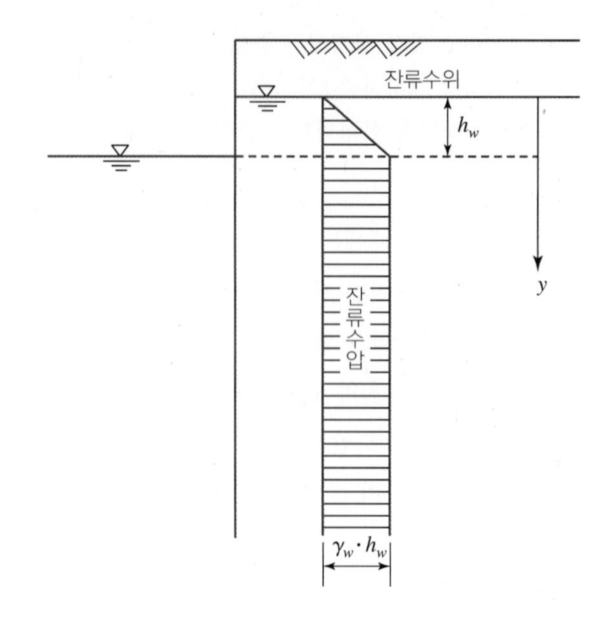

그림 2-86 잔류수압(항만 및 어항 설계기준, 해양수산부, 2014)

$$0 \le y \le h_w \text{일 때:} \qquad P_w = \gamma_w \cdot y \tag{2-245}$$

$$h_w \le y \text{일 때:} \qquad P_w = \gamma_w \cdot h_w \tag{2-246}$$

여기서, P_w는 잔류수압(kN/m²)
h_w는 잔류수위차, 뒤채움 내의 수위가 전면의 수위보다 높을 때 최고의 수위차(m)
y는 뒤채움 내의 수면에서 잔류수압을 구하는 점까지의 높이(m)
γ_w는 물의 단위체적중량(kN/m³)

h_w의 크기는 벽체의 배수 상태, 조위차 등을 고려해서 정하나, 통상, 전면 조위차의 1/3~2/3를 표준으로 한다.

② 지진 시의 동수압

수중에 있는 구조물 및 시설의 내부공간의 일부 또는 전체를 물이 점하는 경우에는 지진 시의 동수압을 수식 (2-247)에 의해 구하는 것을 표준으로 한다.

$$P_{dw} = \pm \frac{7}{8} k \gamma_w \sqrt{H \cdot y} \tag{2-247}$$

여기서, P_{dw}는 동수압(kN/m²)
k는 진도
γ_w는 물의 단위체적중량(kN/m³)
H는 수심(m)
y는 수면으로부터 동수압을 산정하는 점까지의 깊이(m)

동수압의 합력 및 작용점의 위치는 수식 (2-248)에 의해 산정하는 것으로 한다.

$$P_{dw} = \pm \frac{7}{12} k \gamma_w H^2 \qquad (2\text{-}248)$$

$$h_{dw} = \frac{3}{5} H$$

여기서, P_{dw}는 동수압의 합력(kN)

h_{dw}는 수면부터 동수압 합력의 작용점까지의 거리(m)

장방형의 공간을 점하는 물이 이 공간의 한 변과 평행한 방향으로 진동하는 지진동을 받는 때에 그 진동방향에 수직한 벽면에 작용하는 동수압은 수식 (2-249)에 의해 계산한다.

$$P_{dw} = \pm \frac{7}{8} c k \gamma_w \sqrt{H \cdot y} \qquad (2\text{-}249)$$

여기서, P_{dw}는 동수압(kN/m^2)

k는 설계 진도

γ_w는 해수의 단위체적중량(kN/m^3)

y는 수면으로부터 동수압을 산정하는 점까지의 깊이(m)

H는 수심(m)

L는 물이 점하는 공간의 진동방향의 길이(m)

c는 보정계수

$\frac{L}{H} < 1.5 \ : \ c = \frac{L}{1\,5H}$

$\frac{L}{H} > 1.5 \ : \ c = 1.0$

이때 저면에 작용하는 동수압은 수식 (2-250)에 의해 계산한다.

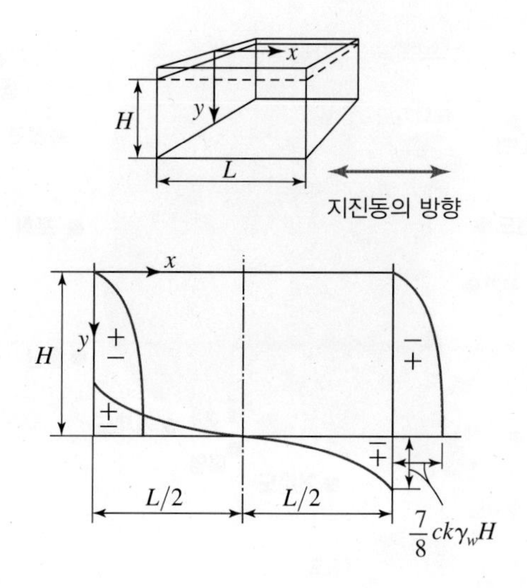

그림 2-87 장방형 중공부의 물에 의한 동수압(항만 및 어항 설계기준, 해양수산부, 2014)

$$P_{dw} = \pm\frac{7}{8}ck\gamma_w H\frac{cosh\left(\frac{\pi}{2}\frac{x}{H}\right) - cosh\left(\frac{\pi}{2}\frac{L-x}{H}\right)}{1 - cosh\left(\frac{\pi}{2}\frac{L}{H}\right)} \tag{2-250}$$

여기서, x는 진동방향에 수직한 벽면으로부터 동수압을 구하는 점까지의 거리(m)

(17) 설계 외력의 평가 방법

설계 외력의 평가 방법에는 현장 관측, 수리모형실험 및 수치모형실험에 의한 방법이 있다.

1) 현장 관측

현장 관측은 대상 해역에서 파랑, 조위, 조류, 부유사, 수질 등을 계측기를 이용하여 직접 관측하며, 계측기의 종류와 설치/측정 기간에 따라 측정 자료의 이용 목적이 달라지게 된다. 현장 관측은 구조물의 설치에 따른 변화의 예측이 불가능하고, 주로 수치모형 등의 검증용 자료로 활용된다.

국가 기관에서 운영하고 있는 파랑 관측소는 기상청(KMA)과 국립해양조사원(KHOA)이 있다. 기상청은 파고, 주기를 측정하는 파랑부이, 국내 등표와 파고, 주기, 파향을 측정하는 국내부이(해양기상부이)가 있으며, 국립해양조사원은 파고, 주기를 측정하는 해양관측소와 파고, 주기, 파향을 측정하는 해양관측 부이, 종합해양과학기지가 있다. 기상청의 국내부이는 2016년 6월 말 기준으로 17개소를 운용하고 있으며, 관측소 위치 및 현황은 그림 2-88에 보여진다.

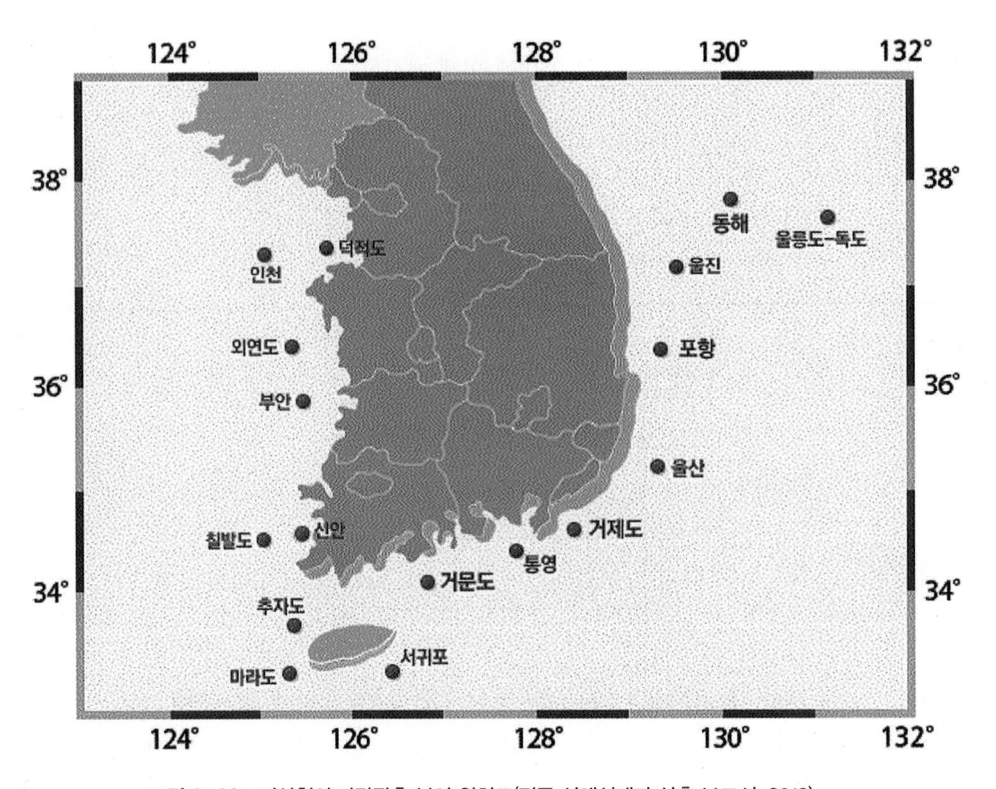

그림 2-88 기상청의 파랑관측 부이 위치도(전국 심해설계파 산출 보고서, 2019)

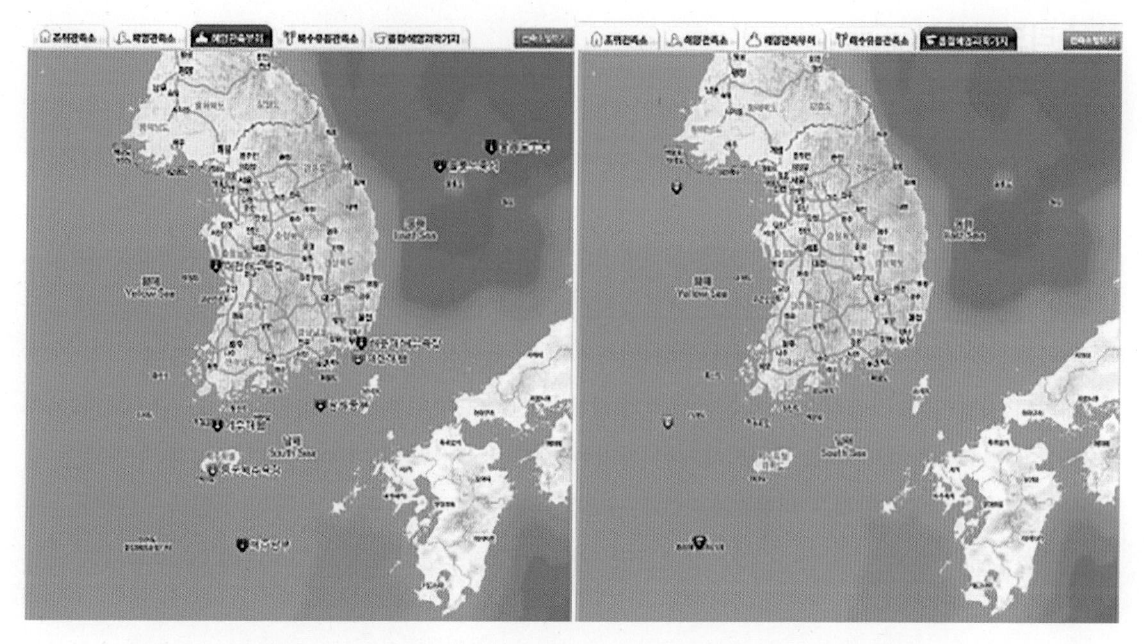

그림 2-89 국립해양조사원의 해양관측 부이와 종합해양과학기지 위치도(전국 심해설계파 산출 보고서, 2019)

국립해양조사원은 조위관측소, 해양관측소, 해양관측 부이, 해수유통 관측소 및 종합해양과학기지를 운용하고 있으며, 이중 파랑관측과 관련하여 2016년 6월 말 기준으로 해양관측부이 9개소와 종합해양과학기지 3개소의 총 12개소를 운용하고 있다. 대천, 중문, 해운대 해수욕장은 이안류 관측을 위해 천해 지역에 설치한 관측소이다.

항만 구조물의 시공 중 수질 관리를 위해서는 파랑, 조위, 조류, 탁도 및 용존산소(DO) 등을 부이를 이용하여 측정하기도 하며, 측정된 자료는 수치모형의 검증이나 해수의 수질 변화를 저감할 목적으로 주로 오탁방지막의 설치 및 운용에 활용된다.

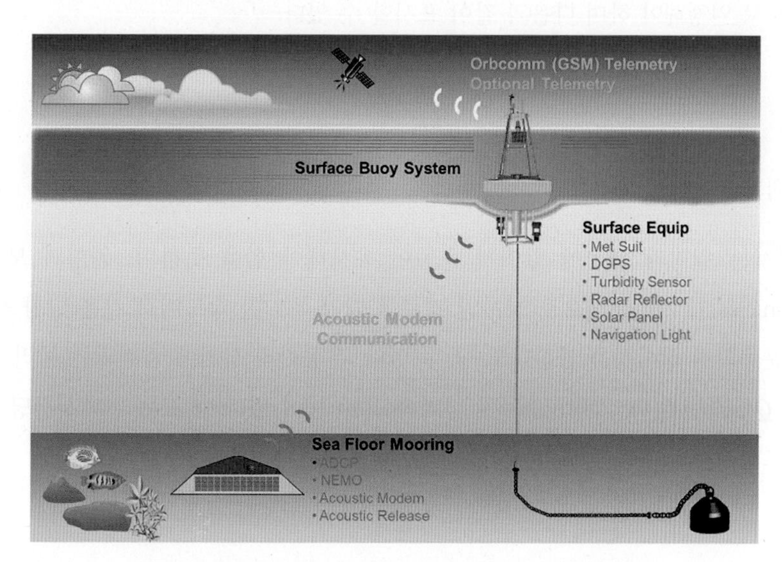

그림 2-90 부이를 이용한 파랑, 조위, 조류 및 탁도 측정(예)

2) 수리모형실험

수리모형이란 실제 물리계에 작용하는 지배적인 힘이 모형에서도 적용될 수 있도록 일정 비율에 맞추어 축소하여 만든 물리계이다. 원형의 성능을 사전에 파악하기 위해 원형을 축소(또는 확대)하여 만든 모형상에서 지배적인 주요 외력을 대상으로 실험을 실시하고 원형에서의 각종 현상을 관찰한다. 대상 해역을 상사법칙(Similarity)을 이용하여 축소한 후 실험하는 방법으로 수학적 기법으로 다루기 힘든 자연현상을 재현 시 유리(월파, 구조물 피해 등)하다. 종류로는 주로 파랑 변형 실험, 항내 정온도 실험, 구조물 안정성 실험, 해수유동, 부유사 확산 실험, 해저지형 변동실험 등이 있다.

해석적 방법 및 수치모형으로 자연현상을 해석하고 예측하기 위해서는 지배방정식을 단순화하기 위한 가정이 필요하지만, 수리모형실험에서는 이러한 가정이 필요 없으며, 현장 관측을 통해 자료를 수집하는 것보다는 비교적 적은 비용으로, 쉽게 필요한 자료를 수집할 수 있는 장점이 있다. 그러나 수리모형실험은 축척 효과, 실험실 효과가 발생하며, 비용이 수치모형실험에 비해 과다하게 소요되는 단점이 있다.

축척 효과(Scale Effect)는 부유사 및 소류사를 축소할 때 발생하는 점성효과 등을 원형과 같이 재현하지 못하기 때문에 발생하며, 실험실 효과(Laboratory Effects)는 실험영역 및 실험 장치의 한계에 따른 문제로 실제 현상을 모델링 시 실험자의 판단이 중요하다. 수리모형실험은 풍파에 의한 연안에서의 흐름 재현과 같은 자연에서 발생할 수 있는 모든 조건을 적용 할 수 없으며, 2차원 단면 수조 실험과 3차원 평면 수조 실험으로 구분할 수 있다(수리모형실험의 설계 적용성, 김영택, 2014).

원형을 모형으로 구현하기 위한 상사 법칙은 기하학적 상사(Geometric Similarity), 운동학적 상사(Kinematic Similarity) 및 동역학적 상사(Dynamic Similiartiy)로 구분된다. 기하학적 상사는 원형과 모형의 모양이 유사해야 함을 뜻하며, 모형은 기하학적으로 원형의 축소판이라 할 수 있다. 원형과 모형의 대응길이(Homologous Length) 사이의 축척이 일정하게 유지될 때 기하학적 상사가 성립되는 것이다. 기하학적 상사에 관련되는 물리량에는 길이(L), 면적(A) 및 체적(V)이 있으며, 원형과 모형 간의 대응길이의 비는 모든 방향으로 일정해야 하며 다음과 같이 표시할 수 있다.

$$\frac{L_p}{L_m} = L_r \tag{2-251}$$

여기서, 첨자 p는 원형, m은 모형, r은 비율

운동학적 상사는 원형과 모형에 있어서 운동이 유사해야 함을 뜻하며, 원형과 모형의 대응입자(Homologous Particles)가 기하학적으로 상사인 경로를 따라 동일한 속도비로 같은 방향으로 이동한다면 원형과 모형은 운동학적 상사성을 가진다고 할 수 있다. 운동학적 상사에 관련되는 물리량에는 속도(V), 가속도(a), 유량(Q), 각변위(θ), 각속도(N) 및 각가속도(ω) 등이 있다. 속도는 단위시간당의 거리로 정의되므로 원형과 모형에서의 대응 속도비는 다음과 같이 표현된다.

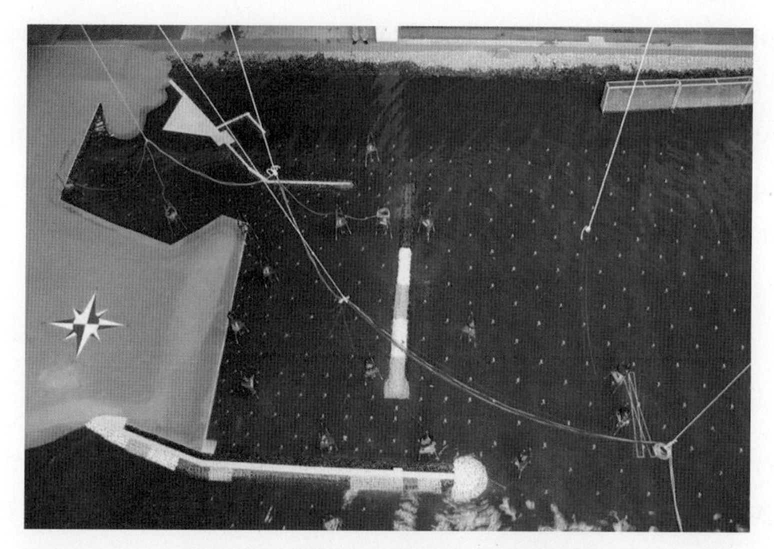

그림 2-91 평면 수리모형실험 예(건설기술연구원)

그림 2-92 단면 수리모형실험 예(건설기술연구원)

$$V_r = \frac{V_p}{V_m} = \frac{\dfrac{L_p}{T_p}}{\dfrac{L_m}{T_m}} = \frac{\dfrac{L_p}{L_m}}{\dfrac{T_p}{T_m}} = \frac{L_r}{T_r} \tag{2-252}$$

여기서, $T_r = T_p/T_m$은 원형과 모형에서 대응입자가 대응거리를 이동하는 시간비

동역학적 상사는 원형과 모형에서 대응점(Homologous Point)에 작용하는 힘(F)의 비가 일정하고 작용방향이 동역학적 상사가 성립된다고 말할 수 있다.

$$F_r = \frac{F_p}{F_m} = M_r a_r = \rho_r L_r^3 \frac{L_r}{T_r^2} = \rho_r L_r^4 T_r^{-2} \tag{2-253}$$

원형과 모형이 기하학적 및 운동학적으로 상사이면 대응체적의 밀도비가 동일할 때 원형과 모형은 동력학적으로 상사가 된다.

수리학적 상사는 원형과 모형 사이의 동역학적 상사가 이루어질 때 얻어지는 것이며, 일반적인 유체의 흐름에 포함되는 힘의 성분은 유체의 기본 성질로 인한 압력, 동력, 점성력, 표면장력 및 탄성력(혹은 압축력) 등이다. 이들 성분의 크기비가 원형과 모형에서 전부 동일하여야 동역학적 상사가 성립하게 된다.

$$\frac{(F_p)_p}{(F_p)_m} = \frac{(F_G)_p}{(F_G)_m} = \frac{(F_V)_p}{(F_V)_m} = \frac{(F_S)_p}{(F_S)_m} = \frac{(F_E)_p}{(F_E)_m} \tag{2-254}$$

여기서, F_p, F_G, F_V, F_S, F_E는 각각 원형과 모형의 대응점에 작용하는 압력, 중력, 점성력, 표면장력 및 압축력을 표시한다. 수리학적 상사의 종류는 현상을 지배하는 힘의 종류에 따라 다음과 같이 구분된다.

- Froude 상사 : 관성력과 중력의 비
- Reynolds 상사 : 관성력과 점성력의 비
- Weber 상사 : 관성력과 표면장력의 비
- Cauchy 상사 : 관성력과 탄성력의 비
- Euler 상사 : 관성력과 압력의 비

이 중 항만 분야에서 주로 적용되는 Froude 상사는 유체가 자유 표면을 가지고 흐를 경우 중력이 지배적인 힘이 되며, 관성력과 중력의 비가 각각 원형과 모형에서 동일하면 두 흐름은 수리학적 상사를 이룬다고 본다.

$$\left(\frac{F_I}{F_G}\right)_r = \frac{(F_I/F_G)_p}{(F_I/F_G)_m} = 1 \tag{2-255}$$

Froude 상사를 이용한 수리모형실험에서 물리량의 비는 표 2-45와 같이 표시된다(수리학, 윤용남, 2004).

표 2-45 Froude 상사법칙하의 물리량비

기하학적 상사		운동학적 상사		동역학적 상사	
물리량	비	물리량	비	물리량	비
길이	L_r	시간	$L_r^{1/2}$	힘	L_r^3
면적	L_r^2	속도	$L_r^{1/2}$	질량	L_r^3
체적	L_r^3	가속도	1	일	L_r^4
		유량	$L_r^{5/2}$	동력	$L_r^{7/2}$
		각속도	$L_r^{-1/2}$		
		각가속도	L_r^{-1}		

3) 수치모형실험

수치모형이란 실제의 물리현상을 지배방정식을 이용하여 컴퓨터로 모의하는 방법으로, 실험 비용이 저렴하고 다양한 실험 케이스를 예측하는 것이 가능하다. 수치해석은 계산의 기초가 지배방정식을 평면 격자 및 시간 격자로 차분화하여 컴퓨터로 계산하는 것으로 항만 분야에서는 주로 파랑 변형, 해수 유동, 폭풍해일, 지진 해일, 부유사 확산, 해저 지형 변동 등의 모형실험에 적용된다.

차분기법으로는 주로 유한차분모형(Finite Difference Method)와 유한요소모형(Finite Element Method)이 적용된다. 유한차분법(有限差分法, Finite Difference Method, FDM)은 미분을 유한차분으로 근사하여 미분방정식을 이산화함으로써 미분방정식을 풀이하는 수치편미분방정식의 방법이다. 수치상미분방정식처럼 수치편미분방정식도 양해법(Explicit Method, 명시적 방법, 양함수적 방법)과 음해법(Implicit Method, 암시적 방법, 양함수적 방법)으로 나뉜다. 양해법은 현재 t라는 시점에서의 계의 정보(변수, 함수, 도함수 등)를 기준으로 Δt만큼 지난 시점의 계의 정보를 계산하는 방법이고, 음해법은 아직 알고 있지 않은 $t+\Delta t$ 시점의 계의 정보가 현재 계의 상태와 맞도록 미지의 $t+\Delta t$ 시점의 계의 정보에 대해 방정식을 푸는 방법이다.

FTCS(Forward-Time Central-Space)이나 Lax-Friedrichs, Lax-Wendroff method 등은 양해법이고 Crank-Nicolson 방법은 음해법이다.

유한요소법(有限要素法, Finite Element Method, FEM)은 편미분방정식이나 적분, 열방정식 등의 근사해를 수치적분을 이용하여 구하는 방법이다. 유한요소법은 이처럼 정확한 이론해를 구하기 어려운 문제에 대해 복잡한 모델을 우리가 조작할 수 있는 유한개의 요소(Element)로 분할하고, 개별 요소의 특성을 계산한 다음, 전체 요소의 특성을 모두 조합하여 전체 모델의 특성을 근사적으로 계산하는 방법이다. 유한요소법에서 결과(미지수)가 계산되는 위치를 절점(node)이라 하고, 일반적으로 요소의 꼭지점이다. 주로 정방형 격자를 사용하는 유한차분법과 달리 삼각형 요소를 사용할 수 있기 때문에 복잡한 해안선을 표현하기에 유리한 점이 있다.

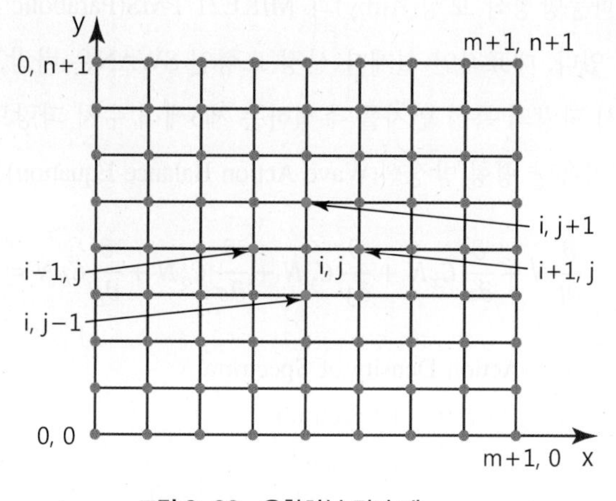

그림 2-93 유한차분 격자 예

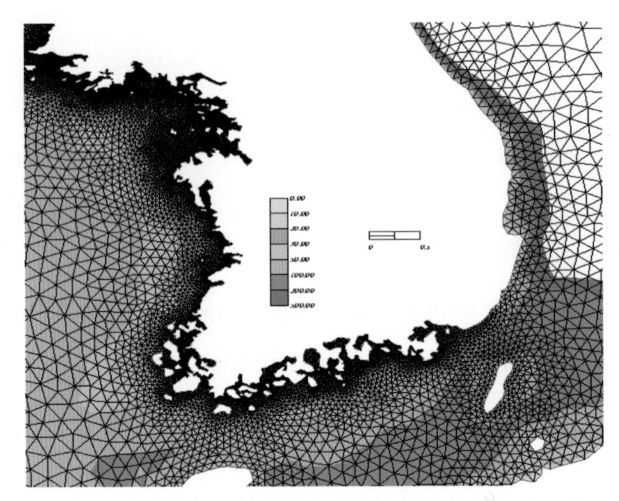

그림 2-94 유한요소 격자 예

① 파랑 변형 모형

외해에서 주로 바람에 의해 발생한 파랑은 해안으로 전파 시 천수, 굴절, 회절, 반사, 쇄파 등의 복잡한 물리적 현상을 경험하게 되며, 이러한 현상을 해석하기 위하여 파랑 변형 수치모형실험이 쓰인다. 2차원 파랑 변형 모형은 에너지 평형 방정식, 완경사 방정식 및 비선형 Boussinesq 방정식을 이용한 모형으로 구분할 수 있고, 3차원 파랑 변형 모형은 Reynolds Averaged Navier-Stokes(RANS) 방정식을 푸는 수치 파동수조(Cadmas-Surf) 모형과 FLOW-3D 등이 있다.

파랑 변형 모형은 선형파와 비선형파, 규칙파와 불규칙파, 일방향파와 다방향파 및 모형의 특성에 따라 고려할 수 있는 물리적 현상이 다르며, 계산 영역도 광역 및 상세역에 적합한 모형 등으로 구분할 수 있다. 또한 위상 평균에 기반한 설계파 산정을 위한 모형과 시간 의존형 수면 변위를 직접 계산하여 항내 정온도 해석을 위한 모형으로 구분할 수 있다.

설계파 산정을 위한 모형으로는 네덜란드 Delft 공과대학에서 개발한 에너지 평형 방정식을 이용하는 SWAN(Simulating WAves in the Near shore) 모형과 MIKE21 SW(Spectral Wave, Danish Hydraulic Institute) 모형이 대표적으로 많이 사용되고 있으며, 완경사 방정식(Mild Slope Equation)의 포물형 근사화를 이용한 포물선 파동방정식 모형(Kirby)과 MIKE21 PMS(Parabolic Mild Slope Module, Danish Hydraulic Institute) 등이 있다. 대표적인 설계파 산정 모형인 SWAN은 바람, 수심 및 해류 조건으로부터 근해, 호수 및 강어귀에서 파랑의 특성 인자를 추정하는 제3세대 수치 파랑모델(Booij et al.[1999], Ris et al.[1999])로서 다음의 파작용량 평형 방정식(Wave Action Balance Equation)을 이용한다.

$$\frac{\partial}{\partial t}N + \frac{\partial}{\partial x}C_x N + \frac{\partial}{\partial y}C_y N + \frac{\partial}{\partial \sigma}C_\sigma N + \frac{\partial}{\partial_\theta}C_\theta N = \frac{S}{\sigma} \qquad (2\text{-}256)$$

여기서, $N(\sigma, \theta) = E/\sigma$는 Action Density of Spectrum

$E(\sigma, \theta)$는 Energy Density of Spectrum

σ는 상대 주파수(Relative Frequency)

$S(\sigma, \theta)$는 원천항(Source Term)

C는 전파속도(Propagation Velocity)

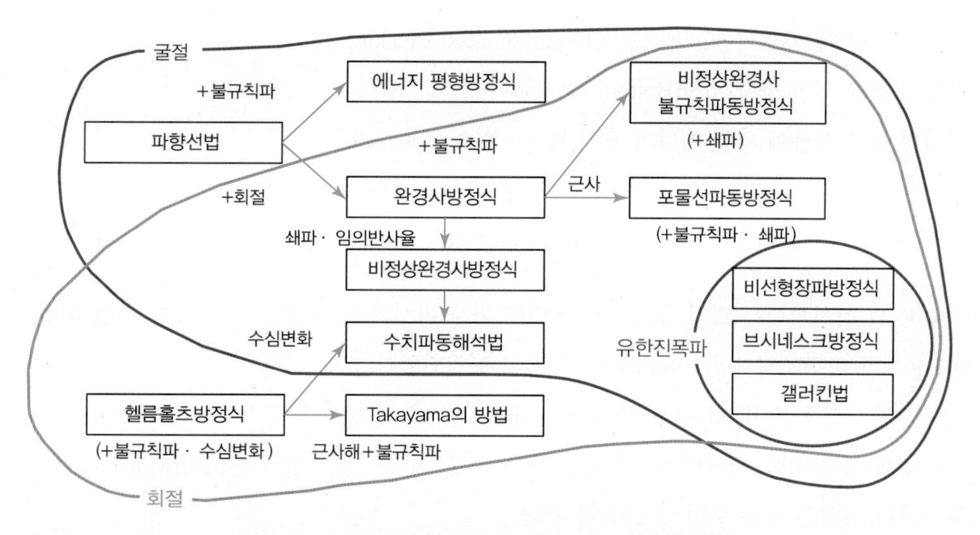

그림 2-95 굴절과 회절을 기본으로 한 파랑 변형 모형의 종류

계산수법	천수변형	굴절	회절	반사	쇄파모델	임의수심	흐름영향	불규칙성	유한진폭성	계산영역			비고
										광	중	협	
파향선법 (회절도법) (Keller, 1958)	◎	◎	×			◎	○	○	△	○	○	○	파속에 유한진폭성을 포함
에너지 평형방정식 (Karlsson, 1969)	◎	◎	▽	△	○	◎	○	◎	×	○	○	○	
헬름홀츠방정식 (Gaillard, 1984)	○	○	◎	◎	×	◎	×	○	×			○	영역마다 일정 수심면
Takayama의 방법 (Takayama, 1981)			◎	◎	×	◎	×	◎	×		○	○	일정 수심만
완경사방정식 (Berkhoff, 1972)	◎	◎	◎	◎	○	◎	○	○	△			○	
비정상 완경사방정식 (Watahabe · Maruyama, 1984)	◎	◎	◎	◎	○	◎	○		×			○	쇄파모델 · 경계조건 처리가 용이
수치파동해석법 (Itoh, Tanimoto, 1971)	○	◎	◎	◎		◎			×			○	
비정상 완경사 불규칙파동방정식 (Jitsubo, 1991)	◎	◎	◎	◎	○	◎		◎	×			○	
포물선파동방정식 (Radder, 1979)	◎	◎	◎	△	○	◎	○	○	△		○	○	
비선형 장파방정식 (Keller, 1960)	◎	◎	◎	◎	○	×		◎	◎			○	연직가속도가 무시되는 천해역에 한정
브시네스크 방정식 (Peregrine, 1967)	◎	◎	◎	◎	○	○	○	◎	◎			○	원방정식은 천해역에 한정
갤러킨법 (Nataoka · Nakagawa, 1993)	◎	◎	◎	◎		◎		◎	◎			○	
비선형 완경사 파동방정식 (Isobe, 1994)	◎	◎	◎	◎		◎		◎	◎			○	

◎ : 기본형으로 적용 가능 / ○ : 응용형으로 일반적 적용 가능 / △ : 응용형으로 부분적 적용 가능
▽ : 기본이론에서는 고려되고 있지 않지만 실용상 적용가능 / 공백 : 연구에 의해 적용할 수 있는 가능성 있음 / × : 적용 불가능

※ 계산 영역 - 광역 : 심해에서 천해를 포함하는 정도 / 중간 : 구조물 주변의 해역 정도 / 협소 : 항내 정도

그림 2-96 파랑 모델 방정식의 이론적 적용 범위

SWAN 모형에서 고려할 수 있는 물리적 현상은 다음과 같다.

- 파랑의 공간상 직선 전파(Wave Propagation)
- 수심과 조류에 의한 굴절(Refraction)
- 수심과 조류에 의한 천해 현상(Shoaling)
- 반대 조류에 의한 파랑의 차단과 반사(Blocking & Reflection)
- 방해물에 의한 파랑의 전달 또는 반사(Transmission & Reflection)
- 바람에 의한 파랑 생성(Wind Generation)
- 백파에 의한 파랑 소산(White Capping)

– 수심에 의한 쇄파에 의한 파랑 소산(Depth–Induced Breaking)
– 바닥 마찰에 의한 파랑 소산(Bottom Friction)
– 비선형 상호 작용에 의한 에너지 교환(Wave–Wave Interaction)
– 장애물에 의한 에너지 소산 고려(Wave Dissipation By Obstacle)
– 주파수 및 방향 스펙트럼의 변화(Frequenct And Directional Spectrum)

SWAN 40.41 버전부터는 회절 효과가 적용되고 확산 반사가 도입되었으며, 40.72 버전부터는 지형조건 표현이 용이한 비구조격자망(Unstructure Grid)이 도입되었다.

완경사 방정식 모형은 Berkhoff가 1972년 발표한 완경사 방정식을 근간으로 만든 선형파 모형이며, 파랑의 굴절, 회절, 천수화, 바닥마찰, 쇄파 및 반사를 계산할 수 있는 단일 주기파(Monochromatic Wave) 모형으로 지배방정식은 다음 수식 (2–257)과 같다.

$$\nabla\left(C \cdot C_g \nabla\xi\right) = (C_g/C) \cdot \frac{\partial^2 \xi}{\partial t^2} \tag{2–257}$$

여기서, C는 파속(Celerity)
C_g는 군파 속도(Group Celerity)
ξ는 수면 높이(Surface Elevation)
∇는 Horizontal Gradient Operator

이 타원형 방정식은 계산 영역 전체에 경계조건을 부여하여야 하기 때문에 수치 계산상 어려운 점이 많아 후에 Radder와 Kirby 등에 의해 수면 변위의 포락선(Envelope)을 계산하는 포물형 완경사 방정식 모형이 개발되었으며, 수심 변화에 의한 굴절과 천수화 및 파의 주 진행방향에 수직방향으로 발생하는 회절(Diffraction)과 바닥마찰, 쇄파에 의한 에너지 손실을 고려할 수 있다.

$$A_x + i(k_0 - \beta_1 k)A + \frac{A}{2C_g}(C_g)_x + \frac{\sigma_1}{\omega C_g}(CC_gA_y)_y + \frac{\sigma_2}{\omega C_g}(CC_gA_y)_{yx} + \frac{W}{2C_g}A = 0 \tag{2–258}$$

여기서, $\sigma_1 = i\left[\beta_2 - \beta_3 \frac{k_0}{k}\right] + \beta_3\left[\frac{k_x}{k^2} + \frac{(C_g)_x}{2kC_g}\right]$
$\sigma_2 = -\beta_3/k$

서로 다른 Parabolic Approximation에 대한 계수 β_1, β_2, β_3 값들이 표 2-46에 나타나 있다.

Copeland 등은 1985년에 타원형 완경사 방정식을 천수 방정식(Shallow Water Equation) 형태의 시간 의존형 쌍곡형 방정식으로 변환하여 제안하였으며, 시간 의존형 쌍곡형 완경사 방정식 모형은 완만한 경사를 가진 임의 수심에서 시간에 따른 파랑의 거동 및 항내 정온도 해석에 적용 가능한 선형파 모형이다.

$$\begin{aligned} \lambda_1 \frac{\partial S}{\partial t} + \lambda_2 S + \frac{\partial P}{\partial x} + \frac{\partial Q}{\partial y} &= SS \\ \lambda_1 \frac{\partial P}{\partial t} + \lambda_3 P + C_g^2 \frac{\partial S}{\partial x} &= 0 \\ \lambda_1 \frac{\partial Q}{\partial t} + \lambda_3 Q + C_g^2 \frac{\partial S}{\partial y} &= 0 \end{aligned} \tag{2–259}$$

표 2-46 Parabolic Approximation에 따른 계수

Coefficients of the rational approximation determined by varying aperture width			
Aperture	β_1	β_2	β_3
Simple	1	−0.5	0
Pade	1	−0.75	−0.25
10°	0.999999972	−0.752858477	−0.252874920
20°	0.999998178	−0.761464683	−0.261734267
30°	0.999978391	−0.775898646	−0.277321130
40°	0.999871128	−0.796244743	−0.301017258
50°	0.999465861	−0.822482968	−0.335107575
60°	0.998213736	−0.854229482	−0.383283081
70°	0.994733030	−0.890064831	−0.451640568
80°	0.985273164	−0.925464479	−0.550974375
90°	0.956311082	−0.943966628	−0.704401903

여기서, $\lambda_1 = \dfrac{C_g}{C}$

$\lambda_2 = \dfrac{C_g}{C} \cdot i\omega + f_s$

$\lambda_3 = \dfrac{C_g}{C} \cdot \omega(i + f_p) + f_s + e_f + e_b$

i는 허수

ω는 파 주파수(Wave Frequency)

SS는 단위 면적당 Source의 크기($m^3/s/m^2$)

f_p는 다공성 구조물 내의 에너지 손실에 의한 선형마찰계수

f_s는 스폰지 층에 의한 선형마찰계수

e_f는 바닥 마찰에 의한 에너지 손실

e_b는 쇄파에 의한 에너지 손실

쌍곡형 완경사 방정식 모형은 파랑의 굴절, 회절, 천수화, 쇄파, 바닥 마찰, 후면 산란(Back-Scattering), 구조물로 인한 부분 반사와 전파를 포함한 선형 굴절-회절 모델로서 항내 공진, 부진동, 해안 부근의 회절과 쇄파 해석에 적용이 가능하고, 흡수층(Sponge Layer) 경계와 내부 조파(Internal Wave Generation) 기법을 이용하여 구조물로 인한 반사파의 영역 내 재입사를 방지한다

Boussinesq 모형은 1979년에 Peregrine이 유도한 약비선형성의 파동 방정식을 1991년에 Madsen 등이 운동방정식에 수정항을 추가하여 분산 관계식에 대한 근사 정도를 높이게 제안하여 이용이 크게 확대 되었으며, 규칙파와 불규칙파의 침투에 의한 항내 정온도 해석, 임의 수심에서 대부분의 파랑현상, 불규칙 다방향 유한 진폭파(Finite Amplitude Wave)의 천수화, 굴절, 회절, 부분반사 등의 해석이 가능하다. 쌍곡형 완경사 방정식 모형과 같이 흡수층(Sponge Layer) 경계와 내부 조파(Internal Wave Generation)기법을 이용하여 구조물로 인한 반사파의 영역 내 재입사를 방지하므로 현존하는 모형 중 최고의 항내 정온도 해석 모델로 평가받고 있다.

$$S_t + P_x + Q_y = 0$$

$$P_t + \left(\frac{P^2}{d}\right)_x + \left(\frac{PQ}{d}\right)_y + gdS_x + \Psi_1 = 0$$

$$Q_t + \left(\frac{Q^2}{d}\right)_y + \left(\frac{PQ}{d}\right)_x + gdS_y + \Psi_2 = 0$$

$$\Psi_1 = -\left(B + \frac{1}{3}\right)h^2\left(P_{xxt} + Q_{xyt}\right) - Bgh^3\left(S_{xxx} + S_{xyy}\right)$$

$$- hh_x\left(\frac{1}{3}P_{xt} + \frac{1}{6}Q_{yt} + 2BghS_{xx} + BghS_{yy}\right) - hh_y\left(\frac{1}{6}Q_{xt} + BghS_{xy}\right) \quad (2\text{–}260)$$

$$\Psi_2 = -\left(B + \frac{1}{3}\right)h^2\left(Q_{yyt} + P_{xyt}\right) - Bgh^3\left(S_{yyy} + S_{yxx}\right)$$

$$- hh_y\left(\frac{1}{3}Q_{yt} + \frac{1}{6}P_{xt} + 2BghS_{yy} + BghS_{xx}\right) - hh_x\left(\frac{1}{6}P_{yt} + BghS_{xy}\right)$$

여기서, $S(x, y, t)$는 정수면 위 수면변위
$P(x, y, t)$는 x방향 선유량
$Q(x, y, t)$는 y방향 선유량
d는 전수심($=h+S$)
h는 정수면 수심
B는 선형분산계수

② 해수유동 모형

해수유동 모형은 연안의 해수유동 현상을 지배하는 운동방정식의 해를 컴퓨터로 계산하며, 유체의 운동은 여러 가지 힘이 단독 또는 여러 가지의 조합으로 작용하여 발생하게 된다. 해수 유동 모형은 장파 모형인 2차원 천수 방정식(Shallow Water Equation)을 지배방정식으로 하여 천문조, 기압 강하에 의한 이상 조위, 폭풍해일, 지진해일 및 해빈류 수치 모의에 적용된다.

$$\frac{\partial h}{\partial t} + \frac{\partial}{\partial x}\left((H+h)u\right) + \frac{\partial}{\partial y}\left((H+h)v\right) = 0$$

$$\frac{\partial u}{\partial t} + u\frac{\partial u}{\partial x} + v\frac{\partial u}{\partial y} - fv = -g\frac{\partial h}{\partial x} - bu + \nu\left(\frac{\partial^2 u}{\partial x^2} + \frac{\partial^2 u}{\partial y^2}\right) \quad (2\text{–}261)$$

$$\frac{\partial v}{\partial t} + u\frac{\partial v}{\partial x} + v\frac{\partial v}{\partial y} + fu = -g\frac{\partial h}{\partial y} - bv + \nu\left(\frac{\partial^2 v}{\partial x^2} + \frac{\partial^2 v}{\partial y^2}\right)$$

여기서, u는 x방향 유속
v는 y방향 유속
h는 정수면 수심(H)에서 수평압력수면의 높이차, $\eta=H+h$
g는 중력가속도
f는 Coriolis 계수
b는 점성항력계수
ν는 동점성계수

2-2
외곽시설

2-2-1 방파제
2-2-2 호안

항만시설의 외곽시설은 파랑을 제어하기 위한 방파제, 호안 구조물과 표사를 제어하기 위한 방사제, 도류제, 돌제, 이안제, 잠제, 인공리프, 그리고 침수 및 배수를 위한 수문, 통문, 갑문시설 등으로 분류할 수 있다. 이 절은 외곽시설과 관련된 구조물 중 방파제, 호안시설 설계실무에 관련된 내용을 기술하였다.

2-2-1
방파제

방파제(Breakwater)는 외해로부터 내습하는 파랑에너지를 소산 또는 반사시켜 항내의 정온도를 유지하여 항내에서 선박이 안전하게 정박하고 하역하며 항내의 수역 및 육지에 있는 항만시설을 파랑으로부터 보호하기 위해 설치된 구조물을 말한다.

(1) 방파제 계획 시 고려사항

방파제는 항내 정온을 유지하여 하역효율을 높이고, 항내 항행 및 정박 중인 선박의 안전을 확보하고, 항내 시설을 보전하기 위하여 설치하는 것으로 방파제 계획 시 표 2-47과 같은 사항을 고려하여야 한다.

표 2-47 방파제 계획 시 고려사항

고려사항	내 용
주변 지형 변화	모래해안/표사 이동 활발한 해역의 지형변화 유발 → 항내, 주변 해안에 대한 퇴적 및 침식영향 예측 및 대처
인근시설 기능저하	반사파 발생 등 해양환경 변화 → 인접 항로의 동요, 기존 호안의 세굴 영향 고려
항내 정온도 악화	다중반사, 부진동 유발 → 항만가동률 예측 및 소파대책 수립
환경변화	조류, 해수유동 특성 변화 → 수질, 저질 환경 변화 예측 및 대처
기타	경관 및 친수 기능 부여 편의성, 안정성, 시공성, 유지관리 용이성 고려

또한 방파제 배치 시는 표 2-48과 같은 사항을 고려하여야 한다.

표 2-48 방파제 배치 시 고려사항

고려사항	내용
항내 정온도	항입구: 항구는 침입파가 적어지도록 최다, 최강의 파랑방향을 피하여 배치 법선: 최다, 최강의 파랑에 대해 항내 정온을 유지하도록 배치 구조: 가능한 월파 방지 구조로 계획, 항내 측면에 반사파가 발생하지 않도록 소파구조로 계획
조선의 용이	선박의 입출항, 접이안, 하역, 정박 등에 지장이 없도록 유효 폭 및 충분한 수면적 확보 항내 반사파나 부진동이 발생하지 않도록 형상은 부정형으로 배치, 항내 측면은 소파구조 또는 에너지 소모형 구조로 계획
수질의 보존	항내 오염 방지를 위해 항내 해수가 항시 교환될 수 있도록 배치 투수성이 강한 사석제를 가능한 축조하고 부방파제, 커튼식 방파제 등도 고려
건설비와 유지비	파랑이 집중하는 형식(우각부 등)을 피하고, 해저지반조건이 양호한 곳을 선택 섬, 곶 등의 지형을 이용하여 배치 및 표사 이동이 최소로 되게 할 것(유지준설 최소화)
항만의 장래 확장 고려	향후 개발을 저해하지 않는 배치로 계획 사빈해안에서는 주변의 퇴적, 세굴 등의 영향을 고려할 것
항구의 위치 및 폭	가능한 외해에 직접 노출이 되지 않는 곳으로 배치 항구 부근의 조류속은 작아야 하고 특히 강한 횡조류가 없어야 함 항구폭은 침입파랑을 작게 하기 위하여 좁은 것이 좋으나, 조선의 용이성이 고려되어야 함
방파제 법선계획	법선의 급격한 변화, 즉 절선형상은 피해야 함(파랑이 집중 됨) 해안선과 직각으로 배치하여 강한 흐름에 의한 방파제 기부의 세굴현상을 방지 방파제 법선은 등심선과 평행한 방향으로 배치(방파효과 고려)
모형실험	수치, 수리모형실험 및 선박조종 시뮬레이션을 시행하여 최종 배치안에 대한 검증 및 보완 필요

(2) 방파제 형식

방파제는 경사식, 직립식, 혼성식, 소파블록 피복식, 특수형식 방파제가 있고, 이는 배치조건, 자연조건, 이용조건, 시공조건 그리고 공사비, 공기, 재료 구득의 난이, 유지보수 등을 검토하여 구조형식을 결정할 수 있다.

1) 경사식 방파제

경사제는 해측에 경사면을 갖는 방파제로 경사면에 피복석이나 콘크리트 소파블록을 쌓아 사면상에서 쇄파 및 투수성과 조도에 의하여 파랑에너지를 소산시키거나 반사시켜 파랑의 항내 진입을 차단한다. 직립제에 비해 기초원지반에 분포하중이 작용하기 때문에 연약 지반에도 사용가능한 형식이고, 혼성제나 직립제에 비해 수리특성이 우수하다. 하지만 수심이 깊은 지역에서는 공사비가 혼성제나 직립제에 비해 다소 고가이고, 파랑이 높은 지역에서는 시공성이 좋지 않다는 단점이 있다.

그림 2-97 경사식 방파제의 예(동해항 방파호안 1공구)

2) 직립식 방파제

직립제는 전면이 연직인 벽체를 수중에 설치한 구조물로서 주로 파랑의 에너지를 소파시키기보다는 반사시켜 파랑의 항내 진입을 차단한다. 경사제에 비해 기초원지반에 집중하중이 작용하기 때문에 주로 단단한 지반인 곳에서 적용하는 형식이다. 최근에는 직립제보다는 대부분 경사제나 혼성제로 설계를 수행한다.

그림 2-98 직립식 방파제의 예

3) 혼성식 방파제

혼성제는 기초 원지반 위에 일정 부분 기초사석 마운드를 두어 연약 지반에 대응하고, 그 상단에 직립벽을 설치하여 파랑을 막아 주는 형식으로 파고에 비하여 사석부 마루가 높은 경우에는 경사제에 가깝고, 낮은 경우에는 직립제에 가깝다.

또한 케이슨 혼성제는 육상에서 케이슨을 제작하여 해상에 거치하는 공법이므로 파랑이 큰 지역에서 시공성이 뛰어난 장점이 있지만 소파기능이 경사제에 비해 약하기 때문에 수리특성이 경사제에 비해 좋지 않다는 단점이 있다.

그림 2-99 혼성식 방파제의 예(동해항 방파호안 1공구)

4) 소파블록 피복식 방파제

소파블록 피복제는 직립제 또는 혼성제의 전면에 소파블록을 설치한 형식으로 소파블록 부분에서는 파랑에너지를 소산시키고, 직립부는 불투과 구조물로 파랑의 투과를 억제시켜 항내로 파랑이 전파되는 것을 차단한다. 소파블록 피복제는 경사제와 혼성제의 장점을 모두 가지는 단면 형식이지만, 이와 동일하게 경사제와 혼성제의 단점 또한 모두 가지는 형식으로 단면 선정 시 많은 검토가 필요한 형식이다.

그림 2-100 소파블록 피복제의 예(동해항 방파호안 1공구)

5) 특수형식 방파제

전술한 방파제는 일반적으로 사용되는 단면 형식이지만, 지역특성에 따라 부유식, 소파판 잔교식 등 특수형식 방파제를 채택하는 사례도 있다.

그림 2-101 특수 방파제의 예

(3) 방파제 피해 양상

방파제는 대표적으로 직립식 방파제, 경사식 방파제, 혼성식 방파제, 소파블록 피복식 방파제가 있으며, 구조 형식에 따라 피해 양상이 다르게 나타난다.

1) 경사식 방파제 피해 양상

경사식 방파제의 경우 그림 2-102와 같이, 피복석(소파블록 포함)의 탈락, 원지반 세굴에 의한 제체 피해, 사면의 원호 활동 파괴, 월파로 인한 천단부와 배면의 피해 등이 발생할 수 있다.

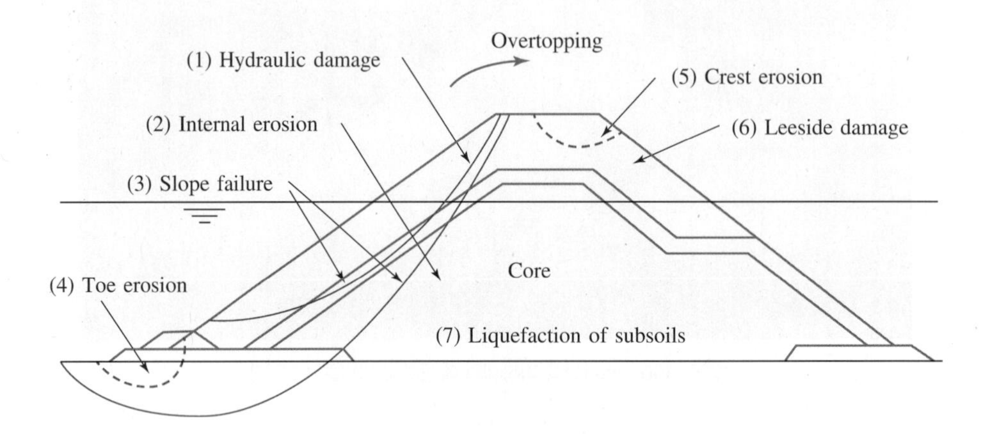

그림 2-102 경사식 방파제의 피해 양상

2) 직립식(혼성식) 방파제 피해 양상

직립식(혼성식) 방파제의 경우 그림 2-103과 같이, 제체의 활동/전도/침하 및 경사식 방파제와 유사하게 피복재의 파괴, 원지반 세굴에 의한 제체 피해 양상이 나타날 수 있다.

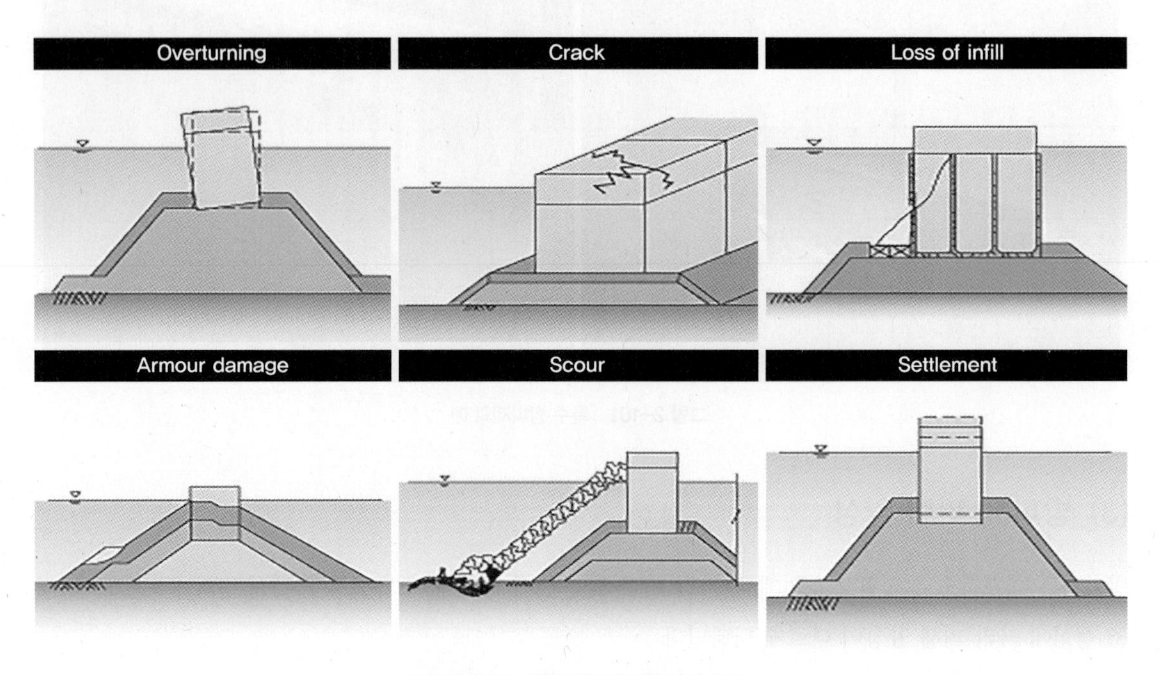

그림 2-103 직립식 방파제의 피해 양상

(4) 경사식 방파제 설계

경사식 방파제는 전술한 바와 같이 해측에 경사면을 갖는 항만 및 해안 구조물로 경사제에 배치된 피복석 또는 콘크리트 피복블록에 의해 소파되는 특성을 가진 구조물이다. 경사식 방파제의 설계법은 다음과 같다.

- 국내외 설계 코드마다 쇄파, 처오름, 월파 및 사석 중량 산정식이 다름
- 각 설계 코드마다 설계파고의 제원이 유의파고(H_s), $H_{1/10}$, $H_{2\%}$로 다름
- 각 설계 코드에 맞게 설계 시 경사식 방파제의 피복재 중량, 제체 높이, 마루폭, 소단 폭 등의 제원이 달라짐
- 현장 관측 자료 및 수리모형실험 자료를 이용한 합리적 설계법이 필요

해외 설계기준(CIRIA)에는 경사식 방파제의 설계 프로세스를 그림 2-104와 같이 정의하고 있다.

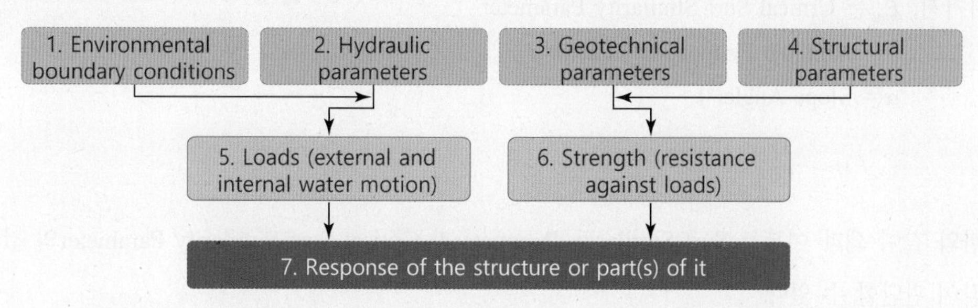

그림 2-104 방파제 안정성 검토를 위한 프로세스(CIRIA C683 The Rock Manual, CUR, 2007)

1) Environmental Parameter

경사식 방파제 설계 시 환경하중(Environmental Parameter)은 파랑, 쇄파, 수심, 조위, 폭풍해일 등이 있고, 이는 설계 시 고조위, 설계파조건, 천단고 결정, 구조형식 결정에 이용된다.

경사식 방파제의 사면에서의 쇄파 특성은 총 5가지로 나눌 수 있고, 그림 2-105와 같다.

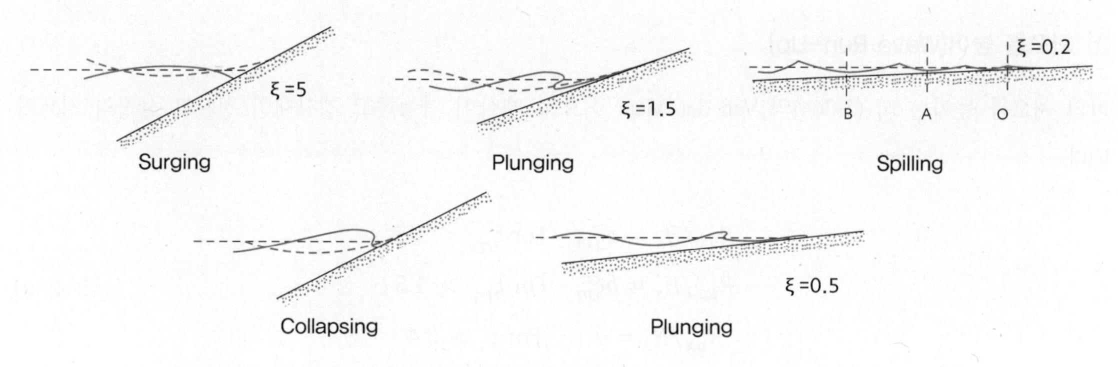

그림 2-105 경사식 방파제 사면에서의 쇄파의 형태(CIRIA C683 The Rock Manual, CUR, 2007)

BS 6349 및 CIRIA에서는 사면에서의 쇄파 발생 여부를 다음과 같이 Surf Similarity와 Critical Surf Similarity 값을 비교하여 판단할 수 있다고 명시되어 있다.

① Surf Similarity Parameter

$$\xi_m = tan\alpha/\sqrt{S} \quad (2\text{-}262)$$
$$S = 2\pi H/gT^2$$

여기서, ξ_m는 Surf Similarity Parameter
α는 Slope Angle(°)
S는 Deep Water Wave Steepness
H는 Wave Height at The Structure

② Critical Surf Similarity Parameter

$$\xi_{mc} = \left[5.77P^{0.3}\sqrt{tan\alpha}\right]^{1/(P+0.75)} \quad (2\text{-}263)$$

여기서, ξ_{mc}는 Critical Surf Similarity Parameter
P는 Nominal Permeability Factor
α는 Slope Angle(°)

③ 쇄파

전술한 바와 같이 쇄파 여부는 Surf Similarity Parameter과 Critical Surf Similarity Parameter의 값에 따라 아래와 같이 판단할 수 있다.

- $\xi_m > \xi_{mc}$: Surging(No Breaking)
- $\xi_m < \xi_{mc}$: Plunging(Breaking)

2) Hydraulic Parameter

경사제 설계 시 고려되어야 하는 Hydraulic Parameter는 처오름 높이, 처내림 높이, 월파량, 전달파 등이 있고, 산정 방법은 아래와 같다.

① 처오름 높이(Wave Run-Up)

파의 처오름 높이는 식 (2-264)의 Van der Meer 식으로 계산이 가능하고 경사제의 천단고 산정의 지표가 된다.

$$R_{ux}/H_s = \alpha\xi_m \quad \text{For } \xi_m < 1.5$$
$$R_{ux}/H_s = b\xi_m^c \quad \text{For } \xi_m > 1.5 \quad (2\text{-}264)$$
$$R_{ux}/H_s = d \quad \text{For p} > 0.4$$

여기서, ξ_m는 Surf similarity parameter
H_s는 유의파고(Significant wave height)

표 2-49 처오름 높이 산정을 위한 각종 계수

Level(%)	*a*	*b*	*c*	*d*
0.1	1.12	1.34	0.55	2.58
1	1.01	1.24	0.48	2.15
2	0.96	1.17	0.46	1.97
5	0.86	1.05	0.44	1.68
10	0.77	0.94	0.42	1.45
Significant	0.72	0.88	0.41	1.35
Mean	0.47	0.60	0.34	0.82

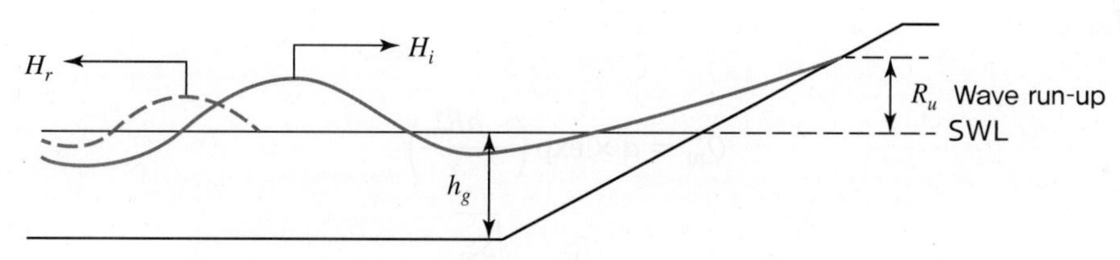

그림 2-106 파의 처오름 높이(CIRIA C683 The Rock Manual, CUR, 2007)

② 처내림 높이(Wave run-down)

파의 처내림 높이는 아래와 같이 Van der Meer 식으로 계산이 가능하고 경사제의 피복재 하단고 산정의 지표가 된다.

$$\frac{R_{d2\%}}{H_s} = 2.1\sqrt{tan\alpha} - 1.2P^{0.15} + 1.5\exp\left(-60s_m\right) \tag{2-265}$$

여기서, P는 공칭투수계수(Permeability)
S_m는 파경사(Wave steepness)
α는 사면의 경사각

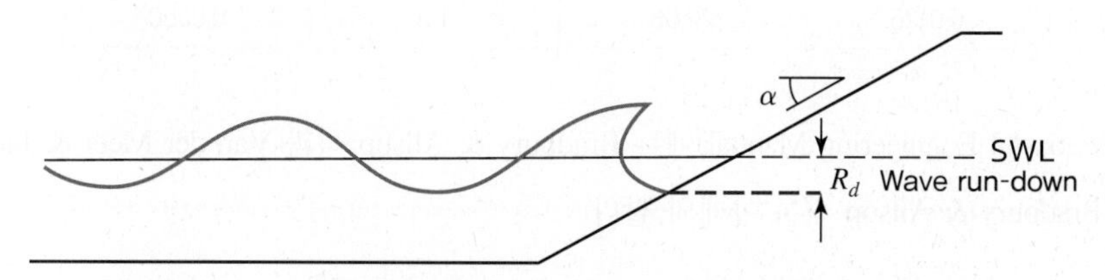

그림 2-107 파의 처내림 높이(CIRIA C683 The Rock Manual, CUR, 2007)

③ 월파량

경사식 방파제의 월파량은 방파제의 천단고 및 천단폭 산정의 지표가 된다.

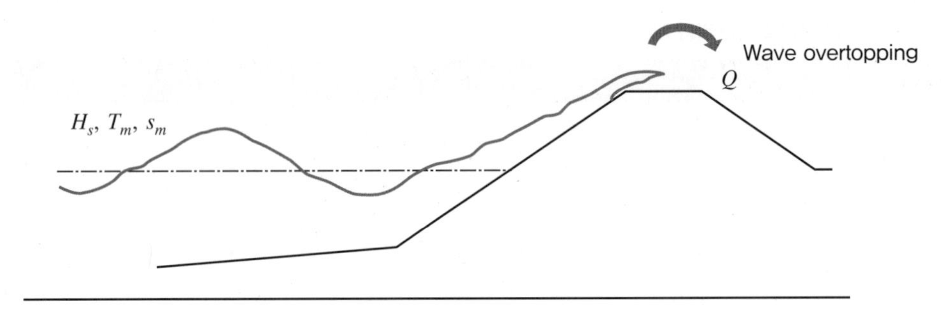

그림 2-108 파의 월파량(CIRIA C683 The Rock Manual, CUR, 2007)

월파량은 설계기준(해외)마다 다른 식이 제안되어 있고, CIRIA에는 아래의 Owen Formula로 계산토록 되어 있다.

$$Q_m^* = a \times \exp\left(-\frac{bR_m^*}{r}\right)$$

$$R_m^* = \frac{R_c}{H_s} \times \sqrt{\frac{S_m}{2\pi}} \qquad (2\text{–}266)$$

$$\bar{Q} = \frac{Q_m^*}{\sqrt{\frac{s}{2\pi}}} \times \sqrt{gH_m^3}$$

여기서, r는 조도계수(Roughness Parameter)

R_c는 여유고(Free Board)

S_m는 파형경사(Wave Steepness)

표 2-50 월파량 산정을 위한 계수

Slope	*a*	*b*	Slope	*a*	*b*
1:1	0.0079	20.12	1:3	0.0163	31.9
1:1.5	0.0102	20.12	1:4	0.0192	46.96
1:2	0.0125	22.06	1:5	0.0250	65.2

또한 CEM(Coastal Engineering Manual)에는 Bradbury & Allsop 식과 Van der Meer & Janssen 식이 제시되어 있고, Bradbury & Allsop 식은 아래와 같다.

$$\frac{q}{gH_sT_{om}} = a\,exp\left[\left(\frac{R_c}{H_s}\right)^2 \sqrt{\frac{S_{om}}{2\pi}}\right]^{-b} \qquad (2\text{–}267)$$

여기서, R_c는 여유고(Free Board)

S_m은 파형경사(Wave Steepness)

T_{om}은 평균 파주기(Mean Wave Period)

a, b는 Overtopping Parameter

Overtopping Parameter(a, b)는 그림 2-109와 같이 5종류의 단면에 대해 주어져 있고, 단면에 맞게 선택하면 된다.

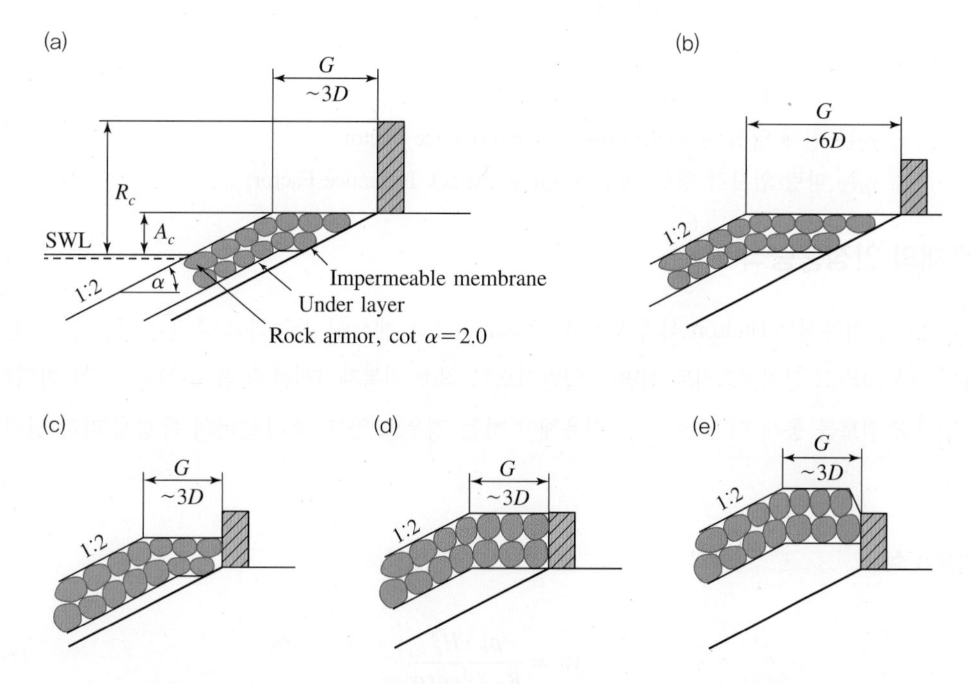

그림 2-109 상치구조물과 관련된 월파량(Coastal Engineering Manual, USACE, 2004)

표 2-51 월파량 산정 계수(상치구조물이 있는 경우)

Section	G/H_a	G/R_c	A/R_c	$a \cdot 10^9$	b
a	0.79~1.7	0.75	0.28	6.7	3.5
		0.58	0.21	3.6	4.4
		1.07	0.39	5.3	3.5
		0.88	0.32	1.8	3.6
b	1.60~3.3	2.14	0.39	1.0	2.8
c	0.79~1.7	1.07	0.71	1.6	3.2
d	0.79~1.7	1.07	1.00	0.37	2.9
e	0.79~1.7	0.83	1.00	1.30	3.8

CEM(Coastal Engineering Manual)에 제시된 Van der Meer & Janssen 식은 아래와 같다.

$$\xi_{op} < 2 \quad \frac{q}{\sqrt{gH_s^3}}\sqrt{\frac{S_{op}}{tan\alpha}} = 0.06\,exp\left(-5.2\frac{R_c}{H_s}\frac{\sqrt{S_{op}}}{tan\alpha}\frac{1}{\gamma_r\gamma_b\gamma_h\gamma_\beta}\right)$$

$$\xi_{op} > 2 \quad \frac{q}{\sqrt{gH_s^3}} = 0.2\,exp\left(-2.6\frac{R_c}{H_s}\frac{1}{\gamma_r\gamma_b\gamma_h\gamma_\beta}\right) \qquad (2\text{–}268)$$

여기서, ξ_{op}는 최대 쇄파계수(Peak Surf Similarity Parameter)

R_c는 여유고(Free Board)
S_{op}는 파경사(Wave Steepness)
a, b는 Overtopping Parameter
α는 사면의 경사각(Angle of Slope)
γ는 조도계수(Roughness Parameter)
γ_b는 소단 영향 계수(Berm Influence Factor)
γ_H는 천해 영향 계수(Shallow Water Influence Factor)
γ_β는 파랑 입사각 영향 계수(Angle of Attack Influence Factor)

3) 피복재의 안정중량식

경사제의 최외곽 피복재는 Hudson 식과 Van der Meer 식으로 계산이 가능하고 층의 두께는 일반적으로 2층을 적용한다. 그리고 상치콘크리트 전면은 일반적으로 최소 피복재 3개를 놓을 수 있는 폭을 반영하여야 하지만, 월파량 검토를 통해 더 넓은 폭을 적용해야 하는 경우도 있고, 소파블록의 특성에 따라 달라질 수 있다.

① Hudson 식

$$W = \frac{\rho_r \cdot H_s^3}{K_D X^3 cot\alpha} \tag{2-269}$$

여기서, ρ_r는 피복재의 단위밀도(Density of Armour Unit)
H_s는 설계파고(Design Wave Height)
K_D는 안정계수(Stability Coefficient)
α는 사면의 경사각(Angle of Slope)
X는 상대부력밀도(Relative Buoyant Density), $X = (\rho_r/\rho_w) - 1$

Hudson 공식에서 가장 중요한 K_D값은 표 2-52 및 2-53과 같고, 소파블록의 경우 소파블록 개발사에서 제공하는 매뉴얼의 값을 적용하면 된다.

소파블록은 T.T.P를 시작으로 상당히 많은 종류가 개발되었다. 소파블록은 파랑을 소파시켜 파랑에너지를 줄여 주는 역할을 하기 때문에 아래와 같은 기본적인 특성을 가지고 있어야 한다.

- 적당한 공극률(40~60%)
- 표면조도가 클 것
- 안정성이 클 것
- 맞물림이 좋을 것
- 쌓는 것이 간단할 것
- 구조가 간단하고 제작이 용이
- 경제적일 것
- 유지보수가 용이할 것

대표적인 소파블록 종류는 그림 2-110에 보여진다.

표 2-52 Hudson 공식에 사용되는 사석의 K_D값

Rock shape	n^c	Placement	Structure trunk		Structure head		
			$K_D{}^d$ for a breaking wave	$K_D{}^d$ for a non-breaking wave	$K_D{}^d$ for a breaking wave	$K_D{}^d$ for a non-breaking wave	cot α
Smooth rounded	2	Random	1.2*	2.4	1.1*	1.9	1.5 to 3.0
Smooth rounded	>3	Random	1.6*	3.2*	1.4*	2.3*	–[e]
Rough angular	2	Random	2.0	4.0	1.9*	3.2	1.5
					1.6*	2.8	2.0
					1.3	2.3	3.0
Rough angular	>3	Random	2.2*	4.5	2.1*	4.2*	–[e]

[a] CAUTION. The K_D values shown with an asterisk are unsupported by test results and are only provide for preliminary design purposes.

[b] Application: 0% to 5% damage and minor overtopping.

[c] n is the number of layers.

[d] Applicable to slopes ranging from 1:1.5 to 1:5.

[e] Until more information is available on the variation of K_D value with slope, the use od K_D should be limited to slopes ranging from 1:1.5 to 1:3.

표 2-53 Hudson 공식에 사용되는 소파블록의 K_D값

Armour unit	Country	Year	K_D values in Hudson stability formula				Slope
			Trunk		Head		
			Breaking waves	Non-breaking	Breaking waves	Non-breaking	
Cube(double)	–	–	6.5	7.5	–	5	1:1.5–1:3
Tetrapod	France	1950	7	8	4.5	5.5	1:2
Tribar	USA	1958	9	10	7.8	8.5	1:2
Stabit	UK	1961	10	12	–	–	1:2
Akmon	Netherlands	1962	8	9	–	–	1:2
Antifer Cube	France	1973	7	8	–	–	1:2

그림 2-110 대표적인 소파블록의 종류

② Van der Meer 식

Van der Meer 식은 1988년에 Van der Meer 교수에 의해 제시된 공식으로 Hudson 공식에 비해 다양한 파랑 및 구조물의 특성을 고려할 수 있는 공식이라는 장점이 있지만, 일부 소파블록(T.T.P, Accropode 등)에만 적용가능하다는 한계점이 있다.

Van der Meer는 천해와 심해역에 대해 각각 Plunging Wave와 Surging Wave 조건에서의 피복석 안정 계산식을 제시하였고, 식은 아래와 같다.

– 천해 & Plunging($\xi_{S-1,0} < \xi_{cr}$)

$$\frac{H_s}{\Delta D_{n50}} = C_{pl} \times P^{0.18} \times \left(\frac{S_d}{N^{0.5}}\right)^{0.2} \times \left(\frac{H_s}{H_{2\%}}\right) \times \xi_{s-1,0}^{-0.5}$$

– 천해 & Surging($\xi_{S-1,0} \geq \xi_{cr}$)

$$\frac{H_s}{\Delta D_{n50}} = C_s \times P^{-0.13} \times \left(\frac{S_d}{N^{0.5}}\right)^{0.2} \times (\frac{H_s}{H_{2\%}}) \times (cot\alpha)^{0.5} \times \xi_{s-1,0}^{P} \qquad (2\text{–}270)$$

– 심해 & Plunging($\xi_m < \xi_{cr}$)

$$\frac{H_s}{\Delta D_{n50}} = C_{pl} \times P^{0.18} \times (\frac{S_d}{N^{0.5}})^{0.2} \times \xi_m^{-0.5}$$

– 심해 & Surging($\xi_m \geq \xi_{cr}$)

$$\frac{H_s}{\Delta D_{n50}} = C_s \times P^{-0.13} \times \left(\frac{S_d}{N^{0.5}}\right)^{0.2} \times (cot\alpha)^{0.5} \times \xi_m^{P}$$

여기서, D_{n50}은 소요 피복석 공칭직경(m)
H_s는 유의파고(m)
$H_{2\%}$는 초과확률이 2%인 파고(m)
N는 작용하는 파의 수
ξ_m는 Surf Similarity Parameter($\xi_m = tan\alpha/\sqrt{(2\pi/g \cdot H_s/T_m^2)}$)
ξ_{cr}는 Critical Surf Similarity Parameter($\xi_{cr} = \left[\frac{C_{pl}}{C_s} P^{0.31}\sqrt{tan\alpha}\right]^{\frac{1}{P+0.5}}$)
S_d는 Damage Level
α는 사면 경사
P는 피복층 하부의 투수지수
C_{pl}, C_s는 Van der Meer Coefficient
Δ는 상대부력밀도(Relative Buoyant Density)

Van der Meer 공식의 파라미터의 상세 설명은 다음과 같다.

가. N(작용하는 파의 수)

파랑이 발생하여 대상 구조물에 영향을 미치는 파랑의 수를 나타내는 계수로 일반적으로 Storm Duration/Wave Period로 계산할 수 있고, 우리나라에서는 일반적으로 1,000을 적용한다. 이는 유의파 주기가 12초인 파가 3시간 20분정도 작용한다고 가정한 것이고, 일반적으로 우리나라 주변을 통과하는 태풍의 3~4시간 정도 영향을 주기 때문이다. 해외에서는 실제 Storm Duration을 산출하여 파수를 계산하고 $N=7{,}500$이 넘을 때는 7,500을 사용하는 것으로 설계기준(Rock Manual)에 명시되어 있다.

나. S_d (Damage Level)

S_d는 파에 의해서 침식된 면적 A를 피복석의 대표 직경 D_{n50}의 자승으로 나눈 것을 의미하고 Van der Meer 공식에서는 표 2-54와 같이 사면경사에 따라, 손상레벨(Damage Level)에 따라 다르게 적용한다. 하지만 일반적으로 경사제 설계에서는 Start of Damage의 계수를 사용한다.

표 2-54 손상레벨의 정의

Slope	Damage level		
	Start of damage	Intermediate damage	Failure
1.5	2	3–5	8
2	2	4–6	8
3	2	6–9	12
4	3	8–12	17
6	3	8–12	17

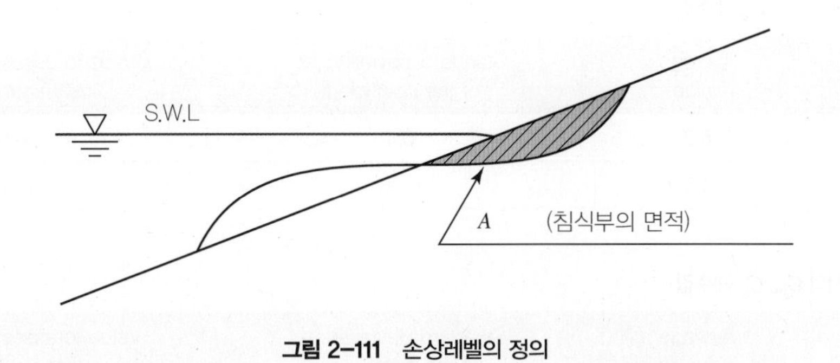

그림 2-111 손상레벨의 정의

다. P (피복층 하부의 투수지수)

구조물의 투수지수(Permeability)는 그림 2-112와 같이 피복재 하부의 투수 정도에 따라 0.1~0.6을 적용할 수 있고 값이 클수록 피복재 크기가 작아진다.

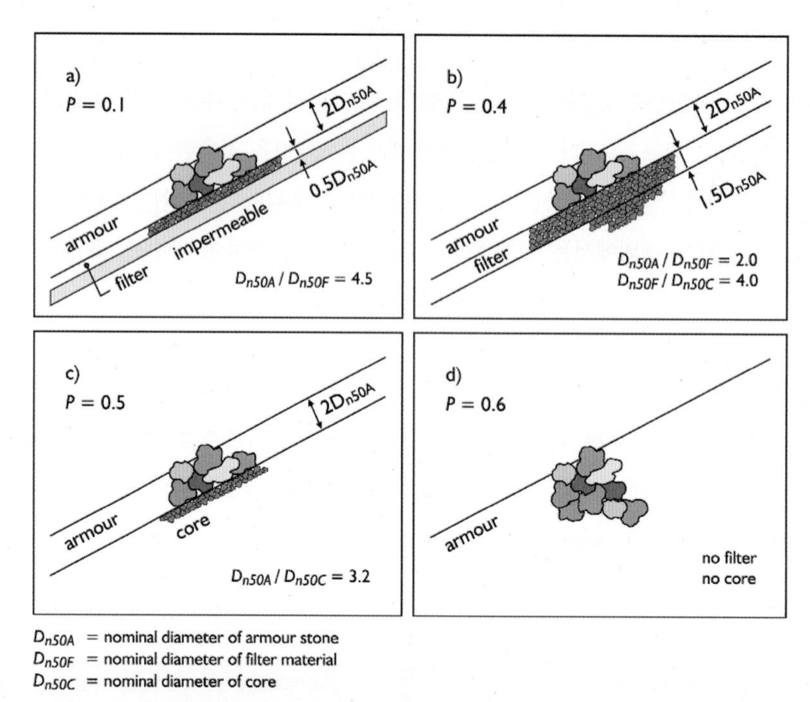

그림 2-112 투수지수(CIRIA C683 The Rock Manual, CUR, 2007)

라. C_{pl}, C_s(Coefficient)

Van der Meer 계수는 천해와 심해에 따라 다른 값을 적용해야 하고, 표 2-55와 표 2-56과 같다. 일반적으로 평균값을 사용한다.

표 2-55 심해에서의 C_{pl}, C_s 계수값

Coefficient	Average value	Standard deviation, σ, of the coefficient	Value to assess 5 per cent limit (mean−1.64σ)
C_{pl}	6.2	0.4	5.5
C_s	1.0	0.08	0.87

표 2-56 천해에서의 C_{pl}, C_s 계수값

Coefficient	Average Value, μ	Standard deviation, σ, of the coefficient	Value to assess 5 per cent limit (μ−1.64σ)
C_{pl}	8.4	0.7	7.25
C_s	1.3	0.15	1.05

4) Typical Cross Section

SPM(Shore Protection Manual)과 CEM(Coastal Engineering Manual)에 제시된 경사식 방파제의 Typical Cross Section은 그림 2-113에 보여지며, 최외곽 피복재를 기준으로 Underlayer, Core 등 재료의 크기는 표 2-57과 같다.

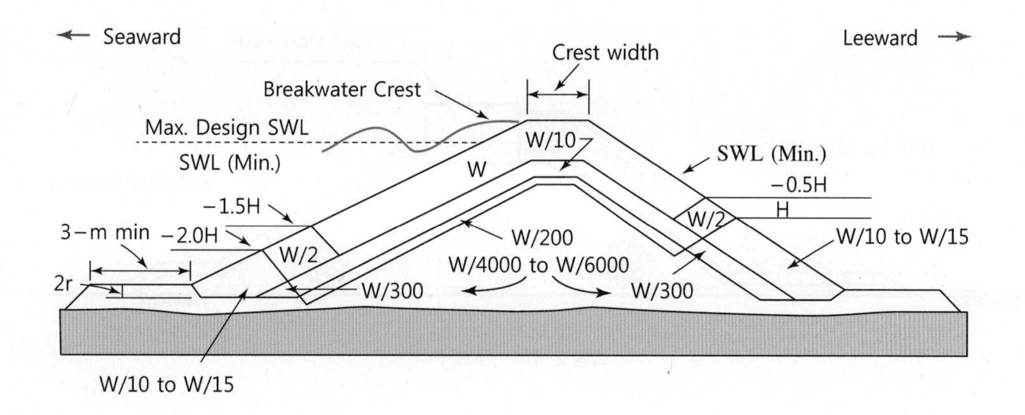

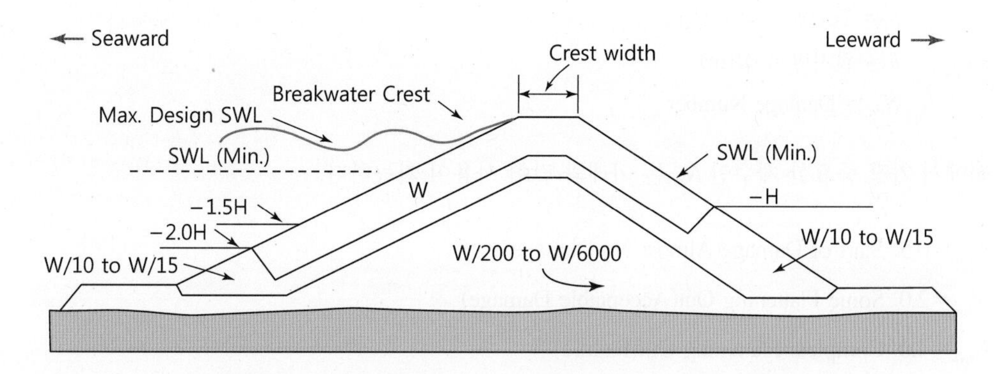

그림 2-113 경사제 단면도(Coastal Engineering Manual, USACE, 2004)

표 2-57 사석제 층별 사석의 크기

Rock Size	Layer	Rock Size Gradation(%)	Legend
W	Primary cover layer	125 to 75	− H = Wave height − W = Weight of individual armour unit − r = Average layer thickness
W/2 & W/15	2nd cover layer	125 to 75	
W/10 & W/300	1st under layer	130 to 70	
W/200	2nd under layer	150 to 50	
W/4000~W/6000	Core and bedding	170 to 30	

5) 근고공(Toe) 설계

경사제에서 근고공의 목적은 피복재의 침하 및 미끄러짐 방지, 쇄파 및 유체입자 속도에 의한 침식 및 세굴의 영향 억제이고, CIRIA에서는 근고공 설치수심을 $h_t/h=0.5$ 이상을 제시하고 있다.

근고공의 소요중량은 아래 식으로 계산할 수 있다(Pilarczyk, 1998).

$$\frac{H_s}{\Delta D_{n50}}=\left(2+6.2\left(\frac{h_t}{h}\right)^{2.7}\right)N_{od}^{0.15} \tag{2-271}$$

여기서, D_{n50}는 소요 피복석 공칭직경(m)

H_s는 유의파고(m)

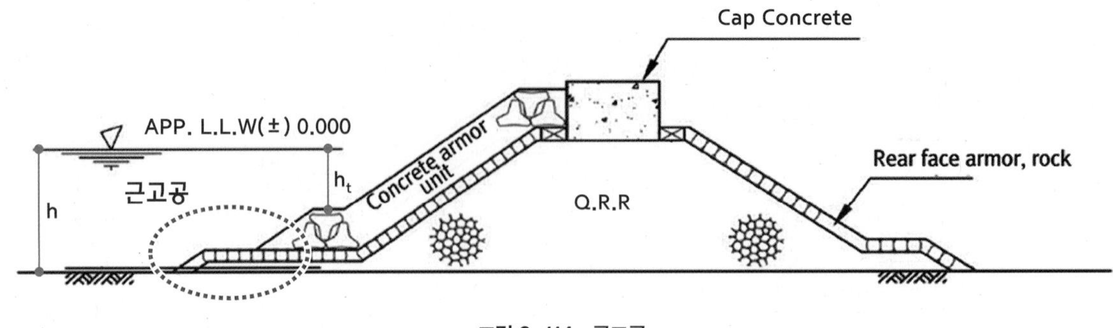

그림 2-114 근고공

h_t는 Toe에서의 수심(m)

h는 원지반 수심(m)

N_{od}는 Damage Number

위 식에서 가장 중요한 계수인 N_{od}는 아래와 같이 사용이 가능하다.

- $N_{od}=0.5$: Start of Damage(Almost No Damage)
- $N_{od}=2.0$: Some Flattening Out(Acceptable Damage)
- $N_{od}=4.0$: Complete Flattening Out(Failure)

Toe 계산 시에는 주로 $N_{od}=0.5$를 적용하여 No Damage 조건으로 계산을 한다.

6) 토질 역학적 검토 사항

전술한 경사제 검토 사항 외에 원지반에 대해서 토질 역학적으로 검토를 수행하여야 한다. 검토는 토질조사, 기초의 침하, 지지력, 원호활동 파괴, 액상화, 과잉간극 수압 등이고, 적절한 연약 지반 처리 공법, 압성토 공법 등 경제적이고 안정적인 대책 마련이 필요하다. BS 6349에서는 원호 활동 파괴 안전율을 평상시 하중 조건으로 1.25 ~ 1.5 이상, 극한 시 하중 조건으로 1.5 이상을 제시하고 있다.

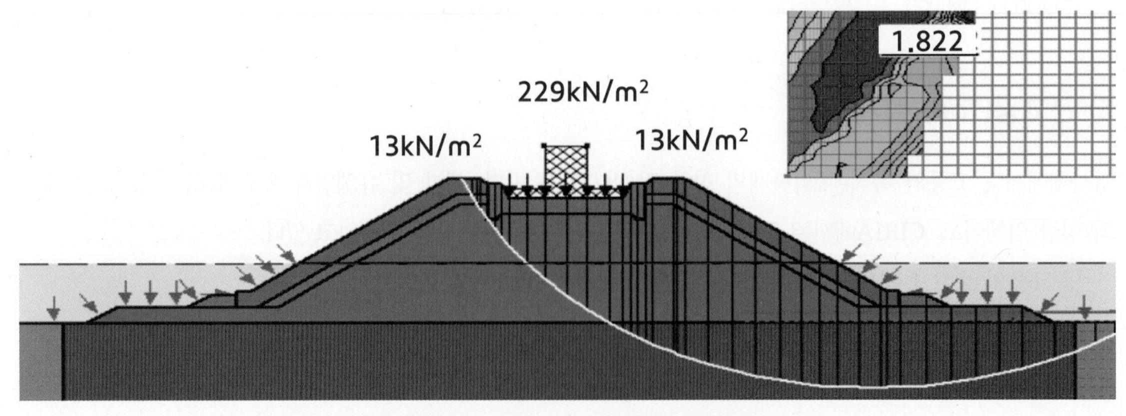

그림 2-115 경사제의 원호 활동 파괴 검토 예

(5) 혼성식 방파제 설계

혼성식 방파제는 전술한 바와 같이 경사제와 직립제를 혼용한 형식으로 수심이 깊은 지역에 가장 많이 사용되는 방파제 형식이다. 혼성식 방파제의 직립부는 케이슨, 블록 등으로 적용이 가능하지만 외해 파랑이 큰 지역에 설치되는 방파제의 특성상 최근에는 일반적으로 케이슨 형식이 많이 적용되고 있다.

1) 직립부 안정검토

① 직립벽에 작용하는 파압

혼성식 방파제의 직립부는 입사파압에 대해 안정(활동 및 전도)하여야 한다.

직립벽에 발생하는 최대 파력 및 양압력은 Goda 식(1973)을 이용하여 계산할 수 있다. Goda 식은 파압 실험 결과와 현지 방파제에 적용한 성과 등을 감안한 다음, 파향에 대해 보정한 것으로 중복파에서 쇄파까지의 파력을 연속적으로 계산할 수 있고, 식은 아래와 같다.

$$P_1 = \frac{1}{2}(1 + cos\beta)(\alpha_1\lambda_1 + \alpha_2\lambda_2 cos^2\beta)\rho_0 g H_D$$

$$P_2 = \frac{P_1}{\cosh\left(\frac{2\pi h}{L}\right)}$$

$$P_3 = \alpha_3 P_1$$

$$\eta^* = 0.75(1 + cos\beta)\lambda_1 H_D \qquad (2\text{–}272)$$

$$\alpha_1 = 0.6 + \frac{1}{2}\left[\frac{\frac{4\pi h}{L}}{\sinh\left(\frac{4\pi h}{L}\right)}\right]^2$$

$$\alpha_2 = min\left\{\frac{h_b - d}{3h_b}\left(\frac{H_D}{d}\right)^2, \frac{2d}{H_D}\right\}$$

$$\alpha_3 = 1 - \frac{h'}{h}\left[1 - \frac{1}{\cosh(2\pi h/La)}\right]$$

$$P_u = \frac{1}{2}(1 + cos\beta)\alpha_1\alpha_3\lambda_3\rho_0 g H_D$$

여기서, η^*는 정수면상에서 파압 강도가 영(零)이 되는 점까지의 높이(m)

P_1은 정수면에서의 파압 강도(kN/m^2)

P_2는 해저면에서의 파압 강도(kN/m^2)

P_3는 직립벽 저면에서의 파압 강도(kN/m^2)

P_u는 외해측 직립벽 저면에 작용하는 양압력(kN/m^2)

ρ_0는 해수의 밀도(t/m^3)

g는 중력가속도(m/s^2)

λ_1, λ_2는 파압의 보정계수(표준 1.0)

λ_3는 양압력의 보정계수(표준 1.0)

h는 직립벽 전면의 수심(m)

h_b는 직립벽 전면에서 외해(심해측)로 유의파고의 5배만큼 떨어진 지점의 수심(m)

h'은 직립벽 저면의 수심(m)

d는 사석부의 근고공 또는 피복공의 마루 중에서 작은 수심(m)

H_D는 쇄파의 영향을 받지 않는 경우에는 $H_{max}=1.8H_{y3}$로 하고, 쇄파의 영향을 받는 경우에는 불규칙파의 쇄파변형을 고려한 H_{max}값을 사용

L은 수심 h에서의 설계계산에 쓰이는 파장(m)

min(a, b)는 a 또는 b 중 작은 값

β는 파의 주방향에서 직립벽에 직각이 되는 방향으로 15°만큼 회전시킨 방향이 직립벽에 직각인 선과 이루는 각도(°). 파의 주방향과 직립벽에 직각인 선이 이루는 각도가 15° 미만인 경우는 $\beta=0°$를 사용함

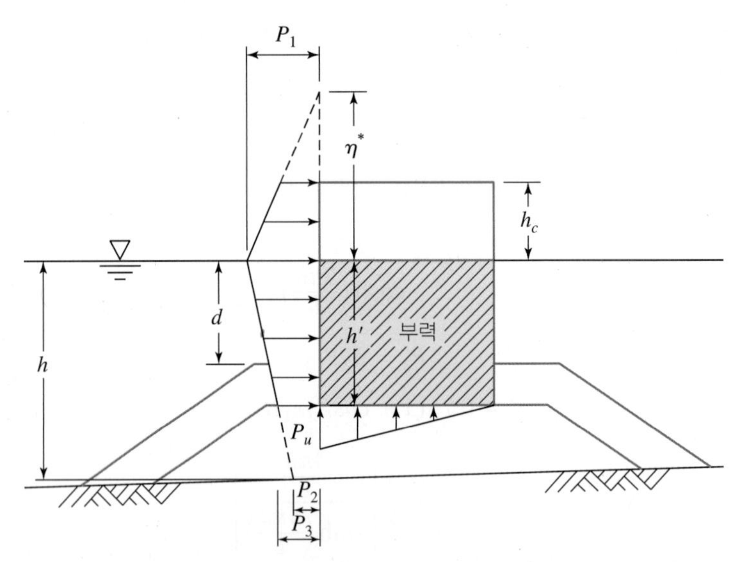

그림 2-116 직립벽에 작용하는 파압 분포(Goda, 항만 및 어항 설계기준, 해양수산부, 2014)

② 소파블록으로 피복된 직립벽에 작용하는 파압

혼성식 방파제 중 직립벽 전면에 소파블록으로 피복된 경우에 파압은 아래의 Tanimoto(1976) 식으로 계산할 수 있다. 기본적으로 직립벽에 작용하는 파압 계산식인 Goda 식에서 아래의 P_1, P_u 계산식을 써서 파력을 계산할 수 있다. 이때, 쇄파압은 소파블록에 의해 현저히 저감되므로 쇄파압 저감계수 $\lambda_2=0$, 그리고 λ_1(중복파압 보정계수)과 λ_3(양압력 보정계수)는 파고 H에 의존한다고 생각하여 $\lambda_3=\lambda_1$으로 하고 λ_1을 λ로 하여 다음 식이 제안되었다.

$$P_1 = \frac{1}{2}(1+cos\beta)\lambda\alpha_1\rho_0 gH_D$$

$$P_u = \frac{1}{2}(1+cos\beta)\lambda\alpha_1\alpha_3\rho_0 gH_D \quad (2\text{–}273)$$

$$\eta^* = 0.75(1+\cos\beta)\lambda H_D$$

$$\lambda = \begin{cases} 1.0 \ (H/h \le 0.3) \\ 1.2 - 2(H/h)/3 \ \ (0.3 < H/h \le 0.6) \\ 0.8 \ (H/h > 0.6) \end{cases}$$

여기서, η^*는 정수면상에서 파압 강도가 영(零)이 되는 점까지의 높이(m)

P_1은 소파블록으로 피복되는 경우 정수면에서의 파압 강도(kN/m^2)

P_u는 소파블록 케이슨 저면의 외해측 끝부분의 양압력(kN/m^2)

g는 중력가속도(m/s^2)

λ는 소파블록 피복에 의한 파압의 저감률

h는 직립벽 전면의 수심(m)

H_D는 설계 계산에 쓰이는 파고, 최대파고(m)

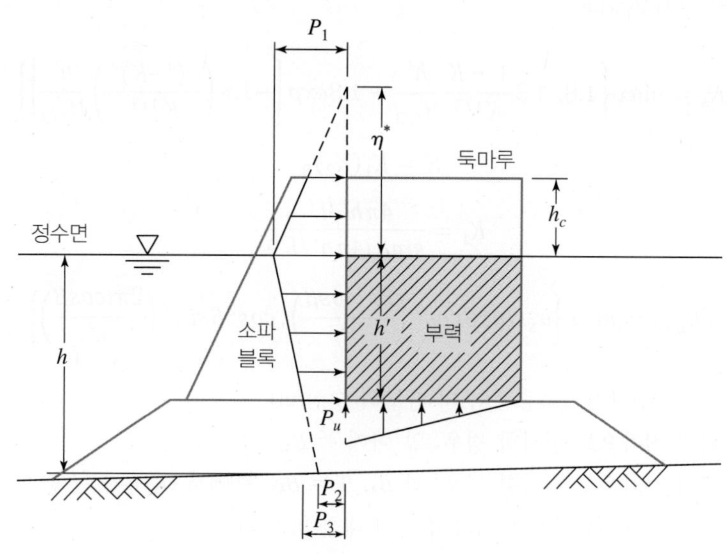

그림 2-117 소파블록으로 피복된 경우의 설계파압 분포(항만 및 어항 설계기준, 해양수산부, 2014)

③ 안정검토

직립벽에 파압 작용 시 안정성 검토는 활동/전도/편심경사 지지력을 검토하여 판단할 수 있고 안전율은 설계기준마다 다르게 제시되어 있다. 국내의 항만 및 어항 설계기준 및 해외의 BS 6349에 제시된 안전율은 표 2-58과 같다.

표 2-58 직립제의 안전율 기준

구분	항만 및 어항 설계기준		BS 6349	
활동	평상시 1.2	지진시 1.1	평상시 1.75	지진시 1.10
전도	평상시 1.2	지진시 1.1	평상시 1.50	지진시 1.10
지지력	평상시 1.2	지진시 1.1	평상시 1.50	지진시 1.10

2) 근고부 피복재 중량 산정

혼성제의 사석부 피복재의 소요질량은 파의 제원이나 설치수심, 사석부의 두께, 전면 어깨폭, 경사 등의 사석부 형상, 피복재의 종류나 쌓는 방법 등에 따라 다르다. 특히, 파의 제원과 사석부 형상의 영향은 경사면에 피복된 피복재에 미치는 영향보다 현저하다. 따라서 기존의 조사 연구성과나 현장실적을 참고하여 필요에 따라 모형실험을 실시하고 적절한 질량을 결정한다. 또 파의 불규칙성의 영향에 대해서도 충분히 유의해야 한다. 단, 혼성제 사석부 피복재의 안정성은 반드시 질량만으로 결정되는 것이 아니고 구조 또는 배열에 의해서 비교적 작은 질량으로도 안정성을 확보할 수 있다.

파력을 받는 혼성제 사석부의 피복석 또는 블록의 소요질량은 Hudson 식을 이용하여 산정할 수 있다. 안정계수 N_s는 Takahashi, Kimura(1990) 등에 의해서 사석부 부근의 유속(Tanimoto et al, 1982), 파향 등의 영향을 고려한 식을 사용한다.

$$N_s = max\left\{1.8,\ 1.3\frac{1-K}{K^{1/3}}\frac{h'}{H_{1/3}} + 1.8exp\left[-1.5\left(\frac{(1-K)^2}{K^{1/3}}\right)\frac{h'}{H_{1/3}}\right]\right\}$$

$$K = K_1(K_2)_B \qquad (2\text{–}274)$$

$$K_1 = \frac{4\pi h'/L'}{sinh\,(4\pi h'/L')}$$

$$(K_2)_B = max\left\{\alpha_s sin^2\beta cos^2\left(\frac{2\pi l cos\beta}{L'}\right), cos^2\beta sin^2\left(\frac{2\pi l cos\beta}{L'}\right)\right\}$$

여기서, h'은 기초사석부(피복층제외)의 마루의 수심(m)

l은 파가 직각으로 입사할 경우: 앞 어깨 폭 B_M(m)

파가 사각으로 입사할 경우: 앞 B_M 또는 B_M' 중에서 $(K_2)_B$가 큰 값

L'은 수심 h'에서 설계 유의파 주기에 대한 파장(m)

α_s는 대상지점이 수평한 경우의 보정계수(=0.45)

β는 파의 입사각(기준선 방향과 이루는 각, 15°의 파향 보정은 하지 않음)

$H_{1/3}$은 설계유의파고(m)

3) 충격쇄파압

충격쇄파압은 쇄파 파면이 직립벽체와 충돌에 의해 발생하고, 현재까지 산술적 계산법이 없기 때문에 수리모형실험에 의해 확인이 필요하다. 단, 충격쇄파압 발생은 그림 2-118과 같이 해저경사와 혼성제 사석부 높이와 관련이 있다.

충격쇄파압의 대책으로 아래와 같다.

- 직립벽 전면에 소파블록 피복/소파케이슨으로 계획
- 사석 마운드를 $2H_{1/3}$ 이상으로 깊게 계획
- 주파향과 방파제 법선 방향을 20° 이상으로 배치

해저경사의 영향	혼성제 사석부 높이의 영향
· 해저경사가 1/30보다 급한 경우 · 환산심해파의 파형경사가 $H_0'/L_0 \leq 0.03$인 경우	· 설치수심과 마루높이 수심비가 0.6 이하 · Mound 깊이가 $2.0H_{1/3}$보다 얕은 경우

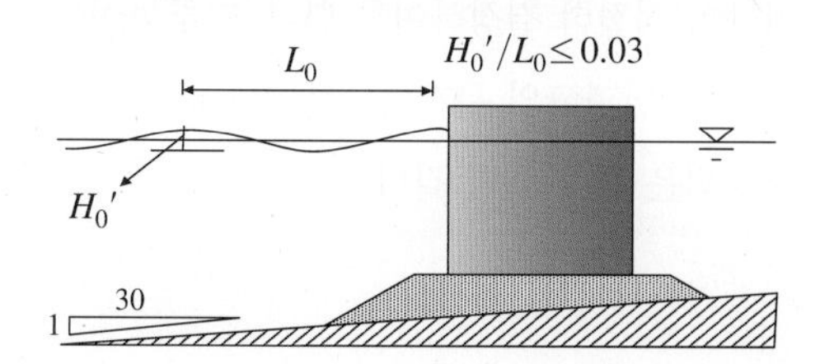

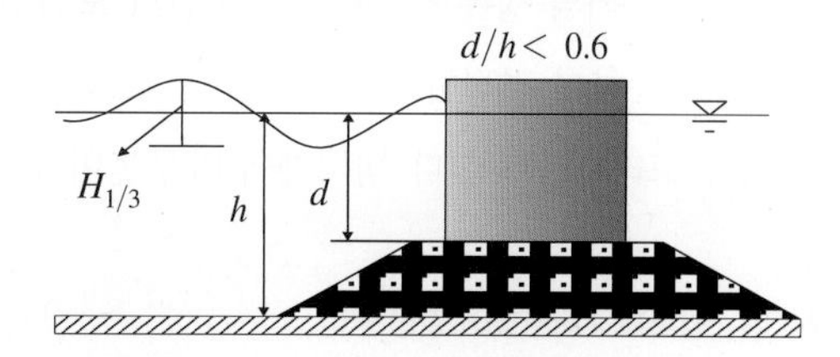

그림 2-118 충격쇄파압의 발생 원인

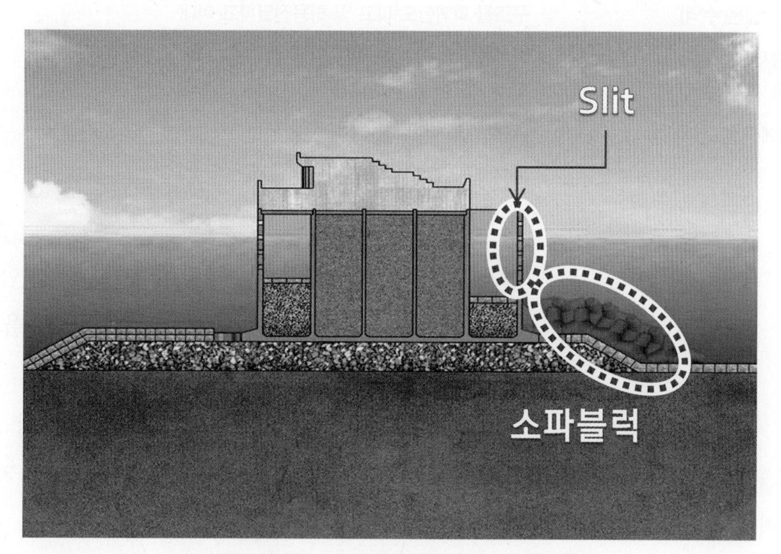

그림 2-119 충격쇄파압의 대책(소파케이슨)

그림 2-120 충격쇄파압의 대책(법선 배치)

4) 마루높이 결정

방파제의 마루높이는 항내 정온 유지의 목적으로 설치되는 상부공(상치콘크리트)의 최상면 높이를 말하는 것으로 배후수역의 정온도, 배후항만시설의 보전 등을 고려하여 적절히 결정하여야 한다. 마루높이는 수리모형실험을 통하여 결정하는 것을 원칙으로 하고, 월파에 따른 전달파고의 문제이므로 파고뿐만 아니라 파장도 함께 고려하여야 한다. 방파제의 마루높이를 결정하는 방법은 표 2-59와 같다.

표 2-59 방파제의 마루높이 결정 방법

구분	마루높이 결정 방법
월파를 허용하는 경우 (대형선박, 넓은 수역)	마루높이 = 삭망평균만조위 + $0.6H_{1/3}$ 구조물 파괴한도 파고 및 허용전달파고 이내
월파를 방지하는 경우 (소형선박, 좁은 수역)	마루높이 = 삭망평균만조위 + $1.25H_{1/3}$ 최고 처오름 높이 이내
모형실험에 의한 경우	단면모형실험을 통한 전달파고 등을 고려

2-2-2 호안

호안은 해안 또는 매립지를 파랑이나 해일에 인한 파괴와 침식으로부터 직접 보호하기 위하여 축조되는 구조물을 말하며 매립호안, 해안제방을 모두 호안이라 통칭한다.

특히 준설 및 매립으로 인한 준설토 투기장 호안 조성 사례가 많으며, 구조형식은 일부 고파랑 지역에서의 혼성제식 적용을 제외하고는 대부분의 지역에서 사석경사제식을 많이 적용한다.

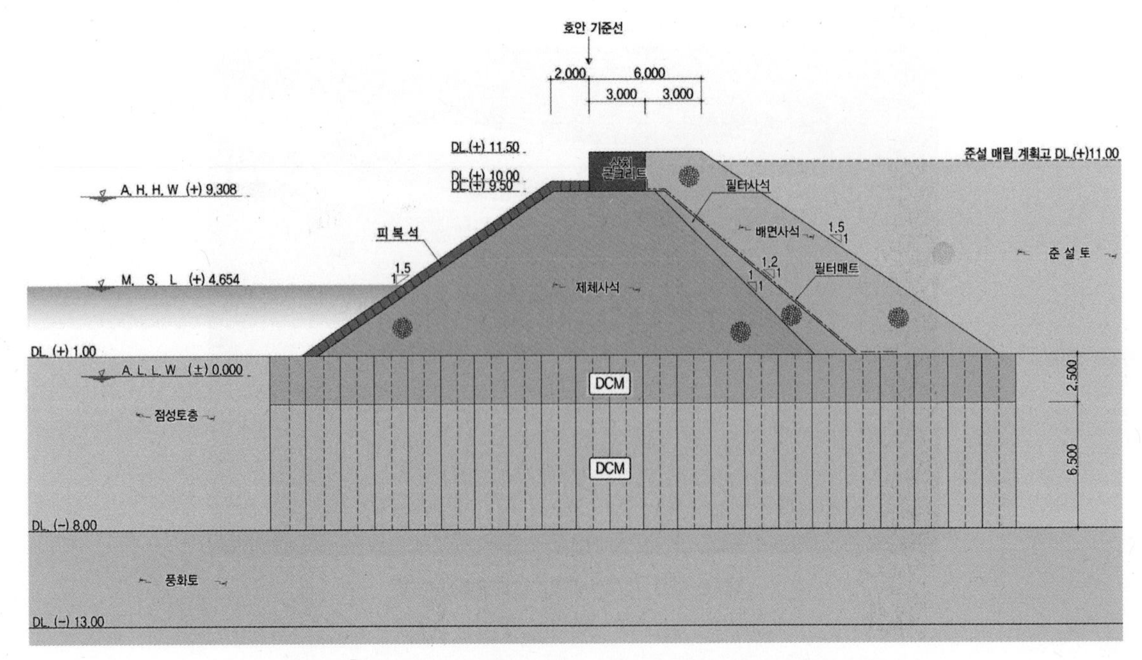

그림 2-121 경사식 호안(항만시설물 실무 설계사례집, 해양수산부, 2019)

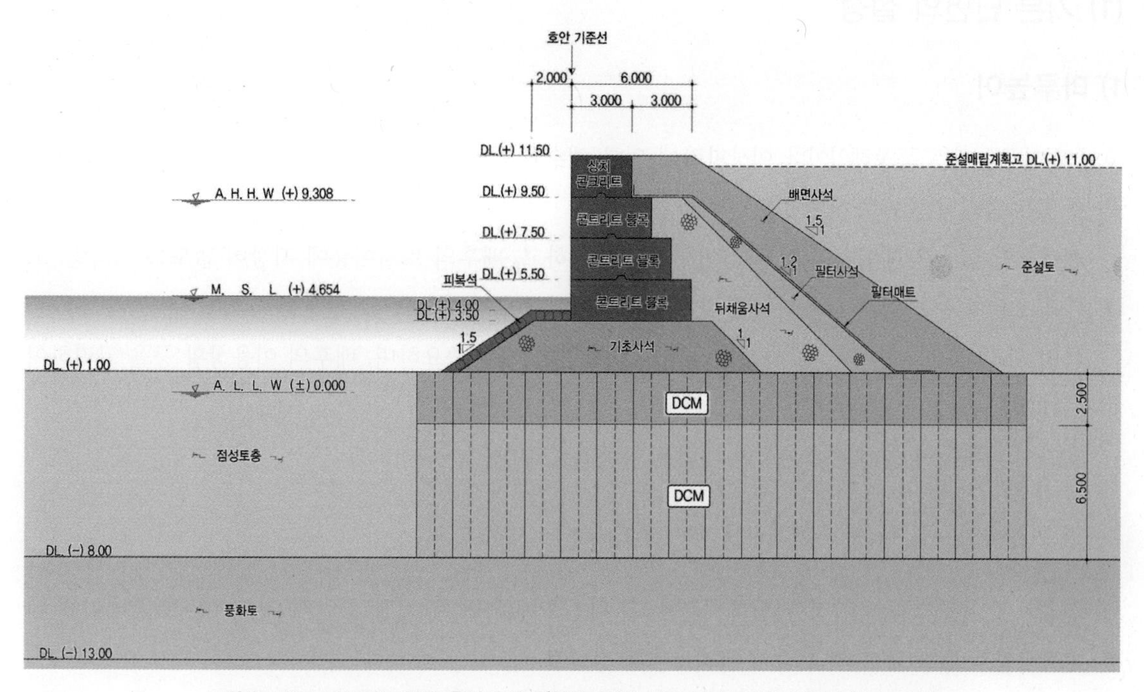

그림 2-122 콘크리트 블록 혼성식 호안(항만시설물 실무 설계사례집, 해양수산부, 2019)

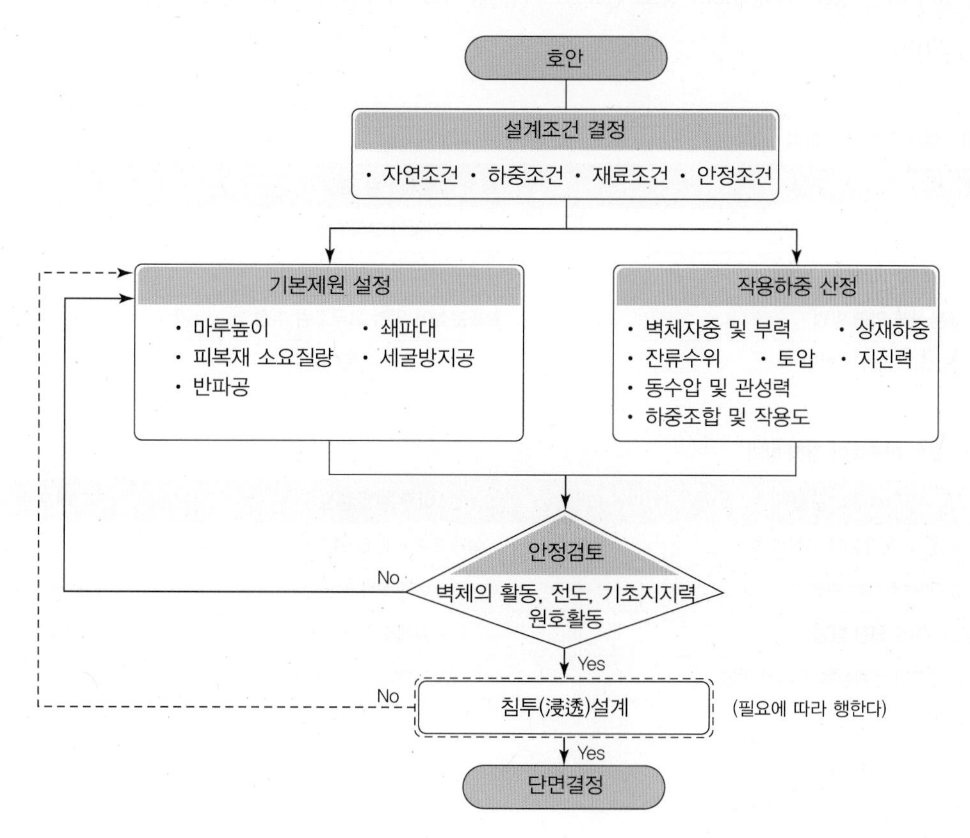

그림 2-123 호안 일반설계 흐름도(항만시설물 실무 설계사례집, 해양수산부, 2019)

(1) 기본 단면의 설정

1) 마루높이

호안의 마루높이는 폭풍해일이나 이상파랑에 의한 해수의 침입을 방지하고 파랑의 처오름이나 월파를 막을 수 있는 충분한 높이로 하여야 한다.

매립호안은 배후 매립지의 보전이 이루어지도록 하고, 배후의 토지이용에 지장이 없도록 월파량, 고조 시의 조위차 등을 감안하여 적절한 마루높이를 결정해야 한다.

특히, 호안의 마루높이 결정 시에는 월파의 허용량이 매우 중요하며, 배후의 이용상황 등을 고려하여 허용월파량을 적절히 설정한다.

호안의 마루높이 결정의 기본적인 개념은 일반적으로 다음과 같다.

– 마루높이＝설계조위＋설계파에 대한 필요 높이＋여유 높이

설계조위는 구조물이 가장 위험하게 되는 조위를 의미하며, 투기장 호안의 경우에는 폭풍해일에 대한 대책시설로 보고 표 2-60과 같이 설계조위를 정한다.

여유 높이란 불확실성을 고려한 높이로 배후지에 시가지 또는 중요한 공공시설 등이 있어 고도의 안전성이 요구되는 경우 최대 1.0m 정도 한도로 여유 높이를 적용한다(항만시설물 실무 설계사례집, 해양수산부, 2019).

표 2-60 설계조위 결정 방법

구분	설계조위 결정	비고
기왕의 고극조위를 취하는 방법	기왕의 고극조위	해수면 상승고를 여유고로 적용 가능
최대 조위편차를 고려하는 방법	A.H.H.W + 최대조위편차	
발생 확률분석에 의한 방법	확률분석에 의한 고극조위 추정	
폭풍해일고를 고려하는 방법	A.H.H.W + 폭풍해일고	

표 2-61 호안 마루높이 결정 방법

구분	마루높이 결정	비고
항만 및 어항 설계기준에 의한 방법	설계조위 + $(0.6\sim1.25)H_{1/3}$	여유고 고려 (최대 1m)
처오름 높이(R)에 의한 방법	설계조위 + R	
허용월파량(Q)에 의한 방법	설계조위 + Q	
인근 구조물과의 연계성을 고려한 방법	인근시설물 마루높이	

2) 피복재 소요질량

호안의 경우 전면 피복재는 제체를 보호하고 사석부에서 토석의 흡출을 방지하는 등 구조적 안전성을 유지할 수 있도록 하여야 한다.

경사식 호안의 피복재 질량 산정은 경사면의 피복석 또는 블록의 안정질량 산정식인 Hudson 식(1959)과 Van Der Meer(1987)을 이용한다.

피복재 및 중간피복재의 층수는 2층을 표준으로 하며, 시공사례, 피해사례, 거치방법 등을 고려하여 1층으로 할 수도 있다.

전면 경사부는 호안 형식의 결정에 따라 제체의 안전성, 수리조건, 해빈의 이용상황, 토질, 지형조건 등을 고려하여 결정하여야 하며, 전면 수심이 깊어 해빈 경사가 급한 경우에는 제체의 안전성 및 세굴대책을 고려하여야 한다.

정수면하 $1.5H_{1/3}$보다 깊은 부분은 작은 질량의 사석 또는 콘크리트 블록을 사용할 수 있다.

외측피복재 하부 중간피복재의 소요질량은 피복재 중량의 $1/10 \sim 1/15$ 정도로 하여 소파블록을 안정적으로 지지하고 제체 사석의 흡출을 방지하는 역할을 한다.

사석경사제의 경사도는 일반적으로 1:1.5 ~ 1:2를 가장 많이 사용하며, 파력이 강하거나 주변 해안에서 해수욕, 관광 등으로 해빈을 이용하는 경우에는 1:3까지 완만하게 하는 경우도 있다(항만시설물 실무설계사례집, 해양수산부, 2019).

① Hudson 식

$$M = \frac{\rho_r \cdot H^3}{N_s^3 (S_r - 1)^3} \tag{2-275}$$

여기서, M은 사석 또는 블록의 안정에 필요한 최소질량(t)
ρ_r은 사석 또는 블록의 밀도(t/m³)
S_r은 사석 또는 블록의 해수에 대한 비중
H는 안정계산에 사용하는 파고(m)
N_s는 안정계수(피복재 형상, 경사 피해율 등)($N_s^3 = K_D \cdot \cot\alpha$)
α는 사면이 수평면과 이루는 각(°)
K_D는 피복재의 형상 또는 피해율에 의해서 결정되는 정수

② Van der Meer 식

$$N_s = \max(N_{spl}, N_{ssr})$$
$$N_{spl} = 6.2 C_H P^{0.18} (S^{0.2}/N^{0.1}) I_r^{-0.5} \tag{2-276}$$
$$N_{ssr} = C_H P^{-0.13} (S^{0.2}/N^{0.1}) (\cot\alpha)^{0.5} I_r^{P}$$

여기서, N_{spl}은 쇄파(Plunging Breakers)에 대한 안정계수
N_{ssr}은 쇄기파(Surging Breakers)에 대한 안정계수
I_r은 Iribaren 수($\tan\alpha / s_{om}^{0.5}$)
쇄파 유사성 매개변수(Surf Similarity Parameter)
S_{om}은 파형경사($H_{1/3}/L_o$)
L_o은 심해파장($L_o = gT_{1/3}^2/2\pi$, g = 9.81m/s²)

$T_{1/3}$은 유의파 주기
C_H는 쇄파효과계수[$=1.4/(H_{1/20}/H_{1/3})$] 비쇄파영역은 1.0
$H_{1/3}$은 유의파고
$H_{1/20}$은 1/20 최대파고
α는 사면이 수평면과 이루는 각(°)
D_{n50}은 피복석의 50% 질량에 상당하는 입경[$=(M_{50}/\rho_r)^{1/3}$]
M_{50}은 피복석의 질량누적곡선에서 50%에 해당하는 질량
P는 피복층 하부의 투수지수
S는 변형정도($S=A/D^2_{n50}$)
A는 침식부의 면적
N은 작용하는 파의 수

피복재	n[3]	거치	제간부 K_D[2]		
			쇄파	비쇄파	경사
매끈하고 둥근사석 〃	2 >3	난적 〃	※1.2 ※1.6	2.4 ※3.2	1.5부터 3.0 [4]
거칠고 모가 있는 돌 〃	2 >3	〃	2.0 ※2.2	4.0 4.5	1.5 2.0 3.0 [4]
	2	특별한 것[6]	5.8	7.0	[4]
평면육면체돌[6]	2	〃[1]	7.0~20.0	※8.5~24.0	
테트라포드(Tetrapod) 또는 쿼드리포드(Quadripod)	2	난적	7.0	8.0	1.5 2.0 3.0
트라이바(Tribar)	2	〃	※9.0	10.0	1.5 2.0 3.0
돌로스(Dolos)	2	〃	15.8[7]	31.8[7]	2.0[8] 3.0
모디파이드큐드(Modified Cube)	2	〃	※6.5	7.5	[4]
헥사포드(Hexapod)	2	〃	※8.0	9.5	[4]
토스게인(Toskane)	1	〃	※11.0	22.0	[4]
트라이바(Tribar)	1	정적	12.0	15.0	[4]

1) 주의: ※ 표시의 K_D값들은 실험에 의해 뒷받침된 것이 아니며 단지 임시로 설계목적을 위하여 제공된 것으로 이 값을 적용시는 신중을 기하여야 한다.
2) 1:1.5부터 1:5까지 경사에 적용할 수 있다.
3) n은 피복층이 이루는 구성수
4) 경사에 따라 K_D값의 변화에 이용할 수 있는 보다 많은 지식이 체득될 때까지 K_D값의 사용은 경사 1:1.5에서 1:3까지로 제한되어야 한다.
5) 사석의 긴 축으로 특별한 거치는 구조물 표면에 수직으로 거치한다.
6) 평행육면체돌: 긴 길이가 가장 짧은 길이의 약 3배 정도 되는 긴 슬래브 같은 돌
7) 전혀 피해가 없는 조건(5% 이하의 흔들림이나 이동 등)을 참조하고 전혀 흔들림이 없으려면(2% 이하) K_D값을 50% 감소시킨다.
8) 1:2보다 더 급한 Dolos의 안정성은 현장조건에 적합한 실험에 의해 확인되어야 한다.

그림 2-124 피복재 질량을 결정하기 위한 K_D값(국가건설기준 KDS 64 10 10, 해양수산부, 2017)

S는 파에 의해서 면적 A를 피복석의 대표 직경 D_{n50}의 자승으로 나눠준 것이다. 피복석의 변형정도는 초기피해, 중간피해 및 최종피해(피재)의 3가지의 단계로 정의하여 각각의 변형정도 S에 의해서 나타낸다. 통상 설계에서는 파수 N이 1,000파에 대해서 초기피해의 변형정도를 많이 사용하고 있으나 어느 정도 변형을 허용하는 설계에서는 중간 피해값을 사용하는 것도 고려할 수 있다.

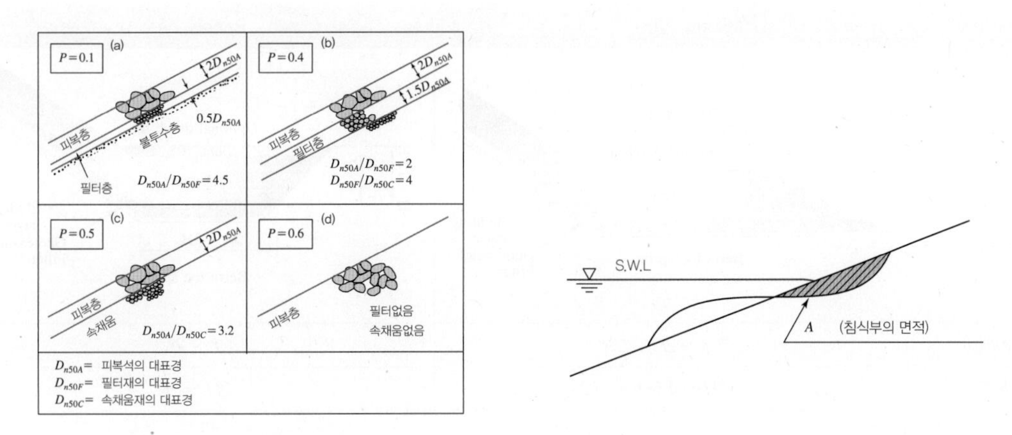

그림 2-125 투수 지수 P 및 침식부의 면적 A(국가건설기준 KDS 64 10 10, 해양수산부, 2017)

표 2-62 2층 피복의 경우 단계별 피재(被災)에 대한 변형정도 S

사면경사	초기피재	중간피재	피재
1:1.5	2	3–5	8
1:2	2	4–6	8
1:3	2	6–9	12
1:4	3	8–12	17
1:6	3	8–12	17

3) 세굴방지공

세굴의 요인에는 파랑, 조류, 해저지형 및 저질특성 등이 있으며, 가장 지배적인 원인은 파랑이다. 안 기저부 세굴은 그 현상 자체보다 이로 인하여 피복석 이탈과 제체 사석의 흡출을 유발하고 제체의 피해를 초래할 수 있다. 세굴방지공 설치 필요성은 표사이동 한계수심에 의한 방법에 의하여 판단한다.

$$\frac{H_o}{L_o} = \alpha\left(\frac{d_s}{L_o}\right)^n \left(\sinh\frac{2\pi h_i}{L}\right)\frac{H_o}{H} \tag{2-277}$$

여기서, H_o는 환산 심해파고(m)

L_o는 심해파장(m)

α는 계수(표층 이동: 1.35, 완전 이동: 2.40)

d_s는 저질의 평균 또는 중앙입경(m)

h_i는 이동한계 수심(m)

L은 수심 h_i에서의 파장(m)

H는 수심 h_i에서의 파고(m)

세굴방지공의 형식에는 Berm Type과 Buried Type이 있으며, Nylon Mat, 세립의 깬돌이나 자갈, 연성 플라스틱 Sheet, 고무 Sheet 등을 병행 설치하여 제체 하부 모래 흡출을 방지할 수 있도록 한다(항만시설물 실무 설계사례집, 해양수산부, 2019).

표 2-63 세굴방지공의 형식(항만시설물 실무 설계사례집, 해양수산부, 2019)

구분	Berm Type	Buried Type
단면	3H ~ 4.5H, Optional dutch toe, r ~ 2r, Cover, r, Bedding layer, Geotextile Filter, Berm toe apron	Optional dutch toe, Sand fill, H ~ 1.5H, r ~ 2r, Cover, r, Bedding layer, Geotextile Filter, 2H ~ 3H, Berm toe apron
두께(h)	$r \sim 2r$	$r \sim 2r$
폭(B)	$3H \sim 4.5H$	$2H \sim 3H$

4) 반파공

호안 사면을 기어오르는 파랑을 막고 외해 쪽으로 되돌려보내는 기능을 하는 구조물로서 통상 제체 상단에 설치한다. 구조 특성상 강한 파력에 저항해야 하므로 제체와 일체구조로 하는 것이 좋고, 통상 철근콘크리트 구조로 설계한다. 반파공은 월파 저감효과가 탁월하여 마루높이를 낮추는 것이 가능하고, 마루높이 저감에 따른 해변 접근성이 양호하며, 호안 상부를 보도나 공원, 도로 확폭 등에 이용하는 것이 가능하다. 또한 전면 수역의 손실이 적어 친수영역 확보가 가능하고, 단면 축소에 따른 공사비 절약이 가능하다. 파랑의 월파량을 효과적으로 제어하기 위하여 곡면 형태의 반파공을 설치할 수 있다. 반파공을 높게 하면 호안 본체의 마루높이가 낮아져 공사비가 저렴해지지만 반파공은 구조적으로 불리한 형태이므로 통상 1m 정도로 하는 경우가 많다.

최근 월파량 저감효과를 향상시키기 위하여 반파공의 곡률반경을 조정한 이중곡면 반파공의 적용사

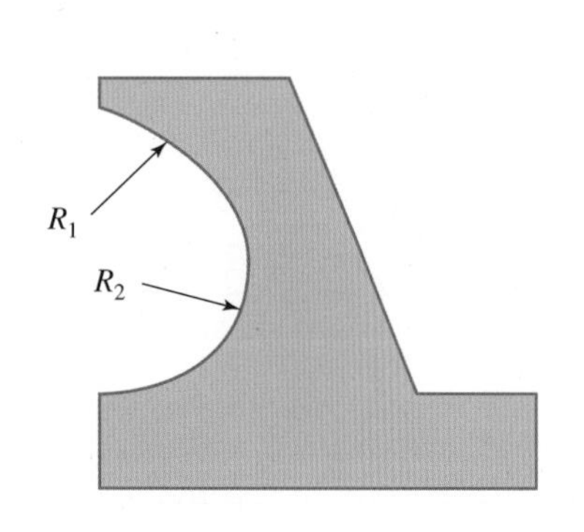

그림 2-126 이중곡면 반파공

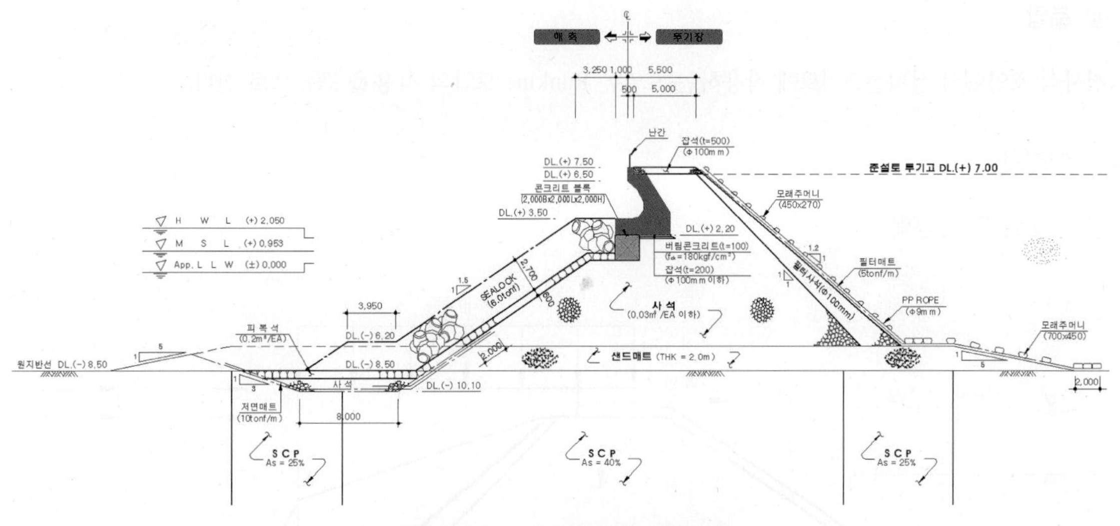

그림 2-127 이중곡면 반파공 적용 사례

례가 늘고 있다. Kataota 등(1999)에 의하면 이중곡면 반파공 적용 시 직립형태의 상치 콘크리트 마루높이의 2/3까지 하향 조정이 가능하다. 이중곡면 반파공 계획과 설계 시 체계적인 검토와 합리적인 단면계획 수립을 통하여 마루높이 저감에 따른 경제적 효과를 가져올 수 있다(항만시설물 실무 설계사례집, 해양수산부, 2019).

(2) 고려하는 외력

경사식 호안에 작용하는 외력은 토압, 잔류수압, 상재하중, 벽체자중 및 부력, 지진력, 동수압 및 관성력 등이 있다.

① 벽체자중 및 부력

경사식 호안에서 상치콘크리트는 유일한 콘크리트 구체로 배면 토압에 저항할 수 있도록 충분한 무게를 가져야 한다. 상치콘크리트 벽체 자중은 벽체 후면 하단을 지나는 연직면의 전면 부분으로 한다.

경사식 호안의 상치콘크리트의 바닥면은 현장타설의 원활한 시공과 제내지 이용성을 고려하여 무월파 조건으로 계획하므로, 대부분 약최고고조위(A.H.H.W)보다 높은 경우가 많다. 이 경우 상치 콘크리트는 부력이나 동수압의 영향을 받지 않는다.

② 상재하중

일반적으로 작용하는 상재하중은 10kN/m^2 표준으로 하지만, 구조물의 이용목적이 다르고 실제로 재하되는 하중의 종류 및 양을 고려하여 사용해야 한다.

③ 잔류수위

경사식 호안에서의 잔류수위는 약최저저조위(A.L.L.W)상 조차의 1/3로 하는 것으로 한다.

④ **토압**

경사식 호안에서 상치콘크리트에 작용하는 토압은 Rankine 토압의 사용을 표준으로 한다.

⑤ **지진력**

⑥ **동수압 및 관성력**

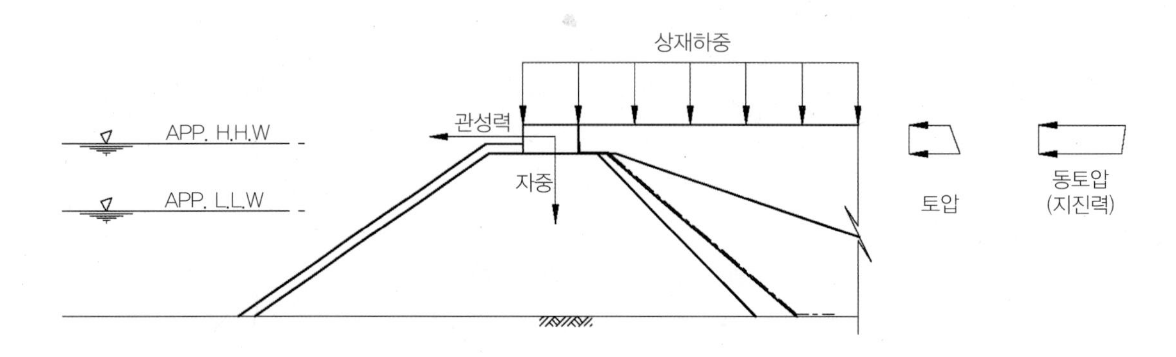

그림 2-128 경사식 호안의 하중 작용도(항만시설물 실무 설계사례집, 해양수산부, 2019)

(3) 안정검토

1) 활동 검토

상치콘크리트의 활동 안정은 다음 식을 만족시켜야 한다. 안전율은 평상시 1.2 이상, 이상시 1.1 이상을 표준으로 한다.

$$F \leq \frac{fW}{P} \tag{2-278}$$

여기서, W는 벽체에 작용하는 전연직력(kN/m)
P는 벽체에 작용하는 전수평력(kN/m)
f는 벽체 저면과 기초와의 마찰계수
F는 허용 안전율

2) 전도 검토

상치콘크리트의 전도 안정은 다음 식을 만족시켜야 한다. 안전율은 평상시 1.2 이상, 이상시 1.1 이상을 표준으로 한다.

$$F \leq \frac{W \cdot t}{P \cdot h} \tag{2-279}$$

여기서, W는 벽체에 작용하는 전연직력(kN/m)
P는 벽체에 작용하는 전수평력(kN/m)

T는 벽체 전면하단으로부터 벽체에 작용하는 전연직력의 작용점까지의 거리(m)
H는 벽체 저면에서 전수평력의 작용점까지의 높이(m)
F는 허용안전율

3) 기초 지지력 검토

상치콘크리트 저면에는 연직하중 및 수평하중 등의 외력이 작용하며 이들의 합력은 통상 편심 경사를 이루고 있다. 따라서, 구조물 기초지반에 작용하는 편심 및 경사하중에 대한 지지력 검토는 Bishop법에 의한 원호 활동 해석법에 의하여 산정하는 것을 표준으로 한다. 안전율은 평상시 1.2 이상, 이상시 1.0 이상을 표준으로 한다.

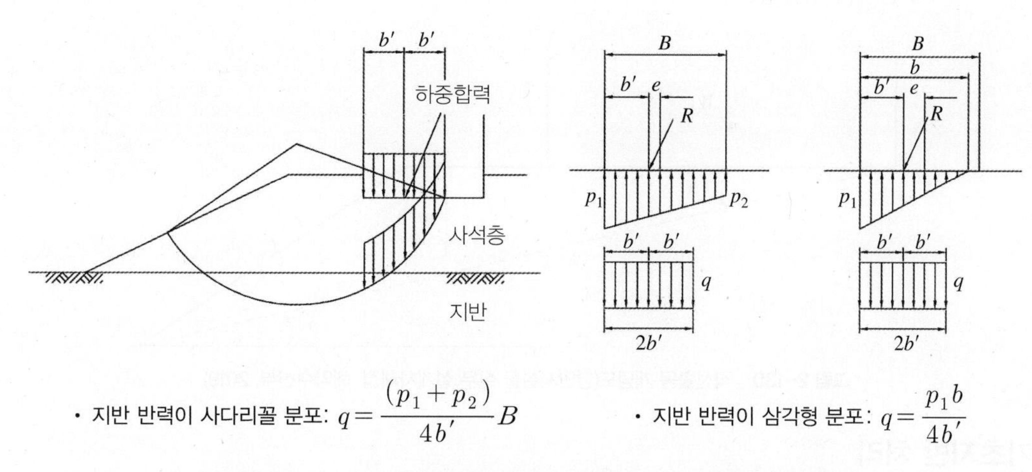

・지반 반력이 사다리꼴 분포: $q = \dfrac{(p_1 + p_2)}{4b'}B$　　・지반 반력이 삼각형 분포: $q = \dfrac{p_1 b}{4b'}$

그림 2-129 지반 반력 분포(항만시설물 실무 설계사례집, 해양수산부, 2019)

4) 원호 활동 검토

기초 지반이 연약하면 배면과 기초 전체를 대상으로 원호 활동에 대하여 검토한다. 사면안정을 검토하는 방법으로 Bishop의 원호 활동 해석방법을 사용한다. 안전율은 평상시 1.3 이상, 이상시 1.1 이상을 표준으로 한다.

$$F \leq \frac{1}{\sum W \sin\alpha + \frac{1}{R}\sum H \cdot a} \sum \frac{(cb + W' \tan\Phi)\sec\alpha}{1 + (\tan\alpha \tan\Phi)/F_s} \tag{2-280}$$

여기서, R은 원호 활동원의 반경(m)
W는 분할편 전중량(kN/m)
α는 분할편 저면이 수평면과 이루는 각(°)
c는 점착력(kN/m^2)
W'은 분할편 유효중량(kN/m)
b는 분할편의 폭(m)
Φ는 전단저항각(°)
H는 수평외력(수압, 지진력, 토압 등)(kN/m)
F는 허용안전율

5) 직선활동 검토

사석 기초부의 직선활동 안전성은 아래와 같이 검토한다. 안전율은 평상시 1.2 이상으로 한다.

$$F \leq \frac{(W_1 + W_2)\cos\alpha - P\sin\alpha}{(W_1 + W_2)\sin\alpha - P\cos\alpha} \tag{2-281}$$

여기서, W_1은 구체의 자중(kN/m)
W_2는 직선활동면 위 사석의 중량(kN/m)
P는 벽체에 작용하는 전 수평력(토압, kN/m)
α는 사면활동각(°)
F는 허용안전율

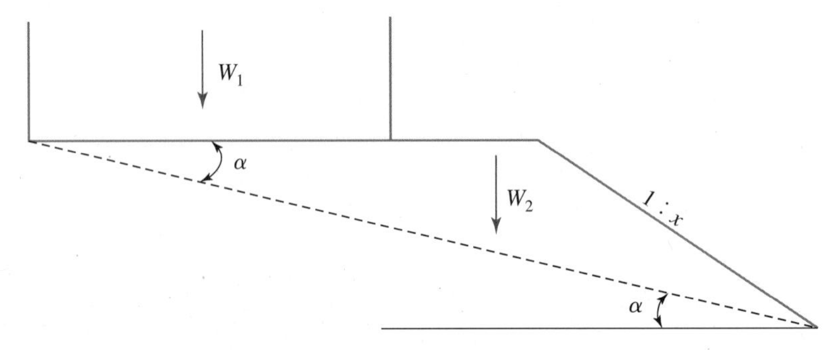

그림 2-130 직선활동 개념도(항만시설물 실무 설계사례집, 해양수산부, 2019)

6) 기초지반 처리

침하가 발생할 우려가 있는 기초지반에서는 토질조사에 근거하여 기초의 침하에 의한 침하 예측량을 추정할 필요가 있으며, 기초지반이 연약한 경우에는 지반개량공법을 통해 안정성을 확보한다.

7) 내진설계

경사식 호안은 시설물의 사회적, 경제적 성격으로 볼 때 중요 구조물이 아니므로 내진 II등급을 적용한다.

표 2-64 호안 마루높이 결정방법

내진등급	내진성능수준	해석방법
II등급	붕괴방지수준(CLE)	등가정적해석법

8) 혼성식 호안

혼성식 호안의 상단 블록 안정 검토는 블록식 안벽 설계를 참고한다.

2-3 계류시설

2-3-1 중력식 안벽

계류시설은 선박을 안전하게 정안시켜 화물의 선적과 하역을 처리할 수 있는 시설을 말하며, 규모에 따라 대형선 접안시설인 안벽과 소형선 접안시설인 물양장으로 나눌 수 있다. 안벽은 구조 형식에 따라 중력식, 널말뚝식, 돌핀식, 셀식, 잔교식 및 자켓식 등이 있다.

중력식 안벽은 토압, 수압 등의 외력을 자중과 저면의 마찰력에 의해서 저항하는 구조물로, 케이슨식 안벽, L형 블록식 안벽, 블록식 안벽, 셀룰러 블록식 안벽, 현장타설 콘크리트식 안벽 등이 있다. 중량물인 콘크리트로 벽체를 형성하기 때문에 견고하고 내구성이 높으며, 육상에서 제작 이동 후 사용하므로 공정관리가 용이하다. 지반이 견고한 경우 가장 안정적인 구조물로서 많이 이용되고 있다. 그러나 대부분의 경우 대규모 제작장이 필요하며 기중기선, 예인선 등의 작업선단이 필요하게 되어 해상 장비비가 증가하게 되고, 지반이 양호하지 못한 경우에 있어서 별도의 지반처리 공정이 필요하므로 공사비의 증가가 발생하게 된다.

중력식 안벽의 설계는 그림 2-131의 순서로 하는 것이 좋다.

중력식 안벽의 설계을 위한 조건으로는 대상선박 제원, 상재하중, 하부지반 조건, 조위 기타 조건 등이 있으며, 설계 외력으로는 상재하중, 벽체자중, 토압 및 잔류수압, 부력, 견인력, 지지력 등을 고려하여야 한다. 중력식 안벽의 안정 계산은 벽체의 활동, 전도, 지지력, 원호 활동, 침하 등을 검토하여야 한다.

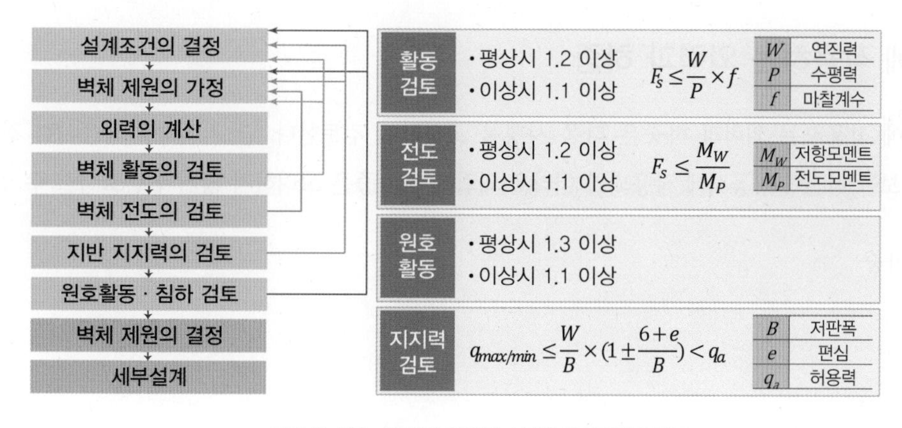

그림 2-131 중력식 안벽의 설계순서 및 안정 검토

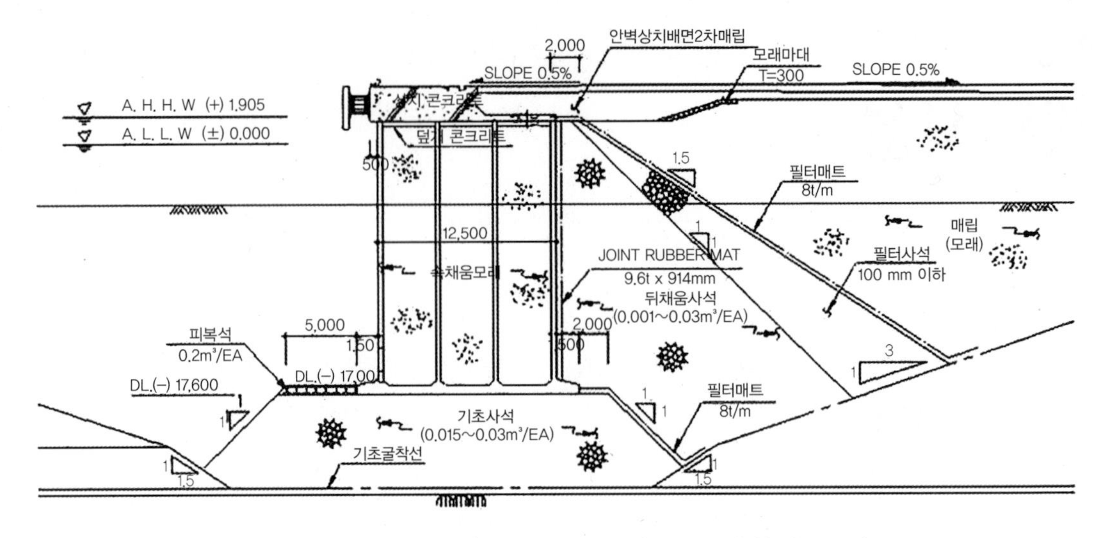

그림 2-132 케이슨식 안벽(국가건설기준 KDS 64 55 20, 해양수산부, 2017)

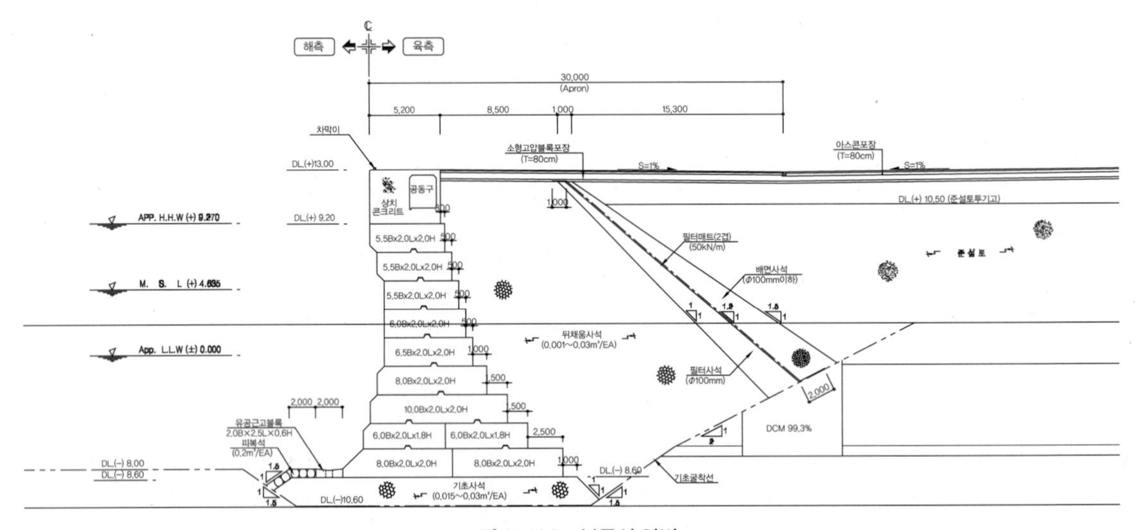

그림 2-133 블록식 안벽

(1) 벽체에 작용하는 외력과 하중

직립식 안벽에 작용하는 외력과 하중은 다음 사항을 고려하여 검토한다. 단 지진력을 작용시킬 경우에는 확률적으로 보아 지진력과 동시에 작용되기 어려운 외력이나 하중은 고려하지 않거나 감소시킬 수 있다.

- 상재하중
- 부력
- 지진력
- 벽체 자중
- 선박의 견인력
- 지진 시의 동수압
- 토압 및 잔류수압

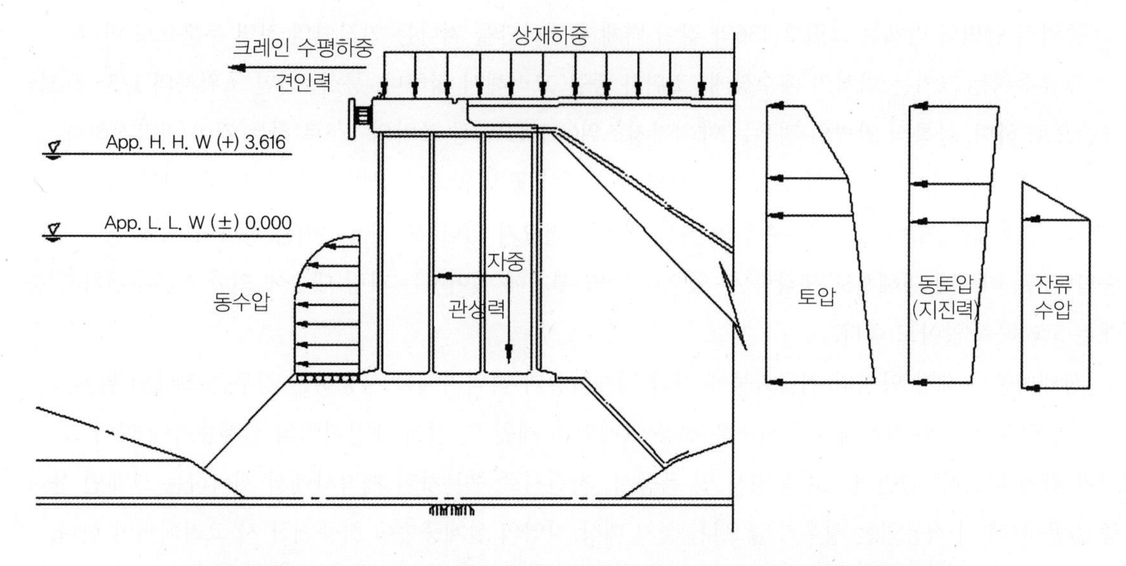

그림 2-134 케이슨식 안벽의 하중 작용도(국가건설기준 KDS 64 55 20, 해양수산부, 2017)

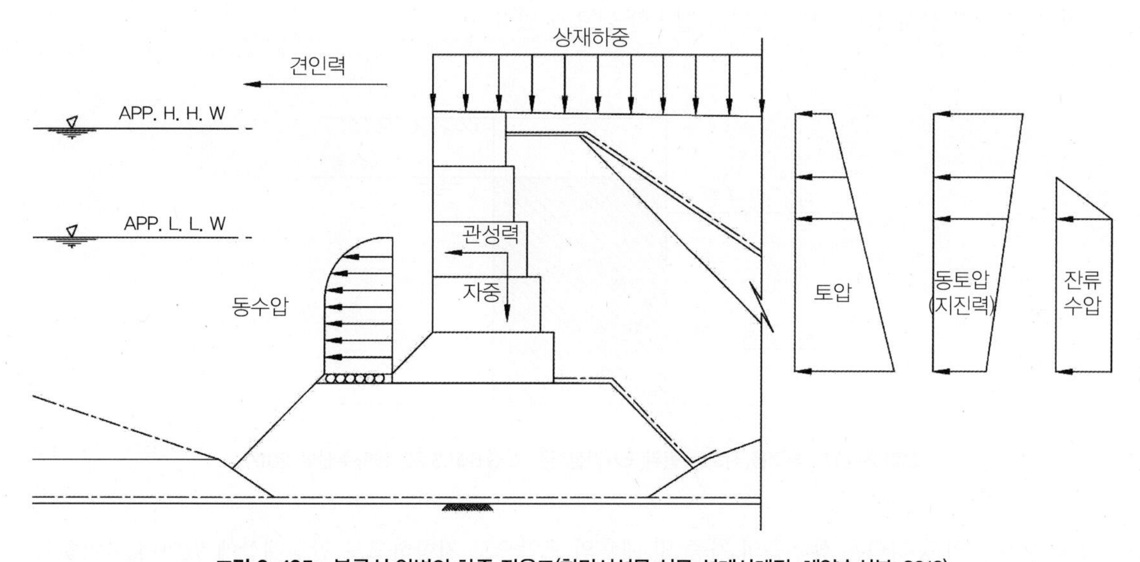

그림 2-135 블록식 안벽의 하중 작용도(항만시설물 실무 설계사례집, 해양수산부, 2019)

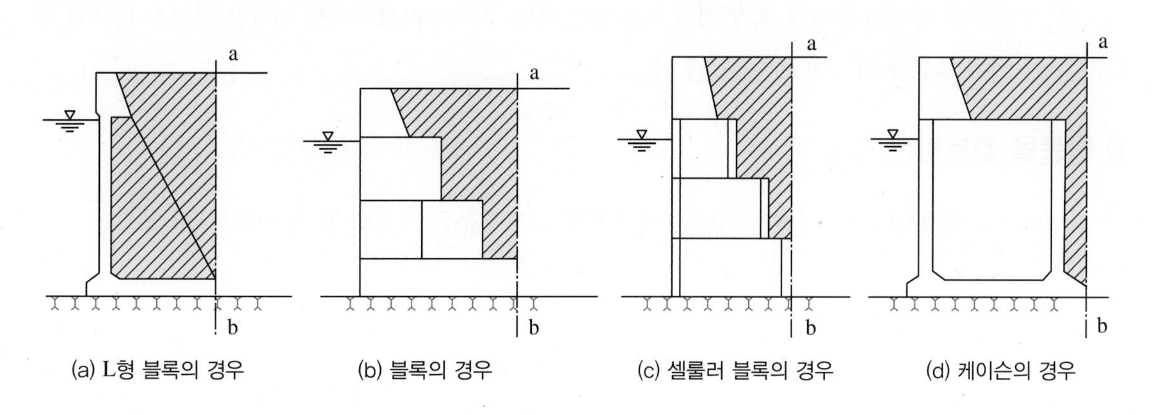

그림 2-136 중력식 안벽의 가상 배면(국가건설기준 KDS 64 55 20, 해양수산부, 2017)

중력식 안벽의 벽체는 그림 2-136과 같이 벽체 후면하단을 지나는 연직면의 전면 부분으로 한다.

잔류수위는 크기는 벽체의 배수상태, 조위차 등을 고려해서 정하나, 통상, 전면 조위차의 1/3~2/3를 표준으로 하며, 블록식 안벽의 경우는 약최저저조위(A.L.L.W)상 조차의 1/3로 하는 것이 바람직하다. 길이가 긴 장대형 케이슨 안벽과 같이 처음부터 투수성이 좋지 않거나 장기간에 걸쳐 투수성의 저하가 예상되는 경우에는 이보다 큰 잔류수위의 차를 고려할 필요가 있다. 또 잔류수위는 파랑이 벽체 전면에 내습할 경우, 파곡에 대해서도 생각할 수 있으나 안벽 설계에 있어서는 파랑 내습에 의한 잔류수위차의 증대는 고려하지 않아도 좋다.

상재하중은 해당 안벽의 취급화물에 따라 적재하중과 하역기계를 사용하는 경우는 크레인 활하중을 고려하여야 하며, 하역기계의 윤하중은 적용 크레인의 제원 및 설치 대상지역의 설계풍속에 따라 그 크기가 각기 다르다. 일반적으로 운영시 및 폭풍시, 지진시로 구분하여 제작사에서 제시하는 크레인 윤하중 값을 설계 시 적용하는 경우가 많으나, 설치 대상 지역의 설계풍속이 하중계산 시 고려되어야 한다.

부력은 다음과 같이 벽체 가운데 잔류수면 이하의 부분이 수중에 있는 것으로 보고 계산한다. 단, 이에 따를 수 있는 것은 전면수위와 잔류수위의 차이가 일반적인 경우로서 수위차가 심한 경우에는 당해 시설이 처한 자연 상황 등에 따라 적절히 설정할 필요가 있다.

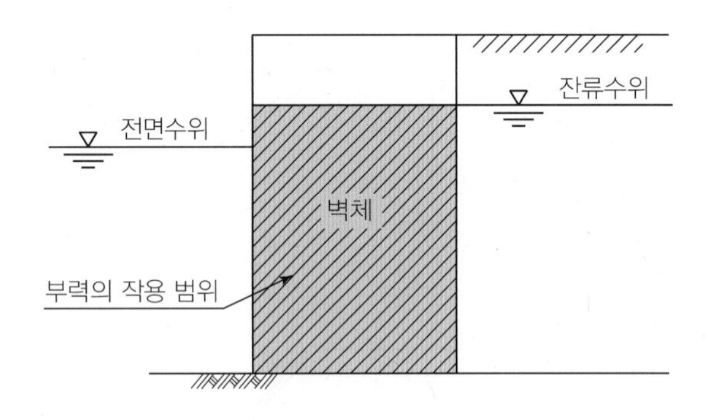

그림 2-137 부력을 취하는 범위(국가건설기준 KDS 64 55 20, 해양수산부, 2017)

선박접안 시의 충격력은 상부공의 자중 및 배후의 토압으로 저항하므로 안정계산에 있어서는 이것을 고려하지 않는 경우가 많다. 그러나 상부공 설계에 있어서는 선박의 충격력이 고려되어야 한다.

블록식 안벽은 각각의 층마다 그 안정을 검토해야 하는 구조로 가상벽체를 취하는 방법은 다음과 같으며, 블록 간의 요철에 의한 효과는 무시한다.

1) 활동을 검토하는 경우

검토하려는 면에서의 후면하단을 지나는 연직면의 전면 부분을 벽체로 본다(그림 2-138 참조).

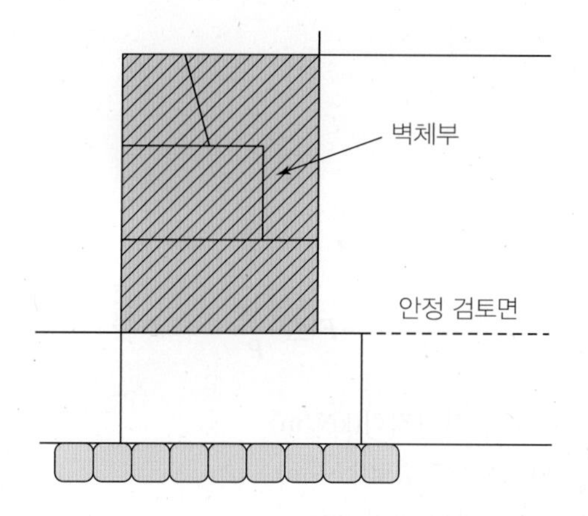

그림 2-138 활동 안정 검토면에서 벽체를 취하는 방법(항만시설물 실무 설계사례집, 해양수산부, 2019)

2) 전도를 검토하는 경우

검토하는 면의 해측 블록 1개 위에 얹히는 블록군의 최후단을 지나는 연직면의 전면부분 뒤채움을 벽체로 본다. 예를 들어 그림 2-139와 같은 경우, 전도에 대한 저항력으로서 블록 ⓑ 및 그것에 걸리는 토사 ⓐ의 중량은 작용하지 않는다고 생각한다.

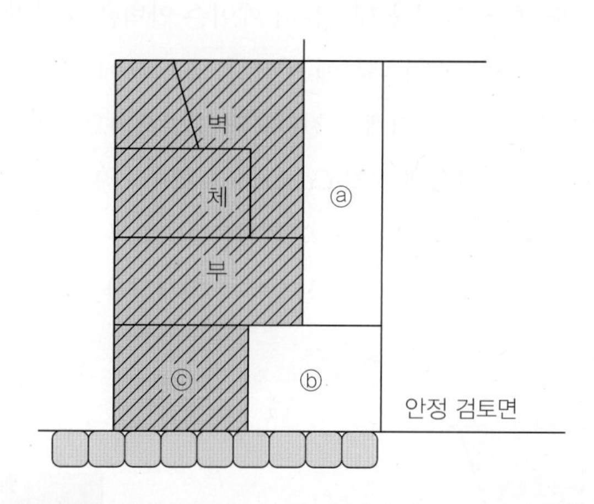

그림 2-139 전도 안정 검토면에서 벽체를 취하는 방법(항만시설물 실무 설계사례집, 해양수산부, 2019)

3) 지지력을 검토하는 경우

전도와 같은 가상단면으로 보고 계산하면 안전율은 아주 작아진다. 그러나 벽체하중이 국부적으로 집중하면 그 부분은 침하를 일으키므로 실제로는 하중이 극단적으로 집중하는 일이 없고, 상당한 범위에 분포하는 것으로 생각된다. 또한 기존 구조물의 안정을 검토한 결과, 가상단면으로서는 벽체의 최하단의 최후단을 지나는 연직면의 전면부분을 벽체로 보아도 무방하다.

지진력 검토 시에는 지진력과 동시성이 없는 하중은 제외하고, 이상시의 안정계산을 하여도 좋다. 일반적으로 선박의 견인력, 폭풍시 하역상태의 하역기계 반력, 군집하중, 설하중은 지진시 검토에서는 생략하여 좋다(단, 설하중은 대상지역 여건에 따라서 고려할 수가 있다.).

(2) 안정계산

1) 벽체의 활동 검토

중력식 안벽은 활동에 대해서 다음 식을 만족시켜야 한다.

$$F \leq \frac{fW}{P} \tag{2-282}$$

여기서, W는 벽체에 작용하는 전연직력(kN/m)
P는 벽체에 작용하는 전수평력(kN/m)
f는 벽체 저면과 기초와의 마찰계수
F는 안전율

활동에 대한 안전율은 평상시 1.2 이상, 이상 시 1.1 이상을 표준으로 하고, 전연직력은 벽체로 가정한 경계면보다 앞부분의 상재하중을 포함하지 않는 제체중량으로서 부력을 뺀 값으로 한다.

전수평력은 상재하중이 실린 상태로 벽체라고 가상한 경계면에 작용하는 토압의 수평분력, 여기서 토압은 Rankine 토압의 사용을 표준으로 한다. 일반적으로 뒷굽판의 길이가 벽체높이에 비해 상대적으로 긴 경우에는 활동면이 벽체와 무관하게 자유롭게 형성되어 연직경계면에는 전단응력이 발생하지 않아 Rankine 토압을 사용하여도 좋다. 그러나 대부분의 케이슨 안벽은 하부저판의 돌출된 뒷굽판의 길이가 제체의 높이보다 상대적으로 매우 짧기 때문에 뒷굽판 끝 상부에 생기는 활동쐐기의 움직임이 벽면마찰력에 의해 저항을 받으므로 연직경계면에는 전단응력이 발생하므로 Rankine 토압이 작용하지 않는다. 따라서 케이슨 안벽의 경우에는 벽체에 적접 Coulomb 토압이 작용하는 것으로 한다. 이때 뒷굽판 상부에 놓인 뒤채움 토사는 제체와 같이 움직이므로 안정계산 시 그 무게를 제체에 포함시켜야 한다.

활동면에 작용하는 토압의 Coulomb 토압계수 산정에는 벽체경사각과 벽면마찰각의 값을 적용한다.

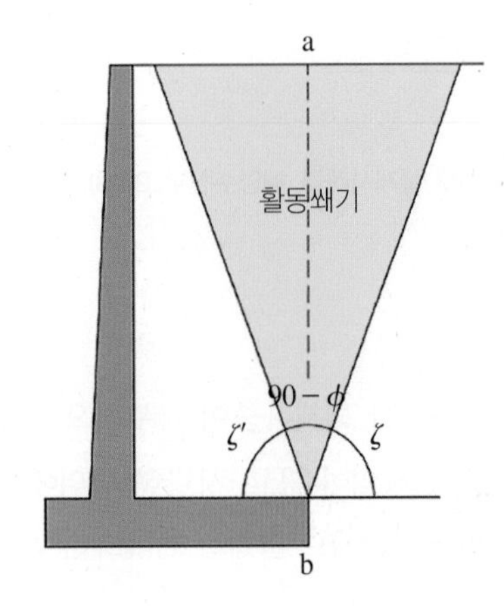

그림 2-140 뒷굽판이 긴 경우(Rankine 토압) (국가건설기준 KDS 64 55 20, 해양수산부, 2017)

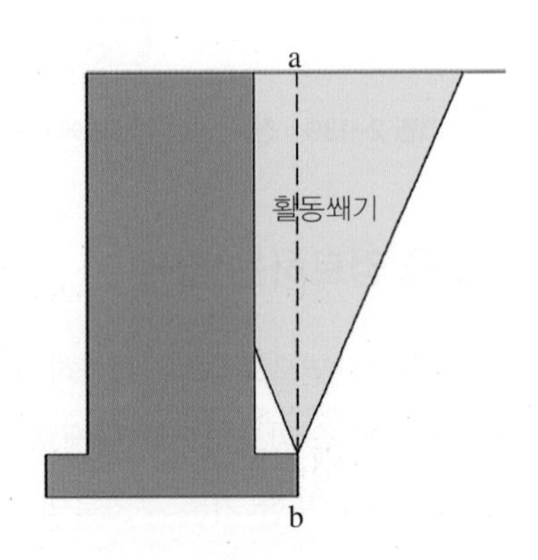

그림 2-141 뒷굽판이 짧은 경우(Coulomb 토압) (국가건설기준 KDS 64 55 20, 해양수산부, 2017)

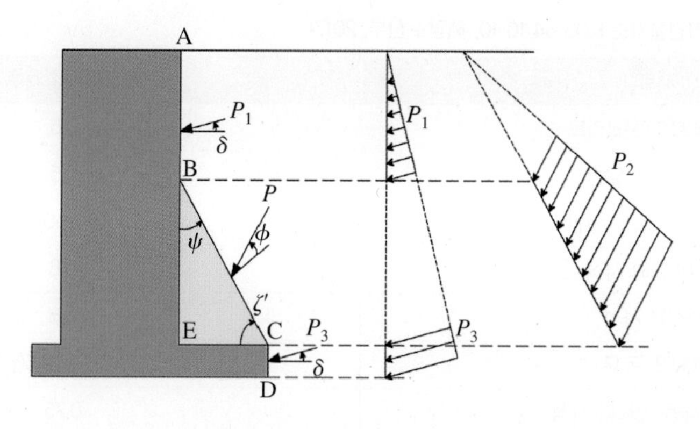

그림 2-142 케이슨 안벽의 벽체에 작용하는 토압(국가건설기준 KDS 64 55 20, 해양수산부, 2017)

안벽 뒤채움 내의 수위와 전면수위 간의 수위차가 생길 때 잔류수압은 다음 식에 의해 구할 수 있다.

$$0 \leq y < h_w \text{일 때:} \quad P_w = \gamma_w \cdot y \tag{2-283}$$

$$h_w \leq y \text{일 때:} \quad P_w = \gamma_w \cdot h_w$$

여기서, P_w는 잔류수압(kN/m^2)
h_w는 잔류수위차, 뒤채움 내의 수위가 전면의 수위보다 높을 때 최고의 수위차(m)
y는 뒤채움 내의 수면에서 잔류수압을 구하는 점까지의 높이(m)
γ_w는 물의 단위중량(kN/m^3)

잔류수위차는 일반적으로 조차가 클수록, 벽체 구성 재료의 투수성이 나쁠수록 크며, 투수성을 좋게 하면 잔류수위의 차는 작아질 수 있으나 뒤채움 토사의 유출 우려가 커지므로 주의가 필요하다.

잔류수위차는 벽체의 배수상태, 조위차 등을 고려해서 정하며, 통상 전면 조위차의 1/3~2/3를 표준으로 한다. 특히 케이슨 또는 블록식의 중력식 안벽에서는 투수성을 고려하여 1/3을 표준으로 한다. 안정성 및 내구성 향상 차원에서 잔류수위차는 1/2로 상향 조정하여 적용도 가능하다.

이상시의 안정계산으로는 토압과 잔류수압 이외에 벽체에 작용하는 지진력을 추가시킨다. 이때 토압은 지진시 토압의 수평분력으로 한다. 이 밖에 벽체에 하역기계가 있는 경우에는 하역기계 기초부에 연직하중의 10%에 해당하는 수평력을 고려할 필요가 있다.

마찰계수는 정지마찰계수로 하는 것을 기준으로 하며, 재료의 마찰계수는 대상으로 하는 구조물의 특성, 재료의 특성 등을 감안하여 설정한다. 일반적으로 마찰증대용 매트를 사용하는 경우 재료의 내구성, 구조물의 중요도, 해상조건 및 경제성 등을 충분히 고려하여 재료를 선정하고 마찰계수에 관한 실험결과를 충분히 검토하는 것이 중요하다. 마찰증대용 매트로 아스팔트재료, 고무재료 등을 사용하는 경우 마찰계수는 0.75로 적용할 수 있다.

벽체 전면에 세굴방지와 비탈어깨보호 등의 목적으로 사석, 바닥다짐 블록 등을 설치할 경우라도 벽체의 활동에 대한 이들의 저항력은 무시한다. 저판이 없는 셀룰러 블록의 활동 안정계산에 사용하는 마찰계수는 엄밀하게 철근콘크리트부 저면이 받는 반력에 대해서는 0.6, 속채움부 저면에 받는 반력에 대해서는 0.8을 사용해서 환산하여 계산해야 하지만 편의적으로 0.7을 사용하여도 좋다.

표 2-65 정지마찰계수(국가건설기준 KDS 64 10 10, 해양수산부, 2017)

재료	정지마찰계수
콘크리트와 콘크리트	0.5
콘크리트와 암반	0.5
수중콘크리트와 암반	0.7~0.8
콘크리트와 사석	0.6
사석과 사석	0.8
목재와 목재	0.2(습)~0.5(건)
마찰증대용 매트와 사석	0.75

2) 벽체의 전도 검토

블록식 안벽은 전도 활동에 대해서 다음 식을 만족시켜야 한다.

$$F \leq \frac{W \cdot t}{P \cdot h} \quad (2\text{–}284)$$

여기서, W는 벽체에 작용하는 전연직력(kN/m)
P는 벽체에 작용하는 전수평력(kN/m)
t는 벽체 전면하단으로부터 벽체에 작용하는 전연직력의 작용점까지의 거리(m)
h는 벽체 저면에서 전수평력의 작용점까지의 높이(m)
F는 안전율

안전율은 평상시 1.2 이상, 이상시 1.1 이상을 표준으로 한다.

3) 기초의 지지력 검토

블록식 안벽은 벽체의 침하 또는 기울어짐이 발생하기 쉬운 구조이므로 이로 인한 기능상의 장애가 발생하지 않도록 기초를 설계하여야 한다. 일반적으로 기초의 저면반력 검토는 벽체부에 상재하중이 작용하지 않는 경우에 대해서 한다. 그러나 벽체부에 상재하중이 작용하는 경우 편심량은 감소하나 연직력과 저면반력이 증대하는 수도 있으므로 이 경우에 대해서도 검토하는 것이 좋다.

중력식 구조물의 벽체 저면에는 연직하중 및 수평하중 등의 외력이 작용하며 이들의 합력은 통상 편심하여 경사를 이루고 있으며, 구조물 기초지반에 작용하는 편심, 경사하중에 대한 지지력 검토는 Bishop법에 의한 원호활동 해석법에 의하여 산정하는 것을 표준으로 한다. 안전율은 평상시 1.2 이상, 이상시 1.0 이상을 표준으로 한다.

기초사석층의 두께는 기초의 지지력 검토 이외에 벽체를 거치하기 위한 평탄성, 부분적인 응력집중의 완화, 잔류수위의 저감 등을 고려하여 결정한다.

기초사석층의 사면경사는 세굴방지 등을 고려하여 통상적으로 해측은 1:2~1:1.5, 매립측은 1:1.5~1:1로 적용한다. 기초사석은 상부 제체하중이나 상재하중 작용 시 수축침하가 발생하여 상부구조의 거치가

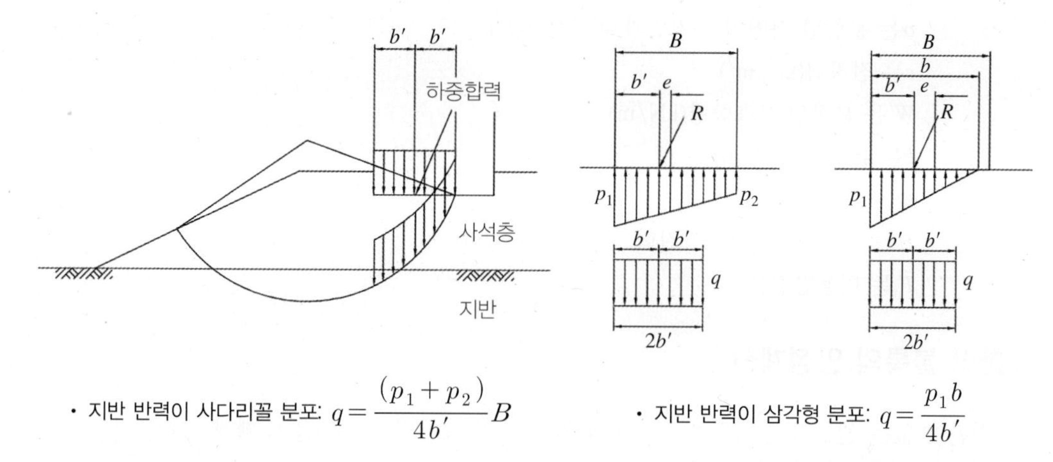

그림 2-143 편심 및 경사하중에 대한 지지력 검토(Bishop법) 개념(항만시설물 실무 설계사례집, 해양수산부, 2019)

표 2-66 기초 사석층의 두께

구분	기초사석층 최소 두께
대형접안시설 (수심 4.5m 이상)	1.0m 이상 (단, 사석직경의 3배 이상)
소형접안시설 (수심 4.5m 미만)	0.5m 이상 (단, 사석직경의 3배 이상)

불균등하게 되는 경우가 있다. 따라서 침하를 사전에 촉진시키기 위해서는 미리 사석층을 대상으로 진동 다짐이나 상부 구조물 거치 후 하중 선행재하, 여성 등의 방법을 고려할 수 있다. 침하량 예측방법도 과거의 실적치 또는 유사한 다짐시험자료 등을 통해 적정한 방법으로 추정할 수 있다.

4) 연약지반의 경우의 검토

중력식 안벽은 기초지반이 연약한 경우 원호 활동에 대한 안정, 기초지반의 침하를 검토해야 한다. 기초지반은 새로이 가해진 하중 증가에 대하여 침하를 일으키므로 충분한 토질조사를 하여 미리 침하량을 추정해 둘 필요가 있다. 그 값에 따라 구조물이 최종적으로 설계단면이 되도록 기초면을 높게 해두거나, 마루높이가 소정의 값으로 되게 하기 위해 상부공에 있어서 최종적인 조정을 할 수 있는 구조로 하는 것이 좋다. 또 부등침하에 의해 줄눈부의 파괴, 줄눈의 어긋남, 상부공 및 부두뜰 포장의 파괴 등을 일으키기 쉬우므로 주의하여야 한다.

사석부가 얇은 경우는 벽체 후단을 지나는 연직면과 사석 하면과의 교점에서 발생하는 원호 활동에 대해서 검토하여야 한다. 사면안정을 검토하는 방법으로는 Bishop의 원호활동해석 방법을 사용한다. 안전율은 평상시 1.3이상, 이상시 1.1 이상을 표준으로 한다.

$$F \leq \frac{1}{\sum W \sin\alpha + \frac{1}{R}\sum H \cdot a} \sum \frac{(cb + W' \tan\emptyset) \cdot \sec\alpha}{1 + (\tan\alpha \tan\emptyset)/F_s} \qquad (2\text{-}285)$$

여기서, R은 원호 활동원의 반경(m)

W는 분할편 전중량(kN/m)

α는 분할편 저면이 수평면과 이루는 각(°)
c는 점착력(kN/m^2)
W'은 분할편 유효중량(kN/m)
b는 분할편의 폭(m)
Φ는 전단저항각(°)
H는 수평외력(수압, 지진력, 토압 등)(kN/m)
F_s는 허용안전율

5) 셀룰러 블록의 안정계산

벽체가 저판이 없는 셀룰러 블록으로 구성되어 있는 중력식 안벽은 속채움이 빠져나가는 것을 고려한 벽체의 전도에 대하여 검토하여야 한다. 벽체가 저판이 없는 셀룰러 블록으로 구성되어 있는 경우는 전도에 대해서 속채움이 빠져나가는 것을 고려하여야 한다.

$$F \leq \frac{W \cdot t + M_t}{P \cdot h} \tag{2-286}$$

여기서, W는 벽체에 작용하는 전연직력(kN/m)
t는 벽체 전면하단으로부터 벽체에 작용하는 전연직력의 작용점까지의 거리(m)
M_t는 속채움에 의한 벽면마찰력에 의해서 발생하는 저항모멘트(kN · m/m)
P는 벽체에 작용하는 전수평력(kN/m)
h는 벽체 저면에서 전수평력의 작용점까지의 높이(m)
F는 안전율

안전율은 평상시 1.2 이상, 이상시 1.1 이상을 표준으로 한다. $F<1.0$인 경우는 속채움은 그대로 있고 셀룰러 블록이 빠져나가게 된다. 이런 경우 셀룰러 블록의 자중을 늘리거나 격벽을 설치하는 등의 조치를 취하여야 한다.

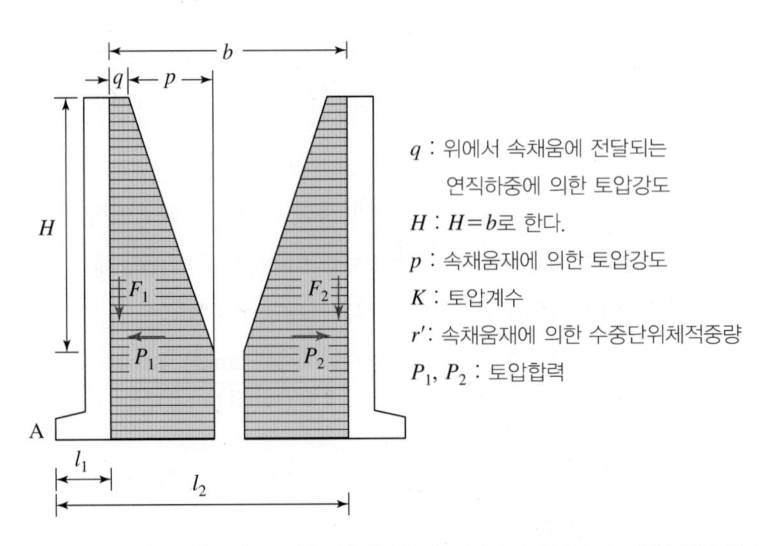

그림 2-144 벽면 마찰저항을 구하는 방법(국가건설기준 KDS 64 55 20, 해양수산부, 2017)

6) 뒤채움의 효과

중력식 안벽의 벽체에 작용하는 토압을 감소시킬 필요가 있는 경우에는 양질의 뒤채움 재료를 사용하여야 한다. 일반적으로 뒤채움 재료로서는 양질의 깬돌이나 부순돌이 사용되지만 토압경감을 위해서는 서로 물리는 효과가 큰 형상과 입도의 것이 좋다. 또 풍화하기 쉬운 암질의 것은 뒤채움 재료로서 안정된 기능을 갖기가 어려우므로 사용해서는 안 된다. 잔류수위의 증감에 따라 매립 토사가 뒤채움 재료의 빈틈으로 천천히 진입하여 이로 인해 부두뜰 포장의 기초노반에 침하를 일으킬 수 있으므로 뒤채움 재료 배면의 빈틈을 메울 수 있는 필터사석 재료를 사용하는 등의 고려가 필요하다.

뒤채움 재료로 주로 이용되는 사석의 양을 최소화하면서 토압경감 효과를 극대화할 수 있도록 삼각형 형상으로 뒤채움을 하는 것이 좋다. 이때 지면과 뒤채움 사석 간의 경사각이 안식각보다 작을 경우 전부 사석 채움과 같은 토압저감 효과를 가진다.

표 2-67 뒤채움 형상에 따른 효과(항만시설물 실무 설계사례집, 해양수산부, 2019)

구분	뒤채움 형상에 따른 효과	
	삼각형일 경우	사각형일 경우
개념도	α	b h
특징	•경사각이 안식각보다 작으면 전부 사석 채움 토압으로 작용 •경사각이 안식각보다 크면 직사각형 채움	•$b > h$: 벽체 전체의 사석 채움 토압작용 •$b = h/2$: 사석토압과 토사토압의 평균작용 •$b < h/5$: 뒤채움 사석의 토압경감 무시

7) 세부설계

중력식 안벽은 부재의 강도, 토사유출방지공, 블록 물림부의 형상과 치수, 상부공의 구조, 부속공 등에 대하여 검토해야 한다. 중력식 안벽을 구성하는 블록은 벽체의 주요 부분이므로 충분한 강도를 가지고 있는 것이라야 한다. 일반적으로 블록은 프리캐스트 콘크리트 부재로서 설계하는 경우가 많다.

케이슨식 구조의 경우 덮개 콘크리트의 두께는 30~50cm로 하는 경우가 많다. 단, 파의 작용을 받는 경우는 방파제에 준하는 시공조건을 고려하여야 한다. 블록 상호간의 공극으로부터 토사가 새어나가 배면의 매립재 및 뒤채움재가 유출되어 부두뜰이나 배면 야적장 등에 침하가 발생되는 경우가 있으므로, 이를 방지하기 위해서 토사유출 방지용 매트 등을 사용하거나 뒤채움 재료로 안정된 입도배분을 갖는 재료를 사용하는 방법 등이 있다. 토사유출 방지대책의 예로는 블록(케이슨) 간 이음부 틈새에 블록 거치 후 고무방사판 등을 부설하는 방법, 뒤채움 배면매립 시행 전 필터사석과 필터매트를 부설하는 방법, 블록(케이슨) 간 이음부 틈새에 채움재를 충전하는 방법 등이 있으며, 대상지역의 조위 등 자연 여건과 배면 매립재의 입경, 블록(케이슨)의 규격 등에 따라 적정한 방법을 적용할 수 있다.

표 2-68 토사유출 방지대책(항만시설물 실무 설계사례집, 해양수산부, 2019)

구분	설치방법	적용위치
(A) 고무방사판	블록(케이슨) 간 배면 틈새에 설치	매립 / (C) / (A) / (B) / 뒤채움 / 기초사석
(B) 필터사석, 필터매트	뒤채움 배면 매립 시행 전 부설	
(c) 채움재 충전	블록(케이슨) 간 이음부 틈새 (Interlocking)에 충전	

상부공은 각종 부속공을 연결하기 위한 형상을 갖추고 있어야 하며, 부속공에는 방충재, 계선주, 차막이, 급배수 시설, 계단, 사다리 등이 있다.

계선주가 부착되는 상부공의 안정은 일체로 저항할 수 있는 범위의 중량을 대상으로 검토하여야 한다. 계선주에 대한 안정 확보를 위하여 상당한 중량이 필요한 경우는 인접한 상부공이나 안벽 본체와 일체가 되도록 철근을 연결시키는 등의 조치를 취하여 안정을 확보하여야 한다. 이 경우 선박의 견인력에 대한 저항은 철근이 하는 것으로 하며, 본체의 부재설계 시 연결된 철근을 통하여 전도되는 하중을 고려하여야 한다.

선박접안 시의 충격력, 즉 접안력은 상부공의 자중 및 배후의 토압으로 저항하므로 안정계산에 있어서는 이것을 고려하지 않는 경우가 많다. 그러나 상부공 설계에 있어서는 접안력이 고려되어야 한다.

방충재가 부착되는 상부공의 안정계산은 상부공의 중량이 일체로 작용하는 범위에 대해서만 고려한다. 계선주 부착 등으로 상부공과 본체가 철근 등으로 연결되어 있는 위치에 방충재를 부착하는 경우는

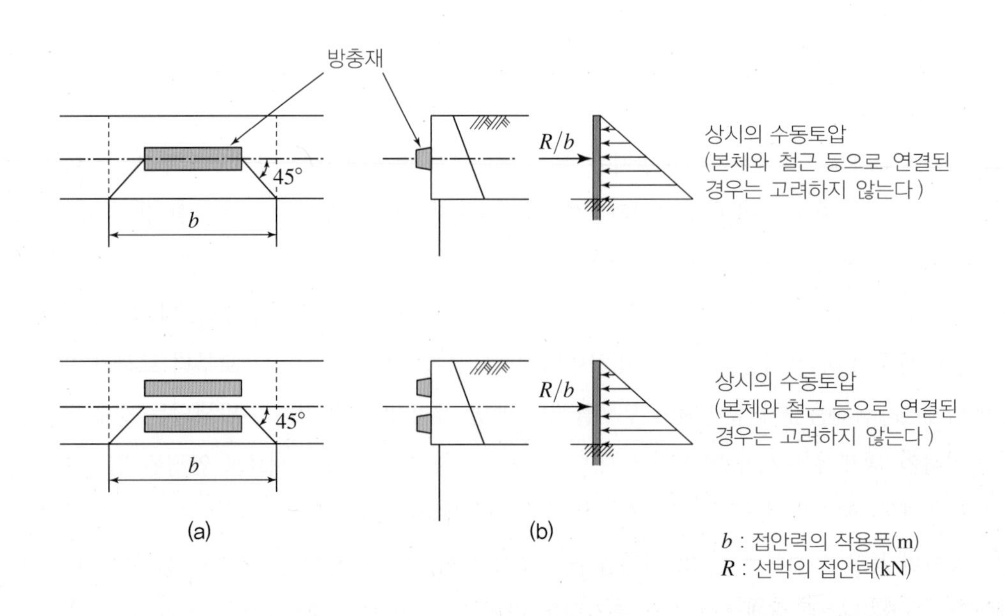

그림 2-145 상부공에 작용하는 방충재 반력(국가건설기준 KDS 64 55 20, 해양수산부, 2017)

수동토압이 충분히 발생할 수 있는 상부공의 변위가 기대되지 않으므로 방충재 반력에 대한 저항은 모두 철근 등이 받도록 설계하는 것이 좋다. 상부공 단면 설계 시 방충재 반력은 선하중으로 분포한다고 가정하고 계산한다. 수평방향에 대해서는 상부공 하단을 지점으로 한 캔틸레버보로 고려하고, 연직방향에 대해서는 본체공의 강성이 큰 위치를 지점으로 한 연속보, 혹은 단순보로 검토하는 예가 많다. 상부공을 검토할 경우 선박의 견인력, 또는 방충재 반력 작용 시는 이상 시로 취급하여도 좋다.

2-3-2 잔교식 안벽

잔교식 안벽은 해안선이 접한 육지에서 직각 또는 일정한 각도로 돌출한 접안시설이며, 선박의 접·이안이 용이하도록 바다 위에 강관 또는 철근콘크리트 말뚝을 박고 그 위에 콘크리트나 철판 등으로 상부시설을 설치한 교량 모양의 접안시설이다. 잔교식 안벽의 종류로는 해안선에 평행한 횡잔교와 직각인 돌제식 잔교가 있다.

잔교식 안벽은 중력식 안벽에 비해 구조가 경량이므로 연약지반에 적합하고, 조류나 파랑이 심한 곳에서도 외력조건을 감소시킬 수 있으며, 매립 등의 공정이 필요 없이 석재 확보가 어려운 곳에 유리하나, 대규모 집중하중에 대하여 불리하며 수평력에 비교적 약하고, 강관 등의 강재를 사용할 경우 부식 등의 대책이 필요하다.

잔교식 안벽의 설계는 선박 대형화 추세에 따라 최대 크레인 하중 및 최대 설계수심 안벽제원을 고려하고, 강화된 설계지진력 및 내진 설계 적용으로 구조물의 안정성을 확보해야 하며, 접안 안정성을 위해 방충재 및 계선주 등의 접안시설 적용하중을 고려해야 한다.

그림 2-146 잔교식 안벽

잔교식 안벽은 말뚝과 상부슬래브를 포함한 구조체가 주요 시설이며, 잔교 접속부(경사제, 흙막이부, 연결판) 등의 부속 시설물이 필요하다. 잔교 구조물 해석은 구조물의 구성요소(슬래브 및 거더, 말뚝), 하중에 따른 구조물의 거동 특성 파악, 각 부재별 검토방법에 대해 구조적으로 높은 이해도를 요구한다. 중력식 안벽에 비해 횡하중에 대한 저항성이 작아 수평변위에 대한 제어가 필요하며 변위제어를 위해 사항을 적용할 경우에는 사항의 인발력에 대한 검토 및 인접말뚝 간의 간섭문제 등 시공가능성도 고려하여야 한다. 잔교식 구조물은 하부 말뚝을 먼저 시공하고 상부슬래브를 현장타설이나 프리캐스트로 제작·거치하는데, 구조물의 침하에 대한 우려가 없으며 대심도 연약층에 적용성이 우수하고, 중력식에 비해 경제성이 우수하며 소규모 제작장 및 해상공사 범위가 크지 않아 시공성 또한 우수하다.

잔교식 안벽의 설계는 그림 2-147과 같은 순서로 하는 것이 좋다.

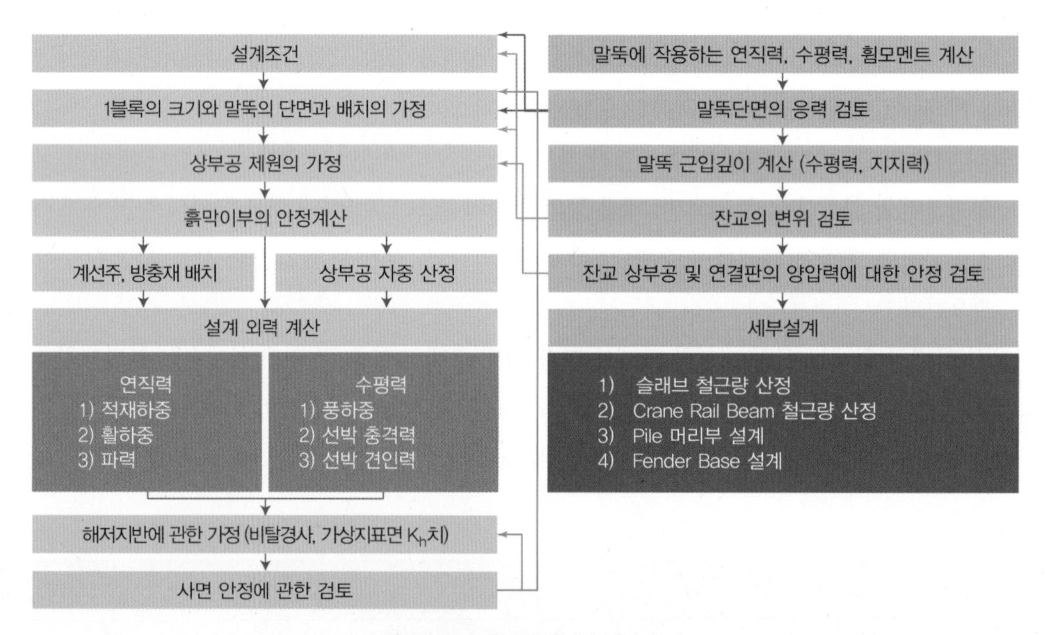

그림 2-147 잔교식 안벽의 설계 순서

잔교식 안벽의 상부 형식으로는 플랫(Flat) 슬래브 형식, 2방향 보-슬래브 형식 및 1방향보-슬래브 형식이 있으며, 각 공법의 개요 특징은 표 2-69에 나타나 있다. 컨테이너 터미널과 같은 대형 부두의 잔교

표 2-69 잔교식 안벽의 상부 형식

구분	플랫(Flat) 슬래브	2방향 보-슬래브	1방향 보-슬래브
공법 개요	전 구간에 걸쳐 균일한 두께의 현장타설 콘크리트 슬래브 시공	말뚝을 중심으로 격자형 보를 시공한 후 2방향성 슬래브 시공	보 및 슬래브를 1방향화하여 시공
안정성	상부하중 증가로 지진시 안정성 불리 상부 슬래브에 대형 특수장비 재하 유리	보의 2방향 배치로 상시하중에 대한 안정성 우수 집중하중에 대한 하중분배 우수	말뚝 및 보의 적정 간격 배치 시 상부구조 경량화가 가능하고 지진시 안정성 양호
시공성	콘크리트 타설, 철근배근 작업성 양호	바닥에 요철부가 많아 거푸집 시공과 철근배근 및 콘크리트 타설이 어려움	보 및 슬래브를 1방향으로 배치하여 Travelling Form 적용이 가능
품질 관리	시공관리 양호	교차되는 철근이 많아 정밀한 품질관리 필요	보 및 슬래브의 일방향 배치에 따른 균일한 단면적용 가능

식 안벽의 상부 형식은 주로 2방향 보-슬래브 형식을 사용하며, 돌핀 구조인 경우에는 플랫 슬래브 형식을 주로 사용한다. 2방향 보-슬래브 방식은 말뚝 타입 후 2방향 보를 현장타설로 시공하고 PC 슬래브를 설치한 후 철근 배근과 현장타설로 슬래브를 시공한다. 돌핀 구조에 많이 사용되는 플랫 슬래브 형식은 말뚝 타입 후 거푸집을 설치하고 철근을 설치하고 슬래브를 타설하는 현장타설 공법과 거푸집 대신에 프리케스트 거푸집(PC Housing)을 설치한 후 슬래브를 현장타설 방법이 쓰이기도 한다.

잔교식 안벽의 하부 형식으로는 수직 말뚝식과 수직-경사 말뚝 혼합식으로 나눌 수 있고, 수직 말뚝식은 수평력이 작고 연직력이 지배적인 경우에 주로 적용되며, 수직-경사 말뚝 혼합식은 수평력으로 인해 말뚝력에 인발력이 작용하는 경우에 경사 말뚝을 이용하여 안정성을 확보하며 시공이 연직 말뚝에 비해 어렵다(항만시설물 실무설계 사례집, 해양수산부, 2019).

표 2-70 잔교식 안벽의 하부 형식

구분		수직 말뚝식	수직-경사 말뚝 혼합식
표준 단면			
특성	지지력	압축력 지배	인발력 발생
	변위	경사 말뚝에 비해 크게 발생	수직 말뚝에 비해 작게 발생
안정성		경사 말뚝에 비해 상시 안정성 낮음 지진시 경사 말뚝식에 비해 연성이 큼	상시 수평력에 대한 안정성 양호 지진시 경사 말뚝에 하중 집중현상 발생
시공성		경사 말뚝에 비해 시공성 양호	경사 말뚝의 시공 난이도 높음

(1) 잔교 구조물의 설계

1) 설계조건

잔교 구조물의 설계를 위한 해양 설계조건으로는 설계 조위, 파고, 조류속 등이 있다. 설계 조위는 항만시설의 제원 설정 및 안전 검토에 사용되는 조위는 천문조와 폭풍해일, 지진해일 등에 의한 이상조위의 실측값 또는 추산값에 기초하여 정한다.

구조물의 목적에 따라 그리고 같은 구조물에서도 기능에 따라 적합한 설계조위를 선정하여 사용한다. 마루높이는 허용월파량에 의하여 결정되므로 월파량이 최대가 되는 조위를 설계조위로 하지만 사석 경사면 하부의 세굴방지공은 낮은 조위에서도 위험한 경우가 있으므로 이때에는 가장 위험한 조위를 설계조위로 하여야 한다.

설계 파고는 파랑의 영향을 비교적 크게 받는 특수한 경우의 안벽에서 파랑에 의한 월파방지가 요구되는 경우에는 설계조위에 항내파고를 적정한 방법으로 더한 높이 이상을 마루높이로 결정할 수 있다. 항내파고 산정 시에는 항내수면을 교란시키는 항입구 침입파, 항내로의 전달파, 반사파, 장주기파, 부진동, 항내 발생파, 항주파 등과 같은 여러 요인을 고려하여야 한다. 설계파고는 잔교 구조물의 높이, 슬래브 하단부의 높이 및 파일 설계를 위한 하중으로 사용된다.

설계 조류속은 주로 말뚝의 설계를 위한 하중으로 사용되며, 유속 및 유향을 고려하고, 시설물 설치 위치에서의 실측값 또는 추산값에 기초하여 가장 엄격한 조건을 설정한다. 조류는 해역의 지리적 조건이나 천체의 운동에 따라 그 성질과 세기가 변화하므로 조류의 상황을 파악하기 위해서는 30일, 적어도 1일(25시간) 이상의 연속관측을 할 필요가 있다.

2) 설계 외력

잔교 구조물에 작용하는 하중은 주로 연직력과 수평력으로 구분되고, 안정 계산은 상시, 접안시, 계류시, 폭풍시 및 지진시에 대하여 검토하여야 한다.

표 2-71 잔교식 안벽의 설계 외력

연직력	수평력
상부공 사하중	하역기계의 하중
적재하중	지지력
활하중(열차, 자동차, 하역기계 군중하중)	풍하중
선박의 견인력	선박의 견인력 및 충격력
양압력	파력

주요 하중 조건은 선박의 충격력, 자중 및 재하하중, 하역기계 하중 및 선박의 접안력 등이 있다. 이 중 선박은 항만 및 어항 시설의 배치, 규모, 형식 등을 결정하는 기본적인 고려 대상이므로 대상선박의 결정은 신중히 이루어져야 한다. 선정된 대상선박으로 선박의 접안에너지를 선정하여 방충재 설계 및 방충재 반력을 산정하여 구조물 설계에 적용한다.

항만시설물의 설계에서는 상재하중을 자중과 재하하중으로 나누어 취급한다. 자중은 구조물 자체의 하중을 말하며, 재하하중은 적재하중과 활하중으로 나눈다.

하역기계 하중에는 이동식 하역기계 하중, 궤도주행식 하역기계 하중과 고정식 하역기계 하중이 있고 하중을 결정하는 방법은 다음과 같다.

- 이동식 하역기계 하중은 사용이 예상되는 하역기계의 전체 중량, 최대 윤하중, 아웃트리거 최대 하중 또는 크롤러의 최대 접지압으로 한다.
- 궤도주행식 하역기계 하중은 전체 중량 또는 차륜 간격과 바퀴수를 고려한 최대윤하중으로 한다.
- 고정식 하역기계 하중은 최대 하중으로 한다.

계선주에 작용하는 선박의 견인력은 선박의 총 톤수에 따라 기준값을 채택한다. 계선주에 작용하는 견인력은 계류라인의 절단하중, 계류시설이 설치되는 지점의 기상·해상조건, 선박의 제원 등을 근거로 하여 필요에 따라 접안 중의 선박에 의한 힘, 계류 중의 선박의 풍압력, 동요에 의한 힘을 고려하여 계산하여야 한다.

잔교식 안벽에 작용하는 평상시, 접안 시, 계류 시, 폭풍 시 및 지진 시의 하중조합은 표 2-72와 같다.

표 2-72 하중 조합(항만 및 어항 설계기준, 해양수산부, 2014)

하중 종류 / 하중 조건		자중, 고정하중	상재하중		이동하중		선박조건		자연조건						하중 취급 조건
			평상시	이상시 (상시의 50%)	수직	수평	접안력	견인력	풍압력		파력		조류력	지진력	
									평상시	이상시	평상시	이상시			
평상시	휴지시	○	○		○				○		○		○		장기
	작업시	○	○		○	○			○		○		○		장기
접안시		○	○				○		○		○		○		장기
계류시		○	○					○	○		○		○		장기
폭풍시		○		○						○		○	○		단기
지진시		○		○										○	단기

3) 비탈 경사의 결정

사면의 배후에 설치하는 흙막이 구조물의 위치는 원호 활동 또는 직선 활동 안정검토에 의한 사면의 안전성을 확보하여야 하며, 횡잔교의 사면이 연약한 점토층으로 구성되지 않고 사질토나 사석으로 구성되고 있다. 사면의 배후에 흙막이 구조물을 설치하는 경우, 안벽 기준선에서 수식 (2-287)로 계산된 경사보다도 전면에 설치하는 것은 피하는 것이 바람직하다(항만 및 어항 설계기준, 해양수산부, 2014).

$$\alpha = \phi - \epsilon \tag{2-287}$$

여기서, α는 사면의 수평면에 대한 경사각(°)

ϕ는 사면의 주요 구성재의 내부마찰각(°)

$\epsilon = tan^{-1}k_h'$

k_h'는 수중에서의 수평 진도

사면이 단단한 토층 또는 암반과 같은 경우에는 수식 (2-287)이 적용되지 않는다.

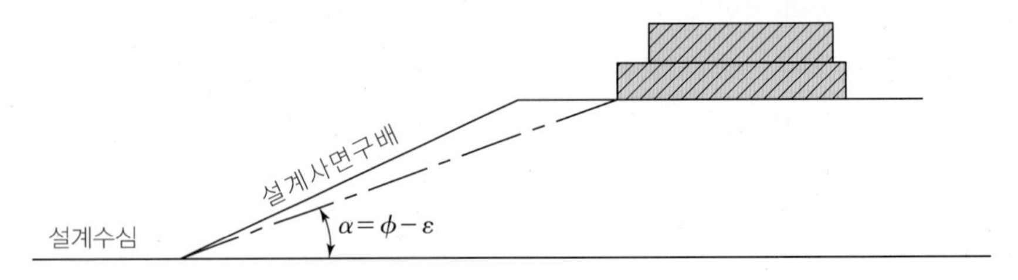

그림 2-148 사면상의 흙막이 구조물의 위치(항만 및 어항 설계기준, 해양수산부, 2014)

4) 지반의 가상 지표면 및 말뚝의 가상 고정점

잔교 구조물 해석을 위해서는 지반의 가상지표면 및 말뚝의 가상고정점을 그림 2-149와 같은 방법으로 산정한다.

비탈이 상당히 급한 경우, 말뚝의 횡저항이나 지지력 계산에 있어서는 각 말뚝의 가상지표면은 그림 2-149와 같이 각 말뚝의 축선 상에서 전면수심과 실 경사면의 1/2 높이의 곳으로 본다(항만시설물 실무설계 사례집, 해양수산부, 2019).

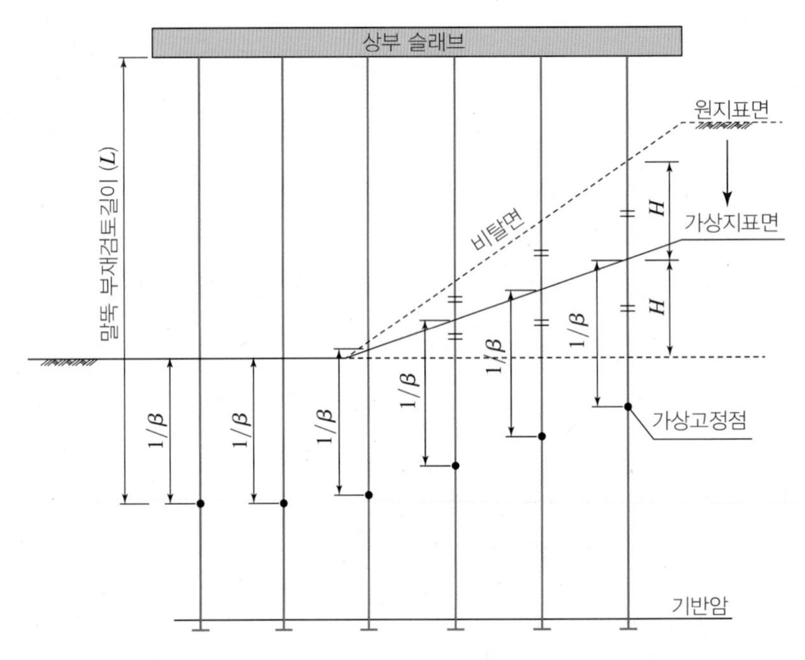

그림 2-149 가상지표면 및 가상고정점(항만시설물 실무설계 사례집, 해양수산부, 2019)

연직 말뚝식 잔교의 해석법에 사용되는 말뚝의 횡저항 계산법은 수평한 지표면에 관한 것이다. 따라서 횡잔교와 같이 사면에 박은 말뚝의 횡저항을 계산하는 경우에는 보정을 해야 한다. 잔교의 폭이 20m를 초과하고 사면 연장이 긴 경우에는 본 방법을 쓰는 것은 적절치 않으므로 이 경우에는 다른 방법을 사용하는 것이 좋다(항만 및 어항 설계기준, 해양수산부, 2014).

가상고정점은 직항잔교에서 해저지반 속에 고정점을 가정하여 라멘 구조물로 계산하는 경우 말뚝의 가상고정점은 가상지표면 아래 $1/\beta$로 가정한다.

$$\beta = \sqrt[4]{\frac{K_h D}{4EI}} \ (\mathrm{cm}^{-1}) \tag{2-288}$$

여기서, K_h는 횡방향 지반반력계수($\mathrm{N/cm^2}$)
D는 말뚝의 직경 또는 폭(cm)
EI는 말뚝의 휨강성($\mathrm{N/cm^2}$)

휨방향 지반반력(地盤反力)계수는 다음 식으로 구하며, 사석의 횡방향 지반반력계수는 식 (2-289)에서 구해지는 값보다 작은 현지관측결과도 있다.

$$K_h = 1.5N \tag{2-289}$$

여기서, N은 지반(地盤)의 $1/\beta$ 부근까지의 평균 N치

가상고정점을 쓰는 방법은 종래부터 말뚝두부의 모멘트를 간편히 구하기 위해서 쓰이고 있으나 명확한 근거는 없다. 따라서 여기서 제시한 방법 이외의 방법으로 가상고정점을 설정하거나 또는 가상고정점을 쓰지 않고 말뚝두부의 모멘트 등을 구하여도 좋다.

항만 및 어항 설계기준에서 제시한 창(Chang)의 방법을 기초로 가상고정점법을 쓰는 경우, 가상고정점의 위치는 창의 방법과 비교해서 다음 방법으로 정할 수 있다(항만 및 어항 설계기준, 해양수산부, 2014).

① 창의 방법에 의한 제일부동점을 가상고정점으로 하는 방법
② 창의 방법에 의한 말뚝머리 반력과 말뚝머리 휨모멘트를 양단고정보 등과 같게 되도록 가상고정점을 정하는 방법
③ 창의 방법에 의한 말뚝머리 변위와 말뚝머리 휨모멘트를 양단고정보 등과 같게 되도록 가상고정 점을 정하는 방법
④ 창의 방법에 의한 말뚝머리 반력과 말뚝머리 변위 등이 양단고정보 등과 같게 되도록 가상고정점을 정하는 방법

위에 제시한 가상고정점 산정 방법은 ②의 방법을 기초로 한 것이다.

5) 잔교 구조물 해석 방법

항만 및 어항 설계기준에서는 잔교 구조해석의 방법을 표 2-73과 같이 2가지로 제시하고 있다.

표 2-73 잔교 구조물의 해석 방법

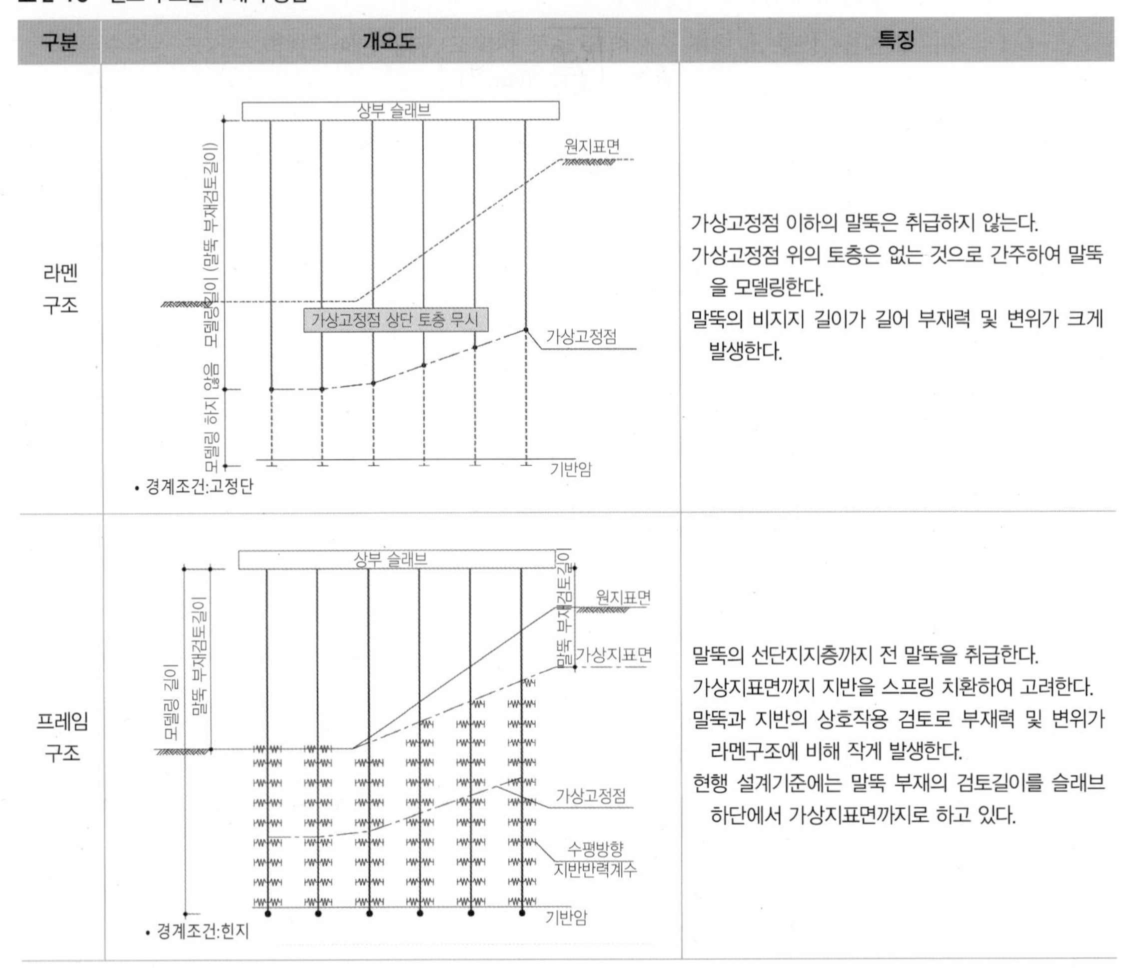

구분	개요도	특징
라멘 구조		가상고정점 이하의 말뚝은 취급하지 않는다. 가상고정점 위의 토층은 없는 것으로 간주하여 말뚝을 모델링한다. 말뚝의 비지지 길이가 길어 부재력 및 변위가 크게 발생한다.
프레임 구조		말뚝의 선단지지층까지 전 말뚝을 취급한다. 가상지표면까지 지반을 스프링 치환하여 고려한다. 말뚝과 지반의 상호작용 검토로 부재력 및 변위가 라멘구조에 비해 작게 발생한다. 현행 설계기준에는 말뚝 부재의 검토길이를 슬래브 하단에서 가상지표면까지로 하고 있다.

6) 잔교 구조물의 제원

잔교의 마루높이는 대상선박의 주요 치수, 이상조위, 파랑 등의 자연 상황, 지반침하, 인근지역의 적용사례 등을 고려하여 하역에 지장이 없고 부두시설물이 침수되지 않도록 결정하여야 한다. 마루높이의 설정기준이 되는 조위는 일반적으로 약최고고조위(A.H.H.W)이며, 대상선박이 특별히 정해지지 않은 경우에 있어서는 일반적으로 표 2-74의 수치가 많이 사용된다.

설계수심은 구조물의 안정을 확보한다는 의미에서 계획수심 이외에 구조형식, 현 지반수심, 시공방법 및 시공정밀도, 세굴상황 등의 여유수심을 고려하여 결정하는 것이 중요하다. 설계수심에 가장 큰 영

표 2-74 접안시설의 표준적인 마루높이

구분	조차 3.0m 이상	조차 3.0m 미만
대형접안시설 (수심 4.5m 이상)	A.H.H.W+(0.5~1.5m)	A.H.H.W+(1.0~2.0m)
소형접안시설 (수심 4.5m 미만)	A.H.H.W+(0.3~1.0m)	A.H.H.W+(0.5~1.5m)

향을 미치는 요인인 대상선박은 국내외 기준을 반영하되 최근 선박대형화에 대응하여 최신 대형선박제원을 반영할 수 있도록 한다. 설계수심은 항로수심 중 정온이 확보된 항내의 경우라 볼 수 있으며, 항만 및 어항 설계기준에서는 최대흘수의 10%를 여유수심으로 확보하도록 규정하고 있다.

계류시설 전면은 흐름 또는 선박 추진기 분사류 등에 의하여 세굴될 염려가 있기 때문에 피복석이나 블록 등의 피복재로 계류시설 전면을 보호하여야 한다. 계류시설 전면에 이용선박이 투묘(投錨)할 가능성이 있는 경우에는 이에 방해되지 않도록 피복공의 범위를 정하고 적절한 재료를 선정하는 주의가 필요하다. 피복재 소요질량 산정 시 항만 및 어항 설계기준에는 추진기에 의한 흐름을 유체역학적 운동량 이론에 근거하여 도출한 원형 오리피스 참고식이 제시되어 있다.

잔교블록의 크기, 말뚝 간격 및 말뚝 열의 간격은 부두뜰 폭, 상부 건축물 및 하역기계의 위치, 기존 호안시설물, 콘크리트 타설 능력 등의 시공상 문제, 적재하중 및 부두기중기 제원 등의 활하중, 잔교블록의 횡방향 허용변위 및 온도변화에 따른 잔교 블록의 신축량을 고려하여 정해야 한다.

잔교의 상부공 제원은 조위, 지반의 좋고 나쁨, 계선주의 배치, 방충재의 배치, 형상 및 치수를 고려하여 정하고, 잔교 슬래브 하면은 해수의 영향에 의해 콘크리트의 염해나 철근의 부식이 다른 구조형식과 비교하여 뚜렷하게 나타나므로 내구성 향상 등에 대해서 검토할 필요가 있다. 내구성 향상을 위해서는 충분한 덮개 확보, 양질의 콘크리트 사용, 초기 균열의 발생방지 대책 수립 등이 있다.

잔교에 작용하는 외력에 영향을 주는 방충재와 계선주는 잔교 1블록에 대하여 될 수 있는 대로 편심외력이 걸리지 않도록 배치하는 것이 바람직하다. 소형선박이 잔교의 슬래브 밑으로 들어가서 슬래브를 밀어 올림으로써 구조물이나 선박에 손상을 주는 일이 있으므로, 이러한 일이 예상되는 곳에서는 잔교 전면에 소형선박 충돌 방지시설을 설치하는 것이 바람직하다.

7) 말뚝의 설계

말뚝의 횡저항, 휨모멘트, 축력 또는 상부공의 휨모멘트 또는 전단력 등은 연직말뚝식 잔교 구조의 특성에 의해서 적절한 방법으로 산정하는 것을 표준으로 한다(항만 및 어항 설계기준, 해양수산부, 2014).

연직 말뚝식 잔교는 일반적으로 말뚝이 군항으로 구성되어 있고 말뚝과 상부공의 결합은 강결구조로 하는 것이 많다. 이와 같은 경우, 일반적으로 각각의 말뚝이 적절한 깊이에 매입되어 있다고 가정하고 잔교를 라멘구조로 바꿔놓고 해석하는 방법과 프레임(frame) 구조로 바꿔 놓고(지반을 탄성체로 평가한 골조구조) 해석하는 방법이 있다.

경사 말뚝식 잔교 각 조항의 말뚝두부에 분담되는 수평력은 각 조항의 단면이나 사항의 경사각, 또는 길이에 대해서 적절히 산정하는 것으로 한다. 이 경우에 있어서 모든 수평력은 경사말뚝이 분담하는 것으로 한다. 잔교를 라멘구조로 해석 시 변위 및 부재력이 과다하게 발생하는 경향이 있어 과다설계가 될 수 있다. 최근에는 컴퓨터의 발달로 해석시간이 단축되어 프레임 구조로 해석을 하는 경향이다.

일반적으로 말뚝기초의 설계 순서는 표 2-75와 같다.

연직 말뚝의 축방향에 대한 근입길이는 선단 지지력 및 주면 마찰력을 고려하여 충분히 안정하도록 정해야 하며, 사면에 박히는 말뚝의 지지력 계산에 있어서는 가상지표면 이하의 흙을 유효한 지지층으로 본다. 연직 말뚝의 근입길이는 말뚝의 횡저항의 해석결과로부터 지표면 아래 $3/\beta$를 표준으로 한다. 그러

표 2-75 말뚝 기초의 설계 순서

구분	주요 검토 내용	
기초공법선정	•설계 기본조건 검토 •항타시공성 분석 •시공성, 경제성, 안정성이 확보된 기초공법 선정	•지층 분포 파악 •환경영향성 검토
안정성 검토	•지반 및 설계조건을 고려한 검토 •연직지지력 및 침하 검토 •수평지지력 및 변위 검토	
안정관리 및 품질관리	•시공 중 안정성 확보를 위한 계측계획 수립 •기반암 확인시추조사	•정재하 및 동재하 시험계획

나 이 값은 가상지표면 이하에만 적용한다. 창의 방법은 땅속의 말뚝길이를 무한이라고 생각하고 얻은 결과이며, 땅속 유한길이의 말뚝에 적용할 수 있는 범위를 검토한 결과, 말뚝의 근입길이가 $3/\beta$ 이상이면 유한길이의 말뚝을 무한 길이로 보고 계산하여도 큰 오차가 발생하지 않는다. 창의 방법은 무한 근입길이 말뚝과 유한 근입길이의 말뚝의 근사성 범위를 보다 확대한 것으로, 즉 유한길이 말뚝에 의한 오차를 보다 더 허용한다고 하면 말뚝의 근입길이를 $2/\beta$까지 허용할 수 있다. 그러나 어떠한 경우라도 가상지표면 아래 $2/\beta$보다 짧게 하는 것은 피해야 한다(항만 및 어항 설계기준, 해양수산부, 2014).

말뚝의 이음부 위치는 말뚝에 큰 응력이 발생되는 곳은 피해야 하며, 시공조건 등을 고려해서 신중하게 결정해야 한다. 말뚝에 이음부를 둘 경우 말뚝의 응력, 지지력 등의 안정성 검토 후 아래 말뚝의 단면을 감소시켜도 좋다.

보통 장대말뚝의 잔교에 있어서는 가상지표면하 $2/\beta \sim 3/\beta$ 정도의 위치에서 판 두께 또는 재질을 변경하는 경우가 많다. 단, 보통 하중조건 하에서는 휨응력이 발생하지 않는 깊은 곳에서도 지반의 변형 등에 의하여 이음부나 판 변화부에서 잔교 말뚝의 좌굴이 나타난 사례도 있으므로 충분한 검토가 필요하다.

강관 말뚝의 응력 검토는 말뚝두부에 분배되는 수평력, 말뚝 간격, 잔교 전체 또는 각 말뚝의 변위량, 각 말뚝의 두부모멘트, 각 말뚝의 축력 등은 잔교 각 블록의 회전 등을 감안해서 적절히 산정하는 것을 표준으로 한다. 가상지표면에서의 말뚝길이는 상부공의 보 아래까지의 길이로 하여도 좋다. 잔교 말뚝의 단면응력은 축방향력과 휨모멘트를 겸해서 받는 것으로 계산하며, 다음 식으로 검토한다(항만시설물 실무설계 사례집, 해양수산부, 2019).

$$f_c = \frac{P}{A}, \quad f_{bc} = \frac{M}{Z} \qquad (2\text{-}290)$$

여기서, f_c는 말뚝의 축방향력에 의한 단면응력(N/mm^2)
f_{bc}는 말뚝의 휨모멘트에 의한 단면응력(N/mm^2)
A는 말뚝의 단면적(mm^2)
P는 말뚝의 축방향력(N)
Z는 말뚝의 단면계수(mm^2)
M은 말뚝의 휨모멘트(N · mm)

말뚝 합성응력 검토방법은 합성응력에 대한 검토 시 휨모멘트에 의한 응력(f_{bt}, f_{bc})은 양방향 발생모멘트(M_y, M_z)에 대하여 검토한다. 일반적으로 잔교의 말뚝은 전단응력이 작으므로 특별한 하중조건이 아니면 이것을 검토할 필요가 없다. 축방향력과 휨모멘트를 동시에 받는 부재의 경우 표 2-76에 제시된 방법으로 합성응력을 검토하고, 말뚝 및 강관널말뚝의 허용응력은 표 2-77에 제시되어 있다(항만시설물 실무설계 사례집, 해양수산부, 2019).

표 2-76 합성 응력 검토

강종 / 응력의 종류	STK400, SKK400, SKK400M, SKY400 STK490, SKK490M, SKY490	비고
축방향력과 휨모멘트를 동시에 받는 부재	① 축방향력이 인장인 경우 $f_t + f_{bt} \leq f_{ta}$ 또는 $-f_t + f_{bc} \leq f_{ba}$ ② 축방향력이 압축인 경우 $\dfrac{f_c}{f_{ca}} + \dfrac{f_{bc}}{f_{ba}} \leq 1.0$	판두께 40mm 이하

표 2-77 말뚝 및 강관널말뚝의 허용응력

강종 / 응력의 종류	STK400, SKK400, SKK400M, SKY400	STK490, SKK490M, SKY490	비고
축방향 인장응력	140	190	판두께 40mm 이하
축방향 압축응력	• $\dfrac{\ell}{r} \leq 18.6$, 140 • $18.6 < \dfrac{\ell}{r} \leq 92.8$, $140 - 0.82(\dfrac{\ell}{r} - 18.6)$ • $\dfrac{\ell}{r} > 92.8$, $\dfrac{1,200,000}{6,700 + (\ell/r)^2}$	• $\dfrac{\ell}{r} \leq 16$, 190 • $16 < \dfrac{\ell}{r} \leq 80.1$, $190 - 1.29\left(\dfrac{\ell}{r} - 16\right)$ • $\dfrac{\ell}{r} > 80.1$, $\dfrac{1,200,000}{5,000 + (\ell/r)^2}$	
휨 인장응력	140	190	
휨 압축응력	140	190	

말뚝과 같은 축방향 압축부재는 작용하중이 어느 한계에 이르면 하중은 증가하지 않고 변형만이 증가하여 하중을 제거한 후에도 부재형상이 원래의 형태로 돌아가지 않는 좌굴(Buckling) 현상이 발생

하게 된다. 압축부재 기둥의 전체 좌굴은 기둥의 유효좌굴길이와 단면성능에 의하여 정해지는 세장비(Slenderness Ratio: l / r)에 따라 분류할 수 있다. 이때, 기둥 양단의 지지조건에 따라 유효좌굴길이(l = $\beta \cdot L$)가 결정 된다. 잔교 구조물은 유효좌굴길이계수 $\beta=1.2$를 적용하여 검토한다.

말뚝단면의 응력에 대해서는 말뚝 타입 시의 조건도 고려하여 충격응력과 좌굴에 대하여 검토하는 것이 좋다. 압밀침하가 예상되는 곳에서는 부마찰력에 대해서도 검토해야 한다.

허용응력설계법에 의하여 부재의 안전검토를 하는 경우 여러 종류의 외력 및 하중 등의 조합을 고려할 때에는 표 2-78에 따라서 허용응력의 할증계수를 사용한다(항만시설물 실무설계 사례집, 해양수산부, 2019).

표 2-78 허용응력의 할증계수

구분	할증계수	비고
현장용접이음	0.95	이음개소당
온도변화 고려 시	1.15	
지진의 영향을 고려 시	1.50	

말뚝식 기초는 Monopile(단말뚝) 식, Dolphin 식 및 Jacket 식으로 대표되며 Tripod, Tri-pile 등과 같이 변형된 형식들이 다양하게 있다. 말뚝식 기초는 일반적으로 수심이 비교적 깊거나 해저면에 연약지반이 두껍게 존재하는 경우에 많이 적용한다. 말뚝식 기초 설계 시 연직지지력, 수평지지력 및 변위량 산정이 가장 중요한 사항이다.

대표적인 말뚝기초의 연직지지력 산정법은 정역학적 지지력공식에 의한 산정법과 재하시험에 의한 산정법이 있으며, 정역학적 지지력공식에서 말뚝의 안전율은 표 2-79에 제시되어 있다.

표 2-79 말뚝의 안전율

구분		안전율(F_s)	비고
상시	지지말뚝	2.5	
	인발말뚝	3.0	
지진시	지지말뚝	1.5	
	마찰말뚝	2.0	
	인발말뚝	2.5	

말뚝기초의 허용지지력과 연직침하량은 항만 및 어항 설계기준 및 구조물기초 설계기준해설에 제시된 방법에 따라 산정한다.

표 2-80 말뚝의 허용지지력

항만 및 어항 설계기준(2014)	q_u : 일축압축강도 값은 원지반의 변형률을 고려하여
$Q_u = 5 \cdot q_u \cdot A_p$	$\frac{1}{2} \sim \frac{1}{3}$ 저감하여 사용, 최댓값은 2×10^4 kN/m^{2}임

표 2-81 말뚝의 연직침하량 산정식

산정기준	말뚝의 연직침하량 산정식
구조물기초 설계기준해설(2009)	$S_t = (Q_{ba} + \alpha_s Q_{sa})\dfrac{L}{A_p \cdot E_p} + \dfrac{C_p \cdot Q_{ba}}{D \cdot q_o} + \dfrac{C_s \cdot Q_{sa}}{L_b \cdot q_o}$
강관말뚝 설계와 시공(1994)	$S_t = D/100 + \left(\dfrac{Q_{va} \cdot L}{A_p \cdot E_p}\right)$

말뚝기초의 수평방향 안정성 검토항목은 수평지지력과 변위를 검토한다. 이를 위하여 합리적인 수평방향 지반반력계수의 산정이 무엇보다 중요하다. 수평방향 지반반력계수는 도로교 설계기준 해설 등에 제시되어 있고, 표 2-82에 따라 산정한다. 또한 잔교 구조물의 말뚝 간격에 따라 군말뚝 효과를 고려하는 경우, 표 2-83에 제시된 감소계수를 적용하여 수평방향 지반반력계수를 산정한다(항만시설물 실무설계 사례집, 해양수산부, 2019).

표 2-82 말뚝의 수평방향 지반 반력 계수 산정식

산정식	설명
도로교 설계기준 해설(2008) $K_h = K_{ho} \times \left(\dfrac{B_H}{30}\right)^{-3/4}$	여기서, K_h : 수평지반 반력계수(kN/m³) $K_{ho} = \dfrac{1}{30} \times \alpha \times E_o$, E_o = 28 N (Schmertmann) B_H : 기초환산 재하폭 (말뚝기초 $B_H = \sqrt{D/\beta}$)
한국지반공학회 제안식(1996) $K_h = 0.34(\alpha E_o)^{1.1}(D)^{-0.31}(EI)^{-0.1}$	여기서, K_h : 수평지반 반력계수(kN/m³) D : 말뚝 직경(cm) E_o : 12 N
개선된 강관말뚝 설계와 시공(2008) $K_h = 1.5 \times q_u$	여기서, K_h : 수평지반 반력계수(kN/m³) q_u : 일축압축강도(Mpa) ※ 점성토의 수평지반 반력계수를 심도별로 산정
Hukuok 제안식 $K_h = 0.691 \times N^{0.406}$	여기서, K_h : 수평지반 반력계수(kN/m³) N : 표준관입시험결과(2/β 심도)
현장재하시험결과이용(PMT) $K_h = K_{ho} \times \left(\dfrac{B_H}{30}\right)^{-3/4}$	여기서, K_h : 수평지반 반력계수(kN/m³) $K_{ho} = \dfrac{1}{30} \times \alpha \times E_o$ E_o = 공내재하시험 결과이용 α : 상시 1.0

표 2-83 군말뚝 효과 감소계수(R_f)

하중방향 말뚝 간격	수평지반반력계수의 감소계수
8D	1.00
6D	0.70
4D	0.40
3D	0.25

잔교식 안벽의 흙막이부 설계는 각 구조형식에 대하여 변위와 침하 등에 안전하도록 검토하여야 한다. 잔교부와 흙막이부 사이는 단순지지 슬래브 등으로 연결하여 흙막이부에 작용하는 하중이 잔교에 걸리지 않도록 한다. 일반적으로 중력식 구조형식을 주로 채택하며 케이슨식 안벽과 블록식 안벽의 사례를 참조하여 설계를 수행할 수 있다.

기초지반이 연약한 경우에는 지반개량공법을 통해 안정성을 확보하여야 하며, 사석 경사식의 사면부는 원호 활동을 검토하여야 한다. 또한 비탈기슭 위의 사면과 흙막이부의 뒤채움 등이 모래, 사력, 깬돌 등으로 구성된 경우에는 비탈기슭을 지나는 직선 활동면에 대한 안정검토를 하여야 한다.

상부공, 연결판 등의 양압력 및 이에 대한 부재강도에 대해서는 수면 부근의 구조물에 작용하는 파력을 고려하여 안정성을 검토하여야 한다.

말뚝 머리부는 각종 응력에 대한 안전이 확보되도록 검토하여야 한다. 잔교의 설계에서는 말뚝과 상부공이 완전 강결된 것으로 전제하므로 지진 시에 있어서도 이것을 만족하도록 고려한다. 철근이나 플레이트를 용접하는 경우는 철근과 플레이트의 용접부, 강말뚝과 플레이트의 용접부에 있어서 충분한 강도가 확보되는지를 검토한다(항만시설물 실무설계 사례집, 해양수산부, 2019).

표 2-84 말뚝 두부 보강 공법 비교

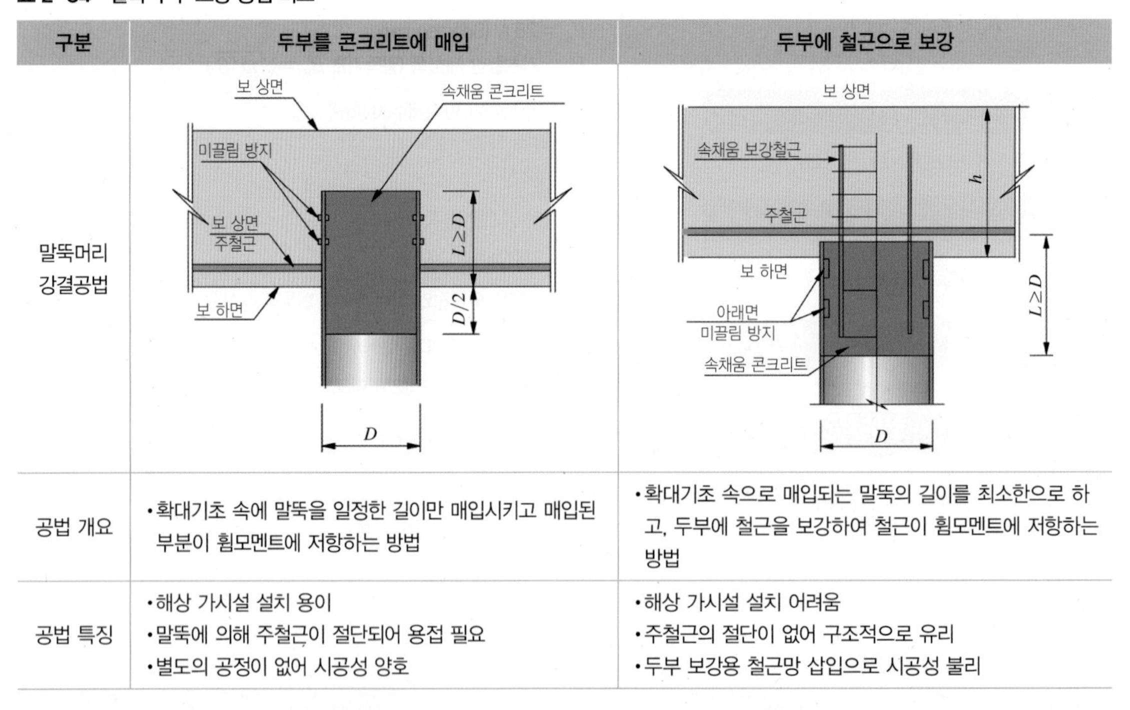

구분	두부를 콘크리트에 매입	두부에 철근으로 보강
말뚝머리 강결공법		
공법 개요	• 확대기초 속에 말뚝을 일정한 길이만 매입시키고 매입된 부분이 휨모멘트에 저항하는 방법	• 확대기초 속으로 매입되는 말뚝의 길이를 최소한으로 하고, 두부에 철근을 보강하여 철근이 휨모멘트에 저항하는 방법
공법 특징	• 해상 가시설 설치 용이 • 말뚝에 의해 주철근이 절단되어 용접 필요 • 별도의 공정이 없어 시공성 양호	• 해상 가시설 설치 어려움 • 주철근의 절단이 없어 구조적으로 유리 • 두부 보강용 철근망 삽입으로 시공성 불리

말뚝머리 매입길이 산정은 원형 단면인 경우에 잔교는 일반적으로 말뚝머리 위의 콘크리트 두께가 얇으므로 콘크리트의 순전단(Punching Shear)은 기대하지 않고, 말뚝 외주면(外周面)과 콘크리트와의 부착만으로 하중을 보에서 말뚝으로 전달하는 것으로 생각하여 아래 식에 따라 매입 길이를 계산한다(항만시설물 실무설계 사례집, 해양수산부, 2019).

$$l \geq \frac{P}{\emptyset f_{bod}} \gamma_b \quad (2\text{–}291)$$

여기서, l은 매입길이(mm)

P는 말뚝에 작용하는 축방향력(N)

ϕ는 말뚝의 외주장(mm)

f_{bod}는 말뚝 재료와 콘크리트와의 부착강도(N/mm^2)

γ_b는 부재계수(=1.0으로 하여도 좋다)

H형 단면(斷面)인 경우에는 H형강 말뚝 주변의 부착이 충분하고, 플랜지 외주의 부착과 파선부분의 콘크리트 전단에 대하여 안전하여야 하므로 아래 식 중에서 큰 값을 매입길이로 한다(항만시설물 실무설계 사례집, 해양수산부, 2019).

$$l \geq \frac{P}{\emptyset f_{bod}} \gamma_b$$

$$l \geq \frac{P}{2(Af_{vod} + Bf_{bod})} \gamma_b \quad (2\text{–}292)$$

여기서, l는 매입길이(mm)

P는 말뚝에 작용하는 축방향력(N)

ϕ는 H형강 말뚝의 주장(mm)

A는 웹의 높이(mm)

B는 플랜지의 폭(mm)

f_{vod}는 콘크리트의 전단강도(N/mm^2)

f_{bod}는 강재와 콘크리트와의 부착강도(N/mm^2)

γ_b는 부재계수(=1.0으로 하여도 좋다)

부속시설인 펜더베이스는 방충재가 받은 충격력을 효과적으로 잔교 구조물에 전달하는 역할을 하는 중요한 구조물로서 충격력에 대해 충분한 안전율이 확보되도록 단면을 설계하여야 한다. 특히, 돌출형 펜더베이스는 편심하중에 의해 발생하는 부재력에 저항할 수 있도록 검토하여야 한다. 곡주 기초는 곡주앵커와 콘크리트 사이의 부착응력에 의해 인발저항하는 구조물로서 설계 외력에 저항할 수 있는 곡주앵커 규격을 검토하여야 한다(항만시설물 실무설계 사례집, 해양수산부, 2019).

2-3-3 널말뚝식 안벽

널말뚝식 안벽은 강재 또는 콘크리트 널말뚝을 지중에 타입하여 토압에 저항하도록 하여 흙막이벽과 겸용하여 계선안으로 이용하는 구조물로서 시공설비가 비교적 간단하고 공사비가 저렴하여 임시 작업 부두로 많이 활용된다. 대개의 경우 기초공사로서의 수중공사를 필요로 하지 않으므로 급속시공이 가능하고, 공사 완료 후 널말뚝의 제거도 용이한 장점이 있다. 원지반의 수심이 깊은 경우 말뚝 시공 후 뒤채움이나 버팀공이 없는 상태에서는 파랑에 약하므로 널말뚝의 좌굴이나 변형 등의 손상이 발생하기 쉬우며, 지반이 단단한 경우에는 널말뚝의 타입이 어려워 워터 제트(Water Jet)나 천공을 통한 널말뚝 매입 공법이 필요하다. 강널말뚝의 경우 부식에 대한 대책이 필요하며, 희생양극법이나 도장 등의 방법이 사용되기도 한다.

널말뚝식 안벽(호안)의 구성부재는 널말뚝, 이음재, 버팀공으로 이루어지고, 이음재 장력을 널말뚝에 분산시키기 위한 띠장으로 이루어진다. 널말뚝식 안벽의 설계 예는 그림 2-150과 같다.

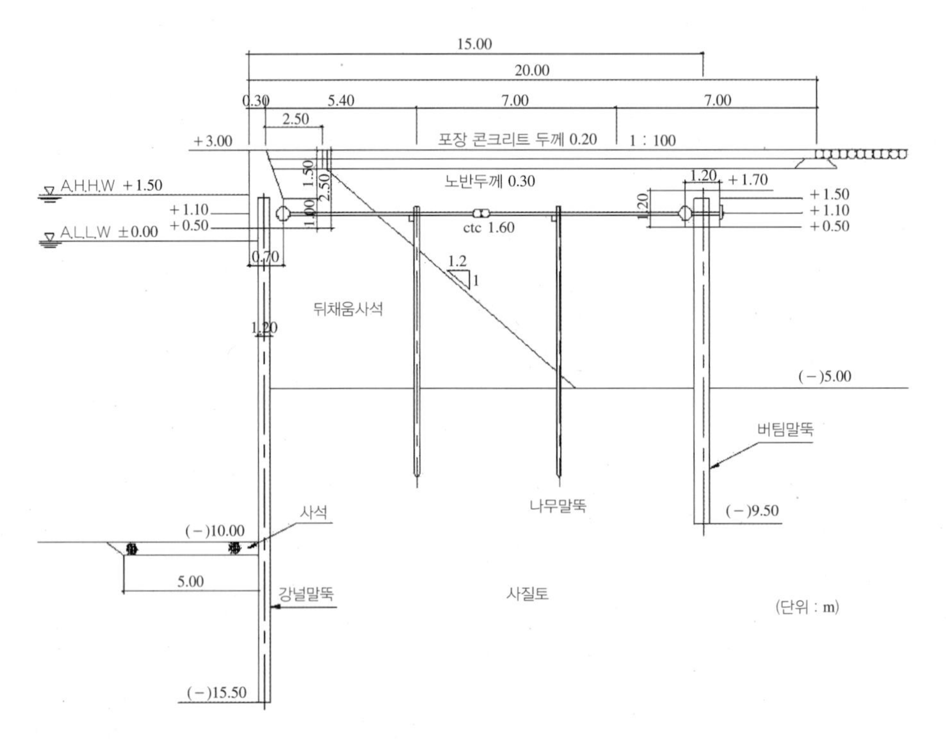

그림 2-150 널말뚝식 안벽(국가건설기준 KDS 64 55 20, 해양수산부, 2017)

널말뚝식 안벽의 설계는 일반적으로 그림 2-151 순서로 하는 것이 좋다.

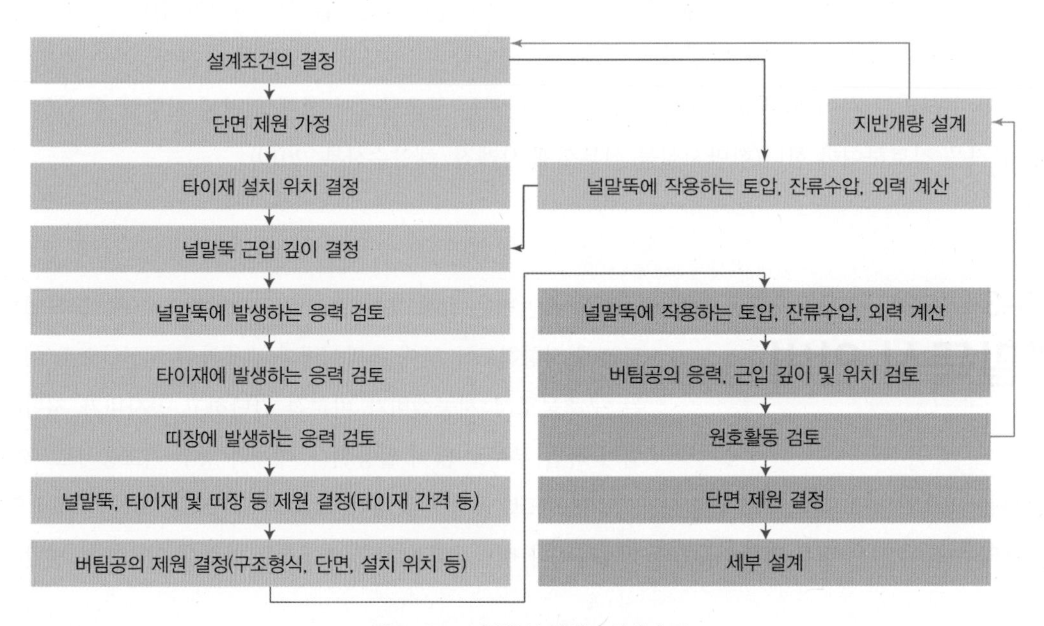

그림 2-151 널말뚝식 안벽의 설계 순서

널말뚝식 안벽의 설계법은 다음과 같은 방법들이 있다.

① Free Earth Support 법

널말뚝 근입부에 부모멘트가 발생되지 않는다고 가정(근입부 하단 휨모멘트가 0)하여 해석하는 방법이다. 근입장은 타이재 연결점에 대해서 주동토압과 수동토압에 의한 모멘트의 평형으로부터 구한다. 타이재의 장력은 주동토압과 수동토압의 차로서 구한다.

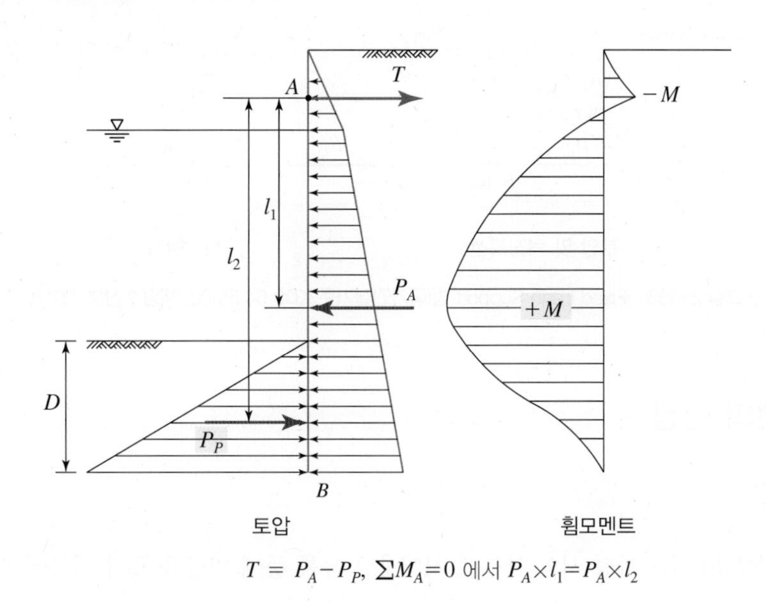

$T = P_A - P_P$, $\sum M_A = 0$ 에서 $P_A \times l_1 = P_A \times l_2$

그림 2-152 Free Earth Support 법(국가건설기준 KDS 64 55 20, 해양수산부, 2017)

② Fixed Earth Support 법

널말뚝 근입 부분이 지반 중에 소정의 깊이 이하로 고정되어 있다고 가정해서 해석하는 방법이다. 해저면하 소정의 깊이에서 널말뚝 처짐곡선의 반곡점이 존재하여 반곡점과 널말뚝 하단 사이에는 부모멘트가 작용한다고 가정한다. 또한 널말뚝 하단에는 부방향의 수동토압을 고려하나 일반적으로 이것은 집중력으로 가정한다.

Fixed Earth Support 법의 해법 중에 일반적인 것은 처짐곡선법이다. 처짐곡선법은 근입장을 가정하고 근입 하단에 있어서 처짐곡선이 연직선과 접하는 것으로 처짐곡선을 도시하고 타이재 연결점의 처짐이 0이 될 때까지 시행착오법에 의해 근입장을 변화시킴으로서 그 시점의 부재력을 구하는 방법이다.

이 방법은 도해법에 의해 시행되기도 하나, 최근에는 복잡한 수식계산을 요구하는 경우 전산해석을 통해 수행하는 사례가 많다.

③ P.W.Rowe 법

P.W.Rowe 법은 널말뚝 근입부분의 수동토압을 고전 토압론에 의하지 않고 널말뚝의 횡방향 변위 또는 해저면으로부터의 깊이에 비례하는 지반반력으로 하여 널말뚝을 탄성체에 놓인 Beam으로 해석하는 것이다.

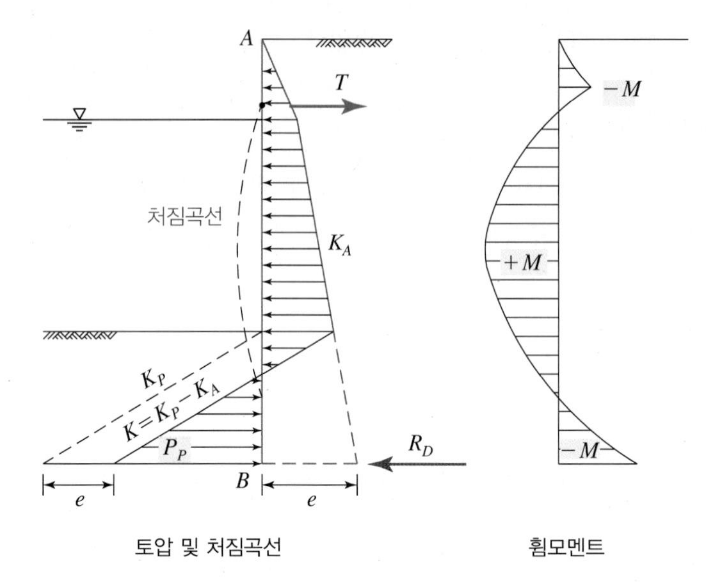

그림 2-153 Fixed Earth Support 법(국가건설기준 KDS 64 55 20, 해양수산부, 2017)

(1) 기본 단면의 설정

1) 배면 지반고

배면의 지반고는 이상조위나 파랑 시의 안전성, 하역작업 능률 등에 영향을 주기 때문에 과거의 기상 정보나 설계 대상이 되는 안벽의 용도, 대상선박 등을 종합적으로 고려하여 결정할 필요가 있다.

2) 전면 수심

전면 수심은 대상선박의 만재흘수에 대해 0.5 ~ 1.0m 정도로 한다. 전면 해저에 토사가 퇴적하는 것이 예상되는 경우 추가로 고려하여 계획 수심을 설정할 수 있다.

(2) 고려하는 외력

널말뚝식 안벽에 작용하는 외력은 토압, 잔류수압, 선박의 견인력, 선박의 충격력(방충재의 반력) 등이 있다.

1) 토압

2) 잔류수압

잔류수압 계산 시 잔류수위는 기초지반의 성질, 널말뚝의 이음부 상황 등에 따라 다르지만 강널말뚝인 경우는 A.L.L.W에 고저차의 2/3를 더한 것으로 본다. 그러나 점성토 지반 중에 박은 강널말뚝에서는 잔류수위가 거의 만조면과 일치하는 예도 있다. 기타 재료의 널말뚝을 사용하는 경우는 유사 구조물의 조사 자료를 기준으로 하여 결정하는 것이 좋다.

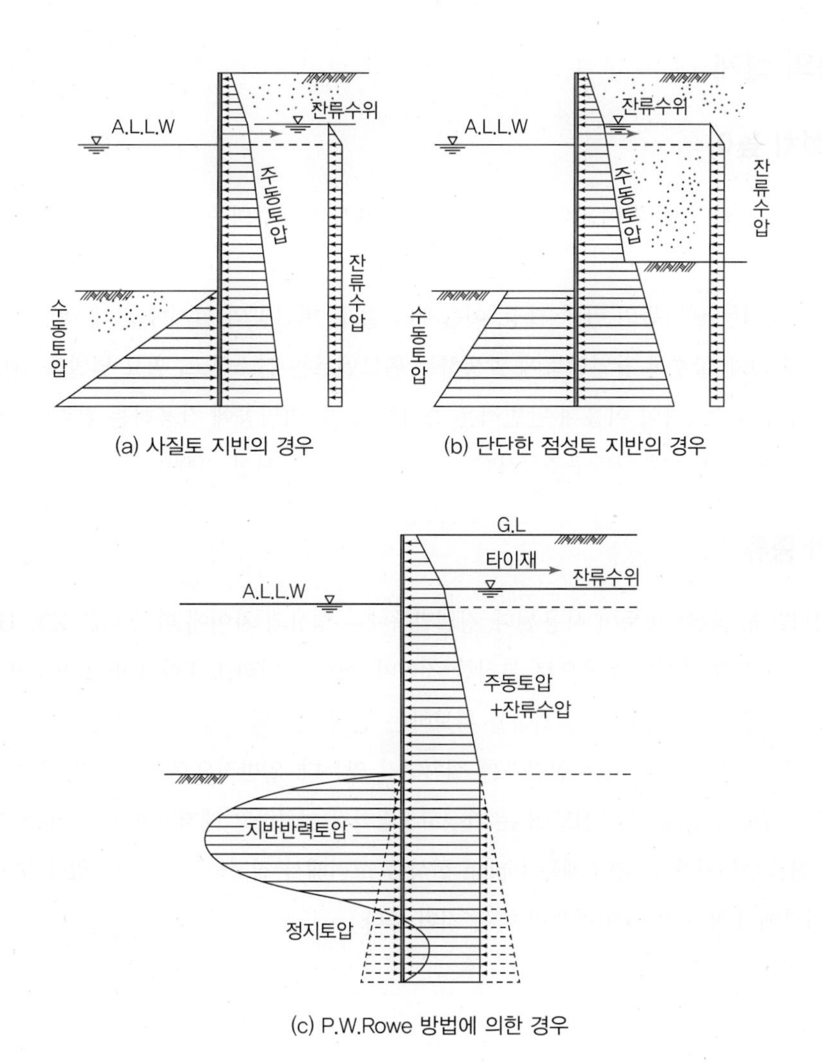

그림 2–154 널말뚝벽의 설계에 고려해야 할 토압 및 잔류수압(국가건설기준 KDS 64 55 20, 해양수산부, 2017)

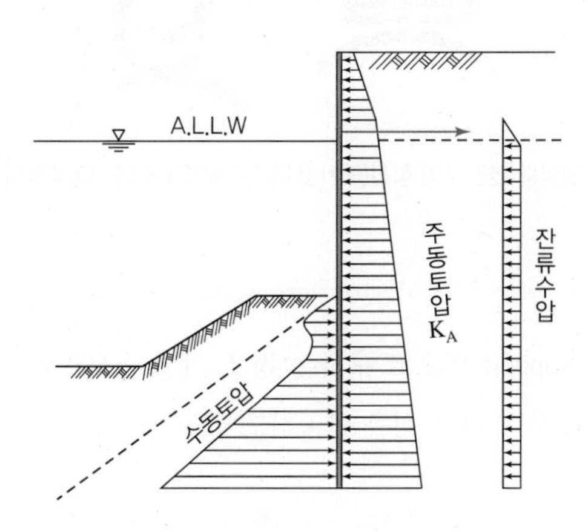

그림 2–155 사면을 가진 널말뚝 근입부의 수동토압 현상(국가건설기준 KDS 64 55 20, 해양수산부, 2017)

(3) 널말뚝의 설계

1) 이음재 설치 높이

수중에서의 작업을 피하기 위해 이음재의 위치는 보통 LWL상 해수의 높이 차의 1/3~2/3 정도의 높이에 설치한다.

이음재 설치 위치는 널말뚝의 단면 결정, 이음재의 설계, 버팀공의 설계에 크게 영향을 주고 있다. 이음재 설치 위치를 낮게 할수록 강널말뚝에 발생하는 휨모멘트는 감소하고, 필요 널말뚝 단면적은 감소한다. 한편 파일 반력은 증가하여 이음재 단면적은 증가한다. 또 버팀공에 작용하는 장력이 크게 되면 버팀공 단면은 증가하게 된다(해양 항만구조물/PC구조물, 김남형, 박제선, 1999).

2) 널말뚝의 종류

널말뚝에는 강널말뚝, 강관널말뚝이 사용된다. 강널말뚝에는 형상의 차이에 따라 U형, Z형, H형 등이 있다. 또한 강관널말뚝은 강관 본체를 이음으로 부착한 것이며, 형상에 따라 L-T형, P-P형, P-T형 등이 있다. 강관널말뚝의 연결부 길이는 널말뚝의 일체성을 확보하는 면에서는 되도록 길게 하는 것이 좋으나, 시공 중 파손을 감안하여 널말뚝 선단까지는 연결부를 설치하지 않는다. 일반적으로 연결부의 최하단은 주동토압 강도와 수동토압 강도가 같게 되는 심도 또는 가상고정점까지 설치하고 해저면과는 2~3m까지 설치하지 않는 것이 좋다. 잔류수위차가 큰 경우에는 Piping 현상을 고려해서 결정하는 경우도 있다. 연결부의 최상단은 상부공의 하단에서 30~40cm 아래까지 하는 것이 좋다.

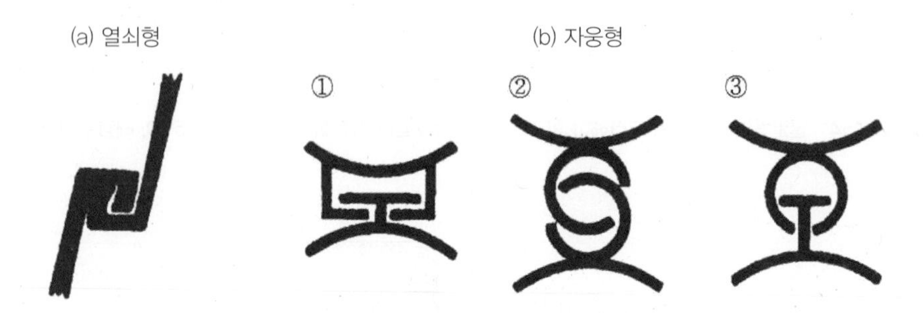

그림 2-156 강널말뚝 연결부의 형상(국가건설기준 KDS 64 55 20, 해양수산부, 2017)

3) 널말뚝의 근입길이

널말뚝의 근입길이를 Free Earth Support 법으로 구하는 경우, 계산된 토압과 잔류수압에 대해 타이재 연결점을 원점으로 한 모멘트 평형으로부터 다음 식을 만족하도록 구한다.

$$M_P = \mathrm{F} \cdot M_A \quad (2\text{-}293)$$

여기서, M_P는 수동토압에 의한 타이재 연결점에 관한 모멘트(kN · m/m)($= P_P \cdot l_2$)
M_A는 주동토압 및 잔류수압에 의한 타이재 연결점에 관한 모멘트(kN · m/m)($= P_A \cdot l_1$)
F는 안전율

4) 널말뚝의 휨모멘트 및 타이재 설치점의 반력

널말뚝에 작용하는 최대휨모멘트 및 타이재 설치점의 반력은 널말뚝의 강성, 근입길이, 지반의 굳은 정도 등을 고려하여 적절한 방법에 의해 산정한다. 널말뚝의 최대휨모멘트 및 타이재 설치점의 반력은 가상보법 또는 P.W.Rowe의 방법에 의해 구할 수 있으며, 널말뚝의 강성이 큰 경우에 있어 가상보법을 사용할 경우 특히 주의가 필요하다.

가상보법은 널말뚝의 최대휨모멘트 및 타이재 설치점의 반력을 타이재 설치점 및 해저면을 지점으로 하고, 해저면 상의 토압 및 잔류수압이 하중으로 작용하는 단순보로 가상해서 구하는 방법이다.

휨모멘트 계산 시 해저면에서의 여굴 영향을 고려해야 할 필요가 있으며, 널말뚝 해측부 전면의 해저면이 수평이 아닌 경우는 해저면을 지점으로 계산한 휨모멘트가 과소한 값이 되는 경우가 있다. 또한 널말뚝의 허용수평변위량에 대해서는 구조물의 규모, 중요도, 이용도를 고려하여 신중히 결정할 필요가 있다.

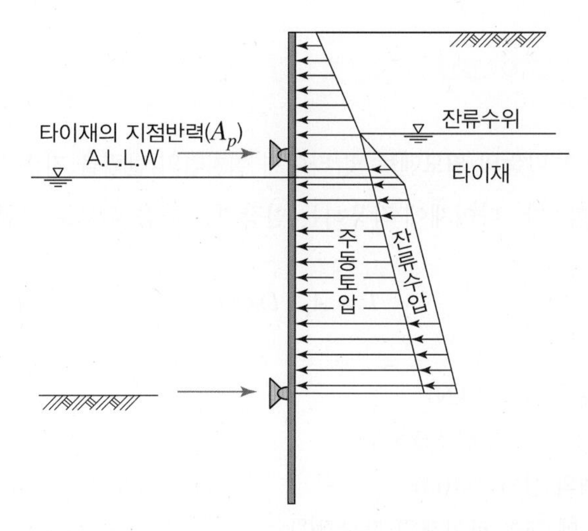

그림 2-157 휨모멘트를 구하는 경우의 가상보(국가건설기준 KDS 64 55 20, 해양수산부, 2017)

5) 단면의 설계

널말뚝에 발생하는 휨모멘트를 구하고, 이 휨모멘트에 의해 널말뚝 단면에 발생하는 응력도가 재료의 허용응력도를 초월하지 않는 단면을 설정한다. 널말뚝에 발생하는 휨모멘트는 이음재 설치점과 해저면을 지점으로 하는 단순보로 구한다. 하중은 해저면에서 위의 주동토압 및 잔류수압을 고려한다.

해저면이 지점으로서 생각되는 경우는 사질지반 혹은 딱딱한 점성토지반의 경우이다. 지반이 연약한 경우는 휨모멘트 0점은 해저면보다 깊은 곳이 되기 때문에 실제 널말뚝에 발생하는 휨모멘트는 더욱 더 커진다.

응력도는 다음 식으로 산정한다(해양 항만구조물/PC구조물, 김남형, 박제선, 1999).

$$\sigma = \frac{M_{max}}{Z} \tag{2-294}$$

여기서, M_{max}는 널말뚝에 발생하는 최대휨모멘트
Z는 부식대를 고려한 널말뚝의 단면계수
σ는 널말뚝에 발생하는 응력도

6) 방식

널말뚝 전면의 방식방법으로서는 평균해면(M.W.L.) 이하에 대해서는 전기방식, 저조위(L.W.L.) 이상에 대해서는 콘크리트 캡핑 혹은 콘크리트 피복을 하면 좋다. 특히 비말대는 부식속도가 빠르기 때문에 충분한 방식을 행한다.

널말뚝 배면에 대해서는 부식대에 따라 대응한다. 토중부에 있는 강재의 부식속도는 잔류수위 위 0.03(mm/년), 잔류수위 아래 0.02(mm/년) 정도이고, 이것을 내용연수를 곱한 값을 부식대로 하면 좋다(해양 항만구조물/PC구조물, 김남형, 박제선, 1999).

(4) 타이재의 설계

타이재에 작용하는 장력은 널말뚝의 휨모멘트 및 타이재 설치점의 반력을 기준으로 산정하며, 이때 산정한 타이재의 장력은 1m당의 힘이다. 타이재에 작용하는 인장력은 다음 식으로 구한다.

$$T = A_P \cdot l \sec\theta \tag{2-295}$$

여기서, T는 타이재의 인장력(kN)
A_P는 타이재 설치점 반력(kN/m)
L은 타이재의 설치간격(m)
θ는 수평면에 대한 타이재의 경사각(°)

널말뚝 상부공에 계선주를 만들어, 계선주에 작용하는 선박의 견인력이 타이재에 전달되는 구조로 한 경우에는 계선주 부근의 타이재 인장력은 상부공을 타이재가 탄성받침으로 하는 보로 보고 풀지만 보통은 계선주 부근의 4개의 타이재로 견인력을 균등하게 분담한다고 가정하여 구한다.

$$T = (A_P l + \frac{P}{4}) \sec\theta \tag{2-296}$$

여기서, P는 1개소의 계선주에 작용하는 견인력의 수평성분(kN)

타이재의 단면은 허용응력설계법에 의해 결정한다. 타이로드의 허용인장응력은 평상시는 항복응력의 40% 이하, 이상 시는 60% 이하로 한다. 타이케이블의 허용인장응력은 평상시는 파괴강도에 대하여 안전율을 3.8 이상, 이상 시는 2.5 이상으로 한다.

타이로드 재료의 특성 및 허용응력도는 표 2-85를 참고한다.

표 2-85 타이로드(Tie Rod) 재료의 특성(국가건설기준 KDS 64 55 20, 해양수산부, 2017)

종류	파단강도 (N/mm^2)	항복점응력도 (N/mm^2)	허용응력도 (N/mm^2)		신장율 (%)	항복점	안전율	
			평상시	지진시			평상시	지진시
SS400	402 이상	(직경 40mm 이하) 235 이상	94	141	24 이상	0.58	4.27	2.85
		(직경 40mm를 넘는 것) 215 이상	86	129	24 이상	0.53	4.67	3.12
SS490	490 이상	(직경 40mm 이하) 275 이상	110	165	21 이상	0.56	4.45	2.97
		(직경 40mm를 넘는 것) 255 이상	102	153	21 이상	0.52	4.80	3.20
고장력강490	490 이상	325 이상	130	195	24 이상	0.66	3.77	2.51
고장력강590	590 이상	390 이상	156	234	22 이상	0.66	3.78	2.52
고장력강690	690 이상	440 이상	176	264	20 이상	0.64	3.92	2.61
고장력강740	740 이상	540 이상	216	324	18 이상	0.73	3.43	2.28

(5) 웨일링(띠장)의 설계

웨일링의 최대휨모멘트는 타이재의 인장력 및 타이재 연결간격 등을 고려하여 다음 식으로 산정한다.

$$M = \frac{T \cdot l}{10} \qquad (2-297)$$

여기서, M은 웨일링의 최대휨모멘트(kN · m)
T는 타이재의 인장력(N)
l은 타이재 연결간격(m)

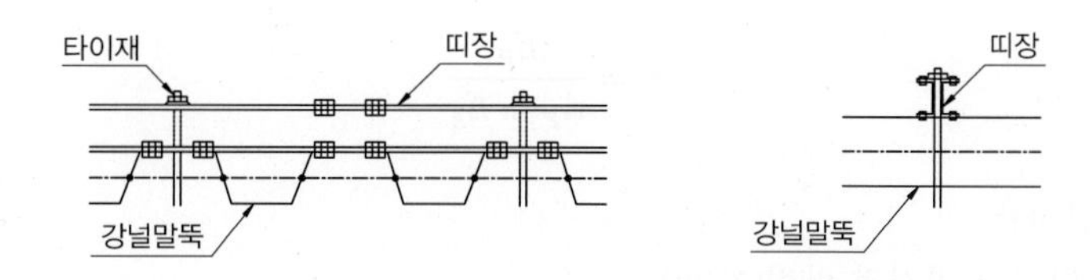

(a) 강널말뚝의 바다 쪽에 설치한 경우

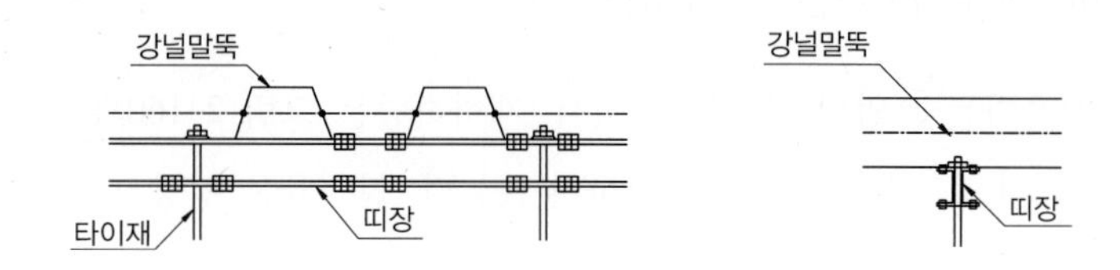

(b) 강널말뚝의 육지 쪽에 설치한 경우

그림 2-158 웨일링의 연결 예(국가건설기준 KDS 64 55 20, 해양수산부, 2017)

보통 ㄷ형강(Channel)을 사용하지만 앵글 또는 H형강을 사용하는 경우도 있다. 웨일링의 설치위치는 널말뚝의 전면에 둘 경우와 배면에 둘 경우가 있다.

(6) 버팀공의 설계

버팀공의 구조형식은 일반적으로 버팀판, 버팀널말뚝, 버팀직항, 버팀경사 조합말뚝으로 구분되며 그 구조형식에 의해 경제성, 공기, 시공방법이 다르므로 현장조건 등을 고려하여 결정한다.

1) 버팀판의 설계

① 설치위치

버팀판의 설치위치는 해저면에서 그은 널말뚝의 주동붕괴면과 버팀판 하단에서 그은 버팀판의 수동붕괴면이 지표면 이하에서 교차하지 않도록 결정한다.

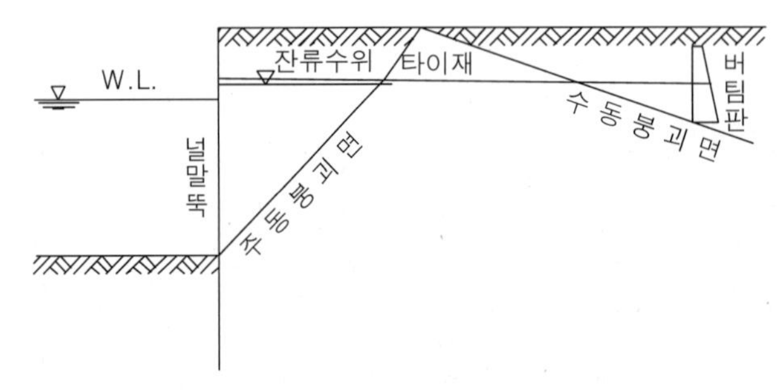

그림 2-159 버팀판의 설치 위치(국가건설기준 KDS 64 55 20, 해양수산부, 2017)

② 버팀판의 안정

버팀판은 앞면의 수동토압으로 타이재의 인장력 및 버팀판 배후의 주동토압에 저항하도록 설치깊이와 높이를 설정한다.

$$F = \frac{E_P}{A_P + E_A} \tag{2-298}$$

여기서, F는 안전율
A_P는 타이재 연결점 반력(N/m)
E_A는 버팀판에 작용하는 주동토압(N/m)
E_P는 버팀판에 작용하는 수동토압(N/m)

그러나 버팀판에 작용하는 토압의 산정에 있어서, 재하하중은 그림 2-160과 같이 작용하는 것으로 하여, 주동토압에는 고려하고 수동토압에는 고려하지 않는다. 안전율은 평상시 2.5 이상, 이상시 2.0 이상으로 한다.

널말뚝의 주동붕괴면과 버팀판의 수동붕괴면이 지표면 아래에서 교차할 경우, 그림 2-161과 같이 교점보다 위의 연직면에 작용하는 수동토압은 저항하지 않는 것으로 하여, 버팀판에 작용하는 수동토압

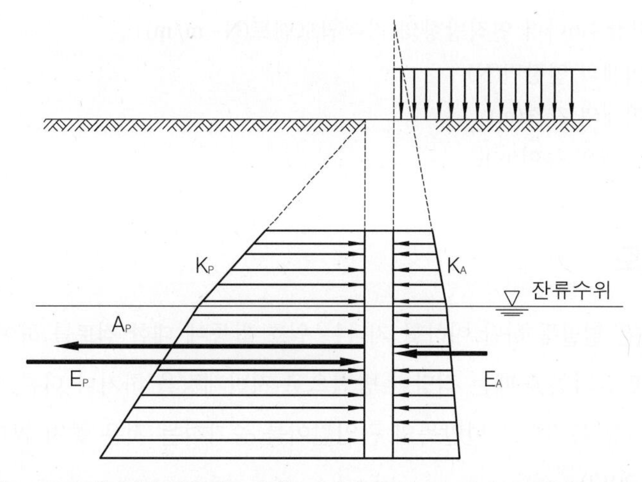

그림 2-160 버팀판에 작용하는 외력(국가건설기준 KDS 64 55 20, 해양수산부, 2017)

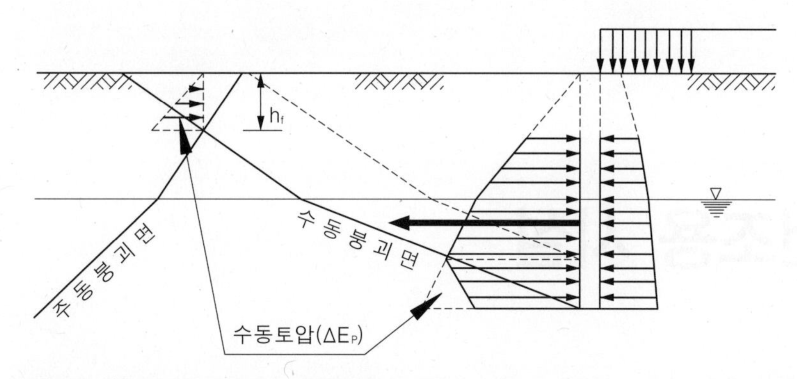

그림 2-161 널말뚝의 주동붕괴면과 버팀판의 수동붕괴면이 교차 시 버팀판에 작용하는 수중토압에서 공제되는 토압(ΔE_P) (국가건설기준 KDS 64 55 20, 해양수산부, 2017)

(E_P)에서 공제하며, 그 공제되는 토압(ΔE_P)은 다음 식과 같다.

$$\Delta E_P = \frac{K_P \cdot \gamma \cdot h_f^2}{2} \tag{2-299}$$

여기서, K_P는 수동토압계수

γ는 흙의 단위체적중량(N/m^3)

h_f는 지표면에서 붕괴면 교차점까지의 깊이(m)

버팀판은 타이재의 인장력과 토압에 의한 휨모멘트에 대해 안전하게 설계한다. 일반적으로 근사적인 토압을 등분포하중으로 보고 수평방향으로는 연속슬래브, 연직방향으로는 타이재 연결점을 고정점으로 한 캔틸레버 슬래브로 가정해서 다음 식에 의해 최대휨모멘트를 구한다.

$$\left.\begin{aligned} M_H &= \frac{Tl}{12} \\ M_V &= \frac{Th}{8l} \end{aligned}\right\} \tag{2-300}$$

여기서, M_H는 수평방향의 최대휨모멘트(N · m)

M_V는 연장 1m마다 연직방향의 최대휨모멘트(N · m/m)
T는 타이재의 인장력(N)
L은 타이재의 간격(m)
H는 버팀판의 높이(m)

(7) 원호 활동 검토

연약지반에서의 널말뚝은 널말뚝 하단 이하를 지나는 원호 활동에 대한 검토를 하여야 한다. 원호 활동에 대하여 불안정하다고 판단되었을 때는 적당한 방법으로 지반개량을 하거나 다른 형식의 구조물을 적용한다. 원호 활동을 방지할 목적으로 널말뚝의 근입길이를 증가하는 것은 좋지 않다(국가건설기준 KDS 64 55 20, 해양수산부, 2017)

2-4
선박건조용 시설

(1) 설계 개요

선박은 사용용도에 따라 여러 가지 형태의 선박이 운항되고 있으며, 새로 건조하거나 사용하던 선박을 수리하기 위한 시설이 필요하다. 선박의 종류와 규격에 따라 건조·수리시설의 구조와 종류가 다를 수 있다.

수송비 절감을 위하여 선박은 대형화하고 있으며, 전용선의 요구에 부응하여 전용선의 용도와 규격에 따라 시설이 현대화하면서 여러 가지 형태로 시설되어 왔다.

어선으로 사용되는 선박은 연근해 어업용 어선이 대부분이고, 1G/T급 미만은 거의 없어지고 30G/T급 미만이 대부분이므로 어선의 건조 · 수리용 시설은 거의 선가대 시설로서 선가사로식 시설이 대부분이다. 연안화물선으로는 3,000D/W급이 80~90%를 차지하고 있으며 소형선은 선가사로를 이용한 건조시설을 이용할 수 있으나 선박이 대형화하면서 건선거(Dry Dock)를 이용한 선박의 건조 · 수리를 하게 되었다. 경비용 함정의 건조 · 수리시설로는 소형경비정의 건조 · 수리는 선가사로를 주로 사용하고 있으나, 소형 · 중형은 상가시설(Lift System)이나 부선거(Floating Dock)시설을 이용하며, 대형의 특수함선은 건선거를 사용하여 건조 · 수리를 하고 있다.

수송비의 절감을 위한 선박의 대형화는 장거리 수송용 유조선은 20~30만 D/W급이 일반적이며, 50만 D/W급까지 초대형선의 건조 · 수리시설은 건조 · 수리 및 진수조건 등 여러 가지 상황을 고려하여 대형 건조 · 수리시설용으로 건선거(Dry Dock)를 사용하고 있다. 그 외 용도의 여객선, 컨테이너선, 벌크선,

석탄선, 광석선, 양곡선, LPG선과 이들 겸용선 등 특수용도의 전용선의 선박의 건조 · 수리시설은 선박의 규격과 특수성을 고려하여 여러 가지 형태의 건조 · 수리시설을 사용하고 있다.

최근에 와서는 선체건조를 블록화하여 선거시설없이 육상에서 제작 · 운반하여 조립 · 진수하는 건조방법으로도 선박을 건조하고 있다.

(2) 건조 · 수리시설의 종류

일반적으로 사용되고 있는 선박의 건조·수리시설의 주 시설물은 선가사로 시설, 상가시설, 부선거시설, 건선거(Drydock)시설 등이 있다.

(3) 선가사로(Slip Way) 시설

1) 개요

선가사로는 선박을 건조·수리하는 바닥면이 경사면을 이루는 것을 의미한다.

2) 위치선정

조선소는 작업능률 향상을 주안점으로 하여 배치하고 있으며, 건조·수리 시의 자재창고, 운반방법, 시설과의 연계성을 고려하여 배치되고, 현장 여건을 고려하여 위치를 선정하는 것이 바람직하다.

선가사로의 위치선정 시 다음 사항을 고려한다.

- 지반이 견고한 장소
- 진수시 횡방향의 바람이나 흐름을 받지 않거나 적게 받는 장소
- 진수시 충분한 대안거리 유지(일반적으로 선장의 3배 이상 거리 유지)
- 선가사로 전면수역은 선박의 왕래가 빈번하지 않는 장소 등

3) 선가사로의 구조

선가사로의 구조는 기초, 경사로, 크래들(Cradle)과 인양장치로 구성된다.

① 기초와 선가사로

기초지반이 견고하고 단단한 지반을 선정하여야 하나 부득이하여 기초지반이 연약한 곳을 선정할 경우 기초보강을 충분히 하고, 선가사로는 기초바닥 위에 철근콘크리트 슬래브로 폭 4~7m, 두께 60~80m를 현장타설하고 궤도는 목재나 강재레일을 설치한다. 선가사로 이용 시 부등침하가 일어나지 않도록 하여야 한다.

② 선가사로의 경사

선가사로는 육상부와 수면하부를 연결 시공하며, 육상경사는 1/15 ~ 1/25 범위, 수면하부는 1/10 ~ 1/15의 비교적 급경사를 이룬다.

③ 크래들(Cradle)

경사로에 직접 선박을 올려 놓을 수 없으므로 크래들 위에 선박을 상가시키고 크래들을 인양장치로 끌어 올릴 수 있게 크래들 하부에는 롤러를 부착시킨다.

④ 인양장치

인양장치로는 와이어로프, 소요 마력의 윈치와 이들의 부대시설로 되어 있다. 인양장치는 대상선박을 고려하여 결정한다.

(4) 상가(Lift System)식 선거

1) 개요

선박의 건조·수리시설로 개발된 상가시설은 육상공장에서 건조된 선박을 플랫폼에 상가시키고 소요 수량의 호이스트 윈치(Hoist Winch)에 연결된 체인으로 플랫폼을 수중으로 내려 건조선박을 진수시키거나 수리용 선박을 수중에서 플랫폼에 상가시키고 호이스트 윈치로 감아올려 수상부의 공장으로 이동시켜 수리가 완료되면 다시 플랫폼에 상가시켜 진수시키는 방법의 선박 건조·수리시설이다.

2) 상가시설의 구조

리프트 방식(Lift System)의 상가시설은 플랫폼, 리프트시설, 호이스트 윈치, 크래들과 레일시설이 포함된다.

① 플랫폼(Platform)

선박을 상가시키는 플랫폼은 육상의 공장과 연결된 레일을 이용하여 크래들 위에 상재한 선박을 크래들이 이동하면서 진수 시 플랫폼에 상가시키는 역할을 하며, 강재로 제작하여 호이스트 윈치와 체인으로 연결하여 수리 시는 플랫폼을 감아올리고, 진수 시는 내리는 구조로 선박을 오르내리게 하는 작업대이다.

② 리프트 시설(Lift System)

호이스트 윈치를 탑재한 잔교시설이며, 호이스트 윈치와 연결된 체인을 플랫폼에 고정시켜 플랫폼을 오르내리게 한다. 호이스트 윈치의 규격은 대상선박의 인양 용량을 고려하여 윈치 용량이 계산되며, 1개소당 100톤/2기를 시설할 경우 총 용량(대상선박톤수)은 플랫폼의 리프트시설 위에 좌우 동수로 용량에 맞게 계획하게 된다. 예를 들면 4,000톤급 리프트 시설인 경우 좌우 각 2,000톤이며 100톤/2기로 시설하면 좌우 각 10조로 총 20조가 소요된다.

③ 크래들과 레일

플랫폼과 공장은 레일로 연결되어 있고, 건조·수리는 공장에서 시행된다. 선박은 크래들에 상재하여 크래들을 움직여 이동을 하게 되며, 바퀴가 달린 크래들이 레일 위를 이동하여 운반한다.

(5) 건선거(Dry Dock) 시설

1) 개요

선박이 대형화하는 추세에 따라 대형선박의 건조·수리시설은 거의가 건선거에서 시행하고 있어 대형선의 건조·수리시설로서 건선거가 계속 건설되고 있는 실정이다. 건선거의 주요 구조부를 보면 거실(Dock Chamber), 갑문(Gate), 펌프실(Pump Room)로 나눌 수 있고 중량물의 운반을 위한 크레인이 설치된다.

그림 2-162 건선거(Dry Dock)의 예(현대중공업 군산 조선소, 현대산업개발)

2) 건선거의 구조

① 거실(Dock Chamber)

선박을 건조·수리하는 작업공간으로 각종 작용 외력에 안전한 구조물로 설계하고 일반적으로 장방형 평면으로 되어 있다. 거실 내에서 건조·수리의 작업 시에는 거실 내부를 펌프로 배수하게 되므로 측벽에는 토압 등이 작용하여 외력조건을 검토한 후 측벽을 설계한다. 측벽구조로는 중력식, 부벽식, 케이슨식이나 직립식 연속벽 등으로 고려할 수 있다.

거실 내를 배수하고 건조·수리할 경우 거실바닥은 저판에 작용하는 양수압이 작용하므로 토질조건을 고려하여 중력식 구조로 하거나 반중력식, 말뚝앵커식으로 하고 양수압을 차단하는 방법도 고려되어야 한다. 지반이 불투수성일 경우 지수벽을 깊게 박는 방법도 고려할 수 있다.

② 갑문(Dock Gate)

갑문은 부상 갑문과 플랩 게이트(Flap Gate: 위로들어올리는 갑문) 등이 있으나 일반적으로 부상 갑문 형태를 많이 이용하고 있다. 강판과 형강을 사용하여 중앙부가 비어 있도록 제작하여 내부 격실에 물을 채우면 가라앉고, 반대로 배수를 하면 부상하여 뜨는 구조로 되어 있다.

거실 전면 바다 쪽 갑문 입구부에는 목재나 고무판 등으로 문틀을 붙여 누수를 방지하도록 한다. 갑문은 외해에 면해있기 때문에 거실을 배수한 경우, 갑문에 외부수압과 파랑 등의 외력을 받으므로 충분히 안전하도록 설계 · 시공되어야 한다.

③ 펌프실(Pump Room)

펌프실의 규모와 펌프용량 결정은 거실의 규격·규모, 주수량(배수량), 주수시간(배수시간) 등을 고려하여 펌프용량을 결정하고 펌프실을 설계한다.

(6) 부선거(Floating Dock)

1) 개요

부선거 시설은 건조 시보다는 수리용 시설로 많이 활용되고 있으며 당초에는 군함 등의 수리시설로 활용하였다. 조선소에서는 고정식 시설이 많고 규격도 상당히 큰 7,000G/T~8,000G/T급용까지 있지만 일반적으로는 3,000G/T~4,000G/T급으로 이동이 가능한 시설로 활용되고 있다.

고정식 시설은 고정 위치에 진수깊이가 유지되어야 하나 이동식은 건조는 육상의 공장 인근 해안의 육상에 붙여서 작업을 하다가 진수 시에는 소요수심까지 끌배로 끌어다가 진수시킬 수 있다.

부선거 시설은 선박의 건조 · 수리용 외에 공사용 케이슨의 제작 · 진수에도 이용되고 있다.

그림 2-163 부선거(Floating Dock)의 예(현대건설 FD 20000)

2) 구조 및 진수 방법

부선거는 발라스트 탱크가 있어 진수 시 발라스트 탱크에 주수하면 최대흘수 수심까지 물에 잠겨 진수가 되며, 수리 시에는 선박을 부선거 갑판에 올려 놓아야 하기 때문에 작업장 인근까지 예인하여 정박시키고 발라스트 탱크의 물을 펌프로 배수하여 갑판상판이 수면 위에 오도록 한 후 갑판 위에서 작업을 하고 일정 수심까지 끌배로 예인하여 발라스트 탱크에 주수하여 진수시킨다. 부선거의 규격은 대상선박의 크기에 따라 규격이 결정되며, 선체의 제원, 총 톤수, 부양능력에 따라 선체의 주요 의장품 등이 장착되고, 부양 능력에 따라 탱크의 용량과 펌프의 규격, 그리고 부양 및 침강 시간이 결정된다.

2-5
수역시설

2-5-1 항로
2-5-2 박지
2-5-3 선회장

수역시설은 항만 구역 내에서 선박의 안전항 항행과 정박, 그리고 원활한 하역을 목적으로 하는 시설로서 항로(航路), 박지(泊地), 선회장(旋回場), 소형선 정박지 등이 있다.

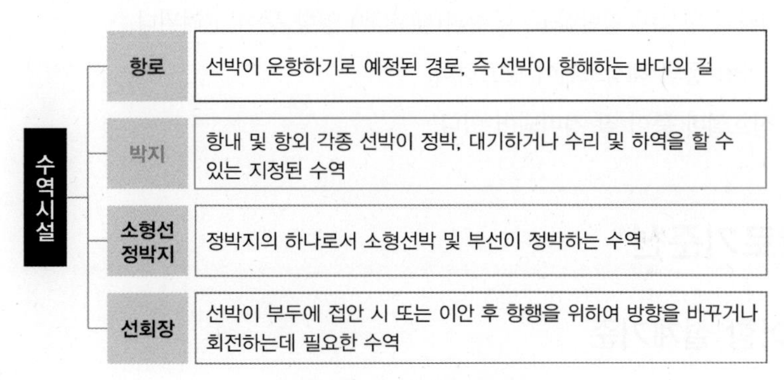

그림 2-164 수역시설의 종류

수역시설 계획 시에는 다음의 사항을 고려하여 계획하여야 한다.

① 선박의 안전운항, 정박, 조선 및 하역작업 가능

② 입출항 선박의 통항량 및 규모

③ 항로의 수심, 폭, 방향 등은 항만시설이 최대로 개발되는 최종단계를 고려
④ 향후 선박의 대형화 추이 등 장래에 제반 여건 변화에 탄력적으로 대처할 수 있도록 충분한 수역면적 확보
⑤ 그 항을 이용하는 최대선급을 고려
⑥ 항로, 항구위치, 조선수면 등 조선상의 문제가 많은 항만에서는 도선사 등 선박관계자의 의견을 수렴한 후 계획에 반영
⑦ 항내 정온도 및 항내 매몰 등에 대한 대책
⑧ 해수의 흐름, 파랑, 조위 등의 해양조건

2-5-1 항로

(1) 항만 및 어항 설계기준

항로는 선박이 운항하기로 예정된 경로, 즉 선박이 항해하는 바다의 길을 말하며, 선박의 안전항행(安全航行)을 보장하고 조선(操船)이 용이하도록 계획하여야 하며, 해상교통환경, 지형, 기상·해상조건 등을 고려하여 계획하여야 한다. 일반적으로 우리나라 항만법에 의한 항로에서는 병항(並港), 추월은 금지되어 있으나 왕복 통항은 인정된다. 그러나 통항량이 많은 항만에서는 왕복 통항의 규제, 부항로의 설치 등을 계획하는 것이 좋다.

항로는 선박이 안전하게 항행할 수 있는 적정 수심과 폭이 유지되어야 하며, 항행기능상 다음의 조건을 충족할 때 양호한 항로라 할 수 있다.

① 선박의 통항이 용이하도록 적정 수심과 폭이 충분히 확보되어야 한다.
② 항로의 기준선이 직선에 가깝다.
③ 항로의 해저면의 형상이 평탄하고, 항주파(航走波) 영향 등이 고려된다.
④ 바람, 조류, 파랑 등의 해상조건이 양호하다.
⑤ 항로표지, 신호설비 등이 잘 정비되어 있다.

2-5-1-1 항로기준선

(1) 항만 및 어항 설계기준

항로의 굴곡부의 교각은 선박의 선회경(旋回徑), 속도, 흘수/수심비, 항로표지, 그리고 기상, 해상 등의 항행 환경을 고려하고, 선박조종시뮬레이션 항적 등을 분석하여 결정하는 것이 바람직하다. 굴곡부(屈曲部)는 중심선의 교각(交角)이 최대 30°를 넘지 않아야 하며, 30°를 넘는 경우에는 항로의 중심선에 접하는 곡률반경이 선박 길이의 4배 이상의 원호를 중심으로 하여 항상 소요 폭을 확보하도록 가장자리를 마무리하는 것이 좋으며, 항로폭이 L인 왕복항로에서는 그림 2-165(a), 어선이 대상인 항로의 경우는 그림 2-165(b)와

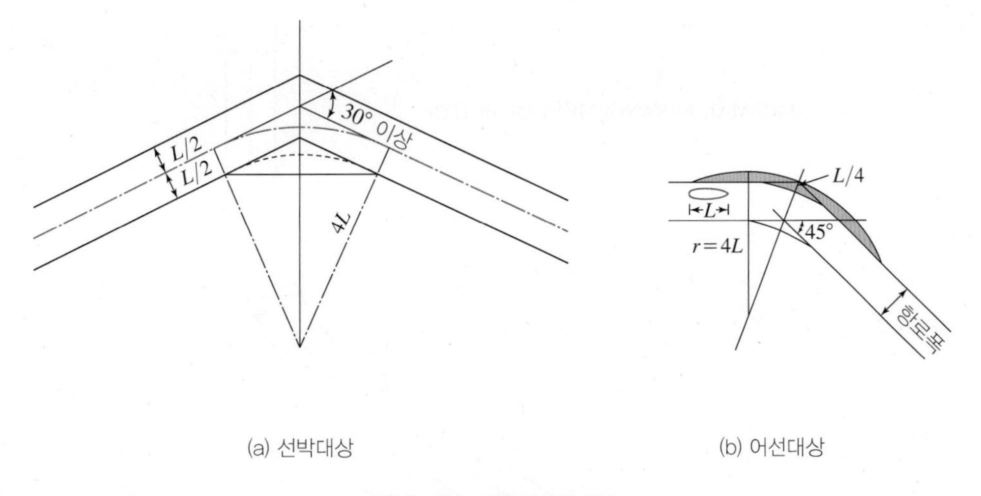

(a) 선박대상　　　　(b) 어선대상

그림 2-165　선박의 주요 치수

같이 굴곡부를 확보할 필요가 있다.

항로의 방향은 항로계획 시 천퇴 등의 지형조건을 감안하고 가능하면 조류의 방향과 평행으로 고려하는 것이 바람직하며, 바람이나 조류의 방향이 항로와 직각에 가까운 방향일 때에는 선박조종에 큰 영향을 미치므로, 바람, 조류가 강한 곳에서는 이들의 영향을 충분히 고려할 필요가 있다.

항로의 굴곡부와 굴곡부 사이의 직선거리는, 그 항로를 통항할 것으로 예상되는 최대 선박의 길이를 고려하여 가급적 충분하게 확보할 필요가 있으며, 지형적 여건상 이러한 배치가 어려울 경우에는, 외부 환경을 고려한 선박조종시뮬레이션 등을 통해 통항 안전성을 검토하는 것이 바람직하다.

(2) 국제수상교통시설협회(PIANC) 규정

항로의 노선 선정 시에는 항로의 최소 길이(the shortest channel length), 항로 끝단에서의 조건이나 박지, 장애물이나 항로 퇴적을 피하기 위한 필요성, 주 풍향 및 풍속, 파랑, 조류속 등의 해양조건, 항 입구부에 가까운 항로에서의 굴곡부 배제 등을 고려하고, 항로의 가장자리는 운항 설계 선박 폭의 최소 2.5배 이상이 되도록 정하고 있다.

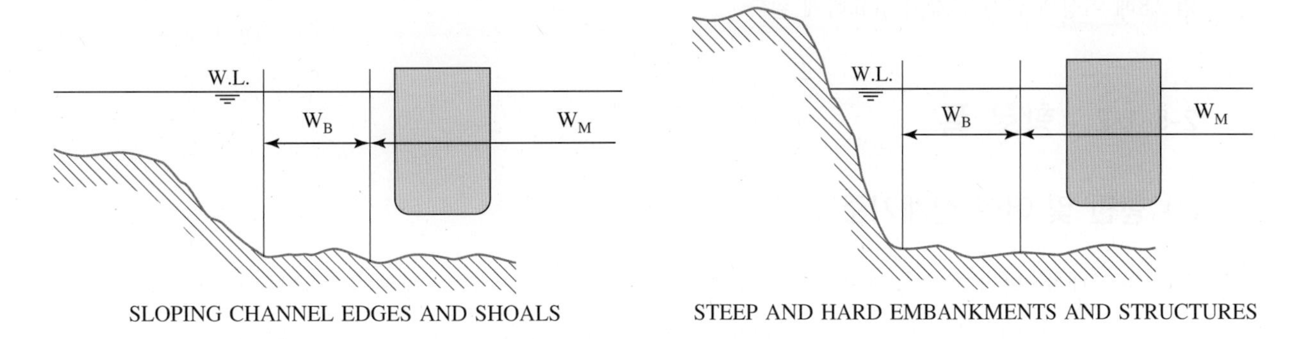

그림 2-166　제방 여유폭(Bank Clearance, PIANC)

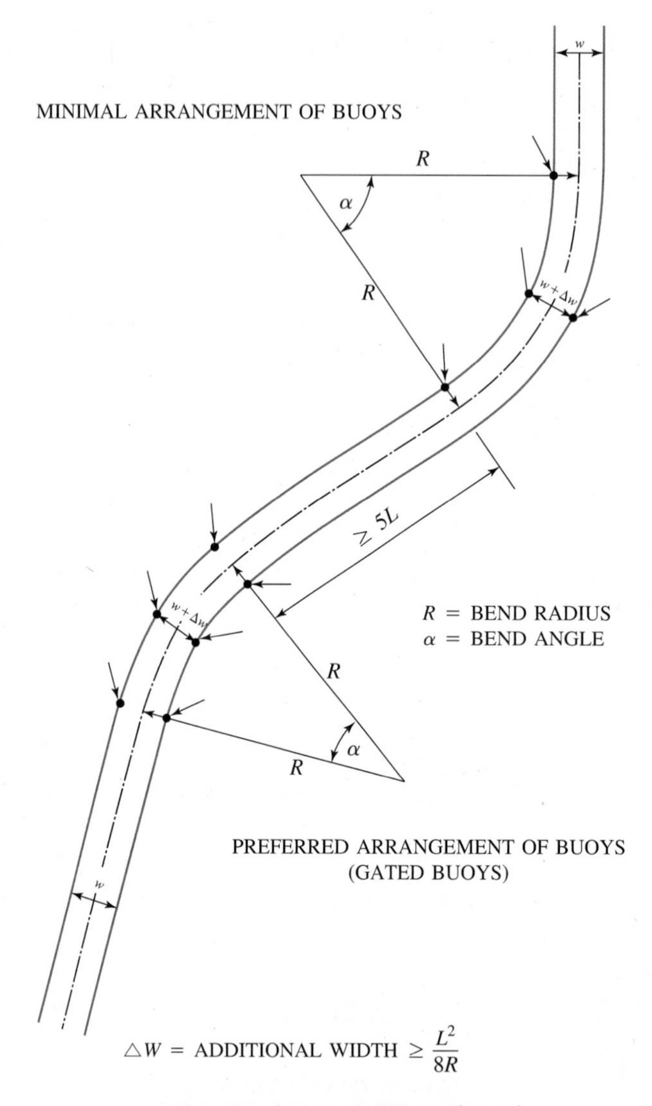

그림 2-167 항로 굴곡부 확폭 규정(PIANC)

항로는 가급적 직선항로가 바람직하며, 불가피하게 항로에 굴곡부가 발생할 경우에는 선박의 길이와 회전 반경을 고려하여 항로의 폭을 확폭할 필요가 있다. 바람이 없고 정온한 해역의 경우 심해에서는 선박 길이의 1.8 ~ 2.0배의 회전 반경이 필요하지만, 얕은 해역인 수심/흘수비가 1.10인 경우에는 선박 길이의 2.8배 이상의 회전 반경이 필요하게 된다.

2-5-1-2 항로 폭

(1) 항만 및 어항 설계기준

항로 폭은 대상선박의 제원, 통행상황 및 항로길이, 지형, 기상, 해양조건 및 왕복 통항 유무, 예인선의 유무 등을 고려하여 결정한다. 항만 및 어항 설계기준에서는 선박의 길이(L)를 기준으로 항로의 폭을 다음과 같이 규정하고 있다.

1) 선박이 운항 중 교행(交行) 가능성이 있는 항로에서는 1L 이상의 적절한 폭으로 한다.
   ① 항로의 길이가 비교적 긴 경우: 1.5L
   ② 대상선박들이 항로 항행 중 빈번하게 교행할 경우: 1.5L
   ③ 선박들이 항행 중 빈번히 교행하고 항로 길이가 비교적 긴 경우: 2L
2) 선박이 운항 중 교행 가능성이 없는 항로에서는 0.5L 이상의 적절한 폭으로 한다. 그러나 항로 폭이 1L 이 되지 않을 경우, 항행지원 시설의 정비 등에 대한 안전상의 충분한 대비를 하는 것이 바람직하다.

어선 또는 500G/T 미만인 선박을 대상으로 하는 항로의 폭은 이용 실태에 따라 적절하게 정한다. 어선을 대상으로 하는 항로 폭은 대상 어선의 크기, 통행량 및 지형, 자연조건 등을 고려하여 표 2-86의 값을 참고하여 정할 수 있다.

표 2-86 어선을 대상으로 하는 항로 폭(왕복항로)

항로의 위치	항로 폭	비고
외해에서 외항으로 들어오는 항로	6B ~ 8B	악천후 파랑에 대한 여유를 고려
외항에서 내항으로 들어오는 항로	5B ~ 6B	

주: 여기서 “B”는 대상어선의 선폭

(2) 국제수상교통시설협회(PIANC) 규정

국제수상교통시설협회(PIANC)의 항로 설계기준(Approach Channels - A Guide for Design)에서는 항로의 폭을 직선항로와 곡선 및 편도항로에 따라 선박 폭(B)을 기준으로 규정하고 있다.

편도 및 왕복 직선항로의 바닥폭은 다음 식으로 주어진다.

$$\text{편도항로: } W = W_{BM} + \sum_{i=1}^{n} W_i + W_{Br} + W_{Bg} \quad (2\text{–}301)$$

$$\text{왕복항로: } W = 2W_{BM} + 2\sum_{i=1}^{n} W_i + W_{Br} + W_{Bg} + W_p \quad (2\text{–}302)$$

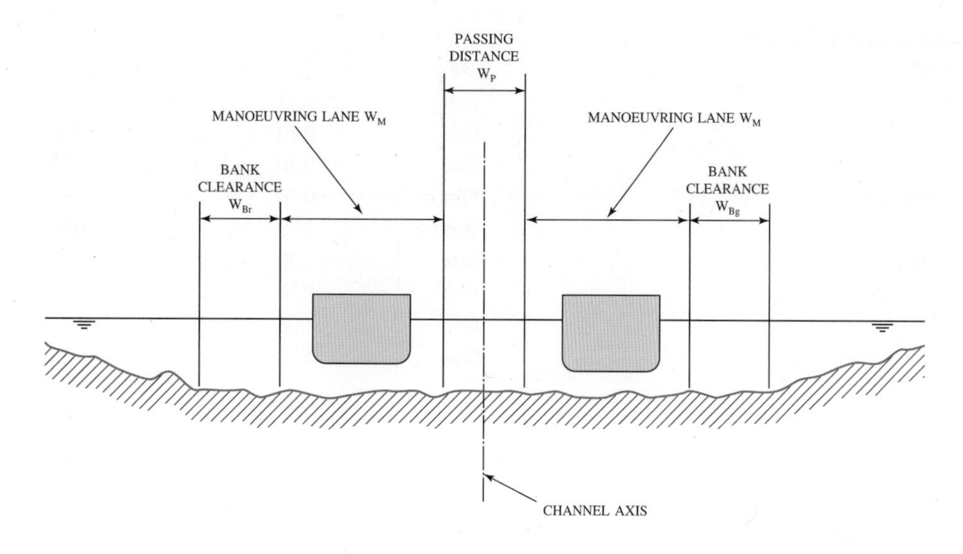

그림 2-168 항로 폭의 구성 요소들(PIANC)

여기서, W_{BM}은 기본 운항 폭(Basic Manoeuvring Lane)
W_{Br}, W_{Bg}은 항로 좌우측 제방과의 간격
W_p는 교행을 위한 여유 폭(Passing Distance)
W_i는 추가 소요 폭

선박의 조정성(Ship Manoeuvrability)에 따라 기본 운항 폭은 표 2-87로 주어진다.

표 2-87 Basic Manoeuvring Lane

Ship Manoeuvrability	Good	Moderate	Poor
Basic Manoeuvring Lane, W_{BM}	1.3B	1.5B	1.8B

선박의 속도, 바람, 조류, 파랑, 항로보조표지, 항로 바닥 상태, 항로 수심 및 화물의 위험도에 따른 추가 소요 폭은 표 2-88과 같다.

표 2-88 추가 소요 폭

Width		Outer Channel Exposed to Open Water	Inner Channel Protected Water
	Vessel Speed		
(a) Vessel speed (knots)			
– fast >12		0.1B	0.1B
– modernate > 8–12		0.0	0.0
– slow 5–8		0.0	0.0
(b) Prevailing cross wind (knots)			
– mild ≤ 15 (≤ Beaufort 4)	All	0.0	0.0
– moderate > 15 – 33 (Beaufort 4 – 7)	Fast	0.3B	–
	Mod	0.4B	0.4B
	Slow	0.5B	0.5B
– severe > 33 – 48 (Beaufort 7 – 9)	Fast	0.6B	–
	Mod	0.8B	0.8B
	Slow	1.0B	1.0B
(c) Prevailing cross current (knots)			
– negligible < 0.2	All	0.0	0.0
– low 0.2 – 0.5	Fast	0.1B	–
	Mod	0.2B	0.1B
	Slow	0.3B	0.2B
– moderate > 0.5 – 1.5	Fast	0.5B	–
	Mod	0.7B	0.5B
	Slow	1.0B	0.8B
– strong < 1.5 – 2.0	Fast	0.7B	–
	Mod	1.0B	–
	Slow	1.3B	–

(d) Prevailing longitudinal current (knots)			
– low ≤ 1.5	All	0.0	0.0
– moderate > 1.5 – 3	Fast	0.0	–
	Mod	0.1B	0.1B
	Slow	0.2B	0.2B
– strong > 3	Fast	0.1B	–
	Mod	0.2B	0.2B
	Slow	0.4B	0.4B
(e) Significant wave height H_s, and length λ (m)			
– H_s ≤ 1 and λ ≤ L	All	0.0	0.0
– 3 > H_s > 1 and λ L	Fast	2.0B	
	Mod	1.0B	
	Slow	0.5B	
– H_s > 3 and λ > L	Fast	3.0B	
	Mod	2.2B	
	Slow	1.5B	
(f) Aids to Navigation			
– excellent with shore traffic control		0.0	0.0
– good		0.1B	0.1B
– average, visual and ship board, infrequent poor visibility		0.2B	0.2B
– average, visual and ship board, frequent poor visibility		≥ 0.5B	≥ 0.5B
(g) Bottom surface			
– if depth ≥ 1.5T		0.0	0.0
– if depth < 1.5T then			
– smooth and soft		0.1B	0.1B
– smooth or sloping and hard		0.1B	0.1B
– rough and hard		0.2B	0.2B
(h) Depth of waterway			≥ 1.5T 0.0
– ≥ 1.5T		0.0	< 1.5T – 1.15T 0.2B
– 1.5T – 1.25T		0.1B	< 1.15T 0.4B
– < 1.25T		0.2B	
(i) Cargo hazard level			
– low		0.0	0.0
– medium		≥ 0.5B	≥ 0.4B
– high		≥ 1.0B	≥ 0.8B

왕복항로에서 선박 속도 및 선박 조우 횟수에 따른 추가 소요 폭은 표 2-89와 같다.

표 2-89 Additional Widths for Two-way Traffic

Passing Distance W_F	Outer Channel exposed to open water	Inner Channel protected water
Vessel speed (knots)		
– fast >12	2.0B	–
– modernate > 8–12	1.6B	1.4B
– slow 5–8	1.2B	1.0B
Encounter traffic density		
– light	0.0	0.0
– moderate	0.2B	0.2B
– heavy	0.5B	0.4B

선박 속도 및 항로의 위치가 개방 수역인지 내부 보호 수역인지에 따른 추가 제방과의 간격은 표 2-90에 나타나 있다.

표 2-90 Additional Widths for Bank Clearance

Width for bank clearance	Outer Channel exposed to open water	Inner Channel protected water
Sloping channel edges and shoals :		
– fast	0.7B	–
– modernate	0.5B	0.5B
– slow	0.3B	0.3B
Steep and hard embankments, structures :		
– fast	1.3B	–
– moderate	1.0B	1.0B
– slow	0.5B	0.5B

Note: Referring to the design ship: B = Beam, L = Length, T = Draught

곡선항로인 경우에는 굴곡부의 폭과 반경은 그림 2-169에 주어진 수심/흘수비에 따른 선박의 회전 반경을 고려하여 정해야 한다.

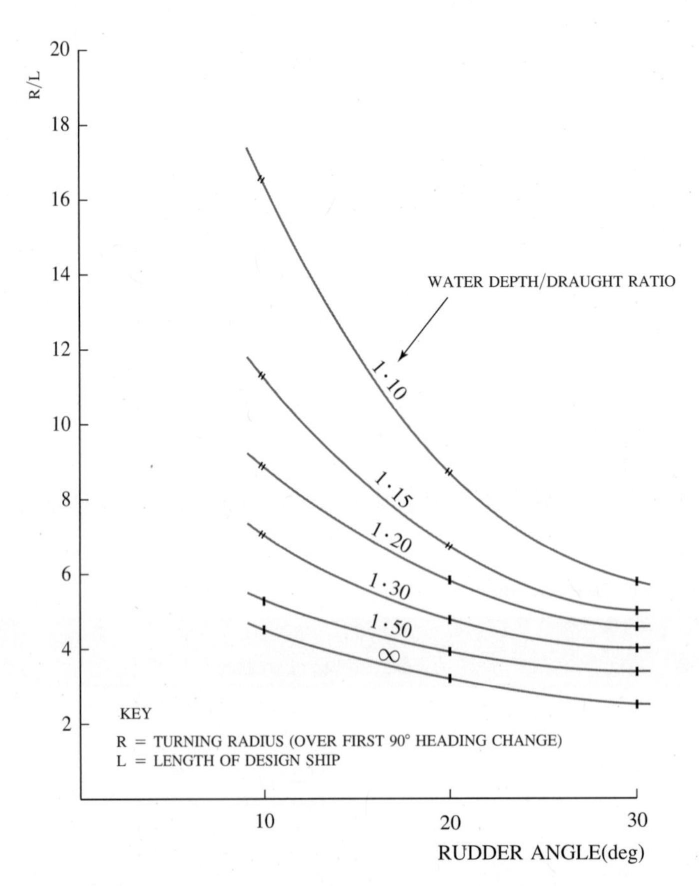

그림 2-169 방향키 각(타각, Rudder Angle)과 수심/흘수비에 따른 회전 반경(PIANC)

2-5-1-3 항로 수심

(1) 항만 및 어항 설계기준

항로수심은 저질(底質), 선박의 동요(動搖), 트림(trim), 선체 침하(squat), 해도오차, 측량오차, 준설정도(浚渫精度) 등에 따라 여유를 고려해야 한다. 트림은 화물을 적재하였거나 선박이 항행할 때 생기는 선수·선미 간의 흘수차를 말하며, 화물을 적재한 상태에서 저속으로 운항할 때에는 선수가 침하하고, 고속으로 운항할 때에는 선미가 침하하는 경향이 있다. 선체 침하는 얕은 수역 또는 항로 단면적이 작은 수역에서 선박 주위의 수위가 저하하여 선체가 침하하는 현상을 말한다.

항행의 안전 확보를 위해서는 최대흘수 시의 선저와 해저와의 사이에 여유 수심(UKC, Under Keel Clearance)을 충분하게 확보할 필요가 있으며, 여유 수심은 다음 값 이상으로 확보하는 것이 바람직하다.

1) 정온이 확보된 항내의 경우는 최대흘수의 10%
2) 스웰이 없는 진입항로 또는 접근해역은 최대흘수의 15%
3) 스웰이 존재하거나 비교적 항로가 긴 경우 최대흘수의 20%

파랑에 의한 선박의 동요는 선박의 전장, 폭, 속도, 파고, 파장 등에 따라 정해지지만, 동요에 대한 여유 수심은 일반적으로 소·중형선의 경우는 파고의 2/3, 대형선에서는 1/2을 보고 있다.

해수와 진흙 등이 혼합된 액상이토층(Fluid Mud Layer)과 같이 수심을 정확하게 정의하기 어려운 해역에서는, 항해 해저(Nautical Bottom) 개념을 사용하여 항해 수심(Nautical Depth)을 정의할 수 있다. 항해 해저란, 그 경계 이상으로 선박이 접촉하게 되면 선박의 제어나 조종이 불가능해지는 해저 경계면을 의미한다.

그림 2-170 항해 해저 개념(항만 및 어항 설계기준, 해양수산부, 2014)

(2) 국제수상교통시설협회(PIANC) 규정

항로의 수심은 선박 운항 속도와 수심비의 관계, 선체 침하, 조위 및 항로의 침퇴적을 고려한 해도 수심을 고려하도록 권장하고 있다. 얕은 수역에서 선박의 운동에 대한 수리동력학적 저항은 Froude-수심 수(Froude Depth Number)에 지배적인 영향을 받으며, 선박 속도와 수심의 무차원 관계로서 다음과 같이 표시된다.

$$F_{nh} = \mathrm{V}/\sqrt{gh} \tag{2-303}$$

여기서, V는 선박의 속도(m/s)
h는 수심(m)
g는 중력가속도(9.81m/s^2)

무차원 Froude 수 F_{nh}가 1이거나 그에 가까워지면 선박의 운동에 대한 저항이 매우 높아져서 조종이 매우 어려워지며, 실제로 F_{nh}값이 0.6(Tankers)~0.7(Container Ships)이면 운항이 불가능하다. 따라서 항로 최소 수심은 선박별 Froude-수심 수의 한계를 고려하여 필요 선박 운항속도에 따라 정해야 한다.

선체 침하는 얕은 수역 운항시 선체가 침하 또는 상승하는 현상을 말하며, 여유 수심(UKC, Under Keel Clearance)을 줄어들게 한다. 선체 침하는 선박 속도에 크게 영향을 받으며, 얕은 수역에서 두드러지게 나타나는 경향이 있으므로 운항 속도 결정 전에 과도한 선체침하가 발생하지 않도록 운항 속도와 수심을 검토할 필요가 있다. 개방된 수역에서의 선체 침하는 ICORELS 식을 이용하여 다음과 같이 구할 수 있다.

$$Squat(\mathrm{m}) = 2.4 \frac{\nabla}{L_{pp}^2} \frac{F_{nh}^2}{\sqrt{1 - F_{nh}^2}} \tag{2-304}$$

여기서, ∇는 배수 체적(m^3) $= C_B \cdot L_{pp} \cdot B \cdot T$ 선박의 속도(m/s)
L_{pp}는 선박의 수선간 길이(m)
B는 선박의 폭(m)
T는 선박의 흘수
C_B는 블록 계수(Block Coefficient)
F_{nh}는 Froude-수심 수

선체 침하, 흘수 및 수심 측량오차를 고려하는 단순한 방법은 수심/흘수비의 최솟값을 정하는 것이며, 정온한 해역에서는 수심/흘수비가 1.10~1.15 정도되고, 파랑의 영향을 받는 해역에서는 1.3 또는 그보다 큰 값이 필요하다.

수역이 조위차가 심하면 조위의 영향을 고려하여 운항 속도나 시간의 제한이 필요한 경우도 발생할 수 있으며, 조위차로 인해 선체 침하의 증가나 항로 여유폭의 증가를 고려할 필요도 있다. 또한 항로 바닥이 실트나 점토 등으로 퇴적되면 항로의 수심이 줄어들어 수심의 불확실성이 증가될 수도 있으므로 항로의 수심 결정 시에 이에 대한 영향도 고려할 필요가 있다.

항로의 수심은 다음 사항을 고려하여 결정하여야 한다.

① 설계 선박의 흘수
② 항로의 조위

③ 선체 침하
④ 파랑에 의한 선박의 요동(wave−induced motion)
⑤ 여유 수심(0.6m)
⑥ 해수의 밀도와 흘수에 미치는 영향

무차원 Froude-수심 수 F_{nh}는 0.7보다는 작아야 한다.

2-5-1-4 항 입구부의 항로 길이

항 입구부의 항로와 이어지는 수역의 넓이는 대상선박의 선회 및 정지성능 등과 같은 조종성능을 고려하여 적절하게 정한다. 선박이 자력으로 입항할 때, 방파제 등으로 차폐된 수역 외측에서는 바람, 조류의 영향을 피하기 위하여 어느 정도 이상의 속도를 유지하여야 하므로, 항구에서 접안시설까지의 항로 길이는 대상선박의 정지 가능거리를 고려하여 충분히 확보하는 것이 바람직하다.

2-5-2 박지

박지는 선박이 안전하게 정박하여 하역 등의 작업을 할 수 있는 수역을 말하며, 묘박지(錨泊地), 부표박지(浮漂泊地) 외에 선회장(旋回場) 등의 조선수면(操船水面)을 포함한다. 박지는 배의 정박이 안전한 정수면이어야 하고, 배의 닻이 걸리는 데 적정한 지질로 미끄러운 암반이나 진흙질의 해저는 피해야 한다. 정박할 선박의 흘수에 비해 충분한 수심을 가져야 하고 묘박 방법에 따른 충분한 수면적을 가져야 한다. 박지 계획은 선박의 안전한 정박, 조선의 용이, 하역의 효율성, 기상·해상조건, 항내 반사파·항주파 등의 영향을 고려하여 수립하여야 한다.

2-5-2-1 박지 위치와 면적

박지 위치는 방파제, 부두(埠頭), 항로 등의 배치, 정온도를 고려하여 적절한 장소이어야 하며, 박지의 면적은 선박의 종류, 크기 및 수량을 고려하여 결정하여야 한다. 선박의 정박 방법은 접안과 해상 정박이 있으며, 해상 정박은 묘박과 부표박(Buoy)으로 구분되는데, 묘박 방법에서 이용도가 높은 방법은 그림 2-171에 나타난 바와 같이 단묘박(單錨泊), 쌍묘박(双錨泊, 단부 표박 및 쌍부표박 등이 있다.

묘박지의 규모는 해저에 놓인 체인을 고려하고, 회전의 중심이 되는 점으로부터 선수까지의 수평거리에 자기 배의 길이를 합한 값을 반지름으로 하는 원의 크기로 구할 수 있다. 묘쇄의 길이 계산에 필요한 제원이 불분명할 때의 묘박지 규모는 표 2-91을 참고하여 정할 수 있고, 부표박지의 규모는 표 2-92를 참고하면 된다.

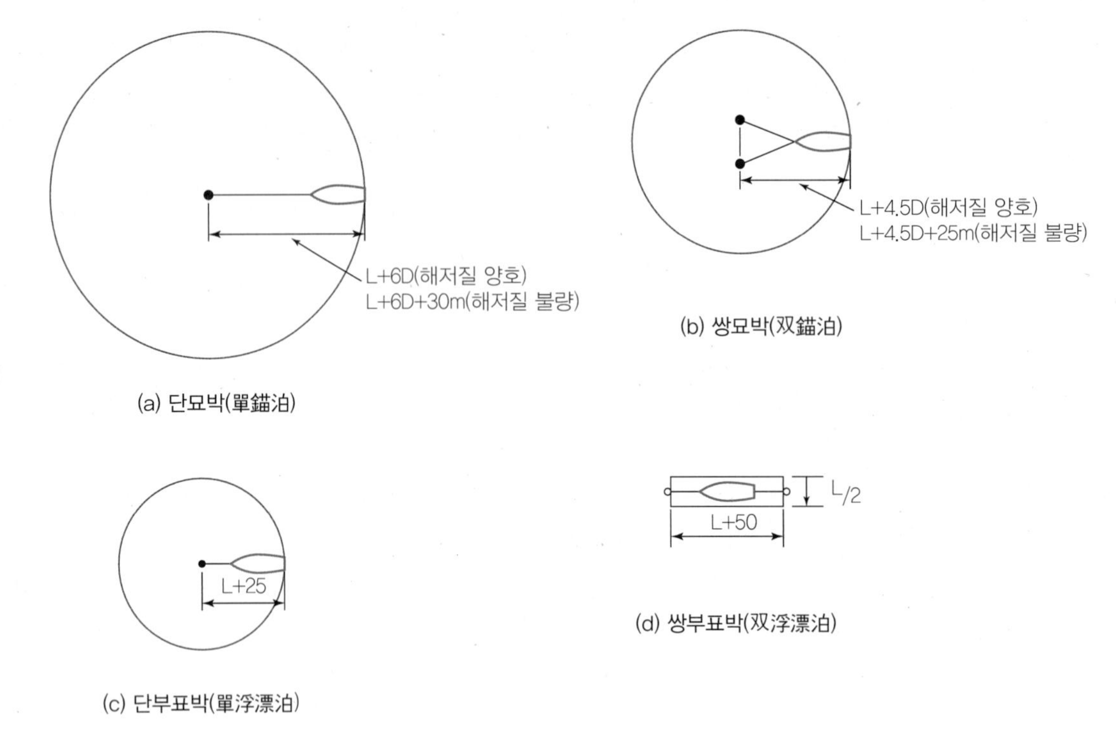

그림 2-171 묘박지의 규모(1척당)

표 2-91 묘박지 규모

이용목적	이용방법	해저질(海底質) 또는 풍속	반경
외해대기 또는 하역	단묘박(單錨泊)	해저질이 닻 놓기에 양호	L + 6D
		해저질이 닻 놓기에 불량	L + 6D + 30m
	쌍묘박(双錨泊)	해저질이 닻 놓기에 양호	L + 4.5D
		해저질이 닻 놓기에 불량	L + 4.5D + 25m

(주) L: 대상선박 전장(m), D: 수심(m)

표 2-92 부표박지 규모

이용방식	넓이
단부표박(單浮漂泊)	반경(L + 25m)의 원
쌍부표박(双浮漂泊)	(L + 50m)과 L/2을 변으로 하는 장방형

2-5-2-2 박지 수심

박지의 수심은 파랑, 바람, 조류 등에 의한 대상선박의 동요 정도를 고려하며, 대상선박의 만재흘수 이상으로 기준면하 만재흘수에 여유 수심을 확보한 수심으로 한다. 다만 조선소 등의 의장용(艤裝用) 안벽의 박지나 대상선박이 박지를 이용할 때의 흘수가 항상 만재흘수보다 작은 경우에는 이에 따르지 않을 수 있다.

박지의 수심에 대하여 대상선박의 만재흘수 등을 잘 알지 못할 경우에는 관련 자료를 조사, 분석하여 적절하게 정할 수 있다.

2-5-2-3 박지 정온도

수역시설을 이용하는 선박의 정박지는 연간 97.5% 이상의 정박 또는 계류가능일수를 얻을 수 있는 정온도를 확보하여야 한다. 단, 계류시설 또는 계류시설 전면의 이용이 특수한 경우는 그렇지 않다.

정박지의 하역한계파고는 대상선박의 선종, 선형, 하역특성 등을 고려하여 적절히 정할 필요가 있으나, 표 2-93과 같이 평가할 수도 있다. 정박지의 정온도는 정박지 내의 파고로 평가하는 것이 통례로 되어 있지만, 필요에 따라서는 계류 중인 선박 동요량에 영향을 미치는 파향, 주기 등의 영향도 함께 고려하는 것이 바람직하다.

표 2-93 하역한계파고

선형	하역한계파고(H)
소형선(500G/T 미만)	0.3m
중·대형선(500~50,000 G/T)	0.5m
초대형선(50,000 G/T 이상)	0.7~1.5m

선체 동요와 하역에 관한 PIANC의 제안 내용을 참고로 하면 표 2-94와 표 2-95와 같다.

표 2-94 안전한 하역작업을 위한 선체 동요[1] 권고 기준(PIANC, 1995)

선종	하역 장비	전후동요 (Surge) (m)	좌우동요 (Sway) (m)	상하동요 (Heave) (m)	선수동요 (Yaw) (°)	종방향동요 (Pitch) (°)	횡방향동요 (Roll) (°)
어선 10~3,000GT[2]	Elevator Crane	0.15	0.15	–	–	–	–
	Lift-on/off	1.00	1.0	0.4	3	3	3
	Suction Pump	2.00	1.0	–	–	–	–
연안화물선 <10,000DWT	Ship's Gear	1.00	1.2	0.6	1	1	2
	Quarry Cranes	1.00	1.2	0.8	2	1	3
페리, 로로선	Side Ramp[4]	0.6	0.6	0.6	1	1	2
	Dew/storm Ramp	0.8	0.6	0.8	1	1	4
	Link Span	0.4	0.6	0.8	3	2	4
	Rail Ramp	0.1	0.1	0.4	–	1	1
일반화물선 5,000~10,000DWT[3]	–	2.0	1.5	1.0	3	2	5
컨테이너선	100% 효율	1.0	0.6	0.8	1	1	3
	50% 효율	2.0	1.2	1.2	1.5	2	6
산적화물선 30,000~150,000DWT	Crane Elevator	2.0	1.0	1.0	2	2	6
	Bucket Wheel	1.0	0.5	1.0	2	2	2
	Conveyor Belt	5.0	2.5	–	3	–	–
유조선	Loading Arms[5]	3.0	3.0	–	–	–	–
가스운반선	Loading Arms	2.0	2.0	–	2	2	2

자료출처: Criteria for Movements of Moored Ships in Harbours – A Practical Guide –, PIANC Report of Working Group No.21, 1995

1) 여기서 동요는 peak-peak 값을 의미한다(단, sway의 경우에는 zero-peak값)

2) GT: 선박의 총 톤수(Gross Tonnage)

3) DWT: 선박의 재화중량(Dead Weight Tonnage)

4) 롤러(roller)가 장착된 램프(Ramp)

5) 노출된 위치에 설치된 로딩암은 대개의 경우 5m 정도까지 운동을 허용한다.

표 2-95 어선, 연안선, 화물선, 페리, 로로선 등의 안전 계류를 위한 속도 권고 기준(PIANC, 1995)

선박 크기 (DWT)	전후동요 (Surge) (m/s)	좌우동요 (Sway) (m/s)	상하동요 (Heave) (m/s)	선수동요 (Yaw) (°/s)	종방향동요 (Pitch) (°/s)	횡방향동요 (Roll) (°/s)
1,000	0.6	0.6	–	2.0	–	2.0
2,000	0.4	0.4	–	1.5	–	1.5
8,000	0.3	0.3	–	1.0	–	1.0

2-5-3 선회장

선회장은 거의 정지 상태인 선박의 방향을 회전하는 데 필요한 충분한 수심을 갖춘 정온한 수면적으로서 예선의 사용 유무, 스러스터(Thruster) 장착 유무, 닻의 이용 여부, 선박의 선회 성능, 계류시설, 항로의 배치, 기상·해상조건을 충분히 고려한다.

선회하는 배가 그리는 선회권(旋回圈, Turning Circle)의 크기는 선종, 타각(舵角), 수심, 선박의 속도 등에 따라 다를 수 있으며, 당시의 바람이나 조류, 파랑 등의 영향에 의해서도 달라질 수 있다.

선박이 선회(旋回)하기 위하여 전타시(轉舵時) 선박의 선수각이 90° 회전하였을 때 선체중심(船體重心)이 원침로(原針路)에서 벗어나 종방향으로 이동한 거리를 선회종거(旋回縱距), 횡방향으로 이동한 거리를 선회횡거(旋回橫距)라고 한다. 선회가 계속되어 배가 원침로부터 종방향으로 가장 멀리 이동한 거리를 최대종거(最大縱距)라고 하는데, 이는 거의 선회직경(Tactical Diameter)과 같다. 또 선박의 선수각이 180° 회전하였을 때의 횡방향 이동거리를 선회직경(TD, Tactical Diameter), 약간 더 돌아서 원침로로부터 정횡(正橫)방향으로 가장 멀리 이동한 거리를 최대횡거(最大橫距, Max. Transfer), 그리고 정상 선회운동(定常 旋回運動) 상태로 들어간 배가 그리는 원의 지름을 정상(定常) 선회지름(Steady Turning Diameter)이라고 한다.

2-5-3-1 선회장의 규모

선박을 선회하는 데 필요한 수면적은 해상조건, 대상선박의 특성, 수심, 정온도 등을 고려하여 일정한 규모 이상을 확보하는 것이 바람직하다.

선회장은 다른 수역시설 등을 고려하여 가급적 접안시설 전면에 계획하는 것이 바람직하고, 필요시 해상조건, 대상선박의 조종특성, 예선 사용 유무, 스러스터 유무, 용량 등을 고려한 선박조종시뮬레이션을 실시하여 결정하는 것이 바람직하다.

선회장의 규모(수면적)는 다음 값을 참고하여 결정한다.

① 자력에 의한 회전의 경우: 3L을 지름으로 하는 원
② 예선에 의하여 회전하는 경우: 2L을 지름으로 하는 원

단, 충분한 추진력을 갖춘 스러스터(Thruster) 장치나, 혹은 아지무스 스러스터(Azimuth Thruster) 등

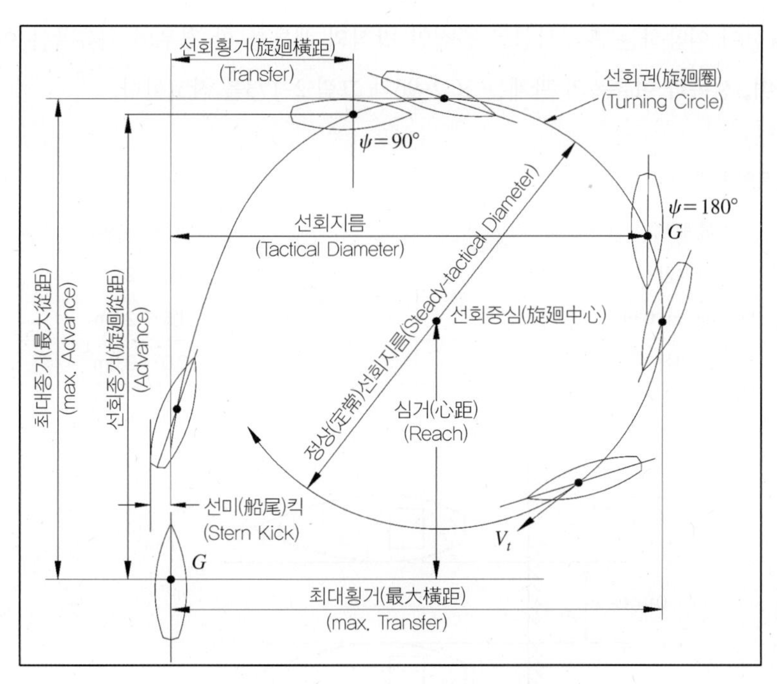

그림 2–172 선박의 선회권의 명칭

과 같은 특수 추진기가 장착되어 있는 선박의 경우에는, 시뮬레이션 검증 등에 의하여 안전성이 확보된다고 판단될 경우, 이보다 작게 할 수도 있다.

소형선 등은 지형여건 등으로 어쩔 수 없는 경우에는 계류앵커, 바람 또는 조류를 이용하여 다음의 값까지 내릴 수 있다.

① 자력에 의한 회전의 경우: 2L을 지름으로 하는 원

② 예선에 의하여 회전하는 경우: 1.5L을 지름으로 하는 원

지형상의 제약 등으로 표준값의 규모를 확보할 수 없는 경우나 항로가 인접하여 있는 등 긴급 시에 대응 가능한 수역이 확보될 수 있는 경우 등 시뮬레이션 검증 등에 의하여 안전상 지장이 없다고 판단되면 선회장 규모를 위의 값보다 작게 할 수 있다.

2-5-3-2 소형선 정박지

소형선 정박지는 항만시설 가운데 수역시설인 정박지의 하나로서, 소형선박 및 부선(艀船)이 정박하는 수역(水域)을 의미한다. 폭풍 시에도 안전한 정박이 가능하여야 하며, 일반적으로 내항(內港) 부분에 설치한다. 소형선 정박지는 선박의 계류 시 안전성, 조선의 용이도, 기상·해상조건, 관련시설과의 연관성 등을 고려하여 정한다.

소형선 정박지의 면적은 선박의 점유면적, 통항로 및 선회장을 고려하여 정하지만, 악천후 시의 대피 상황을 염두에 두고 충분한 수면적을 확보하는 것이 바람직하다. 소형선 정박지의 형상은 파랑에 대한 소요 정온도를 확보하고, 선박 간의 접촉사고, 계류삭의 절단 등이 일어나지 않도록 배려할 필요가 있다.

어선 등의 소형선이 이용하는 휴게시설로 종접안 방식의 계류를 할 경우의 여유폭은 이용자가 지장을 받지 않도록 하며, 선폭과 여유폭의 관계는 표 2-96과 그림 2-173을 참고한다.

표 2-96 선폭과 여유폭의 관계

선폭(船幅)	여유폭(餘裕幅)
2m 미만	1.0 ~ 2.0m
2m 이상 4m 미만	1.5 ~ 2.5m
4m 이상	2.0 ~ 3.0m

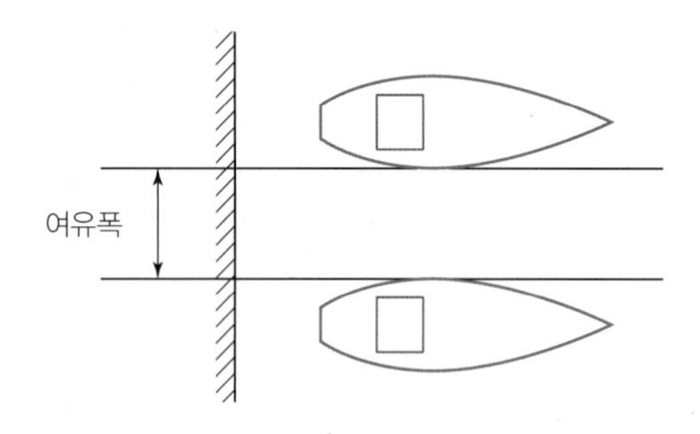

그림 2-173 선폭과 여유폭의 관계

소형선 정박지의 형상은 부진동에 의한 선박끼리의 접촉사고, 계류라인의 절단 등이 일어나지 않도록 신중히 결정하여야 하며, 가능하면 형상을 복잡하게 하거나 소파시설, 경사면 설치 등의 조치가 효과적이다. 소형선의 점유면적은 다음을 참고로 한다.

① 횡접안 시 1.2L 및 (B+1)을 각 변으로 하는 직사각형의 면적
② 종접안 시 (L+5) 및 (B+3)을 각 변으로 하는 직사각형의 면적
③ 2중 종접안 시 2.5L 및 (B+3)을 각 변으로 하는 직사각형의 면적

횡접안은 그림 2-174와 같이 계류한 경우이며, 2중 횡접안의 경우도 점유면적은 같다. 종접안은 그림 그림 2-175와 같으며 닻줄이 해저까지 닿는 길이까지를 점유길이로 하고, 2중 종접안은 그림 2-176과 같다.

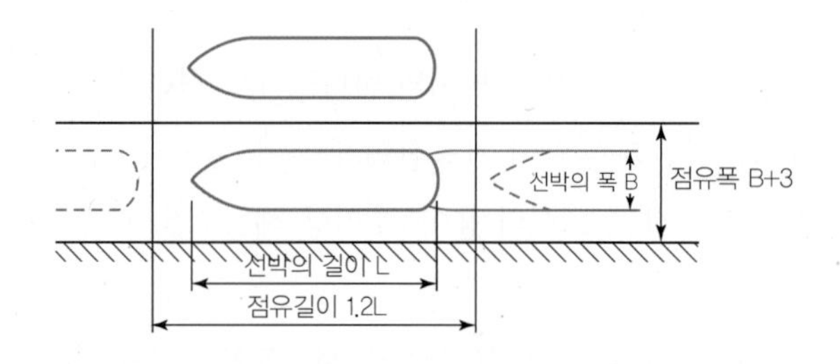

그림 2-174 횡접안 및 2중 횡접안

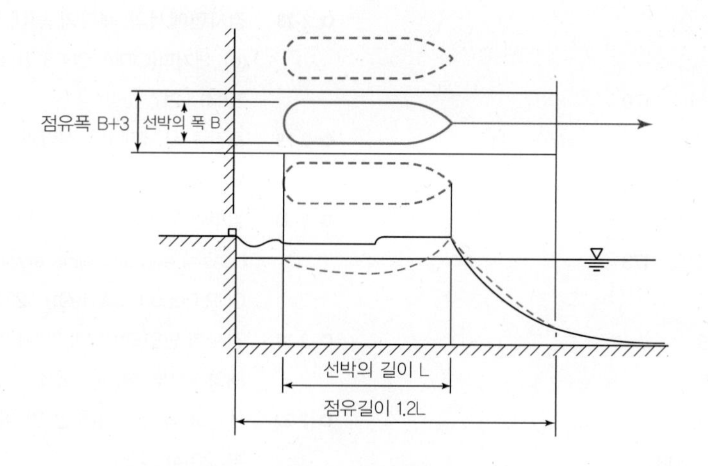

그림 2-175 종접안

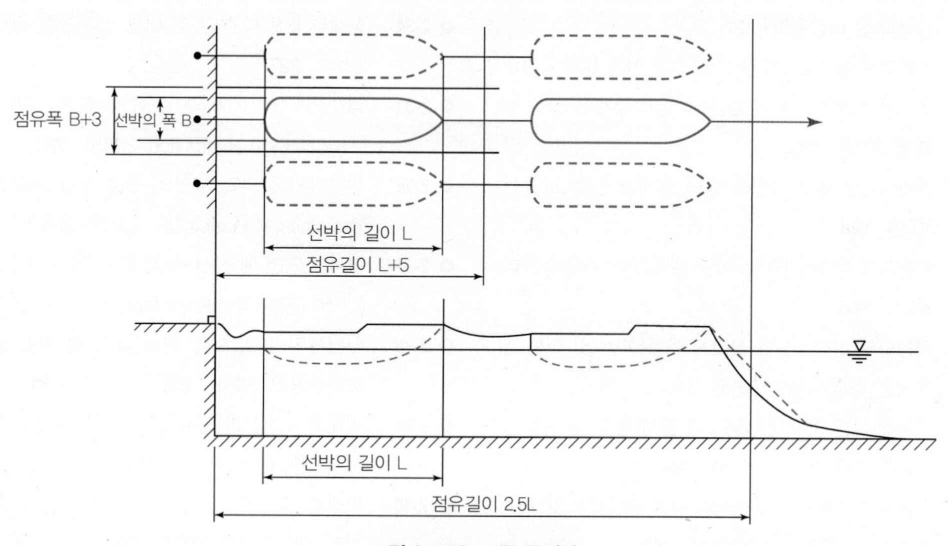

그림 2-176 2중 종접안

그림

- 2-1 선박 접안 모식도 170
- 2-2 고무 방충재(Cone Type Fender) 171
- 2-3 공기 방충재(Pneumatic Fender) 172
- 2-4 직주와 곡주 172
- 2-5 회전 반경의 정의 173
- 2-6 Mode a 175
- 2-7 Mode b 175
- 2-8 Mode c 175
- 2-9 풍력계수 180
- 2-10 조류 항력계수 181
- 2-11 발생원인에 따른 파랑의 분류 190
- 2-12 규칙파와 불규칙파의 파형 190
- 2-13 선형파 및 비선형파 191
- 2-14 파랑의 수심(h)과 파장(L)의 비에 따른 분류 191
- 2-15 구조물 설계파 산정방법(전국 심해설계파 산출 보고서, 2019) 193
- 2-16 연안격자점 위치도(전국 심해 설계파 산출 보고서, 2019) 194
- 2-17 진행파의 정의(항만 및 어항 설계기준, 해양수산부, 2014) 196
- 2-18 진행파의 상대수심별 물입자 운동(항만 및 어항 설계기준, 해양수산부, 2014) 198
- 2-19 수심에 따른 파고와 파봉고의 관계(항만 및 어항 설계기준, 해양수산부, 2014) 199
- 2-20 파랑관측기록의 영점상향교차법 예(항만 및 어항 설계기준, 해양수산부, 2014) 200
- 2-21 쇄파형태(항만 및 어항 설계기준, 해양수산부, 2014) 208
- 2-22 쇄파대 내에서 유의파고의 최대치 산정도(항만 및 어항 설계기준, 해양수산부, 2014) 210
- 2-23 유의파고가 최대치로 출현하는 수심의 산정도(항만 및 어항 설계기준, 해양수산부, 2014) 210
- 2-24 파의 처오름(R/H_0')과 상대깊이(d_s/H_0'=0)의 관련도(매끈하고 불투과 경사면, 해저경사 1:10) (항만 및 어항 설계기준, 해양수산부, 2005) 212
- 2-25 처오름 축척 조정계수(항만 및 어항 설계기준, 해양수산부, 2005) 213
- 2-26 직립호안의 월파유량 산정도(항만 및 어항 설계기준, 해양수산부, 2014) 214
- 2-27 소파호안의 월파유량(항만 및 어항 설계기준, 해양수산부, 2014) 214
- 2-28 경사면에서의 쇄파의 형태 (a) 붕괴파, (b) 권파, (c) 쇄기파(CIRIA C683 The Rock Manual, CUR, 2014) 217
- 2-29 하강류 시 제체의 유선망과 유출의 형태(BREAKWAT Manual, Delft Hydraulics, 2005) 218
- 2-30 월파량의 허용한계(Manual on the use of rock in coastal and shoreline engineering, CIRIA SP 83/CUR Report 154, 1991) 220
- 2-31 경사제 단면도(CEM, 2004, 항만 및 어항 설계기준, 해양수산부, 2014) 224
- 2-32 $H_{1/20}$과 $H_{1/3}$의 비(항만 및 어항 설계기준, 해양수산부, 2014) 226
- 2-33 투수지수(항만 및 어항 설계기준, 해양수산부, 2014) 227
- 2-34 침식부의 면적(항만 및 어항 설계기준, 해양수산부, 2014) 227
- 2-35 정수면 주위에서의 손상의 정의(BREAKWAT Manual, Delft Hydraulics, 2005) 231
- 2-36 천단고의 정의와 사면의 구분 개념도(CIRIA C683 The Rock Manual, CUR, 2014) 235
- 2-37 잠제의 단면 예(점선–초기 형상, 실선–손상 후 형상)(CIRIA C683 The Rock Manual, CUR, 2007) 237
- 2-38 직립제의 설계 파압 분포(항만 및 어항 설계기준, 해양수산부, 2014) 241
- 2-39 제체의 수직선과 입사각의 보정각(β) (항만 및 어항 설계기준, 해양수산부, 2014) 241
- 2-40 확대기초가 있는 경우의 양압력(항만 및 어항 설계기준, 해양수산부, 2014) 242
- 2-41 부의 설계파압분포(항만 및 어항 설계기준, 해양수산부, 2014) 243
- 2-42 소파블록으로 피복된 경우 설계파압분포(항만 및 어항 설계기준, 해양수산부, 2014) 243
- 2-43 소파블록으로 피복된 경우 설계파압분포(Morihira 식) (항만 및 어항 설계기준, 해양수산부, 2014) 244
- 2-44 안전성의 검토에 쓰이는 파력분포(유수실 바닥판이 없는 경우) (항만 및 어항 설계기준, 해양수산부, 2014) 245
- 2-45 파봉면의 상태(CEM, USACE, 2001) 246
- 2-46 슬릿케이슨의 압력 분포(CEM, USACE, 2001) 247
- 2-47 원형 말뚝(관)에서의 항력계수(BS6349 Maritime Structure, BSI, 2000) 251
- 2-48 구조물 형상에 따른 항력 관성력 계수(BS6349 Maritime Structure, BSI, 2000) 252

- 2-49 원통형 파일의 흐름 방향 진동에 대한 한계 유속(BS6349 Maritime Structure, BSI, 2000) 255
- 2-50 사면의 각도 및 흐름 방향각의 정의(CIRIA C683 The Rock Manual, CUR, 2014) 257
- 2-51 Pilarczyk 식의 설계 지침(CIRIA C683 The Rock Manual, CUR, 2007) 259
- 2-52 Escarameia and May 식의 설계 지침(CIRIA C683 The Rock Manual, CUR, 2007) 260
- 2-53 Maynord 식의 설계 지침(CIRIA C683 The Rock Manual, CUR, 2007) 261
- 2-54 선체의 운동 성분(항만 및 어항 설계기준, 해양수산부, 2014) 266
- 2-55 사각형 폰툰의 종방향 항력계수(BS6349 Maritime Structure, BSI, 2000) 274
- 2-56 심해에서의 사각형 폰툰의 횡방향 항력계수(BS6349 Maritime Structure, BSI, 2000) 275
- 2-57 정면으로 입사한 조류속에 대한 사각형 폰툰의 수심에 따른 종방향 항력계수(BS6349 Maritime Structure, BSI, 2000) 275
- 2-58 측면으로 입사한 조류속에 대한 사각형 폰툰의 수심에 따른 횡방향 항력계수(BS6349 Maritime Structure, BSI, 2000) 276
- 2-59 경사제의 설계 파력분포(항만 및 어항 설계기준, 해양수산부, 2014) 281
- 2-60 Jensen과 bradbury의 실험 단면(CIRIA C683 The Rock Manual, CUR, 2014) 283
- 2-61 Pedersen에 의한 압력 분포(CEM, USACE, 2001) 284
- 2-62 경사제 상부공에 작용하는 파력(CEM, USACE, 2001) 285
- 2-63 전단키가 설치된 경우의 양압력 분포(CEM, USACE, 2001) 285
- 2-64 상부공에 쇄파가 발생 시의 충격력(CEM, USACE, 2001) 286
- 2-65 Jensen과 bradbury의 실험 단면(CEM, USACE, 2001) 287
- 2-66 호안 제간부의 세굴·퇴적의 판정 조건(항만 및 어항 설계기준, 해양수산부, 2014) 289
- 2-67 방파제 두부의 세굴심과 15일 전까지의 최대 유의 파고와의 관계(항만 및 어항 설계기준, 해양수산부, 2014) 289
- 2-68 방파제 두부에서의 세굴심과 수심의 관계(항만 및 어항 설계기준, 해양수산부, 2014) 290
- 2-69 방파제 전면 세굴심과 수심과의 관계(항만 및 어항 설계기준, 해양수산부, 2014) 290
- 2-70 방파제 외측에서의 국소 세굴(항만 및 어항 설계기준, 해양수산부, 2014) 291
- 2-71 중복파에 의한 세굴의 제원(항만 및 어항 설계기준, 해양수산부, 2014) 291
- 2-72 혼성제의 표준단면과 기호(항만 및 어항 설계기준, 해양수산부, 2014) 292
- 2-73 혼성제 사석부와 바닥 소단 보호공을 위한 안정계수 N_S(SPM, USACE, 1984) 294
- 2-74 폭풍해일에 의한 Seawall 전면에서의 추가적인 세굴 형상(CIRIA C683 The Rock Manual, CUR, 2014) 295
- 2-75 Madrigal and Valdez 안정성 실험의 개념도(CIRIA C683 The Rock Manual, CUR, 2014) 296
- 2-76 직립벽 전면에서 규칙파와 불규칙파에 의한 세굴 형상(CEM, USACE, 2001) 297
- 2-77 직립벽 전면에서 비쇄파 규칙파와 불규칙파에 의한 세굴심(CEM, USACE, 2001) 298
- 2-78 파일 형상 계수 K_1(CEM, USACE, 2001) 300
- 2-79 연직 파일에서의 파랑에 의한 세굴심(CEM, USACE, 2001) 301
- 2-80 대구경 파일 주변의 파랑과 조류속에 의한 세굴(CEM, USACE, 2001) 302
- 2-81 조류속이 작용할 때 연직 파일의 세굴 방지공 폭(CEM, USACE, 2001) 302
- 2-82 파이프라인의 세굴 및 지반 매입(CEM, USACE, 2001) 302
- 2-83 지반 조사와 설계 사이의 관련 흐름도(항만 및 어항 설계기준, 해양수산부, 2014) 304
- 2-84 토압의 분포(Coulomb 토압) (항만 및 어항 설계기준, 해양수산부, 2014) 308
- 2-85 겉보기 진도의 기호(항만 및 어항 설계기준, 해양수산부, 2014) 313
- 2-86 잔류수압(항만 및 어항 설계기준, 해양수산부, 2014) 314
- 2-87 장방형 중공부의 물에 의한 동수압(항만 및 어항 설계기준, 해양수산부, 2014) 315
- 2-88 기상청의 파랑관측 부이 위치도(전국 심해설계파 산출 보고서, 2019) 316
- 2-89 국립해양조사원의 해양관측 부이와 종합해양과학기지 위치도(전국 심해설계파 산출 보고서, 2019) 317

- 2-90 부이를 이용한 파랑, 조위, 조류 및 탁도 측정(예) 317
- 2-91 평면 수리모형실험 예(건설기술연구원) 319
- 2-92 단면 수리모형실험 예(건설기술연구원) 319
- 2-93 유한차분 격자 예 321
- 2-94 유한요소 격자 예 322
- 2-95 굴절과 회절을 기본으로 한 파랑 변형 모형의 종류 323
- 2-96 파랑 모델 방정식의 이론적 적용 범위 323
- 2-97 경사식 방파제의 예(동해항 방파호안 1공구) 329
- 2-98 직립식 방파제의 예 329
- 2-99 혼성식 방파제의 예(동해항 방파호안 1공구) 330
- 2-100 소파블록 피복제의 예(동해항 방파호안 1공구) 331
- 2-101 특수 방파제의 예 331
- 2-102 경사식 방파제의 피해 양상 332
- 2-103 직립식 방파제의 피해 양상 332
- 2-104 방파제 안정성 검토를 위한 프로세스(CIRIA C683 The Rock Manual, CUR, 2007) 333
- 2-105 경사식 방파제 사면에서의 쇄파의 형태(CIRIA C683 The Rock Manual, CUR, 2007) 333
- 2-106 파의 처오름 높이(CIRIA C683 The Rock Manual, CUR, 2007) 335
- 2-107 파의 처내림 높이(CIRIA C683 The Rock Manual, CUR, 2007) 335
- 2-108 파의 월파량(CIRIA C683 The Rock Manual, CUR, 2007) 336
- 2-109 상치구조물과 관련된 월파량(Coastal Engineering Manual, USACE, 2004) 337
- 2-110 대표적인 소파블록의 종류 339
- 2-111 손상 레벨의 정의 341
- 2-112 투수지수(CIRIA C683 The Rock Manual, CUR, 2007) 342
- 2-113 경사제 단면도(Coastal Engineering Manual, USACE, 2004) 343
- 2-114 근고공 344
- 2-115 경사제의 원호 활동 파괴 검토 예 344
- 2-116 직립벽에 작용하는 파압 분포(Goda, 항만 및 어항 설계기준, 해양수산부, 2014) 346
- 2-117 소파블록으로 피복된 경우의 설계파압 분포(항만 및 어항 설계기준, 해양수산부, 2014) 347
- 2-118 충격쇄파압의 발생 원인 349
- 2-119 충격쇄파압의 대책(소파케이슨) 349
- 2-120 충격쇄파압의 대책(법선 배치) 349
- 2-121 경사식 호안(항만시설물 실무 설계사례집, 해양수산부, 2019) 350
- 2-122 콘크리트 블록 혼성식 호안(항만시설물 실무 설계사례집, 해양수산부, 2019) 351
- 2-123 호안 일반설계 흐름도(항만시설물 실무 설계사례집, 해양수산부, 2019) 351
- 2-124 피복재 질량을 결정하기 위한 K_D값(국가건설기준 KDS 64 10 10, 해양수산부, 2017) 354
- 2-125 투수 지수 P 및 침식부의 면적 A(국가건설기준 KDS 64 10 10, 해양수산부, 2017) 355
- 2-126 이중곡면 반파공 356
- 2-127 이중곡면 반파공 적용 사례 357
- 2-128 경사식 호안의 하중 작용도(항만시설물 실무 설계사례집, 해양수산부, 2019) 358
- 2-129 지반 반력 분포(항만시설물 실무 설계사례집, 해양수산부, 2019) 359
- 2-130 직선활동 개념도(항만시설물 실무 설계사례집, 해양수산부, 2019) 360
- 2-131 중력식 안벽의 설계순서 및 안정 검토 361
- 2-132 케이슨식 안벽(국가건설기준 KDS 64 55 20, 해양수산부, 2017) 362
- 2-133 블록식 안벽 362
- 2-134 케이슨식 안벽의 하중 작용도(국가건설기준 KDS 64 55 20, 해양수산부, 2017) 363
- 2-135 블록식 안벽의 하중 작용도(항만시설물 실무 설계사례집, 해양수산부, 2019) 363
- 2-136 중력식 안벽의 가상 배면(국가건설기준 KDS 64 55 20, 해양수산부, 2017) 363
- 2-137 부력을 취하는 범위(국가건설기준 KDS 64 55 20, 해양수산부, 2017) 364
- 2-138 활동 안정 검토면에서 벽체를 취하는 방법(항만시설물 실무 설계사례집, 해양수산부, 2019) 365
- 2-139 전도 안정 검토면에서 벽체를 취하는 방법(항만시설물 실무 설계사례집, 해양수산부, 2019) 365
- 2-140 뒷굽판이 긴 경우(Rankine 토압) (국가건설기준 KDS 64 55 20, 해양수산부, 2017) 366
- 2-141 뒷굽판이 짧은 경우(Coulomb 토압) (국가건설기준 KDS 64 55 20, 해양수산부, 2017) 366
- 2-142 케이슨 안벽의 벽체에 작용하는 토압(국가건설기준 KDS 64 55 20, 해양수산부, 2017) 367
- 2-143 편심 및 경사하중에 대한 지지력 검토(Bishop법) 개념(항만시설물 실무 설계사례집, 해양수산부, 2019) 369

- 2-144 벽면 마찰저항을 구하는 방법(국가건설기준 KDS 64 55 20, 해양수산부, 2017) 370
- 2-145 상부공에 작용하는 방충재 반력(국가건설기준 KDS 64 55 20, 해양수산부, 2017) 372
- 2-146 잔교식 안벽 373
- 2-147 잔교식 안벽의 설계 순서 374
- 2-148 사면상의 흙막이 구조물의 위치(항만 및 어항 설계기준, 해양수산부, 2014) 378
- 2-149 가상지표면 및 가상고정점(항만시설물 실무설계 사례집, 해양수산부, 2019) 378
- 2-150 널말뚝식 안벽(국가건설기준 KDS 64 55 20, 해양수산부, 2017) 388
- 2-151 널말뚝식 안벽의 설계 순서 388
- 2-152 Free Earth Support 법(국가건설기준 KDS 64 55 20, 해양수산부, 2017) 389
- 2-153 Fixed Earth Support 법(국가건설기준 KDS 64 55 20, 해양수산부, 2017) 390
- 2-154 널말뚝벽의 설계에 고려해야 할 토압 및 잔류수압(국가건설기준 KDS 64 55 20, 해양수산부, 2017) 391
- 2-155 사면을 가진 널말뚝 근입부의 수동토압 현상(국가건설기준 KDS 64 55 20, 해양수산부, 2017) 391
- 2-156 강널말뚝 연결부의 형상(국가건설기준 KDS 64 55 20, 해양수산부, 2017) 392
- 2-157 휨모멘트를 구하는 경우의 가상보(국가건설기준 KDS 64 55 20, 해양수산부, 2017) 393
- 2-158 웨일링의 연결 예(국가건설기준 KDS 64 55 20, 해양수산부, 2017) 395
- 2-159 버팀판의 설치 위치(국가건설기준 KDS 64 55 20, 해양수산부, 2017) 396
- 2-160 버팀판에 작용하는 외력(국가건설기준 KDS 64 55 20, 해양수산부, 2017) 397
- 2-161 널말뚝의 주동붕괴면과 버팀판의 수동붕괴면이 교차 시 버팀판에 작용하는 수중토압에서 공제되는 토압(ΔE_p) (국가건설기준 KDS 64 55 20, 해양수산부, 2017) 397
- 2-162 건선거(Dry Dock)의 예(현대중공업 군산 조선소, 현대산업개발) 401
- 2-163 부선거(Floating Dock)의 예(현대건설 FD 20000) 402
- 2-164 수역시설의 종류 403
- 2-165 선박의 주요 치수 405
- 2-166 제방 여유폭(Bank Clearance, PIANC) 405
- 2-167 항로 굴곡부 확폭 규정(PIANC) 406
- 2-168 항로 폭의 구성 요소들(PIANC) 407
- 2-169 방향키 각(타각, Rudder Angle)과 수심/흘수비에 따른 회전 반경(PIANC) 410
- 2-170 항해 해저 개념(항만 및 어항 설계기준, 해양수산부, 2014) 411
- 2-171 묘박지의 규모(1척당) 414
- 2-172 선박의 선회권의 명칭 417
- 2-173 선폭과 여유폭의 관계 418
- 2-174 횡접안 및 2중 횡접안 418
- 2-175 종접안 419
- 2-176 2중 종접안 419

표

- 2-1 대상 선박의 일반적 주요 치수 167-169
- 2-2 직주 및 곡주에 작용하는 견인력 171
- 2-3 Typical Ranges of C_b 174
- 2-4 계선주에 작용하는 선박의 견인력 176
- 2-5 경도풍과 해상풍과의 관계 183
- 2-6 가스트 계수(G) 184
- 2-7 플레이트 거더에 작용하는 풍하중 185
- 2-8 2주구트러스에 작용하는 풍하중 185
- 2-9 하부 구조물에 직접 작용하는 풍하중 186
- 2-10 높이에 따른 거스트 계수(S_2) 및 시간 풍속 계수(K_1) 187
- 2-11 높이에 따른 감소계수 187
- 2-12 콘크리트 피복의 조도 조정계수(항만 및 어항 설계기준, 해양수산부, 2005) 212
- 2-13 피재한계의 월파유량(항만 및 어항 설계기준, 해양수산부, 2005) 214
- 2-14 배후지의 중요도를 고려한 허용 월파유량(항만 및 어항 설계기준, 해양수산부, 2005) 215
- 2-15 배후지 이용상황과 재해한계에서 본 월파유량의 기준(항만 및 어항 설계기준, 해양수산부, 2005) 215
- 2-16 적용파고에 따른 계수값(CIRIA C683 The Rock Manual, CUR, 2014) 219
- 2-17 사면의 경사에 따른 계수 a, b(Manual on the use of rock in coastal and shoreline engineering, CIRIA SP 83/CUR Report 154, 1991) 220
- 2-18 H/H_D = 0과 피해율과의 관계 (항만 및 어항 설계기준, 해양수산부, 2014) 222

- 2-19 피복재 질량을 결정하기 위한 K_D값(항만 및 어항 설계기준, 해양수산부, 2014) 223
- 2-20 피복의 경우에 있어서 각 단계의 피재(被災)에 대한 변형정도 S(항만 및 어항 설계기준, 해양수산부, 2014) 227
- 2-21 콘크리트 블록에서 공칭직경의 정의(CIRIA C683 The Rock Manual, CUR, 2007) 232
- 2-22 콘크리트 블록의 피해수 N_d와 N_{od}(CIRIA C683 The Rock Manual, CUR, 2007) 232
- 2-23 콘크리트 블록의 수리학적 안정성($H_s/\Delta D_n$) (CIRIA C683 The Rock Manual, CUR, 2007) 234
- 2-24 상대 여유고에 따른 경험 계수 a와 b(CIRIA C683 The Rock Manual, CUR, 2007) 236
- 2-25 방파제 사면 위치별 손상 정도(S_d)의 정의(CIRIA C683 The Rock Manual, CUR, 2007) 236
- 2-26 방파제 사면의 위치별 초기 손상에 대한 계수(CIRIA C683 The Rock Manual, CUR, 2007) 237
- 2-27 Vidal et al.(1995)의 실험 조건(CIRIA C683 The Rock Manual, CUR, 2007) 237
- 2-28 파봉면의 상태에 따른 파압 계수(CEM, USACE, 2001) 247
- 2-29 항력계수(항만 및 어항 설계기준, 해양수산부, 2014) 249
- 2-30 구조물 형상에 따른 항력 수정 계수(BS6349 Maritime Structure, BSI, 2000) 255
- 2-31 안정 계수와 적용 구조물 타입(CIRIA C683 The Rock Manual, CUR, 2007) 256
- 2-32 난류강도 계수(CIRIA C683 The Rock Manual, CUR, 2007) 260
- 2-33 풍압력 계수(항만 및 어항 설계기준, 해양수산부, 2014) 264
- 2-34 Open Sea에 적용되는 풍속 계수(BS6349 Maritime Structure, BSI, 2000) 271
- 2-35 사각형 구조물에 적용되는 풍속 계수(BS6349 Maritime Structure, BSI, 2000) 272
- 2-36 Wall-sided boxes에 대한 조류속 항력계수(BS6349 Maritime Structure, BSI, 2000) 276
- 2-37 부유식 구조물에 관한 부분 하중 계수 γ_{fl}(BS6349 Maritime Structure, BSI, 2000) 279
- 2-38 경심과 안정 범위의 대표적인 값(BS6349 Maritime Structure, BSI, 2000) 279
- 2-39 단면 A에서 E의 상부공의 파력 계산 시 경험 계수 a, b(CIRIA C683 The Rock Manual, CUR, 2014) 282
- 2-40 단면 A에서 E의 상부공의 파력 계산 시 경험 계수 a, b(CEM, USACE, 2001) 286
- 2-41 조사 단계별 지반 조사 방법(항만 및 어항 설계기준, 해양수산부, 2014) 305
- 2-42 지층 상태가 수평, 연직 방향으로 비교적 균일한 경우(항만 및 어항 설계기준, 해양수산부, 2014) 305
- 2-43 지층 상태가 복잡한 경우(항만 및 어항 설계기준, 해양수산부, 2014) 305
- 2-44 조사 목적별 조사 방법(항만 및 어항 설계기준, 해양수산부, 2014) 307
- 2-45 Froude 상사법칙하의 물리량비 320
- 2-46 Parabolic Approximation에 따른 계수 325
- 2-47 방파제 계획 시 고려사항 327
- 2-48 방파제 배치 시 고려사항 328
- 2-49 처오름 높이 산정을 위한 각종 계수 335
- 2-50 월파량 산정을 위한 계수 336
- 2-51 월파량 산정 계수(상치구조물이 있는 경우) 337
- 2-52 Hudson 공식에 사용되는 사석의 K_D값 339
- 2-53 Hudson 공식에 사용되는 소파블록의 K_D값 339
- 2-54 손상레벨의 정의 341
- 2-55 심해에서의 C_{pl}, C_s 계수값 342
- 2-56 천해에서의 C_{pl}, C_s 계수값 342
- 2-57 사석제 층별 사석의 크기 343
- 2-58 직립제의 안전율 기준 347
- 2-59 방파제의 마루높이 결정 방법 350
- 2-60 설계조위 결정 방법 352
- 2-61 호안 마루높이 결정 방법 352
- 2-62 2층 피복의 경우 단계별 피재(被災)에 대한 변형정도 S 355
- 2-63 세굴방지공의 형식(항만시설물 실무 설계사례집, 해양수산부, 2019) 356
- 2-64 호안 마루높이 결정방법 360
- 2-65 정지마찰계수(국가건설기준 KDS 64 10 10, 해양수산부, 2017) 368
- 2-66 기초 사석층의 두께 369
- 2-67 뒤채움 형상에 따른 효과(항만시설물 실무 설계사례집, 해양수산부, 2019) 371
- 2-68 토사유출 방지대책(항만시설물 실무 설계사례집, 해양수산부, 2019) 372
- 2-69 잔교식 안벽의 상부 형식 374
- 2-70 잔교식 안벽의 하부 형식 375
- 2-71 잔교식 안벽의 설계 외력 376
- 2-72 하중 조합(항만 및 어항 설계기준, 해양수산부,

2014) 377
2-73 잔교 구조물의 해석 방법 380
2-74 접안시설의 표준적인 마루높이 380
2-75 말뚝 기초의 설계 순서 382
2-76 합성 응력 검토 383
2-77 말뚝 및 강관널말뚝의 허용응력 383
2-78 허용응력의 할증계수 384
2-79 말뚝의 안전율 384
2-80 말뚝의 허용지지력 384
2-81 말뚝의 연직침하량 산정식 385
2-82 말뚝의 수평방향 지반 반력 계수 산정식 385
2-83 군말뚝 효과 감소계수(R_f) 385
2-84 말뚝 두부 보강 공법 비교 386
2-85 타이로드(Tie Rod) 재료의 특성(국가건설기준 KDS 64 55 20, 해양수산부, 2017) 395
2-86 어선을 대상으로 하는 항로 폭(왕복항로) 407
2-87 Basic Manoeuvring Lane 408
2-88 추가 소요 폭 408–409
2-89 Additional Widths for Two-way Traffic 409
2-90 Additional Widths for Bank Clearance 410
2-91 묘박지 규모 414
2-92 부표박지 규모 414
2-93 하역한계파고 415
2-94 안전한 하역작업을 위한 선체 동요 권고 기준(PIANC, 1995) 415
2-95 어선, 연안선, 화물선, 페리, 로로선 등의 안전 계류를 위한 속도 권고 기준(PIANC, 1995) 416
2-96 선폭과 여유폭의 관계 418

참고문헌

건설교통부 (1998) 내진설계기준 연구(II)

국토교통부 (2018) 국가건설기준 KDS 17 10 00 : 2018 내진설계 일반

김남형, 박제선 (1999) 해양 항만구조물/PC구조물, 도서출판과학기술

김영택 (2014) 수리모형실험의 설계 적용성 검토 및 개선 방향 모색, 한국해안해양공학회 학술발표대회

삼성건설 (2006) 항만건설기술

윤용남 (2004) 수리학, 청문각

일본 토목학회 編, 김남형, 박구용, 조일형 공역(2004), 해안파동, 구미서관

주재욱, 강형석 (2012) 항만 및 어항공학, 도서출판한림원

최영박, 윤태훈 & 지홍기 (2007) 해안과 항만공학, 문운당

한국항만협회 (2011) 알기쉬운 항만설계기준 핸드북

해양수산부 (2014) 항만 및 어항 설계기준

해양수산부 (2018) 국가건설기준 KDS 64 17 00 : 2018 내진

해양수산부 (2017) 국가건설기준 KDS 64 10 10 : 2017 설계조건

해양수산부 (2017) 국가건설기준 KDS 64 55 20 : 2017 고정식 계류시설

해양수산부 (2019) 전국 심해설계파 산출 보고서

해양수산부 (2019) 항만시설물 실무 설계사례집

BSI (2000) BS6349 Maritime Structure

CIRIA C683 (2014) The Rock Manual

CIRIA SP 83 (1991) Manual on the use of rock in coastal and shoreline engineering

Dean, R. G. (1966) Tides and harmonic analysis. Estuary and Coastline Hydrodynamics, 197-229.

Defant, A. (1961) Physical oceanography (Vol. 1). Pergamon.

Delft Hydraulics (2005) BREAKWAT Manual

DHI (2002) MIKE21 Scientific Documentation

PIANC & IAPH (1995) report on approach channels – preliminary guidelines (volume 1)

PIANC & IAPH (1995) report on approach channels – a guide for design (volume 2)

The SWAN team (2018) SWAN Scientific and Technical Documentation

US Army Corps of Engineer (2001) Coastal Engineering Manual

US Army Corps of Engineer (1984) Shore Protection Manual

CHAPTER 3

항만 구조물 설계/시공 사례

3-1 외곽시설

3-2 안벽

3-3 기타

3-1
외곽시설

3-1-1 울산신항 남방파제 1공구 및 범월갑 방파제의 설계 및 시공
3-1-2 부산신항 남컨 준설토 투기장
3-1-3 새만금 방조제 끝막이 공사의 계획과 시공
3-1-4 Colombo Port
3-1-5 KNRP 정유공장 해상 공사(호안 및 방파제)

3-1-1
울산신항 남방파제 1공구 및 범월갑 방파제의 설계 및 시공

(1) 서론

울산신항 남방파제 및 범월갑 방파제(이하 울산 남방파제) 축조공사는 국내 동남권 거점항만으로 개발·추진 중인 울산신항의 핵심 외곽시설인 남방파제 축조공사로 울산신항 남항지역의 일반부두 10개 선석 건설·운영과 온산항 및 외항지역의 원활한 운영에 필요한 정온수역의 확보를 목적으로 하고 있다. 이를 위해 친환경적인 공법을 적용하고, 공사 중 오염방지대책을 수립함으로써 환경친화적 시설을 건설하고, 항만이용자 중심의 편리성과 이용성을 고려한 안전하고 경제적인 시설을 건설하도록 반원형 슬릿 케이슨을 비롯한 여러 신기술 및 신공법이 적용되었다.

사업대상지는 그림 3-1에서와 같이 울산광역시 울주군 이진리 일원 전면해상이며, 공사범위는 2,100m의 남방파제 중 남측 1,000m 구간과 범월갑방파제 610m(1공구) 등의 방파제 및 오탁방지막 등의 기타 부대시설로 구성되었다. 주 구조물인 남방파제는 울산항 외곽지역에 해안선으로부터 약 760m 정도 떨어진 곳에 위치하며, 법월갑 방파제는 해안선의 법선방향으로 610m 돌출되어 위치한다.

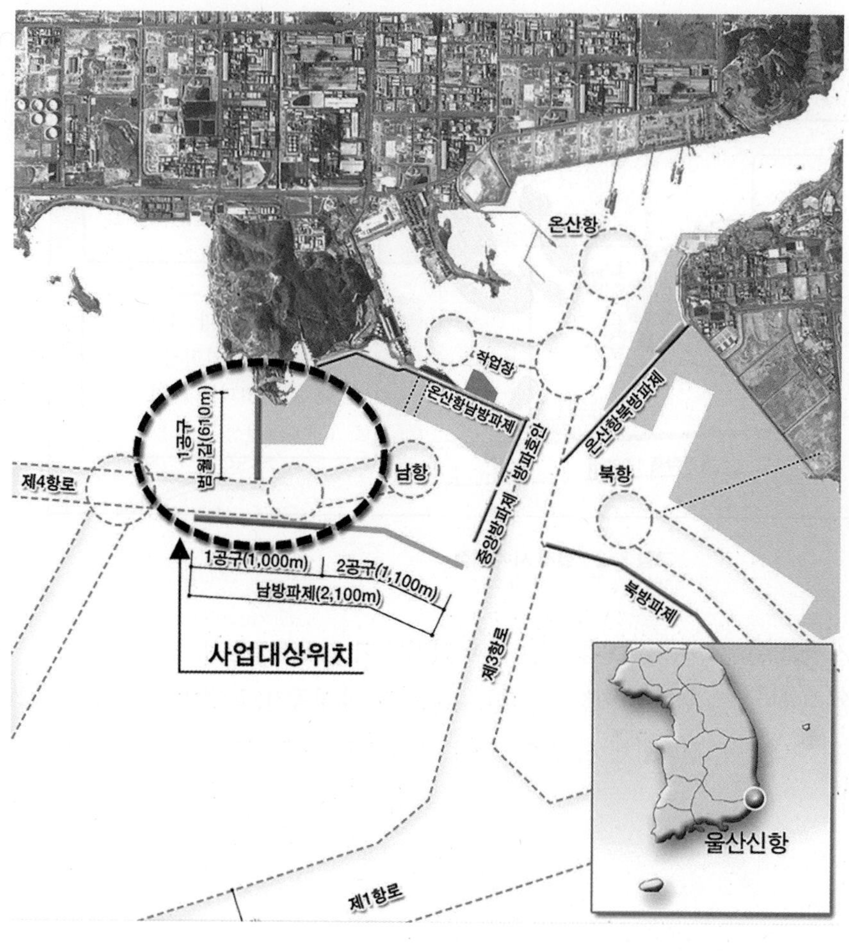

그림 3-1 사업대상지(울산시 울주군 이진리 일원)

설계 시 주안점은 그림 3-2와 같이 요약될 수 있다.

1) 대수심 · 고파랑 지역에서 안전성을 유지할 수 있는 대중량 구조물 및 대형 소파블록을 이용한 구조물 안전성 개선
2) 배후부지 이용성 개선을 위한 설계파 상향 적용 및 호안 마루 높이 증고
3) 항내 진입파 및 반사파 저감 구조형식인 반원형 슬릿 케이슨을 채택하여 항내 정온도 개선

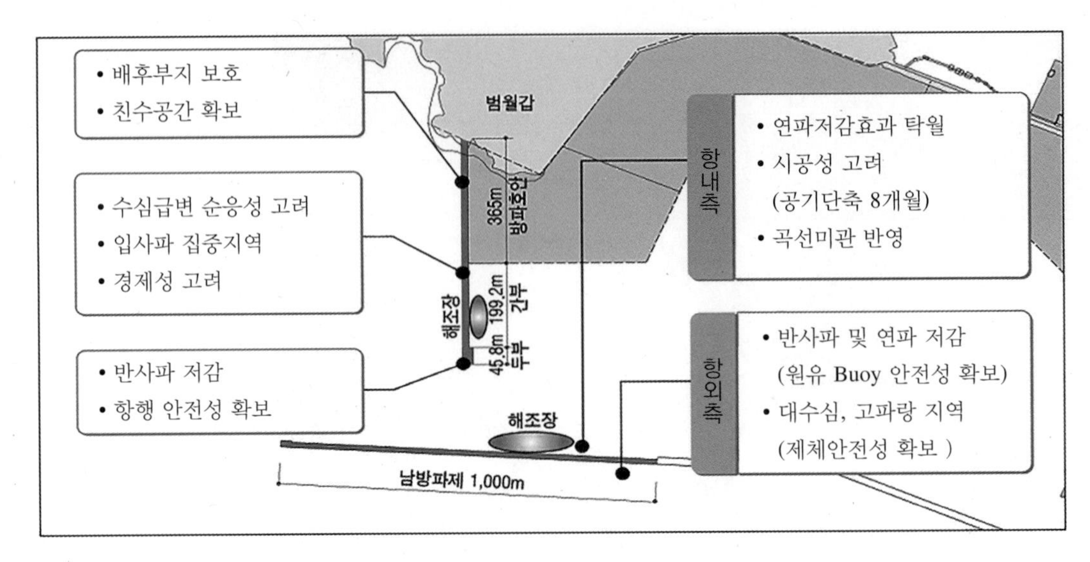

그림 3-2 설계 시 주안점

4) 원유 Buoy 등 인근시설의 운영효율성 제고를 위한 연파 및 반사파 저감구조형식 채택
5) 친수 및 친환경 시설 설계반영을 위한 해조장, 낚시터, 대피소 및 조망공간, 녹지대 등의 계획
6) 직립 소파구조형식을 채택하여, 선박항행 시 필요한 항로폭의 확보 등을 목표로 단면을 설정하고 세부 상세설계 실시

(2) 설계 개요

1) 남방파제(1공구)

남방파제의 설계에서는 그림 3-3에서와 같이 신개념의 반원형 슬릿 케이슨과 SEALOCK으로 피복한 구조형식을 채택함으로써, 다음과 같은 효과를 얻게 되었다.

① 대수심·고파랑 지역의 해상공사를 감안한 구조물의 대형화
② 80톤 SEALOCK 대형 피복재의 채택으로 악천후 시에도 제체 안정성 확보
③ 혼성제 채택 및 마루높이 증고로 파랑의 항내 전달률 저감
④ 항내측 경사제를 직립 소파구조로 변경하여 항로폭 확보
⑤ 반사파 및 연파 저감구조인 반원형 슬릿 케이슨 채택으로 항내 정온도 향상 등의 수리특성 개선
⑥ 표층부의 사석치환에 의한 액상화 방지 및 세굴방지공의 추가설치 불필요
⑦ 대형 케이슨 제작진수 시 공장형 제작공법을 이용함으로써 공기 단축
⑧ 해조장 및 친수시설 제공으로 친수 및 친환경성 추구 등의 사용성, 시공성, 내구성, 친환경성 확보

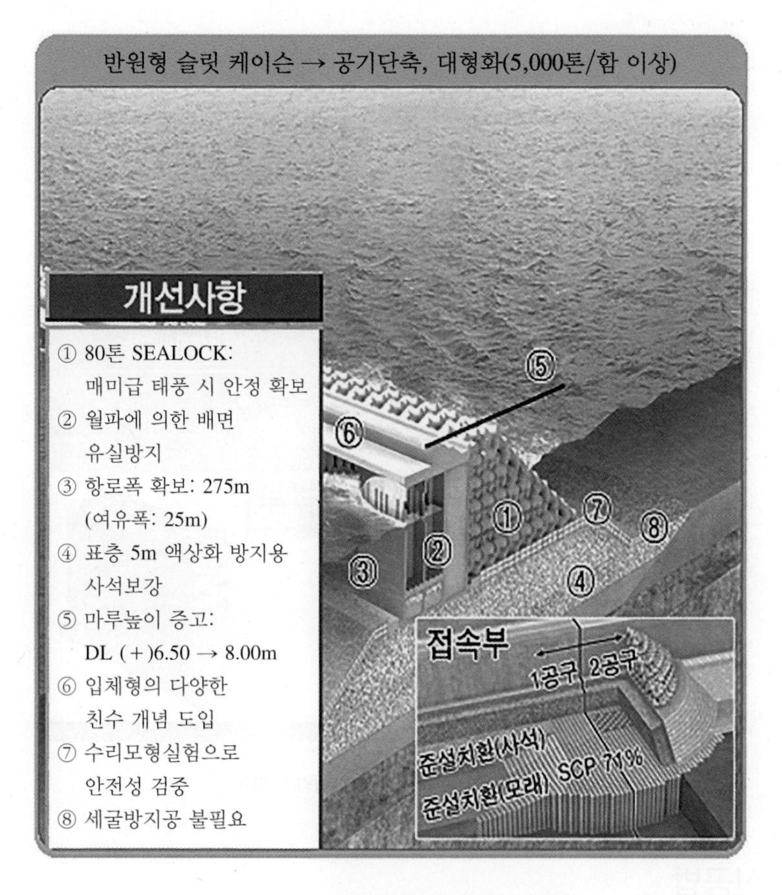

그림 3-3 반원형 슬릿 케이슨(남방파제)

2) 범월갑 방파제

범월갑 방파제는 남방파제와 달리 수심이 얕고 해저에 암반이 노출되어 있으며 육상시공이 가능해서 지반 순응성이 좋은 사석경사제가 구조형식으로 적용되었다. 반사율이 낮고 안정성이 우수하며 맞물림 효과가 탁월하다고 검증된 50톤 중량의 SEALOCK 피복재를 적용하고, 그림 3-4에서와 같이 2격실 횡슬릿 케이슨을 제두부에 설치하여 구조적으로 안정하고 항내 진입파 및 회절파를 저감하기 위한 구조형식을 채택하였다. 이로써, 다음과 같은 효과를 기대할 수 있었다.

① 제두부를 2격실 횡슬릿 케이슨 적용으로 항 입구부 반사파 및 회절파 저감
② 설계파고 재산정에 따른 구간별 마루높이 증고로 월파량 감소 및 부지 이용성 증대
③ SEALOCK 대형 피복재 채택으로 제체 안정성 확보
④ 제두부 전면에 Roller Fender 설치하여 선박충돌에 대비

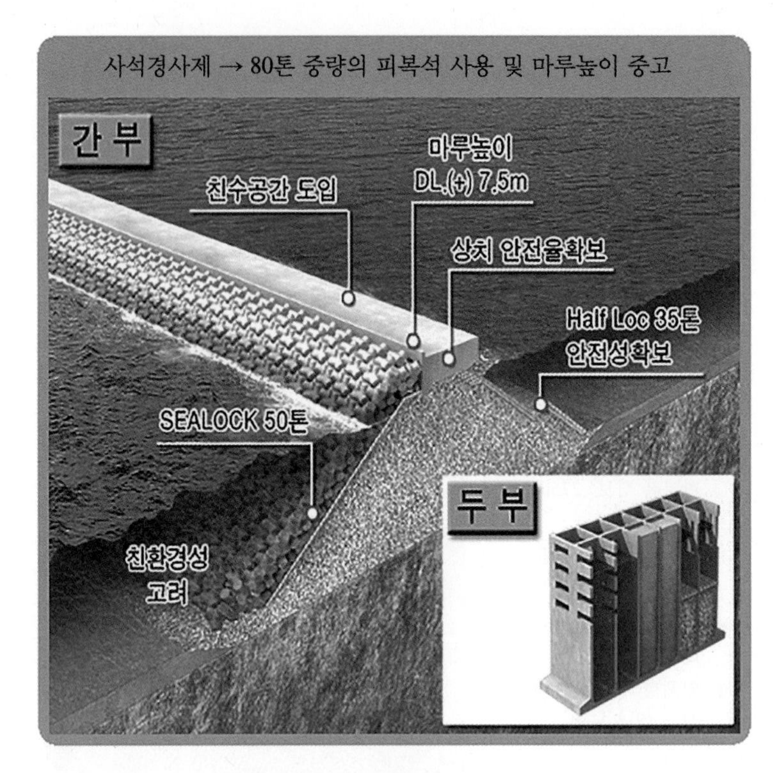

그림 3-4 사석 경사제(범월갑 방파제)

(3) 신기술 · 신공법

울산신항 남방파제 설계 시 핵심 고려사항은 그림 3-5에서와 같이 파랑집중, 회절파, 반사파, 연파 등의 매

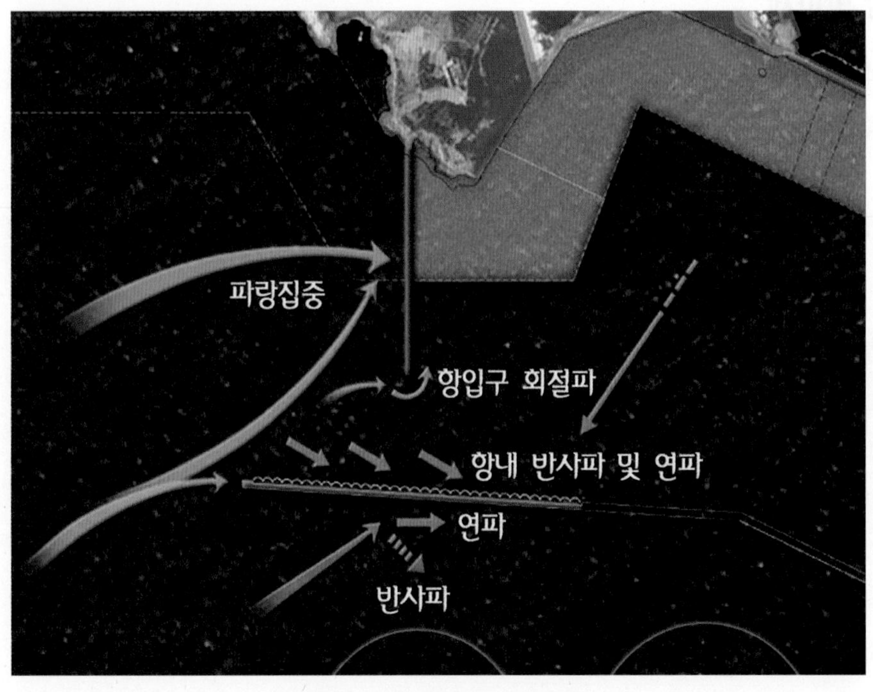

그림 3-5 울산신항 해역의 파랑 모식도

우 복잡한 파랑현상을 해결하는 것이다. 즉, 반사파와 연파를 최소화하고 항 내·외측에 정온을 확보해야 하는 동시에 제체 안정성을 도모해야 한다. 이러한 문제를 해결하고 공사의 시공성을 향상시키기 위해 본 설계에서는 다양한 신기술이 도입되었다.

1) 대형 반원형 슬릿 케이슨

울산신항의 경우 대수심·고파랑 지역이어서 적용 가능한 단면이 매우 제한적이다. 따라서 남방파제에서는 대수심·고파랑 지역에 적합한 '대형 케이슨'을 설계의 기본방향으로 하였다. 안전한 구조와 신속한 시공을 위해 5,000톤급 대형 케이슨으로 결정하고, 그림 3-6과 같이 수리적 특성이 우수하다고 검증된 반원형 종 슬릿 케이슨을 적용하였다. 대형 케이슨은 함당 5,000톤으로 속채움을 하면 무게가 8천 톤에 이르기 때문에 고파랑에도 전혀 흔들림이 없으며 1km 구간에 32함만 설치하면 된다는 장점이 있다.

그림 3-6 반원형 슬릿 케이슨

한편, 울산신항의 항 입구는 S계열 파랑에 의해 열려 있기 때문에 남방파제 내측은 연파 및 회절파의 영향을 많이 받는다. 이를 해결하기 위해 반원형 슬릿 케이슨을 적용하여 연파뿐만 아니라 반사파 및 회절성 연파를 동시에 저감시키고, 광범위한 주기대의 파랑 및 항내 다중반사를 억제하도록 케이슨 내부에는 2중 슬릿을 설치하여 소파특성을 향상시켰다. 슬릿의 유공율은 수리 및 수치실험을 통해 검토한 결과 전면벽은 30%, 중간벽은 40%인 경우가 가장 효과적이었다. 이와 같이 반원형 슬릿 케이슨의 수리특성이 우수한 이유는 반원형의 돌출제와 2중 유수실이 있는 슬릿의 장점이 합성되어 연파 및 회절파에 우수한 소파효과를 발휘하기 때문이다.

반원형 케이슨은 세계 3대 미항 중 하나로 손꼽히는 이태리 나폴리항에도 적용되었으며 기존 케이슨과 달리 곡면의 형상으로 수려한 미관을 연출할 수 있다. 그림 3-7은 울산신항의 남방파제 구간에 설치되는 반원형 케이슨의 설치 전경을 나타낸다.

그림 3-7 반원형 케이슨 설치 전경

2) SEALOCK

울산신항 남방파제 설계에는 기존 경사제 및 혼성제에 적용되어온 T.T.P 대신 신형 콘크리트 블록인 SEALOCK(그림 3-8)이 적용되었다. 남방파제의 경우 고파랑 지역이므로 대규모 블록을 사용하여야 하지만, 기존 T.T.P의 경우 30톤 이상의 규격은 다리 부러짐 현상 등의 안정성 문제로 부적합하였다.

SEALOCK 소파블록은 다리 길이를 짧고 굵게 제작한 개량형 T.T.P.로써, 다리부러짐 현상을 보완할 수 있고, 맞물림 효과(Interlocking)가 뛰어나 정적, 난적 모두 50%의 공극률을 유지할 수 있다. 특히 피해율 0%일 경우 그림 3-9에서와 같이 SEALOCK의 K_D값은 최솟값이 10 정도이므로, T.T.P.의 K_D값(7~8)보다 크기 때문에 구조적 안정성이 우수하여 일본에서는 지난 20년간 약 3,000여 개소에 시공한 사례가 있다.

본 설계에서는 남방파제에 80톤급 대형 소파블록인 SEALOCK을 사용함으로써, 이상 태풍(예: 매미)의 내습에도 안정성을 확보하도록 하였으며, 제작 및 운반 거치 개수를 대폭 줄여 시공성을 개선하였다.

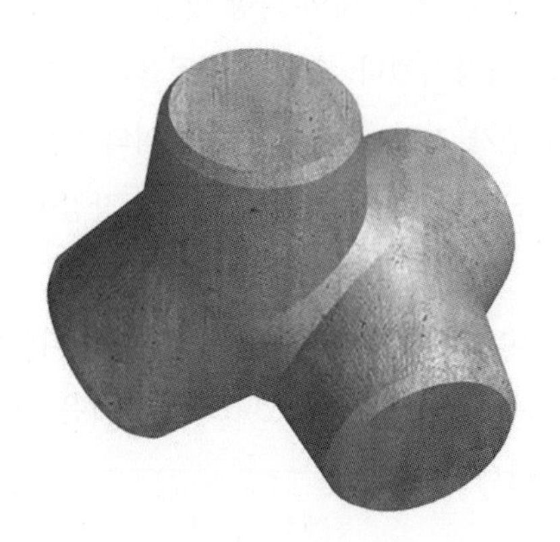

그림 3-8 SEALOCK

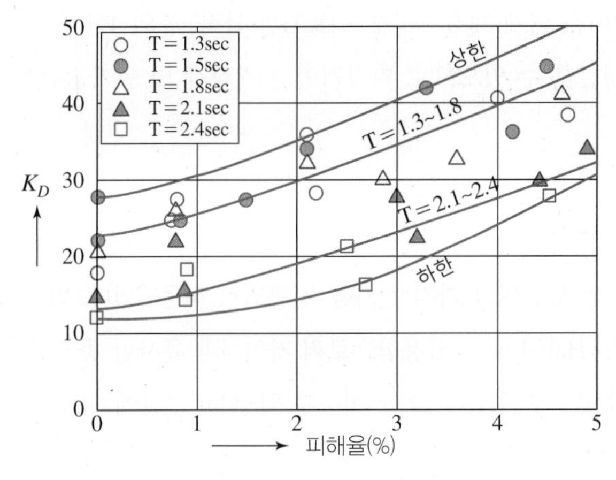

그림 3–9 SEALOCK의 K_D값

3) 공장형 슬립폼 제작 공법

울산신항 남방파제에는 5,000톤급 대형 반원형 슬릿 케이슨 32함이 거치된다. 이러한 대형 구조물을 제작하기 위해 시공성, 안정성, 경제성, 환경친화성 등을 고려하여 광양항 3단계 1차 및 2차 컨테이너 터미널 축조공사에서 사용한 '슬립폼을 이용한 케이슨 제작 공법'(그림 3-10)을 사용하였다.

본 공사에 적용한 케이슨 제작 및 진수공법은 국내에서 신기술로 지정되었고(신기술 제 444호) 일본 등 해외에서도 특허를 받은 신공법으로 슬립폼에 의한 공장형 제작과 7,000톤급 대형 진수 시설인 DCL선(Draft Control Launching)에 의해 운반과 진수를 하는 공법이다. 이 공법은 갈수록 대형화되어가는 항만공사에서 대형 케이슨을 제작하는 데 효과적인 방법이며, 한 개의 층에 30평 아파트 5채가 배치된 7층 건물의 크기에 해당하는 케이슨을 일주일 간격으로 연속 생산하여 진수 및 거치가 가능하다. 이 공법은 '거푸집 설치 → 콘크리트 타설 → 양생 → 탈형'을 반복하는 일반적인 케이슨 제작 방법과는 달리 슬립폼을 이용하므로 구조물에 시공이음이 없어 수밀성 및 내구성이 뛰어나고 벽체의 연직도 확보가 우수하며 동절기에는 전기보온양생공법을 이용, 4계절 전천후 24시간 연속 시공이 가능하다는 장점을 지니고 있다.

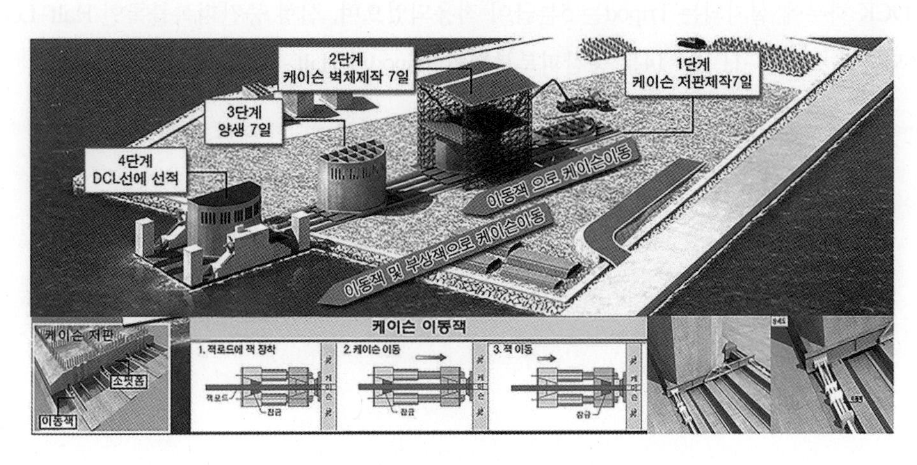

그림 3–10 공장형 슬립폼 제작 공법

'케이슨 저판 제작 – 케이슨 벽체 제작 – 양생 – DCL선 선적' 등의 4단계 일괄 제작공정을 통하여 7일에 1함씩 케이슨을 연속 생산할 수 있으므로 획기적인 공기절감 및 원가절감이 가능하며 타공법에 비해 품질도 뛰어난 공법이다.

4) 그 밖의 신기술 · 신공법

울산신항 남방파제에는 그 외에도 여러 가지 신기술·신공법이 적용되었다. 범월갑 방파제의 경우, 중간 피복재로 신형식의 피복블록인 Half-Loc을 사용함으로써 자연석과 유사한 공극률을 확보하고 자연석 대용으로 석산개발의 부담을 경감시킬 수 있었다. 또한 제두부 약 30m 구간에 항내외 반사파를 저감시키기 위하여 이중 횡슬릿 케이슨을 설치하였다.

한편, 기초처리공법으로 내진강화 모래치환 처리공법을 도입함으로써, 구조물의 부등침하를 방지하고 액상화에 대한 안정성을 확보하였다. 내진강화 모래치환 처리공법이란, 사석치환보다 부등침하에 유리한 모래치환 공법을 적용하되, 액상화를 방지하기 위하여 표층부부터 약 5m 깊이(액상화 발생 길이)까지는 사석으로 치환하는 공법이다. 또한 사석치환부로 인해 세굴방지공의 추가 설치가 필요 없는 장점이 있다.

(4) 주요 시공 공정

남방파제 및 범월갑 방파제는 기초사석 및 제체사석 시공과 동시에 피복블록의 제작을 병행하는 공정으로 진행되었다. 범월갑 방파제의 제두부 케이슨 3함은 시스템 폼을 이용하여 제작되어 해상에 가거치 후 정거치하는 공정으로 진행하였다. 또한 남방파제의 반원형 케이슨 제작은 슬립폼 공법을 이용한 공장형 Gantry Tower를 이용하였으며 한달에 4함 정도의 케이슨 제작이 이루어진다. 남방파제의 반원형 케이슨의 수량은 총 31함이다.

한편, SEALOCK 50톤 및 20톤은 범월갑 방파제 전면부에 설치되어 소파효과 및 월파를 제지할 목적으로 사용되며 제체의 파압을 저감시켜 방파제의 안정성을 도모하게 된다. SEALOCK 50톤급의 총 소요수량은 2044개이며 20톤급은 방파제 시점부 130m 구간에 사용되며 총 소요량은 603개이다.

SEALOCK 하부에 설치되는 Tripod는 5톤급이 적용되었으며, 신형 중간피복블록인 Half-Loc은 3.5톤급이 적용되었다. 그림 3-11~3~14는 중간피복블록인 Tripod와 Half-Loc의 제작과정이다.

그림 3-11 Tripod 5ton 콘크리트 타설

그림 3-12 Tripod 5ton 가치 현황

그림 3-13 Half-Loc 3.5ton 콘크리트 타설

그림 3-14 Half-Loc 3.5ton 가치 현황

범월갑 방파제 케이슨은 TYPE-A, B 및 사석경사제와의 접속부의 3함으로 이루어져 있으며, TYPE-B 및 접속부 케이슨은 시스템폼으로 제작되어 온산항내에 가거치 된 후 정거치하는 공정으로 진행하였다. 그림 3-15~3-22는 범월갑 방파제 케이슨의 제작공정이며, 제작이 완료되면 DCL선에 적재하여 해상진수 후, 온산항내에 가거치된다.

그림 3-15 접속부 케이슨 시스템폼 시공

그림 3-16 접속부 케이슨 DCL선 선적

그림 3-17 케이슨 완성 및 TYPE-B 시스템폼 시공

그림 3-18 TYPE-B 케이슨 완성

그림 3-19 TYPE-B 케이슨 차수판 및 덮개 설치

그림 3-20 TYPE-B 케이슨 가치 현황

그림 3-21 TYPE-A 케이슨 시공

그림 3-22 TYPE-A 케이슨 시스템 폼 시공 2

남방파제 케이슨은 동일한 형태의 반원형 케이슨으로 Jacking 시스템과 슬립폼을 이용한 반복공정이 가능하며, 그림 3-23~3-26에 보여지는 Gantry Tower의 설치가 필요하다. Gantry Tower는 한달에 4함 정도의 5000톤급 케이슨을 제작할 수 있으며, 이는 공기단축 및 공사비를 절감할 수 있는 현대건설의 신기술 · 신공법이다.

그림 3-23 케이슨 제작장 기초 시공

그림 3-24 케이슨 제작장 Jacking 시스템 및 Portal Frame 기초 시공

그림 3-25 케이슨 Portal Frame 및 슬립폼 시공 1

그림 3-26 케이슨 Portal Frame 및 슬립폼 시공 2

(5) 케이슨 진수 공법에 대한 수리모형실험

반원형 슬릿 케이슨의 안전한 진수 및 거치를 위해 설계 시 수행하였던 각종 해석 및 실험과는 별도로 추가적인 수리모형실험을 실시하였다. 실험은 남방파제 제간부 및 범월갑 방파제 제두부에 사용되는 케이슨의 DCL선을 이용한 해상 진수 시 안정성 검토를 목적으로 하였다.

1) 실험항목

① 케이슨 진수 시 DCL선의 경사각 측정

② 진수 및 부유 시 안정한 내부 균형 콘크리트 및 충수 조건의 검증

③ 케이슨 진수 및 부유 시 흘수 및 이동경로 검토(전도 또는 슬립 검토)

표 3-1 실험 CASE

CASE 실험항목	남방파제 제간부	범월갑 방파제 제두부	비고
DCL선 경사각측정	○	○	수치실험 비교
균형 콘크리트 및 충수량	○	○	수치실험 비교
흘수 및 이동경로	○	○	수치실험 비교

2) Model Scale

모형은 Froude 상사법칙을 이용하여 1/50의 스케일로 제작되었으며, 주요 인자의 제원은 표 3-2에 잘 나타나 있다.

① 케이슨: 1/50

② DCL저판: 1/50

③ 수조 크기: 4.0m (L)×1.9m (B)×0.8m (D)

표 3-2 Froude 상사법칙에 의한 제반 인자의 축척

구분		축척	예	원형	모형
길이	남방파제 제간부 케이슨	L	1/50	32.4 × 19 × 21m	648 × 380 × 420mm
	범월갑 방파제 제두부 케이슨	L	1/50	31 × 15.2 × 20m	620 × 304 × 400mm
무게	남방파제 제간부 케이슨	L^3	(1/50)3	5020.9ton	40.2kg
	범월갑 방파제 제두부 케이슨	L^3	(1/50)3	4891.2ton	39.1kg

3) 모형 제작 과정

① 케이슨

가. 알루미늄을 이용하여 벽체 및 저판 제작, 소요 중량을 만족하도록 제작

나. 덮개 및 차수판은 아크릴로 제작 후 씰링 처리

다. 균형 콘크리트(모르타르) 및 주수

라. 케이슨 저면에 모르타르를 부착하여 마찰계수 증가

② DCL선

철판으로 저면 및 측면 제작 후 진수 시의 가이드 레일을 고려하여 철판을 길게 잘라 붙인다.

케이슨 모형(범월갑 방파제 제두부)

케이슨 모형(남방파제 제간부)

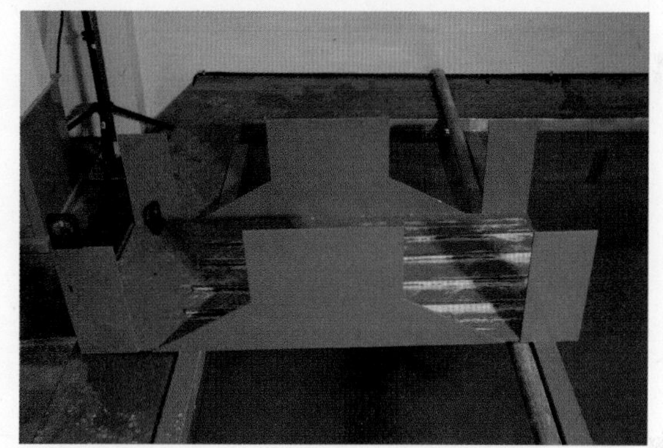

DCL선 모형 및 실험수조

그림 3-27 케이슨, DCL선 모형 및 실험수조

4) 실험 방법

① Step 1) DCL선을 그림 3-27과 같이 수조에 거치 후 케이슨을 올려놓고 DCL선 전면을 기울인다.

② Step 2) DCL선이 기울어짐에 따라 케이슨이 이동할 때의 경사각을 측정하고 거동을 파악한다(슬립 검토).

③ Step 3) 케이슨이 진수 되었을 때의 거동을 파악한다(전도 검토).

④ Step 4) 케이슨이 진수되어 부유시의 흘수를 검토한다.

5) 실험 과정

각 케이슨별 실험 과정 및 결과는 다음과 같다.

표 3-3 DCL선에 의한 케이슨 진수 시 안정성 검토 비교

항목	범월갑 제두부		남방파제 제간부	
	수치실험	수리실험	수치실험	수리실험
DCL선 기울기	14.0°	18.0°	5.0°~15.0°	19.0°
부유시 흘수(m)	13.47m	14.20m	13.35m	13.60m
마찰계수	0.15	–	0.08~0.15	–
비고	• 진수 전 과정에 대해 케이슨이 안정하며, 부유 시 안정을 유지한다. • 수리실험 시의 마찰계수를 수치실험(현장반영)을 고려하여 윤활제 등을 도포하여 진수 시 DCL선의 기울기를 만족하도록 한다. • 균형 콘크리트 및 주수량을 상사법칙을 적용하여 주입한다.			

① 범월갑 제두부

Step 1)

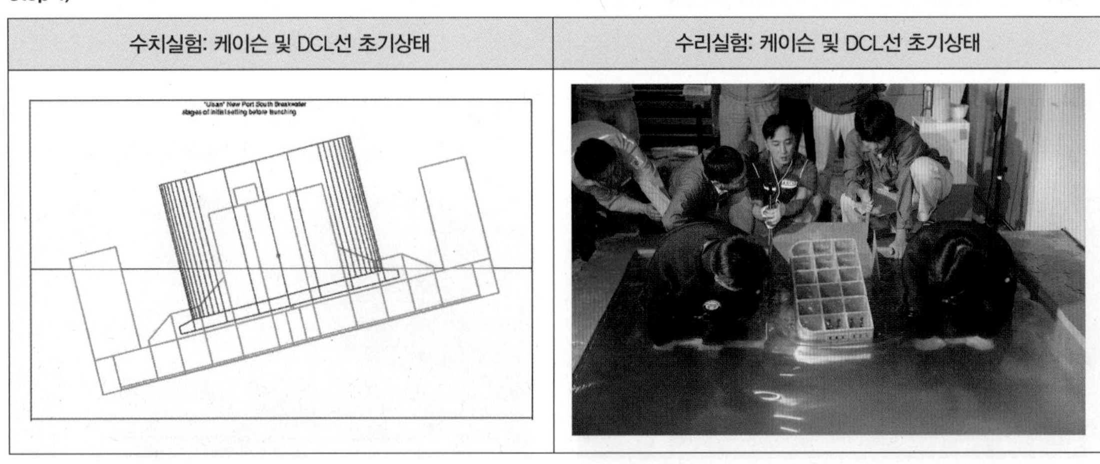

수치실험: 케이슨 및 DCL선 초기상태 | 수리실험: 케이슨 및 DCL선 초기상태

Step 2)

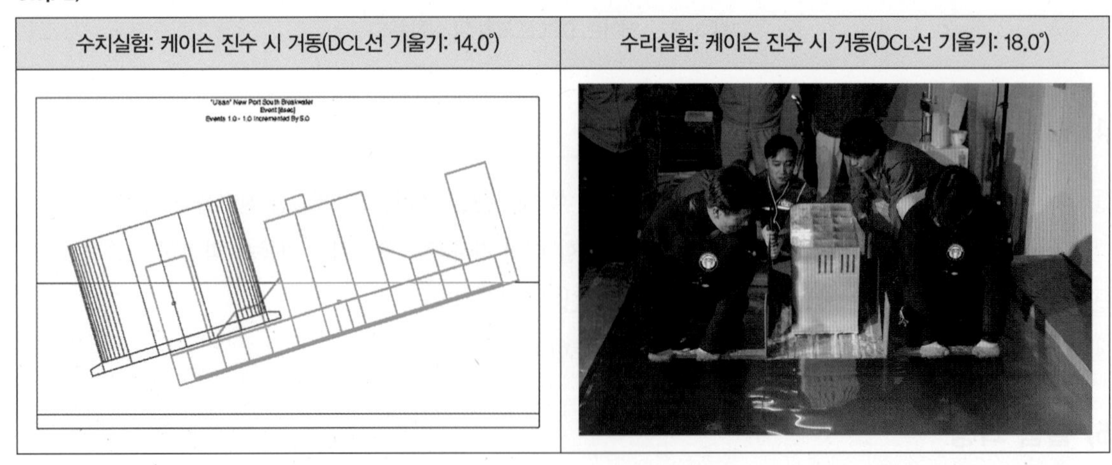

수치실험: 케이슨 진수 시 거동(DCL선 기울기: 14.0°) | 수리실험: 케이슨 진수 시 거동(DCL선 기울기: 18.0°)

Step 3)

수치실험: 진수 궤적도(Top View)	수리실험: 진수 궤적도(Front View)

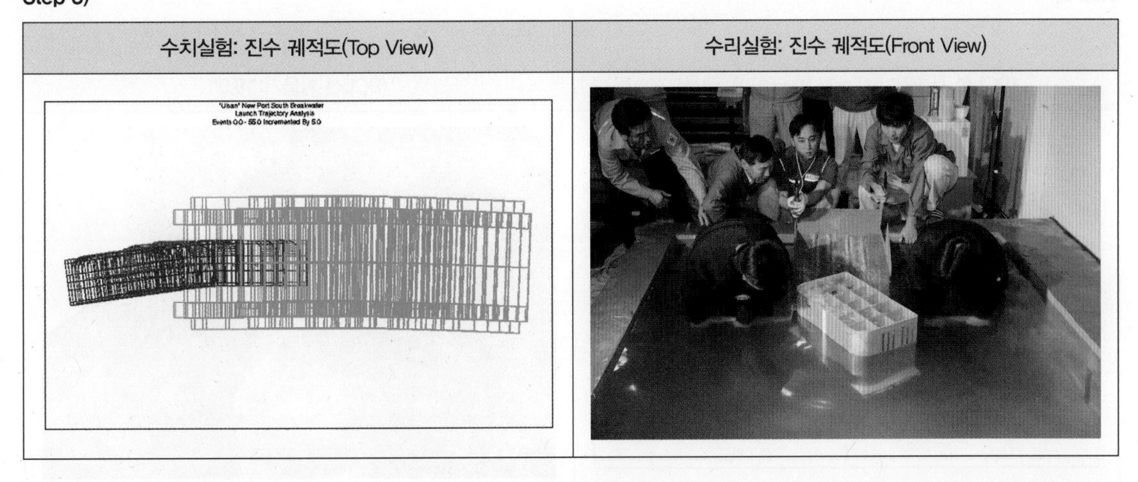

Step 4)

수치실험: 부유 시 흘수 검토(draft: 13.47m)	수리실험: 부유 시 흘수 검토(draft: 14.20m)

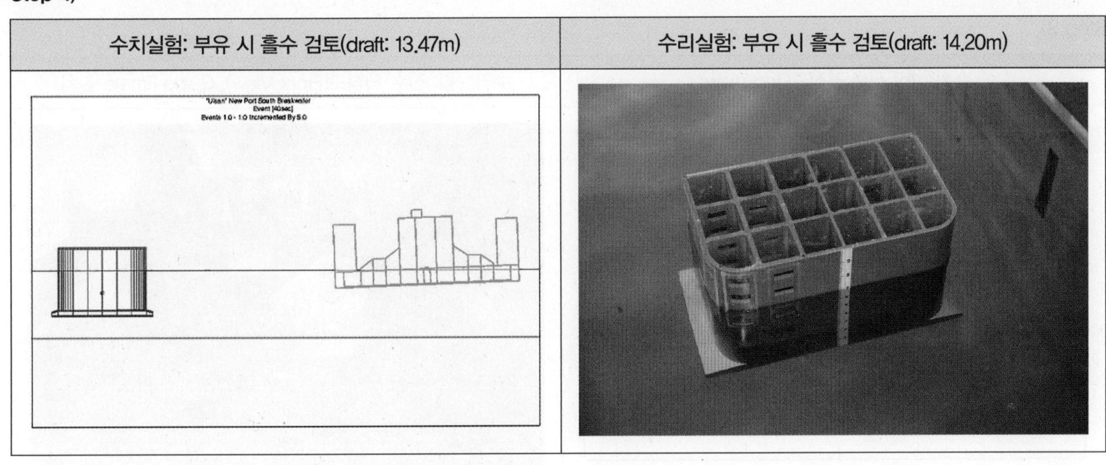

② 남방파제 제간부

Step 1)

수치실험: 케이슨 및 DCL선 초기상태	수리실험: 케이슨 및 DCL선 초기상태

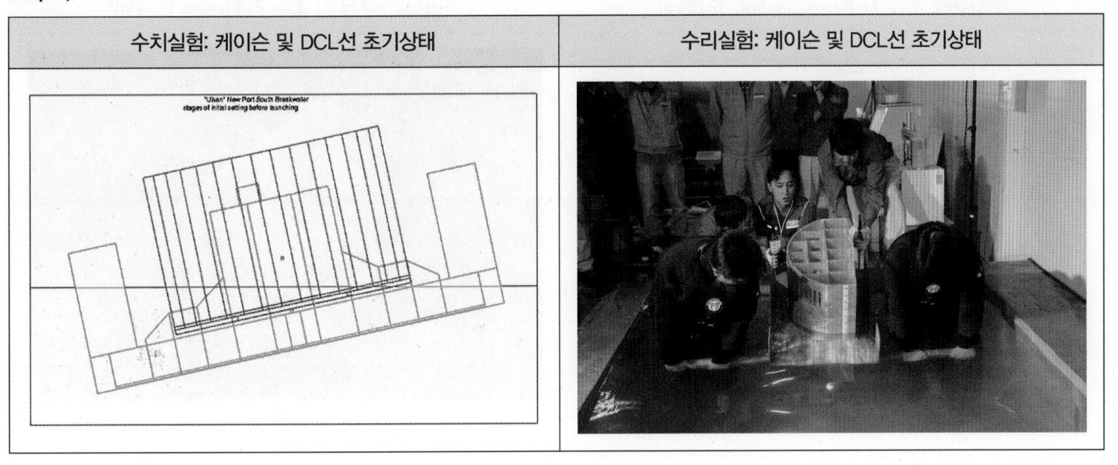

Step 2)

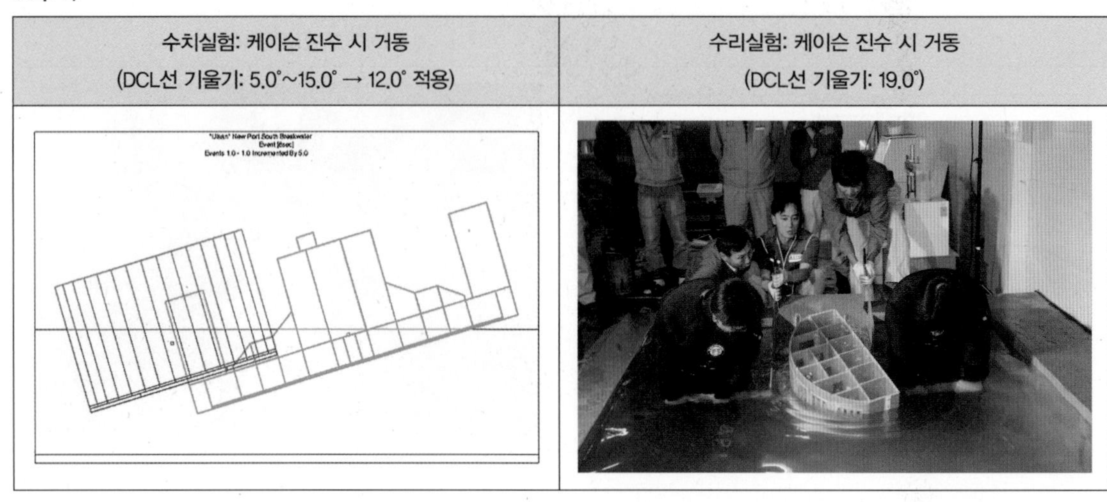

Step 3)

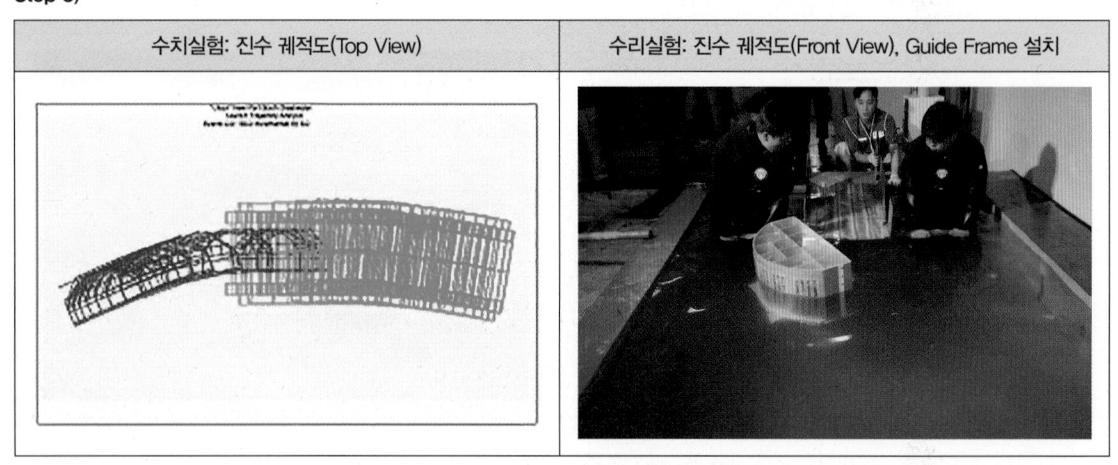

Step 4)

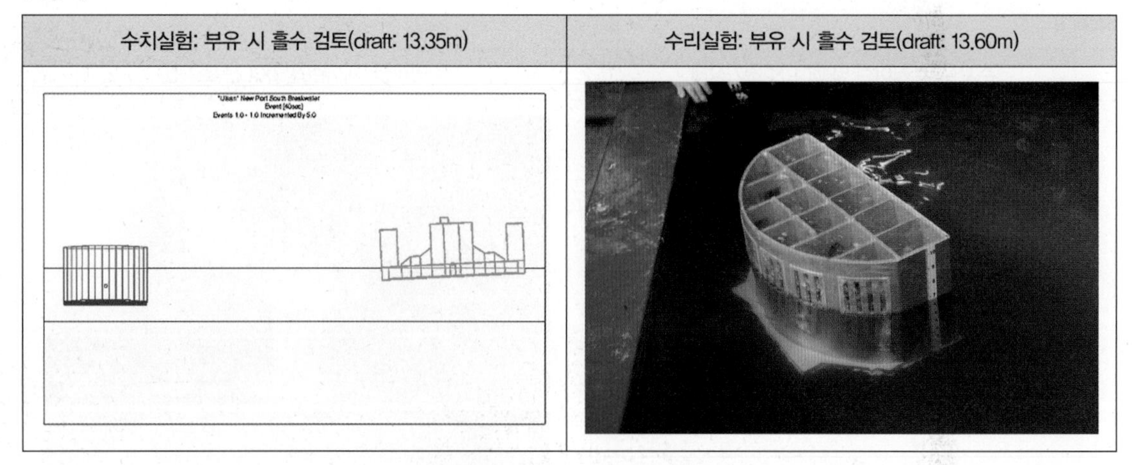

6) 실험 결과

① 범월갑 방파제 제두부의 경우 진수 궤적과 부유 시 흘수는 수치실험과 수리실험이 비교적 잘 일치하며, 부유 시 안정을 유지하므로 수치모델에서 계산된 균형 콘크리트 및 주수량은 적정하다고 판단된다.

② 남방파제 제간부의 경우 진수 궤적과 부유 시 흘수는 수치실험과 수리실험이 비교적 일치하며, 부유 시 안정을 유지하므로 수치모델에서 계산된 균형 콘크리트 및 주수량은 적정하다고 판단된다.

③ 남방파제 제간부의 경우 진수후의 거동이 수치실험과 마찬가지로 케이슨의 장변방향으로 회전하는 양상을 보이므로 예인선 등의 주의가 필요하다.

④ 남방파제 제간부의 경우 DCL선상에서 수치실험과 같이 회전이 발생되므로 회전양상을 고려하여 적절한 위치에 Guide Frame을 설치하여 DCL선과의 충돌을 방지하여야 한다.

⑤ 남방파제 제간부의 경우 Guide Frame을 설치하여 진수하였을 때 케이슨의 회전이 감소하였으며 DCL선과의 직접적인 충돌을 방지할 수 있다.

(6) 울산신항 파고관측

울산신항 방파제에는 건설 후 유지관리에 필요한 기초 자료를 확보하기 위해 시공 중 연안 파랑계가 설치되었다. 이 파랑계는 장기간(3년) 파고 및 조류를 계측하고 결과 분석을 통해 근해 파랑 및 조류의 특성을 제공하게 된다.

이러한 연속적이고 장기적인(3년) 관측 자료로부터 울산신항 해역의 계절별 흐름과 파랑의 특성, 태풍 및 지진 등에 의한 해일과 이상파고 등의 특성을 파악할 수 있고, 수직적인 층별 관측 자료로부터 층별 조류의 흐름 특성 및 조위 특성과 풍속, 풍향 및 온도, 습도 등 유지관리에 필요한 기상자료의 통계적 특성도 함께 파악할 수 있게 된다. 이로써, 방파제 건설과 향후 울산신항의 유지관리에 유용한 기본 Database 구축에 바탕이 된다.

1) 계측 기간

파랑 및 조류의 계측은 공사기간 및 계측의 효율성을 고려하여 2005년 9월부터 2008년 9월까지 총 36개월 동안 이루어졌다.

2) 파고계와 풍속계의 설치 및 계측

계측에 사용된 파고계 및 풍속계의 사양은 다음과 같다.

① 파고계: 연안 파랑계 USW-300 (제조사: Kaijo Corporation, Japan)

가. 계측 항목(Measurement Items): 표면파, 물입자 속도, 수압, 수온, 방향 등

나. 계측 주파수(Measurement Frequency): 1.0MHz

다. 설치 수심(Water Depth): 30m

라. 계측 층수(Meausrement Layer): 1m마다 가능(표준: 20층)

마. 데이터 처리: 대표파(파고, 주기 등), 파향, 파속, 방향스펙트럼, 지진해일, 조류

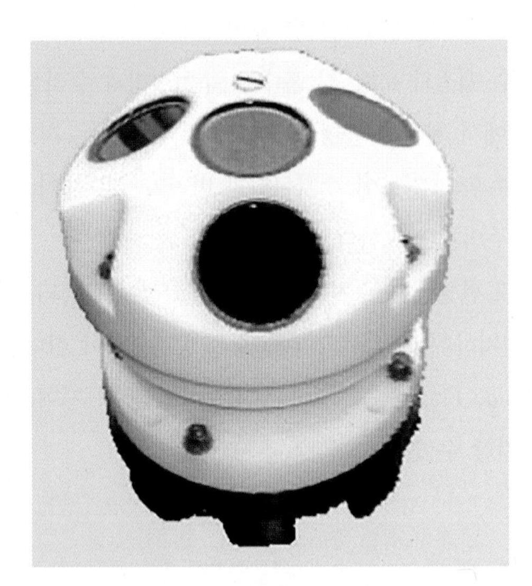

그림 3-28 연안파랑계 USW-300 (제조사: Kaijo Corporation, Japan)

② 풍속계: 3차원 풍속계 SAT-530 (제조사: Kaijo Corporation, Japan)

가. 계측 항목(Measurement Items): 수평 및 수직 풍속, 풍향

나. 계측 범위: 풍속 0~60m/s, 풍향 0~540°

다. 계측 횟수: 초당 4회

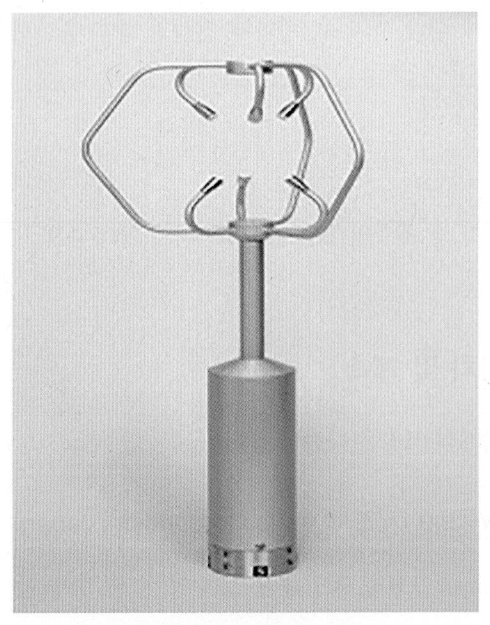

그림 3-29 3차원 풍속계 SAT-530 (제조사: Kaijo Corporation, Japan)

③ 계측 시스템

파고계 및 풍속계의 계측 시스템 구성도는 그림 3-30과 같으며, 파고계는 남방파제 전면 원유부이 외해측 해저에 설치하고, 풍속계는 현장 사무실 지붕에 설치하였다.

계측기의 구성은 파고계, 풍속계, 온도계 및 습도계와 Data Convertor, Data processing용 PC(Personal Computer)로 구성되어 있으며, Convertor 및 Processing용 PC는 울산신항 남방파제 1공구 현장 사무실 내에 설치되었다.

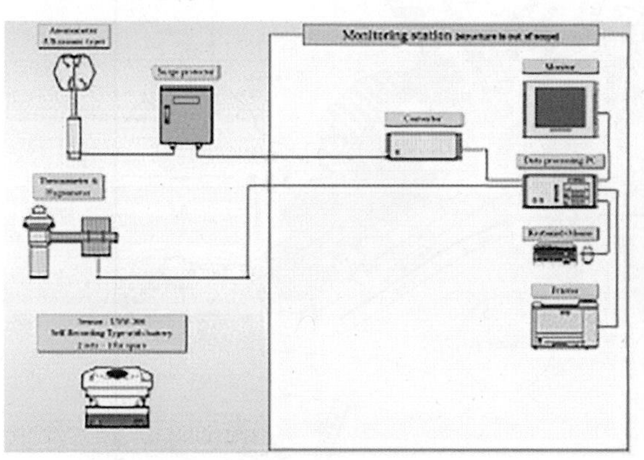

그림 3-30 계측 시스템의 구성도

그림 3-31 Data Processing용 PC설치

파고계에서 측정된 데이터들은 3개월에 한 번씩 데이터 처리용 PC에 저장되어, 분석 작업을 위한 데이터 변환 및 정리를 수행하게 되고, 이 데이터들은 분석 연구팀(동아대 해양자원연구소)에 전달되어 3개월간의 파랑 및 조류 특성을 분석하고 남방파제 전면 해역의 해상조건을 파악하였다. 파고계 및 기상계는 6개월에 한 번씩 기기 점검 및 유지관리를 수행하였으며, 계측 자료의 적정성 파악 및 자료 활용도에 대한 판단은 분석 연구팀에서 첫 3개월 계측 후 수집된 자료들을 분석하여 결정하였다.

파고계의 설치는 그림 3-32와 같은 순서로 수행하였다.

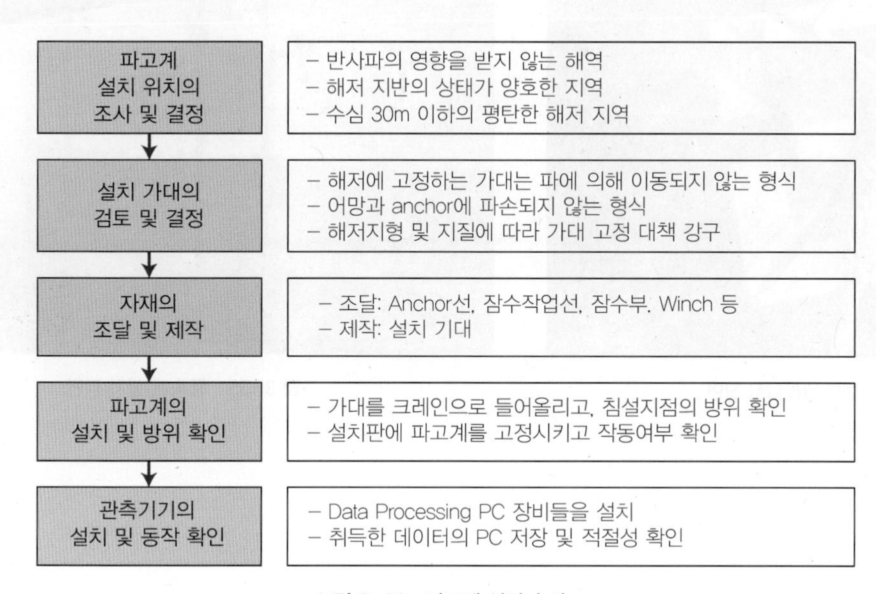

그림 3-32 파고계 설치 순서

파고계의 설치 위치는 남방파제 설치로 인한 반사파의 영향이 적고, 원유부이에 의한 파랑의 간섭을 피할 수 있는 그림 3-33에 표시된 것과 같은 남방파제 두부에서 약 2km 정도 떨어진 원유부이 외해지역에 설치하였으며, 설치 전 잠수부 해저 조사를 통해 계측기의 침설 위치가 적절한지를 판단하였다.

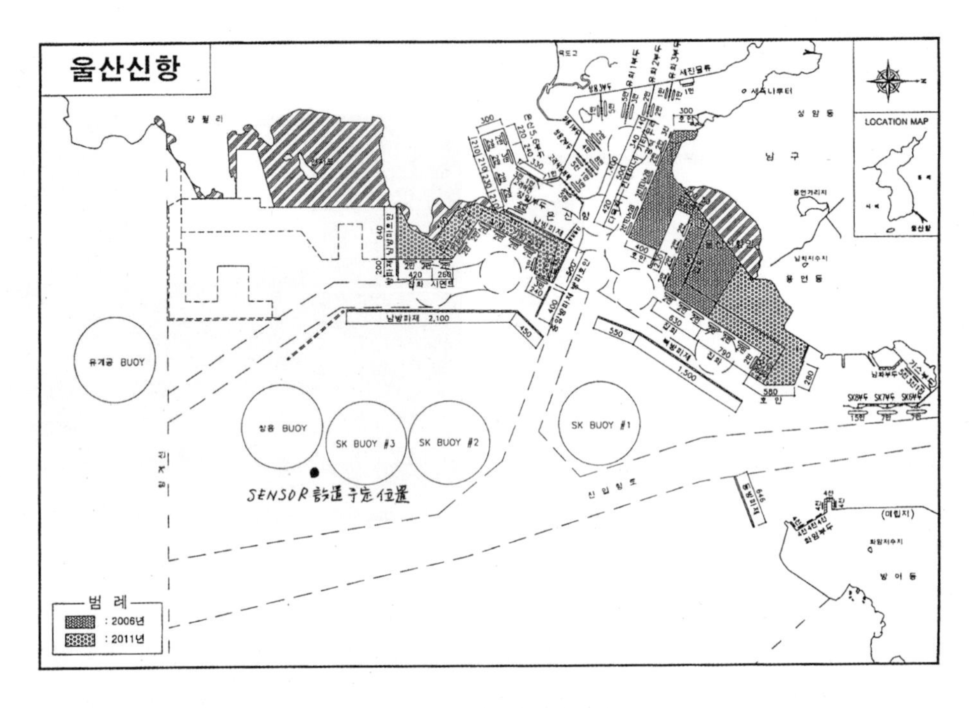

그림 3-33 파고계 설치 위치

그림 3-34 파고계 해상설치 장면

그림 3-35 풍속계 설치 장면

3) 계측결과의 분석

울산신항 남방파제 인근해역에 설치된 초음파식 파고계의 기능과 다층식 Doppler 유속계의 기능을 겸비한 복합형 해상관측 기기(USW-300)는 파랑 및 조류속 자료를 일정 기간(3개월) 단위로 취합하여 다음과 같은 분석 결과를 얻게 되었다.

① 층별 조류속(10개층) 및 유향, 잔차류 분석
② 평균파고, 유의파고, 1/10파고, 최대파고의 시계열 자료
③ 평균주기, 유의파주기, 1/10파주기, 최대주기의 시계열 자료
④ 주 파향, 평균 파향의 시계열 자료
⑤ 유의파고-평균주기의 결합확률분포
⑥ 유의파고-1/10파 주기의 결합확률분포
⑦ 유의파고-최대주기의 결합확률분포
⑧ 유의파고-평균파향의 결합확률분포
⑨ 유의파고-주파향의 결합확률분포
⑩ 최대주기-유의파고의 결합확률분포
⑪ 평균주기-유의파고의 결합확률분포
⑫ 1/10파 주기-유의파고의 결합확률분포

(7) 결언

울산신항 남방파제 및 범월갑 방파제는 국내 동남권 거점항만으로 개발·추진 중인 울산신항의 핵심 외곽시설인 남방파제 축조공사로 울산신항 남항지역의 일반부두 10개선석 건설 및 운영과 온산항 및 외항지역의 원활한 운영에 필요한 정온수역의 확보를 목적으로 계획되었다. 친환경적이고 항만이용자 중심의 편리성과 이용성을 고려한 안전하고 경제적이며 최상의 기능성을 확보한 항만시설을 건설하기 위해, 다양한 신기술이 적용되어 설계가 이루어졌다.

남방파제의 경우, 반원형 슬릿 케이슨 구조물이 설계되어 항로 및 항내 수역의 잠식, 월파 시 내측 피복재의 유실, 상부 구조물의 친환경 개념 미고려 등의 문제점을 사전 제어할 수 있도록 하였으며, 반원형 슬릿 케이슨의 소파효과에 의해 연파, 회절파 및 반사파를 소파시켜 항내 정온도를 향상시키도록 하였다. 한편, 피복재로 SEALOCK을 사용함으로써 기존 T.T.P.에서 나타났던 다리부러짐 현상 등의 문제점을 보완하여 구조적 안정성을 확보하였다.

범월갑 방파제의 경우에 반사율이 낮고 안정성이 우수하며 맞물림 효과가 탁월하다고 검증된 50톤 중량의 SEALOCK 피복재를 적용하고, 2격실 횡슬릿 케이슨을 제두부에 설치하여 구조적으로 안정하고 항내 진입파 및 회절파를 저감시켜 항내 정온도를 향상시켰다.

케이슨의 안전한 진수 및 거치를 위해 설계 시 수행하였던 각종 해석 및 실험과는 별도로 추가적인 수리모형실험을 실시하였다. 실험 결과 남방파제 제간부에 사용되는 케이슨은 진수 시에 DCL선에

Guide Frame을 설치하면, DCL선과 케이슨의 충돌을 방지하고 케이슨의 회전도 감소하여 안전하게 진수할 수 있음을 알게 되었다.

방파제 건설 후 유지관리에 필요한 기초 자료를 확보하기 위해 연안 파랑계 및 풍속계가 설치되었으며, 이 파랑계에서 계측된 자료의 결과 분석을 통해 울산신항 해역의 계절별 흐름과 파랑의 특성, 태풍 및 지진 등에 의한 해일과 이상파고 등의 특성을 파악과 수직적인 층별 관측 자료로부터 층별 조류의 흐름 및 조위 특성을 파악할 수 있었다. 또한 풍속계에서 계측된 자료로부터 풍속, 풍향 및 온도, 습도 등 유지관리에 필요한 기상자료의 통계적 특성도 함께 파악할 수 있었다.

3-1-2 부산신항 남컨 준설토 투기장

(1) 서론

부산신항 남컨테이너부두 배후지 준설토 투기장 가호안(1공구) 축조공사는 부산신항만 개발 중 발생하는 준설토를 수용하는 호안 축조공사로서 사업내용은 외곽호안, 내부가호안, 기초지반 처리로 크게 구분되며, 사업기간은 당초설계보다 약 5개월을 단축하여 25개월에 호안을 완성하여 경제적이고 자연 친화적인 준설토 투기장이 되도록 계획하였다. 본 준설토 투기장은 국제도시 부산의 관문이 될 부산신항만 입구부에 위치한 관계로 아름답고 튼튼한 호안이 될 수 있도록 하고, 입찰안내서에 제시된 호안 법선 변경 금지, 호안 마루높이 DL.(+) 7.50m 유지 조건을 준수하면서 최적의 구조물이 되도록 하였다.

본 사업지는 지형적 특성상 복잡한 형태의 고파랑작용으로 수리학적으로 월파, 반사파, 연파를 제어하는 경사호안 구조물을 도입하였고, 초연약지반이 대심도로 분포하는 특성을 고려하여 개선된 SCP 연약지반 처리공법을 적용하여 기초굴착 없는 친환경적이고 배수기능을 향상시킨 융기토 유용형 SCP 공법을 적용하였다. 호안 전구간은 친수개념을 도입하였으며, 호남도 주변 해양생태계 보호를 위해 미티게이션 개념을 도입하여 환경복원 계획 및 생태형 친수호안을 구상하였다.

본 시설물은 준설토 투기장 본래의 목적에 충실하였으며, 나아가 부산신항만의 상징성을 고려하여 Water Front 개념과 생태복원개념을 설계에 적극 반영하였다.

(2) 사업 개요

부산신항 남컨테이너부두 배후지 준설토 투기장 가호안(1공구) 축조공사 현장의 위치는 부산광역시 강서구 천가동(가덕도) 북서측 해역 일원이다. 부산신항의 항로준설 및 부두공사 시 발생되는 준설토를 효과적으로 수용하여 남컨테이너부두 배후부지를 조성하기 위하여 외곽호안 1,042.1m, 내부가호안 1,617.5m로 구성되어 총 2,657.6m로 계획되었다.

내부가호안은 장래에 시공 예정인 남컨테이너부두와 경계에 위치하여 있고, 접속부를 포함하여 총 연장 1,617.5m로 상부 단면은 재료구입 등이 용이한 사석경사제 형식을, 하부단면은 지반처리를 고려하여 샌드마운드로 계획하였다.

설계 시 주안점은 다음과 같이 요약될 수 있다.

- 상향 심해 설계파를 적용한 최적호안 설계
- 준설토 최대수용 및 외해투기 감소방안 강구
- 상부 구조물의 안정 및 내구성
- 최적 공사재료원 확보 및 공기단축
- 환경친화적인 다기능 친수호안의 계획

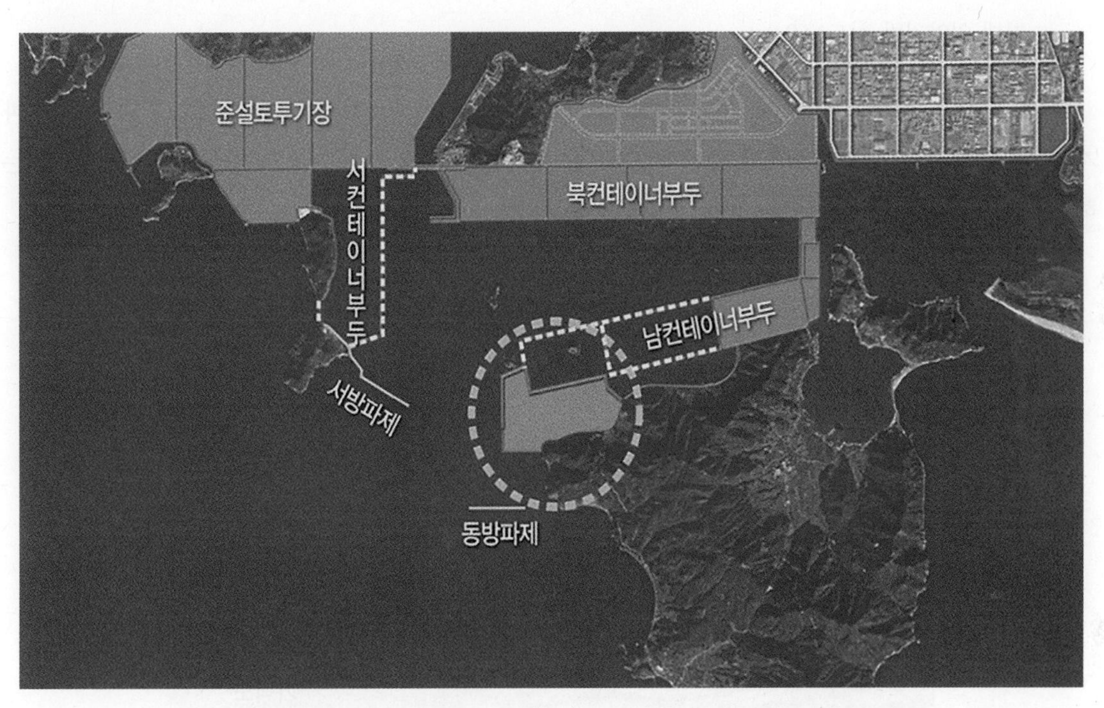

그림 3-36 부산 남컨 배후지 준설토 투기장 가호안 축조공사 현장 위치도

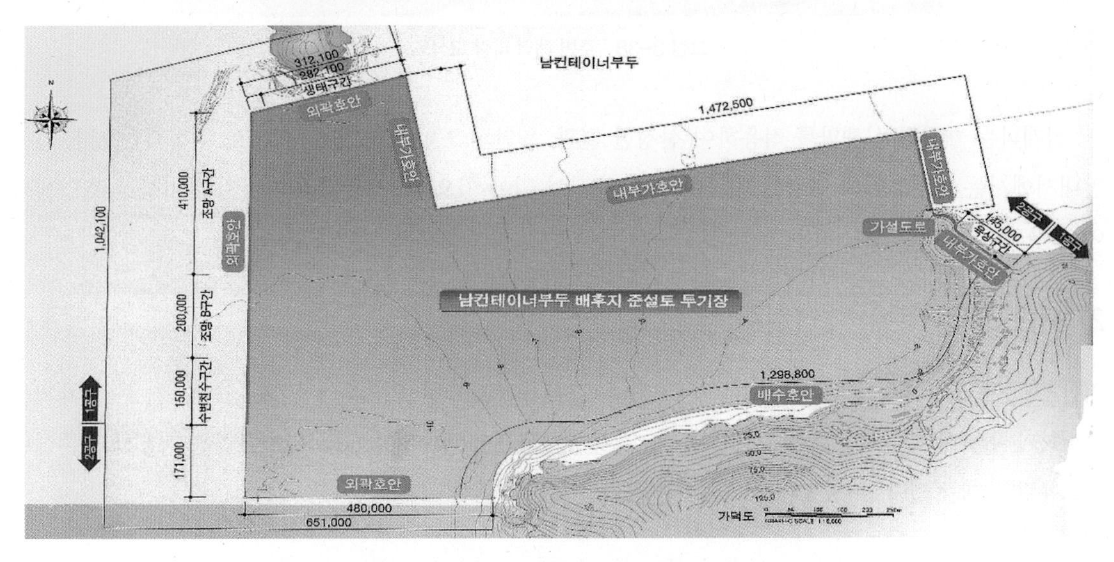

그림 3-37 부산 남컨 배후지 준설토 투기장 가호안 축조공사 공사 현황도

(3) 사업대상지 분석 및 호안 기능 설정

1) 자연 조건 개요

사업대상지의 주변의 파랑 모식도는 그림 3-38과 같으며, 설계파 및 설계 조류속 조건은 다음과 같다.

- 심해파: H_o = 13.73m (SSE)
- 설계파: $H_{1/3}$ = 0.6 ~ 4.0m
- 최대 조류속: 0.84m/sec
- 최대 연약지반 심도: 69.0m

부산 신항만 입구에 위치한 사업지에서의 수치 및 평면수리모형실험을 수행한 결과, 외해의 침입파가 동방파제 영향으로 회절하여 외곽호안전면으로 입사하며, 호안전면의 반사파가 구역별로 중첩되는 해역특성(그림 3-38)을 보여주고 있다.

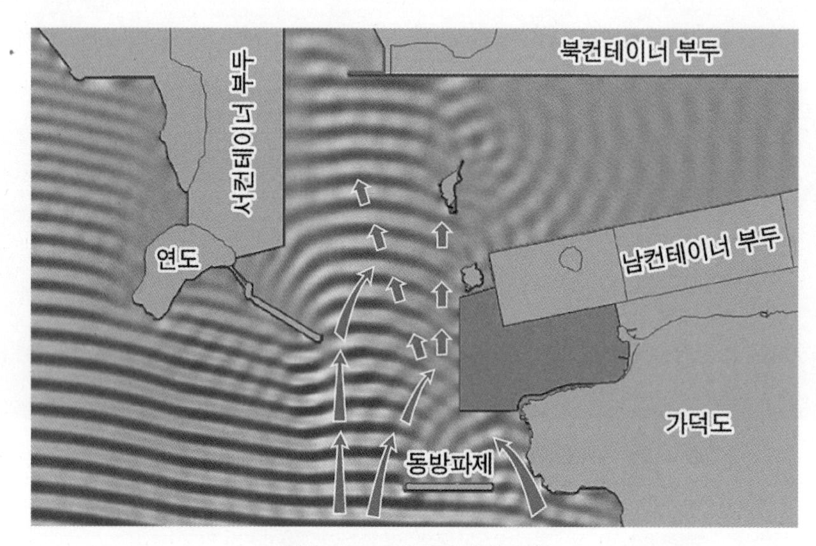

그림 3-38 주변 해역 파랑 모식도

설계파는 개정된 심해파를 적용하여 산정한 결과, 원안의 3.3m보다 높은 4.0m로 추정되었으나, 입찰안내서에서는 마루높이의 변경은 불가한 것으로 되어 있어 처오름 차단 및 월파저지가 가능한 호안형식이 요구되었다.

2) 지반 조건

지반 조건은 연약지반이 대심도로 분포하고 있고(그림 3-39), 또한 외해투기 없는 친환경 기초처리계획을 수립하기 위하여 배수성능을 향상시킨 융기토유용형 SCP(Sand Compaction Pile) 공법을 적용하고 준설토 수토용량 증대를 기할 수 있었다.

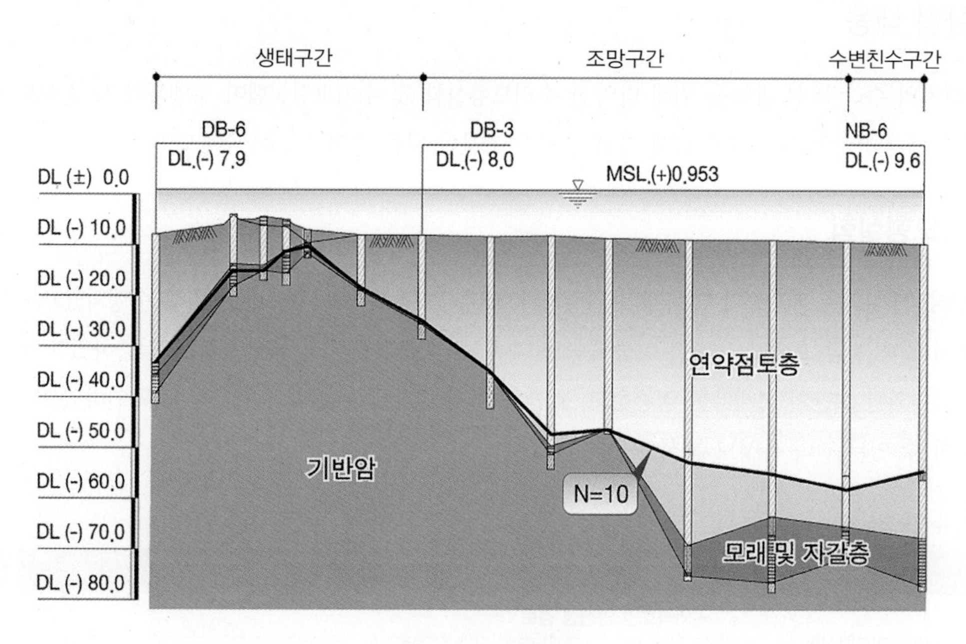

그림 3-39 지층분포도

3) 호안 배치 및 기능 설정

대상 지역의 파랑 및 지반 조건을 고려하여 호안 기능을 설정하였고 장래 배후부지 계획, 호남도 생태보존 계획을 종합적으로 검토하였다. 호안 배치 및 기능 설정은 그림 3-40과 같다. 수변형 호안은 비교적 파고가 낮은 특성과 배후지원단지를 연계하여 호안형식을 결정하였고, 조망형 호안은 파고가 높아 경관위주로 호안기능을 설정하였으며, 생태형 호안은 호암도의 자연환경을 고려하여 단면을 구상하였다.

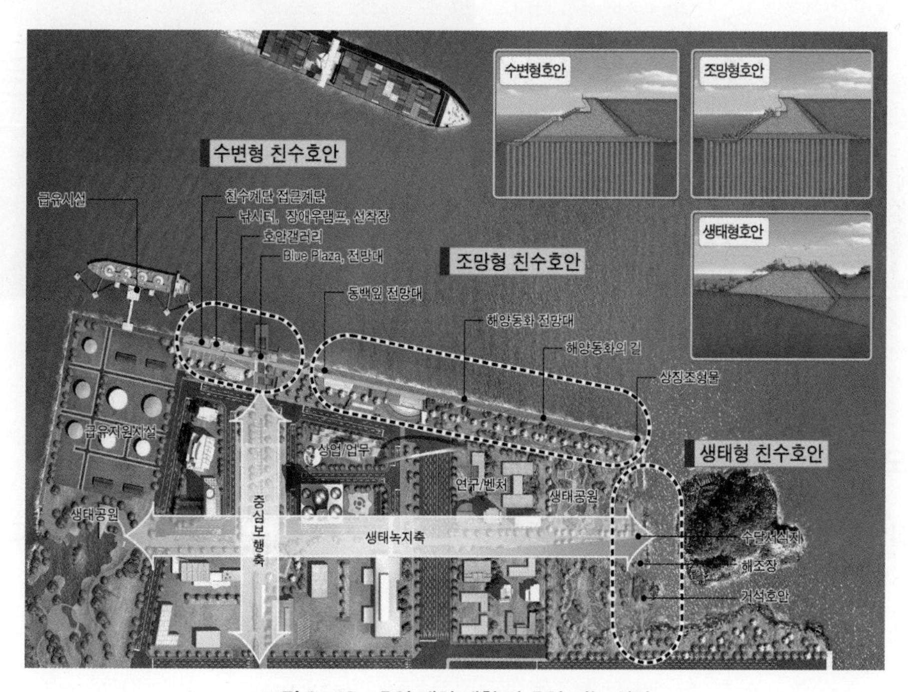

그림 3-40 호안 배치 계획 및 호안 기능 설정

(4) 실험 내용

사업대상지의 수리 특성 파악을 위해 다양한 수리모형실험 및 수치모형실험이 수행되었고, 준설토의 특성 분석과 지반 처리 공법의 설계를 위해 다양한 지반 조사와 지반 관련 실험이 수행되었다.

1) 수리모형실험

단면 수리모형실험은 외곽호안 피복재의 안전성과 월파, 반사 특성을 검토하기 위해 수행되었고, 천단고의 증고 없이 월파 저감 효과가 우수한 이중곡면 반파공이 적용되어 월파 저감 성능을 검증하였다. 평면 수리모형실험은 외곽 호안의 설계파를 검증하고, 호안을 따라 발생하는 연파와 반사파를 확인하였으며, 구간별로 발생할 수 있는 월파 특성도 분석하였다.

표 3-4 수리모형실험

구분	실험 내용
단면 수리모형실험 (1/36)	– 외곽호안 안정성 검토
	– 외곽호안 형식별 월파, 반사특성 규명
	– 내부가호안 안정성
평면 수리모형실험 (1/110)	– 외곽호안 설계파 검증
	– 연파, 반사파 확인
	– 호남도 전면 해빈류 검토

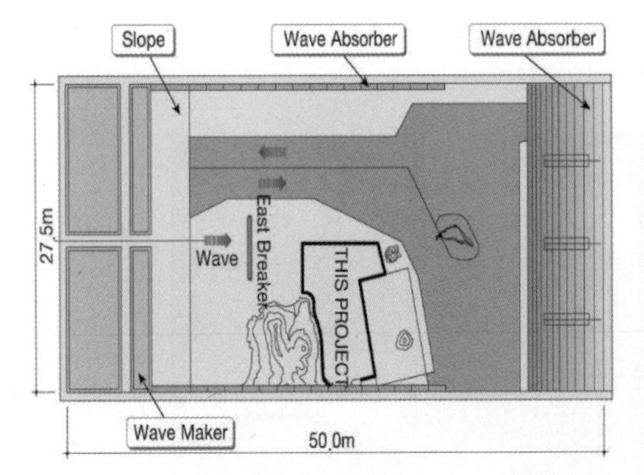

그림 3-41 평면 수리모형실험

2) 수치모형실험

수치모형실험은 설계파 및 항내 정온도 실험과 이중곡면 반파공의 월파 성능 검증을 위해 CADMAS-SURF를 이용한 CFD 해석이 수행되었으며, 환경 영향 파악을 위한 해수 유동 및 퇴적물 이동 실험 등이 수행되었다.

표 3-5 수치모형실험

구분	실험 분야
호안 설계	파랑변형, 정온도, 항주파, 폭풍해일, 파동장해석실험
환경 영향	해수유동, 오염확산, 입자추적, 퇴적물이동, 생태계실험

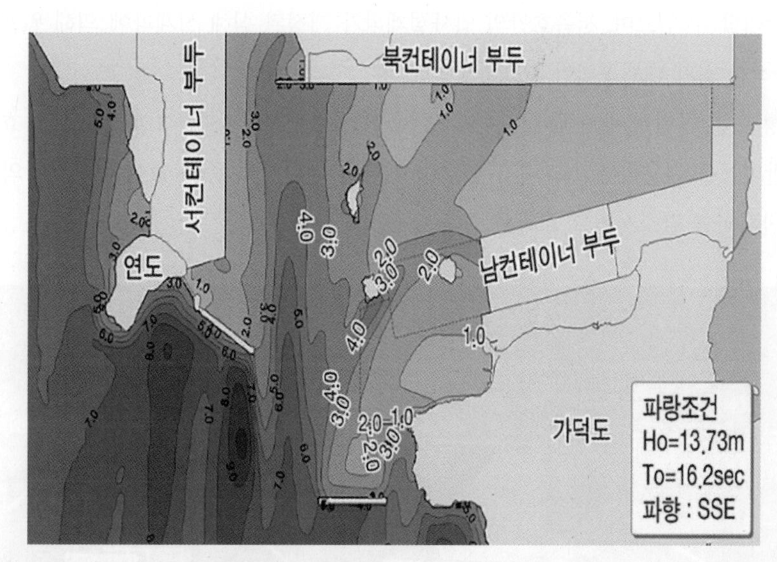

그림 3-42 설계파 수치모형실험(파고분포도)

3) 지반 관련 실험

원지반 연약퇴적층에 의한 지반 처리 공법을 설계하기 위하여 다양한 지반 조사 및 지반 관련 실험이 수행되었다. 지층의 분류와 토질정수를 결정하기 위한 현장 및 실내 실험이 수행되었으며, 진동대 시험을 통해 지반의 액상화 가능성도 검토되었다.

표 3-6 지반 관련 실험

구분	적용 내용
퇴적이력분석	광역퇴적이력을 고려한 지층 분류 및 토질정수 결정
토질정수 신뢰성 분석	토질정수 신뢰성 평가 및 설계작용
준설토 특성분석	준설토 침강, 자중압밀특성 체적변화비 산정
배수재 복합 통수능시험	구속압 및 변형 등 대심도에 적합한 연직배수재 선정
원심모형실험	SCP 공법 적용성 및 안정성 검증
진동대 시험	액상화 및 구조물 안정성 검토

(5) 적용된 신기술 신공법

1) 이중곡면 반파공

이중곡면 반파공은 월파저감효과가 우수한 반파구조물로서 월파에 의한 배후부지의 침수예방과 마루높이의 저감효과를 기대할 수 있으며, 서측호안의 입사설계파가 개정된 심해 설계파에 의해 원안에 비하여 증가되었으므로 효과적인 월파 대책공법이 필요하게 되었다.

기존의 직선형 또는 곡면형 반파공에서 수리모형실험을 수행한 후(그림 3-43), 수리적 효과가 우수한 최적의 이중곡면 반파공을 적용하였고(그림 3-44), 이에 따라 천단고의 증가 없이 배후부지의 월파량이 감소되고 호안 전면 반사파를 감소시키는 효과를 얻을 수 있었다.

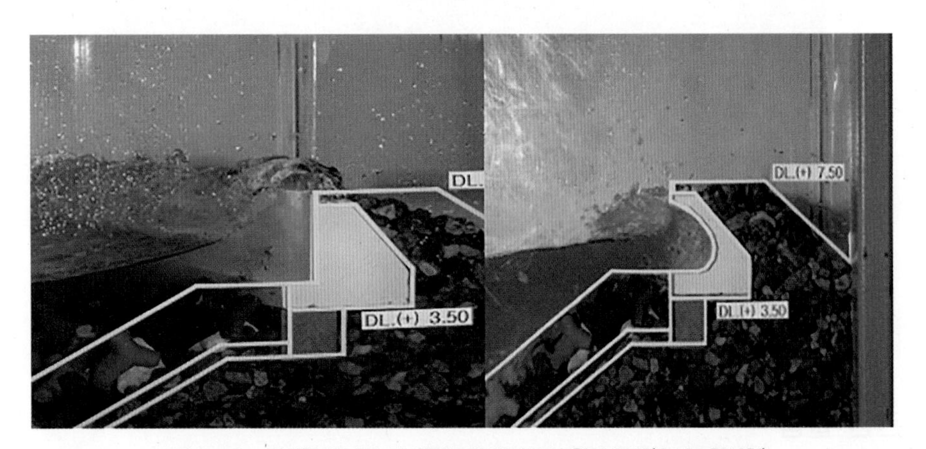

그림 3-43 직선형 반파공 및 이중곡면 반파공의 월파 특성(수리모형실험)

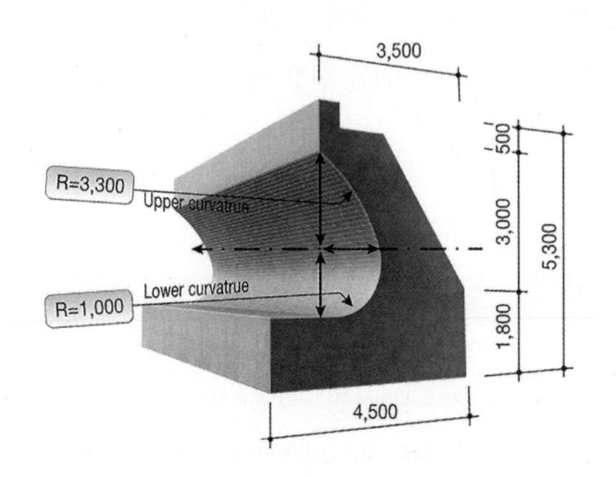

그림 3-44 이중곡면 반파공

2) 융기토 유용형 SCP 공법

하부기초처리는 기존의 SCP 치환율 40% 시공 후 기초준설하면 모래나 점성토가 혼합되어 모래기층을 통한 간극수 배수가 원활치 못해 압밀지연이 발생될 수 있고, 기초준설로 인한 부유토사와 준설토 외해투기량이 발생하게 된다. 이러한 문제점을 해결한 기초 준설 없는 모래기층의 연속성이 확보되는 개선된 SCP 공법을 도입하였다.

융기토 유용형 SCP 공법(그림 3-46)은 기존 SCP 공법(그림 3-45)과 비교할 때 원지반에 샌드매트를 포설한 후 SCP를 시공함으로써 부유토의 발생을 최소화할 수 있으며 시공 중 발생하는 융기토 부분까지 SCP로 개량하여 확실한 배수효과를 발휘할 수 있도록 모래기둥의 연속성 확보 및 준설토가 발생하지 않는다. 위와 같은 장점으로 인해 기존 SCP 공법보다 환경친화적으로 기초지반을 개량할 수 있으며, 원안 설계의 약 60만 m^3의 외해투기 전량을 배제하는 효과를 얻었다.

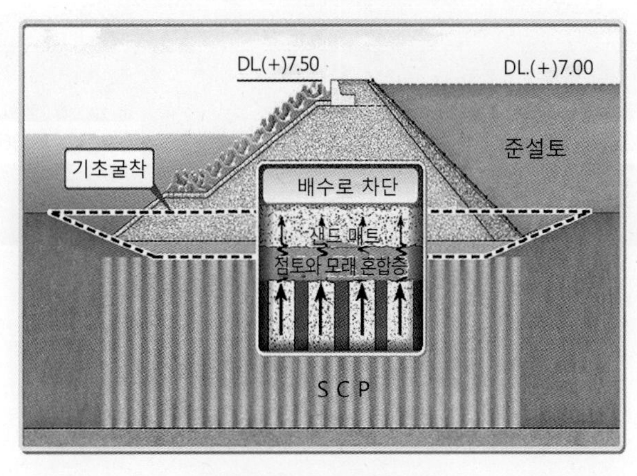

그림 3-45 기존 SCP 공법

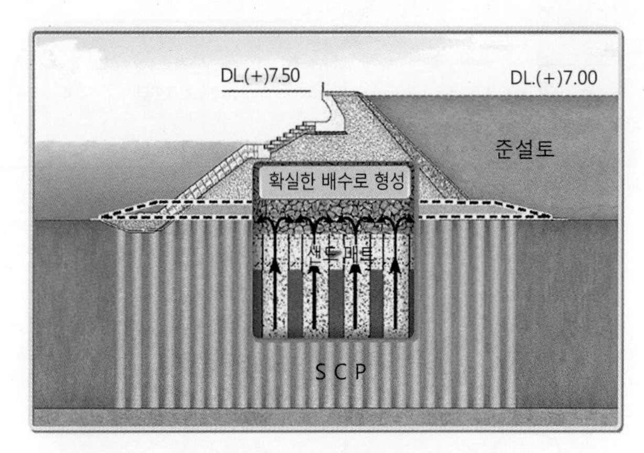

그림 3-46 융기토 유용형 SCP 공법

3) 대형 토목섬유튜브 공법

호안 단면의 최적화를 통해 소요 재료원량을 최소화함과 동시에 투기장의 수토용량을 극대화할 방법이 필요하였다. 따라서 대형 토목섬유튜브를 이용하여 내부가호안 단면을 최적화시켰다. 즉, 그림 3-47과 같이 직경 D=4.25m인 대형 토목섬유튜브를 이용하여 샌드마운드의 소요 폭을 최소화함으로써 제체축조를 위한 모래 사용량을 최소화하고, 감소된 호안단면 체적만큼 준설토 수토능력을 증대시키는 방법이다.

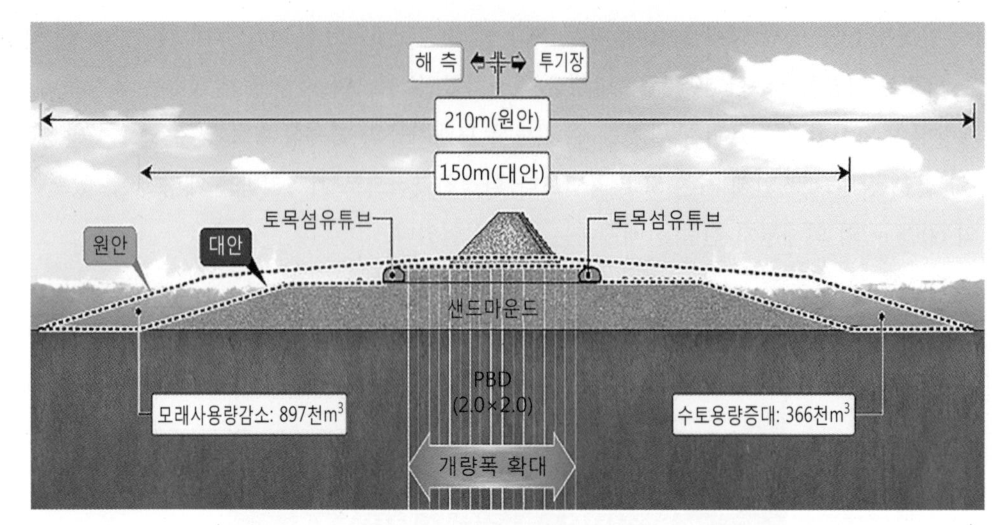

그림 3-47 대형 토목섬유튜브 공법

대형 토목섬유튜브의 제원 및 세굴방지방법은 그림 3-48 및 3-49와 같다.

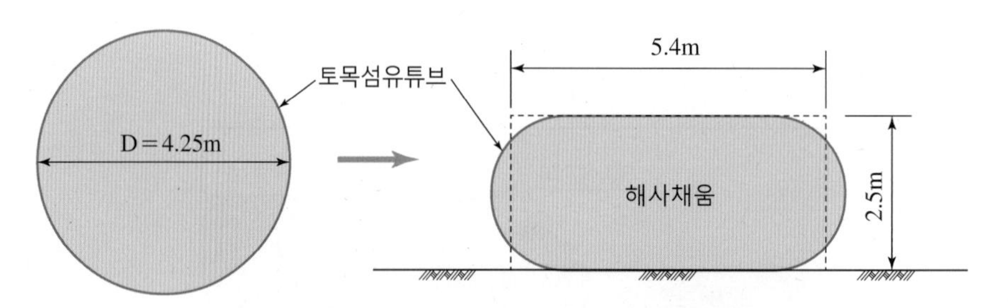

그림 3-48 토목섬유튜브 규모 및 제원

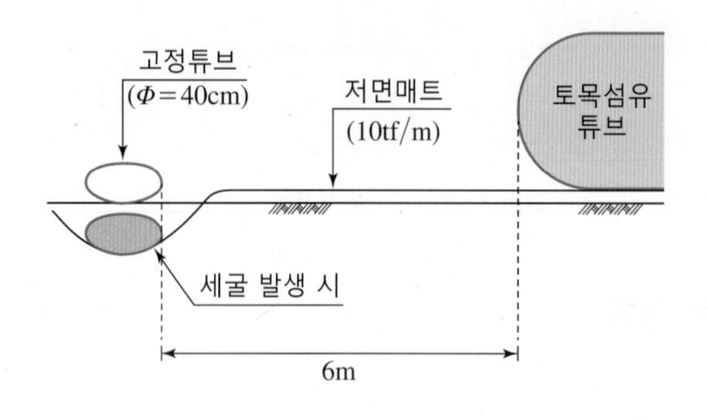

그림 3-49 저면 매트 및 고정 튜브

대형 토목섬유튜브를 이용하여 내부가호안을 축조함으로써 제체축조를 위한 모래 사용량이 약 90만 m^3 정도 감소하였으며, 준설토 수토용량은 40만m^3 정도 증대시키는 효과가 있었다.

4) 친수호안 조성

배후지 이용 계획과 파랑 조건에 따라 호안 이용성을 증대하기 위하여 조망형 친수호안, 수변형 친수호안으로 호안을 구상하였으며 구간별로 소형선 접안시설, 호안 갤러리, 전망대 등을 도입하였다.

그림 3-50 구간별 친수호안 개념도

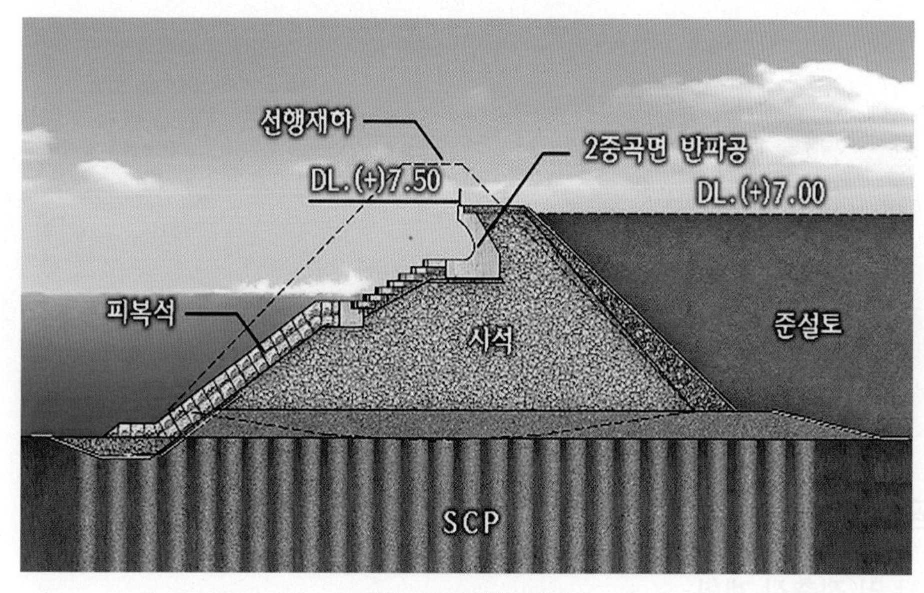

그림 3-51 수변형 친수호안

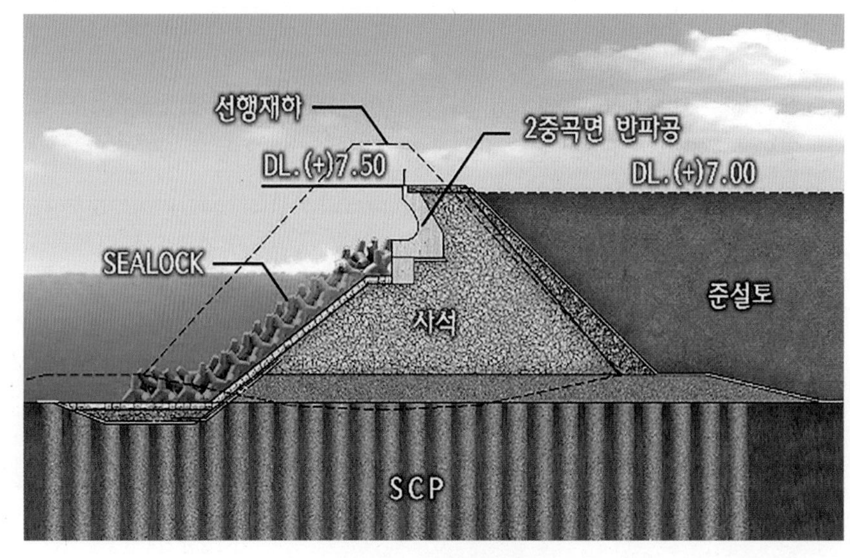

그림 3-52 조망형 친수호안

5) 생태호안 조성

호남도의 암반 조간대와 유사하게 자연석(피복석 난적, 경사 1 : 3)을 이용한 완경사 생태호안을 조성하여 생태계 복원을 유도하였다.

수질 및 다양한 바다생물이 서식 가능하도록 생태환경을 고려하였으며 파랑작용에도 안전하도록 설계제반사항을 준수하면서 생태계 복원에 기초한 아름다운 호안이 될 수 있도록 하였다.

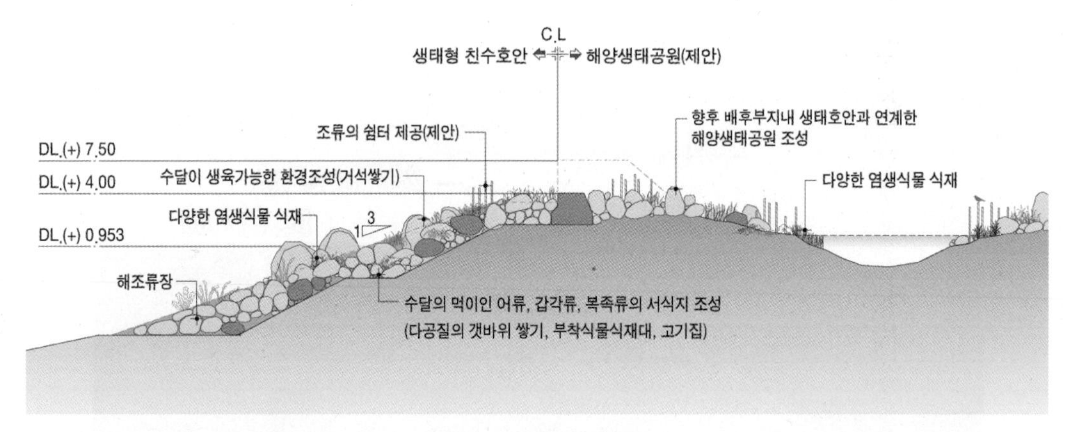

그림 3-53 생태호안 조성

(6) 시공계획

1) 제작장 및 적출장 계획

제작장 위치는 타공사를 고려하여 제 2, 3후보지를 확보토록 하였다.

- 위치: 송도북측(제 1후보지)

- 이용기간: 2006. 10 ~ 2007. 11
- 규모: 35,800m^2

그림 3-54 제작장 및 적출장 위치도

2) 주요 자재 및 투입 장비

주요 자재인 사석과 피복석은 욕망산 석산에서 조달하고, 모래는 욕지도 남단 해역에서 채취하는 것으로 계획하였다.

표 3-7 주요 자재

구분	단위	수량	비고
사석	천m^3	732	욕망산
피복석	천m^3	47	욕망산
모래	천m^3	2,978	욕지도남단
매트	천m^2	181	-
블록	EA	10,653	-
콘크리트	천m^3	39	-

해사채취 및 운반을 위해 23천m^{3}급 호퍼준설선 1대를 투입하도록 계획하고 현재 부산신항에 투입되어 있는 7대의 SCP 전용선에 대한 조사결과 5대가 투입가능하여 본공사에 3대를 수급하는 것으로 계획하였으며, 육상 PBD의 경우 국내 11대 보유 중 4대가 투입가능하여 본공사에 2대 투입에는 문제가 없는 것으로 검토되었다.

3) 공종별 시공계획

내부가호안과 외곽호안을 동시 시공하여 5개월의 공기를 단축하였으며, 내부가호안의 경우 그림 3-55와 같이 샌드마운드 조성 → 토목섬유튜브 → PBD 시공 → 사석투하로 공종이 진행되며, 외곽호안의 경우 SCP 시공 → 사석투하 → 피복석 거치 → 상치콘크리트 타설로 공사가 진행된다.

시공 주요개선사항으로 내부가호안은 토목섬유튜브 적용으로 수토용량을 증대하였고, 기초사석은 해상운반 계획을 수립하였다. 외곽호안은 원지반 기초굴착 없이 시공 가능이 가능하도록 융기토 유용형 SCP 공법을 적용하였고, 이중곡면 반파공 콘크리트 타설은 현장 이동식 강재 거푸집을 적용하여 시공성 확보 및 공기단축이 가능하도록 하였다.

그림 3-55 시공 순서도

(7) 결론

부산 신항 남컨 준설토 투기장은 부산항의 관문으로서 아름답고 튼튼한 호안이 될 수 있도록 신기술 및 신공법을 적용하여 차별화된 호안을 설계하였다. 기존 설계와의 차별화 사항으로 이중곡면 반파공을 적용함으로써 상향 조정된 설계파에 대해서도 마루높이의 변경 없이 처오름 및 월파 저지가 가능하였다.

외해투기량이 발생하지 않고 확실한 배수효과를 발휘할 수 있도록 융기토를 유용하는 SCP 공법을 적용하여 친환경 기초처리 계획을 수립하였다. 특히, 기초처리계획에서 치환율 40% 이하의 저개량 SCP 시공 후 기초준설과정에서 발생하는 문제점을 해결하기 위해서는 금회 적용한 융기토 유용형 SCP 공법이 많이 적용될 것으로 기대된다. 한편, 융기토 유용형 SCP 공법과 대형 토목섬유튜브공법을 적용한 결과, 원안설계보다 모래 사용량을 약 90만m^3 정도 감소시켰으며, 준설토 수토용량은 약 100만m^3 정도 증대시키는 효과를 얻을 수 있었다.

아울러 친수호안을 도입하여 배후지의 토지이용의 효율을 높이고 수변이용성을 극대화하였으며, 호남도 주변의 자연환경을 보존하고자 생태호안을 도입하여 건강한 호안이 되도록 최선을 다하였다.

3-1-3 새만금 방조제 끝막이 공사의 계획과 시공

(1) 서론

새만금 방조제의 끝막이 공사는 그림 3-56에 보여지는 것처럼 2006년 2월에 새만금 제2호 방조제 동진호 구간(GAP 1) 1.6km와 만경호 구간(GAP 2) 1.1km의 총 2.7km의 개방구간을 남겨놓은 상태에서 2006년 3월 24일부터 끝막이 공사를 착수하여 2006년 4월 20일에 만경호 구간을 먼저 끝막이하고 2006년 4월 21일에 동진호 구간의 최종 끝막이를 성공하여 세계 토목사에 찬란한 금자탑을 세우게 되었다.

새만금 방조제는 수심이 깊고(최대 25m) 기초지반의 지질은 극히 연약한 사질 실트층일 뿐만 아니라 기반암의 심도는 평균해면하 E.L −43m로 깊게 분포한 상태에서 최대 18억m^3의 조석량이 하루에 4번씩 드나들 때 7m/s 이상의 유속이 발생하여 세굴에 취약한 어려운 조건이었다. 간척 선진국인 네덜란드, 일본에서도 유래를 찾아볼 수 없는 난공사로 최종 끝막이 시 개방구간의 유속변화를 예측하는 것은 끝막이 성패를 좌우하는 매우 중요한 부분이다.

본 현장은 장기간의 공사 중지로 인해 바닥보호공이 많이 세굴된 상태로, 과소 산정된 유속 조건을 사용하여 사석을 투하 시 개방구간의 빠른 조류속에 의해 방조제가 붕괴될 위험이 있고, 과대 산정된 유속을 사용 시에는 필요사석의 규모가 매우 커져 재료확보의 어려움과 장비의 사용이 불가능해지는 등의 문제점이 있으므로 정확한 유속을 산정하는 것은 경제적이고 안정적인 방조제 끝막이 공사를 위해 매우 중요하였으므로, 새만금 끝막이 공사의 성공에 크게 기여한 끝막이 기간 동안의 개방구간 조류속 정밀 예측에 대한 상세한 내용을 기술하였다.

그림 3-56 새만금 방조제 공구별 시공현황도(2006.02)

(2) 새만금(제2공구) 사업 개요

① 공사명: 새만금 간척 개발사업 2공구

② 공사금액: 596,876백만원(부속공사포함: 396백만원 포함, VAT 제외)

③ 공사기간: 1992.6.10 ~ 2006.12.30(14년 6개월)

④ 발주처: 한국농촌공사

⑤ 주요공사내역:

- 방조제(제2호): 1조 9,936m
- 배수갑문: 가력갑문 8련, 통선문 1련, 저층배수시설 3련
- 기타: 선착장 1개소, 가적장 3개소

⑥ 표준단면도

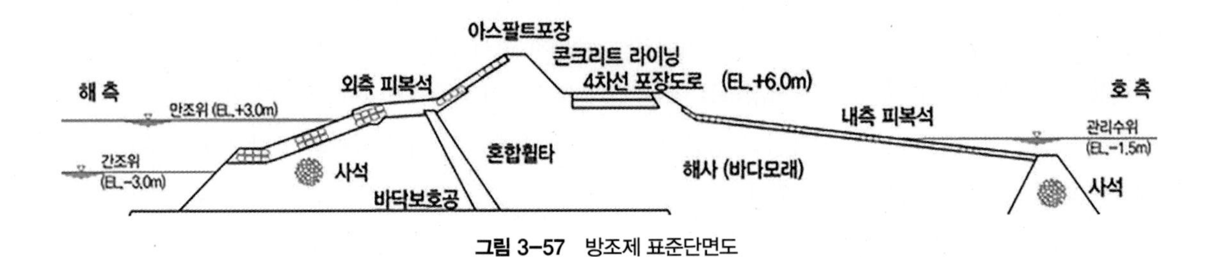

그림 3-57 방조제 표준단면도

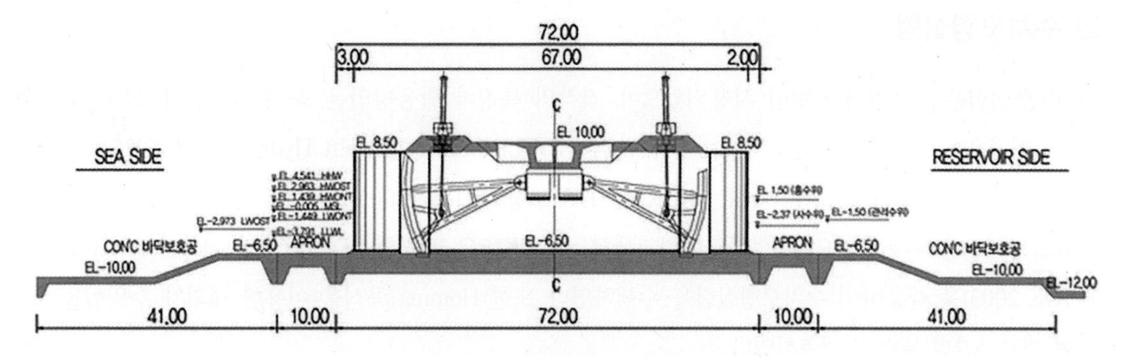

그림 3-58 가력 배수갑문 표준단면도

(3) 최종 끝막이 시 조류속 예측

1) 최종 끝막이 시의 흐름

방조제의 끝막이 개방구간 폭이 넓을 때는 흐름이 점변류(Gradually Varied Flow)인 조석흐름(Tidal Flow)의 양상을 보이나 개방구간의 폭이 좁아짐에 따라 수심, 폭 및 선단부의 마찰 영향에 의해 흐름이 좌우되는 급변류(Rapidly Varied Flow) 형태인 수리학적 흐름(Hydraulic Flow)의 양상을 보이므로, 그 변화를 분석하여 조류속을 정확하게 예측하는 것은 상당히 어려운 일이다. 이러한 조류속의 변화를 정도 높게 예측하기 위해서는 여러 조건들이 잘 갖추어져 있어야 한다. 그 조건들로는 흐름 현상을 잘 묘사할 수 있는 수치모형(Numerical Model)의 적용, 적절한 경계조건(Boundary Condition)의 사용, 정확한 지형 데이터의 입력과 모형의 검증(Calibration)이 필요하며 이를 통해 산출된 예측 결과를 실측유속과 비교·분석을 통하여 그림 3-59와 3-60에서 보는 바와 같이 새만금 방조제 최종 끝막이 시 개방구간 폭의 감소로 인한 수축 흐름, 와열(Vortex Street) 및 난류(Turbulence) 발생, 배수갑문의 흐름 특성 등 실제 자연현상에 맞는 유속이 산출되어야 한다.

그림 3-59 배수갑문 주변의 흐름(2차 대조대기기간)

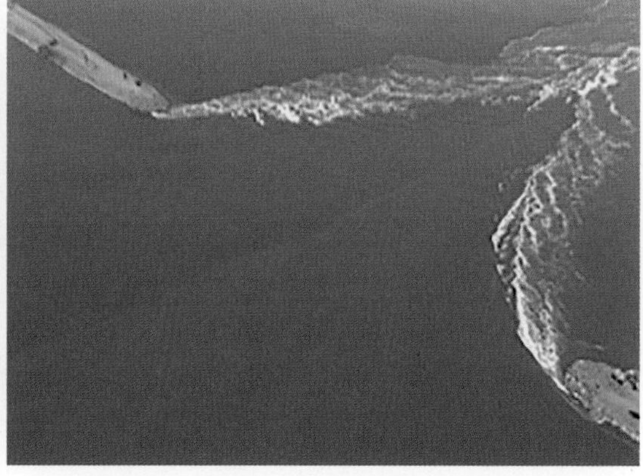

그림 3-60 개방구간에서의 흐름(2차 대조대기기간)

2) 수치모형실험

수치모형실험은 총 5가지 모형이 사용되었으며, 각각의 특징과 활용방안은 표 3-8과 같다. 한국농촌공사 농어촌연구원에서는 개방구간의 유속 예측을 위해 DELFT-3D 모형(Delft Hydraulics, ver3.25.00, 2006)을 이용하였고, 현대건설 설계실에서는 MIKE21 HD 모형(DHI, ver2005) 및 FLOW3D 모형(Flow Science, ver8.2, 2005)을 이용하였으며, 성균관대학교에서는 ADCIRC-3D모형(ADCIRC Development Group, ver 43.XX, 2003)을 사용하여 수치모형실험을 수행하였다. 또한 Homma 공식을 이용한 내외차 수위법을 사용하여 개방구간의 유속을 예측하였다.

표 3-8 수치모형의 특징 및 활용방안

수치모형	모형의 특징	활용방안
HOMMA	•내외수위차에 의한 유량계수를 적용하여 유속 계산하므로 계산이 쉽고 계산 시간이 매우 짧음 •Sill 형상에 따른 Vertical Wake 효과 고려 가능 •방조제 선단부 유속 계산 불가능 •적절한 유량계수가 결정되지 않으면 오차가 큼	•끝막이안별 유속 예측 •끝막이 기간 실측유속으로 유량계수 보정 후 사용
MIKE21 HD	•수심적분형 천수방정식을 이용한 유한체적모형 •유동격자를 이용하여 방조제 형상 상세히 구현 •개방구간의 난류성분, Sill 배후 Vertical Wake 재현이 어려움	•끝막이 최종 계획에 따른 일자별 조위, 유속 상세예측
Delft 3D	•곡선좌표계를 이용한 2차원 유한차분모형 •방조제 형상을 정확히 구현하기 위해서는 외해측의 격자부터 작은 격자를 사용해야 하므로 계산 시간이 크게 증가함 •개방구간의 난류성분, Sill 배후 Vertical Wake 재현 어려움	•끝막이 최종 계획에 따른 일자별 조위, 유속 상세예측
ADCIRC	•2차원 유한요소 병렬처리모형 •해안지형, 풍속, 조류변화, 압력 등 고려 가능 •개방구간의 난류성분, Sill 배후 Vertical Wake 재현 어려움	•끝막이 최종 계획에 따른 일자별 조위, 유속 상세예측
Flow 3D	•3차원 Navier-Stokes 모형 / 난류 모형 포함 •개방구간의 난류 성분, Sill 배후 Vertical Wake 재현 가능하나 계산 시간이 너무 길어 국지적 모형(Localized Model)에만 적용 가능 •유속 연직 분포 계산 가능	•개방구간 횡단부 연직 유속 분포 검토

① Homma 모형

Homma 공식은 2차원 수리모형 단면 수조에서 실험한 결과를 바탕으로 만들어졌으며, Sill의 형상과 내외 수위차를 이용하는 방법으로, 2차원이나 3차원 수치모형에서 제대로 재현하지 못하는 Sill 배후 측 Vertical Wake의 효과가 포함되어 있는 장점이 있다.

위어를 통한 유량은 Homma(국립건설시험소, 1993) 공식[식 (3-1), (3-2)]을 이용하여 위어 상·하류의 수위차 h 및 위어 상류부 수심 H에 따라 불완전 월류와 완전 월류(그림 3-61)로 구분하여 주어진다.

$$\text{불완전 월류 시}(h<H/3\text{일 때})\quad Q = C(H-h)B\sqrt{2gh} \tag{3-1}$$

$$\text{완전 월류 시}(h>H/3\text{일 때})\quad Q = \frac{2}{3}HBC\sqrt{2g(H/3)} \tag{3-2}$$

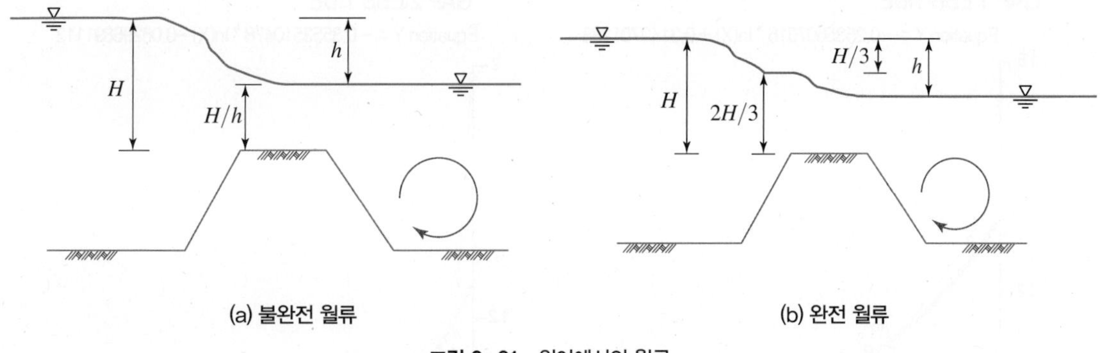

(a) 불완전 월류

(b) 완전 월류

그림 3-61 위어에서의 월류

여기서, Q는 월류유량(m^3/s), B는 위어의 폭(m), g는 중력가속도(m/s^2), C는 유량계수이며, 수위 및 Sill 형상에 따른 적정한 유량계수의 산정이 유속 산정에 가장 중요한 요소이다.

새만금 방조제의 실측유속 자료와 실측 조위 자료를 이용하여 유량계수를 분석해본 결과, 창조와 낙조 시의 유량계수가 다른 분포를 보임을 알 수 있었으며, 내외수위차에 따른 유량계수의 최적 곡선은 그림 3-62 ~ 3-63에 나타나 있다.

그림 3-62 ~ 3-63에 나타나 있듯이 내외수위차에 따른 유량계수의 변동폭이 크므로, 최적 곡선에서 얻어진 유량계수를 적용하더라도 Homma 공식에 의한 예측유속 산출 시 일정 정도 오차는 불가피하므로, 유량계수를 창조 시에는 $C=1.05$, 낙조 시에는 $C=1.13$을 적용하여 유속 예측을 실시하였다. 이러한 유량계수의 큰 변동폭은 개방구간의 평균유속 산정 시에 농어촌연구원이 제안했던 51초 이동 평균 유속을 일괄 적용한 데서 나타난 것으로 판단된다(농림부, 농업기반공사 농어촌연구원, 2004).

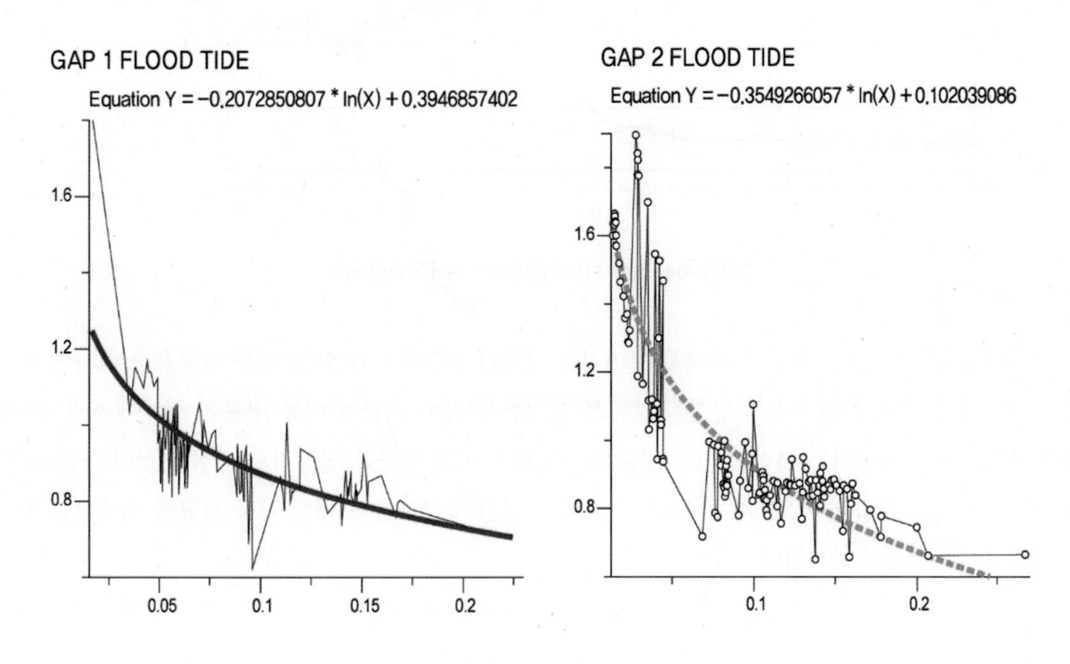

그림 3-62 내외수위차에 따른 유량계수(창조 시)

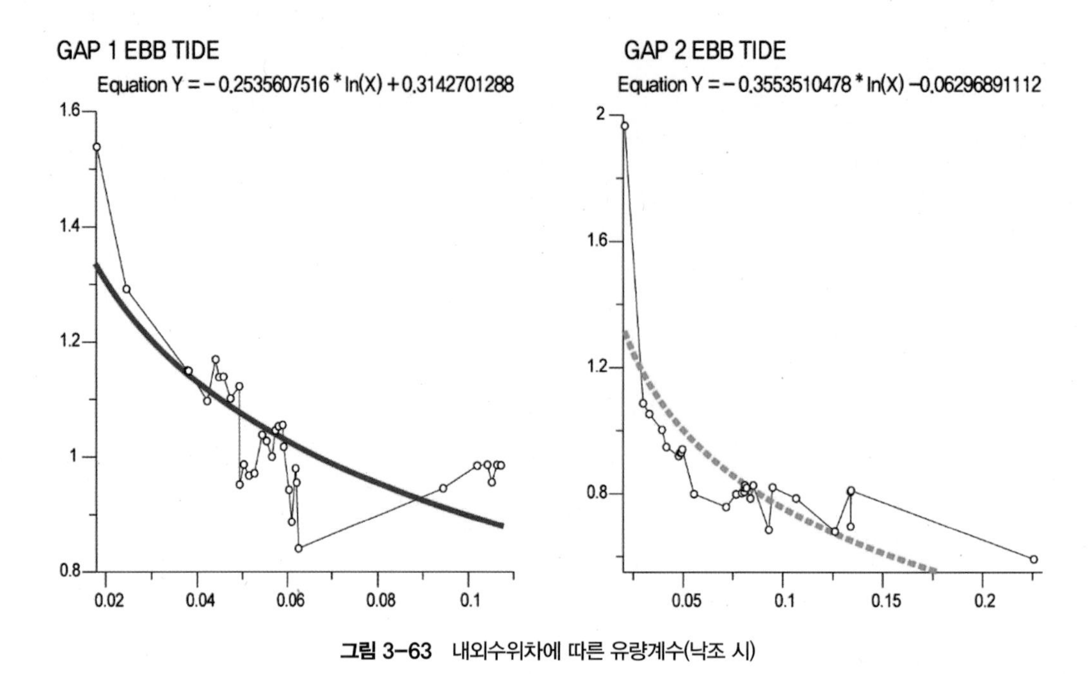

그림 3-63 내외수위차에 따른 유량계수(낙조 시)

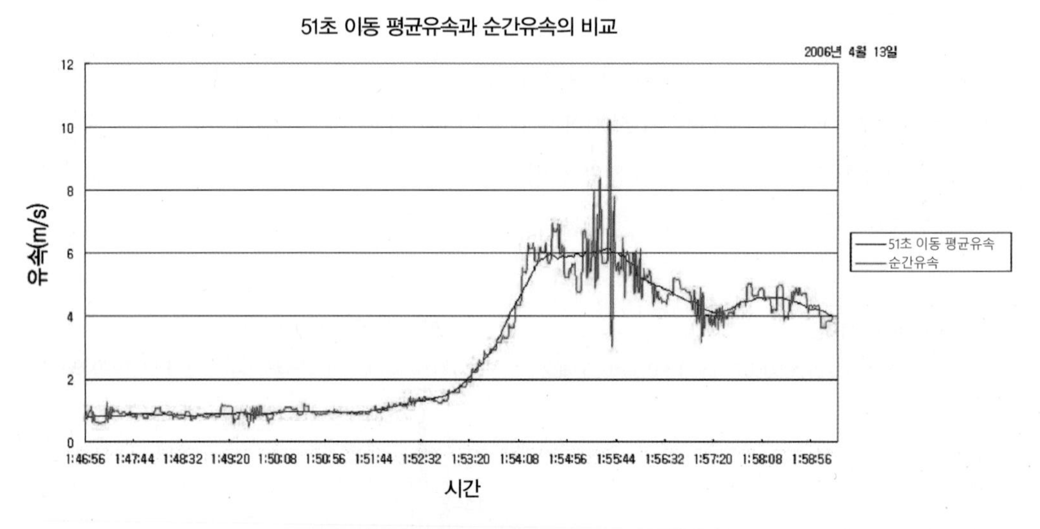

그림 3-64 51초 이동 평균유속과 순간유속의 비교

유속이 빠른 경우에는 그림 3-64에서 보여지는 것처럼 순간속도와 51초 이동 평균유속이 차이가 크게 나타나서 각 유속별로 유속의 공간적 분포를 고려한 적당한 기간의 이동 평균을 취해야 함을 알 수 있다. 최대유속이 발생하는 지점의 이동 평균유속은 51초 이동 평균을 일괄적으로 취할 것이 아니라, 예를 들면 7초 이동 평균이나 5초 이동 평균 등 유속의 공간적 분포를 고려한 이동 평균을 취해야만 정확한 유량계수의 산정이 가능하다.

한편, Homma 공식은 방조제 내외수위차에 따른 정확한 유량계수를 적용할 경우 개방구간 중앙부의 유속은 비교적 정확히 예측할 수 있으나, 방조제 선단부에서의 평면적인 유속집중 현상은 고려할 수 없다. 따라서 선단부의 유속은 수리모형실험이나 수치모형실험 결과(DELFT3D, MIKE21, FLOW3D, ADCIRC 3D 등)를 이용하는 편이 좀 더 정확한 값을 얻을 수 있다.

② MIKE21 HD 모형

천수방정식 형태의 2차원 수치모형인 MIKE21 HD 모형을 이용하여 새만금 방조제 유속 예측을 하였다. 그림 3-65와 같이 새만금 방조제 및 군산외항, 위도, 송이도를 포함하는 101km × 91km 영역을 대상으로 하

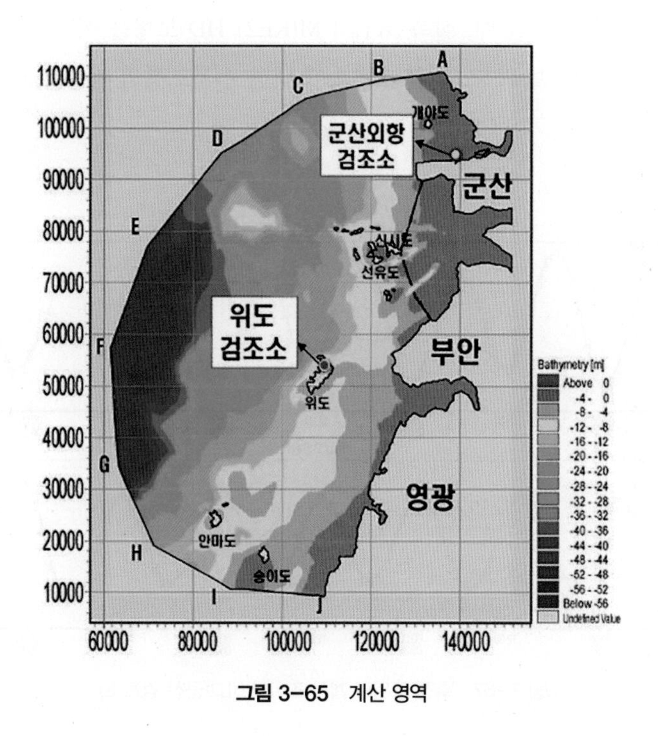

그림 3-65 계산 영역

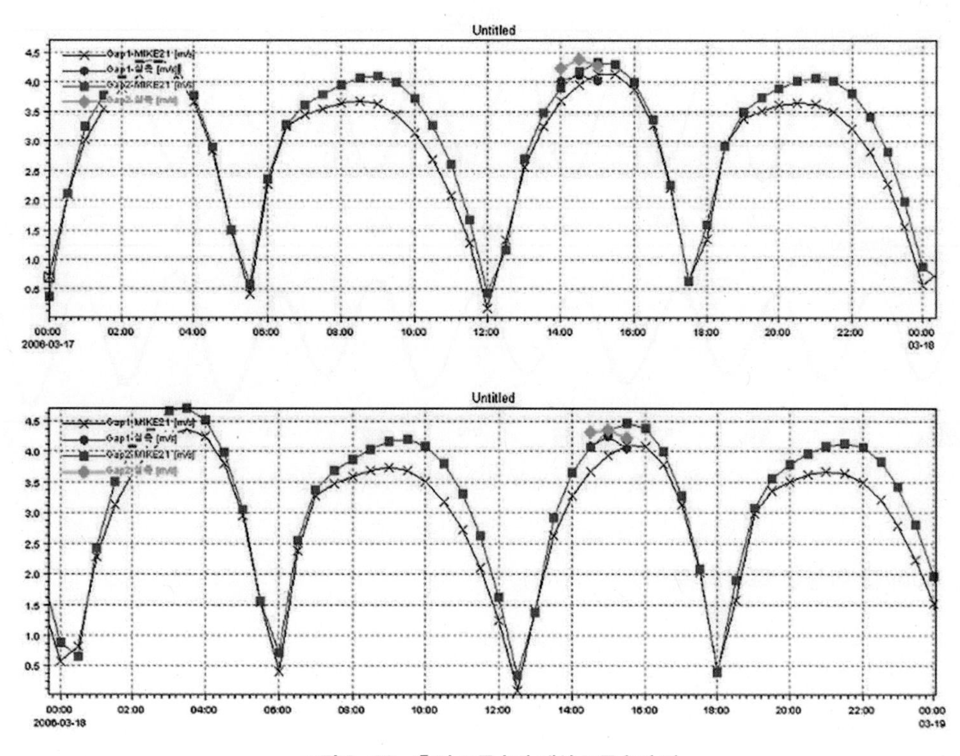

그림 3-66 측정 조류속과 계산 조류속의 비

였으며 4대 분조에 의한 조석자료를 경계조건으로 입력하였다. 공사기간 중 측정한 실측유속과 비교 검증 및 모델의 바닥 마찰항과 와점성 계수를 보정하였다.

2004년 6월 21일부터 30일까지 10일간 영역 내에 있는 군산외항 검조소와 위도 검조소의 실측 조위와 계산된 조위를 비교하였으며, 2006년 3월 17일과 18일에 개방구간의 실측유속과 계산 유속을 비교하였다. 그림 3-66~3-68의 결과로 볼 때, 실측 조위와 MIKE21 HD 모형을 이용한 예측 조위 및 예측유속이 매우 잘 일치함을 알 수 있으므로, 조위 및 조류속에 대한 수치모형의 검증(Calibration)이 잘 수행되었음을 알 수 있다.

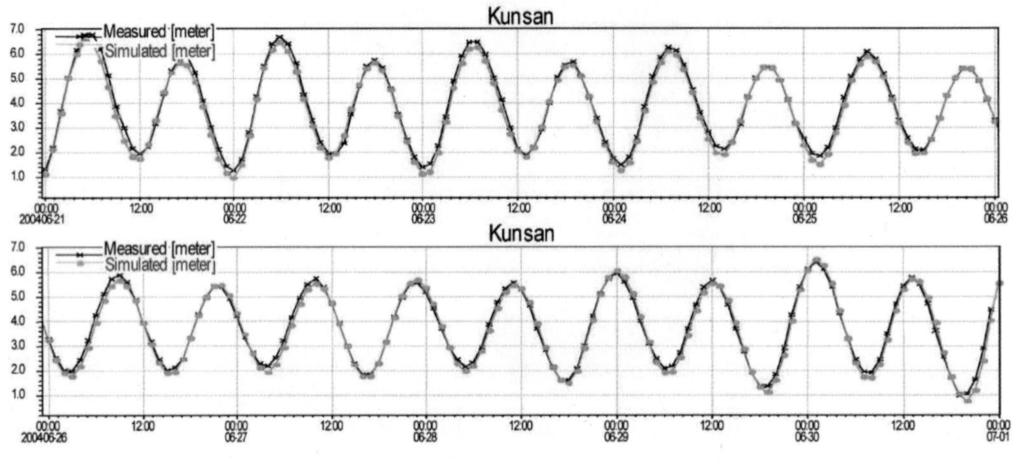

그림 3-67 측정 조위와 계산 조위의 비교(군산 검조소)

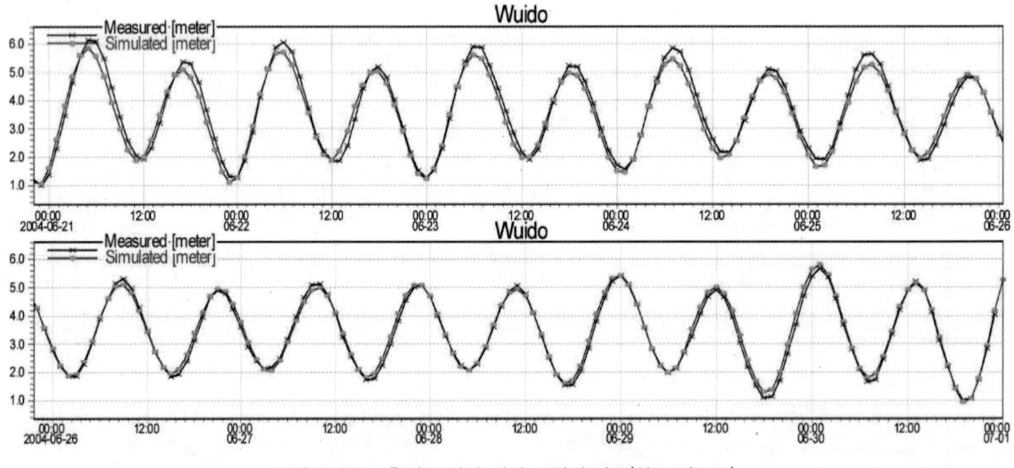

그림 3-68 측정 조위와 계산 조위의 비교(위도 검조소)

③ GPS Buoy를 이용한 조류속 측정

GPS 유속 측정은 끝막이 기간 중 주간에 일일 최대유속이 발생하는 전후 45분(총 90분) 동안 GAP1, GAP2 개방구간 중간의 사석제 중심으로부터 1,000m 이격된 지점에서 GPS 유속계를 부표에 부착하여 투하하고 부표가 개방구간을 유하한 후 회수하였다(그림 3-69, 그림 3-70).

그림 3-69 조류속 측정 사진

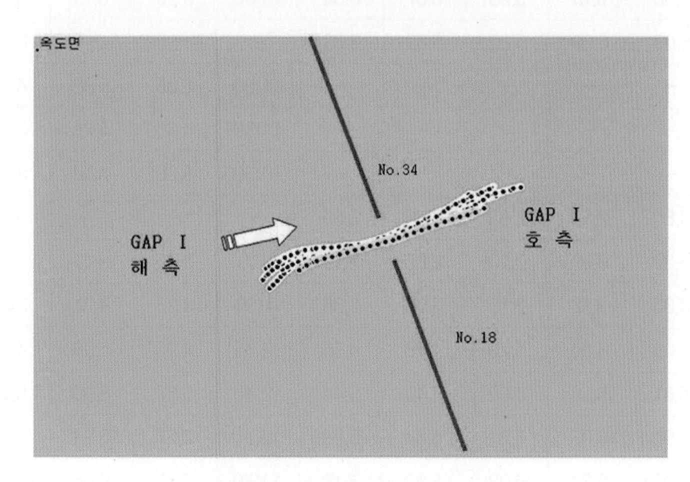

그림 3-70 GPS Buoy의 이동 경로

투하 위치는 창조 시에는 해측에서 호측으로, 낙조 시에는 호측에서 해측으로 유하하도록 부표를 투하였으며 개방구간별로 각각 9개의 GPS 유속계를 10분 간격으로 투하하였다. 자료의 독취는 1초 간격으로 측정된 GPS 데이터 중 방조제 개방구간의 사석제 중심에 도달한 시간의 데이터를 농어촌 연구원이 제시한 51초 이동 평균유속을 적용하여 얻었다.

(4) 예측유속과 실측유속의 비교분석

1) 끝막이 기간별 실측 최대유속과 산출유속의 비교

끝막이 기간 중 유속 측정에 의해 계측된 최대유속은 표 3-9에서와 같이 GAP1(6.38m/s, 3월 29일), GAP2(6.17m/s, 4월 13일)을 각각 기록하였다. GPS Buoy 유속측정 방법의 한계상 기상 악화 및 대조 기간의 강한 유속 발생 시기에는 조류속 측정이 불가능하여 측정자료의 누락 일수가 많고, 야간에는 측정이 불가능하였다.

표 3-9 실측유속과 예측유속과의 비교(단위: m/s)

일자	GAP 1						GAP 2					
	측정 시각	측정치	예측치				측정 시각	측정치	예측치			
			ADCIRC 3D	MIKE21	Delft 3D	Homma			ADCIRC 3D	MIKE21	Delft 3D	Homma
3월 17일	14:30	4.12	4.78	3.96	4.26	3.71	14:30	4.38	4.71	4.18	4.26	4.34
3월 18일	15:00	4.25	4.59	3.94	4.25	3.94	15:00	4.35	4.40	4.34	4.15	4.19
3월 20일	9:30	3.90	3.66	3.60	3.76	3.30	9:30	4.15	3.28	4.61	4.31	4.92
3월 21일	9:30	4.08	3.29	3.19	3.63	2.98	9:30	3.99	3.09	3.32	4.70	3.16
3월 26일	16:30	3.77	3.02	3.26	2.76	3.30	16:00	3.75	2.70	3.05	3.27	3.13
3월 27일	12:00	5.05	5.16	4.56	4.55	4.80	17:00	4.75	4.26	3.96	4.45	4.06
3월 29일	13:30	6.38	6.10	5.28	5.67	5.84	13:00	5.90	6.13	5.21	5.10	6.16
3월 30일	14:00	6.09	6.09	5.22	5.69	5.83	-	-	-	-	-	-
3월 31일	-	-	-	-	-	-	14:00	6.05	5.88	4.88	5.18	5.83
4월 2일	-	-	-	-	-	-	14:30	4.85	4.28	3.78	4.26	4.15
4월 3일	-	-	-	-	-	-	10:30	5.28	4.17	4.48	5.73	4.30
4월 5일	11:30	3.80	2.89	2.83	3.86	2.59	-	-	-	-	-	-
4월 8일	10:15	3.37	3.29	2.20	2.85	3.12	9:50	3.46	3.47	2.51	2.74	3.26
4월 9일	10:45	4.35	3.72	3.16	3.50	3.86	11:00	4.33	4.31	3.43	3.63	4.22
4월 10일	12:20	5.03	4.86	4.20	4.88	4.76	12:35	4.90	5.08	4.42	4.67	5.03
4월 11일	12:55	5.61	5.56	5.08	5.40	5.44	12:45	5.57	6.00	5.49	5.35	5.79
4월 12일	13:25	5.90	6.07	5.31	5.84	5.88	12:30	5.27	6.33	5.40	5.25	6.00
4월 13일	14:00	6.09	6.34	6.03	5.92	6.17	14:30	6.17	6.55	6.27	5.89	6.59
4월 14일	-	-	-	-	-	-	14:35	6.16	6.84	6.51	6.25	6.58
4월 15일	14:30	5.77	6.17	5.98	5.79	6.07	14:30	5.68	6.70	6.34	5.70	6.44
4월 16일	-	-	-	-	-	-	14:30	5.48	6.23	5.79	5.54	5.98

따라서 각 수치모형 중 가장 유속이 높게 산정된 MIKE21에 의한 예측유속과 실측유속을 비교하여 환산할 경우, 끝막이 기간 동안의 최대유속은 GAP1 7.42m/s(4월 19일), GAP2 7.68m/s(4월 17일)을 각각 나타내었다.

끝막이 단계별 최대유속은 2단계 이후 기상악화로 인해 실측치의 결측이 많았으므로, 3단계의 최대유속은 실측유속과 예측유속의 유속비를 이용하여 실측환산 최대유속을 표 3-10 및 3-11과 같이 산정하였다.

표 3-10 GAP1 단계별 발생 최대유속(단위: m/s)

단계	일자	개방연장	계획	실측치	예측				
					Delft 3D	ADCIRC 3D	Homma	MIKE21	평균
준비단계	3월 17일	1034.0		4.38		4.74	4.34	4.39	4.49
1단계	3월 27일	660.0	5.93	4.75	4.87	5.30	5.10	4.76	5.05
1차대조 대기	3월 29일	660.0	5.70	5.90	5.93	6.35	6.21	5.77	6.11
2단계	4월 11일	381.0	6.23	5.57	5.21	6.02	6.32	5.51	5.95
2차대조 대기	4월 13일	320.0	5.92	6.17	6.23	6.88	7.46	6.61	6.99
3단계			6.60						
최대치			6.23	6.17	6.23	6.88	7.46	6.61	6.99
평균치			6.08	5.35	5.56	5.86	5.89	5.41	5.72
예측/실측					1.04	1.09	1.10	1.01	1.07
전단계 예측 최대치					6.35	7.28	7.56	7.76	7.45
실측환산최대유속 (MIKE21 평균치 기준)	7.68m/s(= 7.76/1.01) : 4월 17일								

표 3-11 GAP2 단계별 발생 최대유속(단위: m/s)

단계	일자	개방연장	계획	실측치	예측				
					Delft 3D	ADCIRC 3D	Homma	MIKE21	평균
준비단계	3월 18일	71499.0		4.25		4.91	4.16	4.37	4.48
1단계	3월 27일	1170.0	5.83	5.05	5.23	5.16	4.80	4.70	4.89
1차 대조 대기	3월 29일	1170.0	5.92	6.38	5.83	6.13	5.85	5.50	5.83
2단계	4월 12일	560.0	5.96	5.90	5.83	6.08	6.59	5.90	6.19
2차 대조 대기	4월 13일	500.0	6.21	6.09	5.96	6.37	7.03	6.43	6.61
3단계			5.87						
최대치			6.23	6.21	5.96	6.37	7.03	6.43	6.61
평균치			6.08	5.96	5.71	5.73	5.69	5.38	5.60
예측/실측					1.03	1.04	1.03	0.97	1.01
전단계 예측최대치					6.36	6.81	7.12	7.20	6.88
실측환산최대유속 (MIKE21 평균치 기준)	7.42m/s(= 7.20/0.97): 4월 19일								

2) 끝막이 단계별/일별 유속

최종 끝막이는 조위와 유속에 따라 준비단계를 포함해 총 4번의 전진작업과 2번의 대조대기기간 등 6단계로 나누어 진행하였다. 3월 17일부터 3월 23일까지 7일을 준비단계로 정하였고 1단계는 3월 24일부터 3월 29일까지이며 대조기인 3월 30일부터 4월 2일까지는 1차 대조대기기간으로 전진작업을 중단했으며 다시 4월 3일부터 4월 13일까지 2단계 기간에는 선단부 전진을 하였으며 4월 14일부터 4월 16일까지 3일간 2차 대조대기기간에는 다시 전진을 중단하고 선단보강을 하였으며 최종적으로 3단계인 4월 17일부터 4월 21일까지 전진작업을 완료하였다.

준비단계 초반에는 큰 조차에 의해 4 ~ 5m/s의 강한 유속을 보였으나 소조기에 접어들면서 유속은 점차 감소하였다. 1단계 초반 소조기에는 2 ~ 3m/s의 유속분포를 나타냈으며, 조차가 증가함에 따라 유속 역시 급격히 증가하여 3월 29일에는 6m/s 이상의 유속이 발생하였다. 1차 대조대기기간에는 큰 조차에 의해 전반적으로 5 ~ 6m/s의 강한 유속이 발생하였다. 1차 대조대기 이후 유속이 점차 감소하여 2단계 중 소조기에는 2 ~ 3m/s의 유속분포를 나타냈으며, 조차가 증가하고 개방구간의 거리가 급격히 감소함에 따라 6m/s 이상의 강한 유속이 발생하였다. 2차 대조대기기간에는 큰 조차 및 공사진행에 따른 개방구간의 감소로 인해 전반적으로 강한 유속이 발생하였으며, 6 ~ 7m/s의 유속분포가 나타났다. 3단계는 기상 악화 및 강한 유속에 의해 유속측정이 불가능하여 실측유속자료가 포함되지 않았으나 각 수치모델의 유속 계산 결과에 의하면 GAP2에서 7m/s 이상의 강한 유속이 발생하였음을 알 수 있다.

새만금 방조제 최종 끝막이 시 개방구간의 유속 예측을 위해 DELFT 3D, ADCIRC 3D, MIKE21 HD 및 Homma 공식을 이용한 내외차수위법을 통해 나온 데이터를 GPS Buoy를 이용한 실측유속과 비교하였다. Homma 공식을 적용하기 위해서는 정확한 유량계수의 산정이 매우 중요하며 개방구간에서 일률적으로 51초 이동 평균을 사용하는 것이 아니라 공간의 영향도 고려하여 순간유속이 빠른 곳에서는 5 ~ 7초의 이동 평균 산정을 고려해야 보다 정확한 유량계수의 산정이 가능함을 알 수 있다. 그림 3-71 ~ 3-82에서 보이는 것과 같이 전반적으로 실측유속과 수치모형 결과의 경향이 비슷하나, 2차 대조대기인 4월 13일 이후부터는 DELFT 3D는 실측유속보다 작게 나오고 MIKE21 HD는 실측유속보다 크게 나오는 것을 알 수 있다. 이는 실제 자연현상에서는 개방구간이 좁아지면서 흐름이 조석의 흐름이 아닌 수리학적 흐름으로 변하였는데 2D 수치모델에서 이를 제대로 반영하지 못해 생긴 결과로 사료된다. 따라서 이를 해결하기 위해서는 3D 난류 모델을 이용한 선단부 벽면 마찰의 효과를 고려한 선단부의 수축흐름을 재현할 수 있는 추가적인 연구가 필요하다.

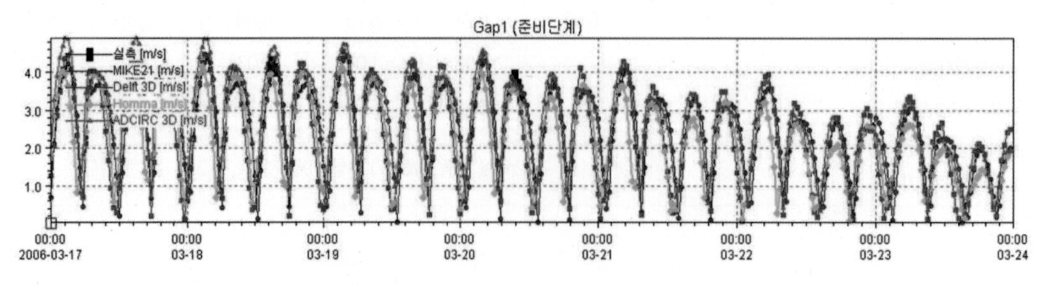

그림 3-71 끝막이 준비단계 일별 유속분포(GAP1)

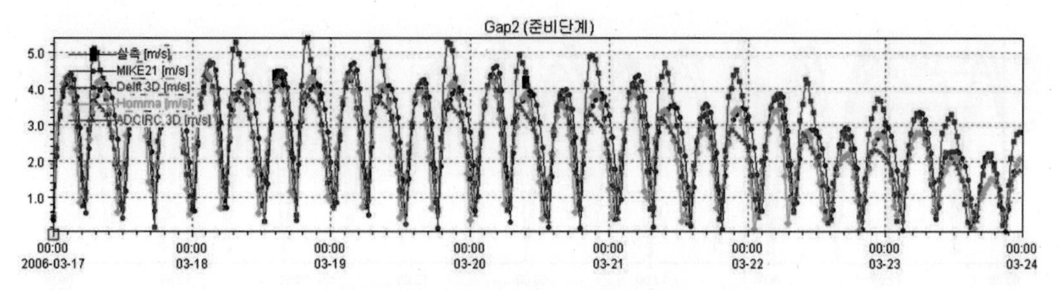

그림 3-72 끝막이 준비단계 일별 유속분포(GAP2)

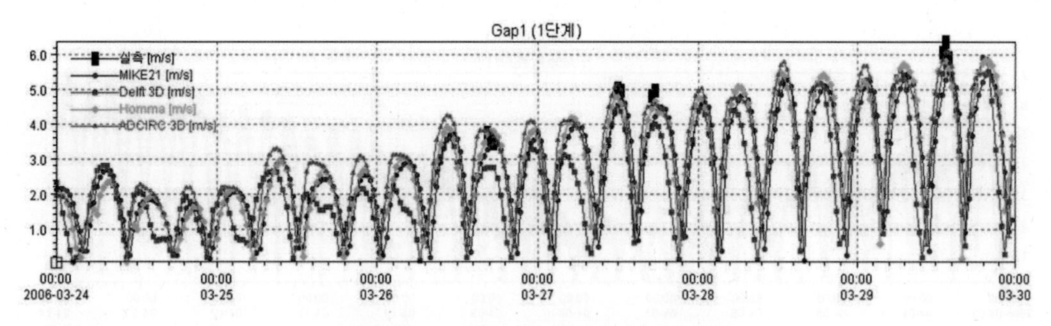

그림 3-73 끝막이 1단계 일별 유속분포(GAP1)

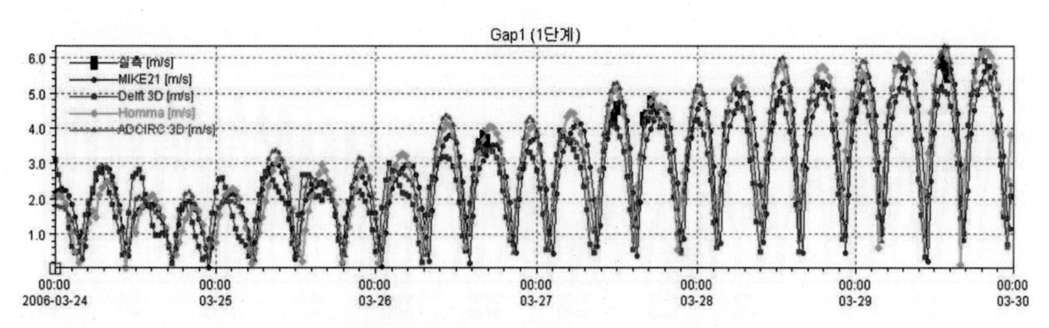

그림 3-74 끝막이 1단계 일별 유속분포(GAP2)

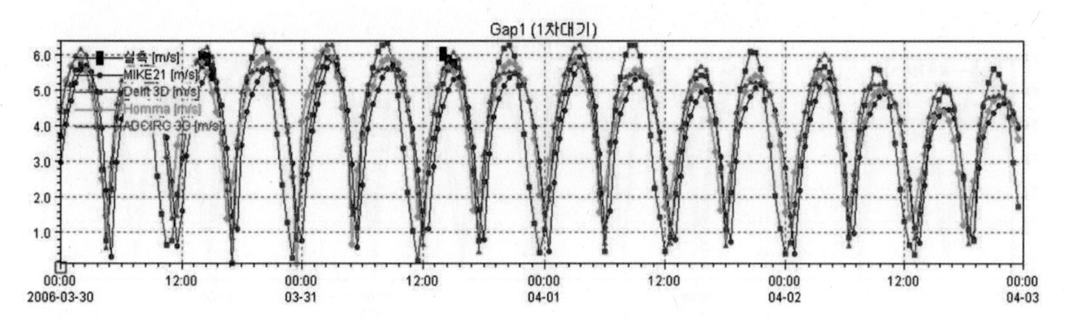

그림 3-75 끝막이 1차 대기 일별 유속분포(GAP1)

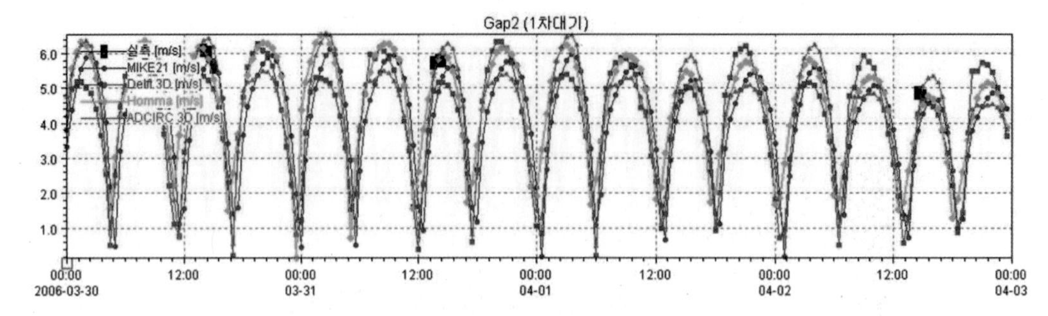

그림 3-76 끝막이 1차 대기 일별 유속분포(GAP2)

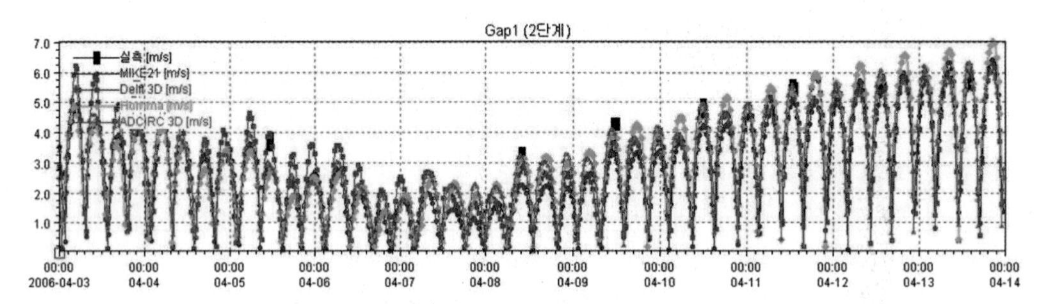

그림 3-77 끝막이 2단계 일별 유속분포(GAP1)

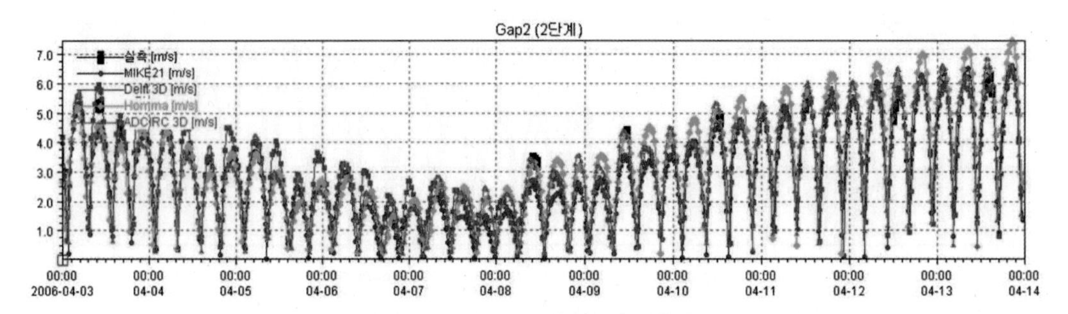

그림 3-78 끝막이 2단계 일별 유속분포(GAP2)

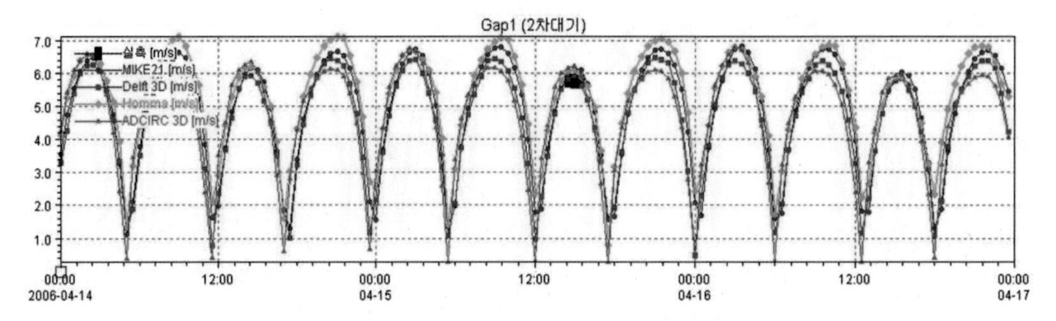

그림 3-79 끝막이 2차 대조대기 일별 유속분포(GAP1)

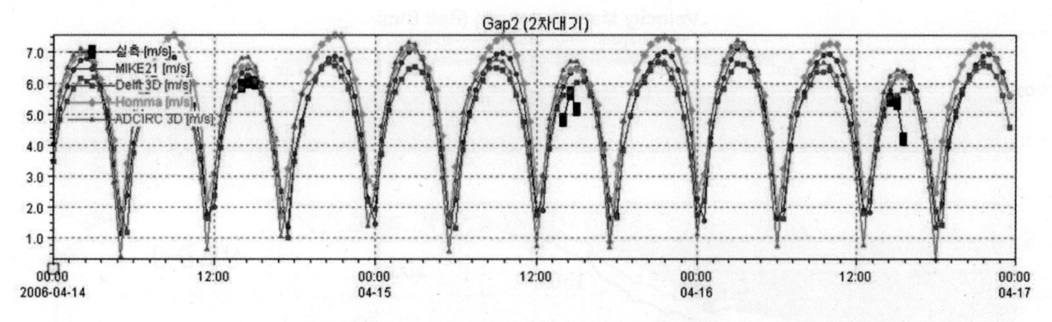

그림 3-80 끝막이 2차 대조대기 일별 유속분포(GAP2)

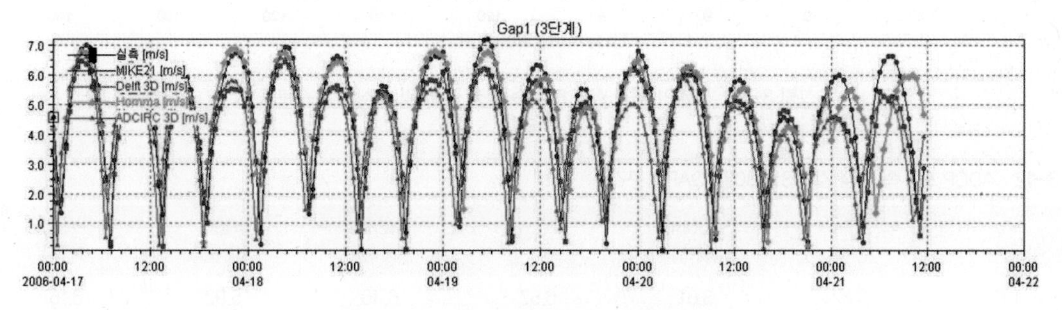

그림 3-81 끝막이 3단계 일별 유속분포(GAP1)

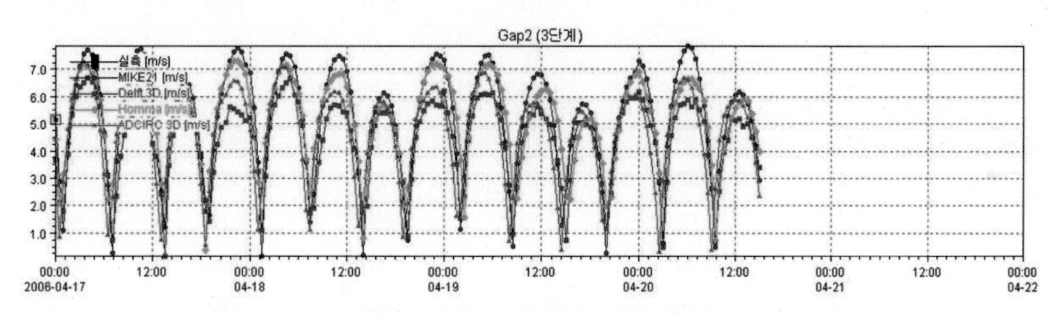

그림 3-82 끝막이 3단계 일별 유속분포(GAP2)

3) ADCP를 이용한 실측유속과 FLOW3D의 연직 유속 분포의 비교

방조제 개방구간의 연직 유속분포를 측정하기 위해 새만금 사업단에서는 ADCP(Acoustic Doppler Current Profiler) 유속계를 선박에 계류시켜 개방구간을 횡단하면서, 3월 30일, 3월 31일과 4월 14일의 3일 동안 GAP1과 GAP2 개방구간 중앙부 유속을 총 3회 측정하였다.

3월 30일 GAP1 구간에서 ADCP를 이용하여 유속을 측정한 위치 및 수심별 유속 분포는 그림 3-83에 나타나 있으며, 수심별 측정 유속은 표 3-12에 정리되어 있다.

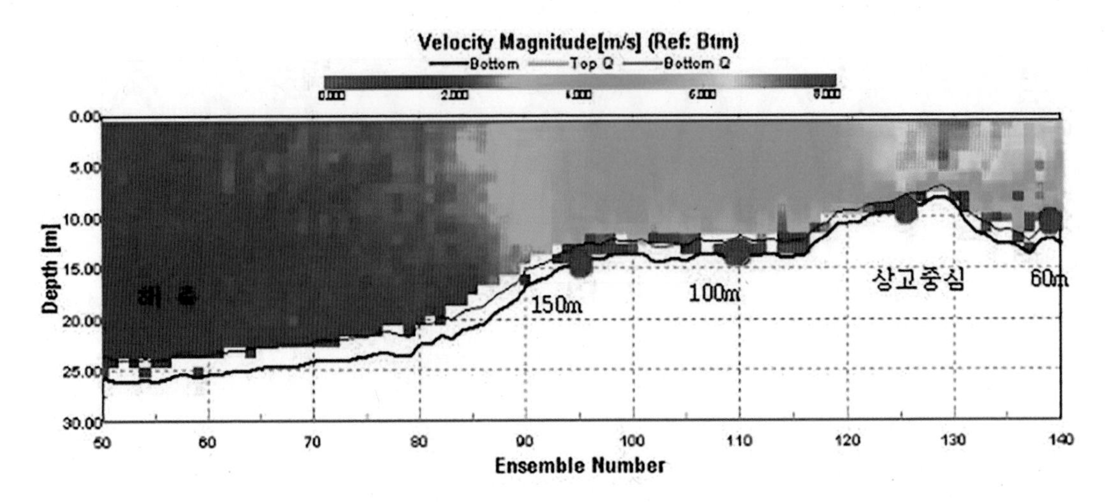

그림 3-83 GAP1 구간 ADCP 유속 측정 구간 및 수심별 유속분포

표 3-12 ADCP 조류속 측정 결과(3월 30일, GAP 1 구간)

위치 / 수심(m)	175m (해측)	100m (해측)	사석센터	12m (내측)	100m (내측)	170m (내측)
1.16	3.32	3.61	6.57	6.40	5.92	6.16
2.16	3.23	3.62	6.56	6.39	5.83	6.25
3.16	3.21	3.62	6.55	6.50	5.90	6.23
4.16	3.18	3.49	6.48	6.46	5.95	6.15
5.16	3.16	3.49	6.46	6.46	6.12	6.19
6.16	3.27	3.70	6.42	6.49	5.98	6.05
7.16	3.23	3.52	6.58	6.66	6.06	5.95
8.16	3.20	3.50	6.50	6.59	5.88	6.09
9.16	3.14	3.66	6.29	6.60	5.85	5.93
10.16	3.44	3.61	6.19	6.64	5.84	5.93
11.16	3.22	3.66	5.79	6.39	5.59	6.08
12.16	3.53	3.55	5.05	5.96	5.66	6.02
13.16	3.44	3.66	4.70	5.97	5.38	5.56
14.16	3.44	3.63	4.70		4.28	4.54
15.16	3.38	3.67			4.03	4.77
16.16	3.53	3.61			4.74	4.77
17.16	3.45	3.52			4.68	3.97
18.16	3.37	3.59			3.94	4.14
19.16	3.60	3.44			4.42	4.35
20.16	3.57	3.05			4.57	4.70
21.16	3.88	2.32				4.24
최대유속(m/s)	3.88	3.70	6.58	6.66	6.12	6.25
평균유속(m/s)	3.38	3.58	6.34	6.55	5.50	5.31

표 3-13 지점별 유속비(ADCP 측정자료, 3월 20일, GAP 1)

유속비	175m(해측)	100m(해측)	사석센터	12m(내측)	100m(내측)	170m(내측)
최대유속	0.583	0.555	0.988	1	0.919	0.938
평균유속	0.516	0.547	0.968	1	0.840	0.811

표 3-14 ADCP 수심평균유속과 GPS Buoy의 이동 평균 유속 결과

일시	ADCP (Acoustic Doppler Current Profiler)								GPS Buoy		비고
	GAP 1				GAP 2				GAP 1	GAP 2	
	150m (해측)	100m (해측)	사석 센터	60m (호측)	100m (해측)	사석 센터	12m (호측)	100m (호측)	선단부	선단부	
3월 30일	3.77	4.33	7.08	4.20	3.58	6.34	6.55	5.50	6.09	–	
3월 31일	–	–	–	–	3.49	4.16	6.03	5.68	–	6.05	
4월 14일	–	3.74	5.77	5.88*	2.50	6.20	–	4.01	–	6.16	

주) 4월 14일 ADCP 측정유속 중 GAP 1 호측 측정위치는 50m임

3월 30일자 ADCP 측정 결과를 최대유속이 발생하는 상고공 중심부에서 호측으로 12m 지점의 유속을 1로 하여 최대유속과 수심평균유속의 유속비를 계산할 경우 그 결과는 표 3-13과 같이 나타난다. 표를 분석해보면 상고공 중심부에서 100m 정도 이격된 지점의 유속이 55% 정도의 값을 나타내지만, 호측으로는 상고공 중심부에서 100m 정도 이격된 지점에서도 약 92 ~ 84% 정도의 유속을 나타내 감소폭이 작음을 알 수 있다.

ADCP를 이용하여 측정한 수심평균유속과 같은 날짜에 수행한 GPS Buoy를 이용하여 측정한 개방구간 선단부의 51초 이동 평균유속은 표 3-14에 정리되어 있다. 그러나 ADCP를 이용하여 측정한 유속과 GPS Buoy를 이용하여 측정한 유속은 각각 측정 위치가 다르고 순간속도와 이동 평균속도의 차이도 존재하므로 정량적인 비교는 큰 의미가 없는 것으로 판단된다. 이러한 ADCP 유속계는 한 점에 고정시켜 측정하는 것이 일반적인 방법이고 측정 오차를 줄일 수 있는 방법인 반면, 선박에 계류하여 이동하면서 측정하는 경우에는 선박의 이동속도 보정과 경사도 보정, 선박에 의한 난류 성분의 제거 등 보완 작업이 수반되어야 한다.

ADCP의 수심평균유속과 GPS Buoy의 이동 평균유속은 정리된 결과만으로 보면 대략 비슷한 결과를 나타내는 것으로 보이지만, 순간속도와 51초 이동 평균유속의 관계를 고려하여 분석하면 ADCP 순간속도와 GPS Buoy의 유속(순간속도 또는 51초보다 짧은 기간의 이동 평균유속)의 차이는 표 3-11에 보여지는 것보다 더욱 커지는 것을 알 수 있다. 따라서 ADCP 측정 유속 자료는 방조제 개방구간의 연직 유속 분포를 검증하는 자료로서 사용되는 것이 바람직하므로, 연직 유속 분포를 확인하기 위해 FLOW3D를 사용하여 수치모형실험을 실시하였다. 측정 당일의 실측 조위를 모형의 초기조건으로 입력하였고 내외 수위차 및 Specific Pressure를 경계조건으로 입력하였다. 그림 3-84는 개방구간의 ADCP와 FLOW3D에 의한 수심별 연직 유속 분포 예측 결과이다. 그림 3-84에서 볼 수 있듯이 수면부에서는 전반적으로 측정 위치에 따른 경향은 비슷하나 수심이 깊어질수록 다른 결과를 보인다. 이는 FLOW3D의 바닥마찰계수의

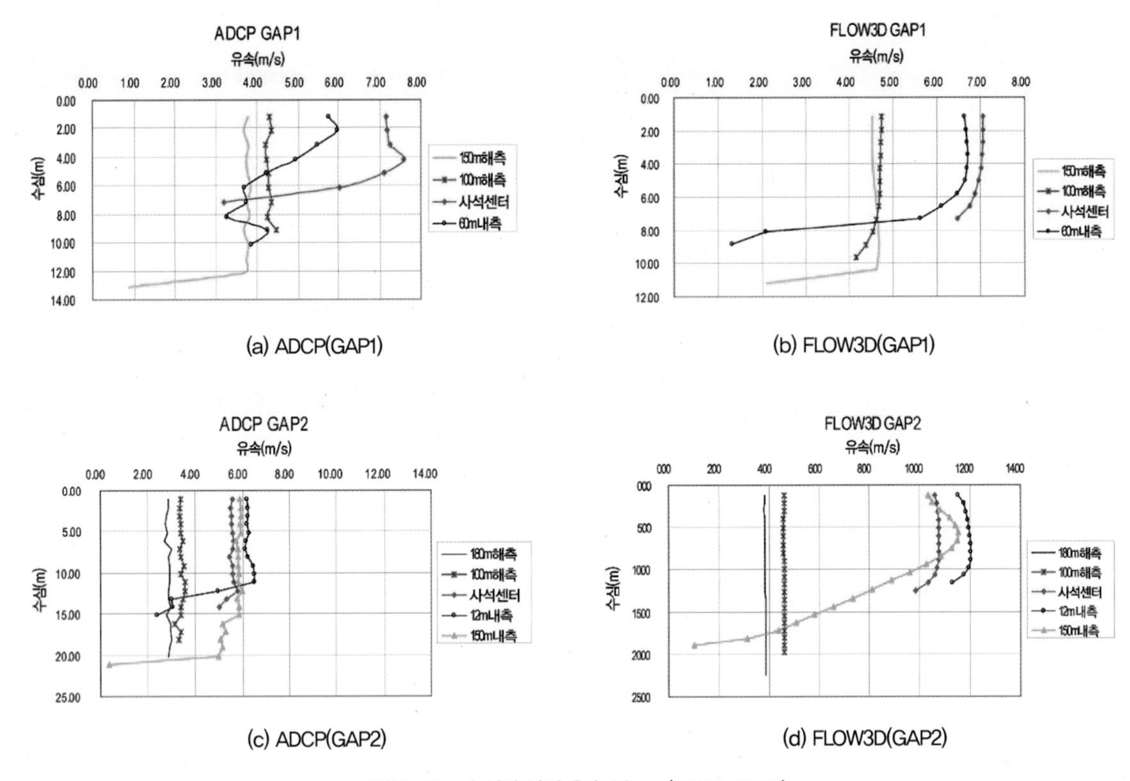

(a) ADCP(GAP1)

(b) FLOW3D(GAP1)

(c) ADCP(GAP2)

(d) FLOW3D(GAP2)

그림 3-84 수심별 연직 유속 분포도(GAP1, GAP2)

영향과 제약된 조건하에서 구성된 구조물 주위의 격자 크기에 의한 영향과 ADCP를 고정시키지 않고 선박에 매달아 이동시키면서 측정하였기 때문에 선박이나 지형에 의한 와류 및 상대속도 등의 영향이 발생하였기 때문으로 판단된다.

(5) 최종 끝막이 성공 요인으로서 조류속 예측기법

새만금 방조제 끝막이 공사는 전 세계에서도 유례를 찾아볼 수 없을 정도로 조차가 크고 조류속이 빠른 해상 조건과 기초 지반의 지질이 극히 연약한 사질 실트라서 세굴에 매우 취약하며, 2구간을 동시에 끝막이를 수행하여야 하는 최악의 조건이었다. 간척 선진국인 네덜란드, 일본에서도 유래를 찾아볼 수 없는 난공사임에도 불구하고, 당초 공기를 3일이나 앞당겨 단 한번의 방조제 유실이나 안전사고 없이 2구간 동시 끝막이를 한 번에 성공할 수 있었던 요인은 수리모형 및 수치모형실험 등의 연구를 통한 장기간에 걸친 치밀한 준비, 현대건설의 타 방조제 공사에서 축적된 기술력과 최신 공법의 동원, 관계기관의 유기적인 협조 등을 통해 우리나라에서 독자적으로 개발한 사석 돌망태를 혼용한 점축식 공법인 한국형 끝막이 공법을 방조제 구간 및 조석의 변화에 대한 흐름의 철저한 분석을 통한 최적의 시공계획 수립과 수행으로 가능하였다. 조류속 예측은 시시각각으로 변화하는 조석 및 개방구간을 정밀하게 예측하고 적정한 중량의 사석을 투입하여 유실을 최소화하여 끝막이를 성공시킨 중요한 요인이며, 이러한 조류속 예측을 위해 현대건설 토목설계실, 농어촌 연구원, 성균관대학교 해안해양연구실이 공동으로 현장 조류속 측정 및 다양한 수치모형실험 수행으로 끝막이 계획과 다른 현장의 흐름 상황에 대한 조류속 및 조위의 변화를 정밀하게 예측하여,

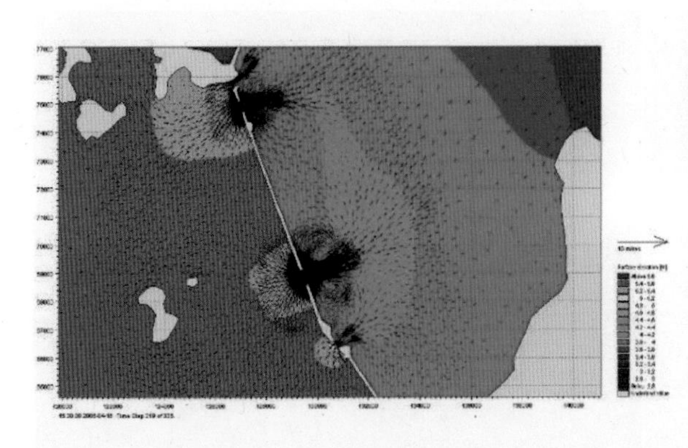

그림 3-85 수치모형실험(MIKE21 HD)을 이용한 조류속 정밀 예측 및 GPS Buoy를 이용한 조류속 측정

시공 시 투입 사석의 중량 및 투입 방법을 제시하여 최적의 시공 계획으로 시공을 수행할 수 있었다. 또한 현대건설 토목설계실의 항만, 수리, 간척 전문가로 구성된 기술 자문단과 끝막이 대책반을 끝막이 기간 동안 운영하여, 끝막이 계획의 재검토와 변화하는 현장 상황에 대한 기술 지원을 수행하여 방조제 유실의 최소화를 위한 최적의 시공방법 및 계획을 수립하였다.

(6) 결론

새만금 방조제는 33km의 세계 최장일 뿐 아니라 조차 및 조석량이 매우 큰 최대의 난공사로서 치밀한 끝막이 전 사전 준비와 다양한 신공법의 적용 및 철저한 현장 시공관리를 통해 2개소 동시 끝막이를 단 한 번의 유실이나 안전사고 없이 성공한 금세기 최고의 방조제 프로젝트이다.

새만금 방조제는 준비단계에서부터 수리모형실험 및 수리모형실험을 비롯한 다양한 연구와 국내외 자문, 전문가 집단에 의한 기술지원 체계 확립과 최종 끝막이시 다양한 유속 예측을 통해 방조제 전진 작업 시, 이를 바탕으로 끝막이 기간 중 빨라진 조류속으로 인해 발생할 수 있는 사석 유실과 바닥보호공의 유실을 최소화할 수 있었다. 방조제의 안정성 확보를 위해 모든 기술적인 방안 및 신공법이 도입되었으며, 현대건설 토목설계실에서 산정한 정확한 유속을 이용하여 산정한 중량의 사석을 사용하여 경제적이고 안정적인 끝막이를 예정보다 3일 빨리 완성할 수 있었다.

방조제 끝막이 공사 시 정확한 조류속 예측은 최적의 사석 및 돌망태 투입 계획을 수립하여 끝막이를 성공시키는 가장 중요한 요소이며, 이번 새만금 방조제 끝막이 공사에서 축적된 조류속 예측 노하우는 추후 대규모 방조제의 끝막이 공사, 배수갑문과 조력발전소 등의 해안구조물 시공, 해안 준설 매립 공사 등에 적용할 경우 큰 효과를 기대할 수 있을 것이다. 특히, 새만금 방조제보다 두세 배 더 큰 규모인 인도 서북해안에 위치한 Kalpasar 프로젝트 계획은 새만금의 제반 조건과 유사하므로 동일 공법을 채택할 경우 끝막이 시 매우 유리할 것이며, 간척이 가능한 저개발 국가의 식량 부족 해소와 공단용지 및 수자원 확보에 필요한 프로젝트에 활용이 기대된다.

그림 3-86 새만금 방조제 최종 끝막이 완료 장면(2006. 4. 21 동진호구간)

3-1-4 Colombo Port

(1) 서론

콜롬보 항만 확장공사는 기존 콜롬보 항만 외곽에 항만터미널을 건설하기 위한 총 연장 6.14km의 외곽방파제 조성하고, 항 내·외 준설과 매립 준설 19,600,000m^3, 송유관로 이설 6.1 km 등을 주 공종으로 하는 프로젝트이다.

스리랑카 항만청(SLPA, Sri Lanka Port Authority)에서 발주하였으며, 공사금액은 3억7천5백만 USD로 2008년 4월 착공하였다.

그림 3-87 Colombo Port Expansion Project 조감도

(2) 현장 개요

1) 지역 정보

스리랑카(Democratic Socialist Republic of Sri Lanka)는 인도의 남동쪽에 위치하고 있으며, 국토 면적은 66,000km^{2}의 규모로 인구는 약 2천만 명 정도이다. 1948년 영국으로부터 독립하였고, 2009년 5월에 타밀 반군(LTTE)과 26년에 걸친 내전이 종식되었다.

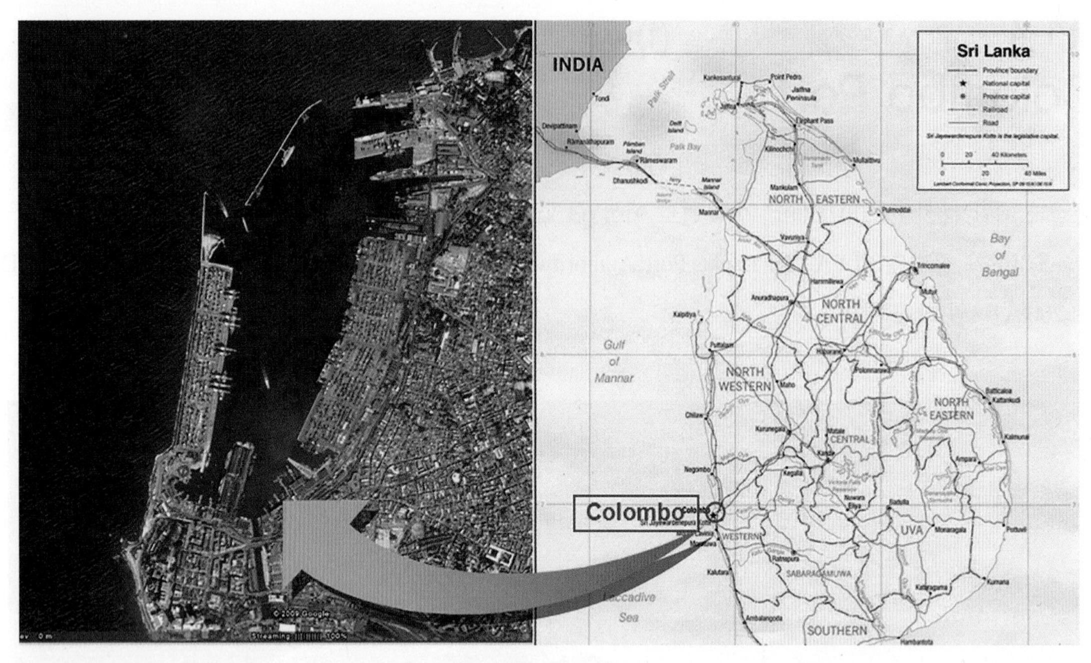

그림 3-88 현장 위치도

연평균 기온은 26~28℃의 분포를 보이며 월평균 최고 기온은 31℃, 최저 기온은 23℃ 정도이다. 스리랑카는 1년 내내 몬순(Monsoon)의 영향을 받는 지역으로 여름 몬순(남서 몬순)은 5~9월, 겨울 몬순(북동 몬순)은 12월에서 익년 2월까지 지속된다. 특히 5~9월에 발생하는 여름 몬순 기간에는 높은 파고와 풍속 및 잦은 폭우로 인해 작업 효율이 급격히 감소한다.

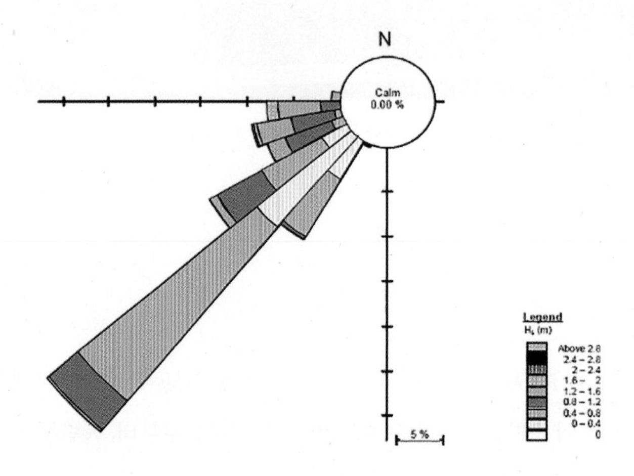

그림 3-89 Annual Swell Wave Rose

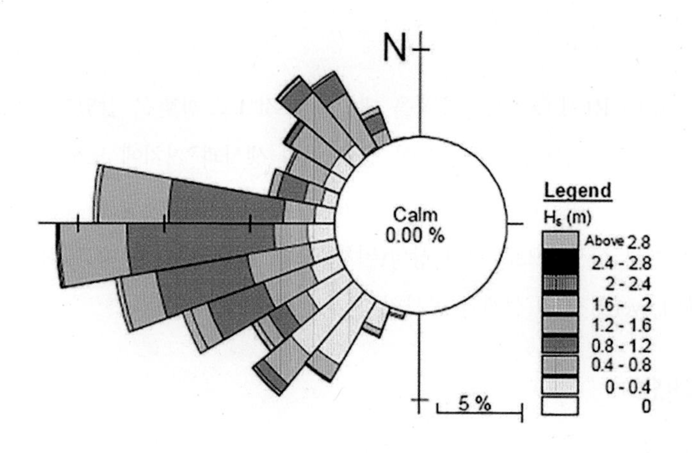

그림 3-90 Annual Sea Wave Rose

2) 주 방파제 시공 및 문제점

콜롬보 현장의 주 방파제는 그림 3-91에서 보는 바와 같이 사석 경사제이다. 시공 순서는 ① 신설 항만 진입로 지역의 모래를 준설하여 매립한 다음에 ② 사석(Quarry Run)으로 제체를 시공하고, ③ Under Layer(1.8~3.4t Rock) 및 ④ Toe 대석(8~12t Rock)을 거치한다. 이후에 ⑤ CORE−LOC(8.5m^3, 20t)을 거치하고 마지막으로 ⑥ Wave Wall을 시공한다.

Toe 보강에 사용되는 8~12ton Rock은 20만m^3 정도로서, 방파제 건설에 이용되는 전체 사석/대석 물량인 380만m^{3}의 5% 정도에 불과하다. 그러나 현지 석산 개발 업체의 낮은 발파 기술로 인해 계획 물량 수급에 차질을 가져왔고, 몬순의 영향으로 거치 및 검측에 많은 어려움을 겪고 있었다. 이에 현장에서는 물량 수급의 어려움을 극복하고 시공 효율을 개선함으로써 공기 지연을 방지하고자 시공/검측 방법, 대안 설계 등을 다방면으로 검토하게 되었다.

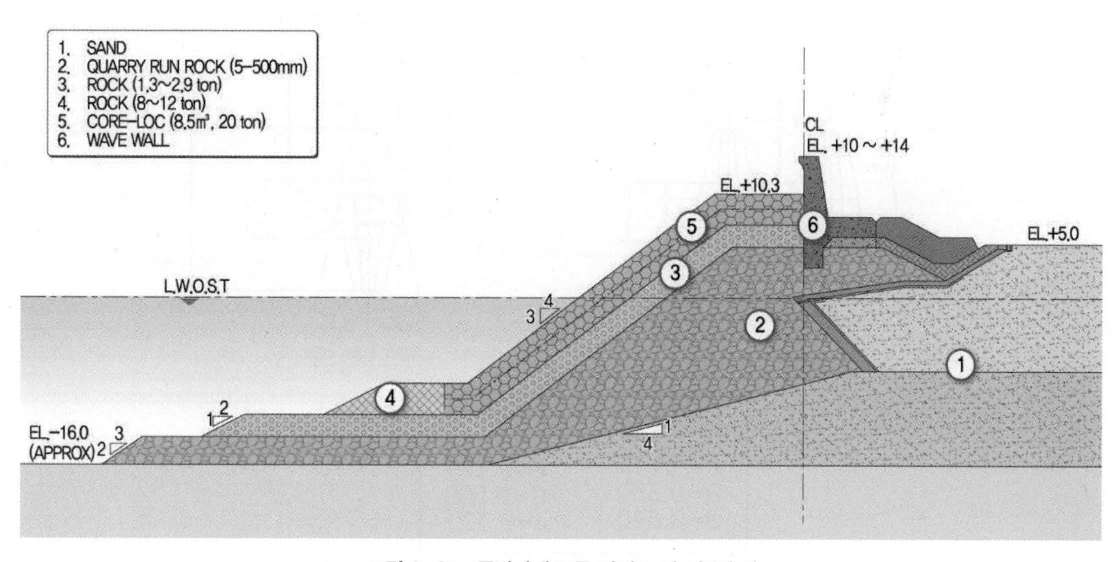

그림 3-91 주방파제 표준 단면도 및 시공순서

(3) 대안 설계

기술회사와 협의를 통해 CORE-LOC으로 대석을 대체하는 것으로 방향을 잡았다. 그 이유는 CORE-LOC은 새로운 재료가 아니라 주 피복재로 설계되어 있어 이미 생산과 거치에 노하우가 많이 축적되어 있었다. 생산에 필요한 콘크리트 물량 수급이 현장의 계획과 의지로 조정 통제가 가능하였으며, 'POSIBLOC' 이라는 시스템을 이용하여 실시간으로 거치 상황(위치, 모양 등)을 판단할 수 있다는 장점이 있었다. 또한 CORE-LOC은 Single Layer로서 원 설계와 공사비 면에서 큰 차이가 없었다.

1) CORE-LOC 개요

① 물리, 기하학적 특성

CORE-LOC은 1995년에 미공병단 Waterways Experiment Station (WES)에 의해 개발된 콘크리트(무근) 피복재로서 경사식 방파제(3V : 4H, 1V : 1.5H)에 1층(Single Layer), 난적으로 거치한다. 자체의 중량과 주변 개체와의 맞물림(Interlocking)으로 파력에 저항하고, 자체형상으로 소파(Breaking Wave)효과를 보유하고 있으며, Hudson 공식의 안정계수 값은 16(Roundhead 13)을 적용한다. 당 현장은 미공병단과 계약관계에 있는 CLI (Concrete Layer Innovation)를 통해 각종 기술지원을 받았다.

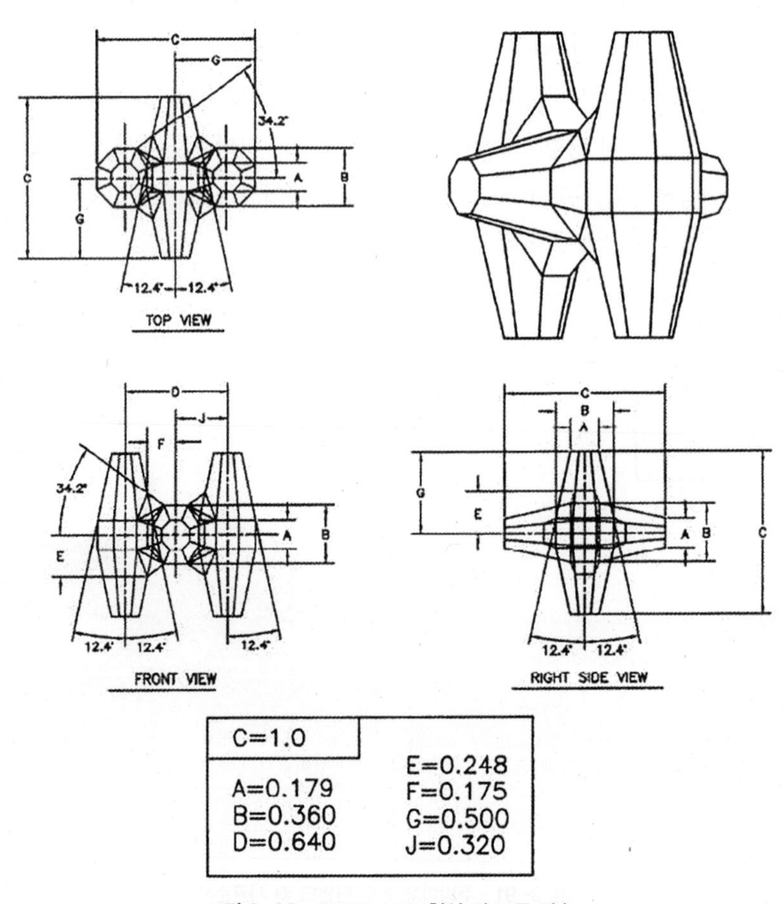

그림 3-92 CORE-LOC 형상 및 표준 치수

표 3-15 CORE-LOC의 물리적 특성

특성	값	비고
28일 압축강도(MPa)	≥35	BS 4550 P3
Lifting 가능 휨 강도(MPa)	≥3.9	
개당 부피(m^3)	8.5	
무게(ton)	20	
골재(LAAV*)	<30	ASTM C131-03
골재 크기(mm)	≤40	

* LAAV: Los Angeles Abrasion Value

표 3-16 CORE-LOC의 기하학적 특성

특성	값	비고
높이 C(m)	3.36	그림 3-92 참조(8.5m^3, 20ton)
거치시 개체간 수평거리 D_H(m)	1.11C	
거치시 개체간 수직거리 D_V(m)	0.55C	
거치시 피복 두께 T(m)	0.92C	
개체 수/100m^2	14	
Packing Density(%)	98~105	설계값 = 100%

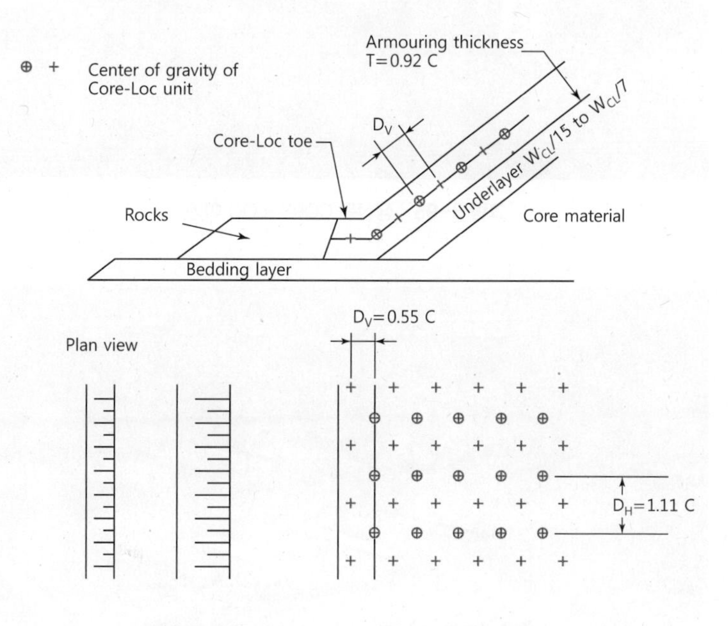

그림 3-93 CORE-LOC 거치 시 기하학적 특성

② 생산과 거치

방파제의 주 피복재를 구성하는 20ton CORE-LOC의 총 개체 수는 원 설계기준으로 31,000여 개에 이른다. 생산 방식은 규정된 철재 폼을 수직으로 세운 상태에서 콘크리트를 타설하며 24시간 후에 폼을 제거한다. 폼을 제거한 후 48시간이 경과하면 리프팅이 가능한 휨강도 3.9MPa에 이르게 되며, 지게차를 이용하여 계획된 장소에 야적하게 된다(그림 3-94 ~ 3-96 참조).

그림 3-94 CORE-LOC 생산

그림 3-95 생산된 CORE-LOC 이동

그림 3-96 생산 후 야적된 CORE-LOC

상기의 과정을 통해 생산된 CORE-LOC은 거치가 가능한 최소 압축 강도인 35MPa에 이를 때까지 야적상태로 방치되는데 실내 압축강도 시험을 통해 충족 여부를 확인한다. 현장 경험상 통상 20일 범위 내에서 조건이 충족되는 것으로 나타났다.

생산에서 야적에 이르는 거치 전 과정에서 총 세 번의 검사과정을 거치게 되는데, 품질 기준 충족 정도에 따라 표 3-17과 같이 등급을 분류하여 관리한다.

표 3-17 생산된 CORE-LOC의 등급 및 사용

등급	설명
A (Accepted units)	시방기준 충족, 거치 장소에 제한이 없음
B (Downgraded units)	시방기준 부분적 충족, 파력이 약한 지역에 제한적으로 거치
C (Rejected units)	사용불가

그림 3-97과 같이 방파제의 경사면에 18~19열의 CORE-LOC이 거치되며 이중에서 저단 11열은 수중에 위치한다. 기 언급한 바와 같이 당 현장은 몬순의 영향을 받는 지역으로 CORE-LOC 같이 거치 시 위치와 상황을 실시간 확인해야 하는 작업은 해상 날씨가 나쁠 경우 효율이 급격히 감소하는 어려움이 있었다.

이에 현장에서는 Sogreah와 MESURIS에서 합작 개발한 'POSIBLOC'이라는 시스템을 도입하여 잠수가 불가능할 정도의 해상 날씨나 야간에도 거치가 가능토록 하였다. 'POSIBLOC'을 부착한 두 대의 크레인으로 하루 20시간 작업을 통해 대당 최대 80여 개의 CORE-LOC을 거치할 수 있을 정도로 작업 효율을 향상시킬 수 있었다.

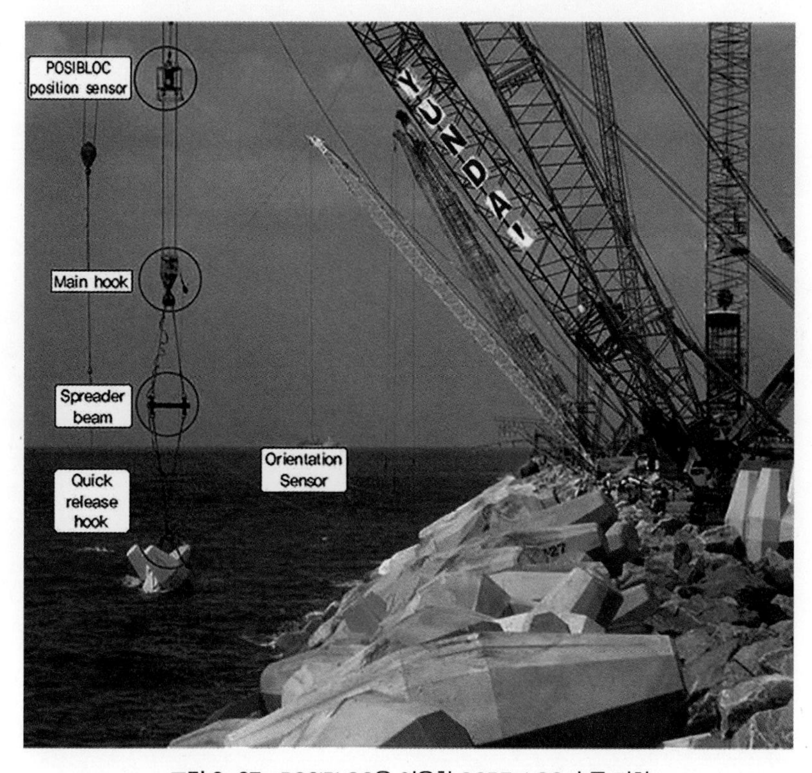

그림 3-97 POSIBLOC을 이용한 CORE-LOC 수중 거치

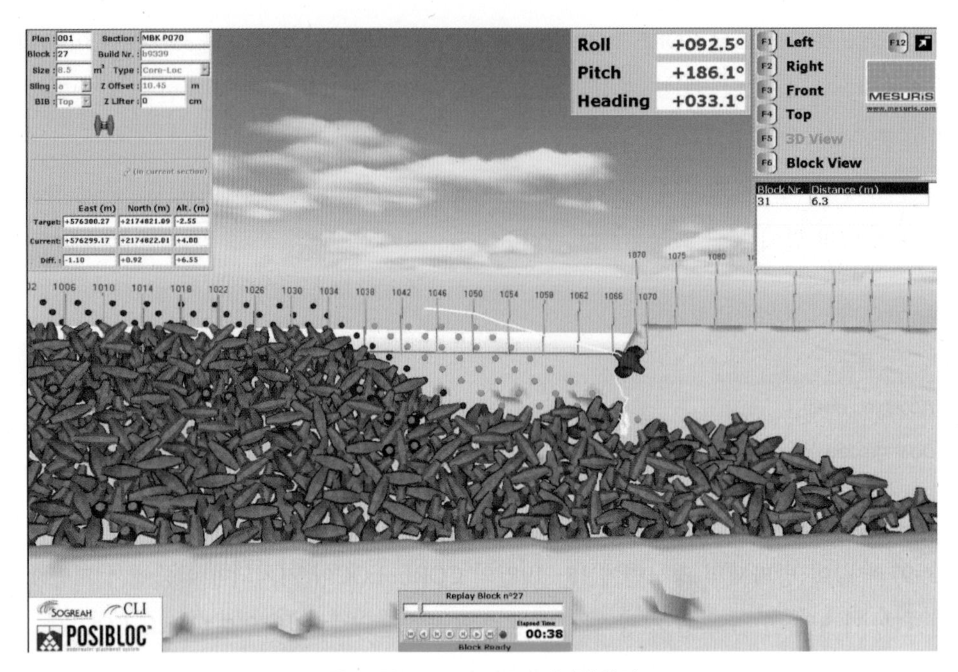

그림 3-98 POSIBLOC 모니터링 화면 1

그림 3-99 POSIBLOC 모니터링 화면 2

2) 대안 설계 검증

CORE-LOC은 일반적으로 사면에 거치되어 중력으로 인한 맞물림 효과를 가지는 피복재로서 개발, 사용되어 왔으나 평면 위에 놓이게 되는 Toe 보강재로서의 성능은 기술적으로 검증된 바가 없었다. 따라서 기술회사(Scott Wilson)는 제안된 대안 설계의 적합성을 판단하기 위해 다음과 같이 2가지 사항에 대한 기술적 검증을 요구하였다.

- 평면 위에 CORE-LOC을 거치하는 방식(난적, 정적) 및 거치 시 기하학적인 특성(수직/수평간격, Packing Density) 검증
- 정해진 방법으로 거치된 CORE-LOC의 수리학적 안정성을 단면 수리모형실험으로 검증

① 원 설계 vs 대안 설계

그림 3-100에 보여진 바와 같이 원 설계 Toe Berm 폭은 6m로서 8~12톤(평균입경=1.5m) 대석 4개 정도에 해당하는 폭이다. 이는 Van der Meer(1995) 등이 제시한 3~5개의 대석 크기에 해당하는 폭이 되어야 한다는 기준에 의거한 것이며 CIRIA C683 Rock Manual에 제시된 최소 폭(3.3 또는 5.1m) 기준을 따른 값이다.

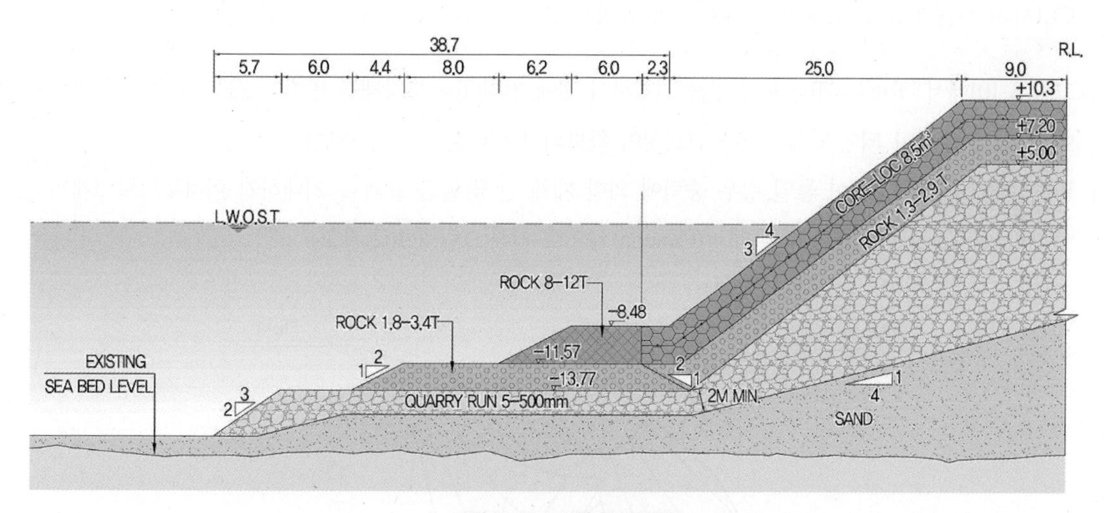

그림 3-100 원 설계 단면

대안 설계는 8~12톤 대석을 CORE-LOC으로 대체하되 원 설계와 동등한 기능이 발현될 수 있도록 하는 것이 핵심이었다.

육상 거치 시험, 단면 수리모형실험 등의 모든 검증 절차는 현대건설에서 제안한 대로 대석을 2열의 CORE-LOC으로 대체하는 것을 기본으로 하여 이루어졌으나, 최종적으로는 원 설계의 폭인 6m와 유사한 값이 될 수 있도록 3열의 CORE-LOC을 거치하는 것으로 결정하였다(그림 3-101 참조).

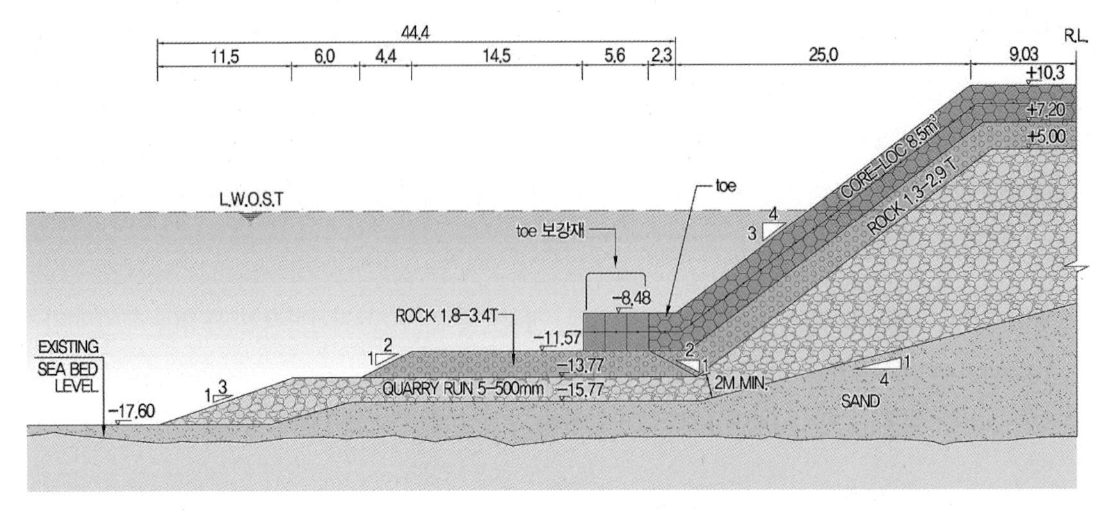

그림 3-101 대안 설계 단면(최종)

② 육상 거치 시험

효율적인 CORE-LOC 거치 방법을 결정한 후, 평면상에 거치되었을 때의 기하학적 특징을 파악하기 위해 육상에서 거치 시험을 실시하고 그 결과를 분석하였다.

CLI사의 전문가 조언과 현장 담당자와의 협의를 통해 다음과 같은 설치기준을 정립하였다.

가. 그림 3-101에서 'Toe'는 'Toe 보강재'를 거치하기 전에 거치(Toe 보강재를 먼저 놓을 경우 Toe를 빈 공간에 끼워 넣는 식이 되어 맞물림이나 안정성이 확보되기 어려울 것이라 판단)

나. 평면상에 CORE-LOC이 놓일 경우 중력에 의한 개체 간 맞물림 효과를 기대하기 어려우므로 3개의 점이 (Fluke, Nose) 지면에 닿도록 캐논(Cannon)식으로 거치(그림 3-102 참조)

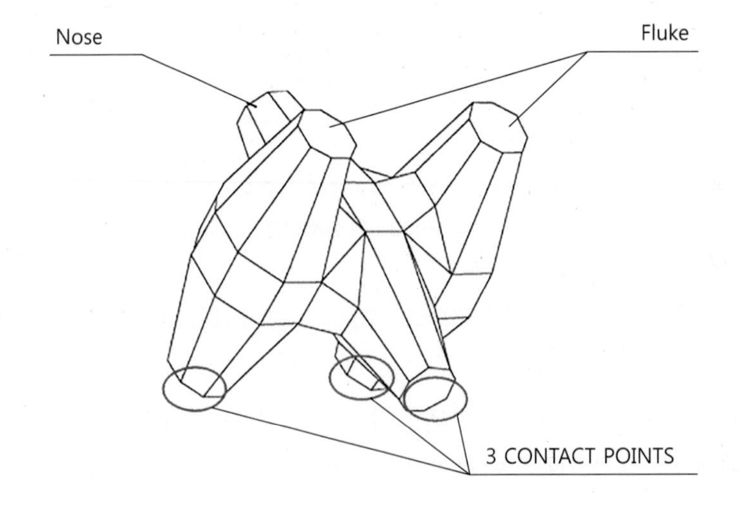

그림 3-102 캐논(Cannon)식 거치

다. 수평 저항력 확보 및 작업 효율성 측면에서 난적(Random Placement)보다는 정적(Systematic Placement)이 더 효율적일 것으로 판단

상기와 같은 설치기준을 따라 Toe 1열과 Toe 보강 2열, 총 3열로 거치 시험을 실시하였으며 그 결과를 분석하여 기하학적인 특성을 도출하였다. 수중 거치 상황을 모의하기 위해 크레인 전면 창을 가리고 POSIBLOC을 사용하여 시험을 진행하였다.

그림 3-103 ~ 3-106은 시험 과정 및 결과를 보여준다.

그림 3-103 육상 거치 시험 1단계 (toe열)

그림 3-104 육상 거치 시험 2단계 (Toe 보강 첫 번째 열)

그림 3-105 육상 거치 시험 3단계(toe 보강 두 번째 열)

(a) 정면 (b) 측면

그림 3-106 POSIBLOC 모니터링 화면(거치 완료 후)

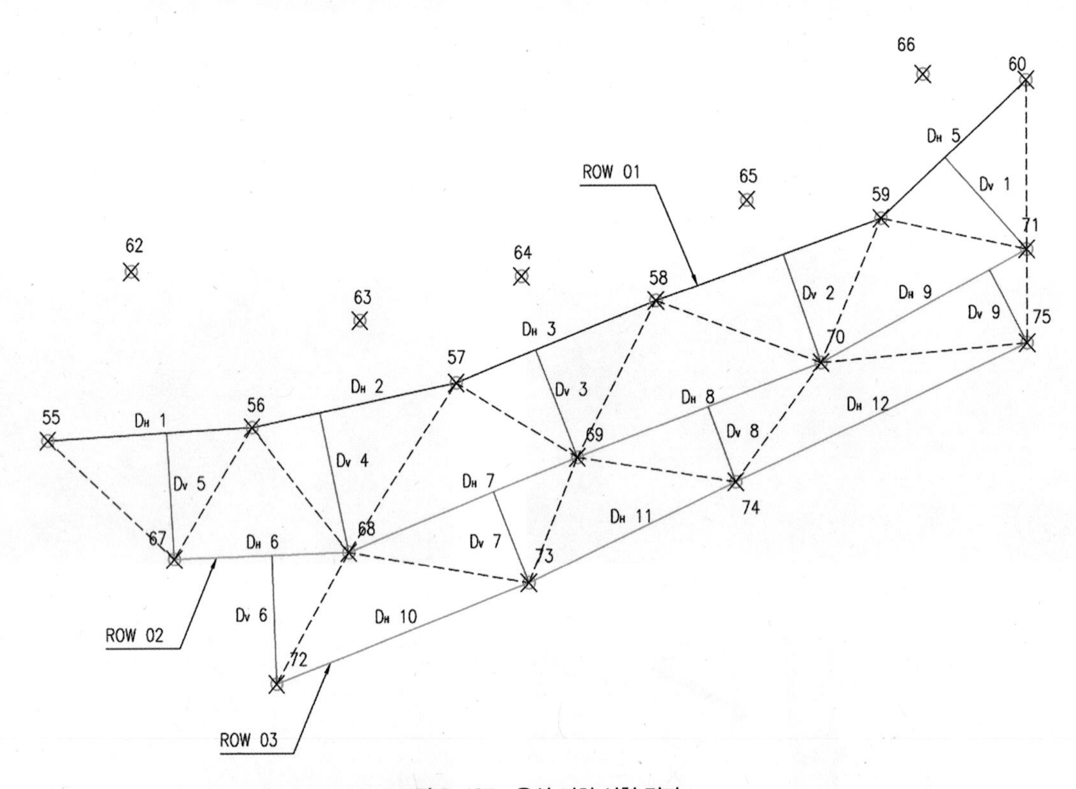

그림 3-107 육상 거치 시험 결과

시험 후 그림 3-107과 같이 개체 간 수평 D_H, 수직 D_V 간격을 분석하였으며 그 결과는 표 3-18과 같다.

표 3-18 거치 결과 요약

구분	Average (m)	Conversion Factor (D_H or D_V / C)	CLI Guide Line (for Slope Placement)
D_H (Horizontal)	3.85	1.15	D_H = 1.10C
D_V (Vertical)	1.80	0.53	D_V = 0.55C

시험을 통해 그림 3-108과 같이 Fluke-in, Fulke-out, Cannon Type 거치 방식이 작업 효율성 측면에서 유리한 것으로 나타났다.

수평 D_H, 수직 D_V 간격을 분석한 결과 CLI 사이에서 제시한 기준과 유사하므로 CLI 기준을 따랐다. 그리고 상기의 결론을 단면 수리모형에 적용하여 수리학적 안정성을 판단하였다.

그림 3-108 Fluke-in, Fulke-out, Cannon Type

③ 단면 수리모형실험

본 방파제는 200년 빈도 + 20% 파도에 견딜 수 있도록 설계되었으며, 표 3-19와 같이 조건을 다양하게 하여 총 9개의 실험을 실시하였다.

표 3-19 수리모형실험 조건

Test Case	No of CORE-LOC	Breakwater Seabed (m CD)	Return Period (yr)	Water Level (m CD)	Peak Wave Period Tp (s)	Significant Wave Height Hs (m)
T1	2	-18.5	100	1.2	16	5.8
T2			200 + 20%	1.2	14	7.7
T3			100	0.0	16	5.8
T4			200 + 20%	0.0	14	7.7
T5			100	0.0	16	5.8
T6			200 + 20%	0.0	14	7.7
T7	4		200 + 20%	0.0	14	7.7
T8	3	-16.5	200 + 20%	1.2	14	7.7
T9			200 + 20%	0.0	14	17.7

9개의 실험 결과 중 외력 조건이 가장 크고(200+20%), 수심이 낮아 Toe 부분에 파력이 상대적으로 큰 T6, T9 결과를 정리하였다. 이때 원설계의 Toe 전면부 Quarry Run 경사는 3H : 2V였으나 실험 결과 3H : 1V으로 안정화되어 대안 설계에 적용하였다.

가. T6

T6의 외력 조건은 표 3-19와 같으며 실험에 사용된 단면은 그림 3-109와 같다.

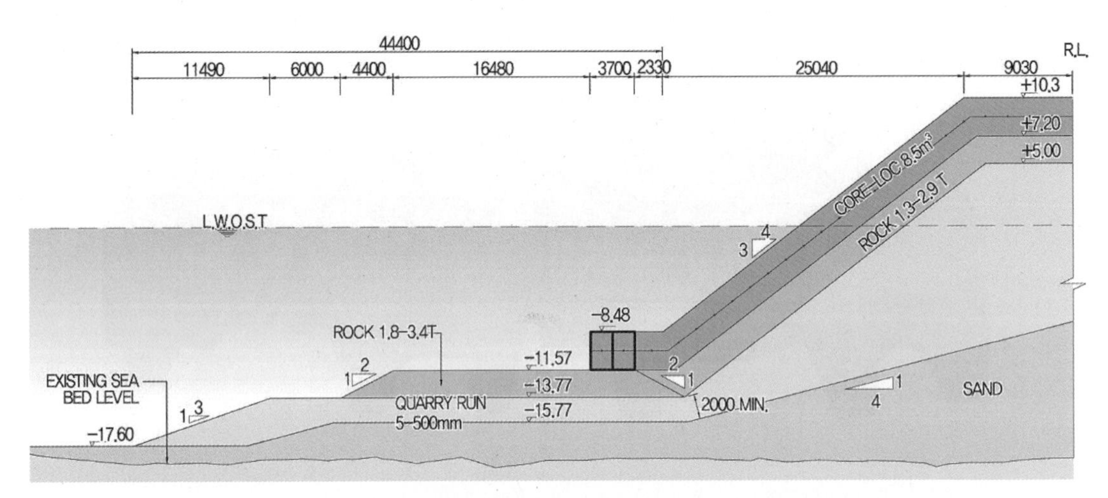

그림 3-109 Typical Section for T6

실험 결과 CORE-LOC의 이탈은 관측되지 않았고, Toe Apron의 사석(1.8~3.4톤, 사진에서 BOX로 표시) 이탈만 관측되었으며 그 결과는 그림 3-110, 3-111과 같다.

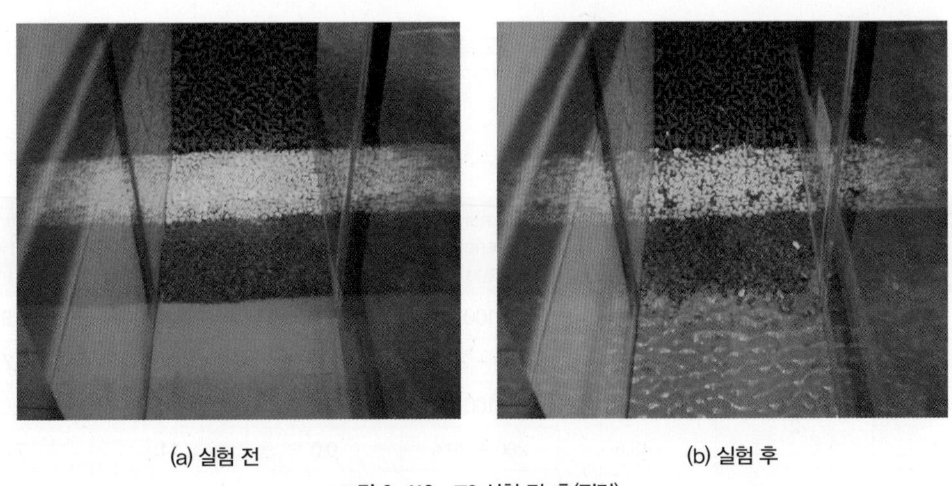

(a) 실험 전 (b) 실험 후

그림 3-110 T6 실험 전·후(평면)

(a) 실험 전

(b) 실험 후

그림 3-111 T6 실험 전·후(측면)

표 3-20 T6 결과

No. of units displaced (Toe Apron)			Percentage (%) of units displaced (Toe Apron)			Total number of units (Toe Apron)
(0.1–0.5)Dn	(0.5–1.0)Dn	> 1.0Dn	(0.1 –0.5)Dn	(0.5–1.0)Dn	> 1.0Dn	
1	3	12	0.2	0.6	2.5	490

나. T9

T9의 외력 조건은 표 3-19와 같으며 실험에 사용된 단면은 그림 3-112와 같다.

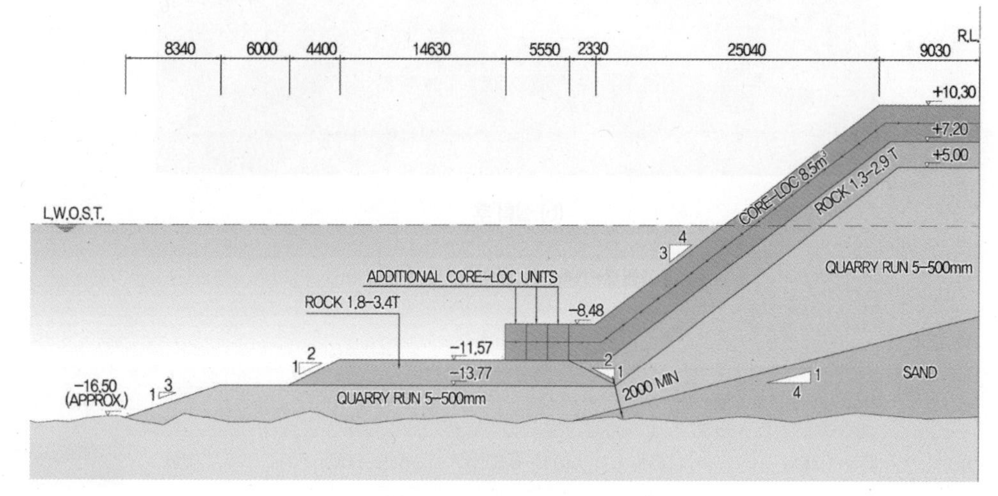

그림 3-112 Typical Section for T9

T6과 마찬가지로 CORE-LOC의 이탈은 관측되지 않았고, Toe Apron(1.8~3.6톤 대석, 사진에서 BOX로 표시)의 이탈만 관측되었으며 그 결과는 그림 3-113, 3-114와 같다.

(a) 실험 전 (b) 실험 후

그림 3-113 T9 실험 전·후

(a) 실험 전

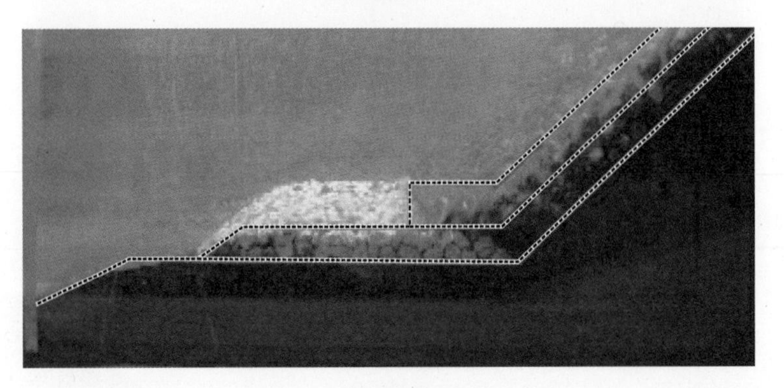

(b) 실험 후

그림 3-114 T9 실험 전·후(측면)

표 3-21 T9 결과

No. of units displaced (Toe Apron)			Percentage (%) of units displaced (Toe Apron)			Total number of units (Toe Apron)
(0.1–0.5)Dn	(0.5–1.0)Dn	> 1.0Dn	(0.1 –0.5)Dn	(0.5–1.0)Dn	> 1.0Dn	
15	0	0	2.58	0	0	580

3) 분석결과

CIRIA Rock Manual에 따르면 Toe의 손상 정도는 다음과 같이 분류된다.

- 0~3%: No movement of stones (or only a few) in the toe
- 3~10%: The toe flattened out a little, but was still functioning (supporting the armour layer) with the damage being acceptable
- A damage of more than 20% was regarded as failure, which means that the toe had lost its function, a damage level that would not be acceptable.

즉, 본 실험 결과로부터 제안된 대안설계 단면은 수리학적 안정성이 충분히 확보되는 것으로 판단되었다. 이 실험 결과를 근거로 기술회사에 대안설계를 정식으로 제안하여 승인을 득하였으며 전제 5,140m 중 방파제 두부(Roundhead)를 포함하여 약 3,100m 구간에 대안설계를 적용하여 성공적으로 공사를 마무리 지었다.

3-1-5 KNRP 정유공장 해상 공사(호안 및 방파제)

(1) 서론

쿠웨이트는 지정학적으로 그림 3-115에 나타내는 바와 같이 아라비아 반도 북단에 위치하며 페르시아만을 사이에 두고 이란과 마주하고 있으며, 북쪽으로는 이라크와 남쪽으로는 사우디아라비아와 국경을 접하고 있다. 쿠웨이트의 국토 총 면적은 17,820km^{2}로 우리나라 부산과 경상남도를 합한 면적과 비슷하나 전 국토의 해

그림 3-115 쿠웨이트 위치도

발고도가 수십 m에 불과하며, 전형적인 사막 국가로 연간 평균 온도는 섭씨 25도이나 여름철인 4월~10월은 기온이 매우 높아 섭씨 60도에 달한다.

쿠웨이트는 주요 산유국으로 종래 석유 생산은 쿠웨이트 석유회사를 중심으로 한 서방자본에 의해 지배되었으나, 민족의식의 고취로 1974년과 1975년에 걸쳐 쿠웨이트 석유회사의 자산 100%가 국유화되었다. 쿠웨이트 경제는 전적으로 석유에 의존하고 있어 국제유가 변동에 따라 국가재정과 GDP(국민 1인당 2010년 기준으로 3만6천 달러)가 민감하게 반응하는 취약한 경제구조를 가지고 있다. 쿠웨이트 정부는 석유 생산에 의존하던 국가 경제 구조를 극복하고 석유시대 이후를 대비하기 위해 정유시설, 석유화학산업 등의 고부가가치 산업 발전을 위한 인프라 구축에 힘쓰고 있다.

이러한 쿠웨이트 국가 사업 중 하나인 Kuwait New Refinery Project(KNRP)는 쿠웨이트 수전력부(Kuwait Ministry of Electricity & Water)에 615,000 BPCD의 원유를 재처리하여 공급하기 위한 정유공장을 건설하는 데 목적이 있다. KNRP는 전체 5개의 Package로 구성되어 있으며 각각의 프로젝트는 Main Process(PKG 1), Support Process(PKG 2), Utility & Offsite(PKG 3), Storage Tank(PKG 4), Marine Facility(PKG 5)로 구성되어 있다. 현대건설은 Package 5-Marine Facility 프로젝트를 수주하여 시공하였다. 호안 및 방파제는 최대 700m 가량 해안선에서 해측으로 떨어진 곳에 위치하였기 때문에 비교적 높은 파고의 영향을 고려해야 했다. 또한 엄격한 설계기준을 발주처가 요구하였기 때문에 단면의 안정성을 검증하고 효과적인 설계 최적화를 위해 수치해석, 2차원 및 3차원 수리모형실험 등 다각적 검토를 수행하였다.

(2) KNRP 정유공장 해상공사 사업 개요

① 공사명: 쿠웨이트 신규 정유공장 해상공사

② 현장위치: 쿠웨이트 시티 남쪽 90 km Al Zour Power Plant 인근

③ 공사기간: 2015.10.28~2020.05.06

④ 발주처: KIPIC(Kuwait Integrated Petroleum Industries Company)

⑤ 주요공사내역:

- Unit 98 Small Boat Harbour
  - 매립/지반개량/호안 공사
  - Pilot Boat 및 유지보수 선박 정박 시설
  - 해상 출하 제어 Control Building 시설물 공사
  - 해상 Pilot Boat(Tug/Boat)가 정박 가능한 안벽구조물 시공
- Unit 99 LNGI Land Reclamation
  - LNGI 시설물 설치를 위한 1단계 매립 공사
  - 매립/지반개량/호안 공사

- Unit 93 Sea Island + Subsea Pipeline
  - 나프타/케로신/디젤/등유 등 정유 해상 출하시설 설치 공사
  - 육상으로부터 17.5km 떨어진 해상에 설치(Pile+RC 구조물)
  - 120,000 DWT급 유조선 4기 동시 정박 가능
  - 육상 PKG에서 해상 출하시설까지 연결되는 해저 파이프라인
- Unit 85
  - 고결화된 황을 수출하는 Jetty 구조물 공사(육상에서 약 1.7km)
  - 60,000 DWT급 유조선 1기 정박가능
- Unit 88
  - Refinery 시설물 Outfall Line(약 700m HDPE 파이프라인)

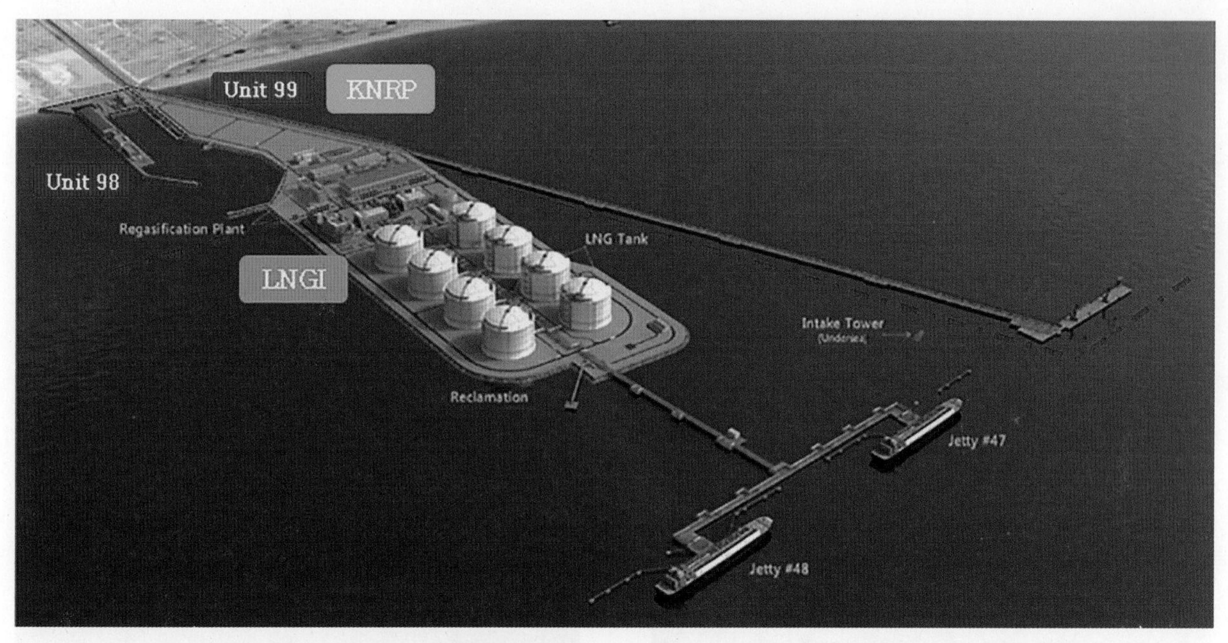

그림 3-116 프로젝트 조감도

(3) 호안 및 방파제 설계 최적화 방안

KNRP 프로젝트는 호안 및 방파제 시공을 진행하기 전에 매립재의 유실을 방지하고 엄격한 환경기준을 만족하기 위해 가호안을 우선 시공하고, 매립을 진행한 후에 영구호안 및 방파제 시공을 하는 순서대로 진행하였다. 총 2100m의 호안과 420m 가량의 방파제가 매립지 및 소형선박부두의 보호를 위해 시공되었다.

그림 3-117 가호안 공사 전경

그림 3-118 호안 QRR & Geo-Textile 설치

그림 3-119 호안 Core-Loc 설치

그림 3-120 호안 상치공 설치

그림 3-121 방파제 QRR & 사석 설치

그림 3-122 방파제 상치 & Core-Loc 설치

3차원 수리모형실험 실시 전에 설계된 평면 및 단면의 정온도 확보 여부를 확인하기 위하여 정온도 수치실험을 실시하였다. 수치실험 결과, 항내 단면의 사면경사를 1:4로 적용해야 발주처의 정온도 설계 기준을 만족함을 확인하였다. 이 단면들을 3차원 수리실험의 원안으로 설정하여 정온도가 확보되는 단면을 우선적으로 확인 후, 추가적인 실험을 통하여 최적화를 실시하기 위한 단면을 대안으로 준비하였다(그림 3-123~3-125).

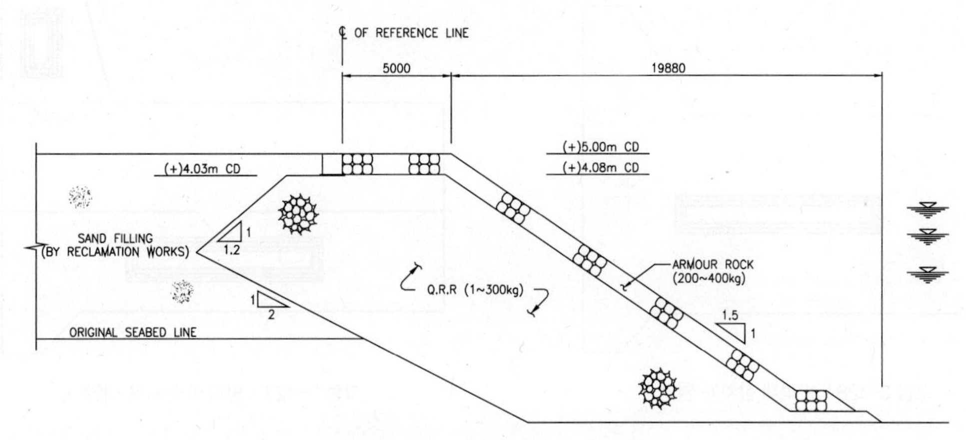

그림 3-123 항내측 호안 단면(원안)

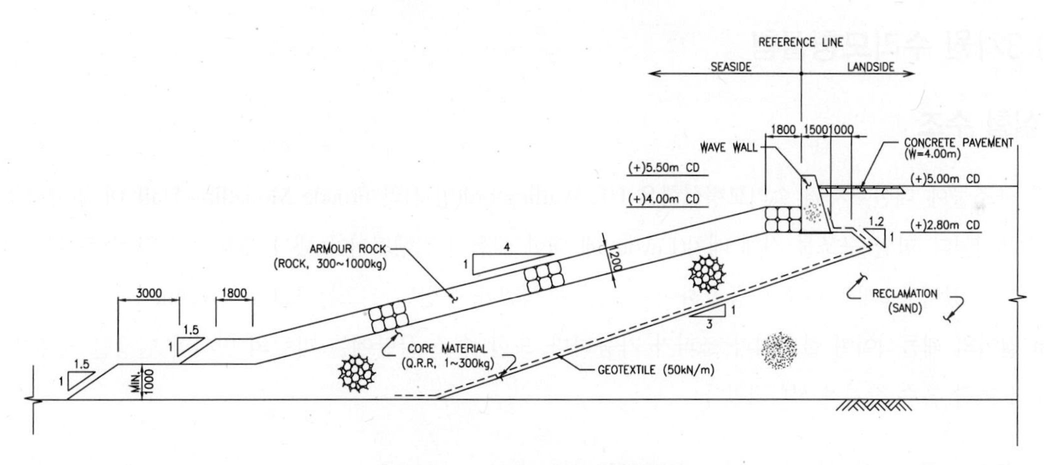

그림 3-124 항내측 호안 단면(대안 1)

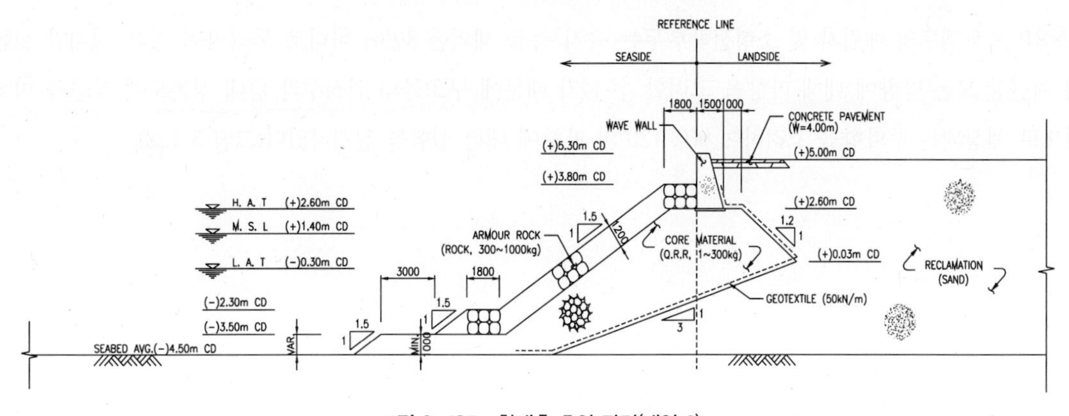

그림 3-125 항내측 호안 단면(대안 2)

또한 기존 설계안은 철근 콘크리트를 방파제의 상치공으로 적용하였는데 방파제 상부공의 배근 작업 및 공기확보가 어렵다는 단점이 있다. 시공성을 확보하고 공기를 개선시키기 위한 대안으로 블록식 무근 콘크리트를 적용하였다(그림 3-126~3-127). 블록식 콘크리트 적용으로 국부적인 파랑 집중에 취약할 수 있다는 단점이 있는데 Shear Key를 추가적으로 설치하여 하중의 분산을 유도했다.

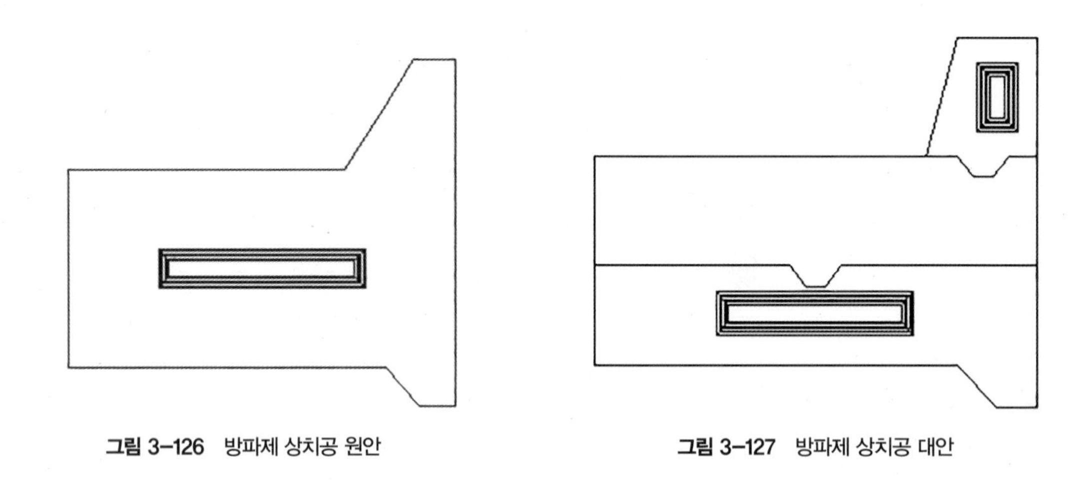

그림 3-126 방파제 상치공 원안

그림 3-127 방파제 상치공 대안

(4) 3차원 수리모형실험

1) 실험 수조

항만 구조물에 대한 3차원 수리모형실험은 HR Wallingford(영국)의 Froude Modelling Hall 내 조파수조에서 수행되었다. 항만 구조물 전체 배치(Layout)에 대한 실험이 진행되어야 했기 때문에 단일 수조로는 실험에 한계가 있어서 2개의 수조를 통합하여 수조를 구성했다. 통합된 수조는 32.0m × 49.6m 규모로 조파기는 15m 길이의 패들식이며 불규칙파 조파가 가능하다. 또한 수조 끝단에는 파랑의 반사파 발생을 억제할 수 있도록 파랑 흡수 장치가 설치되었다.

2) 모형 구축

KNRP 프로젝트의 매립지 및 소형선박부두는 육지 측을 제외한 3면이 바다로 둘러싸여 있다. 하지만 실험의 여건상 모든 방향에 대해 파향을 고려할 수 없기 때문에 구조물의 안정성과 항내 정온도에 영향을 미칠 것으로 예상되는 주파향을 고려하여 90°, 120°의 파향에 대한 실험을 전개하였다(그림 3-128).

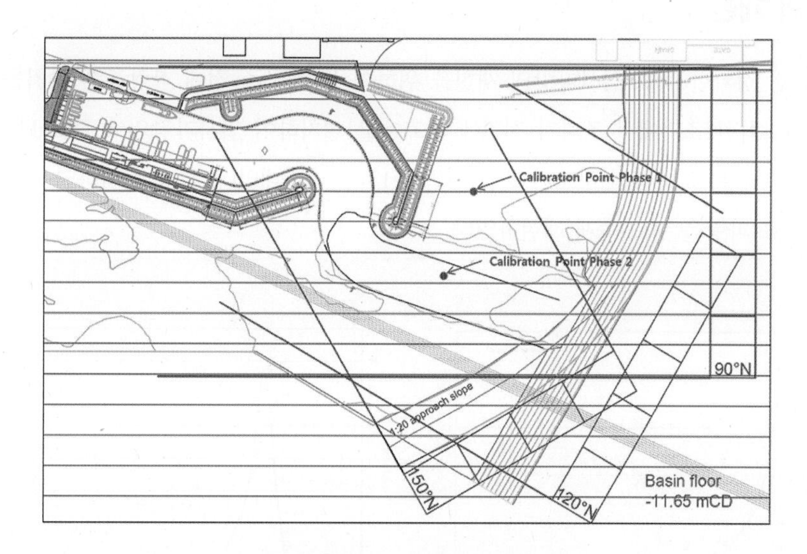

그림 3-128 수리모형실험 평면 계획

모델 영역은 30.0m × 45.0m로, 모델 축척은 1∶30.18을 적용하였다. 정확한 수리모형실험을 위하여 시멘트 모르타르로 해저지형을 재현하였으며, 소형선박부두와 접근 항로의 준설 심도(-7.0 mCD)도 고려하였다. 호안 및 방파제의 월파량을 확인하기 위해서 호안 및 방파제 배면에 월파 수조를 설치하였으며(그림 3-129), 소형선박부두의 정온도를 확인하기 위해 파고계를 설치하였다(그림 3-130).

그림 3-129 월파 수조 배치

그림 3-130 정온도 측정을 위한 파고계 배치

3) 실험 파랑의 재현

실험을 수행하기 전 정확한 목표 입사파랑의 재현을 위하여 모형 구축 전에 파랑흡수 장치를 설치하여 반사파의 영향을 최소화한 조건에서 조파기 전면에 파고계를 설치하여 입사파랑의 보정(Calibration)을 수행하였으며, 조파 파랑과 목표 파랑의 비교 일례를 그림 3-131에 나타내었다. 결과에 의하면 조파 파랑은 그림 3-131에 제시된 목표 파랑을 정도 높게 재현하였다.

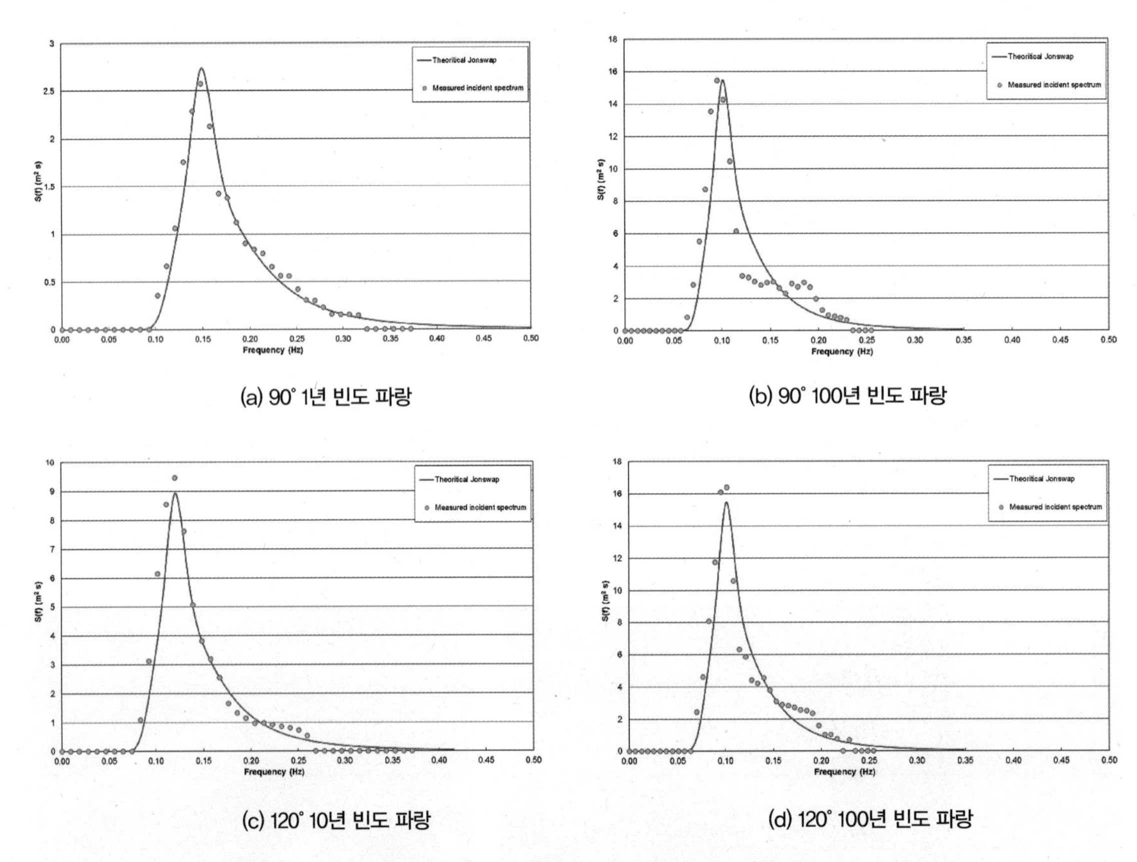

(a) 90° 1년 빈도 파랑

(b) 90° 100년 빈도 파랑

(c) 120° 10년 빈도 파랑

(d) 120° 100년 빈도 파랑

그림 3-131 실험 파랑 및 Target Spectrum 비교

4) 실험 결과

① CORE-LOC 안정성

CORE-LOC은 파랑의 영향을 비교적 크게 받을 것으로 예상되는 호안 단면과 방파제 단면에 대해 적용되었고 수리모형실험에 의한 안정성 검토 결과 흔들림과 탈락에 대해 문제없이 CORE-LOC의 안정성이 유지되는 것을 확인하였다.

② Rock Armour 안정성

피복재로 Rock이 적용된 단면은 비교적 파고가 작은 항내의 단면에 적용되었다. Rock의 안정성 검토는 그림 3-132와 같이 단면을 일정 간격(50m)을 가지는 구역으로 나누고 구역당 배치된 Rock 수량 대비 탈락된

Rock 수량을 퍼센트로 산출하여 실험기준과 비교하여 이루어지며 전 구간에 대해 안정성 기준을 만족하였다.

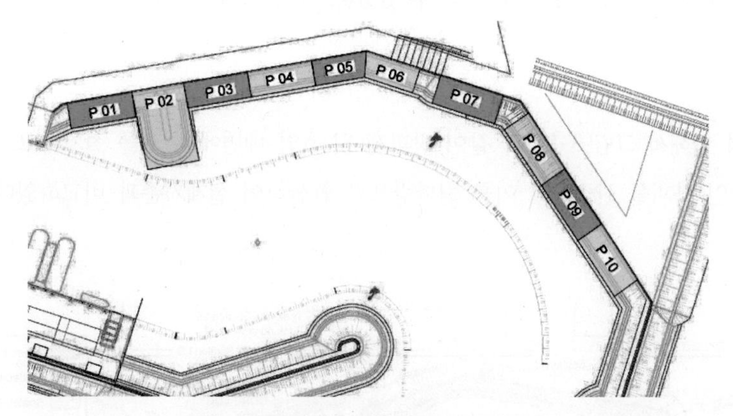

그림 3-132 Rock Armour 안정성 평가 구획도

표 3-22 구역별 Rock Armour 피해율

구역	파향	피해율(%)			
		10년 빈도	50년 빈도	100년 빈도	100년 LAT
P01	90	0.2	0.2	0.2	0.2
	120	0.0	0.2	0.2	0.2
P02	90	0.3	0.3	0.3	0.3
	120	0.0	0.2	0.3	0.3
P03	90	0.3	0.3	0.3	0.3
	120	0.2	0.3	0.3	0.3
P04	90	0.5	0.5	0.5	0.5
	120	0.1	0.5	0.5	0.5
P05	90	0.1	0.1	0.1	0.1
	120	0.0	0.1	0.1	0.1
P06	90	0.0	0.0	0.0	0.0
	120	0.0	0.0	0.0	0.0
P07	90	0.1	0.1	0.1	0.1
	120	0.1	0.1	0.1	0.1
P08	90	0.1	0.1	0.1	0.1
	120	0.0	0.0	0.1	0.1
P09	90	0.1	0.1	0.1	0.1
	120	0.0	0.0	0.1	0.1
P10	90	0.3	0.6	0.6	0.6
	120	0.0	0.0	0.1	0.1

③ 상치 콘크리트 안정성

방향별 빈도별 전 파랑에 대해서 원안 및 대안의 상치 콘크리트까지 안정성을 보이는 것으로 나타났고, 대안의 설계적 안정성이 충분히 만족함을 확인할 수 있었다.

④ 월파 검토

월파량을 산정하기 위해서 그림 3-133과 같이 방파제 및 호안 배면에 수조를 설치하고, 각 빈도의 실험이 끝난 후 수조에 모인 부피를 산정하고 이를 월파량으로 환산하여 설계기준과 비교하였다. 실험 결과는 표 2-23과 같다.

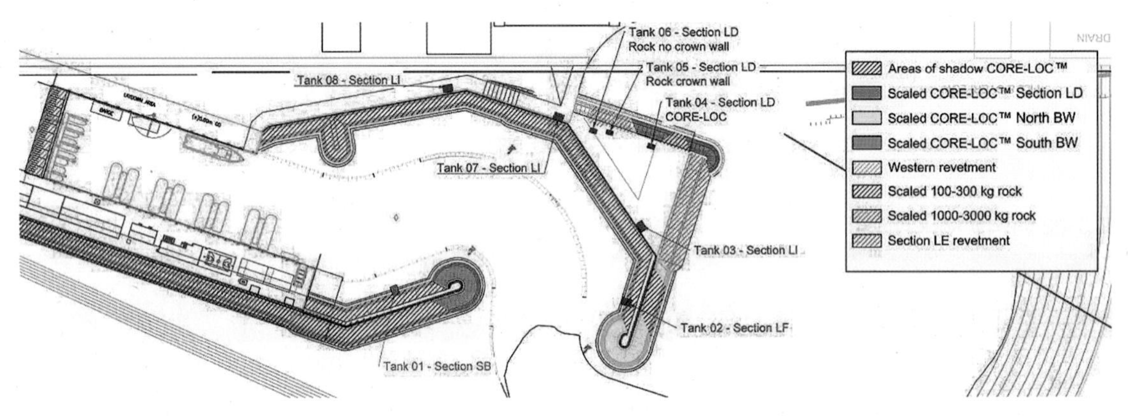

그림 3-133 월파량 측정 수조 배치도

표 3-23 월파량 검측 결과

구분	수조 ID	파향	월파량 검측 결과(l/s/m)	
			1년 빈도	50년 빈도
방파제	Tank 01	90	0.0	0.0
		120	0.0	0.8
	Tank 02	90	0.0	12.0
		120	0.0	1.9
호안	Tank 03	90	0.0	0.0
		120	0.0	0.0
	Tank 04	90	0.0	0.009
		120	0.0	0.0
	Tank 05	90	0.0	0.0
		120	0.0	0.0
	Tank 06	90	0.0	0.0
		120	0.0	0.0
	Tank 07	90	0.0	0.0
		120	0.0	0.0
	Tank 08	90	0.0	0.0
		120	0.0	0.0

⑤ 정온도 검토

항내 정온도를 확보하는 항내 호안에 대한 최적 단면을 확인하기 위하여 내측 호안 위치에 두 단면을 준비하여 실험을 실시하였다. 항내 정온도를 측정하는 Wave Gauge는 그림 3-134와 같이 접안시설이 위치하는 Sheet Pile Quay Wall 전면부에 위치하며 각 실험별로 지점에 대한 유의파고를 산정하게 된다.

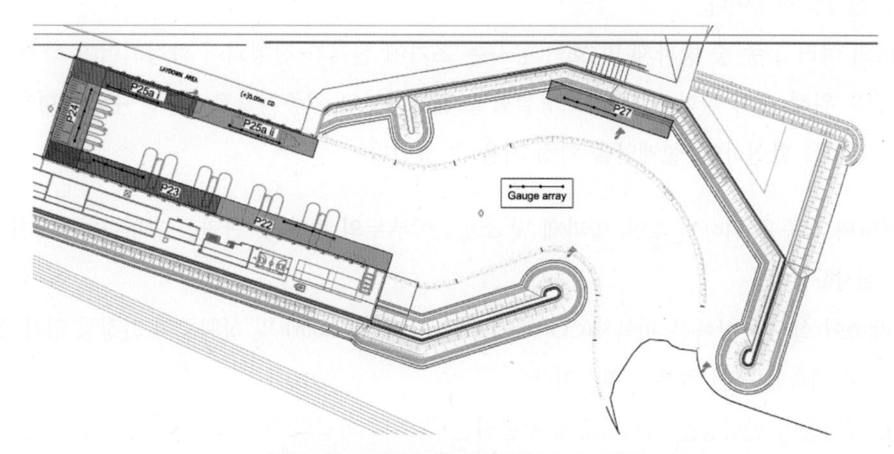

그림 3-134 정온도 측정을 위한 Gauge 배치도

항내 정온도 확보가 유리한 원안과 최적화된 대안 단면을 파향을 구별하여 표 3-24와 같은 실험을 실시하고 이에 대한 결과를 확보하였다. 90°의 파향은 항내 정온에 큰 영향을 미치지 못하는 것을 확인하였고, 120° 파향의 1년 빈도 파랑보다는 50년 빈도 파랑이 발주처의 정온 기준 만족에 위협적인 요소라는 것을 확인할 수 있었다. 또한 수치실험상으로 정온도 확보에 효과가 있다고 제시된 1:4 경사의 단면은 효과가 있으나 효율이 떨어짐을 확인하였다. 결론적으로, 발주처와의 협의를 통해 정온도가 확보되어야 하는 시점이 실제 항만이 가동되는 추후 단계임을 제시하여 대안 단면으로도 항내 정온도 기준을 만족함을 확인시켰다.

표 3-24 항내 정온도 측정 결과

실험안	파향	빈도	항내 파고				
			P22	P23	P24	P25a i	P25a ii
항내측 호안 1 : 4	90	1년	0.16	0.12	0.16	0.15	0.12
		50년	0.34	0.38	0.38	0.38	0.33
	120	1년	0.21	0.16	0.21	0.22	0.18
		50년	0.61	0.55	0.57	0.58	0.50
항내측 호안 1 : 1.5	120	1년	0.20	0.16	0.20	0.20	0.17
		50년	0.54	0.63	0.65	0.65	0.58

(5) 결론

2015년 10월 착공한 KNRP 프로젝트는 준설/매립과 방파제, 호안 공사, Vibro Flotation/Layer Compaction을 통한 지반개량 공사, 해상 접안시설 공사가 완료되었으며, 상부 플랜트 시설 및 건축에 대한 잔여 공사가 진행 중에 있다. 플랜트 시설의 건설이 완료된 후에는 시운전 기간을 통해 성능 검증을 완료하고 최종적인 준공 절차를 진행할 예정이다.

프로젝트의 여러 공종 중 방파제 및 호안 공사는 초기에 설계가 진행되어 확정되어야 하기 때문에 빠른 설계 진행을 위해 수치 실험 및 수리모형실험을 진행하였고 최종적으로 3차원 수리모형실험을 통해 아래와 같은 결론을 확인하여, 설계안을 확정 지을 수 있었다.

1) 실시 설계안의 검증을 위하여 호안, 방파제 및 소형선박부두의 평면 및 단면을 모형화하여 3차원 수리모형실험을 실시하였다.
2) 실험 시 계측이 실시된 항목은 피복재(CORE-LOC, Rock Armour) 및 상치공의 안정성 평가, 월파량 계측, 항내 파고 계측을 통한 정온도 평가이다.
3) 피복재 및 상치공의 안정성은 설계기준에 부합하는 것으로 확인되었다. 시공성 확보 및 철근 물량 최적화를 위해서 무근 콘크리트 블록식 상치에 대한 추가 실험을 실시했으며 안정성 측면에서 문제가 없음을 확인하였다.

정온도가 충족되는 최적 단면안을 도출하기 위해 항내 북측 호안 2가지의 안으로 실험을 실시했으며, 본격적으로 항내 가동이 실시될 Phase 2 단계를 고려하여 최적 단면안의 선정이 가능하였다.

3-2
안벽

3-2-1 Boubyan Port Phase 1(Combi Wall)
3-2-2 인천항 국제여객부두(함선)
3-2-3 싱가포르 투아스 핑거원 매립공사(Caisson)
3-2-4 광양항 컨테이너 터미널 3단계 2차 축조공사

3-2-1
Boubyan Port Phase 1 (Combi Wall)

(1) 서론

쿠웨이트 정부는 석유 생산에 의존하던 국가 경제 구조를 극복하고 석유시대 이후를 대비하기 위해 정유시설, 석유화학산업 등의 고부가가치 산업 발전을 위한 인프라 구축에 힘쓰고 있을 뿐만 아니라 북부 걸프지역을 물류 및 교역의 중심으로 성장시키기 위한 허브항(Hub Port) 건설을 포함한 도로 및 철도, 리조트, 신도시와 북서부의 자연보존구역 등에 대한 개발 계획을 1990년대부터 계획해 왔다. 그 계획에 따라 쿠웨이트 정부는 북부 걸프지역 허브항 부지로 부비안 섬과 인근 지역을 선정하여 2003년부터 2005년까지 2년여 동안의 타당성 조사를 통하여 부비안 섬 개발계획에 대한 마스터플랜(Master Plan)을 작성하였다(그림 3-135 참조). 부비안 섬 컨테이너 항만 개발을 위한 컨셉 디자인(Concept Design)을 2004년부터 2009년 동안 수행하였다. 컨셉 디자인 단계에서 수립된 최초 9선석의 컨테이너 항만 건설계획이 그림 3-136에서 제시된 바와 같이 총 24선석을 수용할 수 있는 항만으로 개발변경 되어 총 3단계에 걸쳐 건설될 예정이며, 잠재적으로는 60선석까지 부두를 확장할 계획이다.

현대건설은 2010년 쿠웨이트 공공사업성(Ministry of Public Work)에서 발주한 11억3000만 달러 규모의 부비안 항만공사 1단계(Phase1)를 수주하여 2011년 4월 6일 기공식을 갖고, 2014년 준공하였다. 부비안 항만공사 1단계(Phase1)는 25만 TEU급 컨테이너선 4척이 동시에 접안할 수 있는 부두 건설로 주요 공종은 안벽 1.7km 건설, 여의도 면적 60% 크기에 상당하는 배후단지를 조성 및 항로준설로 이루어져 있다. 현장 경계 형상과 주요 공종 및 수량은 그림 3-137과 같다.

실시설계 단계에서 재평가된 설계파고 증가로 허용 월파량을 만족시키기 위해 안벽 천단고 증고가 절대적으로 요구되었음에도 불구하고, 안벽 천단고 증고 없이 월파량 기준을 만족시킬 수 있는 효과적인 안벽 단면을 채택하고 수리실험을 통하여 증명함으로써 배후 부지 매립고 증고 없이 쟁점 사항을 극복한 사례를 소개함은 물론, 당 현장의 경험을 바탕으로 유사 공사 시 설계파고 변경에 따른 주요 공종에 미칠 수 있는 영향을 사전에 대처할 수 있는 방안을 제시하였다.

그림 3-135 부비안 섬 개발계획

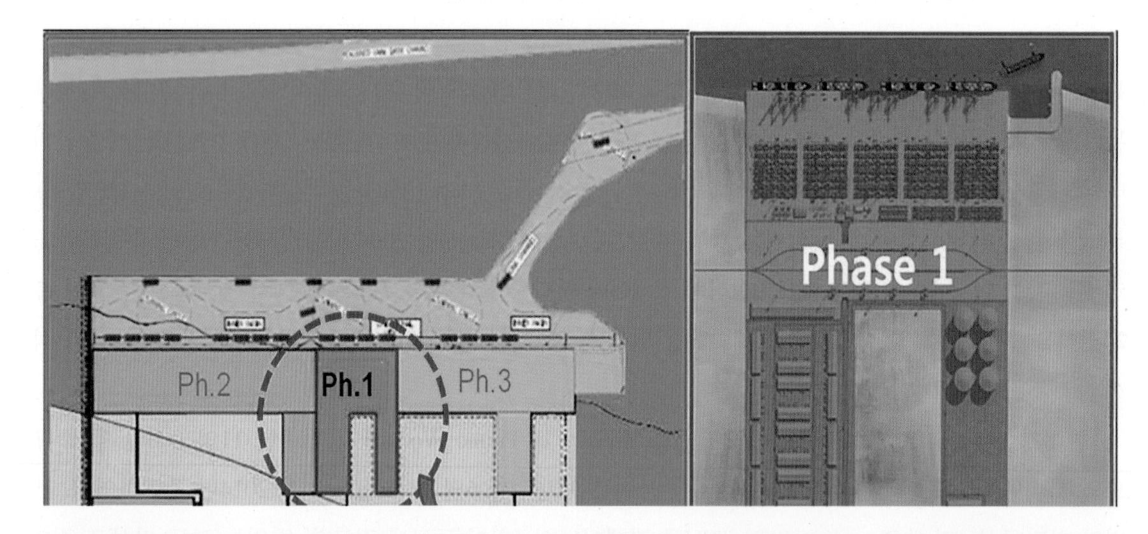

구분	1단계	2단계	3단계	Total
안벽길이	1,700m	3,300m	2,500m	7,500m
선석수	4 Nos	12 Nos	8 Nos	24 Nos
연간처리량	1.8 Mil TEU	2.7 Mil TEU	3.6 Mil TEU	8.1 Mil TEU
매립면적	187 ha (57만평)	314 ha (95만평)	250 ha (76만평)	751 ha (228만평)
완공일	2014년	2018년	2023년	-

그림 3-136 부비안 항만공사 단계별 항만 규모

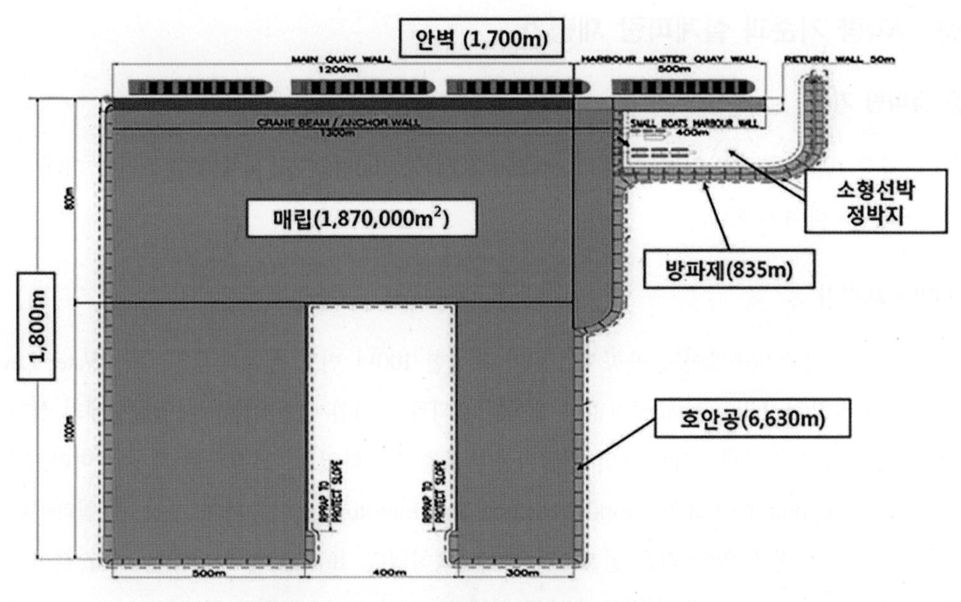

그림 3-137 부비안 항만공사 1단계 주요 공종 및 수량

(2) 안벽 구조물 설계파랑 조건

1) 안벽 구조물

부비안 컨테이너 항만의 안벽 구조물은 전면부에 강관말뚝과 널말뚝을 결합한 Combi-Wall을 시공하고, 배면 측에 강관말뚝을 항타하여 전면과 배면 말뚝을 타이로드로 연결하는 구조로 되어 있다(그림 3-138 참조). 전면부 및 배면부의 강관말뚝의 직경은 각각 2,540mm와 1,575mm로, 이들 말뚝들은 안벽 구조물인 동시에 크레인 레일의 기초로 활용된다.

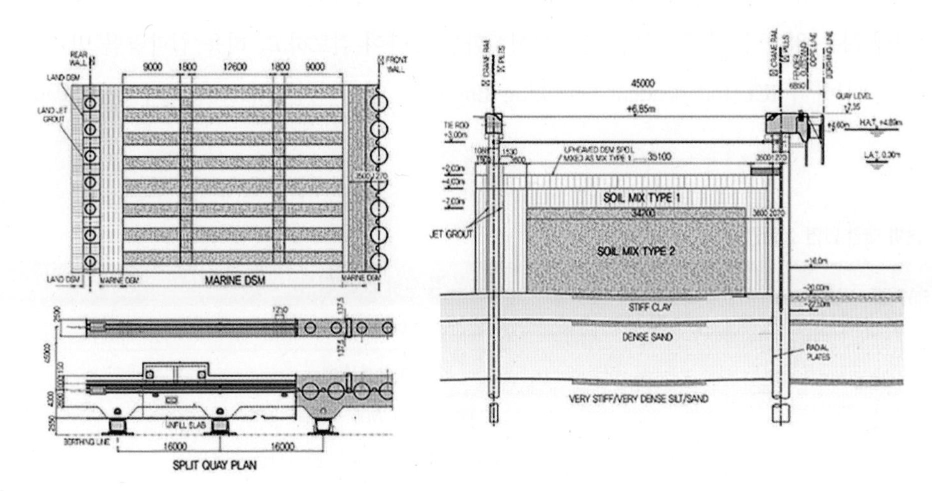

그림 3-138 안벽 표준단면 및 평면도

2) 허용 월파량 기준과 설계파랑 재평가

① 허용 월파량 기준

부비안 항만공사 1단계 공사의 안벽 천단고 +6.25m KLD는 100년 빈도 설계파랑 조건에 대해 허용 월파량 5($l/s/m$)를 만족하여야 한다.

② 설계파고 재평가

입찰설계 단계에서 발주처(쿠웨이트 공공사업성)가 제공한 100년 빈도 설계파랑은 수위(Water Level)와의 결합확률분석(Joint Probability Analysis) 없이 해석된 결과로 실시설계 단계에서는 입찰설계의 설계파랑 검증을 위하여 설계파고와 설계수위에 대한 결합확률분석을 수행하였고 그 결과로 제시된 여러 가지 "조합(Pairing)" 중 Overtopping Neural Network Prediction Tool(EurOtop)을 이용하여 가장 큰 월파량이 평가되는 "조합"을 월파량 산정을 위한 최종 설계조건으로 선정하였다. 표 3-25에 나타내는 바와 같이 실시설계 시 재평가된 설계파고는 입찰설계 시 발주처 제공 설계파고보다 약 0.8m 정도 큰 값으로 추정되었다.

표 3-25 100년 빈도 설계파고

입찰설계 시 설계파고	실시설계 시 재평가된 설계파고
1.27m	2.08m

(3) 3차원 수리모형실험

실시설계 단계에서 재평가된 설계파고가 당초 입찰설계 시 발주처 제공 설계파고보다 커짐에 따라 배후부지 매립고의 상승 없이 허용월파 기준(5 $l/s/m$)을 만족시키기 위한 안벽 대안 단면이 요구되었다. 이에 Fender Base의 요철형상, 월파막이 Slab, Upstand Wall 이상 3가지 안벽 대안 단면을 대상으로 표 3-26의 실험안에 대해 허용 월파량 만족 여부를 수리모형실험을 통하여 검토하고, 허용 월파량을 만족하는 최적의 대안 단면을 제시하여 ICE(Independent Checking Engineer, 감리사)인 Halcrow社의 Certificate를 받아야 했다.

표 3-26 안벽 대안 단면 실험안

No.	안벽 실험 단면 형식
1	Flat Wall
2	Fendered Wall
3	Fendered Wall + Slab
4	Fendered Wall + Slab + 0.25m Upstand
5	Fendered Wall + Slab + 0.50m Upstand

1) 실험 수조

안벽 대안 단면에 대한 3차원 수리모형실험은 HR Wallingford(영국)의 Froude Modelling Hall 내 Basin F에서 수행되었다(그림 3-139 참조). Basin F는 30.0m × 37.5m 규모로 조파기는 12m 길이의 패들(Paddle)식이며 불규칙파 조파가 가능하다. 또한 수조 끝단에는 파랑의 반사파 발생을 억제할 수 있는 파랑흡수장치가 설치되었다.

2) 실험 조건

수리모형실험 수행 당시, 발주처 기술회사(URS社, 영국)와 감리사(Halcrow社, 영국) 그리고 설계사(Royal Haskoning社, 영국) 간 실험 조건(파고와 수위)에 대한 합의가 이루어지지 않은 상황이었지만, 실험 수조 일정을 고려하여 총 8가지 예상 실험조건에 대한 실험을 준비했고 이후 8개의 실험결과를 토대로 최종 확정된 실험 조건에 대한 월파량을 추정하기로 하였다.

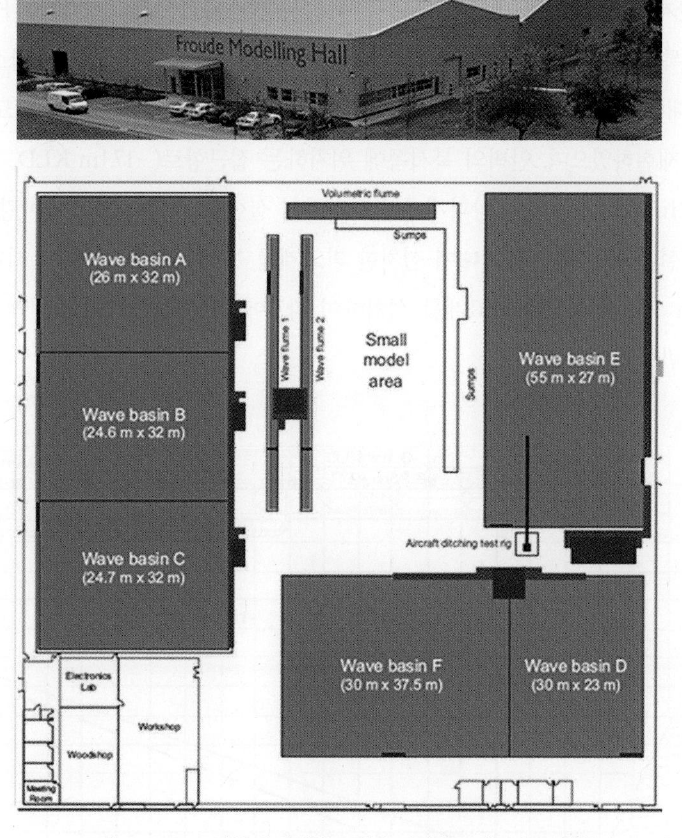

그림 3-139 3차원 수리실험동 및 수리실험동 내부 수조 현황

표 3-27 수리모형실험 실험 조건

Wave Conditions				Tests Parts performed during each Test Series				
#	Hs (m)	Tp (s)	SWL (m KLD)	E	A	B	D	C
				Vertical Wall	Fender	Fender +Slab	Fender+Slab +0.25m Upstand	Fender+Slab +0.50m Upstand
1	2.46	6.2	4.5	×	■	■	■	■
2	2.20	6.0	4.5	■	■	■	■	■
3	2.46	6.2	4.0	×	■	■	×	×
4	2.20	6.0	4.0	■	■	■	×	×
5	2.00	5.7	4.0	×	■	×	×	×
6	1.80	5.5	4.0	×	■	×	×	×
7	2.00	5.7	4.5	×	■	■	×	×
8	1.80	5.5	4.5	×	×	■	×	×

3) 모형 구축

부비안 항만공사 1단계 현장은 파랑이 약 112°로 경사 입사함에 따라 그림 3-140에 나타내는 바와 같이 대상 해역의 입사파랑특성을 고려하여 모형 영역(15m×30.5m)을 안벽 단면에 대해 비스듬히 구성하였으며, 모델 축척 1 : 60에 대해 실험 수심은 0.33m이다. 정확한 수리모형실험을 위하여 시멘트 모르타르로 해저지형(−15.6m KLD)을 재현하였으며, 안벽의 북서쪽에 위치하는 접근항로(−17.1m KLD, 1 : 25 경사)뿐만 아니라 소형선박접안(−9.1m KLD)을 위한 방파제까지 고려하여 실험을 수행하였다. 월파량은 안벽 위 120m 간격으로 월파수조를 설치하고 월파수조 내에 설치한 파고계를 통해 기록된 수위의 시계열로 추정하였으며, 또한 안벽 전면 30m 떨어진 지점에 파고계를 설치하여 파고에 따른 월파량의 공간적 변화 양상을 확인할 수 있도록 하였다(그림 3-141 참조).

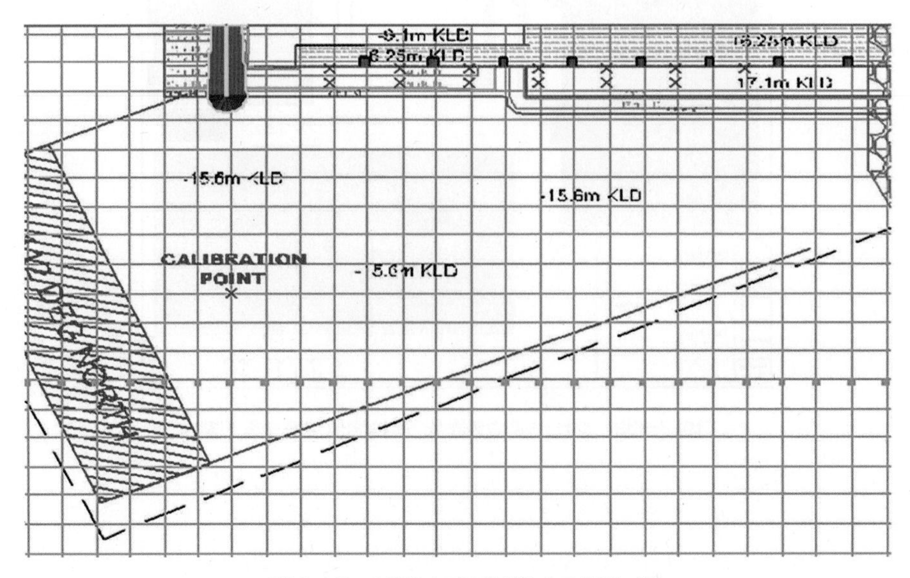

그림 3-140 3차원 수리모형실험 수조 평면 계획

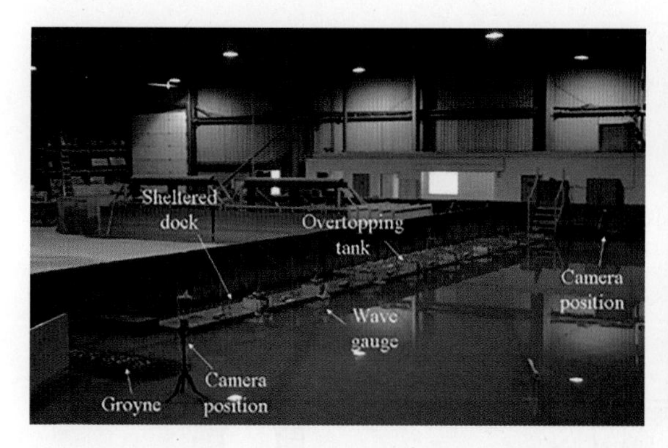

그림 3-141 3차원 수리모형실험 수조 내 실험 장비 배치도

4) 실험파랑 재현

실험을 수행하기 전 정확한 목표 입사파랑 재현을 위하여 구조물 전면에 파랑흡수 장치를 설치하여 구조물에 의한 파랑의 반사파 영향을 억제한 조건에서 조파기 전면에 파고계를 설치(그림 3-140 참조)하여 입사파랑의 검정(Calibration)을 수행하였으며, 조파 파랑과 목표 파랑의 비교 일례를 그림 3-142에 나타내었다. 결과에 의하면 조파 파랑은 표 3-27에 제시된 목표 파랑을 정도 높게 재현하였다.

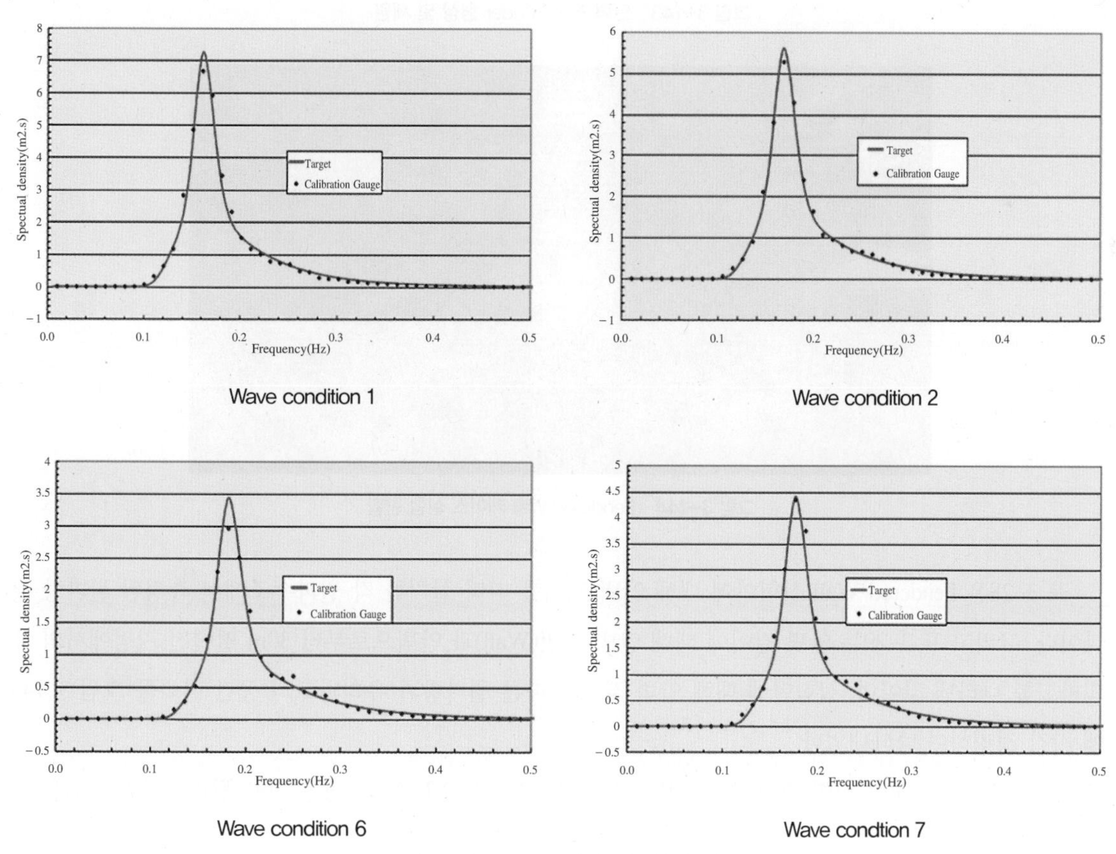

그림 3-142 조파 파랑과 목표 파랑 비교

(4) 수리모형실험 결과

1) Test Series A–Fendered Wall

안벽 전면에 Fender가 설치된 경우에 대한 월파량 실험을 수행하였으며, Fender 상세단면은 그림 3-143에 나타내었고 실험 현황은 그림 3-144에 보여진다.

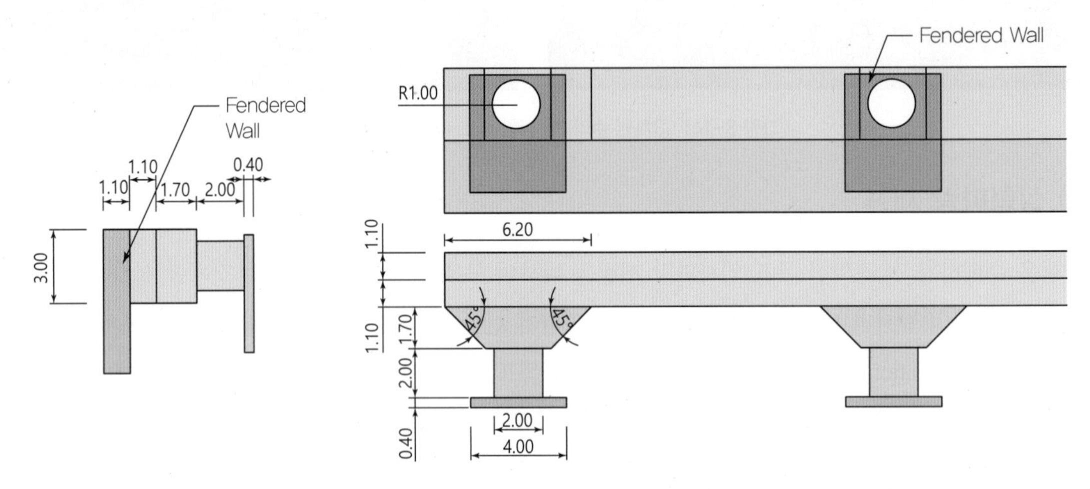

그림 3-143 안벽 전면 Fender 형상 및 제원

그림 3-144 Fendered Wall 케이스 실험 현황

표 3-28은 Fendered Wall 실험안에 대해 안벽 길이를 따라 설치한 각 월파수조에서 측정된 월파량 결과이다. 그리고 표 3-29는 안벽 길이에 대해 안벽 전면(Wall)과 안벽으로부터 30m 떨어진 지점에서의 유의파고를 나타낸 것이며, 실험안에 대해 안벽 길이에 따른 월파량과 유의파고의 공간 변화를 그림 3-145에 각각 정리하여 나타내었다.

평균 월파량에 대한 실험 결과에 의하면, 실험 케이스 A1, A2, A3의 경우 허용 월파량(5 $l/s/m$)을 초과하였고, 실험 케이스 A4와 A7은 안벽 길이에 대해 국부적으로 허용 월파량 기준을 2배 이상 상회하는 경우도 있지만 전체적으로는 평균 월파량이 허용 월파량 기준에 도달하였다. 한편 A5와 A6은 상대적으로 낮은 입사파고와 수위 조건으로 허용 월파량 기준을 충분히 만족하는 것으로 검토되었다.

표 3-28 각 월파수조에서 측정된 평균 월파량($l/s/m$)

Distance along Quaywall(m)		120	240	360	480	600	720	840	960	Ave.
Test Part	A1	5.4	8.1	23.1	20.7	22.7	23.5	33.9	35.8	21.7
	A2	0.4	4.5	12.7	7.6	9.8	14.2	11.7	16.3	9.6
	A3	0.7	3.3	14.4	8.8	8.5	14.2	12.7	15.1	9.7
	A4	0.0	1.8	7.9	5.3	5.7	9.0	5.3	6.8	5.2
	A5	0.2	0.9	2.7	2.4	2.3	2.5	2.5	2.7	2.0
	A6	0.0	0.3	1.3	0.8	0.2	0.8	0.8	0.6	0.6
	A7	0.0	0.7	5.3	3.5	10.4	14.1	5.1	2.5	5.2

표 3-29 유의파고(m)의 공간 변화

Test Part	Distance along Wall(m)	60	180	300	420	540	660	780	900
A1	Channel	1.65	1.81	1.99	2.08	2.67	2.75	2.99	2.94
	Wall	2.60	3.20	3.90	3.92	4.08	3.80	4.21	4.25
A2	Channel	1.60	1.67	1.81	1.81	2.59	2.42	2.70	2.58
	Wall	2.30	2.94	3.64	3.53	3.52	3.45	3.60	3.83
A3	Channel	1.79	1.89	2.08	2.10	3.37	3.09	3.29	3.31
	Wall	2.50	3.21	4.06	4.00	4.14	3.83	4.08	4.22
A4	Channel	1.67	1.76	1.98	1.94	3.22	2.82	3.16	2.83
	Wall	2.36	2.91	3.64	3.82	3.90	3.71	3.78	3.94
A5	Channel	1.69	1.62	1.71	1.77	2.77	2.36	2.58	2.29
	Wall	2.29	2.87	3.19	3.38	3.62	3.38	3.37	3.58
A6	Channel	1.53	1.52	1.61	1.56	2.58	2.15	2.31	2.00
	Wall	1.95	2.43	2.81	3.10	3.09	2.97	2.93	3.03
A7	Channel	1.87	1.70	2.28	2.08	1.65	1.76	1.87	2.03
	Wall	2.01	2.64	3.450	3.26	3.13	3.26	3.25	2.12

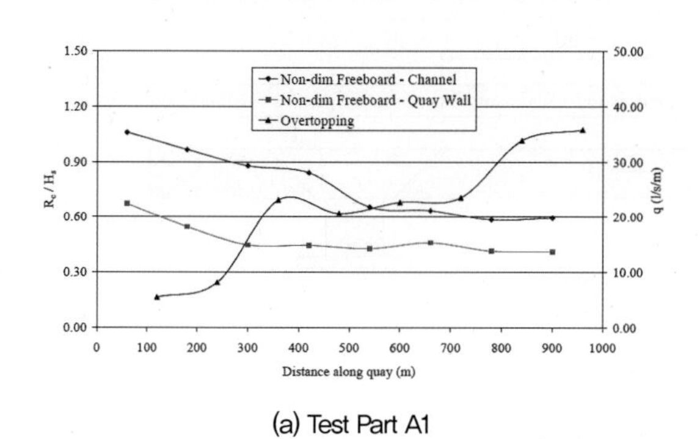

(a) Test Part A1

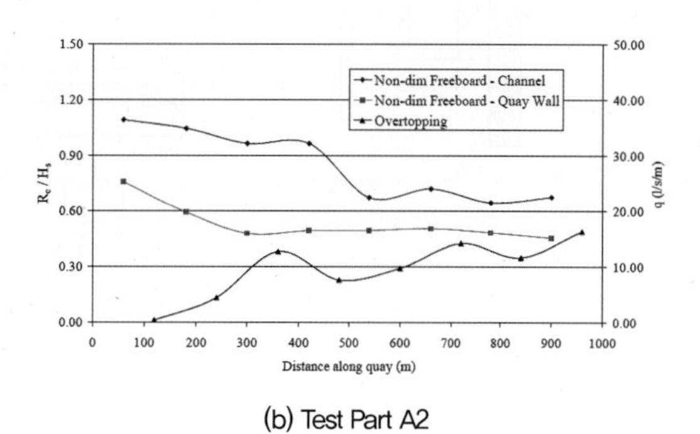

(b) Test Part A2

그림 3-145 안벽 길이에 따른 무차원 파고 변화 및 월파량 변화(R_c : 여유고, H_s : 유의파고) (계속)

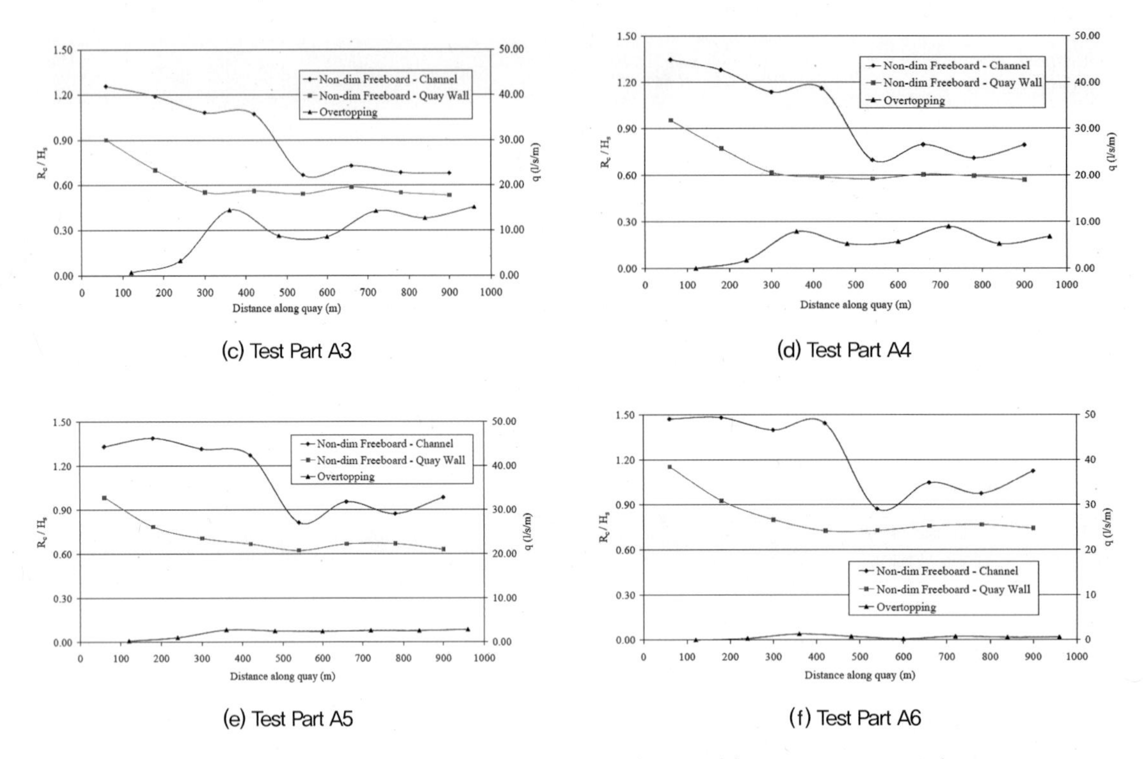

(c) Test Part A3 (d) Test Part A4

(e) Test Part A5 (f) Test Part A6

그림 3-145 안벽 길이에 따른 무차원 파고 변화 및 월파량 변화(R_c : 여유고, H_s : 유의파고)

2) Test Series B-Fendered Wall with Slab

Test Series A 안벽에 Slab가 설치된 경우에 대한 월파량 실험을 수행하였으며, 실험안에 대한 상세단면은 그림 3-146에 나타내었고 실험 현황은 그림 3-147에 보여진다.

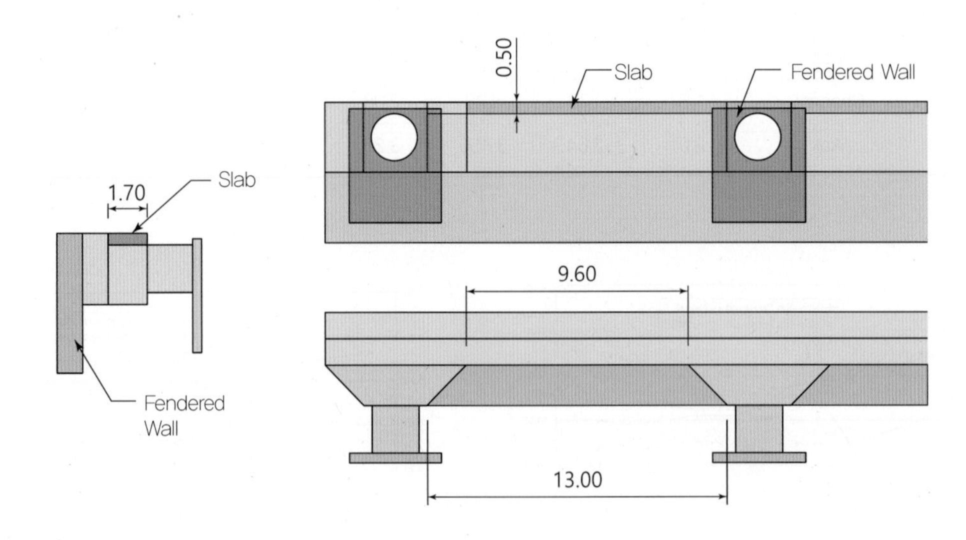

그림 3-146 안벽 전면 Fender + Slab 형상 및 제원

그림 3-147 Fendered Wall + Slab 케이스 실험 현황

표 3-30은 Fendered Wall+Slab 실험안에 대해 안벽 길이를 따라 설치한 각 월파수조에서 측정된 월파량 결과이며, 표 3-31은 안벽 길이에 대해 안벽 전면(wall)과 안벽으로부터 30m 떨어진 지점에서의 유의파고를 나타낸 것이다. 그리고 실험안에 대해 안벽 길이에 따른 월파량과 유의파고의 공간 변화를 그림 3-148에 각각 정리하여 나타내었다.

실험 결과에 의하면, 실험 케이스 B3, B4, B8의 경우 허용 월파량(5 $l/s/m$) 기준 이내의 월파량을 나타낸 반면 B2은 허용 월파량 기준의 월파량을, 그리고 B1은 허용 월파량을 초과하였다. 한편 Fendered Wall+Slab에 대한 실험 결과를 Fendered Wall의 실험 결과와 비교하면 모든 실험안에 대해 평균 월파량이 감소하는 결과를 나타내었다.

표 3-30 각 월파수조에서 측정된 평균 월파량($l/s/m$)

Distance along Quaywall(m)		120	240	360	480	600	720	840	960	Ave.
Test Part	B1	5.6	9.1	28.0	16.9	16.9	14.6	17.8	17.8	15.8
	B2	0.7	2.6	10.1	8.1	7.4	5.4	7.0	7.5	6.1
	B3	0.0	2.1	6.8	3.1	2.5	3.5	7.0	9.8	4.3
	B4	0.0	1.0	3.5	1.5	1.9	1.9	2.0	4.0	2.2
	B7	0.3	1.2	5.3	5.2	3.0	6.1	11.3	9.3	5.2
	B8	0.0	0.4	1.4	1.8	1.3	1.4	2.3	2.5	1.4

표 3-31 유의파고(m)의 공간 변화

Test Part	Distance along Wall(m)	60	180	300	420	540	660	780	900
B1	Channel	1.76	2.04	2.13	2.70	2.92	2.76	2.93	–
	Wall	2.68	3.36	4.20	3.90	3.91	3.68	3.78	3.73
B2	Channel	1.56	1.78	1.88	2.43	2.62	2.44	2.66	–
	Wall	2.32	2.99	3.51	3.58	3.59	3.34	3.36	3.57
B3	Channel	1.89	1.89	1.92	2.42	2.88	2.85	3.15	–
	Wall	2.43	3.00	4.11	3.79	3.81	3.63	3.96	2.21
B4	Channel	1.91	1.78	1.84	2.27	2.69	2.58	2.86	–
	Wall	2.34	2.93	3.73	3.60	3.57	3.55	3.60	3.82
B7	Channel	1.71	1.57	1.65	1.73	1.93	2.03	2.03	–
	Wall	2.03	2.53	3.06	3.20	2.15	4.19	3.87	2.88
B8	Channel	1.37	1.45	1.49	1.95	2.13	1.82	2.11	–
	Wall	2.11	2.44	2.82	2.73	2.92	2.89	2.75	2.97

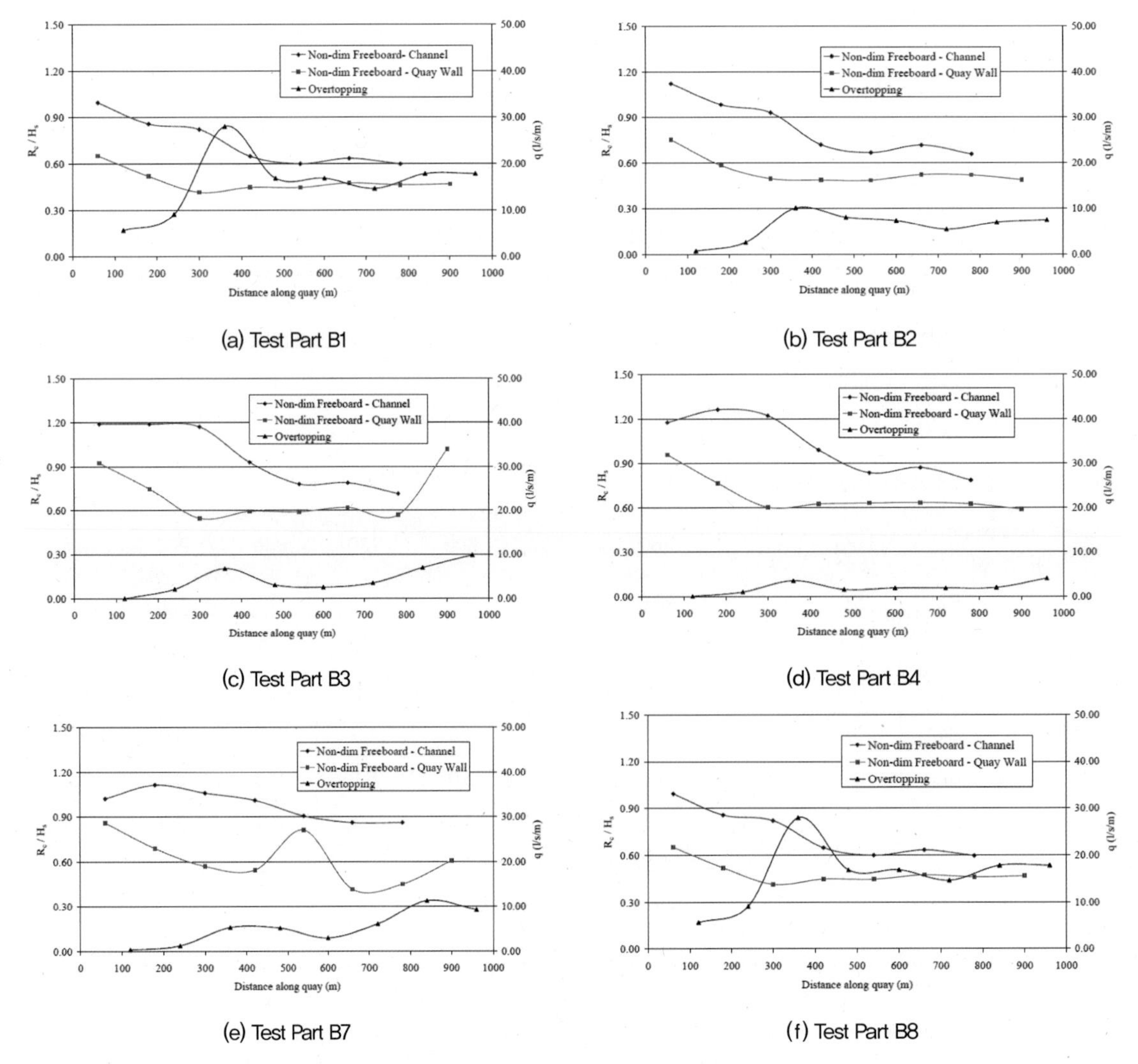

(a) Test Part B1 (b) Test Part B2

(c) Test Part B3 (d) Test Part B4

(e) Test Part B7 (f) Test Part B8

그림 3-148 안벽 길이에 따른 무차원 파고 변화 및 월파량 변화(R_c : 여유고, H_s : 유의파고)

3) Test Series C–Fendered Wall with Slab and 0.5m Upstand

Test Series B 안벽에 0.5m Upstand Wall이 설치된 경우에 대한 월파량 실험을 수행하였다. 실험안에 대한 단면을 그림 3-149에, 실험 현황은 그림 3-150에 각각 나타내었다.

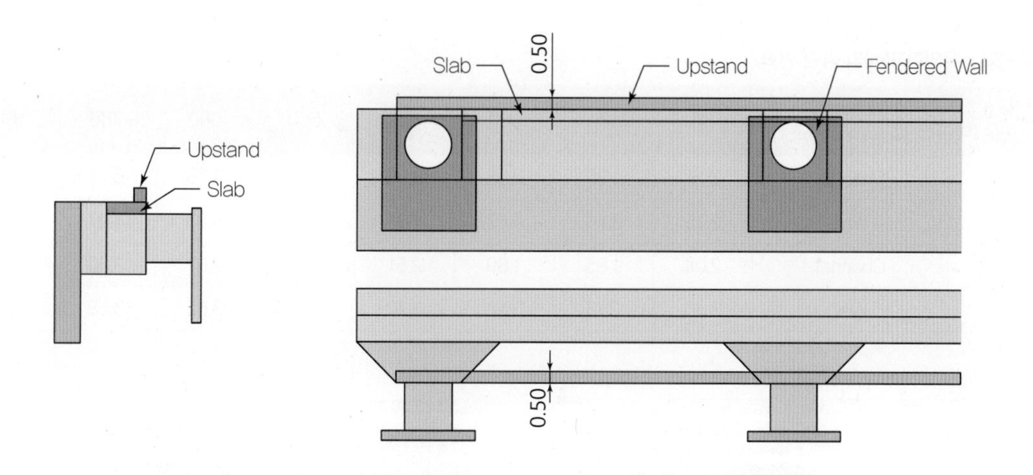

그림 3-149 안벽 전면 Fender + Slab + 0.5m upstand 형상 및 제원

그림 3-150 Fendered Wall + Slab + 0.5m Upstand 케이스 실험 현황

표 3-32는 Fendered Wall + Slab + 0.50m Upstand 실험안에 대한 안벽 길이를 따른 각 월파수조에서 측정된 월파량 결과이며, 표 3-33은 안벽 길이에 대해 안벽 전면(Wall)과 안벽으로부터 30m 떨어진 지점에서의 유의파고를 나타낸 것이다. 그리고 실험안별 안벽 길이에 따른 월파량과 유의파고의 공간 변화를 그림 3-151에 나타내었다.

표 3-32 각 월파수조에서 측정된 평균 월파량($l/s/m$)

Distance along Quaywall(m)		120	240	360	480	600	720	840	960	Ave.
Test Part	C1	0.6	2.5	6.3	4.3	4.8	5.3	9.6	14.7	6.0
	C2	0.0	0.9	1.9	1.4	1.7	1.7	1.2	4.1	1.6

표 3-33 유의파고(m)의 공간 변화

Test Part	Distance along Wall(m)	60	180	300	420	540	660	780	900
C1	Channel	2.14	1.99	2.08	2.83	3.18	3.36	3.71	–
	Wall	2.75	3.44	4.07	4.05	4.17	3.93	4.27	4.23
C2	Channel	2.04	1.85	1.89	2.51	2.81	2.87	3.30	–
	Wall	2.45	3.13	3.58	3.70	3.69	3.62	3.58	3.72

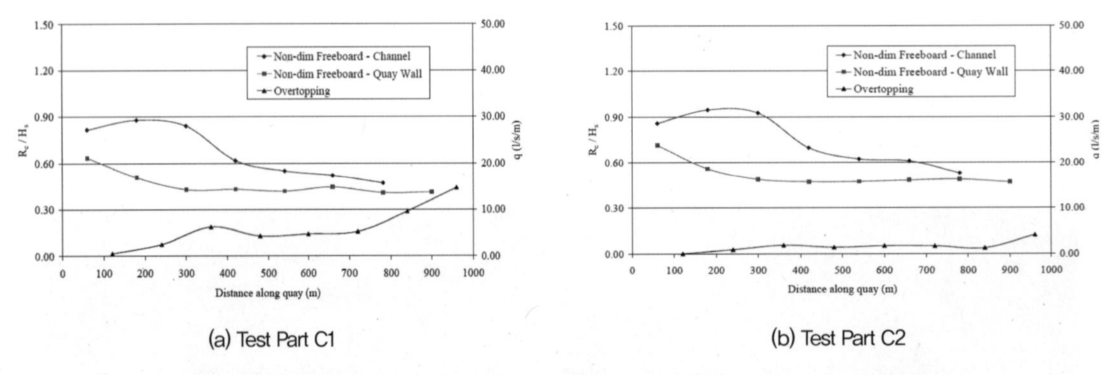

(a) Test Part C1 (b) Test Part C2

그림 3-151 안벽 길이에 따른 무차원 파고 변화 및 월파량 변화(R_c : 여유고, H_s : 유의파고)

실험 결과에 의하면, Fendered Wall + Slab + 0.50m Upstand 실험안은 Fendered Wall + Slab 실험안보다 평균 월파량이 전체적으로 더 감소하였으나, C1 케이스는 허용 월파량을 다소 초과하였다.

4) Test Series D – Fendered Wall with Slab and 0.25m Upstand

Test Series D는 Test Series C의 0.5m Upstand Wall 대신 0.25m Upstand Wall을 설치한 경우에 대한 월파량 실험안이다. 실험안에 대한 단면과 실험 현황을 그림 3-152와 3-153에 각각 나타내었다.

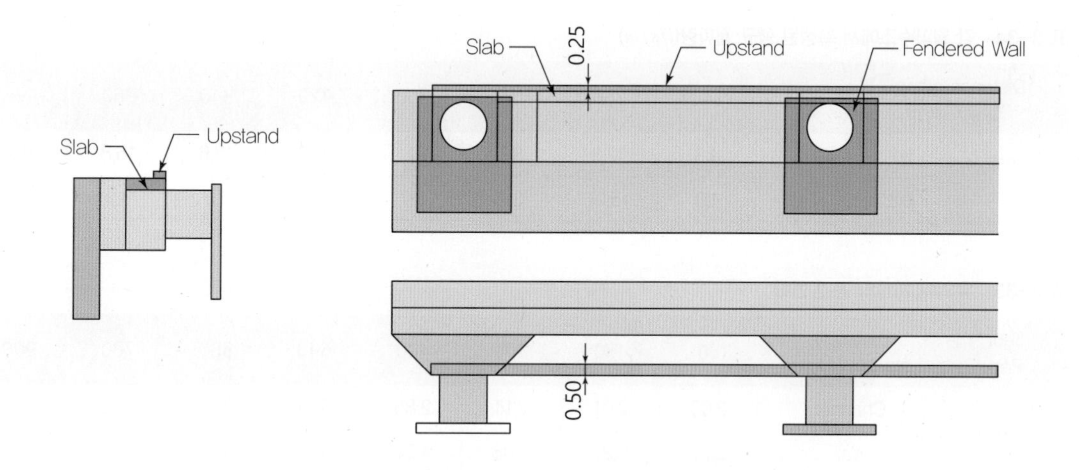

그림 3-152 안벽 전면 Fender + Slab + 0.25m Upstand 형상 및 제원

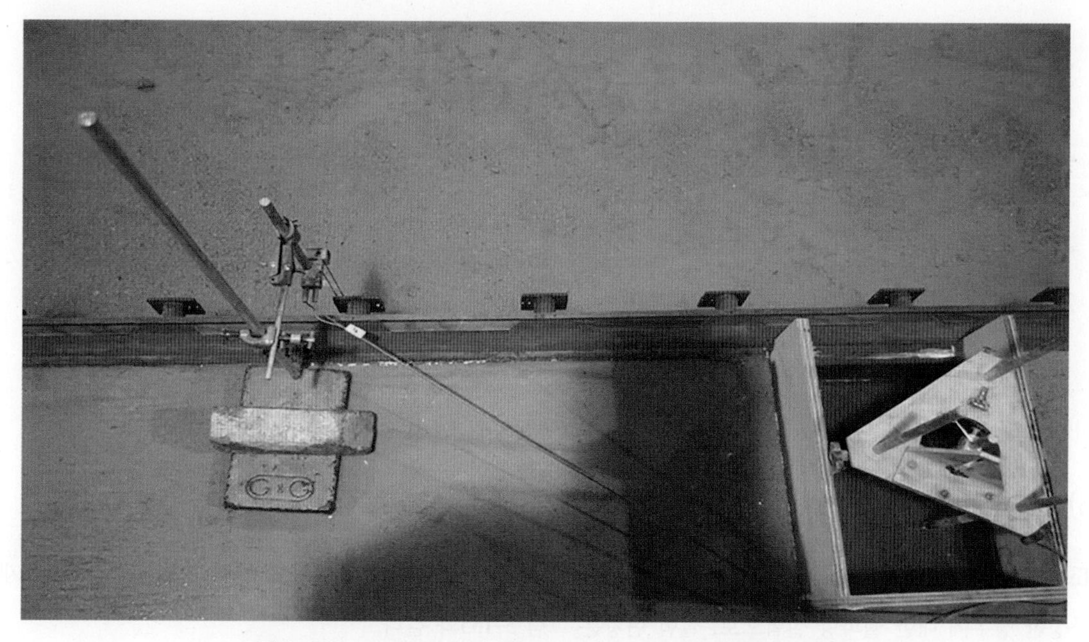

그림 3-153 Fendered Wall + Slab + 0.25m Upstand 케이스 실험 현황

표 3-34는 Fendered Wall + Slab + 0.25m Upstand 실험안에 대한 각 월파수조에서 측정된 월파량 결과이며, 표 3-35는 안벽 길이에 대해 안벽 전면(Wall)과 안벽으로부터 30m 떨어진 지점에서의 유의파고를 나타낸 것이다. 그리고 그림 3-154는 실험안별 안벽 길이에 따른 월파량과 유의파고의 공간 변화이다.

실험 결과에 의하면, Fendered Wall + Slab 실험안보다 평균 월파량이 전체적으로 감소하였으나, Fendered Wall + Slab + 0.50m Upstand 실험안보다는 다소 높은 평균 월파량을 나타내었다.

표 3-34 각 월파수조에서 측정된 평균 월파량($l/s/m$)

Distance along Quaywall(m)		120	240	360	480	600	720	840	960	Ave.
Test Part	D1	0.7	4.3	12.6	8.7	10.1	11.6	12.6	16.8	9.7
	D2	0.0	1.3	6.1	3.7	3.7	2.2	1.5	3.9	2.8

표 3-35 유의파고(m)의 공간 변화

Test Part	Distance along Wall(m)	60	180	300	420	540	660	780	900
D1	Channel	2.09	2.01	2.14	2.85	3.14	3.25	3.63	–
	Wall	2.71	3.27	4.08	4.20	4.13	3.96	4.15	4.15
D2	Channel	1.79	1.73	1.88	2.24	2.60	2.56	3.00	–
	Wall	2.23	2.94	3.54	3.85	3.64	3.48	3.45	3.59

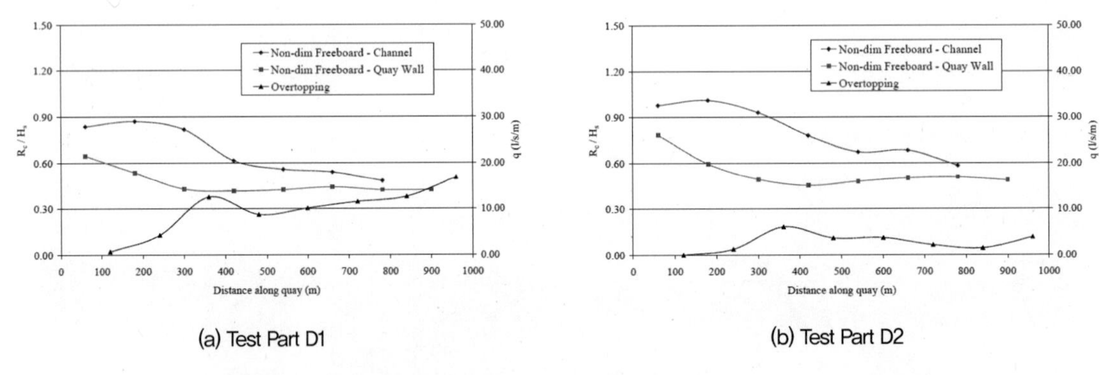

(a) Test Part D1 (b) Test Part D2

그림 3-154 안벽 길이에 따른 무차원 파고 변화 및 월파량 변화(R_c : 여유고, H_s : 유의파고)

5) Test Series E-Vertical Face

Test Series E는 Test Series A~D에서 고려한 Fender와 Upstand Wall을 제거하고 안벽 전면을 직립으로 재구성한 경우에 대한 월파량 실험으로, 실험 현황은 그림 3-155와 같다.

표 3-36은 Vertical Face 실험안에 대해 각 월파수조에서 측정된 월파량 결과를 나타내며, 표 3-37은 안벽 길이에 대해 안벽 전면(Wall)과 안벽으로부터 30m 떨어진 지점에서의 유의파고를 나타낸 것이다. 그리고 그림 3-156은 실험안별 안벽 길이에 따른 월파량과 유의파고의 공간 변화이다.

실험 결과에 의하면, 실험안 Test Series A~E 중 가장 큰 월파량 값을 나타내었으며, 또한 모든 실험 케이스가 허용 월파량 기준을 상당히 초과하였다.

그림 3-155 Vertical Face 케이스 실험 현황

표 3-36 각 월파수조에서 측정된 평균 월파량($l/s/m$)

Distance along Quaywall(m)		120	240	360	480	600	720	840	960	Ave.
Test Part	E1	11.3	16.7	39.9	41.9	53.3	56.5	43.4	42.4	38.2
	E2	1.7	6.8	19.9	8.8	14.9	13.1	13.8	21.9	12.6

표 3-37 유의파고(m)의 공간 변화

Test Part	Distance along Wall(m)	60	180	300	420	540	660	780	900
E1	Channel	2.11	1.98	2.61	2.57	1.92	2.25	2.07	–
	Wall	2.33	3.34	3.69	3.91	2.66	4.64	4.34	3.5
E2	Channel	1.97	2.05	2.28	2.21	1.74	1.82	2.15	–
	Wall	2.33	3.33	4.16	3.91	4.03	3.97	4.14	2.74

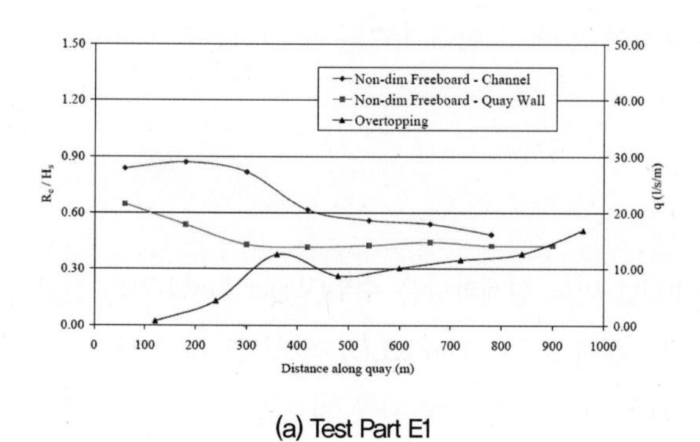

(a) Test Part E1

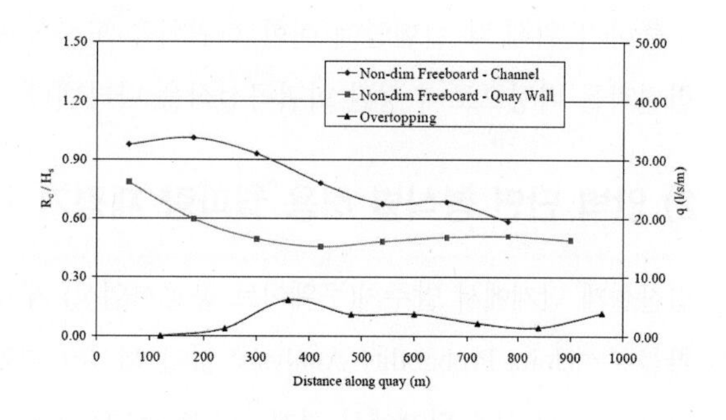

(b) Test Part E2

그림 3-156 안벽 길이에 따른 무차원 파고 변화 및 월파량 변화(R_c : 여유고, H_s : 유의파고)

(5) 최적 안벽 단면 형식

1) 회귀곡선식 추정

안벽 단면 형식별 월파량 수리모형실험에 의하면 월파량 저감 효율은 Fender+Slab+0.50m Upstand, Fender+Slab+0.25m Upstand, Fender+Slab, Fender 그리고 Vertical Wall 순으로 평가되었으며, 특히 Fender 설치로 월파량이 저감하는 것을 알 수 있었다. 표 3-38은 수리모형실험에 의한 안벽 단면 형식별 월파량 결과를 정리한 것이다.

표 3-38 안벽 단면 형식별 월파량($l/s/m$) 비교

Wave Conditions				Tests Parts performed during each Test Series				
#	Hs (m)	Tp (s)	SWL (m KLD)	E	A	B	D	C
				Vertical Wall	Fender	Fender +Slab	Fender+Slab +0.25m Upstand	Fender+Slab +0.50m Upstand
1	2.46	6.2	4.5	×	22	16	9.7	6.0
2	2.20	6.0	4.5	38	9.7	6.1	2.8	1.6
3	2.46	6.2	4.0	×	9.7	4.3	×	×
4	2.20	6.0	4.0	13	5.2	2.0	×	×
5	2.00	5.7	4.0	×	2.0	×	×	×
6	1.80	5.5	4.0	×	0.6	×	×	×
7	2.00	5.7	4.5	×	5.2	5.2	×	×
8	1.80	5.5	4.5	×	×	1.4	×	×

본 수리모형실험의 실험조건은 앞에서 언급한 바와 같이 수리모형실험 수행 당시, 발주처 기술회사(URS社, 영국)와 감리사(Halcrow社, 영국) 그리고 설계사(Royal Haskoning社, 영국) 간 실험조건(파고와 수위)에 대한 합의가 이루어지지 않은 상황에서 수행된 결과로, 합의된 실험조건에 대한 월파량 결과를 도출하기 위해 각 실험안에 대한 회귀식을 도출할 필요성이 있다. 그림 3-157은 각 실험안별 월파량 실험결과를 바탕으로 추정된 회귀곡선식을 나타낸다.

2) 안벽 단면 형식별 허용 월파량 재평가

입찰설계 단계에서 발주처(쿠웨이트 공공사업성) 제공 100년 빈도 설계파랑은 수위(Water Level)와의 결합확률분석(Joint Probability Analysis) 없이 해석된 결과이며 설계 조위(5.03m KLD) 역시 과도하게 산정되었다. 이에 실시설계 단계에서 설계사인 Royal Haskoning社(영국)는 기존 파랑 관측 자료를 활용하여 설계파랑과 수위의 결합확률분석(Joint Probability Analysis)해석을 수행한 후 폭풍해일 등에 의한 수위의 불확실성을 고려하여 파고 Hs=2.08m, 수위 WL=4.03m KLD를 도출하였다. 이를 근거로 그림 3-157의 회귀분석식에 의해 추정된 안벽 단면 형식별 허용 월파량을 표 3-39에 나타내었다.

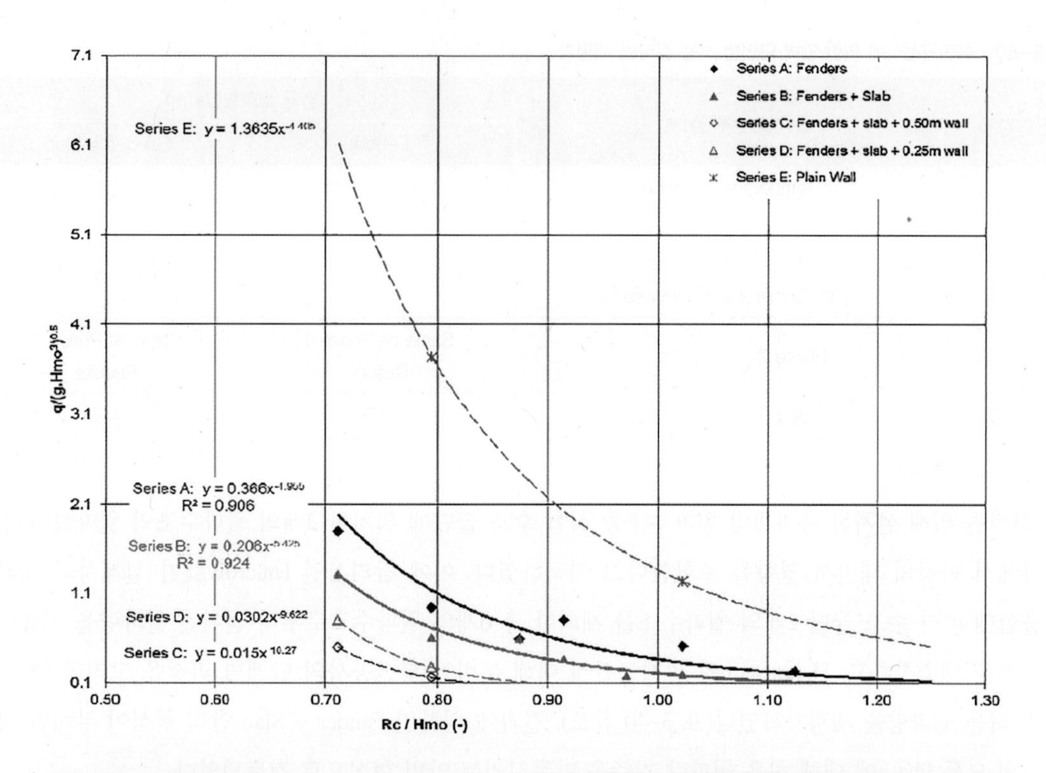

Test Series	회귀곡선식
Fenders	$q/(gH_m^3)^{0.5} = 0.366(R_c/H_m)^{-4.955}$
Fenders + Slab	$q/(gH_m^3)^{0.5} = 0.206(R_c/H_m)^{-5.425}$
Fenders + Slab + 0.5m Wall	$q/(gH_m^3)^{0.5} = 0.015(R_c/H_m)^{-10.27}$
Fenders + Slab + 0.25m Wall	$q/(gH_m^3)^{0.5} = 0.302(R_c/H_m)^{-9.622}$
Vertical Wall	$q/(gH_m^3)^{0.5} = 1.3635(R_c/H_m)^{-4.405}$

그림 3-157 수리실험안별 회귀곡선식(q : 월파량, Rc : 건헌고, Hm : 유의파고)

표 3-39 회귀곡선식에 의한 안벽 단면별 평균 월파량

No.	Quaywall type	평균 월파량($l/s/m$) (Hs = 2.08, WL = 4.03 KLD)
1	Vertical Wall	9.6
2	Fenders	2.5
3	Fenders + Slab	1.4
4	Fenders + Slab + 0.25m Wall	0.15
5	Fenders + Slab + 0.25m Wall	0.07

Note : No.1, No.4, No.5의 결과는 2개의 실험안에 대해 도출된 결과로 신뢰성 부족

부비안 항만공사 1단계의 감리사인 Halcrow社(영국)는 입찰설계 시 설계조건의 문제점을 인지하고 Royal Haskoning社의 파고와 수위의 도출 과정에 동의하였다. 그러나 Halcrow社는 자체적으로 재수행한 결합확률분석해석을 통하여 파고와 수위조건을 각각 Hs = 2.07m, 수위 WL = 4.32m KLD로 제안하였다. 이는 설계사가 제시한 파고값과 차이가 거의 없으나 수위는 다소 증가한 값이다. 한편 설계사는 월파

표 3-40 회귀곡선식에 의한 안벽 단면별 허용 월파량 재평가

Pahse	Quaywall Type	평균 월파량(l/s/m)	
		Fender	Fender + Slab
Phase 1	Temporary Condition (before Construction of Phase 3)	4.2	2.1
	Permanent Condition (after Construction of Phase 3)	5.8	2.9
Phase 2		Same as Phase 1 Results	Same as Phase 1 Results
Phase 3		8.7	4.9

량 산정을 위해 설치한 총 8개의 월파수조중 실험 수조 끝단에 위치한 2개의 월파수조의 월파량이 수조 끝단에서 파랑의 재반사 영향을 포함한다고 지적하였다. 이에 감리사인 Halcrow社가 설계사의 의견을 수용함에 따라 수조 끝단 2개의 월파수조를 제외한 총 6개의 월파수조로부터 얻어진 월파량을 이용하여 회귀식을 재추정하고, Halcrow社의 설계조건에 대해 부비안 항만공사의 단계별 과정을 고려한 안벽 형식별 허용 월파량을 재평가하였다(표 3-40 참조). 결과에 의하면 Fender + Slab 안벽 형식이 부비안 항만공사의 모든 Phase에 대해 허용 월파량 기준을 만족시키는 안벽 형식으로 검토되었다.

(6) 결론

2010년 쿠웨이트 공공사업성(Ministry of Public Work)에서 발주한 부비안 항만 공사 1단계(Phase1)를 수주하여 실시설계를 수행함에 있어, 재평가된 설계파고 증가로 허용 월파량을 만족시키기 위해 안벽 천단고 증고가 절대적으로 요구되었음에도 불구하고, 안벽 천단고와 배후 부지 매립고 증고(공사비 증가) 없이 안벽의 허용 월파량 기준을 만족시킨 대안설계 사례를 소개하였다. 안벽 대안 단면으로 Fender Base의 요철형상, 월파막이 Slab, Upstand Wall 이상 3가지를 제안하고, 수리모형실험을 통해 제안 단면의 유효성을 확인하였다. 수리모형실험 결과에 의하면 Fender 설치가 안벽 월파량 감소에 매우 효과적인 것이 증명되었으며, 또한 Fender에 Slab를 함께 고려한 경우가 가장 많은 월파량 감소와 부비안 항만공사 전 공정에 적용할 수 있는 최적 단면인 것으로 검토되었다.

향후 유사 공사 수행 시, 당 현장과 같이 설계조건 변경에 따른 안벽 천단고 증고 및 배후 매립고 증고 필요성이 발생하는 경우 당 현장의 Fender와 Slab 설치안이 공사비의 큰 증가 없이 문제를 해결할 수 있다고 판단된다.

3-2-2 인천항 국제여객부두(함선)

(1) 공사 개요

인천항 국제여객부두(2단계) 건설사업은 한·중 여객 및 화물의 원활한 처리와 국제여객부두의 일원화, 집단화를 위하여 관광기능을 겸비한 사업으로 크루즈 15만톤급 1선석, 카페리 5만톤급 1선석, 3만톤급 4선석의 접안시설을 계획하였다.

인천항은 조위차가 약 9m로 선박 접안 및 작업에 제한이 있으므로 이러한 조위 변화를 극복하기 위하여 부유식 구조물인 함선 시설 접안방식을 적용하였다. 함선은 내구년한 100년 이상 확보 및 함선 동요 시 연결부 파손을 차단하기 위하여, 특히 부잔교는 200m의 고강도 프리스트레스 콘크리트로 일체형 대형함선을 계획하였으며, 주요 제원 및 일반도는 표 3-42와 그림 3-158과 같다.

표 3-41 인천항 국제여객부두(2단계) 공사 개요

구분	내용
공사명	인천항 국제여객부두(2단계) 건설공사
현장위치	인천광역시 연수구 송도동 297 아암물류2단지 서측해상
공사기간	2013.11.21.~2016.11.19.(착공일로부터 1,095일)
발주처	인천항만공사(IPA)
주요 공사내용	•안벽 1,280m(케이슨 31함), 호안 230m •부잔교 3기: 함선 4함(부잔교 2함, 카페리부두 1함, 크루즈부두 1함) •연락교 4기: 부잔교 2기, 카페리부두 1기, 크루즈부두 1기 •준설 및 매립, 연약지반개량(DCM) •부대공: 오탁방지막, 공사용등부표, 포장, 급·배수, 오수, 전기 등
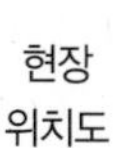현장 위치도	

표 3-42 주요 제원

구분		제원	비고	비고
부잔교	MAIN 함선	39.0B×85.0L×5.0H	PSC 구조	연락교 지지
	SUB 함선	200.0B×30.0L×5.0H	PSC 구조	측면하부 유선형상
카페리부두 함선		48.0B×50.0L×5.0H	RC 구조	연락교 지지
크루즈부두 함선		44.2B×33.2L×5.0H	RC 구조	연락교 지지

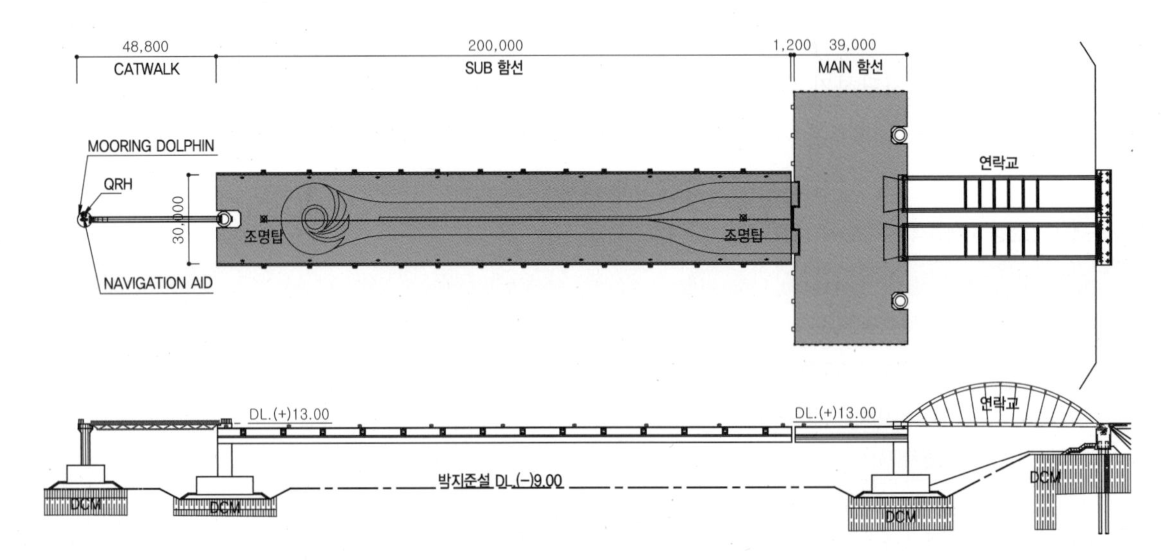

(a) 부잔교(MAIN, SUB 함선)

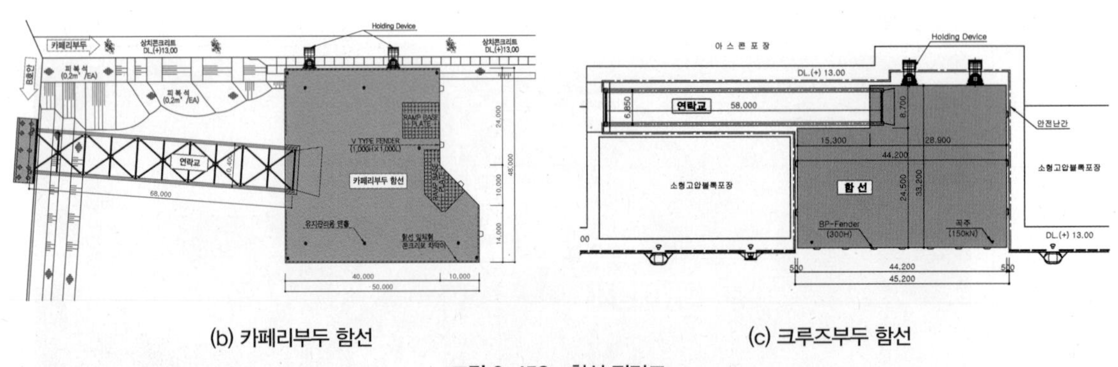

(b) 카페리부두 함선

(c) 크루즈부두 함선

그림 3-158 함선 평면도

(2) 함선 시공방법 변경

당초 함선 시공은 현장 내 제작으로 시공관리가 용이하고 제작 즉시 거치로 가거치가 불필요하며, 진수 시 안정성을 확보할 수 있는 50,000톤급 Floating Dock(길이: 298m, 폭: 51.5m) 선상제작으로 계획하였다.

표 3-43 함선 제작(당초)

구분	세부내용	예시도
제작장 규모	•Floating Dock 50,000톤급 •길이: 298m, 폭: 51.5m	
제작 및 진수기간	•6개월(2항차) – 1항차: MAIN+크루즈부두 함선 – 2항차: SUB+카페리부두 함선	
특징	•현장 내 제작으로 시공관리 용이 •제작 즉시 거치로 가거치 불필요 •진수 시 안정성 확보	

그림 3-159 함선 제작위치 및 진수 및 거치도

그러나 당초 시공계획에 반영된 FD선의 침선으로 장비 동원이 불가한 상황이었다. 유사 규모의 FD선을 수배하여 2014년 12월에 MOU를 체결하였으나, 선사의 갑작스러운 일정 변경으로 투입이 불가하여 현장 공정계획에 차질이 발생하여 함선 시공방법 변경이 불가피하였다. 이에 여러 대안 공법을 비교 검토하여 현장 적용에 유리하다고 판단된 육상 분할제작 후 해상접합 방식으로 변경하였다.

표 3-44 함선 제작 및 시공방법 비교

구분	원안 FD선상제작	대안 1 Dry Dock 제작	대안 2 현장 내 가물막이	대안 3 육상 분할제작
시공 방법				
특징	•진수 및 거치 용이 •시공 시 안정성 확보 •타설 어려움	•육상 일괄제작으로 시공성, 품질 확보 •이동 시 파손 우려	•설치 위치 제한적 •시공 복잡 •제작장 조성비 과다	•육상제작 품질 확보 •해상접합 가시설 필요 •분할제작 재설계 필요
물량 및 장비	50,000톤급 FD선	Dry Dock 임대 현장까지의 운반비	Sheet Pile: 692m 재굴착: 148,547m^3 블록 제거: 166ea	3,500톤 해상크레인
시공성	○	○	×	△
공기	×	○	△	○
적용				◎

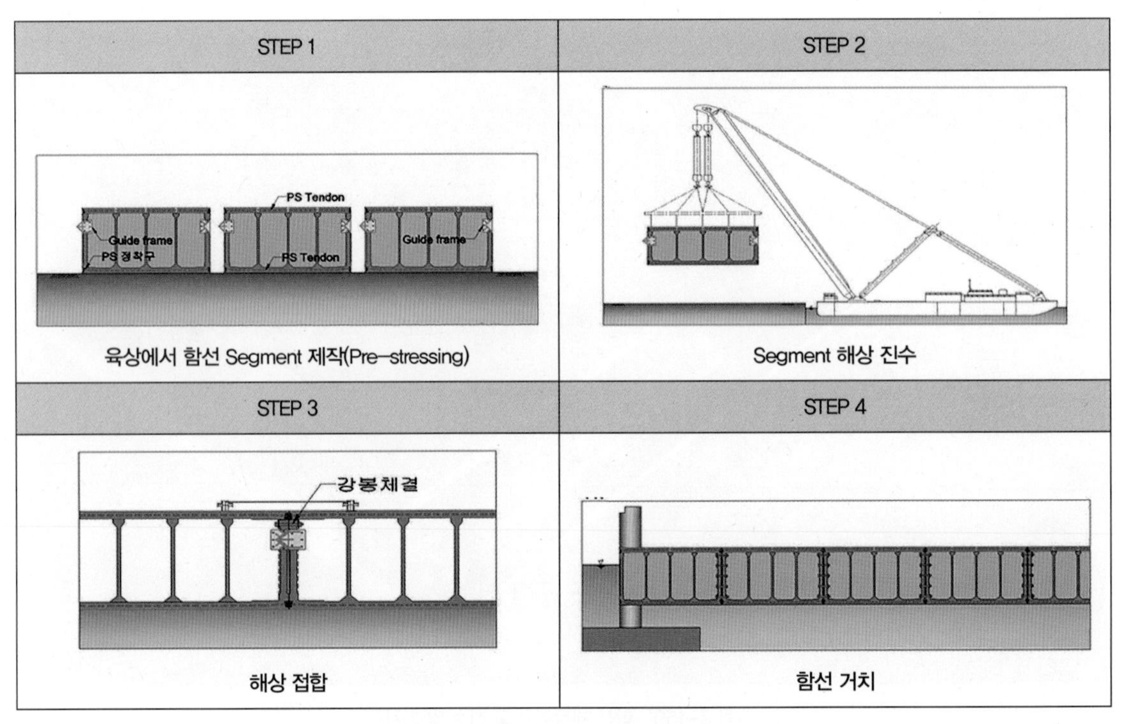

그림 3-160 함선 시공 흐름도(변경)

(3) 함선 설계

1) 함선 계획

변경된 제작 및 시공 계획에 따라 함선을 분할제작하는 것으로 설계를 변경하였다.

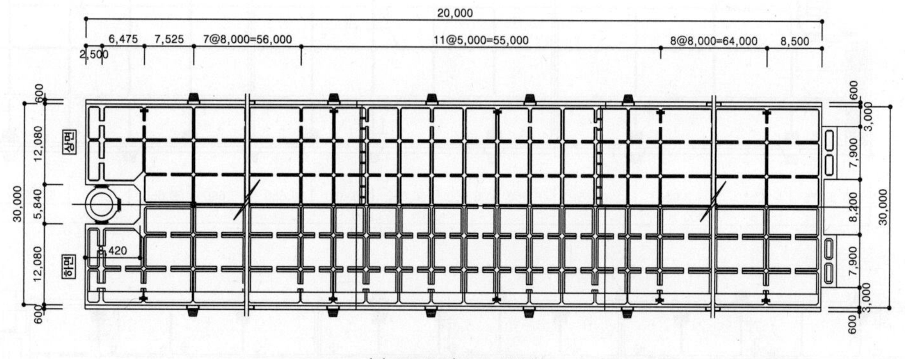

(a) 부잔교(SUB 함선)

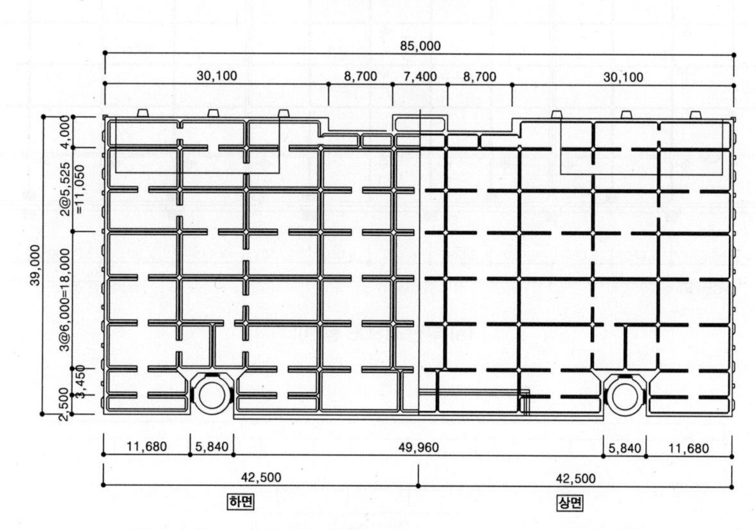

(b) 부잔교(MAIN 함선)

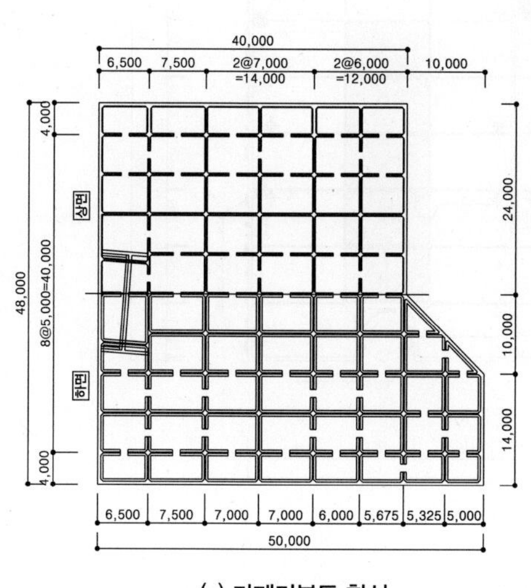

(c) 카페리부두 함선

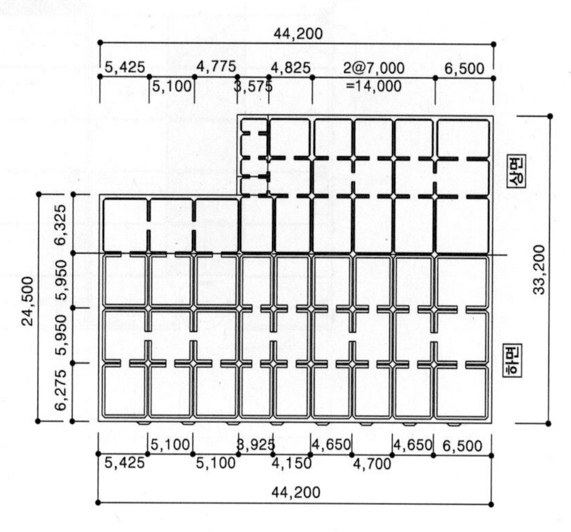

(d) 크루즈부두 함선

그림 3-161 함선 평면계획(당초)

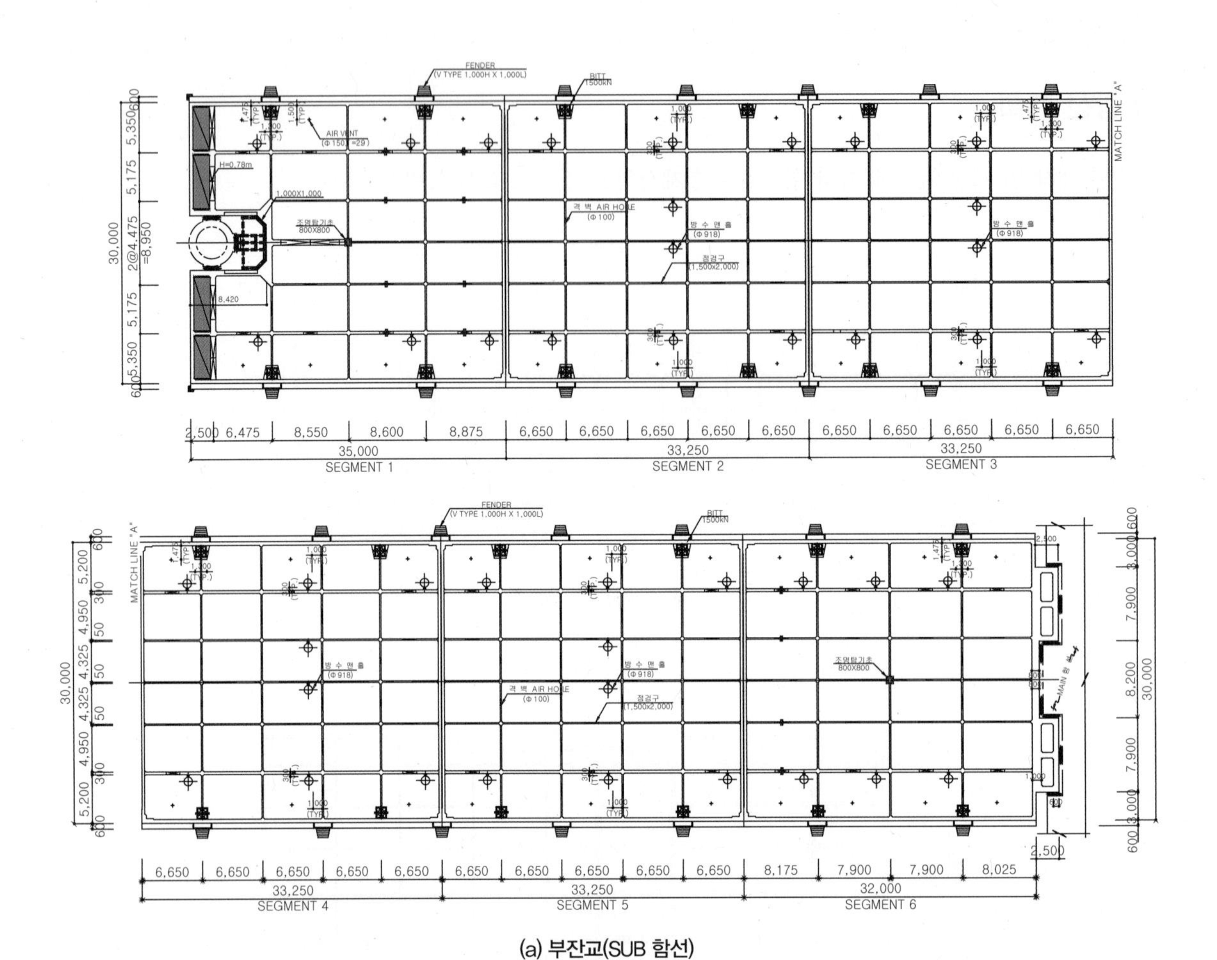

(a) 부잔교(SUB 함선)

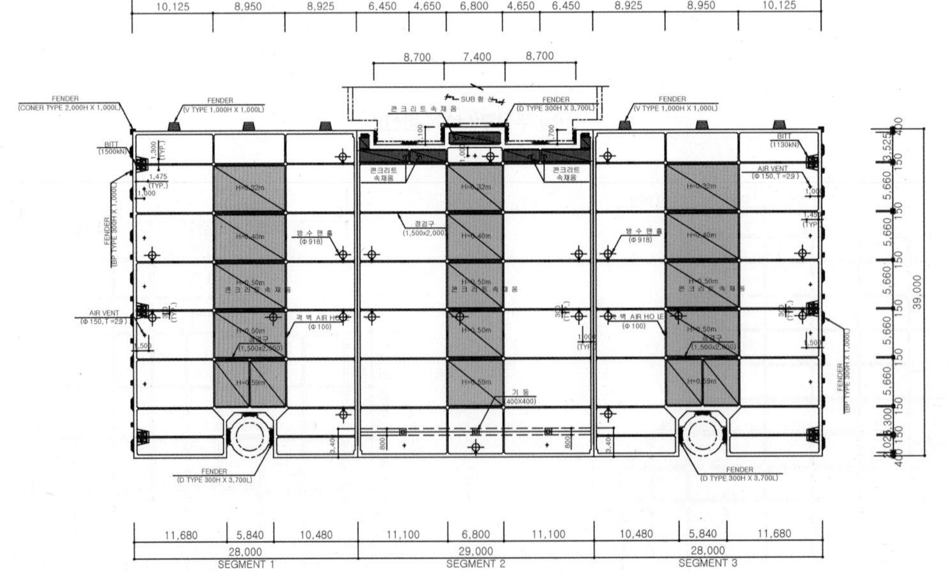

(b) 부잔교(MAIN 함선)

그림 3-162 함선 평면계획(변경)

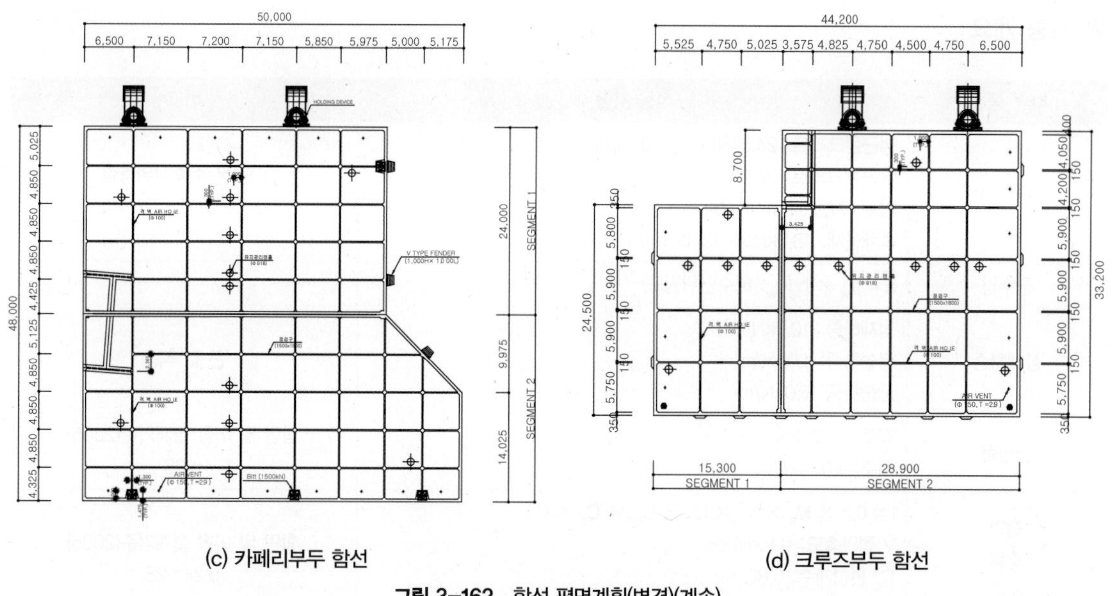

(c) 카페리부두 함선 (d) 크루즈부두 함선

그림 3-162 함선 평면계획(변경)(계속)

해상접합 및 함선 일체화 거동을 위하여 각 Segment 간의 연결은 프리스트레스(PS) 강봉으로 계획하였으며, 강봉의 부식을 방지하기 위해 이중 덕트 및 그라우트를 적용하여 내구성을 확보하였다.

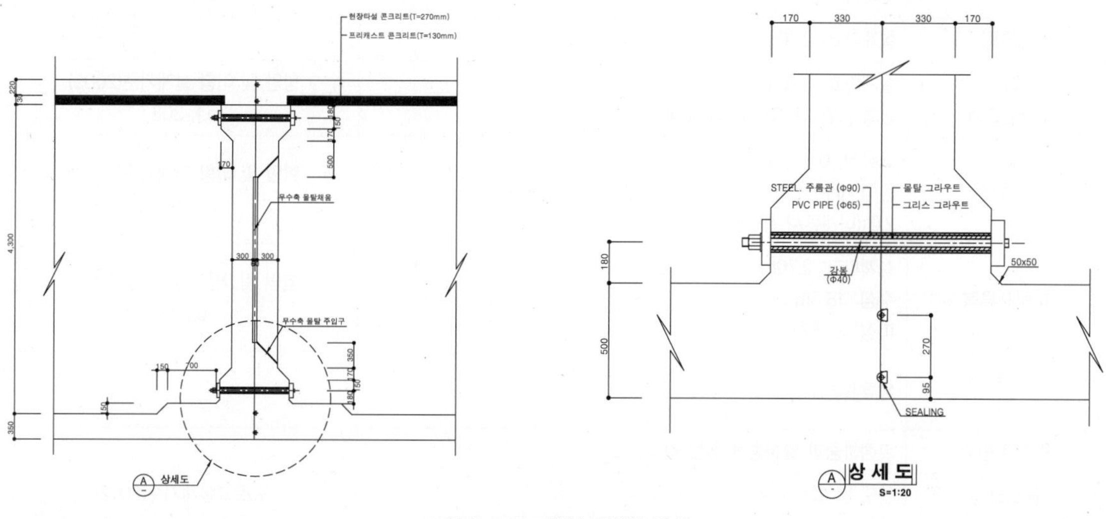

그림 3-163 함선 접합부 상세

2) 함선 설계 하중

① 적용 설계법

구분	구조형식	설계방법		구조해석	비고
		허용응력	강도	3D	
SUB 함선	PSC	○	○	○	

② 하중 개요

하중 종류	적용 사항	비고
고정하중	철근콘크리트: 24.0kN/m³ (14.0kN/m³) 무근콘크리트: 22.6kN/m³ (12.6kN/m³) 강재: 77.0kN/m³ (67.0kN/m³) 속채움재: 18.0kN/m³ (9.4kN/m³)	( )값은 수중단위중량
정수압	$S = \gamma_w \times h$ (γ_w: 해수단위밀도)	
상재하중	적재하중: 10.0kN/m² 적설하중: 1.0kN/m² 군중하중: 5.0kN/m²	큰 값 적용
견인력	직주: 1,500kN 곡주: 1,000kN	항만 및 어항 설계기준(2005) p.36
접안 충돌 하중	$I = 0.5 \times M_s \times V^2 \times C_e \times C_m \times C_s \times C_c$ V 접안속도: 0.10m/sec C_e 편심계수: 0.80 M_s 가상질량계수: 1.46	항만 및 어항 설계기준(2005) p.24~28
차량하중	KL-510: 510kN	도로교설계기준(2012)
풍항력	풍속: 32.80m/sec(계류시), 55.00m/sec(비계류시)	항만 및 어항 설계기준(2005) p.205
파력	설계파고: 2.70m ($H_{1/3}$ = 1.5m) 주파향: 65°	항만 및 어항 설계기준(2005) p.1, 300
양압력	설계파고: 2.70m	
Saging /Hogging	설계파고: 2.70m 변화 범위: d+0.6h ~ d-0.4h	항만 및 어항 설계기준(2005) p.1, 308
조류력	조류속: 0.9m/sec 항력 계수: 1.29(정면, 계류시 측면), 2.01(비계류시 측면)	항만 및 어항 설계기준(2005) p.200
파랑표류력	설계파고: 2.70m 수심: 18.3m 파장: 31.57m	항만 및 어항 설계기준(2005) p.206
프리스트레스 힘	유효프리스트레스	
연락교 반력	고정하중과 활하중에 의한 반력	
온도하중	온도 범위: -5 ~ 35℃	도로교설계기준(2012)
가설하중	콘크리트 타설하중	
Marine Growth	수면 하부 해양생물 부착두께: 10cm	

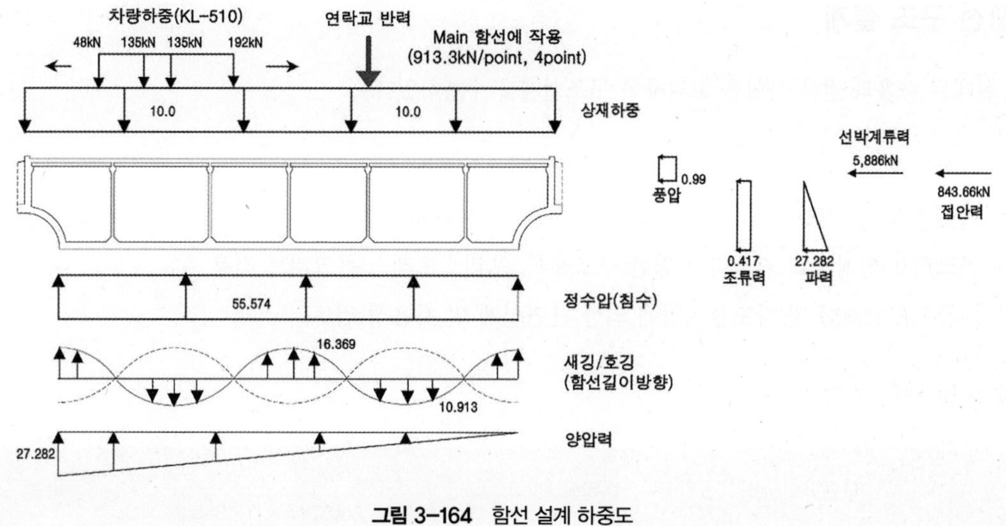

그림 3-164 함선 설계 하중도

③ 하중 계수

– 강도설계법

구분	고정 하중	정수압	파력	상재 하중	양압력	조류압	계류력, 접안력	PS	차량 하중	풍향력
인양 시	1.4									
부유 시	1.2	1.6				1.6		1.0		
평상시	1.2	1.6		1.6		1.6	1.6	1.0[1.2]	1.6	
파압 시	1.2	1.6	1.6	1.6	1.6	1.6	1.6	1.0[1.2]		1.6

* [ ] 내의 수치는 PS하중이 불리하게 작용하는 경우에 사용할 하중계수이다.

– 허용응력 설계법: 하중계수를 모두 1.0으로 적용

– 한계상태 설계법

구분	고정 하중	정수압	파력	상재 하중	양압력	조류압	계류력, 접안력	PS	차량 하중	풍향력
극한 한계 상태	1.0[0.9]	1.1		1.1		1.1	1.1	1.0		
	1.0[0.9]	1.1	1.3	0.8	1.3	1.1	1.3	1.0	1.3	1.3
사용 한계 상태	1.0	1.0		1.0		1.0	1.0	1.0		
	1.0	1.0	1.0	0.8	1.0	1.0	1.0	1.0	1.0	1.0

* 표의 값은 한계상태 검토 시의 하중계수를 나타내고 있으며, [ ] 내의 수치는 그 하중을 적게 보는 편이 설계하중이 커지는 경우에 사용할 하중계수이다.

3) 함선 구조 설계

함선 설계는 다음과 같은 사항을 고려하여 구조설계를 수행하였다.

- 함선의 편심 또는 건현 등의 함선 안정성 검토
- 함선의 형상, 거동특성, 다양한 하중을 반영한 3차원 유탄성해석
- 콘크리트 인장응력 최소화를 위한 구조계획, 프리스트레스 콘크리트 적용
- 허용응력설계법 및 강도설계법에 의한 단면설계 및 사용성 검토

① 흘수 및 건현 산정

구분				완성 시	시공 시			비고
					Seg.#1	Seg.2~5	Seg.6	
Sub 함선	함선 제원	수선면적		5,640	945	944	949	–
		높이		5	5	5	5	–
	작용 하중	자중		180,974	29,563	30,163	30,178	함선자중
	산정	고정 하중 작용 시	부가하중	1,516	185	155	192	Fender, Bitt
			총 중량	182,490	29,748	30,378	30,371	Ballast 미포함
				183,168	33,672	33,614	33,893	Ballast 포함
			흘수	3.15	3.46	3.46	3.46	
			건현	1.85	1.54	1.54	1.54	

② 안정성 검토

구분	완성 시	시공 시			안정 기준	비고
		Seg.#1	Seg.2~5	Seg.6		
배수량	182,490	33,672	33,614	33,893		총 중량
배수체적	17,756	3,267	3,261	3,277		배수량/해수단위중량
흘수	3.15	3.46	3.46	3.46		배수체적/수선면적
건현	1.85	1.54	1.54	1.54		폰툰높이–흘수
KB	1.86	1.73	1.73	1.73		상방향 부력중심
KG	2.65	2.44	2.40	2.51		상방향 무게중심
IL	450,000	48,223	47,242	45,794		종방향 2차모멘트
IT	20,000,000	92,895	74,378	70,997		횡방향 2차모멘트
BML	25.34	14.76	14.18	13.97		IL/배수체적
BMT	1,126.35	28.53	22.84	21.71		IT/배수체적
GML	24.55	14.05	13.50	13.19	0.05d 이상	KB+BML–KG
GMT	1,125.56	27.83	22.16	20.96	0.05d 이상	KB+BMT–KG

③ Ballast 계획

함선	SUB 함선					
Segment	Segment 1		Segment 2 ~ 5		Segment 6	
규격	35.00 m X 30.00 m		33.25 m X 30.00 m		32.00 m X 30.00 m	
Lifting 중량	**3285.48 ton**		**3343.65 ton**		**3349.05 ton**	
함선 자중	2976.56 ton		3031.23 ton		3039.37 ton	
포함 중량	Fender (V Type), 4EA	6.12 ton	Fender (V Type), 5EA	7.65 ton	Fender (V Type), 4EA	6.12 ton
	Fender (D Type), 15EA	4.59 ton	Fender Base, 5EA	32.80 ton	Fender Base, 4EA	26.24 ton
	Fender Base, 4EA	26.24 ton	BITT (1500kN) ,4EA	8.16 ton	BITT (1500kN) ,4EA	8.16 ton
	BITT (1500kN) ,4EA	8.16 ton	BITT Base, 4EA	13.81 ton	BITT Base, 4EA	13.81 ton
	BITT Base, 4EA	13.81 ton	조금구, Lifting Device	250.00 ton	연결도교 바닥판	5.35 ton
	조금구, Lifting Device	250.00 ton			조금구, Lifting Device	250.00 ton
	소 계	308.92 ton	소 계	312.42 ton	소 계	309.68 ton
불포함 중량 (해상 작업)	Ballast Concrete	69.18 ton	몰탈채움	11.86 ton	조명탑	15.29 ton
	조명탑	15.29 ton			몰탈채움	5.93 ton
	Deck Cover	14.38 ton				
	몰탈채움	5.93 ton				
	소 계	104.78 ton	소 계	11.86 ton	소 계	21.22 ton
완성시 중량	3140.26 ton		3105.51 ton		3120.27 ton	
	18682.57 ton					
시공중 Ballast 맞춤흘수	3.45 m					
완성시 흘수	3.15 m					

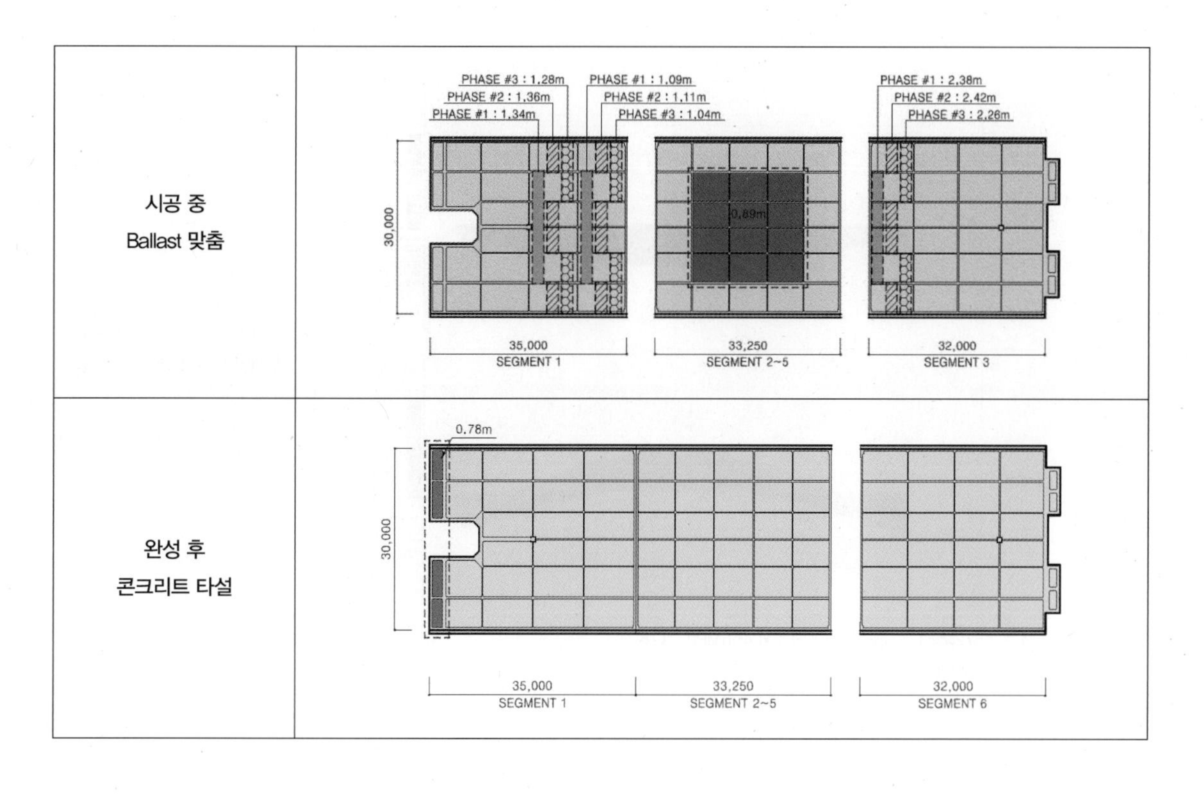

④ 종방향 설계

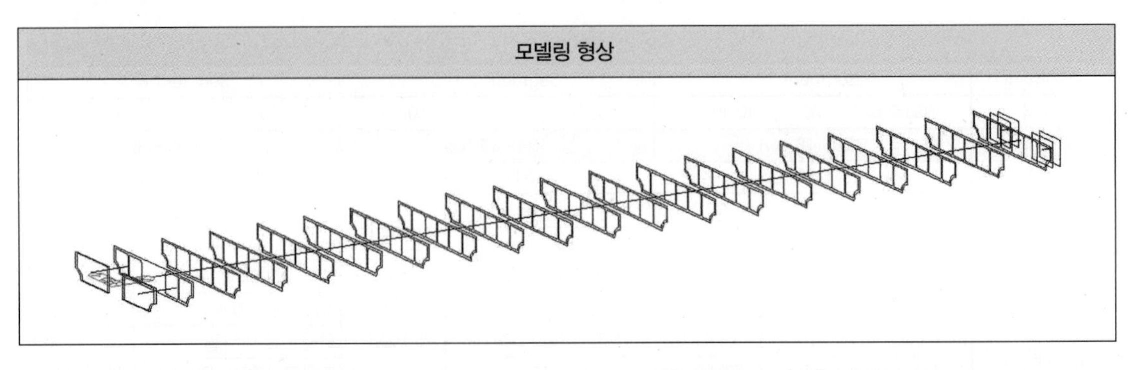

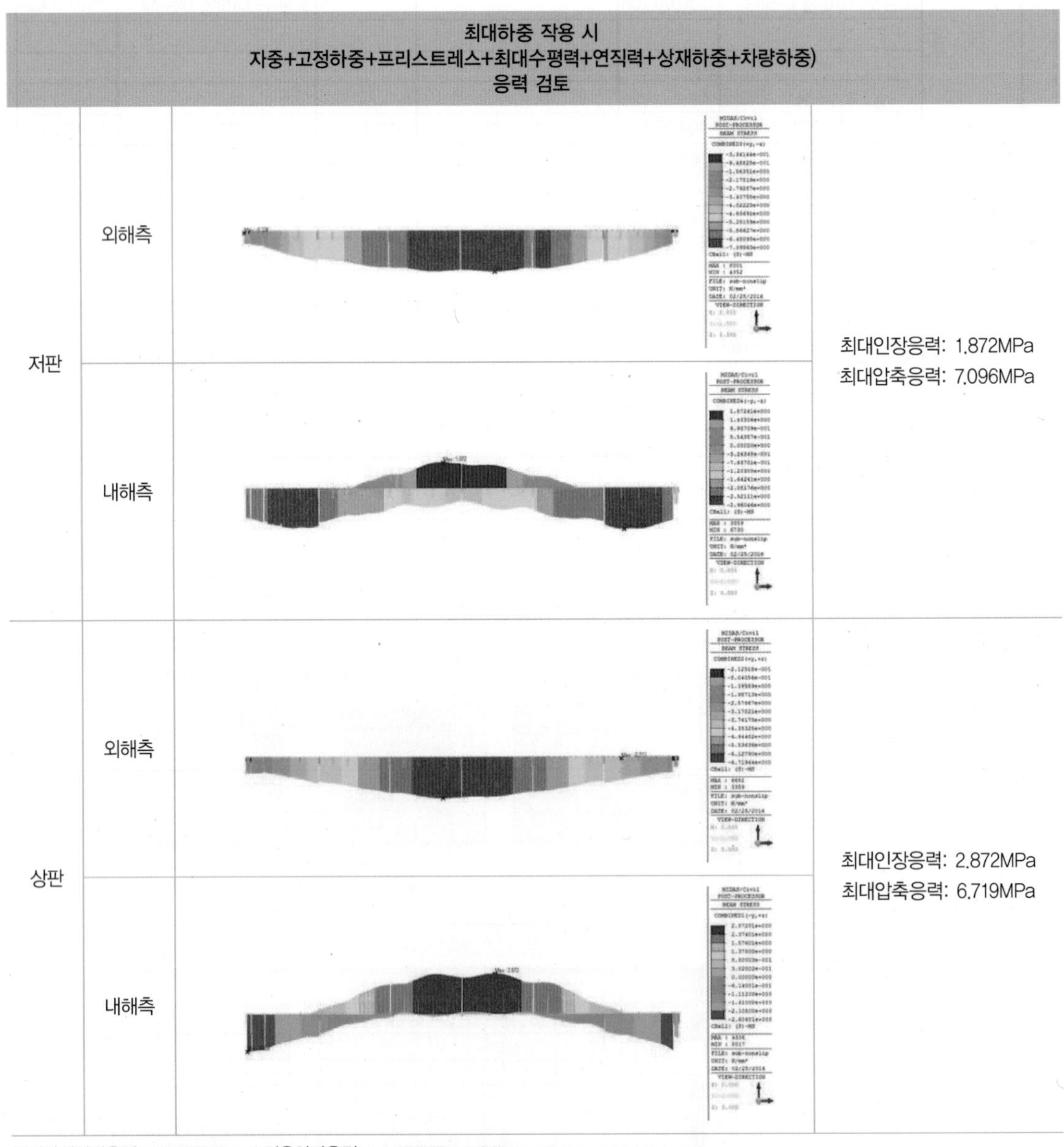

최대하중 작용 시 자중+고정하중+프리스트레스+최대수평력+연직력+상재하중+차량하중) 응력 검토			
저판	외해측		최대인장응력: 1.872MPa 최대압축응력: 7.096MPa
	내해측		
상판	외해측		최대인장응력: 2.872MPa 최대압축응력: 6.719MPa
	내해측		

최대발생인장응력 = 2.872MPa < 허용인장응력 = 4.455MPa ∴O.K.

최대발생압축응력 = 7.096MPa < 허용압축응력 = 20.00MPa ∴O.K.

구분	극한하중에 의한 부재력도
휨모멘트	(아래 그림)

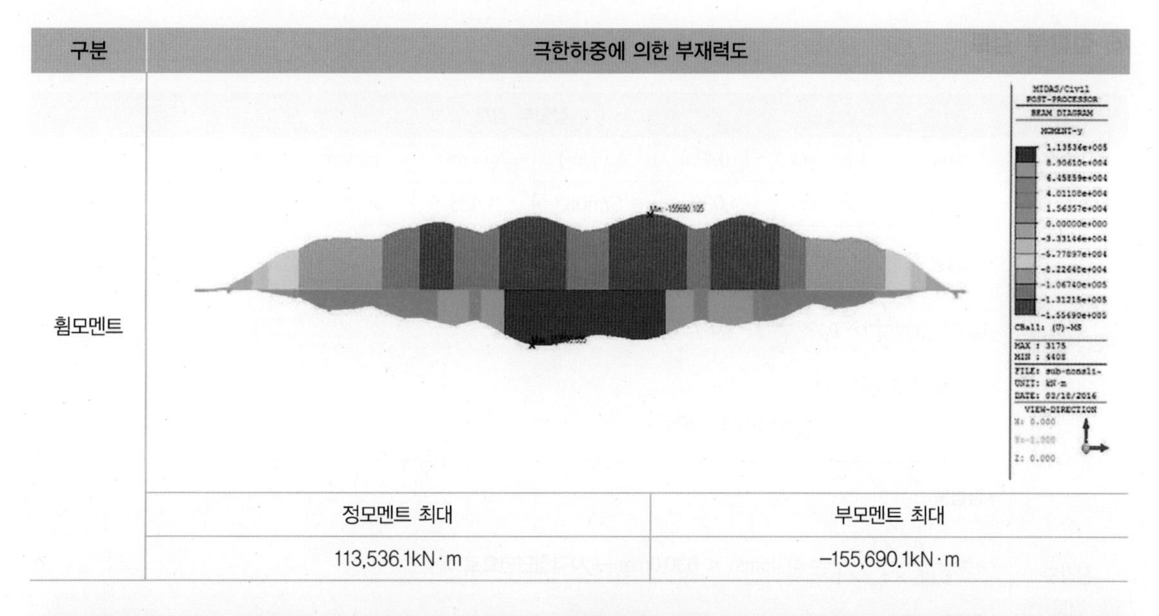

정모멘트 최대	부모멘트 최대
113,536.1kN·m	−155,690.1kN·m

구분	최대모멘트 휨강도 검토					
설계조건	f_{ck}(MPa)	M_u(kN·m)	A_p(mm²)	A_s(mm²)	b(mm)	h(mm)
	50.00	−155,690.1	23,301.6	68,760	30,000	5,000
PS강재응력	• $f_{ps} = f_{pu}[1 - \frac{r_p}{\beta_1}\{\rho_p \frac{f_{pu}}{f_{ck}} + \frac{d}{d_p}(\rho \frac{f_y}{f_{ck}})\}] = 1,865.50$ MPa					
휨강도 검토	• 중립축 $a = \frac{A_p \times f_{ps} + A_s \times f_y}{0.85 \times f_{ck} \times b} = 55.67\text{mm} < 400.0\text{mm}$ → 사각형단면으로 해석 • 휨강도검토 $\phi M_n = \phi[A_p f_{ps} d_p\{1 - 0.59(\frac{\rho_p f_{ps}}{f_{ck}} + \frac{d}{d_p}\frac{\rho f_y}{f_{ck}})\} + A_s f_y d\{1 - 0.59(\frac{d_p}{d}\frac{\rho_p f_{ps}}{f_{ck}} + \frac{\rho f_y}{f_{ck}})\}] = 285,165.42$ kN·m $> M_u = 155,690.11$ kN·m ∴O.K					
연성한계 검토	• 최대 PS 강재량 $q_p = \rho_p \frac{f_{ps}}{f_{ck}} = 0.027176 \leq 0.36\beta_1(= 0.696) = 0.2506$ ∴O.K • 최소 PS 강재량 $\phi M_n \geq 1.2M^*_{cr} = 262,086.04$ kN·m $[M^*_{cr} = f_r Z_c]$ ∴O.K					

⑤ 접합부 검토

구분	접합부 검토							
설계조건	f_{ck}(MPa)	M_u(kN·m)	f_{pu}(MPa)	A_p(mm²)	A_s(mm²)	b(mm)	b_c(mm)	d_p(mm)
	50.00	−155,690.1	1,030	57,805	1,425	30,000	622	4,190

PS강재응력

• PS강봉 응력

$$f_{ps} = f_{pu}(1 - \frac{r_p}{\beta_1} \times \rho_p \times \frac{f_{pu}}{f_{ck}}) = 1{,}017.17 \text{ MPa}$$

• PS강봉 잔존허용응력

$$f_{pa} = f_{ps} - f_{pi}\,(= 0.1 \times f_{pu}) = 914.17 \text{ MPa}$$

휨강도 검토

• 중립축

$$a = \frac{A_p \times f_{pa}}{0.85 \times f_{ck} \times b} = 41.45\text{mm} < 630.0\text{mm} \rightarrow \text{사각형단면으로 해석}$$

• 휨강도검토

$$\phi M_n = \phi A_p f_{pa}(d_p - \frac{a}{2}) = 187{,}273.16 \text{ kN·m} > M_u = 159{,}690.11 \text{ kN·m}$$ ∴O.K

연성한계 검토

• 강봉 개소당 작용 압축력 (n = 46 EA)

$$P_c = \frac{M_u}{(d_p - \frac{a}{2})n} = 811.79 \text{ kN}$$

• 작용 압축력에 의한 발생 모멘트

$$M_{uc} = P_c \times l\,(= 0.495\text{m}) = 401.83 \text{ kN·m}$$

• 보강 철근

H19 @ 125 (A_{s1} = 1,425mm²)

• 중립축

$$a_c = \frac{(A_s + A_{s1}) \times f_y}{0.85 \times f_{ck} \times b_c} = 43.14\text{mm}$$

• 휨강도검토

$$\phi M_{nc} = \phi(A_s + A_{s1})f_y(d - \frac{a_c}{2})$$

$$= 541.13 \text{ kN·m} > M_{uc} = 401.83 \text{ kN·m}$$ ∴O.K

⑥ 3D해석에 의한 단면 검토

- 완성 시 검토

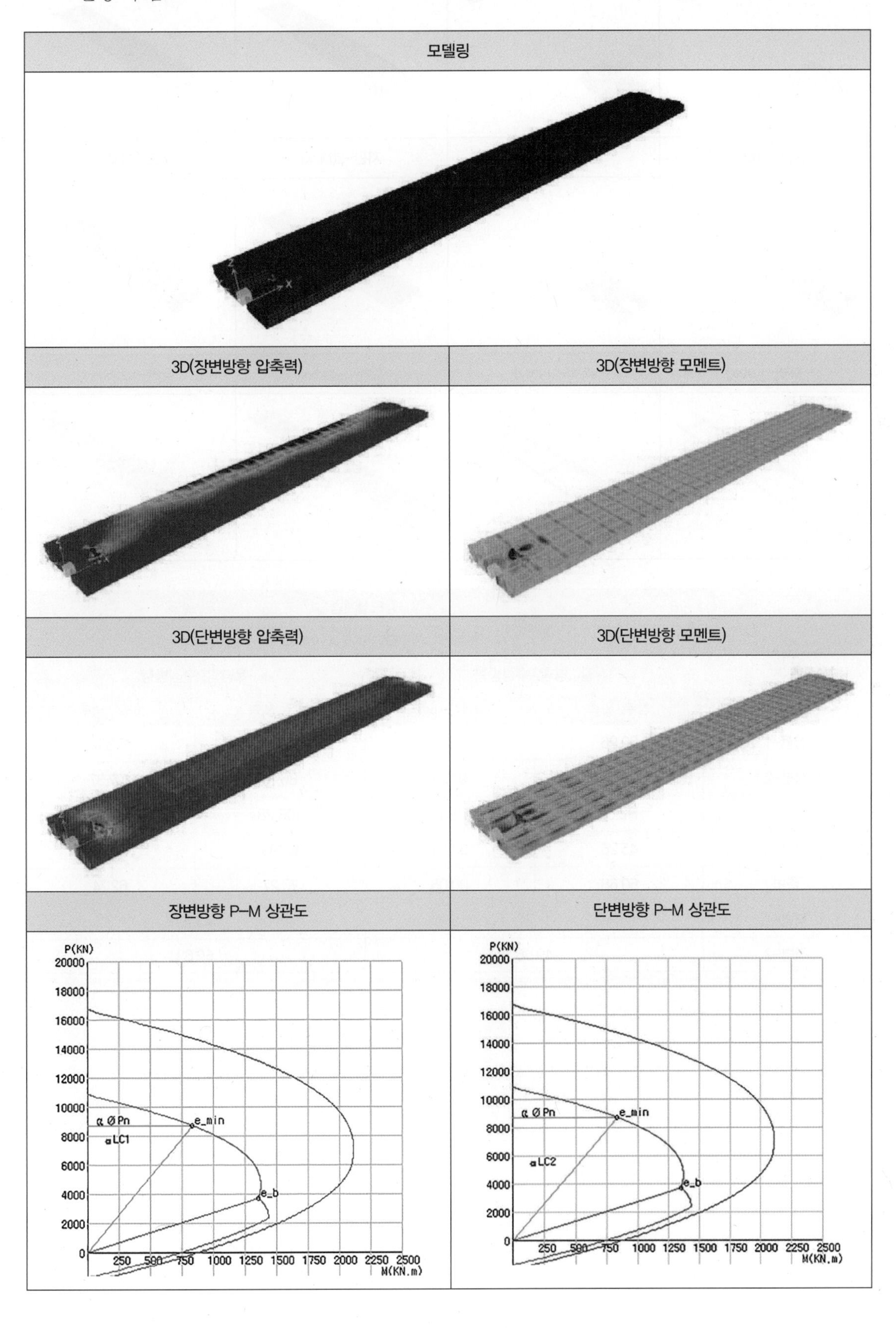

상판-1(Mxx)	상판-1(Myy)	상판-2(Mxx)	상판-2(Myy)
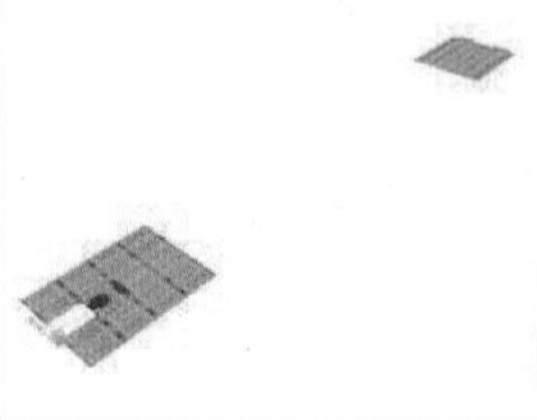			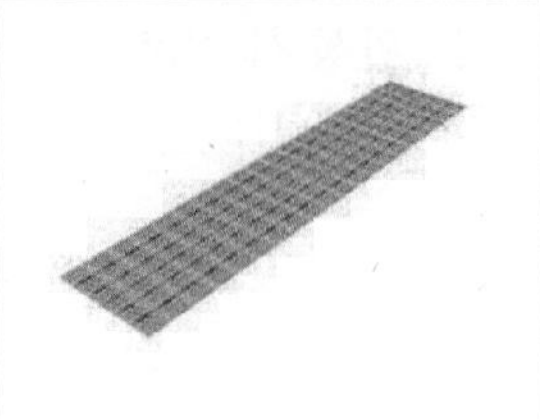
저판-1(Mxx)	저판-1(Myy)	저판-2(Mxx)	저판-2(Myy)

측벽-1(Mxx)	측벽-1(Myy)	격벽-1,2(Mxx)	격벽-1,2(Myy)
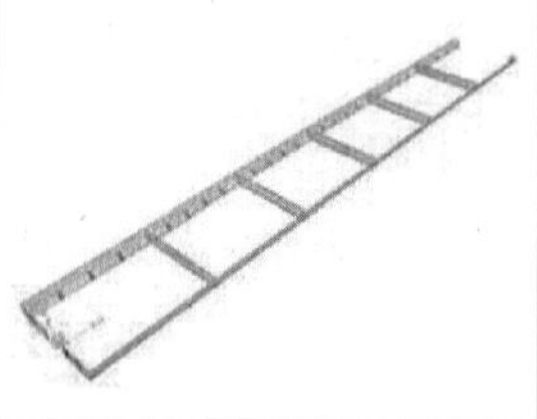	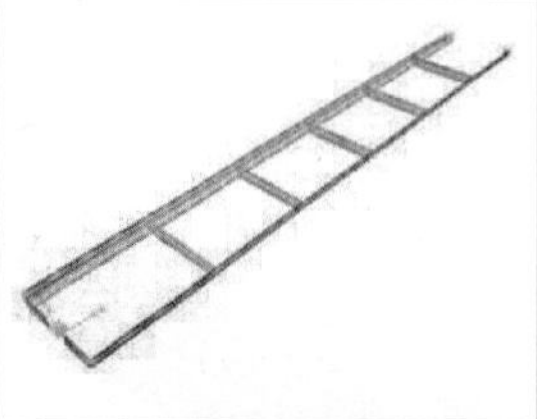	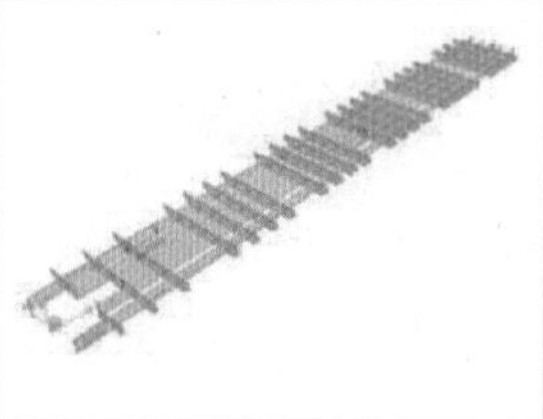	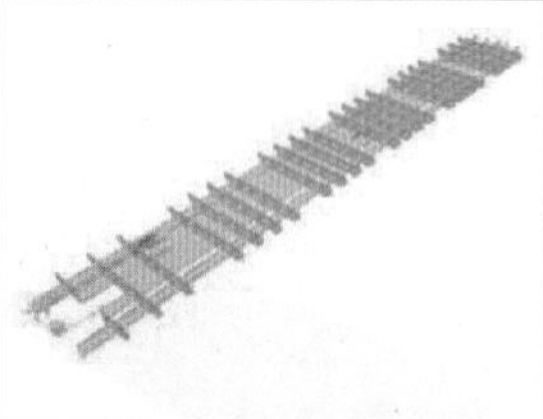

구분	강도설계법			
	계수모멘트 (kN·m)			
	길이방향, 수평방향		폭방향, 수직방향	
	상부, 외측	하부, 내측	상부, 외측	하부, 내측
상판-1	99.96	158.49	130.19	158.12
상판-2	75.57	97.23	86.16	107.37
저판-1	112.53	119.75	108.28	150.03
저판-2	45.26	94.29	64.99	100.12
측벽	50.68	90.05	75.27	62.74
격벽-1	17.21		43.79	
격벽-2	49.96		66.63	

– 인양 시 검토

SUB 함선 해석모델			
Seg.–1 Seg.–2~5 Seg.–6 			
상판–1(Mxx) 	상판–1(Myy) 	상판–2(Mxx) 	상판–2(Myy) 
저판–1(Mxx) 	저판–1(Myy) 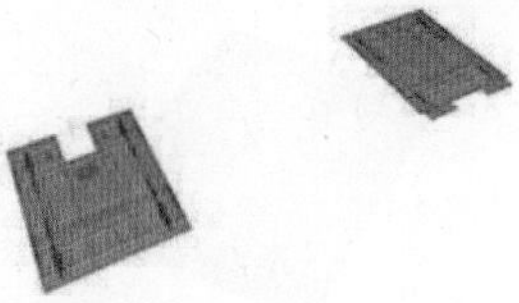	저판–2(Mxx) 	저판–2(Myy) 
측벽, 접합벽(Mxx) 	측벽, 접합벽(Myy) 	격벽–2(Mxx) 	격벽–2(Myy) 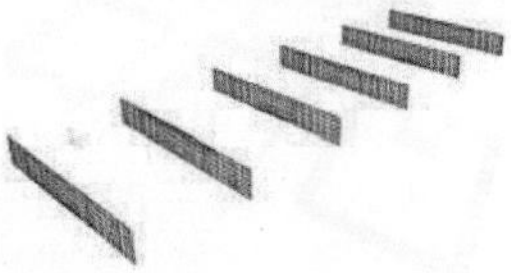

구분	강도설계법			
	계수모멘트(kN·m)			
	길이방향, 수평방향		폭방향, 수직방향	
	상부, 외측	하부, 내측	상부, 외측	하부, 내측
상판–1	45.96	38.16	90.86	24.45
상판–2	56.70	38.27	106.73	23.46
저판–1	37.84	25.73	65.78	43.32
저판–2	34.76	22.22	62.74	46.69
측벽	35.04	43.41	71.99	61.98
접합벽	21.45	30.21	44.77	45.59
격벽–2	2.97		4.01	

– 부유 시 검토

SUB 함선 해석모델
Seg.–1 Seg.–2~5 Seg.–6 

상판–1(Mxx)	상판–1(Myy)	상판–2(Mxx)	상판–2(Myy)

저판–1(Mxx)	저판–1(Myy)	저판–2(Mxx)	저판–2(Myy)

측벽, 접합벽(Mxx)	측벽, 접합벽(Myy)	격벽–2(Mxx)	격벽–2(Myy)

구분	강도설계법			
	계수모멘트(kN·m)			
	길이방향, 수평방향		폭방향, 수직방향	
	상부, 외측	하부, 내측	상부, 외측	하부, 내측
상판–1	26.74	19.57	41.41	18.55
상판–2	21.65	12.61	32.98	16.42
저판–1	54.11	84.92	65.74	103.53
저판–2	25.46	48.34	40.93	61.39
측벽	48.56	48.48	66.17	45.61
접합벽	23.14	30.31	32.74	24.78
격벽–2	8.01		20.06	

– 단면 검토 결과

구분			휨모멘트(kN·m)			사용철근	판정
			완성 시	인양 시	부유 시		
상판-1 (350mm)	길이 방향	상 부	99.96	45.96	26.74	H19@125	OK
		하 부	158.49	38.16	19.57	H19@125	OK
	폭방향	상 부	130.19	90.86	41.41	H19@125	OK
		하 부	158.12	24.45	18.55	H19@125	OK
상판-2 (400mm)	길이 방향	상 부	75.57	56.70	21.65	H19@125	OK
		하 부	97.23	38.27	12.61	H19@125	OK
	폭방향	상 부	86.16	106.73	32.98	H19@125	OK
		하 부	107.37	23.46	16.42	H19@125	OK
저판-1 (350mm)	길이 방향	상 부	112.53	37.84	54.11	H19@125	OK
		하 부	119.75	25.73	84.92	H19@125	OK
	폭방향	상 부	108.28	65.78	65.74	H19@125	OK
		하 부	150.03	43.32	103.53	H19@125	OK
판-2 (400mm)	길이 방향	상 부	45.26	34.76	25.46	H19@125	OK
		하 부	94.29	22.22	48.34	H19@125	OK
	폭방향	상 부	64.99	62.74	40.93	H19@125	OK
		하 부	100.12	46.69	61.39	H19@125	OK
측벽 (400mm)	수평 방향	상 부	50.68	35.04	48.56	H19@125	OK
		하 부	90.05	43.41	48.48	H19@125	OK
	수직 방향	상 부	75.27	71.99	66.17	H19@125	OK
		하 부	62.74	61.98	45.61	H19@125	OK
접합벽 (330mm)	수평 방향	상 부	–	21.45	23.14	H19@125	OK
		하 부	–	30.21	30.31	H19@125	OK
	수직 방향	상 부	–	44.77	32.74	H19@125	OK
		하 부	–	45.59	24.78	H19@125	OK
격벽-2 (300mm)	수평방향		49.96	2.97	8.01	H19@125	OK
	수직방향		66.63	4.01	20.06	H19@125	OK

(4) 함선 시공

함선은 다음과 같은 과정으로 시공되었다(육상 분할제작 및 해상접합).

STEP 1 • Segment 바닥 및 벽체 슬래브 시공

STEP 2 • Segment 상부 슬래브 시공

STEP 3 • 각 Segment Pre-stressing

STEP 4 • Segment 인양 및 진수

STEP 5 • Segment 간 해상접합(PS강봉 체결)

STEP 6 • 함선 거치 및 그라우팅

함선의 설치 순서는 다음과 같다.

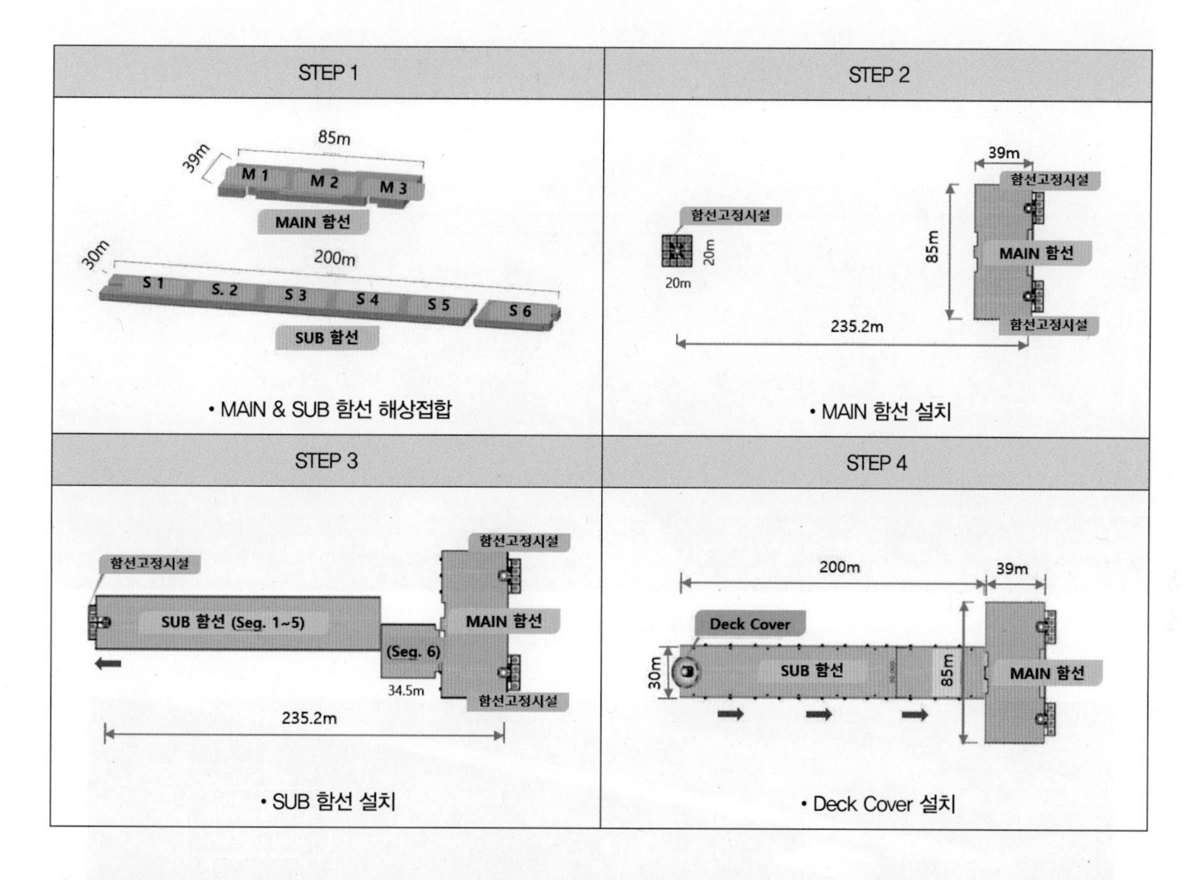

그림 3-165 MAIN 함선 설치

그림 3-166 SUB 함선 설치

그림 3-167 완성 후 전경

(5) 결론

인천항 국제여객부두 함선은 부유식 접안시설로 길이 200m의 일체형 콘크리트 구조물이며, 시공방법 변경을 통하여 육상 분할제작 및 해상접합 공법을 적용, FD선 수급 문제를 극복하였다. 적용된 공법은 향후 유사형식 또는 대형 구조물 계획에 도움이 될 것으로 판단된다.

3-2-3 싱가포르 투아스 핑거원 매립공사 (Caisson)

(1) 서론

싱가포르 메가포트 조성공사의 일환으로 진행 중인 투아스 핑거원 매립공사는 싱가포르 정부가 2027년부터 계획하고 있는 Tanjong Pagar 및 Pasir Panjang 컨테이너 터미널의 이전 계획에 따른 Finger 시리즈 공사의 첫 번째 프로젝트로서 핑거원 프로젝트를 포함하여 총 4단계의 공사 발주가 계획되어 있다. 싱가포르 정부는 투아스 남부의 컨테이너 터미널 단지 조성 이후 기존 터미널 부지를 주거, 상업 복합 단지로 개발할 계획을 갖고 있다.

핑거원 프로젝트의 경우 여의도 면적(2.9km^2) 2/3 크기의 바다를 매워 국토를 넓히는 대규모 매립공사 프로젝트로, 싱가포르 국영기업인 JTC가 발주한 공사이다. 본 공사는 현대건설이 29%의 지분을 보유하고 삼성물산이 지분의 28%, 일본의 펜타오션이 28%, 네덜란드의 준설매립 전문시공사인 반우드와 보스칼리스가 각각 7.5%의 지분을 갖고 2014년 8월 11일 착공하였다.

(2) 현장 개요

① 공사명: 싱가포르 투아스 핑거원 매립공사(Proposed Reclamation at Tuas Finger One)
② 공사개요: 싱가포르 투아스 남부 지역의 약 2km^{2}의 면적을 매립하는 공사
③ 발주처: JTC(Jurong Town Corporation)
④ 시공사: 현대건설(29%), 삼성물산(28%), 펜타오션(28%), 반우드/보스칼리스(각 7.5%)
⑤ 공사금액: 9.6억달러(SGD)
⑥ 공사기간: 2014. 08.~2019. 01. (54개월)
⑦ 감리회사: Surbana Jurong Consultant(싱가포르)
⑧ 설계회사: WSP | Parsons Brinckerhoff(캐나다)
⑨ 사업개요: 싱가포르 정부의 2027년 컨테이너 터미널 이주계획에 따른 투아스 지역 메가포트 터미널 조성공사의 첫 번째 프로젝트

표 3-45 주요 공사 내용

주요 항목	물량	케이슨 공사 주요 내용	
Sand Mining(m^3)	26,088,000m^3	케이슨 TYPE	총 9개 타입
Dredging(m^3)	9,358,000m^3	케이슨 최대 중량 (A Type)	13,600ton
Reclamation(m^3)	30,477,000m^3	Length×Width×Height (A/ B Type)	39.9m×28.0m×29.4m 39.9m ×24.0m×29.4m
케이슨(함)	91함	Concrete Q'ty	500,000m^3
지반개량(PVD, m)	27,643,000m	Reinforcement Q'ty	121,000ton

그림 3-168 Project Location at Tuas South Area

(3) 싱가포르의 유로코드 도입

1) 유로코드 도입

싱가포르는 2013년 4월부터 2년간의 유예기간을 갖고 기존 BS(British Standard)코드와 신규 유로코드(Eurocode)를 병행하여 사용하였으며, 싱가포르 건설국 BCA(Building Construction Authority)는 2015년 4월부터는 BS코드의 사용을 중지시켰다. 이는 2010년 3월부터 영국 내 BS코드 사용이 중지되고 유로코드 적용이 실시됨에 따라 영국표준협회(BSI, British Standards Institution)에서 해당 BS코드의 개정을 중단함과도 연관이 있다.

2) 유로코드의 개요 및 기대효과

그림 3-169와 같이 유로코드는 EN 1990에서 EN1999까지 총 10가지 주제에 대하여 구성되어 있으며, 유로코드 전반에 걸친 기본 개념인 EN 1990, 'Basis of Structure Design'을 시작으로 설계기초, 하중조건, 재료별 설계방법 및 지반설계 분야의 4가지 대주제로 구분될 수 있다.

유로코드와 기존 BS코드는 기본이 되는 전제 이론은 동일하지만, 유로코드의 경우 반드시 지켜야 하는 원칙(Principle) 및 이를 충족시킬 수 있는 적용 방법을 제시해 혁신을 유도한다는 점에서 기존 BS코드와는 근본적인 차이점을 갖고 있다. 따라서 유로코드는 기존 BS코드보다 덜 규범적이며, 설계자에게 더 많은 판단의 기회가 주어진다는 특징을 갖고 있다.

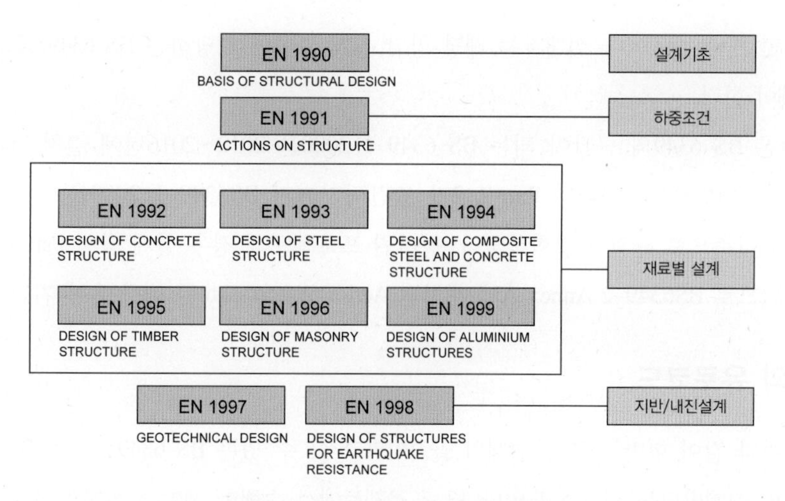

그림 3-169 유로코드 구성 및 내용

(4) 항만 구조물 설계와 유로코드의 적용

1) BS 6349와 항만 구조물 설계

BS6349 "Code of Practice for Maritime Works"은 영국토목학회(ICE, Institution of Civil Engineers)의 Maritime Board에서 1975년에 최초로 발간한 표준으로 총 8개의 Part로 구성되어 있다. 표 3-46은 BS6349

표 3-46 BS 6349의 구성

구성	제목	발행연도	주요 내용
PART 1-1	CODE OF PRACTICE FOR PLANNING AND DESIGN FOR OPERATIONS	2013	항만 구조물에 대한 주요 설계 요소, 계획, 시공 및 유지관리 가이드라인
PART 1-2	CODE OF PRACTICE FOR ASSESSMENT OF ACTIONS	2016	항만 구조물 설계 하중에 대한 가이드 라인
PART 1-3	CODE OF PRACTICE FOR GEOTECHNICAL DESIGN	2012	항만 구조물의 지반설계 관련 가이드라인
PART 1-4	CODE OF PRACTICE FOR MATERIALS	2013	항만분야 구조물 적용 재료 선택 가이드라인
PART 2	DESIGN OF QUAY WALLS, JETTIES AND DOLPHINS	2010	Quay wall, Jetties 및 Dolphin 설계 가이드라인
PART 3	DESIGN OF SHIPYARDS AND SEA LOCKS	2013	조선소 설계 가이드라인
PART 4	CODE OF PRACTICE FOR DESIGN OF FENDERING AND MOORING SYSTEM	2014	Fendering 및 Mooring 설계 가이드라인
PART 5	CODE OF PRACTICE FOR DREDGING AND LAND RECLAMATION	1991	준설 및 매립 관련 설계 가이드라인
PART 6	INSHORE MOORING AND FLOATING STRUCTURES	1989	(철회)
PART 7	DESIGN AND CONSTRUCTION BREAKWATERS	1991	방파제 설계 가이드라인
PART 8	DESIGN OF RO-RO RAMPS, LINKSPANS AND WALKWAYS	2007	도개교 선박의 접안시설 설계 가이드라인

각 Part별 구성 및 개략 내용이다. 설계자는 해당 항만 설계 분야에 해당하는 BS 6349 표준을 설계 시 우선적으로 고려해야 한다.

특이할 사항은 BS 6349의 근간이 되는 BS 6349-1:2000은 2012~2016년에 걸쳐 Part 1-1에서 Part 1-4까지 분리 발간되었으며, 2016년 Part 1-2가 출간되기까지 BS6349-1:2000을 유예 사용하였으며, 2016년 6월 30일 기준으로 완전히 철회하였다. 핑거원 프로젝트의 경우 설계 당시 Part 1-2의 출간이 준비 중이던 2015년으로 BS6349-2 Annex A에 제시된 Action Assessment를 해당 유예 기간 중 적용하였다.

2) BS 6349와 유로코드

앞에서 언급한 바와 같이 항만 구조물 설계의 골격이라고 할 수 있는 BS 6349는 각 항만 구조물별 구체적인 하중조건 및 설계방법을 제시하고 있다. 당 프로젝트에서 수행한 케이슨 설계의 경우도 BS 6349-2:

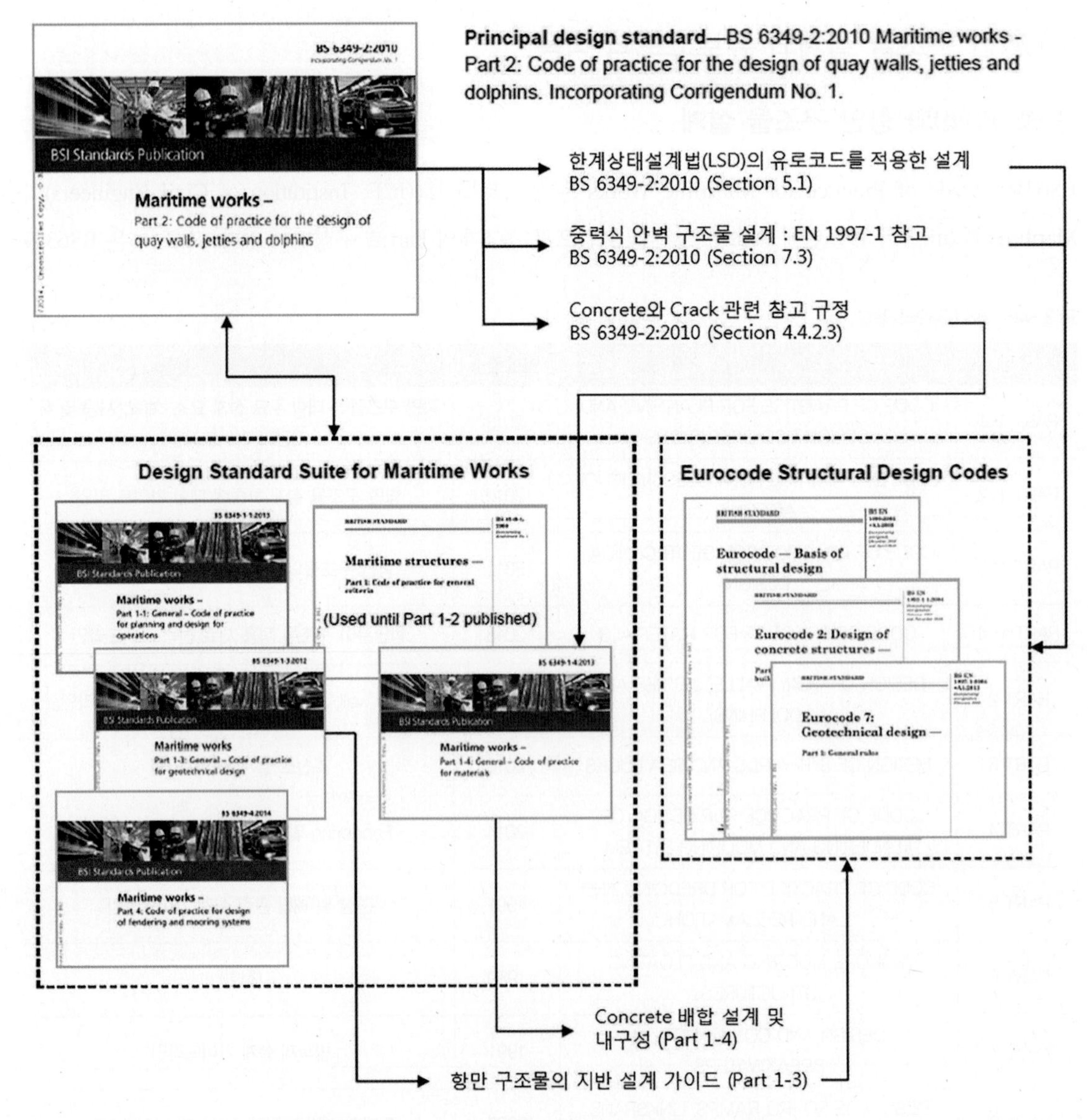

그림 3-170 케이슨 설계 관련 BS 6349 및 유로코드 흐름도

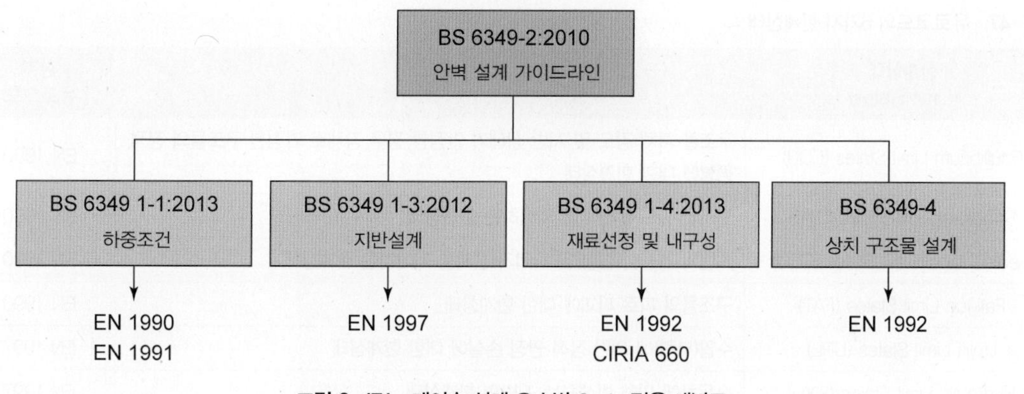

그림 3-171 케이슨 설계 요소별 Code 적용 개념도

2010 "Code and Practice for the design of quay walls, jetties and dolphins"의 설계 가이드라인을 준용하였다. 구조물 특성을 반영한 하중조건, 내구성 및 기타 설계 고려 사항은 BS 6349 1−1, 3 및 4의 세부 항목에 따라 설계되었다.

그림 3-170의 설계기준별 적용 흐름도에서 정리한 것과 같이 BS 6349의 각각의 설계 항목은 분야별로 최종 적용해야 하는 유로코드 항목을 제시하고 항만 구조물 종류 및 재료에 맞춰 반영할 수 있도록 구성되어 있다. 그림 3-171은 설계분야별 BS 6349와 이에 해당하는 유로코드를 적용하는 방법을 도식화한 그림이다. 다만, 제시된 설계 흐름도의 경우 본고에서 설명하고자 하는 케이슨 설계에 해당하는 내용으로 기타 항만 구조물 설계 시에는 해당 구조물의 특성에 맞춰 각각 적용되어야 한다.

예를 들어 지반설계의 경우 BS 6349 1-3 및 Part 2의 가이드라인을 따르되 EN 1997에서 제시한 구체적 방법을 적용하도록 하였고, 구조설계의 경우 BS 6349 1-4 및 Part 2의 가이드라인을 따라 대상 구조물의 재료 선정, 하중 조합을 제시하고, EN 1992에 따라 각 부재별 설계를 적용하도록 하였다.

(5) 유로코드를 적용한 케이슨 설계

1) 하중조합

① 한계상태

유로코드의 6가지 한계상태(Limit States)는 기존 BS코드의 한계상태와 원칙적으로는 차이가 없다. 하지만 기존 BS코드 대비보다 정교해진 확률론에 입각한 하중 조합이 도입되었으며, EN 1990에서 제시된 기준에 따라 각각의 한계상태별 하중 조합을 적용하여 설계를 수행하도록 유도하였다.

기존 BS코드가 각각의 재료 및 부재별로 하중 조합이 산개되어 제시된 것과 달리 유로코드에서는 한계상태의 더 명확한 정의와 해당하는 하중 조합을 통합적으로 제시한 것은 발전된 부분이라고 하겠다. 핑거원 프로젝트는 전술한 유로코드의 개선 부분을 착안하여 최적화 설계를 수행하였다.

표 3-47 유로코드의 6가지 한계상태

한계상태 (Limit States)	내용	관련 유로코드
Equilibrium Limit States (EQU)	구조물 자체 강도 및 지반 상태가 안정한 경우 강체로 가정한 구조물의 정적 평형에 대한 한계상태	EN 1990
Structural Limit States (STR)	구조물 강도가 설계를 지배하는 한계상태	EN 1990
Geotechnical Limit States (GEO)	지반의 과도한 변형 및 파괴가 설계를 지배하는 한계상태	EN 1990
Fatigue Limit States (FAT)	구조물의 피로 파괴에 대한 한계상태	EN 1990
Uplift Limit States (UPL)	수압(부력)에 의한 정적 안정 손실에 대한 한계상태	EN 1997
Hydraulic Limit States (HYD)	수두차에 의해 발생하는 지반의 한계상태	EN 1997

② 유로코드의 하중 조합

하중계수를 하중에 적용하고 강도감소계수를 강도에 적용하여 비교하는 방법은 기존의 BS코드와 동일하나 유로코드에서는 Combination Factors가 도입되어 설계 하중을 합리적으로 예측하도록 유도하였다는 특징을 갖고 있다.

$$E_d = \gamma_{sd} E\{\gamma_{f,i} F_{rep,i} a_d\} \le R_d = \frac{1}{\gamma_{Rd}} R\left\{\eta_i \frac{X_{k,i}}{\gamma_{m,i}}; a_d\right\} \tag{3-3}$$

여기서, E_d는 Design value of the effects of actions

a_d는 Design values of the geometrical data

γ_{sd}는 Partial factor taking account of uncertainties

R_d는 Design resistance

γ_{Rd}는 Partial factor covering uncertainty in the resistance model

X_k는 Characteristic value of the material

γ_f는 Partial factor for the action which takes account of the possibility of unfavorable deviations of the action values from the representative values

F_{rep}는 Relevant representative value of the action

η는 Mean value of the conversion factor that takes into account volume and scale effects, the effects of moisture and temperature, etc.

γ_m는 Partial factor for the material

하중 산정 시 BS 6349에서 제시하고 있는 Partial Factor(γ_f)에 따라 수식 (3-3)의 조합 방법을 적용하여 케이슨 설계 시 적용되었다. 또한 강도 산정 시 재료의 균질성의 uncertainty가 반영되도록 다음과 같이 Partial Factor(γ_m)를 적용하였다.

표 3-48 케이슨 구조물 적용 하중에 대한 Partial Factor(BS 6349-2 Table A.1)

하중(Action)			기호	EQU (SET A)	STR (SET B)	GEO (SET C)
Permanent Actions		Permanent Actions Including Geotechnical Actions	$\gamma_{G,sup}$	1.05	1.35	1.0
			$\gamma_{G,inf}$	0.95	1.0	1.0
		Deck Surfacing	$\gamma_{G,sup}$	1.75	1.75	1.0
			$\gamma_{G,inf}$	0	0	1.0
Variable Actions	Persistent	Cargo Loads	γ_Q	1.5	1.5	1.3
		Ship Ramp Loads	γ_Q	1.2	1.2	1.2
		Road And Traffic Actions	γ_Q	1.35	1.35	1.15
		Wind Loads	γ_Q	1.4	1.4	1.3
		Ship Berthing Loads	γ_Q	1.4	1.4	1.3
		Mooring Loads	γ_Q	1.4	1.4	1.3
		Earth and Geotechnical Water Pressures	γ_Q	1.5	1.5	1.3
	Transient	Abnormal Berthing Water Pressures	γ_Q	1.2	1.2	1.2
		Earth and Geotechnical Water Pressures	γ_Q	1.5	1.5	1.3

표 3-49 EQU 설계 적용 Partial Factor

Resistance	기호	Value
Bearing Resistance	$\gamma_{R,v}$	1.0
Sliding Resistance	$\gamma_{R;h}$	1.0
Earth Resistance	$\gamma_{R';e}$	1.0

표 3-50 콘크리트 재료에 대한 Partial Factor

재료	기호	Persistent and Transient	Accidental
Concrete	γ_C	1.5	1.2
Reinforcing Steel	γ_S	1.15	1.0

재료에 대한 Partial Factor 적용은 지반 설계 정수에 대해 동일하게 적용되도록 제시되어 있다. 표 3-51은 지반 설계 시 적용한 설계 정수에 대한 Partial Factor이다.

표 3-51 지반 설계 정수에 대한 Partial Factor

재료	기호	EQU	STR/GEO	
			M1	M2
Angle of Shearing Resistance	$\gamma_{\varphi'}$	1.1	1.00	1.25
Effective Cohesion	$\gamma_{C'}$	1.1	1.00	1.25
Un-drained Shear Strength	γ_{CU}	1.2	1.00	1.40

표 3-52 케이슨 설계에 대한 Combination Factors

하중(Actions)		Ψ_0	Ψ_1	Ψ_2
General Port Cargo Loading	Cargo Load	0.7	0.5	0.3
	Ship Ramp Loads	0.7	0.5	0
Traffic Actions (Including Pedestrians)	Port Vehicle Loadings	0.75	0.75	0
	Crane Loads	0.75	0.75	0
Environmental Loads	Wind Loads	0.6	0.2	0
	Wave Loading	0.6	0.2	0
Ship and Mooring Loads	Ship Berthing Loads	0.76	0.75	0
	Mooring Loads	0.6	0.2	0

표 3-53 케이슨 설계 적용 하중조합

Design Situation	Limit State	Permanent Actions	Leading Variable Action	Accompanying Variable Actions
Ultimate Limit States (ULS)				
Persistent and Transient	Unfavourable	$\Sigma\gamma_{Gj,sup}\,G_{kj,sup}$	$+\gamma_{Q,1}\,Q_{k,1}$	$+\Sigma\gamma_{Q,i}\,\Psi_{0,i}\,Q_{k,i...}$
	Favourable	$\Sigma\gamma_{Gj,inf}\,G_{kj,inf}$	$+\gamma_{Q,1}\,Q_{k,1}$	$+\Sigma\gamma_{Q,i}\,\Psi_{0,i}\,Q_{k,i...}$
Accidental	Unfavourable	$\Sigma G_{kj,sup}$	$+\Psi_{1,1}\,Q_{k,1}$ (or $\Psi_{2,1}\,Q_{k,1}$)	$+\Sigma\,\Psi_{2,i}\,Q_{k,i}$
	Favourable	$\Sigma G_{kj,inf}$	$+\Psi_{1,1}\,Q_{k,1}$ (or $\Psi_{2,1}\,Q_{k,1}$)	$+\Sigma\,\Psi_{2,i}\,Q_{k,i}$
Serviceability Limit States (SLS)				
Characteristic	Unfavourable	$\Sigma G_{kj,sup}$	$+Q_{k,1}$	$+\Sigma\,\Psi_{0,i}\,Q_{k,i}$
	Favourable	$\Sigma G_{kj,inf}$	$+Q_{k,1}$	$+\Sigma\,\Psi_{0,i}\,Q_{k,i}$
Quasi-Permanent	Unfavourable	$\Sigma G_{kj,sup}$	-	$+\Sigma\,\Psi_{2,i}\,Q_{k,i}$
	Favourable	$\Sigma G_{kj,inf}$	-	$+\Sigma\,\Psi_{2,i}\,Q_{k,i}$

표 3-52와 3-53은 각각의 Partial Factor가 유로코드 EN 1990의 하중 조합에 따라 어떻게 적용될 수 있는지를 정리한 것이다. 각각의 Partial Factor는 제시된 한계상태에 따라 엄밀히 구분되어 적용되어야 한다. ULS의 하중 조합 시 특이사항은 Accompanying Variable Action의 하중 조합 시 Persistent(지속하중), Transient(순간하중) 및 Accidental(사고하중)에 따라 적용해야 한다는 점이다. SLS의 하중 조합에서도, 당초 BS코드가 한 가지 SLS 조건인 Characteristic(특이하중) 조건에 대해서 주로 설계 검토를 수행하도록 했다면, 유로코드에서는 3가지 형태의 SLS 조건에 대한 설계를 수행해야 한다. 특이하중(Characteristic) 상태, 반복하중(Frequent) 상태 및 유사영구하중(Quasi-Permanent) 상태의 3가지 조건이며, 당 프로젝트에서는 케이슨 구조물의 하중 성격에 맞춰 각각의 SLS 조건이 적용되었다.

2) 내구성 설계

항만 구조물의 경우 가혹한 해양 환경에 장기간 노출되는 조건을 고려하여 내구성 설계가 수행되어야 된다. 해당 개념은 이전 BS코드의 설계 방법과 개념적으로는 유사하지만, 당초 BS코드가 재료 선택과 설계 내구연한 검토가 명확한 상관관계 없이 부재 설계별 BS코드의 가이드라인에 따라 수행되었다면, 유로코드에서는 내구연한에 따른 재료선택부터 균열검토에 이르는 설계 절차가 일관된 방향 아래 적용되도록 발전되었다.

① 적용 재료 선정

설계 재료 선정 및 내구성 설계는 BS 6349 1-4의 가이드라인을 따르되, 해당 코드에서 제시하고 있는 안벽 구조물의 노출 등급(Exposure Classes)에 맞게 수행되어야 한다. 그림 3-172는 해당 코드에서 제시하고 있는 케이슨 부재의 위치별 노출 등급이다. 콘크리트 배합 설계 시, 노출 등급에 따라 피복두께 결정, 시멘트 종류 결정, 물-시멘트 비의 선택 및 최소/최대 시멘트량의 선택 등이 적절한 과정에 따라 선택되도록 해야 한다.

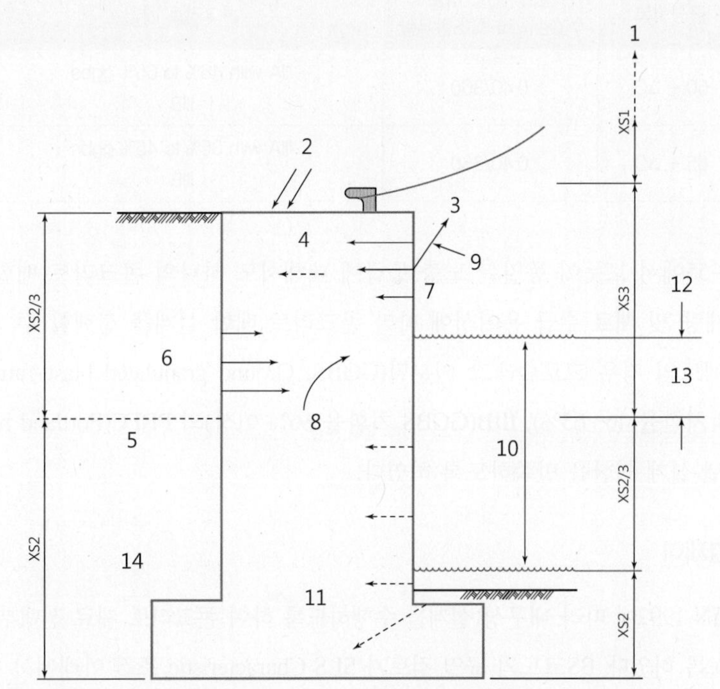

그림 3-172 케이슨 위치별 노출 등급(BS 6349 1-4)

표 3-54 케이슨 설계에 적용된 구조물 노출 등급

위치	노출 등급
Caisson seaward external face above 2.33m CD (approx. 1/4 tidal range below MHWS)	XS3
Caisson seaward external face below 2.33m CD (approx. 1/4 tidal range below MHWS) and above 0.42m CD(MLWS)	XS2/3
Caisson seaward external face below 0.42m CD(MLWS)	XS2
Caisson landside external face above 1.69m CD(SLS design water level)	XS2/3
Caisson landside external face below 1.69m CD(SLS design water level)	XS2
Caisson internal face above 1.69m CD (SLS design water level)	XS3
Caisson internal face below 1.69m CD (SLS design water level)	XS2
Corbel	XS3
Fascia beam	XS3

표 3-55 노출 등급에 따른 콘크리트 배합 설계(골재최대치수 20mm)

노출 등급	공칭피복	최대 W/C 비율 / Cement 최소함유량	콘크리트 배합	적용위치
XS2	50 + ΔC	0.40/360	IIIA with 46% to 65% ggbs IIIB	Base Slab
XS2/3 & XS3	65 + ΔC	0.40/360	IIIA with 35% to 45% ggbs IIIB	Wall, Corbel, Fascia Beam

표 3-54 및 3-55에서 보듯이 동일한 노출 등급에 대해서도 하나의 콘크리트 배합만 제시된 것은 아니며, 설계자의 재량 및 재료 수급 용이성에 따라 콘크리트 배합 설계를 선택할 수 있도록 유도하고 있다. 핑거원 프로젝트의 경우 고로슬래그 미분말(GGBS, Ground granulated blast-furnace slag)을 포함한 CEM IIIA(GGBS 치환율 46~65%), IIIB(GGBS 치환율 66% 이상)의 PBFC(Portland blast furnace cement)를 적용하여 100년 설계 연한을 만족하도록 하였다.

② 콘크리트 균열제어

유로코드에서는 EN 1992에 따라 내구성 설계를 수행하도록 하여 콘크리트 재료 선택부터 내구성 설계까지 일관성이 유지되도록 하였다. BS코드의 균열 검토가 SLS Characteristic 조건 아래에서 검토된 것에 비해 유로코드에서는 일반적인 경우에는 Quasi-Permanent 하중조건을 적용하도록 하였는데, 이는 순간적인 하중은 탄성 단면의 장기적인 내구성에는 영향을 미치지 않는다는 연구성과가 반영된 결과이다. 하지만 별도로 SLS Characteristic 하중조건하의 최외단 인장 철근의 발생 응력이 f_{yk}의 80%를 넘지 않도록 제한하고 있어 내구성 설계 시 설계자의 최종 검토가 요구되는 부분이다.

표 3-56 BS코드와 유로코드의 허용 균열폭 비교

구분	적용코드	노출 등급	적용위치	허용 균열폭
BS코드	BS 8110-1(CP65) 3.12.11.12	Normal	벽체/슬래브	0.3mm
	BS 5400-4 4.1.2	Severe	벽체/슬래브	0.25mm
		Extreme	비말대	0.1mm
유로코드	EN 1992-1-1 7.3.4	XS 2,3,4	벽체/슬래브	0.3mm

3) 철근 배근 관련 변동 사항

EN 1992에서는 기존 BS 8110 대비 Anchorage 및 Lap Length 산정 관련된 수정 기준이 제시되었는데, 기존 대비 각각의 길이 결정 방법이 콘크리트 타설 위치, Form 사용 조건 및 콘크리트 피복두께 등에 따라 세분화된 것이 주목할 사항이다.

Base slab의 타설의 경우 그림 3-173의 d) 조건에 따라 상부 300mm 안에 철근의 이음이 발생할 경우 Bad condition에 따라 Lap 길이를 연장해야 한다. 또한 벽체의 경우에도 Slip-form 타설 조건에 따라 전체 구간에 대해 Bad condition을 적용하여 Lap 길이를 연장해야 한다. 유로코드 적용 시 당초 BS코드 대비 늘어난 Anchorage 및 Lap Length를 적용하여 배근해야 하므로, 설계자는 콘크리트 타설 위치를 고려하여 겹이음 위치를 지정하는 등 최적화를 위한 신중함이 요구된다.

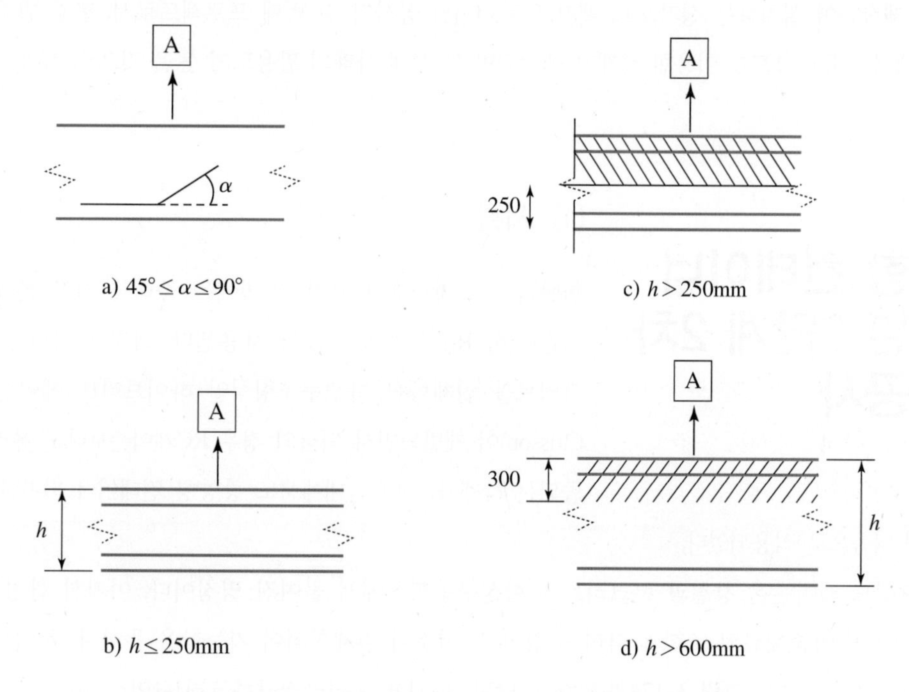

그림 3-173 Bond Condition 관련 Good과 Poor 위치(Fig. 8.2 EN 1992-1-1)

4) National Annex 적용

유로코드는 해당 국가의 실정에 맞게 해당 지역의 주요 설계 인자가 반영될 수 있도록 National Annex(NA)를 도입하여 각 지역적 특색을 보완하도록 하였다. 싱가포르의 경우도 각각의 EN코드별 NA를 발간하여 싱가포르의 지역적 특성이 설계에 반영될 수 있도록 하였다. 당 프로젝트의 경우도 표 3-57과 같이 각각의 BS EN에 해당하는 NA를 사용하여 설계를 수행하였다.

표 3-57 유로코드와 싱가포르의 National Annex

유로코드	싱가포르 National Annex	제목
BS EN 1990:2002	NA to SS EN 1990:2008+A1(2010)	Basic of Structural Design
BS EN 1992-1-1:2004+A1:2014	NA to SS EN 1992-1-1:2008	Design of Concrete Structure
BS EN 1997-1:2004+A1:2013	NA to SS EN 1997-1:2010	Geotechnical Design

(6) 결론

싱가포르 투아스 핑거원 현장의 케이슨 설계 사례를 기술하고, 기존 대비 개선된 설계방법에 대해 설명하였다. 싱가포르 최초로 유로코드를 적용하여 설계를 수행한 프로젝트로서 해당 내용이 향후 싱가포르 항만 프로젝트 입찰 시 긍정적인 영향을 미칠 것으로 기대한다. 또한 싱가포르 투아스 핑거원 매립공사는 91항의 케이슨을 제작하여 설치하는 싱가포르 메가포트 터미널 공사의 첫 번째 프로젝트로서, 향후 발주될 유사 프로젝트에서도 유로코드를 이용한 설계가 예상되며 본 설계 사례의 활용도가 높을 것으로 기대된다.

3-2-4 광양항 컨테이너 터미널 3단계 2차 축조공사

(1) 서론

일반적으로 방파제나 호안, 안벽에는 중력식 철근 콘크리트 케이슨(이하 RC케이슨)이 많이 사용된다. 하지만 강판과 철근 콘크리트를 일체화한 합성구조형식인 하이브리드 케이슨(Hybrid Caisson)이 개발되면서 외국의 경우 RC케이슨보다도 유리하게 시공되는 사례가 늘어 국내에서도 광양항 컨테이너 터미널 3단계 2차 공사에 처음으로 적용되었다.

하이브리드 케이슨은 강철과 콘크리트의 합성구조형식에서 붙여진 명칭이다. 여기서 합성구조형식은 부재 단면이 이종재료의 조합에 따라 구성되고, 이것이 일체화되어 기능함을 뜻한다. 하이브리드 케이슨의 개략적인 구조는 그림 3-174와 같이 바닥판 및 기초가 철골철근콘크리트(이하 SRC)구조, 측벽이 합성판 구조, 격벽이 강철구조로 구성된다.

콘크리트로 구성되는 RC케이슨과 마찬가지로 방파제, 안벽, 호안 등에 사용되는 하이브리드 케이슨은 강판을 한쪽에 배치한 합성판구조와 H형강을 내부에 매입한 SRC구조의 2종류가 일반적이고, 하이브리드 케이슨은 양자의 구조형식을 사용한 케이슨의 총칭으로서 사용되고 있다.

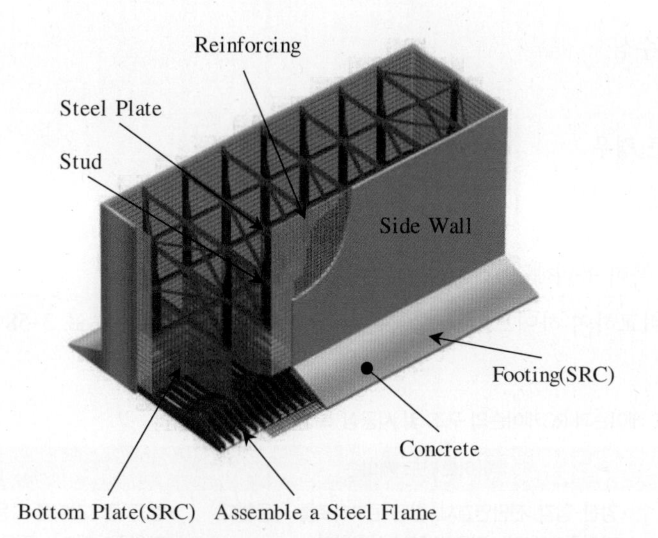

그림 3-174 하이브리드 케이슨의 구조도

1990년 이후부터 하이브리드 케이슨의 강철 제작 · 콘크리트 공사 시공 관리가 각국에 의하여 행하여지고 있으며, 하이브리드 케이슨의 제작에 관한 시공 기술과 시공 예로서 당사에서 수행한 '광양항 컨테이너 터미널 3단계 2차 축조공사'의 측면안벽(Semi-Hybrid 케이슨)을 소개하고자 한다.

(2) 하이브리드 케이슨의 특징

하이브리드 케이슨은 합성구조형식으로서 일반 RC케이슨에 비해 다양한 장점을 지니고 있다. 하이브리드 케이슨의 일반적인 특징은 다음과 같다.

① 기초에 SRC구조를 이용함으로써, 단면강성을 크게 할 수 있어 대형 기초 구조를 실현할 수 있다. 이로써 저면의 반력을 감소시킬 수 있고, 지반개량의 범위를 좁게 할 수 있으며 안벽의 슬림화가 가능하다.
② RC케이슨 구조와 비교하여 고강도이므로, 각 부재 크기를 작게 할 수 있다. 그 결과 케이슨의 자중이 가벼워져, 같은 크기의 케이슨을 제작한 경우, RC케이슨에 비해 가볍다. 케이슨이 경량화됨으로써, 사용 작업선, 기자재의 크기가 작아지게 되며, 진수·예항·설치비를 감소시킬 수 있다. 또 진수·예항 시의 흘수를 얕게 할 수 있고, 수심이 얕은 장소에서의 설치가 가능하다.
③ 하이브리드 케이슨은 종래의 RC케이슨에 비해 높은 강성을 가진다. 따라서 휨이나 뒤틀림에 대한 강성을 높일 수 있고, 케이슨의 장대화가 가능하므로 설치기간을 대폭적으로 단축시킬 수 있다.
④ 외벽은 합성판이므로, 콘크리트 타설 시 내측의 강판을 거푸집으로 사용할 수 있다. 그 때문에 거푸집과 내부발판이 필요 없다. 강판이 내측 철근의 대용물이 되므로 철근은 외측만으로 충분하다. 따라서 철근량을 줄여 배근 작업량을 대폭적으로 감소시킬 수 있다. 또 외벽이 얇기 때문에 콘크리트 타설량도 적어진다.

이상의 특징을 정리하면, 하이브리드 케이슨은 경량화, 경제성, 대형화, 고품질 등으로 설명할 수 있다. 따라서 보다 경제적인 케이슨으로서, 항만 구조물에 사용되고 있는 하이브리드 케이슨은

① 설치해역이 대수심
② 연약지반 지역
③ 설계 진도가 큰 경우
④ 공사 기간이 짧은 경우

등의 조건일 때에 특히 유리해진다.

RC케이슨과 비교하여 하이브리드 케이슨의 구조 및 시공상 특징을 표 3-58에 나타내었다.

표 3-58 하이브리드 케이슨과 RC케이슨의 구조 및 시공상 특징

		하이브리드 케이슨	RC케이슨
구조·기능	사용재료	•강판, 형강, 전단연결재, 철근 콘크리트를 사용한다. •마찰증대매트는 필요에 의해 사용한다.	•철근 콘크리트를 사용한다. •마찰증대매트는 필요에 의해 사용한다.
	단면형상	•일반적으로 RC케이슨과 비교하여 푸팅을 크게 할 수 있다. 푸팅을 확대하여 지반반력을 작게 할 수 있다.	•푸팅을 설치할 경우, 길이는 1.5m 정도 까지이다.
	함체 자중	•함체의 자중이 작다. 흘수가 작은 케이슨의 설계가 용이하다.	•하이브리드 케이슨과 비교하여 함체의 자중이 크다.
제작·시공	함체의 제작	•강재쉘은 조선소 등의 공장설비에서 만들어진다. 현지의 Floating Dock나 안벽, 야드에서 콘크리트를 시공할 경우 강재쉘은 일체화 혹은 대형블럭화시켜 바지 등으로 해상운송한다.	•현지의 Floating Dock나 안벽, 야드 등의 설비로 제작한다.
	마찰증대매트의 시공	•저판, 푸팅이 SRC의 경우는 RC케이슨과 같다. •저판, 푸팅이 부착성을 좋게 하기 위해 저판블럭을 반전시켜 약 200℃로 용융시킨 아스팔트를 직접 강판에 시공한다.	•프리캐스트화시킨 아스팔트매트나 고무매트를 시공한다. 케이슨 거치마운드에 부설하여 놓는 경우도 있다.
	배근·거푸집	•합성판에서는 강재쉘이 편측의 철근기능과 거푸집기능을 겸용하기 때문에 시공량은 작다. 거푸집은 외거푸집만 제작한다. •강재쉘에 사전에 상당량의 배근을 해두는 것도 가능하다.	•철근은 복철근배근으로 한다. •외벽·격벽의 제작에 내·외거푸집을 사용한다.
	인양 운반	•인양방향으로 각도를 맞추어 인양비스를 부착하면, 들고리를 사용하지 않고 인양운반도 가능하다.	•일반적으로 들고리를 사용하여 직접인양시킨다.

(3) 하이브리드 케이슨의 적용 예

하이브리드 케이슨은 구조적 특성을 이용하여 다양한 형식에 적용 가능하며, 그 적용 예는 다음과 같다.

1) 내진안벽에의 적용

하이브리드 케이슨은 구조적 특징상 높은 강성을 갖고, 경량화하기 쉬워 일반적인 케이슨에 비해 내진성능이 월등하다. 이에 관한 내진 수리모형실험이 행해진 바 있다. 그림 3-175는 실험모형에서의 케이슨 단면과 실험환경을 나타내고, 그림 3-176은 케이슨 상부에서의 수평변위를 나타낸다. 실험은 무게중심이나 벽의 두께 등의 조건을 동일하게 하여 이루어졌다.

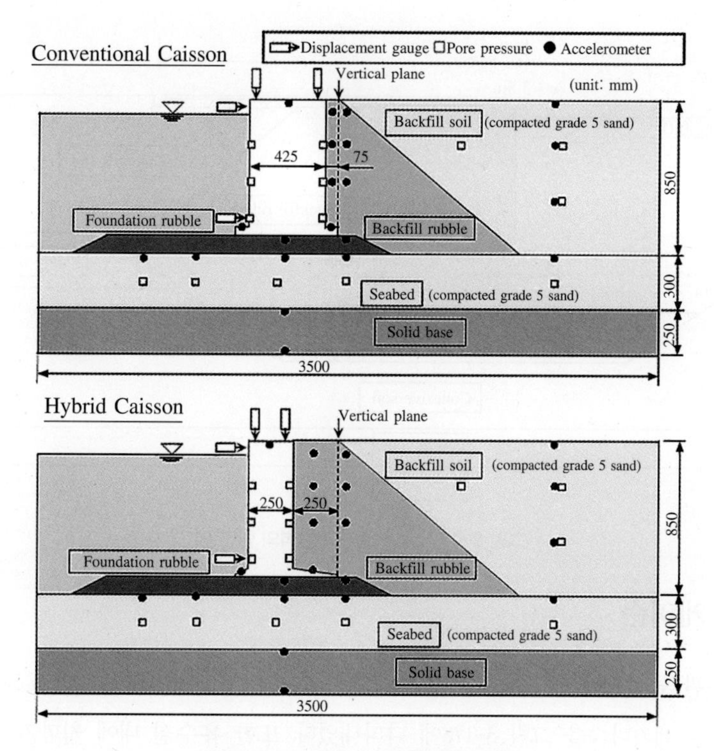

그림 3-175 내진 수리모형실험 단면도

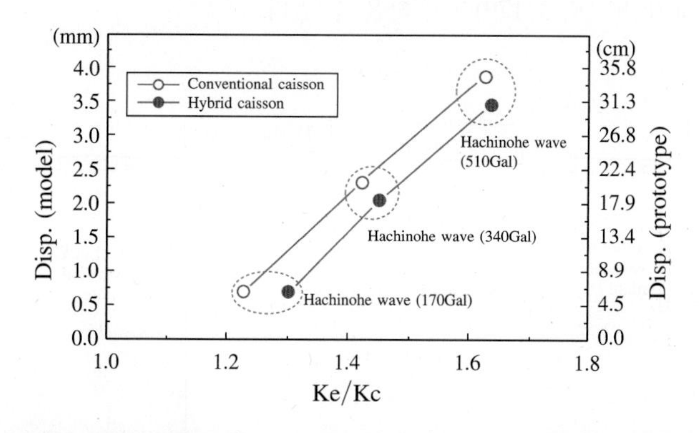

그림 3-176 케이슨 상부의 수평변위(* Ke: Equivalent seismic coeff. * Kc: Threshold seismic coeff.)

실험결과를 살펴보면, 일반 케이슨에 비해 하이브리드 케이슨이 10% 정도 케이슨 상부의 수평변위가 작게 나타남을 알 수 있다. 이는 하이브리드 케이슨이 진동에 대해 수평 저항성이 크며, 안벽 후면 채움재 속의 쇄석에 의해 진동 에너지가 흡수됨을 의미한다.

이러한 케이슨이 적용된 사례가 일본 시미즈항의 신-오키쯔 안벽이다. 그림 3-177은 시미즈항에 시공된 신-오키쯔 안벽의 단면을 보여준다.

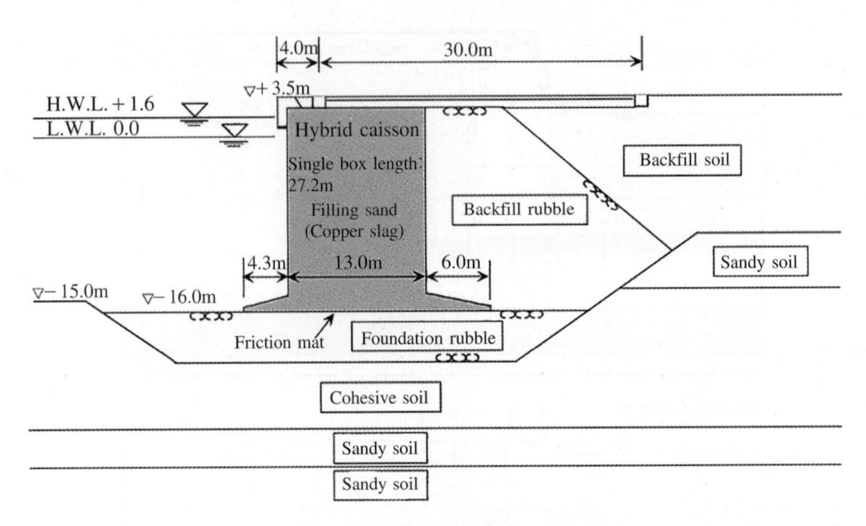

그림 3-177 신-오키쯔 안벽의 단면 예

2) 해수 교환형 케이슨

케이슨 내부에 도수관을 설치하거나 유수실 후벽을 개구하는 것에 의해 항내의 해수 교환을 유도할 수 있다. 이러한 해수 교환 메커니즘을 그림 3-178에 나타내었다. 또한 유수실 내에 월파판을 설치하여 해수의 역류를 막고, 보다 효율적인 해수 교환의 효과를 기대할 수 있다. 해수 교환 기능이 하이브리드 케이슨에 적용된 사례는 일본 미사키항(그림 3-179)에서 찾을 수 있다.

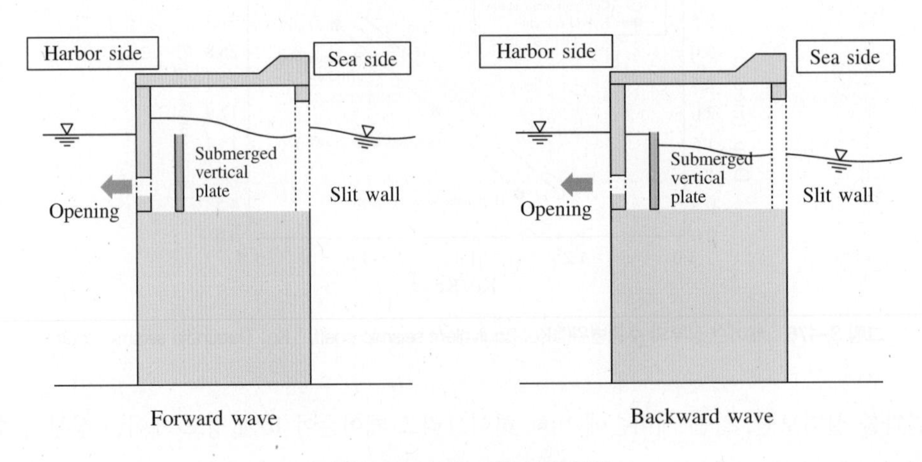

그림 3-178 해수 교환의 흐름양상

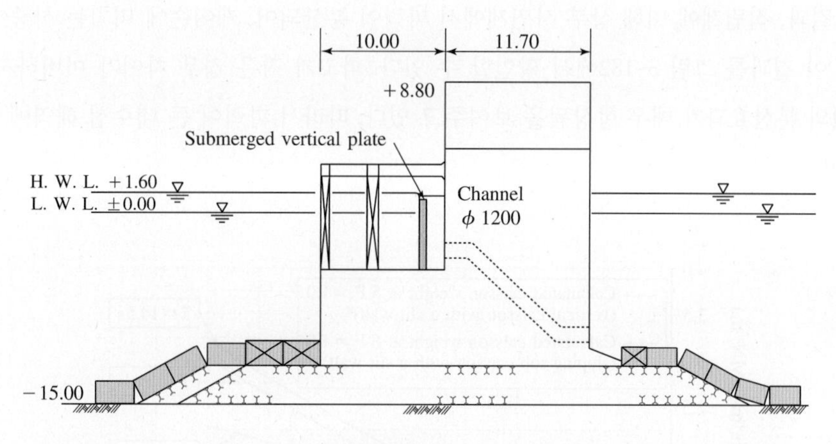

그림 3-179 해수 교환형 하이브리드 케이슨(미사키항)

3) 상부 사면제 케이슨

케이슨의 전면벽을 경사지게 하여 파력을 감소시켜 경제적인 케이슨의 단면을 가능하게 할 수 있다. 파력 감소효과를 확인하기 위한 실험결과가 보고된 바 있다. 그림 3-181은 실험 단면을 보여준다. 실험은 15m의 수심에서 1:60의 축소모형으로 실시되었고, 30%의 유공률이 적용되었다. 파랑조건은 주기와 파고를 다양하게 변화시켜 실험하였다.

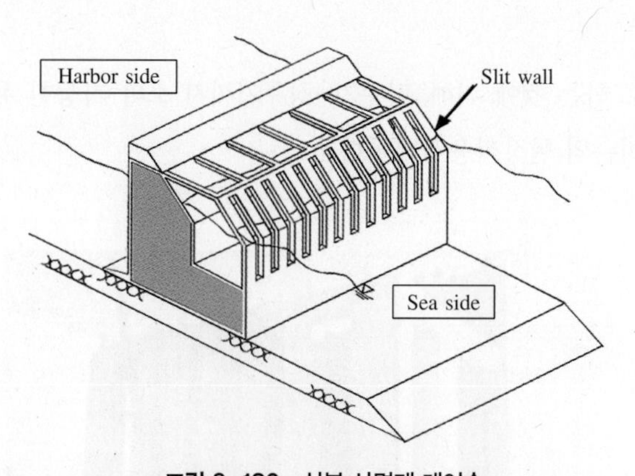

그림 3-180 상부 사면제 케이슨

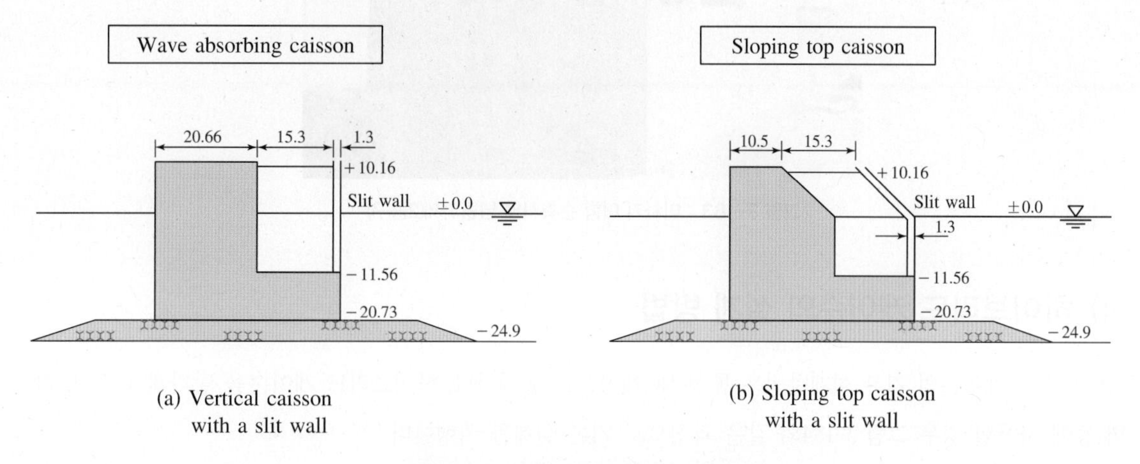

(a) Vertical caisson with a slit wall

(b) Sloping top caisson with a slit wall

그림 3-181 상부 사면제 케이슨 실험 단면

위 실험의 결과, 직립제에 비해 상부 사면제에서 파력이 분산되어, 케이슨에 미치는 하중이 감소함을 알 수 있었다. 이 결과를 그림 3-182에서 확인할 수 있다. 파고가 작은 경우 차이가 미비하지만, 파고가 커질수록 파력의 분산효과가 매우 향상됨을 보여주고 있다. 따라서 파력이 큰 대수심 해역에서의 방파제에 더 효과적이다.

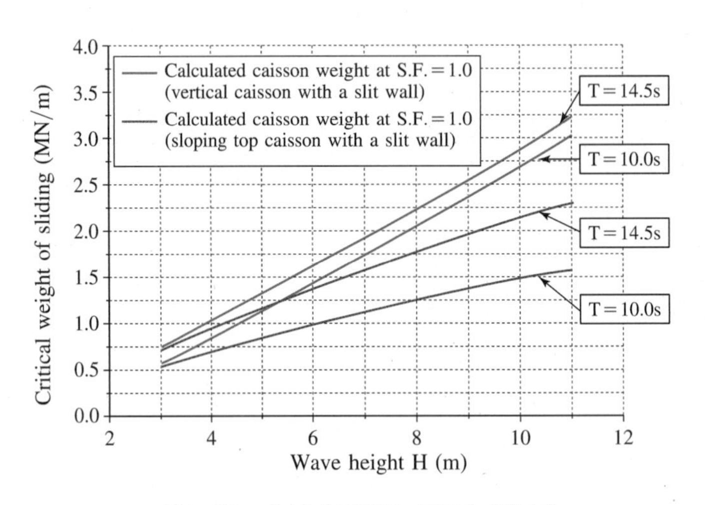

그림 3-182 케이슨에 작용하는 하중의 계산결과

4) 2중 슬릿 케이슨

케이슨의 슬릿 벽을 2중으로 하는 것에 의해, 단주기~장주기까지 소파 가능한 유수실을 갖는 케이슨이다. 그림 3-183은 2중 슬릿 케이슨의 현장적용사례이다.

그림 3-183 미사키 어항 수축사업 남방파제(2공구)

(4) 하이브리드 케이슨의 설계 방법

하이브리드 케이슨의 기본 설계방법은 통상 RC케이슨과 동일하다. 하이브리드 케이슨을 방파제나 호안, 안벽 등에 사용할 경우 그림 3-184와 같은 과정으로 기본 설계를 시행한다.

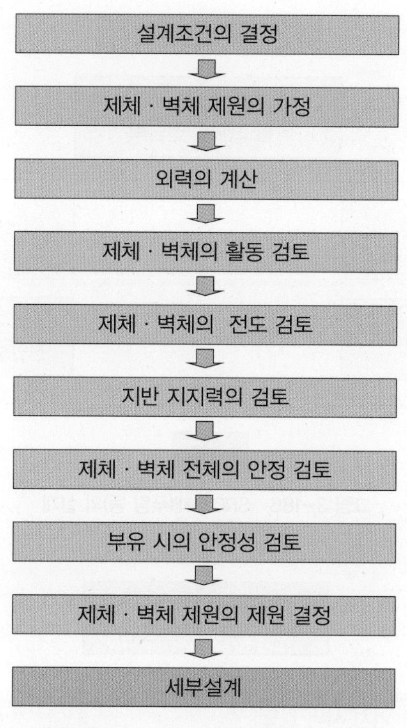

그림 3-184 하이브리드 케이슨의 기본설계

완성 시의 안정에 대해서는 제체 · 벽체의 활동, 전도, 지반 지지력에 대한 안정성을 검토하게 된다. 이때 하이브리드 케이슨의 함체 자중을 계산할 경우 합성판의 자중은 강재와 철근 콘크리트로 나누어 계산하여도 좋다. 또한, 자력으로 부유하는 케이슨에 대해서는 부유 시의 안정에 대한 검토가 필요하다.

이러한 기본설계 과정을 통해, 상세설계 단계에 필요한 조건을 구하게 된다. 상세설계는 원칙적으로 한계상태설계법에 의하여 행한다. 즉, 외벽, 저판, 푸팅 및 격벽에 대해 각 한계상태로 조사한다. 이들의 설계 과정은 그림 3-185 ~ 3-187과 같다.

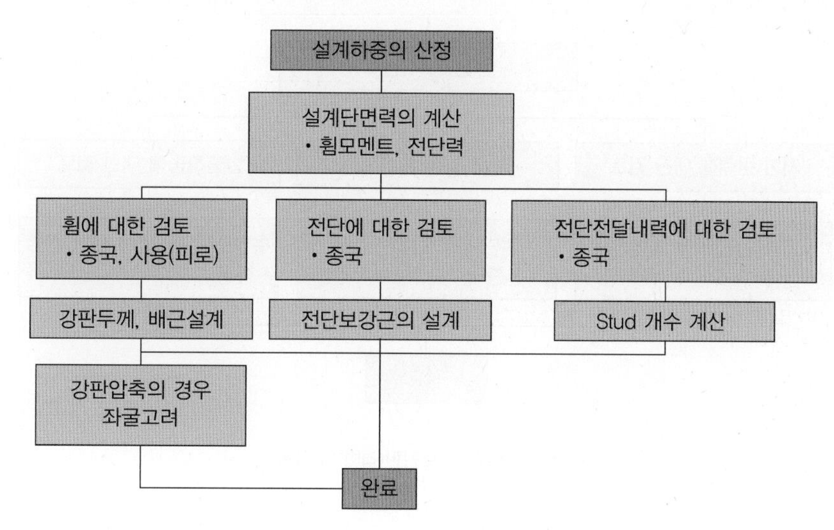

그림 3-185 합성판(외벽 등)의 설계

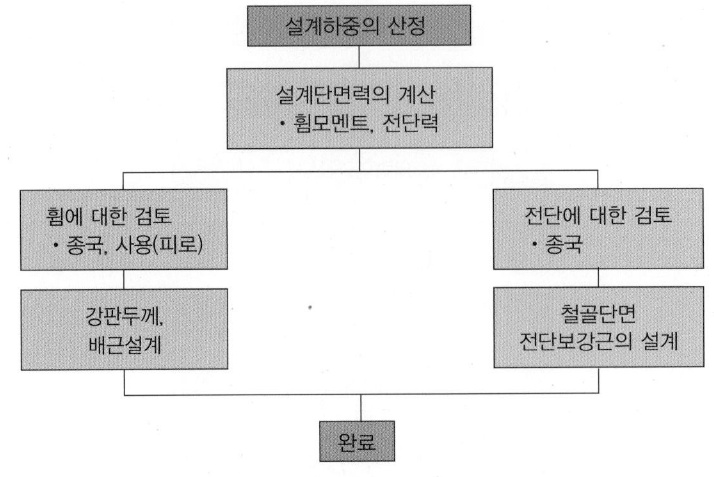

그림 3-186 SRC부재(푸팅 등)의 설계

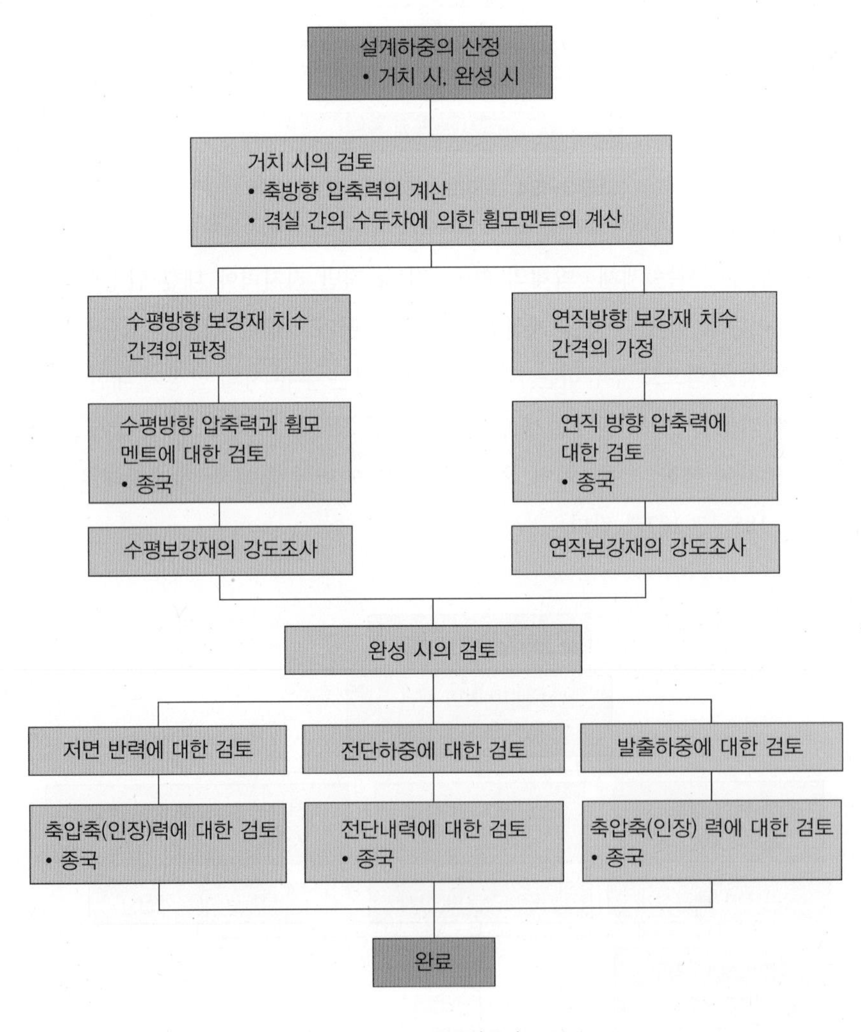

그림 3-187 강보강판(격벽)의 설계

단면력은 보통의 RC케이슨과 같이 외벽 및 저판은 삼변고정 혹은 사변고정판으로, 푸팅은 켄틸레버로 선형구조해석에 의해 휨모멘트나 전단력을 산출한다. 또한 합성판에서는 Stud 등의 전단연결재를 결정하기 위한 수평휨전단력을 산출한다.

합성판의 휨내력은 강판을 동단면적의 철근으로 치환한 복철근단면으로 계산한다. 여기서 철판이 압축이 되는 부휨상태에 있어서는 철판의 좌굴을 고려하여 휨내력을 산정한다. 전단력에 대해서는 푸팅 및 푸팅 근접의 저판, 외벽에 대해 조사하고 필요하면 전단보강철근을 배치한다. 강보강판 혹은 강트러스부재로 구성된 격벽은 일반적으로 거치 시에 단면이 결정되는 일이 많다.

(5) 하이브리드 케이슨의 제작 및 시공

하이브리드 케이슨의 일반적인 제작 순서를 그림 3-188에 나타냈다. 측벽, 칸막이벽, 바닥판을 구성하는 강재쉘을 공장에서 조립하고, 그 외측에 콘크리트를 타설하여 제작한다. 콘크리트는 케이슨 높이방향으로 여러 층을 나누어 타설한다. 그 타설 높이는 제1층을 2.5m 이하로 하고 제2층 이후를 3.0m 이하로 하는 것이 일반적이다.

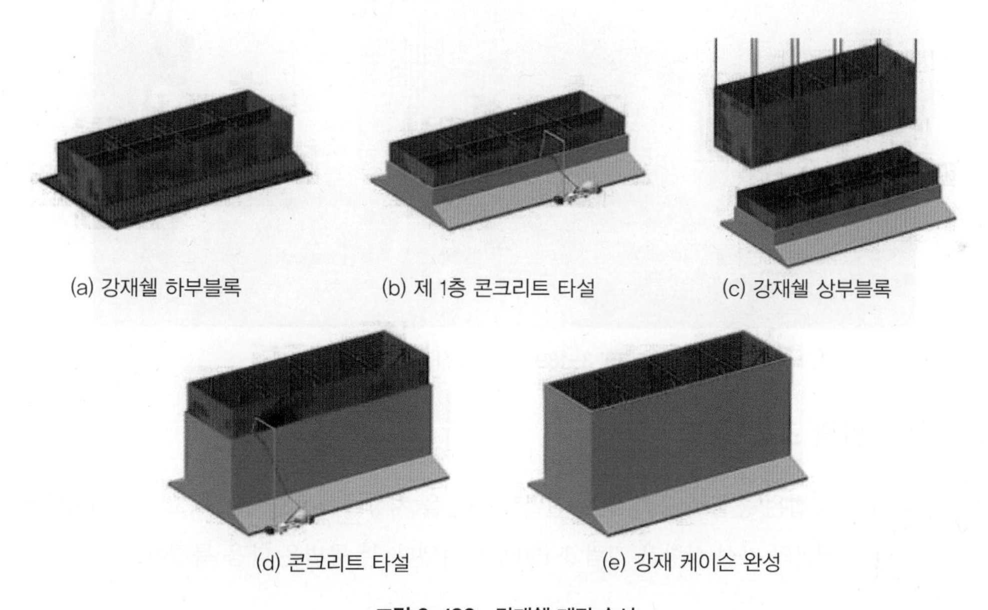

그림 3-188 강재쉘 제작 순서

하이브리드 케이슨의 제작 및 시공은 강재쉘 제작 및 콘크리트의 시공방법에 따라 몇 가지 공법이 있으며, 대표적인 시공방법에는 다음과 같은 것들이 있다.

1) Prefab 철근공법

일반적인 제작 방법에서는 콘크리트 시공 접합 높이 때마다 철근을 조립하고 배근 검사를 실시한 뒤에 거푸집을 조립하고 거푸집 검사를 실시한 뒤에 콘크리트를 타설한다. 콘크리트 1층마다, 배근 검사와 거푸집 검사를 실시하고 이를 여러 층에 걸쳐 반복한다. Prefab 철근공법은 철근을 콘크리트 각 층마다 조립하는 것이 아니라, 여러 층의 철근을 지상에서 조립하고 소정의 위치에 설치하는 공법이다. 철근의 가설 상황을 그림 3-189에 나타냈다. 본 공법은 다음의 특징이 있다.

① 배근 검사를 여러 층을 동시에 실시하므로 더 이상의 철근 조립 작업은 발생하지 않고, 거푸집 검사만을 각 층마다 실시하면 된다. 콘크리트 타설 후 형틀을 제거한 뒤, 바로 다음 층의 거푸집 조립으로 이어질 수 있어 공사 기간 단축이 가능해진다.

② 철근을 지상에서 조립하므로 발판상에서 조립하는 것에 비해 작업성이 향상된다.

③ 발판상에서 조립하는 철근량을 최소화하여 높은 곳의 작업이 대폭적으로 줄고 안전성을 확보할 수 있다.

그림 3-189 Prefab 철근공법

2) 철골 · 철근 일괄 조립 공법

철골·철근 일괄 조립 공법은 중심부 등의 일부 철골과 철근을 지상에서 일괄 조립하고 소정의 위치에 가설하는 공법이다. 철골·철근의 가설 상황을 그림 3-190에 나타냈다. 본 공법은 다음 특징이 있다.

① Prefab 철근공법과 마찬가지로

가. 배근 검사를 일시에 실시하므로 공사 기간 단축이 가능해진다.

나. 철근을 지상에서 조립하므로 효율적으로 조립할 수 있다.

다. 발판상에서 조립하는 철근량을 최소화하며 높은 곳의 작업이 대폭적으로 줄어들고 안전성이 향상된다.

② 슬릿 케이슨의 경우, 진수·예항·설치 작업 시의 안정성을 확보하기 위해, 투과벽으로부터 해수의 유입을 막을 필요가 있다. 그 때문에 투과벽에 지수재를 설치한다. 투과벽 콘크리트 표면의 요철이 큰 경우, 진수 시의 누수가 많아지고, 예항까지에 장시간의 조정이 필요해진다. 본 공법은 철골·철근의 조립 정밀도를 향상시킬 수 있고 투과벽의 요철을 억제할 수 있다.

그림 3-190 철골·철근 일괄 조립 공법

3) 강재쉘 총조립 공법

지금까지의 하이브리드 케이슨 제작 실적에서는, 우선 강재쉘의 전부를 완성시키고, 그 다음 콘크리트 시공을 하는 경우가 많았다. 이 방법에서는 총조립 후의 강재쉘의 형태를 확인할 수 있지만, 강재쉘 총조립을 완료할 때까지 기다려야 하기 때문에 콘크리트공의 착공시기가 늦어지게 된다. 이 공법의 장단점은 다음과 같다.

① 강재쉘 총조립 완료 시에는 콘크리트 제1층을 타설하기 위해 강재쉘을 2회에 나누어 계측하고, 치수를 관리할 필요가 있다.

② 콘크리트 제1층을 빠른 단계로 타설할 수 있기 때문에 케이슨 제작 공사 기간을 단축시킬 수 있다.

(6) 현장 적용 사례

당사에서 시공한 '광양항 컨테이너 터미널 3단계 2차 축조공사'의 측면안벽은 소파기능을 고려한 슬릿부의 설치, 케이슨 바닥판에 SRC를 고려한 Semi-Hybrid 케이슨의 도입이 국내 최초로 시도되었다. 다음은 적용 사업의 개요 및 각 부재의 설계, 시공 순서를 예시하고 있다.

1) 공사위치 및 범위

① 공사위치

광양항 컨테이너 터미널 3단계 2차 축조공사는 21세기 컨테이너 물동량 수요증가에 대처하고, 광양항이 동북아 중심항만으로서의 국제 경쟁력을 갖출 수 있도록 컨테이너 선박의 대형화와 최적의 컨테이너 화물처리 시스템을 구축하기 위한 컨테이너 터미널 축조공사로 전라남도 광양시 황금동 지선해상에 위치한다.

그림 3-191 전라남도 광양시 황금동 지선해상

② 공사범위

'광양항 컨테이너 터미널 3단계 2차 축조공사'는 크게 접안시설 공사부분과 부지조성 공사부분으로 나누어진다. 접안시설은 표 3-59에 보여지듯이 자동화 부두(1,050m), 전면안벽(250m), 측면안벽(640m) 등 총 1,940m의 공사구간이 포함되어 있고, 기초처리나 안벽배면 매립지 지반개량 등으로 총 974,592m^{2}의 컨테이너 부두 부지가 조성된다. 그림 3-192에서와 같이 측면안벽 구간에 Semi-Hybrid Caisson 공법이 적용되었다.

표 3-59 공사범위

공종			단위	수량	비고
하부공	자동화부두		m	1,050	박지준설 (폭 30m 포함)
	종점부	전면	m	250	
		측면	m	640	
상부공			m	1,940	에이프론 상부
부지조성공			m^2	974,572	
부대공			식	1	

2) 평면계획

Semi-Hybrid 케이슨은 그림 3-192에 나타난 바와 같이 측면안벽 640m 구간에 적용되어, 전면안벽과 같은 기능을 제공하도록 되어 있다.

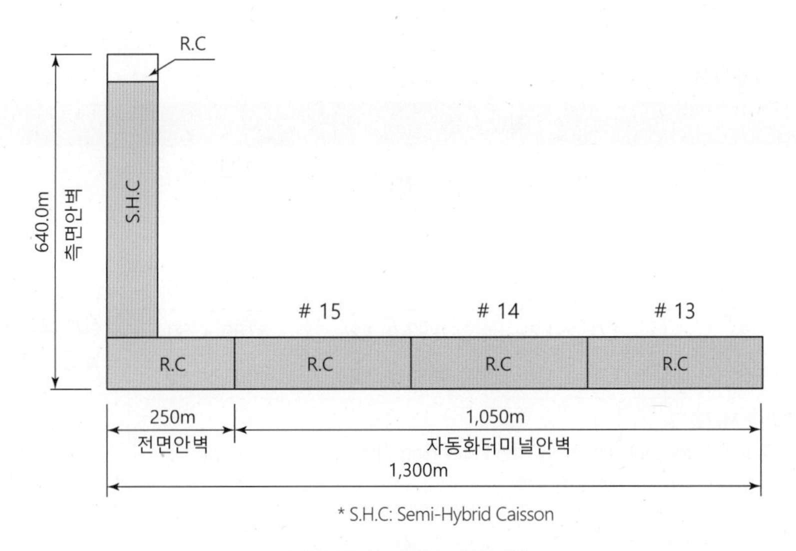

그림 3-192 케이슨 배치계획

3) Semi-Hybrid 케이슨의 채택

측면안벽에 사용된 Semi-Hybrid Caisson은 VE/LCC 평가를 통해 시공성, 안정성, 적용성, 경제성, 내구성, 환경성 및 유지관리 관점에서 최적화된 구조 형식으로 선정되었다. 측면안벽의 구조 형식으로 적용하여 얻어진 개선 효과는 다음과 같이 요약할 수 있다.

① 경량화한 구조의 채택으로 경제성 증대
② 저판 폭 확대로 지반반력 감소
③ 단면 경량화로 관성력 감소
④ 종 슬릿 설치로 반사파 감소 등

4) 부재별 설계특성

측면안벽에 사용되는 Semi-Hybrid Caisson의 단면을 그림 3-193에, 각 부재별 설계 특성을 표 3-60에 나타내었다.

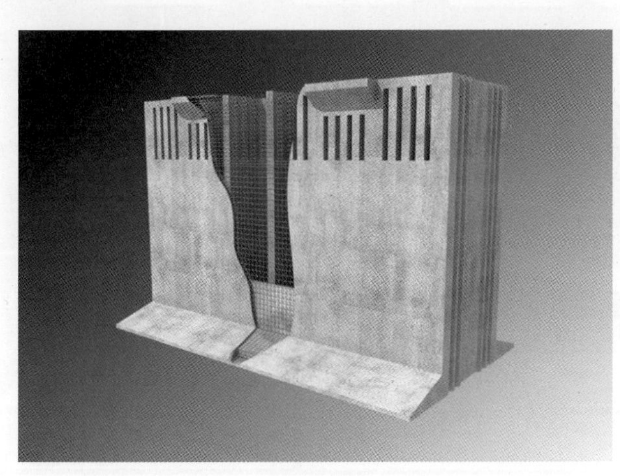

(a) 조감도

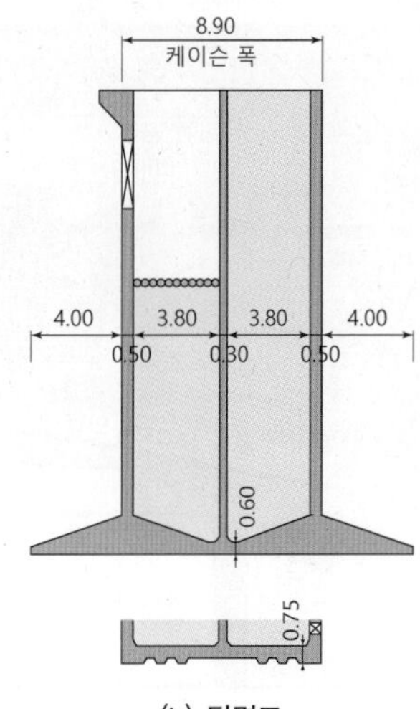

(b) 단면도

그림 3-193 측면 안벽(Semi-Hybrid Caisson)

표 3-60 측면안벽 설계 특성

항목	착안 사항				적용
부재	Toe 길이	활동	전도	지반반력 (tonf)	•Toe길이: 4.0m •상시, 폭풍 시, 지진 시의 안전율 중 최댓값
Toe 길이별 안정성	3.0	1.50 > 1.2	2.80 > 1.2	46.46 < 50	
	4.0	2.53 > 1.2	4.87 > 1.2	33.67 < 50	
	4.5	1.71 > 1.2	3.93 > 1.2	37.80 < 50	
	5.0	1.78 > 1.2	4.33 > 1.2	40.21 < 50	
	•지반반력 저감효과 •DCL(Draft Control Launching)선에 의한 Launching 검토 고려 •Semi-Hybrid Caisson 구조 검토 고려				
외벽 두께	•과다 철근 배제 및 균열 발생 억제 •항만 및 어항 설계기준의 제안 수용 •유수실 및 저판과의 접속 검토 •배후 토사유출 방지공 계획 반영				•전후벽: 500mm •측벽: 750mm
저판 두께	•Hybrid(SRC) 적용 •저판 Hybrid(SRC) 적용하여 케이슨 Slim화 가능				•측벽과 접속부: 1,600mm •끝단: 300mm
격벽 두께	•유수실의 안정성 확보 •복철근으로 배근가능한 두께				•격벽: 300mm

5) 공장형 신공법 케이슨 시공 순서

광양항 3단계 2차 컨테이너 터미널 축조공사 현장은 안벽축조를 위하여 Semi-Hybrid 케이슨 20함, 소파 대형 케이슨 42함 등 총 62함의 대형 케이슨을 제작한다. 이러한 대형 구조물을 제작하기 위해 시공성, 안정성, 경제성, 환경친화성 등을 고려하여 광양항 3단계 1차 컨테이너 터미널 축조공사에서 사용한 '슬립폼을 이용한 케이슨 제작 공법'을 사용한다.

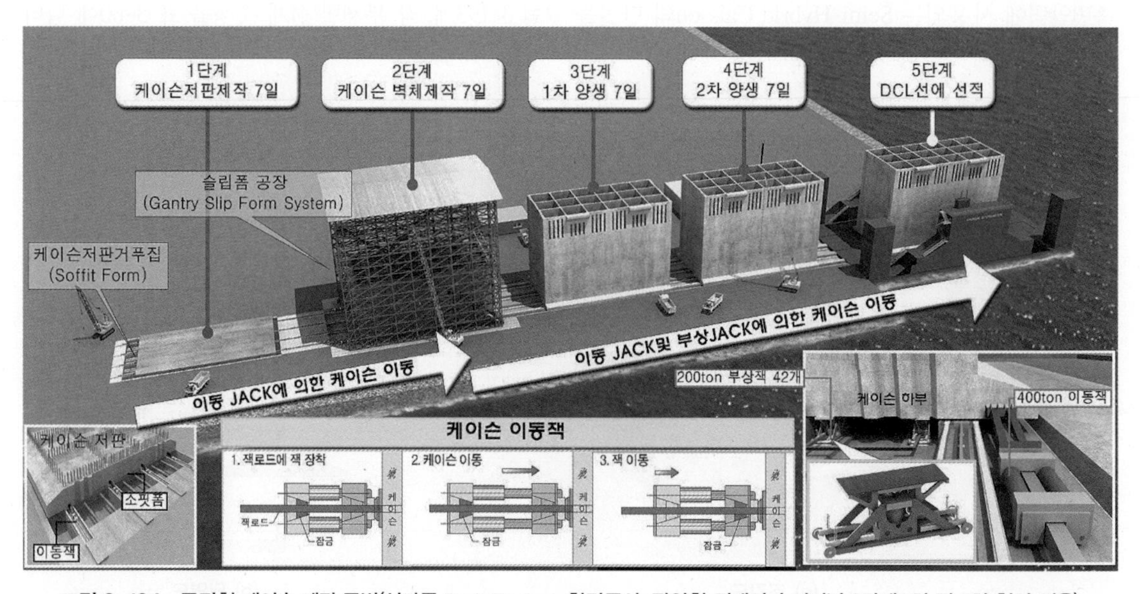

그림 3-194 공장형 케이슨 제작 공법(싱가폴 Pasir Panjang 항만공사, 광양항 컨테이너 터미널 3단계 1차 및 2차 현장 적용)

그림 3-195 광양항 컨테이너 터미널 3단계 2차 케이슨 제작 주요 공정

슬립폼을 이용한 케이슨 제작 공법은 갈수록 대형화되어가는 항만공사에서 대형 케이슨을 제작하는데 효과적인 방법이다. 한 개의 층에 30평 아파트 5채가 배치된 7층 건물의 크기에 해당하는 케이슨을 일주일 간격으로 연속 생산하여 진수 및 거치를 시행하는 이 공법은 '거푸집 설치 → 콘크리트 타설 → 양생 → 탈형'을 반복하는 일반적인 케이슨 제작 방법으로는 불가능한 획기적인 공기절감 및 원가절감이 가능하며 구조물에 시공이음이 없어 수밀성 및 내구성이 뛰어나고 벽체의 연직도 확보가 우수하며 동절기에는 전기보온양생공법을 이용, 4계절 전천후 24시간 연속 시공이 가능하다는 장점을 지니고 있다.

(7) 결론

하이브리드 케이슨은 종래의 RC케이슨에 비해 고강도이므로 각 부재의 크기를 작게 할 수 있고 케이슨의 경량화가 가능하다. 따라서 RC케이슨에 비해 제작비용이나 진수·예항·설치비용 등이 절감되어 보다 경제적인 공법이라 할 수 있다. 또한 케이슨의 푸팅을 확대할 수 있어 지반반력 저감에 따른 지반개량비용 절감효과를 얻을 수 있고, 격실수를 줄여 단면을 최적화할 수 있다. 이 같은 장점은 대심도 연약지반이나 짧은 공기를 필요로 하는 공사에서 좀 더 유리하게 작용한다.

대형 항만공사의 증대에 따른 케이슨의 대형화로 인해 경제성과 경량화, 고품질, 대형화의 장점을 지닌 하이브리드 케이슨의 수요가 점차 증가할 것으로 예상된다.

3-3
기타

3-3-1 Kuwait Al-Zour LNG 수입항 건설공사
3-3-2 여수 Big-O 구조물 설치 공사
3-3-3 능동제어형 조류발전 지지구조물 설계, 제작 및 설치

3-3-1 Kuwait Al-Zour LNG 수입항 건설공사

(1) 서론

쿠웨이트는 아라비아 반도 북단에 위치한 주요 산유국으로, 쿠웨이트 경제는 전적으로 석유에 의존하고 있어 국제유가 변동에 따라 국가재정과 GDP(3만 달러, 2018년 기준)가 민감하게 반응하는 취약한 경제구조를 가지고 있다. 쿠웨이트 정부는 석유생산에 의존하던 국가 경제구조를 극복하고 석유시대 이후를 대비하기 위해 정유시설, 석유화학산업 등의 고부가가치 산업 발전을 위한 인프라 구축에 힘쓰고 있다.

이러한 인프라 구축 사업 중 하나로 The Kuwait Integrated Petroleum Industries Company(KIPIC)는 쿠웨이트시에서 남쪽으로 약 90km 떨어진 Al Zour North Power 발전소에 인접한 Al Zour와 NRP # 5에 위치한 곳에 천연가스를 쿠웨이트 국영 가스 공급망에 공급하고 동시에 LNG를 수출도 할 수 있는 LNGI(Al Zour LNG Import Project)라는 새로운 LNG 재기화 공장을 건설할 계획으로, Kuwait Al-Zour LNG 수입항 건설공사를 발주하였다. 2016년 현대건설(HDEC), 현대엔지니어링(HEC), 한국가스공사(KOGAS) 컨소시엄이 수주하여 시공 중에 있다. 여기서는 현대건설에서 시공한 매립지 호안의 설계부분에 대해 기술하였다.

그림 3-196 프로젝트 위치도

(2) 공사 개요 및 현황

1) 공사개요

쿠웨이트 알주르 엘엔지 수입항 건설공사의 공사내용은 준설, 매립, LNG 수출입 Jetty/Berth, Seawater Intake & Oufall System, LNG Tanks, Regasification Plant, Commissioning으로 구성되어 있으며, 각 컨소시엄별 업무 영역은 표 3-61 및 그림 3-197과 같다.

표 3-61 공사 개요

구분	내용
공사명	쿠웨이트 알주르 엘엔지 수입항 건설공사
공사기간	2016.05.15.~2021.02.12.(57개월)
발주처	KIPIC (Kuwait Integrated Petroleum Industries Company)
기술회사	AMEC Foster Wheeler (스페인) / PROES (Marine Part)
주요 공사내용	1. 현대건설(HDEC – 토목사업본부) •준설(13.5Mil.m^3) / 매립(8.9Mil.m^3) •Seawater Intake & Outfall System •LNG Jetty/Berth 2기(#47, #48) 2. 현대건설(HDEC – 플랜트사업본부) •LNG Tanks 8기(225,500m^3) 3. 현대엔지니어링(HEC) •Regasification Plant (3,000BBTU/day) 4. 한국가스공사(KOGAS) •Commissioning

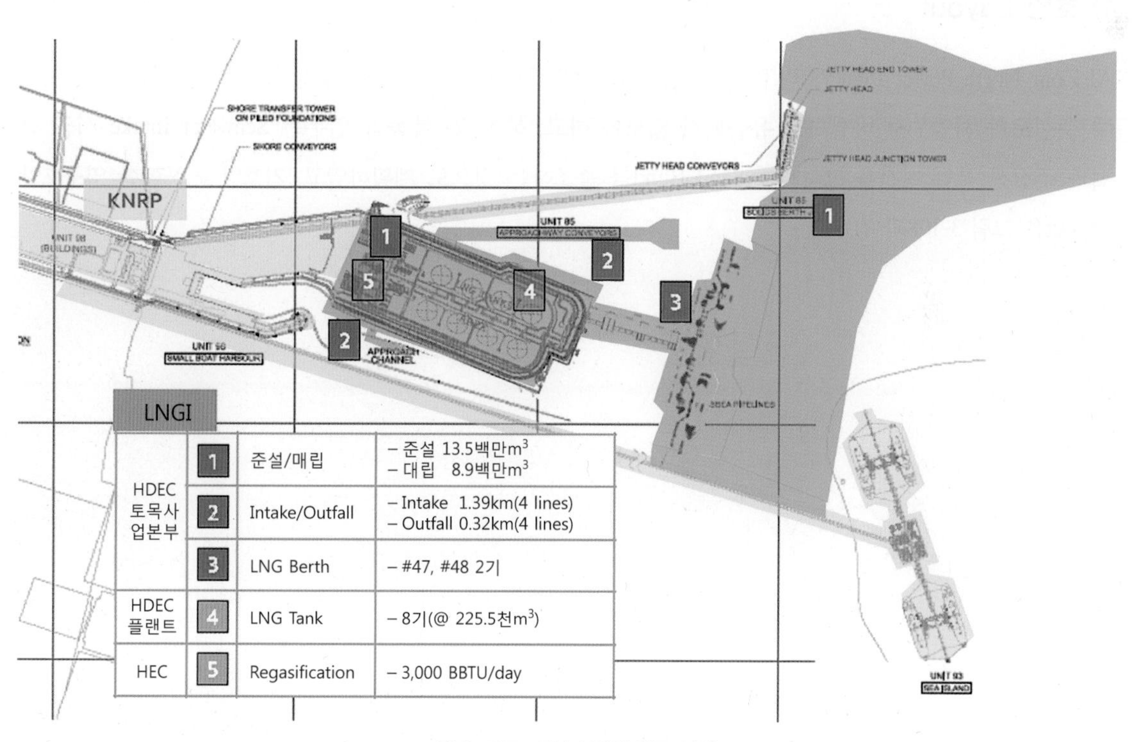

그림 3-197 컨소시엄별 업무 영역

2) 공사현황

알주르 엘엔지 수입항 건설공사는 전체 프로젝트 일정상 Tank 8기 및 Regasification 시설물을 설치하기 위해 최우선적으로 해상을 매립하여 부지를 확보하고 파랑으로부터 부지를 보호하기 위해 호안을 축조해야 한다. 발주처는 공사 중 매립으로 인한 부유사 확산이 인근의 Al Zour North Power Plant 및 리조트에 악영향을 미치는 걸 방지하기 위해 EIA Requirement에 Perimeter Bund를 선 축조하고 준설토를 부지 안에 송출하여 매립지를 만드는 방안을 명시하였다.

공사 초기 Critical Path는 호안 설계 및 시공인데, 호안 설계를 수행하기 위해서는 지반조사 수행, 지반조사 보고서 작성, 호안 하부 지반설계가 완료되어야 하며, 호안 시공을 위해서는 하부 지반개량 수행, Perimeter Bund 축조가 이뤄져야 하며 그 이후 매립 공정이 진행될 수 있다.

하지만 상기 호안 설계 및 시공을 순차적으로 완료 후 매립공사 진행 시에는 전체 프로젝트 공정상 부지 Handover Delay가 발생하기 때문에 실시설계 수행 중 공기를 획기적으로 단축시킬 수 있는 방안이 필요하게 되었다. 이에, 부지 바깥으로 가호안을 선 축조하고 매립한 후 영구호안을 축조하는 방안을 제안하였다. 동 공법은 가호안 사석을 영구호안으로 유용하는 공종 및 사석 유실에 대한 단점이 있으나, 설계가 필요 없는 가호안을 우선 축조하고 동시에 부지 내부는 지반조사 수행 및 호안 설계를 수행하여 매립공사의 공기를 획기적으로 단축하고 기 매립된 모래층 위에 제체사석을 포설하여 제체사석 수량을 최적화할 수 있는 장점이 있다.

(3) 호안 Layout 및 Typical Section

1) 호안 Layout

Al Zour North Power Plant와 리조트가 있는 남쪽부터 Trestle이 시작되는 남동쪽까지는 가호안을 설치하여 준설토가 사업부지 바깥으로 유출되지 않도록 하고, 북쪽 및 북동쪽 일부는 Seawater Intake 시공 간섭과 준설선 작업 여건을 고려하여 Sand Bund를 축조하는 것으로 계획하였고, 가호안을 포함한 영구호안 Layout은 그림 3-198과 같다.

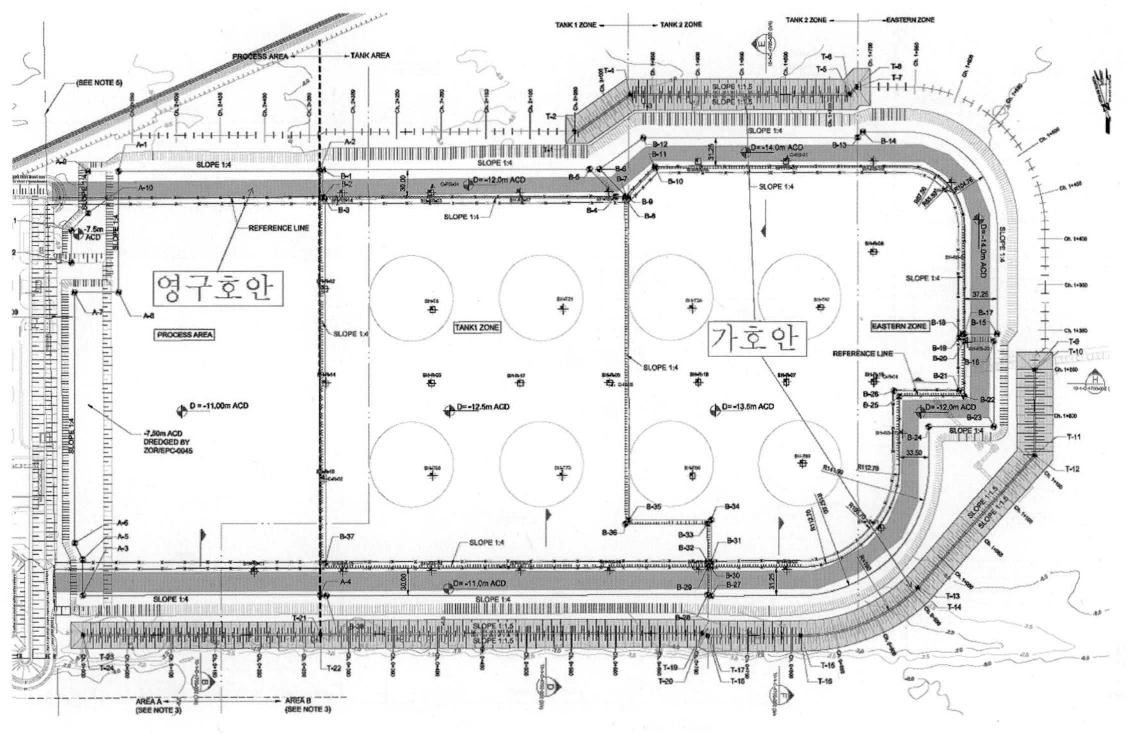

그림 3-198 매립지 호안 Layout

2) 호안 Typical Cross Section

영구호안 및 가호안에 대한 대표단면(Typical Cross Section)은 그림 3-199 ~ 3-203에 나타내었다.

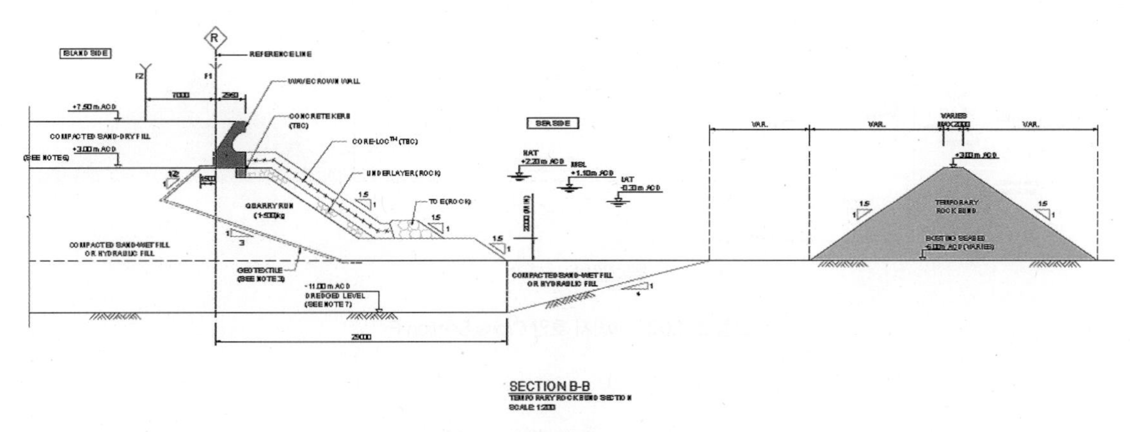

그림 3-199 매립지 호안 Cross Section B

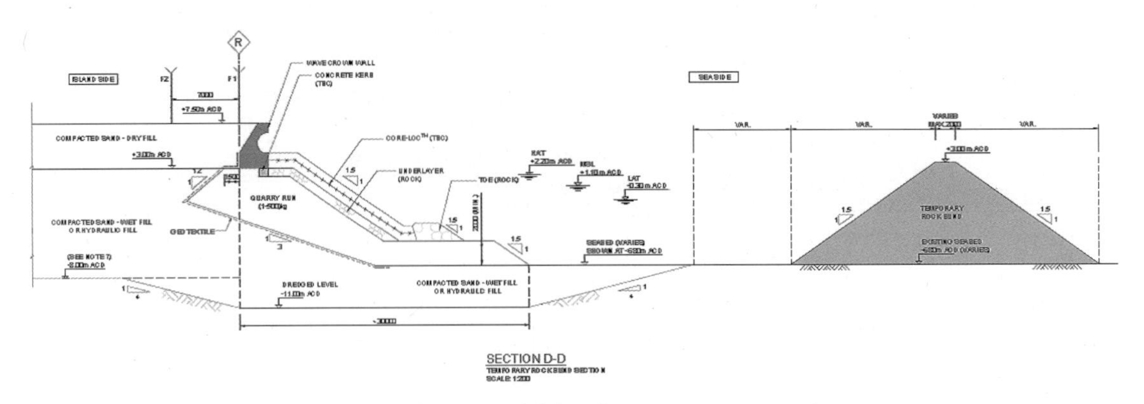

그림 3-200 매립지 호안 Cross Section D

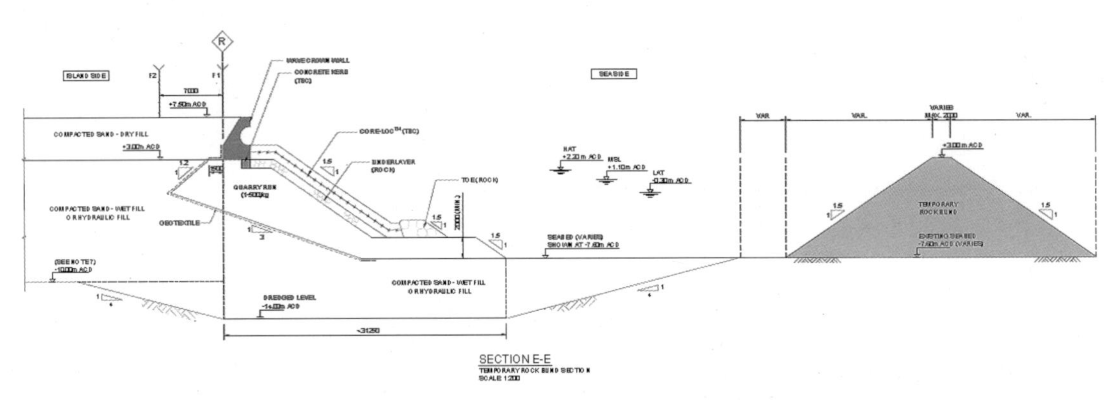

그림 3-201 매립지 호안 Cross Section E

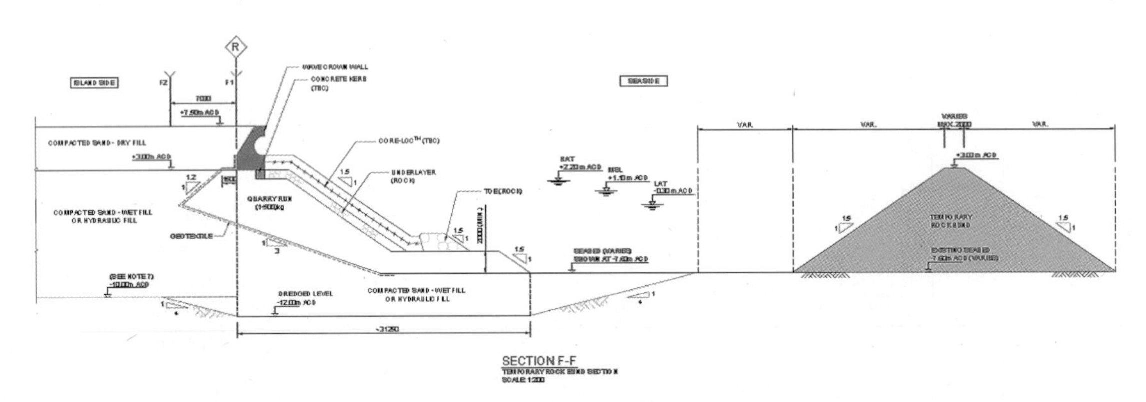

그림 3-202 매립지 호안 Cross Section F

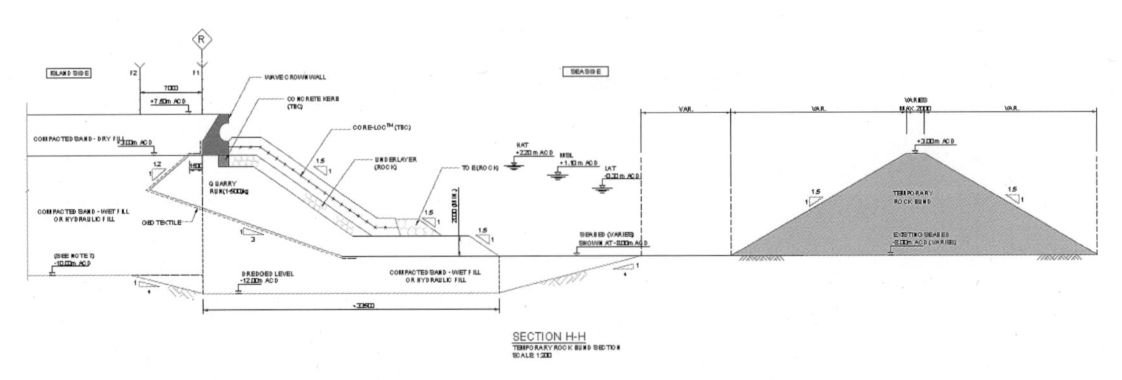

그림 3-203 매립지 호안 Cross Section H

3) 가호안 설계 검토

① 시공 순서

가호안 및 매립지 지반개량을 포함한 영구호안 시공 순서는 다음과 같다.

Step 1. Construction of Temporary Bund

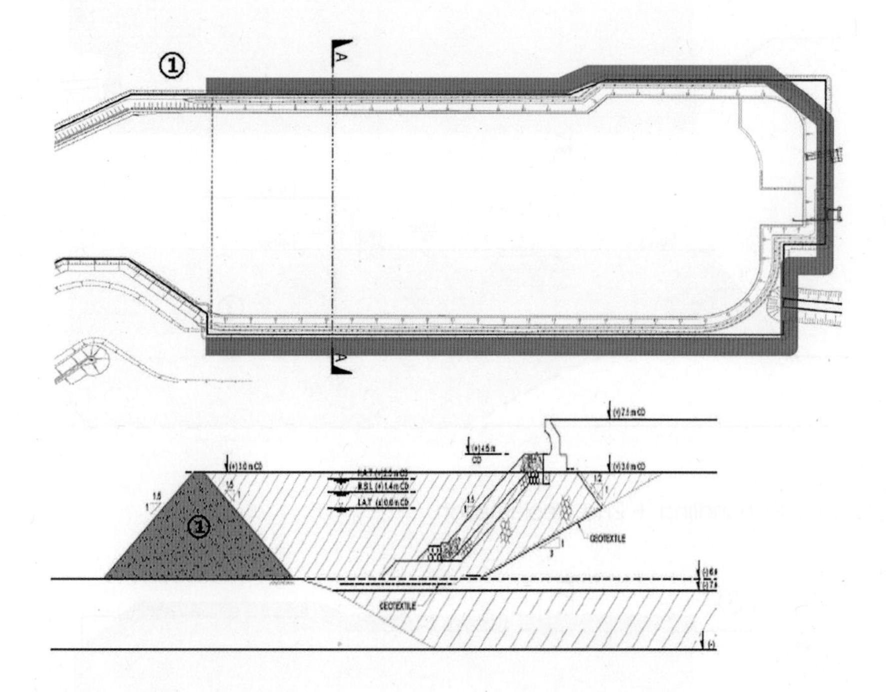

Step 2. Dredging & Disposal of Unsuitable Material beneath the Rock Bund

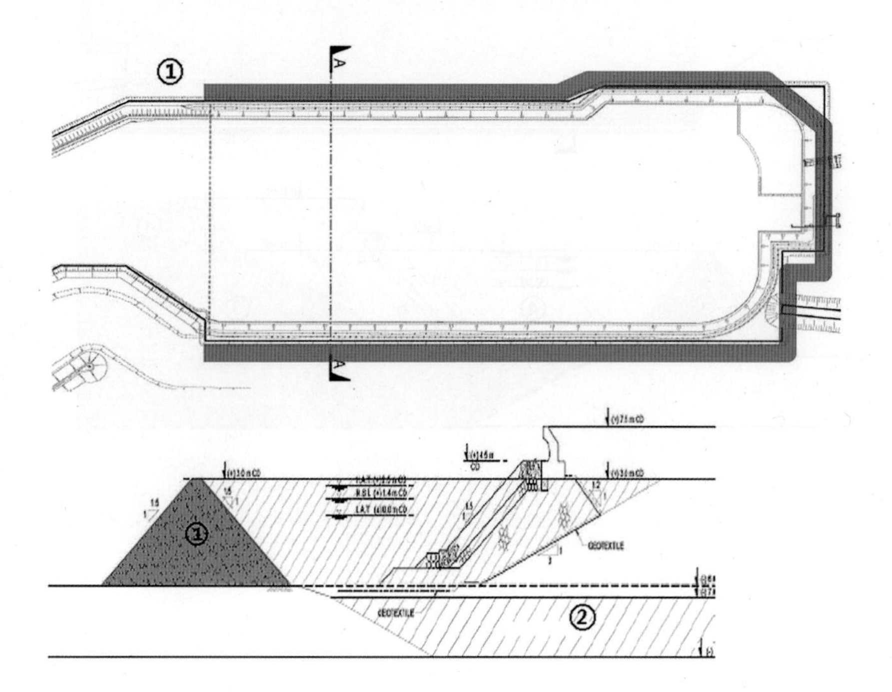

Step 3. 1st Reclamation + Soil Improvement (Upto +3.0m CD or Certain Level)

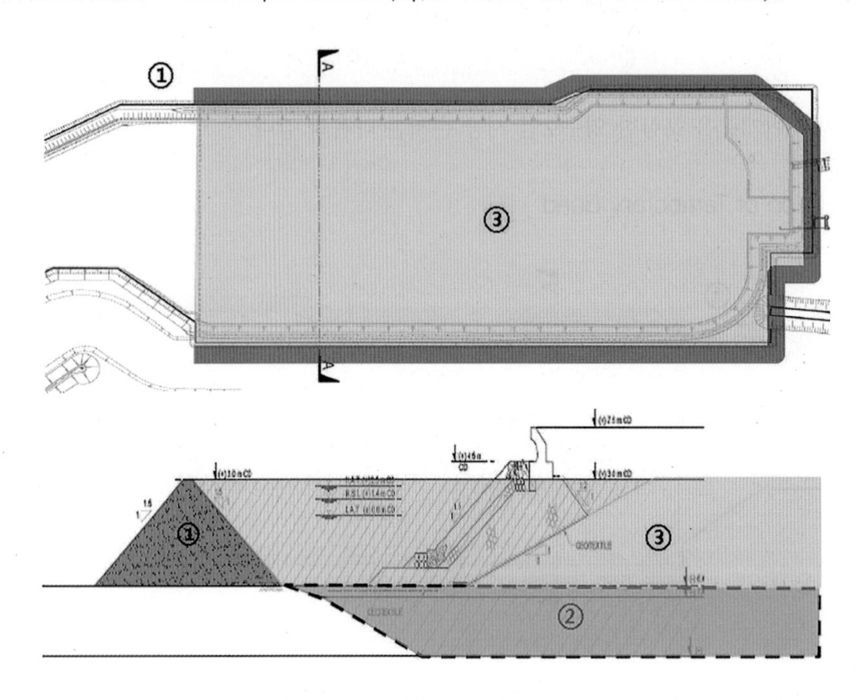

Step 4. Removal / Rehandling + 2nd Reclamation

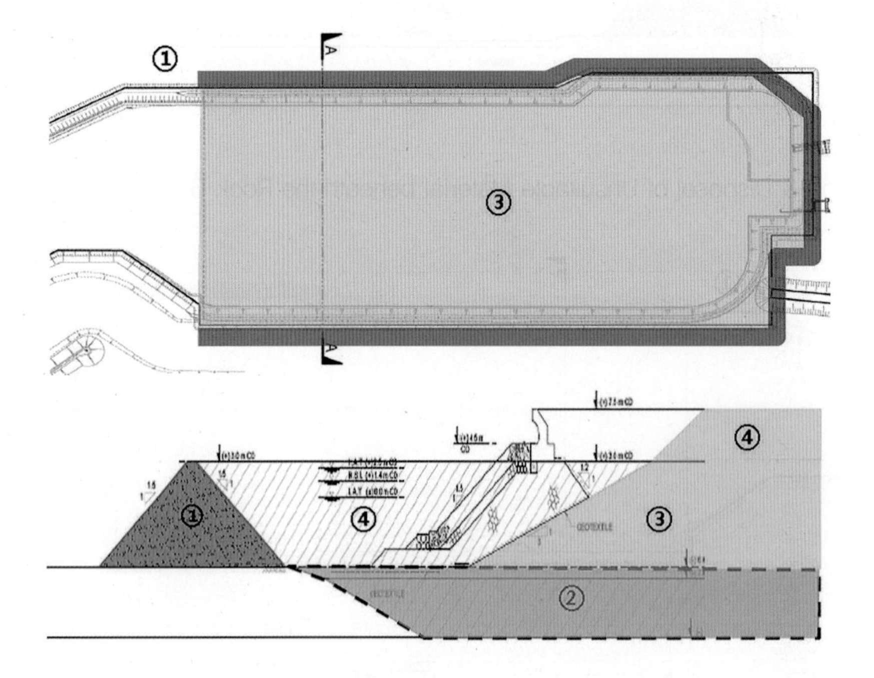

Step 5. Removal / Rehandling of Temporary Rock Bund + Revetment Work

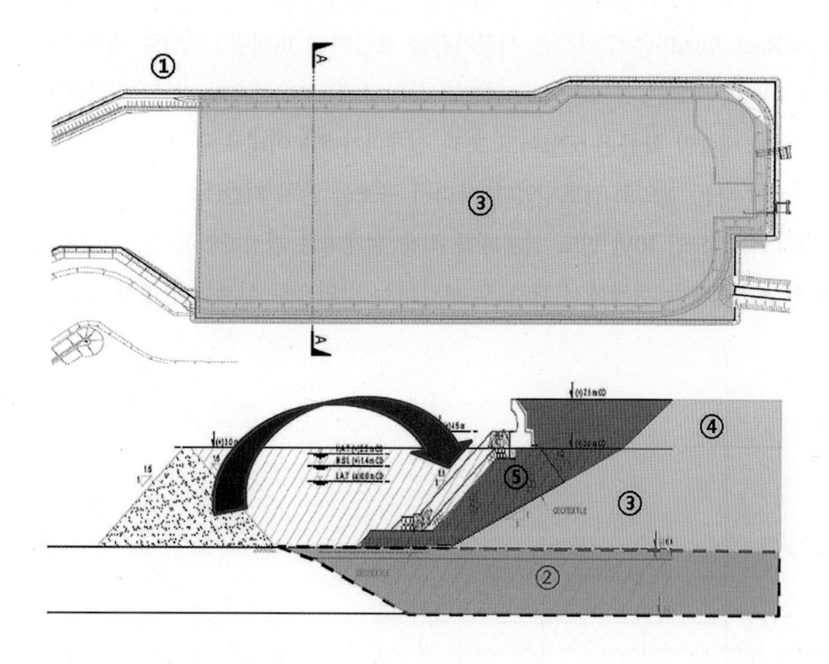

Step 6. Completion of Revetment & Reclamation

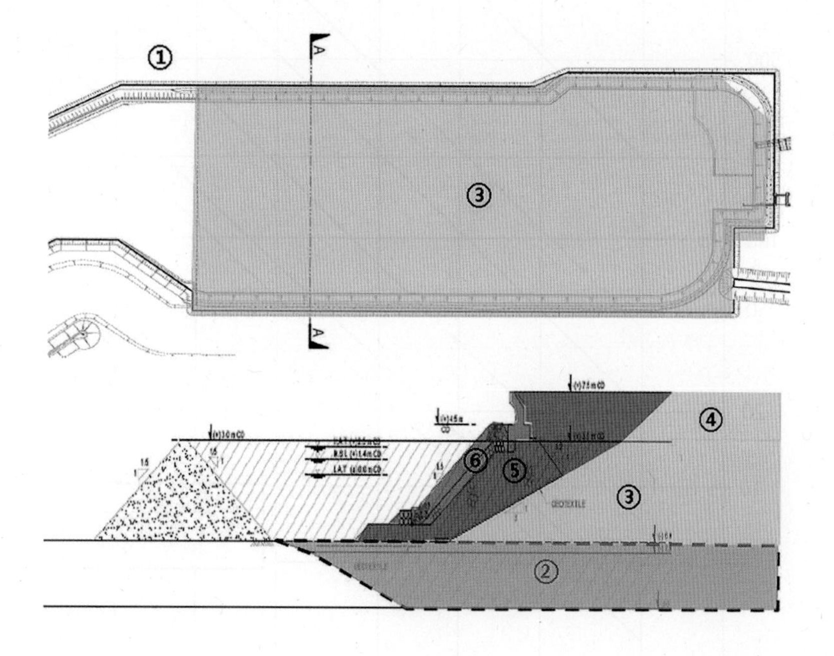

② 가호안 설계 검토

현장에서 가시설 설계 시 가장 어려운 점은 명확한 설계 요구조건이 없으나 경제적이어야 하고 동시에 발주처 승인을 득해야 하는 기술적인 백업이 요구된다는 점이다. 게다가, 동 현장은 매립지 허용 월파량에 대해 아주 엄격한 설계 요구조건(1년, 100년 ≤ 0.01 $l/m/s$)을 가지고 있어서 설계정수 산정 시 고도의 논리 적립을 위해 많은 시간을 할애하였다. 다음은 가호안 설계 시 적용된 설계정수 중 적용 설계파 및 Crest Level 결정사항에 대해 정리하였다.

가. 적용 설계파

가호안(Temporary Rock Bund) 존치 기간은 시공기간을 포함하여 18개월(1.5년)로 계획되었다. BS 6349-7의 Clause 3.2(그림 3-204)에 따르면, 구조물 내구연한과 동일한 빈도의 설계파 적용 시 적용된 설계파 대비 초과 설계파가 구조물에 내습할 확률은 63%이고 초과 설계파가 5% 이내로 구조물에 내습할 경우는 40년 빈도 설계파를 적용해야 하는 것으로 검토되었다. 따라서 구조물 존치 기간(1.5년)을 고려하여 가호안에 내습할 초과 설계파가 15% 정도인 10년 빈도 설계파를 적용 설계파로 결정하였고 별도의 피복 없이 파의 내습에 의해 제체가 손상될 경우는 현장에서 관측 후 보강하는 방안으로 설계를 진행하였다.

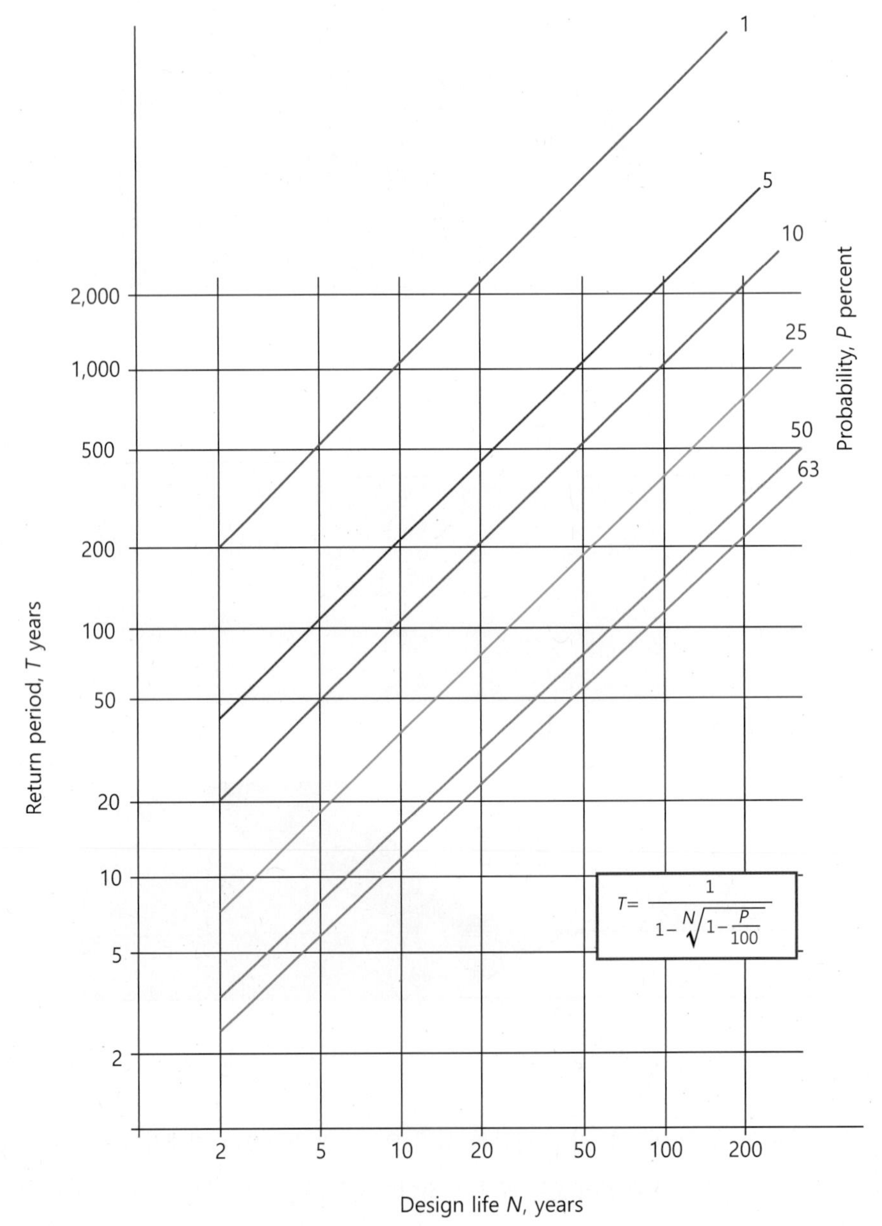

Note T is the return period of a particular extream wave condition in years.
P is the probability of a particular extream wave condition occurring during design life N years.

그림 3-204 설계 수명, 재현 기간 및 초과 확률의 관계

나. Crest Level

임시 가호안(Temporary Rock Bund)의 천단고(Crest Level)는 초기에 일반적인 가설 공사에서 적용하던 대로 10년 빈도 설계조위(Design Water Level)에 설계파고의 50%를 더한 높이를 제시(그림 3-205)하였으나, 발주처로부터 정확한 근거 및 검증을 요구받았다.

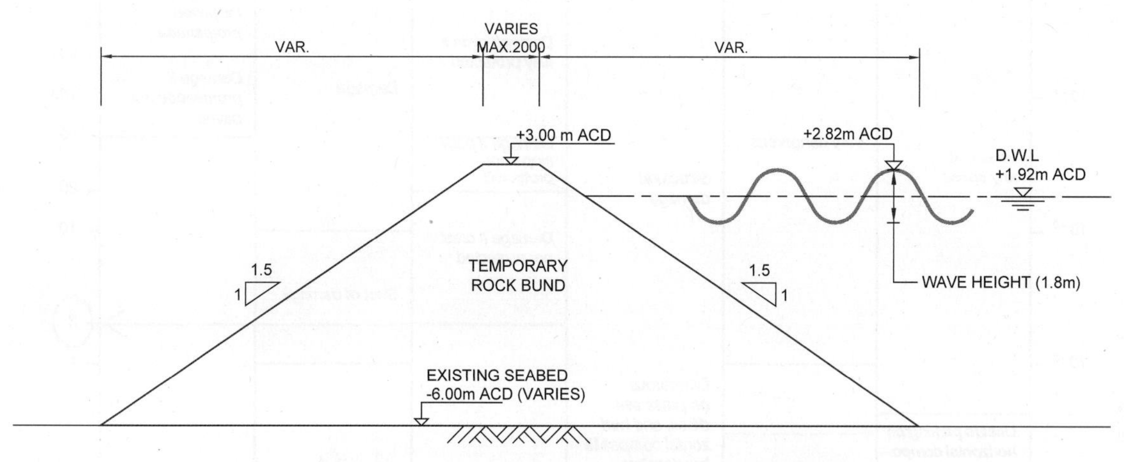

그림 3-205 Temporary Rock Bund 초기 Crest Level 산정

EurOtop Manual과 CIRIA-CUR Rock Manual을 기반으로 경사입사파(그림 3-206) 및 허용 월파량 기준을 완화(그림 3-207)하는 등 입력(Input) 조건을 낮춰 허용 월파량을 검토하였으나, 기 계획된 가호안의 높이로는 기준을 만족할 수 없었다. 이에 호안 단면을 면밀히 검토하던 중 호안 하부 지반개량은 영

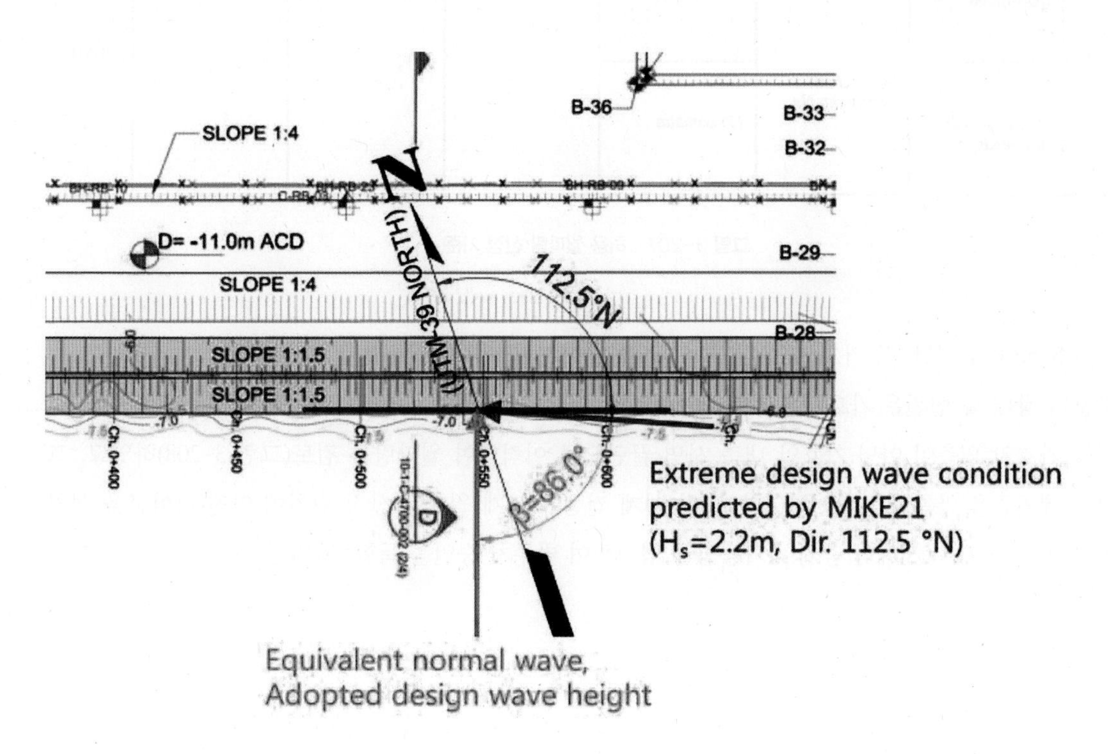

그림 3-206 Temporary Rock Bund 경사입사파 산정

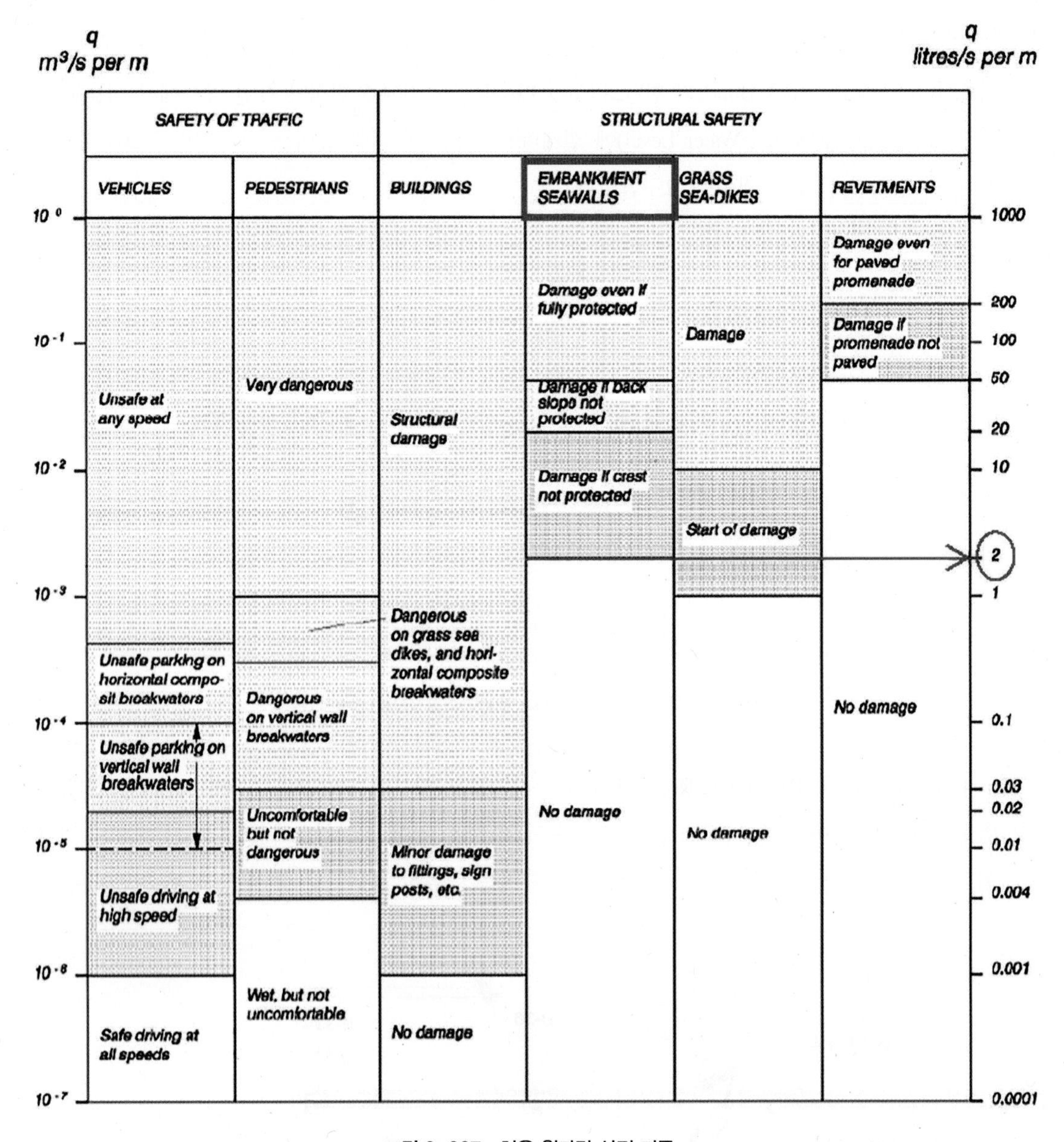

그림 3-207 허용 월파량 산정 기준

구호안 Sand Key 끝단, 즉 가호안으로부터 약 20m 떨어진 곳까지만 수행하는 것을 확인할 수 있었다. 즉 대부분의 장비 및 인원은 가호안에서 약 20m 떨어진 곳에서 작업을 수행할 것이므로, 허용 월파량 산정 위치를 가호안 외측이 아닌 가호안 내측 사면 끝단으로 이격하여 월파량를 검토(그림 3-208)하였고, 그 결과 설계기준을 만족함을 확인하였다. 또한 설계 컨셉에 맞게 월파량 산정 위치에 안전 라바콘을 설치하여 사면 유지 보수 시에만 출입이 가능함을 명시하여 발주처 승인을 득할 수 있었다.

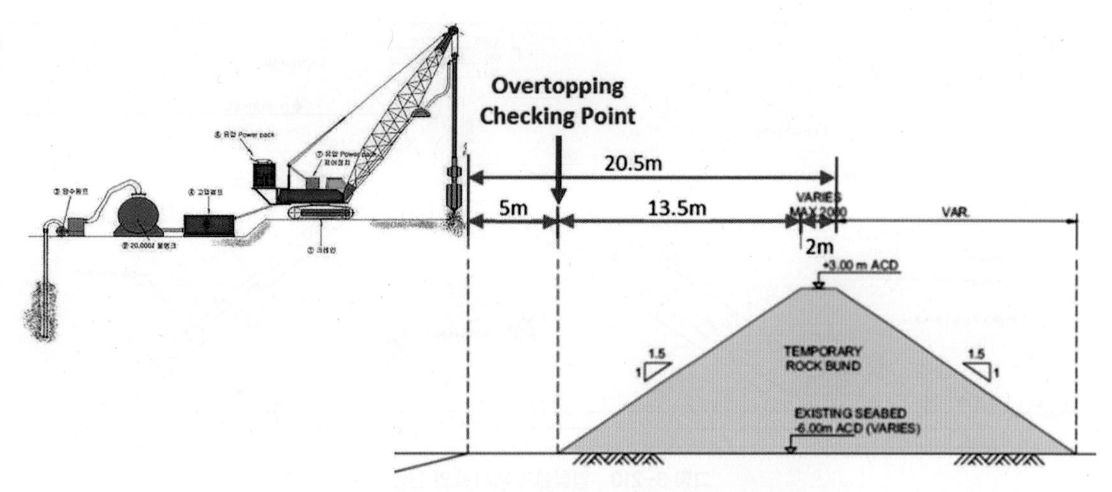

그림 3-208 Temporary Rock Bund 최종 Crest Level 산정

4) 영구호안 설계

① 설계 검토

입찰안내서에 제시된 호안은 사다리꼴 형상의 사석 경사제에 5ton의 피복석을 가진 일반적인 단면(그림 3-209)으로 약 2km의 호안에 대량의 사석이 소요되며 5ton 대석의 적적한 수급 유무가 불투명한 점을 고려하여 입찰 설계는 이중곡면 반파공 및 3.2ton TTP를 피복재로 설계(그림 3-210)하여 원안 대비 약 40%의 물량을 절감하였다.

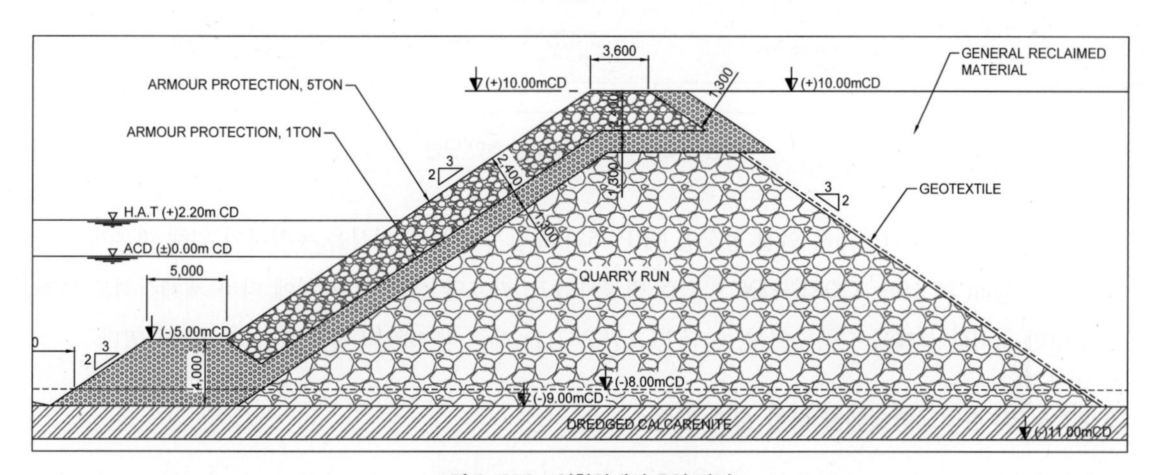

그림 3-209 입찰안내서 호안 단면

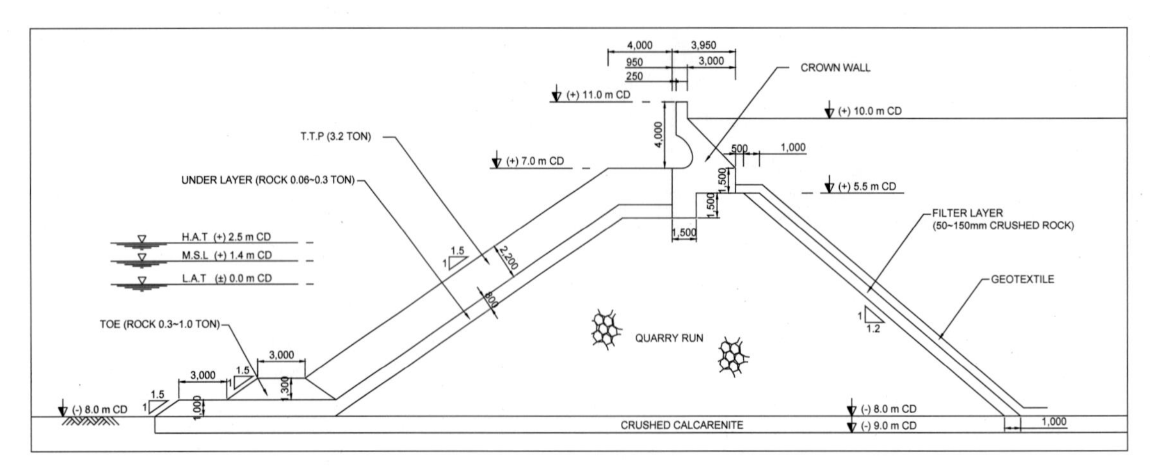

그림 3-210 입찰설계 제시 호안 단면

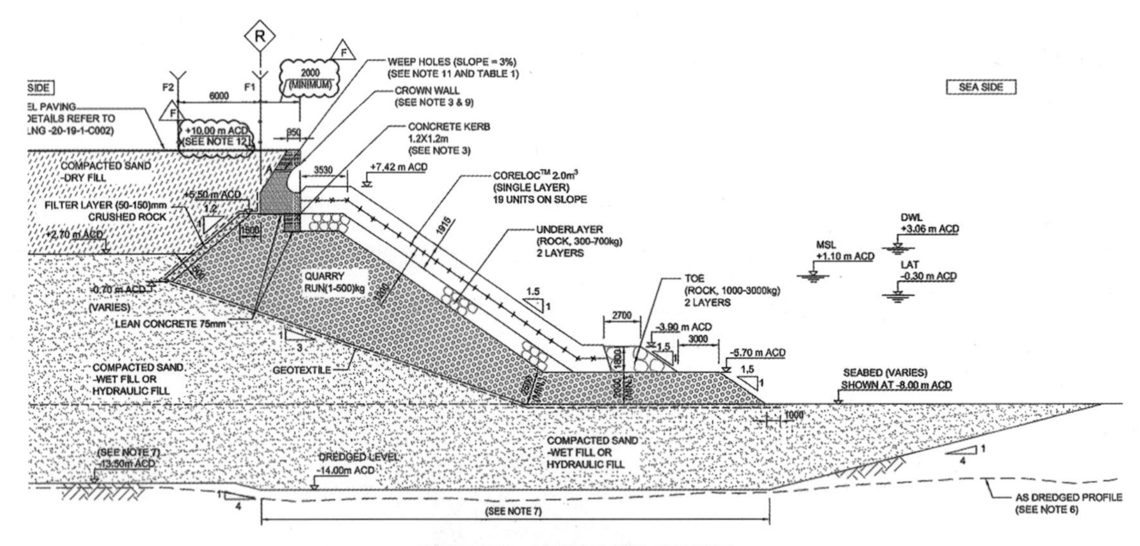

그림 3-211 실시설계 최종 호안 단면

수주 후 실시설계 단계에서 인접 현장인 NRP #5와 매립지 피복재 형상을 통일하기 위해 피복재를 파고에 따라 1.0m³와 2.0m³ CORE-LOC™으로 변경하였고, 가호안 선 설시 계획에 따라 제체사석도 입찰설계 대비 최적화 설계를 수행하여 최종 단면(그림 3-211) 기준 약 40%의 물량을 추가 절감하였다.

② 2D & 3D 수리모형실험을 통한 설계 검증

피복재는 CLI의 CORE-LOC™ Guidelines에 따라 설계를 수행하고 필터 사석 크기 및 입도(Underlayer Rock Size/Grading), 내부사석(Quarry Run Rock), 소단 안정성(Toe Armour Stability), 세굴 안정성(Scour Assessment) 및 월파량(Overtopping Discharge)을 각종 경험식(Empirical Formula)을 이용하여 설계를 수행하였다. 경험식의 적용 한계 때문에 최종적으로 수리모형실험을 통해 호안 단면의 적정성을 검증하였다.

수리모형실험은 덴마크에 위치한 DHI Laboratory에서 2D, 3D로 나주어 2회에 걸쳐 수행하였다. 실험은 피복재인 CORE-LOC™과 소단사석(Toe Rock)의 이탈을 확인하여 호안 전체 구조물의 안정성을 체크하고 또 다른 하나는 월파량을 확인하는 데 목적이 있다.

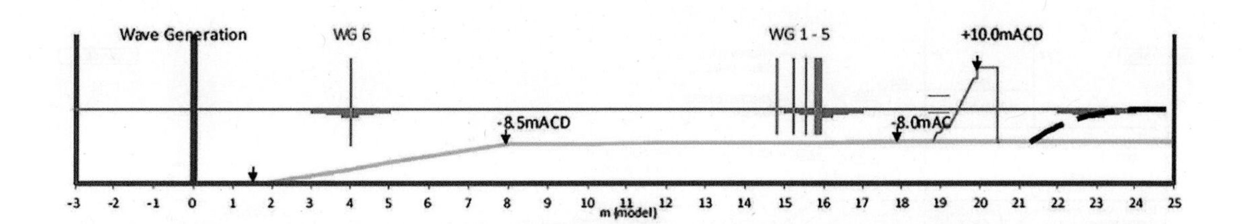

그림 3-212 2D 수리모형실험 Flume Profile

2D 실험의 Scale은 1:30으로 CORE-LOC^{TM} 모형의 크기에 의해 Froude 상사 법칙에 따라 결정되었고, 실험에 사용된 수조의 제원은 28m(L) × 0.74m(W) × 1.2m(H)으로 Wave Generator에서 19m 떨어진 곳에 실험 구조물을 설치하였다(그림 3-212).

2D 실험에서는 CORE-LOC^{TM}의 크기가 1.0m^3(C3)와 2.0m^3(C1)인 2개의 대표 단면(그림 3-213 ~ 3-214)에 대해 가장 파고가 큰 조건(그림 3-215)에서 수리모형실험을 수행하였다.

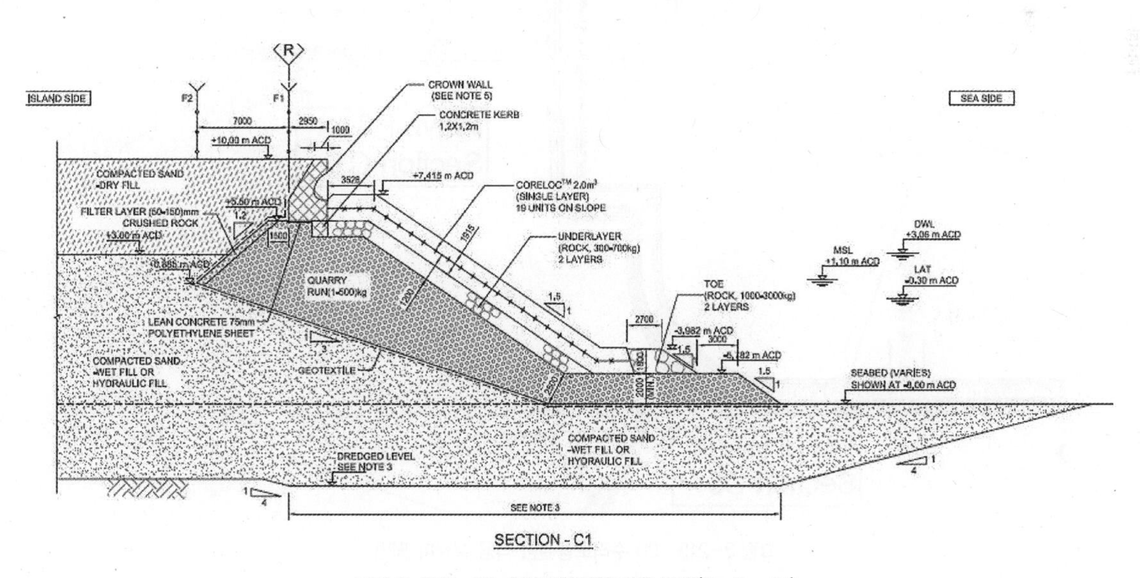

그림 3-213 2D 수리모형실험 적용 단면(Section C1)

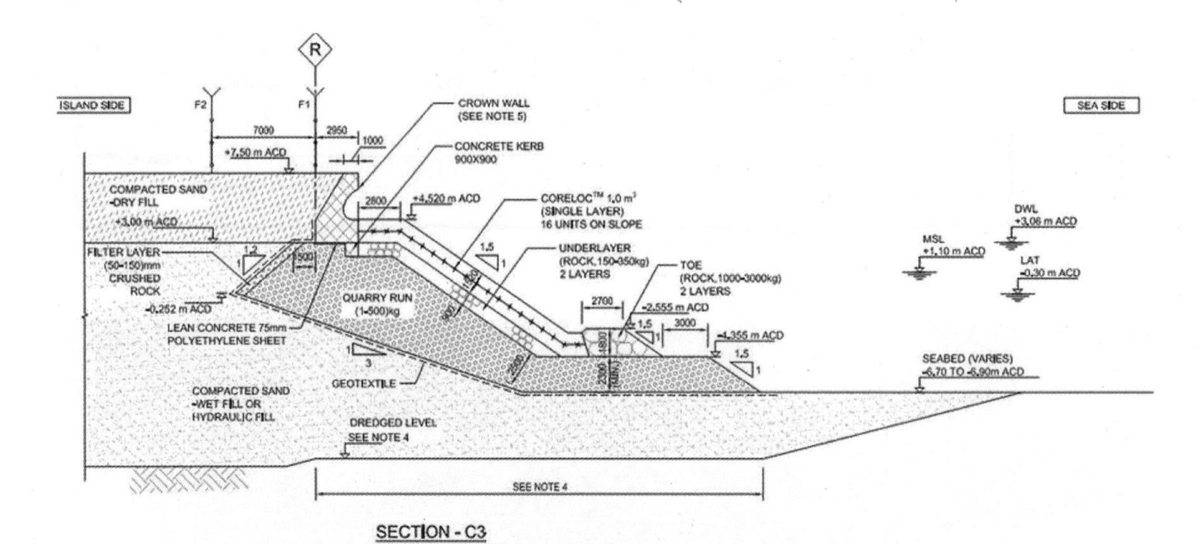

그림 3-214 2D 수리모형실험 적용 단면(Section C3)

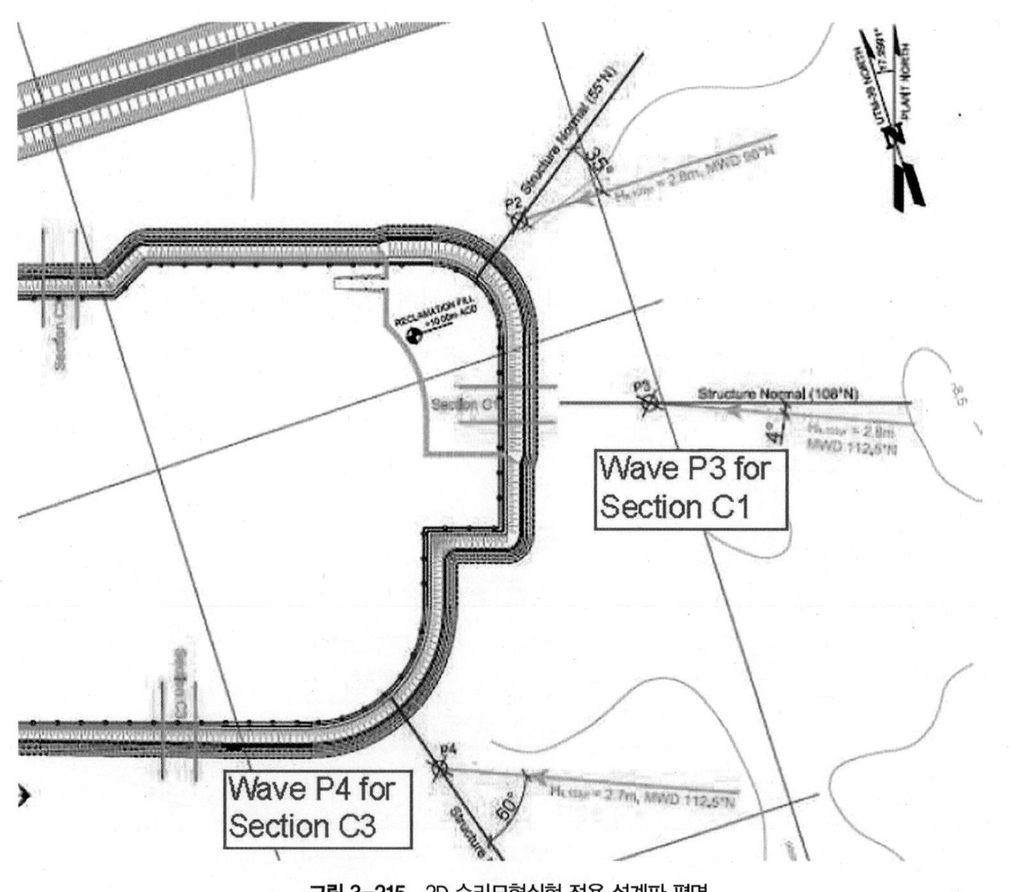

그림 3-215 2D 수리모형실험 적용 설계파 평면

실험은 표 3-62와 3-63에서와 같이 각 단면별로 총 6가지 케이스에 대해 제체 안정성과 월파량 확인을 수행하였다. 실험 결과 모든 케이스에서 설계기준을 만족하는 것으로 확인되었으며, 관련 사진은 그림 3-216 ~ 3-219에 나타내었다.

표 3-62 2D 단면 실험 케이스 및 결과(C1)

Case	Return Period	Duration (hrs, Prototype)	Test Measurements		Test Result	
			Stability	Overtopping	Stability	Overtopping (0.01 l/s/m)
1	1 year	5	●	●	OK	OK (0.00007)
2	10 years	5	●	●	OK	OK (0.0023)
3	50 years	5	●	●	OK	OK (0.0071)
4	100 years	5	●	●	OK	OK (0.0061)
5	100 years	5	●(Toe Stability)	●	OK	OK (0.0007)
6	120% Overload	5	●		OK	

표 3-63 2D 단면 실험 케이스 및 결과(C3)

Case	Return Period	Duration (hrs, Prototype)	Test Measurements		Test Result	
			Stability	Overtopping	Stability	Overtopping (0.01 l/s/m)
1	1 year	5	●	●	OK	OK (0.00)
2	10 years	5	●	●	OK	OK (0.0018)
3	50 years	5	●	●	OK	OK (0.0060)
4	100 years	5	●	●	OK	OK (0.0038)
5	100 years	5	●(Toe Stability)	●	OK	OK (0.0054)
6	120% Overload	5	●		OK	

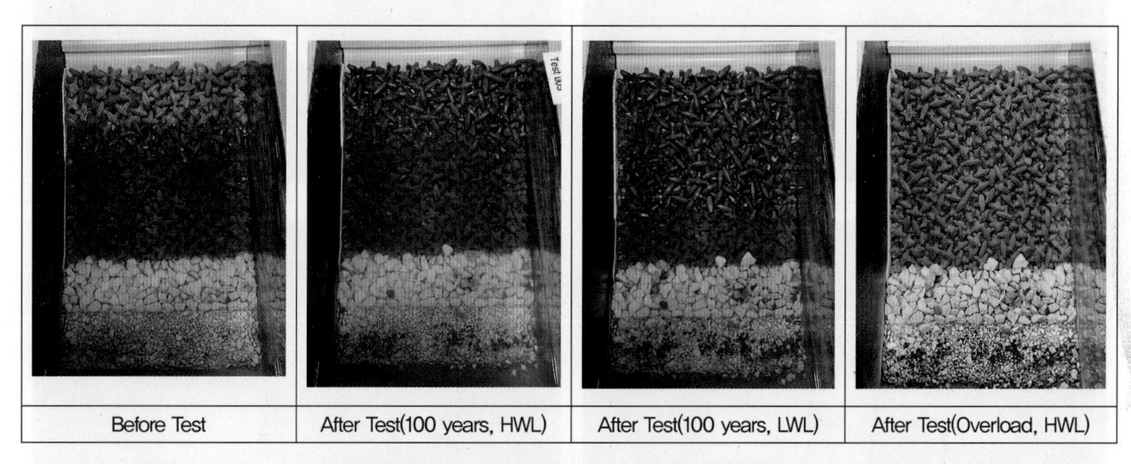

그림 3-216 2D 수리모형실험 결과(C1-Stability)

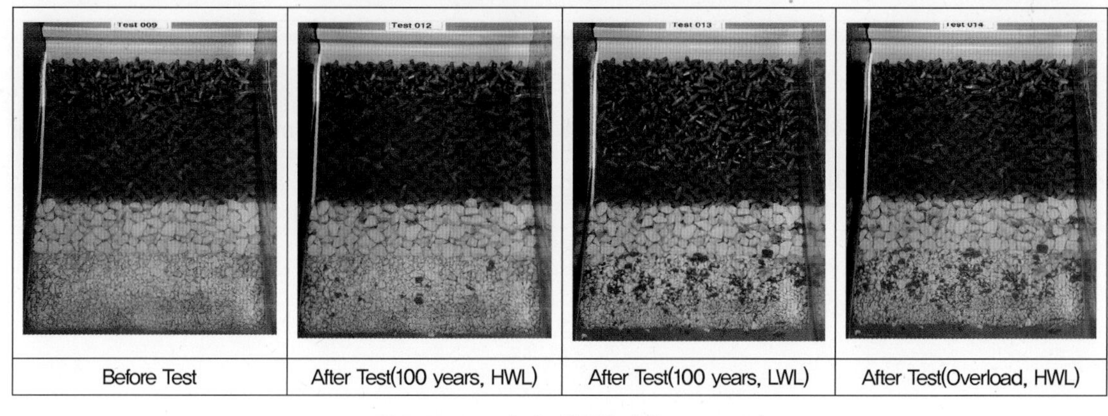

그림 3-217 2D 수리모형실험 결과(C3-Stability)

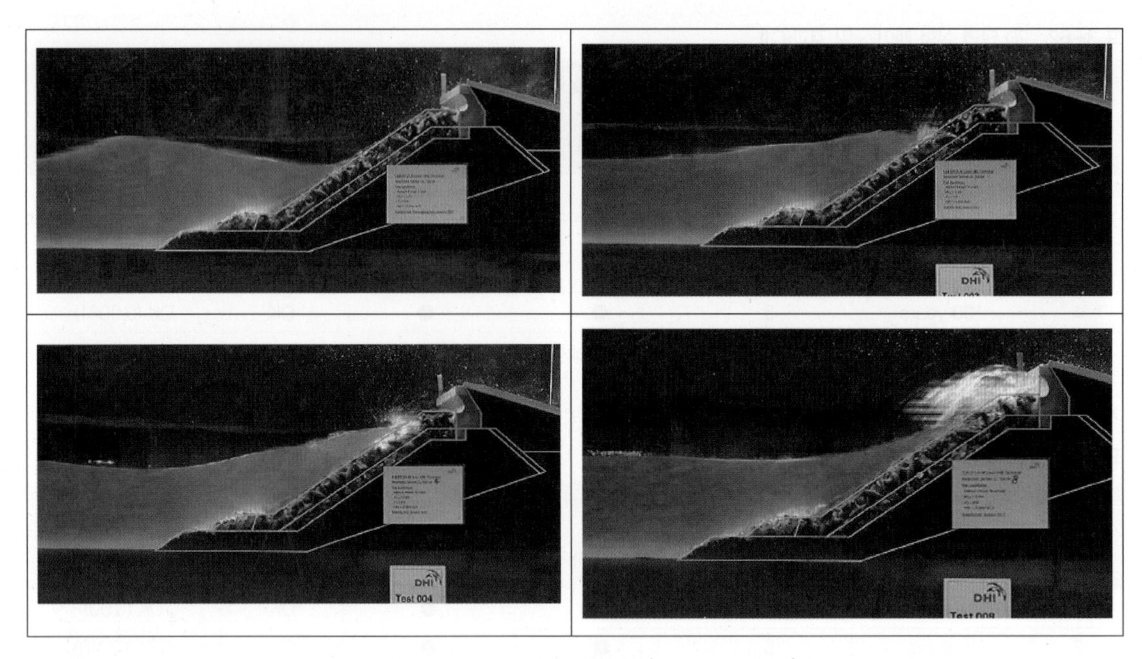

그림 3-218 2D 수리모형실험 결과(C1-Overtopping)

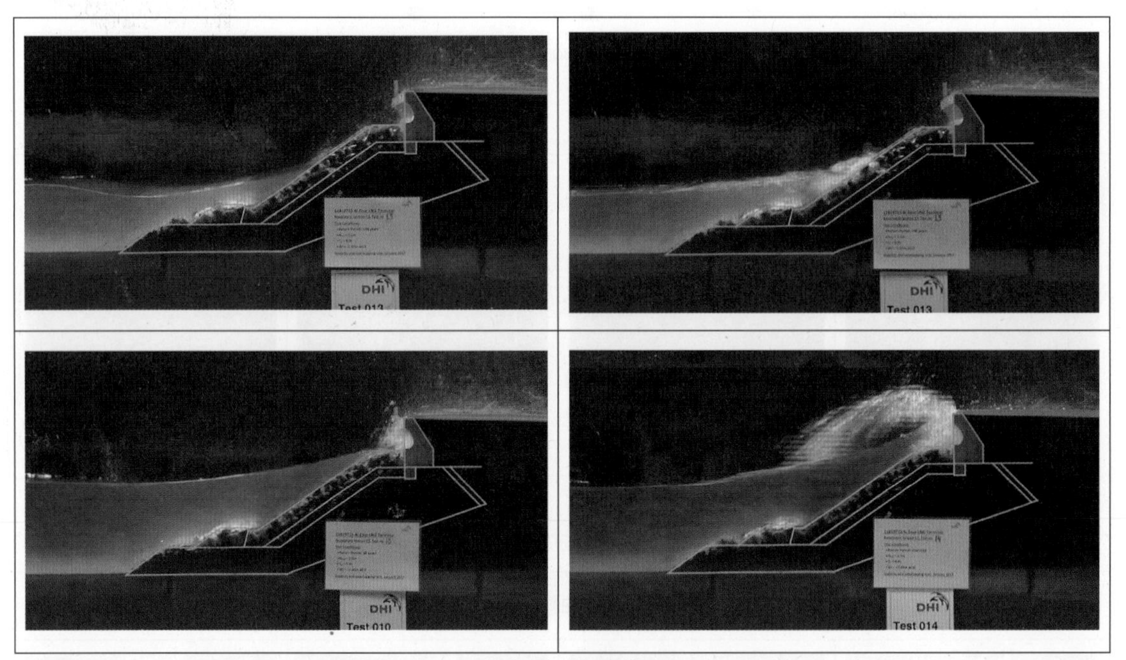

그림 3-219 2D 수리모형실험 결과(C3-Overtopping)

3D 실험은 2D에서 구현하기 어려운 동측 우각부 호안에 대해 30m(L)×28m(W)×0.45m(H)의 수조에서 수행하였다(그림 3-220).

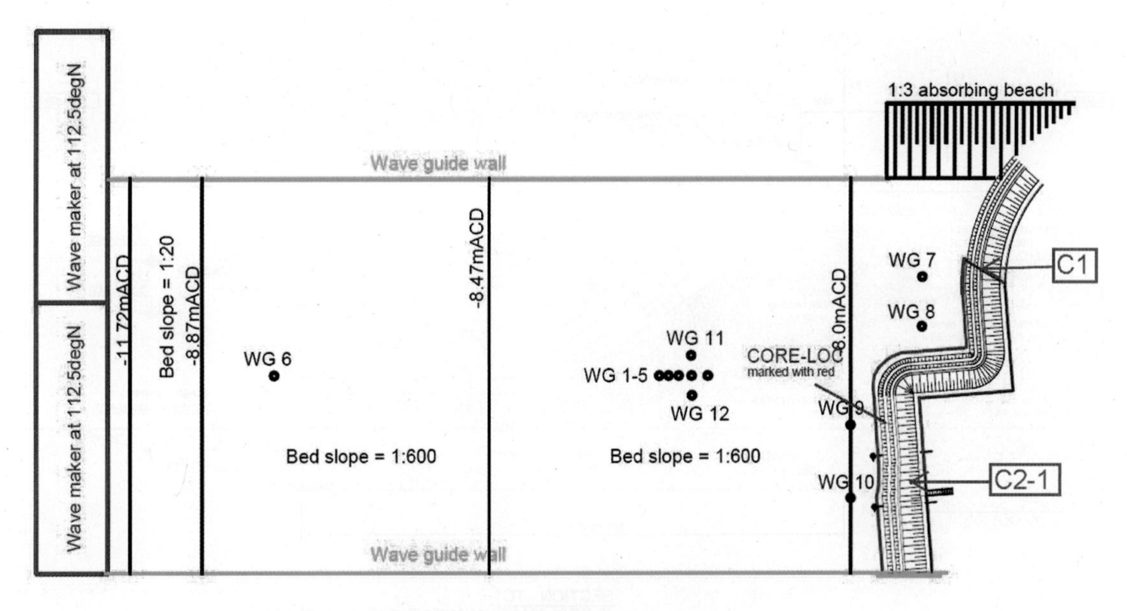

그림 3-220 3D 수리모형실험 Basin Profile

3D 실험에서는 우각부를 모사하기 북쪽의 C1부터 남쪽의 C2-1 사이에 변단면을 포함하여 총 8개의 단면(그림 3-221 ~ 3-228)을 연속적으로 설치하여 가장 파고가 큰 P3의 파 조건(그림 3-215)을 적용하였다.

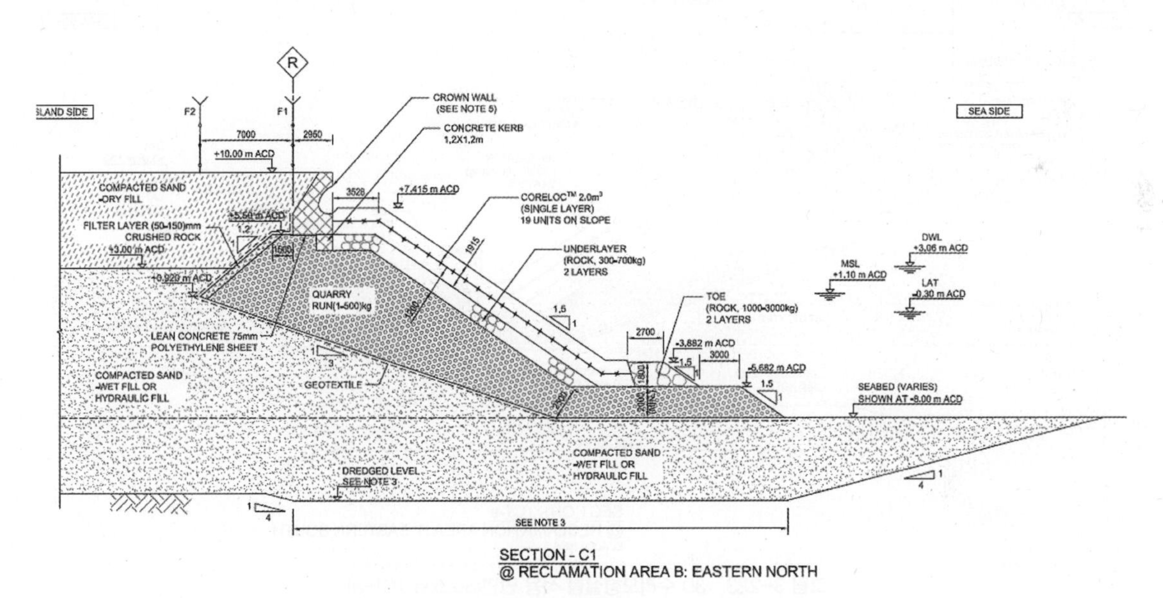

그림 3-221 3D 수리모형실험 적용 단면(Section C1)

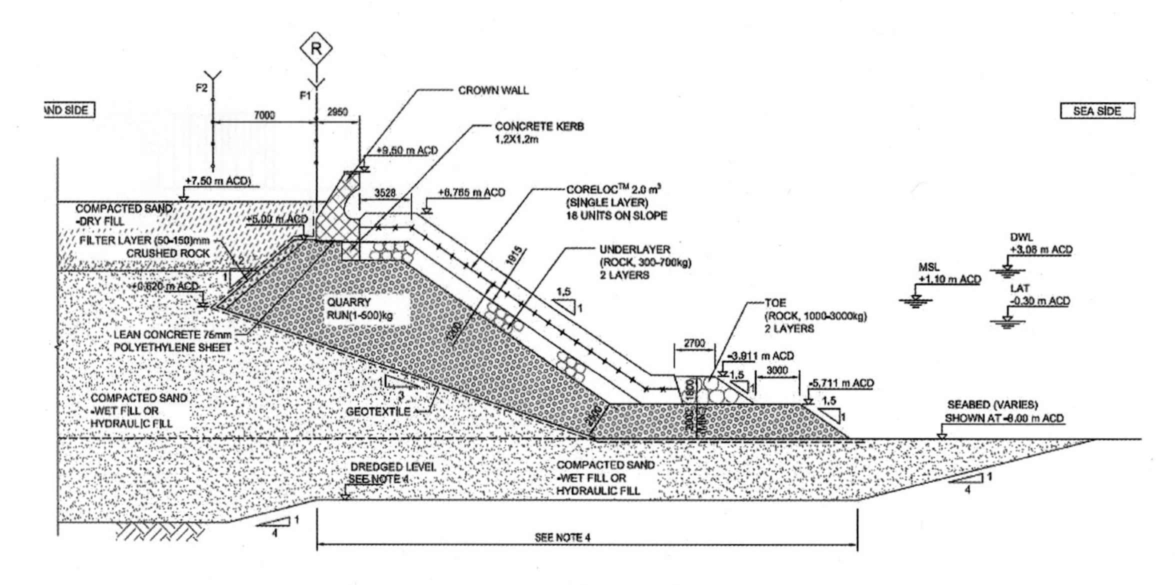

그림 3-222 3D 수리모형실험 적용 단면(Section TC1)

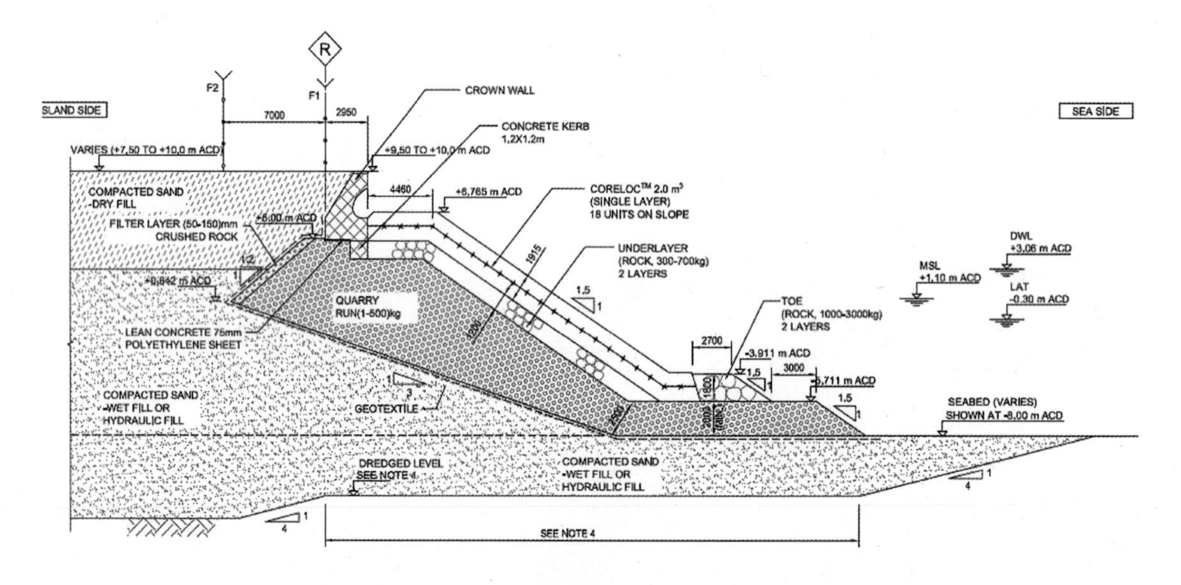

그림 3-223 3D 수리모형실험 적용 단면(Section TC1-a)

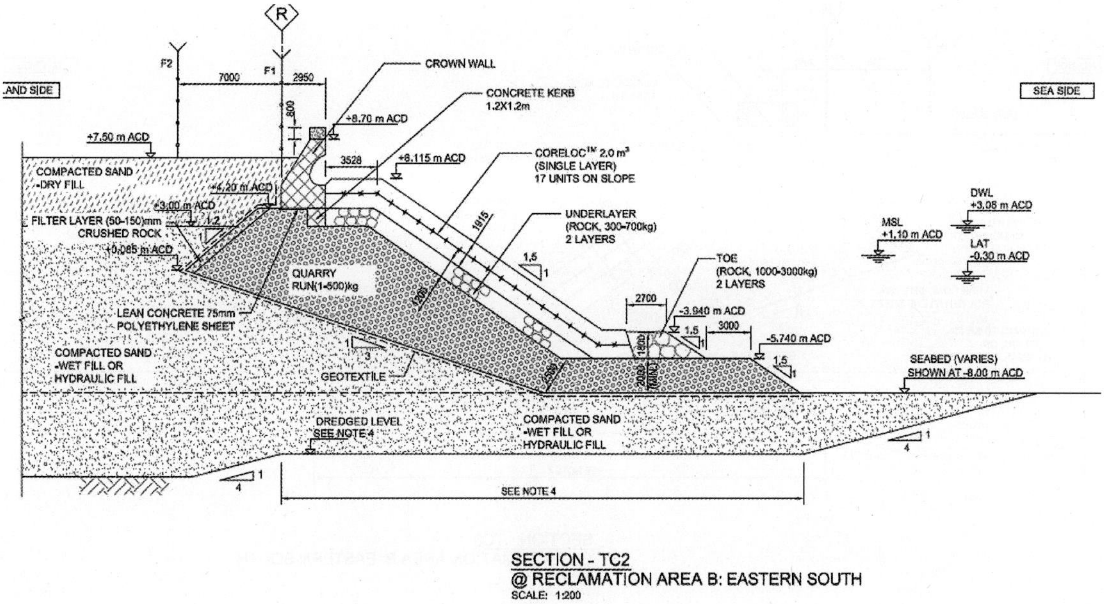

R
F2
F1
7000
2950
LAND SIDE
SEA SIDE
CROWN WALL
CONCRETE KERB
1.2X1.2m
+8.70 m ACD
+7.50 m ACD
3528
+6.115 m ACD
CORELOC™ 2.0 m³
(SINGLE LAYER)
17 UNITS ON SLOPE
COMPACTED SAND
-DRY FILL
+4.20 m ACD
+3.00 m ACD
FILTER LAYER (50-150)mm
CRUSHED ROCK
+0.085 m ACD
UNDERLAYER
(ROCK, 300-700kg)
2 LAYERS
DWL
+3.06 m ACD
MSL
+1.10 m ACD
LAT
-0.30 m ACD
QUARRY
RUN(1-500)kg
TOE
(ROCK, 1000-3000kg)
2 LAYERS
2700
-3.940 m ACD
3000
-5.740 m ACD
LEAN CONCRETE 75mm
POLYETHYLENE SHEET
COMPACTED SAND
-WET FILL OR
HYDRAULIC FILL
GEOTEXTILE
SEABED (VARIES)
SHOWN AT -8.00 m ACD
DREDGED LEVEL
SEE NOTE 4
COMPACTED SAND
-WET FILL OR
HYDRAULIC FILL
SEE NOTE 4

SECTION - TC2
@ RECLAMATION AREA B: EASTERN SOUTH
SCALE: 1:200

그림 3-224 3D 수리모형실험 적용 단면(Section TC2)

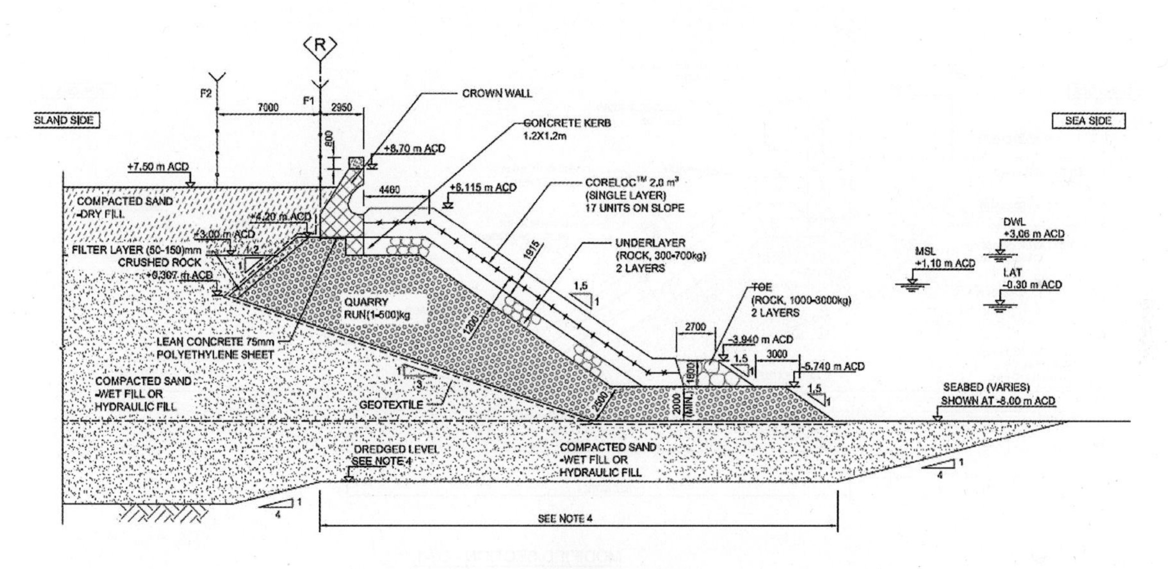

SECTION - TC2-a
@ RECLAMATION AREA B: EASTERN SOUTH
SCALE: 1:200

그림 3-225 3D 수리모형실험 적용 단면(Section TC2-a)

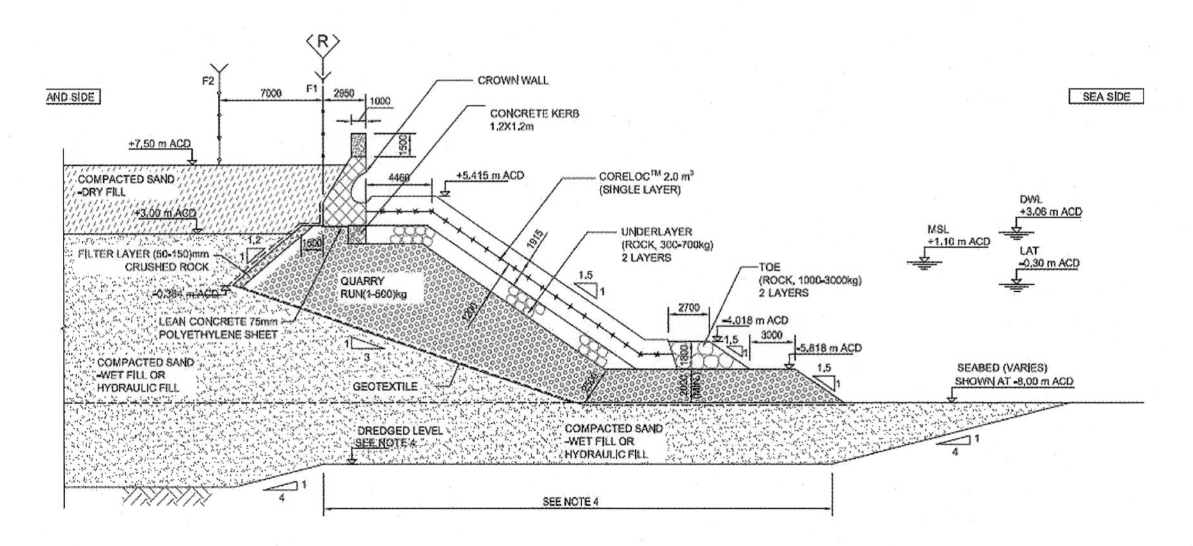

그림 3-226 3D 수리모형실험 적용 단면(Section TC3)

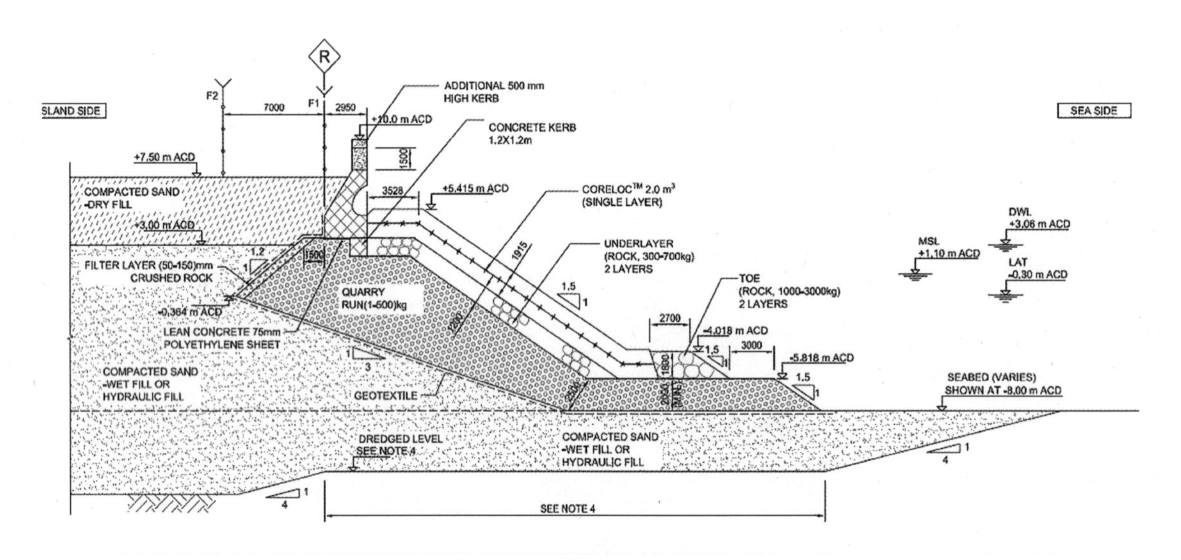

그림 3-227 3D 수리모형실험 적용 단면(Section C2-1 Modified)

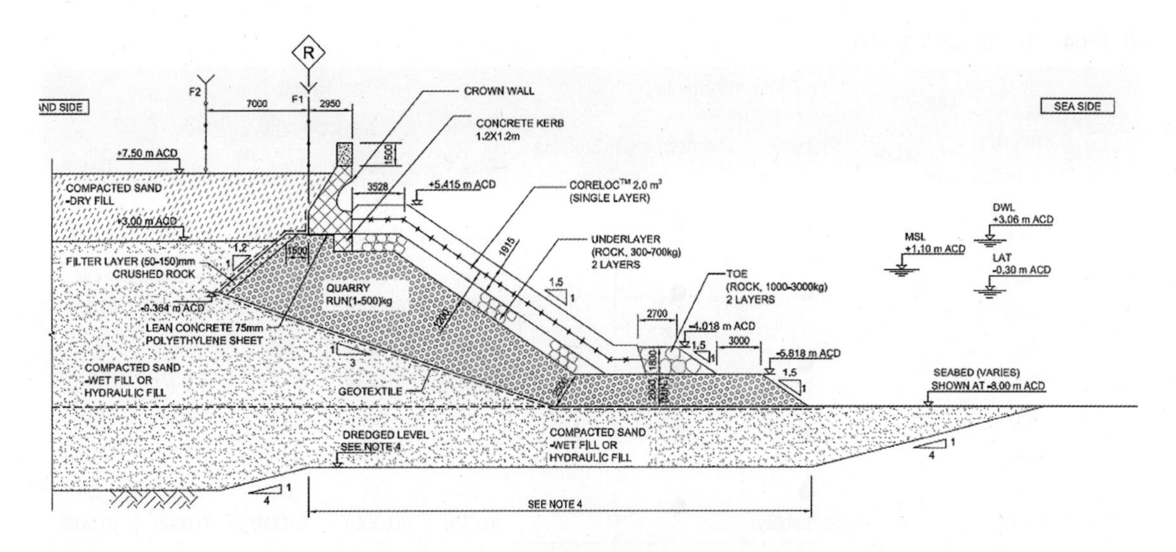

그림 3-228 3D 수리모형실험 적용 단면(Section C2-1)

실험은 표 3-64에서와 같이 총 6가지 케이스에 대해 제체 안정성과 월파량 확인을 수행하였다. 월파량 측정을 위해서 위치별로 5개의 Tray로 구분하였다(그림 3-229). 실험 결과 Stability는 모든 케이스에서 설계기준을 만족하는 것으로 확인되었으나, Overtopping은 Section C2-1(Tray 3, 4)의 일부 케이스에서 허용 기준을 넘는 것으로 파악되었다. 이에 기 수행된 실험 결과를 이용하여 제체를 0.5m 상향하여 외삽하여 월파량 검토 결과 허용 기준치를 만족하는 것으로 검토되어 실시설계 시 Section C2-1 구간은 약간 상향하여 설계를 진행하였다. 실험 관련 사진은 그림 3-230 ~ 3-231에 나타내었다.

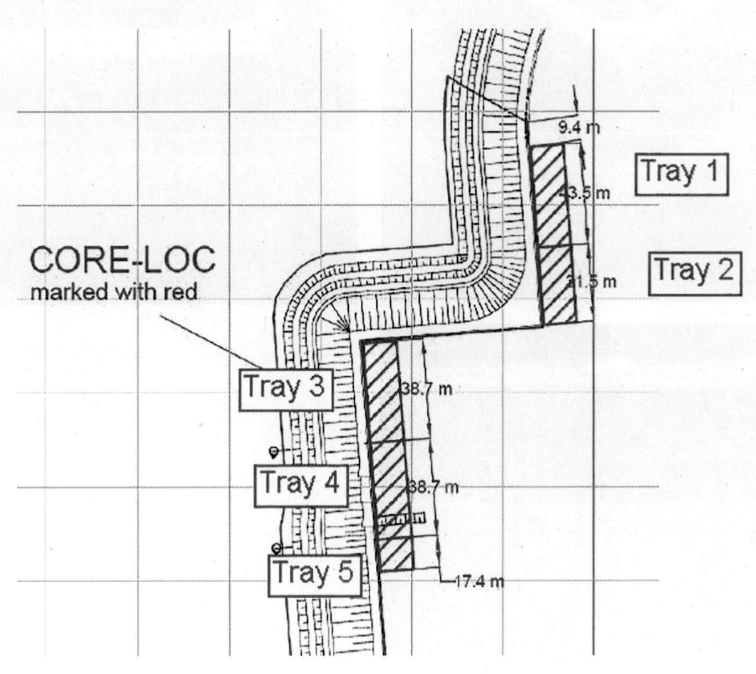

그림 3-229 3D 수리모형실험 Overtopping 측정 Tray

표 3-64 3D 실험 케이스 및 결과

Case	Return Period	Duration (hrs, Prototype)	Test Measurements		Test Result					
			Stability	Overtopping	Stability	Overtopping(0.01 l/s/m)				
						Tray 1	Tray 2	Tray 3	Tray 4	Tray 5
1	1 year	5	●	●	OK	OK (0.000)	OK (0.000)	OK (0.000)	OK (0.000)	OK (0.000)
2	10 years	5	●	●	OK	OK (0.003)	OK (0.000)	OK (0.006)	OK (0.004)	OK (0.002)
3	50 years	5	●	●	OK	OK (0.008)	OK (0.000)	NG (0.018)	OK (0.007)	OK (0.007)
4	100 years	5	●	●	OK	OK (0.006)	OK (0.000)	NG (0.019)	NG (0.011)	OK (0.009)
5	100 years	5	● (Toe Stability)	●	OK	OK (0.001)	OK (0.000)	OK (0.001)	OK (0.002)	OK (0.002)
6	120% Overload	5	●		OK					

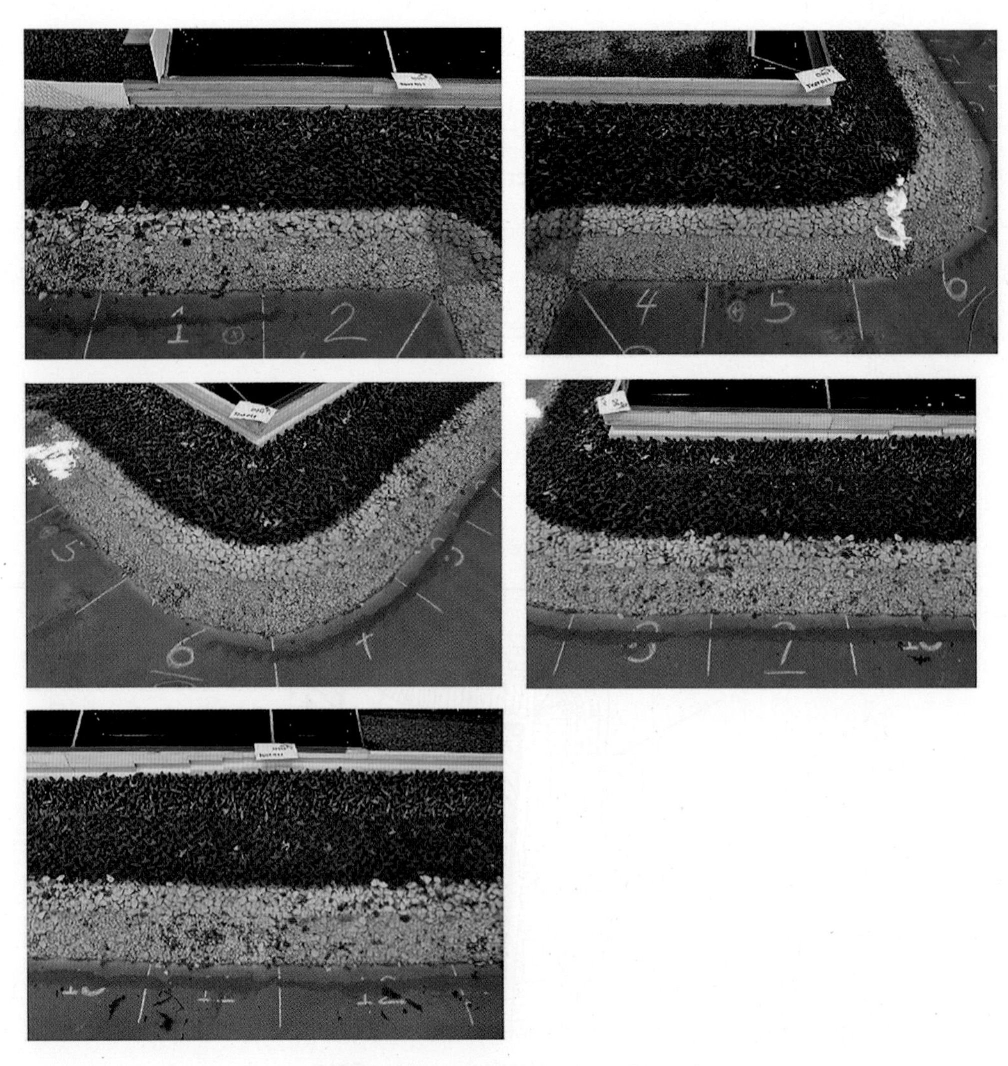

그림 3-230 3D 수리모형실험 결과(Stability)

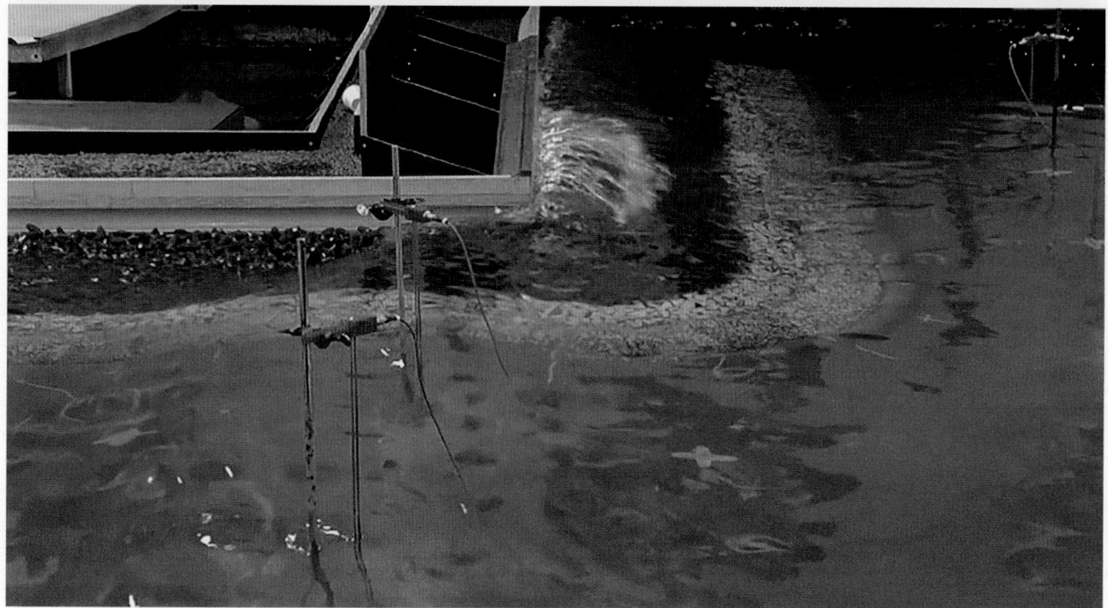

그림 3-231 3D 수리모형실험 결과(Overtopping)

③ Rock Specification 변경

호안 설계의 기본 컨셉은 가호안에서 사용된 내부사석(QRR, Quarry Run Rock)을 영구호안의 내부사석으로 재사용하는 것이다. 공사 초기에 가호안 축조에 사용된 내부사석은 마모율이 설계기준에 부합하지 않았음에도 불구하고 당시에 시공사가 책임지는 임시 구조물에 이용되는 자재라고 발주처의 아무런 제제 없이 현장에 반입되어 사용되었다. 추후에 가호안의 내부사석을 영구호안의 내부사석으로 재사용하려고 할 때, 발주처에서 마모율이 설계기준에 부합하지 않아 영구호안 내구성에 문제가 있을 수 있다며 기 반입된 자재의 재사용을 불허하였다. 이에, Rock Manual의 Material 부분에 참여했던 저자(Dr. Jonathan Simm)로부터 마모율 관련해서는 LA Abrasion Test보다 Micro Deval Test가 더 효율적이라는 Letter를 받아서 Rock Specification 변경을 완료하였고, 기 반입된 54만톤의 내부사석을 사용할 수 있었다(그림 3-232).

<table>
<tr><td>발주처 Rock Specification</td><td colspan="3">

Los Angeles Abrasion Value	≤ 25%

</td></tr>
<tr><td>가호안에 사용된 Rock Test Result (LA Test)</td><td colspan="3">

Los Angeles Coefficient, (LA)	**29**

</td></tr>
<tr><td>가호안에 사용된 Rock Test Result (MD Test)</td><td colspan="3">

Test Specimen No.	**1**	**2**
Micro Deval Coefficient Value	**15.8**	**15.4**
Mean Micro Deval Coefficient Value, M_{DE}	**16**	

</td></tr>
<tr><td colspan="4">

quarry. The KNPC specification makes extensive reference to the Rock Manual 2nd Edition (CIRIA Report C683 – the use of rock in hydraulic engineering). I was heavily involved in the production of C683 and indeed was the lead editor of the first edition. I have also been involved in the production of the European Standard EN13383 for armourstone, until recently chairing the technical committee TC154/WG10 responsible for this standard and only vacating this position when asked to take over the chairmanship of the parent committee TC154 responsible for the production of standards for all aggregate quarry products.

Resistance to abrasion: Los Angeles abrasion.	≤ 25	No requirement. This test method does not correctly measure resistance to abrasion of armourstone. Hence EN13383-1 uses Micro Deval instead	≤30

</td></tr>
<tr><td colspan="4">Dr. Jonathan Simm의 Letter</td></tr>
</table>

그림 3-232 Rock Specification **변경 자료**

(4) 결론

쿠웨이트 알주르 엘인지 수입항 건설공사 현장의 호안은 후속 공정 일정을 맞추기 위해 가호안을 선 시공하고 순차적으로 영구호안을 축조하는 방안으로 설계되었다.

가호안은 구조물 설계 수명 동안 초과 설계파가 내습할 확률을 분석하여 적절한 설계파를 산정하였으며, 천단고(Crest Level)는 실제 시공 시 작업 반경을 고려하여 최적의 높이를 산정하여 설계를 수행하였다.

영구호안은 대규모 사석 수급을 고려하여 호안 단면을 최적화할 수 있는 이중곡면 반파공 및 콘크리트 피복재를 이용한 설계를 계획하였고, 주요 부분에 대해 2D & 3D 수리모형실험을 수행하여 설계기준을 만족함을 검증하였다. 내부사석 마모율 이슈 관련해서는 스펙 변경을 통해 기 반입된 자재를 사용할 수 있게 해결하였다.

본 현장의 사례를 통하여 추후 설계 및 시공단계에서 모든 조건을 보다 면밀히 검토하여 가시설 설계 및 후속 시공단계에서 문제가 발생할 가능성이 있는 공종에 대해서는 선제적으로 리스크 관리를 하여 현장 수행에 차질이 없도록 수행하는 것이 중요하고 판단된다.

3-3-2 여수 Big-O 구조물 설치 공사

(1) 서론

2012 여수세계박람회 최고의 볼거리를 제공하는 Big-O 사업은 핵심 구조물인 Big-O를 통하여 물, 불, 조명, 레이저, 그리고 영상 등이 총망라된 멀티미디어쇼를 선보인다. Big-O 쇼는 크게 주간시간대 해상분수쇼와 야간시간대 뉴미디어쇼가 펼쳐지는데, 특히 야간시간대의 뉴미디어쇼를 위해서 해상에는 높이 47m에 이르는 직경 35m 알파벳 O자 형태의 대형 구조물인 Big-O가 박람회장 랜드마크로서 위치해있다.

O형 구조물인 '디오(The O)'에 물을 분사해 워터 스크린을 만들고, 거기에 홀로그램 영상을 구현한 리빙 스크린(Living Screen) 기술이 세계 최초로 도입되었으며, 레이저 · 화염 등이 갖춰져 있다. 345개의 노즐에서 물줄기가 뿜어져 나오면 1,233개의 조명이 물속에서 반짝이는 특수효과를 연출해 화려한 볼거리를 제공한다.

Big-O는 미국 라스베가스 KA Show 무대 등을 디자인한 세계적인 건축, 공연전문가인 영국의 Mark Fisher가 디자인(Concept Design)한 작품으로, 원형 철골 트러스와 유리섬유 복합 콘크리트로 이루어진 47m 높이의 대형 구조물이다.

Big-O는 바다를 뜻하는 영어 오션(Ocean)의 'O'와 미래로의 시작을 의미하는 영어 Zero의 '0'을 형상화하여 '바다를 통한 새로운 출발(The New Start from the Ocean)'이라는 여수박람회의 주제정신을 나타낸다.

그림 3-233 Big-O 사업 조감도

(2) Big-O 쇼 연출

Big-O 쇼는 바다와 연안의 보호, 그리고 공생이라는 주제로 관람객들에게 다양한 볼거리를 제공하였다. Big-O 쇼에서 'O'는 외부의 금속 프레임 형상과 동일한 알파벳 O와 같으며, 이는 사이트 이름인 Big-O와 Ocean(바다)을 의미한다. 또한 내부 콘크리트 프레임은 타원형으로 이는 숫자 0을 의미하며, 모든 것이 가능한 출발점이라는 의미를 부여하였다.

Big-O 쇼에서는 스펙타클한 멀티미디어쇼를 통해 일관된 메시지를 폭발적으로 전달하는 2012 여수 엑스포의 핵심적인 공연 무대로서, 해양의 생명과 조화를 보여주는 '바다의 혼'과 해양의 오염을 보여주는 '파괴의 힘'을 통해 우리가 선택해야 할 미래가 무엇인지 관람객들에게 생각할 수 있는 기회를 제공하였다. 관람석 규모는 약 3,000여 명을 수용할 수 있도록 하였으며, 하늘데크와 주변 워터프론트에서도 약 10,000여 명의 관람객이 공연을 관람할 수 있었다.

1) 연출매체 구성요소

Big-O 쇼를 위해서 구조물에는 조명, 플레임, 그리고 워터이펙트장비가 설치되었다. 그림 3-234에서 확인할 수 있는 바와 같이, 조명장비로는 무빙헤드빔, 무빙헤드스팟, 그리고 LED 바가 설치되었으며, 플레임장비로는 플레임 제너레이터가 설치되었다. 또한 워터이펙트장비에는 워터젯과 워터스크린 및 미스트 노즐이 설치되어, Big-O 쇼를 관람하는 관람객들에게 다양한 볼거리를 제공하였다.

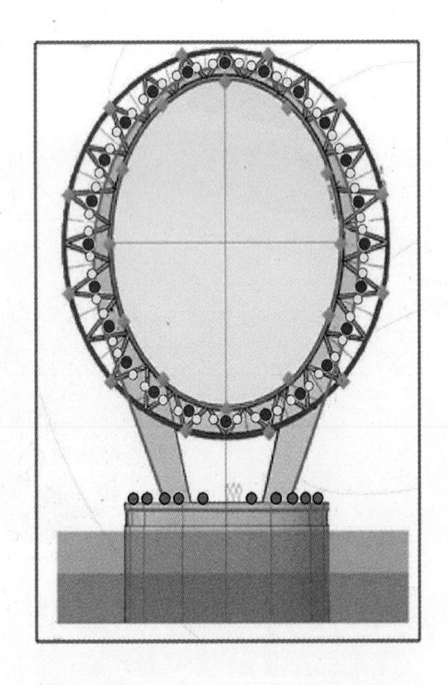

1) 조명장비
○ : 무빙헤드빔 48대
● : 무빙헤드스팟 10대
━ : LED 바 85대

2) 플레임장비
◆ : 플레임 제너레이터 24대

3) 워터이펙트장비
● : 워터젯 24대
━ : 워터스크린 및 미스트 노즐

그림 3-234 Big-O 구조물에 설치된 장비

2) 연출 효과

Big-O 쇼의 연출을 위해서 'O'구조물 상부에 64개의 플랫노즐을 설치하여 약 580m^2의 워터스크린을 생성하였으며, 주제관 상부에 있는 프로젝션룸에서 35K 프로젝트 6대를 이용하여 투사시켜 워터스크린을 조성하였다.

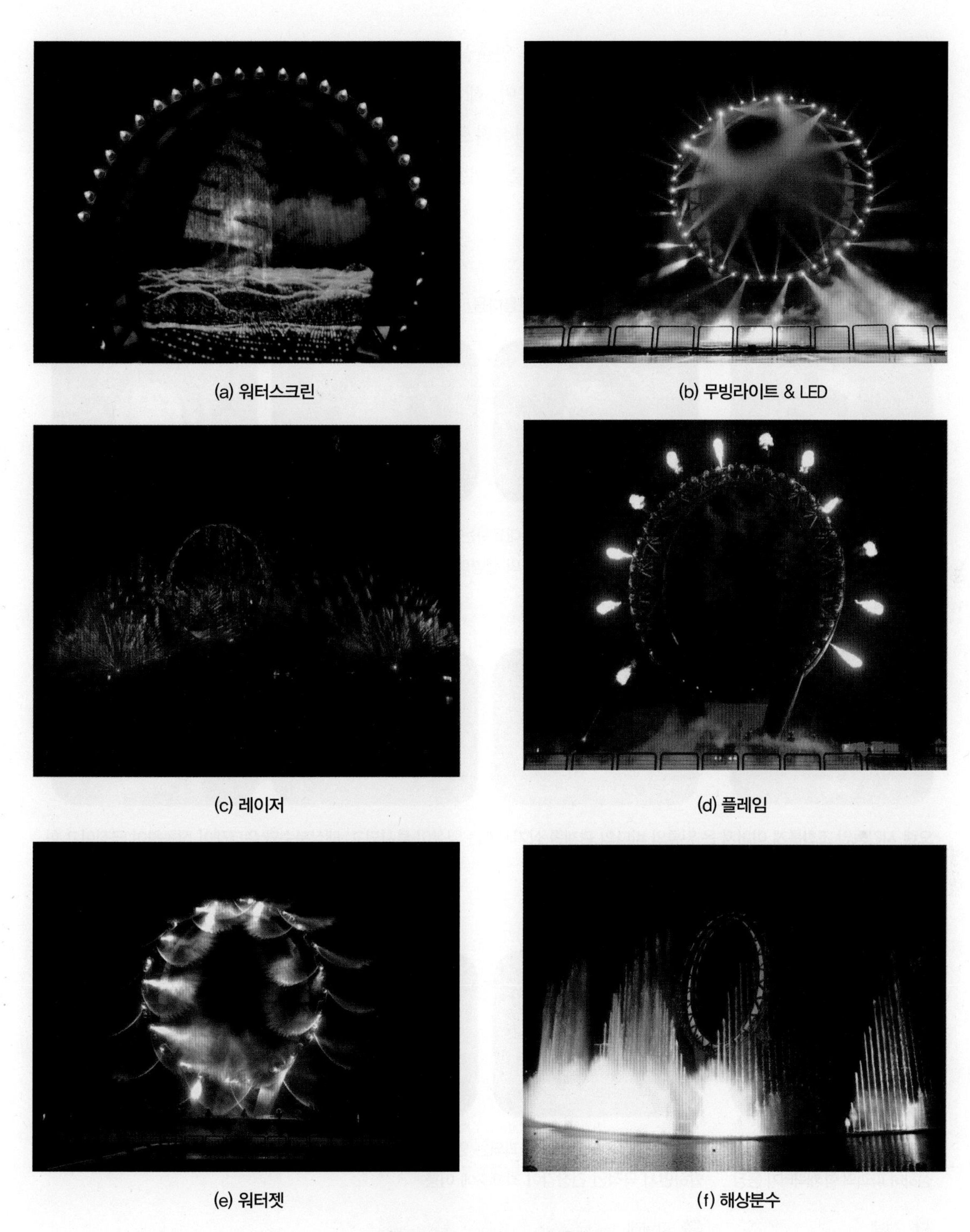

(a) 워터스크린

(b) 무빙라이트 & LED

(c) 레이저

(d) 플레임

(e) 워터젯

(f) 해상분수

그림 3-235 Big-O 쇼 연출효과

그리고 'O'구조물 상부에 48개, 포디움 상판에 10개의 무빙라이트를 설치하고 'O' 내부 링에 LED를 설치하여 화려한 조명효과를 통해 'O'구조물을 다양한 색상으로 연출하고, 워터젯의 임팩트를 강화하였다. 또한 'O'구조물 후면에 컬러 레이저 3대를 설치하여 레이저 빔 효과 및 그래픽 효과를 통해 광범위한 영역에 신비롭고 아름다운 빛을 연출하였다.

'O'구조물 외부와 내부에 각 12개의 플레임 제너레이터를 설치하고, 아이소파 원료를 이용한 실제

화염을 발사하여 극적 긴장감을 최고조로 높이는 연출을 하였다. 역동적이고 환상적인 공중 분수쇼 연출을 위해서 24개의 워터젯 3D 노즐을 설치하였으며, 해상분수를 연출하여 Big-O 쇼의 보조 영상면으로 이용하여 무빙젯과 더불어 스펙터클한 장관을 연속적으로 연출하기도 하고, 독립적인 분수쇼를 보이기도 하였다. 이렇게 Big-O 쇼에 설치된 장비의 연출효과를 그림 3-235에 나타내었다.

3) 연출 스토리

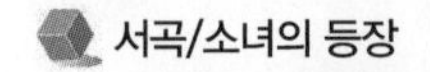
서곡/소녀의 등장

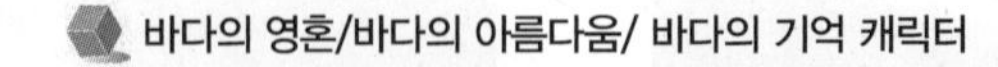
바다의 영혼/바다의 아름다움/ 바다의 기억 캐릭터

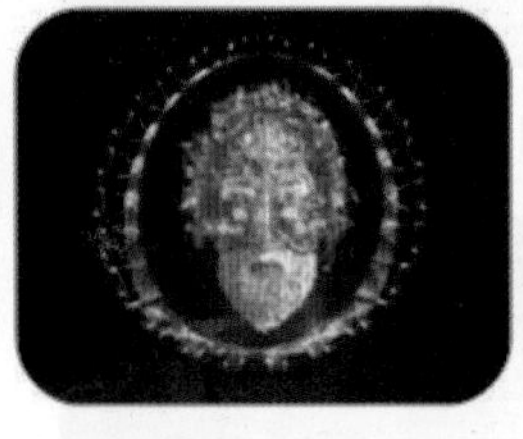

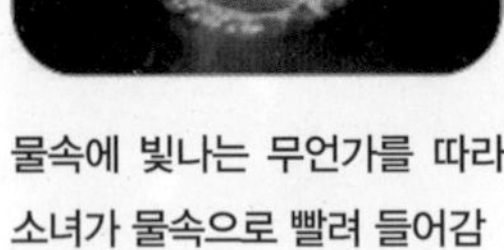
물속에 빛나는 무언가를 따라 소녀가 물속으로 빨려 들어감

바다와 인류의 유대관계를 대표하는 캐릭터들의 등장
바다의 혼 캐릭터들은 바다의 생명력을 대표함과 동시에 생태계의 연약함을 상징함

인류와 바다

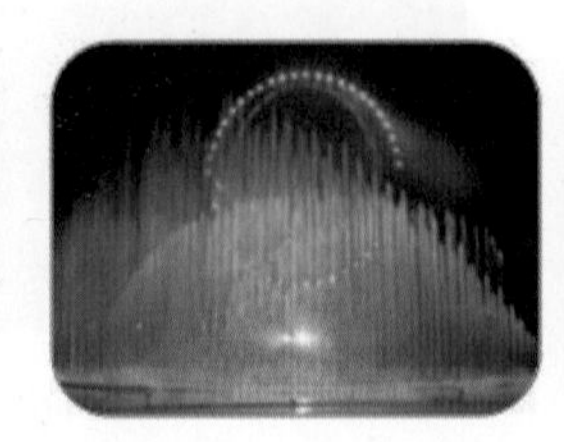

오랜 시간동안 조화롭게 이어져 온 인류와 바다의 관계를 상기시키는 영상이 투사되고, 해상분수와 워터젯이 작동하여 극적이고 화려한 움직임이 연출됨

파괴의 힘

혼돈의 길

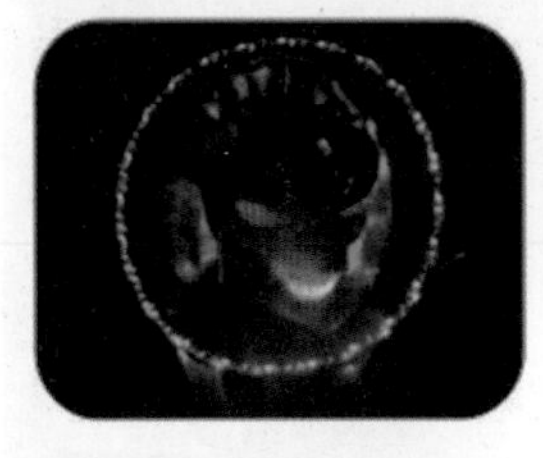

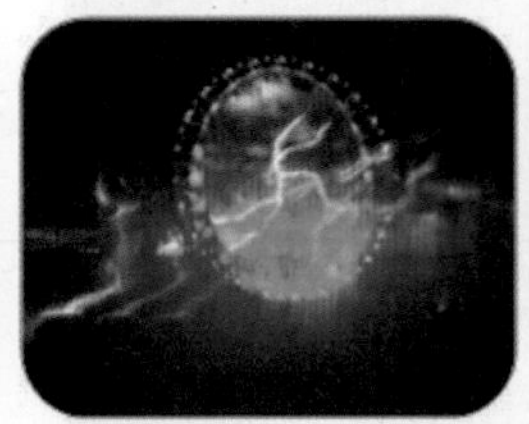

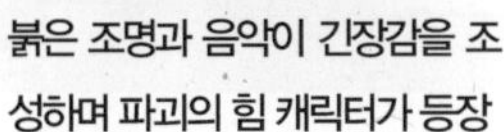
붉은 조명과 음악이 긴장감을 조성하며 파괴의 힘 캐릭터가 등장

바다와 해안이 오염되고 파괴되는 영상과 불안한 분위기의 음악과 조명이 연속되고, 플레임이 폭발하면서 극적인 긴장감이 최고조에 이름

선택

피날레

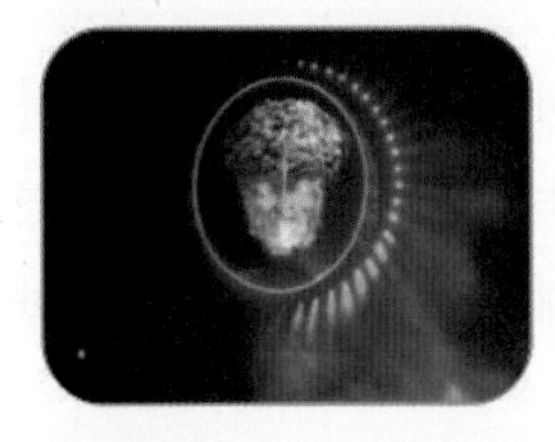
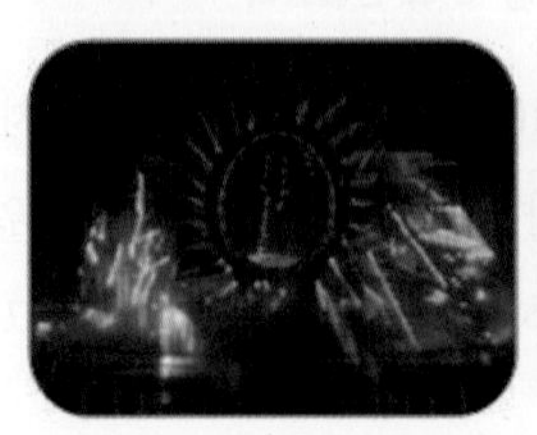

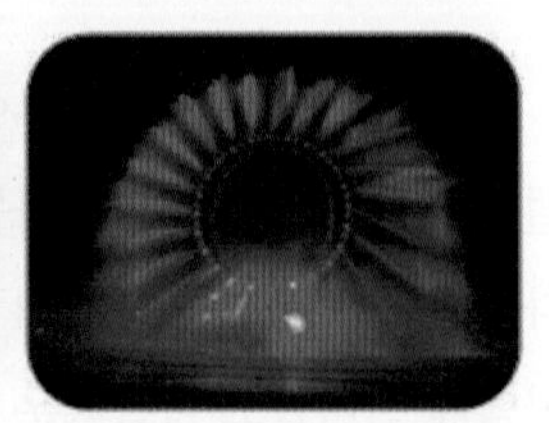

바다의 혼이 다시 나타나 묻는다. "어떠한 미래를 선택하겠는가?"

워터이펙트, 조명, 불꽃, 조명, 레이저가 모두 연출되는 화려한 멀티미디어 쇼으로 피날레를 장식

(3) Big-O 상부구조물의 설계 및 시공

상부공을 설계하는 것은 구조물의 기능을 극대화하고 안전성을 확보할 수 있도록 구조물 계획을 세우는 것이 필요하다. 공기 및 공정계획을 고려하고, 최적의 단면을 도출해야 하며 사용성 및 내구성이 확보되어야 하고 시설물의 운용이 용이해야 한다. 또한 상부구조물은 '빅오쇼'를 상영하는 데 사용되는 구조물이기 때문에 뉴미디어쇼 계획에 부합하도록 구조물을 계획하는 것을 필요로 한다.

Big-O 구조물의 'O'구조물은 프랑스 설계회사인 RFR사에서 일차적으로 설계하였으나, 유로코드(Eurocode)와 국내 기준이 상이하고, 시방규정에 따른 재료적 특성이 다르며, 자재 수급성이 용이한 점 등을 고려하여 국내여건에 따라서 계획 단면의 부분적인 변경을 시도하고 구조적 안정성 재검토하였으며, 이를 통해서 공기를 확보할 수 있었다.

'O'구조물에 대한 계획 단계에서 주요 검토 사항은 다음과 같이 진행하였다. 국내기준에 부합할 수 있도록 기본 계획 단면을 검토하고 단면을 수정하였으며, 구조물 가설 시 시공계획에 따라 최적의 안이 도출될 수 있도록 노력하였다. 구조물이 적정한 내구성을 확보될 수 있도록 하였고 적절한 작업공간이 확보될 수 있는 설계를 수행하였다.

1) 단면 형상 및 세부 구조 계획

① 단면 형상

Big-O 상부구조물은 구조적 기능유지뿐 아니라 주변 여건과의 조화 및 가설 시 시공성 등을 고려하여 보다 합리적인 단면을 결정하는 것이 필요하다.

그림 3-236 Big-O 구조물

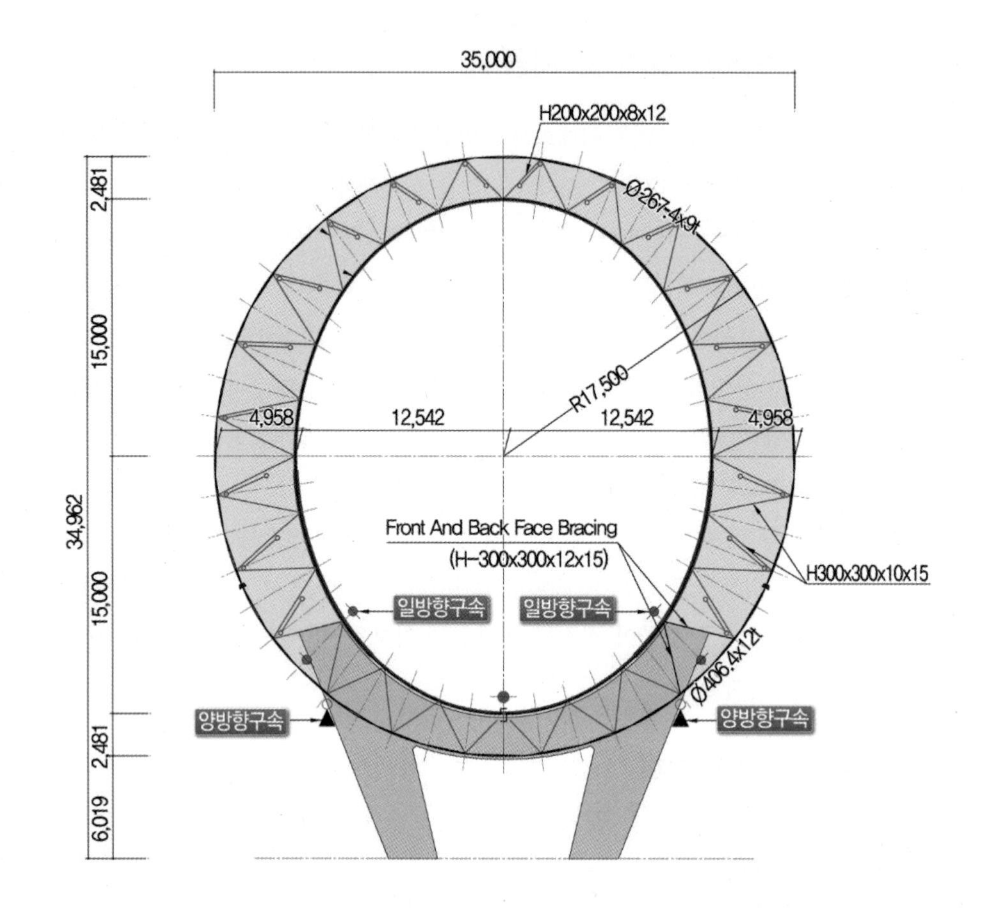

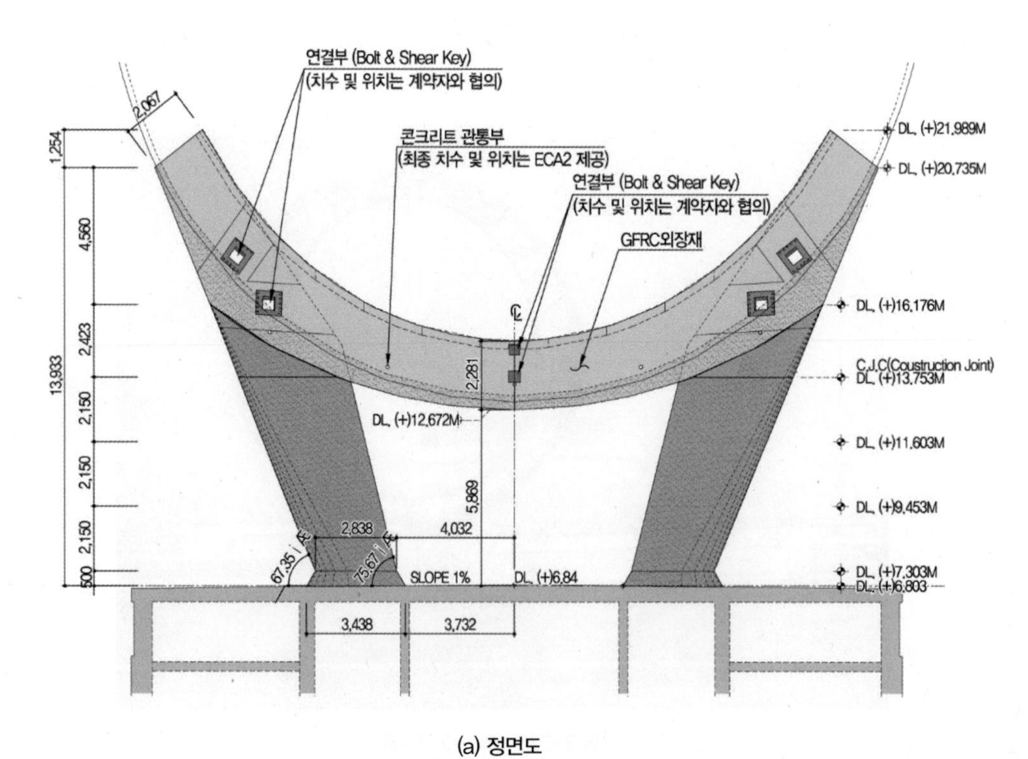

(a) 정면도

그림 3-237 강재 및 콘크리트 포탈 프레임 단면 형상 및 제원

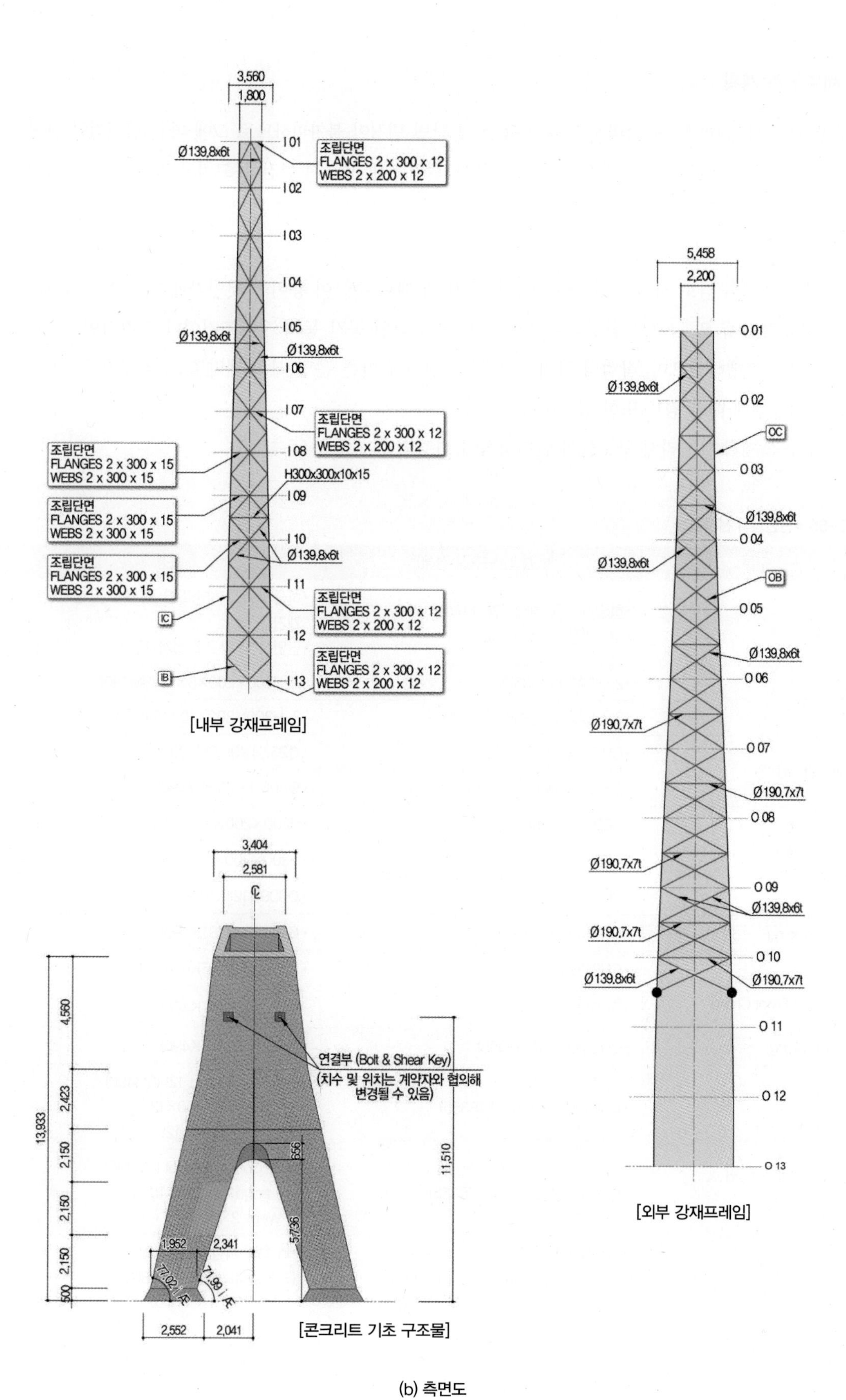

(b) 측면도

그림 3-237 강재 및 콘크리트 포탈 프레임 단면 형상 및 제원(계속)

② 세부구조 계획

상부공 설계 시 국내기준에 따라서 재료적 특성 및 단면 변경이 불가피하므로 그에 따른 합리적인 단면 선정을 최우선으로 하였다. 또한 구조물 특성, 시공성, 환경조건, 구조적 안전성, 그리고 경제성들을 종합적으로 분석하여 상부 형식을 선정하였다. 마지막으로 본 구조물은 시공 환경 조건에 지배되므로 시공성 및 경제성을 최우선으로 하였다.

세부구조 계획 검토 시 고려한 사항으로는 공기 내 재료 수급이 용이할 것인가에 대한 여부와 지지해야 할 하중의 종류 및 규모를 결정하는 것이었다. 또한 작업 공간 등의 시공조건이나 환경적인 요건들에 대한 판단을 수행하였으며, 작업의 편의성 및 단면 변화에 따른 운영 시의 제약조건, 국내기준서에 따른 단면의 적정성에 대한 검토 또한 필요하다.

세부구조 계획에 따라서 구조물의 단면형식이 변경되었다(표 3-65 참조).

표 3-65 단면형식 선정결과

구분	변경 전(RFR사 설계)	변경 후
설계기준	•하중계수 및 하중조합: Euro-code •단면선정: Euro-code	•하중계수 및 하중조합: 도로교 및 콘크리트 설계기준 •단면선정: 강구조 설계기준
Inner Chord	•2-HEA200 (S355)	•2-H200×200×8×12 (SM490)
	•2-HEA260 (S355)	•2-H300×300×10×15 (SM490)
Outer Chord	•CHS273×8t (S355)	•Ø267.4×9t (SM490)
	•CHS355.6×12.5t (S355)	•Ø406.4×12t (SM490)
Front & Back face Bracing	•HEB200 (S355)	•H200×200×8×12 (SM490)
	•HEB260 (S355)	•H300×300×10×15 (SM490)
	•RHS260×12.5t (S355)	•Ø300×12t (SM490)
Outer Bracing	•CHS139.7×5t (S355)	•Ø139.8×7t (STK490)
Outer Link between Back and Front Chord	•CHS139.7×5t (S355)	•Ø139.8×7t (STK490)
	•CHS139.7×5t (S355)	•Ø190.7×7t (STK490)
Inner Bracing	•CHS139.7×10t (S355)	•Ø139.8×7t (STK490)
Inner Link between Back & Front Chord	•Built-Up Section 10t (S355)	•Built-Up Section 12t (SM490) - Flange: 2×300×12 - Web: 2×200×12
	•Built-Up Section 17.5t (S355)	•Built-Up Section 15t (SM490) - Flange: 2×300×15 - Web: 2×300×15
Pin 및 접합부재	•Pin 최대 직경 Ø120mm (10.9grade, Stainless, ft = 1,000MPa)	•Pin 최대 직경 Max. 140mm (크롬몰디브덴강, ft = 980MPa)

2) 구조적 안정성 검토

RFR사 성과물에 사용된 강재 재료들이 국내기준과 상이 하거나 공기 내에 수급이 불가피한 상황을 고려하여 국내 실정에 맞는 강재 제원을 선택하였으며, 이에 따른 합리적인 단면을 도출하였다. 따라서 변경된 단면에 대한 구조적 안정성을 검토하는 것이 필요했다.

상시의 경우 상부공에 설치되는 설비 하중, 상재하중, 온도하중 및 풍하중 등을 고려한 모델로 구조적으로 안전한 구조물을 설계하였으며, 이상 시의 경우에는 국내 설계기준에 따른 적정한 풍하중 산정 및 해당구역의 지역계수에 기반한 내진설계 반영으로 좀 더 합리적인 결과물을 도출할 수 있도록 하였다.

경계조건은 Steel Truss 부재와 콘크리트 Leg 부분은 Pin 접합 구조로서 축력만 전달되는 요소로 반영하고 Leg 하단부(Podium 상단슬래브와 접합되는 곳)는 고정단으로 모두 구속하여 해석을 수행하였다. Steel Truss 부재는 Frame 요소로 모델링하고 콘크리트 부재인 Leg 및 Saddle 부분은 모델의 정확성을 위하여 Shell 요소 및 Frame 요소로 별도의 모델링을 한 후 큰 결과값에 따라 부재 설계를 수행하였다.

내진설계의 경우에는 지반으로부터 전달되는 지진파의 영향을 정확하게 고려하기 위하여 Podium을 포함한 전체 모델링을 함으로써 좀 더 정확한 결과물을 획득할 수 있도록 수행하였다.

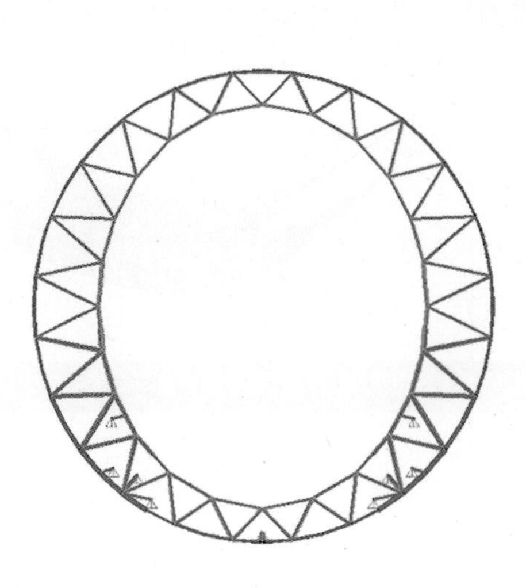

(a) 정면도(SAP2000)

(b) 측면도(SAP2000)

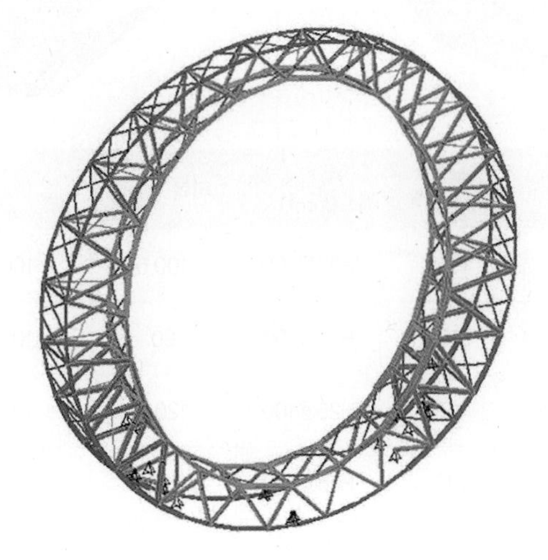

(c) 입체도(SAP2000)

그림 3-238 구조해석 모델링

① 콘크리트 포탈 프레임 검토

표 3-66 Saddle 구간(t = 0.4m) 검토 결과

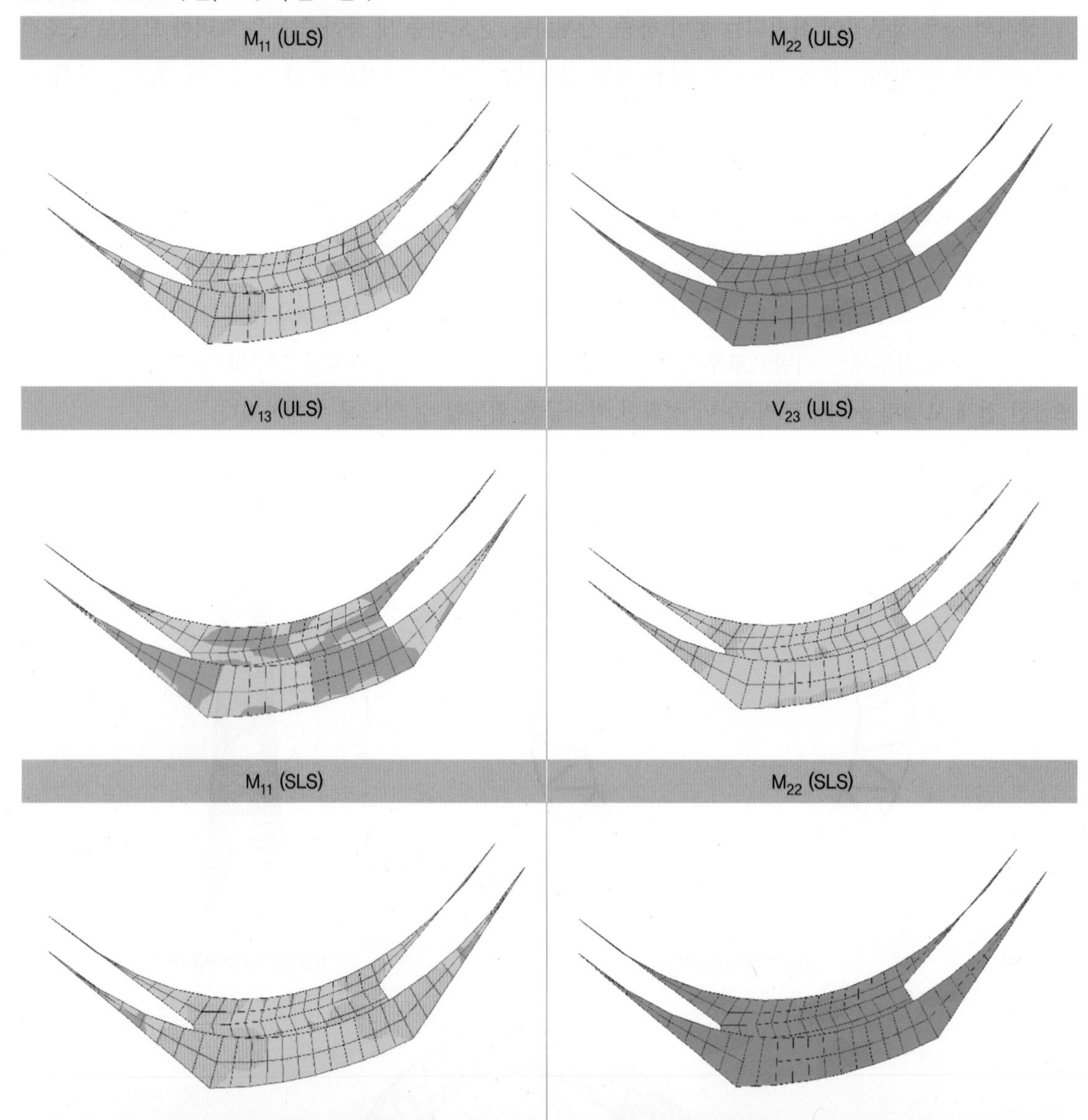

구분		M_u (kN·m)	M_n (kN·m)	A_{s_used} (mm^2)	피복 (mm)	S (mm)	S_a (mm)	판정
내측	M_{11}(+)	193	457	H25@100	100.5	100	427	O.K
	M_{22}(+)	84	207	H16@100	80	100	474	O.K
외측	M_{11}(−)	198	423	H25@100	120.5	100	317	O.K
	M_{22}(−)	83	193	H16@100	100	100	390	O.K

표 3-67 Leg 구간(t = 0.4m) 검토 결과

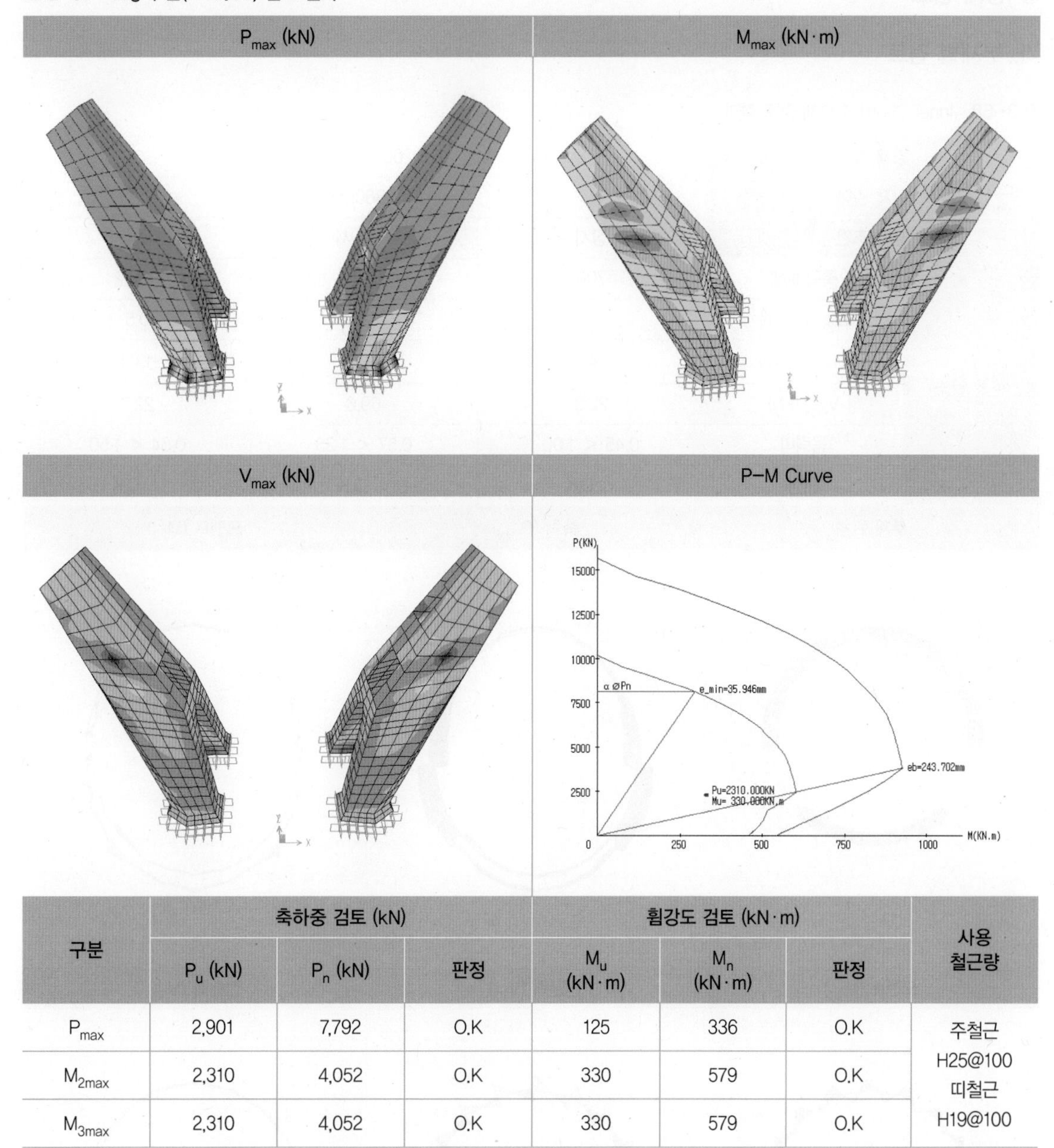

구분	축하중 검토 (kN)			휨강도 검토 (kN·m)			사용 철근량
	P_u (kN)	P_n (kN)	판정	M_u (kN·m)	M_n (kN·m)	판정	
P_{max}	2,901	7,792	O.K	125	336	O.K	주철근 H25@100 띠철근 H19@100
M_{2max}	2,310	4,052	O.K	330	579	O.K	
M_{3max}	2,310	4,052	O.K	330	579	O.K	

콘크리트 단면력 산정에 사용된 프로그램은 SAP2000을 기본으로 사용하였으며 설계 단면력의 정확성을 위하여 Frame 및 Shell 해석 두 가지를 동시에 수행하여 큰 값을 단면 산정에 사용하였다. 하중 조합 및 단면 계산 시 기준서는 콘크리트 구조설계 기준 해설편을 준용하였다.

콘크리트 포탈 프레임 Saddle 구간의 주철근은 H25@100으로 모두 만족하는 것으로 나타났으며, 콘크리트 포탈 프레임 기둥부 구간의 주철근은 H25@100, 띠철근 간격은 최소 H19@100 간격을 모두 만족하는 것으로 나타났다.

② 강재 검토

가. 부재별 검토

표 3-68 Inner Chord-1 부재 검토 결과

강재 제원		2-H200×200×8×12		
강재 길이		3,860mm		
재하 조건		상시	폭풍 시	지진 시
응력 검토	축력 (kN)	706	1,011.6	904.2
	M_{22} (kN·m)	0.7	0.6	0.5
	M_{33} (kN·m)	14.1	9.7	13.3
	V_{max} (kN)	22.3	69.6	22.7
	응력비	0.45 < 1.00	0.57 < 1.25	0.54 < 1.50
	판정	∴ O.K	∴ O.K	∴ O.K

부재 위치	축력 (P_{max})	모멘트 (M_{22})
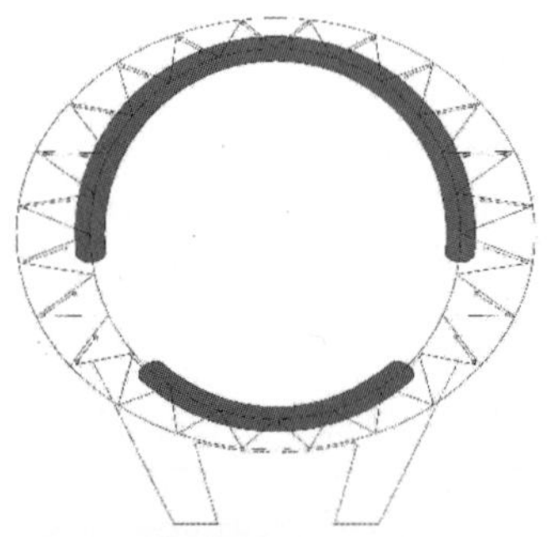		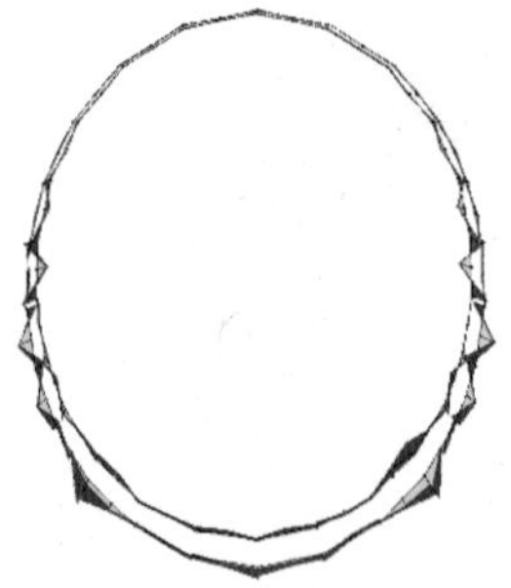
모멘트 (M_{33})	**전단력 (V_{22})**	**전단력 (V_{33})**
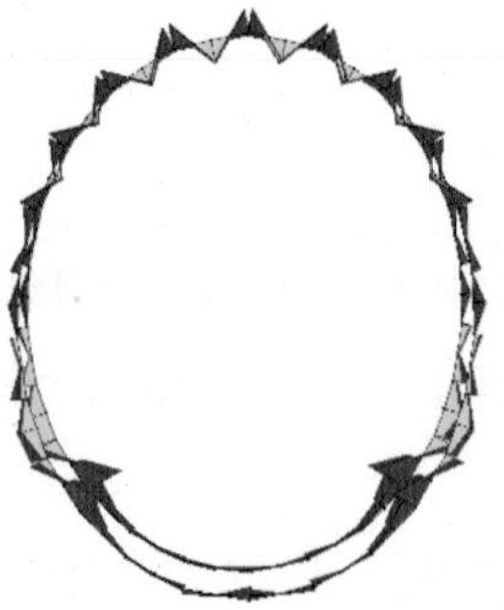	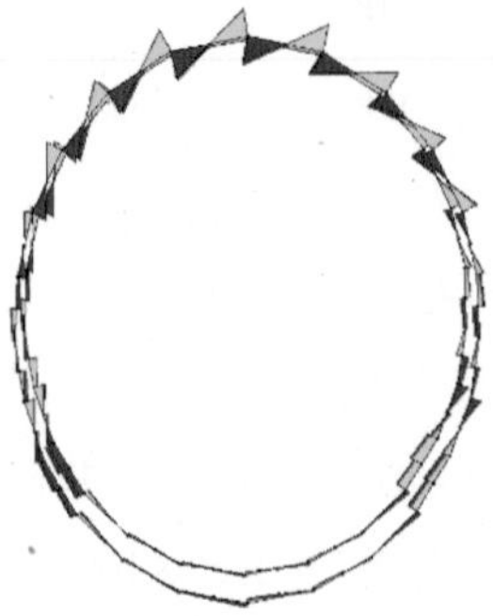	

표 3-69 Outer Chord-1 부재 검토 결과

강재 제원		Ø267.4×9t		
강재 길이		4,620mm		
재하 조건		상시	폭풍 시	지진 시
응력 검토	축력 (kN)	449.5	497.3	298.2
	M_{22} (kN·m)	20.3	23.5	7.3
	M_{33} (kN·m)	7.7	13.8	6.5
	V_{max} (kN)	24.2	30.9	27.1
	응력비	0.80 < 1.00	0.98 < 1.25	0.46 < 1.50
	판정	∴ O.K	∴ O.K	∴ O.K

부재 위치	축력 (P_{max})	모멘트 (M_{22})
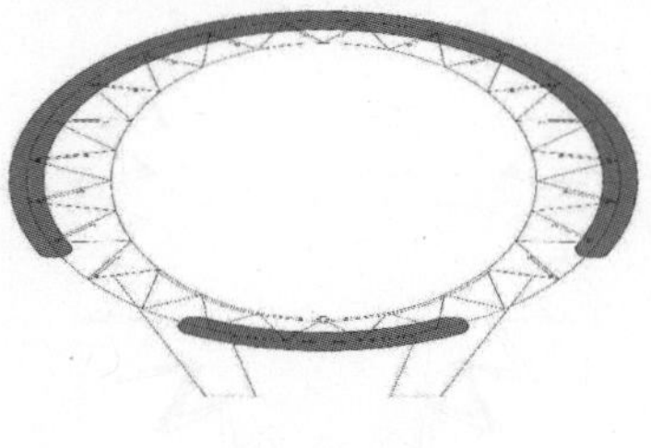		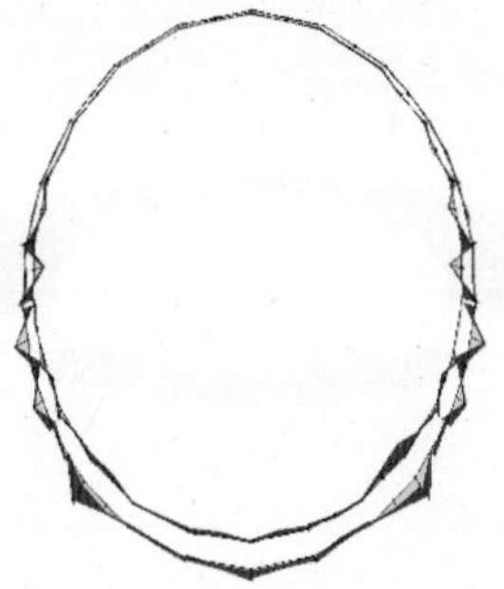

모멘트 (M_{33})	전단력 (V_{22})	전단력 (V_{33})
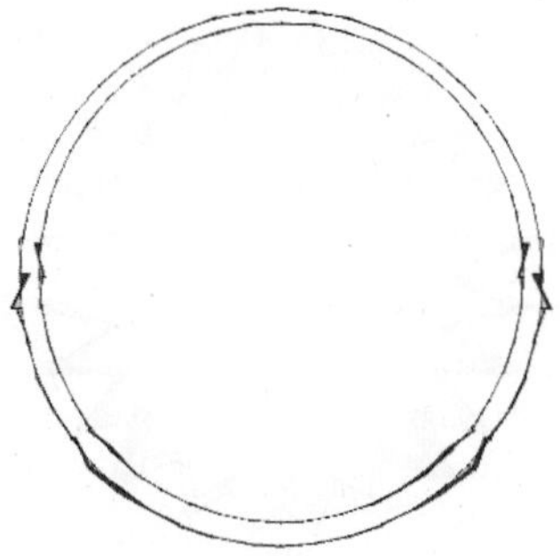		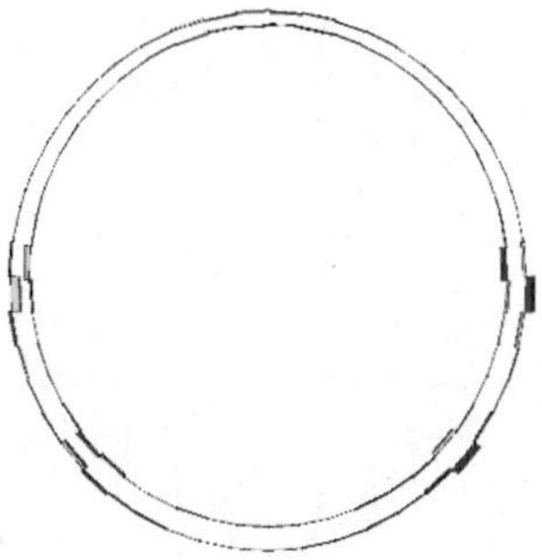

표 3-70 Front & Back face Bracing-1 부재 검토 결과

강재 제원		H200×200×8×12		
강재 길이		5,370mm		
재하 조건		상 시	폭풍 시	지진 시
응력 검토	축력 (kN)	284.4	231.8	228.8
	M_{22} (kN·m)	4.6	1.2	2.3
	M_{33} (kN·m)	0.5	0.2	0.4
	V_{max} (kN)	5.0	19.2	10.4
	응력비	0.69 < 1.00	0.55 < 1.25	0.58 < 1.50
	판정	∴ O.K	∴ O.K	∴ O.K

부재 위치 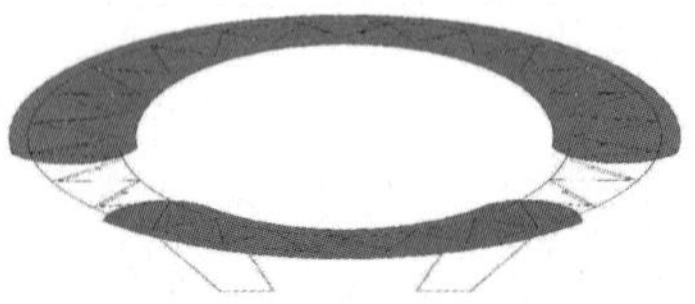	축력 (P_{max}) 	모멘트 (M_{22}) 
모멘트 (M_{33}) 	전단력 (V_{22}) 	전단력 (V_{33}) 

표 3-71 Outer Bracing 부재 검토 결과

강재 제원		Ø139.8×7t		
강재 길이		2,810mm		
재하 조건		상 시	폭풍 시	지진 시
응력 검토	축력 (kN)	94.7	103.1	98.9
	M_{22} (kN·m)	1.8	1.8	1.4
	M_{33} (kN·m)	2.1	2.1	1.3
	V_{max} (kN)	1.8	2.7	2.7
	응력비	0.49 < 1.00	0.52 < 1.25	0.43 < 1.50
	판정	∴ O.K	∴ O.K	∴ O.K

부재 위치	축력 (P_{max})	모멘트 (M_{22})
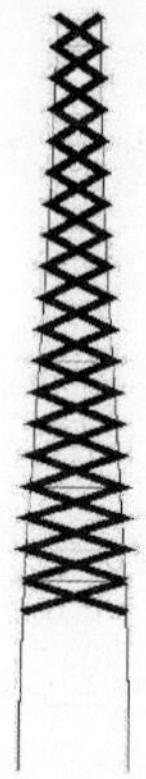		
모멘트 (M_{33})	**전단력 (V_{22})**	**전단력 (V_{33})**

표 3-72 Inner Bracing 부재 검토 결과

강재 제원		Ø139.8×7t		
강재 길이		2,630mm		
재하 조건		상시	폭풍 시	지진 시
응력 검토	축력 (kN)	76.6	234.6	111.3
	M_{22} (kN·m)	0.2	0.2	4.4
	M_{33} (kN·m)	0.4	0.3	4.5
	V_{max} (kN)	4.5	7.1	3.8
	응력비	0.23 < 1.00	0.62 < 1.25	0.84 < 1.50
	판정	∴ O.K	∴ O.K	∴ O.K

부재 위치	축력 (P_{max})	모멘트 (M_{22})

모멘트 (M_{33})	**전단력 (V_{22})**	**전단력 (V_{33})**

나. 이음부 검토

표 3-73 용접 접합부(Built up Section 15t 구간) 검토

구분		단면도
작용하중	179kN	
용접방법	필렛용접 8mm	
용접길이	1,272mm	
용접부 발생 전단응력	23MPa	
용접부 허용 전단응력	99MPa (현장용접 90%)	
판정	O.K	

표 3-74 Bolt 접합부(2-H200x200x8x12 구간) 검토

구분		단면도
Flange 구간		
설계응력	142.5MPa	
사용볼트	M22-16ea (F10T)	
모재 발생 응력	190MPa	
모재 허용 응력	190MPa	
이음판 발생 응력	123MPa	
이음판 허용 응력	190MPa	
볼트 발생력	86kN	
볼트 허용력	96kN	
판정	O.K	
Web 구간		
설계응력	142.5MPa	
사용볼트	M22-8ea (F10T)	
이음판 발생 응력	5MPa	
이음판 허용 응력	190MPa	
볼트 발생력	27kN	
볼트 허용력	96kN	
판정	O.K	

표 3-75 Bolt 접합부(2-H300x300x10x15 구간) 검토

구분		단면도
Flange 구간		
설계응력	142.5MPa	
사용볼트	M22-36ea (F10T)	
모재 발생 응력	190MPa	
모재 허용 응력	190MPa	
이음판 발생 응력	88MPa	
이음판 허용 응력	190MPa	
볼트 발생력	72kN	
볼트 허용력	96kN	
판정	O.K	
Web 구간		
설계응력	142.5MPa	
사용볼트	M22-12ea (F10T)	
이음판 발생 응력	17MPa	
이음판 허용 응력	190MPa	
볼트 발생력	32kN	
볼트 허용력	96kN	
판정	O.K	

표 3-76 Bolt 접합부(Ø406.4x12t 구간) 검토

구분		단면도
발생력	P = 322kN, V = 51kN	
사용볼트	M22-8ea (F10T)	
BOLT 인장응력검토	96MPa > 40MPa	
BOLT 전단응력검토	150MPa > 17MPa	
판정	O.K	

③ Pin 접합부 국부 검토

표 3-77 재료의 기본물성

구분	Steel (SM490)	Stainless Steel (10.9 Grade)	콘크리트
항복강도(MPa)	295	1,000	35(설계강도)
단위질량(t/m^3)	7.85	7.85	2.45
탄성계수(GPa)	210	210	29.8
포아송비	0.3	0.3	1/6

표 3-78 모델링

구분	상시	이상 시
적용하중 (kN)	1,377	2,258
접촉조건	핀과 로드의 접촉부: 마찰계수 0.3 수직방향 분리가능	
경계조건	콘크리트 벽면의 X, Y, Z방향 변위구속	

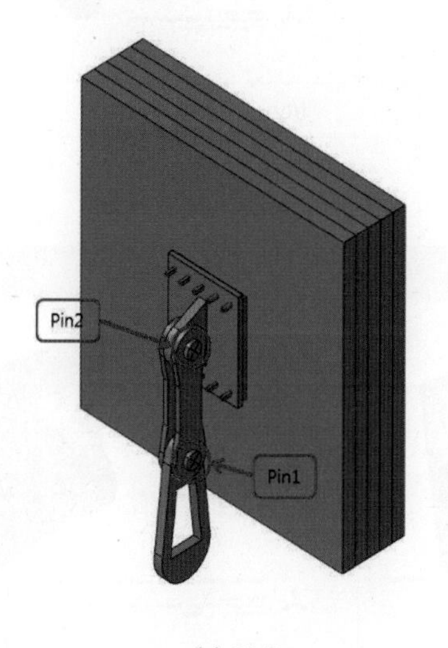

(a) 입체도

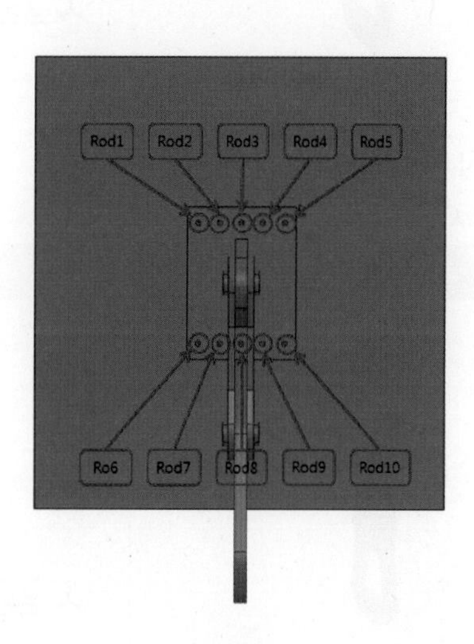

(b) 정면도

그림 3-239 3D 모델링

표 3-79 연결부재 검토(SM490)

하단 연결부재	상시	이상 시

재료	f (MPa)	fy (MPa)	f/fy	판정
상시 (von Mises)	154	295	0.52	O.K.
이상 시 (von Mises)	252	295	0.85	O.K.

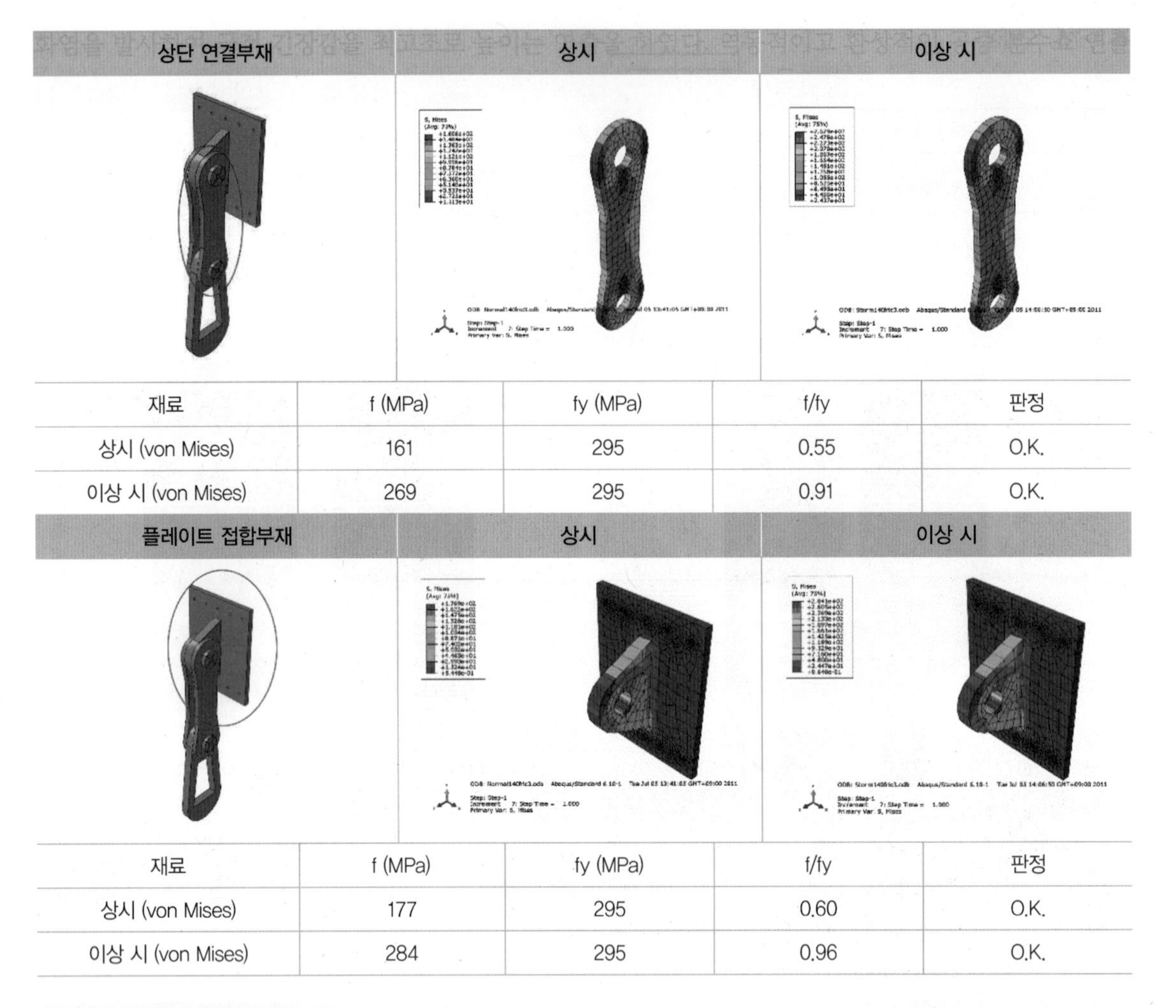

상단 연결부재	상시	이상 시

재료	f (MPa)	fy (MPa)	f/fy	판정
상시 (von Mises)	161	295	0.55	O.K.
이상 시 (von Mises)	269	295	0.91	O.K.

플레이트 접합부재	상시	이상 시

재료	f (MPa)	fy (MPa)	f/fy	판정
상시 (von Mises)	177	295	0.60	O.K.
이상 시 (von Mises)	284	295	0.96	O.K.

표 3-80 콘크리트 보강철근량 산정

구분		결과값	응력 분포
상시	허용인장력	0.77MPa	
	해석결과 (F.E.M.)	5.2MPa (보강철근필요)	
	필요 철근량	2,247mm^2	
	사용 철근량	6,334mm^2	
	적용 인장력	14.7MPa	
	판정	5.2MPa(발생) < 14.7MPa(적용) ∴ O.K	
이상 시	허용인장력	0.96MPa	
	해석결과 (F.E.M.)	8.6MPa (보강철근필요)	
	필요 철근량	3,681mm^2	
	사용 철근량	6,334mm^2	
	적용 인장력	14.7MPa	
	판정	8.6MPa(발생) < 14.7MPa(적용) ∴ O.K	

④ 수평 변위 검토

Podium 상단에서 구조물 끝단까지의 거리 L=42m이므로, 구조물의 허용변위량은 L/100을 적용하여, 42,000/100=420mm(0.42m)로 확인할 수 있다. 본 공사에서는 상시 및 이상 시 모두에 대하여 구조물에 발생하는 최대변위가 허용기준 이내로 나타나 상부공의 'O'구조물은 구조물의 허용변위 이내로 만족하였다.

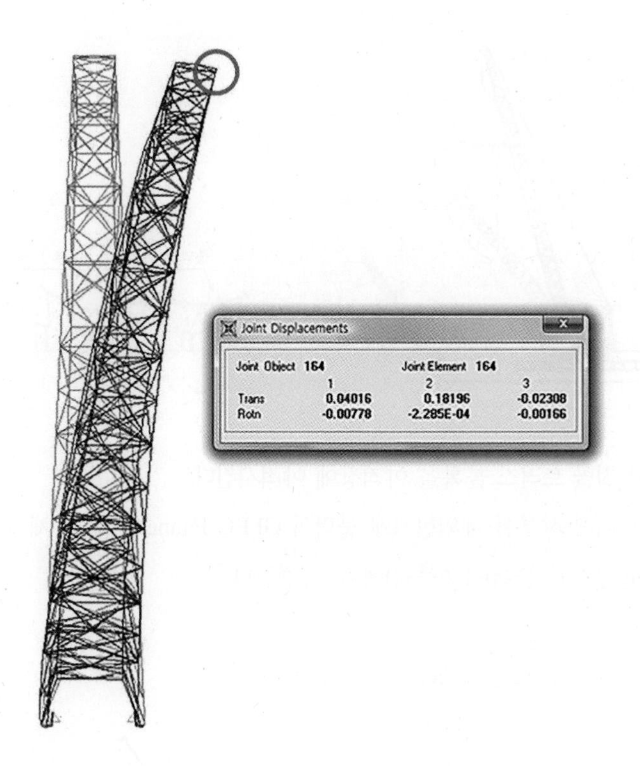

그림 3-240 발생변위량(SAP2000)

3) 구조물 가설 및 시공 계획 검토

① 시공 시 고려사항

본 공사는 지리적 제한조건 및 해상 크레인선 접근 제약성 때문에 구조물 시공이 제한적이며, Fast-Track 방식의 현장여건 때문에 적정한 구조적 안정성을 확보하고 자재수급 또한 용이하며 공기 내에 시공 가능한 방법이 요구된다. 따라서 현장여건에 제한될 수 있는 여러 공법에 대해 비교 검토하여 가장 적합한 가설 공법을 선정하였다.

작업공간 등의 시공조건, 건설 공기에 따른 공법선정, 경제성 및 구조적 안정성 확보, 작업여건 및 현장여건에 따른 사항, 공법에 따른 장단점 비교, 구조물 특성에 따른 내구성 확보 및 기능성 확보, 그리고 자재 수급의 용이성 등을 검토하여 가장 적합한 가설 공법을 선정하였다.

② 시공 계획 순서

본 공사구간의 지리적 여건상 대형 크레인 운반선의 진입에 대한 제약이 있고, 콘크리트 포탈 프레임과 상부 철골 트러스 체결 시 일체식으로 트러스를 체결한 후에 포탈 프레임과 결합하기 위해서는 상대적으로 정밀한 시공 조건이 요구된다. 그 뿐만 아니라 자연 제약에 따라 정밀성을 요구하는 데 아주 큰 어려움이 있으므로 콘크리트 구조물을 타설한 후에 각각의 블록으로 나누어진 철골 트러스를 순차적으로 체결하는 형식으로 결정하였다.

1) STEP 1 : 야적장에서 철골 트러스 블록과 GFRC 및 계단부 결합

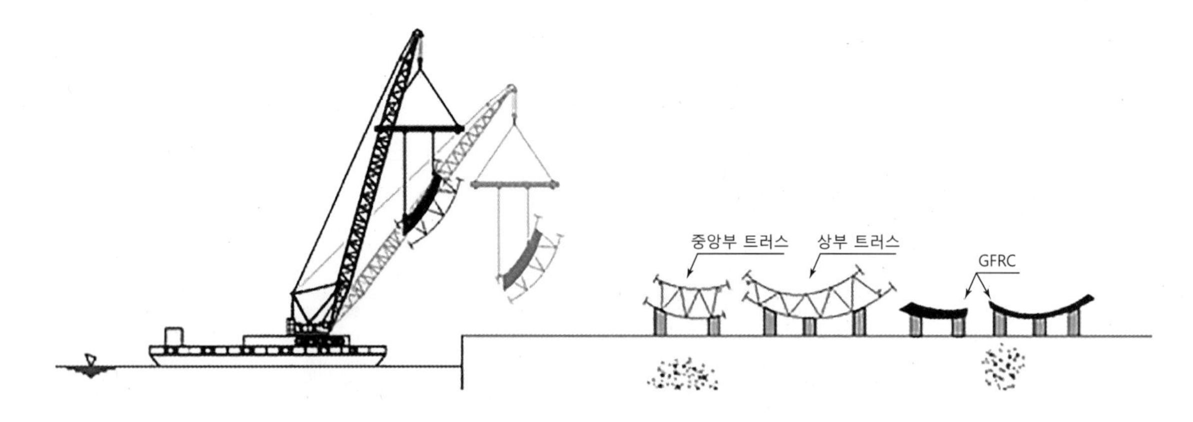

- 공장에서 제작된 철골 트러스 블록을 야적장에 야적시킨다.
- 시공의 편의성을 위해 하부를 제외한 4개 블럭의 GFRC Pannel을 먼저 체결하고 계단부나 운영에 필요한 철재부재 또한 모든 블록(총 6블럭)에 선 체결한다.

2) STEP 2 : 콘크리트 포탈 프레임 타설

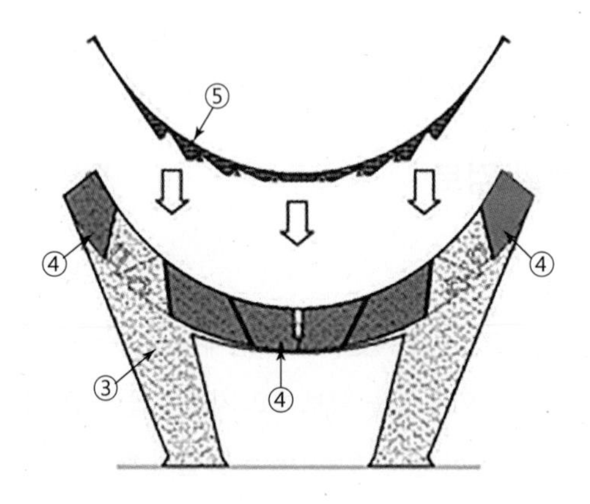

- Podium 상단에 강재 거푸집 성형 후 Con'c를 순차적으로 타설하며 강재 프레임 앵커부(Pin접합부)도 같이 매입한다.
  - Leg부 타설 시 약 2.1m 간격으로 하여 5단 타설을 기본으로 한다.
- 측면 Precast GFRC Pannel을 장착시킨다
  - 단, Pin 접합부 구간은 시공의 용이성을 위하여 추후 정착한다.
- Saddle 구간 배수구 시스템으로 사용되는 GFRC Pannel을 순차적으로 콘크리트 Saddle부 상단에 정착시킨다.

3) STEP 3 : 하단부 철골 트러스 부재 야적장에서 해상 구간으로 운송

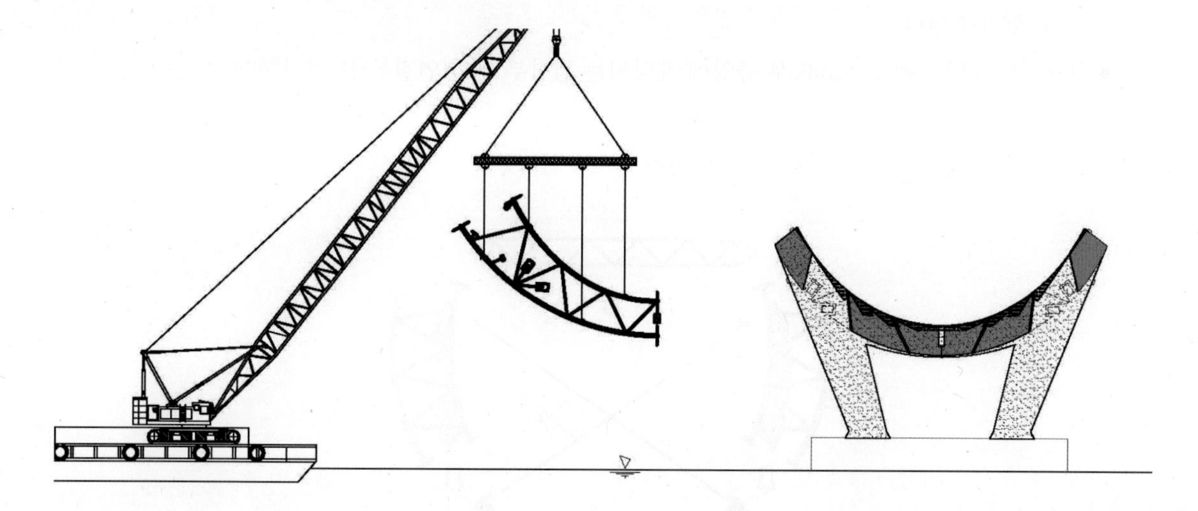

- STEP 1에서 제작된 하단부 철골 트러스 블록을 조금구에 체결하여 편심이 생기지 않도록 천천히 계상한다.
- 해상 크레인선(100~150톤급)을 이용하여 1~2Knot 속도로 철골 블록을 서서히 대상지역으로 이동시킨다.
  - 풍속에 따른 영향을 많이 받으므로 운반 시 해상 풍속을 관찰 후 바람에 의한 영향이 없다고 판단될 경우에 운송하여야 한다.

4) STEP 4 : 하단부 철골 트러스 부재 콘크리트 포탈 프레임과 결합

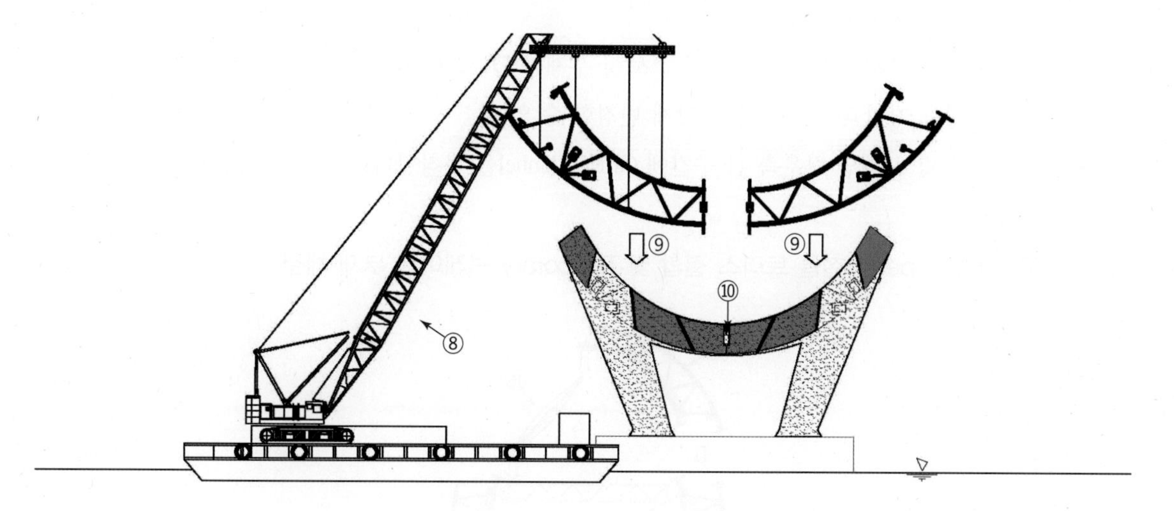

- STEP 1에서 제작된 하단부 철골 트러스 블록을 해상 크레인선(100~150톤급)을 이용하여 Con'c Leg 부분으로 이동시킨다.
- 하부 철골 트러스 부재를 고정시키기 위해 선 설치된 앵커부 상단에 고강도 핀을 이용하여 장착시킨다.

– 충분히 정착될 수 있도록 필요시에 가설재를 이용하여 정해진 위치에 고정될 수 있도록 지탱할 수 있어야 한다.

- 콘크리트 포탈 프레임 Saddle부 중앙에 해당되는 접합부 구간(연결부)을 설치한다.

5) STEP 5 : Middle부 철골 트러스 운반 및 결합

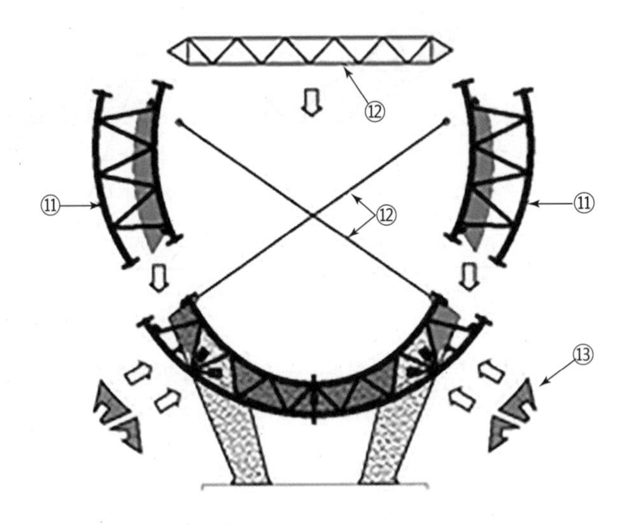

- STEP 3과 동일하게 Middle부 철골 트러스 블록을 순차적으로 정위치에 설치한다.
  – Middle 철골 트러스 블록 개소당 개략 24.5톤이며 GFRC 및 난간부 기설치 필요
- Uppeer부 철골 트러스 부재와 원활한 접합을 위해 Temporary 부재인 브레이싱 및 스트럿 부재를 강재 트러스 부재에 체결시킨다.
  – 브레이싱 부재는 Ø56 강봉으로 스트럿 부재는 Ø139.8×7t 부재를 사용할 수 있으나 구조적 안정성을 거친 후 현장여건에 맞게 변경할 수 있다.
- 콘크리트 포탈 프레임 좌우측 핀 구간에 GFRC Pannel을 부착한다.

6) STEP 6 : 좌측 Upper부 철골 트러스 결합 및 Temporary 브레이싱 부재 체결

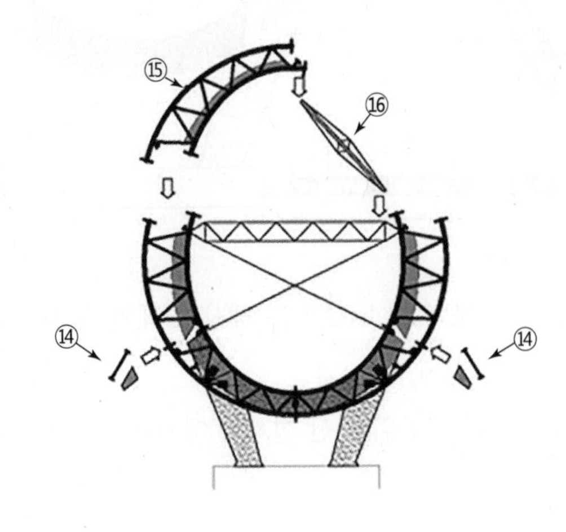

- 철골 트러스 하단부 좌 · 우측 Outer Chord와 Inner Chord부를 연결하는 Bracing 부재를 체결한 후 GFRC를 정착시킨다.
- STEP 3과 같이 좌측 Upper부 철골 트러스 블록을 순차적으로 정위치에 설치한다.
  - 좌측 Upper부 철골 트러스 블록 개소당 개략 19.5톤이며 GFRC 및 난간부는 기설치되어 있어야 한다.
- 사전 제작된 부재들의 형상을 조절하기 위한 Temporary 스트럿을 Upper부 철골 트러스 부재와 Middle부 철골트러스 사이에 정착시킨다.
  - 스트럿 부재는 Ø139.8×7t 부재를 사용할 수 있으나 구조적 안정성을 거친 후 현장여건에 맞게 변경할 수 있다.

7) STEP 7 : 우측 Upper부 철골 트러스 결합 및 좌측 브레이싱 부재 체결

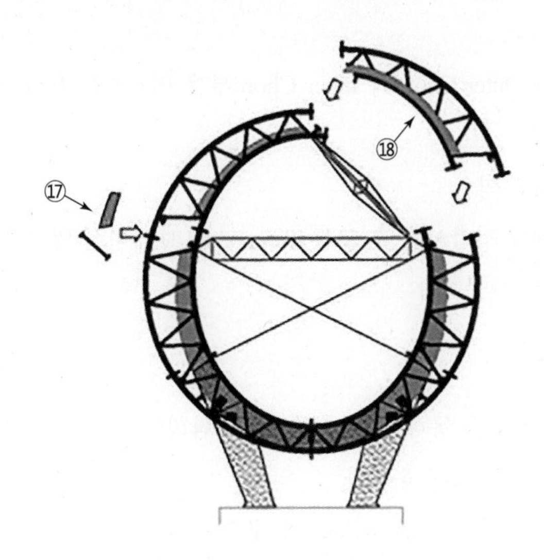

- 철골 트러스 좌측 Outer Chord와 Inner Chord부를 연결하는 Bracing 부재를 체결한 후 GFRC를 정착시킨다.
  - Splice Connection 구역
- STEP 3과 같이 우측 Upper부 철골 트러스 블록을 순차적으로 정위치에 설치한다.
  - 우측 Upper부 철골 트러스 블록 개소당 개략 19.5톤이며 GFRC 및 난간부는 기설치되어 있어야 한다.
  - 설치 전 계측을 통해 정위치를 확인한 후 최종 부재를 체결하여야 한다.

8) STEP 8 : 우측 Bracing 부재 및 GFRC 설치 후 가설재 제거

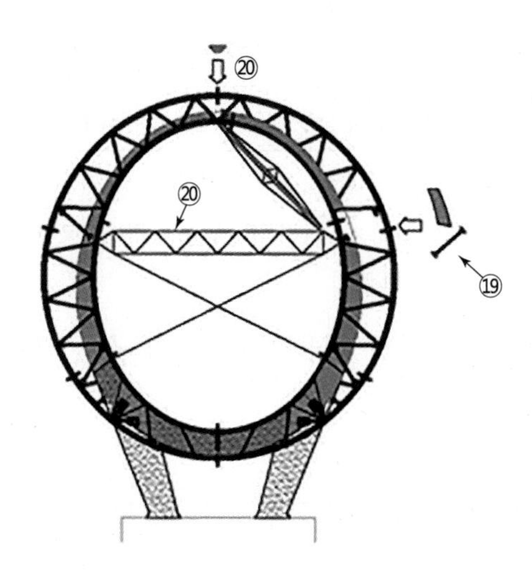

- 철골 트러스 우측 상단 Outer Chord와 Inner Chord부를 연결하는 Bracing 부재를 체결한 후 GFRC를 정착시킨다.
  - Splice Connection 구역
- 최상단의 GFRC Pannel을 정착시킨 후 모든 Temporary 브레이싱 및 스트럿 부재를 제거한다.

(4) 결론

현대건설은 글로벌 신기술의 적용을 통해 2012 여수세계박람회의 주요 시설물을 건립하여 국제행사의 위상에 걸맞은 박람회가 개최될 수 있도록 하였다.

특수효과 연출효과로서 박람회의 핵심 컨텐츠를 구현한 Big-O(Ocean), 세계 최대의 해상분수, 각종 공연을 위한 해상무대 등 엑스포의 핵심저인 시설들을 시공함으로써 박람회의 성공적인 개최에 일조하였다. 또한 친환경 수소연료전지와 태양광발전, 풍력발전을 적용하여 에너지 사용 제로 하우스를 실현하였고, 비정형 곡면 노출 콘크리트 구현, Big-O 구조물 하부공 시공 시 해상구조물 新가설공법(특허출원)을 적용하는 등 바람직한 친환경 기법을 적용하여 '살아 있는 바다, 숨쉬는 연안'이라는 박람회의 주제에 부합하는 기술력을 선보였다.

여수세계박람회의 백미라고 할 수 있는 '빅오쇼'는 O자 모양의 구조물에서 표현되는 거대한 스크린 위에 물과 불, 빛과 레이저로 만들어내는 환상의 조화는 어디에서도 경험하지 못한 감동을 관람객들에게 선사하고, 박람회가 표현하고자 하는 바다의 소중함에 대해서 홀로그램 영상으로 완벽하게 표현할 수 있었다. '빅오쇼'가 이처럼 완벽하게 상영되기 위해서는 해상 위에서 시공된 Big-O 구조물에 대해서 설계와 시공 단계에서 충분한 안정성 검토와 시공성 검토를 수행하여 가능했다고 할 수 있다.

3-3-3 능동제어형 조류발전 지지구조물 설계, 제작 및 설치

(1) 서론

조류에너지는 유체의 밀도가 커서 작은 크기의 터빈으로도 발전할 수 있으며, 예측이 가능하고 지속적인 발전이 가능하다는 장점이 있다. 또한 날씨나 계절의 영향을 받지 않고, 환경영향이 거의 없는 친환경에너지라고 할 수 있다. 그러나 발전시스템 설치 시 초기 시공비용이 많이 들고 발전용량대비 송전비용이 과다하다는 단점이 있다. 이러한 단점을 극복하고 경제성을 확보하기 위해서는 총 건설비 중 가장 큰 부분을 차지하는 지지구조물을 좀 더 경제적이고 시공성이 뛰어나도록 만드는 것이 중요하다.

'해양수산부 해양청정에너지기술개발 사업(2011~2020)'의 일환으로 수행한 '능동제어형 조류발전 기술개발' 과제의 조류발전 지지구조물 설계 및 실해역 설치 공사는 조류발전 해상공사의 초기 공사비용 문제를 해결하기 위해 그림 3-241과 같이 직접착저형 원형 케이슨 조류발전 지지구조물을 제안하였으며, 2016년 10월에 전라남도 진도군 울돌목 인근 해상에 설치를 완료하였다.

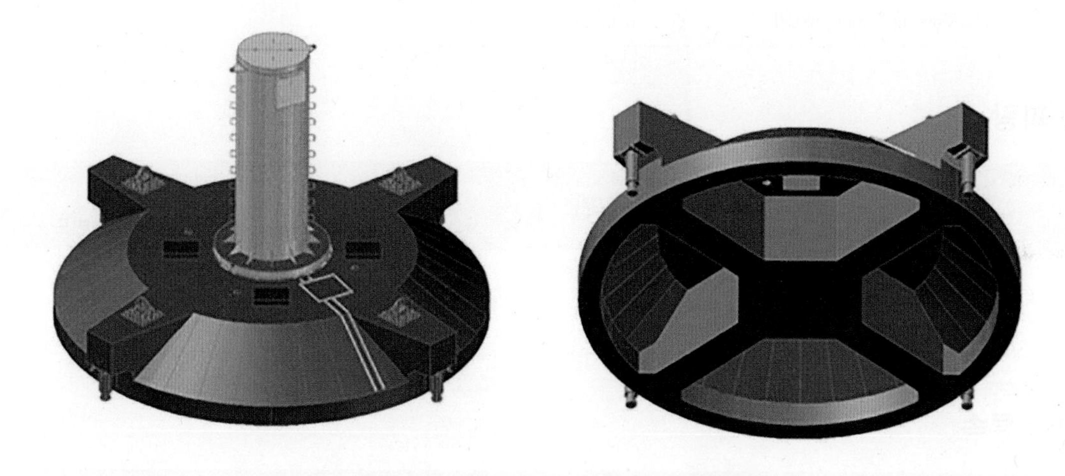

그림 3-241 직접착저형 원형 케이슨 지지구조물 형상

(2) 설계조건

조류발전 지지구조물 설치 예정지인 진도 울돌목 인근 해역을 대상으로 설계를 수행하였으며, 조류발전 전체 시스템에 발생하는 통합하중해석 및 외력 검토를 통해 안정성을 검토하였다. 또한 수리모형실험을 수행하여 지지구조물의 안정성을 확인하였다. 대상 해역의 해상조건은 다음과 같다.

1) 조위

비조화상수	조위	조위도
약최고고조위(Approx.H.H.W)	416.8 cm	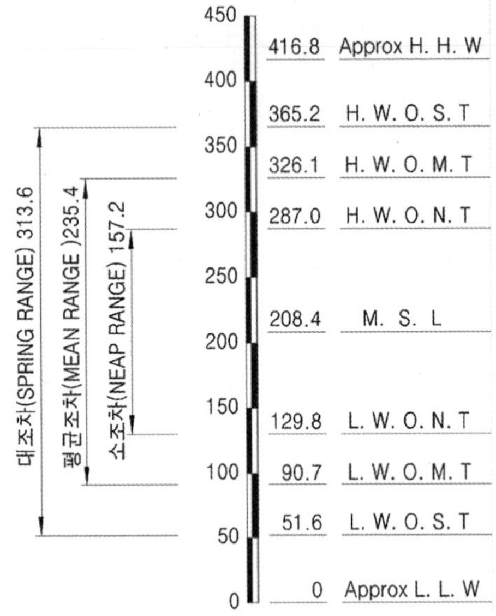
대조평균고조위(H.W.O.S.T)	365.2 cm	
평균고조위(H.W.O.M.T)	326.1 cm	
소조평균고조위(H.W.O.N.T)	287.0 cm	
평균해면(M.S.L)	208.4 cm	
소조평균저조위(L.W.O.N.T)	129.8 cm	
평균저조위(L.W.O.M.T)	90.7 cm	
대조평균저조위(L.W.O.S.T)	51.6 cm	
약최저저조위(Approx.L.L.W)	0.0 cm	
대조차(Spring Range, Sp.R)	313.6 cm	
평균조차(Mean Range, Mn.R)	235.4 cm	
소조차(Neap Range, Np.R)	157.2 cm	

450
400
350
300
250
200
150
100
50
0
416.8 Approx H. H. W
365.2 H. W. O. S. T
326.1 H. W. O. M. T
287.0 H. W. O. N. T
208.4 M. S. L
129.8 L. W. O. N. T
90.7 L. W. O. M. T
51.6 L. W. O. S. T
0 Approx L. L. W
대조차(SPRING RANGE) 313.6
평균조차(MEAN RANGE)235.4
소조차(NEAP RANGE) 157.2

2) 파랑

구분	시공 시/운영 시	설계파	
		100년 빈도	50년 빈도
$H_{1/3}$(m)	1.10	1.80	1.60
$T_{1/3}$(sec)	3.60	4.70	4.40

3) 조류속

구분	시공 시 조류속	설계 조류속	비고
조류속(m/sec)	2.5	4.4	잠수작업 한계유속 1m/sec

4) 풍속

구분		풍속(m/sec)	비고
구조물 적용		24.30	재현기간 10년
풍파산정	시공 시	14.60(NW)	재현기간 1년
	운영 시	22.77(NW)	재현기간 50년

(3) 조류발전 지지구조물 형식 검토

조류발전 지지구조물 중 자켓식, 케이슨식, PC블록식, 파일식 지지구조물의 구조형식별 공법 특성에 대한 검토를 수행하였다. 안정성, 시공성, 내구성 등 공법의 일반적인 특징과 현지 적용성 및 개략공사비 등 조류발전 지지구조물의 실증 적용성에 대한 검토를 수행하였다.

① 자켓식 구조

자켓식은 기존 울돌목 시험조류발전시설 설치 시 적용한 공법으로 육상제작된 자켓구조물을 해당 해역으로 이송 및 설치하는 방식으로, 조류에 대한 저항성이 우수하나 지속적인 유지관리가 필요한 구조형식이다.

② 중력식 구조

중력식 구조형식으로는 케이슨식과 PC블록식이 있으며, 이러한 형식은 구조물 자중에 의해서 파력 및 조류력 등 외력에 대한 안정성을 확보하는 구조형식으로 육상에서 제작된 구조물을 해상에 거치하는 방식이다.

③ 파일식 구조

파일식은 대구경 케이싱을 해저지반에 천공하고 케이싱 내 철근 콘크리트 구조체를 형성하는 구조형식으로, 수중 콘크리트 타설 등의 현장시공으로 구조체의 품질저하 및 기능저하가 우려된다.

검토 결과를 표 3-81에 나타내었으며, 케이슨식 지지구조물이 안정성, 경제성, 시공성 등에서 가장 유리한 것으로 나타났다. 선정된 케이슨식 지지구조물에 대해 4가지 형식(마운드 기초식 FD형 케이슨, 직접착저식 원형 케이슨, 직접착저식 FD형 단축 케이슨, 직접착저식 FD형 장축 케이슨)을 고안하였고, 표 3-82와 같이 검토되었다. 검토 결과 제2안 직접착저식 원형 케이슨이 타안 대비 구조물 크기가 작고 경제성 및 시공성이 가장 우수한 것으로 나타났으며 선정된 지지구조형식에 대해 상세 설계 및 안정성 검토를 수행하였다.

표 3-81 하부 지지구조물 구조형식 검토

구분	제1안 자켓식 (울돌목 시험조류발전소 기시공)		제2안 케이슨식 (케이슨 장착형)		제3안 PC블록식 (착저식)		제4안 파일식 (모노파일)	
단면 형상								
공법 특징	• Jacket Leg, Jacket Pile, Pin Pile로 지지 • 육상제작된 Jacket을 현장에 거치하고 강관을 항타/천공하여 고정 • 설치 시 조류속이 빠른 경우 Jacket Leg의 정위치 확보가 곤란 • 강관 부식대책 필요 • 조류발전시스템과 지지구조물 분리시공		• 구조물의 자중에 의해 안정성이 유지됨 • 육상제작으로 품질확보 양호 • 거치 시 부력을 이용한 시공제어가 유리 • 기초 평탄성 확보를 위해 사석마운드 필요 • 조류발전시스템과 지지구조물 일괄시공		• 구조물의 자중에 의해 안정성이 유지됨 • 육상제작으로 품질확보 양호 • 거치시 와 완성 시 중량이 동일하므로 거치 시 시공제어가 불리 • 기초 평탄성 확보를 위해 사석마운드 필요 • 조류발전시스템과 지지구조물 일괄시공		• 대구경 케이싱을 해저지반에 천공하고 케이싱 내 철근 콘크리트 구조체를 형성함으로써 안정성 유지 • 현장시공으로 품질저하 우려 • 수직도 조절이 어려움 • 조류발전시스템과 지지구조물 분리시공	
주요 장비	3,000톤급 해상 크레인, 대구경 PRD		11,000톤급 FD		5,000톤급 해상 크레인 2대		대구경 RCD	
안정성	양호	A	양호	A	양호	A	보통	B
시공성	보통	B	양호	A	불리	C	불리	C
내구성	보통	B	양호	A	양호	A	양호	A
경제성	불리	C	양호	A	불리	C	양호	A
적용성	적합	A	적합	A	적합	A	불리	C
공사비	1.00		0.69		1.16		0.60	
검토의견	• 지속적인 유지관리가 필요하며 경제성 불리		• 안정성, 경제성, 장비수급에 따른 시공성 유리		• 안정성에 유리하나 장비수급이 어려워 시공성 및 경제성에 불리		• 장비수급이 어려우며 천공심도가 깊어 시공성 및 현지적용성 불리	
선정			◎					
선정사유	• 지지구조물의 규모가 소규모(케이슨 260톤, 타워 60톤)이며 공정이 비교적 단순하고 해상작업량이 타안 대비 다소 적고 경제성에서 유리한 제2안 케이슨식을 선정함							

표 3-82 하부 지지구조물 비교안 검토 결과

구분	제1안 마운드 기초식 FD형 장축 케이슨	제2안 직접착저식 원형 케이슨	제3안 직접착저식 FD형 단축 케이슨	제4안 직접착저식 FD형 장축 케이슨
케이슨 형상	26m(B) × 35.2m(L) × 17.0m(H)	12.0m(D) × 2.0m(H)	28.0m(B) × 20.9m(L) × 17.0m(H)	27.0m(B) × 30.1m(L) × 17.0m(H)
공법 개요	•기초사석마운드 조성 후 케이슨 거치 •케이슨이 조류방향으로 길이가 길어 날개벽 및 바닥경사를 완만하게 하는 방안	•케이슨 바닥 수중 콘크리트 타설에 의한 기초 형성 •날개벽이 없고 케이슨 높이가 낮은 원형의 구조체로 지지구조물을 형성하는 방안	•케이슨 바닥 수중 콘크리트 타설에 의한 기초 형성 •케이슨이 조류방향으로 길이가 짧아 날개벽 및 바닥경사가 급하게 계획한 방안	•케이슨 바닥 수중 콘크리트 타설에 의한 기초 형성 •케이슨이 조류방향으로 길이가 길어 날개벽 및 바닥경사를 완만하게 계획한 방안
안정성	•기초사석의 조류에 의한 이탈 우려가 높아 별도의 보강계획 필요 •조류 진행방향으로 긴 형태의 케이슨으로 경사진 조류 입사에 불리	•사석마운드가 불필요하여 세굴 피해 없음 •외력영향이 적어 안정성 우수 •구조물의 높이가 타안 대비 낮아 거치 시 안정성이 가장 우수하고 조류의 영향이 가장 작음	•사석마운드가 불필요하여 세굴 피해 없음 •날개벽 길이방향으로 짧은 형태로 경사입사되는 조류에 의한 외력 감소되나 부유 시 안정성 불리	•사석마운드가 불필요하여 세굴 피해 없음 •케이슨의 장축방향 양측에 날개벽이 배치되어 부유 시 안정성 우수
시공성	•사석마운드의 선시공이 필요하고 케이슨 거치 후 주수만으로 안정성을 확보할 수 있어 시공이 간단	•케이슨 거치를 위한 별도의 크레인 시설 필요 •구조물 안정성 확보를 위한 수중 콘크리트 타설 필요	•날개벽 속채움재 모래 이용으로 공정 복잡 •구조물 안정성 확보를 위한 수중 콘크리트 타설 필요	•케이슨 거치 간편하며 시공성 우수 •구조물 안정성 확보를 위한 수중 콘크리트 타설 필요
내구성 및 유지관리	•케이슨 육상제작으로 내구성 우수 •날개벽을 이용한 유지관리기법 도입 가능	•케이슨 육상제작으로 내구성 우수 •날개벽이 없어 발전시설 유지관리 상대적으로 불리	•케이슨 육상제작으로 내구성 우수 •날개벽을 이용한 유지관리기법 도입 가능	•케이슨 육상제작으로 내구성 우수 •날개벽을 이용한 유지관리기법 도입 가능
발전 효율	•케이슨 날개벽 및 바닥경사에 의해 조류속을 강화하는 형상으로 발전효율 향상에 유리	•날개벽이 없어 조류에 대한 노출 발생 •날개벽이 없어 요(yaw)제어에 의한 벽면간섭 없음	•날개벽 및 바닥경사가 급해 조류에 저항이 크고 난류발생으로 발전효율 상대적 불리	•케이슨 날개벽 및 바닥경사에 의해 조류속을 강화하는 형상으로 발전효율 향상에 유리
경제성	•대형 케이슨 제작으로 건설비용 증가	•소형 케이슨 제작으로 건설비용 감소	•대형 케이슨 제작으로 건설비용 증가	•대형 케이슨 제작으로 건설비용 증가
현지 적용성	•강한 조류속에 대한 기초사석마운드 시공방법 및 보강방안 필요	•속채움재(수중 콘크리트) 타설로 조류 저항성 우수 •케이슨 소형화에 의해 거치면적 최소화	•속채움재(수중 콘크리트) 타설로 강한 저항성 우수	•속채움재(수중 콘크리트) 타설로 강한 저항성 우수
검토 의견	•기초마운드 안정성이 불확실하여 현지 적용 어려움 •시공 시 강한 조류에 의해 사석공사 곤란	•날개벽이 없고 구조물이 작아 요제어 및 경제성 우수 •전용 크레인 장비 확보 시 시공성 우수	•부유 시 안정성에 불리하며, 날개벽 및 바닥경사가 급해 유속저항 과다	•기초사석 필요 없으며, 날개벽에 의한 발전효율 향상과 유지관리에 유리
선정		◎(선정)		
선정 사유	•하부 지지구조물에 대한 종합적인 검토결과 구조물의 규모가 타안 대비 상대적으로 작아 경제성 및 시공성에서 우수한 제2안 직접착저식 원형 케이슨을 선정함			

(4) 직접착저식 원형 케이슨 외력 계산 및 안정 검토

최종 선정된 직접착저식 원형 케이슨에 대해 조류력, 타워에 작용하는 파력, 케이슨에 작용하는 파력, Tidal Bladed 프로그램을 이용한 통합하중해석 등을 통해 외력을 계산하고 이를 통해 지지구조물의 안정검토를 수행하였다.

타워에 작용하는 파력은 Morison(1950) 식, 케이슨에 작용하는 파력은 Goda(1973) 식을 이용하였으며, 이는 항만 구조물에 일반적으로 널리 사용되는 방법으로 계산 절차는 생략하며, 조류발전 시스템에 작용하는 통합하중해석에 관한 절차를 기술하도록 한다.

1) 조류발전시스템 통합하중해석

조류발전시스템은 외력에 의해 발생하는 하중뿐만 아니라 터빈(Turbine), 너셀(Nacelle), 타워(Tower) 등의 상호 간섭효과가 고려된 동적하중 해석이 필요하다. 따라서 통합하중해석이 가능한 해석 프로그램인 Tidal Bladed를 이용하여 계산을 수행하였으며, 조류발전시스템에 발생하는 추력을 도출하여 부재설계에 반영하였다. 간섭효과가 발생하는 다양한 하중인자의 종류는 그림 3-242와 같으며, 조류발전시스템 제원 및 해석 조건에 대한 적용값은 표 3-83에 나타내었다.

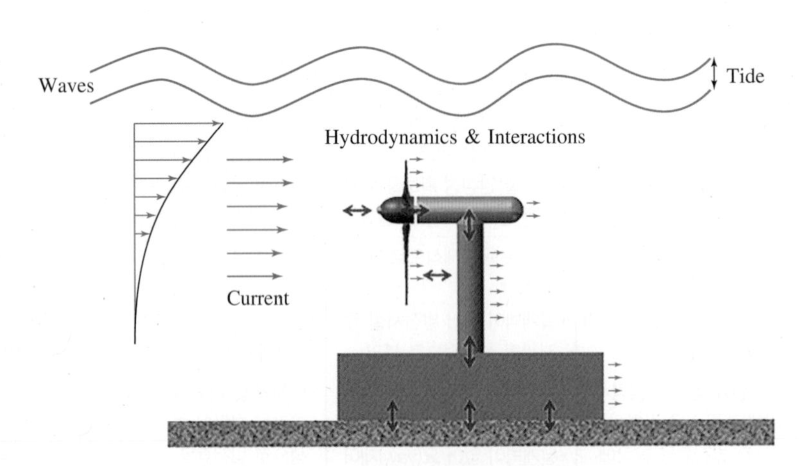

그림 3-242 조류발전시스템에 발생하는 하중인자

표 3-83 조류발전시스템 제원 및 해석조건

구분	적용	구분	적용	원형 케이슨 모델링
Turbine dia	12m	Bottom clearance	3m	
No. of blades	3EA	Nacelle length	12.5m	
Blade length	4.95m	Rated Vel.	2.3m/sec	
Hub height	11m	Cut-in speed	1.0m/sec	
Caisson height	2m	Cut-out speed	4.4m/sec	
Water depth	DL.(-)20m	Wave heigth	1.1m	
Tide height	2m	Wave period	3.6sec	
Tip clearance	3m	Target capacity	200kW	

① 설계하중 조건

조류발전시스템의 설계하중조건(Design Load Cases)은 Power Production, Emergency Stop, Normal Stop, Parked, Idling 등 총 5개 케이스로 나누어 검토하였다.

가. DLC-1(Power Production)

DLC-1은 Cut-In~Cut-Out Speed 환경의 정상운전 중에 발생되는 하중으로 조류속을 0.5m/s 단위로 해석을 수행하였으며, 난류와 함께 각 유속조건을 10분간 유지하여 하중을 계산하였다.

표 3-84 설계하중조건(DLC-1)

Load case number	DLC-1			
Operating condition	Power Production			
Vel.Condition	$V_{cut-in} \leq V_{hub} \leq V_{cut-out}$			
Case	Hub Height at Velocity(m/sec)	Turbulence	Wave Height $H_{1/3}$(m)	T_p(sec)
1.1	1.0	Ix = 10.2% Iy = 8.0% Iz = 5.7%	1.1	3.6
1.2	1.5			
1.3	1.9			
1.4	2.3			
1.5	2.7			
1.6	3.1			
1.7	3.5			
1.8	3.9			
1.9	4.4			
Description	Simulation time = 600sec per each case			

나. DLC-2(Emergency Stop)

DLC-2는 정격유속 근처와 Cut-Out Speed 환경에서 비상정지 과정에 발생되는 하중으로 시스템 보호를 위해 급격히 정지시키는 조건이며, 계산조건은 표 3-85와 같다.

표 3-85 설계하중조건(DLC-2)

Load case number	DLC-2			
Operating condition	Emergency Stop			
Vel.Condition	$V_{hub} = V_{rated} \pm 0.4m/s,\ V_{cut-out}$			
Case	Hub Height at Velocity(m/sec)	Turbulence	Wave Height $H_{1/3}$(m)	T_p(sec)
2.1	1.9	Ix = 10.2% Iy = 8.0% Iz = 5.7%	1.1	3.6
2.2	2.3			
2.3	2.7			
2.4	4.4			
Description	Time to start writing output = 10sec Simulation end time = 70sec Time to being a stop = 25sec Extra time after stopping = 60sec Emergency pitch trip mode = grid loss Pitch rate = 9deg/sec Brake ramp time = 1sec			

다. DLC-3(Normal Stop)

DLC-3은 정격유속 근처와 Cut-Out Speed 환경에서 정상정지 과정에 발생되는 하중으로 정상적인 절차로 터빈을 정지시키는 조건이다. 정기적인 유지보수 또는 기타 목적으로 운전중지 시 적용하며, 계산조건은 표 3-86과 같다.

표 3-86 설계하중조건(DLC-3)

Load case number	DLC-3			
Operating condition	Nomal Stop			
Vel.Condition	$V_{hub} = V_{rated} \pm 0.4m/sec,\ V_{cut-out}$			
Case	Hub Height at Velocity(m/sec)	Turbulence	Wave Height $H_{1/3}$(m)	T_p(sec)
3.1	1.9	Ix = 10.2% Iy = 8.0% Iz = 5.7%	1.1	3.6
3.2	2.3			
3.3	2.7			
3.4	4.4			
Description	Time to start writing output = 10sec Simulation end time = 100sec Time to being a stop = 25sec Extra time after stopping = 90sec Pitch rate = 2deg/sec Brake ramp time = 5sec			

라. DLC-4(Parked)

DLC-4는 최대유속 환경에서 정지되어 있는 터빈에 발생하는 하중으로 계산조건은 표 3-87과 같다. 시공한계유속과 Cut-Out 유속이 10분간 유지되는 조건으로 피치각 80° 적용하였으며, DLC 4.3은 100년빈도 유의파고를 적용하였다.

표 3-87 설계하중조건(DLC-4)

Load case number	DLC-4			
Operating condition	Parked			
Vel.Condition	$V_{hub} = V_{installation}, V_{max}$			
Case	Hub Height at Velocity(m/sec)	Turbulence	Wave Height $H_{1/3}$(m)	T_p(sec)
4.1	2.5	Ix = 10.2% Iy = 8.0% Iz = 5.7%	1.1	3.6
4.2	4.4			
4.3	4.4		1.8	4.7
Description	Simulation time = 600sec Pitch angle = 80deg 100year return period wave for DLC 4.3			

마. DLC-5(Idling-Fault Condition)

DLC-5는 제어시스템 고장에 의한 공회전 상태의 하중으로 계산조건은 표 3-88과 같다.

- 피치컨트롤 및 브레이크 시스템 고장으로 터빈이 Idling되는 상태에서 발생하는 하중으로 정격유속과 cut-out 유속이 10분간 유지되는 조건 적용
- 피치컨트롤 고장상황인 DLC-5.1과 DLC-5.2는 피치각 0°, 브레이크 고장상황인 DLC-5.3은 피치각 80° 적용하였으며, DLC-5.2와 DLC-5.3은 100년빈도 유의파고 적용
- KR의 풍력터빈 설계하중케이스 가이드라인을 참조하여 Fault 조건을 검토함
- 주요 Fault 조건으로 전기고장, Grid 단락, 제어시스템 고장, 보호시스템 고장 등을 다루고 있음
- 풍력터빈의 Fault 조건 중 제어시스템, 보호시스템의 고장을 본 통합하중해석에 적용하였으며, 제어시스템과 보호시스템의 고장상황을 검토하여 DLC-5(Fault Condition)을 정립함

표 3-88 설계하중조건(DLC-5)

<table>
<tr><th>Load case number</th><th colspan="4">DLC-4</th></tr>
<tr><td>Operating condition</td><td colspan="4">Idling (Fault – brake, pitch control)</td></tr>
<tr><td>Vel.Condition</td><td colspan="4">$V_{hub} = V_{rated}, V_{cut-out}$</td></tr>
<tr><td>Case</td><td>Hub height at Velocity(m/sec)</td><td>Turbulence</td><td>Wave Height $H_{1/3}$(m)</td><td>T_p(sec)</td></tr>
<tr><td>5.1(brake, pitch)</td><td>2.3</td><td rowspan="3">Ix = 10.2%</td><td>1.1</td><td>3.6</td></tr>
<tr><td>5.2(brake, pitch)</td><td rowspan="2">4.4</td><td rowspan="2">1.8</td><td rowspan="2">4.7</td></tr>
<tr><td>5.3(brake)</td></tr>
<tr><td>Description</td><td colspan="4">Simulation time = 600sec
Pitch angle = 0, 80deg
100years return period wave for DLC 5.2, 5.3</td></tr>
</table>

② 설계하중 해석 결과

Tidal Bladed 모델을 이용하여 타워 최대 부재력과 터빈, 너셀, 타워에 작용하는 최대 및 평균추력을 산정하였으며, 이를 이용하여 케이슨에 작용하는 안정검토를 실시하였다. 표 3-89 ~ 3-91에 설계하중 해석결과를 나타내었으며, DLC-1~5의 타워하단에 최대 추력이 작용하는 DLC 1.4, DLC 2.4, DLC 3.2, DLC 4.3, DLC 5.2의 CASE에 대하여 각각 파일하단 추력 및 모멘트를 적용하여 안정검토를 수행하였다. 타워 하단의 해석결과는 운영 시 발전기 및 타워에 작용하는 설계하중을 포함하고 있으며, 하부 케이슨에 작용하는 하중은 별도 계산하여 산정하였다.

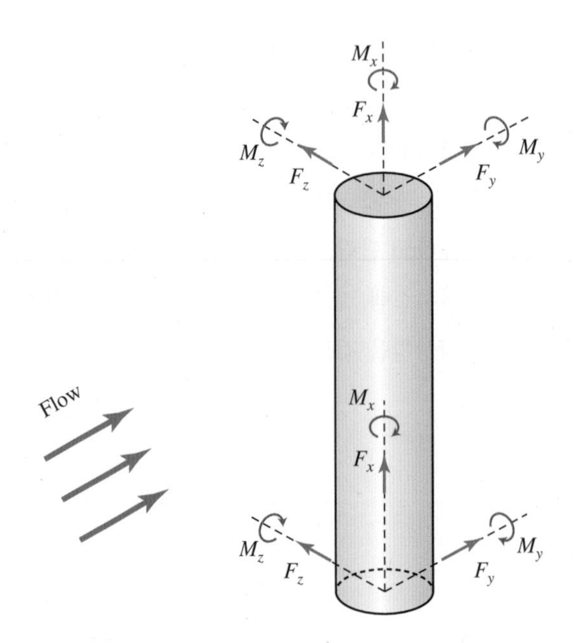

그림 3-243 타워 최대 부재력 도출

그림 3-244 요소별 추력 도출

표 3-89 타워 최대 부재력(최대 모멘트 Mz)

구분		최대 모멘트(Mz) 작용 케이스					
		Mx(kN·m)	My(kN·m)	Mz(kN·m)	Fx(kN)	Fy(kN)	Fz(kN)
DLC-1 (DLC 1.4)	Top	48	150	-179	-212	278	-7
	Bottom	48	208	2,138	-307	303	-7
DLC-2 (DLC 2.2)	Top	29	152	-134	-211	251	-9
	Bottom	29	228	1,968	-306	276	-10
DLC-3 (DLC 3.2)	Top	29	152	-134	-211	251	-9
	Bottom	29	228	1,968	-306	276	-10
DLC-4 (DLC 4.3)	Top	-151	110	-468	-213	89	44
	Bottom	-151	-278	811	-308	226	52
DLC-5 (DLC 5.2)	Top	336	-1	1,381	-233	1,270	3
	Bottom	336	-85	12,180	-328	1,434	19

표 3-90 타워 최대 부재력(최대 축력 Fx)

구분		최대 축력(Fx) 작용 케이스					
		Mx(kN·m)	My(kN·m)	Mz(kN·m)	Fx(kN)	Fy(kN)	Fz(kN)
DLC-1 (DLC 1.9)	Top	359	154	-756	-263	94	-9
	Bottom	359	194	415	-358	196	-1
DLC-2 (DLC 2.4)	Top	283	174	-464	-234	98	-29
	Bottom	283	437	777	-329	206	-36
DLC-3 (DLC 3.4)	Top	-88	110	-711	-248	44	22
	Bottom	-88	-78	37	-343	141	25
DLC-4 (DLC 4.3)	Top	-81	71	-693	-250	43	24
	Bottom	-81	-127	44	-345	139	27
DLC-5 (DLC 5.2)	Top	917	18	794	-270	757	-13
	Bottom	916	82	7,326	-365	875	-4

표 3-91 타워 하단 추력 및 전도모멘트

구분	타워 하단에 발생하는 최대 추력(Thrust) 및 모멘트(Moment)								
DLC-1	DLC 1.1	DLC 1.2	DLC 1.3	DLC 1.4	DLC 1.5	DLC 1.6	DLC 1.7	DLC 1.8	DLC 1.9
추력 (kN)	77	171	269	303	282	222	232	253	291
모멘트 (kN·m)	96	950	1,789	2,138	1,938	1,453	1,330	1,306	1,521
DLC-2	DLC 2.1	DLC 2.2	DLC 2.3	DLC 2.4					
추력 (kN)	180	276	269	289					
모멘트 (kN·m)	1,044	1,968	1,850	1,783					
DLC-3	DLC 3.1	DLC 3.2	DLC 3.3	DLC 3.4					
추력 (kN)	179	276	269	237					
모멘트 (kN·m)	1,030	1,968	1,850	1,225					
DLC-4	DLC 4.1	DLC 4.2	DLC 4.3						
추력 (kN)	70	218	226						
모멘트 (kN·m)	−468	756	811						
DLC-5	DLC 5.1	DLC 5.2	DLC 5.3						
추력 (kN)	414	1,445	222						
모멘트 (kN·m)	3,657	12,180	750						

2) 지지구조물 안정검토

조류발전 지지구조물의 외력에 대한 활동, 전도 등의 안정검토를 실시하였으며, 안정검토는 시공 시와 완공 후 운영 시에 대하여 조류속, 설계파랑 등 실험조건을 다르게 하여 별도 검토를 수행하였다. 착저식 케이슨의 시공 시 검토는 수중 콘크리트 타설(속채움)을 완료하지 않고 발전시스템 역시 가동하지 않은 상태로 검토하였으며, 운영 시는 직접착저식 케이슨은 바닥에 대한 수중 콘크리트 타설(속채움)을 완료한 상태로 발전시스템을 가동하는 경우에 대하여 안정검토를 실시하였다. 케이슨 내 속채움은 100% 속채움 타설을 목표로 하나, 조류속이 강한 현지 특성을 고려 안정검토에서는 50% 타설하는 경우에 대하여 검토하였다.

① 안정검토 및 하중산정 방법

지지구조물 안정검토는 다음의 조건과 방법에 따라 수행하였으며, 표 3-92에 지지구조물 안정검토 조건 및 표 3-93에 지지구조물 하중산정 방법에 대하여 나타내었다.

- 지지구조물의 안정검토는 원형 케이슨 및 타워가 수중에 거치되는 시공 시와 케이슨 격실 내 속채움 콘크리트 타설과 발전기 설치가 완료 된 운영 시로 분리하여 수행함
- 케이슨과 타워에 작용하는 하중은 시공 시 조류력과 파력에 대한 산정식을 이용하여 안정검토 수행
- 운영 시 조류발전기와 타워에 작용하는 하중은 Tidal Bladed의 해석결과를 적용하여 DLC-1, 2, 3, 4, 5의 최대 추력이 작용하는 CASE 대하여 각각 검토하였으며, 케이슨에 작용하는 하중은 조류력과 파력에 대한 산정식 이용
- 지지구조물 설계조류속과 설계파랑에 대하여 케이슨의 동일방향으로 수직입사하는 것으로 가정하여 안정검토를 수행함
- 창·낙조시 조류방향의 차이가 발생하나 원형 케이슨의 경우 경사입사의 영향이 거의 없으므로 별도의 검토는 수행하지 않음

표 3-92 지지구조물 안정검토 조건

구분		체적 (m^3)	단위중량 (kN/m^3)	제체중량 (kN)	적용		비고
					시공 시	운영 시	
원형 케이슨		103.40	24.0	2,481.60	○	○	
타워	강재	1.61	77.0	123.97	○	○	
	콘크리트	14.54	24.0	348.96	○	○	
발전터빈		60.00	13.22	793.20		○	
속채움		43.48	21.60	939.17		○	격실 공간 50% 적용

표 3-93 지지구조물 하중산정 방법

구분		하중산정 방법			비고
		케이슨	타워	발전터빈	
시공 시	조류력	산정식 (항·설)	산정식 (항·설)	미적용	발전터빈 하중 미적용
	파력	산정식 (Goda)	산정식 (Morison)	미적용	
운영 시	조류력	산정식 (항·설)	통합하중해석 (Tidal Bladed)	통합하중해석 (Tidal Bladed)	통합하중해석(Tidal Bladed)에 의한 타워하단 조류력 및 파력 적용
	파력	산정식 (Goda)	통합하중해석 (Tidal Bladed)	통합하중해석 (Tidal Bladed)	

② 안정검토 결과

직접착저식 원형 케이슨의 시공 시 안전율은 활동 6.04, 전도 27.68로 충분한 안전율을 확보하는 것으로 나

타났으며, 운영 시 안전율은 DLC-1에서 활동 2.45, 전도 2.85, DLC-2에서 활동 2.51, 전도 3.15, DLC-3에서 활동 2.57, 전도 3.09, DLC-4에서 활동 2.67 전도 4.61로 나타나 안전율을 확보하는 것으로 나타났다. 운영 시 극한하중조건에서 피치컨트롤과 브레이크장치가 모두 손상된 조건인 DLC-5에서 활동 0.82, 전도 0.59로 활동 및 전도 기준 이하로 검토되었으나, DLC-5의 경우 현실적으로 발생 가능성이 매우 희박한 가상 시나리오 조건으로, 제어기와 브레이크가 동시에 고장이 나고 블레이드가 무한 공회전 상태가 되는 경우로 실제 이러한 상황이 발생하면 블레이드의 파단이 먼저 일어나므로 공회전 상태가 지속될 가능성은 매우 적다고 볼 수 있다. 각 설계하중 CASE별 활동 및 전도 안정성 검토결과를 표 3-94에 나타내었다.

표 3-94 지지구조물 활동 전도 안정검토결과

구분		시공 시	운영 시				
			DLC-1	DLC-2	DLC-3	DLC-4	DLC-5
			Power Production	Emergency Stop	Nomal Stop	Parked	Idling
설계조건	조류속 (m/s)	2.5	4.4	4.4	4.4	4.4	4.4
	파고(주기) (m, s)	1.1(3.6)	1.1(3.6)	1.1(3.6)	1.1(3.6)	1.8(4.7)	1.8(4.7)
	마찰계수	0.5	0.6	0.6	0.6	0.6	0.6
통합하중해석	최대하중 CASE	-	DLC 1.4	DLC 2.4	DLC 3.2	DLC 4.3	DLC 5.2
	추력 (kN)	-	303	289	276	226	1,445
	모멘트 (kN·m)	-	2,138	1,783	1,968	811	12,180
검토결과	자중 (kN)	2,955	4,687	4,687	4,687	4,687	4,687
	부력 (kN)	1,231	2,297	2,297	2,297	2,297	2,297
	수평력 (kN)	143	586	572	559	536	1,755
안전율	활동	6.04	2.45	2.51	2.57	2.67	0.82
	전도	27.68	2.85	3.15	3.09	4.61	0.59

(5) 수리모형실험

1) 실험 개요

조류발전 지지구조물에 대한 단면 수리모형실험을 실시하여 안정성 여부를 확인하였다. 실험은 시공 시, 운영 시, 파킹 시 등 세 가지 조건에서 수행하였으며, 1/30 축척의 정상모형을 적용하였다.

2) 실험 시설

단면수리모형실험은 전남대학교 해안항만실험센터에서 수행하였으며, 수로의 제원은 다음과 같다.

① 단면수로의 제원은 폭 2m, 높이 3m, 길이 100m이다.

② 본 실험수로에는 파랑 발생을 위한 조파기뿐만 아니라 흐름발생장치가 설치되어 있으며, 수심 2m 조건에서 최대유속 1m/sec까지 발생 가능하다.

③ 본 단면수리모형실험에 사용된 단면수로의 제원 및 기능을 요약하면 표 3-95와 같으며, 그림 3-245는 사용된 실험수로의 개념도를 나타낸 것이다.

④ 본 실험에서는 그림 3-246과 같이 2차원 유속계를 이용하여 유속을 계측하였으며, 회류수조는 그림 3-247과 같다.

표 3-95 단면수로 및 흐름발생장치 제원

구분	제원	비고
수로제원	100m(길이)×2m(폭)×3m(깊이)	
흐름발생장치 성능	최대유속 1m/sec (수심 2m 조건)	

(unit : m)

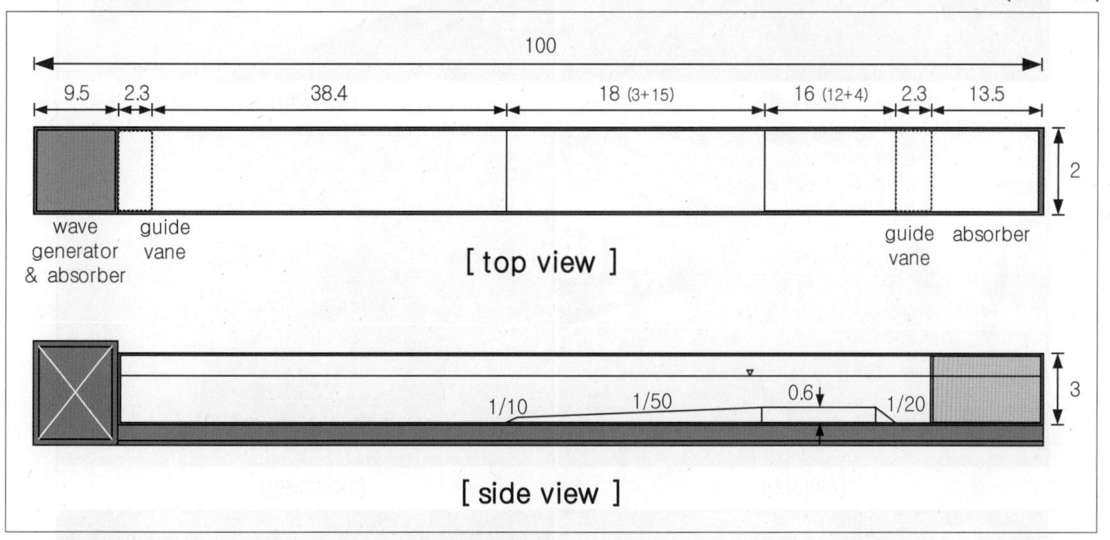

그림 3-245 단면수로 개념도

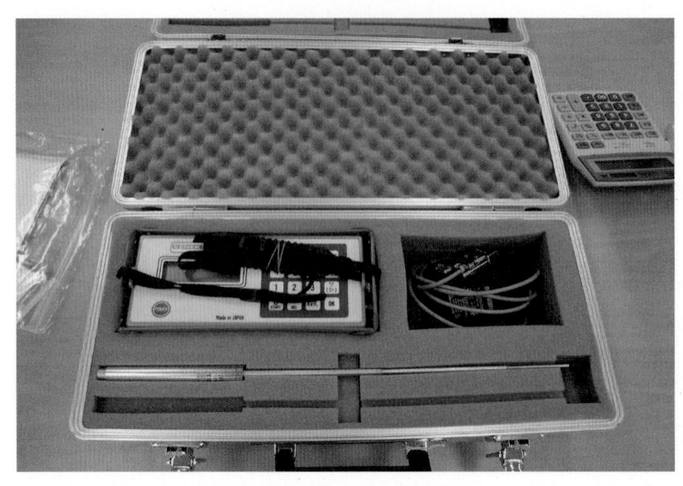

그림 3-246 2차원 유속계

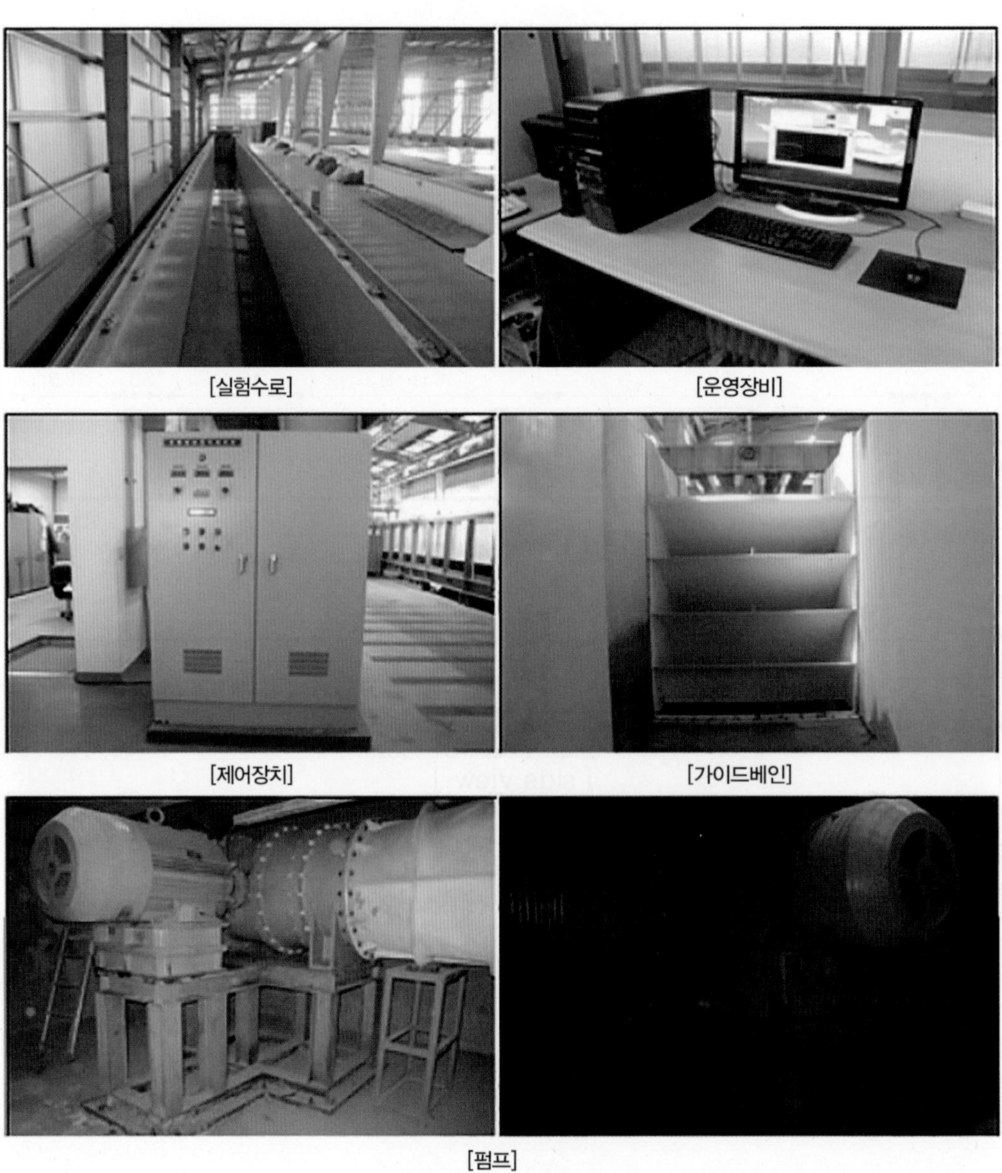

그림 3-247 흐름발생장치

3) 모형 제작 및 실험 조건

실험모형은 1/30 축척을 사용하여 Froude 상사법칙을 적용하였으며, 아크릴로 제작하였다. 실험모형은 그림 3-248에 나타내었다. 유속조건 및 실험체 중량은 표 3-96 ~ 3-99에 나타내었다.

[시공 시 조건]

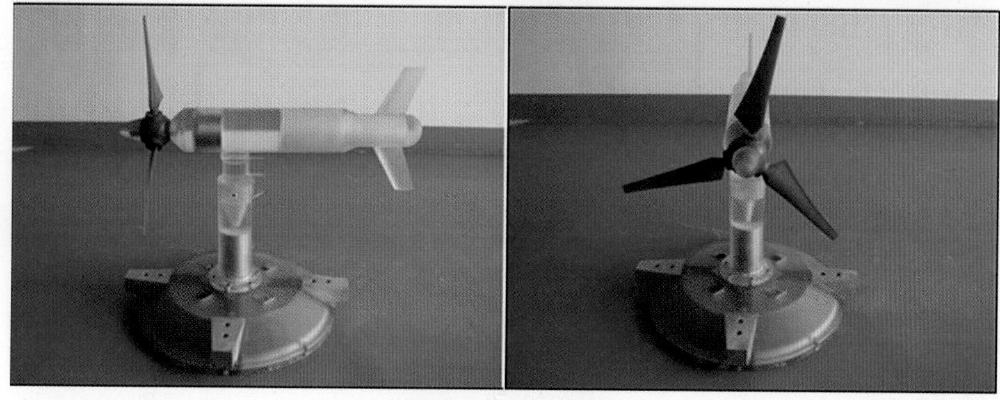

[운영 시 및 파킹 시 조건]

그림 3-248 실험모형

표 3-96 유속조건

실험조건	유속(m/sec)	비고
시공 시	1.0, 1.5, 2.0, 2.5	
운영 시	1.0, 2.3, 3.3, 4.4	
파킹 시	2.5, 4.4, 4.7	

표 3-97 설정 유속조건

목표 유속 (원형상) (m/sec)	목표 유속 (모형상) (cm/sec)	설정 유속 (모형상) (cm/sec)	검증 유속 (모형상) (cm/sec)
1.0	18.3	18.6	18.3
1.5	27.4	28.3	27.9
2.0	36.5	37.6	36.8
2.3	42.0	42.7	41.5
2.5	45.6	45.3	45.9
3.3	60.3	60.3	60.5
4.4	80.3	79.1	79.8
4.7	85.8	85.9	86.7

표 3-98 시공 시 중량

구분	체적(m^3)	중량(ton)
케이슨	103.40	253
타워	16.15	48
합계		301

표 3-99 운영 시 및 파킹 시 중량

구분	체적(m^3)	중량(ton)
케이슨	103.40	253
타워	16.15	48
속채움 콘크리트	43.48	96
조류발전기	60.00	81
합계		478

4) 실험결과

① 시공 시 실험결과

시공 시 실험은 원형상 1.0m/sec, 1.5m/sec, 2.0m/sec 및 2.5m/sec 유속조건을 적용하였으며, 흐름이 구조물에 직각으로 입사하는 조건($\theta=0°$)과 경사지게 입사하는 조건($\theta=45°$)을 대상으로 시공 시 지지구조물에 대한 안정성을 검토하였다. 그림 3-249와 같이 실험결과 시공 시 안정성 실험의 유속조건에서 $\theta=0°$와 $\theta=45°$ 조건 모두 안정한 것으로 나타났다.

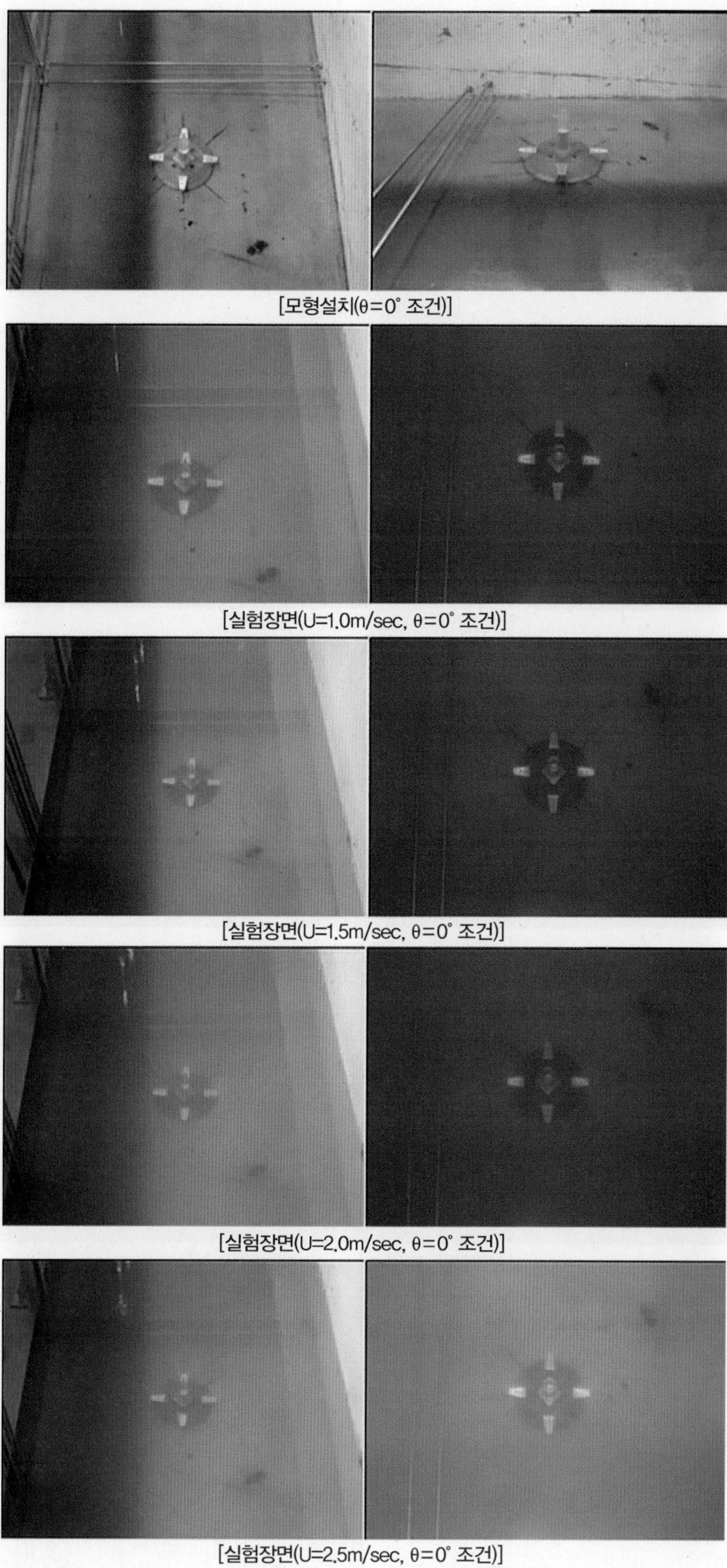

[모형설치(θ=0° 조건)]

[실험장면(U=1.0m/sec, θ=0° 조건)]

[실험장면(U=1.5m/sec, θ=0° 조건)]

[실험장면(U=2.0m/sec, θ=0° 조건)]

[실험장면(U=2.5m/sec, θ=0° 조건)]

그림 3-249 시공 시 회류수조 실험

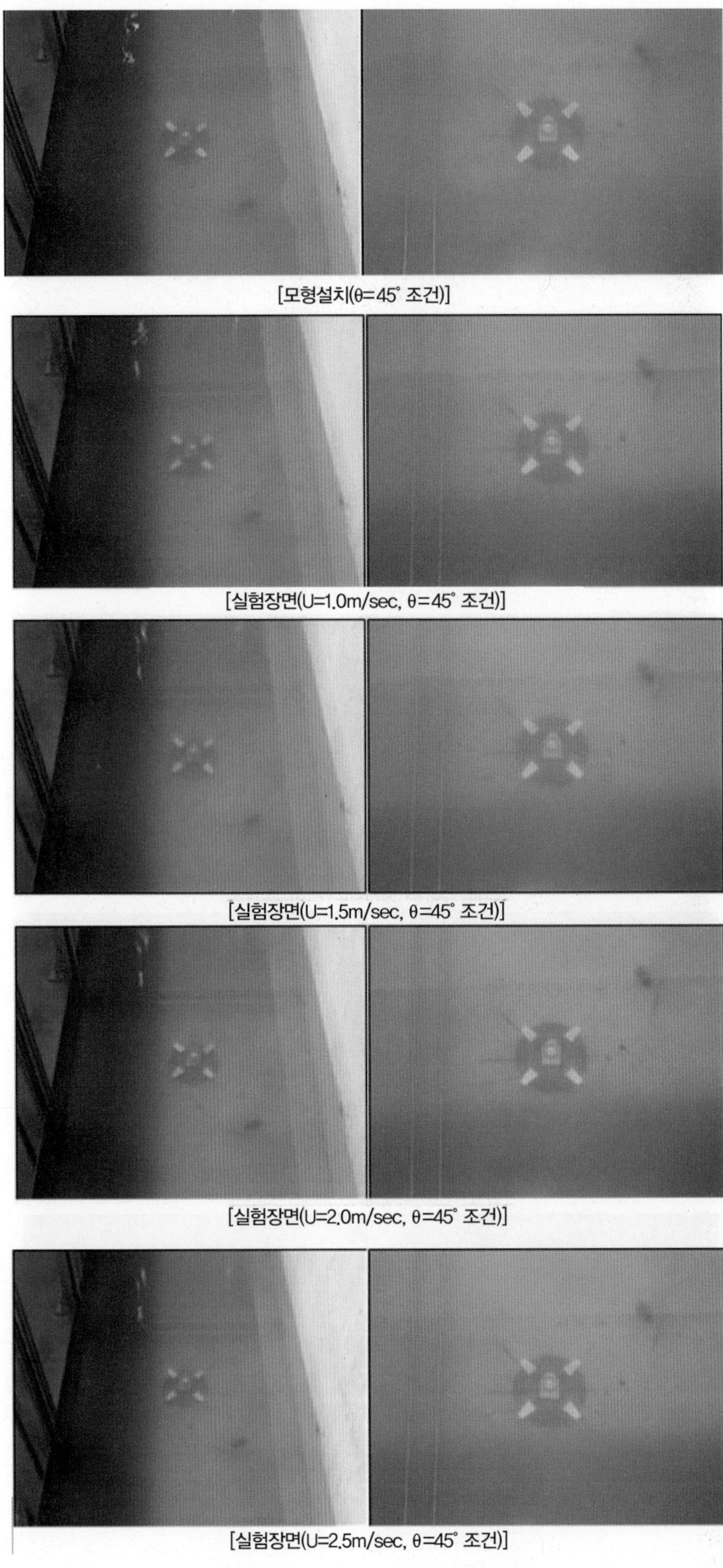

[모형설치(θ=45° 조건)]

[실험장면(U=1.0m/sec, θ=45° 조건)]

[실험장면(U=1.5m/sec, θ=45° 조건)]

[실험장면(U=2.0m/sec, θ=45° 조건)]

[실험장면(U=2.5m/sec, θ=45° 조건)]

그림 3-249 시공 시 회류수조 실험(계속)

② 운영 시 실험결과

그림 3-250의 운영 시 실험은 원형상 1.0m/sec, 2.3m/sec, 3.3m/sec 및 4.4m/sec 유속조건을 적용하였으며, 흐름이 구조물에 직각으로 입사하는 조건(θ=0°)과 경사지게 입사하는 조건(θ=45°)을 대상으로 시공 시 지지구조물에 대한 안정성을 검토하였다. 운영 시 조건에 대한 안정성 실험결과, 3.3m/sec까지의 유속조건에서는 θ=0°와 θ=45° 조건 모두 안정한 것으로 나타났다. 그러나 4.4m/sec 유속조건에서는 θ=0°에서 조류발전 구조물의 활동이 발생하였으며, θ=45°에서는 조류발전 구조물의 활동은 발생하지 않았지만 전면이 약간 들리고 들썩이는 현상이 관찰되었다. 따라서 4.4m/sec 유속조건에서는 안정성이 확보되지 않는 것으로 판단되었다.

본 실험은 해저면과 지지구조물 저면 전체가 접하는 조건의 실험결과로 실제 현장에서는 해저면이 평탄하지 않기 때문에 지지구조물의 저면이 해저면과 완전히 접하지 않을 수 있다. 이러한 경우에 마찰력 감소로 인해 고유속에서의 안정성 확보가 미흡할 가능성이 있으나, 이러한 실험 CASE는 극한환경 조건에서 피치컨트롤과 브레이크장치가 모두 작동하지 않는 경우로 통합하중해석(DLC 5.2)에 의한 검토에서도 안전율을 확보하지 못하였으며, 수리실험결과와 동일하다고 볼 수 있다.

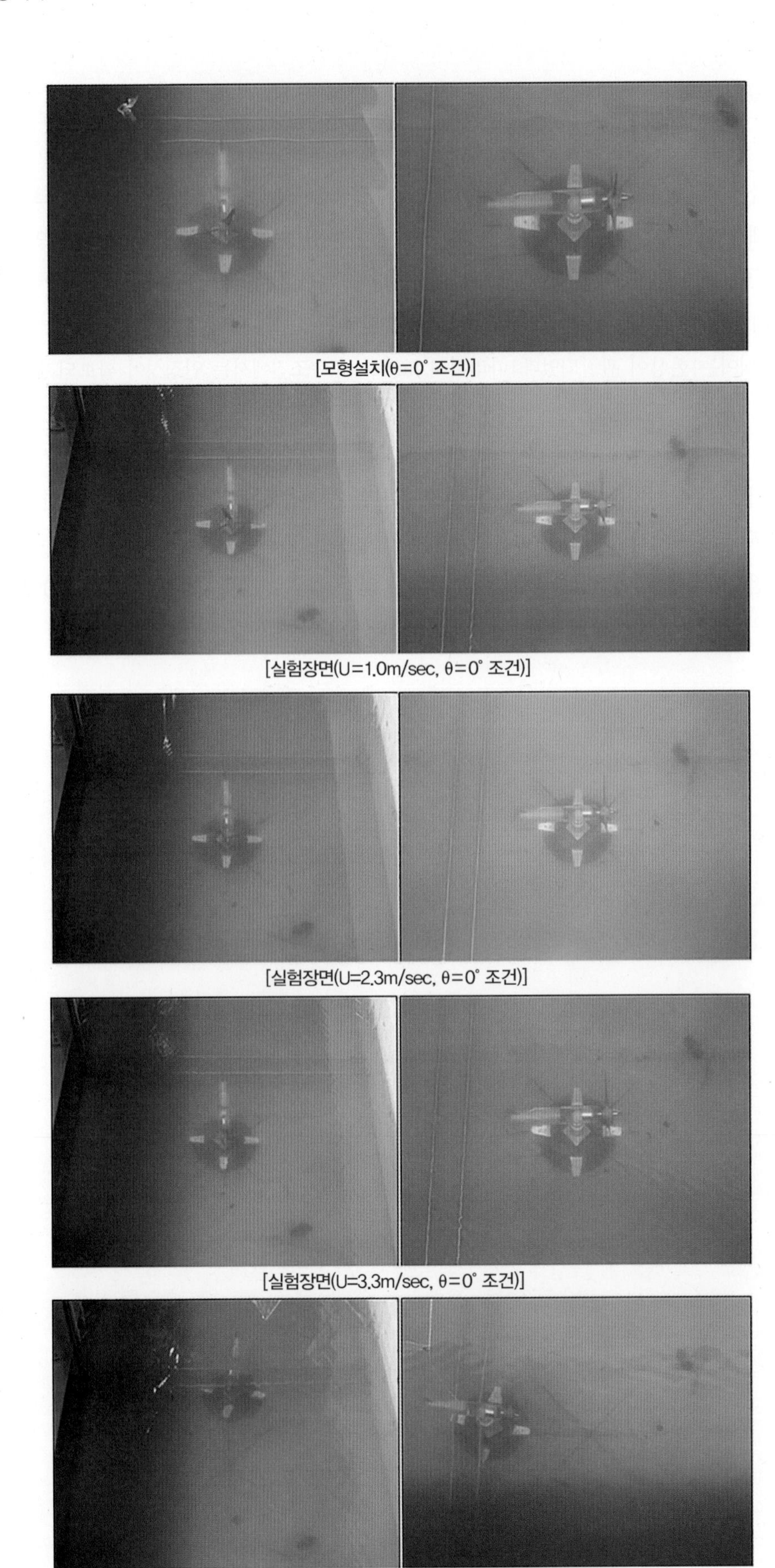

[모형설치(θ=0° 조건)]

[실험장면(U=1.0m/sec, θ=0° 조건)]

[실험장면(U=2.3m/sec, θ=0° 조건)]

[실험장면(U=3.3m/sec, θ=0° 조건)]

[실험장면(U=4.4m/sec, θ=0° 조건)]

그림 3-250 운영 시 회류수조 실험

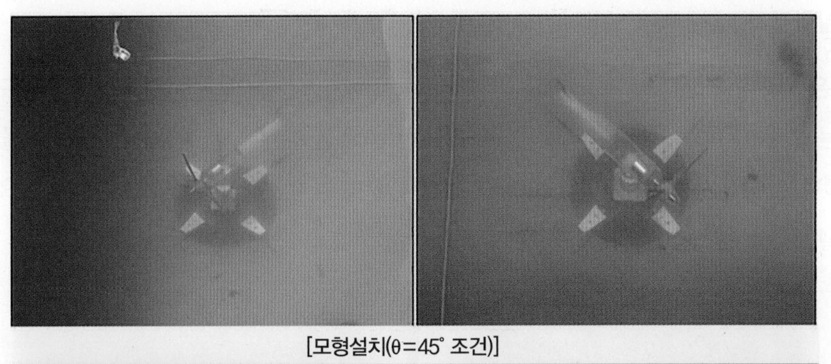

[모형설치(θ=45° 조건)]

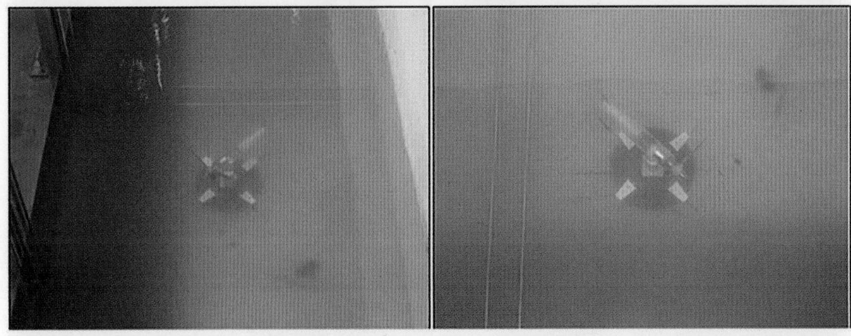

[실험장면(U=1.0m/sec, θ=45° 조건)]

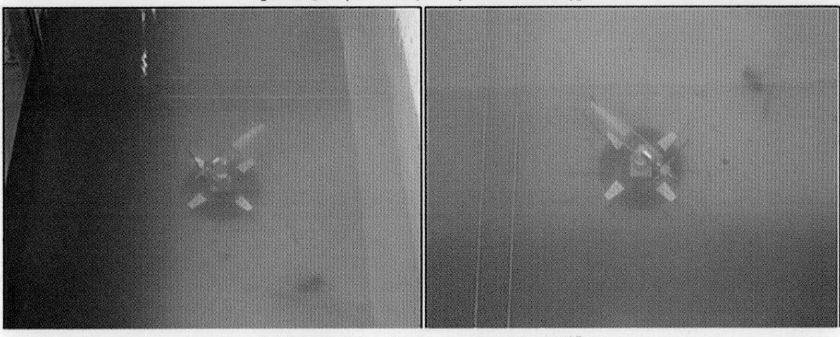

[실험장면(U=2.3m/sec, θ=45° 조건)]

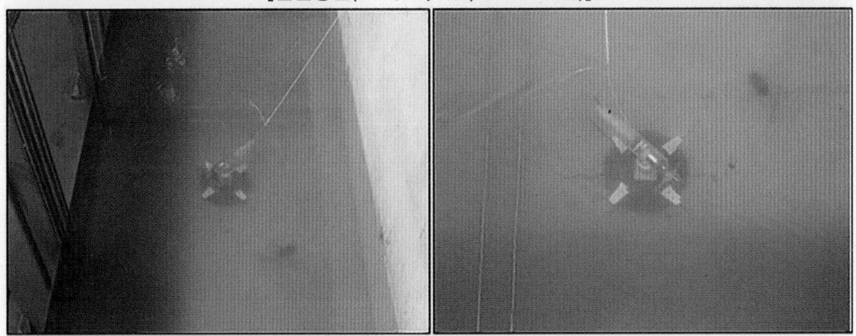

[실험장면(U=3.3m/sec, θ=45° 조건)]

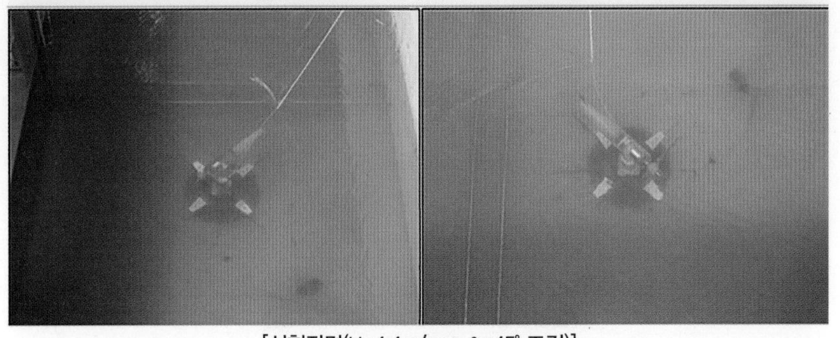

[실험장면(U=4.4m/sec, θ=45° 조건)]

그림 3-250 운영 시 회류수조 실험(계속)

③ 파킹 시 실험결과

파킹 시 실험은 원형상 2.5m/sec, 4.4m/sec 및 4.7m/sec 유속 조건을 적용하였으며, 흐름이 구조물에 직각으로 입사하는 조건(θ=0°)과 경사지게 입사하는 조건(θ=45°)을 대상으로 시공 시 지지구조물에 대한 안정성을 검토하였다. 파킹 시 안정성 실험의 유속 조건에서 θ=0°와 θ=45° 조건 모두 안정한 것으로 나타났다. 그림 3-251에 파킹 시 실험과정을 나타내었다.

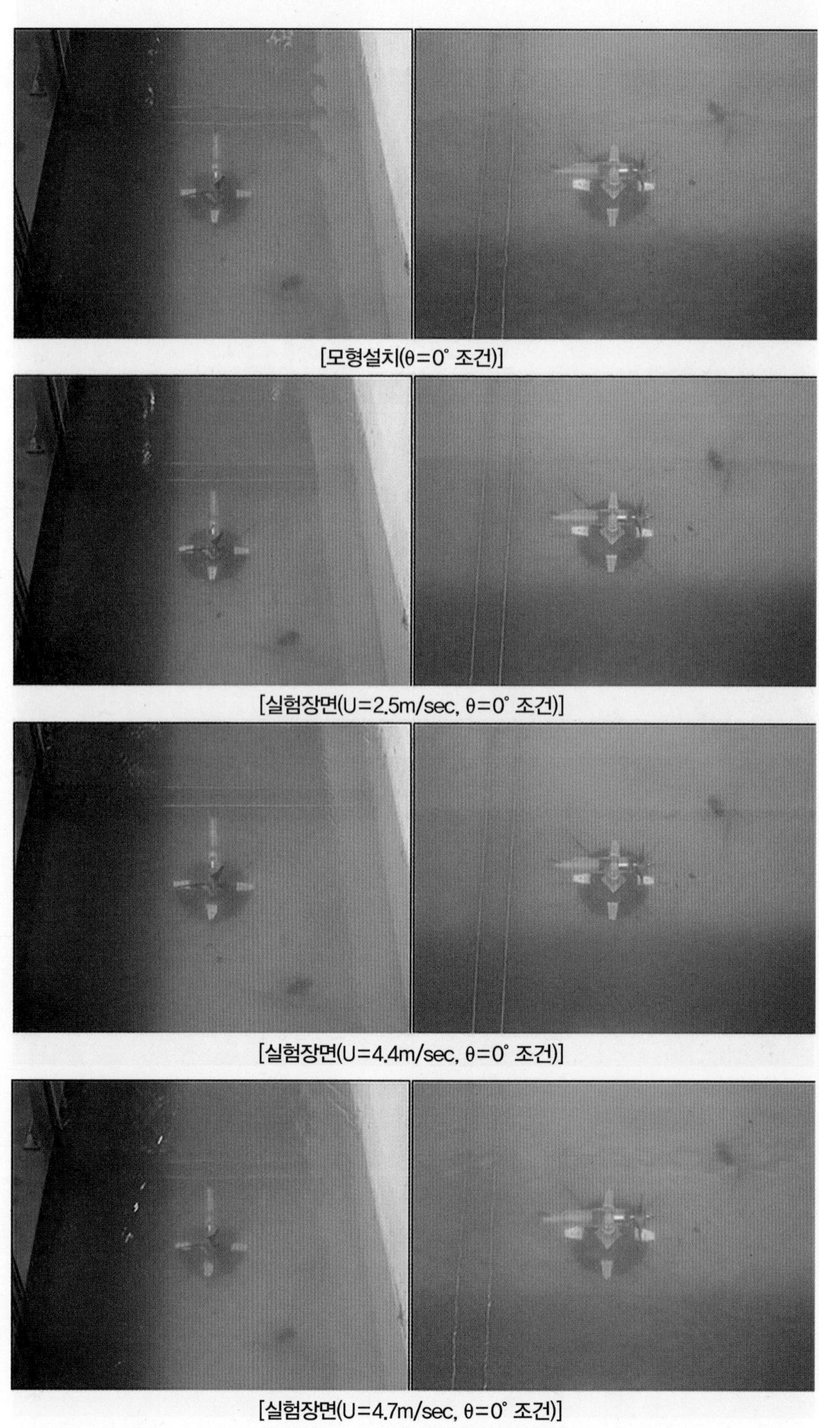

[모형설치(θ=0° 조건)]

[실험장면(U=2.5m/sec, θ=0° 조건)]

[실험장면(U=4.4m/sec, θ=0° 조건)]

[실험장면(U=4.7m/sec, θ=0° 조건)]

그림 3-251 파킹 시 회류수조 실험

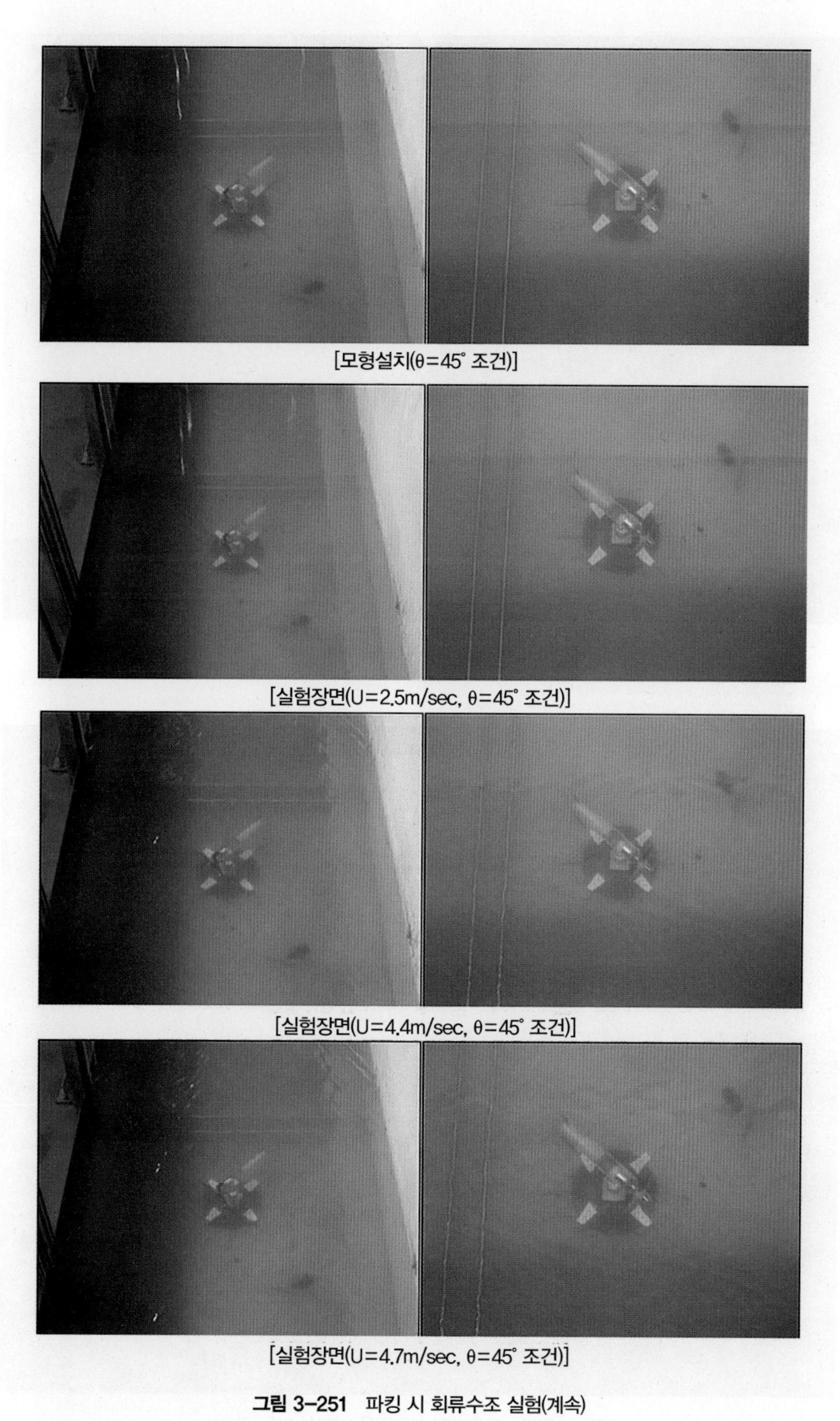

[모형설치(θ=45° 조건)]

[실험장면(U=2.5m/sec, θ=45° 조건)]

[실험장면(U=4.4m/sec, θ=45° 조건)]

[실험장면(U=4.7m/sec, θ=45° 조건)]

그림 3-251 파킹 시 회류수조 실험(계속)

(6) 조류발전 지지구조물 실해역 설치 공사개요

지지구조물 제작은 전라남도 여수에서 이루어졌으며, 제작 완료된 지지구조물은 조류발전 설치전용 바지선에 선적되어 전라남도 진도군 울돌목 인근해상에 설치되었다. 지지구조물 거치 위치 및 바지선 이동 경로를 그림 3-252와 3-253에 도시하였다.

그림 3-252 지지구조물 거치 위치

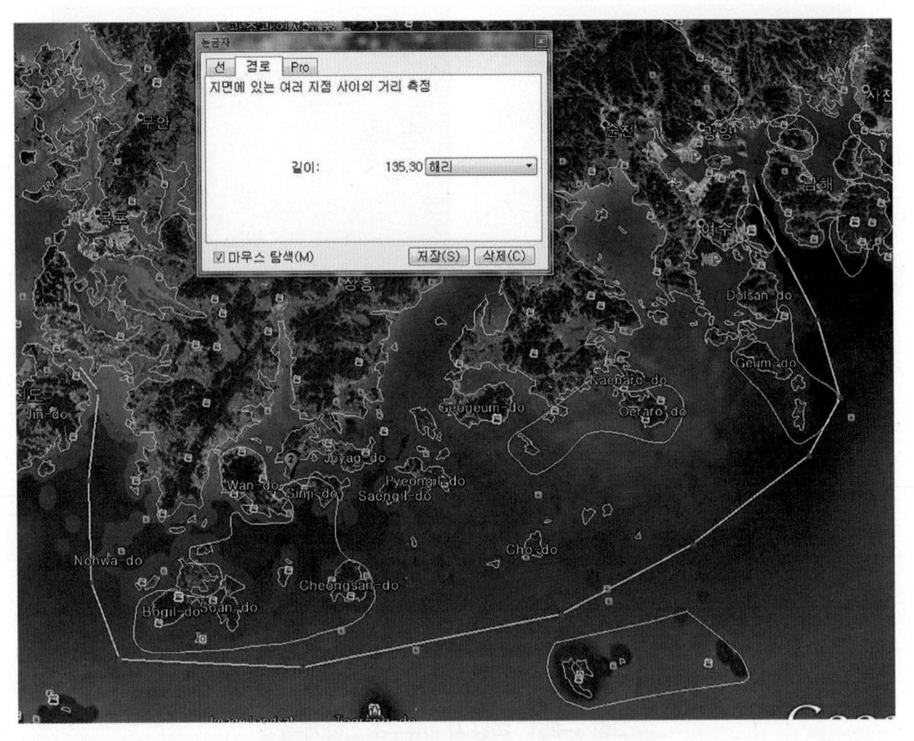

그림 3-253 조류발전 설치전용 바지선 이동 경로

지지구조물의 제작 및 설치 기간은 2016년 7월~2016년 10월까지이며, 주요 공사내용은 조류발전 지지구조물 제작, 운송, 설치, 수중 콘크리트 타설로 구성되어 있다. 그림 3-254와 3-255에 지지구조물 제작 및 설치 공정표를 나타내었다.

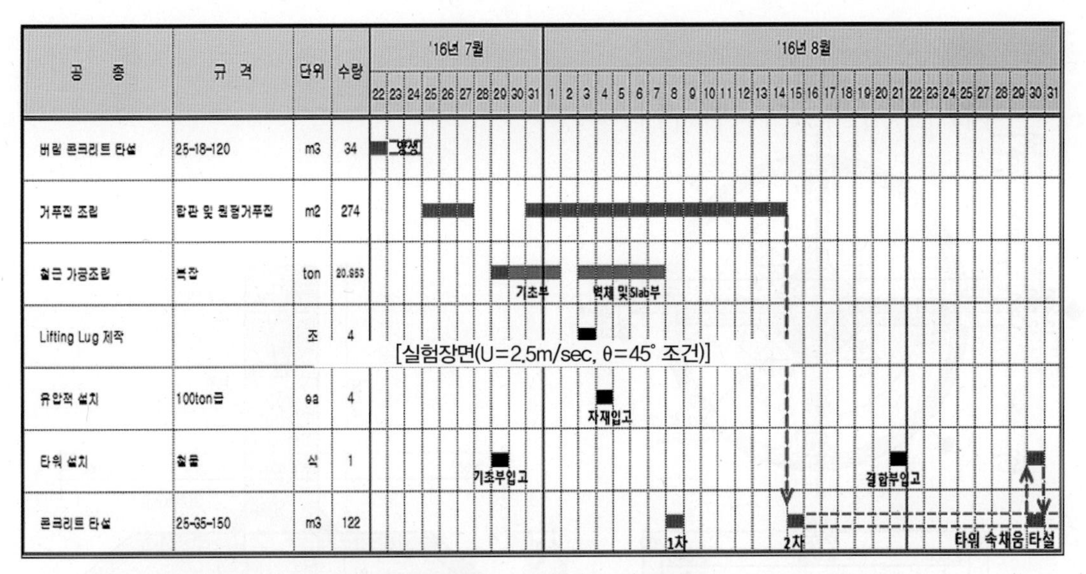

그림 3-254 지지구조물 제작 공정표

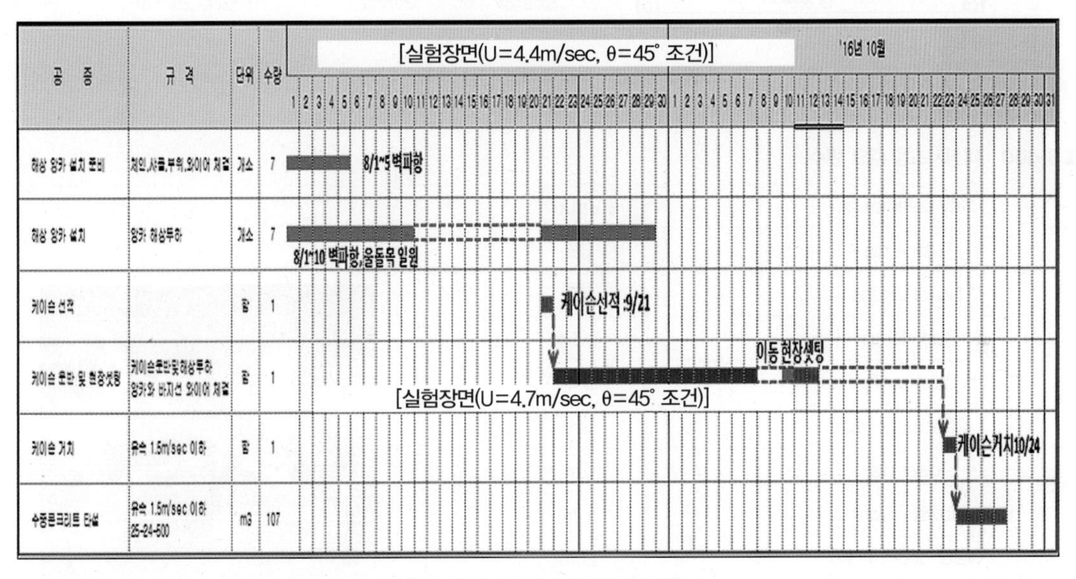

그림 3-255 지지구조물 설치 공정표

(7) 조류발전 지지구조물 제작

1) 직접착저형 원형 케이슨 설계

자중을 경량화하면서 안정성을 높이고, 경제성 확보 및 시공성을 향상시키기 위해서 다양한 형태의 조류발전 지지구조물을 개발하여 검토하였으며, 그림 3-256과 같이 직접착저형 원형 케이슨 지지구조물을 설계하였다.

설치해역의 수심 20m를 고려하여 케이슨 높이 2m, 케이슨 직경 13.4m, 타워높이 6.2m, 타워직경 2m로 설계하였으며, 터빈을 포함한 대상시스템의 주요 변수를 표 3-100에 나타내었다.

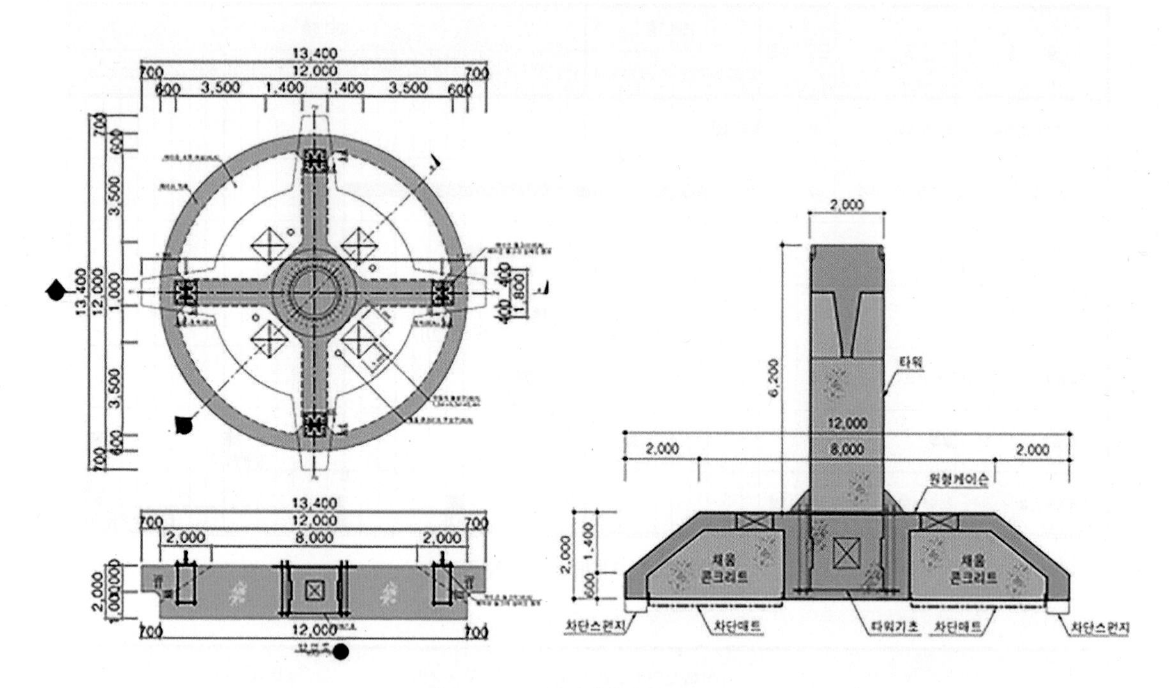

그림 3-256 직접착저형 원형 케이슨 설계

표 3-100 대상시스템 주요 변수

Key parameters	Value
Turbine dia.	12m
No. of blades	3ea
Blade length	4.95m
Caisson dia.	13.4m
Caisson height	2m
Tower dia.	2m
Tower height	6.2m
Water depth (LLW)	20m
Design vel.	2.3m/s
Cut-in speed	1.0m/s
Cut-out speed	4.4m/s
Target capacity	200kW

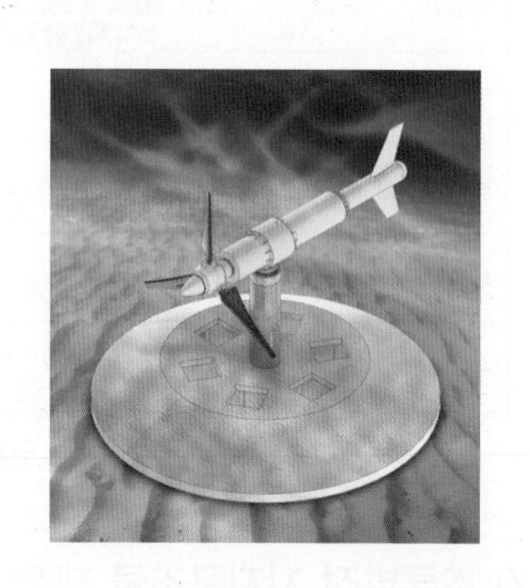

2) 직접착저형 원형 케이슨 지지구조물 제작

조류발전 지지구조물은 전라남도 여수시 낙포동에서 제작하였으며, 지지구조 케이슨의 내부가 비어 있어 소형 해상장비로도 설치가 가능하도록 하였다. 지지구조물 거치 후 수평조절을 위해 원형 케이슨 하부에 유압잭을 4개소 설치하였고 수중 콘크리트가 유출되는 것을 막기 위해 고탄성 스펀지를 부착하였다. 지지구조물 제작의 과정은 다음과 같으며, 제작과정을 그림 3-257 ~ 3-260에 나타내었다.

① **버림 콘크리트 타설**

- 바닥상태가 콘크리트로 되어 있어 지지력 시험 불필요
- 바닥 레벨차이로 버림콘크리트 타설 진행(레벨링 작업)

버림상단 레벨표기 / 와이어메쉬 설치 / 버림콘크리트 타설 / 버림콘크리트 양생(비닐+양생포)

그림 3-257 버림콘크리트 타설

② **기초 콘크리트 타설**

- 철근 및 거푸집, 하부타워 자재검수
- 철근조립 및 거푸집 설치, 하부타워 설치
- 검측 후 콘크리트 타설

③ **벽체 및 Slab 콘크리트 타설**

- 벽체철근 및 거푸집 설치
- 검측 후 콘크리트 타설

④ **철근 품질 검사**

- 철근 및 거푸집, 하부타워 자재검수
- 철근조립 및 거푸집 설치, 하부타워 설치
- 검측 후 콘크리트 타설

⑤ **콘크리트 압축강도 시험**

그림 3-258 기초철근 및 거푸집 설치, 콘크리트 타설

그림 3-259 벽체 및 Slab 철근 및 거푸집 설치, 콘크리트 타설

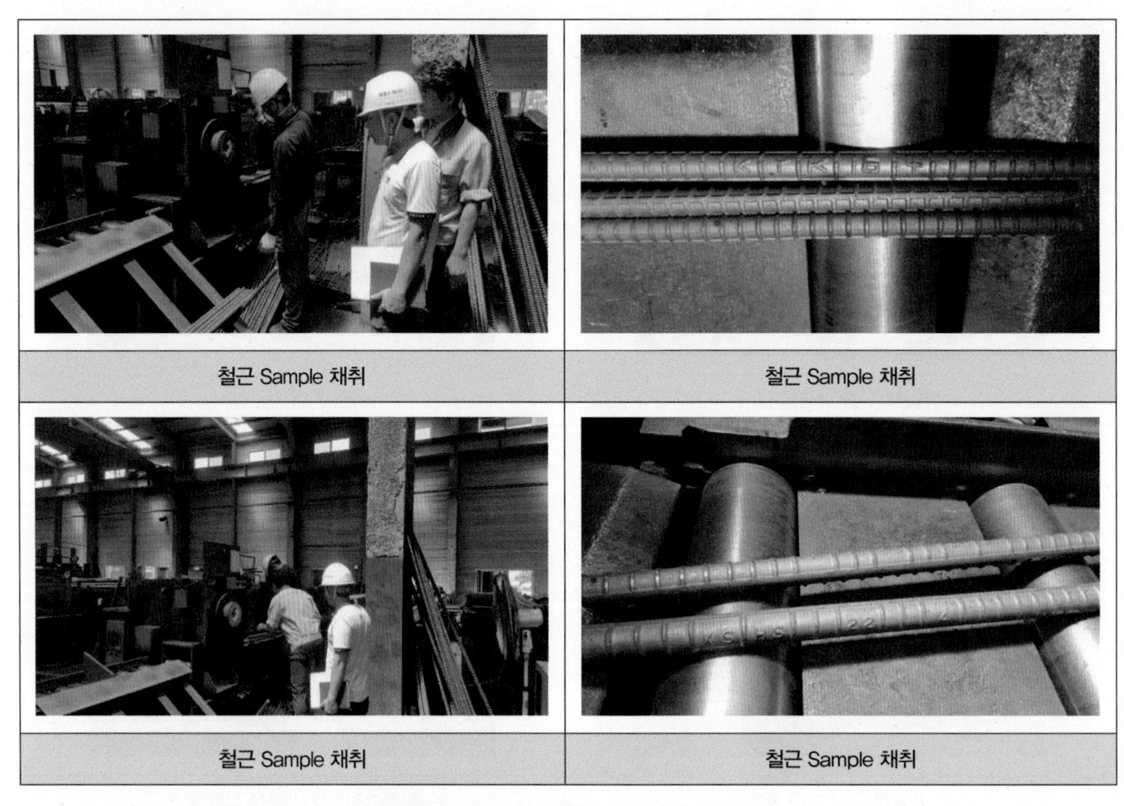

철근 Sample 채취	철근 Sample 채취
철근 Sample 채취	철근 Sample 채취

그림 3-260 품질 시험 전 철근 Sample 사진

(8) 조류발전 설치전용 바지선 제작

조류발전 설치후보지는 대부분 유속이 빠르고 정조시간이 짧아 시공이 매우 까다롭고 제약조건이 많다. 일반적인 항만공사와 같이 리볼빙 크레인 등을 이용하여 설치하는 것도 가능하나, 보다 안정적으로 설치가 가능하고 향후 터빈의 유지보수에도 활용이 가능하도록 조류발전 설치전용 바지선을 제작하였다.

그림 3-261과 같이 조류발전 설치전용 바지선은 길이 67.5m, 폭 26m, 깊이 4m이며 총 톤수 1,400톤, 재화중량 2,500톤으로 설계하였다. 지지구조물을 거치하기 위해 오버헤드 크레인 175톤급 2기가 설치되었으며, 15톤급 계류 윈치 4기를 포함하고 있다. 조류발전 전용 바지선의 제원 및 주요 제작 과정을 그림 3-262에 나타내었다.

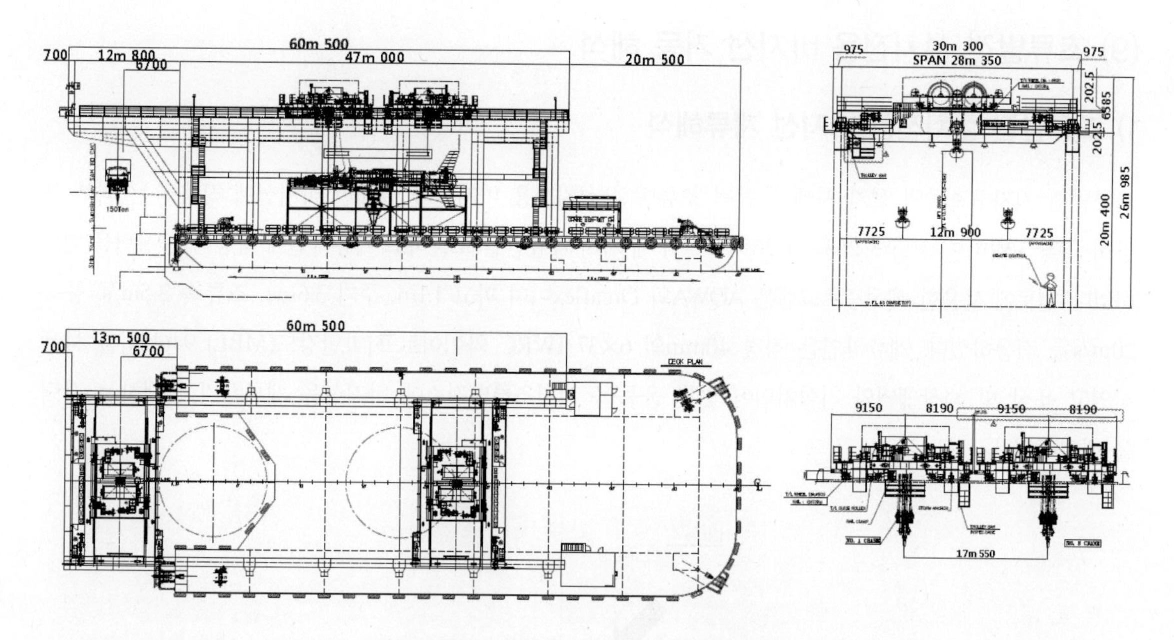

그림 3-261 조류발전 설치전용 바지선 주요 제원

그림 3-262 조류발전 설치전용 바지선 제작 과정

(9) 조류발전 설치전용 바지선 거동 해석

1) 조류발전 설치전용 바지선 계류해석

조류발전 지지구조물의 설치 시에 동원될 조류발전 설치전용 바지선과 크레인 바지선에 작용하는 외부 해양하중을 고려하여 그림 3-263 ~ 3-265와 같이 세 가지 계류안을 도출하고 계류라인에 작용하는 장력을 검토하였다. 검토에 사용한 해석프로그램은 AQWA와 Orcaflex이며 파고 1.1m, 주기 3.6sec, 조류속 2.5m/s, 풍속 20m/s를 적용하였다. 계류라인은 직경 40mm의 6×37 IWRC 와이어로프[파단강도(MBL) 946kN]를 사용하였고 육상 및 해상앵커와 기설치되어 있는 울돌목 시험조류발전소에 바지선을 계류시켜 발생하는 장력을 비교하였다.

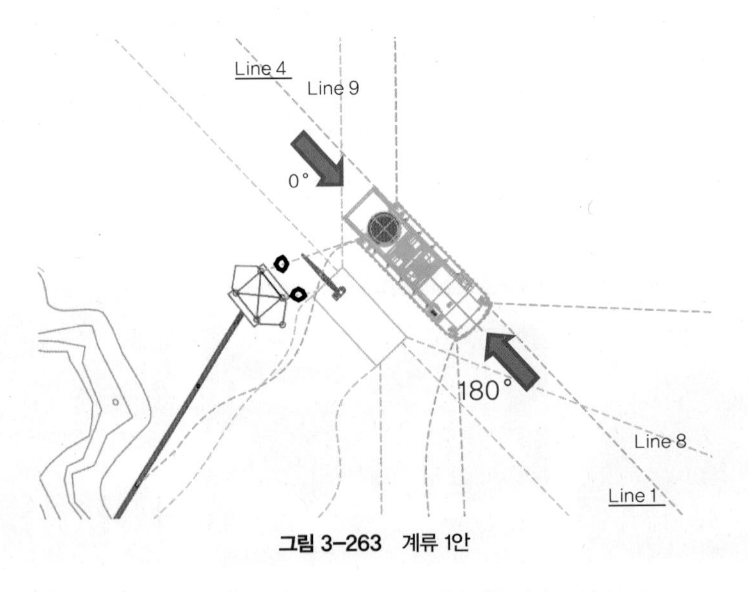

그림 3-263 계류 1안

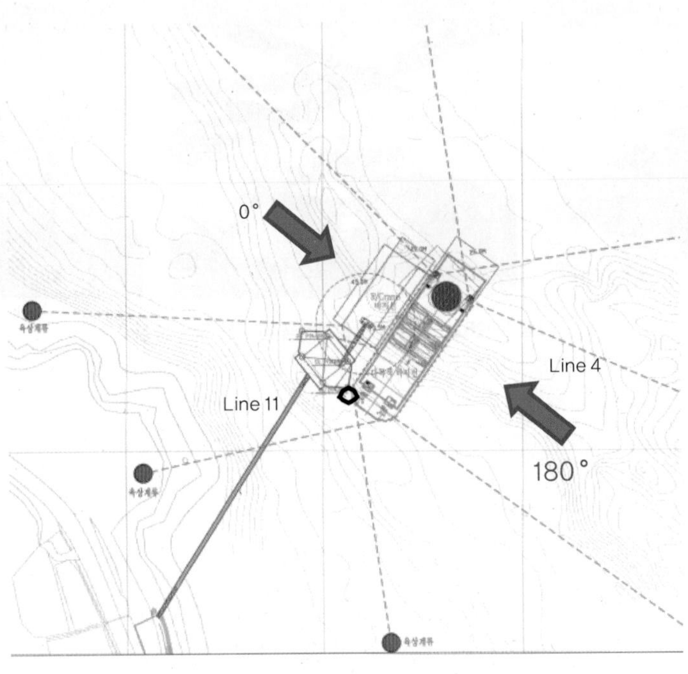

그림 3-264 계류 2안

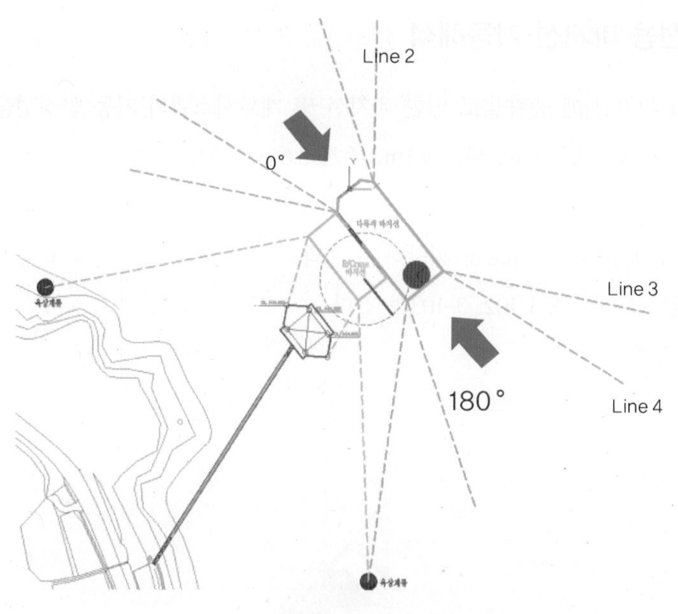

그림 3-265 계류 3안

창조와 낙조의 2가지 조류의 흐름방향에 대한 검토결과 창조 시 3안에서 장력이 가장 작게 발생하고 낙조 시 1안에서 장력이 가장 작게 발생하였다. 2안의 경우 바지선이 조류 흐름방향에 수직으로 배치되어 있어 상대적으로 많은 장력이 발생하였고, 3안은 낙조 시에 Line 2에서 상대적으로 많은 하중이 발생하였다. 따라서 전체적으로 계류라인에 하중이 작게 발생하며, 유사시에 신속하게 피항을 갈 수 있는 1안을 채택하였으며, 세 가지 안에 대한 최대인장력 계산 결과를 표 3-101에 나타내었다.

표 3-101 계류해석 결과

		AQWA	Orcaflex
Plan 1	0°	158kN(Line 4)	159kN(Line 9)
	180°	140kN(Line 1)	197kN(Line 8)
Plan 2	0°	285kN(Line 11)	–
	180°	422kN(Line 4)	–
Plan 3	0°	269kN(Line 2)	216kN(Line 2)
	180°	131kN(Line 4)	132kN(Line 3)

2) 조류발전 설치전용 바지선 거동해석

조류발전 지지구조물의 설치 시에 중량물로 인한 바지선 및 계류시스템의 거동 안정성을 검토하기 위해 그림 3-266과 같이 계류라인을 배치하고, 파고 1.1m, 주기 3.6sec, 조류속 2.5m/s, 풍속 20m/s 조건에서 수치해석을 수행하였다. 계류방안은 앞서 채택된 1안이며, 지지구조물의 중량은 320tonf를 적용하였다. 그림 3-267 ~ 3-269에 조류속 0.5m/s ~ 2.5m/s에 해당하는 결과를 나타내었으며, 조류속에 따른 바지선의 거동 및 계류라인에 발생하는 장력은 표 3-102, 3-103과 같다.

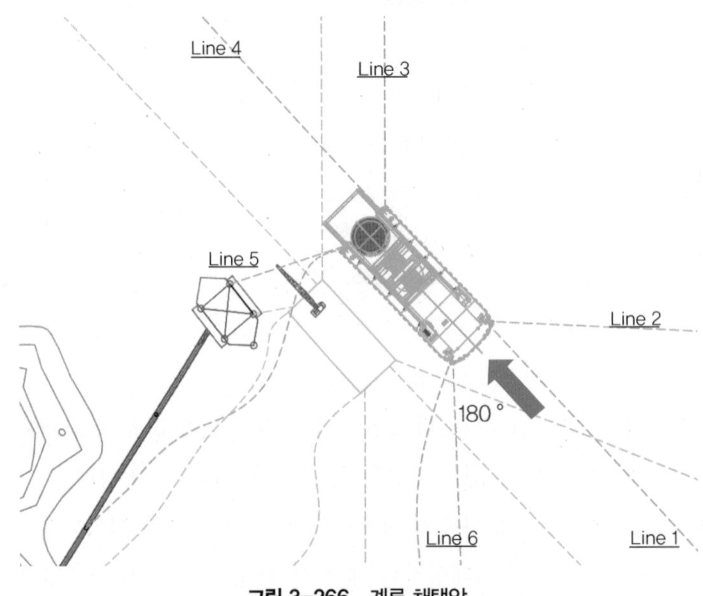

그림 3-266 계류 채택안

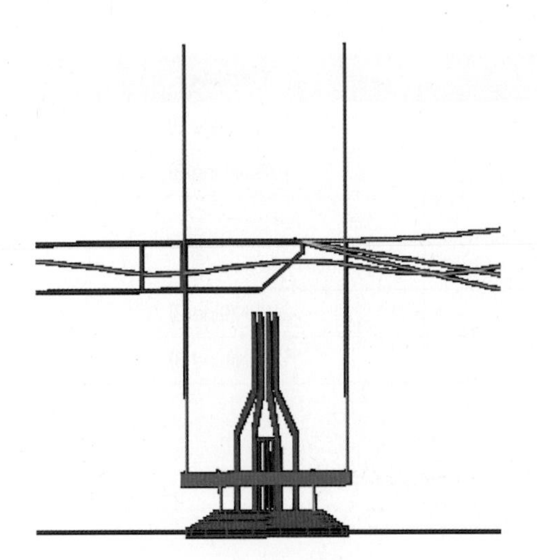

그림 3-267 조류속 0.5m/s 시의 거동

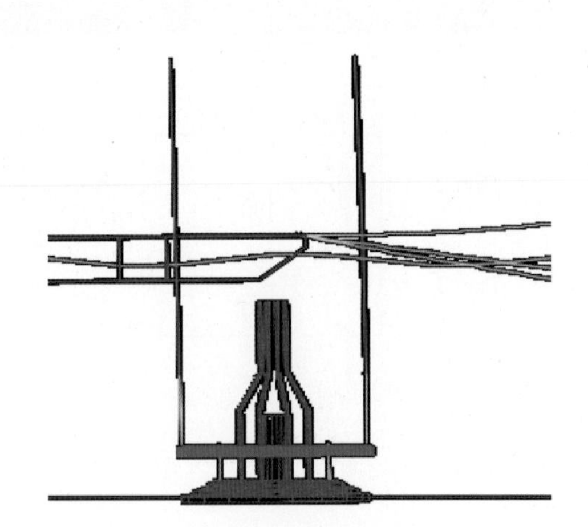

그림 3-268 조류속 1.5m/s 시의 거동

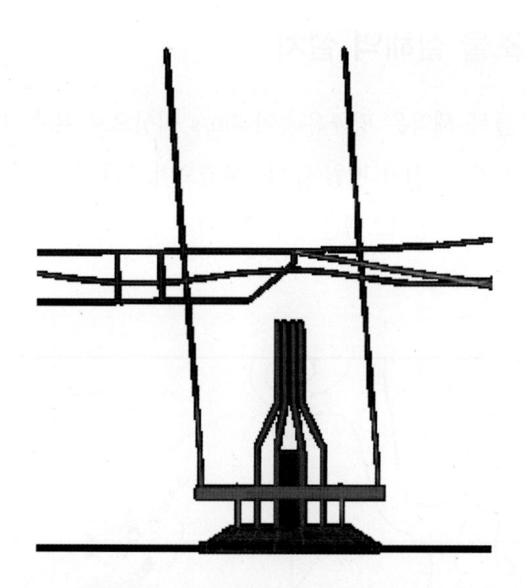

그림 3-269 조류속 2.5m/s 시의 거동

표 3-102 바지선 거동해석 결과

	Current velocity(m/s)		
	0.5	1.5	2.5
Surge(m)	0.19	0.25	0.4
Sway(m)	0.06	0.15	0.26
Heave(m)	0.08	0.08	0.09
Roll(deg.)	0.05	0.05	0.05
Pitch(deg.)	0.74	0.75	0.75
Yaw(deg.)	0.16	0.19	0.26

표 3-103 계류라인 장력해석 결과

	Current velocity(m/s)		
	0.5	1.5	2.5
Line 1(kN)	93.2	101.1	120.0
Line 2(kN)	82.1	99.4	142.1
Line 3(kN)	92.8	99.9	125.7
Line 4(kN)	101.0	95.4	98.2
Line 5(kN)	70.9	72.1	91.5
Line 6(kN)	94.8	108.5	150.8

해석결과 병진운동 및 회전운동 모두 각각 1m, 1° 내의 안정적인 거동을 보였으며, 계류라인에 작용하는 최대 하중은 150.8kN으로 조류속 2.5m/s일 경우 Line 6에서 발생하는 것으로 검토되었다. 따라서 실해역 설치 시 적용된 와이어로프의 파단강도(MBL)는 946kN으로 충분히 안정성이 확보되는 것을 확인하였다.

(10) 조류발전 지지구조물 실해역 설치

그림 3-270에 도시한 진도 울돌목 해역은 평균유속이 4m/s 이상으로 유속이 매우 빠르고 정조시간이 짧아 최적의 설치시기(정조시간이 가장 긴)인 10월에 설치하였으며, 조류발전 설치전용 바지선 및 크레인 바지선을 고정시키기 위한 육상 및 해상고정시스템을 그림 3-271과 같이 사전에 설치하였다.

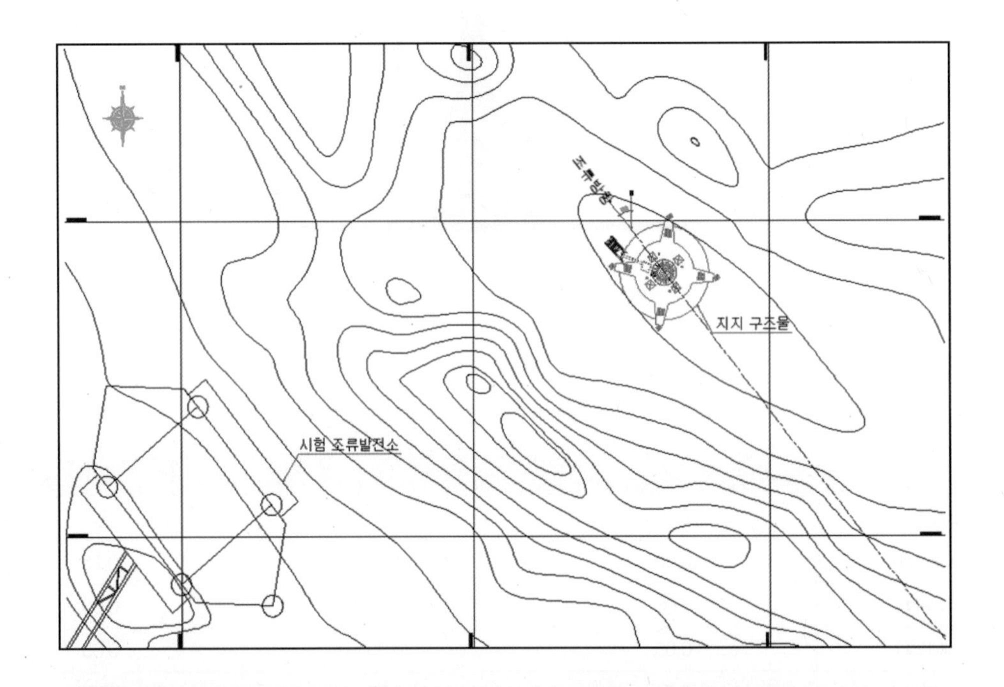

그림 3-270 조류발전 지지구조물 거치 위치

그림 3-271 육상 및 해상 앵커 설치

조류발전 지지구조물을 바지선에 선적 후 Anode를 설치하고, 경사계 등 각종 계측기 및 콘크리트 충진센서 등을 설치하였다. 조류발전 지지구조물의 설치 과정은 그림 3-272와 같으며 거치 후 유압잭을 이용하여 경사도를 조절하였다.

그림 3-272 직접착저형 원형 케이슨 지지구조물 실해역 설치

거치 후 잠수사 및 GPS를 통해 구조물 거치 위치 및 경사도 계측을 실시하였으며, 거치 위치는 목표 위치 대비 0.65m로 목표 위치 오차인 1m 이내에 설치되었고, 경사도는 최대 0.11°로 목표 경사도인 0.5°를 충분히 만족하는 것으로 나타났으며, 그 결과를 표 3-104, 3-105 및 그림 3-273에 나타내었다. 또한 수중 콘크리트를 타설하여 안정성을 충분히 확보하고 잠수사를 통해 수중 콘크리트의 유출이 전혀 발생하지 않음을 확인하였다.

표 3-104 지지구조물 설계대비 현황표

설계 좌표		현황 좌표			설계 - 현황	
X	Y	X	Y	Z(DL)	X	Y
3,828,173.388	253,265.812	3,828,172.736	253,265.189	−19.905	0.652	0.623

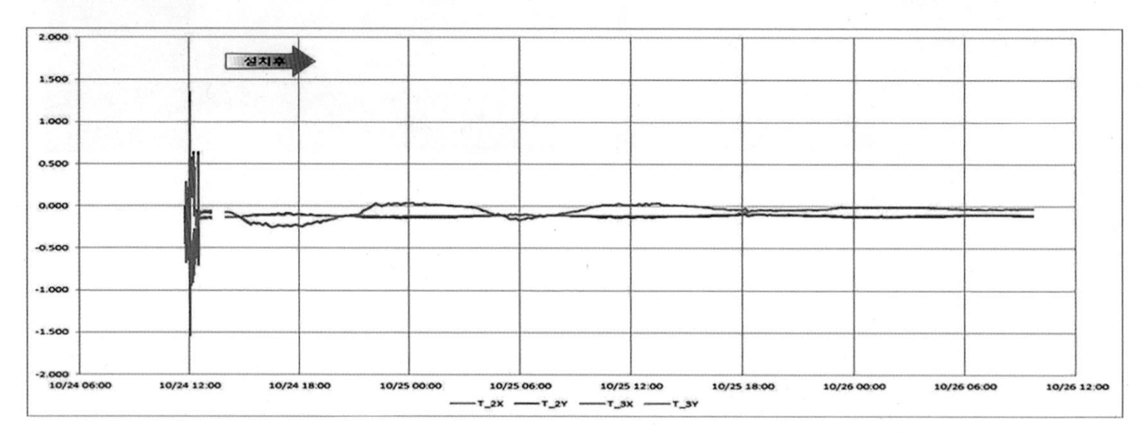

그림 3-273 지지구조물 경사계 계측 결과

표 3-105 계측 최종값 정리표

시간	NO.	Boit 용량	대기 중 온도	구조물 위치값						각도 변환			
				계측기.1		계측기.2		계측기.3		계측기.2		계측기.3	
				x	y	x	y	x	y	x	y	x	y
10-26 9:40	262	12.11	18.48	2579.73	2524.33	2424.33	2506.76	2775.68	2644.60	−0.03	−0.11	−0.03	−0.10

(11) 결론

조류발전 특성상 유속이 빠른 곳이 후보지일 수밖에 없으며, 본 과업의 위치인 울돌목 해역은 세계적으로도 유속이 빠른 곳으로 손꼽히는 곳이다. 과거 시험조류발전소 시공 시 상당한 어려움을 경험했으며, 이로 인해 많은 걱정과 우려 속에 실해역 설치가 이루어졌다. 그러나 다년간 신형식 지지구조물 개발을 통해 지지구조물의 중량을 줄이고, 시공성을 향상시켰으며, 지지구조물 통합하중해석뿐만 아니라 바지선, 계류라인 등의 안정성 검토, 해양조건을 고려한 다양한 시뮬레이션을 통해 검증을 반복한 결과 한 건의 안전사고 없이 한 번에 실해역 설치를 성공적으로 완료할 수 있었다.

본 공사를 통해 가장 어려운 환경조건에서도 조류발전 지지구조물 설치가 가능하도록 Track Record를 확보할 수 있었으며, 이로 인해 국내외 조류발전 사업 진출 시 경쟁력 확보 및 새로운 성장 동력이 될 것으로 기대한다.

그림

3-1 사업대상지(울산시 울주군 이진리 일원) 431
3-2 설계 시 주안점 432
3-3 반원형 슬릿 케이슨(남방파제) 433
3-4 사석 경사제(범월갑 방파제) 434
3-5 울산신항 해역의 파랑 모식도 434
3-6 반원형 슬릿 케이슨 435
3-7 반원형 케이슨 설치 전경 436
3-8 SEALOCK 436
3-9 SEALOCK의 K_D값 437
3-10 공장형 슬립폼 제작 공법 437
3-11 Tripod 5ton 콘크리트 타설 439
3-12 Tripod 5ton 가치 현황 439
3-13 Half-Loc 3.5ton 콘크리트 타설 439
3-14 Half-Loc 3.5ton 가치 현황 439
3-15 접속부 케이슨 시스템폼 시공 439
3-16 접속부 케이슨 DCL선 선적 439
3-17 케이슨 완성 및 TYPE-B 시스템폼 시공 440
3-18 TYPE-B 케이슨 완성 440
3-19 TYPE-B 케이슨 차수판 및 덮개 설치 440
3-20 TYPE-B 케이슨 가치 현황 440
3-21 TYPE-A 케이슨 시공 440
3-22 TYPE-A 케이슨 시스템 폼 시공 2 440
3-23 케이슨 제작장 기초 시공 441
3-24 케이슨 제작장 Jacking 시스템 및 Portal Frame 기초 시공 441
3-25 케이슨 Portal Frame 및 슬립폼 시공 1 441
3-26 케이슨 Portal Frame 및 슬립폼 시공 2 441
3-27 케이슨, DCL선 모형 및 실험수조 443
3-28 연안파랑계 USW-300 (제조사: Kaijo Corporation, Japan) 448
3-29 3차원 풍속계 SAT-530 (제조사: Kaijo Corporation, Japan) 448
3-30 계측 시스템의 구성도 449
3-31 Data Processing용 PC설치 449
3-32 파고계 설치 순서 449
3-33 파고계 설치 위치 450
3-34 파고계 해상설치 장면 450
3-35 풍속계 설치 장면 450
3-36 부산 남컨 배후지 준설토 투기장 가호안 축조공사 현장 위치도 453
3-37 부산 남컨 배후지 준설토 투기장 가호안 축조공사 공사 현황도 453
3-38 주변 해역 파랑 모식도 454
3-39 지층분포도 455
3-40 호안 배치 계획 및 호안 기능 설정 455
3-41 평면 수리모형실험 456
3-42 설계파 수치모형실험(파고분포도) 457
3-43 직선형 반파공 및 이중곡면 반파공의 월파 특성(수리모형실험) 458
3-44 이중곡면 반파공 458
3-45 기존 SCP 공법 459
3-46 융기토 유용형 SCP 공법 459
3-47 대형 토목섬유튜브 공법 460
3-48 토목섬유튜브 규모 및 제원 460
3-49 저면 매트 및 고정 튜브 460
3-50 구간별 친수호안 개념도 461
3-51 수변형 친수호안 461
3-52 조망형 친수호안 462
3-53 생태호안 조성 462
3-54 제작장 및 적출장 위치도 463
3-55 시공 순서도 464
3-56 새만금 방조제 공구별 시공현황도(2006.02) 466
3-57 방조제 표준단면도 466
3-58 가력 배수갑문 표준단면도 467
3-59 배수갑문 주변의 흐름(2차 대조대기기간) 467
3-60 개방구간에서의 흐름(2차 대조대기기간) 467
3-61 위어에서의 월류 469
3-62 내외수위차에 따른 유량계수(창조 시) 469
3-63 내외수위차에 따른 유량계수(낙조 시) 470
3-64 51초 이동 평균유속과 순간유속의 비교 470
3-65 계산 영역 471
3-66 측정 조류속과 계산 조류속의 비 471
3-67 측정 조위와 계산 조위의 비교(군산 검조소) 472
3-68 측정 조위와 계산 조위의 비교(위도 검조소) 472
3-69 조류속 측정 사진 473
3-70 GPS Buoy의 이동 경로 473
3-71 끝막이 준비단계 일별 유속분포(GAP1) 476
3-72 끝막이 준비단계 일별 유속분포(GAP2) 477
3-73 끝막이 1단계 일별 유속분포(GAP1) 477
3-74 끝막이 1단계 일별 유속분포(GAP2) 477
3-75 끝막이 1차 대기 일별 유속분포(GAP1) 477
3-76 끝막이 1차 대기 일별 유속분포(GAP2) 478
3-77 끝막이 2단계 일별 유속분포(GAP1) 478
3-78 끝막이 2단계 일별 유속분포(GAP2) 478

- 3-79 끝막이 2차 대조대기 일별 유속분포(GAP1) 478
- 3-80 끝막이 2차 대조대기 일별 유속분포(GAP2) 479
- 3-81 끝막이 3단계 일별 유속분포(GAP1) 479
- 3-82 끝막이 3단계 일별 유속분포(GAP2) 479
- 3-83 GAP1 구간 ADCP 유속 측정 구간 및 수심별 유속 분포 480
- 3-84 수심별 연직 유속 분포도(GAP1, GAP2) 482
- 3-85 수치모형실험(MIKE21 HD)을 이용한 조류속 정밀 예측 및 GPS Buoy를 이용한 조류속 측정 483
- 3-86 새만금 방조제 최종 끝막이 완료 장면(2006. 4. 21 동진호구간) 484
- 3-87 Colombo Port Expansion Project 조감도 485
- 3-88 현장 위치도 486
- 3-89 Annual Swell Wave Rose 486
- 3-90 Annual Sea Wave Rose 487
- 3-91 주방파제 표준 단면도 및 시공순서 487
- 3-92 CORE-LOC 형상 및 표준 치수 488
- 3-93 CORE-LOC 거치 시 기하학적 특성 489
- 3-94 CORE-LOC 생산 490
- 3-95 생산된 CORE-LOC 이동 490
- 3-96 생산 후 야적된 CORE-LOC 490
- 3-97 POSIBLOC을 이용한 CORE-LOC 수중 거치 491
- 3-98 POSIBLOC 모니터링 화면 1 492
- 3-99 POSIBLOC 모니터링 화면 2 492
- 3-100 원 설계 단면 493
- 3-101 대안 설계 단면(최종) 494
- 3-102 캐논(Cannon)식 거치 494
- 3-103 육상 거치 시험 1단계 (toe열) 495
- 3-104 육상 거치 시험 2단계 (Toe 보강 첫 번째 열) 496
- 3-105 육상 거치 시험 3단계(toe 보강 두 번째 열) 497
- 3-106 POSIBLOC 모니터링 화면(거치 완료 후) 498
- 3-107 육상 거치 시험 결과 498
- 3-108 Fluke-in, Fulke-out, Cannon Type 499
- 3-109 Typical Section for T6 500
- 3-110 T6 실험 전·후(평면) 500
- 3-111 T6 실험 전·후(측면) 501
- 3-112 Typical Section for T9 501
- 3-113 T9 실험 전·후 502
- 3-114 T9 실험 전·후(측면) 502
- 3-115 쿠웨이트 위치도 503
- 3-116 프로젝트 조감도 505
- 3-117 가호안 공사 전경 506
- 3-118 호안 QRR & Geo-Textile 설치 506
- 3-119 호안 Core-Loc 설치 506
- 3-120 호안 상치공 설치 506
- 3-121 방파제 QRR & 사석 설치 506
- 3-122 방파제 상치 & Core-Loc 설치 506
- 3-123 항내측 호안 단면(원안) 507
- 3-124 항내측 호안 단면(대안 1) 507
- 3-125 항내측 호안 단면(대안 2) 507
- 3-126 방파제 상치공 원안 508
- 3-127 방파제 상치공 대안 508
- 3-128 수리모형실험 평면 계획 509
- 3-129 월파 수조 배치 509
- 3-130 정온도 측정을 위한 파고계 배치 509
- 3-131 실험 파랑 및 Target Spectrum 비교 510
- 3-132 Rock Armour 안정성 평가 구획도 511
- 3-133 월파량 측정 수조 배치도 512
- 3-134 정온도 측정을 위한 Gauge 배치도 513
- 3-135 부비안 섬 개발계획 516
- 3-136 부비안 항만공사 단계별 항만 규모 516
- 3-137 부비안 항만공사 1단계 주요 공종 및 수량 517
- 3-138 안벽 표준단면 및 평면도 517
- 3-139 3차원 수리실험동 및 수리실험동 내부 수조 현황 519
- 3-140 3차원 수리모형실험 수조 평면 계획 520
- 3-141 3차원 수리모형실험 수조 내 실험 장비 배치도 521
- 3-142 조파 파랑과 목표 파랑 비교 521
- 3-143 안벽 전면 Fender 형상 및 제원 522
- 3-144 Fendered Wall 케이스 실험 현황 522
- 3-145 안벽 길이에 따른 무차원 파고 변화 및 월파량 변화 (R_c : 여유고, H_s : 유의파고) 523-524
- 3-146 안벽 전면 Fender + Slab 형상 및 제원 524
- 3-147 Fendered Wall + Slab 케이스 실험 현황 525
- 3-148 안벽 길이에 따른 무차원 파고 변화 및 월파량 변화 (R_c : 여유고, H_s : 유의파고) 526
- 3-149 안벽 전면 Fender + Slab + 0.5m upstand 형상 및 제원 527
- 3-150 Fendered Wall + Slab + 0.5m Upstand 케이스 실험 현황 527
- 3-151 안벽 길이에 따른 무차원 파고 변화 및 월파량 변화 (R_c : 여유고, H_s : 유의파고) 528
- 3-152 안벽 전면 Fender + Slab + 0.25m Upstand 형상 및 제원 529
- 3-153 Fendered Wall + Slab + 0.25m Upstand 케이스 실험 현황 529

- 3-154 안벽 길이에 따른 무차원 파고 변화 및 월파량 변화(R_c : 여유고, H_s : 유의파고) 530
- 3-155 Vertical Face 케이스 실험 현황 531
- 3-156 안벽 길이에 따른 무차원 파고 변화 및 월파량 변화(R_c : 여유고, H_s : 유의파고) 531
- 3-157 수리실험안별 회귀곡선식(q : 월파량, Rc : 건현고, Hm : 유의파고) 533
- 3-158 함선 평면도 536
- 3-159 함선 제작위치 및 진수 및 거치도 537
- 3-160 함선 시공 흐름도(변경) 538
- 3-161 함선 평면계획(당초) 539
- 3-162 함선 평면계획(변경) 540-541
- 3-163 함선 접합부 상세 541
- 3-164 함선 설계 하중도 543
- 3-165 MAIN 함선 설치 555
- 3-166 SUB 함선 설치 556
- 3-167 완성 후 전경 556
- 3-168 Project Location at Tuas South Area 558
- 3-169 유로코드 구성 및 내용 559
- 3-170 케이슨 설계 관련 BS 6349 및 유로코드 흐름도 560
- 3-171 케이슨 설계 요소별 Code 적용 개념도 561
- 3-172 케이슨 위치별 노출 등급(BS 6349 1-4) 565
- 3-173 Bond Condition 관련 Good과 Poor 위치(Fig. 8.2 EN 1992-1-1) 567
- 3-174 하이브리드 케이슨의 구조도 569
- 3-175 내진 수리모형실험 단면도 571
- 3-176 케이슨 상부의 수평변위(* Ke: Equivalent seismic coeff. * Kc: Threshold seismic coeff.) 571
- 3-177 신-오키쯔 안벽의 단면 예 572
- 3-178 해수 교환의 흐름양상 572
- 3-179 해수 교환형 하이브리드 케이슨(미사키항) 573
- 3-180 상부 사면제 케이슨 573
- 3-181 상부 사면제 케이슨 실험 단면 573
- 3-182 케이슨에 작용하는 하중의 계산결과 574
- 3-183 미사키 어항 수축사업 남방파제(2공구) 574
- 3-184 하이브리드 케이슨의 기본설계 575
- 3-185 합성판(외벽 등)의 설계 575
- 3-186 SRC부재(푸팅 등)의 설계 576
- 3-187 강보강판(격벽)의 설계 576
- 3-188 강재쉘 제작 순서 577
- 3-189 Prefab 철근공법 578
- 3-190 철골 · 철근 일괄 조립 공법 579
- 3-191 전라남도 광양시 황금동 지선해상 580
- 3-192 케이슨 배치계획 581
- 3-193 측면 안벽(Semi-Hybrid Caisson) 581
- 3-194 공장형 케이슨 제작 공법(싱가폴 Pasir Panjang 항만공사, 광양항 컨테이너 터미널 3단계 1차 및 2차 현장 적용) 582
- 3-195 광양항 컨테이너 터미널 3단계 2차 케이슨 제작 주요 공정 583
- 3-196 프로젝트 위치도 584
- 3-197 컨소시엄별 업무 영역 585
- 3-198 매립지 호안 Layout 587
- 3-199 매립지 호안 Cross Section B 587
- 3-200 매립지 호안 Cross Section D 588
- 3-201 매립지 호안 Cross Section E 588
- 3-202 매립지 호안 Cross Section F 588
- 3-203 매립지 호안 Cross Section H 588
- 3-204 설계 수명, 재현 기간 및 초과 확률의 관계 592
- 3-205 Temporary Rock Bund 초기 Crest Level 산정 593
- 3-206 Temporary Rock Bund 경사입사파 산정 593
- 3-207 허용 월파량 산정 기준 594
- 3-208 Temporary Rock Bund 최종 Crest Level 산정 595
- 3-209 입찰안내서 호안 단면 595
- 3-210 입찰설계 제시 호안 단면 596
- 3-211 실시설계 최종 호안 단면 596
- 3-212 2D 수리모형실험 Flume Profile 597
- 3-213 2D 수리모형실험 적용 단면(Section C1) 597
- 3-214 2D 수리모형실험 적용 단면(Section C3) 598
- 3-215 2D 수리모형실험 적용 설계파 평면 598
- 3-216 2D 수리모형실험 결과(C1-Stability) 599
- 3-217 2D 수리모형실험 결과(C3-Stability) 599
- 3-218 2D 수리모형실험 결과(C1-Overtopping) 600
- 3-219 2D 수리모형실험 결과(C3-Overtopping) 600
- 3-220 3D 수리모형실험 Basin Profile 601
- 3-221 3D 수리모형실험 적용 단면(Section C1) 601
- 3-222 3D 수리모형실험 적용 단면(Section TC1) 602
- 3-223 3D 수리모형실험 적용 단면(Section TC1-a) 602
- 3-224 3D 수리모형실험 적용 단면(Section TC2) 603
- 3-225 3D 수리모형실험 적용 단면(Section TC2-a) 603
- 3-226 3D 수리모형실험 적용 단면(Section TC3) 604
- 3-227 3D 수리모형실험 적용 단면(Section C2-1 Modified) 604
- 3-228 3D 수리모형실험 적용 단면(Section C2-1) 605
- 3-229 3D 수리모형실험 Overtopping 측정 Tray 605
- 3-230 3D 수리모형실험 결과(Stability) 606

- 3-231 3D 수리모형실험 결과(Overtopping) 607
- 3-232 Rock Specification 변경 자료 608
- 3-233 Big-O 사업 조감도 609
- 3-234 Big-O 구조물에 설치된 장비 610
- 3-235 Big-O 쇼 연출효과 611
- 3-236 Big-O 구조물 613
- 3-237 강재 및 콘크리트 포탈 프레임 단면 형상 및 제원 614
- 3-237 강재 및 콘크리트 포탈 프레임 단면 형상 및 제원 615
- 3-238 구조해석 모델링 617
- 3-239 3D 모델링 627
- 3-240 발생변위량(SAP2000) 629
- 3-241 직접착저형 원형 케이슨 지지구조물 형상 635
- 3-242 조류발전시스템에 발생하는 하중인자 640
- 3-243 타워 최대 부재력 도출 644
- 3-244 요소별 추력 도출 645
- 3-245 단면수로 개념도 649
- 3-246 2차원 유속계 650
- 3-247 흐름발생장치 650
- 3-248 실험모형 651
- 3-249 시공 시 회류수조 실험 653-654
- 3-250 운영 시 회류수조 실험 656-657
- 3-251 파킹 시 회류수조 실험 658-659
- 3-252 지지구조물 거치 위치 660
- 3-253 조류발전 설치전용 바지선 이동 경로 660
- 3-254 지지구조물 제작 공정표 661
- 3-255 지지구조물 설치 공정표 661
- 3-256 직접착저형 원형 케이슨 설계 662
- 3-257 버림콘크리트 타설 663
- 3-258 기초철근 및 거푸집 설치, 콘크리트 타설 664
- 3-259 벽체 및 Slab 철근 및 거푸집 설치, 콘크리트 타설 665
- 3-260 품질 시험 전 철근 Sample 사진 666
- 3-261 조류발전 설치전용 바지선 주요 제원 667
- 3-262 조류발전 설치전용 바지선 제작 과정 667
- 3-263 계류 1안 668
- 3-264 계류 2안 668
- 3-265 계류 3안 669
- 3-266 계류 채택안 670
- 3-267 조류속 0.5m/s 시의 거동 670
- 3-268 조류속 1.5m/s 시의 거동 670
- 3-269 조류속 2.5m/s 시의 거동 671
- 3-270 조류발전 지지구조물 거치 위치 672
- 3-271 육상 및 해상 앵커 설치 673
- 3-272 직접착저형 원형 케이슨 지지구조물 실해역 설치 673
- 3-273 지지구조물 경사계 계측 결과 674

표

- 3-1 실험 CASE 442
- 3-2 Froude 상사법칙에 의한 제반 인자의 축척 442
- 3-3 DCL선에 의한 케이슨 진수 시 안정성 검토 비교 444
- 3-4 수리모형실험 456
- 3-5 수치모형실험 457
- 3-6 지반 관련 실험 457
- 3-7 주요 자재 463
- 3-8 수치모형의 특징 및 활용방안 468
- 3-9 실측유속과 예측유속과의 비교(단위: m/s) 474
- 3-10 GAP1 단계별 발생 최대유속(단위: m/s) 475
- 3-11 GAP2 단계별 발생 최대유속(단위: m/s) 475
- 3-12 ADCP 조류속 측정 결과(3월 30일, GAP 1 구간) 480
- 3-13 지점별 유속비(ADCP 측정자료, 3월 20일, GAP 1) 481
- 3-14 ADCP 수심평균유속과 GPS Buoy의 이동 평균 유속 결과 481
- 3-15 CORE-LOC의 물리적 특성 489
- 3-16 CORE-LOC의 기하학적 특성 489
- 3-17 생산된 CORE-LOC의 등급 및 사용 491
- 3-18 거치 결과 요약 498
- 3-19 수리모형실험 조건 499
- 3-20 T6 결과 501
- 3-21 T9 결과 502
- 3-22 구역별 Rock Armour 피해율 511
- 3-23 월파량 검측 결과 512
- 3-24 항내 정온도 측정 결과 513
- 3-25 100년 빈도 설계파고 518
- 3-26 안벽 대안 단면 실험안 518
- 3-27 수리모형실험 실험 조건 520
- 3-28 각 월파수조에서 측정된 평균 월파량($l/s/m$) 523
- 3-29 유의파고(m)의 공간 변화 523
- 3-30 각 월파수조에서 측정된 평균 월파량($l/s/m$) 525
- 3-31 유의파고(m)의 공간 변화 526
- 3-32 각 월파수조에서 측정된 평균 월파량($l/s/m$) 528

- 3-33 유의파고(m)의 공간 변화 528
- 3-34 각 월파수조에서 측정된 평균 월파량($l/s/m$) 530
- 3-35 유의파고(m)의 공간 변화 530
- 3-36 각 월파수조에서 측정된 평균 월파량($l/s/m$) 531
- 3-37 유의파고(m)의 공간 변화 531
- 3-38 안벽 단면 형식별 월파량($l/s/m$) 비교 532
- 3-39 회귀곡선식에 의한 안벽 단면별 평균 월파량 533
- 3-40 회귀곡선식에 의한 안벽 단면별 허용 월파량 재평가 534
- 3-41 인천항 국제여객부두(2단계) 공사 개요 535
- 3-42 주요 제원 536
- 3-43 함선 제작(당초) 537
- 3-44 함선 제작 및 시공방법 비교 538
- 3-45 주요 공사 내용 557
- 3-46 BS 6349의 구성 559
- 3-47 유로코드의 6가지 한계상태 562
- 3-48 케이슨 구조물 적용 하중에 대한 Partial Factor(BS 6349-2 Table A.1) 563
- 3-49 EQU 설계 적용 Partial Factor 563
- 3-50 콘크리트 재료에 대한 Partial Factor 563
- 3-51 지반 설계 정수에 대한 Partial Factor 563
- 3-52 케이슨 설계에 대한 Combination Factors 564
- 3-53 케이슨 설계 적용 하중조합 564
- 3-54 케이슨 설계에 적용된 구조물 노출 등급 566
- 3-55 노출 등급에 따른 콘크리트 배합 설계(골재최대치수 20mm) 566
- 3-56 BS코드와 유로코드의 허용 균열폭 비교 567
- 3-57 유로코드와 싱가포르의 National Annex 568
- 3-58 하이브리드 케이슨과 RC케이슨의 구조 및 시공상 특징 570
- 3-59 공사범위 580
- 3-60 측면안벽 설계 특성 582
- 3-61 공사 개요 585
- 3-62 2D 단면 실험 케이스 및 결과(C1) 599
- 3-63 2D 단면 실험 케이스 및 결과(C3) 599
- 3-64 3D 실험 케이스 및 결과 606
- 3-65 단면형식 선정결과 616
- 3-66 Saddle 구간(t = 0.4m) 검토 결과 618
- 3-67 Leg 구간(t = 0.4m) 검토 결과 619
- 3-68 Inner Chord-1 부재 검토 결과 620
- 3-69 Outer Chord-1 부재 검토 결과 621
- 3-70 Front & Back face Bracing-1 부재 검토 결과 622
- 3-71 Outer Bracing 부재 검토 결과 623
- 3-72 Inner Bracing 부재 검토 결과 624
- 3-73 용접 접합부(Built up Section 15t 구간) 검토 625
- 3-74 Bolt 접합부(2-H200x200x8x12 구간) 검토 625
- 3-75 Bolt 접합부(2-H300x300x10x15 구간) 검토 626
- 3-76 Bolt 접합부(Ø406.4x12t 구간) 검토 626
- 3-77 재료의 기본물성 626
- 3-78 모델링 627
- 3-79 연결부재 검토(SM490) 627
- 3-80 콘크리트 보강철근량 산정 628
- 3-81 하부 지지구조물 구조형식 검토 638
- 3-82 하부 지지구조물 비교안 검토 결과 639
- 3-83 조류발전시스템 제원 및 해석조건 641
- 3-84 설계하중조건(DLC-1) 641
- 3-85 설계하중조건(DLC-2) 642
- 3-86 설계하중조건(DLC-3) 642
- 3-87 설계하중조건(DLC-4) 643
- 3-88 설계하중조건(DLC-5) 644
- 3-89 타워 최대 부재력(최대 모멘트 Mz) 645
- 3-90 타워 최대 부재력(최대 축력 Fx) 645
- 3-91 타워 하단 추력 및 전도모멘트 646
- 3-92 지지구조물 안정검토 조건 647
- 3-93 지지구조물 하중산정 방법 647
- 3-94 지지구조물 활동 전도 안정검토결과 648
- 3-95 단면수로 및 흐름발생장치 제원 649
- 3-96 유속조건 651
- 3-97 설정 유속조건 652
- 3-98 시공 시 중량 652
- 3-99 운영 시 및 파킹 시 중량 652
- 3-100 대상시스템 주요 변수 662
- 3-101 계류해석 결과 669
- 3-102 바지선 거동해석 결과 671
- 3-103 계류라인 장력해석 결과 671
- 3-104 지지구조물 설계대비 현황표 674
- 3-105 계측 최종값 정리표 674

참고문헌

3.1. 외곽시설

3.1.1 울산신항 남방파제 축조 공사

박구용, 고광오, 김영택 (2006) 반원형 슬릿 케이슨을 적용한 방파제, 대한토목학회지, 제54권, 제1호, pp. 142-148.

3.1.2 부산신항 남컨 준설토 투기장

박구용, 이승원, 김동후 (2006) 부산신항 준설토 투기장 설계사례, 대한토목학회지, 제54권 제8호, pp.65-68.

3.1.3 새만금 방조제 최종 끝막이 공사

고광오, 손상영, 박구용 (2007) 새만금 방조제 최종 끝막이시 조류속 측정 및 예측, 한국항해항만학회 2007 춘계학술대회논문집 (제2권), pp. 185-189.

3.1.4 Colombo Port Breakwater

김석현, 이한원 (2012) CORE-LOC을 이용한 방파제 Toe Berm 보안 대안 설계, 현대건설 기술사례집 궁여지책 제3호

CIRIA C683 The Rock Manual (2007) - The use of rock in hydraulic engineer

3.1.5 KNRP 정유공장 해상 공사(호안 및 방파제)

지환욱, 김병준 (2019) 쿠웨이트 KNRP 해상공사 시공사례, 해안과 해양 (한국해안해양공학회 학회지)

지환욱, 김병준 (2016) 호안, 방파제 안정성 및 항내 정온도 검토를 위한 3D 수리 모형 실험, 현대건설 기술사례집 궁여지책 제7호

CORE-LOC Placing in Physical Model, CLI

CIRIA C683 The Rock Manual (2007) - The use of rock in hydraulic engineer

EurOtop - Wave Overtopping of Sea Defences and Related Structures

3.2. 안벽

3.2.1 Boubyan Port Phase 1(Combi Wall)

지환욱, 김창훈, 이대환, 김태흥 (2013) 월파량 저감 대안 설계 사례 - 부비안 항만공사 1단계, 현대건설 기술사례집 궁여지책 제4호

Deliverables Ref.#4.8 Marine Infrastructure(2012) : Detail Design Report Part 2 Phase 1 Main Quay Wall & Harbour Master's Quay Appendix I. Overtopping rev.10

3.2.2 인천항 국제 여객 부두(Pontoon)

윤대경, 윤경태, 배정호, 이대환 (2016) 인천항 국제여객부두(2단계) 분할 제작 공법 적용에 따른 대형부유식 접안시설 설계사례, 현대건설 기술사례집 궁여지책 제7호

윤대경, 김창훈, 정석록, 배정호, 남지현, 박구용 (2016) 대형부유식(함선) 접안시설 설계사례, 한국해안·해양공학회 제24차 추계 학술대회

박구용 (2017) 대형부유식(함선) 접안시설 설계사례, 한국연안방재학회지, 제4권, 2호, pp. 103-106.

항만 및 어항설계기준(2005), 해양수산부

콘크리트구조기준(2012), 국토해양부

도로교설계기준(한계상태설계법)(2012), 국토해양부

3.2.3 TUAS Finger 1 매립공사(Caisson)

이재성, 윤대희, 고병현, 이종찬 (2017) 유로코드를 적용한 케이슨 설계 최적화, 현대건설 기술사례집 궁여지책 제8호

이종찬, 고병현, 이재성, 이종원(2017), 싱가포르의 桑田碧海, 투아스 핑거원 매립공사 대한토목학회지, 제65권 제12호, pp. 88-93.

SS EN 1990:2002+A1:2005 - Basic of structural design

SS EN 1991-1-1:2002 - Actions on structures, General actions, Densities, Self-weight, Imposed loads for buildings

BS EN 1991-1-4:2006 - Actions on structures, Silos and tanks

SS EN 1992-1-1:2004 – Design of concrete structure, General rules and rules for buildings
SS EN 1997-1:2004 – Geotechnical design, General rules
BS 6349-1-1:2013 – Part 1-1: General – Code of practice for planning and design for operations
BS 6349-1-3:2012 – Part 1-3: General – Code of practice for geotechnical design
BS 6349-1-4:2013 – Part 1-4: General – Code of practice for materials
BS 6349-2:2010 – Part 2: Code of practice for the design of quay walls, jetties and dolphins
BS 6349-4:2014 – Part 4: Code of practice for design of fendering and moooring systems
BS 6349-6;1989 – Part 6: Design of inshore mooring and floating structures
CIRIA C660 – Early-age thermal crack control in concrete, P B Bamforth, London, 2007.
BS 5400-4:1990 – Steel, concrete and composite bridges – Part 4: Code of practice for design of concrete bridges
BS8110-1:1997 – Structural use of concrete. Code of practice for design and construction
Projection specification – Proposed reclamation at Tuas Finger One Project, JTC, 2013
Port ready specification for container terminal, Maritime Port Authority, 2012
PD 6687-1:2010 – Background paper to the National Annexes to BS EN 1992-1 and BS EN 1992-3
PD 6687-2:2008 – Recommendation for the design of structures to BS EN 1992-2:2005
CP4:2003 – Code of practice for foundation, SPRING Singapore, amended 2003, Singapore
BS 6031:1981 – Code of practice for earthworks, British Standards institution, amended 1983, London
BS 8002:1994 – Code of practice for earth retaining structures, British Standards Institution, amended 2001, London

3.2.4 광양항 컨테이너 부두 3단계 2차 축조공사

손상영, 박구용, 고광오 (2004) 하이브리드 케이슨의 설계와 시공(광양항 컨테이너 터미널 3단계 2차 축조공사, 대한토목학회 정기학술발표회(시공사례발표회)

3.3. 기타

3.3.1 Kuwait Al-zour LNG 수입항 건설공사

유정구, 김창우, 박준호 (2018) 가호안과 이중곡면 반파공을 적용한 호안설계 사례, 현대건설 기술사례집 궁여지책 제9호

3.3.2 여수 Big-O 구조물 설치 공사

정석록, 김창훈, 옥수열 (2012) Big-O 상부구조물의 설계 및 시공사례, 현대건설 기술사례집 궁여지책 제3호
여수 Big-O 사업 설계 보고서
대한토목학회, 교량설계핵심기술, 2008, “도로교설계기준 해설”, 기문당
한국콘크리트학회, 2007, “콘크리트구조설계기준 해설”, 기문당

3.3.3 능동 제어형 조류발전 지지구조물 공사

고광오, 박창범(2018), 대한토목학회지, 제66권, 제3호, pp. 27-33.
고광오, 천종우, 이영기, 정세민, 박창범 2016, “조류발전 지지구조시스템 설계 및 시공계획”, 한국해안해양공학회 2016 추계학술대회.
조철희, 고광오, 이준호, 이강희, 2012, “항력식 조류발전 터빈의 최적 형상 설계 및 유동 수치해석을 통한 성능평가”, 한국신재생에너지학회논문집, 8(2).
해양수산부, 2014, “항만 및 어항설계기준”
Ko K.O., Chun J.W., Pack S.W., Min E.J. and Park C.B. (2016), Design and performance evaluation of the tidal current power generation supporting system, New & Renewable Energy, Vol. 12, No.3.
Ko K.O., Lee K.H., Park C.B. and Jo C.H. (2016), Design of supporting structure for tidal current power generation using tidal bladed, Journal of Coastal Disaster Prevention, Vol. 3, No.3 pp. 107-121.
British Standards Institution, 1997, “British Standard”

ㄱ

가동률 94
가물막이 27, 259
가상 개구폭 74
가상 고정점 378
가상 지표면 378
가상보법 393
가상질량계수 170
가속도시간 141
가스트 계수 184
각종시험 305
각주파수 35
간섭효과 640
간조 111
간척지 16
감소계수 187
감쇄율 77
감쇠거리 61
감쇠보정계수 140
감쇠비 140, 146
감쇠비 곡선 146
갑문 11, 13, 18, 401, 402
갑문시설 327
갑판 30
강결구조 381
강관 말뚝 28
강관널말뚝 392
강널말뚝 392
강널말뚝 셀식 돌핀 31
강도감소계수 562
강성 구속 시스템 268
강재 폰툰 30
강재쉘 총조립 공법 579
강재의 부식속도 394
강제셀식 25
강진동지속시간 143
강판셀식 29
강풍 106
강혼합형 128
거더 374
거스트 계수 187
거실(Dock Chamber) 401
거친 다공성 사면 218
거친 비다공성 사면 218
건선거(Dry Dock) 18, 398
건선거(Dry Dock) 시설 401
검조 기록 123
겉보기 진도 311, 312
견인력 171, 377
경계 요소법 177
경계조건 41, 192
경계치 문제 39, 40
경도풍 107, 109
경도풍속 108, 182
경사 감소 계수 257, 258, 260, 261
경사 말뚝식 잔교 381
경사로 399
경사식 328
경사식 방파제 328
경사식 호안 350
경사제 14, 328
경사제 상부공 280
경심 278, 279
계단 372
계류 30, 32
계류 부이 263
계류 시스템 268
계류 하중 277
계류(繫留)앵커 32
계류가능일수 34
계류간 263
계류돌핀 24
계류력 263, 266
계류색 263
계류시설 10, 23, 361
계류시스템 169
계류앵커 24, 25
계류체인 24
계류해석 668
계류환 32
계선부표 25, 32
계선부표식 23
계선주 23, 372, 377
계절풍 105
고극조위 119
고립파(Solitary Wave) 191, 203
고무방사판 371
고물 179
고밀도 수심측량 305
고유진동수 254
고유진동주기 89, 122
고유함수 48
고정식 하역기계 하중 376
고조 16
곡률연성계수 156
곡선항로 410
곡주 171
공기방파제 14
공업항 10
공장형 슬립폼 제작 437
공장형 케이슨 제작 공법 582
공진 113, 217
공진점 90
공진주시험 146
공칭투수계수 335
과압밀비 147
과잉간극수압 154, 344
관광항 10
관성력 251, 252, 357
관성력계수 253
교각 259
교란시료채취 146
교란파 90, 92
교량 11
교행 33
구속력 267
구조물 계수 262
구조물 변위 26
구조물 안정성 실험 318
구조물과 관련된 난류 계수 262
구조물의 경사 299
국소 세굴 289
국제수상교통시설협회 92
군말뚝 효과 감소계수 385
군속도 54
군속도 지수 64
군파속도 205
군항 10, 381
굴곡부 33
굴입식 89
굴입식 항만 10
굴절 35, 63, 66, 207
굴절계수 67
굴절변형 195
굴절 · 회절 변형 76
권파 80, 208, 216
궤도(軌道) 11
궤도 운동 35
궤도주행식 하역기계 하중 376
궤도하중 156
규칙파 38, 49, 190, 322
극한 하중 조건 277, 278
극한 한계상태 277
극한 해일 62

근고공 343
근입길이 381
근입식 강판셀 29
급배수 시설 372
급변류 467
기능수행 수준 130
기능시설 10
기반암 26, 142
기반암 깊이 307
기본 속도압 184
기본수준면 114, 118
기본수준점표 118
기본시설 10
기상 교란항 123
기상조 120
기압 강하 120
기압경도 107, 182
기압경도력 107
기조력 111
기초 29
기초 지지력 359
기초의 침하 344
기파력 36
기하학적 상사 318
끌배 33
끝막이 공사 465

ㄴ

낙조 111
난류 467
난류 강도 262
난류 증폭 계수 258, 261
난류강도 계수 260
난류계수 261
난적 494
낮은 천단 구조물 235
내륙항 10
내부 조파 기법 325
내부가호안 452
내부마찰각 257, 307, 309
내부사석(QRR, Quarry Run Rock) 607
내습빈도 37
내습파 87
내진강화 모래치환 처리공법 438
내진등급 130
내진설계 360
내진성능 목표 130
내진성능 130
내진안벽 570
내파성 92
내풍성 92
너셀 640
너울 61, 189
널말뚝 387, 388
널말뚝식 23
널말뚝식 안벽 387

ㄷ

다공성 299
다방향파 322
다운홀시험 147
다중 반사 77
다짐 상태 304
단묘박 34, 413
단부 표박 34, 413
단순전단시험 149
단위중량(γ_i) 307
단위표면적당 평균에너지 53
단주기 지반증폭계수 141
단주기중력파 37
대륙붕 89
대소기 57,126
대조차 116
대조평균고조위 114
대조평균저조위 115
대표주파수 70
대형 토목섬유튜브 공법 459
덮개 콘크리트 371
도교 30
도로 11
도류제 11, 13, 20, 259, 288, 327
돌제 13, 20, 288, 327
돌제군 20, 104
돌제식 27
돌제식 잔교 373
돌출 잔교 23, 157
돌핀 11, 24, 31, 375
돌핀식 23
동계 계절풍 38
동수압 41, 313, 357
동역학적 상사 318
동요 34, 166
동요량 34
동적 안정 소단 방파제 234
동적물성치 146
동적해석방법 154
동적해석법 149
동점성계수 326
두부모멘트 382
뒤채움 371
뒤채움 사석 23
뒤채움재 371
등가정적해석법 149, 152
등심선 66
등주기비선 74
등파고비선 74
디태치드 피어 157
띠장 388

ㄹ

램프 11
레일시설 400
로딩 암 31
롤링 265, 266
리프트 시설(Lift System) 400

ㅁ

마루높이 23, 31, 350
마모 30
마찰계수 166, 282
마찰력 26
마찰저항계수 99
마하스템 77
만구 89
만구 보정계수 90
만의 형태 122
만재배수량 99
만재항행속도 99
만재흘수 34, 390
만적항해속력 98
만조 111
말굽형 와 299
말뚝 23, 31, 374
말뚝 머리부 386
말뚝식 25
말뚝식 돌핀 31
말뚝의 연직침하량 385
말뚝의 허용지지력 384
맞물림 488
매끄러운 사면 218
매립 31, 350
매립 지반 23
매립식 항만 10
매립재 371
매립호안 20, 350
매몰 대책 시설 33
목재 폰툰 30
묘박 413
묘박지 34, 413
묘쇄 413
무차원 손상레벨 230
무차원 쇄파계수(Iribarren수) 216
무차원 월파유량 219
무차원유속 293
물리탐사 305, 307
물양장 11, 23, 361

물의 동점성계수 99
물입자 궤적속도 204
물입자 속도 216
물입자 이동 궤적 52
물입자의 가속도 52, 197
물입자의 속도 197
물입자의 이동속도 51
미기압진동 89
미소 장파 89
미소진폭파 38, 39, 190, 192
밀도 39
밀도류 124

ㅂ

바닥 경계조건 44
바닥 보호공 100
바닥 조도 257
바닥마찰 35
바람 166
바람 하중 30
바람의 고도보정 186
바지선 거동해석 670
박스 라멘 30
박지 33, 34, 403, 413
박지 정온도 415
반무한 방파제 73, 74
반복삼축시험 146
반사 35, 63, 77, 195, 207
반사계수 78
반사율 78, 265
반사파 14, 92
반사파고 78
반원형 슬릿 케이슨 431, 432
반원형 슬릿 케이슨제 14
반원형 유공 케이슨제 14
반조차 115
반투과벽 78
반파공 356
발라스트 탱크 403
발산파 44
방사경계조건 44
방사응력 84, 87, 211
방사제 11, 13, 288, 327
방식 394
방조제 11, 13, 16
방충공 263
방충재 23, 372
방충재 반력 169
방파제 11, 13, 288, 327
방파제 선단부 73
방향 분산 69
방향 집중도 201
방향분산법 75
배면 야적장 371
배면 지반고 390
배수 구조물 259
배수갑문 18
버팀경사 조합말뚝 396
버팀공 28, 388, 392, 396
버팀널말뚝 396
버팀직항 396
버팀판 396
법선방향 43
벽면마찰각 366
벽체경사각 366
벽체자중 357, 362
변수분리법 46
변위 385
변위 복원력 특성 169
변위를 고려한 해석법 149
변위연성계수 157
보링 305, 307
보일링 26
보존파 39
복원력 35, 36, 263, 265
복합 Weibull 분포 58
부가 하중 277
부두 뜰 23, 371
부등침하 26
부등침하 안정성 130
부력 357, 362, 364
부방파제 263
부벽식 401
부분 하중 계수 278, 279
부분혼합형 128
부상 갑문 402
부선거(Floating Dock) 25, 402
부선거(Floating Dock)시설 398
부속공 371
부식 28, 30, 388
부양능력 403
부유사 확산 321
부유사 확산 실험 318
부유식 331
부유식 방파제 14
부유식 시추선 306
부잔교 11, 15, 23, 30, 535
부잔교식 23
부지응답특성 130
부진동 36, 87, 89, 92, 120, 325
부체 32, 262
부체교 263
부체식 계선안 263
부체의 동요 266
부체체인 32
부표박 413
부표박지 34, 413
분산 관계식 36, 47, 325
분산 효과 123
분산성 48
분조 57, 115
불교란 시료 307
불규칙파 38, 49, 190, 322
불완전 월류 468
불완전반사 91
붕괴방지 수준 130
붕괴성 흙 140
붕괴파 80, 208, 216
브레이크 시스템 643
블록 25
블록 물림부 371
블록 혼성식 호안 351
블록계수 170
블록식 안벽 26, 361
비교란 시료 147
비구조격자망 324
비대칭성 38
비선형 36
비선형 장파이론 64
비선형 Boussinesq 방정식 322
비선형성 36
비선형파 38, 190, 322
비선형항 50
비쇄파 296
비쇄파된 파 58
비압축성 39, 192
비유량 261
비점성 39, 912
비정상 Bernoulli 방정식 41
비조화상수 115
비탄성 거동 156
비탈 경사 377
비틀림 31
비틂전단시험 146
비회전성 39, 192
비회전흐름 40

ㅅ

사다리 372
사석 경사면 218
사석 돌망태를 혼용한 점축식 공법 482
사석 마운드 23
사석 보호공 260
사석경사제식 350
사석층 두께 계수 260
사용 한계상태 277

사운딩 305, 306, 307
사질토 307
사하중 30, 277
사항 28, 374
사항(斜抗) 버팀식 29
상가(Lift System)식 선거 400
상가시설(Lift System) 398
상대 소단 수심 비 238
상대 여유고 235
상대 유수실 폭 79
상대밀도(Dr) 307
상대수심 36, 192
상대여유고 219, 221
상류 에너지 수두 262
상미분방정식 46
상부 사면제 케이슨 573
상부 슬래브 31
상부공 371
상부사면 케이슨제 14
상부슬래브 374
상사법칙 267, 318
상승(Wave set up) 210
상재 하중 277
상재압 304
상재하중 30, 156, 310, 357, 362, 376
상치콘크리트 23, 357
상치콘크리트부 177
상항 10
샘플링 305, 306
서징 266
서프 유사성 매개변수 216
서프비트 84, 87, 211
석션파일 방파제 14
선가사로(Slip Way) 399
선단 지지력 23, 381
선미 177
선박 계류 안정성 실험 92
선박가동률 92
선박건조용 시설 398
선박의 6자유도 안정성 92
선박의 견인력 362
선박의 동요 411
선박조종시뮬레이션 405
선반식 23, 29
선석의 형상계수 170
선수 177
선수파 101, 103
선유장 11, 33
선착장 11
선체 침하 34, 411
선행압밀하중(P_c) 307
선형 36
선형분산계수 326
선형파 8, 190, 322
선회경 404
선회권 416
선회장 11, 33, 03, 413, 416
선회종거 416
선회지름 416
선회직경 416
선회횡거 416
설계 속도압 184
설계 풍속 270
설계공용기간 96
설계스펙트럼가속도 140
설계응답스펙트럼 140
설계조위 119, 352
설계지반운동 130, 131
설계지반운동 시간이력 142
설계파 76, 105, 193
설계하중조건 641
섭동법 55, 192
성분파 65
성분파법 69
세굴 23, 96, 288
세굴방지공 355
세굴심 289, 290
셀룰러 블록 25
셀룰러 블록식 안벽 27, 361
셀식 23, 29
소단 219, 238
소단 영향 계수 338
소류력 20
소성거동 131
소성변형 156
소성지수 147
소용돌이 90
소용돌이 손실 78
소조기 57, 126
소조차 116
소조평균고조위 114
소조평균저조위 114
소파 488
소파 케이슨제 14
소파블록 243
소파블록 피복식 328
소파블록 피복식 방파제 330
소파블록 피복제 14, 330
소파시설 94
소파판 잔교식 331
소파판 잔교식 방파제 14
소형 잭업(Jack up) 작업대 306
소형선 30, 34
소형선 부두 26
소형선 정박지 403, 417
속도 분포 계수 258, 260
속도압 110, 184
속도압계수 184
속도포텐셜 39, 40, 47, 192
속채움 26
손상 정도 매개변수 238
손상레벨 341
쇄기파 80, 208, 216
쇄석 260
쇄파 35, 38, 63, 191, 195, 207, 216, 289
쇄파 한계 파고 79, 209
쇄파 해석 325
쇄파계수의 한계치 230
쇄파고 81, 209
쇄파대 80, 208, 289
쇄파된 파 58
쇄파수심 81, 209
쇄파압 저감계수 346
쇄파점 81, 209
쇄파지표 83
쇄파한계파고 81, 209
쇄파효과계수 225
쇠비곡선 147
수동붕괴면 396
수동토압 308, 310
수동토압계수 309
수리모형실험 74, 92, 316
수리학적 상사 320
수면변동 39
수면변위 195
수문 327
수심 23, 30, 35, 216
수심 및 유속 연직 분포 계수 257
수심 평균 유속 258
수심 평균 조류속 303
수심조정계수 180
수압 23, 30, 166
수역시설 10, 403
수위 강하 101
수정 Van der Meer 식 225
수중 방파제 234
수중 콘크리트 27
수중 콘크리트 타설 660
수직 말뚝식 375
수직-경사 말뚝 혼합식 375
수직지반가속도 140
수축 흐름 467
수치계산법 74
수치모형실험 92, 316
수치적분 321
수치해석 40

수평 파압 282
수평력 28
수평방향 지반 반력 계수 385
수평변위 374
수평설계지반운동 140
수평요동 268
수평이동 35
수평지반가속도 140
수평지지력 385
스웨잉 266
스토크스파(Stokes Wave) 190
스트립법 177, 266
스펙트럼 밀도 205
스펙트럼 밀도 함수 269
스펙트럼 유의파고 58
스프링라인 177
스프링의 강성 255
슬래브 374
슬릿 케이슨 14, 78
슬릿부 78
시간 의존형 쌍곡형 완경사 방정식 모형 324
시간의존형 Boussinesq 모형 76
시간이력해석법 154
시공 중 임시 하중 277, 278
시료 성형법 149
시추공 탄성파 146
시추공 탄성파시험 146
시추선 306
신호설비 404
실내 반복삼축시험 146
실지진기록 143
실측 조위 115
실험실 효과 318
심해설계파 193
심해역 63
심해파 36, 54, 190, 191, 198
싱커 32, 33, 263
싱커체인 32
쌍묘박 34, 413
쌍부 표박 34, 413

ㅇ

안벽 11, 23, 31
안식각 294
안정 범위 278
안정계수 229, 292
안정성 계수 260
안정성 조정 계수 258
암반 노두 132
암초 방파제 234
압력 197
압력 항력 277
압밀 특성 304
압밀계수(cv) 307
압밀도 304
압성토 공법 344
압축지수(cc) 307
액상화 131, 140, 166, 344
액상화 강도 146
액상화 현상 130
앵커 32, 263
앵커체인 25, 32
약최고고조위 114
약최저저조위 114, 118
양력 248
양력계수 248
양압력 240, 281, 282, 284, 345
양압력 보정계수 346
양해법 321
어항 10
엇물림 효과 222
에너지 수송량 64
에너지 평형 방정식 322
에너지 Flux 53
에너지보존 원리 63
에크만 나선류 126
여객이용시설(旅客利用施設) 11
여성 369
여유 수심 34, 411
여유고 221, 336
연간 허용 downtime 92
연결 조인트 263
연결도교 23
연락교 30, 535
연성 구속 시스템 268
연성계수 156
연속방정식 40
연안 사주 290
연안 표사 80
연안류 79, 124, 127
연안역 35
연안항 10
연약 지반 처리 공법 344
연약지반 30
연약지반층 26
연약층 29
연약층 두께 304, 307
연직 말뚝식 잔교 381
연직 요동 268
연직방향의 속도경사와 전향력 126
연파 14, 299, 435
열대성 저기압 105
열대성 폭풍 105
염수쐐기형 128
영구변위 산정법 153
영구변형 131
영역분할법 266
영점교차(Zero Crossing) 파주기 205
영점상향교차 200
영점상향교차(Zero Up-Crossing)법 59
영점하향교차 200
영점하향교차(Zero Down-Crossing)법 59
예민비 140
예선 99
오차 함수 70
오픈 케이슨 26
온난화 117
와도 40
와동점성 126
와동점성계수 126
와류 23, 249
와열 254, 299, 467
와이어로프 400
완경사 방적식 69, 322, 324
완전 월류 468
왕복통항 33
왕복항로 409
외곽시설 10
외곽호안 452
외측피복재 353
요잉 266
용승류 125
우각부 601
우물통 25
우물통식 안벽 26
운동량의 수송 87
운동방정식 40
운동학적 경계조건 42
운동학적 상사 318
운하(運河) 11
원심력 107, 112
원호 활동 361
원호 활동 검토 398
원호 활동 파괴 332, 344
원호 활동 해석법 359, 368
월파 96, 207
월파량 119, 213, 219, 335
월파량 산정 계수 337
월파유량 213
웨일링(띠장) 395
위상 지각 115
위치에너지 53
위험도 계수 132
윈치 400
유공부 246

유공율 435
유량 계수 262
유로코드(Eurocode) 558
유속 분포 계수 257
유수실 78, 245
유압력 178
유연성계수 170
유의 파고 58, 192, 205
유의파 200
유조선 공법 17
유지관리 30
유지비 30
유지준설 33
유체압력 40
유체역학이론 35
유한 진폭파 325
유한요소모형 321
유한요소법 177, 266, 321
유한진폭파 38, 39, 55, 190, 192, 199
유한차분모형 321
유항력 263, 264, 267
유효응력해석법 154
유효조파영역 75
유효좌굴길이계수 384
유효풍압면적 184
육안 30
윤면적 274
융기토유용형 SCP(Sand Compaction Pile) 공법 454, 458
음함수 48
음해법 321
응답스펙트럼법 154
이동성 매개변수 238
이동식 강재 거푸집 464
이동식 하역기계 하중 376
이물 179
이상 조위 111, 120, 166, 326
이상 파랑 195
이상유체 40
이송 중 발생하는 하중 277, 278
이송확산 127
이안류 79, 124, 127, 128
이안제 20, 22, 327
이음긴장력 29
이음재 388
이중 널말뚝 29
이중 원통식 케이슨제 14
이중곡면 반파공 356, 458
인공 양빈 20
인공지진기록 143
인공합성 지반운동 시간이력 143
인도양 대조저조위 118
인발력 374
인양장치 399, 400
인홀시험 147
일방향파 322
일월합성일주조 115
일축압축강도(q_u) 307, 311
임시부두 27
임의파 57
임항교통시설 10
입도 계수 260
입도분포 307
입사각 77
입사각 영향 계수 338
입사파 77, 67, 270, 299
잉여 응력 128

ㅈ

자동화 부두 580
자유수면 동력학적 경계조건 44
자유수면 운동학적 경계조건 42
자중 30, 166, 376
자켓식 25, 637
자켓식 구조 637
잔교 11, 23, 27
잔교 접속부 374
잔교식 23
잔교식 안벽 373
잔류수면 364
잔류수압 313, 314, 357, 367, 390
잔류수위 357, 390
잔류수위차 314
잠제 13, 20, 22, 235, 236, 327
장주기 지반증폭계수 141
장주기중력파 37
장주기파 37, 88, 189
장파 55, 65, 198, 199
재하력 30
재하하중 166, 309, 312, 376
재현기간 96, 206, 267
저극조위 119
저면마찰 90
저밀도수심측량 305
저밀도해상탄성파 탐사 305
저질 34, 411
저판 26, 30
적분방정식법 266
적재하중 364, 376
전기방식 394
전단 특성 304
전단강도(τ_i) 307
전단력 216
전단응력 39
전단저항 29
전단키 282
전단탄성계수 146
전단탄성계수 감소곡선 147
전단파속도 140
전달계수 221
전달파 92
전달파고 215, 221
전도 121, 130, 281, 358, 361
전도모멘트 284
전류 126
전면 수심 390
전석 26
전응력해석법 154
전침 99
전파 35
전파속도 36, 54, 204
점변류 467
점성토 307
점성항 39
점성항력계수 326
점성효과 318
점착력(c) 307, 310
점토지반 140
접근 각도 176
접안 277
접안 설비 23
접안 속도 169
접안돌핀 24
접안력 169
접안속도 170
접안시설 18, 23
접안에너지 169, 170
정박지 11, 18, 32, 34
정상파 89, 268
정상항력 250
정수압 41
정수압 하중 277
정역학적 지지력공식 384
정온 30
정온도 34
정온도 향상 92
정적 안정 저천단 방파제 234
정적 494
정조 126
정지마찰계수 367
정지토압 309, 310
정지토압계수 309, 310
정현파 38, 190, 203
제간부 222
제두부 222
제방 13, 20

제트류 101
조도 211
조도 조정계수 211
조도계수 336, 338
조도길이 103
조도상수 107
조류 13, 23, 30, 124
조류력 179, 276, 277, 640
조류발전 635
조류발전 설치전용 바지선 666
조류속 277
조류속 하중 273
조류에너지 635
조석 57, 111, 166
조석 잔차류 124
조석력 113
조석파 36, 125, 189, 190
조석표 118
조수 112
조수 생성력 112
조위 273
조위 상승 120
조위관측소 317
조위편차 120
조차 30, 57, 111
조파 저항 277
조파 저항력 263, 265
조파마력 98
조파수조 270
조화분석 115
조화상수 115
종방향 조류 항력계수 180
종방향 풍력계수 179
종방향보 177
종슬릿 케이슨 245
종접안 418
종파 96
종파파장 97
종합해양과학기지 317
좌굴 382, 383
주기 34, 35, 57, 196
주동 309
주동붕괴면 396
주동토압 308, 310, 312
주면 마찰력 23, 381
주상구조물 31
주태양반일주조 115
주태음반일주조 115
주태음일주조 115
주파수 36, 58
주파수 스펙트럼 60, 65, 193, 201
주파수대 58, 69
준설 27, 31, 350
준설토 투기장 350
중·대형선 34
중간 부이 263
중간 중추 263
중간 천이파 191
중간피복재 353
중력 인력 112
중력식 23, 401
중력식 구조 637
중력식 안벽 25, 361
중력파 36, 189, 289, 291
중복파압 보정계수 346
중소기 57
중앙입경 288
지반 166
지반 조사 304
지반개량공법 386
지반운동 131
지반응답해석 140, 142
지반의 층 구성 상태 304
지반조사 146
지반종별 증폭계수 152
지반증폭 142
지배방정식 41, 321
지원시설 10
지점 반력 30
지중연속벽(Diaphragm Wall) 27
지지력 29, 344, 361
지지층 26
지지층 깊이 304
지진 166
지진 규모 130
지진 시의 동수압 314, 362
지진 해일 321
지진계수 152
지진구역 계수 132
지진단층모델 123
지진동 특성 130
지진력 28, 166, 357, 362
지진재해도 132
지진합성각 312, 313
지진해일 13, 36, 38, 92, 111, 326
지진해일 파고 122
지진활동도 130
지질 23
지질조건과 131
지층구성 307
지층구조와 층별 두께 146
지하수위 146, 304
지형 23
지형류 125
직립 소파케이슨 245
직립소파 구조물 78
직립소파 블록제 14
직립소파식(直立消波式) 25
직립식 328
직립식 방파제 329
직립식 연속벽 401
직립제 14, 329
직선형 반파공 458
직선활동 안전성 360
직접착저형 원형 케이슨 635
직주 171
직항 28
진도 311, 313
진동 임계 유속 250
진동삼축시험 149
진폭 39
진폭과 지각 57
진행 44
질량 감쇄 계수 255
질량 수송 127
쯔나미 189

ㅊ

차막이 372
차분화 321
창조 111
채움사석 26
처내림 높이 335
처오름 207
처오름 감소계수 219
처오름 높이 211, 218, 334
처오름 속도 283
천단고 334
천문 상수 115
천문조 111, 114, 120, 326
천수 35
천수 방정식 324, 326
천수 변형 207
천수 효과 77
천수계수 64
천수방정식 126
천수변형 63, 195
천이조파 37
천이파 36
천이파고 59
천퇴 69
천해 영향 계수 338
천해역 63
천해파 36, 55, 190, 191, 199
철골·철근 일괄 조립 공법 578
철골철근콘크리트(SRC)구조 568

철근콘크리트 블록 26
철근콘크리트 폰툰 30
철도 11
첨두 주파수 62
첨두증폭계수 62
체적압축계수(mv) 307
초기 쇄파 81
초대형 부체식 구조물 263
초대형 유조선 부두 25
초대형선 34
초동 123
최고조위 122
최고파고 241
최다풍 105
최대 조위 편차 121
최대 파고 58, 192
최대건조단위중량(γdmax) 307
최대종거 416
최대지반가속도 132
최대파 200
최대횡거 416
최소돌풍속도 188
최저극천문조위 118
최적함수비(Wout) 307
최종 끝막이 465, 467
최종 끝막이 공사 17
추력 640
추산조위 122
축방향 압축부재 383
축방향력 382
축선 방향 75
축선각도 75
축척 매개변수 62
축척 조정계수 211
축척 효과 318
출현율 94
충격 압력 283
충격력 286, 364
충격쇄파압 348
취성파괴 131
취송거리 61, 62, 120
취송류 124, 126, 273
취송범위 106
측면 경계조건 44
측벽 30
친수시설 10, 432
친수호안 20
침강류 125
침설 26
침추 25
침하 361

ㅋ

커스프라인 96
커튼식 방파제 14
컨테이너 터미널 374
케이슨 25, 259
케이슨 제작장 25
케이슨 혼성제 330
케이슨식 25, 371, 401, 637
케이슨식 돌핀 31
케이슨식 안벽 361
코리올리의 힘 107
콘관입시험 146
콘시스턴시 *LL*, *PL* 307
콘크리트 캡핑 394
콘크리트 피복 394
크노이달파(Cnoidal Wave) 190, 203
크래들(Cradle) 399, 400
크래들과 레일 400
크레인 활하중 364
크로스홀시험 147

ㅌ

타워 640
타원형 편미분방정식 41
타이로드 29, 394
타이로드(타이로프)식 29
타이재 394
탁월진동주기 152
탁월풍 105
탄성파시험 140, 146, 147
탄성한계 131
태풍 38, 105
터빈 640
토류벽 27
토립자 비중(Gs) 307
토사유출 방지용 매트 371
토사유출방지공 371
토압 23, 26, 166, 307, 357
토압 및 잔류수압 362
토압계수 308
토질조건 131
토질조사 344
통계적 유의파고 58
통문 327
통합하중해석 640
투수계수(k) 307
투수성 304
투수성 코어 223
투수지수 226, 342
투영면적 110, 178
트림 34, 411
특수 방파제 14
특수형식 방파제 328, 331
특이점 분포법 177

ㅍ

파고 35, 166, 196, 203
파고 감쇠 77
파고 전달률 215
파고 출현율 95
파고계 449
파곡 35, 203
파군 60
파동현상 36
파랑 13, 23, 30, 35
파랑 강제력 263, 264
파랑 관측소 316
파랑 변형 321
파랑 변형 모형 322, 318
파랑 스펙트럼(Wave Spectrum) 60, 193, 201
파랑 증폭 계수 258
파랑 표류력 263, 265
파랑류 127
파랑분산식 196
파랑에너지 53, 78
파랑의 방사 270
파랑의 방향집중도 61
파랑의 주기성 35
파랑의 회절 270
파랑이론 35
파력 80, 166, 243, 268, 345, 640
파봉 35, 203, 216
파봉선 39
파속 36, 51, 66, 196, 216
파수 36
파압 216
파압강도 240
파압의 보정계수 240
파압의 저감률 244
파워스펙트럼밀도 143
파위상 36
파의 개수 238
파의 동력 53
파의 전달 207
파의 평균에너지 197
파이프라인 302
파일 형상계수 300
파일식 구조 637
파일식 지지구조물 637
파작용량 평형 방정식 322
파장 196, 203
파제제 11, 13
파주기 203

파주파수 203
파향 34, 35
파향 스펙트럼 60, 193, 201
파향선 67
파형 경사 288
파형 35, 38
파형경사 36, 38, 80, 192, 204, 208, 216, 336
팽창지수(c_r) 307
펌프실(Pump Room) 401, 402
페리보트 30
편각 61
편미분방정식 39, 221
편심계수 170
편차 122
편향력 107
평균 수위 강하 103
평균 파고 58, 192
평균 표류력 269
평균 풍속 183
평균 회류 유속 103
평균고조간격 116
평균고조위 114
평균수면 상승 210
평균월파량 219
평균유효응력 147
평균재현주기 130
평균저저조위 118
평균저조간격 116
평균저조위 114, 118
평균전단파 속도 140
평균조차 116
평균최저조위 118
평균파고 200
평균해면 114
평상시 파랑 195
평상시 하중 조건 277, 278
포물선 파동방정식 322
포물형 완경사 방정식 324
폭풍해일 13, 38, 92, 111, 321, 326
폰툰 23, 30
표류력 268
표류력 계수 265, 269
표면 마찰 항력 277
표면장력파 35, 36, 189
표면파 35
표면파시험(SASW) 146, 147
표사 30, 166
표사 이동 127
표사이동 한계수심 355
표준관입시험 146
표준설계응답스펙트럼 140
푸리에시리즈 파랑이론 199
풍동시험 111
풍력 273
풍력계수 110, 184, 273
풍속계수 272
풍압 166, 184, 273
풍압 모멘트 계수 178
풍압력 105, 110, 183
풍파 36, 61
풍하중 110, 177, 179, 184
풍하중 하중계수 111
풍항력 263, 267
풍항력계수 177, 178, 263
풍향도 106
프리스트레스 콘크리트 폰툰 30
프리스트레스(PS) 강봉 541
프리캐스트 콘크리트 부재 371
프리케스트 거푸집 375
프리팩트 콘크리트 27
플랩 게이트 402
플랫(Flat) 슬래브 형식 374
플랫폼 400
피난항 10
피박 92
피박지 92
피치컨트롤 643
피칭 265, 266
피크(peak) 주파수 61
필터매트 371
필터사석 371
필터층 231

ㅎ

하강류 217
하구 밀도류 124, 128
하역 30
하역 한계 파고 34, 92
하역설비 30
하역시설(荷役施設) 11
하역한계파고 94, 415
하역효율 92
하이브리드 케이슨 568
하중 계수 278
하중 선행재하 369
하중계수 562
하중반복횟수 147
하중주파수 147
한계 수심평균 유속 303
한계 이동 매개변수 258
한계 조류속 254
한계상태 설계법 277, 279
한계쇄파계수 218
한계파고 81
한계평형법 153
할증계수 384
함수비(ω) 307
항내 공진 325
항내 발생 풍파 92
항내 정온도 14, 76, 92, 195
항내 정온도 실험 318
항내 정온도 해석 324
항내 파고 73, 74
항내 파고 분포 해석 92
항내의 증폭률 89
항내합성파고 95
항력 248, 251, 252
항력계수 188, 248, 249, 253, 273, 274, 277
항로 11, 33, 403
항로 폭 406
항로수심 411
항로표지 11, 404
항류 124
항만 10
항만 가동 일수 195
항만 모순 90
항복 131
항복가속도 153
항입구 침입파 92
항적중심선 96
항주파 92, 96
항풍 105
항해 수심 411
항행보조시설(航行補助施設) 11
해도 118
해류 124
해류의 분지류 124
해면상승 128
해변순환류 127
해빈류 124, 127, 326
해상 석유 비축기지 263
해상접합 방식 537
해상크레인 25
해상풍 109
해수 교환형 케이슨 572
해수면 상승 117
해수유동 318, 321
해수유통 관측소 317
해안제방 350
해양 시료 채취기 306
해양관측 부이 317
해양관측소 317
해양순환류 125
해일 13, 189, 273

해저 경계조건 47
해저 지형 변동 321
해저 파이프 라인 25
해저경사 80, 216
해저마찰 77
해저지형 변동실험 318
해조장 432
향안류 127
허용 균열폭 567
허용 월파량 220, 518
허용변위 150
허용응력설계법 152, 384
현장 관측 316
현장시험 307
현장원위치 조사 및 실내시험 146
현장타설 콘크리트식 25
현장타설 콘크리트식 안벽 361
호안 11, 13, 19, 20, 288, 327, 350
호안 경사 288
호이스트 윈치 400
혼성식 328
혼성식 방파제 330
혼성제 14, 330
환산심해 파고 211
환산심해 파고비 211
환산심해파고 76
활동 121, 130, 281, 358, 361
활동/전도/침하 332
활동/전도/편심경사 지지력 347
활동쐐기 366
활하중 30, 376
황방향 조류 항력계수 180
황방향 풍력계수 179
회류 100, 101
회류수조 649
회전 31
회절 35, 63, 73, 207, 325
회절 산란파 44
회절 이론 270
회절 파압 이론 262
회절계산법 74
회절계수 73, 75
회절도 74
회절변형 195
회절성 연파 435
회절파 92
회절현상 69
횡 선미파 100, 101, 103
횡 선수파 100
횡방향보 177
횡잔교 27, 157, 373
횡접안 418
횡파 96
횡파주기 97
횡파파속 96
횡파파장 97
후면 산란 325
휨강성 28
휨모멘트 382
휨방향 지반반력(地盤反力)계수 379
휨응력 382
흔적고 122
흘수 34, 102, 180
흘수/수심비 404
흙막이 구조물 23
흙막이부 386
흙의 수중중량 313
흙의 포화중량 313
흡수층 경계 325
히빙 26, 265, 266

A

Access Trestle 25
Accropode 231, 233
ADCP(Acoustic Doppler Current Profiler) 유속계 479
Airy파 192

B

Bishop법 359, 368
Brebner &Donnelly(1962) 식 292
Bretschneider-Mitsuyasu 스펙트럼 61, 70
BS(British Standard)코드 558

C

Catwalk 25
Cauchy 상사 320
CBR 307
Chezy 계수 262
Cnoidal파 55, 192
Combi-Wall 517
Core-loc 231, 233, 234
CORE-LOC 487, 596
Coriolis 계수 326
Coriolis력 37
Coulomb 토압 366
Coulomb, Rankine, Terzaghi의 토압 공식 307
Coulomb의 토압 공식 307
Critical Surf Similarity 333

D

DCL선(Draft Control Launching) 437
Dolos 231, 233
Dolphin 식 384
Double Point Mooring 25

E

Equilibrium Limit States (EQU) 562
Escarameia and May 식 259
Euler 방정식 40
Euler 상사 320

F

Fatigue Limit States (FAT) 562
Fixed Earth Support 389
Free Earth Support 389
Froude 상사 270, 320
Froude 상사법칙 651
Froude 수 300
FRP 폰툰 30

G

Gantry Tower 441
General Design 식 257
Geotechnical Limit States (GEO) 562
Goda 식 262
Goda(1967) 공식 239
Goda(1973) 식 640
Guide Frame 447

H

Half-Loc 438
Homma 공식 468
Hudson 공식 222, 228
Hudson 식 222
Hydraulic Limit States (HYD) 562

I

Isbash 공식 293
Isbash 식 249

J

Jacket 식 384
Jacking 시스템 441
Jensen and Bradbury 공식 286
JONSWAP 스펙트럼 62, 206

K

K_D값 338
K_D는 안정계수 338
Kelvin의 조파 이론 97
Keulegan-Carpenter 수 297

L
L형 블록 25, 26
L형 블록식 안벽 26, 361
Laplace 방정식 39
Laplace 식 192
Lee-Wake Vortices 297
LNG Receiving Terminal 25
Loading Platform 25

M
Maynord 식 260
MIKE21 PMS 322
MIKE21 SW 322
Monopile(단말뚝) 식 384
Morihira 식 244
Morison 방정식 248
Morison Equation 252, 262
Morison(1950) 식 640

N
Navier-Stokes 운동방정식 40

P
P.W.Rowe 389
P파 속도 146
Partial Factor 562
PC블록식 637
Pederson 공식 286
Pierson-Moskowitz 스펙트럼 61. 206
Pilarczyk 식 258
Piping 현상 392
POSIBLOC 491
Prefab 철근공법 577

R
Rankine 토압 307, 358, 366
RAO 269
Rayleigh 분포 58, 192, 218
Response Amplitude Operators(RAOs) 269
Reynolds 상사 320
Reynolds 수 248, 251
Reynolds Averaged Navier-Stokes(RANS) 방정식 322

S
S파 속도 146
Sand Bund 586
SEALOCK 432, 436
Seawater Intake 586
SEP(Self Elevating Platform) 바지 306
setdown 128
setup 128
Single Point Mooring 25
Sink 40
Slam Force 254
Slamming 계수 254
Snell 법칙 67
Solitary파 55, 192
Source 40
SPT N 값 146
SRC구조 568
Stokes파 55, 192
Stream Function파 55, 192
Structural Limit States (STR) 562
Surf Similarity 333
SWAN 322
SWAN 모형 76

T
Tanimoto(1976) 식 346
Tanimoto(谷本) 식 292
Tanimoto 식 243
Tetrapod 231
Tetrapods 233
Trestle 586
Tripod 438

U
Uplift Limit States (UPL) 562
Ursell 수 36

V
Van der Meer 계수 342
Van der Meer 식 229, 340
Van der Meer Coefficient 340

W
Wave Setup 268
Wave Slamming Force 250
Wave-Wave Interaction 324
Weber 상사 320
White Capping 323
Wind Generation 323

X
Xbloc 231, 233, 234

기타
1/10 최대파 58, 192, 200
1방향보-슬래브 형식 374
1분 평균 풍속 186, 271
2격실 횡슬릿 케이슨 433
2방향 보-슬래브 형식 374
2중 슬릿 케이슨 574
2중 유수실 435
2중 종접안 418
2차 항주파 101
3차원 원천항 기법 270
3초 돌풍속 270, 271
3s 돌풍속도 186

▸ 대표저자 약력

박구용(朴久用)

- (현) 현대건설 기술연구원 원장(CTO)
- (전) 현대건설 토목설계실 실장
- 영국 국립 수리연구소(HR Wallingford)
- 영국 Oxford 대학교(박사)
- 성균관 대학교(학사, 석사)
- 항만 및 해안 기술사
- 수자원 개발 기술사

현대건설 항만공사의 역사를 담은
항만설계실무

2021년 10월 15일 1판 1쇄 펴냄
지은이 박구용 · 고광오 · 정석록 외 15인
펴낸이 류원식 | 펴낸곳 **교문사**

편집팀장 김경수 | 책임편집 안영선 | 표지디자인 신나리 | 본문편집 홍익 m&b

주소 (10881) 경기도 파주시 문발로 116(문발동 536-2)
전화 031-955-6111~4 | 팩스 031-955-0955
등록 1968. 10. 28. 제406-2006-000035호
홈페이지 www.gyomoon.com | E-mail genie@gyomoon.com
ISBN 978-89-363-2195-6 (93530)
값 47,000원